THE 개념 블랙라벨

체계적 개념 학습을 위한
Plus⁺ 기본서

Tomorrow
better than today

BLACK LABEL

대수

저자
이문호 하나고등학교

검토한 선생님
김성은 블랙박스수학과학전문학원 / 이원제 현대고등학교 / 이정연 경일고등학교
어수강 어수강수학학원 / 정재호 온풀이수학학원

검토한 선배님
김건형 서울대 재료공학부 / 성준호 연세대 의예과 / 정지우 고려대 의예과
김동하 서울대 전기정보공학부 / 신정원 서울대 전기정보공학부
김영현 서울대 자유전공학부 / 이린 고려대 전기전자공학부

기획·검토에 도움을 주신 선생님

강동운 이엠스쿨
강민석 시대인재
강슬기 위슬런학원
강신준 수학의아침
강여울 생각하는힘수학
강원택 탑시드수학전문학원
강재우 에드워드수학
강진욱 고밀도학원
강한길 마스터마인드
강향진 엠코드학원
강희태 더브레인코어
고다해 칼수학학원
고대원 분당더원학원
고인숙 힘이되는수학
곽병열 연세스카이수학학원
곽웅수 카르페영수학학원
구난영 셀프스터디수학학원
구수영 수학인재양성소
구정모 제니스
구정아 정현수학학원
권순범 플래닛에듀케이션즈수학학원
권태한 올인수학학원
기미나 기쌤수학
김강현 송파구주이배
김경미 페르마수학춘천석사본원
김경진 경진수학학원다산점
김광진 미래인재학원
김근아 닥터매쓰205
김덕용 평촌다수인학원
김도현 유캔매쓰수학학원
김리안 수리안학원
김명후 김명후수학학원
김미영 명수학교습소
김미정 일등수학학원
김민수 대치원수학
김병국 목포여자상업고등학교
김보름 나주채움수학학원
김복응 더브레인코어학원
김봉조 퍼스트클래스수학영어전문학원
김상은 꿈과길수학학원
김상한 UNK수학전문학원
김상호 전주휴민고등수학
김새로미 뉴파인동탄특목관
김선영 인사이트수학
김성민 직관수학학원
김성수 명일수학학원
김성진 미친수학
김수영 봉덕김쌤수학학원
김승훈 하이스트염창관
김양진 최강학원
김예지 과수원과학수학전문학원
김원대 메이블수학전문학원
김은숙 김은숙수학
김일 더브레인코어
김일문 8285수학학원
김정민 전병훈수학학원
김정식 이자경수학학원정자관
김준호 양진중학교
김지영 늘찬수학학원
김지원 대치명인학원
김지윤 CLIMATH
김진규 서울바움수학
김진영 설쌤수학
김진완 성일학원
김초록 수날다수학교습소
김태웅 에듀플렉스
김태은 엠코드수학과학학원
김태학 평택드림에듀
김태화 김태화수학학원
김태환 대구로고스수학
김하늘 역경패도수학전문
김해성 거제아하수학
김현정 H-Math
김현호 온풀이수학학원
남영준 아르베수학전문학원
노혜진 위슬런학원
류희주 풍무고등학교
마현진 피드수학
모란 대감학원
문대승 열성수학학원
문상경 수아일체수학학원
문용석 유레카수학과학학원
박경란 박경란수학교습소
박경원 대치메이드반포관
박기석 천지명장학원
박대희 제주실전수학
박동민 울산동지수학과학전문학원
박래혁 대치에스학원인재의창
박미옥 목포폴리아학원
박산성 Venn수학
박상익 쎈학원
박소영 분당수이학원
박수아 잠룡승천수학학원분당캠퍼스
박신태 디엘수학전문학원
박알뜰 탑글래스영수학원
박연지 상승에듀
박옥기 매쓰플랜수학학원
박원 박원동원영수전문학원
박유경 박유경STUDY학원
박윤정 티케이수학학원
박재민 미래탐구중계
박제욱 도치수학학원
박준현 의성H-SECRET
박진수 성주고등학교
박창훈 정상수학학원
박현빈 송도필연수학학원
배정연 제이엔씨수학학원
백경주 메이드세이노학원
백락범 대치명인학원
백지현 대치소자수학
서강익 원리비법학원

B L A C K L A B E L

서용준 와이제이학원
서원준 잠실시그마수학학원
서유니 우방수학
설성희 설쌤수학학원
성선유 이루다학원
소현주 정S과학수학학원
송규성 하이클래스학원
송기석 민트테이블
송미경 이루지오학원
송지연 아이비리그데칼트수학
송채연 팰리스수학과학
신동범 멘토시스템학원
신영진 유나이츠학원
신은숙 마곡펜타곤학원
신의숙 신의수학
신재훈 도안양영학원
신현우 본엘리트고등2관
심혜림 별고을교육원
안윤서 칸수학
양은진 수플러스수학
양형준 대들보수학
어성웅 어쌤수학학원
어흥범 수바시&매쓰피아
엄지희 티포인트에듀학원
엄초이 분당파인만학원
여원구 제주피드백수학전문학원
여희정 어매쓰수학학원
오재홍 데이원수학학원
왕한비 해태수학
우용택 강의하는아이들수학학원
원종배 신의수학교습소
유광근 역촌파머스영어수학학원
유재현 늘푸른수학원
유현빈 성북학림학원
유현수 수학당
윤성호 관악CMS교과관
윤은기 뉴포스학원
이경미 행복한수학학원
이경민 차앤국수학국어전문학원
이경아 성주별고을교육원
이근대 순풍에돛을달다수학학원
이근영 센텀매쓰매스마스터수학전문학원
이나현 엠브릿지수학
이명진 한솔수학학원
이병문 쎈수학
이선미 삼성영수학원
이성기 서천쌤수학
이성용 목동수학의원리
이성원 스터디온수학학원
이세복 퍼스널수학
이송제 다올입시학원
이수동 부천E&T수학전문학원
이수연 온풀이수학학원
이수현 하이매쓰수학교습소
이승주 프리메드수학과학학원
이승훈 이승훈수학
이시영 청민수학교습소
이아현 리쌤수학
이영민 메카건영수학교습소
이영주 피드백수학학원
이영현 g1230
이용희 킬매스수학학원
이우림 이자경수학학원
이유라 강장섭수학학원
이윤주 와이제이수학
이은경 시그마수학학원
이은아 이은아수학학원
이재광 생존학원
이재현 동국대학교사범대학영석고등학교
이종환 이꼼수학
이준형 연수학학원
이태형 가토수학과학학원
이학선 이학선수학논술학원
이한나 H-math
이한나 꿈꾸는고래학원
이현석 뉴파인서초고등관
이현정 반포일류수학
이희경 썸수학
임병수 모티브에듀학원
임지혜 위드수학교습소
장동욱 대치명인학원
장두영 바움수학학원
장병훈 로운수학학원
장세완 장선생수학학원
장은실 숲수학학원
장혁수 특작수학
전우진 인사이트영재학원
전찬용 개금페르마학원
정경연 동탄E&M수학학원
정다원 광주인성고등학교
정명근 전문가국어수학학원
정민호 스테듀입시학원
정인용 일품수학학원
정지흠 목동PGANEO학원
정형철 사천고등학교
정화진 진화수학학원
조경순 조쌤수학학원
조미옥 영재수학
조민아 러닝트리학원
조연호 ChoisMath
조영민 정석수학풍동학원
조주희 대치파인만
조현대 씨앤케이수학학원
주소연 알고리즘수학연구소
지정경 분당가인아카데미
지정화 이룸수학학원
지혜 에이치학원
지훈 쎈수학구로온수제1캠퍼스
차동희 수학전문공감학원
차슬기 사과나무학원
채송화 채송화수학
채수경 원주미래와창조학원
채희성 이투스신영통학원
채희정 쌤통수학교습소
천석우 하늘수학
최미란 SLT스카이학원
최백화 대치넥서스수학
최성문 파이온수학학원
최성준 광교라온수학
최수민 완벽한수학학원
최승혁 한뜻학원
최시안 데카르트수학학원
최은진 동춘수학
최정우 원이어학원
최희승 엠코드수학
추경주 쎈수학1018수학전문학원
하수미 삼성영수학원
하정아 J.A수학교습소
한승우 대치개념상상SM
한지연 로드맵수학학원
함민호 뉴파인이대부고특별관
홍상혁 말하는수학학원
황면식 늘품과학수학학원
황상미 용인수지수학대가
황성현 현수학영어학원
황지혜 매쓰플랜수학학원화곡
황하남 과학수학의봄날학원

초판1쇄 2025년 5월 19일

펴낸이 신원근

펴낸곳 ㈜진학사 블랙라벨사업부

기획편집 윤하나 유효정 홍다솔 김지민 최지영 김대현

디자인 이지영

마케팅 박세라 문서연

주소 서울시 종로구 경희궁길 34

학습 문의 booksupport@jinhak.com

영업 문의 02 734 7999

팩스 02 722 2537

출판 등록 제 300-2001-202호

이 책의 동영상 강의 사이트 강남구청 인터넷수능방송 에이닷. 수학학원

WWW.**JINHAK**.COM

THE 개념 블랙라벨

대수

B L A C K L A B E L

If you only do what you can do,
you'll never be more than you are now.
You don't even know who you are.

집 필
방 향

교육과정에서
다루는
모든 내용 수록

빈출 문제에
적용 가능한
실전 개념 수록

학습 내용의
체계적 정리

수학에
자신감이 생기는
단계적 학습 구성

시험 대비 가능한
최신 기출문제 수록

이 책을 펴내면서

"어떻게 하면 수학을 잘 할 수 있나요?"

20여 년간 만났던 제자와 학부모님들께 항상 들었던 질문입니다. "열심히 하면 돼."라고 답하는 것으로 책임을 면하기에는 많은 학생들이 수학 문제집과 씨름하고 잠을 줄이면서까지 열심히 하고 있습니다. 이러한 질문은 몇몇 요행을 바라는 학생의 질문일 수도 있지만 대부분 열심히 하는 것만으로는 해결할 수 없는 답답함을 토로하는 말들입니다. 이 책은 그 답답함에 대해 고민하고 만들어낸 저의 진심 어린 대답입니다.

"문제를 많이 풀어야 할까요?" "어떤 문제집이 좋은가요?"

정말 문제를 많이 풀면, 아니면 어떤 특정한 문제집을 사서 풀면 실력이 쭉쭉 올라가는 희열을 느낄 수 있을까요? 문제 풀이는 자신이 학습한 개념을 정확히 이해하고 있는지 스스로 확인하는 과정인 동시에, 수학적 사고력을 키우는 과정이기도 합니다. 문제 풀이는 '개념 이해'의 검증을 바탕으로 합니다. 그러니 당연히 개념을 탄탄하게 쌓지 않은 채 문제 풀이에만 집중한다면 작은 파도에도 쉽게 휩쓸리는 모래성을 쌓는 것에 불과할 것입니다. 풀지 못한 문제의 해설을 보며 '이해했다'라는 착각에 빠져 오늘도 '열심히' 모래성을 쌓고 있을지도 모르는 학생들에게 '개념 학습'의 중요성을 말해주고 싶습니다.

'어떤 일이든 때가 있다'는 말은 수학을 학습할 때도 해당이 됩니다. '어떤 문제집을 선택하는 것이 좋을까?'라는 고민을 하고 있다면 '나의 개념 확립은 확실히 되어 있나'를 먼저 짚어보고 그렇지 않다면 개념을 잘 학습할 수 있는 교재를 선정하여 차근차근 자신의 실력을 쌓아가야 합니다. 개념을 제대로 이해하지 못하고 문제풀이만 반복적으로 한다면 사상누각(砂上樓閣)과 다를 바 없습니다.

2022 개정 교육과정을 맞이하여 벌써 네 번째 교과서를 집필하면서 수학 교과서에 무엇을 담아야 할까 진지하게 고민하며 함께한 교수님과 선생님들의 의지까지 담아 개념서를 만들어 보자고 생각했습니다. 그렇게 만들어진 **더 개념 블랙라벨**은 개념, 원리, 법칙을 이해하기 쉽게 설명한 '기본 개념'과 함께 '통합 개념', '심화 개념'까지 포함하고 있는 확장된 개념 학습서입니다. 또한 개념 학습 이후 교과서에서도 다루고 있는 기본 유형과 학생들이 실제 시험에서 자주 마주치게 될 필수 유형, 사고력을 확장시킬 수 있는 발전 문제까지 수록하여 자신의 수준에 맞는 문제를 선택할 수 있도록 구성하였습니다.

끝으로 이 책이 세상의 빛을 볼 수 있도록 도와주신 진학사 대표님, 좋은 책을 만들기 위한 일념으로 애쓴 편집부 직원들, 부족한 책의 완성도를 높이기 위해 꼼꼼히 검토한 동료 선생님들, 그리고 바쁜 학사일정 중에도 기꺼이 자신의 일처럼 검토에 참여한 제자들에게 깊은 감사의 마음을 전하며 이 책을 통해 함께 할 여러분을 응원하겠습니다.

이 문 호

이 책의
구성과 특징

개념 학습

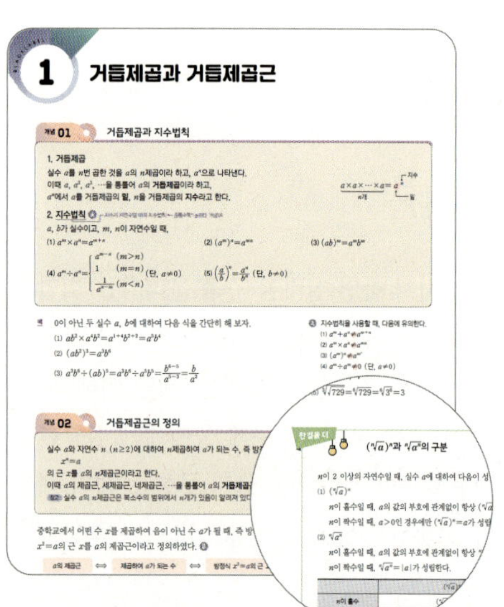

개념 정리

각 단원을 소주제로 분류하여 반드시 알아야 할 주요 내용 및 공식을 정리하였습니다.

개념 설명

개념 정리 내용을 **예**와 **설명**, **증명** 등을 통해 개념을 명확히 이해할 수 있도록 하였습니다. 또한, 추가적으로 알아 두면 좋은 **참고**와 **주의**를 삽입하고 Tip을 링크하여 더 꼼꼼하게 학습을 할 수 있도록 하였습니다.

한 걸음 더

교육 과정 외에도 실전 문제 해결에 도움이 되는 확장된 개념을 제시하여 수학적 사고력을 높일 수 있도록 하였습니다.

유형 학습

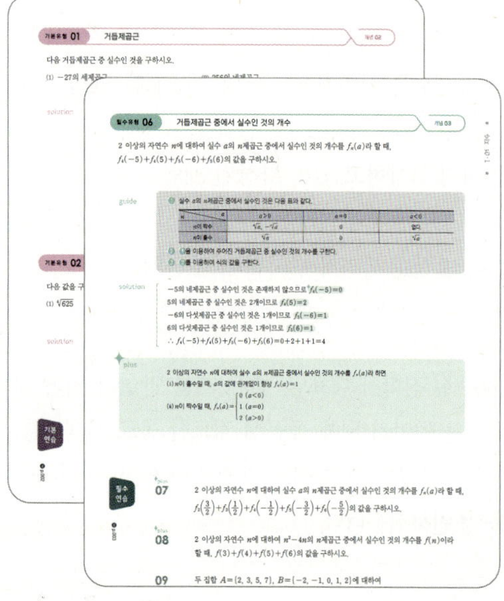

기본유형

앞에서 배운 개념을 바로 적용할 수 있도록 꼭 알아야 할 교과서적인 기본 문제를 수록하였습니다.

필수유형

최신 기출 경향을 반영한 빈출 유형을 삽입하여 시험 대비를 위한 학습이 가능하도록 하였습니다.

Guide 유형 해결을 위한 단계를 정리하였습니다.

Solution 유형 문제의 구체적인 해결 방법을 제시하였습니다.

+plus 해당 유형을 푸는 데 필요한 Tip을 수록하였습니다.

유형연습

기본유형 및 필수유형에서 학습한 내용을 연습할 수 있는 유사 문제 및 유형 확장 문제를 실어 반복하여 학습할 수 있도록 하였습니다.

마무리 학습

STEP 1 개념 마무리

각 단원의 개념을 완벽하게 이해하고 제대로 학습하였는지 점검할 수 있도록 하였습니다.

STEP 2 개념 마무리(발전)

STEP 1의 문제보다 높은 수준의 문제 또는 통합형 문제를 제공하여 사고력을 키우고, 실력을 향상시킬 수 있도록 하였습니다.

서술형 & **신유형** & **1등급**

단원별로 서술형으로 자주 나오는 문항, 새롭게 등장한 문항, 고난도 문항을 표시하여 연습할 수 있도록 하였습니다.

정답과 해설

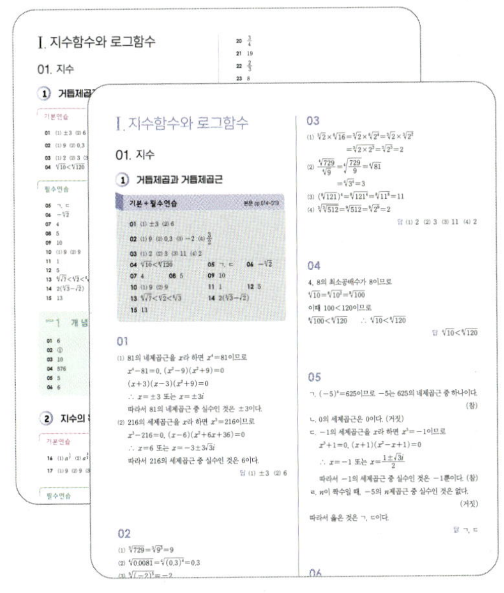

빠른 정답

답을 빠르게 확인하고, 채점할 수 있도록 하였습니다.

자세한 풀이

풀이 과정을 자세하게 제공하여 풀이를 보는 것만으로도 문제 해결 방안이 바로 이해될 수 있도록 하였습니다.

다른 풀이

더 쉽고, 빠르게 풀 수 있는 다른 풀이를 제공하여 다양한 사고를 할 수 있도록 하였습니다.

보충 설명

풀이에서 사용하고 있는 개념이나 Tip 등을 제공하여 문제 풀이에 도움이 되도록 하였습니다.

I 지수함수와 로그함수

II 삼각함수

III 수열

08 등차수열과 등비수열

09 수열의 합

10 수학적 귀납법

틀을
깨는
생각

Life shrinks or expands

in proportion to one's courage.

삶은 사람의 용기에 비례하여

넓어지거나 줄어든다.

... 아나이스 닌(Anais Nin)

I

지수함수와 로그함수

01 지수　02 로그　03 지수함수　04 로그함수

지수

1. 거듭제곱과 거듭제곱근

2. 지수의 확장

BLACKLABEL

1 거듭제곱과 거듭제곱근

개념 01 거듭제곱과 지수법칙

1. 거듭제곱

실수 a를 n번 곱한 것을 a의 n제곱이라 하고, a^n으로 나타낸다.
이때 a, a^2, a^3, …을 통틀어 a의 **거듭제곱**이라 하고,
a^n에서 a를 거듭제곱의 **밑**, n을 거듭제곱의 **지수**라고 한다.

$\underbrace{a\times a\times\cdots\times a}_{n\text{개}}=a^n$ (지수: n, 밑: a)

2. 지수법칙 Ⓐ

지수가 자연수일 때의 지수법칙 ← 공통수학1 p.012 개념04

a, b가 실수이고, m, n이 자연수일 때,

(1) $a^m\times a^n=a^{m+n}$ (2) $(a^m)^n=a^{mn}$ (3) $(ab)^m=a^mb^m$

(4) $a^m\div a^n=\begin{cases} a^{m-n} & (m>n) \\ 1 & (m=n) \\ \dfrac{1}{a^{n-m}} & (m<n) \end{cases}$ (단, $a\neq0$) (5) $\left(\dfrac{a}{b}\right)^n=\dfrac{a^n}{b^n}$ (단, $b\neq0$)

예 0이 아닌 두 실수 a, b에 대하여 다음 식을 간단히 해 보자.

(1) $ab^2\times a^4b^2=a^{1+4}b^{2+2}=a^5b^4$

(2) $(ab^2)^3=a^3b^6$

(3) $a^3b^6\div(ab)^5=a^3b^6\div a^5b^5=\dfrac{b^{6-5}}{a^{5-3}}=\dfrac{b}{a^2}$

Ⓐ 지수법칙을 사용할 때, 다음에 유의한다.

(1) $a^m+a^n\neq a^{m+n}$

(2) $a^m\times a^n\neq a^{mn}$

(3) $(a^m)^n\neq a^{m^n}$

(4) $a^m\div a^m\neq0$ (단, $a\neq0$)

개념 02 거듭제곱근의 정의

실수 a와 자연수 n $(n\geq2)$에 대하여 n제곱하여 a가 되는 수, 즉 방정식

$x^n=a$

의 근 x를 a의 n제곱근이라고 한다.
이때 a의 제곱근, 세제곱근, 네제곱근, …을 통틀어 a의 **거듭제곱근**이라고 한다.

참고 실수 a의 n제곱근은 복소수의 범위에서 n개가 있음이 알려져 있다.

$x^n=a$ (x의 n제곱 / a의 n제곱근)

중학교에서 어떤 수 x를 제곱하여 음이 아닌 수 a가 될 때, 즉 방정식 $x^2=a$의 근 x를 a의 제곱근이라고 정의하였다. Ⓑ

a의 제곱근 ⟺ 제곱하여 a가 되는 수 ⟺ 방정식 $x^2=a$의 근 x

같은 방법으로 실수 a의 n제곱근은 방정식 $x^n=a$의 근 x와 같으므로 복소수의 범위에서 n개가 있다.

a의 n제곱근 ⟺ n제곱하여 a가 되는 수 ⟺ 방정식 $x^n=a$의 근 x

Ⓑ (a의 제곱근)$\neq$(제곱근 a)

양수 a에 대하여

(1) a의 제곱근
⟺ 제곱하여 a가 되는 수
⟺ $\pm\sqrt{a}$

(2) 제곱근 a (루트 a)
⟺ a의 양의 제곱근
⟺ $\sqrt{a}$

예1 -8의 세제곱근을 x라 하면 $x^3=-8$이므로
$x^3+8=0$, 즉 $(x+2)(x^2-2x+4)=0$에서
$x=-2$ 또는 $x=1+\sqrt{3}i$ 또는 $x=1-\sqrt{3}i$
이다. 즉, 복소수의 범위에서 -8의 세제곱근은 3개이고 이 중 실수인 것은 -2의 1개이다.

예2 16의 네제곱근을 x라 하면 $x^4=16$이므로
$x^4-16=0$, 즉 $(x+2)(x-2)(x^2+4)=0$에서
$x=-2$ 또는 $x=2$ 또는 $x=-2i$ 또는 $x=2i$
이다. 즉, 복소수의 범위에서 16의 네제곱근은 4개이고 이 중 실수인 것은 -2, 2의 2개이다.

개념 03 a의 n제곱근 중 실수인 것

n이 2 이상인 자연수일 때, 실수 a의 n제곱근 중에서 실수인 것은 다음과 같다.

n \ a	$a>0$	$a=0$	$a<0$
n이 짝수	$\sqrt[n]{a}$, $-\sqrt[n]{a}$	0	없다.
n이 홀수	$\sqrt[n]{a}$	0	$\sqrt[n]{a}$

참고 $\sqrt[n]{a}$를 'n제곱근 a'라고 읽는다. 또한, $\sqrt[2]{a}$는 간단히 $\sqrt{a}$로 나타낸다.

실수 a의 n제곱근 중에서 실수인 것은 방정식 $x^n=a$의 실근이므로 함수 $y=x^n$의 그래프와 직선 $y=a$의 교점의 x좌표와 같다.

(1) n이 짝수인 경우

┌ 그래프는 y축에 대하여 대칭이다.

함수 $y=x^n$의 그래프와 직선 $y=a$는 오른쪽 그림과 같다.

(i) $a>0$일 때, ← 함수 $y=x^n$의 그래프와 직선 $y=a$ $(a>0)$의 교점은 2개이다.

a의 n제곱근 중에서 실수인 것은 양수와 음수 각각 한 개씩 있고, 이것을 각각 $\sqrt[n]{a}$, $-\sqrt[n]{a}$와 같이 나타낸다.

(ii) $a=0$일 때, ← 함수 $y=x^n$의 그래프와 직선 $y=0$ (x축)의 교점은 1개이다.

a의 n제곱근은 0뿐이다.
즉, $\sqrt[n]{0}=0$이다.

(iii) $a<0$일 때, ← 함수 $y=x^n$의 그래프와 직선 $y=a$ $(a<0)$의 교점은 없다.

a의 n제곱근 중에서 실수인 것은 없다.

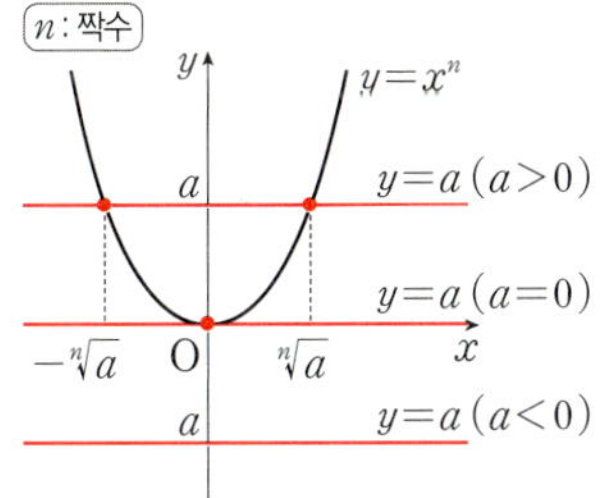

(2) n이 홀수인 경우

┌ 그래프는 원점에 대하여 대칭이다.

함수 $y=x^n$의 그래프와 직선 $y=a$는 오른쪽 그림과 같고, 두 그래프의 교점은 a의 값의 부호에 관계없이 항상 1개이다.

따라서 a의 n제곱근 중에서 실수인 것은 오직 하나뿐이고, 이것을 $\sqrt[n]{a}$와 같이 나타낸다.

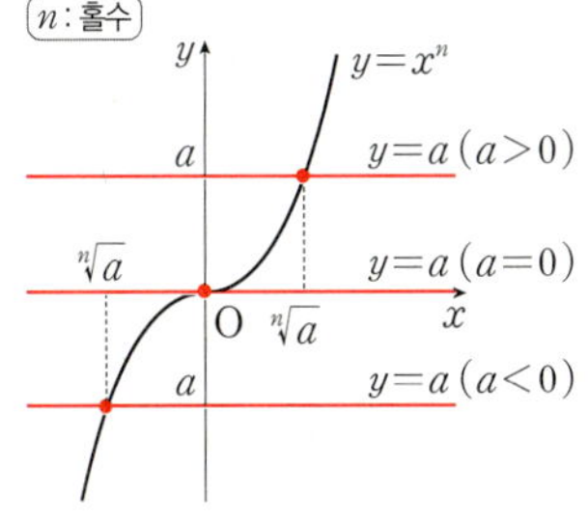

개념 04 거듭제곱근의 성질

$a>0$, $b>0$이고, m, n이 2 이상인 자연수일 때,

(1) $(\sqrt[n]{a})^n=\sqrt[n]{a^n}=a$

(2) $\sqrt[n]{a}\sqrt[n]{b}=\sqrt[n]{ab}$

(3) $\dfrac{\sqrt[n]{a}}{\sqrt[n]{b}}=\sqrt[n]{\dfrac{a}{b}}$

(4) $(\sqrt[n]{a})^m=\sqrt[n]{a^m}$

(5) $\sqrt[m]{\sqrt[n]{a}}=\sqrt[mn]{a}$

(6) $\sqrt[np]{a^{mp}}=\sqrt[n]{a^m}$ (단, p는 자연수)

개념 01의 지수법칙을 이용하여 거듭제곱근의 성질을 확인할 수 있다. Ⓐ

$a>0$, $b>0$이고, m, n이 2 이상의 자연수일 때,

(1) $\sqrt[n]{a}$는 n제곱하면 a가 되는 양수이므로 $(\sqrt[n]{a})^n=a$ ← $\sqrt[n]{a}$는 a의 양의 n제곱근이다.

또한, 양수 a^n의 양의 n제곱근은 a이므로 $\sqrt[n]{a^n}=a$

$\therefore (\sqrt[n]{a})^n=\sqrt[n]{a^n}=a$

(2) 지수법칙에 의하여 $(\sqrt[n]{a}\sqrt[n]{b})^n=(\sqrt[n]{a})^n(\sqrt[n]{b})^n=ab$

이때 $\sqrt[n]{a}>0$, $\sqrt[n]{b}>0$이므로 $\sqrt[n]{a}\sqrt[n]{b}>0$이다.

따라서 $\sqrt[n]{a}\sqrt[n]{b}$는 ab의 양의 n제곱근이므로

$\sqrt[n]{a}\sqrt[n]{b}=\sqrt[n]{ab}$

(3) 지수법칙에 의하여 $\left(\dfrac{\sqrt[n]{a}}{\sqrt[n]{b}}\right)^n=\dfrac{(\sqrt[n]{a})^n}{(\sqrt[n]{b})^n}=\dfrac{a}{b}$

이때 $\sqrt[n]{a}>0$, $\sqrt[n]{b}>0$이므로 $\dfrac{\sqrt[n]{a}}{\sqrt[n]{b}}>0$이다.

따라서 $\dfrac{\sqrt[n]{a}}{\sqrt[n]{b}}$는 $\dfrac{a}{b}$의 양의 n제곱근이므로

$\dfrac{\sqrt[n]{a}}{\sqrt[n]{b}}=\sqrt[n]{\dfrac{a}{b}}$

(4) 지수법칙에 의하여 $\{(\sqrt[n]{a})^m\}^n=(\sqrt[n]{a})^{mn}=\{(\sqrt[n]{a})^n\}^m=a^m$

이때 $\sqrt[n]{a}>0$이므로 $(\sqrt[n]{a})^m>0$이다.

따라서 $(\sqrt[n]{a})^m$은 a^m의 양의 n제곱근이므로

$(\sqrt[n]{a})^m=\sqrt[n]{a^m}$

(5) 지수법칙에 의하여 $(\sqrt[m]{\sqrt[n]{a}})^{mn}=\{(\sqrt[m]{\sqrt[n]{a}})^m\}^n=(\sqrt[n]{a})^n=a$

이때 $\sqrt[n]{a}>0$이므로 $\sqrt[m]{\sqrt[n]{a}}>0$이다.

따라서 $\sqrt[m]{\sqrt[n]{a}}$는 a의 양의 mn제곱근이므로

$\sqrt[m]{\sqrt[n]{a}}=\sqrt[mn]{a}$ Ⓑ

(6) (5)에서 $\sqrt[mn]{a}=\sqrt[m]{\sqrt[n]{a}}$, (1)에서 $(\sqrt[n]{a})^n=a$, $\sqrt[n]{a^n}=a$이므로

$(\sqrt[np]{a^{mp}})^n=(\sqrt[n]{\sqrt[p]{a^{mp}}})^n=\sqrt[p]{a^{mp}}=\sqrt[p]{(a^m)^p}=a^m$ (단, p는 자연수)

이때 $a^{mp}>0$이므로 $\sqrt[np]{a^{mp}}>0$이다.

따라서 $\sqrt[np]{a^{mp}}$은 a^m의 양의 n제곱근이므로

$\sqrt[np]{a^{mp}}=\sqrt[n]{a^m}$

Ⓐ **지수법칙**

a, b가 실수이고, m, n이 자연수일 때,

(1) $a^m\times a^n=a^{m+n}$

(2) $(a^m)^n=a^{mn}$

(3) $(ab)^m=a^mb^m$

(4) $a^m\div a^n=\begin{cases} a^{m-n} & (m>n) \\ 1 & (m=n) \\ \dfrac{1}{a^{n-m}} & (m<n) \end{cases}$

(단, $a\neq0$)

(5) $\left(\dfrac{a}{b}\right)^n=\dfrac{a^n}{b^n}$ (단, $b\neq0$)

Ⓑ $\sqrt[m]{\sqrt[n]{a}}=\sqrt[mn]{a}=\sqrt[n]{\sqrt[m]{a}}$

예 (1) $(\sqrt[5]{3})^5=3$

(2) $\sqrt[4]{2}\sqrt[4]{8}=\sqrt[4]{2\times8}=\sqrt[4]{16}=\sqrt[4]{2^4}=2$

(3) $\dfrac{\sqrt[3]{56}}{\sqrt[3]{7}}=\sqrt[3]{\dfrac{56}{7}}=\sqrt[3]{8}=\sqrt[3]{2^3}=2$

(4) $(\sqrt[3]{5})^6=\sqrt[3]{5^6}=\sqrt[3]{25^3}=25$

(5) $\sqrt[3]{\sqrt{729}}=\sqrt[6]{729}=\sqrt[6]{3^6}=3$

(6) $\sqrt[6]{216}=\sqrt[6]{6^3}=\sqrt{6}$

한걸음 더

$(\sqrt[n]{a})^n$과 $\sqrt[n]{a^n}$의 구분

기본유형 02 + 개념마무리 발전 3

n이 2 이상의 자연수일 때, 실수 a에 대하여 다음이 성립한다.

(1) $(\sqrt[n]{a})^n$

n이 홀수일 때, a의 값의 부호에 관계없이 항상 $(\sqrt[n]{a})^n=a$가 성립하고

n이 짝수일 때, $a>0$인 경우에만 $(\sqrt[n]{a})^n=a$가 성립한다.

(2) $\sqrt[n]{a^n}$

n이 홀수일 때, a의 값의 부호에 관계없이 항상 $\sqrt[n]{a^n}=a$가 성립하고

n이 짝수일 때, $\sqrt[n]{a^n}=|a|$가 성립한다.

	$(\sqrt[n]{a})^n$	$\sqrt[n]{a^n}$
n이 홀수	$(\sqrt[n]{a})^n=a$	$\sqrt[n]{a^n}=a$
n이 짝수	$(\sqrt[n]{a})^n=a\ (a>0)$	$\sqrt[n]{a^n}=\lvert a\rvert$

예 (1) $(\sqrt[3]{2})^3=2$, $(\sqrt[3]{-2})^3=-2$, $(\sqrt[4]{2})^4=2$

이때 $(\sqrt[4]{-2})^4$은 정의되지 않는다. ← 고등학교 과정에서는 정의되지 않기 때문에 $a>0$인 경우만 다루기로 한다.

(2) $\sqrt[3]{2^3}=2$, $\sqrt[4]{2^4}=2$, $\sqrt[3]{(-2)^3}=-2$ (그대로), $\sqrt[4]{(-2)^4}=\sqrt[4]{2^4}=2\neq-2$ ($|-2|$)

개념 05 거듭제곱근의 대소 비교

2 이상의 자연수 n에 대하여 $a>0$, $b>0$일 때,

$a>b \iff \sqrt[n]{a}>\sqrt[n]{b}$

예 $\sqrt{3}$, $\sqrt[3]{6}$에서 2, 3의 최소공배수가 6이므로 두 수를 $\sqrt[6]{\square}$ 꼴로 변형하면

$\sqrt{3}=\sqrt[6]{3^3}=\sqrt[6]{27}$, $\sqrt[3]{6}=\sqrt[6]{6^2}=\sqrt[6]{36}$

이때 $27<36$이므로 $\sqrt[6]{27}<\sqrt[6]{36}$

$\therefore \sqrt{3}<\sqrt[3]{6}$

기본유형 01 거듭제곱근

개념 02

다음 거듭제곱근 중 실수인 것을 구하시오.

(1) -27의 세제곱근　　　(2) 256의 네제곱근

solution

(1) -27의 세제곱근을 x라 하면 $x^3=-27$이므로

$x^3+27=0$, $(x+3)(x^2-3x+9)=0$

$\therefore\ x=-3$ 또는 $x=\dfrac{3\pm3\sqrt{3}i}{2}$

따라서 -27의 세제곱근 중 실수인 것은 -3이다.

(2) 256의 네제곱근을 x라 하면 $x^4=256$이므로

$x^4-256=0$, $(x^2-16)(x^2+16)=0$, $(x+4)(x-4)(x^2+16)=0$

$\therefore\ x=\pm4$ 또는 $x=\pm4i$

따라서 256의 네제곱근 중 실수인 것은 ±4이다.

기본유형 02 거듭제곱근의 값

개념 03+04

다음 값을 구하시오.

(1) $\sqrt[4]{625}$　　(2) $\sqrt[3]{0.008}$　　(3) $\sqrt[6]{(-3)^6}$　　(4) $\sqrt[5]{-\dfrac{32}{243}}$

solution

(1) $\sqrt[4]{625}=\sqrt[4]{5^4}=5$

(2) $\sqrt[3]{0.008}=\sqrt[3]{(0.2)^3}=0.2$

(3) $\sqrt[6]{(-3)^6}=\sqrt[6]{3^6}=3$

(4) $\sqrt[5]{-\dfrac{32}{243}}=\sqrt[5]{\left(-\dfrac{2}{3}\right)^5}=-\dfrac{2}{3}$

기본 연습

p.002

01 다음 거듭제곱근 중 실수인 것을 구하시오.

(1) 81의 네제곱근　　　(2) 216의 세제곱근

02 다음 값을 구하시오.

(1) $\sqrt[3]{729}$　　(2) $\sqrt[4]{0.0081}$　　(3) $\sqrt[5]{(-2)^5}$　　(4) $\sqrt[4]{\dfrac{81}{16}}$

기본유형 03 거듭제곱근의 성질

개념 04

다음 식을 간단히 하시오.

(1) $\sqrt[4]{3}\times\sqrt[4]{27}$ (2) $\dfrac{\sqrt[3]{32}}{\sqrt[3]{4}}$ (3) $(\sqrt[4]{49})^2$ (4) $\sqrt[3]{\sqrt{64}}$

solution

(1) $\sqrt[4]{3}\times\sqrt[4]{27}=\sqrt[4]{3\times27}=\sqrt[4]{81}=\sqrt[4]{3^4}=3$

(2) $\dfrac{\sqrt[3]{32}}{\sqrt[3]{4}}=\sqrt[3]{\dfrac{32}{4}}=\sqrt[3]{8}=\sqrt[3]{2^3}=2$

(3) $(\sqrt[4]{49})^2=\sqrt[4]{49^2}=\sqrt[4]{7^4}=7$

(4) $\sqrt[3]{\sqrt{64}}=\sqrt[6]{2^6}=2$

기본유형 04 거듭제곱근의 대소 비교

개념 05

두 수 $\sqrt[3]{4}$, $\sqrt[4]{7}$의 대소를 비교하시오.

solution

3, 4의 최소공배수가 12이므로
$\sqrt[3]{4}=\sqrt[12]{4^4}=\sqrt[12]{256}$, $\sqrt[4]{7}=\sqrt[12]{7^3}=\sqrt[12]{343}$
이때 $256<343$이므로
$\sqrt[12]{256}<\sqrt[12]{343}$ $\quad\therefore\ \sqrt[3]{4}<\sqrt[4]{7}$

기본 연습

p.002

03 다음 식을 간단히 하시오.

(1) $\sqrt[3]{2}\times\sqrt[6]{16}$ (2) $\dfrac{\sqrt[4]{729}}{\sqrt[4]{9}}$ (3) $(\sqrt[8]{121})^4$ (4) $\sqrt[3]{\sqrt[3]{512}}$

04 두 수 $\sqrt[4]{10}$, $\sqrt[8]{120}$의 대소를 비교하시오.

필수유형 05 거듭제곱근의 정의

개념 02+03

다음 <보기>에서 옳은 것만을 있는 대로 고르시오.

보기

ㄱ. $\sqrt[3]{3}$은 3의 세제곱근 중 하나이다.

ㄴ. -81의 네제곱근 중 실수인 것은 없다.

ㄷ. $\sqrt{(-16)^2}$의 제곱근 중 실수인 것은 -4뿐이다.

ㄹ. n이 짝수일 때, 4의 n제곱근 중 실수인 것은 2개이다.

guide

❶ a의 n제곱근은 '방정식 $x^n=a$의 근'임을 이용하여 식을 세운다.

❷ x의 값을 구하여 참, 거짓을 판별한다.

solution

ㄱ. $(\sqrt[3]{3})^3=3$이므로 $\sqrt[3]{3}$은 3의 세제곱근 중 하나이다. (참)

ㄴ. -81의 네제곱근을 x라 하면 $x^4=-81$

이를 만족시키는 실수 x의 값은 존재하지 않으므로 -81의 네제곱근 중 실수인 것은 없다. (참)

ㄷ. $\sqrt{(-16)^2}=\sqrt{16^2}=16$이므로 16의 제곱근을 x라 하면

$x^2=16,\ x^2-16=0,\ (x+4)(x-4)=0 \qquad \therefore x=-4$ 또는 $x=4$

따라서 $\sqrt{(-16)^2}$의 제곱근 중 실수인 것은 $-4,\ 4$이다. (거짓)

ㄹ. n이 짝수일 때, 4의 n제곱근 중 실수인 것은 $\sqrt[n]{4},\ -\sqrt[n]{4}$의 2개이다. (참)

필수 연습

정답 pp.002~003

05 다음 <보기>에서 옳은 것만을 있는 대로 고르시오.

보기

ㄱ. -5는 625의 네제곱근 중 하나이다.

ㄴ. 0의 세제곱근은 없다.

ㄷ. -1의 세제곱근 중 실수인 것은 -1뿐이다.

ㄹ. n이 짝수일 때, -5의 n제곱근 중 실수인 것은 2개이다.

06 2^{10}의 다섯제곱근 중 실수인 것을 a라 하고, a의 제곱근 중 음수인 것을 b라 할 때, b의 세제곱근 중 실수인 것을 구하시오.

필수유형 06 거듭제곱근 중에서 실수인 것의 개수

개념 03

2 이상의 자연수 n에 대하여 실수 a의 n제곱근 중에서 실수인 것의 개수를 $f_n(a)$라 할 때, $f_4(-5)+f_4(5)+f_5(-6)+f_5(6)$의 값을 구하시오.

guide

❶ 실수 a의 n제곱근 중에서 실수인 것은 다음 표와 같다.

n \ a	$a>0$	$a=0$	$a<0$
n이 짝수	$\sqrt[n]{a}$, $-\sqrt[n]{a}$	0	없다.
n이 홀수	$\sqrt[n]{a}$	0	$\sqrt[n]{a}$

❷ ❶을 이용하여 주어진 거듭제곱근 중 실수인 것의 개수를 구한다.

❸ ❷를 이용하여 식의 값을 구한다.

solution

-5의 네제곱근 중 실수인 것은 존재하지 않으므로 $f_4(-5)=0$

5의 네제곱근 중 실수인 것은 2개이므로 $f_4(5)=2$

-6의 다섯제곱근 중 실수인 것은 1개이므로 $f_5(-6)=1$

6의 다섯제곱근 중 실수인 것은 1개이므로 $f_5(6)=1$

$\therefore f_4(-5)+f_4(5)+f_5(-6)+f_5(6)=0+2+1+1=4$

plus

2 이상의 자연수 n에 대하여 실수 a의 n제곱근 중에서 실수인 것의 개수를 $f_n(a)$라 하면

(i) n이 홀수일 때, a의 값에 관계없이 항상 $f_n(a)=1$

(ii) n이 짝수일 때, $f_n(a)=\begin{cases} 0 & (a<0) \\ 1 & (a=0) \\ 2 & (a>0) \end{cases}$

필수연습

07 plus

2 이상의 자연수 n에 대하여 실수 a의 n제곱근 중에서 실수인 것의 개수를 $f_n(a)$라 할 때, $f_2\left(\frac{3}{2}\right)+f_3\left(\frac{1}{2}\right)+f_4\left(-\frac{1}{2}\right)+f_5\left(-\frac{3}{2}\right)+f_6\left(-\frac{5}{2}\right)$의 값을 구하시오.

p.003

08 plus

2 이상의 자연수 n에 대하여 n^2-4n의 n제곱근 중에서 실수인 것의 개수를 $f(n)$이라 할 때, $f(3)+f(4)+f(5)+f(6)$의 값을 구하시오.

09

두 집합 $A=\{2, 3, 5, 7\}$, $B=\{-2, -1, 0, 1, 2\}$에 대하여

집합 $C=\{\sqrt[a]{b} \mid a\in A,\ b\in B,\ \sqrt[a]{b}\text{는 실수}\}$일 때, $n(C)$를 구하시오.

필수유형 07 거듭제곱근의 성질

개념 04

다음 식을 간단히 하시오.

(1) $\sqrt[3]{-8}+\sqrt[5]{4}\times\sqrt[5]{8}+\sqrt{\sqrt[3]{27^2}}$

(2) $\sqrt[3]{4}\times\sqrt[3]{16}+\dfrac{\sqrt[4]{243}}{\sqrt[4]{3}}$

guide

❶ $a>0$, $b>0$이고, m, n이 2 이상인 자연수일 때, 다음 거듭제곱근의 성질을 이용하여 주어진 식을 간단히 한다.

(1) $(\sqrt[n]{a})^n=\sqrt[n]{a^n}=a$

(2) $\sqrt[n]{a}\sqrt[n]{b}=\sqrt[n]{ab}$

(3) $\dfrac{\sqrt[n]{a}}{\sqrt[n]{b}}=\sqrt[n]{\dfrac{a}{b}}$

(4) $(\sqrt[n]{a})^m=\sqrt[n]{a^m}$

(5) $\sqrt[m]{\sqrt[n]{a}}=\sqrt[mn]{a}=\sqrt[n]{\sqrt[m]{a}}$

(6) $\sqrt[np]{a^{mp}}=\sqrt[n]{a^m}$ (단, p는 자연수)

❷ ❶의 식의 값을 구한다.

solution

(1) $\sqrt[3]{-8}+\sqrt[5]{4}\times\sqrt[5]{8}+\sqrt{\sqrt[3]{27^2}}=\sqrt[3]{(-2)^3}+\sqrt[5]{4\times8}+\sqrt[6]{(3^3)^2}$

$=\sqrt[3]{(-2)^3}+\sqrt[5]{2^5}+\sqrt[6]{3^6}$

p.013 한 걸음 더 참고

$=-2+2+3=3$

(2) $\sqrt[3]{4}\times\sqrt[3]{16}+\dfrac{\sqrt[4]{243}}{\sqrt[4]{3}}=\sqrt[3]{4\times16}+\sqrt[4]{\dfrac{243}{3}}$

$=\sqrt[3]{64}+\sqrt[4]{81}=\sqrt[3]{4^3}+\sqrt[4]{3^4}$

$=4+3=7$

필수 연습

🅢 p.004

10 다음 식을 간단히 하시오.

(1) $(\sqrt[3]{5})^3+\sqrt[3]{27}\times\sqrt[4]{16}-\sqrt[3]{\sqrt{64}}$

(2) $\sqrt{\sqrt[3]{128}}\times\sqrt[6]{32}+\dfrac{\sqrt[3]{250}}{\sqrt[3]{2}}$

11 $x>0$, $x\neq1$일 때, $\sqrt[4]{\dfrac{\sqrt[3]{x}}{\sqrt[6]{x}}}\times\sqrt[3]{\dfrac{\sqrt{x}}{\sqrt[4]{x}}}\div\sqrt{\dfrac{\sqrt[3]{x^2}}{\sqrt[12]{x^5}}}$ 을 간단히 하시오.

12 $a>0$, $b>0$, $a\neq1$, $b\neq1$일 때,

$\sqrt[3]{a^2b}\div\sqrt[6]{a^3b^2}\times\sqrt[12]{a^7b^6}=\sqrt[4]{a^mb^n}$

이다. 두 자연수 m, n에 대하여 $m+n$의 값을 구하시오.

필수유형 08 거듭제곱근의 대소 비교

개념 05

세 수 $\sqrt{2}$, $\sqrt[4]{5}$, $\sqrt[6]{11}$의 대소를 비교하시오.

guide

❶ 거듭제곱근으로 나타내어진 세 수를 보고, 최소공배수를 이용하여 같은 n제곱근으로 통일한다.
(단, $n\geq2$인 자연수)

❷ $a>0$, $b>0$일 때, $a>b \Longleftrightarrow \sqrt[n]{a}>\sqrt[n]{b}$임을 이용하여 주어진 수의 대소를 비교한다.

solution

2, 4, 6의 최소공배수는 12이므로

$\sqrt{2}=\sqrt[12]{2^6}=\sqrt[12]{64}$, $\sqrt[4]{5}=\sqrt[12]{5^3}=\sqrt[12]{125}$, $\sqrt[6]{11}=\sqrt[12]{11^2}=\sqrt[12]{121}$

이때 $64<121<125$이므로 $\sqrt[12]{64}<\sqrt[12]{121}<\sqrt[12]{125}$

$\therefore\ \sqrt{2}<\sqrt[6]{11}<\sqrt[4]{5}$

필수 연습

pp.004~005

13 세 수 $\sqrt[4]{2}$, $\sqrt[6]{3}$, $\sqrt[6]{\sqrt{7}}$의 대소를 비교하시오.

14 $|\sqrt{2}-\sqrt[3]{3}|+|\sqrt[3]{3}-\sqrt[5]{6}|+|\sqrt[5]{6}-\sqrt{2}|$의 값을 구하시오.

15 세 수 $\sqrt{3\sqrt[3]{2}}$, $\sqrt[3]{4\sqrt{3}}$, $\sqrt[4]{5\sqrt[3]{10}}$ 중에서 가장 작은 수를 a, 가장 큰 수를 b라 할 때, a^3보다 크고 b^3보다 작은 모든 자연수의 합을 구하시오.

01 1의 네제곱근 중 실수인 것을 a, -125의 세제곱근 중 실수인 것을 b라 할 때, $a-b$의 최댓값을 구하시오.

02 자연수 n이 $2\le n\le 11$일 때, $-n^2+9n-18$의 n제곱근 중에서 음의 실수가 존재하도록 하는 모든 n의 값의 합은? [평가원]

① 31 ② 33 ③ 35
④ 37 ⑤ 39

03 2 이상의 자연수 n에 대하여 실수 a의 n제곱근 중에서 실수인 것의 개수를 $f_n(a)$라 할 때,

$$f_2(6)+f_3(5)+f_4(4)+\cdots+f_m(8-m)=11$$

이 되도록 하는 자연수 m의 최댓값을 구하시오.

04 3의 세제곱근 중 실수인 것을 a, 4의 네제곱근 중 양수인 것을 b라 할 때, $(\sqrt{a}b)^{12}$의 값을 구하시오.

05 $a>0$, $b>0$, $a\ne 1$, $b\ne 1$일 때,

$$\frac{\sqrt{a\sqrt[4]{a\sqrt[6]{a}}}}{\sqrt[6]{a\sqrt[4]{a\sqrt{a}}}}\times\sqrt[4]{ab^3}\div\sqrt[12]{b^7}=\sqrt[6]{a^m b^n}$$

을 만족시키는 두 자연수 m, n에 대하여 $m+n$의 값을 구하시오.

06 두 집합 A, B가

$$A=\{x\,|\,(x-\sqrt[6]{12})(x-\sqrt[3]{6})>0\},$$
$$B=\{x\,|\,(x-\sqrt[4]{8})(x-\sqrt{2})<0\}$$

일 때, $A\cap B=\{x\,|\,a<x<b\}$를 만족시키는 두 상수 a, b에 대하여 $\frac{b^6}{a^2}$의 값을 구하시오.

2 지수의 확장

개념 06 지수법칙-지수가 정수인 경우

1. 0 또는 음의 정수인 지수

$a\neq0$이고, n이 양의 정수일 때,

(1) $a^0=1$

(2) $a^{-n}=\dfrac{1}{a^n}$

2. 지수가 정수일 때의 지수법칙

$a\neq0$, $b\neq0$이고, m, n이 정수일 때,

지수법칙에서 지수의 범위를 정수까지 확장할 때는 '(밑)$\neq0$'인 조건이 필요하다.

(1) $a^m a^n=a^{m+n}$

(2) $a^m\div a^n=a^{m-n}$

(3) $(a^m)^n=a^{mn}$

(4) $(ab)^n=a^n b^n$

1. 0 또는 음의 정수인 지수의 정의

$a\neq0$이고, m, n이 양의 정수일 때, 지수법칙

$a^m a^n=a^{m+n}$ ……㉠

이 성립한다.

(1) $m=0$일 때에도 ㉠이 성립한다고 하면

$a^0 a^n=a^{0+n}=a^n$

이므로 $a^0=1$로 정의할 수 있다.

(2) $m=-n$일 때에도 ㉠이 성립한다고 하면

$a^{-n}a^n=a^{-n+n}=a^0=1$

이므로 $a^{-n}=\dfrac{1}{a^n}$로 정의할 수 있다.

예 (1) $(\sqrt{3})^0=1$

(2) $(-5)^0=1$

(3) $(-4)^{-2}=\dfrac{1}{(-4)^2}=\dfrac{1}{16}$

(4) $\left(\dfrac{3}{2}\right)^{-3}=\dfrac{1}{\left(\dfrac{3}{2}\right)^3}=\dfrac{1}{\dfrac{27}{8}}=\dfrac{8}{27}$

주의 $0^3=0$이지만 0^0, 0^{-2} 등은 정의되지 않는다.

즉, 지수가 0 또는 음의 정수일 때, (밑)$\neq0$이라는 조건이 필요하다.

2. 지수가 정수일 때의 지수법칙

증명 $a\neq0$, $b\neq0$이고, m, n이 음의 정수일 때,

$m=-p$, $n=-q$ (p, q는 양의 정수) — m과 n 둘 중 하나만 음의 정수인 경우이거나 m 또는 n이 0인 경우에도 같은 방법으로 지수법칙이 성립함을 보일 수 있다.

라 하면

(1) $a^m a^n=a^{-p}a^{-q}=\frac{1}{a^p}\times\frac{1}{a^q}=\frac{1}{a^{p+q}}$

$=a^{-(p+q)}=a^{(-p)+(-q)}$

$=a^{m+n}$

(2) $a^m\div a^n=a^{-p}\div a^{-q}=a^{-p}\div\frac{1}{a^q}$

$=a^{-p}\times a^q=a^{-p+q}=a^{-p-(-q)}$ ← (1) 이용

$=a^{m-n}$ ← m, n의 대소에 관계없이 항상 성립한다.

(3) $(a^m)^n=(a^{-p})^{-q}=\left(\frac{1}{a^p}\right)^{-q}=\frac{1}{\left(\frac{1}{a^p}\right)^q}=\frac{1}{\frac{1}{a^{pq}}}$

$=a^{pq}=a^{(-p)\times(-q)}$

$=a^{mn}$

(4) $(ab)^n=(ab)^{-q}=\frac{1}{(ab)^q}=\frac{1}{a^qb^q}$

$=\frac{1}{a^q}\times\frac{1}{b^q}=a^{-q}b^{-q}$

$=a^nb^n$

예 (1) $2^4\times2^{-2}=2^{4+(-2)}=2^2=4$

(2) $3^{-3}\div(3^{-1})^{-2}=3^{-3}\div3^2=3^{-3-2}=3^{-5}=\frac{1}{243}$

(3) $(a^{-3})^{-2}\times a^2=a^6\times a^2=a^{6+2}=a^8$ (단, $a\neq0$)

(4) $(ab)^6\div(a^4b^{-3})^{-2}=a^6b^6\div a^{-8}b^6=a^{6-(-8)}b^{6-6}=a^{14}$ (단, $a\neq0$, $b\neq0$)

개념 07 지수법칙-지수가 유리수인 경우

1. 유리수인 지수

$a>0$이고, m, n ($n\geq2$)이 정수일 때,

(1) $a^{\frac{m}{n}}=\sqrt[n]{a^m}$

(2) $a^{\frac{1}{n}}=\sqrt[n]{a}$

2. 지수가 유리수일 때의 지수법칙

$a>0$, $b>0$이고, r, s가 유리수일 때, — 지수법칙에서 지수의 범위를 유리수까지 확장할 때는 '(밑)>0'인 조건이 필요하다.

(1) $a^ra^s=a^{r+s}$

(2) $a^r\div a^s=a^{r-s}$

(3) $(a^r)^s=a^{rs}$

(4) $(ab)^r=a^rb^r$

1. 유리수인 지수의 정의

$a>0$이고, p, q가 정수일 때, 지수법칙

$(a^p)^q=a^{pq}$ ……㉠

이 성립한다.

이때 지수가 유리수인 경우에도 ㉠이 성립한다고 하면 두 정수 m, n $(n\geq2)$에 대하여

$\left(a^{\frac{m}{n}}\right)^n=a^{\frac{m}{n}\times n}=a^m$

이고, $a^{\frac{m}{n}}>0$이므로 $a^{\frac{m}{n}}$은 a^m의 양의 n제곱근이다. 따라서

$a^{\frac{m}{n}}=\sqrt[n]{a^m}$

으로 정의할 수 있다.

예 (1) $3^{\frac{2}{5}}=\sqrt[5]{3^2}$ (2) $2^{-\frac{5}{4}}=\sqrt[4]{2^{-5}}=\dfrac{1}{\sqrt[4]{2^5}}$

주의 $\sqrt{-2}$는 실수가 아니고 $\sqrt[4]{-1}$은 정의되지 않는다.

즉, 지수가 유리수일 때, (밑)>0이라는 조건이 필요하다.

또한, $a^{\frac{m}{n}}=\sqrt[n]{a^m}$에서 $n\geq2$이어야 하므로 **예** (2) $2^{-\frac{5}{4}}$을 $^{-4}\sqrt{2^5}$으로 표현하지 않는다.

2. 지수가 유리수일 때의 지수법칙

증명 $a>0$, $b>0$이고, r, s가 유리수일 때,

$r=\dfrac{m}{n}$, $s=\dfrac{p}{q}$ (m, n, p, q는 정수이고 $n\geq2$, $q\geq2$)

라 하면

(1) $a^ra^s=a^{\frac{m}{n}}a^{\frac{p}{q}}=a^{\frac{mq}{nq}}a^{\frac{np}{nq}}=\sqrt[nq]{a^{mq}}\sqrt[nq]{a^{np}}$

$=\sqrt[nq]{a^{mq}a^{np}}=\sqrt[nq]{a^{mq+np}}$

$=a^{\frac{mq+np}{nq}}=a^{\frac{m}{n}+\frac{p}{q}}$

$=a^{r+s}$

(2) $a^r\div a^s=a^{\frac{m}{n}}\div a^{\frac{p}{q}}=a^{\frac{mq}{nq}}\div a^{\frac{np}{nq}}=\sqrt[nq]{a^{mq}}\div\sqrt[nq]{a^{np}}$

$=\dfrac{\sqrt[nq]{a^{mq}}}{\sqrt[nq]{a^{np}}}=\sqrt[nq]{\dfrac{a^{mq}}{a^{np}}}$

$=\sqrt[nq]{a^{mq-np}}=a^{\frac{mq-np}{nq}}=a^{\frac{m}{n}-\frac{p}{q}}$

$=a^{r-s}$

(3) $(a^r)^s=\left(a^{\frac{m}{n}}\right)^{\frac{p}{q}}=\left(\sqrt[n]{a^m}\right)^{\frac{p}{q}}=\sqrt[q]{\left(\sqrt[n]{a^m}\right)^p}$

$=\sqrt[q]{\sqrt[n]{(a^m)^p}}=\sqrt[nq]{a^{mp}}$

$=a^{\frac{mp}{nq}}=a^{\frac{m}{n}\times\frac{p}{q}}$

$=a^{rs}$

(4) $(ab)^r=(ab)^{\frac{m}{n}}=\sqrt[n]{(ab)^m}=\sqrt[n]{a^mb^m}$

$=\sqrt[n]{a^m}\times\sqrt[n]{b^m}=a^{\frac{m}{n}}b^{\frac{m}{n}}$

$=a^rb^r$

예 (1) $2^{-\frac{5}{2}}\times 2^{0.5}=2^{-\frac{5}{2}+\frac{1}{2}}=2^{-2}=\frac{1}{4}$

(2) $3^{\frac{8}{3}}\div 3^{-\frac{1}{3}}=3^{\frac{8}{3}-\left(-\frac{1}{3}\right)}=3^3=27$

(3) $\left(a^{\frac{3}{4}}\right)^{\frac{1}{3}}=a^{\frac{3}{4}\times\frac{1}{3}}=a^{\frac{1}{4}}$ (단, $a>0$)

(4) $\left(a^{-\frac{1}{2}}b^{\frac{2}{3}}\right)^{-\frac{3}{2}}=a^{-\frac{1}{2}\times\left(-\frac{3}{2}\right)}b^{\frac{2}{3}\times\left(-\frac{3}{2}\right)}=a^{\frac{3}{4}}b^{-1}=\frac{a^{\frac{3}{4}}}{b}$ (단, $a>0$, $b>0$)

주의 지수가 정수가 아닌 유리수일 때, 밑이 음수인 경우는 지수법칙을 적용할 수 없다.

$\{(-2)^2\}^{\frac{1}{2}}=4^{\frac{1}{2}}=2$ (○)

$\{(-2)^2\}^{\frac{1}{2}}=(-2)^{2\times\frac{1}{2}}=(-2)^1=-2$ (×)

개념 08 지수법칙-지수가 실수인 경우

$a>0$, $b>0$이고, x, y가 실수일 때, Ⓐ

(지수법칙에서 지수의 범위를 실수까지 확장할 때는 '(밑)>0'인 조건이 필요하다.)

(1) $a^xa^y=a^{x+y}$

(2) $a^x\div a^y=a^{x-y}$

(3) $(a^x)^y=a^{xy}$

(4) $(ab)^x=a^xb^x$

지수가 실수인 경우에도 지수법칙은 성립한다. ← 지수의 범위는 실수까지 확장된다.

예를 들어, $\sqrt{2}=1.4142135\cdots$이므로 $\sqrt{2}$에 한없이 가까워지는 유리수

$1,\ 1.4,\ 1.41,\ 1.414,\ 1.4142,\ \cdots$

를 각각 지수로 갖는 수

$2^1,\ 2^{1.4},\ 2^{1.41},\ 2^{1.414},\ 2^{1.4142},\ \cdots$

은 어떤 일정한 수에 한없이 가까워진다는 사실을 직관적으로 알 수 있다. Ⓑ

이때 이 일정한 수를 $2^{\sqrt{2}}$으로 정의한다.

이와 같은 방법으로 $a>0$이고 x가 실수일 때, a^x을 정의하면 지수가 실수일 때에도 지수법칙이 성립한다.

예 (1) $3^{2\sqrt{5}}\times 3^{-\sqrt{5}}=3^{2\sqrt{5}+(-\sqrt{5})}=3^{\sqrt{5}}$

(2) $2^{\sqrt{2}}\div 2^{3\sqrt{2}}=2^{\sqrt{2}-3\sqrt{2}}=2^{-2\sqrt{2}}=\frac{1}{2^{2\sqrt{2}}}$

(3) $(a^{\sqrt{2}})^{\sqrt{3}}\div a^{\sqrt{6}}=a^{\sqrt{2}\times\sqrt{3}}\div a^{\sqrt{6}}=a^{\sqrt{6}}\div a^{\sqrt{6}}=a^{\sqrt{6}-\sqrt{6}}=a^0=1$ (단, $a>0$)

(4) $(a^{\sqrt{3}}b^{-\sqrt{6}})^{\sqrt{2}}=a^{\sqrt{3}\times\sqrt{2}}b^{-\sqrt{6}\times\sqrt{2}}=a^{\sqrt{6}}b^{-2\sqrt{3}}=\frac{a^{\sqrt{6}}}{b^{2\sqrt{3}}}$ (단, $a>0$, $b>0$)

참고 지수의 범위가 자연수에서 정수, 유리수로 확장됨에 따라 지수법칙이 성립하기 위한 밑의 범위는 축소된다.

즉, a^x에서 지수 x의 값의 범위에 따른 밑 a의 조건은 다음과 같다.

지수 x	자연수	정수	유리수	실수
밑 a	실수	$a\neq 0$	$a>0$	$a>0$

Ⓐ **지수가 실수일 때 지수법칙이 성립하기 위한 밑의 조건**

지수가 유리수일 때와 마찬가지로 지수가 실수일 때의 지수법칙은 밑이 양수인 경우에만 성립한다.

Ⓑ **$2^{\sqrt{2}}$ 정의하기**

x	2^x
1	2
1.4	2.63901582⋯
1.41	2.65737162⋯
1.414	2.66474965⋯
1.4142	2.66511908⋯
⋮	⋮
$\sqrt{2}$	$2^{\sqrt{2}}$

기본유형 09 거듭제곱근을 지수를 사용하여 나타내기

개념 07

다음을 지수를 사용하여 나타내시오. (단, $a>0$)

(1) $\sqrt[3]{a}$ (2) $\sqrt[4]{a^2}$ (3) $\frac{1}{\sqrt[5]{a^3}}$ (4) $\frac{1}{\sqrt[6]{a^{-4}}}$

solution

(1) $\sqrt[3]{a}=a^{\frac{1}{3}}$

(2) $\sqrt[4]{a^2}=a^{\frac{2}{4}}=a^{\frac{1}{2}}$

(3) $\frac{1}{\sqrt[5]{a^3}}=\frac{1}{a^{\frac{3}{5}}}=a^{-\frac{3}{5}}$

(4) $\frac{1}{\sqrt[6]{a^{-4}}}=\frac{1}{a^{-\frac{4}{6}}}=\frac{1}{a^{-\frac{2}{3}}}=a^{\frac{2}{3}}$

기본유형 10 지수법칙

개념 07+08

다음 값을 구하시오.

(1) $7^{1-\sqrt{5}}\times7^{1+\sqrt{5}}$ (2) $4^{-\frac{3}{2}}\div8^{\frac{5}{3}}$

(3) $\left\{\left(\frac{1}{3}\right)^{-\frac{\sqrt{5}}{4}}\right\}^{\frac{2\sqrt{5}}{5}}$ (4) $(27\times\sqrt{8})^{\frac{2}{3}}$

solution

(1) $7^{1-\sqrt{5}}\times7^{1+\sqrt{5}}=7^{1-\sqrt{5}+(1+\sqrt{5})}=7^2=49$

(2) $4^{-\frac{3}{2}}\div8^{\frac{5}{3}}=(2^2)^{-\frac{3}{2}}\div(2^3)^{\frac{5}{3}}=2^{-3}\div2^5=2^{-3-5}=2^{-8}=\frac{1}{256}$

(3) $\left\{\left(\frac{1}{3}\right)^{-\frac{\sqrt{5}}{4}}\right\}^{\frac{2\sqrt{5}}{5}}=\left(\frac{1}{3}\right)^{-\frac{\sqrt{5}}{4}\times\frac{2\sqrt{5}}{5}}=(3^{-1})^{-\frac{1}{2}}=3^{\frac{1}{2}}=\sqrt{3}$

(4) $(27\times\sqrt{8})^{\frac{2}{3}}=\left\{3^3\times(2^3)^{\frac{1}{2}}\right\}^{\frac{2}{3}}=\left(3^3\times2^{\frac{3}{2}}\right)^{\frac{2}{3}}=3^2\times2=18$

기본 연습

답 p.007

16 다음을 지수를 사용하여 나타내시오. (단, $a>0$)

(1) $\sqrt[7]{a}$ (2) $\sqrt{a^3}$ (3) $\frac{1}{\sqrt[4]{a^7}}$ (4) $\frac{1}{\sqrt[8]{a^{-2}}}$

17 다음 값을 구하시오.

(1) $3^{2\sqrt{2}}\times9^{1-\sqrt{2}}$ (2) $81^{\frac{1}{4}}\div27^{-\frac{1}{3}}$

(3) $\left(\frac{5}{\sqrt[3]{25}}\right)^{\frac{3}{2}}$ (4) $(2^{\sqrt{3}}\times4)^{\sqrt{3}-2}$

필수유형 11 지수법칙

개념 06~08

다음 식을 간단히 하시오.

(1) $2^{\frac{1}{2}}\times2^{\frac{1}{3}}\div\left(2^{\frac{2}{9}}\right)^{-\frac{3}{4}}$

(2) $(3^{\sqrt{2}})^{\sqrt{6}+\sqrt{2}}\times(3^{\sqrt{3}})^{\sqrt{3}+2}\div81^{\sqrt{3}}$

guide

❶ 밑을 소인수분해하여 거듭제곱 꼴로 나타낸다.

❷ $a>0$, $b>0$이고, x, y가 실수일 때, 다음 지수법칙이 성립함을 이용하여 식을 간단히 한다.

(1) $a^xa^y=a^{x+y}$

(2) $a^x\div a^y=a^{x-y}$

(3) $(a^x)^y=a^{xy}$

(4) $(ab)^x=a^xb^x$

solution

(1) $2^{\frac{1}{2}}\times2^{\frac{1}{3}}\div\left(2^{\frac{2}{9}}\right)^{-\frac{3}{4}}=2^{\frac{1}{2}}\times2^{\frac{1}{3}}\div2^{-\frac{1}{6}}$

$=2^{\frac{1}{2}+\frac{1}{3}-\left(-\frac{1}{6}\right)}=2^1=2$

(2) $(3^{\sqrt{2}})^{\sqrt{6}+\sqrt{2}}\times(3^{\sqrt{3}})^{\sqrt{3}+2}\div81^{\sqrt{3}}=3^{2\sqrt{3}+2}\times3^{3+2\sqrt{3}}\div(3^4)^{\sqrt{3}}$

$=3^{2\sqrt{3}+2}\times3^{3+2\sqrt{3}}\div3^{4\sqrt{3}}$

$=3^{2\sqrt{3}+2+(3+2\sqrt{3})-4\sqrt{3}}$

$=3^5=243$

필수 연습

18 다음 식을 간단히 하시오.

(1) $32^{\frac{1}{3}}\times108^{\frac{1}{3}}\div\left(16^{-\frac{1}{3}}\right)^{\frac{1}{2}}$

(2) $(2-\sqrt{2})^{1+\sqrt{3}}\times(2-\sqrt{2})^{1-\sqrt{3}}$

정답 p.007

19 $\left(3^{\frac{1}{3}}-2^{\frac{1}{3}}\right)\left(9^{\frac{1}{3}}+6^{\frac{1}{3}}+4^{\frac{1}{3}}\right)+\left(5^{\frac{1}{2}}+5^{-\frac{1}{2}}\right)^2$을 간단히 하시오.

20 $a>0$, $a\neq1$일 때, $\left(a^{\frac{1}{2}}\right)^{\frac{3}{2}}\div\left(a^{\frac{2}{3}}\right)^{\frac{5}{4}}\times\left(a^{\frac{1}{6}}\right)^k=a^{\frac{1}{24}}$을 만족시키는 실수 k의 값을 구하시오.

필수유형 12 거듭제곱근을 지수를 사용하여 나타내기

개념 06~08

두 자연수 m, n에 대하여 $\sqrt{a \times \sqrt[3]{a} \times \sqrt[5]{a}} = (\sqrt[m]{a})^n$이 성립할 때, $m+n$의 최솟값을 구하시오.

(단, $a>0$, $a \neq 1$)

guide

① $a>0$이고, m, n $(n \geq 2)$이 정수일 때,

$$a^{\frac{m}{n}} = \sqrt[n]{a^m}, \quad a^{\frac{1}{n}} = \sqrt[n]{a}$$

임을 이용하여 거듭제곱근을 지수가 유리수인 수로 나타낸다.

② 지수법칙을 이용하여 주어진 식을 간단히 나타낸 후, 미지수의 값을 구한다.

solution

$$\sqrt{a \times \sqrt[3]{a} \times \sqrt[5]{a}} = \left(a \times a^{\frac{1}{3}} \times a^{\frac{1}{5}}\right)^{\frac{1}{2}} = \left(a^{1+\frac{1}{3}+\frac{1}{5}}\right)^{\frac{1}{2}}$$

$$= \left(a^{\frac{23}{15}}\right)^{\frac{1}{2}} = a^{\frac{23}{30}}$$

또한, $(\sqrt[m]{a})^n = a^{\frac{n}{m}}$이므로

$\sqrt{a \times \sqrt[3]{a} \times \sqrt[5]{a}} = (\sqrt[m]{a})^n$에서 $a^{\frac{23}{30}} = a^{\frac{n}{m}}$

30과 23은 서로소인 자연수이므로 $m=30$, $n=23$일 때, $m+n$은 최솟값을 갖는다.

따라서 $m+n$의 최솟값은 $30+23=53$이다.

plus

자연수 a가 소수일 때, $a^{\frac{n}{m}}$이 자연수가 되려면 n이 m의 배수이어야 한다. (단, m, n은 자연수이다.)

필수 연습

답 pp.007~008

21 $a>1$이고 $\sqrt{\dfrac{a\sqrt[3]{a}}{\sqrt{a\sqrt[5]{a}}}} = a^{\frac{n}{m}}$일 때, $m-n$의 값을 구하시오.

(단, m, n은 서로소인 자연수이다.)

22 $a>0$, $b>0$, $a \neq 1$, $b \neq 1$일 때,

$$(\sqrt{a})^{\sqrt{2}} \times \left(\frac{b^2}{a}\right)^{\frac{1}{\sqrt{2}}} \div \left(\sqrt[3]{a\sqrt{b^{3\sqrt{2}}}}\right)^2 = a^m b^n$$

을 만족시키는 두 유리수 m, n에 대하여 $n-m$의 값을 구하시오.

23 (plus) $2 \leq n \leq 100$인 자연수 n에 대하여 $(\sqrt[4]{5^5})^{\frac{1}{3}}$이 어떤 자연수의 n제곱근이 되도록 하는 n의 개수를 구하시오.

필수유형 13 지수법칙을 이용하여 식의 값 구하기 개념 06~08

다음 물음에 답하시오.

(1) 실수 a에 대하여 $2^a=\frac{2}{3}$일 때, 2^{3-a}의 값을 구하시오.

(2) 두 실수 a, b에 대하여 $2^a=3$, $3^b=\sqrt{2}$일 때, ab의 값을 구하시오.

guide

❶ 지수법칙을 이용하여 식을 간단히 한다.

❷ 한 식에 다른 식을 대입하거나 두 식을 연립하여 주어진 식의 값을 구한다.

solution

(1) $2^{3-a}=2^3\times2^{-a}=\frac{8}{2^a}$

$=\frac{8}{\frac{2}{3}}\left(\because\ 2^a=\frac{2}{3}\right)$

$=12$

(2) $2^a=3$이므로

$(2^a)^b=3^b=\sqrt{2}$, $2^{ab}=2^{\frac{1}{2}}$

$\therefore\ ab=\frac{1}{2}$

p.008

24 다음 물음에 답하시오.

(1) 실수 a에 대하여 $6^a=2$일 때, 6^{2a+1}의 값을 구하시오.

(2) 두 실수 a, b에 대하여 $2^a=10$, $10^{b+1}=40$일 때, ab의 값을 구하시오.

25 두 실수 a, b에 대하여

$2^{a+b}=243$, $2^{a-b}=3$

이 성립할 때, 2^a+2^b의 값을 구하시오.

26 두 실수 a, b가 $3^{a-1}=2$, $6^{2b}=5$를 만족시킬 때, $5^{\frac{1}{ab}}$의 값을 구하시오.

필수유형 14 a^x+a^{-x} 꼴의 식의 값 구하기

개념 06~08

$a>1$이고 $a^{\frac{1}{2}}+a^{-\frac{1}{2}}=3$일 때, 다음 식의 값을 구하시오.

(1) $a+a^{-1}$　　(2) $a^{\frac{1}{2}}-a^{-\frac{1}{2}}$　　(3) $a-a^{-1}$　　(4) $a^{\frac{3}{2}}+a^{-\frac{3}{2}}$

guide

❶ 다음 곱셈 공식의 변형을 이용하여 식을 변형한다.

(1) $a^2+b^2=(a+b)^2-2ab=(a-b)^2+2ab$

(2) $(a+b)^2=(a-b)^2+4ab$, $(a-b)^2=(a+b)^2-4ab$

(3) $a^3+b^3=(a+b)^3-3ab(a+b)$, $a^3-b^3=(a-b)^3+3ab(a-b)$

❷ 지수법칙을 이용하여 식을 정리한 후, 주어진 값을 대입하여 식의 값을 구한다.

solution

(1) $a+a^{-1}=\left(a^{\frac{1}{2}}+a^{-\frac{1}{2}}\right)^2-2a^{\frac{1}{2}}a^{-\frac{1}{2}}=3^2-2=7$

(2) $\left(a^{\frac{1}{2}}-a^{-\frac{1}{2}}\right)^2=\left(a^{\frac{1}{2}}+a^{-\frac{1}{2}}\right)^2-4a^{\frac{1}{2}}a^{-\frac{1}{2}}=3^2-4=5$

이때 $a>1$에서 $a^{\frac{1}{2}}>a^{-\frac{1}{2}}$, 즉 $a^{\frac{1}{2}}-a^{-\frac{1}{2}}>0$이므로 $a^{\frac{1}{2}}-a^{-\frac{1}{2}}=\sqrt{5}$

(3) $(a-a^{-1})^2=(a+a^{-1})^2-4aa^{-1}=7^2-4=45$ ($\because$ (1))

이때 $a>1$에서 $a>a^{-1}$, 즉 $a-a^{-1}>0$이므로 $a-a^{-1}=\sqrt{45}=3\sqrt{5}$

(4) $a^{\frac{3}{2}}+a^{-\frac{3}{2}}=\left(a^{\frac{1}{2}}+a^{-\frac{1}{2}}\right)^3-3a^{\frac{1}{2}}a^{-\frac{1}{2}}\left(a^{\frac{1}{2}}+a^{-\frac{1}{2}}\right)$

$=3^3-3\times1\times3=18$

다른 풀이

(3) $\underbrace{a-a^{-1}=\left(a^{\frac{1}{2}}+a^{-\frac{1}{2}}\right)\left(a^{\frac{1}{2}}-a^{-\frac{1}{2}}\right)}_{a^2-b^2=(a+b)(a-b)}=3\times\sqrt{5}=3\sqrt{5}$ ($\because$ (2))

(4) $\underbrace{a^{\frac{3}{2}}+a^{-\frac{3}{2}}=\left(a^{\frac{1}{2}}+a^{-\frac{1}{2}}\right)\left(a-a^{\frac{1}{2}}a^{-\frac{1}{2}}+a^{-1}\right)}_{a^3+b^3=(a+b)(a^2-ab+b^2)}=3\times(7-1)=18$ ($\because$ (1))

필수 연습

풀이 p.009

27 $x>1$이고 $x-x^{-1}=2\sqrt{3}$일 때, 다음 식의 값을 구하시오.

(1) $x+x^{-1}$　　(2) $x^{\frac{1}{2}}+x^{-\frac{1}{2}}$　　(3) x^2-x^{-2}　　(4) x^3-x^{-3}

28 양수 a에 대하여 $\sqrt{a}-\frac{1}{\sqrt{a}}=2$일 때, $\frac{a+a^{-1}}{a^{\frac{3}{2}}-a^{-\frac{3}{2}}+2}$의 값을 구하시오.

29 $x=5^{\frac{1}{6}}+5^{-\frac{1}{6}}$일 때, $(x+\sqrt{x^2-4})^3$의 값을 구하시오.

필수유형 15 $\dfrac{a^x-a^{-x}}{a^x+a^{-x}}$ 꼴의 식의 값 구하기

개념 06~08

실수 x에 대하여 $a^{2x}=3$일 때, 다음 식의 값을 구하시오. (단, $a>0$)

(1) $\dfrac{a^x-a^{-x}}{a^x+a^{-x}}$　　(2) $\dfrac{a^{3x}+a^{-3x}}{a^x+a^{-x}}$

guide

❶ 구하는 식의 분자, 분모에 각각 a^x 또는 a^{-x} 등을 적당히 곱한다.
❷ 주어진 값을 대입하여 식의 값을 구한다.

solution

(1) 분자, 분모에 각각 a^x을 곱하면

$$(\text{주어진 식})=\frac{(a^x-a^{-x})\times a^x}{(a^x+a^{-x})\times a^x}=\frac{a^{2x}-1}{a^{2x}+1}=\frac{3-1}{3+1}=\frac{1}{2}$$

(2) 분자, 분모에 각각 a^x을 곱하면

$$(\text{주어진 식})=\frac{(a^{3x}+a^{-3x})\times a^x}{(a^x+a^{-x})\times a^x}=\frac{a^{4x}+a^{-2x}}{a^{2x}+1}=\frac{(a^{2x})^2+\frac{1}{a^{2x}}}{a^{2x}+1}=\frac{3^2+\frac{1}{3}}{3+1}=\frac{9+\frac{1}{3}}{4}=\frac{7}{3}$$

다른 풀이

(2) $$\frac{a^{3x}+a^{-3x}}{a^x+a^{-x}}=\frac{(a^x+a^{-x})(a^{2x}-a^xa^{-x}+a^{-2x})}{a^x+a^{-x}}=a^{2x}-1+a^{-2x}$$

$$=a^{2x}-1+\frac{1}{a^{2x}}=3-1+\frac{1}{3}=\frac{7}{3}$$

30 실수 x에 대하여 $3^{2x}=4$일 때, 다음 식의 값을 구하시오.

(1) $\dfrac{3^x+3^{-x}}{3^x-3^{-x}}$　　(2) $\dfrac{3^x-27^{-x}}{3^{-3x}+27^x}$

p.010

31 실수 x에 대하여 $\dfrac{a^x-a^{-x}}{a^x+a^{-x}}=\dfrac{2}{3}$일 때, a^x의 값을 구하시오. (단, $a>0$)

32 실수 x에 대하여 $4^x=3-2\sqrt{2}$일 때, $\dfrac{8^x+8^{-x}}{2^x+2^{-x}}$의 값을 구하시오.

필수유형 16 밑이 서로 다른 등식이 주어질 때 식의 값 구하기

개념 06~08

0이 아닌 세 실수 x, y, z에 대하여 다음 물음에 답하시오.

(1) $56^x=32$, $7^y=16$일 때, $\frac{5}{x}-\frac{4}{y}$의 값을 구하시오.

(2) $3^x=6^y=8^z=12$일 때, $\frac{1}{x}+\frac{1}{y}+\frac{1}{z}$의 값을 구하시오.

guide

❶ 실수 x, y에 대하여 $a^x=k$, $b^y=k$ $(a>0,\ b>0,\ xy\neq0)$일 때,

$a=k^{\frac{1}{x}}$, $b=k^{\frac{1}{y}}$

임을 이용하여 밑을 통일한다.

❷ $ab=k^{\frac{1}{x}+\frac{1}{y}}$, $\frac{a}{b}=k^{\frac{1}{x}-\frac{1}{y}}$임을 이용하여 식의 값을 구할 수 있도록 변형한다.

solution

(1) $56^x=32$에서 $56=32^{\frac{1}{x}}=2^{\frac{5}{x}}$ ······㉠

$7^y=16$에서 $7=16^{\frac{1}{y}}=2^{\frac{4}{y}}$ ······㉡

㉠÷㉡을 하면 $8=2^{\frac{5}{x}-\frac{4}{y}}$

이때 $8=2^3$이므로 $\frac{5}{x}-\frac{4}{y}=3$

(2) $3^x=12$에서 $3=12^{\frac{1}{x}}$ ······㉠

$6^y=12$에서 $6=12^{\frac{1}{y}}$ ······㉡

$8^z=12$에서 $8=12^{\frac{1}{z}}$ ······㉢

㉠×㉡×㉢을 하면 $144=12^{\frac{1}{x}+\frac{1}{y}+\frac{1}{z}}$

이때 $144=12^2$이므로 $\frac{1}{x}+\frac{1}{y}+\frac{1}{z}=2$

필수 연습

pp.010~011

33 0이 아닌 세 실수 x, y, z에 대하여 다음 물음에 답하시오.

(1) $15^x=27$, $135^y=81$일 때, $\frac{8}{y}-\frac{6}{x}$의 값을 구하시오.

(2) $3^x=9^y=27^z$일 때, $\frac{1}{x}+\frac{1}{y}-\frac{1}{z}$의 값을 구하시오.

34 세 양수 a, b, c가 $a^x=b^{2y}=c^{3z}=7$, $abc=49$를 만족시킬 때, $\frac{6}{x}+\frac{3}{y}+\frac{2}{z}$의 값을 구하시오.

필수유형 17 지수법칙의 실생활에의 활용

개념 06~08

어느 필름의 사진 농도를 P, 입사하는 빛의 세기를 Q, 투과하는 빛의 세기를 R이라 하면 다음과 같은 관계식이 성립한다고 한다.

$$R=Q\times 10^{-P}$$

두 필름 A, B에 입사하는 빛의 세기가 서로 같고, 두 필름 A, B의 사진 농도가 각각 p, $p+2$일 때, 투과하는 빛의 세기를 각각 R_{A}, R_{B}라 하자. $\frac{R_{\text{A}}}{R_{\text{B}}}$의 값을 구하시오. (단, $p>0$)

guide

1. 주어진 식에서 각 문자가 나타내는 것이 무엇인지 파악한다.
2. 지수법칙을 이용하여 식의 값을 구한다.

solution

두 필름 A, B에 입사하는 빛의 세기가 Q로 같다고 하면

$R_A=Q\times 10^{-p}$, $R_B=Q\times 10^{-(p+2)}=Q\times 10^{-p-2}$이므로

$$\frac{R_A}{R_B}=\frac{Q\times 10^{-p}}{Q\times 10^{-p-2}}=10^{-p-(-p-2)}=10^2=100$$

필수 연습

p.011

35 양수기로 물을 끌어올릴 때, 펌프의 1분당 회전수 N, 양수량 Q, 양수할 높이 H와 양수기의 비교 회전도 S 사이에는 다음과 같은 관계식이 성립한다고 한다.

$$S=NQ^{\frac{1}{2}}H^{-\frac{3}{4}}\ (\text{단, } N\neq 0)$$

펌프의 1분당 회전수가 일정한 양수기에 대하여 양수량이 24, 양수할 높이가 5일 때의 비교 회전도를 S_1, 양수량이 12, 양수할 높이가 10일 때의 비교 회전도를 S_2라 하자. $\frac{S_1}{S_2}=2^k$이라 할 때, 실수 k에 대하여 $100k$의 값을 구하시오. (단, 펌프의 1분당 회전수의 단위는 rpm, 양수량의 단위는 m^3/분, 양수할 높이의 단위는 m이다.)

36 반지름의 길이가 r인 원형 도선에 세기가 I인 전류가 흐를 때, 원형 도선의 중심에서 수직 거리 x만큼 떨어진 지점에서의 자기장의 세기를 B라 하면 다음과 같은 관계식이 성립한다고 한다.

$$B=\frac{kIr^2}{2(x^2+r^2)^{\frac{3}{2}}}\ (\text{단, } k\text{는 상수이다.})$$

전류의 세기가 I_0 $(I_0>0)$으로 일정할 때, 반지름의 길이가 r_1인 원형 도선의 중심에서 수직 거리 x_1만큼 떨어진 지점에서의 자기장의 세기를 B_1, 반지름의 길이가 $3r_1$인 원형 도선의 중심에서 수직 거리 $3x_1$만큼 떨어진 지점에서의 자기장의 세기를 B_2라 하자. $\frac{B_2}{B_1}$의 값을 구하시오. (단, 전류의 세기의 단위는 A, 자기장의 세기의 단위는 T, 길이와 거리의 단위는 m이다.) [교육청]

07 다음 〈보기〉에서 옳은 것만을 있는 대로 고른 것은?

보기

ㄱ. $4^{1-\sqrt{3}}\times 2^{1+2\sqrt{3}}=2^{\sqrt{3}}$

ㄴ. $\sqrt[3]{8}\times\dfrac{2^{\sqrt{2}}}{2^{1+\sqrt{2}}}=1$

ㄷ. $(2^{\sqrt{3}+1})^{2\sqrt{3}-2}=2^6$

ㄹ. $2^{\sqrt{2}}\times\left(\dfrac{1}{2}\right)^{\sqrt{2}-1}=2$

① ㄱ, ㄴ ② ㄱ, ㄹ ③ ㄴ, ㄷ
④ ㄴ, ㄹ ⑤ ㄷ, ㄹ

08 $\left(1+3^{\frac{3}{2}}\right)\left(1-3^{\frac{1}{2}}\right)\left(1+3^{\frac{1}{4}}+3^{\frac{1}{2}}\right)\left(1-3^{\frac{1}{4}}+3^{\frac{1}{2}}\right)$의 값을 구하시오.

09 양수 a에 대하여 다항식 $f(x)=x^3-4$가 $x-\sqrt{a}$로 나누어떨어질 때, $f(x)$를 $x-\sqrt{a^3}$으로 나눈 나머지를 구하시오.

10 $\left(\dfrac{3^{-2}}{8}\right)^{\frac{12}{n}}$이 자연수가 되도록 하는 정수 n의 개수를 구하시오.

11 등식 $27^{\frac{1}{m}}=k\times 64^{\frac{1}{n}}$을 만족시키는 자연수 k가 존재하도록 하는 두 정수 m, n의 순서쌍 (m, n)의 개수를 구하시오.

12 두 실수 a, b에 대하여 $2^a=5$, $10^b=15$일 때, $2^{ab-2a+b}$의 값을 구하시오.

13 두 실수 a, b에 대하여 $15^a=2$, $15^b=5$일 때, $3^{\frac{4a}{1-b}}$의 값을 구하시오.

14 $x=\sqrt[3]{9}+\sqrt[3]{81}$일 때, x^3-27x의 값을 구하시오.

15 실수 x에 대하여 $\frac{2^x+2^{-x}}{2^x-2^{-x}}=5$일 때, $\frac{8^x+8^{-x}}{2^x-2^{-x}}$의 값을 구하시오.

신유형

16 0이 아닌 실수 x에 대하여 $f(x)=\frac{a^x+a^{-x}}{a^x-a^{-x}}$이라 하자. $f(\alpha)=\frac{5}{3}$, $f(\beta)=\frac{7}{5}$인 두 실수 α, β에 대하여 $f(\alpha+\beta)$의 값을 구하시오. (단, $a>0$)

17 $108^x=3$, $\frac{1}{12^y}=27$, $a^z=16$을 만족시키는 세 실수 x, y, z에 대하여 $\frac{1}{x}+\frac{3}{y}-\frac{1}{2z}=1$이 성립할 때, 양수 a의 값을 구하시오.

18 0이 아닌 세 실수 a, b, c가 $729^a=64^b=k^c$, $\frac{2}{a}+\frac{3}{b}=\frac{6}{c}$을 만족시킬 때, 양수 k의 값을 구하시오.

19 어느 농산물의 가격이 과거 n년 동안 a원에서 b원으로 올랐을 때의 연평균 가격 상승률을 P라 하면 다음과 같은 관계식이 성립한다고 한다.

$$P=\sqrt[n]{\frac{b}{a}}-1 \ (\text{단, } 0<a\le b,\ n\ge 2)$$

10년 전 농산물 A, B의 가격은 각각 3000원, 2000원이었고, 현재 농산물 A, B의 가격은 각각 6000원, 8000원이라 한다. 최근 10년 동안 농산물 B의 연평균 가격 상승률은 농산물 A의 연평균 가격 상승률의 몇 배인지 구하시오. (단, $1.07^{10}=2$로 계산한다.)

1 $2\le n\le 10$인 자연수 n에 대하여
n^2+n+1의 n제곱근 중 실수인 것의 개수를 $f(n)$,
$n^2-10n+21$의 n제곱근 중 실수인 것의 개수를 $g(n)$
이라 하자. $f(n)=g(n)$을 만족시키는 모든 자연수 n의 값의 합을 구하시오.

2 함수 $f(x)=2\sqrt{x}$ $(x>0)$에 대하여

$$\frac{f(2)\times(f\circ f)(3)}{(f\circ f\circ f)(18)}$$

의 값을 구하시오.

3 등식 $\sqrt[3]{a^2}\times\sqrt[3]{b}+\sqrt[3]{-108}=0$을 만족시키는 두 자연수 a, b에 대하여 $a+b$의 최댓값과 최솟값의 합을 구하시오.

4 두 자연수 m, n에 대하여 다음 세 수 A, B, C의 대소 관계를 바르게 나타낸 것은? (단, $1<m<n$)

$$A=\sqrt[3]{m\sqrt{n}},\ B=\sqrt{n\sqrt[3]{m}},\ C=\sqrt{\sqrt{mn}}$$

① $A<B<C$ ② $A<C<B$
③ $B<A<C$ ④ $B<C<A$
⑤ $C<A<B$

서술형

5 $3^x>1$을 만족시키는 실수 x에 대하여 $9^x-3^{x+1}=-1$일 때, $\dfrac{27^x-27^{-x}+4}{9^x+9^{-x}-3}$의 값을 구하시오.

1등급

6 세 양수 x, y, z와 1이 아닌 세 양수 a, b, c가 다음 조건을 만족시킨다.

(가) $3^x\times3^y=9^z$ (나) $a^{\frac{1}{x}}=b^{\frac{1}{y}}=c^{\frac{1}{z}}$

이때 $\dfrac{a+3b}{2c}$의 최솟값을 구하시오.

Don't judge each day
by the harvest you reap
but by the seeds that you plant.

거둔 열매가 아닌 뿌린 씨앗으로
오늘 하루를 판단하라.

... 로버트 루이스 스티븐슨(Robert Louis Stevenson)

1

지수함수와 로그함수

01 지수

02 **로그**

03 지수함수

04 로그함수

BLACKLABEL

1 로그

개념 01 로그의 정의

$a>0$, $a\neq1$일 때, 양수 N에 대하여

$a^x=N$

을 만족시키는 실수 x는 오직 하나 존재한다. 이 수 x를

$\log_a N$ Ⓐ

과 같이 나타내고, a를 **밑**으로 하는 N의 **로그**라고 한다.

이때 N을 $\log_a N$의 **진수**라고 한다. 즉,

$a^x=N \iff x=\log_a N$

참고 log는 logarithm(대수)의 약자이고, '로그'라고 읽는다.

$\log_a N$ (진수: N, 밑: a)

앞서 배운 개념으로 $2^x=8$을 만족시키는 실수 x의 값은 3임을 알 수 있지만, $2^x=7$을 만족시키는 실수 x의 값은 쉽게 구할 수 없다.

이때 $2^x=7$을 만족시키는 실수 x의 값을 기호 log를 이용하여

$x=\log_2 7$ ← 2를 밑으로 하는 7의 로그

과 같이 나타내기로 한다.

예 (1) $3^2=9 \iff 2=\log_3 9$

(2) $5^{-2}=\frac{1}{25} \iff -2=\log_5 \frac{1}{25}$

(3) $8^{\frac{1}{3}}=2 \iff \frac{1}{3}=\log_8 2$

Ⓐ $a>0$, $a\neq1$일 때, 두 양수 A, B에 대하여 다음이 성립한다.

$A=B \iff \log_a A=\log_a B$

이때 $A=B$를 $\log_a A=\log_a B$로 변형하는 것을 '양변에 a를 밑으로 하는 로그를 취한다.'라고 한다.

개념 02 로그의 밑과 진수의 조건

$\log_a N$이 정의되기 위한 밑 a와 진수 N의 조건은 다음과 같다.

(1) 밑의 조건 : $a>0$, $a\neq1$ (밑은 1이 아닌 양수이어야 한다.)

(2) 진수의 조건 : $N>0$ (진수는 양수이어야 한다.)

참고 특별한 언급이 없이 $\log_a N$으로 주어지면 $a>0$, $a\neq1$, $N>0$을 만족시키는 것으로 생각한다.

(1) 밑의 조건

$\log_a N$의 밑 a의 값의 범위에 따라 로그의 값이 존재하는지 $\log_a 8$을 통해 알아보자.

$\log_a 8=x$라 하면

(i) $a<0$인 경우

$a=-2$일 때, $\log_{-2} 8=x$에서 $(-2)^x=8$

그런데 $(-2)^x=8$을 만족시키는 실수 x는 존재하지 않는다.

(ii) $a=0$인 경우

$\log_0 8=x$에서 $0^x=8$

그런데 $0^x=8$을 만족시키는 실수 x는 존재하지 않는다.

(iii) $a=1$인 경우

$\log_1 8=x$에서 $1^x=8$

그런데 $1^x=8$을 만족시키는 실수 x는 존재하지 않는다.

(i), (ii), (iii)에서 $\log_a N$의 밑 a는 1이 아닌 양수, 즉 $a>0$, $a\neq1$이어야 한다.

(2) 진수의 조건

$\log_a N$의 진수 N의 값의 범위에 따라 로그의 값이 존재하는지 $\log_2 N$을 통해 알아보자.

$\log_2 N=x$라 하면

(i) $N<0$인 경우

$N=-4$일 때, $\log_2(-4)=x$에서 $2^x=-4$

그런데 $2^x=-4$를 만족시키는 실수 x는 존재하지 않는다.

(ii) $N=0$인 경우

$\log_2 0=x$에서 $2^x=0$

그런데 $2^x=0$을 만족시키는 실수 x는 존재하지 않는다.

(i), (ii)에서 $\log_a N$의 진수 N은 양수, 즉 $N>0$이어야 한다.

예 $\log_{x+1}(5-x)$가 정의되도록 하는 실수 x의 값의 범위를 구해 보자.

밑의 조건에 의하여 $x+1>0$, $x+1\neq1$이므로
(밑)>0, (밑)$\neq1$

$x>-1$, $x\neq0$ ……㉠

진수의 조건에 의하여 $5-x>0$이므로
(진수)>0

$x<5$ ……㉡

㉠, ㉡을 동시에 만족시키는 x의 값의 범위는 $-1<x<0$ 또는 $0<x<5$

개념 03 로그의 성질 Ⓑ

$a>0$, $a\neq1$, $M>0$, $N>0$일 때,

(1) $\log_a 1=0$, $\log_a a=1$

(2) $\log_a MN=\log_a M+\log_a N$

(3) $\log_a \dfrac{M}{N}=\log_a M-\log_a N$

(4) $\log_a M^k=k\log_a M$ (단, k는 실수)

로그의 정의와 지수법칙을 이용하면 로그의 성질을 유도할 수 있다.

증명 $a>0$, $a\neq1$, $M>0$, $N>0$일 때, $\log_a M=m$, $\log_a N=n$이라 하면

(1) $a^0=1$, $a^1=a$이므로 로그의 정의에 의하여

$$\log_a 1=0,\ \log_a a=1$$

Ⓑ 로그의 계산에서 다음에 유의한다.

(1) $\log_a(M+N)\neq\log_a M+\log_a N$

(2) $\log_a MN\neq\log_a M\times\log_a N$

(3) $\log_a(M-N)\neq\log_a M-\log_a N$

(4) $\dfrac{\log_a M}{\log_a N}\neq\log_a M-\log_a N$

(5) $(\log_a M)^k\neq k\log_a M$

(2) 로그의 정의에 의하여 $M=a^m$, $N=a^n$

이때 지수법칙에 의하여

p.024 개념08 지수법칙(1)

$MN=a^m a^n=a^{m+n}$이므로 로그의 정의에 의하여

$$\log_a MN=m+n=\log_a M+\log_a N$$ Ⓐ

(3) 로그의 정의에 의하여 $M=a^m$, $N=a^n$

이때 지수법칙에 의하여

p.024 개념08 지수법칙(2)

$\dfrac{M}{N}=\dfrac{a^m}{a^n}=a^{m-n}$이므로 로그의 정의에 의하여

$$\log_a \frac{M}{N}=m-n=\log_a M-\log_a N$$ Ⓑ

(4) 로그의 정의에 의하여 $M=a^m$

이때 지수법칙에 의하여

p.024 개념08 지수법칙(3)

$M^k=(a^m)^k=a^{mk}$ (k는 실수)이므로 로그의 정의에 의하여

$$\log_a M^k=mk=k\log_a M$$

예 (1) $\log_3 1=0$, $\log_3 3=1$

(2) $\log_3 10=\log_3(2\times5)=\log_3 2+\log_3 5$

(3) $\log_2 \dfrac{7}{5}=\log_2 7-\log_2 5$

(4) $\log_2 9=\log_2 3^2=2\log_2 3$

Ⓐ (1) 세 양수 A, B, C에 대하여
$\log_a ABC$
$=\log_a A+\log_a B+\log_a C$
(2) n개의 양수 x_1, x_2, $\cdots$, x_n에 대하여
$\log_a(x_1\times x_2\times\cdots\times x_n)$
$=\log_a x_1+\log_a x_2+\cdots+\log_a x_n$

Ⓑ $\log_a \dfrac{1}{N}=\log_a 1-\log_a N$
$=-\log_a N$

개념 04 로그의 밑의 변환

$a>0$, $a\neq1$, $b>0$일 때,

(1) $\log_a b=\dfrac{\log_c b}{\log_c a}$ (단, $c>0$, $c\neq1$)

(2) $\log_a b=\dfrac{1}{\log_b a}$ (단, $b\neq1$)

로그의 정의와 지수법칙을 이용하면 로그의 밑의 변환을 유도할 수 있다.

증명 $a>0$, $a\neq1$, $b>0$, $c>0$, $c\neq1$일 때,

(1) $\log_a b=m$, $\log_c a=n$이라 하면

로그의 정의에 의하여 $b=a^m$, $a=c^n$

이때 지수법칙에 의하여

p.024 개념08 지수법칙(3)

$b=a^m=(c^n)^m=c^{mn}$이므로 로그의 정의에 의하여

$$\log_c b=mn=\log_a b\times\log_c a$$

이때 $a\neq1$에서 $\log_c a\neq0$이므로 위의 등식의 양변을 $\log_c a$로 나누면

$$\log_a b=\frac{\log_c b}{\log_c a}$$ Ⓒ

Ⓒ 등식의 양변에 로그를 취하는 방법
$\log_a b=x$라 하면
로그의 정의에 의하여 $a^x=b$
위의 등식의 양변에 c를 밑으로 하는 로그를 취하면
$\log_c a^x=\log_c b$, 즉 $x\log_c a=\log_c b$
이 식의 양변을 $\log_c a$로 나누면
$x=\dfrac{\log_c b}{\log_c a}$ $\quad\therefore \log_a b=\dfrac{\log_c b}{\log_c a}$

(2) (1) $\log_a b=\dfrac{\log_c b}{\log_c a}$에서 $c=b$이면

$$\log_a b=\frac{\log_b b}{\log_b a}=\frac{1}{\log_b a}$$ ← 로그에서 밑과 진수를 서로 바꾸면 처음 수의 역수가 된다.

$\log_a b$에서 밑 a를 1이 아닌 다른 양수로 바꿀 때, 로그의 밑의 변환을 이용한다.

예 (1) $\log_9 27=\dfrac{\log_3 27}{\log_3 9}=\dfrac{\log_3 3^3}{\log_3 3^2}=\dfrac{3\log_3 3}{2\log_3 3}=\dfrac{3}{2}$ (2) $\log_2 3=\dfrac{\log_3 3}{\log_3 2}=\dfrac{1}{\log_3 2}$

개념 05 로그의 여러 가지 성질

$a>0$, $a\neq1$, $b>0$, $b\neq1$, $c>0$일 때,

(1) $\log_a b\times\log_b a=1$, $\log_a b\times\log_b c=\log_a c$

(2) $\log_{a^m} b^n=\dfrac{n}{m}\log_a b$ (단, $m\neq0$)

(3) $a^{\log_a b}=b$

(4) $a^{\log_b c}=c^{\log_b a}$

로그의 밑의 변환을 이용하여 로그의 여러 가지 성질을 확인해 보자.

증명 $a>0$, $a\neq1$, $b>0$, $b\neq1$, $c>0$일 때,

(1) $\log_a b\times\log_b a=\log_a b\times\dfrac{1}{\log_a b}=1$, $\log_a b\times\log_b c=\log_a b\times\dfrac{\log_a c}{\log_a b}=\log_a c$

(2) $\log_{a^m} b^n=\dfrac{\log_a b^n}{\log_a a^m}=\dfrac{n\log_a b}{m\log_a a}=\dfrac{n}{m}\log_a b$ (단, $m\neq0$)

(3) $x=a^{\log_a b}$라 하고 양변에 a를 밑으로 하는 로그를 취하면

$\log_a x=\log_a a^{\log_a b}=\log_a b\times\log_a a=\log_a b$

즉, $\log_a x=\log_a b$에서 $x=b$이므로

$a^{\log_a b}=b$

(4) $a^{\log_b c}=c^{\log_b a}$에서

(i) $c=1$일 때,

(좌변)$=a^{\log_b 1}=a^0=1$, (우변)$=1^{\log_b a}=1$이므로 등식이 성립한다.

(ii) $c\neq1$일 때,

$x=a^{\log_b c}$라 하고 양변에 b를 밑으로 하는 로그를 취하면

$\log_b x=\log_b a^{\log_b c}=\log_b c\times\log_b a=\log_b a\times\log_b c=\log_b c^{\log_b a}$

즉, $\log_b x=\log_b c^{\log_b a}$에서 $x=c^{\log_b a}$이므로

$a^{\log_b c}=c^{\log_b a}$

예 (1) $\log_2 3\times\log_3 5=\log_2 5$ (2) $\log_{25} 8=\log_{5^2} 2^3=\dfrac{3}{2}\log_5 2$

(3) $7^{\log_7 5}=5$ (4) $5^{\log_{10} 2}=2^{\log_{10} 5}$

참고 정수 n에 대하여 $n\leq\log_a N\leq n+1$ $(a>0,\ a\neq1,\ N>0)$일 때, $\log_a N$의 정수 부분은 n이고 소수 부분은 $\log_a N-n$이다.

기본유형 01 로그의 정의(1) 개념 01

다음 등식을 $x=\log_a N$ 꼴로 나타내시오.

(1) $(\sqrt{2})^4=4$ (2) $\left(\frac{1}{3}\right)^{-3}=27$ (3) $64^{\frac{1}{3}}=4$

solution

(1) $(\sqrt{2})^4=4 \Longleftrightarrow 4=\log_{\sqrt{2}} 4$

(2) $\left(\frac{1}{3}\right)^{-3}=27 \Longleftrightarrow -3=\log_{\frac{1}{3}} 27$

(3) $64^{\frac{1}{3}}=4 \Longleftrightarrow \frac{1}{3}=\log_{64} 4$

기본유형 02 로그의 정의(2) 개념 01

다음 등식을 $a^x=N$ 꼴로 나타내시오.

(1) $\log_2 1=0$ (2) $\log_{\frac{1}{5}} 5=-1$ (3) $\log_9 \frac{1}{243}=-\frac{5}{2}$

solution

(1) $\log_2 1=0 \Longleftrightarrow 2^0=1$

(2) $\log_{\frac{1}{5}} 5=-1 \Longleftrightarrow \left(\frac{1}{5}\right)^{-1}=5$

(3) $\log_9 \frac{1}{243}=-\frac{5}{2} \Longleftrightarrow 9^{-\frac{5}{2}}=\frac{1}{243}$

기본 연습

답 p.017

01 다음 등식을 $x=\log_a N$ 꼴로 나타내시오.

(1) $(\sqrt[3]{3})^6=9$ (2) $\left(\frac{1}{7}\right)^{-3}=343$ (3) $81^{\frac{3}{2}}=729$

02 다음 등식을 $a^x=N$ 꼴로 나타내시오.

(1) $\log_6 6=1$ (2) $\log_{\sqrt{5}} 25=4$ (3) $\log_{0.04} 0.0016=2$

기본유형 03 로그의 밑과 진수의 조건

개념 02

다음이 정의되도록 하는 실수 x의 값의 범위를 구하시오.

(1) $\log_3(6-x)$ (2) $\log_x(-2x+14)$

solution

(1) 진수의 조건에 의하여 $6-x>0$이므로

$x<6$

(2) 밑의 조건에 의하여

$x>0,\ x\neq1$ ······㉠

진수의 조건에 의하여 $-2x+14>0$이므로

$2x<14$ $\therefore\ x<7$ ······㉡

㉠, ㉡에서 $0<x<1$ 또는 $1<x<7$

기본유형 04 로그의 성질

개념 03

다음 식의 값을 구하시오.

(1) $\log_5 30+\log_5\frac{1}{10}-\log_5 15$ (2) $\log_2 2+\log_3 9$

solution

(1) $\log_5 30+\log_5\frac{1}{10}-\log_5 15=\log_5\left(\frac{30\times\frac{1}{10}}{15}\right)$

$=\log_5\frac{1}{5}=\log_5 5^{-1}=-1$

(2) $\log_2 2+\log_3 9=\log_2 2+\log_3 3^2=1+2=3$

기본 연습

해 p.017

03 다음이 정의되도록 하는 실수 x의 값의 범위를 구하시오.

(1) $\log_4(11-3x)$ (2) $\log_{-x}(2x+10)$

04 다음 식의 값을 구하시오.

(1) $\log_3 10+\log_3\frac{9}{5}-\log_3\frac{2}{3}$ (2) $\log_2\sqrt{2}+\log_5 5\sqrt{5}$

기본유형 05 로그의 밑의 변환

개념 04

다음 식의 값을 구하시오.

(1) $\log_3 7\times\log_7 9$ (2) $\log_6 4+\dfrac{2}{\log_3 6}$

solution

(1) $\log_3 7\times\log_7 9=\log_3 7\times\dfrac{\log_3 9}{\log_3 7}=\log_3 3^2=2$

(2) $\log_6 4+\dfrac{2}{\log_3 6}=\log_6 4+2\log_6 3$
$=\log_6 4+\log_6 3^2=\log_6(4\times3^2)$
$=\log_6 36=\log_6 6^2=2$

기본유형 06 로그의 여러 가지 성질

개념 05

다음 식의 값을 구하시오.

(1) $\log_4 128+\log_{\frac{1}{3}} 9$ (2) $4^{\log_2 3}$

solution

(1) $\log_4 128+\log_{\frac{1}{3}} 9=\log_{2^2} 2^7+\log_{3^{-1}} 3^2=\dfrac{7}{2}-2=\dfrac{3}{2}$

(2) $4^{\log_2 3}=3^{\log_2 4}=3^{\log_2 2^2}=3^2=9$

기본 연습

pp.017~018

05 다음 식의 값을 구하시오.

(1) $\log_2\dfrac{1}{3}\times\log_3\dfrac{1}{4}$ (2) $\log_2 96-\dfrac{1}{\log_6 2}$

06 다음 식의 값을 구하시오.

(1) $\log_4\sqrt{8}+\log_{\sqrt{2}} 16$ (2) $(\sqrt{2})^{1+\log_2 3}$

필수유형 07 로그의 밑과 진수의 조건

개념 02

$\log_{a+2}(3-2a-a^2)$이 정의되도록 하는 정수 a의 개수를 구하시오.

guide

❶ 로그가 정의되기 위한 밑과 진수의 조건을 파악한다.
⇨ $\log_a N$이 정의되기 위해서는 $a>0,\ a\neq1$ (밑의 조건), $N>0$ (진수의 조건)이어야 한다.
❷ ❶의 조건을 만족시키기 위한 미지수의 범위를 구한다.
❸ ❷에서 구한 범위에 포함되는 정수의 개수를 구한다.

solution

(밑)>0, (밑)$\neq1$에서 $a+2>0$, $a+2\neq1$이어야 하므로

$a>-2,\ a\neq-1$ ……㉠

(진수)>0에서 $3-2a-a^2>0$이어야 하므로

$a^2+2a-3<0,\ (a+3)(a-1)<0$

$\therefore\ -3<a<1$ ……㉡

㉠, ㉡에서

$-2<a<-1$ 또는 $-1<a<1$

따라서 조건을 만족시키는 정수 a는 0의 1개이다.

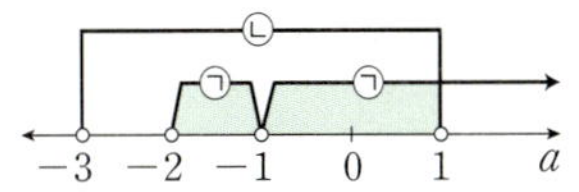

plus

이차부등식이 항상 성립할 조건

이차방정식 $ax^2+bx+c=0$의 판별식을 D라 할 때, 다음이 성립한다.

(1) 모든 실수 x에 대하여 $ax^2+bx+c>0 \Longleftrightarrow a>0,\ D<0$

(2) 모든 실수 x에 대하여 $ax^2+bx+c\geq0 \Longleftrightarrow a>0,\ D\leq0$

(3) 모든 실수 x에 대하여 $ax^2+bx+c<0 \Longleftrightarrow a<0,\ D<0$

(4) 모든 실수 x에 대하여 $ax^2+bx+c\leq0 \Longleftrightarrow a<0,\ D\leq0$

필수 연습

07 $\log_{x-1}(12+4x-x^2)$이 정의되도록 하는 정수 x의 개수를 구하시오.

해 p.018

08 $\log_{|a-2|}(5-a)$와 $\log_{|a-2|}(a+3)$이 모두 정의되도록 하는 정수 a의 개수를 구하시오.

plus
09 모든 실수 x에 대하여 $\log_{a-3}(x^2+2ax+8a)$가 정의될 때, 모든 정수 a의 값의 합을 구하시오.

필수유형 08 로그의 성질을 이용한 계산 개념 03

다음 식의 값을 구하시오.

(1) $\log_2 \frac{4}{3} + \log_2 6 - \frac{1}{6}\log_2 8$　　(2) $\log_6(\log_5 25) + \log_6(\log_3 27)$

guide

❶ $a>0$, $a\neq1$, $M>0$, $N>0$일 때, 다음 로그의 성질을 이용하여 주어진 식을 간단히 한다.

(1) $\log_a 1=0$, $\log_a a=1$　　(2) $\log_a MN=\log_a M+\log_a N$

(3) $\log_a \frac{M}{N}=\log_a M-\log_a N$　　(4) $\log_a M^k=k\log_a M$ (단, k는 실수)

❷ ❶의 식의 값을 구한다.

solution

(1) $\log_2 \frac{4}{3} + \log_2 6 - \frac{1}{6}\log_2 8 = \log_2\left\{\frac{4}{3}\times 6 \div (2^3)^{\frac{1}{6}}\right\} = \log_2\left(\frac{4}{3}\times 6\div\sqrt{2}\right)$

$= \log_2 4\sqrt{2} = \log_2 2^{\frac{5}{2}} = \frac{5}{2}$

(2) $\log_6(\log_5 25) + \log_6(\log_3 27) = \log_6(\log_5 5^2) + \log_6(\log_3 3^3)$

$= \log_6 2 + \log_6 3$

$= \log_6(2\times3) = \log_6 6 = 1$

필수 연습

답 pp.018~019

10 다음 식의 값을 구하시오.

(1) $2\log_{10}\sqrt[3]{5} - \log_{10}\frac{50}{3} + \log_{10}\sqrt[3]{4} - \log_{10} 6$

(2) $\log_3(\log_7 49) - \log_3(\log_2 64)$

11 $(\log_6\sqrt{2})^2 + (\log_6 2\sqrt{3})^2 - \log_6\sqrt{2}\times\log_6 12$의 값을 구하시오.

12 $P=\log_5\left(1-\frac{1}{2}\right)+\log_5\left(1-\frac{1}{3}\right)+\log_5\left(1-\frac{1}{4}\right)+\cdots+\log_5\left(1-\frac{1}{125}\right)$이라 할 때, 5^{-P}의 값을 구하시오.

필수유형 09 로그의 밑의 변환을 이용한 계산

개념 04

다음 식의 값을 구하시오.

(1) $\log_4 81 \times \log_{\sqrt{3}} 25 \times \log_{\frac{1}{5}} 32$

(2) $\left(\log_2 7 + \log_{\frac{1}{4}} 7\right)\left(\log_{\sqrt{7}} \sqrt{2} + \log_{49} \frac{1}{2}\right)$

guide

❶ $a>0$, $a\neq1$, $b>0$일 때, 다음을 이용하여 로그의 밑을 같게 변환한다.

(1) $\log_a b = \frac{\log_c b}{\log_c a}$ (단, $c>0$, $c\neq1$)

(2) $\log_a b = \frac{1}{\log_b a}$ (단, $b\neq1$)

❷ 로그의 성질을 이용하여 주어진 식의 값을 구한다.

solution

(1) $\log_4 81 \times \log_{\sqrt{3}} 25 \times \log_{\frac{1}{5}} 32 = \frac{\log_2 81}{\log_2 4} \times \frac{\log_2 25}{\log_2 \sqrt{3}} \times \frac{\log_2 32}{\log_2 \frac{1}{5}}$ ← 밑을 2가 아닌 다른 수로 변환해도 그 결과는 같다.

$= \frac{\log_2 3^4}{\log_2 2^2} \times \frac{\log_2 5^2}{\log_2 3^{\frac{1}{2}}} \times \frac{\log_2 2^5}{\log_2 5^{-1}}$

$= \frac{4\log_2 3}{2\log_2 2} \times \frac{2\log_2 5}{\frac{1}{2}\log_2 3} \times \frac{5\log_2 2}{-\log_2 5}$

$= 2 \times 4 \times (-5) = -40$

(2) $\left(\log_2 7 + \log_{\frac{1}{4}} 7\right)\left(\log_{\sqrt{7}} \sqrt{2} + \log_{49} \frac{1}{2}\right) = \left(\log_2 7 + \frac{\log_2 7}{\log_2 2^{-2}}\right)\left(\frac{\log_2 2^{\frac{1}{2}}}{\log_2 7^{\frac{1}{2}}} + \frac{\log_2 2^{-1}}{\log_2 7^2}\right)$

$= \left(\log_2 7 - \frac{1}{2}\log_2 7\right)\left(\frac{1}{\log_2 7} - \frac{1}{2\log_2 7}\right)$

$= \frac{1}{2}\log_2 7 \times \frac{1}{2\log_2 7} = \frac{1}{4}$

필수 연습

13 다음 식의 값을 구하시오.

(1) $\log_4 27 \times \log_3 \frac{1}{25} \times \log_{\sqrt{5}} 64$

(2) $(\log_2 3 + \log_4 9)(\log_3 4 - \log_9 8)$

p.019

14 등식 $\frac{1}{\log_2 a} + \frac{1}{\log_3 a} + \frac{\log_{25} a}{\log_5 a} = 1$을 만족시키는 양수 a의 값을 구하시오. (단, $a\neq1$)

15 1보다 큰 세 실수 a, b, c가 $\log_a b = 18$, $\log_a \sqrt{c} = \log_{\sqrt{b}} a$를 만족시킬 때, $\log_c b$의 값을 구하시오.

필수유형 10 로그의 여러 가지 성질을 이용한 계산 개념 05

다음 식의 값을 구하시오.

(1) $\log_3 15 \times \log_5 15 - \log_3 5 - \log_5 3$

(2) $(\sqrt{3})^{\log_3 \frac{3\sqrt{3}}{2} + \log_9 4 + \frac{1}{\log_{4\sqrt{3}} 3}}$

guide

❶ $a>0,\ a\neq 1,\ b>0,\ b\neq 1,\ c>0$일 때, 다음을 이용하여 주어진 식을 간단히 한다.

(1) $\log_a b \times \log_b c = \log_a c$

(2) $\log_{a^m} b^n = \dfrac{n}{m}\log_a b$ (단, $m\neq 0$)

(3) $a^{\log_b c} = c^{\log_b a}$

❷ ❶의 식의 값을 구한다.

solution

(1) (주어진 식)$=\log_3(3\times 5)\times\log_5(3\times 5)-\log_3 5-\log_5 3$

$=(\log_3 3+\log_3 5)(\log_5 3+\log_5 5)-\log_3 5-\log_5 3$

$=(1+\log_3 5)(\log_5 3+1)-\log_3 5-\log_5 3$

$=\log_5 3+1+\log_3 5\times\log_5 3+\log_3 5-\log_3 5-\log_5 3$

$=1+\log_3 5\times\log_5 3=1+\log_3 3=1+1=2$

(2) $(\sqrt{3})^{\log_3 \frac{3\sqrt{3}}{2} + \log_9 4 + \frac{1}{\log_{4\sqrt{3}} 3}}$에서

$$\log_3 \frac{3\sqrt{3}}{2} + \log_9 4 + \frac{1}{\log_{4\sqrt{3}} 3} = \log_3 \frac{3\sqrt{3}}{2} + \frac{2}{2}\log_3 2 + \log_3 4\sqrt{3}$$

$$= \log_3\left(\frac{3\sqrt{3}}{2}\times 2\times 4\sqrt{3}\right) = \log_3 36$$

$\therefore$ (주어진 식)$=(\sqrt{3})^{\log_3 36}=3^{\frac{1}{2}\log_3 36}=3^{\log_3 6}=6$

필수 연습

유 pp.019~020

16 다음 식의 값을 구하시오.

(1) $\log_3 24\times\log_4 24-\log_2\sqrt{3}-\log_9 512$

(2) $8^{\log_2\sqrt{45}+\log_2\sqrt[3]{3}-\log_8 81}$

17 $\log_2 3=a,\ \log_3 7=b,\ \log_7 9=c$일 때, 등식 $\dfrac{1+ab}{1+a+abc}=\log_{54} N$을 만족시키는 자연수 N의 값을 구하시오.

18 세 수 $A=2^{\log_2 4-1}$, $B=\log_2\left(\dfrac{4\log_3 16}{\log_9 16}\right)$, $C=\log_{\sqrt{3}} 3+\log_2\dfrac{1}{\sqrt{2}}$의 대소 관계를 나타내시오.

필수유형 11 조건을 이용하여 식의 값 구하기

개념 01~05

두 실수 a, b에 대하여 $3^a=12^b=6$일 때, $\frac{1}{a}+\frac{1}{b}$의 값을 구하시오.

guide

❶ 로그의 정의에 의하여 $a^x=b \Longleftrightarrow x=\log_a b$임을 이용한다.
❷ ❶에서 구한 식을 주어진 식에 대입하여 식의 값을 구한다.

solution

$3^a=12^b=6$에서 로그의 정의에 의하여

$a=\log_3 6$, $b=\log_{12} 6$

$$\therefore \frac{1}{a}+\frac{1}{b}=\frac{1}{\log_3 6}+\frac{1}{\log_{12} 6}$$
$$=\log_6 3+\log_6 12$$
$$=\log_6 36=\log_6 6^2=2$$

다른 풀이

$3^a=6$에서 $3=6^{\frac{1}{a}}$ ……㉠ ← $a=0$이면 $3^a=3^0=1\neq 6$이므로 $a\neq 0$

$12^b=6$에서 $12=6^{\frac{1}{b}}$ ……㉡ ← $b=0$이면 $12^b=12^0=1\neq 6$이므로 $b\neq 0$

㉠×㉡을 하면 $36=6^{\frac{1}{a}+\frac{1}{b}}$

이때 $36=6^2$이므로 $\frac{1}{a}+\frac{1}{b}=2$

필수 연습

pp.020~021

19 두 실수 x, y에 대하여 $2^x=3^y=24$일 때, $(x-3)(y-1)$의 값을 구하시오.

20 두 실수 x, y에 대하여 $15^x=16$, $60^y=32$일 때, $3^{\frac{5}{y}-\frac{4}{x}}$의 값을 구하시오.

21 1이 아닌 세 양수 a, b, c에 대하여 $\sqrt{a}=b^3=c^2$이 성립할 때, $\log_a b+\log_b c+\log_c a$의 값을 구하시오.

필수유형 12 로그와 이차방정식 개념 03~05

이차방정식 $x^2-8x+4=0$의 두 근이 $\log_2 \alpha$, $\log_2 \beta$일 때, $\log_\alpha \beta+\log_\beta \alpha$의 값을 구하시오.

guide

❶ 이차방정식의 근과 계수의 관계를 이용하여 두 근의 합과 곱을 나타낸다.

⇨ 이차방정식 $ax^2+bx+c=0$의 두 근을 α, β라 할 때, $\alpha+\beta=-\frac{b}{a}$, $\alpha\beta=\frac{c}{a}$이다.

❷ 로그의 성질 및 밑의 변환을 이용하여 주어진 식의 값을 구한다.

solution

이차방정식 $x^2-8x+4=0$의 두 근이 $\log_2 \alpha$, $\log_2 \beta$이므로 근과 계수의 관계에 의하여

$\log_2 \alpha+\log_2 \beta=8$, $\log_2 \alpha \times \log_2 \beta=4$

$$\therefore \log_\alpha \beta+\log_\beta \alpha=\frac{\log_2 \beta}{\log_2 \alpha}+\frac{\log_2 \alpha}{\log_2 \beta}=\frac{(\log_2 \alpha)^2+(\log_2 \beta)^2}{\log_2 \alpha \times \log_2 \beta}$$

$$=\frac{(\log_2 \alpha+\log_2 \beta)^2-2\log_2 \alpha \times \log_2 \beta}{\log_2 \alpha \times \log_2 \beta} \leftarrow a^2+b^2=(a+b)^2-2ab$$

$$=\frac{8^2-2\times 4}{4}=14$$

필수 연습

해 p.021

22 이차방정식 $x^2-10x+2=0$의 두 근이 $\log_5 \alpha$, $\log_5 \beta$일 때, $\log_\alpha \alpha\beta+\log_\beta \alpha\beta$의 값을 구하시오.

23 이차방정식 $x^2-8x+8=0$의 두 근을 α, β라 할 때, $\frac{1}{\log_\alpha (\alpha-\beta)}+\frac{1}{\log_\beta (\alpha-\beta)}$의 값을 구하시오. (단, $\alpha>\beta$)

24 이차방정식 $x^2-5x+2k-2=0$의 두 근이 $\log_2 a$, $\log_2 b$이고 $a+b=12$일 때, 실수 k의 값을 구하시오.

필수유형 13 로그의 정수 부분과 소수 부분

개념 05

$\log_5 20$의 정수 부분을 n, 소수 부분을 α라 할 때, 5^n+5^α의 값을 구하시오.

guide

❶ 정수 n에 대하여 $n \le \log_a N < n+1$ $(a>0,\ a\ne 1,\ N>0)$일 때, $\log_a N$의 정수 부분과 소수 부분은 다음과 같다.

(1) $\log_a N$의 정수 부분 : n (2) $\log_a N$의 소수 부분 : $\log_a N - n$

❷ ❶에서 구한 $\log_a N$의 정수 부분과 소수 부분을 이용하여 주어진 식의 값을 구한다.

solution

$\log_5 5=1$, $\log_5 25=2$이므로 $1<\log_5 20<2$

즉, $\log_5 20$의 정수 부분이 1이므로 $n=1$

따라서 $\log_5 20$의 소수 부분은

$\log_5 20-1=\log_5 20-\log_5 5=\log_5 \frac{20}{5}=\log_5 4$

$\therefore\ \alpha=\log_5 4$

$\therefore\ 5^n+5^\alpha=5^1+5^{\log_5 4}=5+4=9$

필수 연습

해설 pp.021~022

25 $\log_2 10$의 정수 부분을 n, 소수 부분을 α라 할 때, $4(3^n+2^\alpha)$의 값을 구하시오.

26 $n<\log_3 8<n+1$을 만족시키는 자연수 n에 대하여 $x=2\log_3 8-n$이라 할 때, 3^{x+2}의 값을 구하시오.

27 자연수 n에 대하여 $\log_{12} n$의 정수 부분을 $f(n)$이라 할 때,

$$f(2)+f(3)+f(4)+\cdots+f(150)$$

의 값을 구하시오.

01 모든 실수 x에 대하여

$$\log_{(a+3)^2}(x^2-2ax+30+a)$$

가 정의되도록 하는 정수 a의 개수를 구하시오.

02 $3\log_n 4$의 값이 자연수가 되도록 하는 2 이상의 모든 자연수 n의 값의 합을 구하시오.

03 등식

$$\log_4\left(1+\frac{1}{1}\right)+\log_4\left(1+\frac{1}{2}\right)+\log_4\left(1+\frac{1}{3}\right)+\cdots+\log_4\left(1+\frac{1}{a}\right)=3$$

을 만족시키는 자연수 a의 값을 구하시오. (단, $a>3$)

04 576의 서로 다른 모든 양의 약수들을 a_1, a_2, a_3, $\cdots$, a_n이라 할 때,

$$\log_{24}a_1+\log_{24}a_2+\log_{24}a_3+\cdots+\log_{24}a_n$$

의 값을 구하시오. (단, n은 자연수이다.)

05 두 양수 a, b에 대하여 $ab=64$, $\log_2\frac{b^2}{a}=9$일 때, $\log_2 a^2b$의 값을 구하시오.

06 1이 아닌 양수 x에 대하여

$$\frac{1}{\log_2 x}+\frac{1}{\log_6 x}+\frac{1}{\log_{12} x}+\frac{1}{\log_{25} x}=\frac{2}{\log_k x}$$

일 때, 양수 k의 값을 구하시오. (단, $k\neq1$)

07 1보다 크고 10보다 작은 세 자연수 a, b, c에 대하여

$$\frac{\log_c b}{\log_a b}=\frac{1}{2},\ \frac{\log_b c}{\log_a c}=\frac{1}{3}$$

일 때, $a+2b+3c$의 값을 구하시오.

08 1보다 큰 세 실수 a, b, c에 대하여 $\log_a c : \log_b c = 3 : 4$일 때, $\log_a b+\log_b a$의 값을 구하시오.

09 $\log_2 3=a$, $\log_3 5=b$일 때, $\log_{12}\sqrt{90}$을 a, b에 대한 식으로 바르게 나타낸 것은?

① $\dfrac{ab+2a+1}{a+2}$ ② $\dfrac{2ab+2a+4}{a+2}$

③ $\dfrac{ab+2a+1}{2a+4}$ ④ $\dfrac{2ab+4a+1}{2a+4}$

⑤ $\dfrac{a+2}{2ab+4a+2}$

10 두 점 A$(-1,\ \log_2 a)$, B$(1,\ \log_4 b)$를 지나는 직선이 직선 $y=-\frac{1}{2}x+5$에 수직일 때, $\log_2 b-2\log_2 a$의 값을 구하시오. (단, $a>0$, $b>0$)

11 삼각형 ABC의 세 변의 길이 a, b, c가 다음 조건을 만족시킬 때, 이 삼각형은 어떤 삼각형인가?

(단, $a>b$, $a-b\neq1$)

$$\frac{1}{\log_{a+b} c}+\frac{1}{\log_{a-b} c}=2$$

① 정삼각형
② $a=c$인 이등변삼각형
③ 빗변의 길이가 b인 직각삼각형
④ 빗변의 길이가 a인 직각삼각형
⑤ 빗변의 길이가 c인 직각삼각형

12 두 양수 a, b에 대하여 $\frac{b}{a}=8$이고, $a^{\log_4 b}=\sqrt[8]{128}$일 때, $2\{(\log_2 a)^2+(\log_2 b)^2\}$의 값을 구하시오.

13 1이 아닌 세 양수 a, b, c에 대하여 $a^5=b^3=c^2$ 일 때, 세 수 $A=\log_a b$, $B=\log_b c$, $C=\log_c a$의 대소 관계를 바르게 나타낸 것은?

① $A<B<C$ ② $B<A<C$
③ $B<C<A$ ④ $C<A<B$
⑤ $C<B<A$

14 $85^x=64$, $17^y=8$을 만족시키는 두 실수 x, y에 대하여 $\frac{6}{x}-\frac{3}{y}=\log_a b$일 때, ab의 값을 구하시오.

(단, a, b는 1이 아닌 한 자리 자연수이다.)

15 1이 아닌 세 양수 a, b, c에 대하여 $ab^3c^5=1$, $a^x=b^y=c^z$일 때, $\frac{1}{x}+\frac{3}{y}+\frac{5}{z}$의 값을 구하시오.

(단, x, y, z는 0이 아닌 실수이다.)

신유형

16 x에 대한 이차방정식 $x^2-x\log_3 18+k=0$의 한 근이 $\log_3 2$일 때, 3^k의 값을 구하시오.

(단, k는 상수이다.)

17 $\log_2 7=n+\alpha$ (n은 정수, $0<\alpha<1$)를 만족시키는 n, α가 이차방정식 $2x^2+px+q=0$의 두 근일 때, 두 상수 p, q에 대하여 $2p+q$의 값을 구하시오.

18 $\log_4 n$의 정수 부분과 $\log_5 n$의 정수 부분이 같도록 하는 두 자리 자연수 n의 최댓값을 구하시오.

상용로그

개념 06 상용로그의 정의

10을 밑으로 하는 로그를 **상용로그**라 하며, 양수 N에 대하여 상용로그 $\log_{10}N$은 보통 밑 10을 생략하여

$$\log N$$

과 같이 나타낸다.

n이 실수일 때 $\log 10^n=\log_{10}10^n=n$이므로 10^n 꼴에 대한 상용로그의 값은 로그의 성질을 이용하여 쉽게 구할 수 있다.

예 (1) $\log 100=\log_{10}10^2=2$

(2) $\log 0.1=\log_{10}\frac{1}{10}=\log_{10}10^{-1}=-1$

참고 진수 N이 10배씩 커질 때, 상용로그 $\log N$의 값은 1씩 증가한다.

$$\log 10N=\log N+\log 10=\log N+1$$

개념 07 상용로그표 pp.306~307에서 확인할 수 있다.

1. 상용로그표

0.01의 간격으로 1.00에서 9.99까지의 수에 대한 상용로그의 값을 반올림하여 소수점 아래 넷째 자리까지 나타넨 표를 **상용로그표**라 한다.

2. 상용로그표의 이용

(1) 상용로그표를 이용하면 정수 부분이 한 자리인 양수에 대한 상용로그의 값을 구할 수 있다.

(2) 상용로그표와 로그의 성질을 이용하면 상용로그표에 없는 양수에 대한 상용로그의 값을 구할 수 있다.

예1 다음 상용로그표에서 $\log 3.47$의 값을 구할 때, 3.4의 가로줄과 7의 세로줄이 만나는 곳에 있는 수 .5403을 찾으면 된다.

상용로그표에서 .5403은 0.5403을 의미한다.

즉, $\log 3.47=0.5403$이다. Ⓐ

수	0	1	⋯	7	8	9
1.0	.0000	.0043	⋯	.0294	.0334	.0374
1.1	.0414	.0453	⋯	.0682	.0719	.0755
⋮	⋮	⋮	⋯	⋮	⋮	⋮
3.3	.5185	.5198	⋯	.5276	.5289	.5302
3.4	.5315	.5328	⋯	.5403	.5416	.5428
3.5	.5441	.5453	⋯	.5527	.5539	.5551

Ⓐ 상용로그표에 있는 상용로그의 값은 어림한 값이지만 편의상 등호(=)를 사용하여 나타낸다.

예2 **예1**에서 $\log 3.47=0.5403$이므로

(1) $\log 347=\log(3.47\times10^2)$ Ⓐ

$=\log 3.47+\log 10^2$

$=0.5403+2=2.5403$

(2) $\log 0.0347=\log(3.47\times10^{-2})$ Ⓐ

$=\log 3.47+\log 10^{-2}$

$=0.5403+(-2)=-1.4597$

Ⓐ 상용로그의 값을 구하려는 양수 N에 대하여
$N=a\times10^n$ $(1\le a<10,\ n$은 정수$)$
으로 나타내는 이유는 상용로그표에서 찾을 수 있는 수가 1.00에서 9.99까지의 수이기 때문이다.

개념 08 상용로그의 정수 부분과 소수 부분

임의의 양수 N에 대하여 상용로그는 다음과 같이 나타낼 수 있다.

$\log N=n+\log a$ (단, n은 정수, $0\le\log a<1$)

(n: $\log N$의 정수 부분, $\log a$: $\log N$의 소수 부분)

1. 상용로그의 정수 부분과 소수 부분

임의의 양수 N은

$N=a\times10^n$ $(1\le a<10,\ n$은 정수$)$

꼴로 나타낼 수 있다. 위의 식의 양변에 상용로그를 취하면

$\log N=\log(a\times10^n)=\log a+\log 10^n=n+\log a$

이다. 이때 n은 정수이고 $1\le a<10$에서 $0\le\log a<1$이므로 $\log a$는 0 이상 1 미만의 수이다.
즉, n을 $\log N$의 정수 부분, $\log a$를 $\log N$의 소수 부분이라 하면

$\log N=$(정수 부분)$+$(소수 부분)

꼴로 나타낼 수 있다.

예 $\log 3.47=0.5403$이므로

(1) $\log 3470=\log(3.47\times10^3)$

$=\log 3.47+\log 10^3=3+0.5403$

즉, $\log 3470$의 정수 부분은 3, 소수 부분은 0.5403이다.

(2) $\log 0.0347=\log(3.47\times10^{-2})$

$=\log 3.47+\log 10^{-2}=\underline{-2+0.5403}$ ($=-1.4597$)

즉, $\log 0.0347$의 정수 부분은 -2, 소수 부분은 0.5403이다.

주의 상용로그의 값이 음수인 경우에도 소수 부분의 범위는 항상 $0\le$(소수 부분)<1이어야 한다.
예의 (2) $\log 0.0347=-1.4597$에서 정수 부분을 -1, 소수 부분을 -0.4597이라 하지 않도록 주의한다.

$\log 0.0347=-1.4597=-1-0.4597=(-1-1)+(1-0.4597)=\underbrace{-2}_{\text{정수 부분}}+\underbrace{0.5403}_{\text{소수 부분}}$

2. 상용로그의 정수 부분과 소수 부분의 성질

(1) 상용로그의 정수 부분의 성질 Ⓑ

① 정수 부분이 n자리인 양수에 대한 상용로그의 정수 부분은 $n-1$이다.

② 소수점 아래 n째 자리에서 처음으로 0이 아닌 숫자가 나타나는 양수에 대한 상용로그의 정수 부분은 $-n$이다.

(2) 상용로그의 소수 부분의 성질 Ⓒ

숫자의 배열이 같고 소수점의 위치만 다른 양수에 대한 상용로그의 소수 부분은 모두 같다.

예

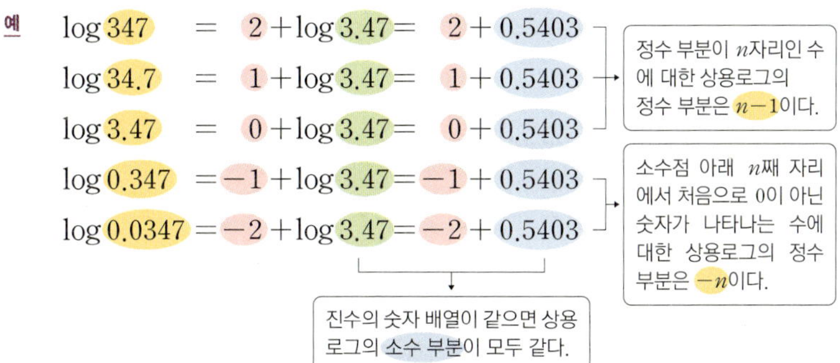

log 347 = 2 + log 3.47 = 2 + 0.5403
log 34.7 = 1 + log 3.47 = 1 + 0.5403
log 3.47 = 0 + log 3.47 = 0 + 0.5403
log 0.347 = −1 + log 3.47 = −1 + 0.5403
log 0.0347 = −2 + log 3.47 = −2 + 0.5403
정수 부분이 n자리인 수에 대한 상용로그의 정수 부분은 n−1이다.
소수점 아래 n째 자리에서 처음으로 0이 아닌 숫자가 나타나는 수에 대한 상용로그의 정수 부분은 −n이다.
진수의 숫자 배열이 같으면 상용로그의 소수 부분이 모두 같다.

Ⓑ 상용로그의 정수 부분의 성질

자연수 n, $0 \le \alpha < 1$인 실수 α에 대하여

① $\log \underbrace{\times\times\cdots\times}_{n\text{개}}.\times\times = (n-1)+\alpha$

② $\log 0.\underbrace{00\cdots0}_{n\text{개}}\times = -n+\alpha$ (× : 소수점 아래 n째 자리)

Ⓒ (1) $\log A$, $\log B$의 소수 부분이 같다.

⇨ $\log A - \log B = (\text{정수})$

(2) $\log A$, $\log B$의 소수 부분의 합이 1이다.

⇨ $\log A$, $\log B$ 모두 정수가 아니고, $\log A + \log B = (\text{정수})$

상용로그의 소수 부분을 이용하여 최고 자리의 숫자 구하기

필수유형 21

양수 N의 최고 자리의 숫자는 다음과 같은 순서로 구한다.

(i) $\log N = n+\alpha$ (n은 정수, $0 \le \alpha < 1$) 꼴로 나타낸다.

(ii) $\log m \le \alpha < \log(m+1)$을 만족시키는 한 자리 자연수 m을 찾는다.

(iii) 양수 N의 최고 자리의 숫자는 m이다.

예 $\log 2 = 0.3010$, $\log 3 = 0.4771$일 때, 2^{35}의 최고 자리의 숫자를 구해 보자.

$\log 2^{35} = 35\log 2 = 35 \times 0.3010 = 10.535$이므로

$\log 2^{35}$의 소수 부분은 0.535이다.

이때 $\log 3 = 0.4771$, $\log 4 = 2\log 2 = 2 \times 0.3010 = 0.6020$이므로

$\log 3 < 0.535 < \log 4$

각 변에 10을 더하면

$10 + \log 3 < 10.535 < 10 + \log 4$

$\log(3 \times 10^{10}) < \log 2^{35} < \log(4 \times 10^{10})$

$\therefore\ 3 \times 10^{10} < 2^{35} < 4 \times 10^{10}$

상용로그의 밑 10은 1보다 크므로 부등식의 양변에서 상용로그를 없애도 부등호의 방향은 변하지 않는다. 이 내용은 p.121 개념07 로그부등식에서 다루도록 한다.

따라서 2^{35}의 최고 자리의 숫자는 3이다.

기본유형 14 상용로그

개념 06

다음 상용로그의 값을 구하시오.

(1) $\log\sqrt{10}$ (2) $\log\frac{1}{1000}$ (3) $\log\sqrt[3]{10^5}$

solution

(1) $\log\sqrt{10}=\log_{10}10^{\frac{1}{2}}=\frac{1}{2}$

(2) $\log\frac{1}{1000}=\log_{10}10^{-3}=-3$

(3) $\log\sqrt[3]{10^5}=\log_{10}10^{\frac{5}{3}}=\frac{5}{3}$

기본유형 15 상용로그의 값 구하기

개념 06+07

$\log 2.26=0.3541$임을 이용하여 다음 값을 구하시오.

(1) $\log 22.6$ (2) $\log 2260$ (3) $\log 0.0226$

solution

(1) $\log 22.6=\log(2.26\times10)=\log 2.26+\log 10=0.3541+1=1.3541$

(2) $\log 2260=\log(2.26\times10^3)=\log 2.26+\log 10^3=0.3541+3=3.3541$

(3) $\log 0.0226=\log(2.26\times10^{-2})=\log 2.26+\log 10^{-2}=0.3541-2=-1.6459$

기본 연습

pp.026~027

28 다음 상용로그의 값을 구하시오.

(1) $\log\sqrt[4]{1000}$ (2) $\log 0.0001$ (3) $\log 10\sqrt{10}$

29 $\log 4.19=0.6222$임을 이용하여 다음 값을 구하시오.

(1) $\log 419$ (2) $\log 41900$ (3) $\log 0.419$

기본유형 16 상용로그의 정수 부분과 소수 부분

개념 08

$\log 6.56=0.8169$임을 이용하여 다음 상용로그의 정수 부분과 소수 부분을 구하시오.

(1) $\log 6560$ (2) $\log 0.00656$

solution

(1) $\log 6560=\log(6.56\times10^3)=\log 6.56+\log 10^3=3+0.8169$

즉, $\log 6560$의 정수 부분은 3, 소수 부분은 0.8169이다.

(2) $\log 0.00656=\log(6.56\times10^{-3})=\log 6.56+\log 10^{-3}=-3+0.8169$

즉, $\log 0.00656$의 정수 부분은 -3, 소수 부분은 0.8169이다.

기본유형 17 상용로그의 정수 부분의 성질

개념 08

$\log 2=0.3010$, $\log 3=0.4771$일 때, 다음 수는 몇 자리 자연수인지 구하시오.

(1) 2^{50} (2) 6^{30}

solution

(1) $\log 2^{50}=50\log 2=50\times0.3010=15.05$

즉, $\log 2^{50}$의 정수 부분은 $\underset{n-1}{\underline{15}}$이므로 2^{50}은 $\underset{n}{\underline{16}}$자리 자연수이다.

(2) $\log 6^{30}=30\log 6$

$=30(\log 2+\log 3)$

$=30\times(0.3010+0.4771)=23.343$

즉, $\log 6^{30}$의 정수 부분은 $\underset{n-1}{\underline{23}}$이므로 6^{30}은 $\underset{n}{\underline{24}}$자리 자연수이다.

기본 연습

p.027

30 $\log 1.19=0.0755$임을 이용하여 다음 상용로그의 값의 정수 부분과 소수 부분을 구하시오.

(1) $\log 119$ (2) $\log 0.0000119$

31 $\log 3=0.4771$, $\log 7=0.8451$일 때, 다음 수는 몇 자리 자연수인지 구하시오.

(1) 3^{30} (2) 21^{20}

필수유형 18 상용로그에서 로그의 성질 개념 06+07

$\log 2=0.30$, $\log 3=0.48$일 때, 다음 상용로그의 값을 구하시오.

(1) $\log 18$ (2) $\log \frac{3}{4}$ (3) $\log \sqrt{12}$

guide

❶ 로그의 성질을 이용하여 주어진 식을 간단히 정리한다.
❷ 주어진 상용로그의 값을 ❶에서 정리한 식에 대입한다.

solution

(1) $\log 18=\log(2\times 3^2)=\log 2+\log 3^2$
$=\log 2+2\log 3=0.30+2\times 0.48=1.26$

(2) $\log \frac{3}{4}=\log \frac{3}{2^2}=\log 3-\log 2^2$
$=\log 3-2\log 2=0.48-2\times 0.30=-0.12$

(3) $\log \sqrt{12}=\log(2^2\times 3)^{\frac{1}{2}}=\frac{1}{2}(\log 2^2+\log 3)$
$=\frac{1}{2}(2\log 2+\log 3)=\frac{1}{2}\times(2\times 0.30+0.48)=0.54$

plus

$\log 5=\log \frac{10}{2}=\log 10-\log 2=1-\log 2$이므로 $\log 2$의 값을 알면 $\log 5$의 값을 구할 수 있다.

필수 연습

답 pp.027~028

plus
32 $\log 2=0.30$, $\log 3=0.48$일 때, 다음 상용로그의 값을 구하시오.

(1) $\log 48$ (2) $\log 0.4$ (3) $\log \sqrt{15}$

33 $\log 0.2=a$일 때, $\log 80$을 a에 대한 식으로 나타내시오.

plus
34 $\log 3=a$, $\log 5=b$일 때, $\log_9 24$를 a, b에 대한 식으로 나타내시오.

필수유형 19 상용로그표를 이용하여 진수 구하기

개념 07

다음 상용로그표를 이용하여 $\log x = 3.4886$을 만족시키는 x의 값을 구하시오.

수	0	1	2	3	4	5	6	7	8	9
3.0	.4771	.4786	.4800	.4814	.4829	.4843	.4857	.4871	.4886	.4900
3.1	.4914	.4928	.4942	.4955	.4969	.4983	.4997	.5011	.5024	.5038
3.2	.5051	.5065	.5079	.5092	.5105	.5119	.5132	.5145	.5159	.5172
3.3	.5185	.5198	.5211	.5224	.5237	.5250	.5263	.5276	.5289	.5302
3.4	.5315	.5328	.5340	.5353	.5366	.5378	.5391	.5403	.5416	.5428

guide

1. 등식 $\log x = k$에서 k의 정수 부분과 소수 부분을 분리한다.
2. 상용로그표를 이용하여 소수 부분을 상용로그로 나타낸다.
3. 로그의 성질을 이용하여 등식을 만족시키는 x의 값을 구한다.

solution

$\log x = 3.4886 = 3 + 0.4886$

상용로그표에서 $\log 3.08 = 0.4886$이므로

$\log x = \log 10^3 + \log 3.08 = \log(10^3 \times 3.08)$

$= \log 3080$

따라서 x의 값은 3080이다.

필수 연습

해설 p.028

35 다음 상용로그표를 이용하여 $\log x = -1.2366$을 만족시키는 x의 값을 구하시오.

수	0	1	2	3	4	5	6	7	8	9
5.5	.7404	.7412	.7419	.7427	.7435	.7443	.7451	.7459	.7466	.7474
5.6	.7482	.7490	.7497	.7505	.7513	.7520	.7528	.7536	.7543	.7551
5.7	.7559	.7566	.7574	.7582	.7589	.7597	.7604	.7612	.7619	.7627
5.8	.7634	.7642	.7649	.7657	.7664	.7672	.7679	.7686	.7694	.7701
5.9	.7709	.7716	.7723	.7731	.7738	.7745	.7752	.7760	.7767	.7774

36 다음 상용로그표를 이용하여 $\log x^2 = 3.0882$, $\log \sqrt{y} = -0.2388$을 만족시키는 두 양수 x, y에 대하여 $x + 1000y$의 값을 구하시오.

수	0	1	2	3	4	5	…
3.2	.5051	.5065	.5079	.5092	.5105	.5119	…
3.3	.5185	.5198	.5211	.5224	.5237	.5250	…
3.4	.5315	.5328	.5340	.5353	.5366	.5378	…
3.5	.5441	.5453	.5465	.5478	.5490	.5502	…

필수유형 20 상용로그와 자릿수 개념 08

$\log 7=0.8451$일 때, 다음 물음에 답하시오.

(1) 7^{20}은 몇 자리 자연수인지 구하시오.

(2) 7^{-15}은 소수점 아래 몇째 자리에서 처음으로 0이 아닌 숫자가 나타나는지 구하시오.

guide

❶ 양수 N에 상용로그를 취한다.
❷ 로그의 성질을 이용하여 $\log N=n+\alpha$ (n은 정수, $0\le\alpha<1$) 꼴로 나타낸다.
❸ 다음을 이용하여 양수 N의 자릿수를 구한다.
(1) $\log N$의 정수 부분이 n $(n\ge0)$이면 N은 정수 부분이 $n+1$자리인 수이다.
(2) $\log N$의 정수 부분이 $-n$ $(n>0)$이면 N은 소수점 아래 n째 자리에서 처음으로 0이 아닌 숫자가 나타난다.

solution

(1) 7^{20}에 상용로그를 취하면

$\log 7^{20}=20\log 7=20\times0.8451=16.902=16+0.902$

즉, $\log 7^{20}$의 정수 부분이 16이므로 7^{20}은 17자리 자연수이다.

(2) 7^{-15}에 상용로그를 취하면

$\log 7^{-15}=-15\log 7=-15\times0.8451=-12.6765$

$=(-12-1)+(1-0.6765)=-13+0.3235$

즉, $\log 7^{-15}$의 정수 부분이 -13이므로 7^{-15}은 소수점 아래 13째 자리에서 처음으로 0이 아닌 숫자가 나타난다.

필수 연습

해 pp.028~029

37 $\log 2=0.3010$일 때, 다음 물음에 답하시오.

(1) 5^{30}은 몇 자리 자연수인지 구하시오.

(2) $\left(\frac{1}{5}\right)^{25}$은 소수점 아래 몇째 자리에서 처음으로 0이 아닌 숫자가 나타나는지 구하시오.

38 $\log 2=0.3010$, $\log 3=0.4771$일 때, $\left(\frac{1}{12}\right)^{10}$은 소수점 아래 몇째 자리에서 처음으로 0이 아닌 숫자가 나타나는지 구하시오.

필수유형 21 상용로그와 최고 자리의 숫자

한 걸음 더

$\log 2=0.3010$, $\log 3=0.4771$일 때, 다음 물음에 답하시오.

(1) 3^{15}은 몇 자리 자연수인지 구하시오.

(2) 3^{15}의 최고 자리의 숫자를 구하시오.

guide

❶ 양수 N에 상용로그를 취한다.
❷ 로그의 성질을 이용하여 $\log N=n+\alpha$ (n은 정수, $0\le\alpha<1$) 꼴로 나타낸다.
❸ $\log m\le\alpha<\log(m+1)$을 만족시키는 한 자리 자연수 m을 찾는다.
❹ 양수 N의 최고 자리의 숫자를 구한다.

solution

(1) 3^{15}에 상용로그를 취하면
$\log 3^{15}=15\log 3=15\times 0.4771=7.1565=7+0.1565$
즉, $\log 3^{15}$의 정수 부분이 7이므로 3^{15}은 8자리 자연수이다.

(2) $\log 3^{15}=7+0.1565$에서 $\log 3^{15}$의 소수 부분이 0.1565이고,
$\log 1=0$, $\log 2=0.3010$이므로 $\log 1<0.1565<\log 2$
각 변에 7을 더하면 $\log 1+7<7.1565<\log 2+7$
즉, $\log 1+\log 10^7<\log 3^{15}<\log 2+\log 10^7$이므로
$\log(1\times 10^7)<\log 3^{15}<\log(2\times 10^7)$
$\therefore\ 1\times 10^7<3^{15}<2\times 10^7$
따라서 3^{15}의 최고 자리의 숫자는 1이다.

필수 연습

39 $\log 2=0.3010$, $\log 7=0.8451$일 때, 다음 물음에 답하시오.

(1) 5^{27}은 몇 자리 자연수인지 구하시오.

(2) 5^{27}의 최고 자리의 숫자를 구하시오.

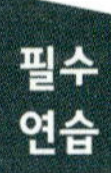

p.029

40 $\log 2=0.3010$, $\log 3=0.4771$일 때, $\left(\frac{2}{3}\right)^{30}$의 소수점 아래에서 처음으로 나타나는 0이 아닌 숫자를 구하시오.

필수유형 22 로그의 실생활에의 활용

개념 06

공기 중의 암모니아 농도를 C, 냄새의 세기를 I라 하면 다음과 같은 관계식이 성립한다고 한다.

$I=k\log C+a$ (단, k, a는 상수이다.)

공기 중의 암모니아 농도가 40일 때 냄새의 세기는 5이고, 공기 중의 암모니아 농도가 10일 때 냄새의 세기는 4이다. 이때 상수 k에 대하여 2^k의 값을 구하시오.

guide

❶ 주어진 식에서 각 문자가 나타내는 것이 무엇인지 파악한다.

❷ 로그의 성질을 이용하여 식의 값을 구한다.

solution

$C=40$일 때 $I=5$이므로

$5=k\log 40+a$ ……㉠

$C=10$일 때 $I=4$이므로

$4=k\log 10+a$ ……㉡

㉠－㉡에서

$1=k(\log 40-\log 10)$, $1=k\log 4$

$\therefore k=\dfrac{1}{\log 4}=\log_4 10$

$\therefore 2^k=2^{\log_4 10}=10^{\log_4 2}=10^{\frac{1}{2}}=\sqrt{10}$

필수 연습

pp.029~030

41 어떤 음원에서 나오는 음향출력이 x W일 때, 음향파워레벨을 y dB이라 하면 다음과 같은 관계식이 성립한다고 한다.

$y=10\log\dfrac{x}{k}$ (단, k는 기준 음향출력을 나타내는 상수이다.)

음향출력이 $\dfrac{1}{10^5}$ W일 때, 음향파워레벨은 70 dB이다. 음향출력이 800 W일 때, 음향파워레벨은 몇 dB인지 구하시오. (단, $\log 2=0.3$으로 계산한다.)

42 주어진 채널을 통해 신뢰성 있게 전달할 수 있는 최대 정보량을 채널용량이라 한다. 채널용량을 C, 대역폭을 W, 신호전력을 S, 잡음전력을 N이라 하면 다음과 같은 관계식이 성립한다고 한다.

$C=W\log_2\left(1+\dfrac{S}{N}\right)$

대역폭이 15, 신호전력이 186, 잡음전력이 a인 채널용량이 75일 때, 상수 a의 값을 구하시오. (단, 채널용량의 단위는 bps, 대역폭의 단위는 Hz, 신호전력과 잡음전력의 단위는 모두 Watt이다.) [교육청]

19 $\log 6=a$, $\log 15=b$라 할 때, $\log 2$를 a, b에 대한 식으로 나타내오.

20 다음 상용로그표를 이용하여

$$\log x-\log 4240=-0.9899$$

를 만족시키는 자연수 x의 값을 구하시오.

수	…	4	5	6	…
4.2	…	.6274	.6284	.6294	…
4.3	…	.6375	.6385	.6395	…
4.4	…	.6474	.6484	.6493	…

21 $100\le x<1000$이고

$$\log x-\log x^3=n \ (n\text{은 정수})$$

일 때, 모든 실수 x의 값의 곱을 구하시오.

22 $5<\log x<6$이고, $\log x$의 소수 부분과 $\log\sqrt{x}$의 소수 부분의 합이 $\frac{3}{4}$이다. 이때 $\log x$의 값을 구하시오.

(단, $x>0$)

23 자연수 n에 대하여 n^{50}이 34자리 자연수일 때, $\frac{1}{n^{10}}$은 소수점 아래 k째 자리에서 처음으로 0이 아닌 숫자가 나타난다. 이때 k의 값을 구하시오.

24 별의 밝기를 나타내는 방법으로 절대 등급과 광도가 있다. 임의의 두 별 A, B에 대하여 별 A의 절대 등급과 광도를 각각 M_A, L_A라 하고, 별 B의 절대 등급과 광도를 각각 M_B, L_B라 하면 다음과 같은 관계식이 성립한다고 한다.

$$M_A-M_B=-2.5\log\left(\frac{L_A}{L_B}\right)$$

절대 등급이 4.8인 별의 광도가 L일 때, 절대 등급이 1.3인 별의 광도는 kL이다. 상수 k의 값은?

(단, 광도의 단위는 W이다.) [교육청]

① $10^{\frac{11}{10}}$ ② $10^{\frac{6}{5}}$ ③ $10^{\frac{13}{10}}$
④ $10^{\frac{7}{5}}$ ⑤ $10^{\frac{3}{2}}$

개 념 마 무 리 발전

해 pp.031~033

1 자연수 k에 대하여 집합 A_k를

$A_k=\left\{\dfrac{b}{a}\,\middle|\,\log_a b=\dfrac{k}{2},\ a$와 b는 2 이상 100 이하의 자연수$\right\}$

라 할 때, $n(A_3)+n(A_4)$의 값을 구하시오.

서술형

2 두 양수 a, b에 대하여

$$\log_2 x^{\log_2 a}+\log_2 x^{\log_2 b}=8\log_2 x$$

일 때, $a+b$의 최솟값을 구하시오. (단, $x>0$, $x\neq1$)

3 세 양수 x, y, z가 다음 조건을 만족시킬 때, $2\log_5 x+\log_5 y-3\log_5 z$의 값을 구하시오.

(가) $\log_5 x+3\log_5 y+2\log_5 z=67$

(나) $x^3=y^2=z^5$

4 양수 x에 대하여 $f(x)$를 $\log x$의 정수 부분, $g(x)$를 $\log x$의 소수 부분이라 할 때, 1보다 큰 두 실수 a, b가 다음 조건을 만족시킨다.

(가) $2\leq\log a<3$

(나) $g(a)=f(b)+\dfrac{1}{3}$

(다) $g(b)=2g(a)$

이때 $\log ab$의 값을 구하시오.

1등급

5 두 자연수 a, b에 대하여 $\dfrac{a^2}{b}$은 8자리 자연수이고, $\dfrac{a}{b^2}$는 소수점 아래 둘째 자리에서 처음으로 0이 아닌 숫자가 나타난다. $\log\dfrac{a}{b}$의 정수 부분이 n일 때, 모든 자연수 n의 값의 합을 구하시오.

6 어느 놀이동산은 10년 전에는 연간 방문객이 100만 명이었으나 이후 매년 방문객이 $p\,\%$씩 꾸준히 증가하여 현재는 연간 방문객이 1260만 명이라 한다. 이때 상수 p의 값을 구하시오.

(단, $\log 1.26=0.1$, $\log 1.29=0.11$로 계산한다.)

I

지수함수와 로그함수

BLACKLABEL

1 지수함수

개념 01 지수함수

실수 전체의 집합을 정의역으로 하는 함수

$y=a^x$ $(a>0,\ a\neq1)$

을 a를 밑으로 하는 **지수함수**라고 한다.

일반적으로 $a>0$, $a\neq1$일 때, 실수 x에 a^x을 대응시키면 각각의 x에 대하여 a^x의 값이 하나로 정해지므로 이 대응은 함수이고, $y=a^x$으로 나타낸다. Ⓐ

예 함수 $y=2^x$은 2를 밑으로 하는 지수함수이고,

함수 $y=\left(\frac{1}{3}\right)^x$은 $\frac{1}{3}$을 밑으로 하는 지수함수이다.

Ⓐ 지수함수의 밑

지수함수 $y=a^x$에서 실수인 지수의 정의에 의하여 $a>0$이다.

또한, $a=1$인 경우에는 $y=a^x$이 상수함수가 되므로 $a\neq1$이다.

개념 02 지수함수 $y=a^x$ $(a>0,\ a\neq1)$의 성질

(1) 정의역은 실수 전체의 집합이고, 치역은 양의 실수 전체의 집합이다.

(2) 일대일함수이다.

(3) $a>1$일 때, x의 값이 증가하면 y의 값도 증가한다.

$0<a<1$일 때, x의 값이 증가하면 y의 값은 감소한다.

(4) 그래프는 두 점 $(0,\ 1)$, $(1,\ a)$를 지나고, 점근선은 x축(직선 $y=0$)이다.

참고 곡선이 어떤 직선에 한없이 가까워질 때, 이 직선을 그 곡선의 **점근선**이라고 한다.

(5) $y=a^x$의 그래프와 $y=\left(\frac{1}{a}\right)^x$의 그래프는 y축에 대하여 대칭이다.

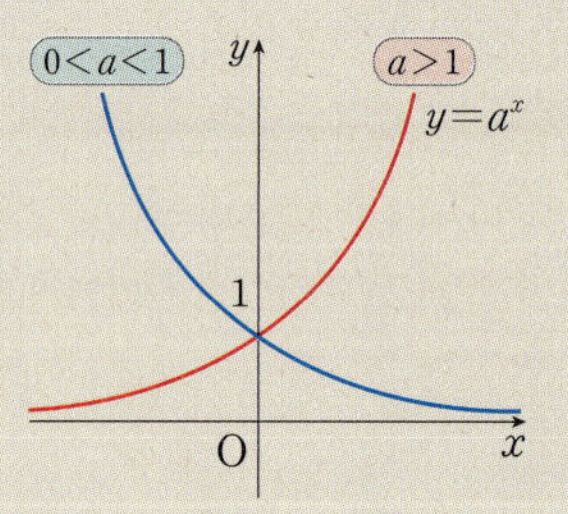

1. 지수함수의 성질

지수함수 $y=a^x$ $(a>0,\ a\neq1)$의 그래프는 a의 값의 범위에 따라 다음과 같은 곡선이 된다.

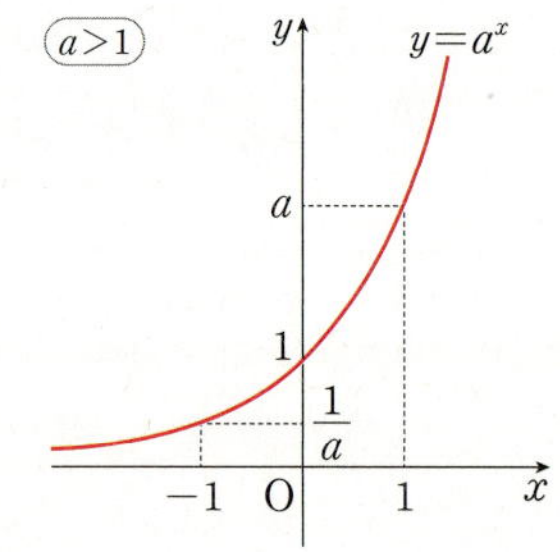

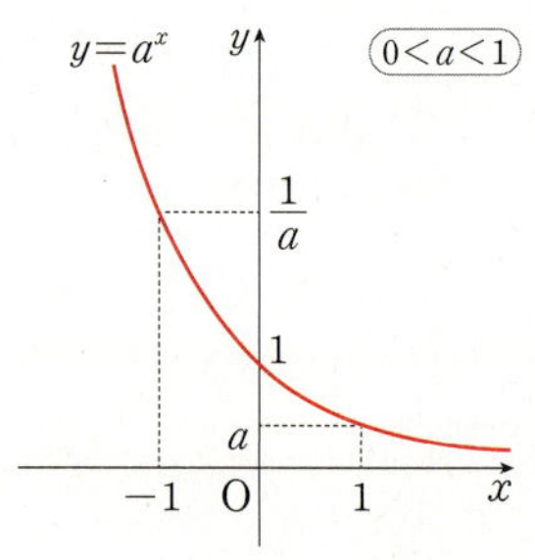

지수함수의 그래프로부터 다음과 같은 지수함수의 성질을 알 수 있다.

(1) 함수 $y=a^x$의 정의역은 실수 전체의 집합이고, $a>0$, $a\neq1$일 때, 모든 실수 x에 대하여 $a^x>0$이므로 치역은 양의 실수 전체의 집합이다.

(2) $x_1\neq x_2$이면 $a^{x_1}\neq a^{x_2}$이므로 일대일함수이다.

(3) $a>1$일 때 x의 값이 증가하면 y의 값도 증가하고, $0<a<1$일 때 x의 값이 증가하면 y의 값은 감소한다.
$x_1<x_2$이면 $a^{x_1}<a^{x_2}$ / $x_1<x_2$이면 $a^{x_1}>a^{x_2}$

(4) $y=a^x$에 $x=0$을 대입하면 $y=a^0=1$이고, $x=1$을 대입하면 $y=a^1=a$이므로
지수함수 $y=a^x$의 그래프는 두 점 $(0, 1)$, $(1, a)$를 지난다.
또한, $a>1$일 때 $y=a^x$의 그래프 위의 점은 x좌표의 값이 작아질수록 x축에 한없이 가까워지고, $0<a<1$일 때 $y=a^x$의 그래프 위의 점은 x좌표의 값이 커질수록 x축에 한없이 가까워진다.
즉, 지수함수 $y=a^x$의 그래프의 점근선은 x축이다.

(5) $y=\left(\frac{1}{a}\right)^x=(a^{-1})^x=a^{-x}$이므로 $y=a^x$의 그래프와 $y=\left(\frac{1}{a}\right)^x$의 그래프는 y축에 대하여 대칭이다.

2. 밑의 크기에 따른 지수함수의 그래프의 비교

지수함수 $y=a^x$ $(a>0, a\neq1)$의 그래프는 a의 값에 따라 다음 그림과 같다.

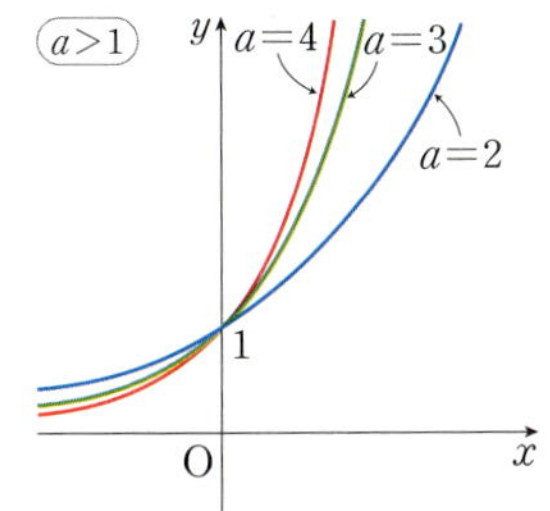

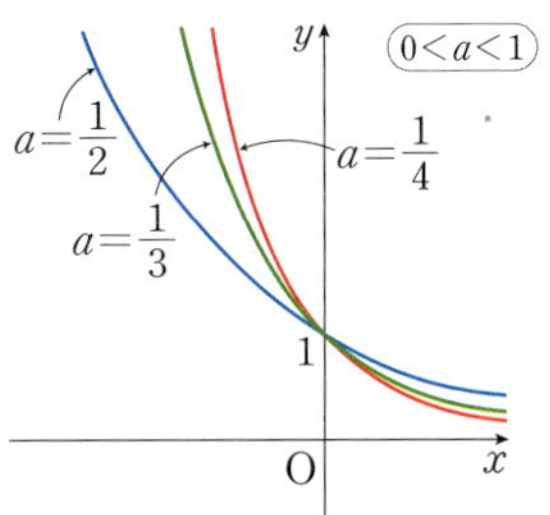

(1) 지수함수 $y=a^x$ $(a>1)$의 그래프는 a의 값이 커질수록 $x>0$에서 y축에 가까워지고, $x<0$에서 x축에 가까워진다.

(2) 지수함수 $y=a^x$ $(0<a<1)$의 그래프는 a의 값이 작아질수록 $x>0$에서 x축에 가까워지고, $x<0$에서 y축에 가까워진다.

개념 03 지수함수 $y=a^x$ $(a>0, a\neq1)$의 그래프의 평행이동과 대칭이동

1. 지수함수의 그래프의 평행이동

공통수학2 p.120 개념02

지수함수 $y=a^x$ $(a>0, a\neq1)$의 그래프를 x축의 방향으로 m만큼, y축의 방향으로 n만큼 평행이동한 그래프의 식은

$$y=a^{x-m}+n$$

2. 지수함수의 그래프의 대칭이동

공통수학2 p.128 개념04

지수함수 $y=a^x$ $(a>0, a\neq1)$의 그래프를 x축, y축, 원점에 대하여 대칭이동한 그래프의 식은 각각 다음과 같다.

(1) x축에 대하여 대칭이동 : $y=-a^x$ ← y 대신 $-y$를 대입한다.
(2) y축에 대하여 대칭이동 : $y=a^{-x}$ ← x 대신 $-x$를 대입한다.
(3) 원점에 대하여 대칭이동 : $y=-a^{-x}$ ← x 대신 $-x$, y 대신 $-y$를 대입한다.

1. 지수함수의 그래프의 평행이동

지수함수 $y=a^x$ ($a>0$, $a\neq1$)의 그래프를 x축의 방향으로 m만큼, y축의 방향으로 n만큼 평행이동한 그래프의 식은

x 대신 $x-m$, y 대신 $y-n$

을 대입하여 구할 수 있으므로 $y-n=a^{x-m}$에서

$y=a^{x-m}+n$ (단, $a>0$, $a\neq1$)

이때 함수 $y=a^{x-m}+n$ ($a>0$, $a\neq1$)의 정의역은 $\{x|x$는 실수$\}$, 치역은 $\{y|y>n\}$이고, 그래프의 점근선은 직선 $y=n$이다.

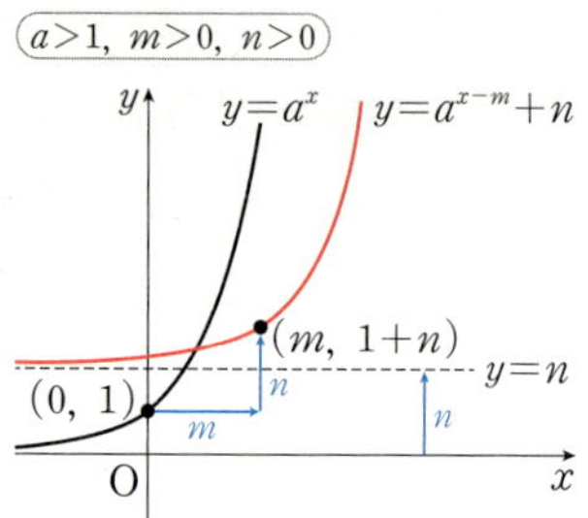

예 지수함수 $y=2^x$의 그래프를 x축의 방향으로 1만큼, y축의 방향으로 -2만큼 평행이동한 그래프의 식은

$y=2^{x-1}-2$

이때 함수 $y=2^{x-1}-2$의 정의역은 $\{x|x$는 실수$\}$, 치역은 $\{y|y>-2\}$이고, 그래프의 점근선은 직선 $y=-2$이다.

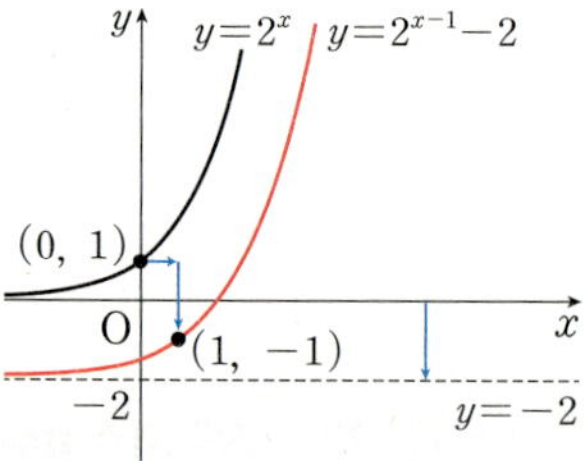

참고 함수 $y=k\times a^x$ ($k>0$)에서

$k\times a^x=k^{\log_a a}\times a^x=a^{\log_a k}\times a^x=a^{x+\log_a k}$

이므로 함수 $y=k\times a^x$의 그래프는 함수 $y=a^x$의 그래프를 x축의 방향으로 $-\log_a k$만큼 평행이동한 것이다.

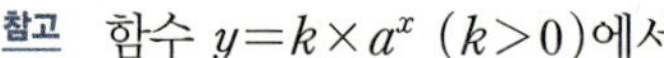

2. 지수함수의 그래프의 대칭이동

지수함수 $y=a^x$ ($a>0$, $a\neq1$)의 그래프를 x축, y축, 원점에 대하여 각각 대칭이동한 그래프의 식을 구해 보자.

(1) x축에 대하여 대칭이동한 그래프의 식은 y 대신 $-y$를 대입하여 구할 수 있으므로

$-y=a^x \quad \therefore\ y=-a^x$

(2) y축에 대하여 대칭이동한 그래프의 식은 x 대신 $-x$를 대입하여 구할 수 있으므로

$y=a^{-x} \quad \therefore\ y=\left(\frac{1}{a}\right)^x$

(3) 원점에 대하여 대칭이동한 그래프의 식은 x 대신 $-x$, y 대신 $-y$를 대입하여 구할 수 있으므로

$-y=a^{-x} \quad \therefore\ y=-a^{-x}=-\left(\frac{1}{a}\right)^x$

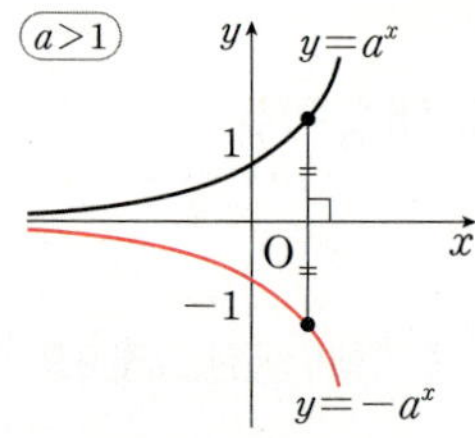

[x축에 대한 대칭이동]

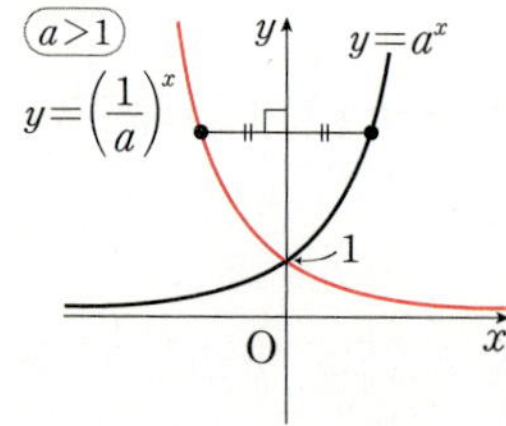

[y축에 대한 대칭이동]

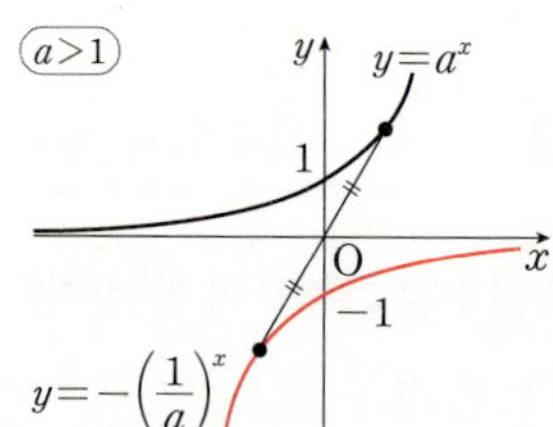

[원점에 대한 대칭이동]

예 함수 $y=2^x$의 그래프를 x축, y축, 원점에 대하여 각각 대칭이동하면 오른쪽 그림과 같고, 각 그래프의 식은 다음과 같다.

(1) x축에 대하여 대칭이동 : $y=-2^x$

(2) y축에 대하여 대칭이동 : $y=2^{-x}$, 즉 $y=\left(\frac{1}{2}\right)^x$

(3) 원점에 대하여 대칭이동 : $y=-2^{-x}$, 즉 $y=-\left(\frac{1}{2}\right)^x$

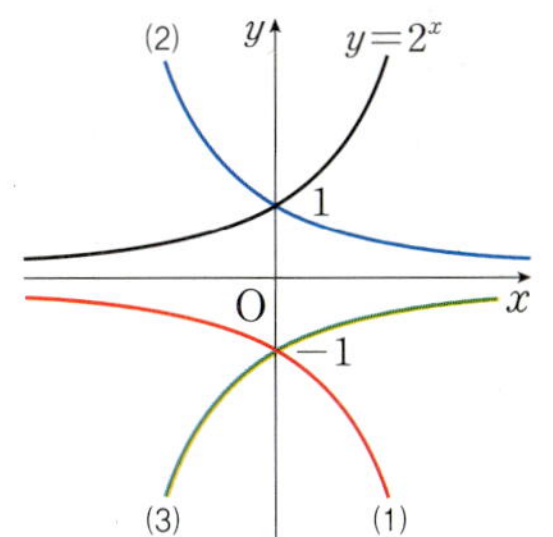

개념 04 지수함수의 성질을 이용한 수의 대소 비교

지수함수 $y=a^x$ $(a>0,\ a\neq1)$에 대하여

(1) $a>1$일 때, $x_1<x_2$이면 $a^{x_1}<a^{x_2}$ ← 부등호 방향 그대로

(2) $0<a<1$일 때, $x_1<x_2$이면 $a^{x_1}>a^{x_2}$ ← 부등호 방향 반대로

개념 02에서 확인한 지수함수 $y=a^x$의 성질을 이용하여 수의 대소를 비교할 수 있다.

(1) $a>1$일 때, x의 값이 증가하면 y의 값도 증가하므로

$x_1<x_2$이면 $a^{x_1}<a^{x_2}$

(2) $0<a<1$일 때, x의 값이 증가하면 y의 값은 감소하므로

$x_1<x_2$이면 $a^{x_1}>a^{x_2}$

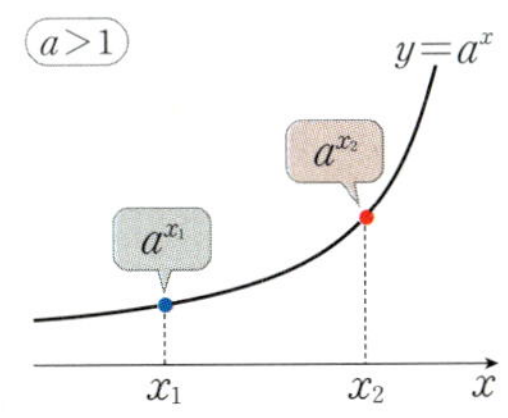

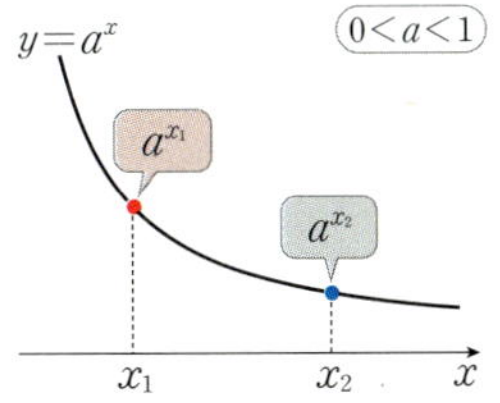

예 (1) 두 수 $2^{\sqrt{7}}$, 2^3의 대소를 비교해 보자.

$\sqrt{7}<3$이고, 함수 $y=2^x$에서 x의 값이 증가하면 y의 값도 증가하므로

$2^{\sqrt{7}}<2^3$

(2) 두 수 $\left(\frac{1}{3}\right)^{-1}$, $\left(\frac{1}{3}\right)^{1.5}$의 대소를 비교해 보자.

$-1<1.5$이고, 함수 $y=\left(\frac{1}{3}\right)^x$에서 x의 값이 증가하면 y의 값은 감소하므로

$\left(\frac{1}{3}\right)^{-1}>\left(\frac{1}{3}\right)^{1.5}$

개념 05 지수함수의 최대, 최소

정의역이 $\{x|m\le x\le n\}$일 때, 지수함수 $f(x)=a^x$ $(a>0,\ a\ne1)$의 최댓값과 최솟값은 다음과 같다.

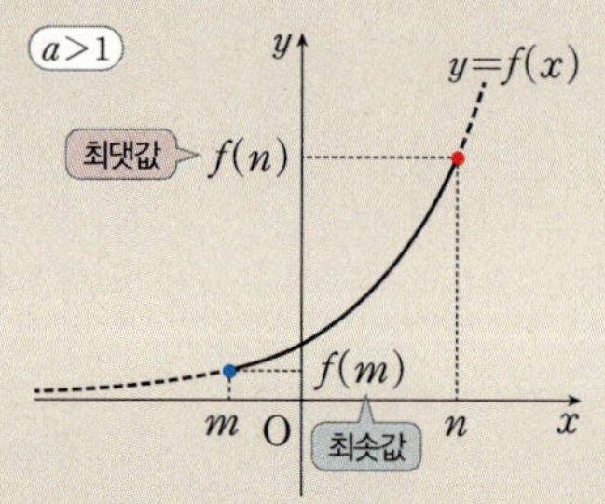

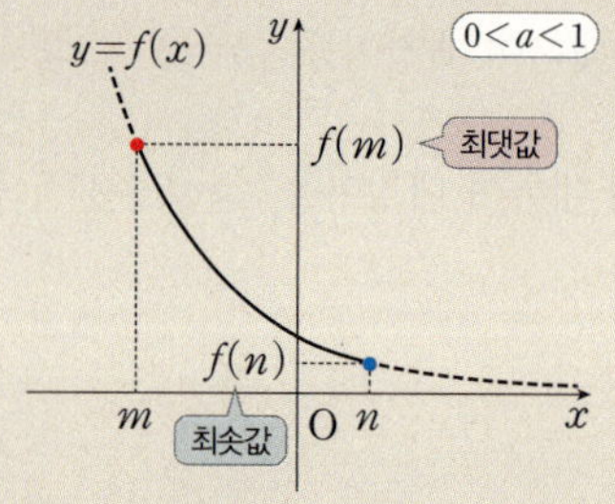

(1) $a>1$이면 $x=m$에서 최솟값 $f(m)$, $x=n$에서 최댓값 $f(n)$을 갖는다.

(2) $0<a<1$이면 $x=m$에서 최댓값 $f(m)$, $x=n$에서 최솟값 $f(n)$을 갖는다.

제한된 범위에서 지수함수의 최댓값과 최솟값을 구할 때는 지수함수의 그래프를 그려 확인하면 편리하다.

예1 정의역이 $\{x|-1\le x\le 2\}$일 때, 지수함수 $y=2^x$의 그래프는 다음 그림의 실선 부분이다.

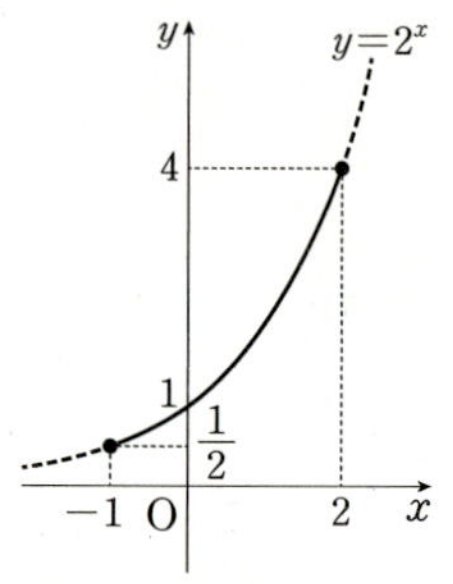

따라서 정의역이 $\{x|-1\le x\le 2\}$인 함수 $y=2^x$은 $x=-1$일 때 최솟값 $2^{-1}=\frac{1}{2}$, $x=2$일 때 최댓값 $2^2=4$를 갖는다.

예2 정의역이 $\{x|-2\le x\le 3\}$일 때, 지수함수 $y=\left(\frac{1}{3}\right)^x$의 그래프는 다음 그림의 실선 부분이다.

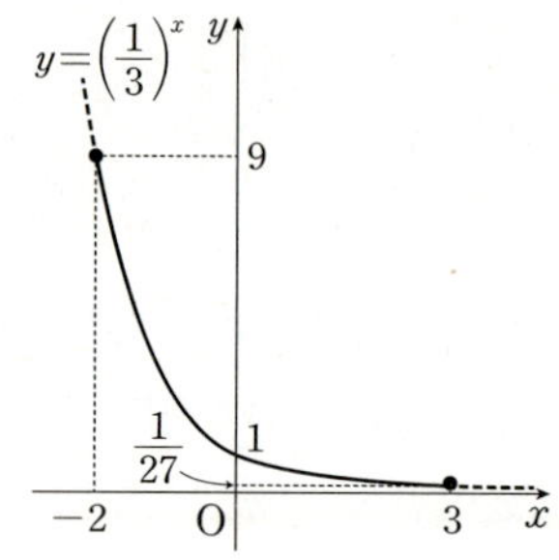

따라서 정의역이 $\{x|-2\le x\le 3\}$인 함수 $y=\left(\frac{1}{3}\right)^x$은 $x=-2$일 때 최댓값 $\left(\frac{1}{3}\right)^{-2}=3^2=9$, $x=3$일 때 최솟값 $\left(\frac{1}{3}\right)^3=\frac{1}{27}$을 갖는다.

한걸음 더

함수 $y=a^{f(x)}$ $(a>0,\ a\ne1)$의 최대, 최소

필수유형 11

함수 $f(x)$의 최대, 최소에 따른 함수 $y=a^{f(x)}$ $(a>0,\ a\ne1)$의 최댓값과 최솟값은 다음과 같다.

(1) $a>1$인 경우

① $f(x)$가 최대일 때, $a^{f(x)}$도 최댓값을 갖는다.

② $f(x)$가 최소일 때, $a^{f(x)}$도 최솟값을 갖는다.

(2) $0<a<1$인 경우

① $f(x)$가 최대일 때, $a^{f(x)}$은 최솟값을 갖는다.

② $f(x)$가 최소일 때, $a^{f(x)}$은 최댓값을 갖는다.

기본유형 01 지수함수

개념 01

다음 〈보기〉에서 지수함수인 것만을 있는 대로 고르시오.

보기

ㄱ. $y=x^2$　　ㄴ. $y=2^{2x}$　　ㄷ. $y=(\sqrt{3})^x$　　ㄹ. $y=2\times 3^x$

solution

ㄱ. $y=x^2$은 다항함수이다.

ㄴ. $y=2^{2x}=4^x$이므로 지수함수이다.

ㄷ. $y=(\sqrt{3})^x$은 지수함수이다.

ㄹ. $y=2\times 3^x=3^{\log_3 2}\times 3^x=3^{x+\log_3 2}$이므로 지수함수이다.

기본유형 02 지수함수의 성질

개념 02

지수함수 $f(x)=3^x$에 대한 설명 중 〈보기〉에서 옳은 것만을 있는 대로 고르시오.

보기

ㄱ. 그래프는 점 $(0,\ 1)$을 지난다.

ㄴ. 그래프는 제2사분면을 지나지 않는다.

ㄷ. 그래프의 점근선은 x축이다.

ㄹ. 두 실수 $x_1,\ x_2$에 대하여 $x_1<x_2$이면 $f(x_1)<f(x_2)$이다.

solution

ㄱ. $f(0)=3^0=1$이므로 그래프는 점 $(0,\ 1)$을 지난다. (참)

ㄴ. 그래프는 제1, 2사분면을 지난다. (거짓)

ㄷ. 그래프의 점근선은 x축이다. (참)

ㄹ. x의 값이 증가하면 $f(x)$의 값도 증가하므로 $x_1<x_2$이면 $f(x_1)<f(x_2)$이다. (참)

기본연습

p.033

01 다음 〈보기〉에서 지수함수인 것만을 있는 대로 고르시오.

보기

ㄱ. $y=(\sqrt[3]{4})^x$　　ㄴ. $y=\dfrac{1}{2^{-3x}}$　　ㄷ. $y=\sqrt{x}$　　ㄹ. $y=\dfrac{1}{3}\times 2^x$

02 지수함수 $f(x)=\left(\dfrac{1}{5}\right)^x$에 대한 설명 중 〈보기〉에서 옳은 것만을 있는 대로 고르시오.

보기

ㄱ. 치역은 실수 전체의 집합이다.

ㄴ. 그래프는 점 $\left(1,\ \dfrac{1}{5}\right)$을 지난다.

ㄷ. 그래프는 제1, 2사분면은 지나고 제3, 4사분면은 지나지 않는다.

ㄹ. 두 실수 $x_1,\ x_2$에 대하여 $x_1<x_2$이면 $f(x_1)>f(x_2)$이다.

기본유형 03 지수함수의 그래프의 평행이동과 대칭이동

개념 03

지수함수 $y=3^x$의 그래프를 이용하여 다음 함수의 그래프를 그리고, 치역과 점근선의 방정식을 구하시오.

(1) $y=3^{x-1}+2$ (2) $y=\left(\frac{1}{3}\right)^x$ (3) $y=-3^x$ (4) $y=-3^{-x}$

solution

(1)

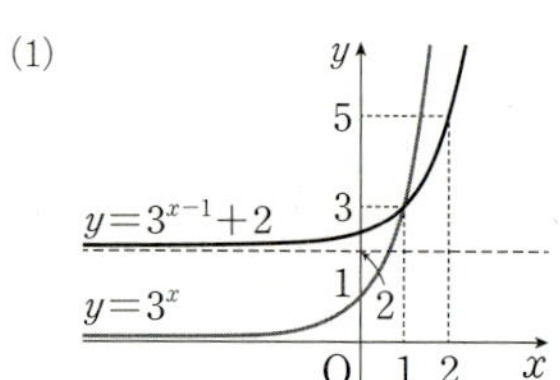

(2)

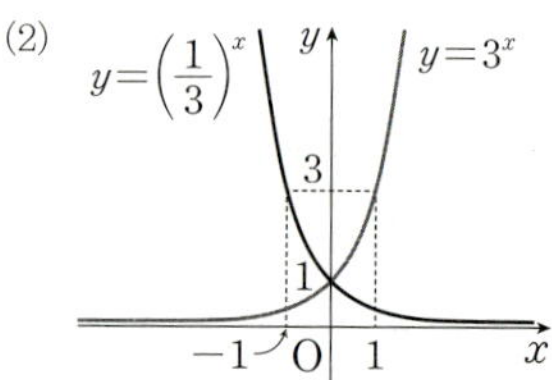

(3)

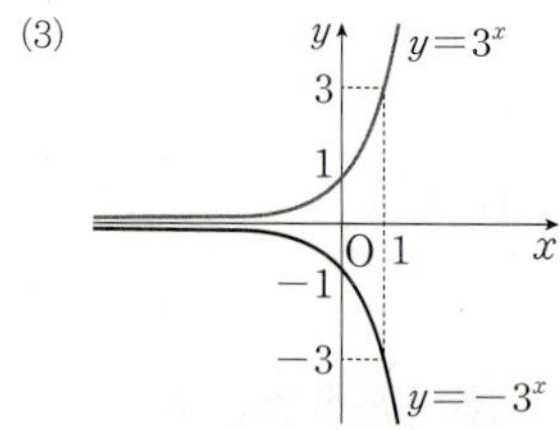

(4)

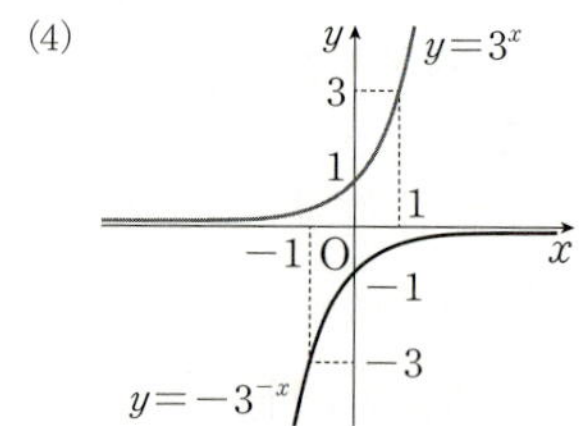

(1) $y=3^{x-1}+2$의 그래프는 $y=3^x$의 그래프를 x축의 방향으로 1만큼, y축의 방향으로 2만큼 평행이동한 것이므로 치역은 $\{y|y>2\}$이고, 점근선의 방정식은 $y=2$이다.

(2) $y=\left(\frac{1}{3}\right)^x=3^{-x}$의 그래프는 $y=3^x$의 그래프를 y축에 대하여 대칭이동한 것이므로 치역은 $\{y|y>0\}$이고, 점근선의 방정식은 $y=0$이다.

(3) $y=-3^x$의 그래프는 $y=3^x$의 그래프를 x축에 대하여 대칭이동한 것이므로 치역은 $\{y|y<0\}$이고, 점근선의 방정식은 $y=0$이다.

(4) $y=-3^{-x}$의 그래프는 $y=3^x$의 그래프를 원점에 대하여 대칭이동한 것이므로 치역은 $\{y|y<0\}$이고, 점근선의 방정식은 $y=0$이다.

기본 연습

p.034

03 지수함수 $y=\left(\frac{1}{2}\right)^x$의 그래프를 이용하여 다음 함수의 그래프를 그리고, 치역과 점근선의 방정식을 구하시오.

(1) $y=\left(\frac{1}{2}\right)^{x+2}+1$ (2) $y=\left(\frac{1}{2}\right)^{-x}$ (3) $y=-\left(\frac{1}{2}\right)^x$ (4) $y=-\left(\frac{1}{2}\right)^{-x}$

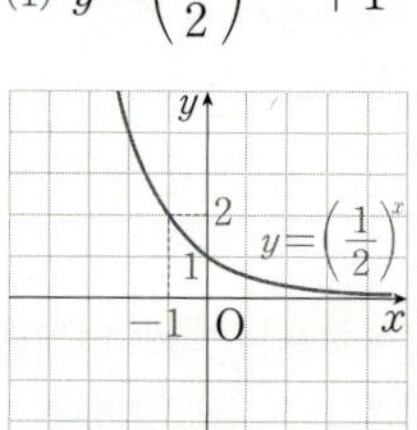

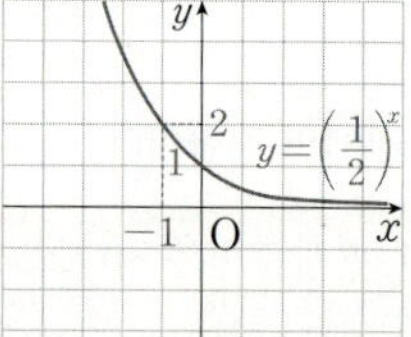

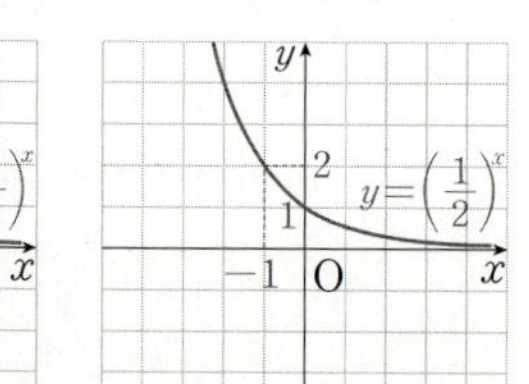

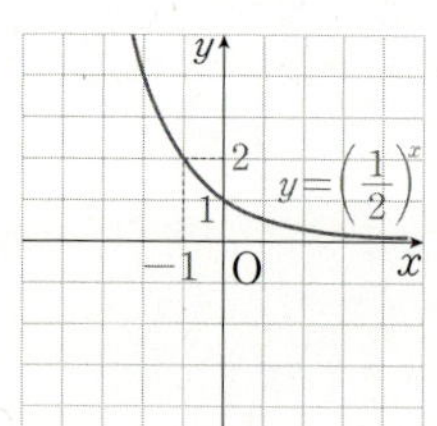

기본유형 04 지수함수의 성질을 이용한 수의 대소 비교

개념 04

다음 두 수의 대소를 비교하시오.

(1) $\sqrt[5]{216}$, $6^{0.4}$　　(2) $0.5^{\frac{1}{3}}$, $\sqrt[3]{\frac{1}{16}}$

solution

(1) $\sqrt[5]{216}=6^{\frac{3}{5}}=6^{0.6}$ ← 주어진 두 수의 밑을 같게 한다.

이때 $0.6>0.4$이고, 함수 $y=6^x$에서 x의 값이 증가하면 y의 값도 증가하므로

$6^{0.6}>6^{0.4}$　　$\therefore \sqrt[5]{216}>6^{0.4}$

(2) $0.5^{\frac{1}{3}}=\left(\frac{1}{2}\right)^{\frac{1}{3}}$, $\sqrt[3]{\frac{1}{16}}=\left(\frac{1}{2}\right)^{\frac{4}{3}}$ ← 주어진 두 수의 밑을 같게 한다.

이때 $\frac{1}{3}<\frac{4}{3}$이고, 함수 $y=\left(\frac{1}{2}\right)^x$에서 x의 값이 증가하면 y의 값은 감소하므로

$\left(\frac{1}{2}\right)^{\frac{1}{3}}>\left(\frac{1}{2}\right)^{\frac{4}{3}}$　　$\therefore 0.5^{\frac{1}{3}}>\sqrt[3]{\frac{1}{16}}$

기본유형 05 지수함수의 최대, 최소

개념 05

정의역이 $\{x|-3\leq x\leq -1\}$인 함수 $f(x)=2^{-x}+5$의 최댓값과 최솟값을 각각 구하시오.

solution

$f(x)=2^{-x}+5=\underset{0<(\text{밑})<1}{\left(\frac{1}{2}\right)}^x+5$에서 x의 값이 증가하면 $f(x)$의 값은 감소한다.

따라서 $-3\leq x\leq -1$에서

$x=-3$일 때 최대이므로 함수 $f(x)$의 최댓값은

$f(-3)=2^{-(-3)}+5=8+5=13$

$x=-1$일 때 최소이므로 함수 $f(x)$의 최솟값은

$f(-1)=2^{-(-1)}+5=2+5=7$

기본 연습

해설 p.034

04 다음 두 수의 대소를 비교하시오.

(1) $\sqrt{25}$, $0.2^{-0.5}$　　(2) $\left(\frac{32}{243}\right)^{\frac{5}{2}}$, $\left(\frac{8}{27}\right)^{\frac{25}{9}}$

05 정의역이 $\left\{x \,\middle|\, \frac{1}{2}\leq x\leq 2\right\}$인 함수 $f(x)=3^{2x}+1$의 최댓값과 최솟값을 각각 구하시오.

필수유형 06 지수함수의 그래프

개념 02

지수함수 $y=a^x$의 그래프가 점 $(2,\ 3)$을 지나고, 지수함수 $y=\left(\frac{1}{a}\right)^x$의 그래프는 점 $(-3,\ b)$를 지날 때, 두 상수 $a,\ b$에 대하여 $a+b$의 값을 구하시오. (단, $a>0,\ a\neq1$)

guide

❶ 지수함수 $y=a^x$ $(a>0,\ a\neq1)$의 그래프가 점 $(m,\ n)$을 지나면 $n=a^m$임을 이용하여 식을 세운다.

❷ ❶에서 세운 식을 이용하여 미지수의 값을 구한다.

solution

지수함수 $y=a^x$의 그래프가 점 $(2,\ 3)$을 지나므로

$3=a^2$ $\quad\therefore\ a=\sqrt{3}\ (\because\ a>0)$

또한, 지수함수 $y=\left(\frac{1}{a}\right)^x$, 즉 $y=\left(\frac{1}{\sqrt{3}}\right)^x$의 그래프가 점 $(-3,\ b)$를 지나므로

$b=\left(\frac{1}{\sqrt{3}}\right)^{-3}=3\sqrt{3}$

$\therefore\ a+b=\sqrt{3}+3\sqrt{3}=4\sqrt{3}$

필수연습

06 지수함수 $y=a^x$의 그래프가 점 $(2,\ b)$를 지나고 $b=8a-7$일 때, 두 상수 $a,\ b$에 대하여 $a+b$의 값을 구하시오. (단, $a>1$)

해 p.035

07 그림과 같이 함수 $y=\left(\frac{1}{4}\right)^x$의 그래프가 두 점 $(a,\ m)$, $(b,\ n)$을 지난다. $mn=2$일 때, $a+b$의 값을 구하시오.

(단, 모든 점선은 x축 또는 y축에 평행하다.)

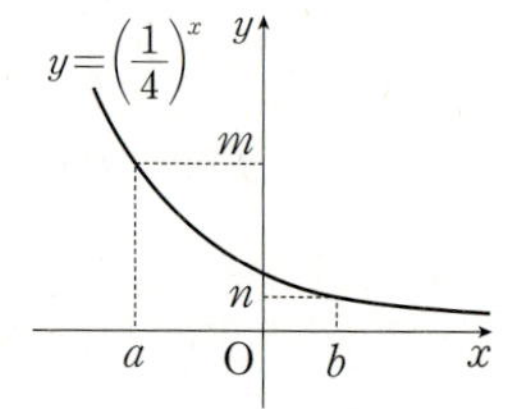

08 그림과 같이 y축과 두 함수 $y=a^x$ $(a>2)$, $y=2^x$의 그래프가 직선 $y=k$ $(k>1)$와 만나는 점을 각각 A, B, C라 하자. $\overline{AB}:\overline{BC}=1:3$일 때, 상수 a의 값을 구하시오.

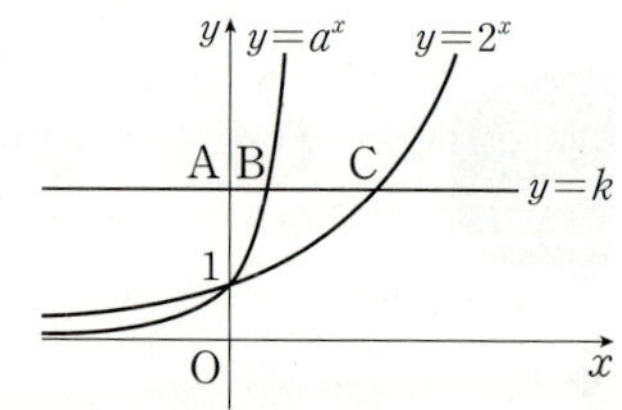

필수유형 07 지수함수의 그래프의 평행이동

개념 03

함수 $y=2^{2x}$의 그래프를 x축의 방향으로 m만큼, y축의 방향으로 n만큼 평행이동하였더니 함수 $y=4\times2^{2x}+3$의 그래프와 일치하였다. 두 상수 m, n에 대하여 $m+n$의 값을 구하시오.

guide

❶ x축의 방향으로 m만큼, y축의 방향으로 n만큼 평행이동한 그래프의 식은 x 대신 $x-m$, y 대신 $y-n$을 대입하여 구한다.

❷ 지수법칙을 이용하여 주어진 함수의 그래프의 식을 정리한다.

❸ ❶, ❷의 식을 이용하여 미지수의 값을 구한다.

solution

함수 $y=2^{2x}$의 그래프를 x축의 방향으로 m만큼, y축의 방향으로 n만큼 평행이동한 그래프의 식은

$y-n=2^{2(x-m)}$ $\quad\therefore y=2^{2(x-m)}+n$ ……㉠

한편, $y=4\times2^{2x}+3=2^{2x+2}+3=2^{2(x+1)}+3$ ……㉡

두 그래프 ㉠, ㉡이 일치하므로

$2(x-m)=2(x+1)$, $n=3$

따라서 $m=-1$, $n=3$이므로

$m+n=-1+3=2$

필수연습

정답 p.035

09 함수 $y=\left(\frac{1}{2}\right)^x$의 그래프를 x축의 방향으로 m만큼, y축의 방향으로 n만큼 평행이동하였더니 함수 $y=4\left(\frac{1}{2^x}-\frac{5}{2}\right)$의 그래프와 일치하였다. 두 상수 m, n에 대하여 $m-n$의 값을 구하시오.

10 함수 $y=5^x$의 그래프를 x축의 방향으로 -1만큼, y축의 방향으로 -5만큼 평행이동한 그래프가 두 점 $(0,\ m)$, $(1,\ n)$을 지날 때, 두 상수 m, n에 대하여 $m+n$의 값을 구하시오.

11 함수 $f(x)=\frac{1}{7}\times7^{-x}+k$의 그래프가 제1사분면을 지나지 않도록 하는 정수 k의 최댓값을 구하시오.

필수유형 08 지수함수의 그래프의 대칭이동

개념 03

함수 $y=3^{x+2}+1$의 그래프를 x축의 방향으로 m만큼, y축의 방향으로 n만큼 평행이동한 후, x축에 대하여 대칭이동하였더니 함수 $y=-3\times\left(\frac{1}{3}\right)^{-x}+4$의 그래프와 일치하였다. 두 상수 m, n에 대하여 $m-n$의 값을 구하시오.

guide

❶ 주어진 지수함수의 그래프를 평행이동한 그래프의 식을 구한다.
❷ 다음을 이용하여 ❶에서 구한 그래프를 대칭이동한 그래프의 식을 구한다.
(1) x축에 대하여 대칭이동 ⇨ y 대신 $-y$를 대입한다.
(2) y축에 대하여 대칭이동 ⇨ x 대신 $-x$를 대입한다.
(3) 원점에 대하여 대칭이동 ⇨ x 대신 $-x$, y 대신 $-y$를 대입한다.

solution

함수 $y=3^{x+2}+1$의 그래프를 x축의 방향으로 m만큼, y축의 방향으로 n만큼 평행이동한 그래프의 식은
$y-n=3^{(x-m)+2}+1$　　$\therefore y=3^{x+2-m}+n+1$
이 그래프를 x축에 대하여 대칭이동한 그래프의 식은
$-y=3^{x+2-m}+n+1$　　$\therefore y=-3^{x+2-m}-n-1$　　……㉠
한편, $y=-3\times\left(\frac{1}{3}\right)^{-x}+4=-3\times3^x+4=-3^{x+1}+4$　　……㉡
두 그래프 ㉠, ㉡이 일치하므로 $x+2-m=x+1$, $-n-1=4$
따라서 $m=1$, $n=-5$이므로 $m-n=1-(-5)=6$

필수 연습

해설 p.036

12 함수 $y=2^{4-2x}-1$의 그래프를 x축의 방향으로 a만큼, y축의 방향으로 b만큼 평행이동한 후, y축에 대하여 대칭이동하였더니 함수 $y=\left(\frac{1}{4}\right)^{-x}+3$의 그래프와 일치하였다. 두 상수 a, b에 대하여 $a+b$의 값을 구하시오.

13 함수 $y=a^x+3$ $(a>0,\ a\neq1)$의 그래프를 원점에 대하여 대칭이동한 후, x축의 방향으로 4만큼, y축의 방향으로 -1만큼 평행이동한 그래프가 a의 값에 관계없이 항상 점 $(p,\ q)$를 지난다. $p+q$의 값을 구하시오.

14 함수 $y=8^x$의 그래프를 평행이동하거나 대칭이동하여 겹쳐질 수 있는 그래프의 식만을 〈보기〉에서 있는 대로 고르시오.

보기

ㄱ. $y=2^{-3x}$　　ㄴ. $y=\left(\frac{1}{8}\right)^{x-1}-2$
ㄷ. $y=2\times8^x$　　ㄹ. $y=-4^{2x}+3$

필수유형 09 지수함수의 그래프와 직선으로 둘러싸인 도형의 넓이

개념 03

그림은 두 지수함수 $y=2^x$과 $y=2^{x-2}$의 그래프이다. 두 함수의 그래프와 두 직선 AB, CD로 둘러싸인 도형의 넓이를 S라 할 때, S의 값을 구하시오.

(단, 두 직선 AB, CD는 x축과 평행하고, 직선 BC는 y축과 평행하다.)

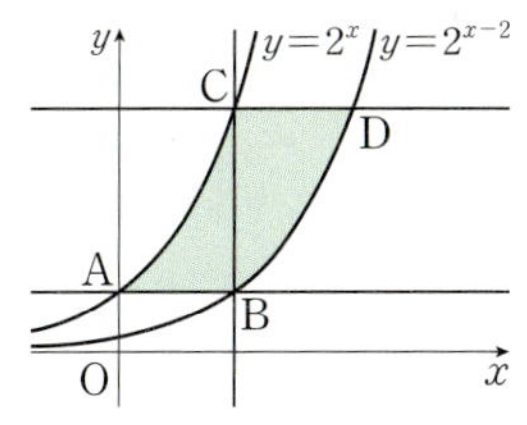

guide

❶ 두 함수의 식을 보고, 두 함수의 그래프가 평행이동하면 서로 일치함을 확인한다.
❷ 구하는 도형과 넓이가 같은 직사각형 또는 평행사변형을 찾는다.
❸ ❷를 이용하여 도형의 넓이를 구한다.

solution

지수함수 $y=2^{x-2}$의 그래프는 함수 $y=2^x$의 그래프를 x축의 방향으로 2만큼 평행이동한 것이다. ← A(0, 1), B(2, 1), C(2, 4), D(4, 4)

또한, 오른쪽 그림에서 빗금 친 두 부분의 넓이가 같으므로 구하는 도형의 넓이 S는 가로의 길이가 2, 세로의 길이가 $2^2-1=3$인 직사각형의 넓이와 같다.

$\therefore S=2\times3=6$

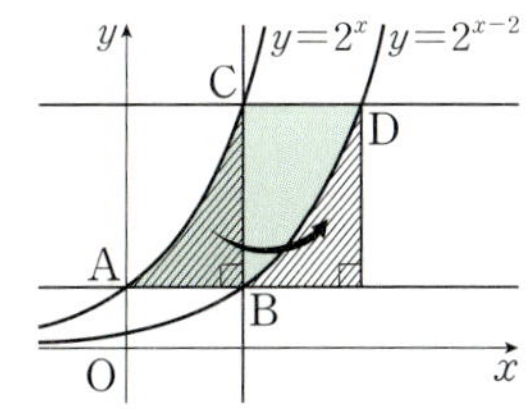

필수 연습

pp.036~037

15 그림과 같이 두 함수 $y=\left(\frac{4}{3}\right)^x$, $y=\left(\frac{4}{3}\right)^x+4$의 그래프와 두 직선 $x=1$, $x=5$로 둘러싸인 도형의 넓이를 구하시오.

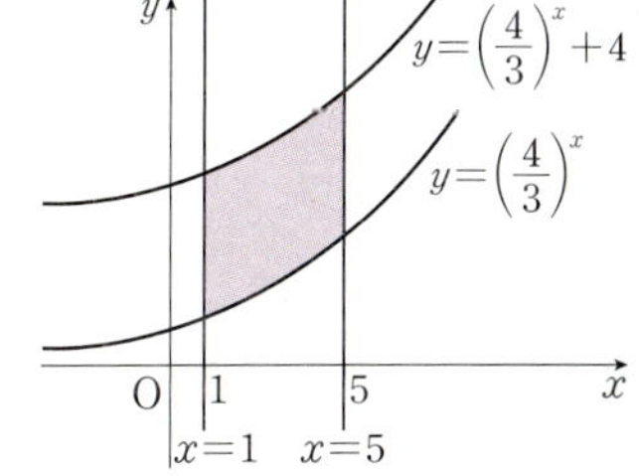

16 그림과 같이 두 곡선 $y=\left(\frac{1}{2}\right)^x$, $y=\left(\frac{1}{2}\right)^{x-3}+6$과 두 직선 $y=2x+1$, $y=2x+9$로 둘러싸인 도형의 넓이를 구하시오.

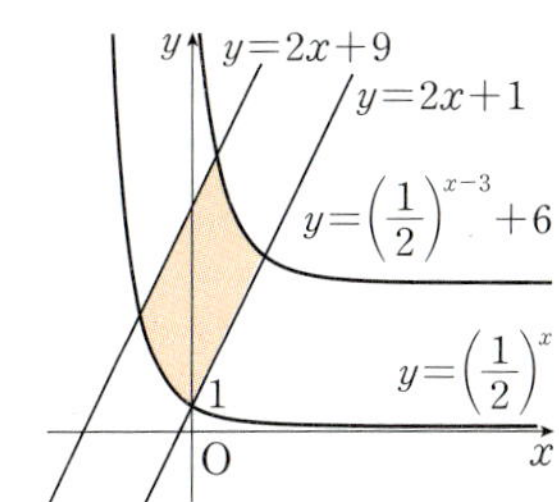

필수유형 10 지수함수의 성질을 이용한 수의 대소 비교

개념 04

세 수 $A=128^{-\frac{1}{6}}$, $B=\sqrt{\frac{1}{32}}$, $C=0.5^{\frac{1}{4}}$의 대소를 비교하시오.

guide

❶ 지수법칙 $(a^x)^y=a^{xy}$ ($a>0$, x, y는 실수)임을 이용하여 주어진 수들의 밑을 통일한다.

❷ 지수의 대소를 비교한다.

❸ 지수함수 $f(x)=a^x$ ($a>0$, $a\neq1$)에 대하여 다음과 같은 성질이 성립함을 이용하여 주어진 수의 대소를 비교한다.

(1) $a>1$이면 x의 값이 커질수록 $f(x)$의 값도 커진다. ⇨ $x_1<x_2 \Longleftrightarrow a^{x_1}<a^{x_2}$

(2) $0<a<1$이면 x의 값이 커질수록 $f(x)$의 값은 작아진다. ⇨ $x_1<x_2 \Longleftrightarrow a^{x_1}>a^{x_2}$

solution

세 수 A, B, C의 밑을 2로 나타내면

$A=128^{-\frac{1}{6}}=(2^7)^{-\frac{1}{6}}=2^{-\frac{7}{6}}$

$B=\sqrt{\frac{1}{32}}=\left(\frac{1}{32}\right)^{\frac{1}{2}}=\left(\frac{1}{2^5}\right)^{\frac{1}{2}}=(2^{-5})^{\frac{1}{2}}=2^{-\frac{5}{2}}$

$C=0.5^{\frac{1}{4}}=\left(\frac{1}{2}\right)^{\frac{1}{4}}=(2^{-1})^{\frac{1}{4}}=2^{-\frac{1}{4}}$

이때 $-\frac{5}{2}<-\frac{7}{6}<-\frac{1}{4}$이고,

함수 $y=2^x$에서 x의 값이 증가하면 y의 값도 증가하므로

$2^{-\frac{5}{2}}<2^{-\frac{7}{6}}<2^{-\frac{1}{4}}$

$\therefore B<A<C$

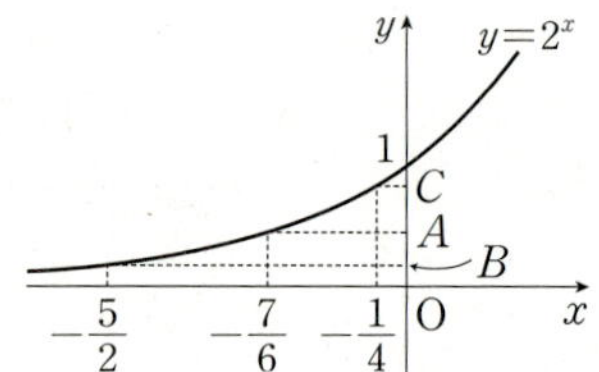

필수 연습

pp.037~038

17 세 수 $A=\frac{1}{\sqrt{5}}$, $B=\sqrt[3]{0.04}$, $C=\sqrt[8]{0.2^3}$의 대소를 비교하시오.

18 네 지수함수 $y=a^x$, $y=a^{-x}$, $y=b^x$, $y=c^x$의 그래프가 그림과 같을 때, a, b, $\frac{1}{c}$, 1의 대소를 비교하시오.

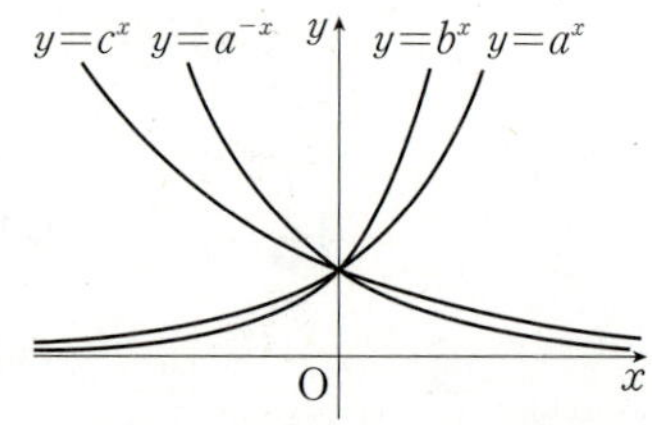

19 2 이상의 자연수 n에 대하여 세 수 $A=\sqrt[n+1]{a^n}$, $B=\sqrt[n]{a^{n+1}}$, $C=\sqrt[n+1]{a^{n+2}}$의 대소를 비교하시오. (단, $a>1$)

필수유형 11 지수함수의 최대, 최소 - $y=a^{f(x)}$ 꼴인 경우

개념 05

$1\le x\le 4$일 때, 함수 $y=5^{x^2-6x+5}$의 최댓값을 M, 최솟값을 m이라 하자. $\frac{M}{m}$의 값을 구하시오.

guide

❶ 다음을 이용하여 함수 $y=a^{f(x)}$의 최대, 최소를 파악한다.
(1) $a>1$이면 $f(x)$가 최대일 때 $a^{f(x)}$도 최대이고, $f(x)$가 최소일 때 $a^{f(x)}$도 최소이다.
(2) $0<a<1$이면 $f(x)$가 최대일 때 $a^{f(x)}$은 최소이고, $f(x)$가 최소일 때 $a^{f(x)}$은 최대이다.

❷ 주어진 정의역에서의 함수 $f(x)$의 최댓값과 최솟값을 구한다.

❸ ❶, ❷를 이용하여 함수 $y=a^{f(x)}$의 최댓값과 최솟값을 구한다.

solution

$f(x)=x^2-6x+5$라 하면 $y=5^{f(x)}$에서 (밑)$=5>1$이므로 $f(x)$가 최대일 때 함수 $y=5^{f(x)}$도 최대이고, $f(x)$가 최소일 때 함수 $y=5^{f(x)}$도 최소이다.

한편, $1\le x\le 4$이고, $f(x)=x^2-6x+5=(x-3)^2-4$이므로 $f(x)$는 $x=1$일 때 최댓값 $f(1)=0$, $x=3$일 때 최솟값 $f(3)=-4$를 갖는다.

즉, 함수 $y=5^{f(x)}$은 $x=1$일 때 최댓값 $5^0=1$,

$x=3$일 때 최솟값 $5^{-4}=\frac{1}{625}$을 갖는다.

따라서 $M=1$, $m=\frac{1}{625}$이므로 $\frac{M}{m}=625$이다.

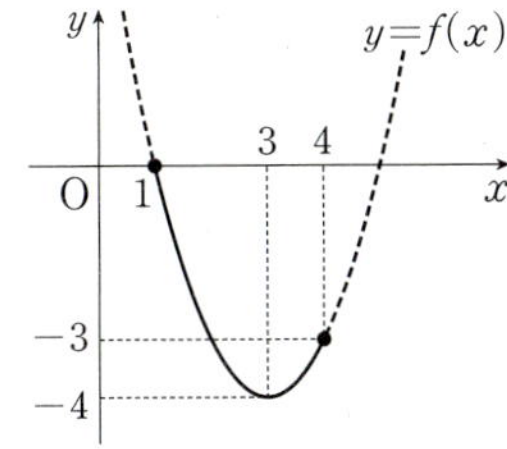

필수 연습

pp.038~039

20 $-3\le x\le 0$일 때, 함수 $y=\left(\frac{1}{2}\right)^{-x^2-4x-3}+1$의 최댓값을 M, 최솟값을 m이라 하자. $10Mm$의 값을 구하시오.

21 함수 $y=a^{x^2-4x+9}$의 최댓값이 $\frac{1}{243}$일 때, 상수 a의 값을 구하시오. (단, $0<a<1$)

22 $-1\le x\le 2$에서 함수 $f(x)=a^{2-x}+b$의 최댓값이 5, 최솟값이 -2일 때, $f(0)$의 값을 구하시오. (단, $a>0$, $a\neq 1$)

필수유형 12 지수함수의 최대, 최소 - a^x 꼴이 반복되는 경우

개념 05

다음 물음에 답하시오.

(1) $-1\le x\le 2$일 때, 함수 $y=4^x-3\times 2^{x+1}+6$의 최댓값과 최솟값을 각각 구하시오.

(2) 함수 $y=2^x+2^{3-x}$의 최솟값을 구하시오.

guide

❶ a^x $(a>0,\ a\ne 1)$ 꼴이 반복되는 경우, $a^x=t$ $(t>0)$로 치환한다.
❷ 주어진 정의역에서의 t의 값의 범위를 구한다.
❸ ❷에서 구한 범위 또는 산술평균과 기하평균의 관계를 이용하여 t에 대한 함수의 최댓값과 최솟값을 구한다.

solution

(1) $y=4^x-3\times 2^{x+1}+6=(2^x)^2-6\times 2^x+6$

$2^x=t$ $(t>0)$로 놓으면 $-1\le x\le 2$에서 $2^{-1}\le 2^x\le 2^2$ $\therefore \frac{1}{2}\le t\le 4$
(밑)$=2>1$이므로 $x_1<x_2$이면 $2^{x_1}<2^{x_2}$

이때 주어진 함수는 $y=t^2-6t+6=(t-3)^2-3$이므로

$t=\frac{1}{2}$에서 최댓값 $\left(-\frac{5}{2}\right)^2-3=\frac{13}{4}$, $t=3$에서 최솟값 $0^2-3=-3$을 갖는다.

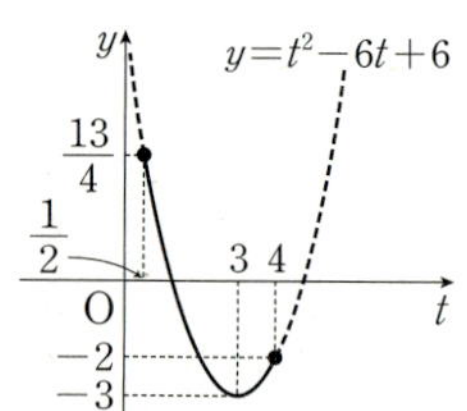

(2) $y=2^x+2^{3-x}=2^x+\frac{8}{2^x}$에서 $2^x=t$ $(t>0)$로 놓으면 $y=t+\frac{8}{t}$

산술평균과 기하평균의 관계에 의하여 ← $t>0$에서 $\frac{8}{t}>0$이므로 산술평균과 기하평균의 관계를 이용할 수 있다.

$t+\frac{8}{t}\ge 2\sqrt{t\times\frac{8}{t}}=4\sqrt{2}$ $\left(\text{단, 등호는 } t=\frac{8}{t},\ \text{즉 } t=2\sqrt{2}\text{일 때 성립}\right)$ ($x=\frac{3}{2}$)

따라서 함수 $y=2^x+2^{3-x}$의 최솟값은 $4\sqrt{2}$이다.

plus

$y=a^{2x}+a^{-2x}+k(a^x+a^{-x})$ 꼴일 때는 다음과 같은 순서로 최솟값을 구한다.
(i) $a^x+a^{-x}=t$로 치환한 후 산술평균과 기하평균의 관계를 이용하여 t의 값의 범위를 구한다.
(ii) (i)에서 구한 범위를 이용하여 t에 대한 함수의 최솟값을 구한다.

필수 연습

해 pp.039~040

23 다음 물음에 답하시오.

(1) $0\le x\le 1$일 때, 함수 $y=-25^x+2\times 5^{x+1}$의 최댓값과 최솟값을 각각 구하시오.

(2) 함수 $y=3^x+3^{1-x}$의 최솟값을 구하시오.

24 함수 $y=-9^x+3^{x+a}+2$의 최댓값이 $\frac{11}{4}$일 때, 상수 a의 값을 구하시오.

plus
25 함수 $y=4^x+4^{-x}-10(2^x+2^{-x})$의 최솟값을 구하시오.

01 함수 $f(x)=a^x$ $(a>0,\ a\neq1)$에 대하여

$$3f(-1)+f(1)=4$$

를 만족시킬 때, $f(-3)\times f(4)$의 값을 구하시오.

02 함수 $f(x)=2^{2x-1}-1$에 대하여 〈보기〉에서 옳은 것만을 있는 대로 고른 것은?

보기

ㄱ. 함수 $y=f(x)$의 그래프는 점 $(1,\ 1)$을 지나고, 점근선은 x축이다.

ㄴ. 함수 $y=f(x)$의 그래프는 제3사분면을 지나지 않는다.

ㄷ. $f(x_1)=f(x_2)$이면 $x_1=x_2$이다.

ㄹ. $x_1<x_2$이면 $f(x_1)>f(x_2)$이다.

① ㄱ ② ㄷ ③ ㄱ, ㄴ
④ ㄴ, ㄹ ⑤ ㄷ, ㄹ

03 정수 a에 대하여 함수 $f(x)=\left(a^2+6a+\frac{19}{2}\right)^x$이라 하자. 함수 $f(x)$가 모든 음의 실수 x에 대하여 $f(x)>1$을 만족시킬 때, $f(a)$의 값을 구하시오.

04 다음 그림과 같이 y축과 직선 $y=k$가 만나는 점을 A, 세 함수 $y=a^x$, $y=3^x$, $y=b^x$의 그래프와 직선 $y=k$가 만나는 점을 차례대로 B, C, D라 하자. $\overline{AB}:\overline{BC}:\overline{CD}=1:2:3$일 때, $\frac{a}{b^2}$의 값을 구하시오.

(단, $k>1$, $1<b<3<a$)

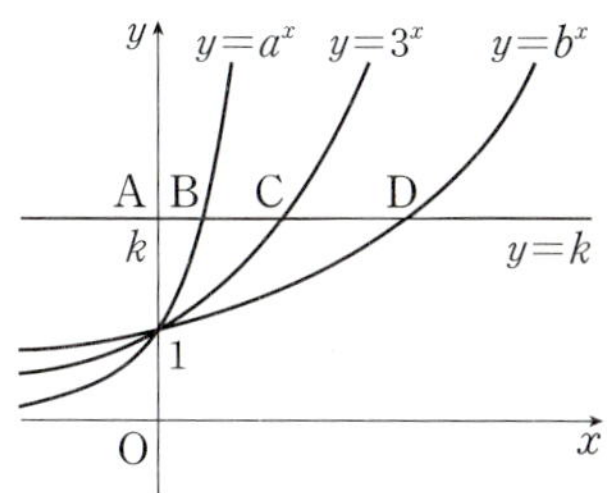

05 함수 $y=3^{x-a}+b$의 그래프가 점 $A(-1,\ 0)$을 지나고, 점 A와 함수 $y=3^{x-a}+b$의 그래프의 점근선 사이의 거리가 1일 때, 두 상수 a, b에 대하여 $a+b$의 값을 구하시오.

06 오른쪽 그림과 같이 두 함수 $f(x)=\frac{2^x}{3}$, $g(x)=2^x-2$의 그래프가 y축과 만나는 점을 각각 A, B라 하고, 두 곡선 $y=f(x)$, $y=g(x)$가 만나는 점을 C라 할 때, 삼각형 ABC의 넓이를 구하시오.

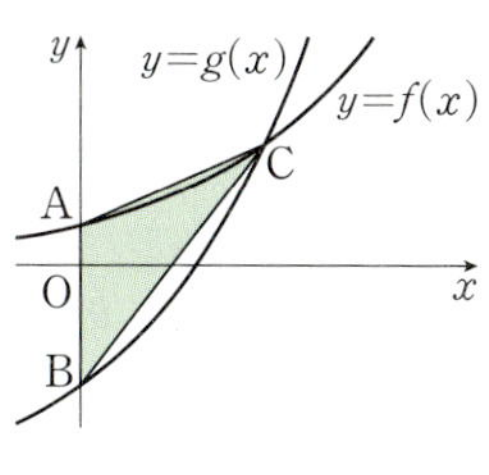

07 곡선 $y=4^{-x+2}+a$가 곡선 $y=3^x+2$와 제2사분면에서 만나고 곡선 $y=2^x-5$와 제4사분면에서 만나도록 하는 모든 정수 a의 개수를 구하시오.

08 다음 그림과 같이 양수 k에 대하여 직선 $x=k$가 두 함수 $y=\left(\frac{1}{2}\right)^x$, $y=-2^x$의 그래프와 만나는 점을 각각 A, B라 하고, 두 점 A, O를 지나는 직선이 함수 $y=-2^x$의 그래프와 만나는 점을 C라 하자.
삼각형 ABC의 무게중심의 좌표가 $\left(a, -\frac{8}{3}\right)$일 때, 상수 a의 값을 구하시오. (단, O는 원점이다.)

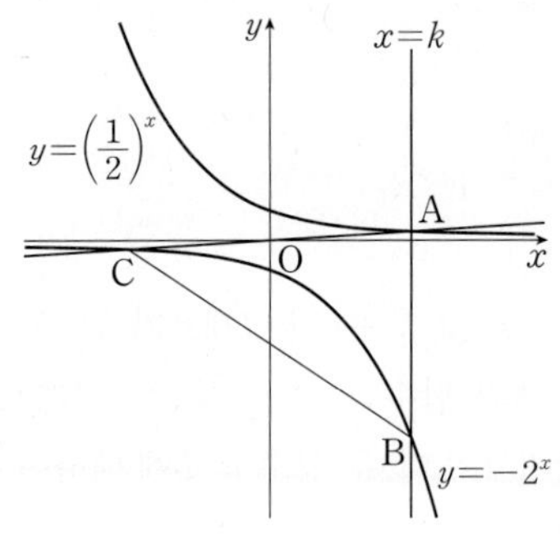

09 오른쪽 그림과 같이 함수 $f(x)=2^x-1$의 그래프 위의 서로 다른 두 점 P, Q의 x좌표를 각각 a, b라 할 때, 세 수

$$A=\frac{2^a-1}{a},\ B=\frac{2^b-1}{b},\ C=\frac{2^b-2^a}{b-a}$$

의 대소를 비교하시오. (단, $0<a<b$)

10 두 양수 a, b에 대하여 부등식

$$\left(\frac{1}{a}\right)^m<\left(\frac{1}{a}\right)^n<b^n<b^m$$

이 성립하도록 하는 두 자연수 m, n이 존재할 때, 〈보기〉에서 옳은 것만을 있는 대로 고른 것은?

보기

ㄱ. $m>n$　　ㄴ. $a>b$

ㄷ. $a^{\frac{1}{a}}<a^a$　　ㄹ. $\left(\frac{1}{a}\right)^b<b^{\frac{1}{b}}$

① ㄱ, ㄴ　② ㄱ, ㄷ　③ ㄷ, ㄹ
④ ㄱ, ㄷ, ㄹ　⑤ ㄴ, ㄷ, ㄹ

11 두 함수 $f(x)$, $g(x)$가

$$f(x)=x^2-4x-1,\ g(x)=a^x$$

이라 하자. $1\le x\le 4$에서 함수 $(g\circ f)(x)$의 최댓값이 32일 때, $1\le x\le 4$에서 함수 $(g\circ f)(x)$의 최솟값을 구하시오. (단, $a>0$, $a\ne 1$)

12 함수 $y=2^{2k-x}+2^{2k+x}$의 최솟값이 128일 때, 상수 k의 값을 구하시오.

2 지수함수의 활용

개념 06 지수방정식

1. 지수방정식

지수에 미지수가 있는 방정식을 **지수방정식**이라고 한다.

2. 지수방정식의 풀이 Ⓐ

(1) 밑을 같게 할 수 있는 경우

주어진 방정식을 $a^{f(x)}=a^{g(x)}$ $(a>0)$ 꼴로 변형한 후

$a^{f(x)}=a^{g(x)} \Longleftrightarrow \underbrace{f(x)=g(x)}_{\text{지수가 같은 경우}}$ 또는 $\underbrace{a=1}_{\text{밑이 1인 경우}}$

임을 이용하여 푼다.

(2) a^x 꼴이 반복되는 경우

$a^x=t$로 치환하여 t에 대한 방정식을 푼다. 이때 $a^x>0$이므로 $t>0$임에 유의한다.

(3) 지수를 같게 할 수 있는 경우

주어진 방정식을 $a^{f(x)}=b^{f(x)}$ $(a>0,\ b>0)$ 꼴로 변형한 후

$a^{f(x)}=b^{f(x)} \Longleftrightarrow \underbrace{a=b}_{\text{밑이 같은 경우}}$ 또는 $\underbrace{f(x)=0}_{\text{지수가 0인 경우}}$

임을 이용하여 푼다.

1. 지수방정식의 풀이

일반적으로 지수방정식 $a^{x_1}=a^{x_2}$ $(a>0,\ a\neq1)$은

$a^{x_1}=a^{x_2} \Longleftrightarrow x_1=x_2$ ← 지수함수 $y=a^x$은 일대일함수이다.

를 이용하여 풀 수 있다.

예1 (1) 방정식 $2^x=8$에서

$2^x=2^3$이므로 $x=3$

(2) 방정식 $x^{x-2}=x^5$ $(x>0)$에서

(i) 지수가 같으면 $x-2=5$ $\quad\therefore x=7$

(ii) 밑이 1이면 $x=1$ ← 밑이 1이면 지수가 달라도 $1=1$로 등식이 성립한다.

(i), (ii)에서 주어진 방정식의 해는 $x=1$ 또는 $x=7$

예2 방정식 $4^x-2^x-2=0$에서 $(2^x)^2-2^x-2=0$

$2^x=t$ $(t>0)$로 놓으면 $t^2-t-2=0$

$(t+1)(t-2)=0$ $\quad\therefore t=2$ $(\because t>0)$

따라서 $2^x=2^1$이므로 주어진 방정식의 해는 $x=1$

예3 방정식 $x^{x-3}=2^{x-3}$ $(x>0)$에서

(i) 밑이 같으면 $x=2$

(ii) 지수가 0이면 $x-3=0$ $\quad\therefore x=3$ ← 지수가 0이면 밑이 달라도 $3^0=2^0=1$로 등식이 성립한다.

(i), (ii)에서 주어진 방정식의 해는 $x=2$ 또는 $x=3$

Ⓐ **밑과 지수를 모두 같게 할 수 없는 경우**

밑도 지수도 같게 할 수 없으면 양변에 로그를 취하여 푼다. 이는 로그방정식에서 다루기로 한다.

p.119 개념06

2. 지수함수의 그래프와 직선의 교점

지수함수 $y=a^x$ $(a>0,\ a\neq1)$은 실수 전체의 집합에서 양의 실수 전체의 집합으로의 일대일대응이므로 임의의 양수 k에 대하여 방정식 $a^x=k$는 단 한 개의 해를 가짐을 알 수 있다.

이때 방정식 $a^x=k$의 해는 지수함수 $y=a^x$의 그래프와 직선 $y=k$의 교점의 x좌표와 같다.

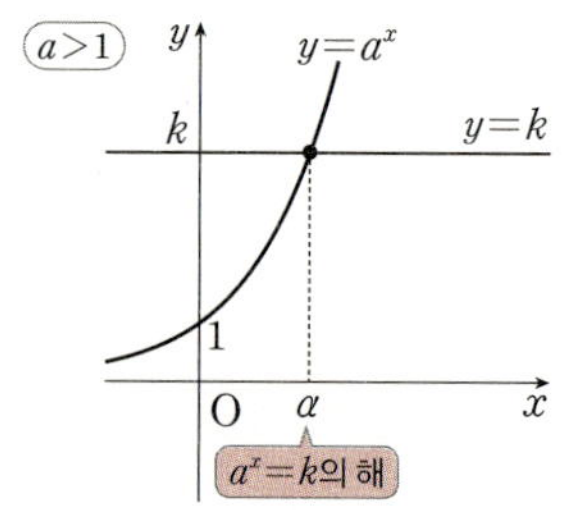

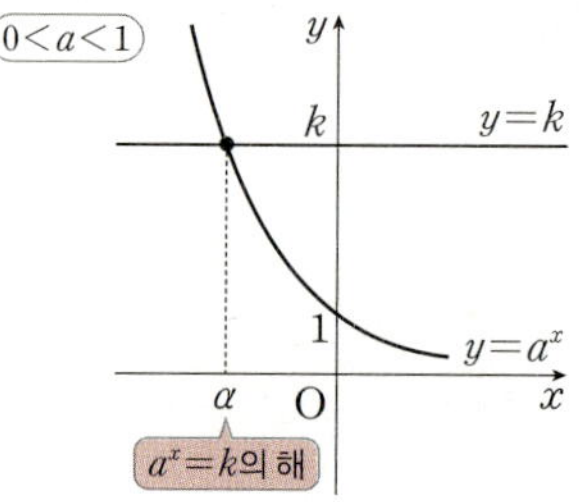

개념 07 지수부등식

1. 지수부등식

지수에 미지수가 있는 부등식을 **지수부등식**이라고 한다.

2. 지수부등식의 풀이

(1) 밑을 같게 할 수 있는 경우

주어진 부등식을 $a^{f(x)}<a^{g(x)}$ $(a>0,\ a\neq1)$ 꼴로 변형한 후

① $a>1$일 때, 부등식 $f(x)<g(x)$를 푼다. ← 부등호 방향 그대로

② $0<a<1$일 때, 부등식 $f(x)>g(x)$를 푼다. ← 부등호 방향 반대로

(2) a^x 꼴이 반복되는 경우

$a^x=t$로 치환하여 t에 대한 부등식을 푼다. 이때 $a^x>0$이므로 $t>0$임에 유의한다.

(3) 밑과 지수에 모두 미지수가 있는 경우

밑의 범위를 (i) $0<$(밑)<1, (ii) (밑)$=1$, (iii) (밑)>1인 경우로 나누어 푼다.

일반적으로 지수부등식 $a^{f(x)}<a^{g(x)}$ $(a>0,\ a\neq1)$은

$a>1$일 때, $a^{f(x)}<a^{g(x)} \iff f(x)<g(x)$

$0<a<1$일 때, $a^{f(x)}<a^{g(x)} \iff f(x)>g(x)$

를 이용하여 풀 수 있다. Ⓐ

예1 (1) 부등식 $2^x>4$에서 $2^x>2^2$

이때 (밑)$=2>1$이므로

주어진 부등식의 해는 $x>2$

(2) 부등식 $\left(\frac{1}{3}\right)^x>27$에서 $\left(\frac{1}{3}\right)^x>\left(\frac{1}{3}\right)^{-3}$

이때 $0<$(밑)$=\frac{1}{3}<1$이므로

주어진 부등식의 해는 $x<-3$

Ⓐ 지수부등식과 지수함수의 그래프

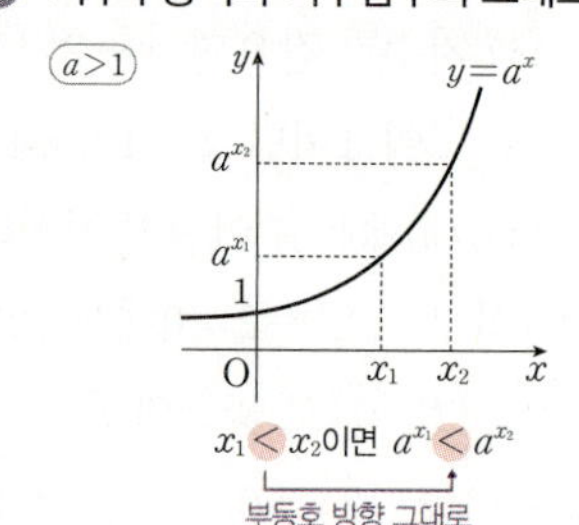

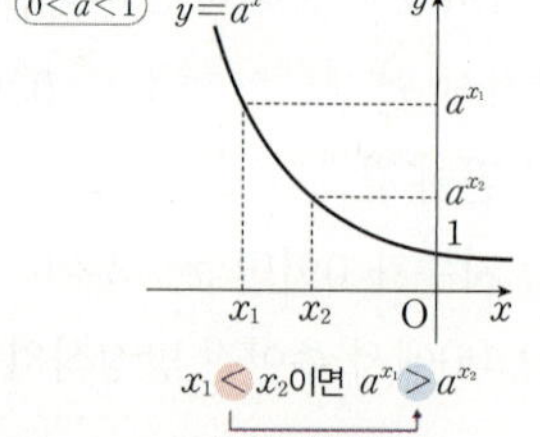

예2 부등식 $4^x-3\times2^x-4<0$에서 $(2^x)^2-3\times2^x-4<0$

$2^x=t\ (t>0)$로 놓으면 $t^2-3t-4<0$

$(t+1)(t-4)<0 \qquad \therefore -1<t<4$

이때 $t>0$이므로 $0<t<\underset{=2^2}{\underline{4}}$

따라서 $0<2^x<2^2$이고, (밑)$=2>1$이므로

주어진 부등식의 해는 $x<2$

예3 부등식 $x^{3x-1}>x^{x+2}\ (x>0)$에서

(i) $\underset{0<(\text{밑})<1}{\underline{0<x<1}}$일 때,

$3x-1<x+2,\ 2x<3 \qquad \therefore x<\dfrac{3}{2}$

그런데 $0<x<1$이므로 $0<x<1$

(ii) $x=1$일 때,

(좌변)=(우변)=1이므로 부등식이 성립하지 않는다.

(iii) $\underset{(\text{밑})>1}{\underline{x>1}}$일 때,

$3x-1>x+2,\ 2x>3 \qquad \therefore x>\dfrac{3}{2}$

그런데 $x>1$이므로 $x>\dfrac{3}{2}$

(i), (ii), (iii)에서 주어진 부등식의 해는

$0<x<1$ 또는 $x>\dfrac{3}{2}$

기본유형 13 지수방정식(1) 개념 06

다음 방정식을 푸시오.

(1) $\left(\frac{1}{3}\right)^x=27^{x-8}$ (2) $2^{x^2-9}=4^{x+3}$

solution

(1) $\left(\frac{1}{3}\right)^x=27^{x-8}$에서 $3^{-x}=3^{3x-24}$

즉, $-x=3x-24$이므로 $4x=24$ $\therefore x=6$

(2) $2^{x^2-9}=4^{x+3}$에서 $2^{x^2-9}=2^{2x+6}$

즉, $x^2-9=2x+6$이므로 $x^2-2x-15=0$

$(x+3)(x-5)=0$ $\therefore x=-3$ 또는 $x=5$

기본유형 14 지수방정식(2) 개념 06

다음 방정식을 푸시오.

(1) $9^x-10\times3^{x+1}+81=0$ (2) $4^{x+1}=(x+2)^{x+1}$ (단, $x>-2$)

solution

(1) $9^x-10\times3^{x+1}+81=0$에서 $(3^x)^2-30\times3^x+81=0$

$3^x=t$ $(t>0)$로 놓으면 $t^2-30t+81=0$, $(t-3)(t-27)=0$ $\therefore t=3$ 또는 $t=27$

따라서 $3^x=3$ 또는 $3^x=27=3^3$이므로 주어진 방정식의 해는 $x=1$ 또는 $x=3$

(2) $4^{x+1}=(x+2)^{x+1}$ $(x>-2)$에서

(i) 밑이 같으면 $4=x+2$ $\therefore x=2$

(ii) 지수가 0이면 $x+1=0$ $\therefore x=-1$

(i), (ii)에서 주어진 방정식의 해는 $x=-1$ 또는 $x=2$

기본 연습

정답 p.044

26 다음 방정식을 푸시오.

(1) $4^x=\left(\frac{1}{2}\right)^{x-9}$ (2) $125\times5^{x^2}=5^{4x}$

27 다음 방정식을 푸시오.

(1) $4^x+2^{x+3}-128=0$ (2) $3^{x-4}=x^{x-4}$ (단, $x>0$)

기본유형 15 지수부등식 (1)

개념 07

다음 부등식을 푸시오.

(1) $\left(\frac{1}{5}\right)^{x-7} \geq 25$

(2) $2^{x-6} < \left(\frac{1}{4}\right)^{x}$

solution

(1) $\left(\frac{1}{5}\right)^{x-7} \geq 25$에서 $\left(\frac{1}{5}\right)^{x-7} \geq \left(\frac{1}{5}\right)^{-2}$이고, $0<(\text{밑})=\frac{1}{5}<1$이므로 $x-7 \leq -2$ $\quad \therefore x \leq 5$

(2) $2^{x-6} < \left(\frac{1}{4}\right)^{x}$에서 $2^{x-6} < 2^{-2x}$이고, $(\text{밑})=2>1$이므로 $x-6<-2x$, $3x<6$ $\quad \therefore x<2$

기본유형 16 지수부등식 (2)

개념 07

다음 부등식을 푸시오.

(1) $2^{2x+3}-2>15\times 2^{x}$

(2) $x^{5x-1} \leq x^{x+2}$ (단, $x>0$)

solution

(1) $2^{2x+3}-2>15\times 2^{x}$에서 $(2^{x})^{2}\times 2^{3}-2>15\times 2^{x}$, 즉 $8\times(2^{x})^{2}-15\times 2^{x}-2>0$

$2^{x}=t$ $(t>0)$로 놓으면 $8t^{2}-15t-2>0$, $(8t+1)(t-2)>0$ $\quad \therefore t<-\frac{1}{8}$ 또는 $t>2$

이때 $t>0$이므로 $t>2$, 즉 $2^{x}>2$이므로 주어진 부등식의 해는 $x>1$ ← (밑)=2>1이므로 부등호 방향 그대로

(2) $x^{5x-1} \leq x^{x+2}$ $(x>0)$에서

(i) $0<x<1$일 때, $5x-1 \geq x+2$이므로 $4x \geq 3$, $x \geq \frac{3}{4}$ $\quad \therefore \frac{3}{4} \leq x < 1$ ($\because 0<x<1$)

(ii) $x=1$일 때, (좌변)=(우변)=1이므로 부등식이 성립한다.

(iii) $x>1$일 때, $5x-1 \leq x+2$이므로 $4x \leq 3$ $\quad \therefore x \leq \frac{3}{4}$

그런데 $x>1$이므로 해는 없다.

(i), (ii), (iii)에서 주어진 부등식의 해는 $\frac{3}{4} \leq x \leq 1$

기본 연습

답 pp.044~045

28 다음 부등식을 푸시오.

(1) $\left(\frac{1}{2}\right)^{x-5} < 4$

(2) $5^{x-1} \geq \left(\frac{1}{5}\right)^{7-2x}$

29 다음 부등식을 푸시오.

(1) $6\times\left(\frac{1}{9}\right)^{x}+\left(\frac{1}{3}\right)^{x} \leq \left(\frac{1}{3}\right)^{x-2}-2$

(2) $x^{2x+5} \geq x^{3x+2}$ (단, $x>0$)

필수유형 17 지수방정식 - a^x 꼴이 반복되는 경우 개념 06

방정식 $4^x-3\times2^{x+1}+4=0$의 두 근을 α, β라 할 때, $\alpha+\beta$의 값을 구하시오.

guide

❶ 방정식 $pa^{2x}+qa^x+r=0$ (p, q, r은 실수, $a>0$, $a\neq1$)에서 $a^x=t$ $(t>0)$로 치환한다.

❷ 주어진 방정식의 두 근을 α, β라 하면 ❶에서 구한 t에 대한 이차방정식 $pt^2+qt+r=0$의 두 근은 a^α, a^β이고, 모두 양수임을 확인한다.

❸ ❷의 방정식을 풀거나 근과 계수의 관계를 이용한다.

solution

$4^x-3\times2^{x+1}+4=0$에서 $(2^x)^2-6\times2^x+4=0$

$2^x=t$ $(t>0)$로 놓으면 $t^2-6t+4=0$ ······㉠

한편, 주어진 방정식의 두 근을 α, β라 하면 t에 대한 이차방정식 ㉠의 두 근은 2^α, 2^β이다.

이차방정식 ㉠의 근과 계수의 관계에 의하여

$2^\alpha\times2^\beta=4$, 즉 $2^{\alpha+\beta}=2^2$이므로 $\alpha+\beta=2$

plus

이차방정식의 실근의 부호 ← 공통수학1 p.212 개념12

이차방정식 $ax^2+bx+c=0$ (a, b, c는 실수)의 두 실근을 α, β라 하고, 판별식을 D라 하면

(1) 두 실근이 모두 양수인 경우 $\Longleftrightarrow$ $D\geq0$, $\alpha+\beta>0$, $\alpha\beta>0$

(2) 두 실근이 모두 음수인 경우 $\Longleftrightarrow$ $D\geq0$, $\alpha+\beta<0$, $\alpha\beta>0$

(3) 두 실근의 부호가 서로 다른 경우 $\Longleftrightarrow$ $\alpha\beta<0$

필수 연습

해 pp.045~046

30 방정식 $\left(\frac{1}{9}\right)^x-4\times\left(\frac{1}{3}\right)^{x-1}+9=0$의 두 근을 α, β라 할 때, $\alpha+\beta$의 값을 구하시오.

plus

31 x에 대한 방정식 $25^x-k\times5^{x+1}+25=0$이 오직 하나의 실근 α를 가질 때, $k+\alpha$의 값을 구하시오. (단, k는 상수이다.)

plus

32 곡선 $y=9^x-4\times3^x$과 직선 $y=k$가 서로 다른 두 점에서 만나도록 하는 모든 정수 k의 값의 합을 구하시오.

필수유형 18 지수부등식 - a^x 꼴이 반복되는 경우

개념 07

부등식 $7^{2x+1}-50\times7^x+7\leq0$을 만족시키는 모든 정수 x의 값의 합을 구하시오.

guide

❶ 부등식 $pa^{2x}+qa^x+r\leq0$ (p, q, r은 실수, $a>0$, $a\neq1$)에서 $a^x=t$ ($t>0$)로 치환한다.
❷ ❶에서 구한 t에 대한 이차부등식 $pt^2+qt+r\leq0$의 해를 구한다.
❸ ❷에서 구한 해를 이용하여 주어진 부등식의 해를 구한다.

solution

$7^{2x+1}-50\times7^x+7\leq0$에서 $7\times(7^x)^2-50\times7^x+7\leq0$

$7^x=t$ ($t>0$)로 놓으면 $7t^2-50t+7\leq0$

$(7t-1)(t-7)\leq0$ $\quad\therefore \frac{1}{7}\leq t\leq7$

즉, $\frac{1}{7}\leq7^x\leq7$에서 $7^{-1}\leq7^x\leq7^1$ $\quad\therefore -1\leq x\leq1$

따라서 조건을 만족시키는 정수 x는 -1, 0, 1이므로 그 합은

$-1+0+1=0$

plus

모든 실수 x에 대하여 $pa^{2x}+qa^x+r>0$ (p, q, r은 실수, $a>0$, $a\neq1$)이 성립하려면
$a^x=t$ ($t>0$)로 치환하여 나타낸 t에 대한 이차부등식 $pt^2+qt+r>0$이 $t>0$에서 항상 성립해야 한다.

필수 연습

33 부등식 $\left(\frac{1}{25}\right)^x-30\times\left(\frac{1}{5}\right)^x+125\leq0$을 만족시키는 모든 정수 x의 값의 합을 구하시오.

34 x에 대한 부등식 $3^{2x}-(2a+8)\times3^x+16a\leq0$을 만족시키는 정수 x의 개수가 3이 되도록 하는 실수 a의 값의 범위를 구하시오. (단, $a<4$)

plus
35 모든 실수 x에 대하여 부등식 $4^x+2^{x+1}+a-4>0$이 성립하도록 하는 실수 a의 값의 범위를 구하시오.

필수유형 19 지수방정식과 지수부등식 - 연립방정식, 연립부등식

개념 06+07

다음 연립방정식 또는 연립부등식의 해를 구하시오.

(1) $\begin{cases} 3^x=9\times3^y \\ 4^x+4^{y+1}=40 \end{cases}$

(2) $\left(\frac{1}{4}\right)^{x+1}<16<\left(\frac{1}{2}\right)^{x-8}$

guide

❶ 연립방정식을 이루는 한 방정식을 한 문자에 대하여 정리한 후, 나머지 방정식에 대입하여 해를 구한다.

❷ 연립부등식을 이루는 각 부등식의 해를 구한 후, 수직선 위에 나타내어 공통부분을 찾는다.

solution

(1) $3^x=9\times3^y$에서 $3^x=3^{2+y}$이므로 $x=2+y$ ……㉠

㉠을 $4^x+4^{y+1}=40$에 대입하면

$4^{2+y}+4^{y+1}=40,\ 16\times4^y+4\times4^y=40,\ 20\times4^y=40,\ 4^y=2$

즉, $2^{2y}=2$이므로 $y=\frac{1}{2}$ $\quad\therefore\ x=2+\frac{1}{2}=\frac{5}{2}$ ($\because$ ㉠)

따라서 주어진 연립방정식의 해는 $x=\frac{5}{2},\ y=\frac{1}{2}$

(2) $\left(\frac{1}{4}\right)^{x+1}<16$에서 $\left(\frac{1}{4}\right)^{x+1}<\left(\frac{1}{4}\right)^{-2}$

즉, $x+1>-2$이므로 $x>-3$ ……㉠

$0<(\text{밑})=\frac{1}{4}<1$이므로 부등호 방향 반대로

또한, $16<\left(\frac{1}{2}\right)^{x-8}$에서 $\left(\frac{1}{2}\right)^{-4}<\left(\frac{1}{2}\right)^{x-8}$

즉, $-4>x-8$이므로 $x<4$ ……㉡

$0<(\text{밑})=\frac{1}{2}<1$이므로 부등호 방향 반대로

㉠, ㉡에서 주어진 연립부등식의 해는 $-3<x<4$

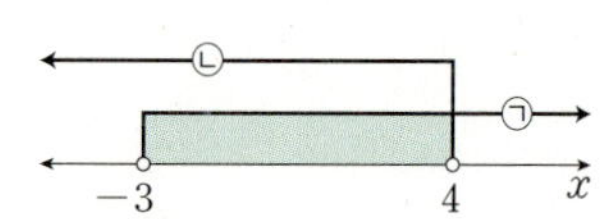

필수 연습

pp.046~047

36 다음 연립방정식 또는 연립부등식의 해를 구하시오.

(1) $\begin{cases} 0.2^{x+y}=25 \\ 2^x+2^y=1 \end{cases}$

(2) $\begin{cases} \left(\frac{2}{3}\right)^{x+4}<\left(\frac{9}{4}\right)^{x-1} \\ 2^{x-2}<\sqrt{2^{x+2}} \end{cases}$

37 연립방정식 $\begin{cases} 2^x+2\times3^y=58 \\ 3\times2^x-3^y=-15 \end{cases}$ 의 해를 구하시오.

38 연립부등식 $\begin{cases} 2^x-2^{\frac{x}{2}+1}-8\le0 \\ 5^{x+2}-5^{1-x}>0 \end{cases}$ 을 만족시키는 모든 정수 x의 값의 합을 구하시오.

필수유형 20 지수방정식과 지수부등식 – 밑과 지수에 모두 미지수가 있는 경우

개념 06+07

다음 방정식 또는 부등식을 푸시오.

(1) $x^{3x-2}=x^{x+8}$ (단, $x>0$)　　(2) $x^{x^2-1}\le x^{3x+9}$ (단, $x>0$)

guide

❶ 밑과 지수에 모두 미지수가 있는 경우 다음과 같이 경우를 나누어 생각한다.

(1) 밑이 같은 방정식의 경우 ⇨ (i) 지수가 같다.　(ii) (밑)$=1$

(2) 지수가 같은 방정식의 경우 ⇨ (i) 밑이 같다.　(ii) (지수)$=0$

(3) 부등식인 경우 ⇨ (i) $0<$(밑)<1　(ii) (밑)$=1$　(iii) (밑)>1

❷ ❶을 이용하여 각 경우를 만족시키는 모든 x의 값 또는 x의 값의 범위를 구한다.

solution

(1) $x^{3x-2}=x^{x+8}$ $(x>0)$에서 밑이 같으므로

(i) 지수가 같으면 $3x-2=x+8$, $2x=10$　$\therefore$ $x=5$

(ii) 밑이 1이면 $x=1$

이때 (좌변)$=$(우변)$=1$이므로 등식이 성립한다.

(i), (ii)에서 주어진 방정식의 해는 $x=1$ 또는 $x=5$

(2) $x^{x^2-1}\le x^{3x+9}$ $(x>0)$에서

(i) $0<x<1$일 때,

$x^2-1\ge 3x+9$, $x^2-3x-10\ge 0$, $(x+2)(x-5)\ge 0$　$\therefore$ $x\le -2$ 또는 $x\ge 5$

그런데 $0<x<1$이므로 해는 없다.

(ii) $x=1$일 때,

(좌변)$=$(우변)$=1$이므로 부등식이 성립한다.

(iii) $x>1$일 때,

$x^2-1\le 3x+9$, $x^2-3x-10\le 0$, $(x+2)(x-5)\le 0$　$\therefore$ $-2\le x\le 5$

그런데 $x>1$이므로 $1<x\le 5$

(i), (ii), (iii)에서 주어진 부등식의 해는 $1\le x\le 5$

필수 연습

답 pp.047~048

39 다음 방정식 또는 부등식을 푸시오.

(1) $(x+1)^{x^2}=(x+1)^{3x}$ (단, $x>-1$)　　(2) $x^{6x-7}>x^{x^2+x-13}$ (단, $x>0$)

40 방정식 $(x+6)^{2-3x}=(3x)^{2-3x}$의 해를 구하시오. (단, $x>0$)

41 부등식 $(x+3)^{x^2-4x}\le(x+3)^{10-x}$의 해를 구하시오. (단, $x>-3$)

필수유형 21 지수방정식과 지수부등식의 활용

개념 06+07

어느 박물관은 2025년 현재 2560점의 유물을 소장하고 있다. 이 박물관의 소장 유물량이 매년 25 %씩 증가한다고 할 때, 소장 유물량이 처음으로 6250점 이상이 되는 해는 몇 년인지 구하시오.

guide

❶ 주어진 조건을 파악하여 지수방정식 또는 지수부등식을 세운다.
❷ ❶에서 세운 지수방정식 또는 지수부등식을 푼다.

solution

박물관의 n년 후 소장 유물량이 6250점 이상이 되려면

$2560\times\left(1+\frac{25}{100}\right)^{n}\geq 6250$, $\left(\frac{5}{4}\right)^{n}\geq\frac{625}{256}$

즉, $\left(\frac{5}{4}\right)^{n}\geq\left(\frac{5}{4}\right)^{4}$이고, (밑)$=\frac{5}{4}>1$이므로 $n\geq 4$이다.

따라서 소장 유물량이 처음으로 6250점 이상이 되는 해는 4년 후인 2029년이다.

필수 연습

해 pp.048~049

42 KF 80 등급의 보건용 마스크를 한 번 통과할 때마다 흡입하는 미세먼지의 양이 80 %씩 줄어든다고 한다. 흡입하는 미세먼지의 양을 마스크를 쓰지 않았을 때 흡입하는 미세먼지의 양의 $\frac{1}{125}$배 이하로 줄이려면 KF 80 등급의 보건용 마스크를 적어도 몇 개 이상 겹쳐 써야 하는지 구하시오.

43 최대 충전 용량이 Q_0 ($Q_0>0$)인 어떤 배터리를 완전히 방전시킨 후 t시간 동안 충전한 배터리의 충전 용량을 $Q(t)$라 할 때, 등식 $Q(t)=Q_0\left(1-2^{-\frac{t}{a}}\right)$이 성립한다고 한다. $\frac{Q(4)}{Q(2)}=\frac{3}{2}$일 때, a의 값을 구하시오.

(단, a는 양의 상수이고, 배터리의 충전 용량의 단위는 mAh이다.)

44 방사성 물질의 질량이 방사성 붕괴에 의하여 원래 질량의 반으로 줄어드는 데 걸리는 시간을 반감기라 한다. 반감기가 5년인 코발트(^{60}Co) 1024 g과 반감기가 30년인 세슘(^{137}Cs) 32 g이 있다. 두 방사성 물질의 질량이 같아지는 것은 지금으로부터 몇 년 후인지 구하시오.

13 방정식 $|2^{x-3}-7|=k$가 오직 하나의 실근을 갖도록 하는 10보다 작은 정수 k의 개수를 구하시오.

14 방정식 $(\sqrt{5}+2)^x+(\sqrt{5}-2)^x=8$의 두 근의 합을 구하시오.

15 방정식 $3^{2x+1}-3^{x+2}+5=0$의 두 근을 α, β라 할 때, $\dfrac{9^\alpha+9^\beta}{3^\alpha+3^\beta}$의 값을 구하시오.

16 x에 대한 방정식 $16^x-8\times4^x+a^2-9=0$이 오직 하나의 실근을 갖도록 하는 정수 a의 개수를 구하시오.

17 두 함수 $y=4^x$, $y=2^{x+1}$의 그래프가 직선 $x=k$와 만나는 점을 각각 A, B라 하자. $\overline{AB}=48$일 때, 상수 k의 값을 구하시오.

18 함수 $f(x)=|6x+8|$에 대하여 부등식 $5^{f(x)}\le\left(\dfrac{1}{25}\right)^x$을 만족시키는 x의 최댓값과 최솟값을 각각 M, m이라 할 때, $M-m$의 값을 구하시오.

19 실수 전체의 집합의 두 부분집합

$A=\{x \mid 3^{x^2} \leq 81\}$, $B=\left\{x \mid 2^{1-x} > (\sqrt{2})^{\frac{k}{2}}\right\}$

에 대하여 $A \subset B$가 성립하도록 하는 실수 k의 값의 범위를 구하시오.

20 함수 $f(x)=x^2-x-4$에 대하여 부등식

$4^{f(x)}-2^{1+f(x)}<8$

을 만족시키는 정수 x의 개수를 구하시오.

21 모든 실수 x에 대하여 부등식

$4^x-k \times 2^{x+1}+9 \geq 2^{x+1}$

이 성립하도록 하는 정수 k의 최댓값을 구하시오.

서술형

22 연립방정식 $\begin{cases} 4^x+4^y=24 \\ 2^{x+y}=\sqrt{2^7} \end{cases}$ 을 만족시키는 두 실수 x, y에 대하여 x^3y^3의 값을 구하시오.

23 방정식 $(x^2-3x+3)^{2x-7}=1$의 모든 실근의 합을 S라 할 때, $4S$의 값을 구하시오.

24 어느 금융상품에 초기자산 W_0을 투자하고 t년이 지난 시점에서의 기대자산 W가 다음과 같이 주어진다고 한다.

$$W=\frac{W_0}{2}10^{at}(1+10^{at})$$

(단, $W_0>0$, $t \geq 0$이고, a는 상수이다.)

이 금융상품에 초기자산 w_0을 투자하고 15년이 지난 시점에서의 기대자산은 초기자산의 3배이다. 이 금융상품에 초기자산 w_0을 투자하고 30년이 지난 시점에서의 기대자산이 초기자산의 k배일 때, 실수 k의 값을 구하시오.

(단, $w_0>0$)

25 어떤 제품의 중고 가격은 신제품을 구매한 후 1년이 지날 때마다 25 %씩 낮추어 정한다고 한다. 이 제품의 중고 가격이 처음으로 신제품 가격의 $\frac{243}{1024}$배 이하가 되는 것은 구매 후 몇 년이 지났을 때인지 구하시오.

1 함수 $f(x)=a^x$의 그래프를 y축에 대하여 대칭이동한 후, x축의 방향으로 b만큼 평행이동하면 함수 $y=g(x)$의 그래프가 된다. 두 함수 f, g가 다음 조건을 만족시킬 때, 두 양수 a, b에 대하여 $a+b$의 값을 구하시오. (단, $a\neq1$)

(가) 함수 $y=f(x)$의 그래프와 함수 $y=g(x)$의 그래프는 직선 $x=1$에 대하여 대칭이다.
(나) $f(3)=16g(3)$

2 다음 그림과 같이 두 곡선 $y=2^x$, $y=3^x$이 직선 $y=-x+3$과 제1사분면에서 만나는 점을 각각 A, B라 하자.

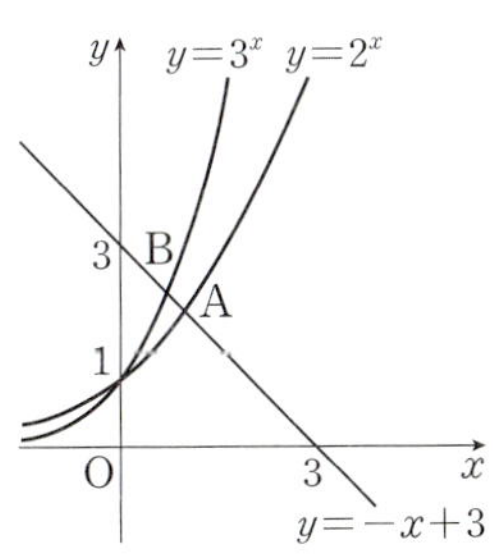

두 점 A, B의 x좌표를 각각 a, b라 할 때, 〈보기〉에서 옳은 것만을 있는 대로 고른 것은?

보기

ㄱ. $\frac{1}{2}<b<1$
ㄴ. $a\times3^b-b\times2^a<0$
ㄷ. $a-b=3^b-2^a$

① ㄱ ② ㄷ ③ ㄱ, ㄴ
④ ㄱ, ㄷ ⑤ ㄴ, ㄷ

1등급

3 1이 아닌 두 양수 a, b $(a<b)$에 대하여 두 함수 $f(x)$, $g(x)$가 $f(x)=a^x$, $g(x)=b^x$일 때, 〈보기〉에서 옳은 것만을 있는 대로 고른 것은?

보기

ㄱ. $x<0$일 때, $f(x)-g(x)>0$이다.
ㄴ. $x>0$일 때, $f(-x)>g(x)$이면 $a>1$이다.
ㄷ. $ab=1$일 때, $f(a)-g(-b)>0$이다.

① ㄱ ② ㄴ ③ ㄱ, ㄷ
④ ㄴ, ㄷ ⑤ ㄱ, ㄴ, ㄷ

4 자연수 n에 대하여 함수 $y=\left|\left(\frac{1}{3}\right)^x-6\right|$의 그래프가 직선 $y=n$과 만나는 서로 다른 점의 개수를 a_n이라 하자. $a_1+a_2+a_3+\cdots+a_n=20$이 되도록 하는 n의 값을 구하시오.

신유형

5 $0<x<2$인 모든 실수 x에 대하여 부등식 $2^x+2p-\frac{q}{2^{x-2}}<0$이 성립한다고 할 때, 두 실수 p, q에 대하여 $q-p$의 최솟값을 구하시오.

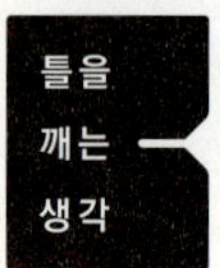

What brings me real joy is

the experience of being fully engaged

in whatever I'm doing.

내게 진정한 기쁨을 가져다주는 것은

어떤 일이든 하는 일에 완벽하게 열중하는 경험이다.

... 필 잭슨(Phil Jackson)

I

지수함수와 로그함수

01 지수

02 로그

03 지수함수

04 **로그함수**

1. 로그함수

2. 로그함수의 활용

1 로그함수

개념 01 로그함수

지수함수 $y=a^x$ $(a>0,\ a\neq1)$의 역함수

$y=\log_a x$ $(a>0,\ a\neq1)$

를 a를 밑으로 하는 **로그함수**라고 한다.

지수함수 $y=a^x$ $(a>0,\ a\neq1)$은 실수 전체의 집합에서 양의 실수 전체의 집합으로의 일대일대응이므로 역함수가 존재한다. Ⓐ

$$y=a^x \xrightarrow[x\text{에 대하여 푼다.}]{\text{로그의 정의에 의하여}} x=\log_a y \xrightarrow[\text{서로 바꾼다.}]{x\text{와 } y\text{를}} y=\log_a x$$

예 (1) 지수함수 $y=2^x$의 역함수는 $y=\log_2 x$이고, 이 함수는 2를 밑으로 하는 로그함수이다.

(2) 지수함수 $y=\left(\frac{1}{2}\right)^x$의 역함수는 $y=\log_{\frac{1}{2}} x$이고, 이 함수는 $\frac{1}{2}$을 밑으로 하는 로그함수이다.

Ⓐ **로그함수의 역함수**
로그함수 $y=\log_a x$ $(a>0,\ a\neq1)$는 양의 실수 전체의 집합에서 실수 전체의 집합으로의 일대일대응이므로 역함수가 존재하고, 역함수는 지수함수 $y=a^x$이다.

개념 02 로그함수 $y=\log_a x$ $(a>0,\ a\neq1)$의 성질

(1) 정의역은 양의 실수 전체의 집합이고, 치역은 실수 전체의 집합이다.
(2) 일대일함수이다.
(3) $a>1$일 때, x의 값이 증가하면 y의 값도 증가한다.
$0<a<1$일 때, x의 값이 증가하면 y의 값은 감소한다.
(4) 그래프는 두 점 $(1,\ 0)$, $(a,\ 1)$을 지나고, 점근선은 y축(직선 $x=0$)이다.
(5) $y=\log_a x$의 그래프와 $y=\log_{\frac{1}{a}} x$의 그래프는 x축에 대하여 대칭이다.

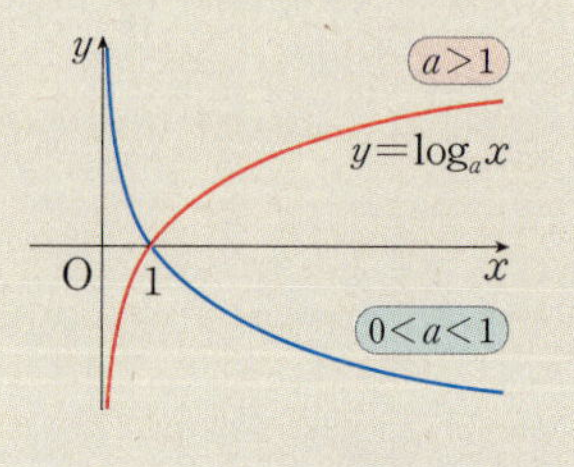

1. 로그함수의 성질

로그함수 $y=\log_a x$ $(a>0,\ a\neq1)$는 지수함수 $y=a^x$의 역함수이므로
함수 $y=\log_a x$의 그래프는 함수 $y=a^x$의 그래프와 직선 $y=x$에 대하여 대칭이다.

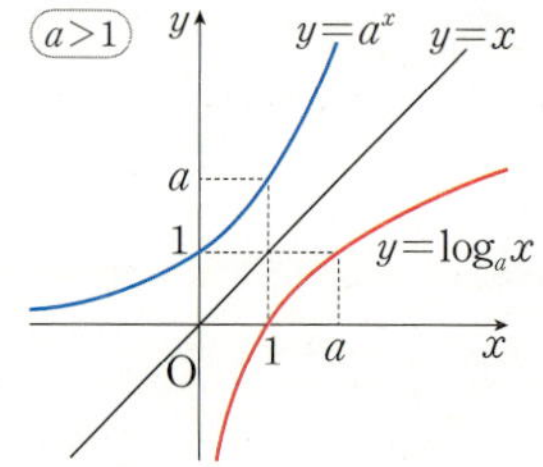

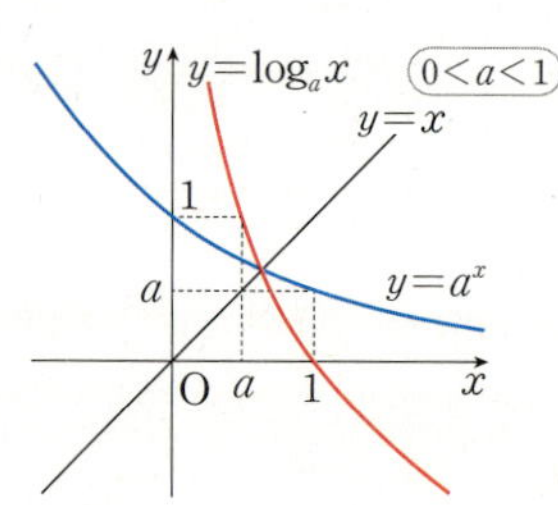

로그함수의 그래프로부터 다음과 같은 로그함수의 성질을 알 수 있다.

(1) 함수 $y=\log_a x$의 정의역은 양의 실수 전체의 집합이고, 치역은 실수 전체의 집합이다.
└ 함수 $y=a^x$의 치역과 정의역은 각각 함수 $y=\log_a x$의 정의역과 치역이 된다.

(2) $x_1 \neq x_2$이면 $\log_a x_1 \neq \log_a x_2$이므로 일대일함수이다.

(3) $a>1$일 때 x의 값이 증가하면 y의 값도 증가하고, $0<a<1$일 때 x의 값이 증가하면 y의 값은 감소한다.
($0<x_1<x_2$이면 $\log_a x_1<\log_a x_2$) ($0<x_1<x_2$이면 $\log_a x_1>\log_a x_2$)

(4) $y=\log_a x$에 $x=1$을 대입하면 $y=\log_a 1=0$이고, $x=a$를 대입하면 $y=\log_a a=1$이므로 로그함수 $y=\log_a x$의 그래프는 두 점 $(1,\ 0)$, $(a,\ 1)$을 지난다.
또한, $y=\log_a x$의 그래프 위의 점은 x좌표의 값이 0에 가까워질수록 y축에 한없이 가까워지므로 점근선은 y축이다.

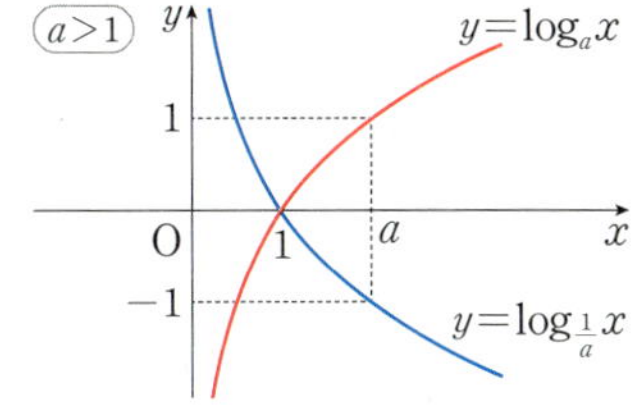

(5) $y=\log_{\frac{1}{a}} x=\log_{a^{-1}} x=-\log_a x$이므로 $y=\log_a x$의 그래프와 $y=\log_{\frac{1}{a}} x$의 그래프는 x축에 대하여 대칭이다.

2. 밑의 크기에 따른 로그함수의 그래프의 비교

로그함수 $y=\log_a x\ (a>0,\ a\neq 1)$의 그래프는 a의 값에 따라 다음 그림과 같다.

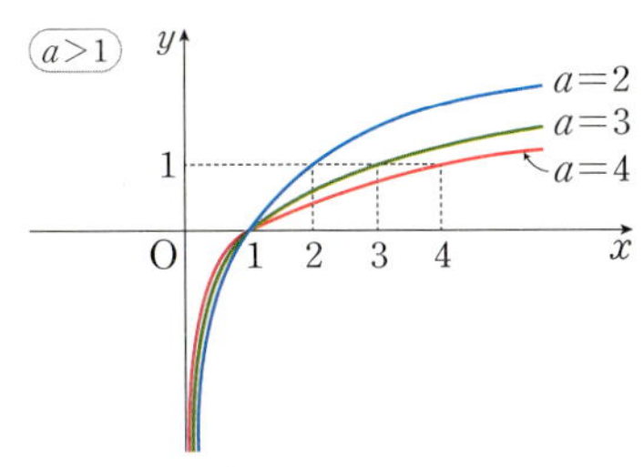

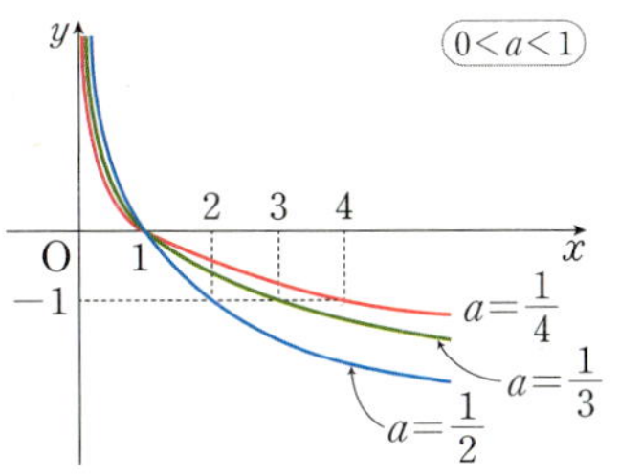

(1) 로그함수 $y=\log_a x\ (a>1)$의 그래프는 a의 값이 커질수록 $y>0$에서 x축에 가까워지고, $y<0$에서 y축에 가까워진다.

(2) 로그함수 $y=\log_a x\ (0<a<1)$의 그래프는 a의 값이 작아질수록 $y>0$에서 y축에 가까워지고, $y<0$에서 x축에 가까워진다.

개념 03 로그함수 $y=\log_a x\ (a>0,\ a\neq 1)$의 그래프의 평행이동과 대칭이동

1. 로그함수의 그래프의 평행이동
공통수학2 p.120 개념02

로그함수 $y=\log_a x\ (a>0,\ a\neq 1)$의 그래프를 x축의 방향으로 m만큼, y축의 방향으로 n만큼 평행이동한 그래프의 식은

$y=\log_a (x-m)+n$

2. 로그함수의 그래프의 대칭이동
공통수학2 p.128 개념04

로그함수 $y=\log_a x\ (a>0,\ a\neq 1)$의 그래프를 x축, y축, 원점에 대하여 대칭이동한 그래프의 식은 각각 다음과 같다.

(1) x축에 대하여 대칭이동 : $y=-\log_a x$ ← y 대신 $-y$를 대입한다.

(2) y축에 대하여 대칭이동 : $y=\log_a (-x)$ ← x 대신 $-x$를 대입한다.

(3) 원점에 대하여 대칭이동 : $y=-\log_a (-x)$ ← x 대신 $-x$를, y 대신 $-y$를 대입한다.

1. 로그함수의 그래프의 평행이동

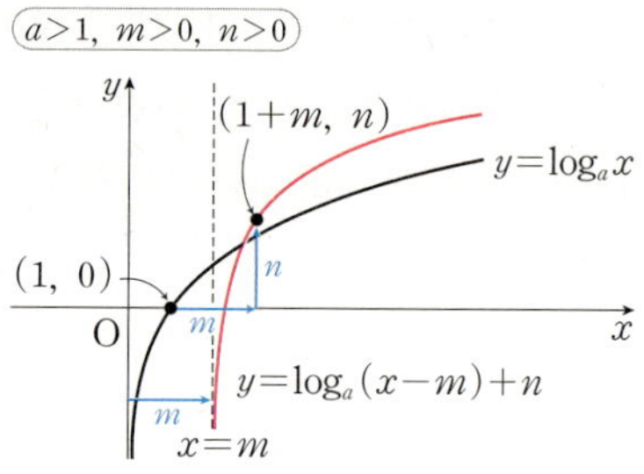

로그함수 $y=\log_a x$ $(a>0,\ a\neq1)$의 그래프를 x축의 방향으로 m만큼, y축의 방향으로 n만큼 평행이동한 그래프의 식은

x 대신 $x-m$, y 대신 $y-n$

을 대입하여 구할 수 있으므로 $y-n=\log_a(x-m)$에서

$y=\log_a(x-m)+n$ (단, $a>0,\ a\neq1$)

이때 함수 $y=\log_a(x-m)+n$ $(a>0,\ a\neq1)$의 정의역은 $\{x\,|\,x>m\}$, 치역은 $\{y\,|\,y$는 실수$\}$이고, 그래프의 점근선은 직선 $x=m$이다.

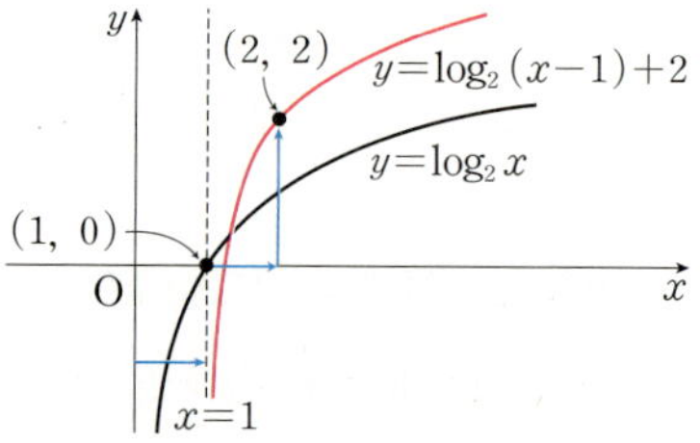

예 로그함수 $y=\log_2 x$의 그래프를 x축의 방향으로 1만큼, y축의 방향으로 2만큼 평행이동한 그래프의 식은

$y=\log_2(x-1)+2$

이때 함수 $y=\log_2(x-1)+2$의 정의역은 $\{x\,|\,x>1\}$, 치역은 $\{y\,|\,y$는 실수$\}$이고, 그래프의 점근선은 직선 $x=1$이다.

참고 함수 $y=\log_a kx$ $(k>0)$에서

$\log_a kx=\log_a k+\log_a x$

이므로 함수 $y=\log_a kx$의 그래프는 함수 $y=\log_a x$의 그래프를 y축의 방향으로 $\log_a k$만큼 평행이동한 것이다.

2. 로그함수의 그래프의 대칭이동

로그함수 $y=\log_a x$ $(a>0,\ a\neq1)$의 그래프를 x축, y축, 원점에 대하여 각각 대칭이동한 그래프의 식을 구해 보자.

(1) x축에 대하여 대칭이동한 그래프의 식은 y 대신 $-y$를 대입하여 구할 수 있으므로

$-y=\log_a x$ $\quad\therefore\ y=-\log_a x$ $\left(=\log_a \frac{1}{x}=\log_{\frac{1}{a}} x\right)$

(2) y축에 대하여 대칭이동한 그래프의 식은 x 대신 $-x$를 대입하여 구할 수 있으므로

$y=\log_a(-x)$

(3) 원점에 대하여 대칭이동한 그래프의 식은 x 대신 $-x$, y 대신 $-y$를 대입하여 구할 수 있으므로

$-y=\log_a(-x)$ $\quad\therefore\ y=-\log_a(-x)$ $\left(=\log_a\left(-\frac{1}{x}\right)\right)$

$a>1$ — $y=\log_a x$, $y=-\log_a x$, O, 1

[x축에 대한 대칭이동]

$a>1$ — $y=\log_a(-x)$, $y=\log_a x$, -1, O, 1

[y축에 대한 대칭이동]

$a>1$ — $y=\log_a x$, -1, O, 1, $y=-\log_a(-x)$

[원점에 대한 대칭이동]

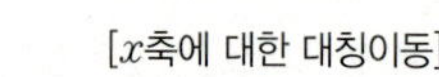

예 함수 $y=\log_2 x$의 그래프를 x축, y축, 원점에 대하여 대칭이동하면 오른쪽 그림과 같고, 각 그래프의 식은 다음과 같다.

(1) x축에 대하여 대칭이동 : $y=-\log_2 x$, 즉 $y=\log_2 \frac{1}{x}$

(2) y축에 대하여 대칭이동 : $y=\log_2(-x)$

(3) 원점에 대하여 대칭이동 : $y=-\log_2(-x)$, 즉 $y=\log_2\left(-\frac{1}{x}\right)$

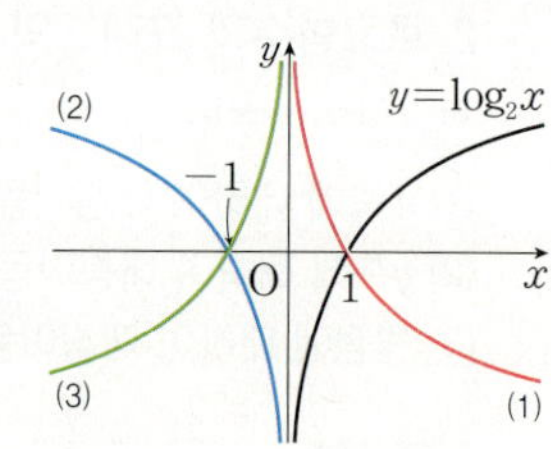

한걸음 더

두 함수 $y=\log_a x^2$, $y=2\log_a x$의 비교

개념마무리 08

로그의 성질에 의하여 $x>0$에서

$$\log_a x^2=2\log_a x$$

이지만 두 함수 $y=\log_a x^2$, $y=2\log_a x$의 정의역을 각각 구해 보면

함수 $y=\log_a x^2$의 정의역은 $\{x \mid x\neq0$인 실수$\}$, ($\log_a x^2=2\log_a|x|$)

함수 $y=2\log_a x$의 정의역은 $\{x \mid x>0\}$

이므로 두 함수 $y=\log_a x^2$, $y=2\log_a x$는 정의역이 서로 다르다.

따라서 두 함수 $y=\log_a x^2$, $y=2\log_a x$는 서로 같은 함수가 아니다. ─ (i) 정의역과 공역이 서로 같고 (ii) 정의역의 모든 원소 x에 대하여 함숫값이 같아야 한다.

$a>1$일 때 두 함수 $y=\log_a x^2$, $y=2\log_a x$의 그래프를 좌표평면 위에 나타내면 다음 그림과 같다.

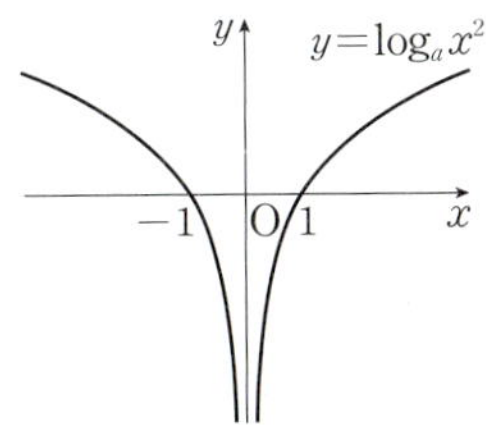

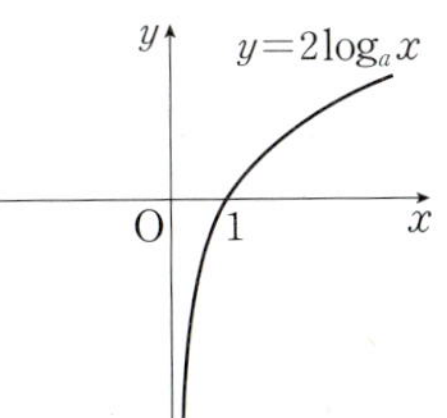

개념 04

로그함수의 성질을 이용한 수의 대소 비교

로그함수 $y=\log_a x$ $(a>0,\ a\neq1)$에 대하여

(1) $a>1$일 때, $0<x_1<x_2$이면 $\log_a x_1<\log_a x_2$ ← 부등호 방향 그대로

(2) $0<a<1$일 때, $0<x_1<x_2$이면 $\log_a x_1>\log_a x_2$ ← 부등호 방향 반대로

개념 02에서 확인한 로그함수 $y=\log_a x$의 성질을 이용하여 수의 대소를 비교할 수 있다.

(1) $a>1$일 때, x의 값이 증가하면 y의 값도 증가하므로

$0<x_1<x_2$이면 $\log_a x_1<\log_a x_2$

(2) $0<a<1$일 때, x의 값이 증가하면 y의 값은 감소하므로

$0<x_1<x_2$이면 $\log_a x_1>\log_a x_2$

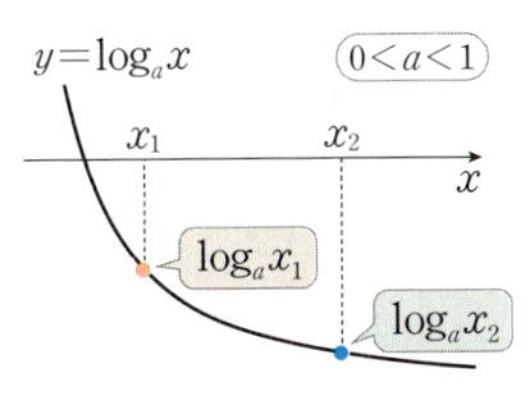

예 (1) 두 수 $\log_3\sqrt{5}$, $\log_3 2$의 대소를 비교해 보자.

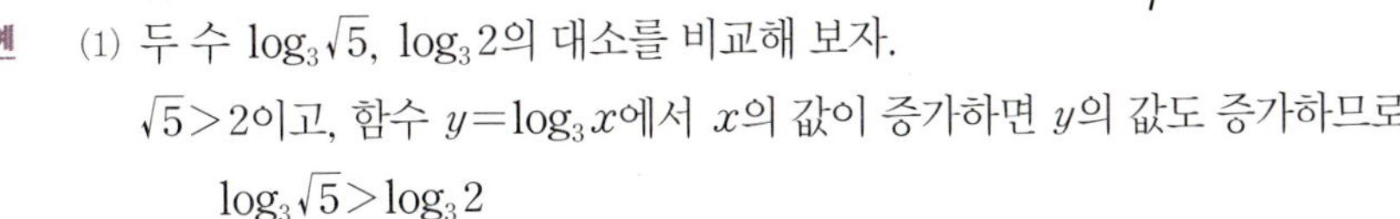

$\sqrt{5}>2$이고, 함수 $y=\log_3 x$에서 x의 값이 증가하면 y의 값도 증가하므로

$\log_3\sqrt{5}>\log_3 2$

(2) 두 수 $\log_{\frac{1}{5}}\sqrt{3}$, $\log_{\frac{1}{5}}2.5$의 대소를 비교해 보자.

$\sqrt{3}<2.5$이고, 함수 $y=\log_{\frac{1}{5}}x$에서 x의 값이 증가하면 y의 값은 감소하므로

$\log_{\frac{1}{5}}\sqrt{3}>\log_{\frac{1}{5}}2.5$

개념 05 로그함수의 최대, 최소

정의역이 $\{x|m \le x \le n\}$일 때, 로그함수 $f(x)=\log_a x$ $(a>0,\ a\ne 1)$의 최댓값과 최솟값은 다음과 같다.

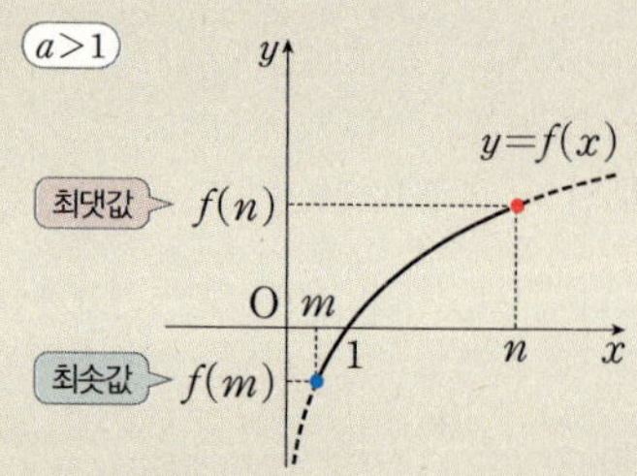

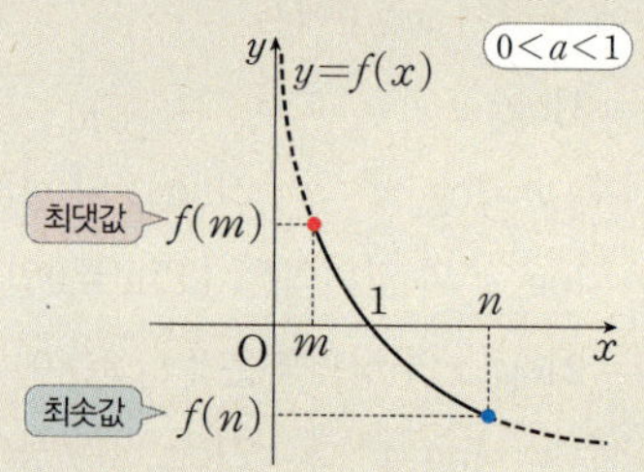

(1) $a>1$이면 $x=m$에서 최솟값 $f(m)$, $x=n$에서 최댓값 $f(n)$을 갖는다.
(2) $0<a<1$이면 $x=m$에서 최댓값 $f(m)$, $x=n$에서 최솟값 $f(n)$을 갖는다.

제한된 범위에서 로그함수의 최댓값과 최솟값을 구할 때는 로그함수의 그래프를 그려 확인하면 편리하다.

예1 정의역이 $\{x|1 \le x \le 5\}$일 때, 로그함수 $y=\log_5 x$의 그래프는 다음 그림의 실선 부분이다.

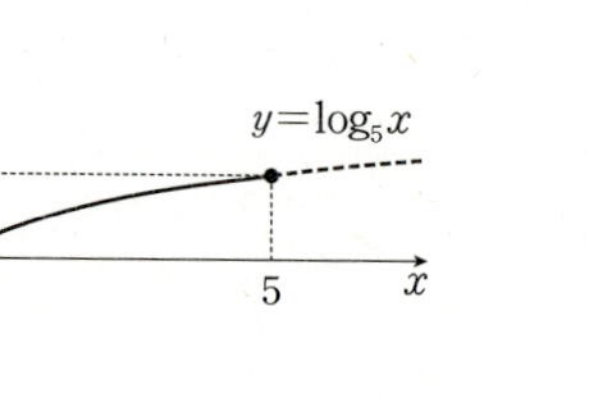

따라서 정의역이 $\{x|1 \le x \le 5\}$인 함수 $y=\log_5 x$는
$x=1$일 때 최솟값 $\log_5 1=0$,
$x=5$일 때 최댓값 $\log_5 5=1$을 갖는다.

예2 정의역이 $\{x|2 \le x \le 8\}$일 때, 로그함수 $y=\log_{\frac{1}{2}} x$의 그래프는 다음 그림의 실선 부분이다.

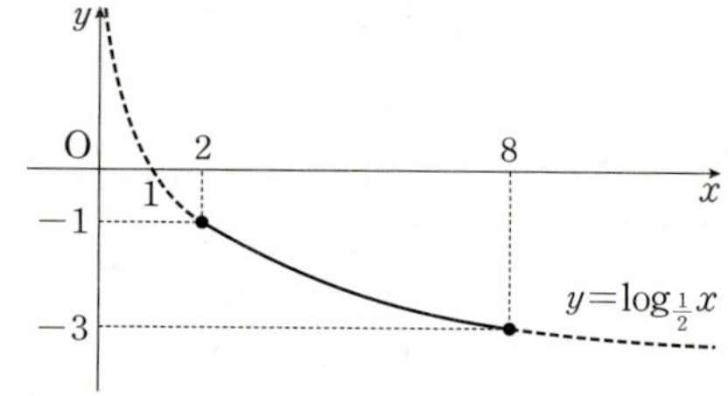

따라서 정의역이 $\{x|2 \le x \le 8\}$인 함수 $y=\log_{\frac{1}{2}} x$는
$x=2$일 때 최댓값 $\log_{\frac{1}{2}} 2=-\log_2 2=-1$,
$x=8$일 때 최솟값 $\log_{\frac{1}{2}} 8=-\log_2 8=-3$을 갖는다.

한걸음 더 함수 $y=\log_a f(x)$ $(a>0,\ a\ne 1)$의 최대, 최소

필수유형 12

함수 $f(x)$의 최대, 최소에 따른 함수 $y=\log_a f(x)$ $(a>0,\ a\ne 1)$의 최댓값과 최솟값은 다음과 같다.

(1) $a>1$인 경우
① $f(x)$가 최대일 때, $\log_a f(x)$도 최댓값을 갖는다.
② $f(x)$가 최소일 때, $\log_a f(x)$도 최솟값을 갖는다.

(2) $0<a<1$인 경우
① $f(x)$가 최대일 때, $\log_a f(x)$는 최솟값을 갖는다.
② $f(x)$가 최소일 때, $\log_a f(x)$는 최댓값을 갖는다.

기본유형 01 로그함수

개념 01

다음 〈보기〉에서 로그함수인 것만을 있는 대로 고르시오.

보기

ㄱ. $y=\log_{\frac{1}{3}} x$　　ㄴ. $y=\log_3 8$　　ㄷ. $y=\log_3 x^3$　　ㄹ. $y=x\log_5 7$

solution

ㄱ. $y=\log_{\frac{1}{3}} x$는 로그함수이다.

ㄴ. $y=\log_3 8$은 상수함수이다.

ㄷ. $y=\underline{\log_3 x^3}=\log_{\sqrt[3]{3}} x$이므로 로그함수이다.
$\log_3 x^3=3\log_3 x=\log_{3^{\frac{1}{3}}} x=\log_{\sqrt[3]{3}} x$

ㄹ. $y=x\log_5 7=(\log_5 7)x$이므로 일차함수이다.

기본유형 02 로그함수의 성질

개념 02

로그함수 $f(x)=\log_3 x$에 대한 설명 중 〈보기〉에서 옳은 것만을 있는 대로 고르시오.

보기

ㄱ. 그래프는 점 $(1,\ 0)$을 지난다.

ㄴ. 그래프는 제3사분면을 지나지 않는다.

ㄷ. 그래프의 점근선은 y축이다.

ㄹ. $0<x_1<x_2$이면 $f(x_1)>f(x_2)$이다.

solution

ㄱ. $f(1)=\log_3 1=0$이므로 그래프는 점 $(1,\ 0)$을 지난다. (참)

ㄴ. 그래프는 제1, 4사분면을 지난다. (참)

ㄷ. 그래프의 점근선은 y축이다. (참)

ㄹ. x의 값이 증가하면 $f(x)$의 값도 증가하므로 $0<x_1<x_2$이면 $f(x_1)<f(x_2)$이다. (거짓)

기본 연습

답 p.056

01 다음 〈보기〉에서 로그함수인 것만을 있는 대로 고르시오.

보기

ㄱ. $y=\log x$　　ㄴ. $y=\log_{\frac{1}{6}} 36$　　ㄷ. $y=\log_5 x^{\frac{1}{2}}$　　ㄹ. $y=x^2\log_3 4$

02 로그함수 $f(x)=\log_{\frac{1}{5}} x$에 대한 설명 중 〈보기〉에서 옳은 것만을 있는 대로 고르시오.

보기

ㄱ. 치역은 실수 전체의 집합이다.

ㄴ. 역함수는 $y=\left(\frac{1}{5}\right)^x$이다.

ㄷ. 그래프는 제1, 4사분면을 지난다.

ㄹ. $0<x_1<x_2$이면 $f(x_1)<f(x_2)$이다.

기본유형 03 로그함수의 그래프의 평행이동과 대칭이동

개념 03

로그함수 $y=\log_3 x$의 그래프를 이용하여 다음 함수의 그래프를 그리고, 정의역과 점근선의 방정식을 구하시오.

(1) $y=\log_3(x-2)+1$ (2) $y=\log_3\dfrac{1}{x}$ (3) $y=\log_3(-x)$ (4) $y=-\log_3(-x)$

solution

(1)

(2)

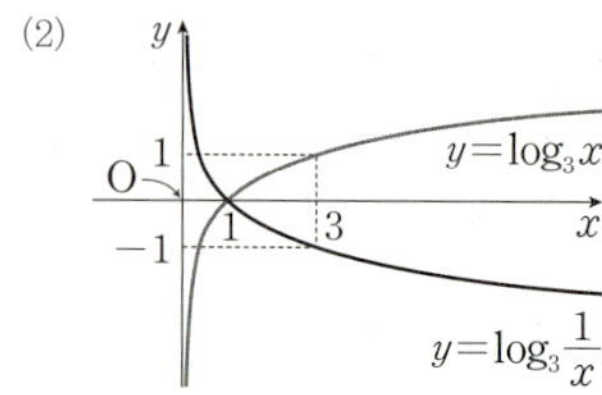

(3)

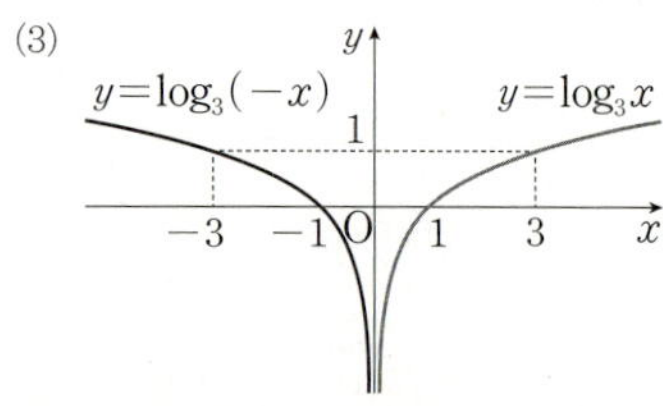

(4)

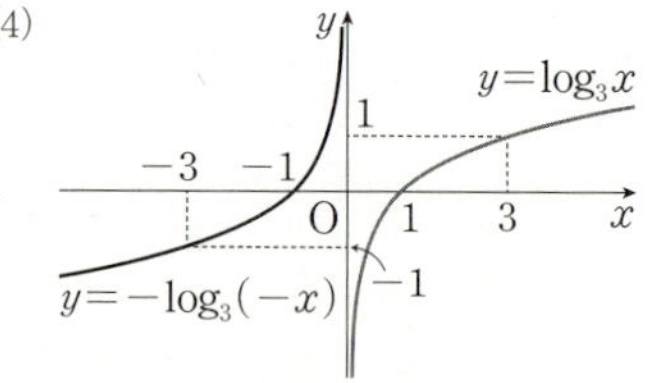

(1) $y=\log_3(x-2)+1$의 그래프는 $y=\log_3 x$의 그래프를 x축의 방향으로 2만큼, y축의 방향으로 1만큼 평행이동한 것이므로 정의역은 $\{x|x>2\}$이고, 점근선의 방정식은 $x=2$이다.

(2) $y=\log_3\dfrac{1}{x}=-\log_3 x$의 그래프는 $y=\log_3 x$의 그래프를 x축에 대하여 대칭이동한 것이므로 정의역은 $\{x|x>0\}$이고, 점근선의 방정식은 $x=0$이다.

(3) $y=\log_3(-x)$의 그래프는 $y=\log_3 x$의 그래프를 y축에 대하여 대칭이동한 것이므로 정의역은 $\{x|x<0\}$이고, 점근선의 방정식은 $x=0$이다.

(4) $y=-\log_3(-x)$의 그래프는 $y=\log_3 x$의 그래프를 원점에 대하여 대칭이동한 것이므로 정의역은 $\{x|x<0\}$이고, 점근선의 방정식은 $x=0$이다.

기본 연습

pp.056~057

03 로그함수 $y=\log_{\frac{1}{4}} x$의 그래프를 이용하여 다음 함수의 그래프를 그리고, 정의역과 점근선의 방정식을 구하시오.

(1) $y=\log_{\frac{1}{4}}(x+3)-2$ (2) $y=\log_{\frac{1}{4}}\dfrac{1}{x}$ (3) $y=\log_{\frac{1}{4}}(-x)$ (4) $y=-\log_{\frac{1}{4}}(-x)$

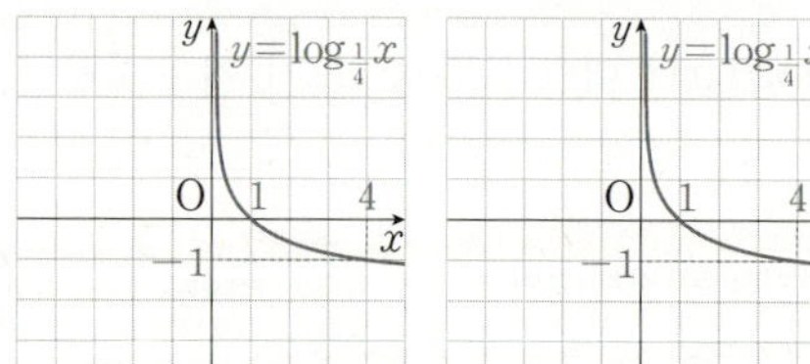

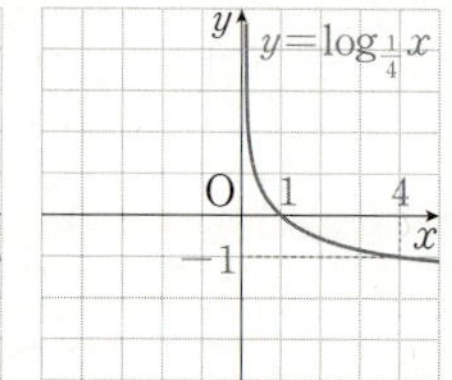

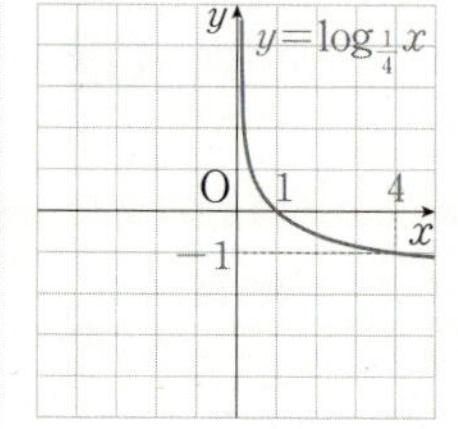

기본유형 04 로그함수의 성질을 이용한 수의 대소 비교

개념 04

다음 두 수의 대소를 비교하시오.

(1) $6\log_7\sqrt{2}$, $\log_7 10$　　(2) $4\log_{\frac{1}{3}}\sqrt{5}$, $\log_{\frac{1}{9}}196$

solution

(1) $6\log_7\sqrt{2}=\log_7 2^3=\log_7 8$

이때 $8<10$이고, 함수 $y=\log_7 x$에서 x의 값이 증가하면 y의 값도 증가하므로

$\log_7 8<\log_7 10$　　$\therefore\ 6\log_7\sqrt{2}<\log_7 10$

(2) $4\log_{\frac{1}{3}}\sqrt{5}=\log_{\frac{1}{3}}5^2=\log_{\frac{1}{3}}25$, $\log_{\frac{1}{9}}196=\log_{(\frac{1}{3})^2}14^2=\log_{\frac{1}{3}}14$ ← 주어진 두 수의 밑을 같게 한다.

이때 $25>14$이고, 함수 $y=\log_{\frac{1}{3}}x$에서 x의 값이 증가하면 y의 값은 감소하므로

$\log_{\frac{1}{3}}25<\log_{\frac{1}{3}}14$　　$\therefore\ 4\log_{\frac{1}{3}}\sqrt{5}<\log_{\frac{1}{9}}196$

기본유형 05 로그함수의 최대, 최소

개념 05

정의역이 $\{x\mid 1\le x\le 7\}$인 함수 $f(x)=\log_2(x+1)+2$의 최댓값과 최솟값을 각각 구하시오.

solution

$f(x)=\log_2(x+1)+2$에서 x의 값이 증가하면 $f(x)$의 값도 증가한다. (밑)>1

따라서 $1\le x\le 7$에서

$x=7$일 때 최대이므로 함수 $f(x)$의 최댓값은

$f(7)=\log_2(7+1)+2=\log_2 8+2=3+2=5$

$x=1$일 때 최소이므로 함수 $f(x)$의 최솟값은

$f(1)=\log_2(1+1)+2=\log_2 2+2=1+2=3$

기본 연습

답 p.057

04 다음 두 수의 대소를 비교하시오.

(1) $\log_{\sqrt{6}}3$, $\log_{36}4$　　(2) $\log_{\frac{1}{8}}512$, $\log_{\frac{1}{2}}10$

05 정의역이 $\{x\mid 0\le x\le 6\}$인 함수 $f(x)=\log_{\frac{1}{3}}(x+3)+30$의 최댓값과 최솟값을 각각 구하시오.

필수유형 06 로그함수의 그래프 개념 02

로그함수 $y=\log_a x$의 그래프가 점 $\left(3, \frac{1}{2}\right)$을 지나고, 함수 $y=a^{x+1}-2$의 그래프는 점 $(2, b)$를 지날 때, $a+b$의 값을 구하시오. (단, $a>0$, $a\neq1$)

guide

❶ 로그함수 $y=\log_a x$ $(a>0, a\neq1)$의 그래프가 점 (m, n)을 지나면 $n=\log_a m$, 즉 $m=a^n$임을 이용하여 식을 세운다.

❷ ❶에서 세운 식을 이용하여 미지수의 값을 구한다.

solution

로그함수 $y=\log_a x$의 그래프가 점 $\left(3, \frac{1}{2}\right)$을 지나므로

$\frac{1}{2}=\log_a 3$에서 $a^{\frac{1}{2}}=3$ $\quad\therefore a=9$

또한, 함수 $y=a^{x+1}-2$의 그래프가 점 $(2, b)$를 지나므로

$b=a^{2+1}-2$

$=9^3-2$ $(\because a=9)$

$=729-2=727$

$\therefore a+b=9+727=736$

필수 연습

해설 pp.057~058

06 로그함수 $y=\log_a x$의 그래프가 두 점 $(4, -2)$, $(16, b)$를 지날 때, ab의 값을 구하시오. (단, $a>0$, $a\neq1$)

07 로그함수 $y=\log_{\frac{1}{5}} x$의 그래프가 그림과 같을 때, $a+2b+4c$의 값을 구하시오. (단, 모든 점선은 x축 또는 y축에 평행하다.)

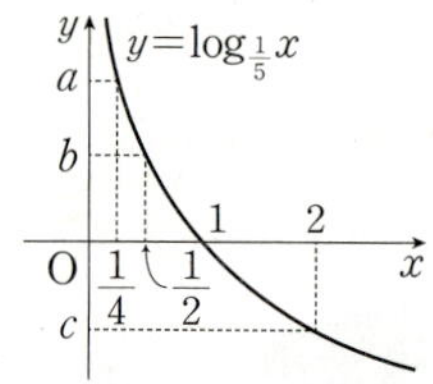

08 그림과 같이 두 함수 $y=\log_a x$, $y=\log_3 x$의 그래프가 만나는 점을 A라 하고, 직선 $x=9$가 두 함수 $y=\log_a x$, $y=\log_3 x$의 그래프와 만나는 점을 각각 B, C라 하자. 삼각형 ABC의 넓이가 2일 때, a^3의 값을 구하시오. (단, $a>3$)

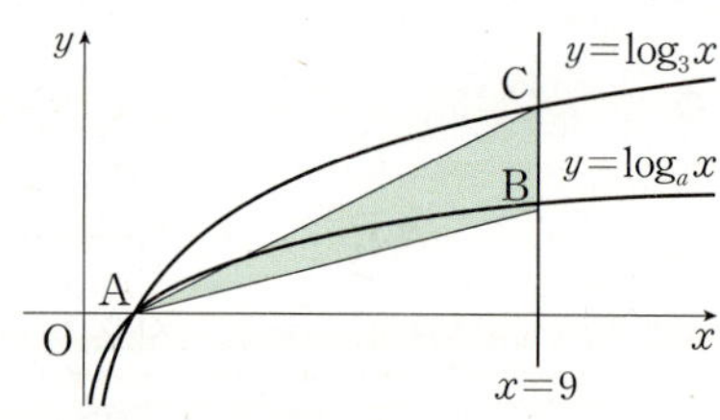

필수유형 07 로그함수의 그래프의 평행이동 개념 03

함수 $y=\log_3 x$의 그래프를 x축의 방향으로 a만큼, y축의 방향으로 b만큼 평행이동하였더니 함수 $y=\log_3(9x-45)-4$의 그래프와 일치하였다. 두 상수 a, b에 대하여 $a-b$의 값을 구하시오.

guide

❶ x축의 방향으로 m만큼, y축의 방향으로 n만큼 평행이동한 그래프의 식은 x 대신 $x-m$, y 대신 $y-n$을 대입하여 구한다.
❷ 로그의 성질을 이용하여 주어진 함수의 그래프의 식을 정리한다.
❸ ❶, ❷의 식을 이용하여 미지수의 값을 구한다.

solution

함수 $y=\log_3 x$의 그래프를 x축의 방향으로 a만큼, y축의 방향으로 b만큼 평행이동한 그래프의 식은

$y-b=\log_3(x-a)$ $\quad\therefore y=\log_3(x-a)+b$ ……㉠

$y=\log_3(9x-45)-4=\log_3 9(x-5)-4$

$=\log_3 9+\log_3(x-5)-4=2+\log_3(x-5)-4$

$=\log_3(x-5)-2$ ……㉡

두 그래프 ㉠, ㉡이 일치하므로 $a=5$, $b=-2$ $\quad\therefore a-b=5-(-2)=7$

plus

함수 $y=\log_a(x-p)+q$ $(a>0,\ a\neq1)$의 역함수는 다음과 같은 순서로 구할 수 있다.

(i) 함수가 일대일대응인지 확인한다.
⇨ 함수 $y=\log_a(x-p)+q$는 $\{x|x>p\}$에서 실수 전체의 집합으로의 일대일대응이므로 역함수가 존재한다.

(ii) x에 대하여 푼다.
⇨ $y-q=\log_a(x-p)$, $a^{y-q}=x-p$ (로그의 정의) $\quad\therefore x=a^{y-q}+p$

(iii) x와 y를 서로 바꾼다.
⇨ $y=a^{x-q}+p$
지수함수 $y=a^x$의 그래프를 x축의 방향으로 q만큼, y축의 방향으로 p만큼 평행이동한 그래프의 식과 같다.

필수 연습

p.058

09 함수 $y=\log_a x$ $(a>1)$의 그래프를 x축의 방향으로 -3만큼, y축의 방향으로 b만큼 평행이동하였더니 함수 $y=2\log_4(2x+6)+1$의 그래프와 일치하였다. 두 상수 a, b에 대하여 ab의 값을 구하시오.

10 함수 $y=\log_5 x$의 그래프를 x축의 방향으로 a만큼 평행이동한 그래프가 함수 $y=\log_b x$의 그래프와 점 $(9,\ 2)$에서 만날 때, 두 상수 a, b에 대하여 $a+5b$의 값을 구하시오.

plus
11 함수 $y=\log_7 \dfrac{x}{7}$의 그래프를 x축의 방향으로 a만큼, y축의 방향으로 b만큼 평행이동한 그래프의 식을 $y=f(x)$라 하자. 함수 $f(x)$의 역함수가 $f^{-1}(x)=7^{x-3}+2$일 때, 두 상수 a, b에 대하여 $\log_a b$의 값을 구하시오.

필수유형 08 로그함수의 그래프의 대칭이동

개념 03

함수 $f(x)=-\log_3 x$의 그래프를 x축의 방향으로 a만큼, y축의 방향으로 b만큼 평행이동한 후, y축에 대하여 대칭이동한 그래프의 식은 $y=\log_{\frac{1}{3}}(1-9x)+1$이다. 두 상수 a, b에 대하여 $f(ab)$의 값을 구하시오.

guide

❶ 주어진 로그함수의 그래프를 평행이동한 그래프의 식을 구한다.

❷ 다음을 이용하여 ❶에서 구한 그래프를 대칭이동한 그래프의 식을 구한다.

(1) x축에 대하여 대칭이동 ⇨ y 대신 $-y$를 대입한다.

(2) y축에 대하여 대칭이동 ⇨ x 대신 $-x$를 대입한다.

(3) 원점에 대하여 대칭이동 ⇨ x 대신 $-x$, y 대신 $-y$를 대입한다.

solution

함수 $y=-\log_3 x$의 그래프를 x축의 방향으로 a만큼, y축의 방향으로 b만큼 평행이동한 그래프의 식은

$y-b=-\log_3(x-a)\qquad \therefore y=-\log_3(x-a)+b$

이 그래프를 y축에 대하여 대칭이동한 그래프의 식은 $y=-\log_3(-x-a)+b$

이 식이 $y=\log_{\frac{1}{3}}(1-9x)+1$, 즉 $y=-\log_3(1-9x)+1$과 같으므로

$$y=-\log_3(1-9x)+1=-\log_3\left\{9\left(\frac{1}{9}-x\right)\right\}+1=-\log_3 9-\log_3\left(\frac{1}{9}-x\right)+1$$

$$=-2-\log_3\left(\frac{1}{9}-x\right)+1=-\log_3\left(-x+\frac{1}{9}\right)-1$$

$\therefore a=-\frac{1}{9},\ b=-1\qquad \therefore f(ab)=f\left(\frac{1}{9}\right)=-\log_3\frac{1}{9}=2$

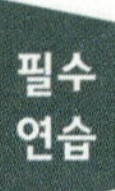

필수 연습

pp.058~059

12 함수 $y=\log_5 15x$의 그래프를 x축의 방향으로 -2만큼, y축의 방향으로 -1만큼 평행이동한 후, 원점에 대하여 대칭이동한 그래프의 식은 $y=\log_{\frac{1}{5}}(ax+b)$이다. 두 상수 a, b에 대하여 ab의 값을 구하시오.

13 함수 $y=\log_{\frac{1}{4}}x$의 그래프를 x축의 방향으로 -2만큼, y축의 방향으로 $\log_{\frac{1}{4}}a$만큼 평행이동한 후, x축에 대하여 대칭이동한 그래프가 점 $(6,\ 2)$를 지날 때, 상수 a의 값을 구하시오.

14 함수 $y=\log_3 x$의 그래프를 평행이동하거나 대칭이동하여 겹쳐질 수 있는 그래프의 식만을 〈보기〉에서 있는 대로 고르시오.

보기

ㄱ. $y=\log_2(x-10)+10$

ㄴ. $y=\log_{\frac{1}{3}}(x+3)-3$

ㄷ. $y=\log_{27}x^3$

ㄹ. $y=-\log_3(-x+1)+3$

필수유형 **09** 로그함수의 그래프와 직선으로 둘러싸인 도형의 넓이 개념 03

그림과 같이 두 함수 $y=\log_2 x$, $y=2\log_4(x-2)$의 그래프와 두 직선 $y=2$, $y=3$으로 둘러싸인 도형의 넓이를 구하시오.

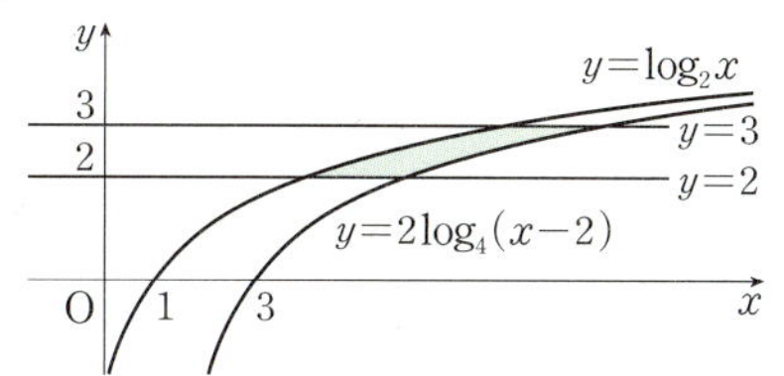

guide

❶ 두 함수의 식을 보고, 두 함수의 그래프가 평행이동하면 서로 일치함을 확인한다.
❷ 구하는 도형과 넓이가 같은 직사각형 또는 평행사변형을 찾는다.
❸ ❷를 이용하여 도형의 넓이를 구한다.

solution

$y=2\log_4(x-2)=2\log_{2^2}(x-2)=\log_2(x-2)$

즉, 함수 $y=2\log_4(x-2)$의 그래프는 함수 $y=\log_2 x$의 그래프를 x축의 방향으로 2만큼 평행이동한 것이므로 오른쪽 그림에서 빗금 친 두 부분의 넓이가 같다.

따라서 구하는 도형의 넓이는 밑변의 길이가 2, 높이가 $3-2=1$인 평행사변형의 넓이와 같으므로

$2\times1=2$

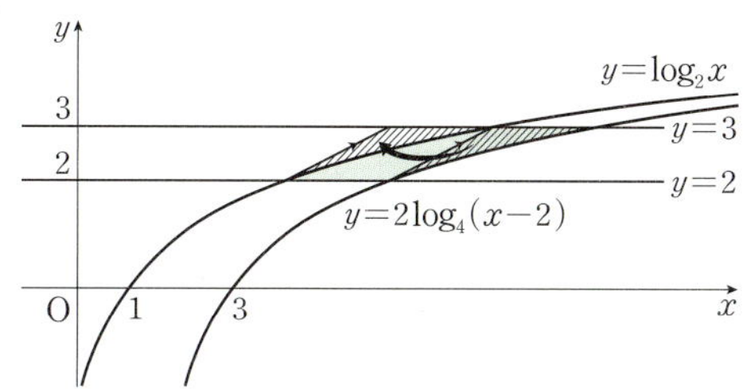

필수 연습

해 p.059

15 그림과 같이 두 함수 $y=\log_{\frac{1}{3}} x$, $y=-\log_3(x-4)$의 그래프와 두 직선 $y=1$, $y=-1$로 둘러싸인 도형의 넓이를 구하시오.

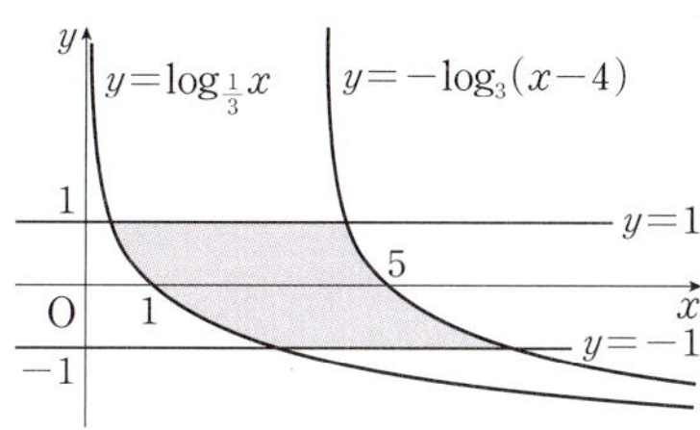

16 그림과 같이 두 함수 $y=\log_2 x$, $y=\log_2 8x$의 그래프와 두 직선 $x=1$, $x=4$로 둘러싸인 도형의 넓이를 구하시오.

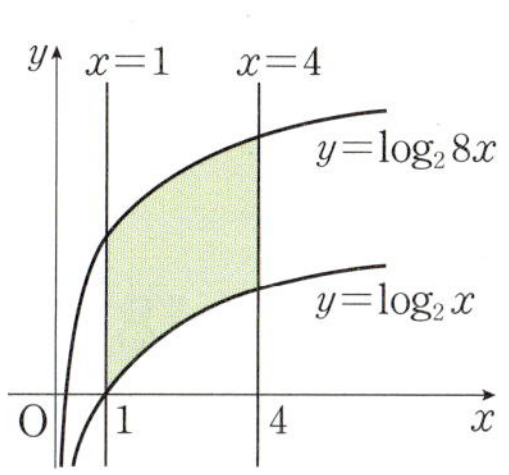

필수유형 10 지수함수와 로그함수의 그래프 개념 02

함수 $y=\log_2 x$의 그래프가 x축과 만나는 점을 A, 점 A를 지나고 x축에 수직인 직선 l이 함수 $y=2^x$의 그래프와 만나는 점을 B, 점 B를 지나고 기울기가 -1인 직선 m이 함수 $y=\log_2 x$의 그래프와 만나는 점을 C라 할 때, 삼각형 ABC의 넓이를 구하시오.

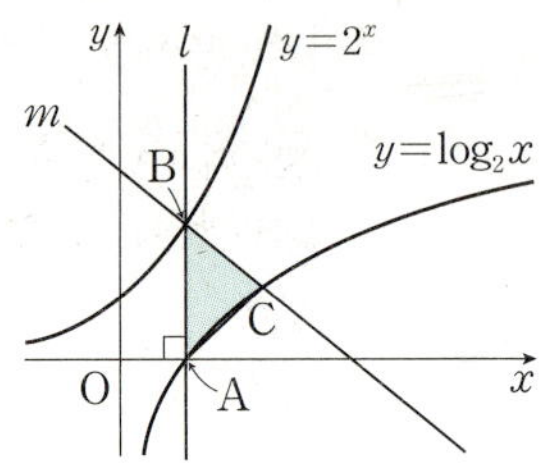

guide

① 두 함수 $y=\log_a x$, $y=a^x$은 서로 역함수 관계이므로 두 함수의 그래프는 직선 $y=x$에 대하여 대칭임을 이용하여 점의 좌표를 구한다.

② ①에서 구한 점의 좌표를 이용하여 도형의 넓이를 구한다.

solution

함수 $y=\log_2 x$의 그래프가 x축과 만나는 점 A의 좌표는 $(1,\ 0)$이므로 점 A를 지나고 x축에 수직인 직선 l과 함수 $y=2^x$의 그래프의 교점 B의 좌표는 $(1,\ 2)$이다.

한편, 두 함수 $y=\log_2 x$, $y=2^x$의 그래프는 직선 $y=x$에 대하여 대칭이고, 두 점 B, C는 기울기가 -1인 직선 m 위의 점이므로 직선 $y=x$에 대하여 대칭이다.

즉, $B(1,\ 2)$이므로 $C(2,\ 1)$이다.

따라서 오른쪽 그림과 같이 점 C에서 선분 AB에 내린 수선의 발을 H라 하면 삼각형 ABC의 넓이는

$\frac{1}{2}\times\overline{AB}\times\overline{CH}=\frac{1}{2}\times(2-0)\times(2-1)=\frac{1}{2}\times2\times1=1$

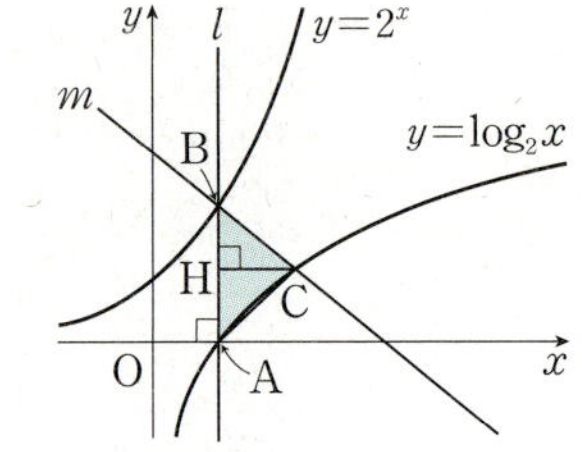

필수 연습

p.060

17 그림과 같이 직선 $y=x$와 수직이면서 서로 평행한 두 직선 l, m이 있다. 두 직선 l, m이 두 곡선 $y=2^x$, $y=\log_2 x$와 만나는 점을 각각 A, B, C, D라 하자. 점 A의 x좌표는 1이고, 두 점 A, D의 y좌표가 같을 때, 사각형 ABDC의 넓이를 구하시오.

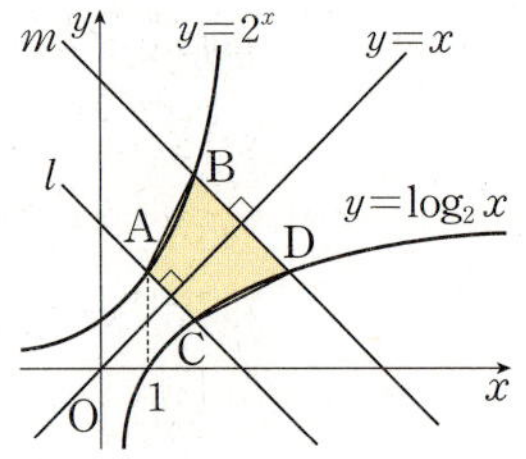

18 그림과 같이 직선 $y=-x+4$가 두 곡선 $y=a^x$, $y=\log_a x$ $(a>1)$와 만나는 점을 각각 A, B라 하자. $\overline{AB}=2\sqrt{2}$일 때, 상수 a의 값을 구하시오. (단, 점 A의 x좌표는 점 B의 x좌표보다 작다.)

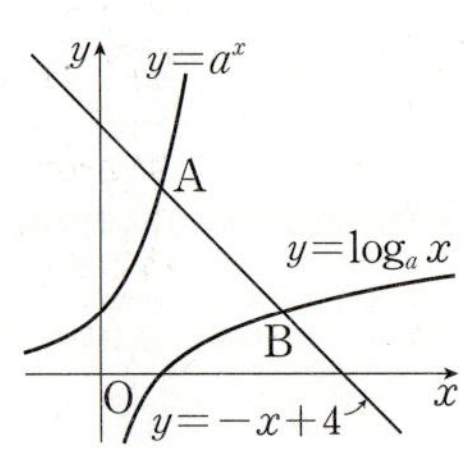

필수유형 11 로그함수의 성질을 이용한 수의 대소 비교

개념 04

세 수 $A=-\frac{1}{2}\log_{\frac{1}{5}}3$, $B=\log_{\sqrt{5}}\sqrt{2}$, $C=\frac{\log 2}{\log 25}$의 대소를 비교하시오.

guide

❶ 로그의 성질을 이용하여 주어진 수들의 밑을 통일한다.

❷ 진수의 대소를 비교한다.

❸ 로그함수 $f(x)=\log_a x$ $(a>0,\ a\neq 1)$에 대하여 다음과 같은 성질이 성립함을 이용하여 주어진 수의 대소를 비교한다.

(1) $a>1$이면 x의 값이 커질수록 $f(x)$의 값도 커진다. ⇨ $0<x_1<x_2 \iff \log_a x_1<\log_a x_2$

(2) $0<a<1$이면 x의 값이 커질수록 $f(x)$의 값은 작아진다. ⇨ $0<x_1<x_2 \iff \log_a x_1>\log_a x_2$

solution

세 수 A, B, C의 밑을 5로 나타내면

$A=-\frac{1}{2}\log_{\frac{1}{5}}3=-\frac{1}{2}\log_{5^{-1}}3=\log_5\sqrt{3}$

$B=\log_{\sqrt{5}}\sqrt{2}=\log_{(\sqrt{5})^2}(\sqrt{2})^2=\log_5 2$

$C=\frac{\log 2}{\log 25}=\frac{\log 2}{2\log 5}=\frac{1}{2}\log_5 2=\log_5\sqrt{2}$

이때 $\sqrt{2}<\sqrt{3}<2$이고, 함수 $y=\log_5 x$에서 x의 값이 증가하면 y의 값도 증가하므로

$\log_5\sqrt{2}<\log_5\sqrt{3}<\log_5 2$

$\therefore\ C<A<B$

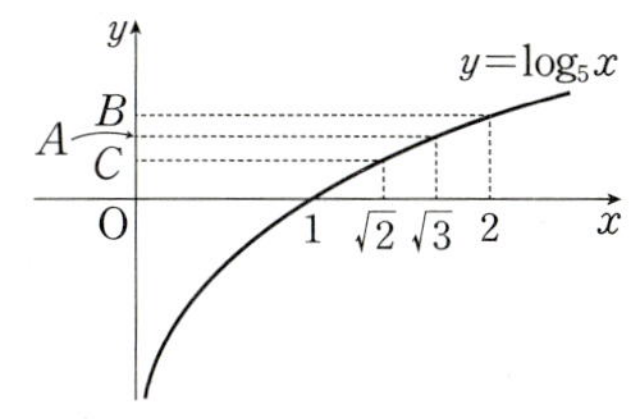

필수 연습

해 pp.060~061

19 세 수 $A=\frac{2}{\log_5 3}$, $B=\frac{\log_2 42}{\log_2 3}$, $C=\log_{\sqrt{3}}6$의 대소를 비교하시오.

20 $0<a<b<1<c$일 때, 세 수 $A=\log_a b$, $B=\log_b a$, $C=\log_c a$의 대소를 비교하시오.

21 두 수 $7\log_{\frac{1}{7}}2$와 $\frac{1}{4}\log_{\frac{1}{7}}16$ 중에서 큰 수를 M, 작은 수를 m이라 할 때, $n\leq M-m<n+1$을 만족시키는 정수 n의 값을 구하시오.

필수유형 12 로그함수의 최대, 최소 - $y=\log_a f(x)$ 꼴인 경우 한 걸음 더

함수 $y=\log_a(x^2+4x+20)$의 최댓값이 -2일 때, 상수 a의 값을 구하시오. (단, $0<a<1$)

guide

❶ 다음을 이용하여 함수 $y=\log_a f(x)$ $(a>0,\ a\neq1)$의 최대, 최소를 파악한다.

(1) $a>1$이면 $f(x)$가 최대일 때 $\log_a f(x)$도 최대이고, $f(x)$가 최소일 때 $\log_a f(x)$도 최소이다.

(2) $0<a<1$이면 $f(x)$가 최대일 때 $\log_a f(x)$는 최소이고, $f(x)$가 최소일 때 $\log_a f(x)$는 최대이다.

❷ 함수 $f(x)$의 최댓값 또는 최솟값을 구한다.

❸ ❶, ❷를 이용하여 미지수의 값을 구한다.

solution

$f(x)=x^2+4x+20$이라 하면 $y=\log_a f(x)$에서 $0<(\text{밑})=a<1$이므로

$f(x)$가 최소일 때 $\log_a f(x)$는 최대이다.

한편, $f(x)=x^2+4x+20=(x+2)^2+16$이므로 $f(x)\geq16$

따라서 함수 $y=\log_a f(x)$는 $f(x)=16$일 때 최댓값 $\log_a 16=-2$를 가지므로

$16=a^{-2}$, $a^2=\dfrac{1}{16}$ $\quad\therefore\ a=\dfrac{1}{4}$ $(\because\ 0<a<1)$

필수 연습

일품 p.061

22 함수 $y=\log_{\frac{1}{3}}(-3x^2+6x+a)$의 최솟값이 1일 때, 상수 a의 값을 구하시오.

23 함수 $y=\log_{\frac{1}{6}}(x^2-px+2q)$는 $x=4$일 때 최댓값 -1을 갖는다. 두 상수 p, q에 대하여 $p+q$의 값을 구하시오. (단, $p^2<8q$)

24 함수 $y=\log_3(7-2^x)+\log_3(2^x-1)$은 $x=a$일 때 최댓값 b를 갖는다. ab의 값을 구하시오.

필수유형 13 로그함수의 최대, 최소 – $\log_a x$ 꼴이 반복되는 경우

개념 05

다음 물음에 답하시오.

(1) $\frac{1}{4} \le x \le 4$일 때, 함수 $y=(\log_2 x)^2-2\log_2 x-2$의 최댓값과 최솟값을 각각 구하시오.

(2) $x>1$일 때, 함수 $y=\log_7 49x+\log_x 7$의 최솟값을 구하시오.

guide

❶ $\log_a x$ $(a>0,\ a\ne 1)$ 꼴이 반복되는 경우, $\log_a x=t$로 치환한다.

❷ 주어진 정의역에서의 t의 값의 범위를 구한다.

❸ ❷에서 구한 범위 또는 산술평균과 기하평균의 관계를 이용하여 t에 대한 함수의 최댓값 또는 최솟값을 구한다.

solution

(1) $\log_2 x=t$로 놓으면

$\frac{1}{4} \le x \le 4$에서 $\log_2 \frac{1}{4} \le \log_2 x \le \log_2 4$ $\quad\therefore -2 \le t \le 2$

(밑)$=2>1$이므로 $0<x_1<x_2$이면 $\log_2 x_1<\log_2 x_2$

이때 주어진 함수는 $y=t^2-2t-2=(t-1)^2-3$이므로

$t=-2$일 때 최댓값 $(-3)^2-3=6$, $t=1$일 때 최솟값 $0^2-3=-3$을 갖는다.

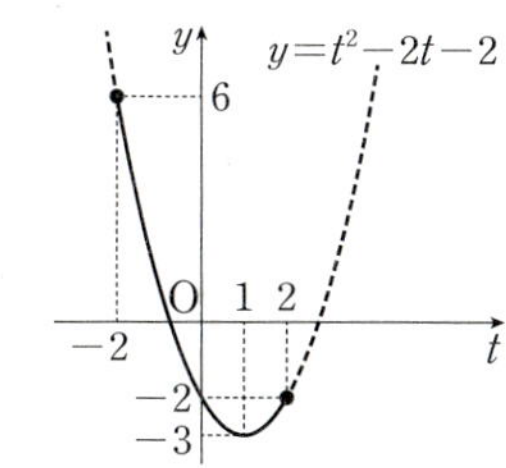

(2) $y=\log_7 49x+\log_x 7=(\log_7 7^2+\log_7 x)+\log_x 7$

$=\log_7 x+\log_x 7+2=\log_7 x+\frac{1}{\log_7 x}+2$

$\log_7 x=t$로 놓으면 주어진 함수는 $y=t+\frac{1}{t}+2$

이때 $x>1$에서 $\log_7 x>0$, 즉 $t>0$, $\frac{1}{t}>0$이므로 산술평균과 기하평균의 관계에 의하여

$t+\frac{1}{t}+2 \ge 2\sqrt{t\times\frac{1}{t}}+2=4$ $\left(\text{단, 등호는 } t=\frac{1}{t},\ \text{즉 } \underset{x=7}{\underline{t=1}}\text{일 때 성립}\right)$

따라서 함수 $y=\log_7 49x+\log_x 7$의 최솟값은 4이다.

필수 연습

해 p.062

25 다음 물음에 답하시오.

(1) $1 \le x \le 5$일 때, 함수 $y=\left(\log_{\frac{1}{5}} x\right)^2+\log_{\frac{1}{5}} x^4+10$의 최댓값과 최솟값을 각각 구하시오.

(2) $x>1$일 때, 함수 $y=\log_2 64x+\log_x 16$의 최솟값을 구하시오.

26 $10 \le x \le 10000$에서 함수 $y=\log x^{\log x}-6\log 10x$의 최댓값을 M, 최솟값을 m이라 할 때, $M-m$의 값을 구하시오.

27 1보다 큰 두 양수 x, y에 대하여 $xy=81$을 만족시킬 때, $\log_3 x\times\log_3 y$의 최댓값을 구하시오.

01 두 함수 $y=\log_3 x$, $y=x$의 그래프가 오른쪽 그림과 같을 때, $\log_{\frac{1}{3}}\frac{bc}{d}$의 값을 구하시오. (단, 모든 점선은 x축 또는 y축에 평행하다.)

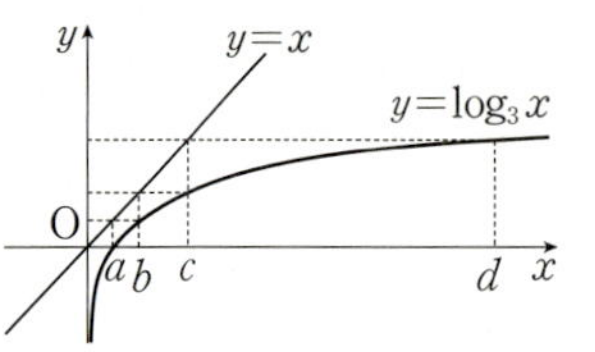

02 $a>1$일 때, 함수 $f(x)=\log_a x$에 대하여 〈보기〉에서 옳은 것만을 있는 대로 고른 것은? (단, $x>0$)

보기

ㄱ. $f(x)+f\left(\frac{1}{x}\right)=0$

ㄴ. $\left\{f\left(\frac{x}{3}\right)\right\}^2=\left\{f\left(\frac{3}{x}\right)\right\}^2$

ㄷ. $f(x+1)-f(x)>f(x+2)-f(x+1)$

① ㄱ ② ㄷ ③ ㄱ, ㄴ
④ ㄴ, ㄷ ⑤ ㄱ, ㄴ, ㄷ

03 다음 그림과 같이 점 $A(a, b)$는 함수 $y=\log_9(x+2)$의 그래프 위에 있고, 점 $B(b, a)$는 함수 $y=3^x+4$의 그래프 위에 있다. 삼각형 OAB의 넓이를 구하시오. (단, O는 원점이다.)

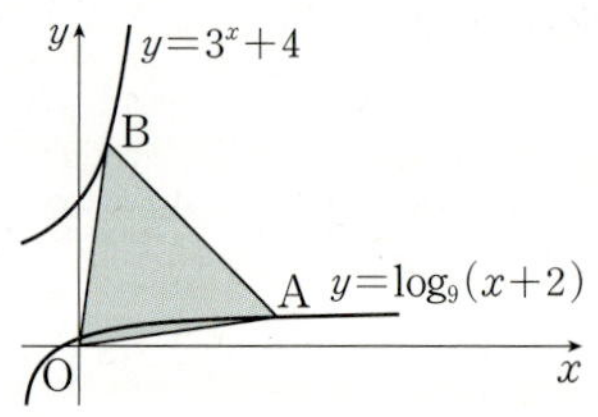

04 함수 $f(x)=\log_6(ax-b)-4$가 다음 조건을 만족시킨다.

(가) 곡선 $y=f(x)$의 점근선의 방정식은 $x=\frac{1}{5}$이다.
(나) 곡선 $y=f(x)$를 x축의 방향으로 -2만큼, y축의 방향으로 2만큼 평행이동한 곡선은 원점을 지난다.

두 상수 a, b에 대하여 $a+b$의 값을 구하시오.
(단, $a\neq0$)

05 네 점 $A(7, 3)$, $B(7, 0)$, $C(11, 0)$, $D(11, 3)$을 꼭짓점으로 하는 직사각형 ABCD가 있다. 함수 $y=\log_a(x-3)-1$의 그래프가 직사각형 ABCD와 만나기 위한 상수 a의 최댓값을 M, 최솟값을 m이라 할 때, $\frac{M}{m^4}$의 값을 구하시오. (단, $a>1$)

06 함수 $f(x)=\log_2\frac{4}{x-1}$에 대하여 〈보기〉에서 옳은 것만을 있는 대로 고르시오.

보기

ㄱ. $1<x_1<x_2$이면 $f(x_1)>f(x_2)$이다.

ㄴ. 그래프는 제1사분면, 제2사분면, 제4사분면을 지난다.

ㄷ. 그래프는 함수 $y=\log_{\frac{1}{2}}\frac{4}{x-1}$의 그래프와 y축에 대하여 대칭이다.

ㄹ. 1보다 큰 서로 다른 두 실수 x_1, x_2에 대하여 $f\left(\frac{x_1+x_2}{2}\right)>\frac{f(x_1)+f(x_2)}{2}$이다.

07 두 함수 $y=\log_4 x$, $y=\log_4(-x+a)$의 그래프가 제1사분면에서 만나도록 하는 자연수 a의 최솟값을 구하시오.

08 로그함수 $y=\log_2 x$의 그래프를 평행이동하거나 대칭이동하여 겹쳐질 수 있는 그래프의 식만을 〈보기〉에서 있는 대로 고른 것은?

보기

ㄱ. $y=\log_{\frac{1}{2}} 5x$　　ㄴ. $y=\log_4 x^2$

ㄷ. $y=\log_{\sqrt{2}} \sqrt{4x+1}$　　ㄹ. $y=7\times 2^x$

① ㄱ, ㄷ　② ㄱ, ㄹ　③ ㄴ, ㄷ
④ ㄱ, ㄴ, ㄷ　⑤ ㄱ, ㄷ, ㄹ

09 두 곡선

$f(x)=\log_8(x+1)$, $g(x)=\log_8(x-1)-6$

과 두 직선 $y=-3x$, $y=-3x+9$로 둘러싸인 도형의 넓이를 구하시오.

10 오른쪽 그림과 같이 함수 $y=2^x$의 그래프 위의 세 점 A, C, E와 함수 $y=\log_2 x$의 그래프 위의 세 점 B, D, F에 대하여 $\overline{\text{AB}}$, $\overline{\text{CD}}$, $\overline{\text{EF}}$는 x축에 평행하고, $\overline{\text{BC}}$, $\overline{\text{DE}}$는 직선 $y=x$에 수직일 때, $\frac{\overline{\text{EF}}}{\overline{\text{AB}}}$의 값을 구하시오.

(단, A는 y축 위의 점이다.)

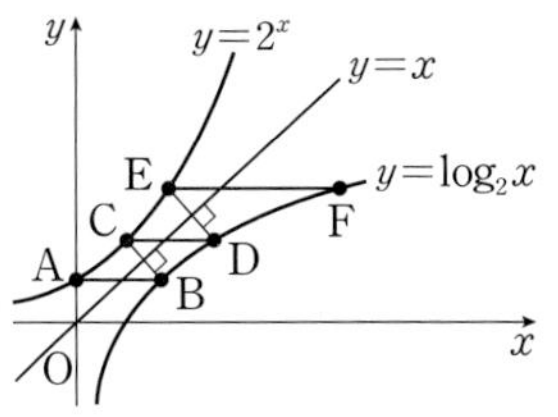

11 함수 $f(x)=\log_{\frac{1}{5}} x$에 대하여 함수 $y=f(x)$의 그래프와 그 역함수 $y=f^{-1}(x)$의 그래프는 다음 그림과 같다. 두 점 $\text{A}(a, b)$와 $\text{B}\left(\frac{3}{2}, a\right)$는 각각 두 곡선 $y=f(x)$, $y=f^{-1}(x)$ 위의 점일 때, $\frac{2b}{a^2}$의 값을 구하시오.

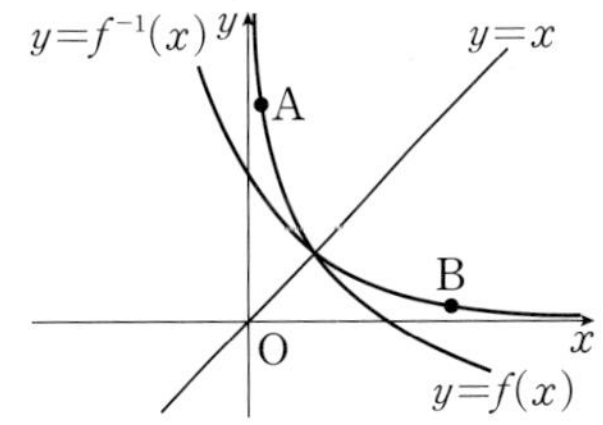

신유형

12 두 함수 $f(x)=a^x+k$, $g(x)=\log_a(x-k)$의 그래프가 서로 다른 두 점 A, B에서 만나고 $\overline{\text{AB}}=6\sqrt{2}$이다. 선분 AB를 수직이등분하는 직선의 방정식이 $y=-x+6$일 때, a^6의 값을 구하시오.

(단, $a>1$이고, k는 상수이다.)

13 $0<a<b<1$일 때, 세 수

$$A=\log_b a,\ B=\log_b(\log_b a),\ C=(\log_b a)^2$$

의 대소 관계로 옳은 것은?

① $A<B<C$ ② $A<C<B$
③ $B<A<C$ ④ $B<C<A$
⑤ $C<B<A$

14 오른쪽 그림과 같이 함수 $f(x)=\log(x-1)$의 그래프 위의 서로 다른 두 점 P, Q의 x좌표를 각각 a, b라 할 때, 세 수

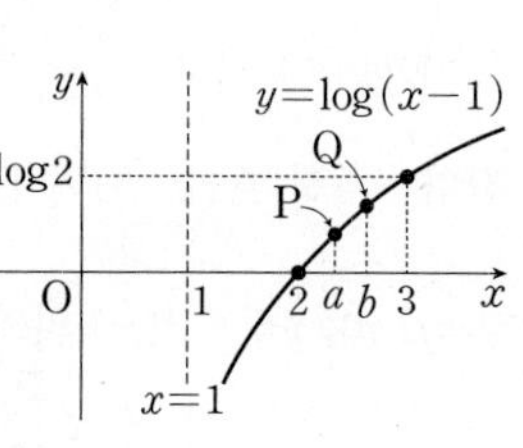

$$A=\frac{1}{a}\log(a-1),\ B=\frac{1}{b}\log(b-1),\ C=\log 2$$

의 대소를 비교하시오. (단, $2<a<b<3$)

15 $-1\le x\le 2$에서 함수 $y=\log_{\frac{1}{4}}(x^2-2x+5)$의 최댓값을 M, 최솟값을 m이라 할 때, $M+2m$의 값을 구하시오.

16 $x>0$에서 정의된 두 함수

$$f(x)=\log_{\frac{1}{2}}\frac{6}{x},\ g(x)=3x^2-12x+24$$

에 대하여 함수 $(f\circ g)(x)$의 최솟값을 구하시오.

17 함수 $y=\log_9(2^x+4)-\log_{\frac{1}{9}}(2^{-x}+1)$은 $x=a$일 때 최솟값 m을 갖는다. $a+m$의 값을 구하시오.

18 $\frac{1}{3}\le x\le 3$에서 정의된 함수 $y=9x^{-2+\log_3 x}$의 최댓값을 M, 최솟값을 m이라 할 때, $M+m$의 값을 구하시오.

2 로그함수의 활용

개념 06 로그방정식

1. 로그방정식

로그의 진수 또는 밑에 미지수가 있는 방정식을 **로그방정식**이라고 한다.

2. 로그방정식의 풀이

(1) 밑을 같게 할 수 있는 경우

주어진 방정식을 $\log_a f(x)=\log_a g(x)$ $(a>0,\ a\neq 1,\ f(x)>0,\ g(x)>0)$ 꼴로 변형한 후

$\log_a f(x)=\underset{\llcorner \log_a a^b}{b} \iff f(x)=a^b$ ← $g(x)=a^b$인 경우

$\log_a f(x)=\log_a g(x) \iff f(x)=g(x)$

임을 이용하여 푼다.

(2) $\log_a x$ 꼴이 반복되는 경우

$\log_a x=t$로 치환하여 t에 대한 방정식을 푼다.

(3) 진수가 같은 경우

주어진 방정식을 $\log_a f(x)=\log_b f(x)$ $(a>0,\ a\neq 1,\ b>0,\ b\neq 1,\ f(x)>0)$ 꼴로 변형한 후

$\log_a f(x)=\log_b f(x) \iff \underset{\text{밑이 같은 경우}}{\underline{a=b}}$ 또는 $\underset{\text{진수가 1인 경우}}{\underline{f(x)=1}}$

임을 이용하여 푼다.

(4) 지수에 로그가 있는 경우

양변에 로그를 취하여 방정식을 푼다.

1. 로그방정식의 풀이

일반적으로 로그방정식 $\log_a x_1=\log_a x_2$ $(a>0,\ a\neq 1,\ x_1>0,\ x_2>0)$는

$\log_a x_1=b \iff x_1=a^b$ ← 로그의 정의

$\log_a x_1=\log_a x_2 \iff x_1=x_2$ ← 로그함수 $y=\log_a x$는 일대일함수이다.

를 이용하여 풀 수 있다.

예1 (1) 방정식 $\log_2 x=5$에서

$x=2^5=32$

(2) 방정식 $\log_3 x=\log_9 (x+2)$를 풀면

진수의 조건에서 $x>0,\ x+2>0$

$\therefore\ x>0$ ……㉠ Ⓐ

$\log_3 x=\log_9 (x+2)$에서 로그의 밑을 9로 같게 하면 Ⓑ

$\log_9 x^2=\log_9 (x+2)$이므로

$x^2=x+2,\ x^2-x-2=0$

$(x+1)(x-2)=0$

$\therefore\ x=-1$ 또는 $x=2$

㉠에 의하여 주어진 방정식의 해는 $x=2$이다.

Ⓐ **로그방정식의 해의 조건**

로그방정식을 풀 때에는 구한 해가 로그의 밑의 조건과 진수의 조건을 모두 만족시키는지 반드시 확인해야 한다.

(i) (밑)>0, (밑)$\neq 1$

(ii) (진수)>0

Ⓑ **로그의 성질을 이용한 로그의 밑의 통일**

로그의 밑을 같게 할 때에는 다음을 이용한다.

(1) $\log_a b=\dfrac{\log_c b}{\log_c a}$

(2) $\log_a b=\dfrac{1}{\log_b a}$

(3) $\log_{a^m} b^n=\dfrac{n}{m}\log_a b$

예2 방정식 $(\log_2 x)^2-\log_2 x^3-4=0$을 풀면

진수의 조건에서 $x>0$, $x^3>0$ $\quad\therefore\ x>0$ $\quad\cdots\cdots$㉠

$(\log_2 x)^2-\log_2 x^3-4=0$에서 $\log_2 x=t$로 놓으면 Ⓐ

$t^2-3t-4=0$, $(t+1)(t-4)=0$ $\quad\therefore\ t=-1$ 또는 $t=4$

따라서 $\log_2 x=-1$ 또는 $\log_2 x=4$이므로 $x=\frac{1}{2}$ 또는 $x=16$

$x=\frac{1}{2}$ 또는 $x=16$은 ㉠을 만족시키므로 주어진 방정식의 해이다.

예3 방정식 $\log_x(5-x)=\log_{x^2-2}(5-x)$를 풀면

밑과 진수의 조건에서

$x>0$, $x\neq1$, $x^2-2>0$, $x^2-2\neq1$, $5-x>0$

$\therefore\ \sqrt{2}<x<\sqrt{3}$ 또는 $\sqrt{3}<x<5$ $\quad\cdots\cdots$㉠

$\log_x(5-x)=\log_{x^2-2}(5-x)$에서

(i) 밑이 같으면 $x=x^2-2$

$x^2-x-2=0$, $(x+1)(x-2)=0$ $\quad\therefore\ x=-1$ 또는 $x=2$

(ii) 진수가 1이면 $5-x=1$ $\quad\therefore\ x=4$ ← 진수가 1이면 밑이 달라도 $\log_4 1=\log_{14} 1=0$으로 등식이 성립한다.

(i), (ii)에서 주어진 방정식의 해는 $x=2$ 또는 $x=4$ ($\because$ ㉠)

예4 방정식 $x^{\log_3 x}=27x^2$을 풀면

진수의 조건에서 $x>0$ $\quad\cdots\cdots$㉠

$x^{\log_3 x}=27x^2$의 양변에 밑이 3인 로그를 취하면

$\log_3 x^{\log_3 x}=\log_3 27x^2$, $(\log_3 x)^2=3+2\log_3 x$ Ⓑ

$\log_3 x=t$로 놓으면 $t^2=3+2t$

$t^2-2t-3=0$, $(t+1)(t-3)=0$ $\quad\therefore\ t=-1$ 또는 $t=3$

따라서 $\log_3 x=-1$ 또는 $\log_3 x=3$이므로 $x=\frac{1}{3}$ 또는 $x=27$

$x=\frac{1}{3}$ 또는 $x=27$은 ㉠을 만족시키므로 주어진 방정식의 해이다.

2. 로그함수의 그래프와 직선의 교점

로그함수 $y=\log_a x$ $(a>0,\ a\neq1)$는 양의 실수 전체의 집합에서 실수 전체의 집합으로의 일대일대응이므로 임의의 실수 k에 대하여 방정식 $\log_a x=k$는 단 한 개의 해를 가짐을 알 수 있다.

이때 방정식 $\log_a x=k$의 해는 로그함수 $y=\log_a x$의 그래프와 직선 $y=k$의 교점의 x좌표와 같다.

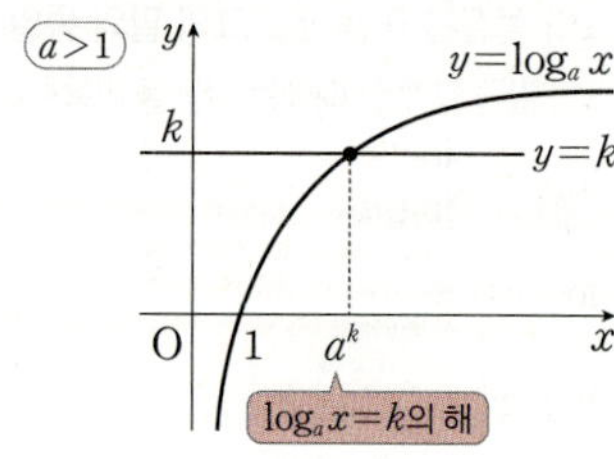

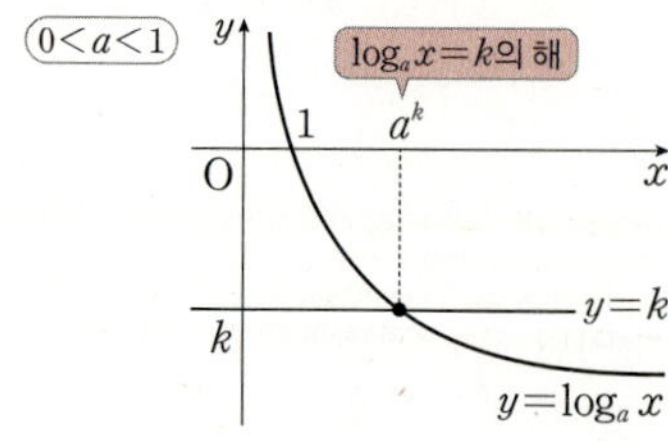

Ⓐ **t의 값의 범위**

함수 $y=\log_a x$의 치역은 실수 전체의 집합이므로 $\log_a x=t$로 치환하였을 때 t의 값의 범위를 신경쓰지 않아도 된다.

Ⓑ **지수에 로그가 있는 경우**

$a^{\log_b c}=d$

$\iff \log_b a^{\log_b c}=\log_b d$

$\iff \log_b a\times\log_b c=\log_b d$

개념 07

로그부등식

1. 로그부등식

로그의 진수 또는 밑에 미지수가 있는 부등식을 **로그부등식**이라고 한다.

2. 로그부등식의 풀이

(1) 밑을 같게 할 수 있는 경우

주어진 부등식을 $\log_a f(x)<\log_a g(x)$ $(a>0,\ a\neq1)$ 꼴로 변형한 후

① $a>1$일 때, 부등식 $0<f(x)<g(x)$를 푼다. ← 부등호 방향 그대로

② $0<a<1$일 때, 부등식 $f(x)>g(x)>0$을 푼다. ← 부등호 방향 반대로

(2) $\log_a x$ 꼴이 반복되는 경우

$\log_a x=t$로 치환하여 t에 대한 부등식을 푼다.

(3) 지수에 로그가 있는 경우

양변에 로그를 취하여 부등식을 푼다. 이때 로그의 밑이 $0<$(밑)<1이면 부등호의 방향이 바뀜에 유의한다.

일반적으로 로그부등식 $\log_a f(x)<\log_a g(x)$ $(a>0,\ a\neq1)$는 $f(x)>0,\ g(x)>0$에 대하여

$a>1$일 때, $\log_a f(x)<\log_a g(x) \Longleftrightarrow f(x)<g(x)$

$0<a<1$일 때, $\log_a f(x)<\log_a g(x) \Longleftrightarrow f(x)>g(x)$

를 이용하여 풀 수 있다. Ⓒ

Ⓒ 로그부등식과 로그함수의 그래프

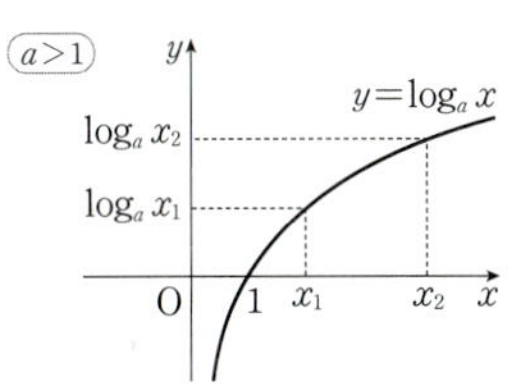

$x_1<x_2$이면 $\log_a x_1<\log_a x_2$
부등호 방향 그대로

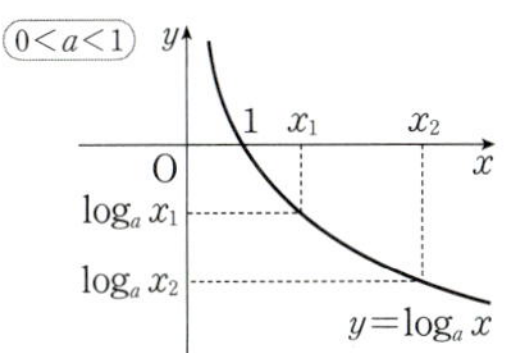

$x_1<x_2$이면 $\log_a x_1>\log_a x_2$
부등호 방향 반대로

예1 (1) 부등식 $\log_2 x\leq2$를 풀면

진수의 조건에서 $x>0$ ……㉠

$\log_2 x\leq2$에서 $\log_2 x\leq\log_2 4$

이때 (밑)>1이므로 $x\leq4$ ……㉡

㉠, ㉡을 동시에 만족시키는 x의 값의 범위는 $0<x\leq4$

(2) 부등식 $\log_{\frac{1}{3}}(2x-5)>-2$를 풀면

진수의 조건에서 $2x-5>0$ $\quad\therefore x>\frac{5}{2}$ ……㉠

$\log_{\frac{1}{3}}(2x-5)>-2$에서 $\log_{\frac{1}{3}}(2x-5)>\log_{\frac{1}{3}}9$

이때 $0<$(밑)$=\frac{1}{3}<1$이므로

$2x-5<9,\ 2x<14$ $\quad\therefore x<7$ ……㉡

㉠, ㉡을 동시에 만족시키는 x의 값의 범위는 $\frac{5}{2}<x<7$

예2 부등식 $(\log x)^2-\log x-2<0$을 풀면

진수의 조건에서 $x>0$ ……㉠

$(\log x)^2-\log x-2<0$에서 $\log x=t$로 놓으면

$t^2-t-2<0,\ (t+1)(t-2)<0$ $\quad\therefore -1<t<2$

즉, $-1<\log x<2$이므로 $\underbrace{\frac{1}{10}}_{=10^{-1}}<x<\underbrace{100}_{=10^2}$ ($\because$ (밑)$=10>1$) ……㉡

㉠, ㉡을 동시에 만족시키는 x의 값의 범위는 $\frac{1}{10}<x<100$

예3 부등식 $x^{\log_{\frac{1}{2}} x-2} > \frac{1}{8}$을 풀면

진수의 조건에서 $x>0$ ……㉠

$x^{\log_{\frac{1}{2}} x-2} > \frac{1}{8}$의 양변에 밑이 $\frac{1}{2}$인 로그를 취하면

$\log_{\frac{1}{2}} x^{\log_{\frac{1}{2}} x-2} < \log_{\frac{1}{2}} \frac{1}{8}$ $\left(\because\ 0<(\text{밑})=\frac{1}{2}<1\right)$, $\log_{\frac{1}{2}} x \times \left(\log_{\frac{1}{2}} x-2\right)<3$

$\log_{\frac{1}{2}} x=t$로 놓으면

$t(t-2)<3,\ t^2-2t-3<0,\ (t+1)(t-3)<0$ $\quad\therefore\ -1<t<3$

즉, $-1<\log_{\frac{1}{2}} x<3$이므로 $\underset{=\left(\frac{1}{2}\right)^3}{\frac{1}{8}}<x<\underset{=\left(\frac{1}{2}\right)^{-1}}{2}$ $\left(\because\ 0<(\text{밑})=\frac{1}{2}<1\right)$ ……㉡

㉠, ㉡을 동시에 만족시키는 x의 값의 범위는 $\frac{1}{8}<x<2$

한걸음 더

밑과 진수에 모두 미지수가 있는 로그부등식의 풀이

개념마무리 21

로그부등식 $\log_{f(x)} g(x) < \log_{f(x)} h(x)$와 같이 밑과 진수에 모두 미지수가 있는 경우에는 다음과 같은 순서로 부등식의 해를 구한다.

(i) 진수의 조건에 의하여 $g(x)>0$, $h(x)>0$을 만족시키는 x의 값의 범위를 구한다.

(ii) 밑 $f(x)$의 범위를 $0<f(x)<1$, $f(x)>1$인 경우로 나누어 부등식을 푼다.

① $0<f(x)<1$일 때, $\log_{f(x)} g(x) < \log_{f(x)} h(x) \iff g(x)>h(x)$

② $f(x)>1$일 때, $\log_{f(x)} g(x) < \log_{f(x)} h(x) \iff g(x)<h(x)$

(iii) (i), (ii)를 동시에 만족시키는 x의 값의 범위를 구한다.

예 부등식 $\log_x (2x-1) < \log_x (5x-4)$를 풀면

(i) 진수의 조건에서

$2x-1>0,\ 5x-4>0$ $\quad\therefore\ x>\frac{4}{5}$ ……㉠

(ii) $\log_x (2x-1) < \log_x (5x-4)$에서

① $\underset{0<(\text{밑})<1}{\underline{0<x<1}}$일 때,

$2x-1>5x-4,\ 3x<3$ $\quad\therefore\ x<1$

그런데 $0<x<1$이므로 $0<x<1$

② $\underset{(\text{밑})>1}{\underline{x>1}}$일 때,

$2x-1<5x-4,\ 3x>3$ $\quad\therefore\ x>1$

①, ②에서 $0<x<1$ 또는 $x>1$ ……㉡

㉠, ㉡을 동시에 만족시키는 x의 값의 범위는 $\frac{4}{5}<x<1$ 또는 $x>1$

기본유형 14 로그방정식(1)

개념 06

다음 방정식을 푸시오.

(1) $\log_4(x-1)=3$　　(2) $\log_3(x-5)=\log_9(x+7)$

solution

(1) $\log_4(x-1)=3$에서 $x-1=4^3$, $x-1=64$　$\therefore x=65$

(2) 진수의 조건에서 $x-5>0$, $x+7>0$　$\therefore x>5$　……㉠

$\log_3(x-5)=\log_9(x+7)$에서 로그의 밑을 9로 같게 하면 $\log_9(x-5)^2=\log_9(x+7)$이므로

$(x-5)^2=x+7$, $x^2-11x+18=0$, $(x-2)(x-9)=0$　$\therefore x=9$ ($\because$ ㉠)

기본유형 15 로그방정식(2)

개념 06

다음 방정식을 푸시오.

(1) $(\log_3 x)^2+2\log_3 x-3=0$　　(2) $\log_{x+2}(x+4)=\log_{2x-8}(x+4)$

solution

(1) 진수의 조건에서 $x>0$　……㉠

$(\log_3 x)^2+2\log_3 x-3=0$에서 $\log_3 x=t$로 놓으면

$t^2+2t-3=0$, $(t+3)(t-1)=0$　$\therefore t=-3$ 또는 $t=1$

따라서 $\log_3 x=-3$ 또는 $\log_3 x=1$이므로 $x=\frac{1}{27}$ 또는 $x=3$

$x=\frac{1}{27}$ 또는 $x=3$은 ㉠을 만족시키므로 주어진 방정식의 해이다.

(2) 밑과 진수의 조건에서 $x+2>0$, $x+2\neq1$, $2x-8>0$, $2x-8\neq1$, $x+4>0$

$\therefore 4<x<\frac{9}{2}$ 또는 $x>\frac{9}{2}$　……㉠

$\log_{x+2}(x+4)=\log_{2x-8}(x+4)$에서

(i) 밑이 같으면 $x+2=2x-8$　$\therefore x=10$

(ii) 진수가 1이면 $x+4=1$　$\therefore x=-3$

(i), (ii)에서 주어진 방정식의 해는 $x=10$ ($\because$ ㉠)

기본 연습

28 다음 방정식을 푸시오.

(1) $\log_{\frac{1}{2}}(x+3)=-4$　　(2) $\log_5(11x+3)=2+\log_5(x-1)$

29 다음 방정식을 푸시오.

(1) $(\log_2 x)^2+\log_2 x^6=0$　　(2) $\log_{x^2-1}(x-2)=\log_{5-x}(x-2)$

답 pp.068~069

기본유형 16 로그방정식 (3)

개념 06

방정식 $x^{\log x}=\left(\frac{x}{10}\right)^4$을 푸시오.

solution

진수의 조건에서 $x>0$ ······㉠

$x^{\log x}=\left(\frac{x}{10}\right)^4$의 양변에 상용로그를 취하면 $\log x^{\log x}=\log\left(\frac{x}{10}\right)^4$, $(\log x)^2=4\log x-4$

즉, $(\log x)^2-4\log x+4=0$에서 $\log x=t$로 놓으면 $t^2-4t+4=0$, $(t-2)^2=0$ $\therefore t=2$

따라서 $\log x=2$이므로 $x=100$

$x=100$은 ㉠을 만족시키므로 주어진 방정식의 해이다.

기본유형 17 로그부등식 (1)

개념 07

다음 부등식을 푸시오.

(1) $\log_{\frac{1}{5}}(x+5)\geq -2$

(2) $2-\log_{\frac{1}{2}}(x-2)<\log_2(3x+4)$

solution

(1) 진수의 조건에서 $x+5>0$ $\therefore x>-5$ ······㉠

$\log_{\frac{1}{5}}(x+5)\geq -2$에서 $\log_{\frac{1}{5}}(x+5)\geq\log_{\frac{1}{5}}25$

이때 $0<(\text{밑})=\frac{1}{5}<1$이므로 $x+5\leq 25$ $\therefore x\leq 20$ ······㉡

㉠, ㉡을 동시에 만족시키는 x의 값의 범위는 $-5<x\leq 20$

(2) 진수의 조건에서 $x-2>0$, $3x+4>0$ $\therefore x>2$ ······㉠

$2-\log_{\frac{1}{2}}(x-2)<\log_2(3x+4)$에서

$\log_2 4+\log_2(x-2)<\log_2(3x+4)$, $\log_2 4(x-2)<\log_2(3x+4)$

이때 $(\text{밑})=2>1$이므로 $4(x-2)<3x+4$ $\therefore x<12$ ······㉡

㉠, ㉡을 동시에 만족시키는 x의 값의 범위는 $2<x<12$

기본 연습

30 방정식 $x^{\log_2 x}=\frac{x^4}{8}$을 푸시오.

p.069

31 다음 부등식을 푸시오.

(1) $\log_2(2x+1)<2$

(2) $\log(x-10)+\log(x-20)\leq 2+\log 6$

기본유형 18 로그부등식 (2)

개념 07

부등식 $\left(\log_{\frac{1}{2}} x\right)^2 - \log_{\frac{1}{2}} x - 12 < 0$을 푸시오.

solution

진수의 조건에서 $x>0$ ……㉠

$\left(\log_{\frac{1}{2}} x\right)^2 - \log_{\frac{1}{2}} x - 12 < 0$에서 $\log_{\frac{1}{2}} x = t$로 놓으면

$t^2 - t - 12 < 0$, $(t+3)(t-4) < 0$ $\quad \therefore -3 < t < 4$

즉, $-3 < \log_{\frac{1}{2}} x < 4$이고 $0 < (\text{밑}) = \frac{1}{2} < 1$이므로

$\left(\frac{1}{2}\right)^4 < x < \left(\frac{1}{2}\right)^{-3}$ $\quad \therefore \frac{1}{16} < x < 8$ ……㉡

㉠, ㉡을 동시에 만족시키는 x의 값의 범위는 $\frac{1}{16} < x < 8$

기본유형 19 로그부등식 (3)

개념 07

부등식 $x^{\log_3 x} \le \frac{9}{x}$를 푸시오.

solution

진수의 조건에서 $x>0$ ……㉠

$x^{\log_3 x} \le \frac{9}{x}$의 양변에 밑이 3인 로그를 취하면

$\log_3 x^{\log_3 x} \le \log_3 \frac{9}{x}$ ($\because$ (밑)$=3>1$), $(\log_3 x)^2 \le 2 - \log_3 x$

즉, $(\log_3 x)^2 + \log_3 x - 2 \le 0$에서 $\log_3 x = t$로 놓으면

$t^2 + t - 2 \le 0$, $(t+2)(t-1) \le 0$ $\quad \therefore -2 \le t \le 1$

즉, $-2 \le \log_3 x \le 1$이고 (밑)$=3>1$이므로

$3^{-2} \le x \le 3^1$ $\quad \therefore \frac{1}{9} \le x \le 3$ ……㉡

㉠, ㉡을 동시에 만족시키는 x의 값의 범위는 $\frac{1}{9} \le x \le 3$

기본 연습

32 부등식 $(\log_2 x)^2 - \log_2 x^5 + 6 \le 0$을 푸시오.

33 부등식 $x^{\log_2 x} > 16x^3$을 푸시오.

답 p.070

필수유형 20 로그방정식과 이차방정식 개념 06

x에 대한 방정식 $\log_5(x+4)+\log_5(6-x)=2a-1$이 서로 다른 두 실근을 갖도록 하는 정수 a의 최댓값을 구하시오.

guide

1. 주어진 방정식에서 진수의 조건에 의한 x의 값의 범위를 구한다.
2. 다음을 이용하여 조건을 만족시키는 미지수의 값의 범위를 구한다.
   이차방정식 $(x-m)(x-n)=k$의 실근
   $\Longleftrightarrow$ 이차함수 $y=(x-m)(x-n)$의 그래프와 직선 $y=k$의 교점의 x좌표

solution

진수의 조건에서 $x+4>0$, $6-x>0$ $\quad\therefore -4<x<6$ $\quad\cdots\cdots$㉠

$\log_5(x+4)+\log_5(6-x)=2a-1$에서

$\log_5(x+4)(6-x)=2a-1$, $(x+4)(6-x)=5^{2a-1}$ $\quad\cdots\cdots$㉡

주어진 방정식이 서로 다른 두 실근을 가지려면

㉠의 범위에서 이차방정식 ㉡이 서로 다른 두 실근을 가져야 한다.

즉, 오른쪽 그림과 같이 $-4<x<6$에서 곡선 $y=(x+4)(6-x)$와 직선 $y=5^{2a-1}$이 서로 다른 두 점에서 만나야 한다.

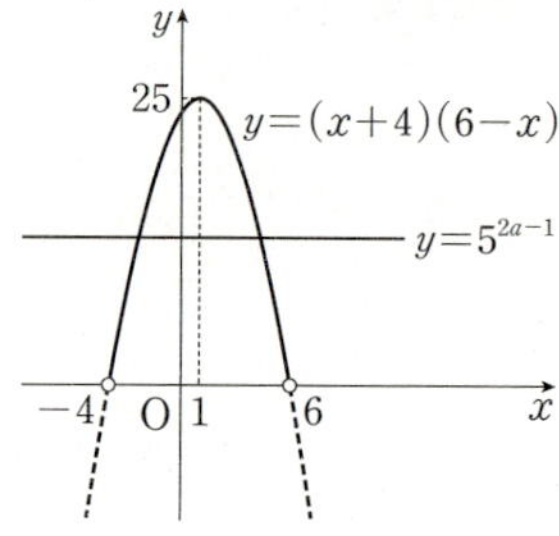

$y=(x+4)(6-x)=-(x-1)^2+25$이므로

$0<5^{2a-1}<25$

$5^{2a-1}<5^2$, $2a-1<2$ ($\because$ (밑)$=5>1$) $\quad\therefore a<\frac{3}{2}$

따라서 조건을 만족시키는 정수 a의 최댓값은 1이다.

필수 연습

pp.070~071

34 x에 대한 방정식 $\log_2(3x+2)+\log_2(4-x)=\log_2 a$를 만족시키는 실수 x가 존재하도록 하는 모든 자연수 a의 개수를 구하시오.

35 이차방정식 $x^2+2\left(\log_{\frac{1}{2}}a+3\right)x+2\log_{\frac{1}{2}}a+6=0$이 중근을 갖도록 하는 모든 실수 a의 값의 곱을 구하시오.

36 $k<0$인 상수 k에 대하여 방정식 $(\log_3 x)^2+6=k\log_3 x$의 서로 다른 두 근을 α, β라 할 때, $\alpha:\beta=1:3$이다. $\alpha k^2=\frac{q}{p}$일 때, $p+q$의 값을 구하시오.

(단, p와 q는 서로소인 자연수이다.)

필수유형 21 로그부등식과 이차부등식

개념 07

모든 실수 x에 대하여 부등식 $3x^2-(2\log_2 a)x+2\log_2 a>0$이 성립하도록 하는 정수 a의 개수를 구하시오.

guide

❶ 다음을 이용하여 필요한 조건을 찾는다.

이차방정식 $ax^2+bx+c=0$의 판별식을 D라 할 때, 모든 실수 x에 대하여 각 부등식이 항상 성립할 조건은

(1) $ax^2+bx+c>0 \Longleftrightarrow a>0,\ D<0$　　(2) $ax^2+bx+c\geq 0 \Longleftrightarrow a>0,\ D\leq 0$

(3) $ax^2+bx+c<0 \Longleftrightarrow a<0,\ D<0$　　(4) $ax^2+bx+c\leq 0 \Longleftrightarrow a<0,\ D\leq 0$

❷ ❶에서 구한 조건을 만족시키는 미지수의 값을 구한다.

solution

진수의 조건에서 $a>0$　　……㉠

부등식 $3x^2-(2\log_2 a)x+2\log_2 a>0$이 모든 실수 x에 대하여 성립하려면

이차방정식 $3x^2-(2\log_2 a)x+2\log_2 a=0$의 판별식을 D라 할 때, $D<0$이어야 한다.

$\frac{D}{4}=(\log_2 a)^2-3\times 2\log_2 a<0,\ (\log_2 a)^2-6\log_2 a<0$

$\log_2 a=t$로 놓으면 $t^2-6t<0,\ t(t-6)<0$　　$\therefore\ 0<t<6$

즉, $0<\log_2 a<6$이고 (밑)$=2>1$이므로

$2^0<a<2^6$에서 $1<a<64$　　……㉡

㉠, ㉡을 동시에 만족시키는 a의 값의 범위는 $1<a<64$이므로

조건을 만족시키는 정수 a는 2, 3, 4, …, 63의 62개이다.

필수 연습

pp.071~072

37 모든 실수 x에 대하여 부등식 $x^2+(2\log a-6)x+1>0$이 성립하도록 하는 정수 a의 최댓값과 최솟값을 각각 구하시오.

38 모든 양수 x에 대하여 부등식 $(\log_8 x)^2-\log_8 \frac{x^2}{a}\geq 0$이 성립하도록 하는 양수 a의 최솟값을 구하시오.

39 모든 실수 x에 대하여 부등식 $(\log_5 a-1)x^2+2(\log_5 a-1)x-\log_5 a<0$이 성립하도록 하는 실수 a의 최댓값을 구하시오.

필수유형 22 로그방정식과 로그부등식 – 연립방정식, 연립부등식 개념 06+07

다음 연립방정식 또는 연립부등식의 해를 구하시오.

(1) $\begin{cases} \log_4 x = \log_3 y \\ \log_2 x + \log_{27} y^2 = 8 \end{cases}$

(2) $\begin{cases} \log_2(2x-1) \ge \log_2(x+2) \\ \log_{\frac{1}{5}}(x+3) < \log_{\frac{1}{5}}(2x-1) \end{cases}$

guide

❶ 연립방정식을 이루는 두 식을 미지수가 두 개인 연립일차방정식으로 나타낸 후 해를 구한다.

❷ 연립부등식을 이루는 각 부등식의 해를 구한 후, 수직선 위에 나타내어 공통부분을 찾는다.

solution

(1) 진수의 조건에서 $x>0$, $y>0$ ……㉠

$\log_2 x = X$, $\log_3 y = Y$로 놓으면 $\begin{cases} \frac{1}{2}X - Y = 0 & \cdots\cdots ㉡ \\ X + \frac{2}{3}Y = 8 & \cdots\cdots ㉢ \end{cases}$

㉡, ㉢을 연립하여 풀면 $X=6$, $Y=3$

따라서 $\log_2 x = 6$, $\log_3 y = 3$이므로 $x=2^6=64$, $y=3^3=27$

이때 $x=64$, $y=27$은 ㉠을 만족시키므로 주어진 연립방정식의 해이다.

(2) 진수의 조건에서 $2x-1>0$, $x+2>0$, $x+3>0$이므로 $x>\frac{1}{2}$ ……㉠

$\log_2(2x-1) \ge \log_2(x+2)$에서 $2x-1 \ge x+2$ $\therefore x \ge 3$ ……㉡

(밑)$=2>1$이므로 부등호 방향 그대로

$\log_{\frac{1}{5}}(x+3) < \log_{\frac{1}{5}}(2x-1)$에서 $x+3 > 2x-1$ $\therefore x<4$ ……㉢

$0<$(밑)$=\frac{1}{5}<1$이므로 부등호 방향 반대로

㉠, ㉡, ㉢에서 주어진 연립부등식의 해는 $3 \le x < 4$

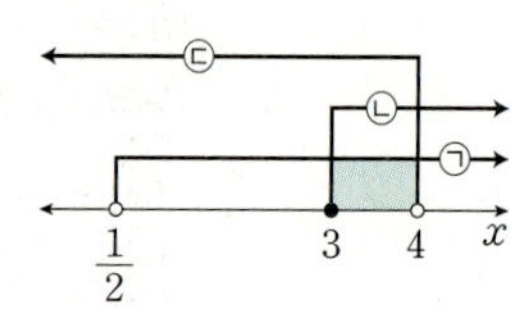

필수 연습

40 다음 연립방정식 또는 연립부등식의 해를 구하시오.

(1) $\begin{cases} \log_3 x + \log_5 y = 7 \\ \log_3 x \times \log_5 y = 12 \end{cases}$

(2) $\begin{cases} \log_{\frac{1}{2}}(\log_2 x) \ge -2 \\ \log_{\frac{1}{3}} x + \log_{\frac{1}{3}}(x-6) < -3 \end{cases}$

풀이 pp.072~073

41 연립부등식

$\begin{cases} (\log_2 x)^2 - 4\log_2 x < \log_2 x - 4 \\ \log_3 |x-3| \le \log_3\left(\frac{1}{2}x+3\right) \end{cases}$

을 만족시키는 모든 정수 x의 개수를 구하시오.

필수유형 23 로그방정식과 로그부등식의 활용

개념 06+07

어떤 중고차의 시세는 일정한 비율로 감소하여 1년이 지날 때마다 20 %씩 감소한다고 한다. 현재 시세가 1600만 원인 중고차는 현재로부터 n년 후의 시세가 200만 원 이하가 된다고 할 때, 자연수 n의 최솟값을 구하시오.

(단, $\log 2=0.3010$으로 계산한다.)

guide

❶ 주어진 조건을 파악하여 방정식 또는 부등식을 세운다.

❷ ❶에서 세운 방정식 또는 부등식의 양변에 상용로그를 취하여 푼다.

solution

이 중고차의 현재 시세가 1600만 원이고, 매년 20 %씩 감소하므로 n년 후의 시세는

$1600\times\left(1-\frac{20}{100}\right)^n=1600\times 0.8^n$(만 원)

n년 후의 시세가 200만 원 이하가 되므로

$1600\times 0.8^n\le 200,\ 0.8^n\le\frac{1}{8}$

부등식의 양변에 상용로그를 취하면

$\log 0.8^n\le\log\frac{1}{8},\ n\log\frac{8}{10}\le-\log 8$

$n(3\log 2-1)\le-3\log 2,\ n(0.9030-1)\le-0.9030$ ($\because \log 2=0.3010$)

$-0.097n\le-0.903 \quad \therefore n\ge 9.3\times\times\times$

따라서 구하는 자연수 n의 최솟값은 10이다.

필수 연습

p.073

42 어떤 식물성 플랑크톤은 광합성 과정을 통해 에너지를 얻으므로 바다에서 수면에 비치는 햇빛의 양의 6 % 이상이 도달하는 깊이까지만 살 수 있다고 한다. 어떤 지역에서 햇빛이 수면으로부터 5 m씩 내려갈 때마다 햇빛의 양이 8 %씩 감소되어 도달한다고 할 때, 이 식물성 플랑크톤이 살 수 있는 깊이는 최대 몇 m인지 구하시오.

(단, $\log 2=0.3$, $\log 3=0.5$, $\log 9.2=0.96$으로 계산한다.)

43 총 공기흡인량이 $V(\mathrm{m}^3)$이고 공기 포집 전후 여과지의 질량 차가 $W(\mathrm{mg})$일 때의 공기 중 먼지 농도 $C(\mu g/\mathrm{m}^3)$는 다음 식을 만족시킨다고 한다.

$\log C=3-\log V+\log W$ (단, $W>0$)

A 지역에서 총 공기흡인량이 V_0이고 공기 포집 전후 여과지의 질량 차가 W_0일 때의 공기 중 먼지 농도를 C_A, B 지역에서 총 공기흡인량이 $\frac{1}{9}V_0$이고 공기 포집 전후 여과지의 질량 차가 $\frac{1}{27}W_0$일 때의 공기 중 먼지 농도를 C_B라 하자. $C_A=kC_B$를 만족시키는 상수 k의 값을 구하시오. (단, $W_0>0$)

19 방정식 $\log_2|x|+\log_2(2|x|+3)=1$을 푸시오.

20 다항식 x^2+3x+5를 두 일차식 $x-\log_2 a$와 $x-\log_2 8a$로 각각 나눈 나머지가 서로 같을 때, 상수 a의 값을 구하시오.

21 부등식 $\log_x(4-x^2)<\log_x(5x-2)$를 푸시오.

22 x에 대한 부등식 $x^2-(\log_3 27a)x+\log_3 a^3\le 0$을 만족시키는 정수 x의 개수가 2가 되도록 하는 자연수 a의 개수를 구하시오. (단, $0<a<27$)

23 부등식 $\log_2\{\log_4(\log_8 x)\}\le 1$을 만족시키는 자연수 x의 최댓값을 M, 최솟값을 m이라 할 때, $\log_2 M-\log_3 m$의 값을 구하시오.

24 두 집합

$A=\{x|x^2-6x+8\le 0\}$,

$B=\{x|4-(\log_2 x-k)^2\ge 0\}$

에 대하여 $A\cap B\neq\varnothing$을 만족시키는 모든 정수 k의 값의 합을 구하시오.

25 어느 자동차 부품 회사는 기술 개발을 통해 매년 부품 A의 질량은 10 %씩 줄이고, 가격은 20 %씩 올린다고 한다. 부품 A의 단위질량당 가격이 첫 해의 4배 이상이 되는 해는 몇 년 후부터인지 구하시오.

(단, $\log 2=0.30$, $\log 3=0.48$로 계산한다.)

1 두 함수 $y=2^{x+3}-4$, $y=\log_{\frac{1}{2}}(2x+a)$의 그래프가 제2사분면에서 만나도록 하는 실수 a의 값의 범위를 구하시오.

2 함수 $y=\log_3\frac{x}{9}$의 그래프를 직선 $y=a$에 대하여 대칭이동한 그래프가 있다. 이 그래프가 함수 $y=\frac{1}{3^x}$의 그래프와 직선 $y=x$에 대하여 대칭일 때, 상수 a의 값을 구하시오.

1등급

3 상수 k에 대하여 다음 조건을 만족시키는 좌표평면의 점 A(a, b)가 오직 하나 존재한다.

(가) 점 A는 곡선 $y=\log_2(x+2)+k$ 위의 점이다.
(나) 점 A를 직선 $y=x$에 대하여 대칭이동한 점은 곡선 $y=4^{x+k}+2$ 위에 있다.

$a\times b$의 값을 구하시오. (단, $a\neq b$) [교육청]

4 직선 $y=3-x$가 두 함수 $y=2^x$, $y=\log_3 x$의 그래프와 만나는 점의 좌표를 각각 (x_1, y_1), (x_2, y_2)라 할 때, 〈보기〉에서 옳은 것만을 있는 대로 고른 것은?

보기

ㄱ. $y_2-x_1=y_1-x_2$
ㄴ. $(x_1-y_2)(x_2-y_1)<0$
ㄷ. $x_1y_1>x_2y_2$

① ㄱ ② ㄷ ③ ㄱ, ㄴ
④ ㄱ, ㄷ ⑤ ㄱ, ㄴ, ㄷ

5 방정식

$$\log_2 x^2+\log_2 y^2=\log_2(x+y+5)^2$$

을 만족시키는 두 양의 정수 x, y에 대하여 $x+2y$의 최솟값을 구하시오.

서술형

6 부등식 $[\log x]^2+2[\log x]-3<0$의 해를 구하시오. (단, $[x]$는 x보다 크지 않은 최대의 정수이다.)

We can't become
what we need to be
by remaining what we are.

현재 상태로 머무르면
당신이 원하는 바를 결코 달성할 수 없다.

... 오프라 윈프리(Oprah Winfrey)

II

삼각함수

05 삼각함수의 정의

06 삼각함수의 그래프

07 삼각함수의 활용

1. 일반각과 호도법

- 개념 01 시초선과 동경
- 개념 02 일반각
- 개념 03 사분면의 각
- 개념 04 호도법
- 개념 05 두 동경의 위치 관계
- 개념 06 부채꼴의 호의 길이와 넓이

2. 삼각함수

- 개념 07 삼각비
- 개념 08 삼각함수
- 개념 09 삼각함수의 값의 부호
- 개념 10 삼각함수 사이의 관계

1 일반각과 호도법

개념 01 시초선과 동경

1. 시초선과 동경

평면 위의 두 반직선 OX와 OP에 의하여 $\angle XOP$가 정해질 때, $\angle XOP$의 크기는 고정된 $\overrightarrow{OX}$의 위치에서 $\overrightarrow{OP}$가 점 O를 중심으로 회전한 양이다.
이때 $\overrightarrow{OX}$를 **시초선**, $\overrightarrow{OP}$를 **동경**이라고 한다. Ⓐ

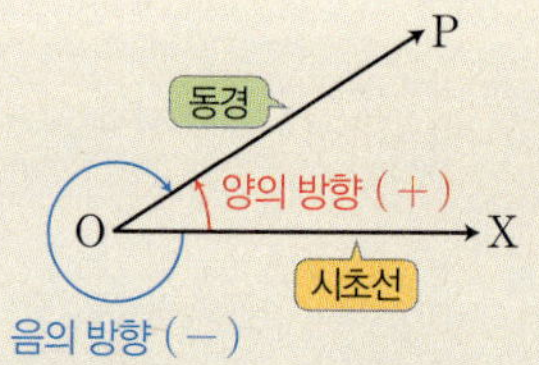

2. 각의 방향

동경 OP가 점 O를 중심으로 회전할 때,

반시계방향(시곗바늘이 도는 방향과 반대 방향)을 양의 방향,

시계방향(시곗바늘이 도는 방향)을 음의 방향

이라고 한다. 이때 각의 크기는 동경의 회전 방향이 양의 방향이면 양의 부호 +를, 음의 방향이면 음의 부호 −를 붙여서 나타낸다.

참고 양의 부호 +는 보통 생략한다.

예 시초선 OX에 대하여 $60°$, $-300°$, $210°$, $-150°$를 나타내는 동경 OP는 다음과 같다.

(1) $60°$ (2) $-300°$ (3) $210°$ (4) $-150°$

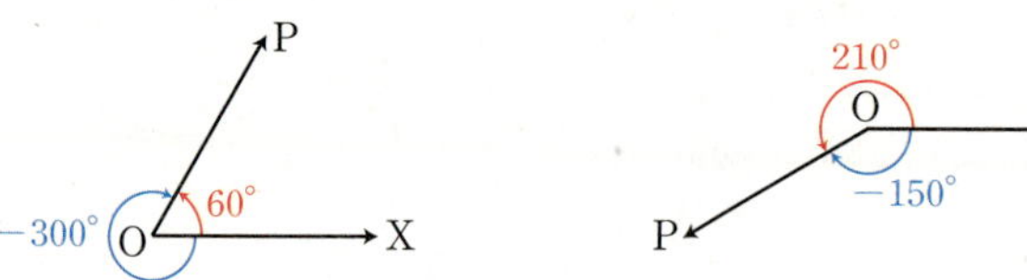

Ⓐ **시초선과 동경의 뜻**
시초선은 처음 시작하는 선이라는 뜻이고, 동경은 움직이는 선이라는 뜻이다.

개념 02 일반각

일반적으로 시초선 OX와 동경 OP가 나타내는 한 각의 크기를 $\alpha°$라 하면, $\angle XOP$의 크기는

$360° \times n + \alpha°$ (n은 정수)

꼴로 나타낼 수 있고, 이것을 동경 OP가 나타내는 **일반각**이라고 한다.

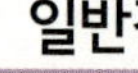

참고 일반각으로 나타낼 때, $\alpha°$는 보통 $0° \le \alpha° < 360°$ 또는 $-180° < \alpha° \le 180°$이다.

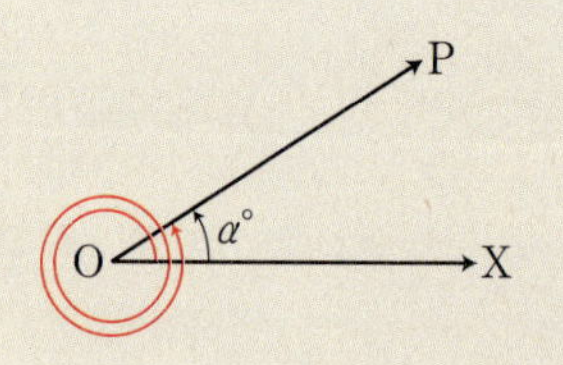

시초선 OX는 고정되어 있으므로 $\angle XOP$의 크기가 정해지면 동경 OP의 위치는 하나로 정해진다. 그런데 동경 OP가 양의 방향 또는 음의 방향으로 한 바퀴 이상 회전할 수 있으므로 동경 OP의 위치가 정해져도 $\angle XOP$의 크기는 하나로 정해지지 않는다.

예 시초선 OX에서 30°의 위치에 있는 동경 OP가 나타내는 각의 크기는 다음과 같이 여러 가지이다.

$360^\circ\times1+30^\circ=390^\circ$

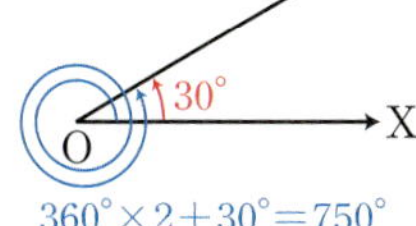

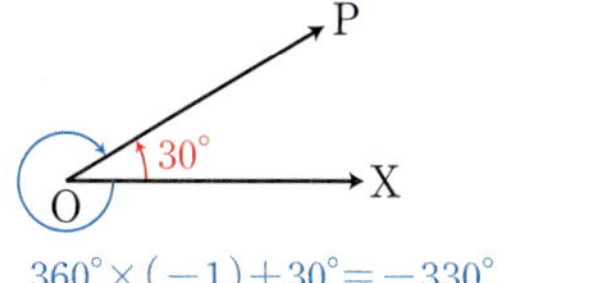

이때 390°, 750°, -330°, …는 모두 $360^\circ\times n+30^\circ$ (n은 정수) 꼴로 나타낼 수 있으므로 이것을 30°의 동경이 나타내는 일반각이라고 한다.

개념 03 사분면의 각

좌표평면 위의 원점 O에서 x축의 양의 부분을 시초선으로 잡을 때, 제1사분면, 제2사분면, 제3사분면, 제4사분면에 있는 동경 OP가 나타내는 각을 각각

제1사분면의 각, 제2사분면의 각, 제3사분면의 각, 제4사분면의 각

이라고 한다.

참고 좌표평면에서 시초선은 보통 x축의 양의 방향으로 정한다.

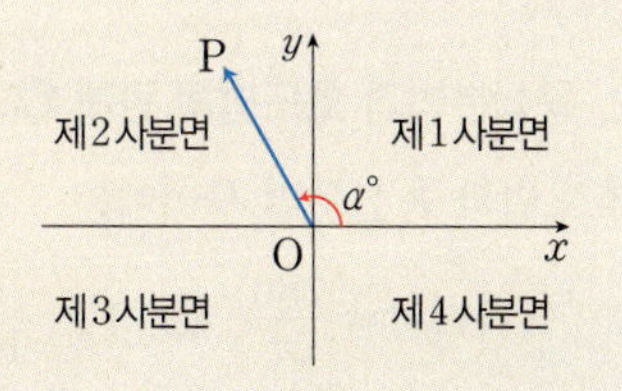

각 θ를 일반각 $\theta=360^\circ\times n+\alpha^\circ$ (n은 정수, $0^\circ\le\alpha^\circ<360^\circ$) 꼴로 나타내면 α°에 따라 각 θ를 나타내는 동경이 존재하는 사분면은 다음과 같다.

(1) $0^\circ<\alpha^\circ<90^\circ$ $\Longleftrightarrow$ θ는 제1사분면의 각이다. ($360^\circ\times n+0^\circ<\theta<360^\circ\times n+90^\circ$)

(2) $90^\circ<\alpha^\circ<180^\circ$ $\Longleftrightarrow$ θ는 제2사분면의 각이다. ($360^\circ\times n+90^\circ<\theta<360^\circ\times n+180^\circ$)

(3) $180^\circ<\alpha^\circ<270^\circ$ $\Longleftrightarrow$ θ는 제3사분면의 각이다. ($360^\circ\times n+180^\circ<\theta<360^\circ\times n+270^\circ$)

(4) $270^\circ<\alpha^\circ<360^\circ$ $\Longleftrightarrow$ θ는 제4사분면의 각이다. ($360^\circ\times n+270^\circ<\theta<360^\circ\times n+360^\circ$)

예 (1) $790^\circ=360^\circ\times2+70^\circ$
이므로 790°는 제1사분면의 각이다.

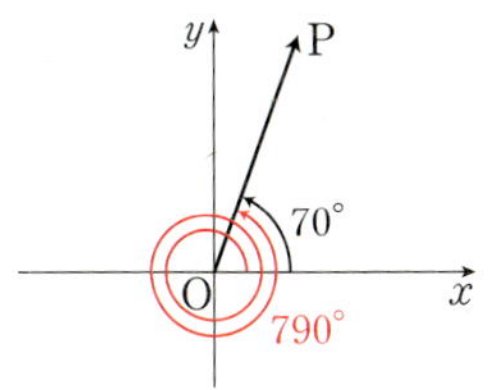

(2) $-405^\circ=360^\circ\times(-2)+315^\circ$
이므로 -405°는 제4사분면의 각이다.

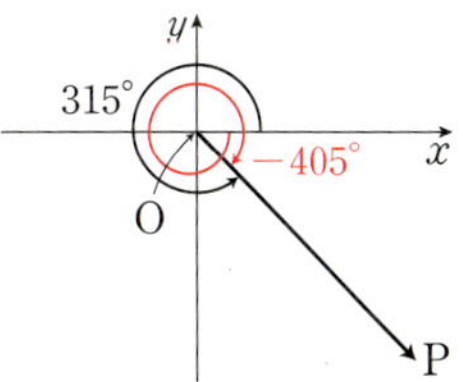

주의 0°, 90°, 180°, 270°, 360°, …와 같이 좌표축 위의 동경이 나타내는 각은 어느 사분면의 각도 아니다.

개념 04 호도법

1. 호도법

반지름의 길이가 r인 원에서 길이가 r인 호에 대한 중심각의 크기를 **1라디안**(radian)이라고 하고, 이것을 단위로 하여 각의 크기를 나타내는 방법을 **호도법**이라고 한다.

참고 라디안(radian)은 반지름을 뜻하는 radius와 각을 뜻하는 angle의 합성어이다.

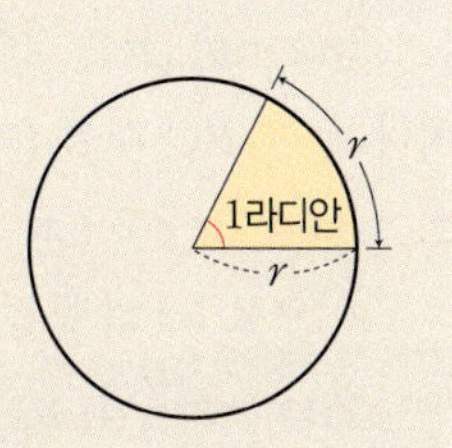

2. 육십분법과 호도법의 관계

$$1\text{라디안}=\frac{180^\circ}{\pi},\quad 1^\circ=\frac{\pi}{180}\text{라디안}$$

1. 호도법 Ⓐ

오른쪽 그림과 같이 반지름의 길이가 r인 원 O에서 길이가 r인 호 AB에 대한 중심각의 크기를 $\alpha°$라 하면 호의 길이는 중심각의 크기에 정비례하므로

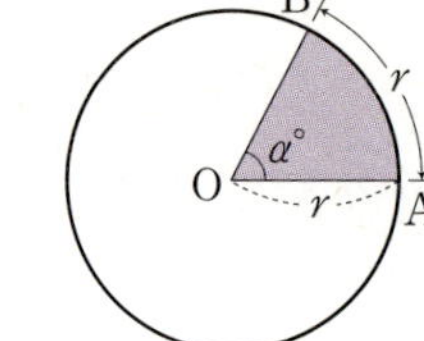

$$r : 2\pi r = \alpha° : 360°,\ \text{즉}\ \alpha° = \frac{180°}{\pi}$$

이다. 여기서 중심각의 크기 $\alpha°$는 반지름의 길이 r에 관계없이 $\frac{180°}{\pi}$로 항상 일정하다. 이 일정한 각의 크기 $\frac{180°}{\pi}$를 1**라디안**이라 하며, 이것을 단위로 각의 크기를 나타내는 방법을 **호도법**이라고 한다.

Ⓐ 호도법
호도법의 '호도'는 호의 중심각의 크기라는 뜻이다.

2. 육십분법과 호도법의 관계 Ⓑ

호도법과 육십분법 사이에는

$1\text{라디안} = \frac{180°}{\pi}$ Ⓒ, $1° = \frac{\pi}{180}\text{라디안}$ Ⓓ

인 관계가 성립하므로 육십분법의 각을 호도법으로 나타내거나 호도법의 각을 육십분법으로 나타낼 수 있다.

(1) 육십분법의 각을 호도법으로 ⇨ $(\text{육십분법의 각}) \times \frac{\pi}{180}$

(2) 호도법의 각을 육십분법으로 ⇨ $(\text{호도법의 각}) \times \frac{180°}{\pi}$

참고

육십분법의 각	0°	30°	45°	60°	90°	180°	270°	360°
호도법의 각	0	$\frac{\pi}{6}$	$\frac{\pi}{4}$	$\frac{\pi}{3}$	$\frac{\pi}{2}$	π	$\frac{3}{2}\pi$	2π

예 (1) $75° = 75 \times 1° = 75 \times \frac{\pi}{180} = \frac{5}{12}\pi$

(2) $\frac{5}{6}\pi = \frac{5}{6}\pi \times 1(\text{라디안}) = \frac{5}{6}\pi \times \frac{180°}{\pi} = 150°$

Ⓑ 육십분법
육십분법은 원의 둘레를 360등분하여 생긴 각 호에 대한 중심각의 크기를 1도(°), 1도의 $\frac{1}{60}$을 1분(′), 1분의 $\frac{1}{60}$을 1초(″)로 정하여 각의 크기를 나타내는 방법이다.

Ⓒ 라디안
1라디안을 육십분법으로 나타내면 약 57° 17′ 45″이다.

Ⓓ 라디안의 단위
각의 크기를 호도법으로 나타낼 때에는 단위인 '라디안'을 생략하고 1, π, $\frac{\pi}{3}$ 등과 같이 실수로 나타낸다.

3. 호도법으로 나타낸 일반각의 크기

$360° = 2\pi$이므로 시초선 OX와 동경 OP가 나타내는 한 각의 크기를 θ(라디안)이라 하면 동경 OP가 나타내는 일반각은

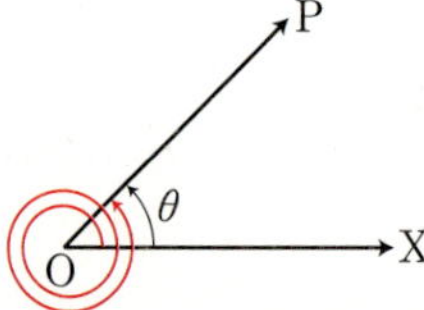

$2n\pi + \theta$ (n은 정수)

이다. 이때 θ는 보통 $0 \le \theta < 2\pi$ 또는 $-\pi < \theta \le \pi$이다.

예 $5\pi = 2\pi \times 2 + \pi$

이므로 5π의 동경이 나타내는 일반각을 호도법으로 나타내면

$2n\pi + \pi$ (단, n은 정수)

개념 05 두 동경의 위치 관계

두 동경이 나타내는 각의 크기가 각각 α, β라 할 때, 두 동경의 위치 관계에 대하여 다음이 성립한다. (단, n은 정수)

(1) 두 동경이 일치한다. $\Longleftrightarrow \alpha-\beta=2n\pi$

(2) 두 동경이 일직선 위에 있고 방향이 반대이다. $\Longleftrightarrow \alpha-\beta=2n\pi+\pi$ (원점에 대하여 대칭이다.)

(3) 두 동경이 x축에 대하여 대칭이다. $\Longleftrightarrow \alpha+\beta=2n\pi$

(4) 두 동경이 y축에 대하여 대칭이다. $\Longleftrightarrow \alpha+\beta=2n\pi+\pi$

(5) 두 동경이 직선 $y=x$에 대하여 대칭이다. $\Longleftrightarrow \alpha+\beta=2n\pi+\frac{\pi}{2}$

두 동경 OP, OQ가 나타내는 각을 각각

$\alpha=2n_1\pi+\alpha_1$, $\beta=2n_2\pi+\beta_1$

(단, n_1, n_2는 정수, $0\le\alpha_1<2\pi$, $0\le\beta_1<2\pi$)

로 정하고, 두 동경이 나타내는 각의 합 또는 차를 일반각으로 나타내어 계산하면 다음과 같다. Ⓔ

(1) 두 동경이 일치할 때,

$\alpha_1=\beta_1$이므로

$\alpha-\beta=2\pi(n_1-n_2)+(\alpha_1-\beta_1)$

$=2n\pi$ (단, n은 정수)

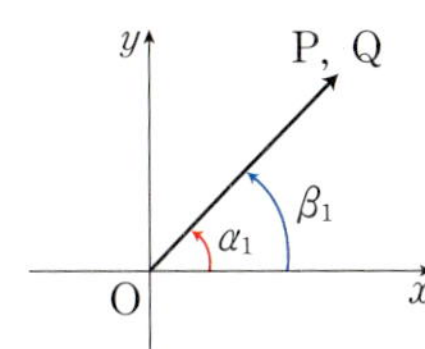

(2) 두 동경이 일직선 위에 있고 방향이 반대일 때,

$\alpha_1-\beta_1=\pi$이므로

$\alpha-\beta=2\pi(n_1-n_2)+(\alpha_1-\beta_1)$

$=2\pi(n_1-n_2)+\pi$

$=2n\pi+\pi$ (단, n은 정수)

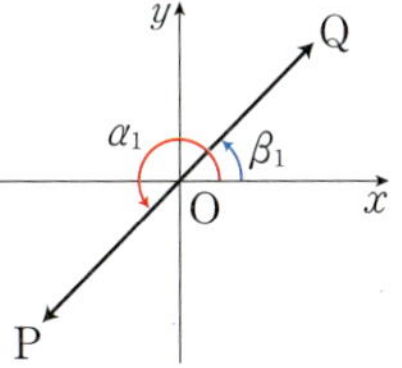

(3) 두 동경이 x축에 대하여 대칭일 때,

$\alpha_1+\beta_1=2\pi$이므로

$\alpha+\beta=2\pi(n_1+n_2)+(\alpha_1+\beta_1)$

$=2\pi(n_1+n_2+1)$

$=2n\pi$ (단, n은 정수)

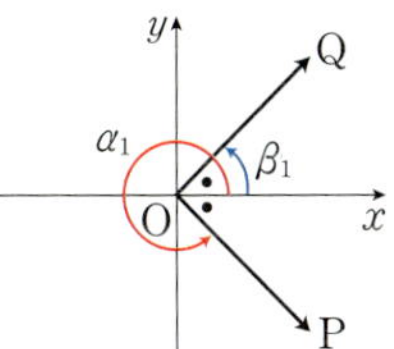

(4) 두 동경이 y축에 대하여 대칭일 때,

(i) $\alpha_1+\beta_1=\pi$인 경우 (두 동경 중 하나는 제1사분면에 있고 다른 하나는 제2사분면에 있는 경우)

$\alpha+\beta=2\pi(n_1+n_2)+(\alpha_1+\beta_1)$

$=2\pi(n_1+n_2)+\pi$

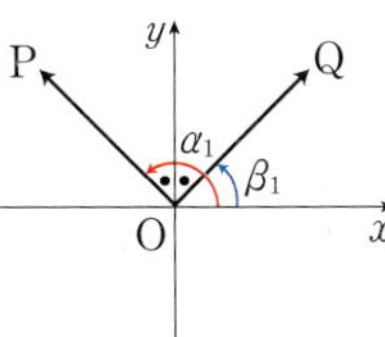

(ii) $\alpha_1+\beta_1=2\pi+\pi$인 경우 (두 동경 중 하나는 제3사분면에 있고 다른 하나는 제4사분면에 있는 경우)

$\alpha+\beta=2\pi(n_1+n_2)+(\alpha_1+\beta_1)$

$=2\pi(n_1+n_2+1)+\pi$

(i), (ii)에서 $\alpha+\beta=2n\pi+\pi$ (단, n은 정수)

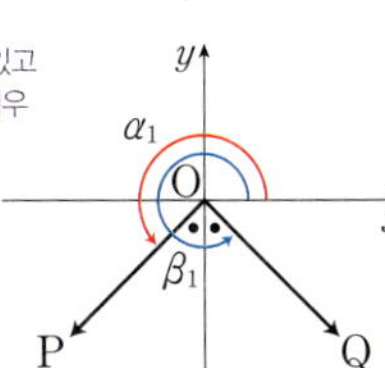

Ⓔ $n=1$일 때, α, β를 나타내면 다음과 같다.

(1)

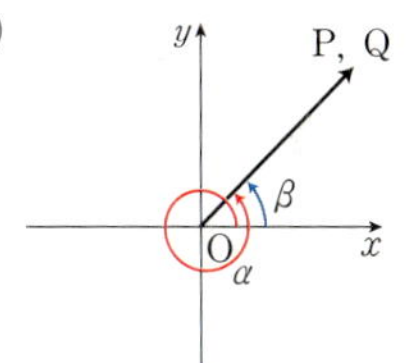

(2)

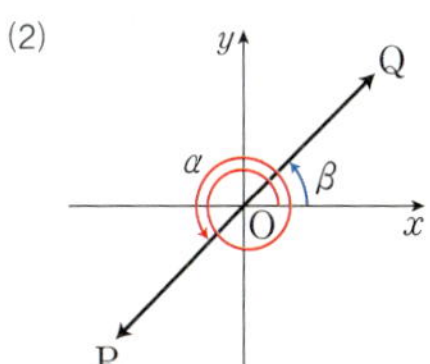

(3)

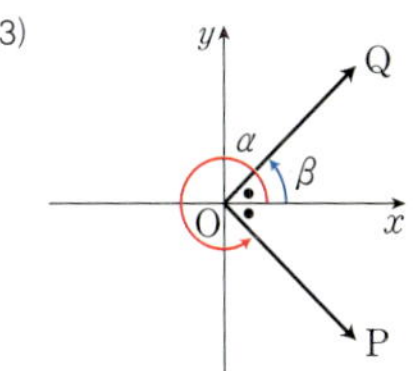

(4)

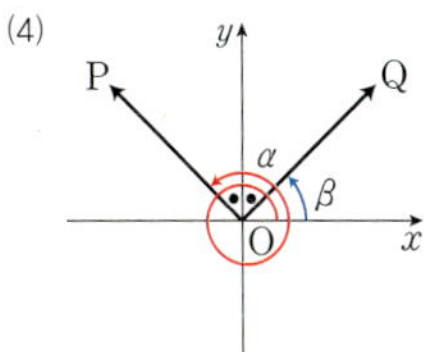

Ⅱ-05 삼각함수의 정의

(5) 두 동경이 직선 $y=x$에 대하여 대칭일 때, **A** **B**

(i) $\alpha_1+\beta_1=\frac{\pi}{2}$인 경우 ← 두 동경이 모두 제1 사분면에 있는 경우

$\alpha+\beta=2\pi(n_1+n_2)+(\alpha_1+\beta_1)$

$=2\pi(n_1+n_2)+\frac{\pi}{2}$

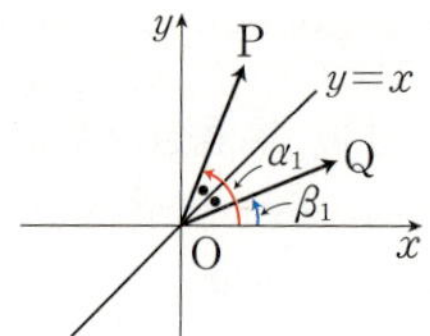

(ii) $\alpha_1+\beta_1=2\pi+\frac{\pi}{2}$인 경우 ← 두 동경 중 하나는 제2 사분면에 있고 다른 하나는 제4 사분면에 있는 경우 또는 두 동경이 모두 제3 사분면에 있는 경우

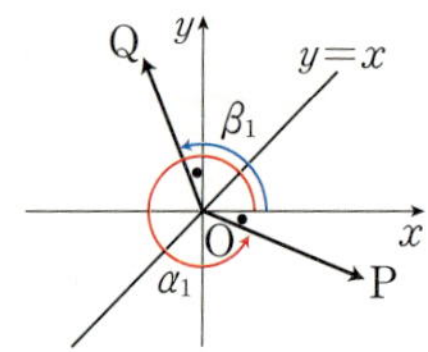

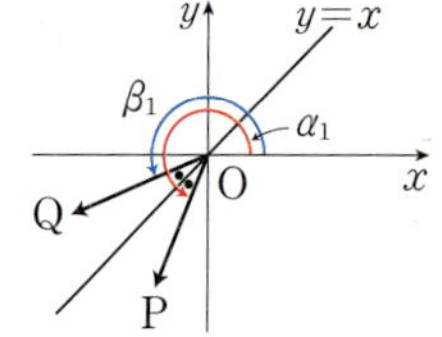

$\alpha+\beta=2\pi(n_1+n_2)+(\alpha_1+\beta_1)$

$=2\pi(n_1+n_2+1)+\frac{\pi}{2}$

(i), (ii)에서 $\alpha+\beta=2n\pi+\frac{\pi}{2}$ (단, n은 정수)

A $n=1$일 때, α, β를 나타내면 다음과 같다.

(5)

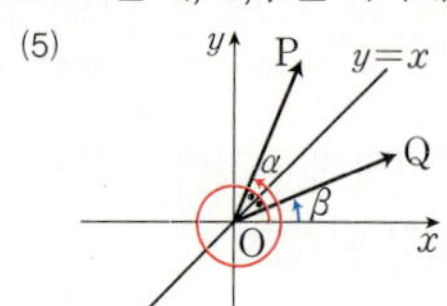

B 두 동경이 직선 $y=-x$에 대하여 대칭일 때,

(i) $\alpha_1+\beta_1=\frac{3}{2}\pi$인 경우

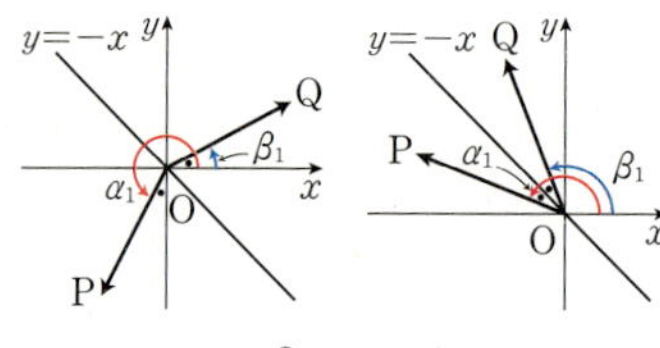

(ii) $\alpha_1+\beta_1=2\pi+\frac{3}{2}\pi$인 경우

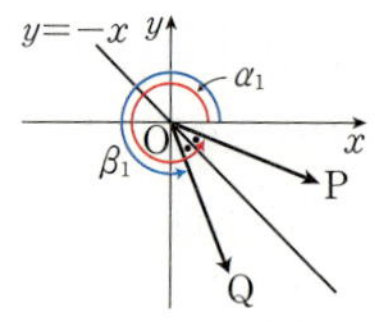

(i), (ii)에서 $\alpha+\beta=2n\pi+\frac{3}{2}\pi$

(단, n은 정수)

개념 06 부채꼴의 호의 길이와 넓이

반지름의 길이가 r, 중심각의 크기가 θ(라디안)인 부채꼴의 호의 길이를 l, 넓이를 S라 하면

(1) 호의 길이 : $l=r\theta$

(2) 넓이 : $S=\frac{1}{2}r^2\theta=\frac{1}{2}rl$

주의 부채꼴의 중심각의 크기 θ는 호도법으로 나타낸 각이므로 중심각의 크기가 육십분법으로 주어지면 호도법으로 고쳐서 계산해야 한다.

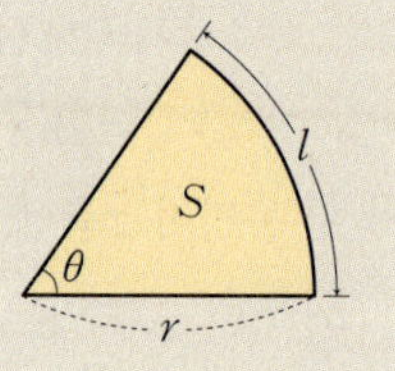

오른쪽 그림과 같이 반지름의 길이가 r, 중심각의 크기가 θ(라디안)인 부채꼴 OAB에서 호 AB의 길이를 l, 부채꼴 OAB의 넓이를 S라 하자.

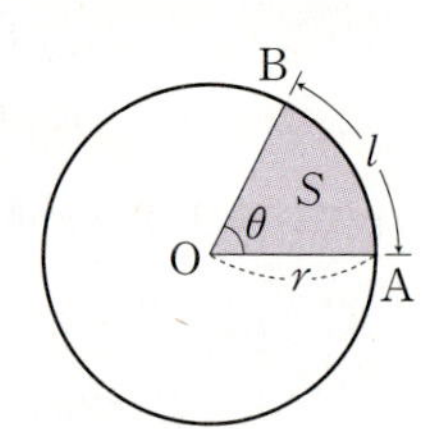

(1) 한 원에 대한 부채꼴의 호의 길이는 중심각의 크기에 정비례하므로

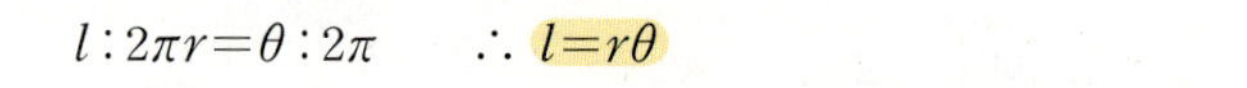

$l:2\pi r=\theta:2\pi \qquad \therefore l=r\theta$

(2) 한 원에 대한 부채꼴의 넓이도 중심각의 크기에 정비례하므로

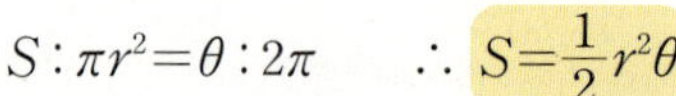

$S:\pi r^2=\theta:2\pi \qquad \therefore S=\frac{1}{2}r^2\theta$

이때 $l=r\theta$이므로 $S=\frac{1}{2}r^2\theta=\frac{1}{2}r\times r\theta=\frac{1}{2}rl$

예 반지름의 길이가 6 cm이고, 중심각의 크기가 $\frac{2}{3}\pi$인 부채꼴의 호의 길이를 l, 넓이를 S라 하면

$l=6\times\frac{2}{3}\pi=4\pi(\text{cm})$, $S=\frac{1}{2}\times6^2\times\frac{2}{3}\pi=12\pi(\text{cm}^2)$

기본유형 01 일반각

개념 02

다음 각의 동경이 나타내는 일반각을 $360° \times n + \alpha°$ 꼴로 나타내시오. (단, n은 정수이고, $0° \le \alpha° < 360°$이다.)

(1) $70°$ (2) $550°$ (3) $-260°$ (4) $-1500°$

solution

(1) $360° \times n + 70°$

(2) $550° = 360° \times 1 + 190°$이므로 $360° \times n + 190°$

(3) $-260° = 360° \times (-1) + 100°$이므로 $360° \times n + 100°$

(4) $-1500° = 360° \times (-5) + 300°$이므로 $360° \times n + 300°$

기본유형 02 사분면의 각

개념 03

크기가 다음과 같은 각은 제 몇 사분면의 각인지 말하시오.

(1) $640°$ (2) $1270°$ (3) $-585°$ (4) $-1070°$

solution

(1) $640° = 360° \times 1 + 280°$
따라서 $640°$는 제4사분면의 각이다.

(2) $1270° = 360° \times 3 + 190°$
따라서 $1270°$는 제3사분면의 각이다.

(3) $-585° = 360° \times (-2) + 135°$
따라서 $-585°$는 제2사분면의 각이다.

(4) $-1070° = 360° \times (-3) + 10°$
따라서 $-1070°$는 제1사분면의 각이다.

기본 연습

해설 p.078

01 다음 각의 동경이 나타내는 일반각을 $360° \times n + \alpha°$ 꼴로 나타내시오. (단, n은 정수이고, $0° \le \alpha° < 360°$이다.)

(1) $830°$ (2) $2000°$ (3) $-290°$ (4) $-480°$

02 크기가 다음과 같은 각은 제 몇 사분면의 각인지 말하시오.

(1) $520°$ (2) $1520°$ (3) $-760°$ (4) $-1200°$

기본유형 03 호도법과 육십분법

개념 04

다음 각을 육십분법은 호도법으로, 호도법은 육십분법으로 나타내시오.

(1) 65° (2) 330° (3) $\frac{3}{4}\pi$ (4) $\frac{15}{8}\pi$

solution

(1) $65^\circ=65\times\frac{\pi}{180}=\frac{13}{36}\pi$

(2) $330^\circ=330\times\frac{\pi}{180}=\frac{11}{6}\pi$

(3) $\frac{3}{4}\pi=\frac{3}{4}\pi\times\frac{180^\circ}{\pi}=135^\circ$

(4) $\frac{15}{8}\pi=\frac{15}{8}\pi\times\frac{180^\circ}{\pi}=337.5^\circ$

기본유형 04 호도법으로 나타낸 일반각

개념 04

다음 각의 동경이 나타내는 일반각을 $2n\pi+\theta$ 꼴로 나타내시오. (단, n은 정수이고, $0\le\theta<2\pi$이다.)

(1) $\frac{\pi}{4}$ (2) $\frac{9}{2}\pi$ (3) $-\frac{\pi}{5}$ (4) $-\frac{14}{3}\pi$

solution

(1) $2n\pi+\frac{\pi}{4}$

(2) $\frac{9}{2}\pi=2\pi\times2+\frac{\pi}{2}$이므로 $2n\pi+\frac{\pi}{2}$

(3) $-\frac{\pi}{5}=2\pi\times(-1)+\frac{9}{5}\pi$이므로 $2n\pi+\frac{9}{5}\pi$

(4) $-\frac{14}{3}\pi=2\pi\times(-3)+\frac{4}{3}\pi$이므로 $2n\pi+\frac{4}{3}\pi$

기본 연습

p.078

03 다음 각을 육십분법은 호도법으로, 호도법은 육십분법으로 나타내시오.

(1) 270° (2) -240° (3) $\frac{4}{5}\pi$ (4) $-\frac{11}{12}\pi$

04 다음 각의 동경이 나타내는 일반각을 $2n\pi+\theta$ 꼴로 나타내시오.
(단, n은 정수이고, $0\le\theta<2\pi$이다.)

(1) $\frac{\pi}{2}$ (2) $\frac{17}{5}\pi$ (3) $-\frac{5}{4}\pi$ (4) $-\frac{19}{3}\pi$

기본유형 05 두 동경의 위치 관계

개념 05

각 θ를 나타내는 동경과 각 5θ를 나타내는 동경이 일치할 때, 각 θ의 크기를 구하시오. (단, $0<\theta<\pi$)

solution

두 각 θ, 5θ를 나타내는 두 동경이 일치하므로

$5\theta-\theta=2n\pi$ (단, n은 정수)

$4\theta=2n\pi \quad \therefore \theta=\frac{n}{2}\pi \quad \cdots\cdots ㉠$

$0<\theta<\pi$이므로 $0<\frac{n}{2}\pi<\pi \quad \therefore 0<n<2$

이때 n은 정수이므로 $n=1$

이것을 ㉠에 대입하면 $\theta=\frac{\pi}{2}$이다.

기본유형 06 부채꼴의 호의 길이와 넓이

개념 06

반지름의 길이가 8, 중심각의 크기가 $\frac{3}{4}\pi$인 부채꼴의 호의 길이 l과 넓이 S를 구하시오.

solution

반지름의 길이가 8, 중심각의 크기가 $\frac{3}{4}\pi$인 부채꼴의 호의 길이 l과 넓이 S는

$l=8\times\frac{3}{4}\pi=6\pi$, $S=\frac{1}{2}\times8^2\times\frac{3}{4}\pi=24\pi$

기본 연습

해설 pp.078~079

05 각 θ를 나타내는 동경과 각 4θ를 나타내는 동경이 일직선 위에 있고 방향이 반대일 때, 각 θ의 크기를 모두 구하시오. (단, $0<\theta<2\pi$)

06 반지름의 길이가 10, 중심각의 크기가 $\frac{8}{5}\pi$인 부채꼴의 호의 길이 l과 넓이 S를 구하시오.

필수유형 07 사분면의 각

개념 02+03

θ가 제2사분면의 각일 때, 각 $\frac{\theta}{2}$를 나타내는 동경이 존재할 수 있는 사분면을 모두 구하시오.

guide

❶ 다음을 이용하여 각 θ를 나타내는 동경이 존재하는 사분면에 따라 θ의 범위를 일반각으로 표현한다. (단, n은 정수)

(1) θ가 제1사분면의 각 $\Longleftrightarrow$ $360^\circ \times n < \theta < 360^\circ \times n + 90^\circ$

(2) θ가 제2사분면의 각 $\Longleftrightarrow$ $360^\circ \times n + 90^\circ < \theta < 360^\circ \times n + 180^\circ$

(3) θ가 제3사분면의 각 $\Longleftrightarrow$ $360^\circ \times n + 180^\circ < \theta < 360^\circ \times n + 270^\circ$

(4) θ가 제4사분면의 각 $\Longleftrightarrow$ $360^\circ \times n + 270^\circ < \theta < 360^\circ \times n + 360^\circ$

❷ ❶을 이용하여 구하는 각의 범위를 구한 후, 그 각을 나타내는 동경이 존재하는 사분면을 모두 구한다.

solution

θ가 제2사분면의 각이므로 $360^\circ \times n + 90^\circ < \theta < 360^\circ \times n + 180^\circ$ (단, n은 정수)

$\therefore\ 180^\circ \times n + 45^\circ < \frac{\theta}{2} < 180^\circ \times n + 90^\circ$

(i) $n=2k$ (k는 정수)일 때,

$360^\circ \times k + 45^\circ < \frac{\theta}{2} < 360^\circ \times k + 90^\circ$, 즉 $\frac{\theta}{2}$는 제1사분면의 각이다.

(ii) $n=2k+1$ (k는 정수)일 때,

$360^\circ \times k + 225^\circ < \frac{\theta}{2} < 360^\circ \times k + 270^\circ$, 즉 $\frac{\theta}{2}$는 제3사분면의 각이다.

(i), (ii)에서 각 $\frac{\theta}{2}$를 나타내는 동경이 존재할 수 있는 사분면은 제1사분면, 제3사분면이다.

필수 연습

pp.079~080

07 θ가 제3사분면의 각일 때, 각 $\frac{\theta}{3}$를 나타내는 동경이 존재할 수 있는 사분면을 모두 구하시오.

08 다음 중에서 동경이 위치하는 사분면이 다른 하나는?

① -730°　② $-\frac{\pi}{6}$　③ $-\frac{9}{4}\pi$　④ 1200°　⑤ -80°

09 각 θ를 나타내는 동경이 존재하는 영역을 좌표평면 위에 나타내면 그림과 같다. 각 $\frac{\theta}{2}$를 나타내는 동경이 존재할 수 있는 사분면을 모두 구하시오. (단, 경계선은 제외한다.)

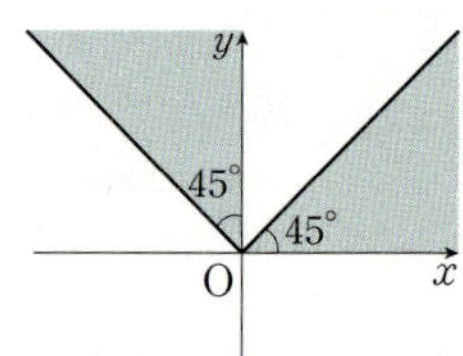

필수유형 08 두 동경의 위치 관계

개념 05

각 θ를 나타내는 동경과 각 2θ를 나타내는 동경이 x축에 대하여 대칭일 때, 각 θ의 크기를 모두 구하시오.

(단, $0<\theta<2\pi$)

guide

❶ 두 동경이 나타내는 각의 크기를 각각 α, β라 할 때, 다음을 이용하여 $\alpha+\beta$ 또는 $\alpha-\beta$를 일반각으로 나타낸다.

(단, n은 정수)

(1) 두 동경이 일치한다. $\Longleftrightarrow \alpha-\beta=2n\pi$

(2) 두 동경이 일직선 위에 있고 방향이 반대이다. $\Longleftrightarrow \alpha-\beta=2n\pi+\pi$

(3) 두 동경이 x축에 대하여 대칭이다. $\Longleftrightarrow \alpha+\beta=2n\pi$

(4) 두 동경이 y축에 대하여 대칭이다. $\Longleftrightarrow \alpha+\beta=2n\pi+\pi$

(5) 두 동경이 직선 $y=x$에 대하여 대칭이다. $\Longleftrightarrow \alpha+\beta=2n\pi+\frac{\pi}{2}$

❷ ❶을 이용하여 주어진 각의 범위에서 가능한 각의 크기를 모두 구한다.

solution

두 각 θ, 2θ를 나타내는 두 동경이 x축에 대하여 대칭이므로

$\theta+2\theta=2n\pi$ (단, n은 정수)

$3\theta=2n\pi \quad \therefore \theta=\frac{2}{3}n\pi \quad \cdots\cdots$ ㉠

$0<\theta<2\pi$이므로 $0<\frac{2}{3}n\pi<2\pi \quad \therefore 0<n<3$

이때 n은 정수이므로 $n=1$ 또는 $n=2$

이것을 ㉠에 대입하면 $\theta=\frac{2}{3}\pi$ 또는 $\theta=\frac{4}{3}\pi$

필수 연습

10 각 θ를 나타내는 동경과 각 9θ를 나타내는 동경이 y축에 대하여 대칭일 때, 각 θ의 크기를 모두 구하시오. $\left(\text{단, } \frac{\pi}{2}<\theta<\pi\right)$

답 p.080

11 각 θ를 나타내는 동경과 각 7θ를 나타내는 동경이 원점에 대하여 대칭일 때, 각 θ의 크기를 구하시오. $\left(\text{단, } \pi<\theta<\frac{3}{2}\pi\right)$

12 각 θ를 나타내는 동경과 각 5θ를 나타내는 동경이 직선 $y=x$에 대하여 대칭일 때, 각 θ의 크기를 모두 구하시오. $\left(\text{단, } \frac{\pi}{2}<\theta<\frac{3}{2}\pi\right)$

필수유형 09 부채꼴의 호의 길이와 넓이 개념 06

다음 물음에 답하시오.

(1) 반지름의 길이가 9이고 호의 길이가 12π인 부채꼴의 중심각의 크기를 구하시오.

(2) 중심각의 크기가 1라디안이고 둘레의 길이가 24인 부채꼴의 넓이를 구하시오.

guide

❶ 반지름의 길이가 r, 중심각의 크기가 θ인 부채꼴의 호의 길이를 l, 넓이를 S라 하면 $l=r\theta$, $S=\frac{1}{2}r^2\theta=\frac{1}{2}rl$임을 이용하여 식을 세운다.

❷ ❶에서 세운 식에 주어진 조건을 대입하여 푼다.

solution

부채꼴의 반지름의 길이를 r, 중심각의 크기를 θ, 호의 길이를 l, 넓이를 S라 하면

(1) $r=9$, $l=12\pi$이므로 $l=r\theta$에서 $12\pi=9\theta$ $\therefore \theta=\frac{4}{3}\pi$

(2) $\theta=1$, $2r+l=24$이므로 $2r+r\theta=24$에서 $3r=24$ $\therefore r=8$

$\therefore S=\frac{1}{2}r^2\theta=\frac{1}{2}\times 8^2\times 1=32$

plus

부채꼴의 반지름의 길이를 r, 호의 길이를 l, 둘레의 길이를 $\underset{=2r+l}{a}$, 넓이를 S라 하면

(1) $\underset{S}{\underline{\text{부채꼴의 넓이}}}$의 최댓값 : $a=2r+l$에서 $l=a-2r$이므로 $S=\frac{1}{2}r(a-2r)$ ⇨ 이차함수의 최대, 최소 이용

(2) $\underset{a}{\underline{\text{부채꼴의 둘레의 길이}}}$의 최솟값 : $S=\frac{1}{2}rl$에서 $l=\frac{2S}{r}$이므로 $a=2r+\frac{2S}{r}$ ⇨ 산술평균과 기하평균의 관계 이용

필수 연습

pp.080~081

13 다음 물음에 답하시오.

(1) 중심각의 크기가 $\frac{\pi}{4}$이고, 넓이가 8π인 부채꼴의 반지름의 길이를 구하시오.

(2) 중심각의 크기가 2라디안이고 넓이가 36인 부채꼴의 호의 길이를 구하시오.

14 그림과 같이 중심각의 크기가 같은 두 부채꼴 AOB, COD에 대하여 $\overline{\text{OC}}=\overline{\text{CA}}=6$이다. 색칠한 도형의 넓이가 108일 때, 색칠한 도형의 둘레의 길이를 구하시오.

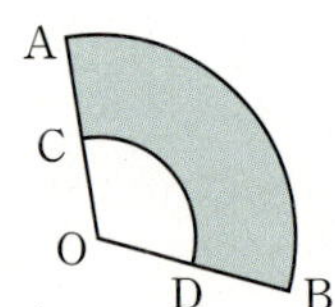

plus
15 둘레의 길이가 10인 부채꼴 중 넓이가 최대인 것의 반지름의 길이를 r, 그때의 중심각의 크기를 θ라 할 때, $r+\theta$의 값을 구하시오.

01 다음 각 중에서 동경의 위치가 다른 하나는?

① $\frac{11}{3}\pi$ ② $-\frac{13}{3}\pi$ ③ $1020°$
④ $-60°$ ⑤ $-660°$

02 다음 〈보기〉에서 옳은 것만을 있는 대로 고른 것은?

보기

ㄱ. $3(\text{라디안})=\frac{540°}{\pi}$
ㄴ. $-874°$는 제2사분면의 각이다.
ㄷ. $\frac{\pi}{4}, \frac{9}{4}\pi, -\frac{15}{4}\pi$를 나타내는 동경은 모두 일치한다.

① ㄱ ② ㄴ ③ ㄱ, ㄴ
④ ㄱ, ㄷ ⑤ ㄴ, ㄷ

03 θ가 제4사분면의 각일 때, 각 2θ를 나타내는 동경과 각 $\frac{\theta}{2}$를 나타내는 동경이 모두 존재할 수 있는 사분면은?

① 제1사분면 ② 제2사분면
③ 제3사분면 ④ 제4사분면
⑤ 존재하지 않는다.

04 3θ는 제1사분면의 각이고 4θ는 제2사분면의 각일 때, θ는 제m사분면의 각 또는 제n사분면의 각이다. 이때 $m+n$의 값을 구하시오. (단, $m\neq n$)

05 50 이하의 자연수 n에 대하여 $\frac{n}{3}\pi$가 제2사분면의 각이 되도록 하는 n의 최댓값을 M, $\frac{n}{5}\pi$가 제4사분면의 각이 되도록 하는 n의 최솟값을 m이라 할 때, $M+m$의 값을 구하시오.

06 각 θ를 나타내는 동경과 각 8θ를 나타내는 동경이 일치할 때, 모든 각 θ의 크기의 합을 구하시오.
(단, $\pi<\theta<2\pi$)

07 각 θ를 나타내는 동경과 각 7θ를 나타내는 동경이 직선 $y=-x$에 대하여 대칭일 때, 모든 $\sin\left(\theta-\frac{7}{16}\pi\right)$의 값의 곱을 구하시오. $\left(\text{단, } \frac{\pi}{2}<\theta<\pi\right)$

08 좌표평면에서 직선 $y=x+1$ 위의 x좌표가 양수인 점 P에 대하여 동경 OP가 나타내는 각의 크기를 θ $(0<\theta<2\pi)$라 하자. 각의 크기 θ를 나타내는 동경과 각의 크기 7θ를 나타내는 동경이 일치할 때, 점 P의 x좌표는? (단, O는 원점이고, x축의 양의 방향을 시초선으로 한다.) [교육청]

① $\frac{\sqrt{3}-1}{2}$ ② $\frac{2\sqrt{3}-1}{4}$ ③ $\frac{\sqrt{3}}{2}$
④ $\frac{2\sqrt{3}+1}{4}$ ⑤ $\frac{\sqrt{3}+1}{2}$

09 $\pi<\theta<\frac{3}{2}\pi$일 때, 두 각 θ와 11θ를 나타내는 두 동경과 원점을 중심으로 하고 반지름의 길이가 1인 원이 만나는 점을 각각 $P(x_1, y_1)$, $Q(x_2, y_2)$라 하자. $x_1+x_2=0$, $y_1=y_2$를 만족시키는 각 θ의 크기의 최댓값을 구하시오. (단, 시초선은 x축의 양의 방향이다.)

10 다음 그림과 같이 반지름의 길이가 4이고 중심각의 크기가 $\frac{\pi}{6}$인 부채꼴 AOB가 있다. 선분 OA 위의 점 P에 대하여 선분 PA를 지름으로 하고 선분 OB에 접하는 반원을 C라 할 때, 부채꼴 AOB의 넓이를 S_1, 반원 C의 넓이를 S_2라 하자. $\frac{2S_1}{S_2}$의 값을 구하시오.

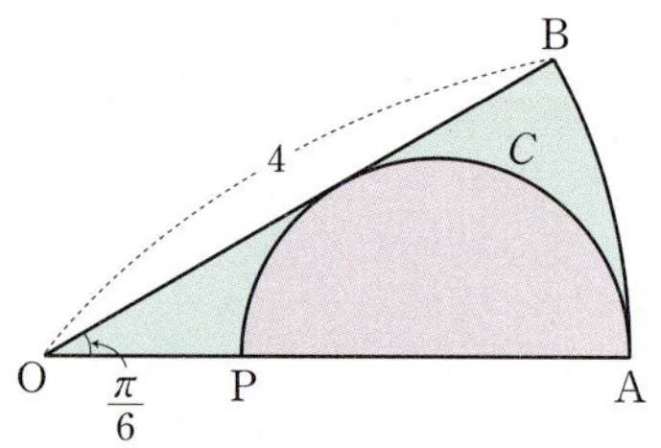

11 다음 그림과 같이 반지름의 길이가 각각 r, $2r$인 사분원과 각 θ를 나타내는 동경 OP에 의하여 나누어진 도형이 있다. 색칠한 두 도형의 넓이를 각각 S_1, S_2라 하자. $S_1:S_2=2:3$일 때, 각 θ의 크기를 구하시오.

$\left(\text{단, O는 원점이고, } 0<\theta<\frac{\pi}{2}\text{이다.}\right)$

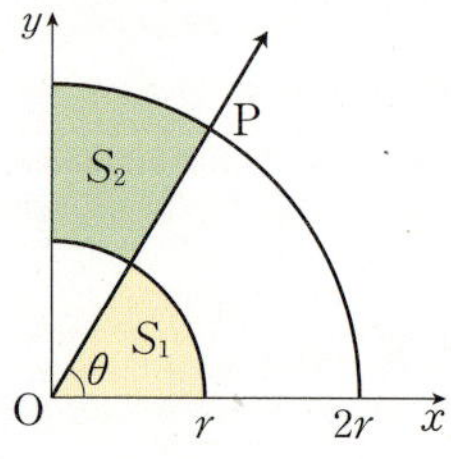

12 넓이가 a^2으로 일정한 부채꼴의 둘레의 길이의 최솟값을 a를 이용하여 나타내시오. (단, $a>0$)

2 삼각함수

개념 07 삼각비

직각삼각형에서 직각이 아닌 한 각의 크기에 따라 정해지는 두 변의 길이의 비를 **삼각비**라고 한다.
$\angle B=90°$인 직각삼각형 ABC에서 $\angle A$에 대한 삼각비는 다음과 같다.

$\sin A=\frac{a}{b}$, $\cos A=\frac{c}{b}$, $\tan A=\frac{a}{c}$ Ⓐ

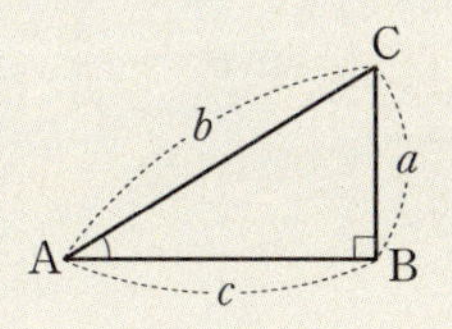

직각삼각형에서 직각이 아닌 각 θ의 크기가 일정하면 직각삼각형의 크기와 관계없이 삼각비의 값, 즉 $\sin\theta$, $\cos\theta$, $\tan\theta$의 값이 항상 일정하다.

설명 오른쪽 그림에서 $\triangle ABC \backsim \triangle AB'C'$ (AA 닮음)이므로

$\sin\theta=\frac{a}{b}=\frac{a'}{b'}$,

$\cos\theta=\frac{c}{b}=\frac{c'}{b'}$,

$\tan\theta=\frac{a}{c}=\frac{a'}{c'}$

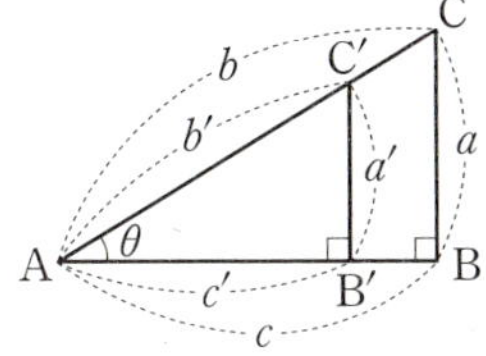

Ⓐ 특수한 각에 대한 삼각비

삼각비 / θ	$\sin\theta$	$\cos\theta$	$\tan\theta$
0	0	1	0
$\frac{\pi}{6}$	$\frac{1}{2}$	$\frac{\sqrt{3}}{2}$	$\frac{\sqrt{3}}{3}$
$\frac{\pi}{4}$	$\frac{\sqrt{2}}{2}$	$\frac{\sqrt{2}}{2}$	1
$\frac{\pi}{3}$	$\frac{\sqrt{3}}{2}$	$\frac{1}{2}$	$\sqrt{3}$
$\frac{\pi}{2}$	1	0	없다.

개념 08 삼각함수

원점 O를 중심으로 하고 반지름의 길이가 r인 원 위의 점 $\mathrm{P}(x, y)$에 대하여 동경 OP가 나타내는 일반각 중 하나의 크기를 θ라 하면

$\sin\theta=\frac{y}{r}$, $\cos\theta=\frac{x}{r}$, $\tan\theta=\frac{y}{x}$ $(x\neq0)$

이 함수를 차례대로 θ의 **사인함수**, **코사인함수**, **탄젠트함수**라 하고, 이와 같은 함수를 통틀어 θ에 대한 **삼각함수**라고 한다.

참고 sin, cos, tan는 각각 sine, cosine, tangent의 약자이다.

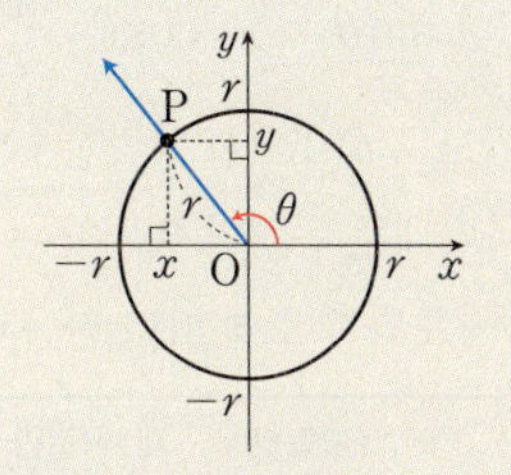

오른쪽 그림과 같이 원점 O를 중심으로 하고 반지름의 길이가 r인 원 O 위의 점 $\mathrm{P}(x, y)$에 대하여 동경 OP가 나타내는 일반각 중 하나의 크기를 θ라 하면

$\frac{y}{r}$, $\frac{x}{r}$, $\frac{y}{x}$ $(x\neq0)$

의 값은 r의 값에 관계없이 θ의 값에 따라 각각 하나씩 결정되므로 실수 θ와 위의 비의 값 사이의 대응 관계

$\theta \longrightarrow \frac{y}{r}$, $\theta \longrightarrow \frac{x}{r}$, $\theta \longrightarrow \frac{y}{x}$ $(x\neq0)$

는 모두 θ에 대한 함수이다.

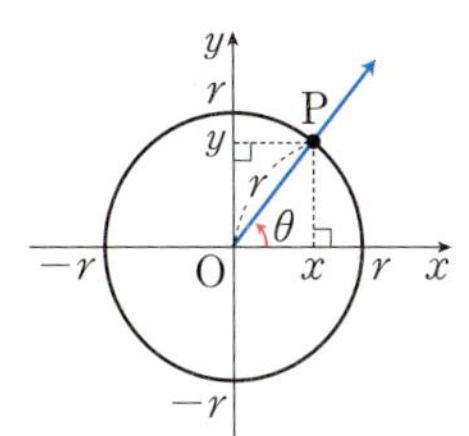

이 함수를 차례대로 θ의 **사인함수**, **코사인함수**, **탄젠트함수**라 하며 이것을 기호로 각각 $\sin\theta$, $\cos\theta$, $\tan\theta$와 같이 나타낸다. 즉, $\sin\theta=\frac{y}{r}$, $\cos\theta=\frac{x}{r}$, $\tan\theta=\frac{y}{x}$ $(x\neq0)$이다.

예 오른쪽 그림과 같이 원점 O와 점 P(3, −4)를 지나는 동경 OP가 나타내는 각의 크기를 θ라 하면

$\overline{\mathrm{OP}}=\sqrt{3^2+(-4)^2}=5$

$\therefore \sin\theta=-\frac{4}{5}$, $\cos\theta=\frac{3}{5}$, $\tan\theta=-\frac{4}{3}$

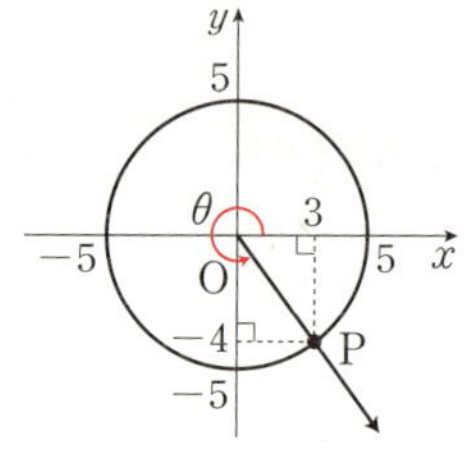

삼각함수의 값의 부호

각 θ에 대한 삼각함수의 값의 부호는 각 θ를 나타내는 동경이 위치한 사분면에 따라 다음과 같이 정해진다.

(1) $\sin\theta$의 값의 부호

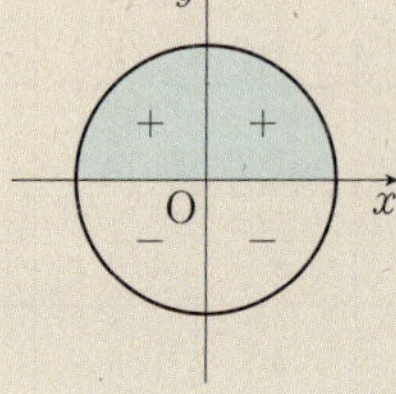

(2) $\cos\theta$의 값의 부호

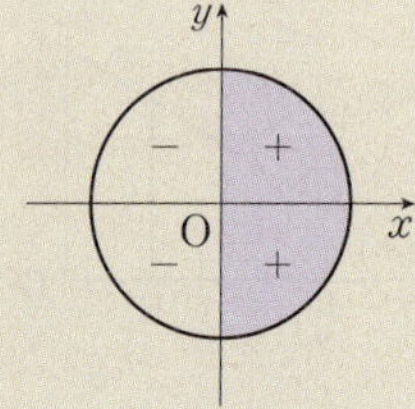

(3) $\tan\theta$의 값의 부호

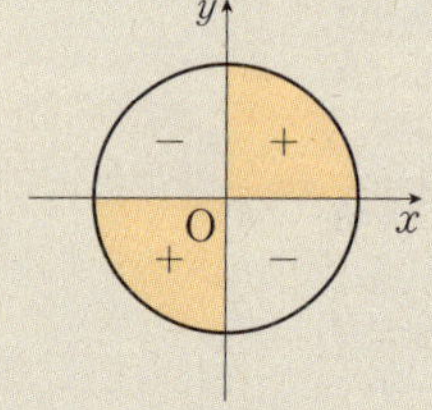

일반각 θ를 나타내는 동경과 반지름의 길이가 r인 원 O의 교점 $\mathrm{P}(x, y)$에 대하여

$$\sin\theta=\frac{y}{r},\ \cos\theta=\frac{x}{r},\ \tan\theta=\frac{y}{x}$$

이므로 θ에 대한 삼각함수의 값의 부호는 각 θ를 나타내는 동경이 위치하는 사분면의 x좌표와 y좌표의 부호에 따라 다음과 같이 결정된다. Ⓐ

사분면 / 삼각함수	제1사분면 $(x>0,\ y>0)$	제2사분면 $(x<0,\ y>0)$	제3사분면 $(x<0,\ y<0)$	제4사분면 $(x>0,\ y<0)$
$\sin\theta$	+	+	−	−
$\cos\theta$	+	−	−	+
$\tan\theta$	+	−	+	−
	↑ 모두 양수	↑ $\sin\theta$만 양수	↑ $\tan\theta$만 양수	↑ $\cos\theta$만 양수

예 (1) 140°는 제2사분면의 각이므로

$\sin140°>0$, $\cos140°<0$, $\tan140°<0$

(2) $\frac{5}{3}\pi$는 제4사분면의 각이므로

$\sin\frac{5}{3}\pi<0$, $\cos\frac{5}{3}\pi>0$, $\tan\frac{5}{3}\pi<0$

Ⓐ 각 사분면에서의 삼각함수의 값의 부호

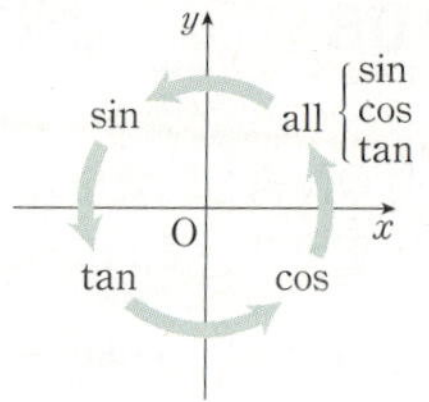

각 사분면에서 삼각함수의 값의 부호가 양수인 것만을 좌표평면 위에 나타내면 위의 그림과 같다. 이것을 '얼(all)-싸(sin)-안(tan)-코(cos)'로 기억하면 편리하다.

개념 10 삼각함수 사이의 관계

(1) $\tan\theta=\dfrac{\sin\theta}{\cos\theta}$ (2) $\sin^2\theta+\cos^2\theta=1$ Ⓑ

오른쪽 그림과 같이 각 θ를 나타내는 동경과 단위원Ⓒ의 교점을 $\mathrm{P}(x,\ y)$라 하면

$x=\cos\theta,\ y=\sin\theta$ ……㉠ Ⓓ

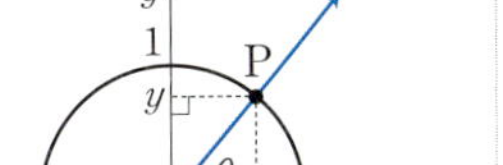

(1) $\tan\theta=\dfrac{y}{x}\ (x\neq0)$이므로

이 식에 ㉠을 대입하면

$$\tan\theta=\frac{\sin\theta}{\cos\theta}$$

(2) 점 $\mathrm{P}(x,\ y)$가 단위원 위의 점이므로

$x^2+y^2=1$

이 식에 ㉠을 대입하면

$$\sin^2\theta+\cos^2\theta=1$$

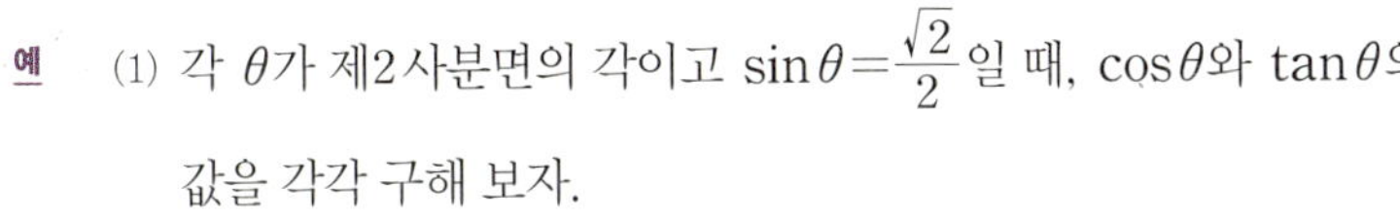

예 (1) 각 θ가 제2사분면의 각이고 $\sin\theta=\dfrac{\sqrt{2}}{2}$일 때, $\cos\theta$와 $\tan\theta$의 값을 각각 구해 보자.

$\sin^2\theta+\cos^2\theta=1$이므로

$\cos^2\theta=1-\sin^2\theta=1-\left(\dfrac{\sqrt{2}}{2}\right)^2=\left(\dfrac{\sqrt{2}}{2}\right)^2$

그런데 각 θ가 제2사분면의 각이므로 $\cos\theta<0$

$\therefore\ \cos\theta=-\dfrac{\sqrt{2}}{2}$

한편, $\tan\theta=\dfrac{\sin\theta}{\cos\theta}$이므로

$$\tan\theta=\frac{\frac{\sqrt{2}}{2}}{-\frac{\sqrt{2}}{2}}=-1$$

(2) $\sin\theta+\cos\theta=\dfrac{1}{2}$일 때, $\sin\theta\cos\theta$의 값을 구해 보자.

$\sin\theta+\cos\theta=\dfrac{1}{2}$의 양변을 제곱하면

$\sin^2\theta+2\sin\theta\cos\theta+\cos^2\theta=\dfrac{1}{4}$

이때 $\sin^2\theta+\cos^2\theta=1$이므로

$1+2\sin\theta\cos\theta=\dfrac{1}{4},\ 2\sin\theta\cos\theta=-\dfrac{3}{4}$

$\therefore\ \sin\theta\cos\theta=-\dfrac{3}{8}$

Ⓑ 삼각함수의 제곱 나타내기

$(\sin\theta)^2=\sin^2\theta\neq\sin\theta^2$
$(\cos\theta)^2=\cos^2\theta\neq\cos\theta^2$
$(\tan\theta)^2=\tan^2\theta\neq\tan\theta^2$

Ⓒ 단위원

원점을 중심으로 하고 반지름의 길이가 1인 원

Ⓓ 점 P의 좌표를 θ를 이용하여 나타내기

각 θ를 나타내는 동경과 원점을 중심으로 하고 반지름의 길이가 r인 원의 교점 $\mathrm{P}(x,\ y)$에 대하여 $\cos\theta=\dfrac{x}{r},\ \sin\theta=\dfrac{y}{r}$이므로

$x=r\cos\theta,\ y=r\sin\theta$

따라서 $\mathrm{P}(r\cos\theta,\ r\sin\theta)$라 할 수 있다.
특히, $r=1$이면 $\mathrm{P}(\cos\theta,\ \sin\theta)$이다.

기본유형 10 삼각함수의 정의

개념 08

원점 O와 점 P$(-1, -\sqrt{2})$를 지나는 동경 OP가 나타내는 각의 크기를 θ라 할 때, 다음 값을 구하시오.

(1) $\sin\theta$ (2) $\cos\theta$ (3) $\tan\theta$

solution

선분 OP의 길이는

$\overline{OP}=\sqrt{(-1)^2+(-\sqrt{2})^2}=\sqrt{3}$

(1) $\sin\theta=\frac{-\sqrt{2}}{\sqrt{3}}=-\frac{\sqrt{6}}{3}$

(2) $\cos\theta=\frac{-1}{\sqrt{3}}=-\frac{\sqrt{3}}{3}$

(3) $\tan\theta=\frac{-\sqrt{2}}{-1}=\sqrt{2}$

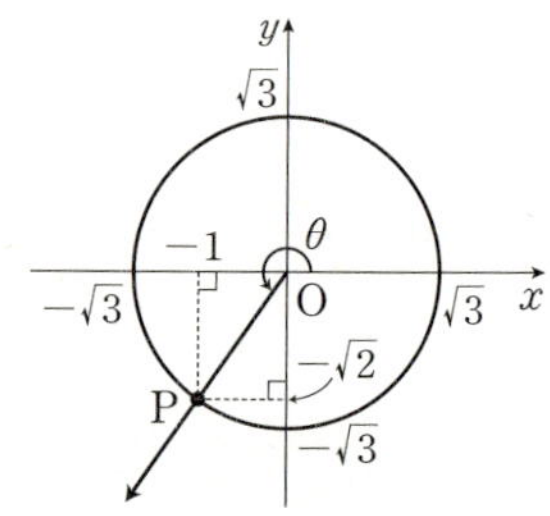

기본유형 11 삼각함수의 값의 부호

개념 09

각 θ의 크기가 다음과 같을 때, $\sin\theta$, $\cos\theta$, $\tan\theta$의 값의 부호를 구하시오.

(1) $250°$ (2) $440°$ (3) $\frac{5}{7}\pi$ (4) $-\frac{\pi}{5}$

solution

(1) $\theta=250°$에서 각 θ는 제3사분면의 각이므로 $\sin\theta<0$, $\cos\theta<0$, $\tan\theta>0$

(2) $\theta=440°=360°\times1+80°$에서 각 θ는 제1사분면의 각이므로 $\sin\theta>0$, $\cos\theta>0$, $\tan\theta>0$

(3) $\theta=\frac{5}{7}\pi$에서 각 θ는 제2사분면의 각이므로 $\sin\theta>0$, $\cos\theta<0$, $\tan\theta<0$

(4) $\theta=-\frac{\pi}{5}=2\pi\times(-1)+\frac{9}{5}\pi$에서 각 θ는 제4사분면의 각이므로 $\sin\theta<0$, $\cos\theta>0$, $\tan\theta<0$

기본 연습

답 p.086

16 원점 O와 점 P$(-6, 8)$을 지나는 동경 OP가 나타내는 각의 크기를 θ라 할 때, 다음 값을 구하시오.

(1) $\sin\theta$ (2) $\cos\theta$ (3) $\tan\theta$

17 각 θ의 크기가 다음과 같을 때, $\sin\theta$, $\cos\theta$, $\tan\theta$의 값의 부호를 구하시오.

(1) $680°$ (2) $-170°$ (3) $\frac{20}{7}\pi$ (4) $\frac{3}{8}\pi$

기본유형 12 삼각함수의 값 구하기

개념 10

제2사분면의 각 θ에 대하여 $\cos\theta=-\frac{4}{7}$일 때, $\tan\theta$의 값을 구하시오.

solution

$\sin^2\theta+\cos^2\theta=1$이므로

$\sin^2\theta+\left(-\frac{4}{7}\right)^2=1 \qquad \therefore \sin^2\theta=\frac{33}{49}$

이때 θ가 제2사분면의 각이므로 $\sin\theta>0 \qquad \therefore \sin\theta=\frac{\sqrt{33}}{7}$

$\therefore \tan\theta=\frac{\sin\theta}{\cos\theta}=\frac{\frac{\sqrt{33}}{7}}{-\frac{4}{7}}=-\frac{\sqrt{33}}{4}$

기본유형 13 삼각함수의 식 간단히 하기

개념 10

다음 식을 간단히 하시오.

(1) $\frac{\sin\theta}{1+\cos\theta}+\frac{1+\cos\theta}{\sin\theta}$

(2) $(1-\sin^2\theta)(1+\tan^2\theta)$

solution

(1) $\frac{\sin\theta}{1+\cos\theta}+\frac{1+\cos\theta}{\sin\theta}=\frac{\sin^2\theta+(1+\cos\theta)^2}{\sin\theta(1+\cos\theta)}=\frac{\sin^2\theta+1+2\cos\theta+\cos^2\theta}{\sin\theta(1+\cos\theta)}$

$=\frac{2+2\cos\theta}{\sin\theta(1+\cos\theta)}$

$=\frac{2(1+\cos\theta)}{\sin\theta(1+\cos\theta)}=\frac{2}{\sin\theta}$

(2) $(1-\sin^2\theta)(1+\tan^2\theta)=\cos^2\theta\times\left(1+\frac{\sin^2\theta}{\cos^2\theta}\right)$

$=\cos^2\theta+\sin^2\theta=1$

기본 연습

18 제3사분면의 각 θ에 대하여 $\tan\theta=\frac{4}{3}$일 때, $\sin\theta$의 값을 구하시오.

19 다음 식을 간단히 하시오.

(1) $\frac{\tan\theta}{1+\cos\theta}+\frac{\tan\theta}{1-\cos\theta}$

(2) $(1+\sin\theta-\cos\theta)(1-\sin\theta+\cos\theta)$

풀 p.086

필수유형 14 삼각함수의 정의 개념 08

$\theta=\frac{2}{3}\pi$일 때, $\frac{\sin\theta+\cos\theta}{\tan\theta}$의 값을 구하시오.

guide

❶ 오른쪽 그림과 같이 일반각 θ를 나타내는 동경과 원의 교점을 $\mathrm{P}(x,\ y)$라 할 때, 다음 삼각함수의 정의를 이용하여 각 삼각함수의 값을 구한다.

$\sin\theta=\frac{y}{r},\ \cos\theta=\frac{x}{r},\ \tan\theta=\frac{y}{x}\ (x\neq0)$

❷ ❶에서 구한 값을 이용하여 주어진 식의 값을 구한다.

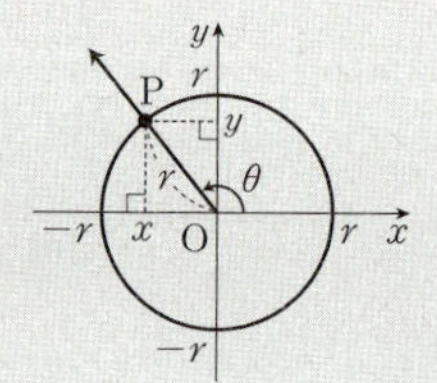

solution

오른쪽 그림과 같이 $\frac{2}{3}\pi$를 나타내는 동경과 단위원의 교점을 P, 점 P에서 x축에 내린 수선의 발을 H라 하면 직각삼각형 OHP에서

$\overline{\mathrm{OP}}=1,\ \angle\mathrm{POH}=\pi-\frac{2}{3}\pi=\frac{\pi}{3}$

$\therefore\ \overline{\mathrm{PH}}=\overline{\mathrm{OP}}\sin\frac{\pi}{3}=\frac{\sqrt{3}}{2},\ \overline{\mathrm{OH}}=\overline{\mathrm{OP}}\cos\frac{\pi}{3}=\frac{1}{2}$

이때 점 P가 제2사분면 위의 점이므로 $\mathrm{P}\left(-\frac{1}{2},\ \frac{\sqrt{3}}{2}\right)$

따라서 $\sin\theta=\frac{\frac{\sqrt{3}}{2}}{1}=\frac{\sqrt{3}}{2},\ \cos\theta=\frac{-\frac{1}{2}}{1}=-\frac{1}{2},\ \tan\theta=\frac{\frac{\sqrt{3}}{2}}{-\frac{1}{2}}=-\sqrt{3}$이므로

$$\frac{\sin\theta+\cos\theta}{\tan\theta}=\frac{\frac{\sqrt{3}}{2}+\left(-\frac{1}{2}\right)}{-\sqrt{3}}=\frac{\sqrt{3}-3}{6}$$

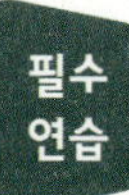

20 $\theta=\frac{11}{6}\pi$일 때, $\frac{(\sin\theta-\cos\theta)(\sin\theta+\cos\theta)}{1+\tan^2\theta}$의 값을 구하시오.

p.087

21 좌표평면에서 직선 $y=-\frac{12}{5}x$ 위의 점 중 x좌표가 양수인 점 P에 대하여 동경 OP가 나타내는 각의 크기를 θ라 할 때, $\frac{\tan\theta}{\sin\theta-\cos\theta}$의 값을 구하시오. (단, O는 원점이다.)

22 그림과 같이 직선 $y=-1$이 두 원 $x^2+y^2=2,\ x^2+y^2=3$과 제3사분면에서 만나는 점을 각각 A, B라 하자. 두 동경 OA, OB가 x축의 양의 방향과 이루는 각의 크기를 각각 $\alpha,\ \beta$라 할 때, $\cos^2\alpha\times\tan^2\beta$의 값을 구하시오. (단, O는 원점이다.)

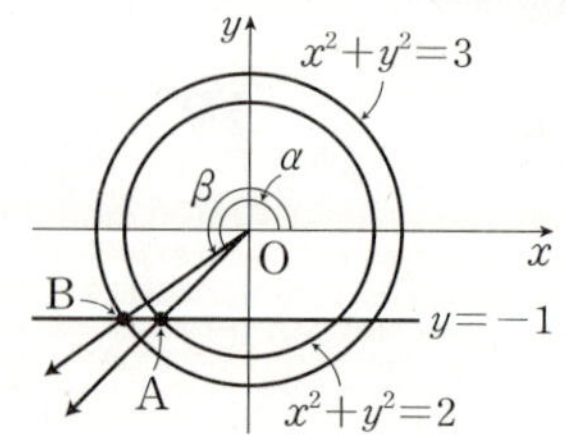

필수유형 15 삼각함수의 값의 부호

개념 09

$\frac{\pi}{2}<\theta<\pi$일 때, $|\cos\theta|+|\sin\theta-\tan\theta|+\cos\theta+\sin\theta+\tan\theta$를 간단히 하시오.

guide

❶ 각 사분면에서의 삼각함수의 값의 부호를 판단한다.
❷ ❶을 이용하여 주어진 식을 간단히 한다.

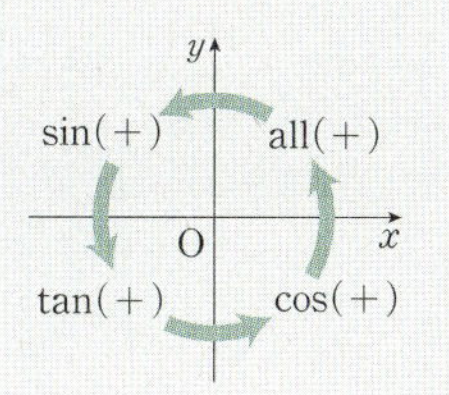

solution

각 θ는 제2사분면의 각이므로

$\sin\theta>0$, $\cos\theta<0$, $\tan\theta<0$

$\therefore |\cos\theta|+|\sin\theta-\tan\theta|+\cos\theta+\sin\theta+\tan\theta$

$=-\cos\theta+\sin\theta-\tan\theta+\cos\theta+\sin\theta+\tan\theta$

$=2\sin\theta$

필수 연습

p.088

23 $\pi<\theta<\frac{3}{2}\pi$일 때, $|\sin\theta+\cos\theta|-\sqrt{\sin^2\theta}+\sqrt{(\tan\theta-\cos\theta)^2}$을 간단히 하시오.

24 $\sqrt{\cos\theta\tan\theta}=-\sqrt{\cos\theta}\sqrt{\tan\theta}$일 때, $|1+\sin\theta|-|\cos\theta-1|+\sqrt{\cos^2\theta}$을 간단히 하시오. (단, $\cos\theta\tan\theta\neq0$)

25 $\sin\theta\tan\theta>0$, $\frac{\tan\theta}{\cos\theta}<0$을 동시에 만족시키는 각 θ에 대하여

$|\sin\theta|-|\tan\theta|+\sqrt{(\cos\theta-\tan\theta)^2}$을 간단히 하시오.

필수유형 **16** 삼각함수의 식의 값 구하기 (1) 개념 10

각 θ가 제2사분면의 각이고 $\sin\theta=\frac{\sqrt{21}}{7}$일 때, $\frac{1}{\cos\theta}+\tan\theta$의 값을 구하시오.

guide

❶ 다음 삼각함수 사이의 관계를 이용하여 $\sin\theta$, $\cos\theta$, $\tan\theta$의 값을 각각 구한다.

(1) $\tan\theta=\frac{\sin\theta}{\cos\theta}$ (2) $\sin^2\theta+\cos^2\theta=1$

❷ ❶에서 구한 값을 이용하여 주어진 식의 값을 구한다.

solution

$\sin^2\theta+\cos^2\theta=1$이므로

$\left(\frac{\sqrt{21}}{7}\right)^2+\cos^2\theta=1 \quad \therefore \cos^2\theta=\frac{28}{49}$

이때 각 θ가 제2사분면의 각이므로 $\cos\theta<0 \quad \therefore \cos\theta=-\frac{2\sqrt{7}}{7}$

즉, $\tan\theta=\frac{\sin\theta}{\cos\theta}=\frac{\frac{\sqrt{21}}{7}}{-\frac{2\sqrt{7}}{7}}=-\frac{\sqrt{3}}{2}$이므로

$\frac{1}{\cos\theta}+\tan\theta=-\frac{7}{2\sqrt{7}}+\left(-\frac{\sqrt{3}}{2}\right)=-\frac{\sqrt{7}}{2}-\frac{\sqrt{3}}{2}=-\frac{\sqrt{7}+\sqrt{3}}{2}$

필수 연습

pp.088~089

26 각 θ가 제4사분면의 각이고 $\cos\theta=\frac{8}{17}$일 때, $\frac{1}{\sin\theta}-\frac{1}{\tan\theta}$의 값을 구하시오.

27 각 θ가 제3사분면의 각이고 $\sin\theta+4\cos\theta+4=0$일 때, $\sin\theta+\cos\theta$의 값을 구하시오.

28 $\frac{\pi}{2}<\theta<\pi$인 θ에 대하여 $\frac{\sin\theta}{1-\sin\theta}-\frac{\sin\theta}{1+\sin\theta}=4$일 때, $\cos\theta$의 값을 구하시오. [평가원]

필수유형 17 삼각함수의 식의 값 구하기(2) 개념 10

다음 물음에 답하시오.

(1) $\sin\theta\cos\theta=-\frac{12}{25}$일 때, $\sin\theta-\cos\theta$의 값을 구하시오. $\left(\text{단, } \frac{\pi}{2}<\theta<\pi\right)$

(2) $\sin\theta+\cos\theta=\frac{\sqrt{6}}{2}$일 때, $\sin^3\theta+\cos^3\theta$의 값을 구하시오.

guide

❶ $(\sin\theta\pm\cos\theta)^2=1\pm2\sin\theta\cos\theta$ (복부호 동순)임을 이용하여 $\sin\theta+\cos\theta$, $\sin\theta\cos\theta$의 값을 각각 구한다.
❷ 곱셈공식의 변형을 이용하여 주어진 식을 $\sin\theta+\cos\theta$, $\sin\theta\cos\theta$에 대한 식으로 나타낸다.
❸ 삼각함수의 값의 부호에 유의하여 식의 값을 구한다.

solution

(1) $(\sin\theta-\cos\theta)^2=\sin^2\theta-2\sin\theta\cos\theta+\cos^2\theta=1-2\times\left(-\frac{12}{25}\right)=\frac{49}{25}$ ……㉠

이때 $\frac{\pi}{2}<\theta<\pi$이므로 $\sin\theta>0$, $\cos\theta<0$

즉, $\sin\theta-\cos\theta>0$이므로 ㉠에서 $\sin\theta-\cos\theta=\frac{7}{5}$

(2) $\sin\theta+\cos\theta=\frac{\sqrt{6}}{2}$의 양변을 제곱하면 $\sin^2\theta+2\sin\theta\cos\theta+\cos^2\theta=\frac{3}{2}$

$\sin^2\theta+\cos^2\theta=1$이므로 $1+2\sin\theta\cos\theta=\frac{3}{2}$ $\quad\therefore \sin\theta\cos\theta=\frac{1}{4}$

$\therefore \sin^3\theta+\cos^3\theta=(\sin\theta+\cos\theta)^3-3\sin\theta\cos\theta(\sin\theta+\cos\theta)$

$=\left(\frac{\sqrt{6}}{2}\right)^3-3\times\frac{1}{4}\times\frac{\sqrt{6}}{2}=\frac{3\sqrt{6}}{8}$

필수 연습

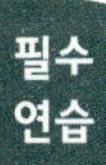

pp.089~090

29 다음 물음에 답하시오.

(1) $\sin\theta\cos\theta=\frac{7}{18}$일 때, $30(\sin\theta+\cos\theta)$의 값을 구하시오. $\left(\text{단, } 0<\theta<\frac{\pi}{2}\right)$

(2) $\sin\theta-\cos\theta=\frac{2}{3}$일 때, $\sin^3\theta-\cos^3\theta$의 값을 구하시오.

30 $\sin\theta+\cos\theta=-\frac{1}{3}$일 때, $\frac{1-\sin^2\theta}{\sin\theta}+\frac{1-\cos^2\theta}{\cos\theta}$의 값을 구하시오.

31 이차방정식 $3x^2-\sqrt{15}x+1=0$의 두 근이 $\sin\theta$, $\cos\theta$일 때, $\tan\theta$, $\frac{1}{\tan\theta}$을 두 근으로 하고 x^2의 계수가 1인 이차방정식을 구하시오.

13 오른쪽 그림과 같이 단위원 위의 점 A가 제1사분면에 있을 때, 동경 OA가 나타내는 각의 크기를 θ라 하자. 점 A에서 x축에 내린 수선의 발을 B, 점 B에서 선분 OA에 내린 수선의 발을 C, 점 C에서 다시 x축에 내린 수선의 발을 D라 할 때, $\dfrac{\overline{\mathrm{OD}}}{\overline{\mathrm{OB}}}$를 θ에 대한 식으로 나타내시오. (단, O는 원점이다.)

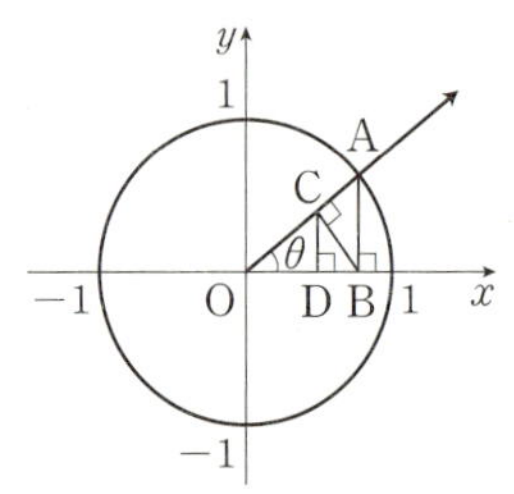

14 원점 O와 점 $\mathrm{P}(a,\ 2\sqrt{a+1})$에 대하여 동경 OP가 나타내는 각의 크기를 θ라 하자. $\sin\theta=\dfrac{\sqrt{7}}{4}$일 때, 상수 a의 값을 구하시오. (단, $a>0$)

15 $\dfrac{\sqrt{\sin\theta}}{\sqrt{\cos\theta}}=-\sqrt{\tan\theta}$를 만족시키는 각 θ에 대하여 $|\tan\theta-\sin\theta|+\sqrt{\cos^2\theta}-\sqrt{(\cos\theta-\sin\theta)^2}$을 간단히 한 것은? (단, $\sin\theta\cos\theta\neq0$)

① $2\sin\theta-2\cos\theta$　② $2\sin\theta-\tan\theta$
③ $2\cos\theta-2\sin\theta$　④ $\tan\theta-2\sin\theta$
⑤ $-\tan\theta$

16 $\dfrac{\pi}{2}<\theta<\pi$에 대하여 $\tan\theta=-\dfrac{5}{12}$일 때, $\dfrac{\sin\theta}{\cos\theta(4\tan\theta+1)}$의 값을 구하시오.

17 다음 〈보기〉에서 항상 옳은 것만을 있는 대로 고른 것은?

보기

ㄱ. $\dfrac{\tan\theta}{\cos\theta}+\dfrac{1}{\cos^2\theta}=\dfrac{1}{1+\sin\theta}$

ㄴ. $\dfrac{\cos^2\theta-\sin^2\theta}{1-2\sin\theta\cos\theta}=\dfrac{\cos\theta-\sin\theta}{\cos\theta+\sin\theta}$

ㄷ. $\dfrac{\sin^4\theta+\cos^4\theta+\sin^2\theta\cos^2\theta}{1-\sin\theta\cos\theta}=1+\sin\theta\cos\theta$

① ㄱ　② ㄷ　③ ㄱ, ㄴ
④ ㄴ, ㄷ　⑤ ㄱ, ㄴ, ㄷ

18 $\cos\theta>0$이고 $\sin\theta+\cos\theta\tan\theta=-1$일 때, $\tan\theta$의 값을 구하시오.

19 $\dfrac{\sin\theta+\cos\theta}{\sin\theta-\cos\theta}=\sqrt{3}$일 때, $\tan\theta$의 값을 구하시오.

20 각 θ는 제4사분면의 각이고 $\sin\theta+\cos\theta=\dfrac{1}{2}$일 때, $\sin^4\theta-\cos^4\theta$의 값을 구하시오.

21 $\sin\theta+\cos\theta=-\dfrac{1}{3}$일 때,
$\dfrac{1}{\cos\theta}\left(\tan\theta+\dfrac{1}{\tan^2\theta}\right)$의 값을 구하시오.

22 이차방정식 $2x^2+2ax+1=0$의 두 근이 $\sin\theta$, $\cos\theta$일 때, 상수 a의 값을 구하시오. $\left(단,\ 0<\theta<\dfrac{\pi}{2}\right)$

23 $\sin\theta+\cos\theta=-1$을 만족시키는 실수 θ에 대하여 함수 $f(n)$을

$$f(n)=\sin^n\theta+\cos^n\theta\ (n=1,\ 2,\ 3,\ \cdots)$$

로 정의할 때, $f(1)+f(2)+f(3)+\cdots+f(2099)$의 값을 구하시오.

24 $\sin\theta\cos\theta=\dfrac{25}{72}$일 때, 함수 $f(x)=x^2$의 그래프 위의 서로 다른 두 점 $\mathrm{A}(\cos\theta,\ f(\cos\theta))$, $\mathrm{B}(\sin\theta,\ f(\sin\theta))$에 대하여 직선 AB의 기울기를 구하시오. $\left(단,\ 0<\theta<\dfrac{\pi}{2}\right)$

1 두 각 α, β가 다음 조건을 만족시킨다.

(가) $|\alpha-\beta|=\frac{\pi}{6}$
(나) 각 α를 나타내는 동경과 각 β를 나타내는 동경이 직선 $y=-x$에 대하여 대칭이다.

$\frac{\alpha}{\beta}$의 최댓값을 M, 최솟값을 m이라 할 때, $M+m$의 값을 구하시오. (단, $0<\alpha<2\pi$, $0<\beta<2\pi$)

2 다음 그림은 반지름의 길이가 5이고 중심각의 크기가 θ인 부채꼴 4개와 반지름의 길이가 3인 부채꼴 4개를 빈틈없이 붙인 도형이다. 이 도형의 바깥쪽 둘레(굵은 실선 부분)의 길이가 $6\pi+20$일 때, 각 θ의 크기를 구하시오.

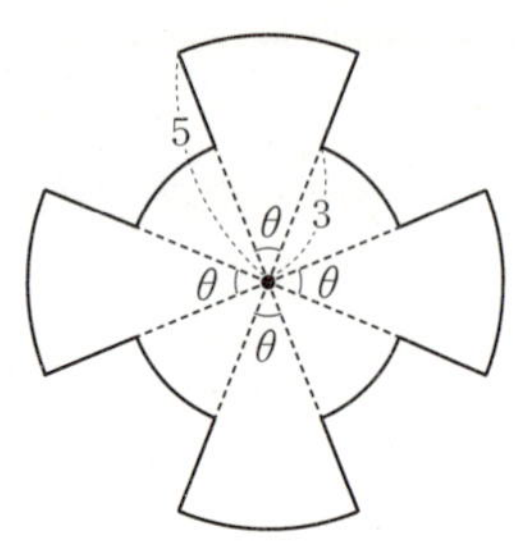

1등급

3 두 부채꼴 A, B의 중심각의 크기는 각각 $\frac{3}{4}\pi$, $\frac{\pi}{4}$이고 두 부채꼴 A, B의 호의 길이의 합은 4π이다.
두 부채꼴 A, B의 넓이의 합이 최소일 때, 두 부채꼴 A, B의 반지름의 길이의 합을 구하시오.

4 $0<x<1$에서 함수 f가 $f\left(\sqrt{\frac{1-x}{x}}\right)=x$일 때, $f(\tan\theta)$를 간단히 하시오. $\left(\text{단, } 0<\theta<\frac{\pi}{2}\right)$

5 x에 대한 이차방정식 $5x^2-8x+k=0$의 두 근이 $\sin\theta+\cos\theta$, $\sin\theta-\cos\theta$일 때, 상수 k의 값을 구하시오.

신유형

6 $\begin{cases} x=3\cos\theta-1 \\ y=3\sin\theta+2 \end{cases}$ 인 점 $\mathrm{P}(x, y)$가 나타내는 도형의 길이를 구하시오. $\left(\text{단, } 0<\theta<\frac{\pi}{3}\right)$

III

삼각함수

05 삼각함수의 정의

06 삼각함수의 그래프

07 삼각함수의 활용

1. 삼각함수의 그래프

개념 01 주기함수

개념 02 함수 $y=\sin x$의 그래프와 성질

개념 03 함수 $y=\cos x$의 그래프와 성질

개념 04 함수 $y=\tan x$의 그래프와 성질

개념 05 삼각함수의 최댓값, 최솟값, 주기

2. 삼각함수의 성질

개념 06 일반각에 대한 삼각함수의 성질

개념 07 삼각함수표

개념 08 삼각함수를 포함한 식의 최대, 최소

3. 삼각방정식과 삼각부등식

개념 09 삼각방정식

개념 10 삼각부등식

BLACKLABEL

1 삼각함수의 그래프

개념 01 주기함수

함수 $f(x)$의 정의역에 속하는 모든 실수 x에 대하여

$f(x+p)=f(x)$

를 만족시키는 0이 아닌 상수 p가 존재할 때, 함수 $f(x)$를 **주기함수**라고 하고, 이러한 상수 p 중에서 최소인 양수를 그 함수의 **주기**라고 한다.

함숫값이 일정한 간격으로 반복되어 나타나는 함수

참고 $f(x+2p)=f(x)$, 즉 주기가 $2p$인 함수 $f(x)$를 $f(x-p)=f(x+p)$와 같이 나타내기도 한다.

$f(x+2p)=f(x)$에서 $x=t-p$로 치환

오른쪽 그림과 같은 함수 $y=f(x)$의 그래프에서 함수 $f(x)$는 모든 실수 x에 대하여

$f(x+p)=f(x)$

를 만족시키므로 주기가 p인 주기함수이고, 모든 정수 n에 대하여

$f(x)=f(x+p)=f(x+2p)=f(x+3p)=\cdots \Rightarrow f(x+np)=f(x)$

를 만족시킨다.

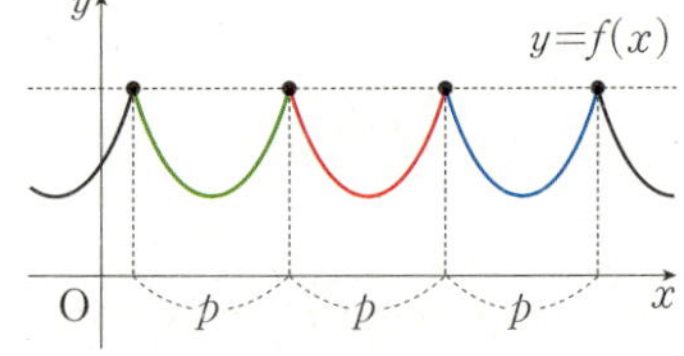

참고 모든 실수 x에 대하여 함수 f가 $f(x+a)=f(x+b)$ $(a\neq b)$이면 주기는 $\frac{|b-a|}{n}$ (n은 자연수) 꼴이다.

개념 02 함수 $y=\sin x$의 그래프와 성질

(1) 정의역은 실수 전체의 집합이고, 치역은 $\{y|-1\leq y\leq 1\}$이다.

(2) 그래프는 원점에 대하여 대칭이므로

$\sin(-x)=-\sin x$

(3) 주기가 2π인 주기함수이므로

$\sin(x+2n\pi)=\sin x$ (단, n은 정수)

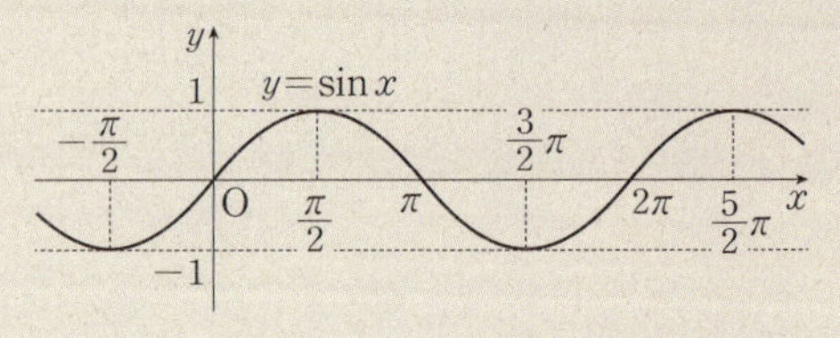

오른쪽 그림과 같이 각 θ를 나타내는 동경과 단위원의 교점을 $\mathrm{P}(x, y)$라 하면

$\sin\theta=\frac{y}{1}=y$

이므로 $\sin\theta$의 값은 점 P의 y좌표로 정해진다. 즉, 점 P가 단위원 위를 움직일 때, θ의 값에 따른 $\sin\theta$의 값의 변화는 점 P의 y좌표의 변화와 같다.

따라서 사인함수 $y=\sin\theta$의 그래프는 다음과 같이 그릴 수 있다.

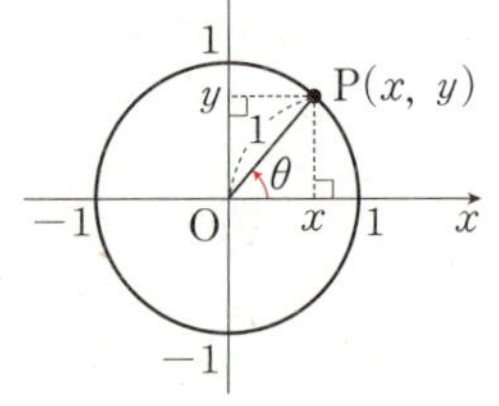

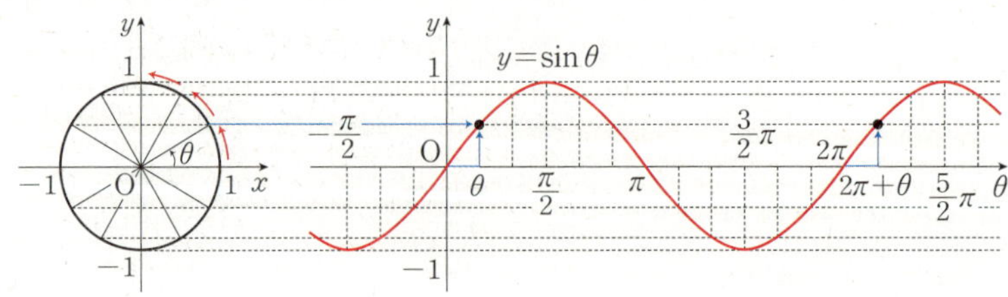

사인함수 $y=\sin\theta$의 그래프로부터 다음과 같은 사인함수의 성질을 알 수 있다.

(1) 사인함수 $y=\sin\theta$의 정의역은 실수 전체의 집합이고, 치역은 $\{y\mid -1\le y\le 1\}$이다.

(2) 사인함수 $y=\sin\theta$의 그래프가 원점에 대하여 대칭이므로 $\sin(-\theta)=-\sin\theta$가 성립한다.

(3) 사인함수 $y=\sin\theta$의 주기가 2π이므로 $\sin(2n\pi+\theta)=\sin\theta$ (n은 정수)가 성립한다.

일반적으로 함수의 정의역의 원소는 x로 나타내므로 $y=\sin\theta$에서 θ를 x로 바꾸어 $y=\sin x$로 쓰기로 한다.

예 (1) $\sin\left(-\frac{\pi}{4}\right)=-\sin\frac{\pi}{4}=-\frac{\sqrt{2}}{2}$ (2) $\sin\frac{7}{3}\pi=\sin\left(2\pi+\frac{\pi}{3}\right)=\sin\frac{\pi}{3}=\frac{\sqrt{3}}{2}$

개념 03 함수 $y=\cos x$의 그래프와 성질

(1) 정의역은 실수 전체의 집합이고, 치역은 $\{y\mid -1\le y\le 1\}$이다.

(2) 그래프는 y축에 대하여 대칭이므로

$\cos(-x)=\cos x$

(3) 주기가 2π인 주기함수이므로

$\cos(x+2n\pi)=\cos x$ (단, n은 정수)

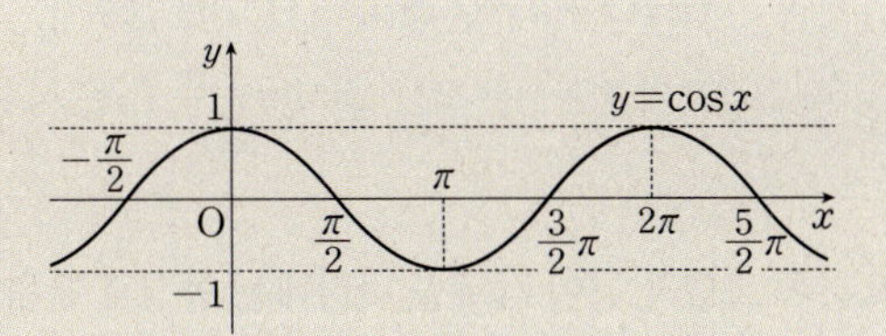

1. 코사인함수의 그래프의 성질

오른쪽 그림과 같이 각 θ를 나타내는 동경과 단위원의 교점을 $\mathrm{P}(x, y)$라 하면

$$\cos\theta=\frac{x}{1}=x$$

이므로 $\cos\theta$의 값은 점 P의 x좌표로 정해진다. 즉, 점 P가 단위원 위를 움직일 때, θ의 값에 따른 $\cos\theta$의 값의 변화는 점 P의 x좌표의 변화와 같다.

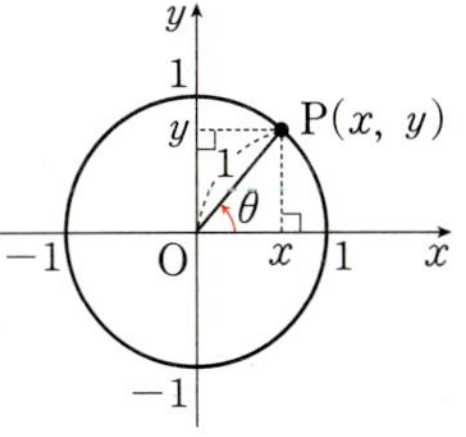

따라서 코사인함수 $y=\cos\theta$의 그래프는 다음과 같이 그릴 수 있다.

코사인함수 $y=\cos\theta$의 그래프로부터 다음과 같은 코사인함수의 성질을 알 수 있다.

(1) 코사인함수 $y=\cos\theta$의 정의역은 실수 전체의 집합이고, 치역은 $\{y\mid -1\le y\le 1\}$이다.

(2) 코사인함수 $y=\cos\theta$의 그래프가 y축에 대하여 대칭이므로 $\cos(-\theta)=\cos\theta$가 성립한다.

(3) 코사인함수 $y=\cos\theta$의 주기가 2π이므로 $\cos(2n\pi+\theta)=\cos\theta$ (n은 정수)가 성립한다.

사인함수와 마찬가지로 $y=\cos\theta$에서 θ를 x로 바꾸어 $y=\cos x$로 쓰기로 한다.

예 (1) $\cos\left(-\frac{\pi}{4}\right)=\cos\frac{\pi}{4}=\frac{\sqrt{2}}{2}$ (2) $\cos\frac{7}{3}\pi=\cos\left(2\pi+\frac{\pi}{3}\right)=\cos\frac{\pi}{3}=\frac{1}{2}$

2. 코사인함수와 사인함수의 그래프

코사인함수 $y=\cos x$의 그래프는 사인함수 $y=\sin x$의 그래프를 x축의 방향으로 $-\frac{\pi}{2}$만큼 평행이동한 것과 같다. 즉,

$$\sin\left(x+\frac{\pi}{2}\right)=\cos x$$

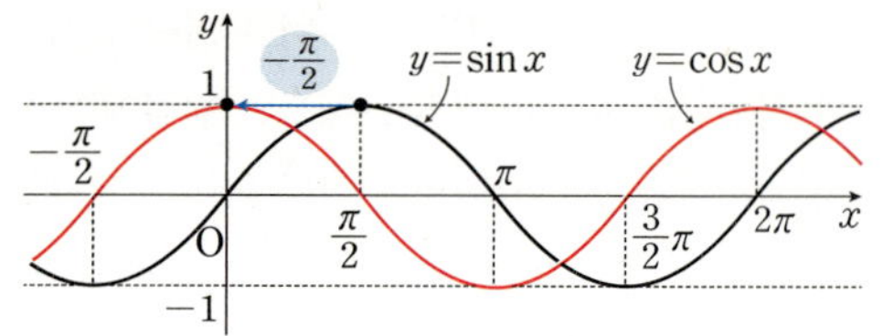

개념 04 함수 $y=\tan x$의 그래프와 성질

(1) 정의역은 $n\pi+\frac{\pi}{2}$ (n은 정수)를 제외한 실수 전체의 집합이고, 치역은 실수 전체의 집합이다.

(2) 그래프는 원점에 대하여 대칭이므로
$\tan(-x)=-\tan x$

(3) 주기가 π인 주기함수이므로
$\tan(x+n\pi)=\tan x$ (단, n은 정수)

(4) 그래프의 점근선은 직선 $x=n\pi+\frac{\pi}{2}$ (n은 정수)이다.

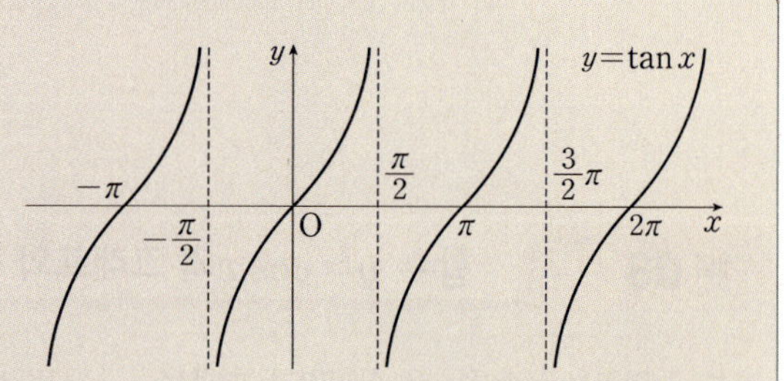

오른쪽 그림과 같이 각 θ를 나타내는 동경과 단위원의 교점을 $\mathrm{P}(x, y)$라 하자.

$\theta\neq n\pi+\frac{\pi}{2}$ (n은 정수)일 때, 단위원 위의 점 $\mathrm{A}(1, 0)$에서의 접선 l과 동경 OP의 교점을 $\mathrm{T}(1, t)$라 하면

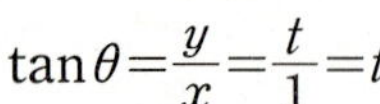
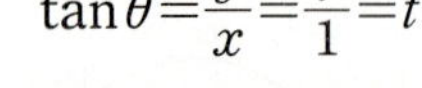

$$\tan\theta=\frac{y}{x}=\frac{t}{1}=t$$

이므로 $\tan\theta$의 값은 점 T의 y좌표로 정해진다.

$\theta=n\pi+\frac{\pi}{2}$ (n은 정수)일 때, 동경 OP는 y축 위에 있으므로 점 P의 x좌표가 0이고 $\tan\theta$의 값은 정의되지 않는다.

따라서 탄젠트함수 $y=\tan\theta$의 그래프는 다음과 같이 그릴 수 있다.

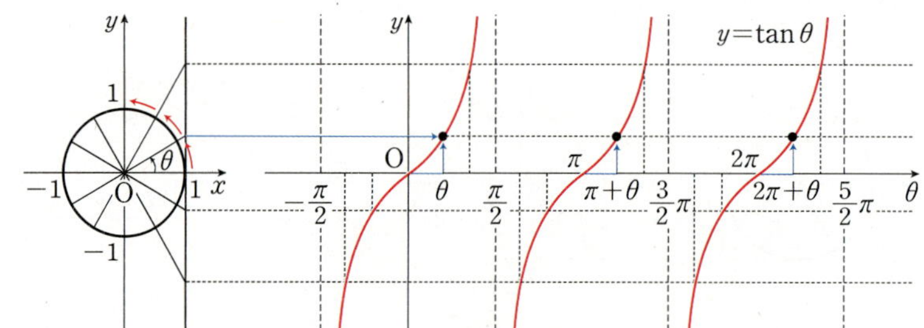

탄젠트함수 $y=\tan\theta$의 그래프로부터 다음과 같은 탄젠트함수의 성질을 알 수 있다.

(1) 탄젠트함수 $y=\tan\theta$의 정의역은 $n\pi+\frac{\pi}{2}$ (n은 정수)를 제외한 실수 전체의 집합이고, 치역은 실수 전체의 집합이다.

(2) 탄젠트함수 $y=\tan\theta$의 그래프가 원점에 대하여 대칭이므로 $\tan(-\theta)=-\tan\theta$가 성립한다.

(3) 탄젠트함수 $y=\tan\theta$의 주기가 π이므로 $\tan(n\pi+\theta)=\tan\theta$ (n은 정수)가 성립한다.

(4) 직선 $\theta=n\pi+\frac{\pi}{2}$ (n은 정수)는 $y=\tan\theta$의 그래프의 점근선이다.

사인함수, 코사인함수와 마찬가지로 $y=\tan\theta$에서 θ를 x로 바꾸어 $y=\tan x$로 쓰기로 한다.

예 (1) $\tan\left(-\frac{\pi}{4}\right)=-\tan\frac{\pi}{4}=-1$ (2) $\tan\frac{7}{3}\pi=\tan\left(2\pi+\frac{\pi}{3}\right)=\tan\frac{\pi}{3}=\sqrt{3}$

개념 05 삼각함수의 최댓값, 최솟값, 주기

사인함수, 코사인함수, 탄젠트함수의 치역과 최댓값, 최솟값, 주기는 다음과 같다.

삼각함수	치역	최댓값	최솟값	주기
$y=a\sin(bx+c)+d$	$\{y\mid -\lvert a\rvert+d\le y\le \lvert a\rvert+d\}$	$\lvert a\rvert+d$	$-\lvert a\rvert+d$	$\frac{2\pi}{\lvert b\rvert}$
$y=a\cos(bx+c)+d$	$\{y\mid -\lvert a\rvert+d\le y\le \lvert a\rvert+d\}$	$\lvert a\rvert+d$	$-\lvert a\rvert+d$	$\frac{2\pi}{\lvert b\rvert}$
$y=a\tan(bx+c)+d$	실수 전체의 집합	없다.	없다.	$\frac{\pi}{\lvert b\rvert}$

1. 함수 $y=a\sin bx$, $y=a\cos bx$, $y=a\tan bx$의 최댓값, 최솟값, 주기

함수 $y=a\sin bx$, $y=a\cos bx$, $y=a\tan bx$ $(a>0,\ b>0)$의 그래프는 각각 $y=\sin x$, $y=\cos x$, $y=\tan x$의 그래프를

y축의 방향으로 a배, x축의 방향으로 $\frac{1}{b}$배 A

한 것이다. a, b의 값에 따른 삼각함수의 그래프를 각각 그려 보면 다음 그림과 같다.

(1) $y=a\sin x$의 그래프

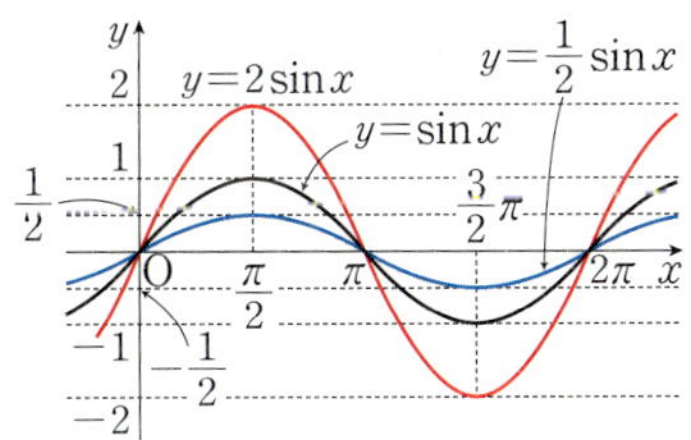

(2) $y=\sin bx$의 그래프

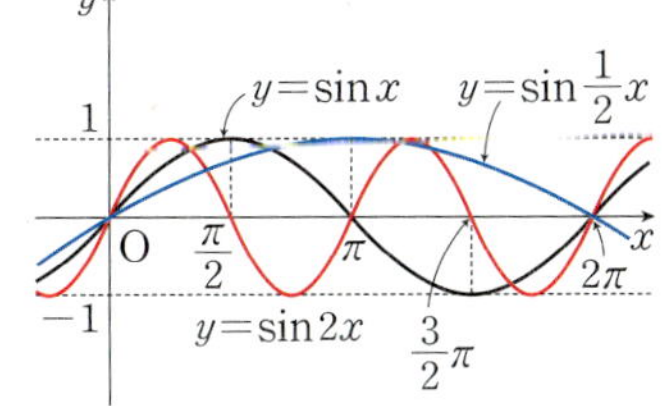

(3) $y=a\cos x$의 그래프 B

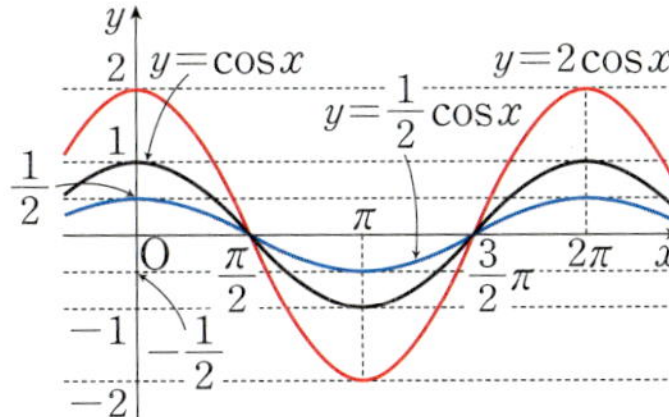

(4) $y=\cos bx$의 그래프 B

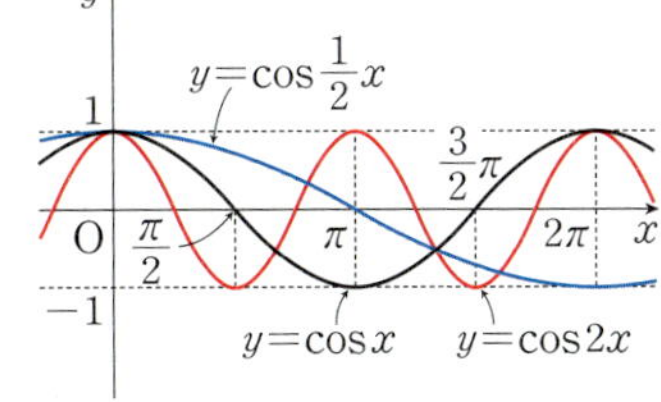

(5) $y=a\tan x$의 그래프

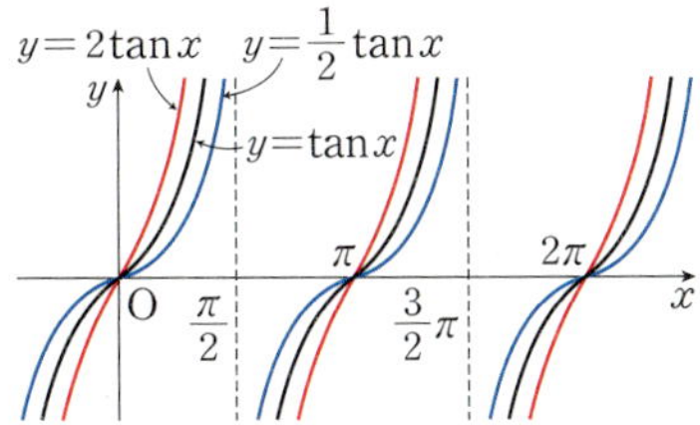

(6) $y=\tan bx$의 그래프

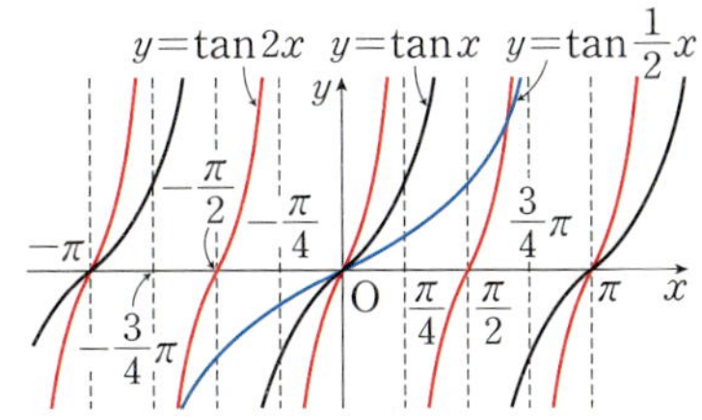

A $a<0$ 또는 $b<0$인 경우

(1) $a<0$이면 삼각함수의 그래프를 x축에 대하여 대칭이동한 후, y축의 방향으로 $-a$배 한 것이다.

(2) $b<0$이면 삼각함수의 그래프를 y축에 대하여 대칭이동한 후, x축의 방향으로 $-\frac{1}{b}$배 한 것이다.

B (1) $y=a\cos x$의 그래프

$y=a\sin x$의 그래프를 x축의 방향으로 $-\frac{\pi}{2}$만큼 평행이동한 것과 같다.

(2) $y=\cos bx$의 그래프

$y=\sin bx$의 그래프를 x축의 방향으로 $-\frac{\pi}{2b}$만큼 평행이동한 것과 같다.

앞의 삼각함수의 그래프를 이용하여 함수 $y=a\sin bx$, $y=a\cos bx$, $y=a\tan bx$의 그래프를 그려 각 함수의 치역과 최댓값, 최솟값, 주기를 알 수 있다. Ⓐ

삼각함수	치역	최댓값	최솟값	주기
$y=a\sin bx$	$\{y\mid -\lvert a\rvert \le y \le \lvert a\rvert\}$	$\lvert a\rvert$	$-\lvert a\rvert$	$\frac{2\pi}{\lvert b\rvert}$
$y=a\cos bx$	$\{y\mid -\lvert a\rvert \le y \le \lvert a\rvert\}$	$\lvert a\rvert$	$-\lvert a\rvert$	$\frac{2\pi}{\lvert b\rvert}$
$y=a\tan bx$	실수 전체의 집합	없다.	없다.	$\frac{\pi}{\lvert b\rvert}$

2. 함수 $y=a\sin(bx+c)+d$, $y=a\cos(bx+c)+d$, $y=a\tan(bx+c)+d$의 최댓값, 최솟값, 주기 Ⓑ

함수 $y=a\sin(bx+c)+d$, $y=a\cos(bx+c)+d$, $y=a\tan(bx+c)+d$의 그래프는 함수 $y=a\sin bx$, $y=a\cos bx$, $y=a\tan bx$의 그래프를 각각

x축의 방향으로 $-\frac{c}{b}$만큼, y축의 방향으로 d만큼

평행이동한 것이다.

예1 함수 $y=2\sin\left(4x-\frac{\pi}{2}\right)+3$, 즉 $y=2\sin 4\left(x-\frac{\pi}{8}\right)+3$의 그래프는 함수 $y=2\sin 4x$의 그래프를 x축의 방향으로 $\frac{\pi}{8}$만큼, y축의 방향으로 3만큼 평행이동한 것이다. Ⓒ

(1) 최댓값 : $2+3=5$ (2) 최솟값 : $-2+3=1$ (3) 주기 : $\frac{2\pi}{|4|}=\frac{\pi}{2}$

치역은 $\{y\mid 1\le y\le 5\}$이다.

예2 함수 $y=-2\cos(4x-\pi)+2$, 즉 $y=-2\cos 4\left(x-\frac{\pi}{4}\right)+2$의 그래프는 함수 $y=-2\cos 4x$의 그래프를 x축의 방향으로 $\frac{\pi}{4}$만큼, y축의 방향으로 2만큼 평행이동한 것이다. Ⓓ

(1) 최댓값 : $2+2=4$ (2) 최솟값 : $-2+2=0$ (3) 주기 : $\frac{2\pi}{|4|}=\frac{\pi}{2}$

치역은 $\{y\mid 0\le y\le 4\}$이다.

예3 함수 $y=\frac{1}{3}\tan\left(\frac{\pi}{2}-2x\right)$, 즉 $y=\frac{1}{3}\tan\left\{-2\left(x-\frac{\pi}{4}\right)\right\}$의 그래프는 함수 $y=\frac{1}{3}\tan(-2x)$의 그래프를 x축의 방향으로 $\frac{\pi}{4}$만큼 평행이동한 것이다. Ⓔ

(1) 최댓값 : 없다. (2) 최솟값 : 없다. (3) 주기 : $\frac{\pi}{|-2|}=\frac{\pi}{2}$

치역은 실수 전체의 집합이다.

참고 함수 $y=a\tan(bx+c)+d$의 점근선의 방정식은

$bx+c=n\pi+\frac{\pi}{2}$에서 $x=\frac{n}{b}\pi+\frac{\pi}{2b}-\frac{c}{b}$ (단, n은 정수)

Ⓐ $y=a\sin bx$, $y=a\cos bx$, $y=a\tan bx$ $(a>0,\ b>0)$의 그래프

(1) $y=a\sin bx$의 그래프

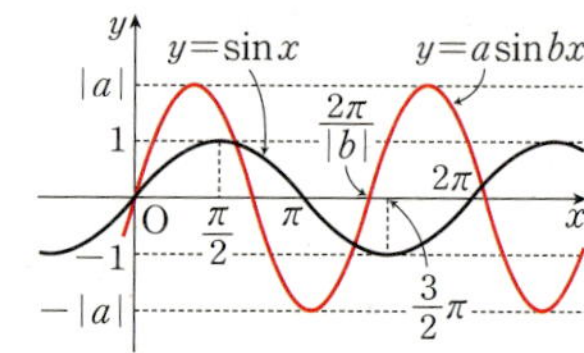

(2) $y=a\cos bx$의 그래프

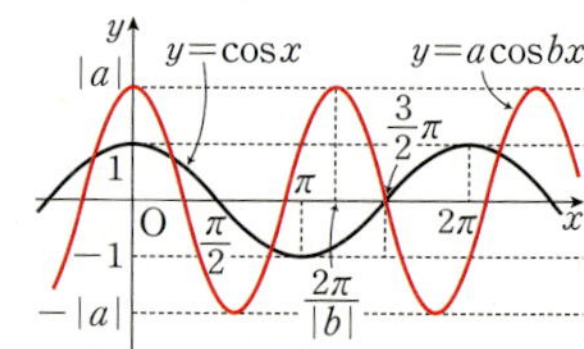

(3) $y=a\tan bx$의 그래프

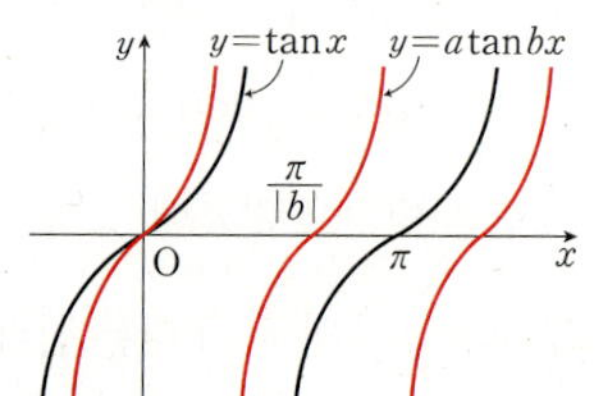

Ⓑ
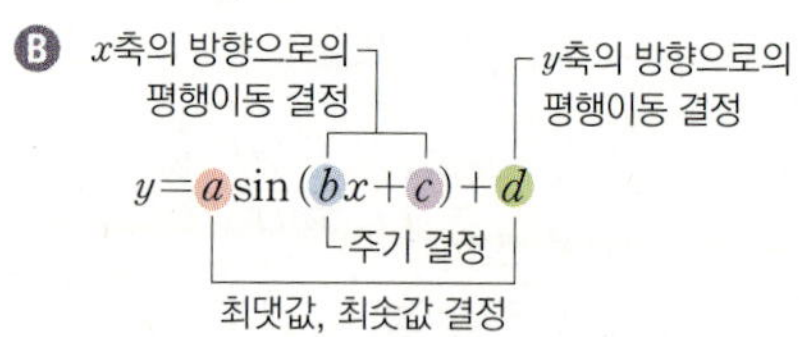

Ⓒ 예1의 그래프 Ⓓ 예2의 그래프

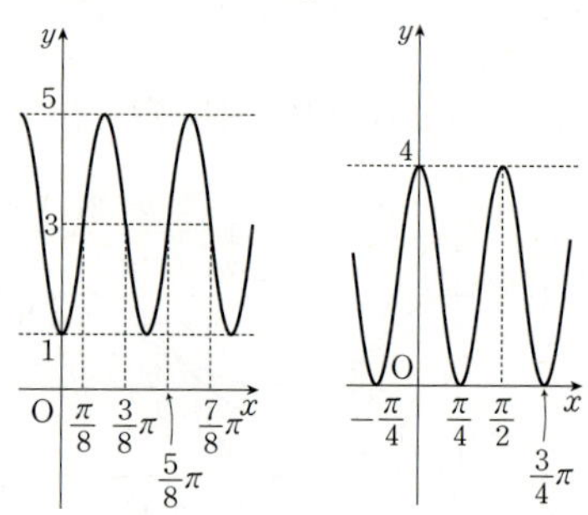

Ⓔ 예3의 그래프

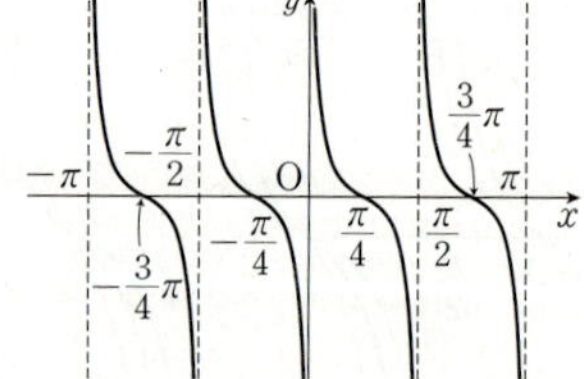

한걸음 더

절댓값 기호를 포함한 삼각함수의 치역과 주기

기본유형 04 + 필수유형 08

절댓값 기호를 포함한 삼각함수의 그래프는 도형의 대칭이동을 이용하여 그릴 수 있다.

공통수학2에서 배운 '절댓값 기호를 포함한 식의 그래프'를 이용하여 절댓값 기호를 포함한 삼각함수의 그래프를 그린 후, 각 함수의 치역과 주기를 구해 보자.

공통수학2 p.239 한 걸음 더

(1) 함수 $y=|\sin x|$, $y=|\cos x|$, $y=|\tan x|$의 그래프

함수	$y=\|\sin x\|$	$y=\|\cos x\|$	$y=\|\tan x\|$
그래프			
치역	$\{y\|0\le y\le 1\}$	$\{y\|0\le y\le 1\}$	$\{y\|y\ge 0\}$
주기	π		
대칭성	y축에 대하여 대칭		

(2) 함수 $y=\sin|x|$, $y=\cos|x|$, $y=\tan|x|$의 그래프

$\cos(-x)=\cos x$이므로 $\cos|x|=\cos x$

함수	$y=\sin\|x\|$	$y=\cos\|x\|$	$y=\tan\|x\|$
그래프			
치역	$\{y\|-1\le y\le 1\}$	$\{y\| \ 1\le y\le 1\}$	실수 전체의 집합
주기	없다.	2π	없다.
대칭성	y축에 대하여 대칭		

예 (1) 함수 $y=2|\sin x|$의 치역과 주기를 구해 보자.

$y=2\sin x$의 그래프에서 $y\ge 0$인 부분은 그대로 두고, $y<0$인 부분은 x축에 대하여 대칭이동하여 그린다.

즉, 함수 $y=2|\sin x|$의 그래프는 오른쪽 그림과 같고, 치역은 $\{y|0\le y\le 2\}$, 주기는 π이다.

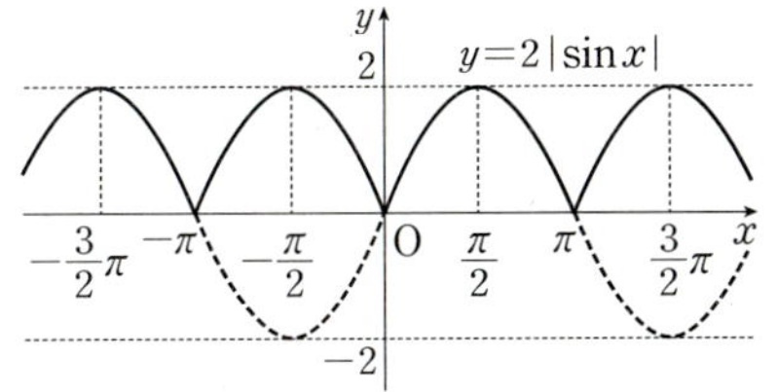

(2) 함수 $y=\cos|2x|$의 치역과 주기를 구해 보자.

$y=\cos 2x$의 그래프에서 $x\ge 0$인 부분만 남기고, $x<0$인 부분은 $x\ge 0$인 부분을 y축에 대하여 대칭이동하여 그린다.

즉, 함수 $y=\cos|2x|$의 그래프는 오른쪽 그림과 같고, 치역은 $\{y|-1\le y\le 1\}$, 주기는 π이다.

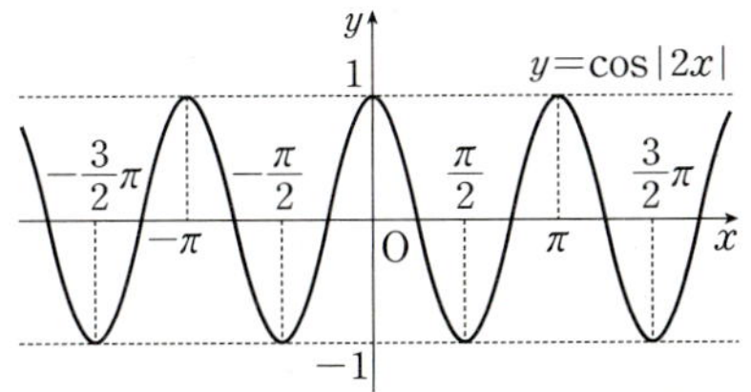

기본유형 01 주기함수 개념 01

함수 $f(x)$가 모든 실수 x에 대하여 $f(x)=f(x+3)$을 만족시키고 $f(1)=2$, $f(2)=4$일 때, $f(16)+f(20)$의 값을 구하시오.

solution

$f(16)=f(13)=f(10)=\cdots=f(1)=2$, $f(20)=f(17)=f(14)=\cdots=f(2)=4$

$\therefore f(16)+f(20)=2+4=6$

기본유형 02 함수 $y=\sin x$의 그래프 개념 02+05

다음 함수의 치역과 주기를 구하고, 그래프를 그리시오.

(1) $y=\frac{1}{2}\sin x$ (2) $y=\sin(-3x)$

solution

(1) 함수 $y=\frac{1}{2}\sin x$의 그래프는 $y=\sin x$의 그래프를 y축의 방향으로 $\frac{1}{2}$배 한 것과 같으므로 오른쪽 그림과 같다.

따라서 치역은 $\left\{y \,\middle|\, -\frac{1}{2}\le y\le\frac{1}{2}\right\}$, 주기는 2π이다.

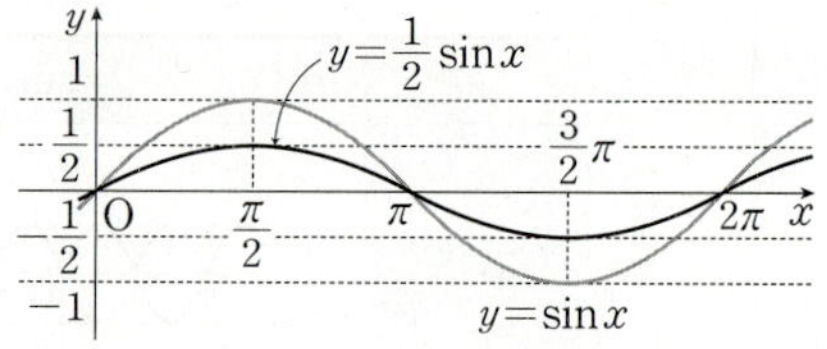

(2) 함수 $y=\sin(-3x)$의 그래프는 $y=\sin x$의 그래프를 y축에 대하여 대칭이동한 후, x축의 방향으로 $\frac{1}{3}$배 한 것과 같으므로 오른쪽 그림과 같다.

따라서 치역은 $\{y\,|\,-1\le y\le 1\}$, 주기는 $\frac{2\pi}{|-3|}=\frac{2}{3}\pi$이다.

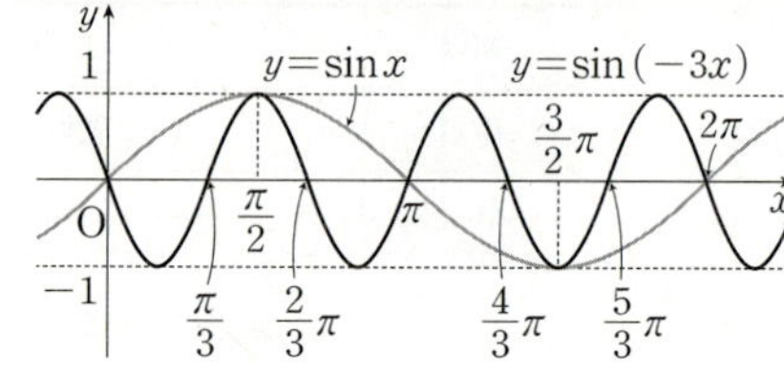

기본 연습

해 p.096

01 함수 $f(x)$가 모든 실수 x에 대하여 $f(x-3)=f(x+3)$을 만족시키고 $f(0)=3$, $f(3)=2$일 때, $f(-18)+f(21)$의 값을 구하시오.

02 다음 함수의 치역과 주기를 구하고, 그래프를 그리시오.

(1) $y=-2\sin x$ (2) $y=\sin\frac{3}{2}x$

기본유형 03 함수 $y=\cos x$, $y=\tan x$의 그래프

개념 03~05

다음 함수의 치역과 주기를 구하고, 그래프를 그리시오.

(1) $y=-3\cos x$ (2) $y=\cos\frac{x}{2}$ (3) $y=4\tan x$ (4) $y=\tan(-2x)$

solution

(1) 함수 $y=-3\cos x$의 그래프는 $y=\cos x$를 x축에 대하여 대칭이동한 후, y축의 방향으로 3배 한 것과 같으므로 오른쪽 그림과 같다.
따라서 치역은 $\{y\mid -3\le y\le 3\}$, 주기는 2π이다.

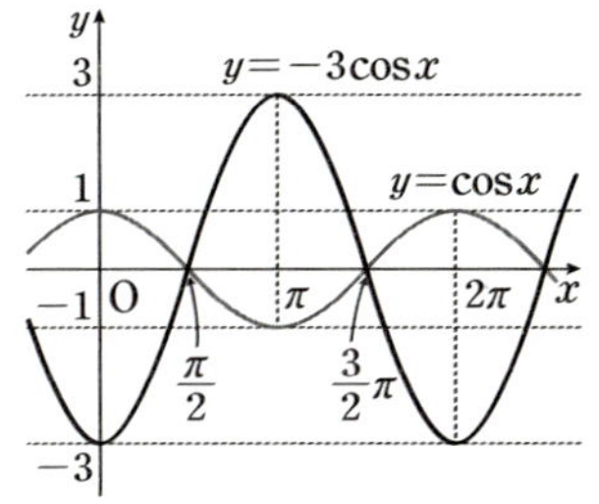

(2) 함수 $y=\cos\frac{x}{2}$의 그래프는 $y=\cos x$의 그래프를 x축의 방향으로 2배 한 것과 같으므로 오른쪽 그림과 같다.
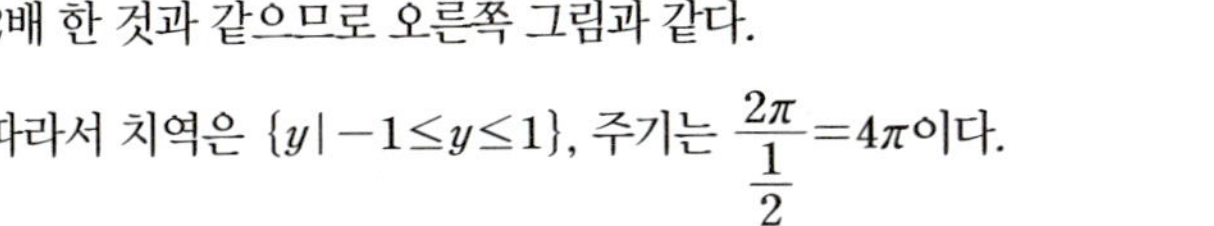
따라서 치역은 $\{y\mid -1\le y\le 1\}$, 주기는 $\frac{2\pi}{\frac{1}{2}}=4\pi$이다.

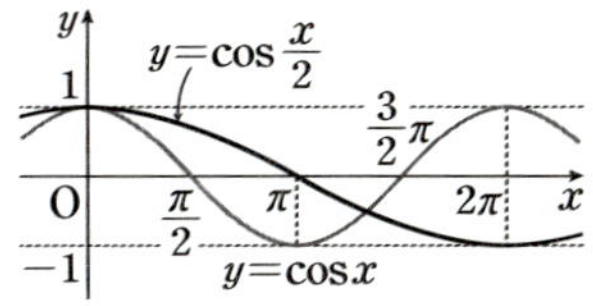

(3) 함수 $y=4\tan x$의 그래프는 $y=\tan x$의 그래프를 y축의 방향으로 4배 한 것과 같으므로 오른쪽 그림과 같다.
따라서 치역은 실수 전체의 집합이고, 주기는 π이다.

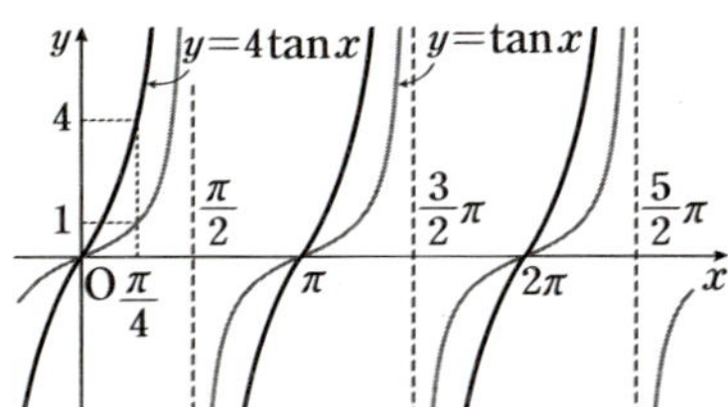

(4) 함수 $y=\tan(-2x)$의 그래프는 $y=\tan x$의 그래프를 y축에 대하여 대칭이동한 후, x축의 방향으로 $\frac{1}{2}$배 한 것과 같으므로 오른쪽 그림과 같다.
따라서 치역은 실수 전체의 집합이고, 주기는 $\frac{\pi}{|-2|}=\frac{\pi}{2}$이다.

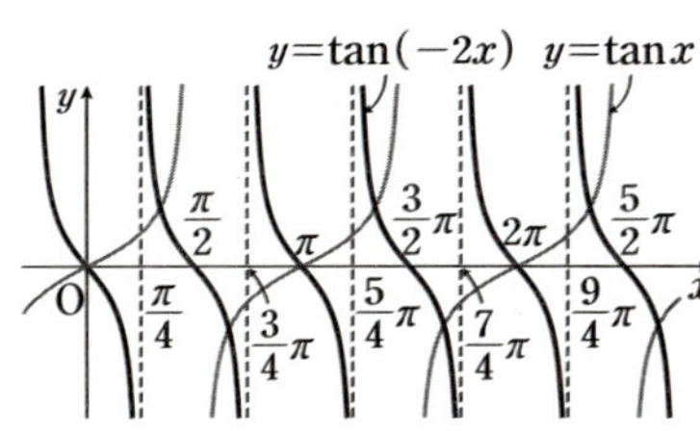

기본연습 03

다음 함수의 치역과 주기를 구하고, 그래프를 그리시오.

(1) $y=\frac{1}{4}\cos x$ (2) $y=\cos(-6x)$ (3) $y=\frac{2}{3}\tan x$ (4) $y=\tan 2x$

pp.096~097

기본유형 04 절댓값 기호를 포함한 삼각함수의 그래프 한 걸음 더

다음 함수의 치역과 주기를 구하고, 그래프를 그리시오.

(1) $y=\left|\frac{1}{2}\sin 3x\right|$　　(2) $y=-3\left|\cos\frac{x}{2}\right|$　　(3) $y=4\tan|-2x|$

solution

(1) 함수 $y=\left|\frac{1}{2}\sin 3x\right|$의 그래프는 $y=\frac{1}{2}\sin 3x$의 그래프에서 $y\geq 0$인 부분은 그대로 두고, $y<0$인 부분은 x축에 대하여 대칭이동한 것이므로 오른쪽 그림과 같다.

($y=\sin x$의 그래프를 x축의 방향으로 $\frac{1}{3}$배, y축의 방향으로 $\frac{1}{2}$배 한 것)

따라서 치역은 $\left\{y\,\middle|\,0\leq y\leq\frac{1}{2}\right\}$이고, 주기는 $\frac{\pi}{3}$이다.

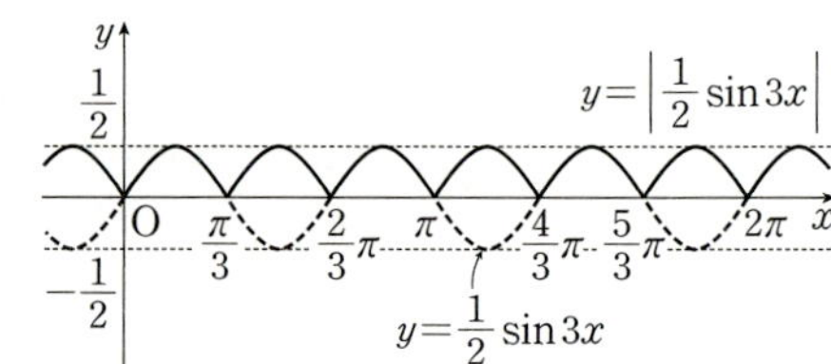

(2) 함수 $y=-3\left|\cos\frac{x}{2}\right|$의 그래프는 $y=-3\cos\frac{x}{2}$의 그래프에서 $y\leq 0$인 부분은 그대로 두고, $y>0$인 부분은 x축에 대하여 대칭이동한 것이므로 오른쪽 그림과 같다.

($y=\cos x$의 그래프를 x축에 대하여 대칭이동한 후, x축의 방향으로 2배, y축의 방향으로 3배 한 것)

따라서 치역은 $\{y|-3\leq y\leq 0\}$이고, 주기는 2π이다.

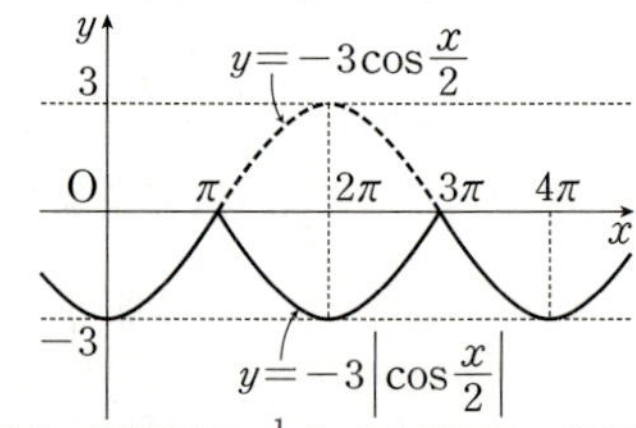

(3) 함수 $y=4\tan|-2x|$의 그래프는 $y=4\tan(-2x)$의 그래프에서 $x\leq 0$인 부분만 남기고, $x>0$인 부분은 $x\leq 0$인 부분을 y축에 대하여 대칭이동한 것이므로 오른쪽 그림과 같다.

($y=\tan x$의 그래프를 y축에 대하여 대칭이동한 후, x축의 방향으로 $\frac{1}{2}$배, y축의 방향으로 4배 한 것)

따라서 치역은 실수 전체의 집합이고, 주기는 없다.

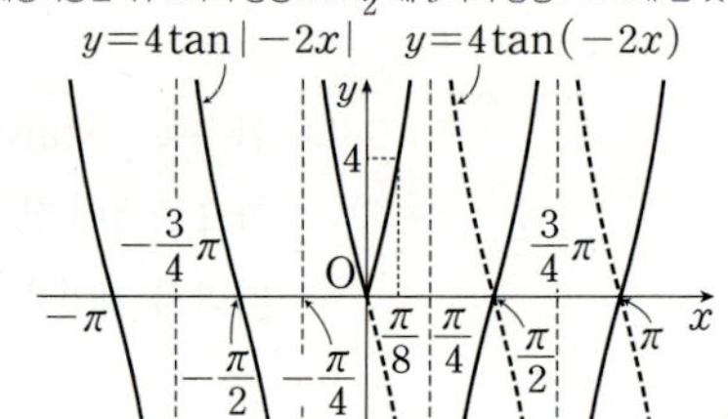

다른 풀이

(2) (i) $y=\cos\frac{x}{2}$의 그래프에서 $y\geq 0$인 부분은 그대로 두고, $y<0$인 부분은 x축에 대하여 대칭이동하여 $y=\left|\cos\frac{x}{2}\right|$의 그래프를 그린다. (기본유형03 (2))

(ii) (i)의 그래프를 x축에 대하여 대칭이동한 후, y축의 방향으로 3배 하여 $y=-3\left|\cos\frac{x}{2}\right|$의 그래프를 그린다.

(3) (i) $y=\tan(-2x)$의 그래프에서 $x\leq 0$인 부분만 남기고, $x>0$인 부분은 $x\leq 0$인 부분을 y축에 대하여 대칭이동하여 $y=\tan|-2x|$의 그래프를 그린다. (기본유형03 (4))

(ii) (i)의 그래프를 y축의 방향으로 4배 하여 $y=4\tan|-2x|$의 그래프를 그린다.

기본 연습

04 다음 함수의 치역과 주기를 구하고, 그래프를 그리시오.

(1) $y=-2\sin\left|\frac{3}{2}x\right|$　　(2) $y=\left|\frac{1}{4}\cos(-6x)\right|$　　(3) $y=\frac{2}{3}|\tan 2x|$

해설 pp.097~098

필수유형 05 삼각함수의 최댓값, 최솟값, 주기

다음 함수의 최댓값, 최솟값, 주기를 구하고, 그래프를 그리시오.

(1) $y=3\sin 4x+1$ (2) $y=\frac{1}{2}\cos\left(x-\frac{\pi}{2}\right)-3$ (3) $y=\tan\left(\frac{x}{3}+\frac{\pi}{12}\right)$

guide

❶ 다음을 이용하여 주어진 함수의 최댓값, 최솟값, 주기를 구한다.

삼각함수	최댓값	최솟값	주기
$y=a\sin(bx+c)+d$	$\lvert a\rvert+d$	$-\lvert a\rvert+d$	$\frac{2\pi}{\lvert b\rvert}$
$y=a\cos(bx+c)+d$	$\lvert a\rvert+d$	$-\lvert a\rvert+d$	$\frac{2\pi}{\lvert b\rvert}$
$y=a\tan(bx+c)+d$	없다.	없다.	$\frac{\pi}{\lvert b\rvert}$

❷ $y=\sin x$, $y=\cos x$, $y=\tan x$의 그래프를 이용하여 각 함수의 그래프를 그린다.

solution

(1) $y=3\sin 4x+1$의 그래프는 $y=\sin x$의 그래프를 x축의 방향으로 $\frac{1}{4}$배, y축의 방향으로 3배 한 후, y축의 방향으로 1만큼 평행이동한 것이므로 오른쪽 그림과 같다.
따라서 최댓값은 4, 최솟값은 -2이고, 주기는 $\frac{2\pi}{4}=\frac{\pi}{2}$이다.

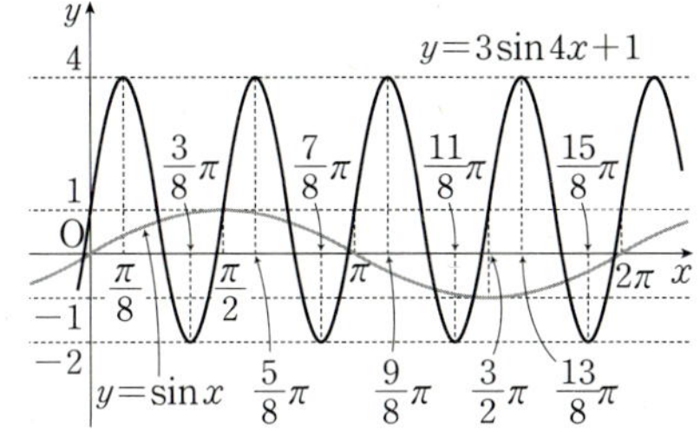

(2) $y=\frac{1}{2}\cos\left(x-\frac{\pi}{2}\right)-3$의 그래프는 $y=\cos x$의 그래프를 y축의 방향으로 $\frac{1}{2}$배 한 후, x축의 방향으로 $\frac{\pi}{2}$, y축의 방향으로 -3만큼 평행이동한 것이므로 오른쪽 그림과 같다.
따라서 최댓값은 $-\frac{5}{2}$, 최솟값은 $-\frac{7}{2}$이고, 주기는 2π이다.

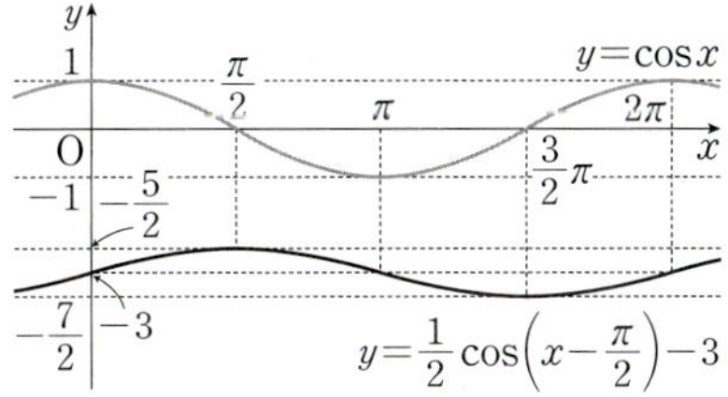

(3) $y=\tan\left(\frac{x}{3}+\frac{\pi}{12}\right)=\tan\frac{1}{3}\left(x+\frac{\pi}{4}\right)$의 그래프는 $y=\tan x$의 그래프를 x축의 방향으로 3배 한 후, x축의 방향으로 $-\frac{\pi}{4}$만큼 평행이동한 것이므로 오른쪽 그림과 같다.
따라서 최댓값, 최솟값은 없고, 주기는 $\frac{\pi}{\frac{1}{3}}=3\pi$이다.

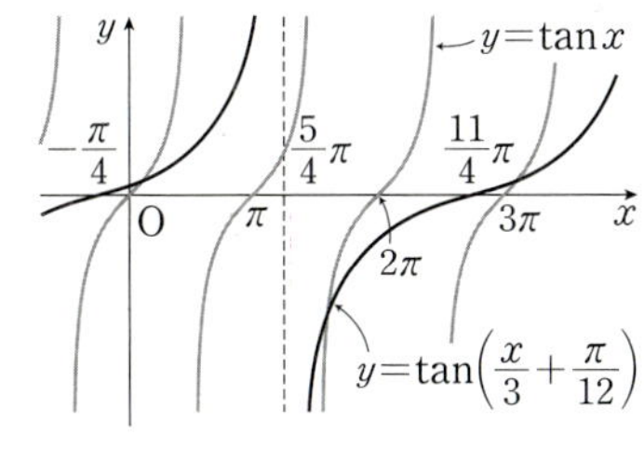

필수 연습

05 다음 함수의 최댓값, 최솟값, 주기를 구하고, 그래프를 그리시오.

(1) $y=\sin\left(\frac{2}{3}x-\pi\right)-2$ (2) $y=-2\cos\left(x+\frac{\pi}{3}\right)$ (3) $y=3\tan\frac{3}{2}x+3$

p.098

필수유형 06 삼각함수의 그래프의 평행이동

개념 05

함수 $y=f(x)$의 그래프는 함수 $y=3\sin 2x-4$의 그래프를 x축의 방향으로 $\frac{\pi}{4}$만큼, y축의 방향으로 -2만큼 평행이동한 것이다. 함수 $f(x)$의 최댓값을 M, 최솟값을 m, 주기를 a라 할 때, aMm의 값을 구하시오.

guide

❶ x축의 방향으로 m만큼, y축의 방향으로 n만큼 평행이동한 그래프의 식은 주어진 함수의 식에서 x 대신 $x-m$, y 대신 $y-n$을 대입하여 구한다.

❷ ❶에서 구한 함수식을 이용하여 최댓값, 최솟값, 주기를 구한다.

solution

함수 $y=3\sin 2x-4$의 그래프를 x축의 방향으로 $\frac{\pi}{4}$만큼, y축의 방향으로 -2만큼 평행이동한 그래프의 식은

$y-(-2)=3\sin 2\left(x-\frac{\pi}{4}\right)-4 \qquad \therefore y=3\sin 2\left(x-\frac{\pi}{4}\right)-6$

즉, $f(x)=3\sin 2\left(x-\frac{\pi}{4}\right)-6$이므로 $M=|3|-6=-3$, $m=-|3|-6=-9$, $a=\frac{2\pi}{2}=\pi$

$\therefore aMm=\pi\times(-3)\times(-9)=27\pi$

필수 연습

pp.098~099

06 함수 $y=f(x)$의 그래프는 함수 $y=-2\cos\left(3x-\frac{\pi}{2}\right)+1$의 그래프를 x축의 방향으로 $\frac{\pi}{12}$만큼, y축의 방향으로 4만큼 평행이동한 것이다. 함수 $f(x)$의 최댓값을 M, 최솟값을 m, 주기를 a라 할 때, aMm의 값을 구하시오.

07 함수 $y=6\sin\frac{x}{3}$의 그래프를 x축의 방향으로 $-\frac{\pi}{9}$만큼, y축의 방향으로 a만큼 평행이동한 그래프가 점 $\left(\frac{8}{9}\pi, \sqrt{3}\right)$을 지날 때, a의 값을 구하시오.

08 함수 $f(x)=a\tan(bx+c)+d$의 그래프는 주기가 $\frac{\pi}{4}$이고, 함수 $y=a\tan bx$의 그래프를 x축의 방향으로 $\frac{\pi}{8}$만큼, y축의 방향으로 -1만큼 평행이동한 것이다. $f\left(\frac{\pi}{16}\right)=3$일 때, 네 상수 a, b, c, d에 대하여 $abcd$의 값을 구하시오. (단, $b<0$, $0<c<\pi$)

필수유형 07 그래프를 이용하여 삼각함수의 미정계수 구하기

개념 05

함수 $y=a\sin b\left(x-\frac{\pi}{4}\right)+c$의 그래프가 그림과 같을 때, 세 상수 a, b, c에 대하여 $a+b+c$의 값을 구하시오. (단, $a<0$, $b>0$)

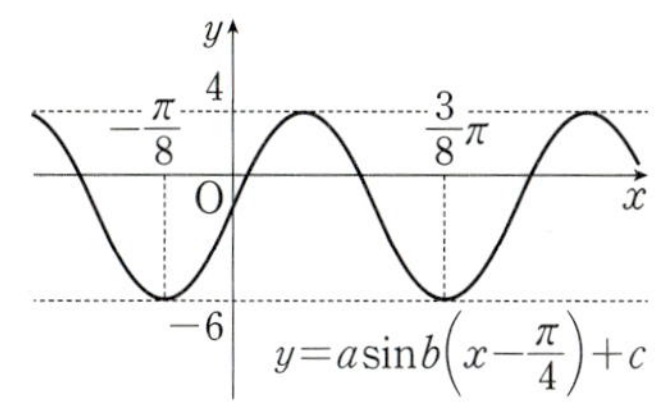

guide

❶ 주어진 그래프에서 최댓값, 최솟값, 주기를 파악한다.

❷ 최댓값, 최솟값, 주기를 이용하여 미정계수를 구한다.

solution

함수 $y=a\sin b\left(x-\frac{\pi}{4}\right)+c$에서 $a<0$이고, 주어진 그래프에서 함수의 최댓값이 4, 최솟값이 -6이므로

$-a+c=4$, $a+c=-6$

위의 두 식을 연립하여 풀면 $a=-5$, $c=-1$

주어진 그래프에서 주기가 $\frac{3}{8}\pi-\left(-\frac{\pi}{8}\right)=\frac{\pi}{2}$이고 $b>0$이므로

$\frac{2\pi}{b}=\frac{\pi}{2}$ $\quad\therefore b=4$

$\therefore a+b+c=-5+4+(-1)=-2$

필수 연습

해설 pp.099~100

09 함수 $y=a\cos\left(bx+\frac{\pi}{2}\right)+c$의 그래프가 그림과 같을 때, 세 상수 a, b, c에 대하여 abc의 값을 구하시오. (단, $a>0$, $b<0$)

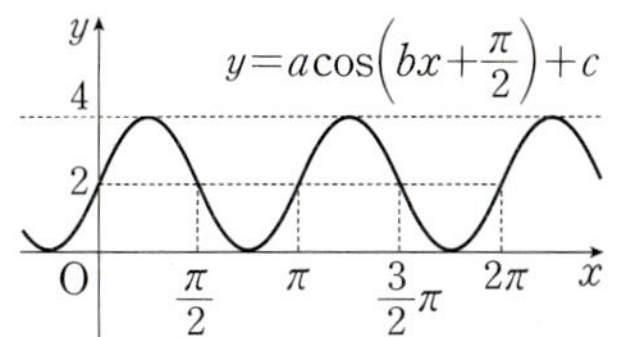

10 함수 $f(x)=a\sin(bx+c)+d$에 대하여 $y=f(x)$의 그래프가 그림과 같다. $f(0)=4$일 때, $f\left(-\frac{2}{3}\pi\right)$의 값을 구하시오. (단, a, b, c는 상수이고 $a>0$, $b>0$, $0<c<\pi$이다.)

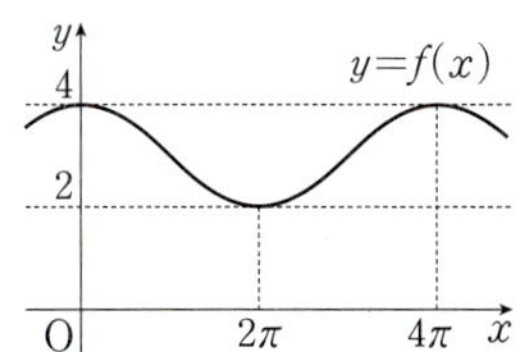

11 함수 $f(x)=a\tan(bx+c)$에 대하여 $y=f(x)$의 그래프가 그림과 같다. $f\left(\frac{\pi}{2}\right)=\frac{8}{3}$일 때, $f\left(\frac{5}{9}\pi\right)$의 값을 구하시오. (단, $a>0$, $b>0$, $-\pi<c<0$)

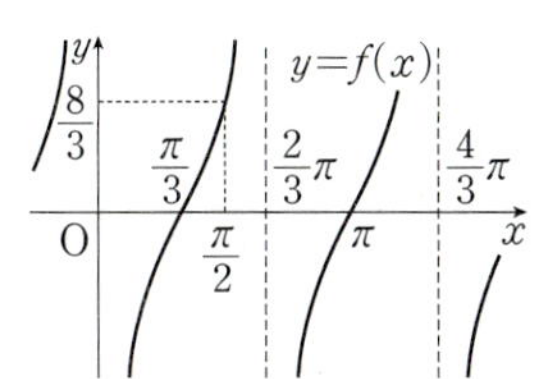

Ⅱ-06 삼각함수의 그래프

필수유형 08 절댓값 기호를 포함한 삼각함수

한 걸음 더

함수 $f(x)=a|\cos bx|+c$의 최댓값이 4, 주기는 $\frac{\pi}{6}$이고, $f\left(\frac{\pi}{18}\right)=2$일 때, 세 상수 a, b, c에 대하여 $a+b+c$의 값을 구하시오. (단, $a>0$, $b>0$)

guide

❶ 삼각함수의 최댓값 또는 최솟값 및 주기와 함숫값을 이용하여 미정계수를 구한다.

❷ 다음을 이용하여 ❶에서 구한 함수의 그래프를 그려 보고, 조건을 만족시키는지 확인한다.

(1) $y=|f(x)|$의 그래프

⇨ $y=f(x)$의 그래프에서 $y\geq0$인 부분은 그대로 두고, $y<0$인 부분은 x축에 대하여 대칭이동한다.

(2) $y=f(|x|)$의 그래프

⇨ $y=f(x)$의 그래프에서 $x\geq0$인 부분만 남기고, $x<0$인 부분은 $x\geq0$인 부분을 y축에 대하여 대칭이동한다.

solution

함수 $f(x)=a|\cos bx|+c$의 최댓값이 4이고, $a>0$이므로

$a+c=4$ ……㉠

함수 $f(x)$의 주기는 $\frac{\pi}{6}$이고, $b>0$이므로 $\frac{\pi}{b}=\frac{\pi}{6}$ $\therefore b=6$

$y=|\cos x|$의 주기는 π이므로 $y=a|\cos bx|+c$의 주기는 $\frac{\pi}{b}$이다.

$\therefore f(x)=a|\cos 6x|+c$

$f\left(\frac{\pi}{18}\right)=2$이므로 $a\left|\cos\frac{\pi}{3}\right|+c=2$

$\therefore \frac{a}{2}+c=2$ ……㉡

㉠, ㉡을 연립하여 풀면 $a=4$, $c=0$ ← $f(x)=4|\cos 6x|$이고 $y=f(x)$의 그래프는 오른쪽 그림과 같다.

$\therefore a+b+c=4+6+0=10$

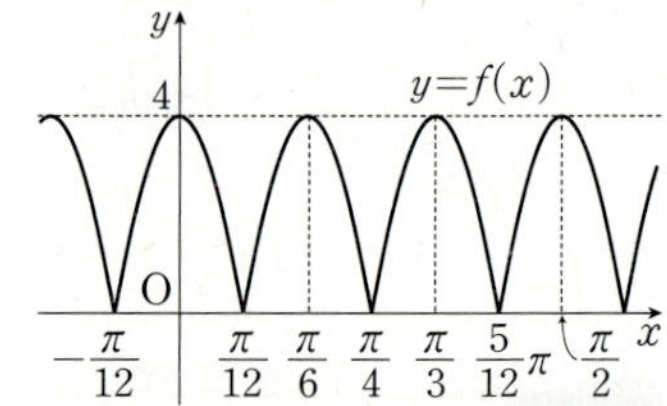

필수 연습

답 pp.100~101

12 함수 $f(x)=a|\sin bx|+c$의 최댓값이 3, 주기가 $\frac{\pi}{3}$이고, $f\left(\frac{13}{18}\pi\right)=2$일 때, 세 상수 a, b, c에 대하여 $a+b+c$의 값을 구하시오. (단, $a>0$, $b>0$)

13 함수 $f(x)=a|\tan bx|+c$의 최솟값은 2, 주기는 2π이고, $f\left(\frac{\pi}{2}\right)=3$일 때, 세 상수 a, b, c에 대하여 abc의 값을 구하시오. (단, $b>0$)

14 함수 $f(x)=|\sin x|$와 주기가 같은 함수를 〈보기〉에서 있는 대로 고르시오.

보기

ㄱ. $y=|\sin(x-\pi)|$
ㄴ. $y=\cos 4|x|$
ㄷ. $y=|\tan 2x|$
ㄹ. $y=\sin x+|\sin x|$

01 두 함수 $y=\cos\frac{2}{3}x$와 $y=\tan\frac{3}{a}x$의 주기가 같을 때, 양수 a의 값을 구하시오. [교육청]

02 다음 함수 $f(x)$ 중 정의역에 속하는 모든 실수 x에 대하여 $f(x)=f(x+p)$를 만족시키는 최소의 양수 p가 $\frac{\sqrt{2}}{2}$인 것은?

① $f(x)=2\sin\pi x$
② $f(x)=2\cos\sqrt{2}\pi x$
③ $f(x)=\tan\frac{\sqrt{2}}{2}\pi x$
④ $f(x)=4\cos 2\sqrt{2}\pi x$
⑤ $f(x)=\frac{\sqrt{2}}{2}\sin\sqrt{2}\pi x$

03 다음 중 함수 $f(x)=2\tan\left(\frac{3}{2}\pi-3x\right)-1$에 대한 설명으로 옳지 않은 것은?

① 치역은 실수 전체의 집합이다.
② 정의역에 속하는 모든 실수 x에 대하여 $f(x)=f(x+\pi)$가 성립한다.
③ 그래프는 함수 $y=2\tan 3x$의 그래프를 x축의 방향으로 $\frac{\pi}{2}$만큼, y축의 방향으로 -1만큼 평행이동한 후, x축에 대하여 대칭이동한 것이다.
④ 그래프는 점 $\left(\frac{\pi}{6}, -1\right)$에 대하여 대칭이다.
⑤ 점근선의 방정식은 $x=\frac{1-n}{3}\pi$ (n은 정수)이다.

04 함수 $y=\tan(ax+b)-3$의 주기가 4π이고, 이 함수의 그래프의 점근선의 방정식이 $x=4n\pi+\frac{\pi}{3}$ (n은 정수)일 때, 두 상수 a, b에 대하여 $\frac{b}{a}$의 값을 구하시오. (단, $a>0$, $0<b<\pi$)

05 세 양수 a, b, c에 대하여 함수 $f(x)=a\sin(bx+k)+c$가 다음 조건을 만족시킬 때, $ab+kc$의 값을 구하시오. $\left(\text{단, } -\frac{\pi}{2}\le k<0\right)$

(가) $f(2)=\frac{11}{2}$
(나) 모든 실수 x에 대하여 $f(x+p)=f(x)$를 만족시키는 실수 p 중에서 최소인 양수는 8이다.
(다) 치역은 $\{y\mid -2\le y\le 8\text{인 실수}\}$이다.

06 함수 $y=3\tan\left(\frac{\pi}{2}-2x\right)-1$의 그래프를 x축의 방향으로 $\frac{\pi}{12}$만큼, y축의 방향으로 3만큼 평행이동한 후, y축에 대하여 대칭이동한 그래프의 주기가 a, 점근선의 방정식이 $x=bn\pi+c$ (n은 정수) 꼴이다. 세 상수 a, b, c에 대하여 $\frac{ab}{c}$의 값을 구하시오.

$\left(\text{단, } b>0, -\frac{\pi}{2}<c<0\right)$

07 함수 $f(x)=a\cos(bx+c)+d$의 그래프가 다음 그림과 같을 때, 네 상수 a, b, c, d에 대하여 $a+2b+3c+4d$의 값을 구하시오.

$\left(단,\ a<0,\ b>0,\ 0\le c\le \frac{\pi}{2}\right)$

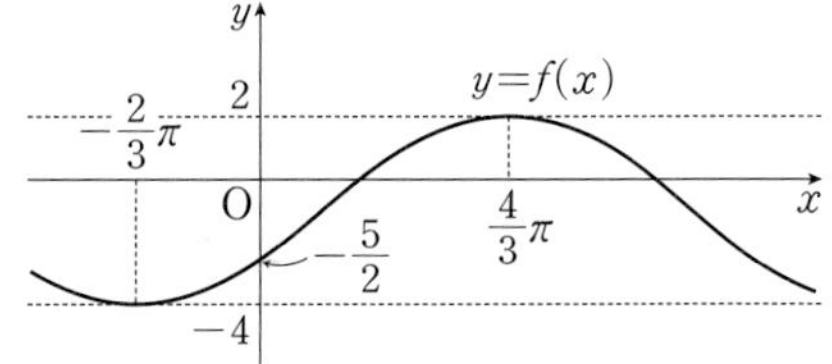

08 두 함수 $y=\tan x$와 $y=a\sin bx$의 그래프는 다음 그림과 같다. 두 함수의 그래프가 점 $\left(\frac{\pi}{6},\ c\right)$에서 만날 때, 세 상수 a, b, c에 대하여 $\frac{c}{ab}$의 값을 구하시오.

(단, $a>0$, $b>0$)

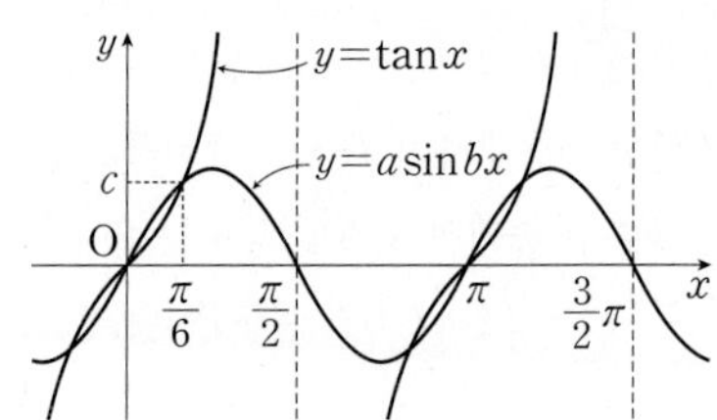

09 정의역에 속하는 모든 실수 x에 대하여 $f(x+2)=f(x)$를 만족시키는 함수만을 〈보기〉에서 있는 대로 고른 것은?

보기

ㄱ. $f(x)=\sin 2x+1$　　ㄴ. $f(x)=\tan\frac{\pi}{2}x$

ㄷ. $f(x)=|\cos\pi x|$　　ㄹ. $f(x)=\sin 3\pi x$

① ㄱ, ㄴ　② ㄴ, ㄷ　③ ㄴ, ㄹ
④ ㄱ, ㄷ, ㄹ　⑤ ㄴ, ㄷ, ㄹ

10 $0\le x\le 4$에서 함수 $y=|2\cos\pi x|$의 그래프 위의 점 중 y좌표가 정수인 점의 개수를 구하시오.

11 함수 $f(x)=3\left|\sin\left(\frac{\pi}{6}-\frac{\pi}{2}x\right)\right|-1$에 대하여 〈보기〉에서 옳은 것만을 있는 대로 고른 것은?

보기

ㄱ. 치역은 $\{y\,|\,-1\le y\le 2\}$이다.

ㄴ. 모든 실수 x에 대하여 $f\left(\frac{4}{3}+x\right)=f\left(\frac{4}{3}-x\right)$이다.

ㄷ. 모든 실수 x에 대하여 $f(x+p)=f(x)$를 만족시키는 100 이하의 자연수 p의 개수는 25이다.

① ㄱ　② ㄱ, ㄴ　③ ㄱ, ㄷ
④ ㄴ, ㄷ　⑤ ㄱ, ㄴ, ㄷ

12 함수 $f(x)=|a\cos bx+c|$의 그래프가 다음 그림과 같을 때, $a+b+c$의 최댓값과 최솟값을 각각 M, m이라 하자. $M-m$의 값을 구하시오.

(단, a, b, c는 상수이다.)

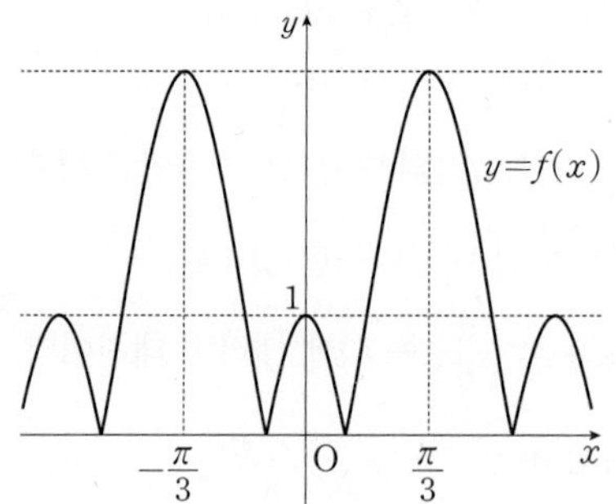

2 삼각함수의 성질

개념 06 일반각에 대한 삼각함수의 성질

1. $2n\pi+x$ (n은 정수)의 삼각함수

(1) $\sin(2n\pi+x)=\sin x$ (2) $\cos(2n\pi+x)=\cos x$ (3) $\tan(2n\pi+x)=\tan x$

2. $-x$의 삼각함수

(1) $\sin(-x)=-\sin x$ (2) $\cos(-x)=\cos x$ (3) $\tan(-x)=-\tan x$

3. $\pi\pm x$의 삼각함수

(1) $\sin(\pi+x)=-\sin x$ (2) $\cos(\pi+x)=-\cos x$ (3) $\tan(\pi+x)=\tan x$

(4) $\sin(\pi-x)=\sin x$ (5) $\cos(\pi-x)=-\cos x$ (6) $\tan(\pi-x)=-\tan x$

4. $\frac{\pi}{2}\pm x$의 삼각함수

(1) $\sin\left(\frac{\pi}{2}+x\right)=\cos x$ (2) $\cos\left(\frac{\pi}{2}+x\right)=-\sin x$ (3) $\tan\left(\frac{\pi}{2}+x\right)=-\frac{1}{\tan x}$

(4) $\sin\left(\frac{\pi}{2}-x\right)=\cos x$ (5) $\cos\left(\frac{\pi}{2}-x\right)=\sin x$ (6) $\tan\left(\frac{\pi}{2}-x\right)=\frac{1}{\tan x}$

1. $2n\pi+x$ (n은 정수)의 삼각함수에 대한 이해

함수 $y=\sin x$, $y=\cos x$의 주기는 2π, 함수 $y=\tan x$의 주기는 π이므로

$\sin x=\sin(x+2\pi)=\sin(x+4\pi)=\cdots$ ⇨ $\sin(2n\pi+x)=\sin x$

$\cos x=\cos(x+2\pi)=\cos(x+4\pi)=\cdots$ ⇨ $\cos(2n\pi+x)=\cos x$

$\tan x=\tan(x+\pi)=\tan(x+2\pi)=\cdots$ ⇨ $\tan(2n\pi+x)=\tan x$

(단, n은 정수)

2. $-x$의 삼각함수에 대한 이해 Ⓐ

함수 $y=\sin x$, $y=\tan x$의 그래프는 원점에 대하여 대칭이므로

$\sin(-x)=-\sin x$, $\tan(-x)=-\tan x$

함수 $y=\cos x$의 그래프는 y축에 대하여 대칭이므로

$\cos(-x)=\cos x$

3. $\pi\pm x$의 삼각함수에 대한 이해

함수 $y=\sin x$, $y=\cos x$의 그래프를 각각 x축의 방향으로 $-\pi$만큼 평행이동하면 각각 $y=-\sin x$, $y=-\cos x$의 그래프와 겹쳐지므로

$\sin(\pi+x)=-\sin x$, $\cos(\pi+x)=-\cos x$ Ⓑ ……㉠

$\therefore \tan(\pi+x)=\frac{\sin(\pi+x)}{\cos(\pi+x)}=\frac{-\sin x}{-\cos x}=\tan x$

Ⓐ 단위원을 이용한 $-\theta$의 삼각함수에 대한 이해

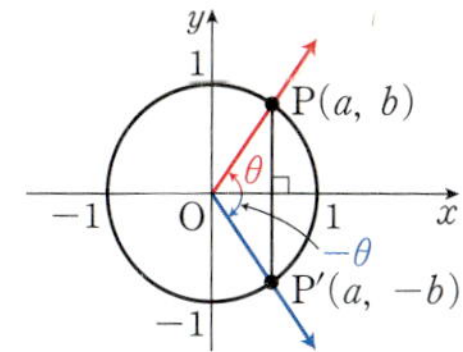

위의 그림에서 $a=\cos\theta$, $b=\sin\theta$

$a=\cos(-\theta)$, $-b=\sin(-\theta)$

$\therefore \sin(-\theta)=-\sin\theta$,

$\cos(-\theta)=\cos\theta$

Ⓑ 단위원을 이용한 $\pi+\theta$의 삼각함수에 대한 이해

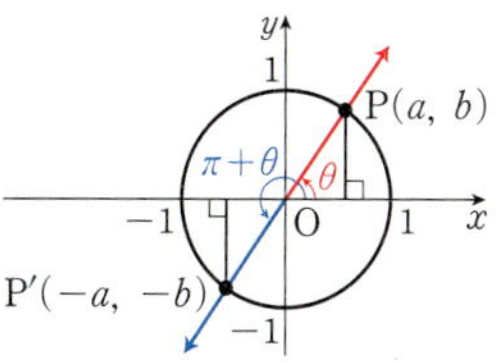

위의 그림에서 $a=\cos\theta$, $b=\sin\theta$

$-a=\cos(\pi+\theta)$, $-b=\sin(\pi+\theta)$

$\therefore \sin(\pi+\theta)=-\sin\theta$,

$\cos(\pi+\theta)=-\cos\theta$

한편, ㉠의 양변에 x 대신 $-x$를 대입하면

$\sin(\pi-x)=-\sin(-x)=\sin x$,

$\cos(\pi-x)=-\cos(-x)=-\cos x$ **A**

$\therefore \tan(\pi-x)=\dfrac{\sin(\pi-x)}{\cos(\pi-x)}=\dfrac{\sin x}{-\cos x}=-\tan x$

참고 함수 $y=\sin x$, $y=\cos x$의 그래프를 각각 x축의 방향으로 $-\pi$만큼 평행이동한 그래프는 다음 그림과 같다.

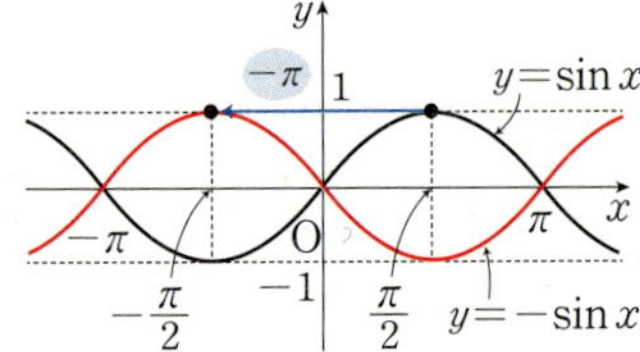

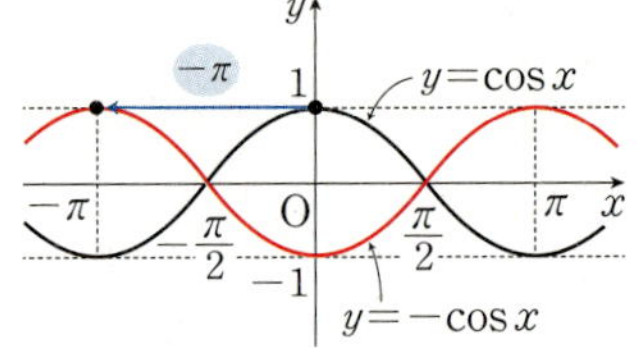

A 단위원을 이용한 $\pi-\theta$의 삼각함수에 대한 이해

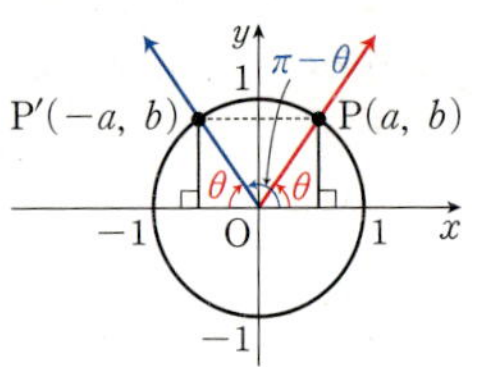

위의 그림에서 $a=\cos\theta$, $b=\sin\theta$

$-a=\cos(\pi-\theta)$, $b=\sin(\pi-\theta)$

$\therefore \sin(\pi-\theta)=\sin\theta$,

$\cos(\pi-\theta)=-\cos\theta$

4. $\frac{\pi}{2}\pm x$의 삼각함수에 대한 이해

개념 03에서 함수 $y=\sin x$의 그래프를 x축의 방향으로 $-\frac{\pi}{2}$만큼 평행이동하면 함수 $y=\cos x$의 그래프와 겹쳐짐을 배웠으므로

$\sin\left(\frac{\pi}{2}+x\right)=\cos x$ ……㉠

㉠의 양변에 x 대신 $\frac{\pi}{2}+x$를 대입하면

$\sin(\pi+x)=\cos\left(\frac{\pi}{2}+x\right)$

$\therefore \cos\left(\frac{\pi}{2}+x\right)=-\sin x$ ……㉡

㉠, ㉡에서

$\tan\left(\frac{\pi}{2}+x\right)=\dfrac{\sin\left(\frac{\pi}{2}+x\right)}{\cos\left(\frac{\pi}{2}+x\right)}=\dfrac{\cos x}{-\sin x}=-\dfrac{1}{\tan x}$ **B**

㉠, ㉡의 양변에 x 대신 $-x$를 대입하면

$\sin\left(\frac{\pi}{2}-x\right)=\cos(-x)=\cos x$, $\cos\left(\frac{\pi}{2}-x\right)=-\sin(-x)=\sin x$

$\therefore \tan\left(\frac{\pi}{2}-x\right)=\dfrac{\sin\left(\frac{\pi}{2}-x\right)}{\cos\left(\frac{\pi}{2}-x\right)}=\dfrac{\cos x}{\sin x}=\dfrac{1}{\tan x}$ **C**

참고 함수 $y=\sin x$의 그래프를 x축의 방향으로 $-\frac{\pi}{2}$만큼 평행이동한 그래프는 오른쪽 그림과 같이 함수 $y=\cos x$의 그래프와 겹쳐진다.

B 단위원을 이용한 $\frac{\pi}{2}+\theta$의 삼각함수에 대한 이해

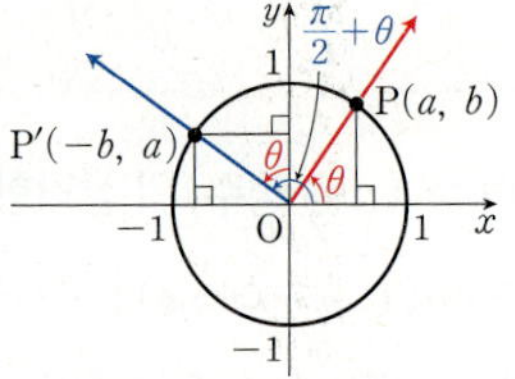

위의 그림에서 $a=\cos\theta$, $b=\sin\theta$

$-b=\cos\left(\frac{\pi}{2}+\theta\right)$, $a=\sin\left(\frac{\pi}{2}+\theta\right)$

$\therefore \sin\left(\frac{\pi}{2}+\theta\right)=\cos\theta$,

$\cos\left(\frac{\pi}{2}+\theta\right)=-\sin\theta$

C 단위원을 이용한 $\frac{\pi}{2}-\theta$의 삼각함수에 대한 이해

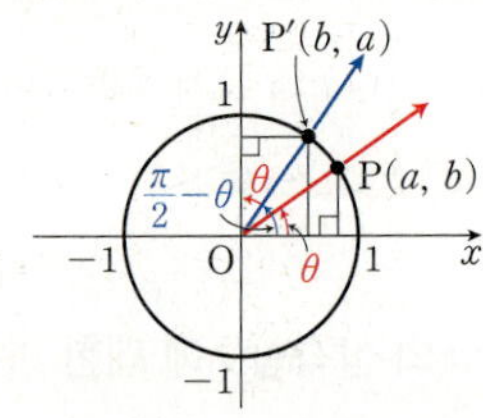

위의 그림에서 $a=\cos\theta$, $b=\sin\theta$

$b=\cos\left(\frac{\pi}{2}-\theta\right)$, $a=\sin\left(\frac{\pi}{2}-\theta\right)$

$\therefore \sin\left(\frac{\pi}{2}-\theta\right)=\cos\theta$,

$\cos\left(\frac{\pi}{2}-\theta\right)=\sin\theta$

예 일반각에 대한 삼각함수의 성질을 이용하여 다음과 같이 삼각함수의 값을 구할 수 있다.

(1) $\sin\frac{13}{6}\pi=\sin\left(2\pi+\frac{\pi}{6}\right)=\sin\frac{\pi}{6}=\frac{1}{2}$

(2) $\cos\left(-\frac{\pi}{6}\right)=\cos\frac{\pi}{6}=\frac{\sqrt{3}}{2}$

(3) $\tan\frac{5}{4}\pi=\tan\left(\pi+\frac{\pi}{4}\right)=\tan\frac{\pi}{4}=1$

(4) $\sin\frac{2}{3}\pi=\sin\left(\pi-\frac{\pi}{3}\right)=\sin\frac{\pi}{3}=\frac{\sqrt{3}}{2}$

(5) $\cos\frac{5}{6}\pi=\cos\left(\frac{\pi}{2}+\frac{\pi}{3}\right)=-\sin\frac{\pi}{3}=-\frac{\sqrt{3}}{2}$

(6) $\tan\frac{\pi}{3}=\tan\left(\frac{\pi}{2}-\frac{\pi}{6}\right)=\frac{1}{\tan\frac{\pi}{6}}=\sqrt{3}$

한걸음 더

삼각함수의 각의 변환 방법

필수유형 11

일반각을 $\underbrace{\frac{\pi}{2}\times n\pm x}_{90^\circ\times n\pm x^\circ\text{ (육십분법)}}$ (n은 정수) 꼴로 변형하여 다음과 같은 순서로 삼각함수의 값을 구한다.

(i) 삼각함수를 결정한다.

① n이 짝수일 때, $\sin\rightarrow\sin$, $\cos\rightarrow\cos$, $\tan\rightarrow\tan$ ← 삼각함수는 그대로

② n이 홀수일 때, $\sin\rightarrow\cos$, $\cos\rightarrow\sin$, $\tan\rightarrow\frac{1}{\tan}$ ← 삼각함수를 바꾼다.

(ii) 부호를 결정한다.

x를 예각으로 생각하고, 각 $\frac{\pi}{2}\times n\pm x$가 나타내는 동경이 속하는 사분면을 찾는다. 이때 그 사분면에서 처음 주어진 삼각함수의 값의 부호가 양이면 +를, 음이면 −를 붙인다.

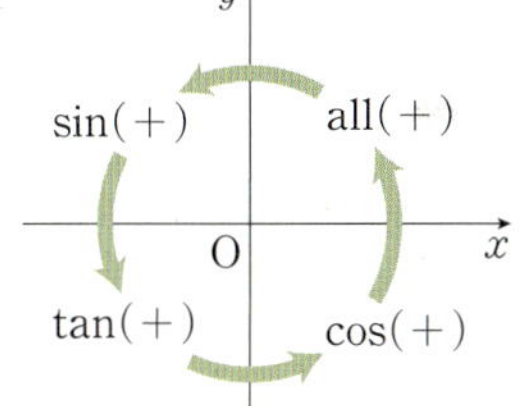

설명 $\sin\left(\frac{3}{2}\pi+x\right)$를 위의 방법을 이용하여 변형해 보자.

(i) 삼각함수 결정 : $\sin\left(\frac{3}{2}\pi+x\right)=\sin\left(\frac{\pi}{2}\times 3+x\right)$에서 3은 홀수이므로 $\sin\rightarrow\cos$

(ii) 부호 결정 : x를 예각으로 생각하면 $\frac{3}{2}\pi+x$는 제4사분면의 각이므로 sin의 부호는 −

(i), (ii)에서 $\sin\left(\frac{3}{2}\pi+x\right)=-\cos x$로 변형할 수 있다.

예 삼각함수의 각의 변환을 이용하여 다음과 같이 삼각함수의 값을 구할 수 있다.

(1) $\cos\left(-\frac{5}{3}\pi\right)=\cos\underbrace{\left\{\frac{\pi}{2}\times(-4)+\frac{\pi}{3}\right\}}_{n\text{은 짝수, 제1사분면}}=\cos\frac{\pi}{3}=\frac{1}{2}$

(2) $\tan\left(-\frac{\pi}{3}\right)=\tan\underbrace{\left\{\frac{\pi}{2}\times(-1)+\frac{\pi}{6}\right\}}_{n\text{은 홀수, 제4사분면}}=-\frac{1}{\tan\frac{\pi}{6}}=-\sqrt{3}$

(3) $\sin\frac{4}{3}\pi=\sin\underbrace{\left(\frac{\pi}{2}\times 2+\frac{\pi}{3}\right)}_{n\text{은 짝수, 제3사분면}}=-\sin\frac{\pi}{3}=-\frac{\sqrt{3}}{2}$

(4) $\cos\left(-\frac{7}{6}\pi\right)=\cos\underbrace{\left\{\frac{\pi}{2}\times(-3)+\frac{\pi}{3}\right\}}_{n\text{은 홀수, 제2사분면}}=-\sin\frac{\pi}{3}=-\frac{\sqrt{3}}{2}$

(5) $\tan\frac{3}{4}\pi=\tan\underbrace{\left(\frac{\pi}{2}\times 2-\frac{\pi}{4}\right)}_{n\text{은 짝수, 제2사분면}}=-\tan\frac{\pi}{4}=-1$

개념 07 삼각함수표 p.308에서 확인할 수 있다.

1. 삼각함수표

0°에서 90°까지의 각에 대한 삼각함수의 값을 나타낸 표를 **삼각함수표**라 한다.

2. 삼각함수표의 이용

삼각함수표와 삼각함수의 성질을 이용하면 삼각함수표에 없는 일반각에 대한 삼각함수의 값도 구할 수 있다.

예 (1) $\sin 103°$의 값을 구하면

$\sin 103° = \sin(90° + 13°)$

$= \cos 13°$ ← $\sin\left(\frac{\pi}{2}+\theta\right)=\cos\theta$

이고, 삼각함수표에서

$\cos 13° = 0.9744$ Ⓐ이므로

$\sin 103° = 0.9744$

(2) $\tan 178°$의 값을 구하면

$\tan 178° = \tan(180° - 2°)$

$= -\tan 2°$ ← $\tan(\pi-\theta)=-\tan\theta$

이고, 삼각함수표에서 $\tan 2° = 0.0349$ Ⓐ이므로

$\tan 178° = -0.0349$

각	sin	cos	tan
0°	0.0000	1.0000	0.0000
1°	0.0175	0.9998	0.0175
2°	0.0349	0.9994	0.0349
⋮	⋮	⋮	⋮
13°	0.2250	0.9744	0.2309

Ⓐ 삼각함수표에 있는 삼각함수의 값은 어림한 값이지만 편의상 등호(=)를 사용하여 나타낸다.

개념 08 삼각함수를 포함한 식의 최대, 최소

삼각함수를 포함한 식의 최댓값과 최솟값은 다음과 같은 순서로 구한다.

(i) 삼각함수의 성질 또는 삼각함수 사이의 관계를 이용하여 한 종류의 삼각함수로 통일한다.

(ii) 삼각함수를 t로 치환한다.

(iii) t의 값의 범위를 구한다.

(iv) t에 대한 함수의 그래프를 이용하여 t의 값의 범위에서의 최댓값과 최솟값을 구한다.

예 함수 $y=\cos^2 x - 4\cos\left(x+\frac{\pi}{2}\right)+3$의 최댓값과 최솟값을 구해 보자.

$\sin^2 x + \cos^2 x = 1$에서 $\cos^2 x = 1 - \sin^2 x$이고,

$\cos\left(x+\frac{\pi}{2}\right) = -\sin x$이므로 ← 두 종류 이상의 삼각함수를 포함한 방정식에서는 삼각함수 사이의 관계를 이용하여 한 종류의 삼각함수로 나타낸 후 치환하여 푼다.

주어진 함수는 $y = 1 - \sin^2 x + 4\sin x + 3$ $\quad\therefore y = -\sin^2 x + 4\sin x + 4$

이때 $\sin x = t$로 놓으면 t의 값의 범위는 $-1 \le t \le 1$이고,

$y = -t^2 + 4t + 4 = -(t-2)^2 + 8$

함수 $y = -(t-2)^2 + 8$ $(-1 \le t \le 1)$의 그래프는 오른쪽 그림과 같으므로

$t=1$일 때 최댓값 7, $t=-1$일 때 최솟값 -1을 갖는다.

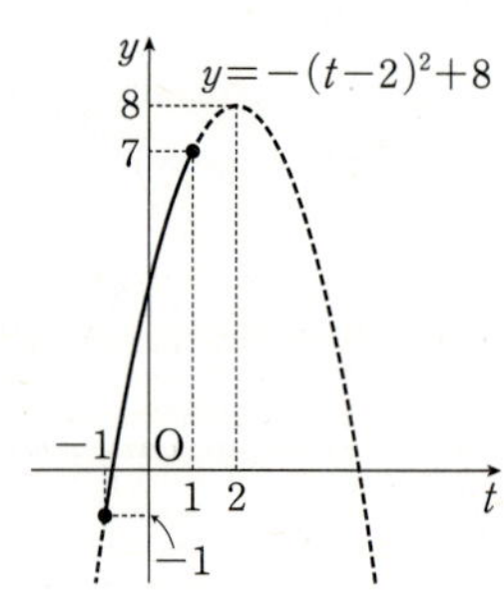

기본유형 09 일반각에 대한 삼각함수의 성질

개념 06

다음 삼각함수의 값을 구하시오.

(1) $\sin\frac{8}{3}\pi+\cos\frac{5}{6}\pi$　　　(2) $2\cos 660°-3\tan 150°$

solution

(1) $\sin\frac{8}{3}\pi=\sin\left(2\pi+\frac{2}{3}\pi\right)=\sin\frac{2}{3}\pi=\sin\left(\pi-\frac{\pi}{3}\right)=\sin\frac{\pi}{3}=\frac{\sqrt{3}}{2}$

$\cos\frac{5}{6}\pi=\cos\left(\frac{\pi}{2}+\frac{\pi}{3}\right)=-\sin\frac{\pi}{3}=-\frac{\sqrt{3}}{2}$

$\therefore\ \sin\frac{8}{3}\pi+\cos\frac{5}{6}\pi=\frac{\sqrt{3}}{2}-\frac{\sqrt{3}}{2}=0$

(2) $\cos 660°=\cos(360°\times2-60°)=\cos(-60°)=\cos 60°=\frac{1}{2}$

$\tan 150°=\tan(180°-30°)=-\tan 30°=-\frac{\sqrt{3}}{3}$

$\therefore\ 2\cos 660°-3\tan 150°=2\times\frac{1}{2}-3\times\left(-\frac{\sqrt{3}}{3}\right)=1+\sqrt{3}$

기본유형 10 삼각함수표를 이용하여 삼각함수의 값 구하기

개념 07

삼각함수표를 이용하여 다음 삼각함수의 값을 구하시오.

(1) $\sin 44°$　　(2) $\cos 767°$　　(3) $\tan 132°$

각	sin	cos	tan
46°	0.7193	0.6947	1.0355
47°	0.7314	0.6820	1.0724
48°	0.7431	0.6691	1.1106

solution

(1) $\sin 44°=\sin(90°-46°)=\cos 46°=0.6947$

(2) $\cos 767°=\cos(360°\times2+47°)=\cos 47°=0.6820$

(3) $\tan 132°=\tan(180°-48°)=-\tan 48°=-1.1106$

기본 연습

p.106

15 다음 삼각함수의 값을 구하시오.

(1) $\sin\frac{7}{6}\pi-\tan\left(-\frac{7}{4}\pi\right)$　　(2) $\sin(-210°)+\cos 600°$

16 삼각함수표를 이용하여 다음 삼각함수의 값을 구하시오.

(1) $\sin(-27°)$　　(2) $\cos(-297°)$

(3) $\tan 245°$

각	sin	cos	tan
63°	0.8910	0.4540	1.9626
64°	0.8988	0.4384	2.0503
65°	0.9063	0.4226	2.1445

필수유형 11 여러 가지 각의 삼각함수(1)

한 걸음 더

$\dfrac{\sin\left(\frac{3}{2}\pi-\theta\right)\tan\theta}{\cos\left(\frac{\pi}{2}+\theta\right)\cos\theta}-\sin(\pi+\theta)\tan(\pi-\theta)$를 간단히 하시오.

guide

❶ 각을 $\frac{n}{2}\pi\pm\theta$ (n은 정수) 꼴로 변형한다.

❷ 다음을 이용하여 삼각함수를 결정한다.

(1) n이 짝수 ⇨ sin → sin, cos → cos, tan → tan

(2) n이 홀수 ⇨ sin → cos, cos → sin, tan → $\frac{1}{\tan}$

❸ θ를 예각으로 생각하고, 각 $\frac{n}{2}\pi\pm\theta$가 나타내는 동경이 속하는 사분면을 찾아 삼각함수의 값의 부호를 결정한다.

solution

$$\frac{\sin\left(\frac{3}{2}\pi-\theta\right)\tan\theta}{\cos\left(\frac{\pi}{2}+\theta\right)\cos\theta}-\sin(\pi+\theta)\tan(\pi-\theta)$$

$$=\frac{-\cos\theta\tan\theta}{-\sin\theta\cos\theta}-(-\sin\theta)(-\tan\theta)=\frac{\tan\theta}{\sin\theta}-\sin\theta\tan\theta$$

$$=\tan\theta\left(\frac{1}{\sin\theta}-\sin\theta\right)=\frac{\sin\theta}{\cos\theta}\times\frac{1-\sin^2\theta}{\sin\theta}\ \left(\because\ \tan\theta=\frac{\sin\theta}{\cos\theta}\right)$$

$$=\frac{\sin\theta}{\cos\theta}\times\frac{\cos^2\theta}{\sin\theta}\ (\because\ \sin^2\theta+\cos^2\theta=1)$$

$$=\cos\theta$$

필수 연습

답 pp.106~107

17 $\dfrac{\sin(\pi+\theta)}{\cos\left(\frac{3}{2}\pi+\theta\right)\tan^2(\pi-\theta)}+\dfrac{1}{\sin(2\pi+\theta)\cos\left(\frac{\pi}{2}-\theta\right)}$을 간단히 하시오.

18 $\frac{\pi}{2}<\theta<\pi$인 각 θ에 대하여 $\cos\left(\frac{\pi}{2}+\theta\right)+\sin(-\theta)=-\frac{6}{5}$일 때,

$3\tan\left(\frac{\pi}{2}-\theta\right)+\dfrac{4}{\tan\left(\frac{3}{2}\pi-\theta\right)}$의 값을 구하시오.

19 원점 O와 점 P(4, −3)을 지나는 동경 OP가 나타내는 각의 크기를 θ라 할 때,

$\dfrac{\sin(\pi-\theta)\sin\left(\frac{3}{2}\pi-\theta\right)}{\tan\left(\frac{3}{2}\pi-\theta\right)}\times\dfrac{\cos\left(\frac{\pi}{2}-\theta\right)}{\sin(2\pi-\theta)\tan^2(\pi+\theta)}$의 값을 구하시오.

필수유형 12 여러 가지 각의 삼각함수 (2)

개념 06

$\sin^2 1° + \sin^2 2° + \sin^2 3° + \cdots + \sin^2 89°$의 값을 구하시오.

guide

① 각의 크기의 합이 90°인 것끼리 짝을 짓는다.

② $\sin(90° - \theta°) = \cos\theta°$, $\cos(90° - \theta°) = \sin\theta°$, $\tan(90° - \theta°) = \frac{1}{\tan\theta°}$임을 이용하여 각을 변환한다.

③ 주어진 식의 값을 구한다.

solution

$\sin(90° - \theta°) = \cos\theta°$이므로

$\sin 89° = \sin(90° - 1°) = \cos 1°$, $\sin 88° = \sin(90° - 2°) = \cos 2°$, $\sin 87° = \sin(90° - 3°) = \cos 3°$, $\cdots$,

$\sin 46° = \sin(90° - 44°) = \cos 44°$

$\therefore \sin^2 1° + \sin^2 2° + \sin^2 3° + \cdots + \sin^2 89°$

$= (\sin^2 1° + \sin^2 89°) + (\sin^2 2° + \sin^2 88°) + (\sin^2 3° + \sin^2 87°) + \cdots + (\sin^2 44° + \sin^2 46°) + \sin^2 45°$

$= (\sin^2 1° + \cos^2 1°) + (\sin^2 2° + \cos^2 2°) + (\sin^2 3° + \cos^2 3°) + \cdots + (\sin^2 44° + \cos^2 44°) + \sin^2 45°$

$= \underbrace{1 + 1 + 1 + \cdots + 1}_{44\text{개}} + \left(\frac{\sqrt{2}}{2}\right)^2 = 1 \times 44 + \frac{1}{2} = \frac{89}{2}$

plus

(1) 두 각 A, B의 크기의 합이 $\frac{\pi}{2}$이면 $A + B = \frac{\pi}{2}$에서 $A = \frac{\pi}{2} - B$이므로

$\sin A = \sin\left(\frac{\pi}{2} - B\right) = \cos B$, $\cos A = \cos\left(\frac{\pi}{2} - B\right) = \sin B$, $\tan A = \tan\left(\frac{\pi}{2} - B\right) = \frac{1}{\tan B}$

(2) 두 각 A, B의 크기의 합이 π이면 $A + B = \pi$에서 $A = \pi - B$이므로

$\sin A = \sin(\pi - B) = \sin B$, $\cos A = \cos(\pi - B) = -\cos B$, $\tan A = \tan(\pi - B) = -\tan B$

필수 연습

20 $\cos^2 1° + \sin^2 2° + \cos^2 3° + \sin^2 4° + \cdots + \cos^2 89° + \sin^2 90°$의 값을 구하시오.

해 pp.107~108

21 $\tan 1° \times \tan 2° \times \tan 3° \times \cdots \times \tan 89°$의 값을 구하시오.

plus

22 그림과 같이 원 $x^2 + y^2 = 1$의 둘레를 10등분 하는 점을 차례대로 P_0, P_1, P_2, $\cdots$, P_9라 하자. $P_0(1, 0)$, $\angle P_0OP_1 = \theta$일 때, $\cos 3\theta + \cos 4\theta + \cos 5\theta + \cos 8\theta + \cos 9\theta$의 값을 구하시오.
(단, O는 원점이다.)

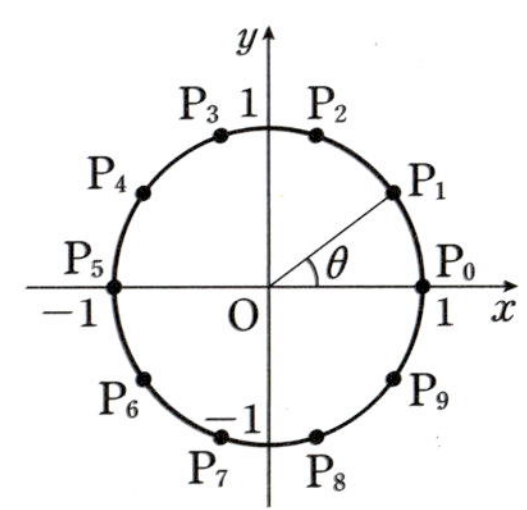

필수유형 13 삼각함수를 포함한 식의 최대, 최소(1)

개념 08

다음 함수의 최댓값과 최솟값을 구하시오.

(1) $y=\sin x-2\cos\left(\frac{3}{2}\pi-x\right)+2$ (2) $y=|\sin x+2|-1$

guide

❶ 삼각함수의 성질을 이용하여 주어진 식을 한 종류의 삼각함수로 통일한다.

❷ ❶에서 삼각함수의 값의 범위를 이용하여 바로 구하거나, 삼각함수를 t로 치환하여 t의 값의 범위에서 t에 대한 함수의 그래프를 그려서 구한다.

solution

(1) $y=\sin x-2\cos\left(\frac{3}{2}\pi-x\right)+2=\sin x+2\sin x+2=3\sin x+2$

이때 $-1\leq\sin x\leq1$이므로 $-3\leq3\sin x\leq3$

$\therefore -1\leq3\sin x+2\leq5$

따라서 최댓값은 5, 최솟값은 -1이다.

(2) $y=|\sin x+2|-1$에서 $\sin x=t$로 놓으면 $-1\leq t\leq1$이고,

$y=|t+2|-1$

즉, $-1\leq t\leq1$에서 $y=|t+2|-1$의 그래프는 오른쪽 그림과 같으므로

$t=1$일 때 최댓값 2, $t=-1$일 때 최솟값 0을 갖는다.

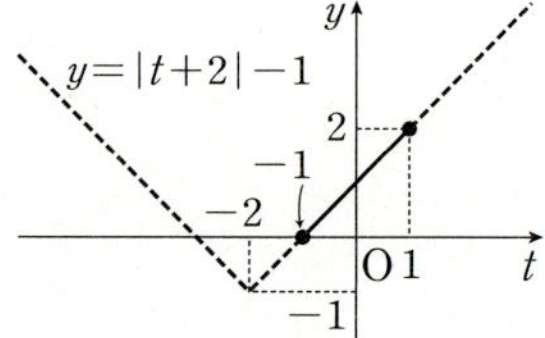

다른 풀이

(2) $y=|\sin x+2|-1$에서

$-1\leq\sin x\leq1$이므로 $\sin x+2>0$

$\therefore y=|\sin x+2|-1=\sin x+1$

따라서 $0\leq\sin x+1\leq2$이므로 주어진 함수의 최댓값은 2, 최솟값은 0이다.

필수 연습

답 p.108

23 다음 함수의 최댓값과 최솟값을 구하시오.

(1) $y=2\cos x+3\sin\left(\frac{\pi}{2}+x\right)+5$ (2) $y=|3-4\cos x|+2$

24 함수 $y=a|\cos2x-3|+b$의 최댓값이 6이고, 최솟값이 2일 때, 두 상수 a, b에 대하여 $a+b$의 값을 구하시오. (단, $a>0$)

필수유형 14 삼각함수를 포함한 식의 최대, 최소(2) 개념 08

다음 함수의 최댓값과 최솟값을 구하시오.

(1) $y=3\cos^2\left(\frac{\pi}{2}+x\right)+6\cos(\pi-x)+1$　　(2) $y=\frac{\sin x+4}{\sin x-2}$

guide

❶ 삼각함수의 성질과 삼각함수 사이의 관계를 이용하여 주어진 식을 한 종류의 삼각함수로 통일한다.

❷ ❶에서 삼각함수를 t로 치환하여 t에 대한 이차함수 또는 분수함수의 그래프를 그려서 구한다. 이때 t의 값의 범위에 유의한다.

solution

(1) $y=3\cos^2\left(\frac{\pi}{2}+x\right)+6\cos(\pi-x)+1$

$=3\sin^2 x-6\cos x+1$

$=3(1-\cos^2 x)-6\cos x+1$

$=-3\cos^2 x-6\cos x+4$

이때 $\cos x=t$로 놓으면 $-1\le t\le 1$이고,

$y=-3t^2-6t+4=-3(t+1)^2+7$

즉, $-1\le t\le 1$에서 $y=-3(t+1)^2+7$의 그래프는 오른쪽 그림과 같으므로

$t=-1$일 때 최댓값 7, $t=1$일 때 최솟값 -5를 갖는다.

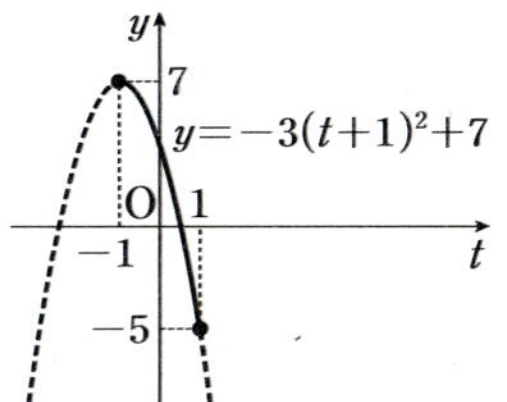

(2) $y=\frac{\sin x+4}{\sin x-2}$에서 $\sin x=t$로 놓으면 $-1\le t\le 1$이고,

$y=\frac{t+4}{t-2}=\frac{(t-2)+6}{t-2}=\frac{6}{t-2}+1$

즉, $-1\le t\le 1$에서 $y=\frac{6}{t-2}+1$의 그래프는 오른쪽 그림과 같으므로

$t=-1$일 때 최댓값 -1, $t=1$일 때 최솟값 -5를 갖는다.

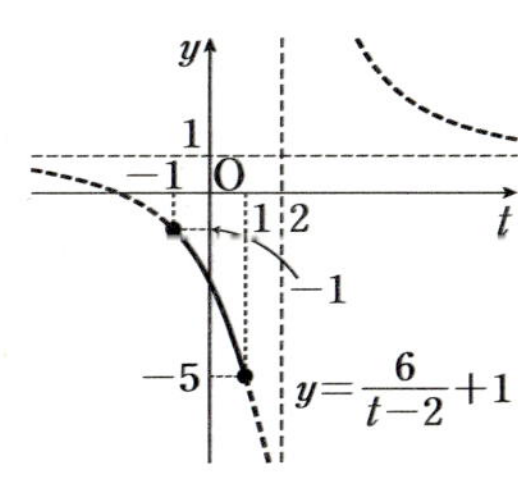

필수 연습

25 다음 함수의 최댓값과 최솟값을 구하시오.

(1) $y=-2\sin^2\left(\frac{3}{2}\pi+\theta\right)-2\cos^2\theta+4\sin(\pi+\theta)+2$　　(2) $y=\frac{2\cos x}{\cos x+3}$

해 pp.108~109

26 $-\frac{\pi}{4}\le x\le\frac{\pi}{3}$에서 함수 $y=\frac{1-2\tan x}{\tan x-2}$의 최댓값을 M, 최솟값을 m이라 할 때, $M-m$의 값을 구하시오.

27 함수 $y=2\cos^2 x+3\sin x+k-1$의 최댓값이 $\frac{19}{8}$일 때, 상수 k의 값을 구하시오.

13 직선 $3x+4y+1=0$이 x축의 양의 방향과 이루는 각의 크기를 θ라 할 때,

$$\frac{\sin(3\pi-\theta)\sin\left(\frac{\pi}{2}+\theta\right)}{1-\cos\left(\frac{\pi}{2}+\theta\right)}+\frac{\cos(\theta-\pi)}{1+\cos\left(\frac{3}{2}\pi-\theta\right)}$$

의 값을 구하시오.

서술형

14 다음 그림과 같이 원점 O를 중심으로 하고 반지름의 길이가 1인 사분원의 호 AB를 100등분 하는 각 점을 P_n $(n=1, 2, 3, \cdots, 99)$이라 하자. 점 P_n의 y좌표를 $f(n)$이라 할 때,

$$\{f(1)\}^2+\{f(2)\}^2+\{f(3)\}^2+\cdots+\{f(99)\}^2$$

의 값을 구하시오. (단, 점 P_n은 제1사분면 위의 점이다.)

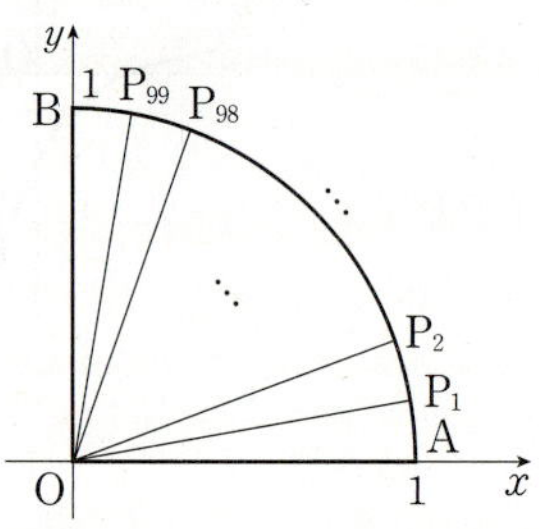

15 함수 $y=2a\sin\left(ax+\frac{\pi}{6}\right)+a\cos\left(\frac{\pi}{3}-ax\right)+b$의 주기가 6π이고, 최댓값이 5일 때, 두 상수 a, b에 대하여 ab의 값을 구하시오. (단, $a>0$)

16 함수 $y=a\cos^2 x+a\sin x+b$의 최댓값이 10이고 최솟값이 1일 때, 두 실수 a, b에 대하여 모든 ab의 값의 합을 구하시오. (단, $a\neq0$)

17 이차함수 $f(x)=x^2-2x\cos\theta+2\sin^2\theta$의 그래프의 꼭짓점과 원점 사이의 거리의 최댓값과 최솟값의 합은? (단, $0\le\theta<2\pi$)

① $2-\frac{\sqrt{23}}{6}$
② $2+\frac{\sqrt{23}}{6}$
③ $4-\frac{\sqrt{17}}{6}$
④ $4+\frac{\sqrt{17}}{6}$
⑤ $4+\frac{\sqrt{23}}{6}$

18 $0\le x\le\frac{\pi}{4}$에서 함수 $y=\frac{2\sin x+3\cos x}{\sin x+2\cos x}-2$의 최댓값을 M, 최솟값을 m이라 할 때, $M+m$의 값을 구하시오.

BLACKLABEL

3 삼각방정식과 삼각부등식

개념 09 삼각방정식 Ⓐ

삼각함수의 각의 크기에 미지수가 있는 방정식은 다음과 같은 순서로 푼다.
(i) 주어진 방정식을 $\sin x=k$ (또는 $\cos x=k$ 또는 $\tan x=k$) 꼴로 나타낸다.
(ii) 함수 $y=\sin x$ (또는 $y=\cos x$ 또는 $y=\tan x$)의 그래프와 직선 $y=k$를 그린다.
(iii) 주어진 범위에서 함수의 그래프와 직선의 교점의 x좌표를 찾아 방정식의 해를 구한다.

1. 삼각방정식의 풀이

x에 대한 방정식 $f(x)=k$의 실근은 함수 $y=f(x)$의 그래프와 직선 $y=k$의 교점의 x좌표와 같다. 이것을 이용하여 삼각방정식을 푼다.

예 $0\le x<2\pi$일 때, 방정식 $\sin x=\frac{1}{2}$의 해를 구해 보자.

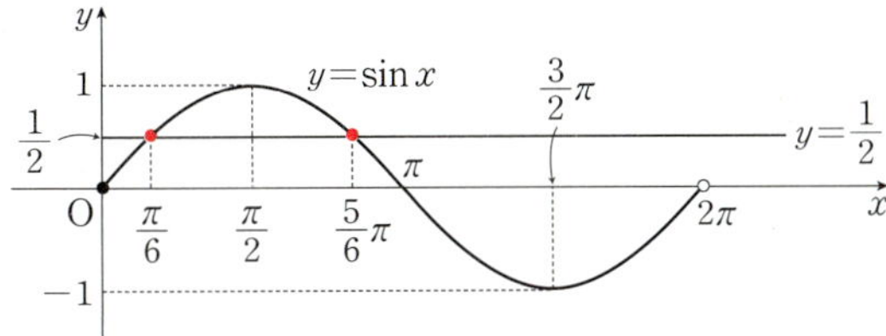

위의 그림에서 $0\le x<2\pi$일 때, 함수 $y=\sin x$의 그래프와 직선 $y=\frac{1}{2}$의 교점의 x좌표는 $\frac{\pi}{6}$, $\frac{5}{6}\pi$이므로 구하는 해는

$x=\frac{\pi}{6}$ 또는 $x=\frac{5}{6}\pi$ Ⓑ

2. 삼각함수의 주기와 그래프의 대칭성을 이용한 삼각방정식의 해의 성질 Ⓒ

삼각함수가 주기함수인 것과 삼각함수의 그래프의 대칭성을 이용하여 삼각방정식의 해의 성질을 알 수 있다.

(1) 함수 $y=\sin x$의 주기가 2π이고, 함수 $y=\sin x$의 그래프가 직선 $x=\frac{2n+1}{2}\pi$ (n은 정수)에 대하여 대칭임을 이용하여 $0\le x<3\pi$일 때, 방정식 $\sin x=k$ $(-1<k<1)$의 해의 성질을 알아 보자.

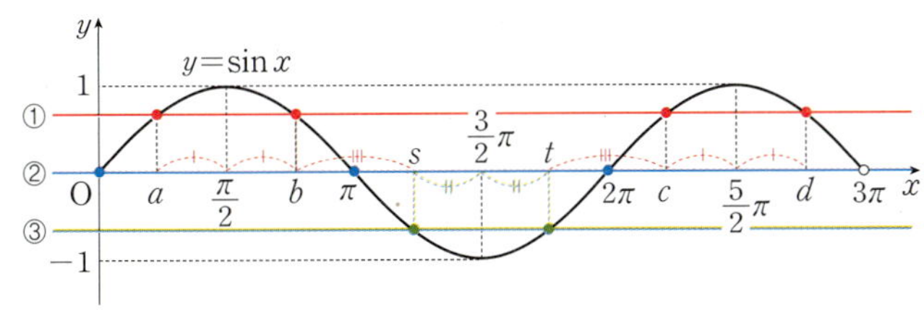

Ⓐ 삼각방정식

$\sin x=\frac{1}{2}$, $\tan 3x=-\sqrt{3}$ 등과 같이 삼각함수의 각의 크기에 미지수가 있는 방정식을 **삼각방정식**이라고 한다.

Ⓑ 삼각방정식에서의 해의 범위

삼각함수는 주기함수이므로 해의 범위에 따라 삼각방정식의 해의 개수가 달라질 수 있다.

Ⓒ 삼각함수의 그래프의 점에 대한 대칭성

(1) 함수 $y=\sin x$의 그래프는 점 $(n\pi, 0)$ (n은 정수)에 대하여 대칭인 곡선이다.
(2) 함수 $y=\cos x$의 그래프는 점 $\left(\frac{2n+1}{2}\pi, 0\right)$ (n은 정수)에 대하여 대칭인 곡선이다.

① $0<k<1$일 때, 함수 $y=\sin x$의 그래프와 직선 $y=k$의 교점의 x좌표를 작은 것부터 차례대로 a, b, c, d라 하면

$\frac{a+b}{2}=\frac{\pi}{2}$, $\frac{c+d}{2}=\frac{5}{2}\pi$, $\frac{a+d}{2}=\frac{3}{2}\pi$, $\frac{b+c}{2}=\frac{3}{2}\pi$ $\quad\therefore a+b=\pi,\ c+d=5\pi,\ a+d=3\pi,\ b+c=3\pi$

(교점은 직선 $x=\frac{\pi}{2}$에 대하여 대칭, 교점은 직선 $x=\frac{5}{2}\pi$에 대하여 대칭, 교점은 직선 $x=\frac{3}{2}\pi$에 대하여 대칭)

$a+2\pi=c$, $b+2\pi=d$ $\quad\therefore c-a=2\pi,\ d-b=2\pi$

② $k=0$일 때, 함수 $y=\sin x$의 그래프와 직선 $y=k$의 교점의 x좌표는 0, π, 2π이다.

③ $-1<k<0$일 때, 함수 $y=\sin x$의 그래프와 직선 $y=k$의 교점의 x좌표를 작은 것부터 차례대로 s, t라 하면

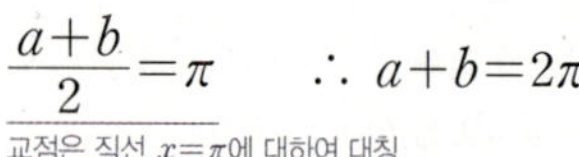

$\frac{s+t}{2}=\frac{3}{2}\pi$ $\quad\therefore s+t=3\pi$

교점은 직선 $x=\frac{3}{2}\pi$에 대하여 대칭

(2) 함수 $y=\cos x$의 그래프가 직선 $x=n\pi$ (n은 정수)에 대하여 대칭임을 이용하여 $0\le x<2\pi$일 때, 방정식 $\cos x=k$ $(-1<k<1)$의 해의 성질을 알아 보자.

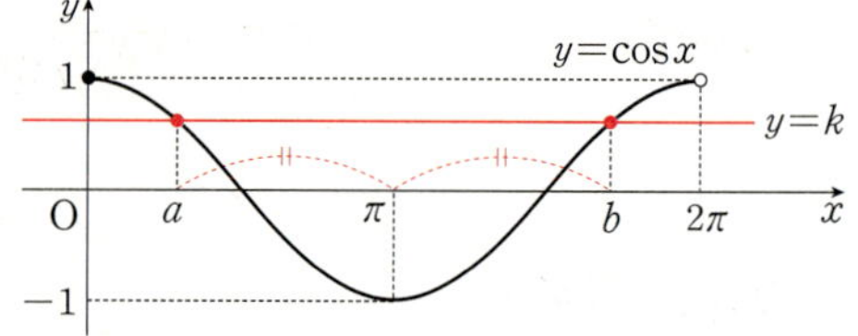

$-1<k<1$일 때, 함수 $y=\cos x$의 그래프와 직선 $y=k$의 교점의 x좌표를 작은 것부터 차례대로 a, b라 하면

$\frac{a+b}{2}=\pi$ $\quad\therefore a+b=2\pi$

교점은 직선 $x=\pi$에 대하여 대칭

개념 10 삼각부등식 Ⓐ

삼각함수의 각의 크기에 미지수가 있는 부등식은 다음과 같이 푼다.

(1) $\sin x>k$ (또는 $\cos x>k$ 또는 $\tan x>k$) 꼴
함수 $y=\sin x$ (또는 $y=\cos x$ 또는 $y=\tan x$)의 그래프가 직선 $y=k$보다 위쪽에 있는 부분의 x의 값의 범위를 구한다.

(2) $\sin x<k$ (또는 $\cos x<k$ 또는 $\tan x<k$)의 꼴
함수 $y=\sin x$ (또는 $y=\cos x$ 또는 $y=\tan x$)의 그래프가 직선 $y=k$보다 아래쪽에 있는 부분의 x의 값의 범위를 구한다.

x에 대한 부등식 $f(x)>k$의 해는 함수 $y=f(x)$의 그래프가 직선 $y=k$보다 위쪽에 있는 부분의 x의 값의 범위이다.
이때 부등식의 부등호를 등호로 바꾼 삼각방정식 $f(x)=k$를 풀어 함수 $y=f(x)$의 그래프와 직선 $y=k$의 교점의 x좌표를 구한 다음, 위의 사실을 이용하여 삼각부등식을 푼다.

예1 $0\le x<2\pi$일 때, 부등식 $\tan x\ge\frac{\sqrt{3}}{3}$의 해를 구해 보자.

주어진 부등식의 해는 함수 $y=\tan x$의 그래프가 직선 $y=\frac{\sqrt{3}}{3}$과 만나거나 직선보다 위쪽에 있는 부분의 x의 값의 범위이다.
오른쪽 그림에서 $0\le x<2\pi$일 때, 구하는 부등식의 해는

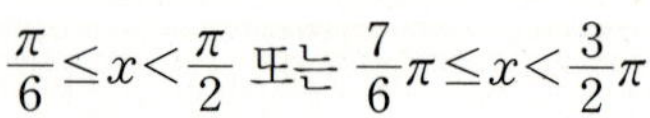

$\frac{\pi}{6}\le x<\frac{\pi}{2}$ 또는 $\frac{7}{6}\pi\le x<\frac{3}{2}\pi$

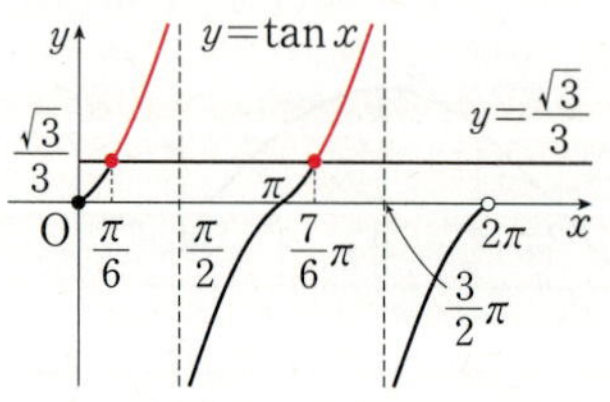

Ⓐ 삼각부등식

$\cos x>\frac{1}{2}$, $\tan 2x\le-\sqrt{3}$ 등과 같이 삼각함수의 각의 크기에 미지수가 있는 부등식을 **삼각부등식**이라고 한다.

예2 $0 \le x < 2\pi$일 때, 부등식 $\cos x < \frac{\sqrt{2}}{2}$의 해를 구해 보자.

주어진 부등식의 해는 함수 $y=\cos x$의 그래프가 직선 $y=\frac{\sqrt{2}}{2}$보다 아래쪽에 있는 부분의 x의 값의 범위이다.
오른쪽 그림에서 $0 \le x < 2\pi$일 때, 구하는 부등식의 해는

$\frac{\pi}{4} < x < \frac{7}{4}\pi$

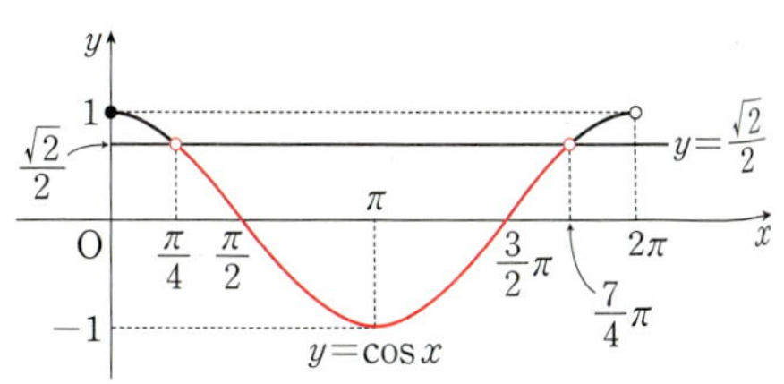

한걸음 더

단위원을 이용한 삼각방정식의 풀이

기본연습 28, 30

단위원 위의 점 $P(x, y)$에 대하여 동경 OP가 나타내는 각을 θ라 하면 삼각함수의 정의에 의하여

$$\sin\theta = y,\ \cos\theta = x,\ \tan\theta = \frac{y}{x}\ (x \ne 0)$$

이고, 이것을 이용하여 θ에 대한 방정식 $\sin\theta = k$, $\cos\theta = k$, $\tan\theta = k$의 해를 구할 수 있다.

(1) 방정식 $\sin\theta = k\ (0 \le \theta < 2\pi)$의 해

단위원과 직선 $y=k$의 두 교점 P, P′에 대하여 두 동경 OP, OP′이 각각 나타내는 각이므로

$\theta = \alpha$ 또는 $\theta = \beta = \pi - \alpha$

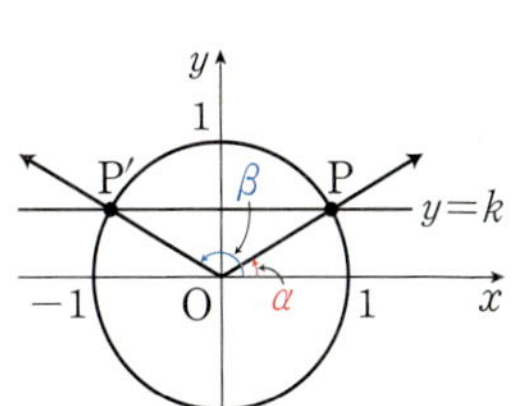

(2) 방정식 $\cos\theta = k\ (0 \le \theta < 2\pi)$의 해

단위원과 직선 $x=k$의 두 교점 P, P′에 대하여 두 동경 OP, OP′이 각각 나타내는 각이므로

$\theta = \alpha$ 또는 $\theta = \beta = 2\pi - \alpha$

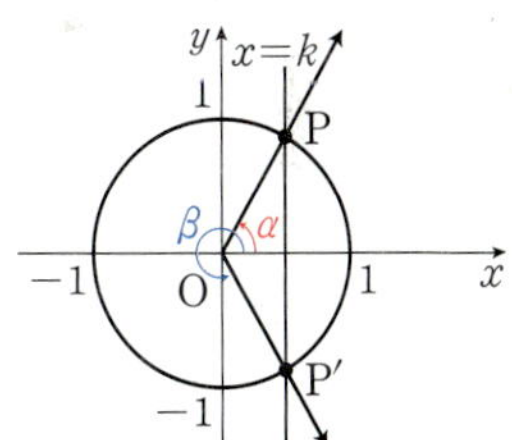

(3) 방정식 $\tan\theta = k\ (0 \le \theta < 2\pi)$의 해

단위원과 직선 $y=kx$의 두 교점 P, P′에 대하여 두 동경 OP, OP′이 각각 나타내는 각이므로

$\theta = \alpha$ 또는 $\theta = \beta = \pi + \alpha$

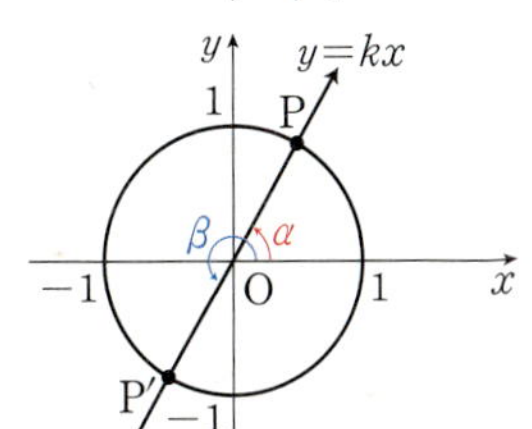

예 방정식 $\sin\theta = \frac{1}{2}\ (0 \le \theta < 2\pi)$의 해는 단위원과 직선 $y=\frac{1}{2}$의 두 교점 P, P′에 대하여 두 동경 OP, OP′이 각각 나타내는 각이므로

$\theta = \frac{\pi}{6}$ 또는 $\theta = \frac{5}{6}\pi$

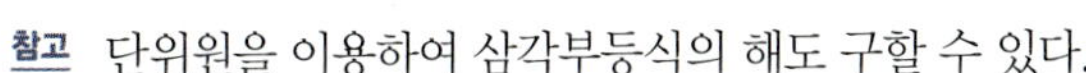
참고 단위원을 이용하여 삼각부등식의 해도 구할 수 있다.

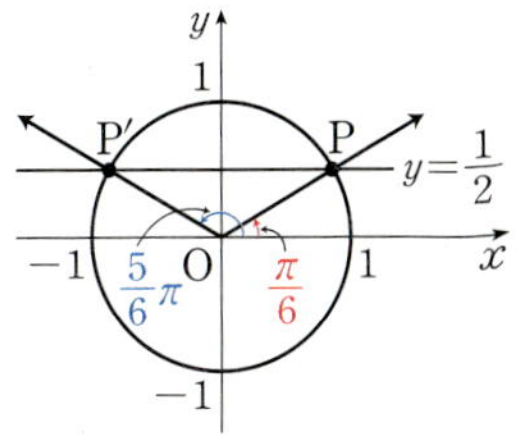

기본유형 15 삼각방정식(1)

개념 09

$0 \le x < 2\pi$일 때, 방정식 $\sqrt{3}\tan x + 1 = 0$을 푸시오.

solution

$\sqrt{3}\tan x + 1 = 0$에서 $\sqrt{3}\tan x = -1$ $\quad \therefore \tan x = -\frac{\sqrt{3}}{3}$

주어진 방정식의 해는 함수 $y=\tan x$ $(0 \le x < 2\pi)$의 그래프와 직선 $y=-\frac{\sqrt{3}}{3}$의 교점의 x좌표와 같다.

따라서 구하는 해는

$x=\frac{5}{6}\pi$ 또는 $x=\frac{11}{6}\pi$

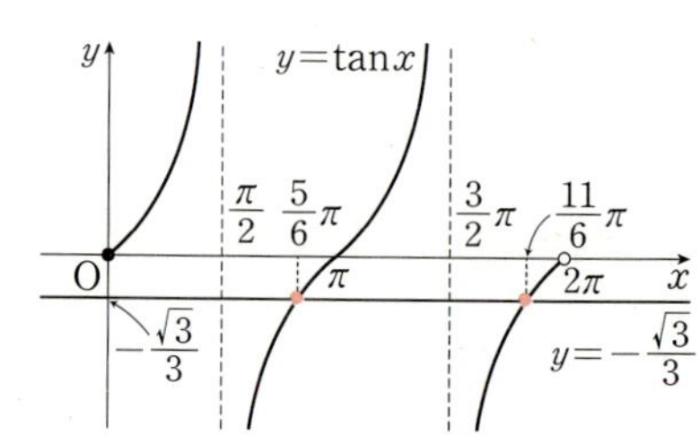

기본유형 16 삼각방정식(2)

개념 09

$0 \le x < 2\pi$일 때, 방정식 $2\sin\left(x+\frac{\pi}{4}\right)=\sqrt{2}$를 푸시오.

solution

$x+\frac{\pi}{4}=t$로 놓으면 $0 \le x < 2\pi$에서 $\frac{\pi}{4} \le x+\frac{\pi}{4} < \frac{9}{4}\pi$ $\quad \therefore \frac{\pi}{4} \le t < \frac{9}{4}\pi$

주어진 방정식은 $2\sin t=\sqrt{2}$에서 $\sin t=\frac{\sqrt{2}}{2}$

함수 $y=\sin t$ $\left(\frac{\pi}{4} \le t < \frac{9}{4}\pi\right)$의 그래프와 직선 $y=\frac{\sqrt{2}}{2}$의 교점의 t좌표는 $\frac{\pi}{4}$, $\frac{3}{4}\pi$이고, $t=x+\frac{\pi}{4}$이므로

$x+\frac{\pi}{4}=\frac{\pi}{4}$ 또는 $x+\frac{\pi}{4}=\frac{3}{4}\pi$

$\therefore x=0$ 또는 $x=\frac{\pi}{2}$

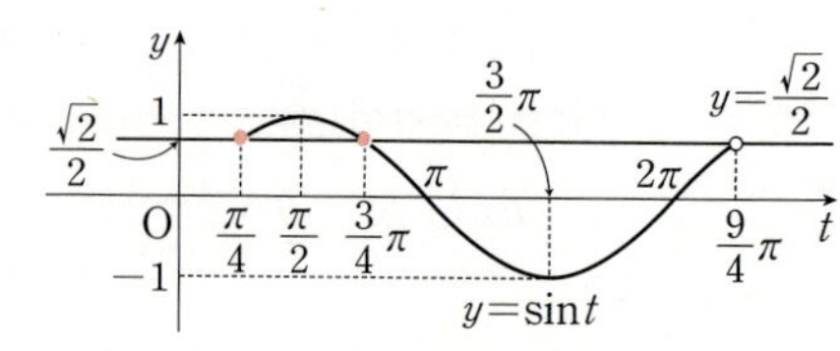

기본 연습

28 $0 \le x < 2\pi$일 때, 방정식 $2\cos x+\sqrt{3}=0$을 푸시오.

답 p.112

29 $0 \le x < 2\pi$일 때, 방정식 $\tan\left(x-\frac{\pi}{6}\right)=-1$을 푸시오.

기본유형 17 삼각부등식 (1)

개념 10

$0 \le x < 2\pi$일 때, 부등식 $2\sin x \ge \sqrt{3}$을 푸시오.

solution

$2\sin x \ge \sqrt{3}$에서 $\sin x \ge \frac{\sqrt{3}}{2}$

주어진 부등식의 해는 함수 $y=\sin x\ (0 \le x < 2\pi)$의 그래프가 직선 $y=\frac{\sqrt{3}}{2}$과 만나거나 직선보다 위쪽에 있는 부분의 x의 값의 범위이다.

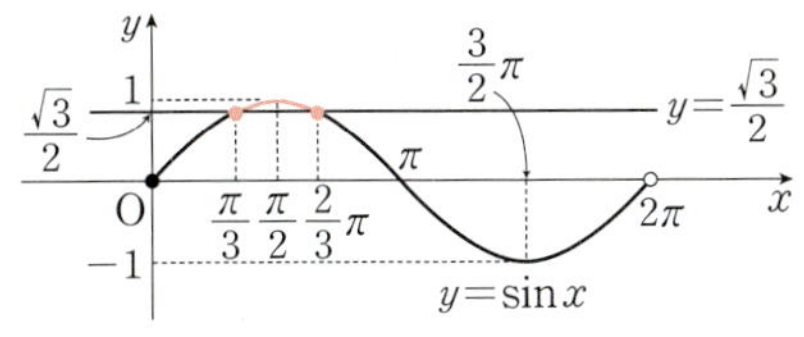

따라서 구하는 해는

$\frac{\pi}{3} \le x \le \frac{2}{3}\pi$

기본유형 18 삼각부등식 (2)

개념 10

$0 \le x < 2\pi$일 때, 부등식 $2\cos 2x < -1$을 푸시오.

solution

$2x=t$로 놓으면 $0 \le x < 2\pi$에서 $0 \le 2x < 4\pi$ $\quad \therefore 0 \le t < 4\pi$

주어진 부등식은 $2\cos t < -1$에서 $\cos t < -\frac{1}{2}$

함수 $y=\cos t\ (0 \le t < 4\pi)$의 그래프가 직선 $y=-\frac{1}{2}$보다 아래쪽에 있는 부분의 t의 값의 범위는 $\frac{2}{3}\pi < t < \frac{4}{3}\pi$ 또는 $\frac{8}{3}\pi < t < \frac{10}{3}\pi$

이고, $t=2x$이므로

$\frac{2}{3}\pi < 2x < \frac{4}{3}\pi$ 또는 $\frac{8}{3}\pi < 2x < \frac{10}{3}\pi$ $\quad \therefore \frac{\pi}{3} < x < \frac{2}{3}\pi$ 또는 $\frac{4}{3}\pi < x < \frac{5}{3}\pi$

기본 연습

30 $0 \le x < 2\pi$일 때, 부등식 $\tan x \le \sqrt{3}$을 푸시오.

31 $0 \le x < 2\pi$일 때, 부등식 $-\sqrt{2}\sin(x-\pi) < 1$을 푸시오.

해 pp.112~113

필수유형 19 삼각방정식

개념 09

방정식 $2\cos^2 x+\sin x-1=0$의 모든 근의 합을 구하시오. (단, $0\le x<2\pi$)

guide

❶ 다음 삼각함수 사이의 관계를 이용하여 한 종류의 삼각함수에 대한 방정식으로 나타낸다.

(1) $\tan\theta=\dfrac{\sin\theta}{\cos\theta}$ (2) $\sin^2\theta+\cos^2\theta=1$

❷ 그래프를 이용하여 ❶의 해를 구한다.

solution

$2\cos^2 x+\sin x-1=0$에서 $2(1-\sin^2 x)+\sin x-1=0$

$2\sin^2 x-\sin x-1=0$, $(2\sin x+1)(\sin x-1)=0$

$\therefore \sin x=-\dfrac{1}{2}$ 또는 $\sin x=1$

$0\le x<2\pi$에서 함수 $y=\sin x$의 그래프와 두 직선 $y=-\dfrac{1}{2}$, $y=1$은 오른쪽 그림과 같다.

$\sin x=-\dfrac{1}{2}$에서 $x=\dfrac{7}{6}\pi$ 또는 $x=\dfrac{11}{6}\pi$

$\sin x=1$에서 $x=\dfrac{\pi}{2}$

따라서 모든 근의 합은 $\dfrac{7}{6}\pi+\dfrac{11}{6}\pi+\dfrac{\pi}{2}=\dfrac{7}{2}\pi$

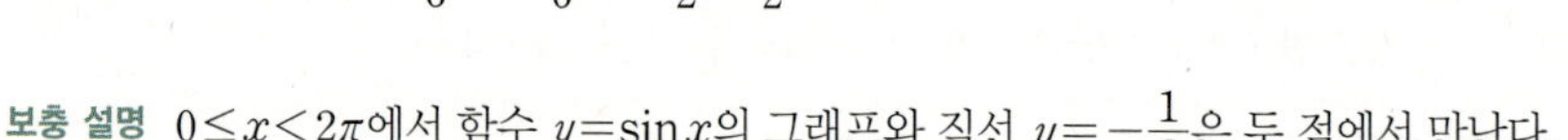

보충 설명 $0\le x<2\pi$에서 함수 $y=\sin x$의 그래프와 직선 $y=-\dfrac{1}{2}$은 두 점에서 만난다.

이 두 교점의 x좌표를 α, β $(\alpha<\beta)$라 하면 $\dfrac{\alpha+\beta}{2}=\dfrac{3}{2}\pi$ $\quad\therefore \alpha+\beta=3\pi$

└ 교점은 직선 $x=\dfrac{3}{2}\pi$에 대하여 대칭이다.

또한, $\sin x=1$에서 $x=\dfrac{\pi}{2}$이므로 주어진 방정식의 모든 근의 합은

$\alpha+\beta+\dfrac{\pi}{2}=3\pi+\dfrac{\pi}{2}=\dfrac{7}{2}\pi$

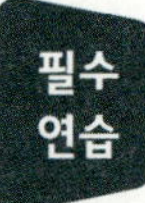

필수 연습

32 방정식 $2\sin^2 x+3\cos x=3$의 모든 근의 합을 구하시오. (단, $0\le x<2\pi$)

유 pp.113~114

33 방정식 $\cos(\pi\sin x)=0$의 모든 근의 합을 구하시오. $\left(단,\ 0\le x\le\dfrac{3}{2}\pi\right)$

필수유형 20 삼각방정식의 근의 조건과 실근의 개수

개념 09

다음 물음에 답하시오.

(1) 방정식 $4\sin x-\cos^2 x=a$가 실근을 가질 때, 실수 a의 값의 범위를 구하시오.

(2) 방정식 $\sin x=\frac{1}{4\pi}x$의 서로 다른 실근의 개수를 구하시오.

guide

❶ 방정식 $f(x)=g(x)$에 대하여 두 함수 $y=f(x)$, $y=g(x)$의 그래프를 그린다.

❷ 다음을 이용하여 방정식 $f(x)=g(x)$가 실근을 갖도록 하는 미지수의 값 또는 실근의 개수를 구한다.

⇨ 방정식 $f(x)=g(x)$의 실근 ⟺ 두 함수 $y=f(x)$, $y=g(x)$의 그래프의 교점의 x좌표

solution

(1) $4\sin x-\cos^2 x=a$에서 $4\sin x-(1-\sin^2 x)=a$ $\quad\therefore \sin^2 x+4\sin x-1=a$

이 방정식이 실근을 가지려면 함수 $y=\sin^2 x+4\sin x-1$의 그래프와 직선 $y=a$가 교점을 가져야 한다.

$y=\sin^2 x+4\sin x-1$에서 $\sin x=t$로 놓으면 $-1\le t\le 1$이고,

$y=t^2+4t-1=(t+2)^2-5$의 그래프는 오른쪽 그림과 같다.

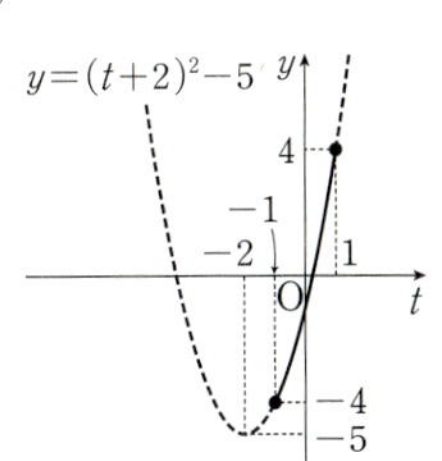

따라서 이 그래프와 직선 $y=a$가 만나기 위한 실수 a의 값의 범위는

$-4\le a\le 4$

(2) 방정식 $\sin x=\frac{1}{4\pi}x$의 서로 다른 실근의 개수는 함수 $y=\sin x$의 그래프와 직선 $y=\frac{1}{4\pi}x$의 교점의 개수와 같다.

이때 직선 $y=\frac{1}{4\pi}x$는 두 점 $(-4\pi,\ -1)$, $(4\pi,\ 1)$을 지나므로 두 함수의 그래프는 다음 그림과 같다.

$x<-4\pi$ 또는 $x>4\pi$에서 두 그래프는 만나지 않는다.

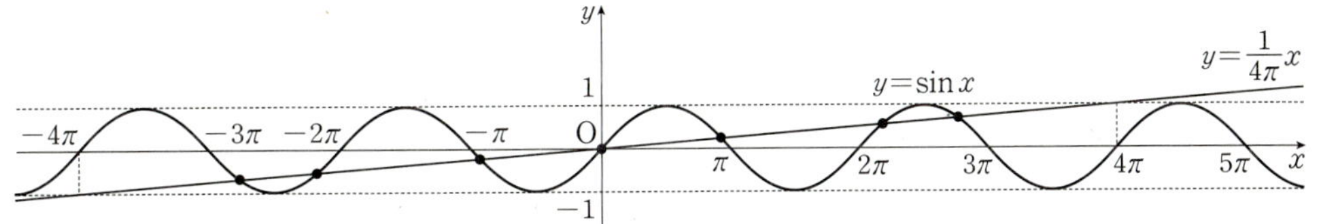

따라서 함수 $y=\sin x$의 그래프와 직선 $y=\frac{1}{4\pi}x$의 교점의 개수는 7이므로 주어진 방정식의 서로 다른 실근의 개수는 7이다.

필수 연습

34 다음 물음에 답하시오.

(1) 방정식 $4\sin^2 x-4\cos x-a=0$이 실근을 가질 때, 실수 a의 값의 범위를 구하시오.

(2) 방정식 $\cos x=\frac{2}{5\pi}x$의 서로 다른 실근의 개수를 구하시오.

해 pp.114~115

필수유형 21 삼각부등식

개념 10

$0<x<2\pi$일 때, 부등식 $2\sin^2 x+\cos x-1<0$을 푸시오.

guide

❶ 다음 삼각함수 사이의 관계를 이용하여 한 종류의 삼각함수에 대한 부등식으로 나타낸다.

(1) $\tan\theta=\dfrac{\sin\theta}{\cos\theta}$ (2) $\sin^2\theta+\cos^2\theta=1$

❷ 그래프를 이용하여 ❶의 해를 구한다.

solution

$2\sin^2 x+\cos x-1<0$에서 $2(1-\cos^2 x)+\cos x-1<0$

$2\cos^2 x-\cos x-1>0$, $(2\cos x+1)(\cos x-1)>0$

이때 $0<x<2\pi$에서 $-1\le\cos x<1$이므로 $\cos x-1<0$

즉, $2\cos x+1<0$이므로 $\cos x<-\dfrac{1}{2}$

$0<x<2\pi$에서 함수 $y=\cos x$의 그래프와 직선 $y=-\dfrac{1}{2}$은 다음 그림과 같다.

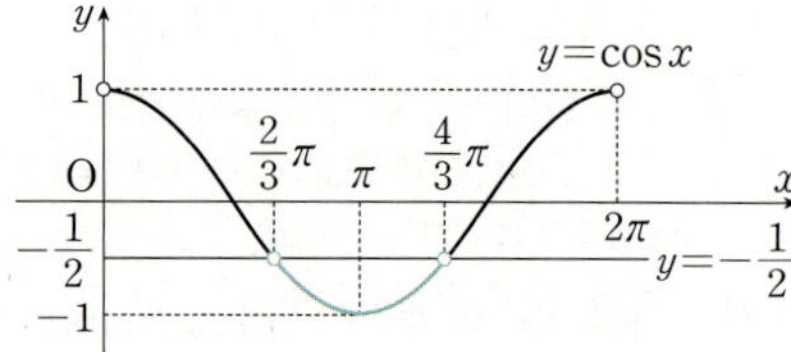

부등식 $\cos x<-\dfrac{1}{2}$의 해는 함수 $y=\cos x$의 그래프가 직선 $y=-\dfrac{1}{2}$보다 아래쪽에 있는 부분의 x의 값의 범위이므로 구하는 해는

$\dfrac{2}{3}\pi<x<\dfrac{4}{3}\pi$

필수 연습

35 $-\dfrac{\pi}{2}<x<\dfrac{\pi}{2}$일 때, 부등식 $(\sin x+\cos x)(\sin x-\sqrt{3}\cos x)<0$을 푸시오.

p.115

36 다음 중 연립부등식 $\begin{cases}\sin x\ge\cos x\\ 2\cos^2 x-\sqrt{3}\sin x+1\ge0\end{cases}$을 만족시키는 x의 값으로 가능한 것은?

① $\dfrac{\pi}{12}$ ② $\dfrac{\pi}{6}$ ③ $\dfrac{\pi}{2}$ ④ $\dfrac{3}{4}\pi$ ⑤ $\dfrac{3}{2}\pi$

필수유형 22 삼각방정식과 삼각부등식의 활용

개념 09+10

x에 대한 이차방정식 $x^2+(2\sin\theta)x-3\cos\theta+1=0$이 서로 다른 두 실근을 갖도록 하는 θ의 값의 범위를 구하시오. (단, $0\le\theta<2\pi$)

guide

❶ 다음과 같은 이차방정식의 근의 판별을 이용하여 판별식에 대한 식을 세운다.

(1) (판별식) >0이면 서로 다른 두 실근
(2) (판별식) $=0$이면 중근(실근)
(3) (판별식) <0이면 서로 다른 두 허근

을 갖는다. ← (판별식) ≥0이면 실근을 갖는다.

❷ ❶에서 세운 삼각방정식 또는 삼각부등식의 해를 구한다.

solution

이차방정식 $x^2+(2\sin\theta)x-3\cos\theta+1=0$이 서로 다른 두 실근을 가지려면 이 이차방정식의 판별식을 D라 할 때, $D>0$이어야 하므로

$\frac{D}{4}=\sin^2\theta+3\cos\theta-1>0$, $1-\cos^2\theta+3\cos\theta-1>0$

$\cos^2\theta-3\cos\theta<0$, $\cos\theta(\cos\theta-3)<0$

이때 $-1\le\cos\theta\le1$에서 $\cos\theta-3<0$이므로 $\cos\theta>0$

$0\le\theta<2\pi$에서 함수 $y=\cos\theta$의 그래프는 오른쪽 그림과 같다.

따라서 부등식 $\cos\theta>0$의 해, 즉 조건을 만족시키는 θ의 값의 범위는

$0\le\theta<\frac{\pi}{2}$ 또는 $\frac{3}{2}\pi<\theta<2\pi$

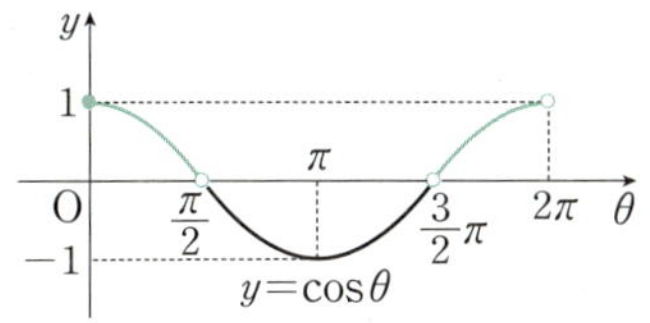

plus

이차부등식이 항상 성립할 조건

(1) $ax^2+bx+c>0 \iff a>0,\ D<0$
(2) $ax^2+bx+c\ge0 \iff a>0,\ D\le0$
(3) $ax^2+bx+c<0 \iff a<0,\ D<0$
(4) $ax^2+bx+c\le0 \iff a<0,\ D\le0$

필수 연습

답 pp.116~117

37 x에 대한 이차방정식 $x^2-2x+\tan^2\theta-2=0$이 중근을 갖도록 하는 모든 θ의 값의 합을 구하시오. (단, $0\le\theta<2\pi$)

plus
38 모든 실수 x에 대하여 이차부등식 $6x^2+(4\cos\theta)x+\sin\theta>0$이 항상 성립하도록 하는 θ의 값의 범위를 구하시오. (단, $0\le\theta<2\pi$)

39 x에 대한 이차방정식 $x^2-2x\cos\theta+1-\sin\theta=0$의 두 근을 α, β라 할 때, $\alpha^2+\beta^2=2$를 만족시키는 모든 θ의 값의 합을 구하시오. (단, $0\le\theta<2\pi$)

19 방정식 $\sqrt{3}\tan x+2\sin x=0$의 모든 근의 합을 구하시오. (단, $0\le x<2\pi$)

20 다음 그림과 같이 함수 $y=\sin 2x$ $(0\le x\le \pi)$의 그래프가 직선 $y=\frac{1}{3}$과 두 점 A, B에서 만나고, 직선 $y=-\frac{1}{3}$과 두 점 C, D에서 만난다.
네 점 A, B, C, D의 x좌표를 각각 α, β, γ, δ라 할 때, $\alpha+3\beta+3\gamma+\delta$의 값을 구하시오. (단, $\alpha<\beta<\gamma<\delta$)

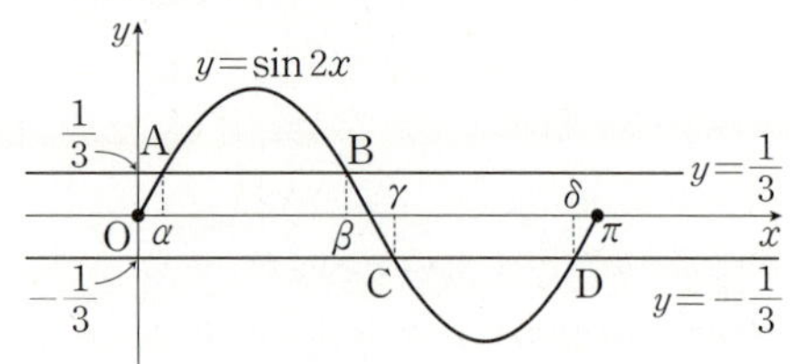

21 방정식 $3\cos \pi x=\frac{1}{2}|x+1|$의 서로 다른 실근의 개수를 구하시오.

22 $0\le x<2\pi$일 때, 부등식

$$4^{\cos^2 x}\times\left(\frac{1}{2}\right)^{-\sin x}-2>0$$

의 해를 구하시오.

23 부등식 $\sin^2\theta-4\sin\theta-k\ge 0$이 모든 실수 θ에 대하여 항상 성립하도록 하는 실수 k의 최댓값을 구하시오.

24 x에 대한 이차방정식

$$2x^2+(2\sqrt{2}\sin\theta)x+\frac{3}{2}\cos\theta=0$$

의 두 근이 모두 음수일 때, θ의 값의 범위를 구하시오. (단, $0\le\theta<2\pi$)

개념 마무리 

1 오른쪽 그림과 같이 반지름의 길이가 2 m인 물레방아가 지면과 1 m 간격을 두고 설치되어 있다. 지면과 가장 가까운 물레방아의 날개의 위치를 점 P, 물레방아의 날개 위의 한 점을 A라 하자. 이 물레방아가 반시계 방향으로 회전할 때, 점 P에서 출발한 점 A의 x초 후의 지면으로부터의 높이를 $h(x)$라 하면

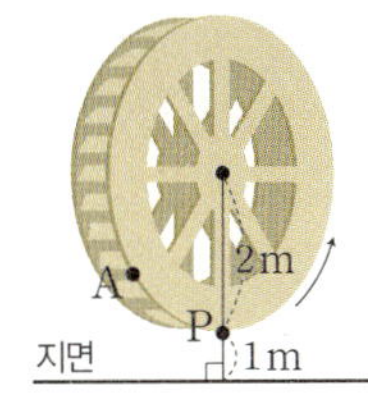

$h(x)=a\sin b(x+9)+c$ (단, a, b, c는 상수)

점 A가 점 P에서 출발하여 처음으로 다시 점 P를 지날 때까지 걸리는 시간을 구하시오. $\left(\text{단, } a>0,\ 0<b<\dfrac{\pi}{3}\right)$

1등급

2 실수 θ에 대하여 $\dfrac{\sin\theta+1}{-\cos\theta+4}$의 최댓값을 구하시오.

3 함수 $y=4\sin\dfrac{1}{4}(x-\pi)$ $(0\le x\le 10\pi)$의 그래프와 직선 $y=2$가 만나는 점들 중 서로 다른 두 점 A, B와 이 곡선 위의 점 P에 대하여 삼각형 PAB의 넓이의 최댓값이 $k\pi$일 때, 상수 k의 값을 구하시오.

(단, 점 P는 직선 $y=2$ 위의 점이 아니다.)

4 $0\le x\le 2\pi$에서 방정식 $\tan x=4$의 서로 다른 두 실근을 각각 α, β라 하고, 방정식 $\tan x=\dfrac{1}{4}$의 서로 다른 두 실근을 각각 γ, δ라 할 때, $\sin(\alpha+\beta+\gamma+\delta)$의 값을 구하시오.

5 함수 $f(x)$가 다음 조건을 만족시킬 때, 방정식 $f(x)=\dfrac{x}{\pi}$의 실근의 개수를 구하시오.

(가) 모든 실수 x에 대하여 $f(x+\pi)=f(x)$

(나) $0\le x\le\dfrac{\pi}{2}$일 때, $f(x)=\sin 6x$

(다) $\dfrac{\pi}{2}<x\le\pi$일 때, $f(x)=-\sin 6x$

신유형

6 $\dfrac{3}{2}\pi<x<2\pi$일 때, 세 변의 길이가 1, 2, $2\cos x$인 삼각형이 둔각삼각형이 되도록 하는 x의 값의 범위를 구하시오.

The only courage that matters
is the kind that gets you
from one moment to the next.

단 하나의 중요한 용기는 당신을 한 순간에서
다음 순간으로 나아가게 하는 용기이다.

... 미뇽 머클로플린(Mignon McLaughlin)

II

삼각함수

05 삼각함수의 정의

06 삼각함수의 그래프

07 삼각함수의 활용

1. 사인법칙과 코사인법칙

2. 삼각형의 넓이

1 사인법칙과 코사인법칙

개념 01 사인법칙

삼각형 ABC의 외접원의 반지름의 길이를 R이라 하면 삼각형의 세 변의 길이와 세 내각의 크기 사이에 다음과 같은 관계가 성립하는데, 이를 **사인법칙**이라고 한다.

$$\frac{a}{\sin A}=\frac{b}{\sin B}=\frac{c}{\sin C}=2R$$

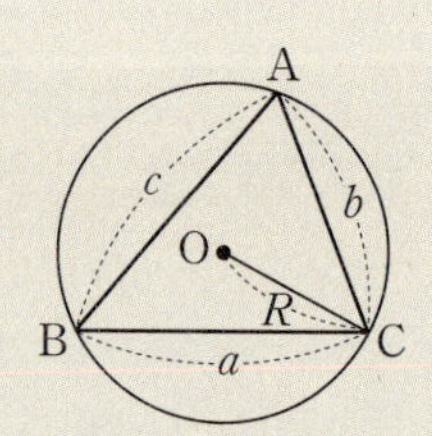

삼각형 ABC의 외접원의 중심을 O, 외접원의 반지름의 길이를 R이라 할 때, $\angle$A의 크기에 따라 다음과 같이 세 가지 경우로 나누어 $\frac{a}{\sin A}=2R$을 증명할 수 있다.

증명 (i) $A<90°$일 때,

점 B를 지나는 지름의 다른 한 끝 점을 A′이라 하면 $A=A'$이고, $\angle BCA'=90°$이므로 Ⓐ

$$\sin A=\sin A'=\frac{\overline{BC}}{\overline{A'B}}=\frac{a}{2R}$$

$$\therefore \frac{a}{\sin A}=2R$$

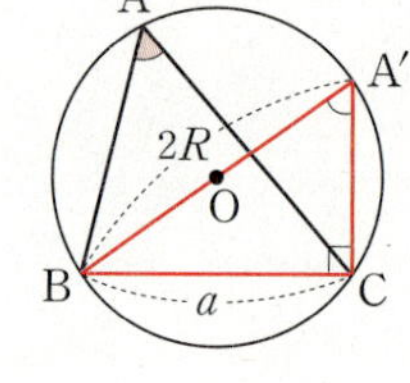

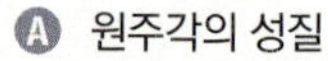

Ⓐ 원주각의 성질

(1) 한 호에 대한 원주각의 크기는 같다.

(2) 반원에 대한 원주각의 크기는 90°이다.

(ii) $A=90°$일 때,

$\sin A=\sin 90°=1$이고, $a=2R$이므로 Ⓐ

$$\frac{a}{\sin A}=\frac{2R}{\sin 90°}=2R$$

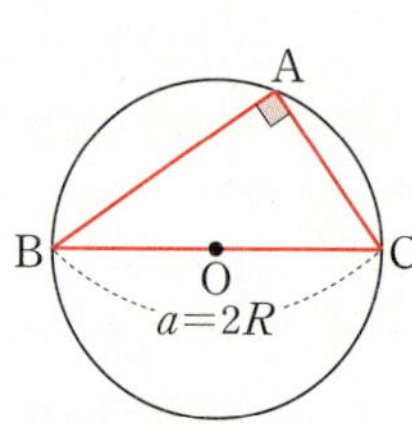

(iii) $A>90°$일 때,

점 B를 지나는 지름의 다른 한 끝 점을 A′이라 하면 $A=180°-A'$이고, Ⓑ
□ABA′C는 원에 내접한다.
$\angle BCA'=90°$이므로 Ⓐ

$$\sin A=\sin(180°-A')=\sin A'$$

$$=\frac{\overline{BC}}{\overline{A'B}}=\frac{a}{2R}$$

$$\therefore \frac{a}{\sin A}=2R$$

Ⓑ 원에 내접하는 사각형의 성질

원에 내접하는 사각형에서 한 쌍의 대각의 크기의 합은 180°이다.

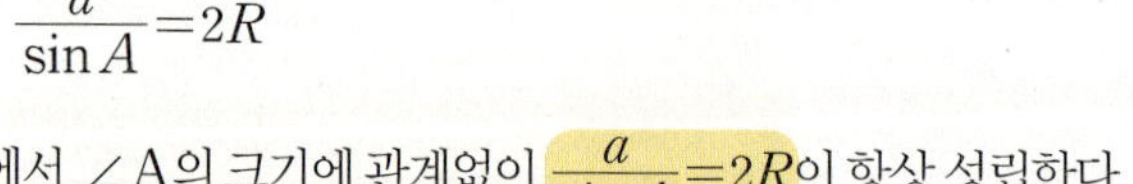

(i), (ii), (iii)에서 $\angle$A의 크기에 관계없이 $\frac{a}{\sin A}=2R$이 항상 성립한다.

같은 방법으로 $\frac{b}{\sin B}=2R$, $\frac{c}{\sin C}=2R$이 성립함을 알 수 있다.

예 (1) 삼각형 ABC에서 $a=5$, $A=45°$, $B=30°$일 때, b의 값을 구해 보자. Ⓒ

$\dfrac{a}{\sin A}=\dfrac{b}{\sin B}$에서 $b=\dfrac{a\sin B}{\sin A}$이므로

$$b=\frac{5\sin 30°}{\sin 45°}=\frac{5\times\frac{1}{2}}{\frac{\sqrt{2}}{2}}=\frac{5\sqrt{2}}{2}$$

(2) 삼각형 ABC에서 $a=6$, $b=2\sqrt{3}$, $A=120°$일 때, B, C의 크기를 구해 보자. Ⓒ

$\dfrac{a}{\sin A}=\dfrac{b}{\sin B}$에서 $\sin B=\dfrac{b\sin A}{a}$이므로

$$\sin B=\frac{2\sqrt{3}\sin 120°}{6}=\frac{2\sqrt{3}\times\frac{\sqrt{3}}{2}}{6}=\frac{1}{2}$$

$\sin 120°=\sin(180°-60°)=\sin 60°$

$\therefore\ B=30°\ (\because\ 0°<B<60°)$ ($60°=180°-120°$)

이때 $A+B+C=180°$이므로 $C=180°-(120°+30°)=30°$

Ⓒ 사인법칙을 이용하는 경우

(1) 삼각형의 한 변의 길이와 두 각의 크기가 주어질 때

(2) 삼각형의 두 변의 길이와 그 끼인각이 아닌 한 각의 크기가 주어질 때

한걸음 더

수선을 이용한 $\dfrac{a}{\sin A}=\dfrac{b}{\sin B}=\dfrac{c}{\sin C}$의 증명

삼각형 ABC의 한 꼭짓점 A에서 변 BC 또는 그 연장선 위에 내린 수선의 발을 H라 할 때, ∠C의 크기에 따라 다음과 같이 세 가지 경우로 나누어 $\dfrac{b}{\sin B}=\dfrac{c}{\sin C}$를 증명할 수 있다.

증명 (i) $C<90°$일 때,

△ABH에서 $\overline{AH}=c\sin B$, △ACH에서 $\overline{AH}=b\sin C$

즉, $c\sin B=b\sin C$이므로 $\dfrac{b}{\sin B}=\dfrac{c}{\sin C}$

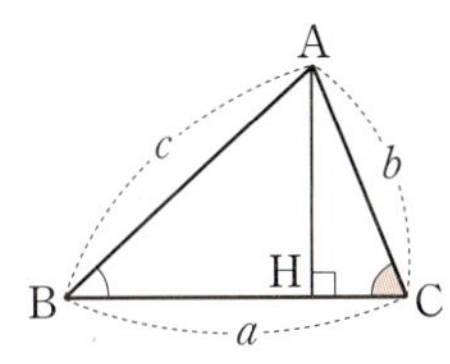

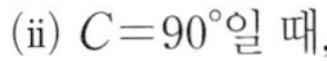

(ii) $C=90°$일 때,

$\overline{AH}=c\sin B=b\sin C$이므로 $\dfrac{b}{\sin B}=\dfrac{c}{\sin C}$ ($\sin C=\sin 90°=1$)

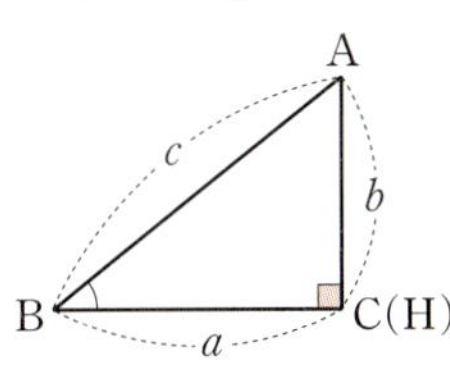

(iii) $C>90°$일 때,

△ABH에서 $\overline{AH}=c\sin B$,

△ACH에서 $\overline{AH}=b\sin(180°-C)=b\sin C$

즉, $c\sin B=b\sin C$이므로 $\dfrac{b}{\sin B}=\dfrac{c}{\sin C}$

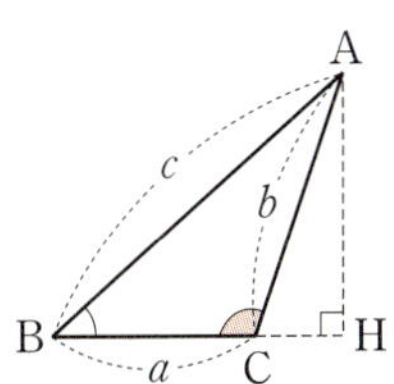

(i), (ii), (iii)에서 ∠C의 크기에 관계없이 $\dfrac{b}{\sin B}=\dfrac{c}{\sin C}$가 항상 성립한다.

같은 방법으로 $\dfrac{a}{\sin A}=\dfrac{b}{\sin B}$, $\dfrac{c}{\sin C}=\dfrac{a}{\sin A}$이므로 $\dfrac{a}{\sin A}=\dfrac{b}{\sin B}=\dfrac{c}{\sin C}$가 성립함을 알 수 있다.

개념 02 사인법칙의 변형

(1) $\sin A=\frac{a}{2R}$, $\sin B=\frac{b}{2R}$, $\sin C=\frac{c}{2R}$

(2) $a=2R\sin A$, $b=2R\sin B$, $c=2R\sin C$

(3) $a:b:c=\sin A:\sin B:\sin C$

참고 (1), (2)는 한 변의 길이와 그 대각의 크기가 주어질 때 이용한다.

삼각형 ABC의 외접원의 반지름의 길이를 R이라 하면 사인법칙에 의하여

$$\frac{a}{\sin A}=\frac{b}{\sin B}=\frac{c}{\sin C}=2R$$

이므로

$$\sin A=\frac{a}{2R},\ \sin B=\frac{b}{2R},\ \sin C=\frac{c}{2R} \quad \cdots\cdots ㉠$$

이고, ㉠을 변의 길이에 대하여 정리하면

$$a=2R\sin A,\ b=2R\sin B,\ c=2R\sin C \quad \cdots\cdots ㉡$$

즉, ㉡에서

$$\begin{aligned} a:b:c&=2R\sin A:2R\sin B:2R\sin C \\ &=\sin A:\sin B:\sin C \end{aligned}$$

이다.

주의 세 변의 길이의 비와 그 대각의 크기의 비는 서로 같다고 할 수 없으므로 삼각형 ABC에서

$a:b:c\neq A:B:C$ ← 단, $a<b<c$이면 $A<B<C$이다.

예1 삼각형 ABC에서 $a=10$, $A=45°$, $B=75°$일 때, c의 값을 구해 보자.

삼각형 ABC의 외접원의 반지름의 길이를 R이라 하면

$2R=\frac{a}{\sin A}$에서 $2R=\frac{10}{\sin 45°}=\frac{10}{\frac{\sqrt{2}}{2}}=10\sqrt{2}$ $\quad\therefore R=5\sqrt{2}$

이때 $A+B+C=180°$이므로

$C=180°-(45°+75°)=60°$

따라서 $c=2R\sin C$에서

$c=10\sqrt{2}\times\sin 60°=10\sqrt{2}\times\frac{\sqrt{3}}{2}=5\sqrt{6}$

예2 삼각형 ABC에서 $B=120°$, $C=30°$일 때, 삼각형 ABC의 세 변의 길이의 비를 구해 보자.

$A+B+C=180°$이므로

$A=180°-(120°+30°)=30°$

$$\begin{aligned} \therefore a:b:c&=\sin A:\sin B:\sin C \\ &=\sin 30°:\underbrace{\sin 120°}_{\sin 120°=\sin(180°-60°)=\sin 60°}:\sin 30° \\ &=\frac{1}{2}:\frac{\sqrt{3}}{2}:\frac{1}{2}=1:\sqrt{3}:1 \end{aligned}$$

개념 03 코사인법칙

삼각형 ABC에서 삼각형의 세 변의 길이와 세 내각의 크기 사이에 다음과 같은 관계가 성립하는데, 이를 **코사인법칙**이라고 한다.

$a^2=b^2+c^2-2bc\cos A$

$b^2=c^2+a^2-2ca\cos B$

$c^2=a^2+b^2-2ab\cos C$

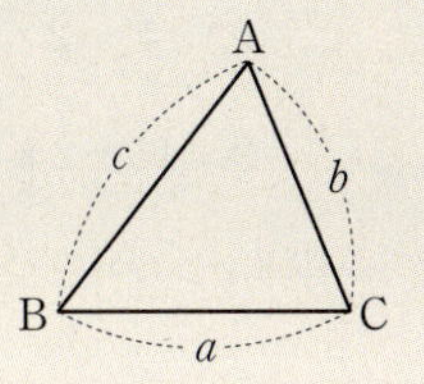
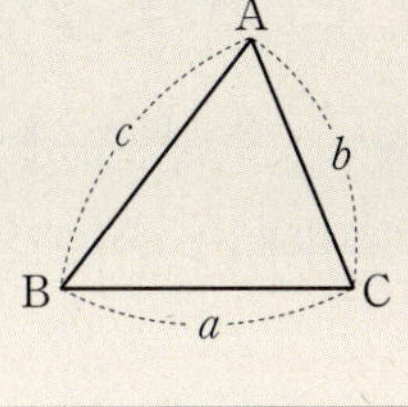

삼각형 ABC의 한 꼭짓점 A에서 변 BC 또는 그 연장선 위에 내린 수선의 발을 H라 할 때, ∠C의 크기에 따라 다음과 같이 세 가지 경우로 나누어 $c^2=a^2+b^2-2ab\cos C$를 증명할 수 있다.

증명 (i) $C<90°$일 때,

$\overline{AH}=b\sin C$,

$\overline{BH}=|\overline{BC}-\overline{CH}|=|a-b\cos C|$

이므로 Ⓐ

$\underbrace{c^2=\overline{BH}^2+\overline{AH}^2}_{\text{피타고라스 정리}}$

$=|a-b\cos C|^2+(b\sin C)^2$

$=a^2-2ab\cos C+b^2\underbrace{(\cos^2 C+\sin^2 C)}_{=1}$

$=a^2+b^2-2ab\cos C$

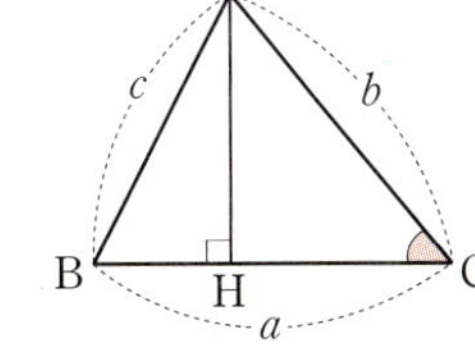

(ii) $C=90°$일 때,

$\cos C=\cos 90°=0$이므로

$\underbrace{c^2=a^2+b^2}_{\text{피타고라스 정리}}$

$=a^2+b^2-2ab\cos C$

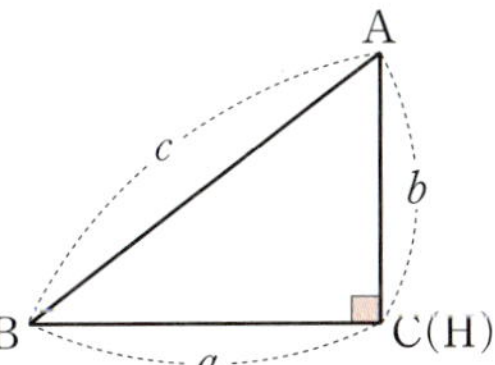

(iii) $C>90°$일 때,

$\overline{AH}=b\sin(180°-C)=b\sin C$,

$\overline{BH}=\overline{BC}+\overline{CH}$

$=a+b\cos(180°-C)$

$=a-b\cos C$

이므로

$\underbrace{c^2=\overline{BH}^2+\overline{AH}^2}_{\text{피타고라스 정리}}$

$=(a-b\cos C)^2+(b\sin C)^2$

$=a^2-2ab\cos C+b^2\underbrace{(\cos^2 C+\sin^2 C)}_{=1}$

$=a^2+b^2-2ab\cos C$

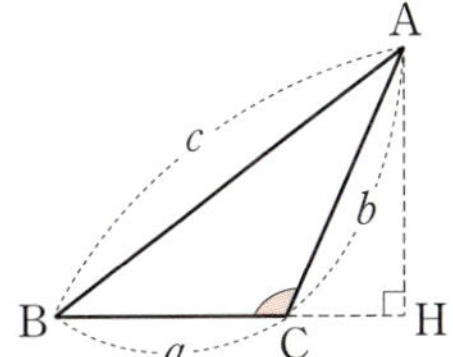

(i), (ii), (iii)에서 ∠C의 크기에 관계없이 $c^2=a^2+b^2-2ab\cos C$가 항상 성립한다.

같은 방법으로 $a^2=b^2+c^2-2bc\cos A$, $b^2=c^2+a^2-2ca\cos B$가 성립함을 알 수 있다.

Ⓐ △ABC가 $B>90°$인 둔각삼각형이면 $\overline{BH}=\overline{CH}-\overline{BC}=|\overline{BC}-\overline{CH}|$

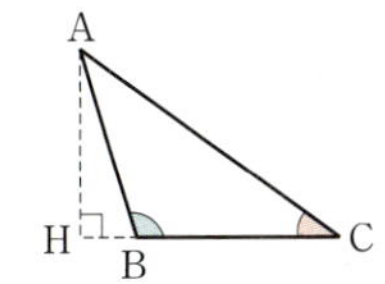

예 삼각형 ABC에서 $a=3$, $b=4$, $C=60°$일 때, c의 값을 구해 보자. Ⓐ

$c^2=a^2+b^2-2ab\cos C$에서

$c^2=3^2+4^2-2\times3\times4\times\cos 60°$

$=9+16-2\times3\times4\times\frac{1}{2}=13$

이때 $c>0$이므로 $c=\sqrt{13}$

Ⓐ **코사인법칙을 이용하는 경우**
삼각형의 두 변의 길이와 그 끼인각의 크기가 주어질 때

개념 04 코사인법칙의 변형

(1) $\cos A=\frac{b^2+c^2-a^2}{2bc}$ ← $a^2=b^2+c^2-2bc\cos A$의 변형

(2) $\cos B=\frac{c^2+a^2-b^2}{2ca}$ ← $b^2=c^2+a^2-2ca\cos B$의 변형

(3) $\cos C=\frac{a^2+b^2-c^2}{2ab}$ ← $c^2=a^2+b^2-2ab\cos C$의 변형

참고 세 변의 길이가 주어질 때 이용한다.

삼각형 ABC에서 코사인법칙에 의하여 $a^2=b^2+c^2-2bc\cos A$이므로 이것을 $\cos A$에 대하여 정리하면

$2bc\cos A=b^2+c^2-a^2$

$\therefore \cos A=\frac{b^2+c^2-a^2}{2bc}$

같은 방법으로 $\cos B=\frac{c^2+a^2-b^2}{2ca}$, $\cos C=\frac{a^2+b^2-c^2}{2ab}$도 성립함을 알 수 있다.

예 삼각형 ABC에서 $a=\sqrt{6}$, $b=2$, $c=\sqrt{3}+1$일 때, A, B, C의 크기를 구해 보자.

$\cos A=\frac{b^2+c^2-a^2}{2bc}$에서

$\cos A=\frac{2^2+(\sqrt{3}+1)^2-(\sqrt{6})^2}{2\times2\times(\sqrt{3}+1)}=\frac{2(\sqrt{3}+1)}{4(\sqrt{3}+1)}=\frac{1}{2}$

$0°<A<180°$이므로 $A=60°$

이때 $\underbrace{\frac{a}{\sin A}=\frac{b}{\sin B}}_{\text{사인법칙}}$에서 $\frac{\sqrt{6}}{\sin 60°}=\frac{2}{\sin B}$, 즉 $\sin B=\frac{2\sin 60°}{\sqrt{6}}=\frac{2\times\frac{\sqrt{3}}{2}}{\sqrt{6}}=\frac{\sqrt{2}}{2}$

$\therefore B=45°$ ($\because 0°<B<\underbrace{120°}_{=180°-60°}$)

또한, $A+B+C=180°$이므로

$C=180°-(60°+45°)=75°$

따라서 $A=60°$, $B=45°$, $C=75°$이다.

기본유형 01 사인법칙

개념 01

삼각형 ABC에서 $A=75°$, $B=60°$, $c=4\sqrt{2}$일 때, 다음을 구하시오.

(단, R은 삼각형 ABC의 외접원의 반지름의 길이이다.)

(1) b의 값　　(2) R의 값

solution

(1) $A+B+C=180°$이므로 $C=180°-(75°+60°)=45°$

사인법칙에 의하여 $\dfrac{b}{\sin B}=\dfrac{c}{\sin C}$이므로 $b=\dfrac{c\sin B}{\sin C}=\dfrac{4\sqrt{2}\sin 60°}{\sin 45°}=\dfrac{4\sqrt{2}\times\dfrac{\sqrt{3}}{2}}{\dfrac{\sqrt{2}}{2}}=4\sqrt{3}$

(2) 사인법칙에 의하여 $2R=\dfrac{b}{\sin B}$이므로 $R=\dfrac{b}{2\sin B}=\dfrac{4\sqrt{3}}{2\sin 60°}=\dfrac{4\sqrt{3}}{2\times\dfrac{\sqrt{3}}{2}}=4$

기본유형 02 사인법칙의 변형

개념 02

다음 물음에 답하시오.

(1) 반지름의 길이가 4인 원에 내접하는 삼각형 ABC에서 $\overline{AC}=5$일 때, $\sin B$의 값을 구하시오.

(2) $\overline{AB}=2$, $\overline{BC}=3$, $\overline{CA}=4$인 삼각형 ABC에서 $\dfrac{\sin B}{\sin A}$의 값을 구하시오.

solution

(1) 삼각형 ABC의 외접원의 반지름의 길이를 R이라 하면 $R=4$

사인법칙에 의하여 $\sin B=\dfrac{\overline{AC}}{2R}=\dfrac{5}{2\times 4}=\dfrac{5}{8}$

(2) 사인법칙에 의하여 $\overline{BC}:\overline{CA}:\overline{AB}=\sin A:\sin B:\sin C$이므로 $\sin A:\sin B:\sin C=3:4:2$

즉, 양수 k에 대하여 $\sin A=3k$, $\sin B=4k$, $\sin C=2k$이므로 $\dfrac{\sin B}{\sin A}=\dfrac{4k}{3k}=\dfrac{4}{3}$

기본 연습

p.122

01 삼각형 ABC에서 $a=2$, $c=2\sqrt{3}$, $A=30°$일 때, 다음을 구하시오.

(단, R은 삼각형 ABC의 외접원의 반지름의 길이이고, $0°<C<90°$이다.)

(1) C의 크기　　(2) R의 값

02 다음 물음에 답하시오.

(1) 반지름의 길이가 5인 원에 내접하는 삼각형 ABC에서 $A=45°$일 때, $\overline{BC}$의 길이를 구하시오.

(2) $\overline{AB}=5$, $\overline{BC}=5$, $\overline{CA}=4$인 삼각형 ABC에서 $\dfrac{\sin C}{\sin A}$의 값을 구하시오.

기본유형 03 코사인법칙

개념 03

삼각형 ABC에서 다음을 구하시오.

(1) $A=60°$, $b=6$, $c=9$일 때, a의 값

(2) $a=\sqrt{3}+1$, $c=\sqrt{2}$, $B=45°$일 때, C의 크기

solution

(1) 코사인법칙에 의하여

$a^2=b^2+c^2-2bc\cos A$

$=6^2+9^2-2\times6\times9\times\cos60°=36+81-54=63$

이때 $a>0$이므로 $a=\sqrt{63}=3\sqrt{7}$

(2) 코사인법칙에 의하여

$b^2=c^2+a^2-2ca\cos B$

$=(\sqrt{2})^2+(\sqrt{3}+1)^2-2\times\sqrt{2}\times(\sqrt{3}+1)\times\cos45°=2+4+2\sqrt{3}-2\sqrt{3}-2=4$

이때 $b>0$이므로 $b=2$

또한, 사인법칙에 의하여 $\dfrac{b}{\sin B}=\dfrac{c}{\sin C}$이므로

$\sin C=\dfrac{c\sin B}{b}=\dfrac{\sqrt{2}\sin45°}{2}=\dfrac{\sqrt{2}\times\frac{\sqrt{2}}{2}}{2}=\dfrac{1}{2}$

이때 $0°<C<\underbrace{135°}_{=180°-45°}$이므로 $C=30°$

기본유형 04 코사인법칙의 변형

개념 04

삼각형 ABC에서 $a=8$, $b=3$, $c=7$일 때, C의 크기를 구하시오.

solution

코사인법칙에 의하여

$\cos C=\dfrac{a^2+b^2-c^2}{2ab}=\dfrac{8^2+3^2-7^2}{2\times8\times3}=\dfrac{1}{2}$

이때 $0°<C<180°$이므로 $C=60°$

기본 연습

03 삼각형 ABC에서 다음을 구하시오.

(1) $a=3$, $c=6$, $\cos B=\dfrac{5}{9}$일 때, b의 값

(2) $A=120°$, $b=3$, $c=5$일 때, $\sin B$의 값

해 p.122

04 삼각형 ABC에서 $a=2\sqrt{3}$, $b=3\sqrt{2}$, $c=3+\sqrt{3}$일 때, A의 크기를 구하시오.

필수유형 05 사인법칙

개념 01

그림과 같이 원에 내접하는 삼각형 ABC에 대하여 $\overline{BC}=8$, $B=75°$, $C=45°$일 때, 이 삼각형의 외접원의 넓이를 구하시오.

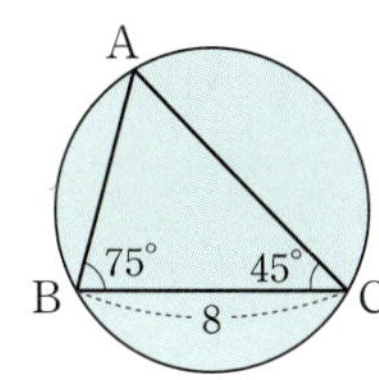

guide

❶ 다음 사인법칙을 이용하여 삼각형 ABC의 내각의 크기 또는 변의 길이를 구한다.
삼각형 ABC의 외접원의 반지름의 길이를 R이라 하면

$$\frac{a}{\sin A}=\frac{b}{\sin B}=\frac{c}{\sin C}=2R$$

❷ ❶에서 구한 값을 이용하여 답을 구한다.

solution

$A+B+C=180°$이므로 $A=180°-(75°+45°)=60°$

삼각형 ABC의 외접원의 반지름의 길이를 R이라 하면

사인법칙에 의하여 $\frac{8}{\sin 60°}=2R$이므로 $\frac{8}{\frac{\sqrt{3}}{2}}=2R$ $\quad \therefore R=\frac{8\sqrt{3}}{3}$

따라서 삼각형 ABC의 외접원의 넓이는

$\pi \times R^2=\pi \times \left(\frac{8\sqrt{3}}{3}\right)^2=\frac{64}{3}\pi$

필수 연습

풀이 p.123

05 그림과 같은 삼각형 ABC에서 $\overline{AB}=2$, $\overline{BC}=5$, $A=150°$일 때, $\cos^2 C$의 값을 구하시오.

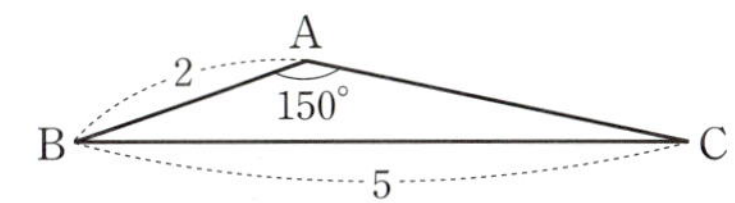

06 그림과 같이 $\overline{AB}=10$, $\overline{AC}=6$인 삼각형 ABC에서 $\overline{BC}$의 중점 M에 대하여 $\angle BAM=\alpha$, $\angle CAM=\beta$라 할 때, $\frac{\sin\beta}{\sin\alpha}$의 값을 구하시오.

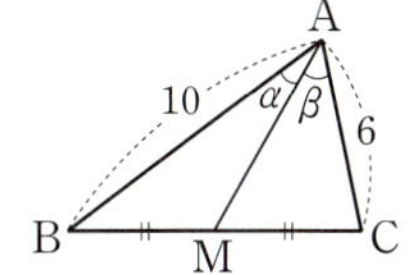

07 그림과 같이 원 위의 네 점 A, B, C, D에 대하여 $\overline{AB}=8$이고 $\angle CBA=60°$, $\angle ADB=45°$일 때, 선분 AC의 길이를 구하시오.

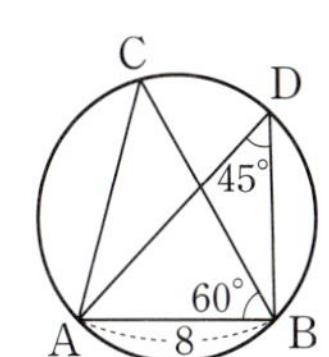

필수유형 06 사인법칙의 변형 개념 02

삼각형 ABC에서 $(a+b):(b+c):(c+a)=6:7:9$일 때, $\frac{\sin B-\sin C}{\sin A}$의 값을 구하시오.

guide

❶ 주어진 조건을 비례상수 k에 대한 식으로 나타낸다.
❷ 삼각형 ABC에서 $a:b:c=\sin A:\sin B:\sin C$임을 이용하여 식의 값을 구한다.

solution

$(a+b):(b+c):(c+a)=6:7:9$이므로 양수 k에 대하여

$a+b=6k$ ……㉠, $b+c=7k$ ……㉡, $c+a=9k$ ……㉢

㉠+㉡+㉢을 하면

$2(a+b+c)=22k$ $\therefore a+b+c=11k$ ……㉣

㉣−㉠을 하면 $c=5k$, ㉣−㉡을 하면 $a=4k$, ㉣−㉢을 하면 $b=2k$

이때 삼각형 ABC의 외접원의 반지름의 길이를 R이라 하면 사인법칙에 의하여

$$\frac{\sin B-\sin C}{\sin A}=\frac{\frac{b}{2R}-\frac{c}{2R}}{\frac{a}{2R}}=\frac{b-c}{a}=\frac{2k-5k}{4k}=-\frac{3}{4}$$

필수 연습

답 pp.123~124

08 삼각형 ABC에서 $A:B:C=1:1:2$일 때, $\frac{a^2+b^2}{c^2}$의 값을 구하시오.

09 삼각형 ABC가 다음 조건을 만족시킬 때, $\sin A\div\sin B\times\sin C$의 값을 구하시오.

(가) $\overline{BC}:\overline{CA}:\overline{AB}=2:3:4$ (나) $\sin A+\sin B+\sin C=\frac{9\sqrt{15}}{16}$

10 원 위의 세 점 A, B, C에 대하여 $\widehat{AB}:\widehat{BC}:\widehat{CA}=1:2:3$일 때, $\frac{\overline{BC}+\overline{CA}}{\overline{AB}}$의 값을 구하시오.

필수유형 07 코사인법칙

개념 01+03

그림과 같이 원에 내접하는 삼각형 ABC에 대하여 $\overline{AB}=1$, $\overline{BC}=2$, $\angle B=60°$일 때, 이 삼각형의 외접원의 넓이를 구하시오.

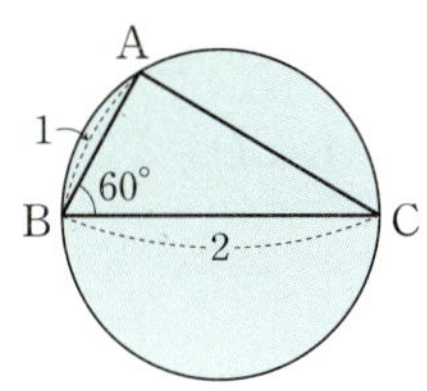

guide

❶ 다음 코사인법칙을 이용하여 삼각형 ABC의 변의 길이를 구한다.

$a^2=b^2+c^2-2bc\cos A$, $b^2=c^2+a^2-2ca\cos B$, $c^2=a^2+b^2-2ab\cos C$

❷ ❶에서 구한 값과 사인법칙을 이용하여 답을 구한다.

solution

코사인법칙에 의하여

$\overline{AC}^2=1^2+2^2-2\times1\times2\times\cos 60°=1+4-2\times1\times2\times\frac{1}{2}=3$

$\overline{AC}>0$이므로 $\overline{AC}=\sqrt{3}$

이때 삼각형 ABC의 외접원의 반지름의 길이를 R이라 하면 사인법칙에 의하여

$\frac{\sqrt{3}}{\sin 60°}=2R$에서 $2R=\frac{\sqrt{3}}{\frac{\sqrt{3}}{2}}$ $\quad\therefore R=1$

따라서 삼각형 ABC의 외접원의 넓이는

$\pi\times R^2=\pi\times1^2=\pi$

plus

원에 내접하는 사각형의 성질

원에 내접하는 사각형에서 한 쌍의 대각의 크기의 합은 180°이다. 즉,

$\angle A+\angle C=180°$, $\angle B+\angle D=180°$

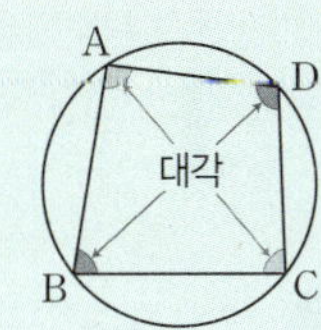

필수 연습

p.124

11 그림과 같이 반지름의 길이가 7인 원에 내접하는 삼각형 ABC에 대하여 $\angle A=60°$, $\overline{AB}:\overline{AC}=3:1$일 때, 변 AB의 길이를 구하시오.

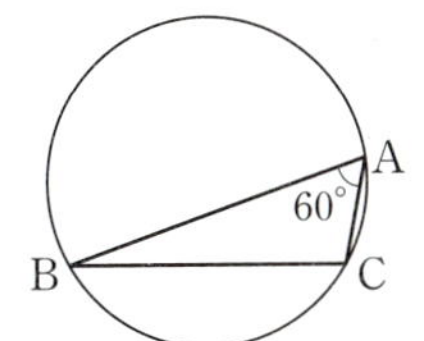

plus

12 그림과 같이 원에 내접하는 사각형 ABCD에 대하여 $\overline{BC}=5$, $\overline{CD}=7$, $\sin(\angle BAD)=\frac{4\sqrt{3}}{7}$일 때, 변 BD의 길이를 구하시오. (단, $90°<\angle BAD<180°$)

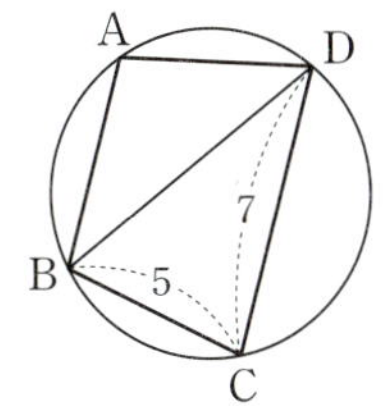

필수유형 08 코사인법칙의 변형

개념 04

그림과 같이 $\overline{AB}=7$, $\overline{AC}=5$인 삼각형 ABC가 있다. 변 BC 위의 점 D에 대하여 $\overline{BD}=4$, $\overline{CD}=2$일 때, 선분 AD의 길이를 구하시오.

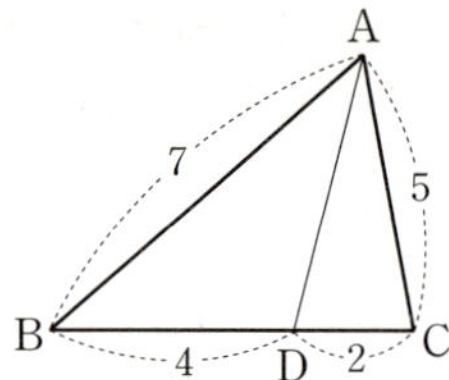

guide

❶ 다음 코사인법칙의 변형을 이용하여 삼각형 ABC의 내각의 크기에 대한 삼각함수의 값을 구한다.

$$\cos A=\frac{b^2+c^2-a^2}{2bc},\ \cos B=\frac{c^2+a^2-b^2}{2ca},\ \cos C=\frac{a^2+b^2-c^2}{2ab}$$

❷ ❶에서 구한 값과 코사인법칙을 이용하여 답을 구한다.

solution

$\overline{BC}=\overline{BD}+\overline{CD}=4+2=6$

이므로 삼각형 ABC에서 코사인법칙에 의하여

$\cos B=\frac{7^2+6^2-5^2}{2\times7\times6}=\frac{5}{7}$

따라서 삼각형 ABD에서 코사인법칙에 의하여

$\overline{AD}^2=7^2+4^2-2\times7\times4\times\cos B$

$=49+16-2\times7\times4\times\frac{5}{7}=25$

$\therefore\ \overline{AD}=5\ (\because\ \overline{AD}>0)$

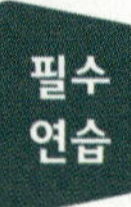

해 pp.124~125

13 그림과 같은 삼각형 ABC에서 ∠A의 이등분선이 변 BC와 만나는 점을 D라 하자. $\overline{AB}=10$, $\overline{AC}=15$, $\overline{AD}=8$일 때, $\overline{CD}^2$의 값을 구하시오.

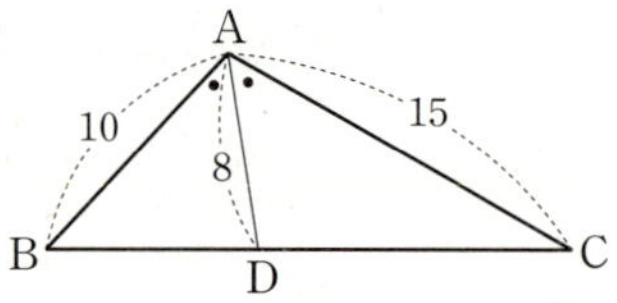

14 삼각형 ABC에서 $2\sin A=2\sqrt{3}\sin B=\sqrt{3}\sin C$일 때, $\cos A$의 값을 구하시오.

15 삼각형 ABC에서 $\overline{AB}=5$, $\overline{BC}=3$일 때, A의 크기가 최대가 되도록 하는 $\overline{AC}$의 길이를 구하시오.

필수유형 09 삼각형의 결정

개념 02+04

삼각형 ABC에서 다음이 성립할 때, 이 삼각형은 어떤 삼각형인지 말하시오.

(1) $a\sin A=b\sin B+c\sin C$ (2) $\sin A=2\cos B\sin C$

guide

❶ 사인법칙과 코사인법칙을 이용하여 주어진 식을 변의 길이에 대한 식으로 변형한다.
❷ ❶의 식을 이용하여 삼각형 ABC의 모양을 판단한다.

solution

삼각형 ABC의 외접원의 반지름의 길이를 R이라 하면 사인법칙에 의하여

$\sin A=\frac{a}{2R}$, $\sin B=\frac{b}{2R}$, $\sin C=\frac{c}{2R}$

(1) $a\sin A=b\sin B+c\sin C$에서

$a\times\frac{a}{2R}=b\times\frac{b}{2R}+c\times\frac{c}{2R}$

$\therefore\ a^2=b^2+c^2$

따라서 △ABC는 $A=90°$인 직각삼각형이다.

(2) 코사인법칙에 의하여 $\cos B=\frac{c^2+a^2-b^2}{2ca}$이므로

$\sin A=2\cos B\sin C$에서

$\frac{a}{2R}=2\times\frac{c^2+a^2-b^2}{2ca}\times\frac{c}{2R}$

$a^2=c^2+a^2-b^2$, $b^2-c^2=0$, $(b+c)(b-c)=0$ $\quad\therefore\ b=c$ ($\because$ $b>0$, $c>0$)

따라서 △ABC는 $b=c$인 이등변삼각형이다.

필수 연습

16 삼각형 ABC에서 다음이 성립할 때, 이 삼각형은 어떤 삼각형인지 말하시오.

(1) $a\sin B=b\sin C=c\sin A$ (2) $\sin A\cos A=\sin B\cos B$

pp.125~126

17 이차함수 $y=(\sin C+\cos A)x^2-2x\cos B-\sin C$의 그래프와 직선 $y=-\cos A$가 오직 한 점에서 만날 때, 삼각형 ABC는 어떤 삼각형인지 말하시오.

필수유형 10 사인법칙과 코사인법칙의 실생활에서의 활용 개념 01~04

A 지점에서 공을 치기 시작하여 B 지점에 이르게 하는 골프 경기가 있다. 한 방송사에서 이 골프 경기를 중계 방송하기 위하여 출발점인 A 지점과 $\overline{AC}=240\,m$, $\overline{BC}=60\,m$인 C 지점에 각각 카메라를 설치하였다. 한 선수가 A 지점에서 친 공이 D 지점에 떨어졌을 때, A와 C 지점에서 바라본 각이 $\angle CAD=\angle ACD=30°$이었다. $\angle BCD=30°$일 때, D 지점에서 B 지점까지의 직선 거리를 구하시오.

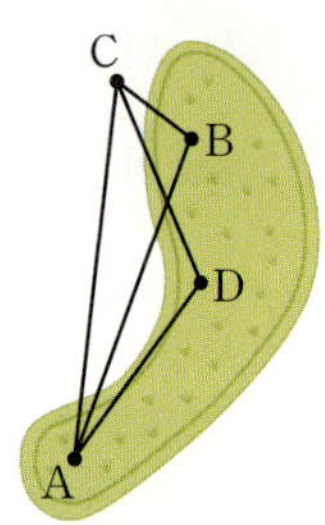

guide

1. 주어진 상황에서 삼각형의 내각의 크기, 변의 길이 등의 조건을 파악한다.
2. 사인법칙과 코사인법칙을 이용하여 답을 구한다.

solution

점 D에서 선분 AC에 내린 수선의 발을 H라 하자.

$\triangle CAD$는 이등변삼각형이므로 $\overline{CH}=120\,m$ (두 밑각의 크기가 같은 삼각형은 이등변삼각형이다.)

직각삼각형 DCH에서 $\angle DCH=30°$이므로

$$\overline{CD}=\frac{\overline{CH}}{\cos 30°}=\frac{120}{\frac{\sqrt{3}}{2}}=80\sqrt{3}(m)$$

이때 $\angle BCD=30°$이므로 삼각형 BCD에서 코사인법칙에 의하여

$$\overline{BD}^2=60^2+(80\sqrt{3})^2-2\times60\times80\sqrt{3}\times\cos 30°$$

$$=3600+19200-2\times60\times80\sqrt{3}\times\frac{\sqrt{3}}{2}=8400$$

$\therefore\ \overline{BD}=20\sqrt{21}\,m\ (\because\ \overline{BD}>0)$

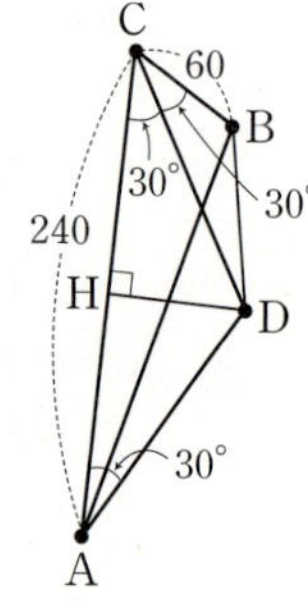

필수 연습

해 pp.126~127

18 그림과 같이 건물의 높이인 $\overline{PQ}$를 측정하기 위하여 $\overline{AB}=30\sqrt{2}\,m$인 두 지점 A, B에서 건물의 밑 P와 이루는 각의 크기를 측정하였더니 $\angle APQ=90°$, $\angle PAB=105°$, $\angle PBA=45°$이었다. A 지점에서 건물의 꼭대기 Q를 올려다 본 각이 $\angle PAQ=60°$일 때, 이 건물의 높이는 몇 m인지 구하시오.

(단, 지면은 평평하고, 건물은 지면에 수직이다.)

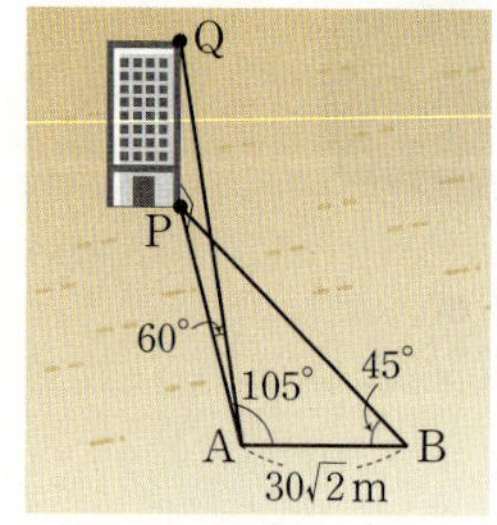

19 그림과 같이 원 모양의 호수의 가장자리에 있는 세 지점 A, B, C에 대하여 $\overline{AB}=30\,m$, $\angle A=60°$이다. 호수의 넓이가 $675\pi\,m^2$일 때, 두 지점 A와 C 사이의 거리는 $(a+b\sqrt{6})\,m$이다. 두 자연수 a, b에 대하여 $a+b$의 값을 구하시오.

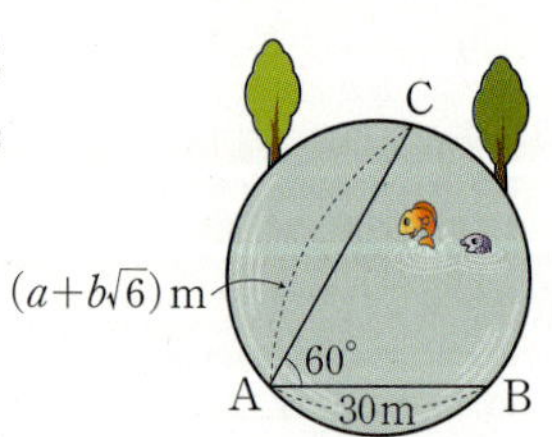

01 삼각형 ABC에서 변 BC의 길이가 3이고

$4\cos^2 A - 5\sin A + 2 = 0$

일 때, 삼각형 ABC의 외접원의 반지름의 길이를 구하시오.

02 다음 그림과 같이 $\overline{AB}=4$, $\overline{AC}=2$인 삼각형 ABC에서 변 BC를 $m:n$으로 내분하는 점 D에 대하여 $\angle BAD=\alpha$, $\angle DAC=\beta$라 하자.

$\dfrac{\sin\beta}{\sin\alpha}=2$일 때, $m-n$의 값을 구하시오.

(단, m, n은 서로소인 자연수이다.)

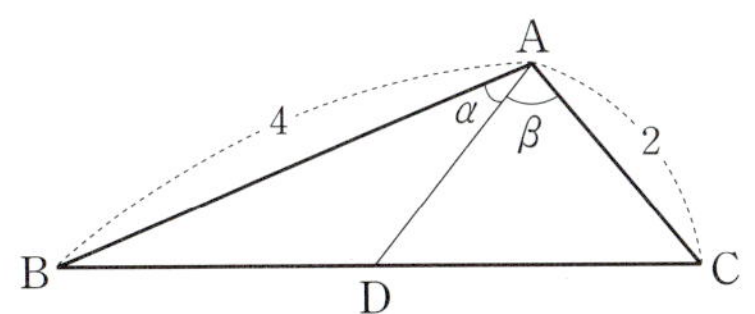

03 다음 그림과 같이 $\overline{BC}=8$인 삼각형 ABC의 점 B에서 변 AC에 내린 수선의 발을 D라 하고, 반직선 BD 위에 $\angle ACE=60°$가 되도록 하는 점 E를 잡는다. 이때 선분 AE의 길이를 구하시오.

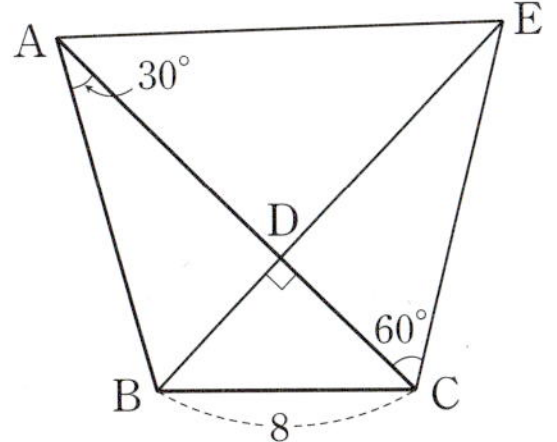

04 삼각형 ABC에서 $B=30°$, $\overline{AC}=4$일 때, 변 AB의 길이의 최댓값을 구하시오.

05 반지름의 길이가 10인 원 위의 세 점 A, B, C에 대하여 $\widehat{AB}:\widehat{BC}:\widehat{CA}=3:5:4$일 때, 삼각형 ABC의 세 변 중에서 길이가 가장 긴 변을 제외한 두 변의 길이의 곱을 구하시오.

06 오른쪽 그림과 같은 사각형 ABCD에서 변 AD의 길이를 구하시오.

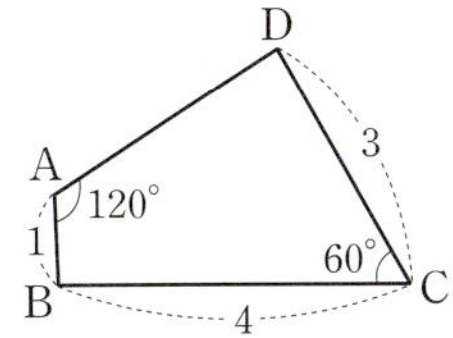

07 다음 그림과 같이 삼각형 ABC의 한 변 BC 위에 점 D가 있다. $\overline{CD}=1$, $\overline{BD}=2$, $\overline{AB}=\sqrt{7}$, $\angle ADC=60°$일 때, 삼각형 ABC의 외접원의 반지름의 길이를 구하시오.

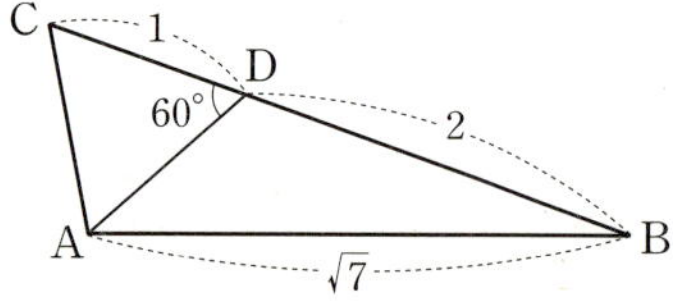

08 오른쪽 그림과 같이 $\overline{AB}=6$, $\overline{BC}=3$, $\overline{CD}=3$, $\overline{DA}=4$인 사각형 ABCD가 원에 내접할 때, 선분 AC의 길이를 구하시오.

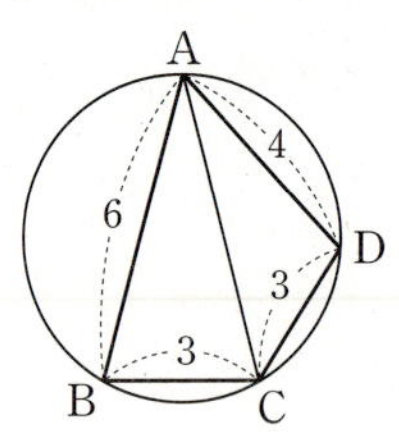

09 삼각형 ABC에서

$$7a^2=5b^2+5c^2$$

일 때, $\cos A$의 최솟값을 구하시오.

10 삼각형 ABC에서

$$(\sin A+\sin B):(\sin B+\sin C):(\sin C+\sin A)=5:6:7$$

일 때, $\sin\left(\frac{\pi}{2}-A\right)$의 값을 구하시오.

11 삼각형 ABC에서

$$\sin A=2\sin\left(\frac{A-B+C}{2}\right)\times\sin C$$

가 성립할 때, 이 삼각형은 어떤 삼각형인가?

① $A=90°$인 직각삼각형
② $B=90°$인 직각삼각형
③ $C=90°$인 직각삼각형
④ $a=b$인 이등변삼각형
⑤ $b=c$인 이등변삼각형

서술형

12 다음 그림과 같이 강변에 세 지점 A, M, N이 있다. 두 사람 P, Q가 A 지점에서 동시에 출발하여 P는 배를 타고 매초 10 m의 속력으로 $\overline{AM}$과 60°인 방향을 유지하며 강을 건너가고, Q는 자전거를 타고 매초 6 m의 속력으로 N 지점을 향하여 이동한다. P가 강을 모두 건넜을 때의 두 사람의 거리가 140 m라 하면 강폭은 몇 m인지 구하시오.

(단, 세 지점 A, M, N은 한 직선 위에 있다.)

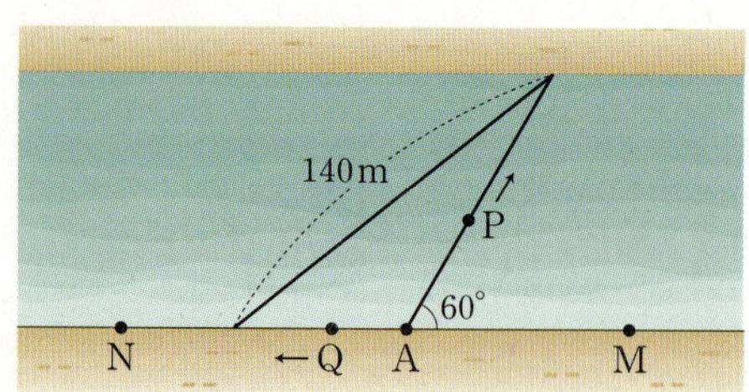

2 삼각형의 넓이

개념 05 삼각형의 넓이

삼각형 ABC의 넓이를 S라 하면

$S=\frac{1}{2}ab\sin C=\frac{1}{2}bc\sin A=\frac{1}{2}ca\sin B$ ← 삼각형의 두 변의 길이와 그 끼인각의 크기를 알면, 삼각형의 넓이를 구할 수 있다.

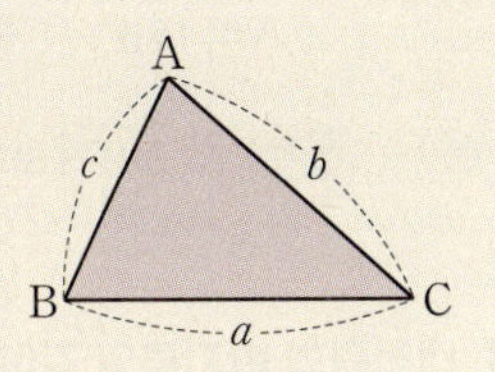

1. 두 변의 길이와 그 끼인각의 크기가 주어진 삼각형의 넓이

삼각형 ABC의 한 꼭짓점 A에서 변 BC 또는 그 연장선 위에 내린 수선의 발을 H라 하고 $\overline{AH}=h$일 때, $\angle$B의 크기에 따라 다음과 같이 세 가지 경우로 나누어 삼각형의 넓이 공식을 증명할 수 있다.

증명 (i) $B<90°$일 때,

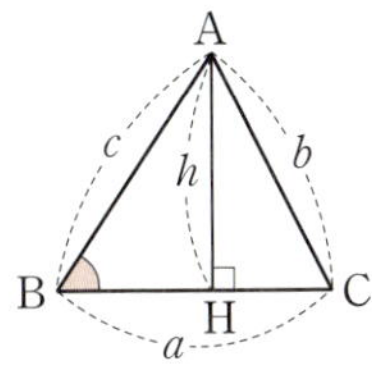

$h=c\sin B$

(ii) $B=90°$일 때,

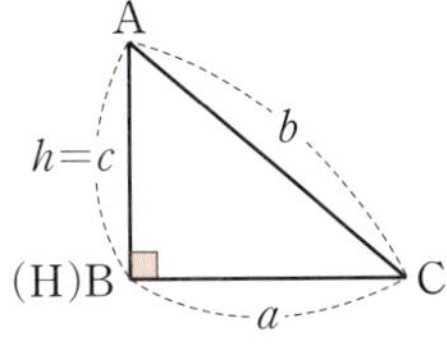

$h=c=c\underbrace{\sin B}_{=1}$

(iii) $B>90°$일 때,

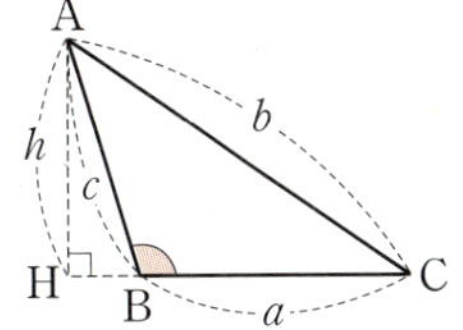

$h=c\sin(180°-B)$
$=c\sin B$

(i), (ii), (iii)에서 $\angle$B의 크기에 관계없이 $h=c\sin B$이므로 삼각형의 넓이 S에 대하여

$$S=\frac{1}{2}ah=\frac{1}{2}ca\sin B$$

가 항상 성립한다.

같은 방법으로 $S=\frac{1}{2}ab\sin C=\frac{1}{2}bc\sin A$가 성립함을 알 수 있다.

예 삼각형 ABC에서 $b=6$, $c=4$, $A=60°$일 때, 삼각형 ABC의 넓이 S를 구하면

$$S=\frac{1}{2}bc\sin A=\frac{1}{2}\times6\times4\times\sin60°=\frac{1}{2}\times6\times4\times\frac{\sqrt{3}}{2}=6\sqrt{3}$$

2. 외접원의 반지름의 길이가 주어진 삼각형의 넓이

삼각형 ABC의 넓이를 S, 외접원의 반지름의 길이를 R이라 하면 $\underbrace{\sin A=\frac{a}{2R}}_{\frac{a}{\sin A}=2R}$이므로

$$S=\frac{1}{2}bc\sin A=\frac{1}{2}bc\times\frac{a}{2R}=\frac{abc}{4R}$$

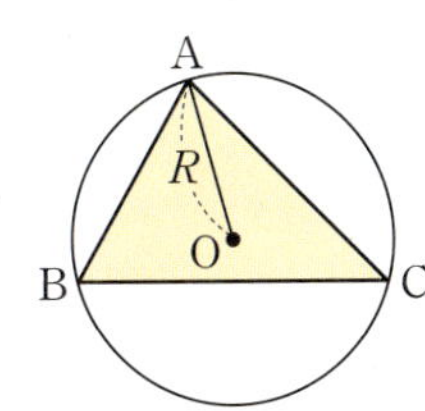

또한, $\underbrace{b=2R\sin B,\ c=2R\sin C}_{\frac{b}{\sin B}=2R,\ \frac{c}{\sin C}=2R}$이므로

$$S=\frac{1}{2}bc\sin A=\frac{1}{2}\times2R\sin B\times2R\sin C\times\sin A=2R^2\sin A\sin B\sin C$$

예 (1) 삼각형 ABC에서 $a=2$, $b=2\sqrt{3}$, $c=2$이고, 삼각형 ABC의 외접원의 반지름의 길이가 2일 때, 삼각형 ABC의 넓이 S를 구하면

$$S=\frac{abc}{4R}=\frac{2\times2\sqrt{3}\times2}{4\times2}=\sqrt{3}$$

(2) 삼각형 ABC에서 $\angle B=30°$, $\angle C=30°$이고, 삼각형 ABC의 외접원의 반지름의 길이가 6일 때, 삼각형 ABC의 넓이 S를 구하면

$\angle A=180°-(30°+30°)=120°$이므로

$$S=2R^2\sin A\sin B\sin C=2\times6^2\times\sin120°\times\sin30°\times\sin30°=2\times6^2\times\frac{\sqrt{3}}{2}\times\frac{1}{2}\times\frac{1}{2}=9\sqrt{3}$$

3. 내접원의 반지름의 길이가 주어진 삼각형의 넓이

삼각형 ABC의 넓이를 S, 내접원의 반지름의 길이를 r, 내접원의 중심을 I라 하면

$$S=\triangle IAB+\triangle IBC+\triangle ICA=\frac{1}{2}cr+\frac{1}{2}ar+\frac{1}{2}br=\frac{1}{2}r(a+b+c)$$

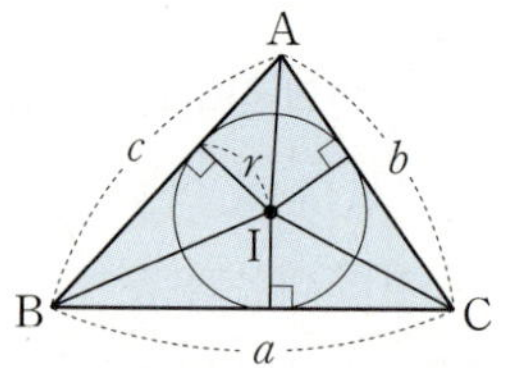

예 삼각형 ABC에서 $a=7$, $b=8$, $c=9$이고 삼각형 ABC의 내접원의 반지름의 길이가 $\sqrt{5}$일 때, 삼각형 ABC의 넓이 S를 구하면

$$S=\frac{1}{2}r(a+b+c)=\frac{1}{2}\times\sqrt{5}\times(7+8+9)=12\sqrt{5}$$

한걸음 더

헤론의 공식

기본유형 12

세 변의 길이가 a, b, c인 삼각형 ABC에 대하여 $s=\frac{a+b+c}{2}$라 할 때,

삼각형 ABC의 넓이 S를 구하는 헤론의 공식은 다음과 같다.

$$S=\sqrt{s(s-a)(s-b)(s-c)}$$

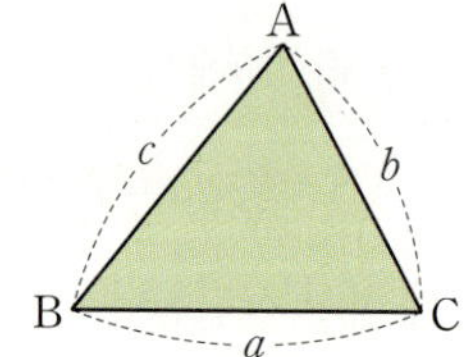

증명 $S=\frac{1}{2}bc\sin A=\frac{1}{2}bc\sqrt{1-\cos^2A}=\frac{1}{2}bc\sqrt{(1+\cos A)(1-\cos A)}$

$=\frac{1}{2}bc\sqrt{\left(1+\frac{b^2+c^2-a^2}{2bc}\right)\left(1-\frac{b^2+c^2-a^2}{2bc}\right)}=\frac{bc}{4bc}\sqrt{\{(b+c)^2-a^2\}\{a^2-(b-c)^2\}}$ (코사인법칙)

$=\frac{1}{4}\sqrt{(a+b+c)(-a+b+c)(a-b+c)(a+b-c)}$

이때 $s=\frac{a+b+c}{2}$에서 $a+b+c=2s$이므로

$$S=\sqrt{s(s-a)(s-b)(s-c)}$$

예 삼각형 ABC에서 $a=6$, $b=4$, $c=5$일 때, 삼각형 ABC의 넓이 S를 구하면

헤론의 공식에 의하여 $s=\frac{6+4+5}{2}=\frac{15}{2}$이므로

$$S=\sqrt{\frac{15}{2}\times\left(\frac{15}{2}-6\right)\times\left(\frac{15}{2}-4\right)\times\left(\frac{15}{2}-5\right)}=\frac{15\sqrt{7}}{4}$$

개념 06 사각형의 넓이

(1) 평행사변형의 넓이

평행사변형 ABCD에서 이웃하는 두 변의 길이가 a, b이고, 그 끼인각의 크기가 θ일 때, 평행사변형 ABCD의 넓이를 S라 하면

$$S=ab\sin\theta$$

(2) 사각형의 넓이

사각형 ABCD에서 두 대각선의 길이가 a, b이고, 두 대각선이 이루는 각의 크기가 θ일 때, 사각형 ABCD의 넓이를 S라 하면

$$S=\frac{1}{2}ab\sin\theta$$

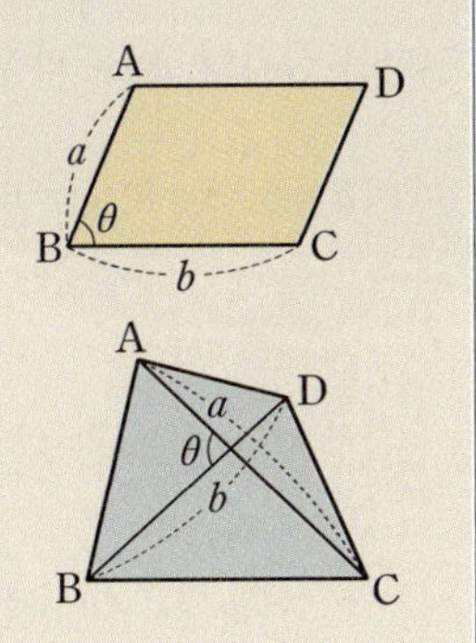

1. 평행사변형의 넓이 Ⓐ

평행사변형 ABCD에서 $\triangle ABC\equiv\triangle CDA$이므로 평행사변형 ABCD의 넓이 S는

$$S=2\triangle ABC=2\times\frac{1}{2}ab\sin\theta$$

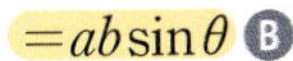

$$=ab\sin\theta$$ Ⓑ

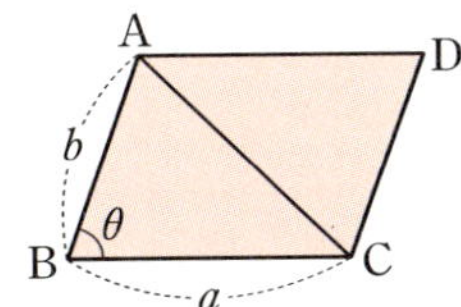

2. 사각형의 넓이 Ⓒ

사각형 ABCD의 대각선 AC에 평행하고 두 꼭짓점 B, D를 각각 지나는 직선과 대각선 BD에 평행하고 두 꼭짓점 A, C를 각각 지나는 직선의 교점을 꼭짓점으로 하는 평행사변형 PQRS를 만들면

$\overline{PS}=\overline{BD}=a$, $\overline{PQ}=\overline{AC}=b$,

$\angle SPQ=\angle DOC=\theta$

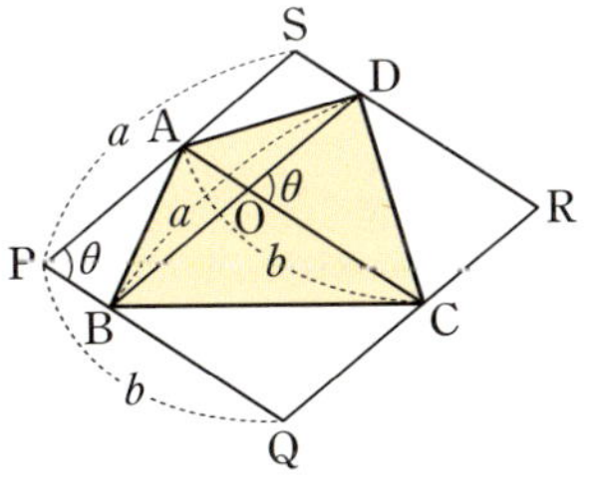

이때 사각형 ABCD의 넓이 S는 평행사변형 PQRS의 넓이의 $\frac{1}{2}$이므로

$$S=\frac{1}{2}\square PQRS=\frac{1}{2}ab\sin\theta$$

예 다음 그림과 같은 사각형의 넓이 S를 구해 보자.

(1)

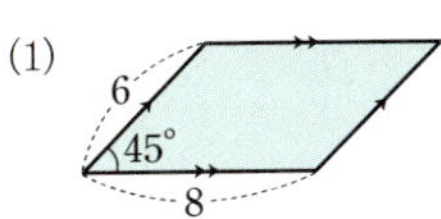

$$S=6\times8\times\sin45^\circ$$
$$=6\times8\times\frac{\sqrt{2}}{2}$$
$$=24\sqrt{2}$$

(2)

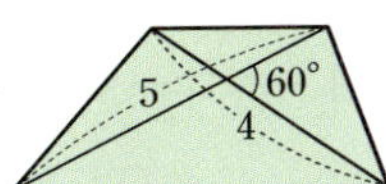

$$S=\frac{1}{2}\times4\times5\times\sin60^\circ$$
$$=\frac{1}{2}\times4\times5\times\frac{\sqrt{3}}{2}$$
$$=5\sqrt{3}$$

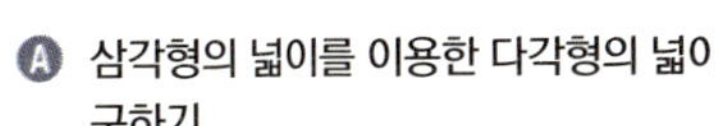

Ⓐ **삼각형의 넓이를 이용한 다각형의 넓이 구하기**

일반적으로 다각형의 넓이는 다각형을 몇 개의 삼각형으로 나누어 그 넓이의 합으로 구한다.

즉, **개념05**의 삼각형의 넓이 공식을 이용하여 평행사변형과 사각형의 넓이를 구할 수 있다.

Ⓑ **평행사변형의 성질**

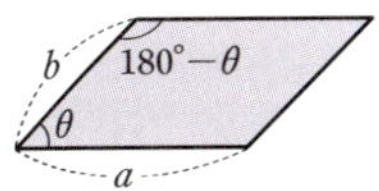

평행사변형의 두 쌍의 대각의 크기는 같고, 평행사변형의 이웃하는 두 내각의 크기의 합이 180°이며, $\sin(180^\circ-\theta)=\sin\theta$이므로 평행사변형의 한 내각의 크기가 θ이면 어떠한 내각을 선택하더라도 그 넓이는

$ab\sin\theta$

로 일정하다.

Ⓒ **마름모의 넓이**

네 변의 길이가 같은 사각형 ABCD의 대각선은 서로 수직이므로 넓이 S는

$$S=\frac{1}{2}ab\sin90^\circ=\frac{1}{2}ab$$

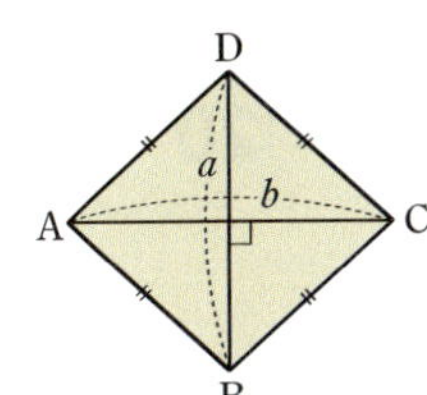

Ⅱ-07 삼각함수의 활용

기본유형 11 삼각형의 넓이

개념 05

다음 삼각형 ABC의 넓이 S를 구하시오. (단, R은 삼각형 ABC의 외접원의 반지름의 길이이다.)

(1) $a=5,\ b=8,\ C=60°$

(2) $a=5,\ b=4,\ c=3,\ R=\frac{5}{2}$

solution

(1) $S=\frac{1}{2}ab\sin C=\frac{1}{2}\times5\times8\times\sin60°=\frac{1}{2}\times5\times8\times\frac{\sqrt{3}}{2}=10\sqrt{3}$

(2) 사인법칙에 의하여 $\frac{3}{\sin C}=2\times\frac{5}{2}$이므로 $\sin C=\frac{3}{5}$

$\therefore\ S=\frac{1}{2}ab\sin C=\frac{1}{2}\times5\times4\times\frac{3}{5}=6$ ← $\sin C=\frac{c}{2R}$이므로 $S=\frac{1}{2}ab\sin C=\frac{abc}{4R}=\frac{5\times4\times3}{4\times\frac{5}{2}}=6$으로도 구할 수 있다.

기본유형 12 세 변의 길이가 주어진 삼각형의 넓이

개념 05

$a=6,\ b=7,\ c=11$인 삼각형 ABC의 넓이 S를 구하시오.

solution

코사인법칙에 의하여 $\cos C=\frac{6^2+7^2-11^2}{2\times6\times7}=-\frac{3}{7}$이므로

$\sin^2 C=1-\cos^2 C=1-\left(-\frac{3}{7}\right)^2=\frac{40}{49}$

$\therefore\ \sin C=\frac{2\sqrt{10}}{7}\ (\because\ 0°<C<180°)$

$\therefore\ S=\frac{1}{2}ab\sin C=\frac{1}{2}\times6\times7\times\frac{2\sqrt{10}}{7}=6\sqrt{10}$

다른 풀이 헤론의 공식을 이용하면 $s=\frac{6+7+11}{2}=12$이므로

$S=\sqrt{12\times(12-6)\times(12-7)\times(12-11)}=6\sqrt{10}$

기본 연습

20 다음 삼각형 ABC의 넓이 S를 구하시오.

(단, r은 삼각형 ABC의 내접원의 반지름의 길이이다.)

(1) $b=8,\ c=14,\ A=150°$

(2) $a=5,\ b=6,\ c=9,\ r=\sqrt{2}$

pp.130~131

21 $a=8,\ b=9,\ c=7$인 삼각형 ABC의 넓이 S를 구하시오.

기본유형 13 평행사변형의 넓이

개념 06

다음 평행사변형 ABCD의 넓이 S를 구하시오.

(1) $\overline{AB}=10$, $\overline{BC}=12$, $B=60°$

(2) $\overline{AB}=5$, $\overline{AD}=8$, $B=135°$

solution

(1) $S=\overline{AB}\times\overline{BC}\times\sin B=10\times12\times\sin60°=10\times12\times\frac{\sqrt{3}}{2}=60\sqrt{3}$

(2) 평행사변형 ABCD에서
$A=180°-B=180°-135°=45°$이므로
$S=\overline{AB}\times\overline{AD}\times\sin A=5\times8\times\sin45°=5\times8\times\frac{\sqrt{2}}{2}=20\sqrt{2}$

기본유형 14 사각형의 넓이

개념 06

다음 그림과 같은 사각형 ABCD의 넓이 S를 구하시오.

(1)

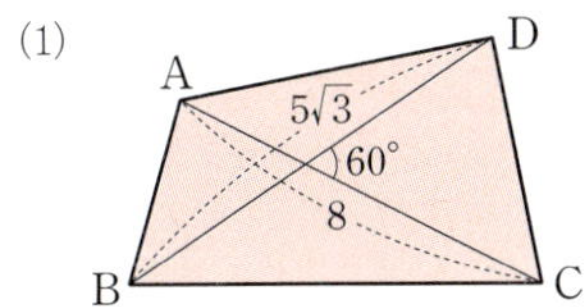

(2)

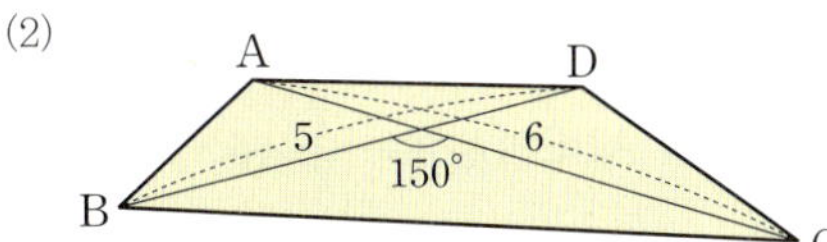

solution

(1) $S=\frac{1}{2}\times8\times5\sqrt{3}\times\sin60°=\frac{1}{2}\times8\times5\sqrt{3}\times\frac{\sqrt{3}}{2}=30$

(2) $S=\frac{1}{2}\times6\times5\times\underline{\sin150°}=\frac{1}{2}\times6\times5\times\frac{1}{2}=\frac{15}{2}$

$\sin150°=\sin(180°-30°)=\sin30°$

기본 연습

22 다음 평행사변형 ABCD의 넓이 S를 구하시오.

(1) $\overline{BC}=8$, $\overline{CD}=2$, $C=150°$

(2) $\overline{CD}=15$, $\overline{AD}=18$, $A=45°$

답 p.131

23 다음 그림과 같은 사각형 ABCD의 넓이 S를 구하시오.

(1)

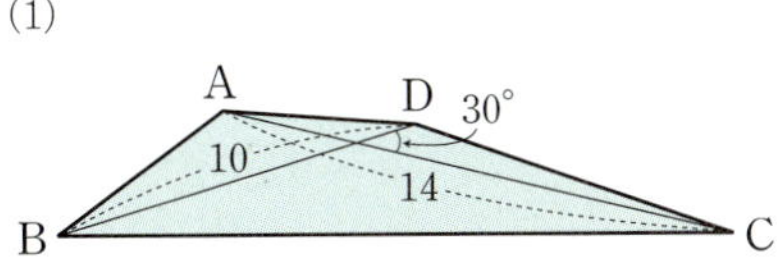

(2)

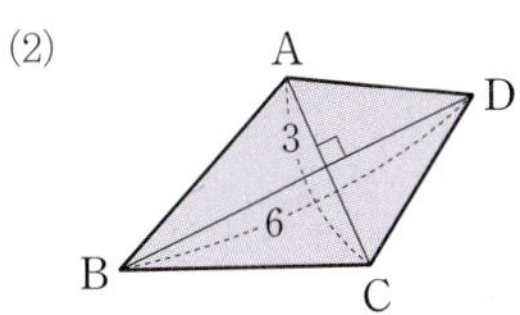

필수유형 15 삼각형의 넓이

개념 05

그림과 같은 삼각형 ABC에서 $\overline{AB}=2\sqrt{5}$, $\overline{BC}=6$, $C=45°$, $\overline{AB}>\overline{AC}$일 때, 삼각형 ABC의 넓이를 구하시오.

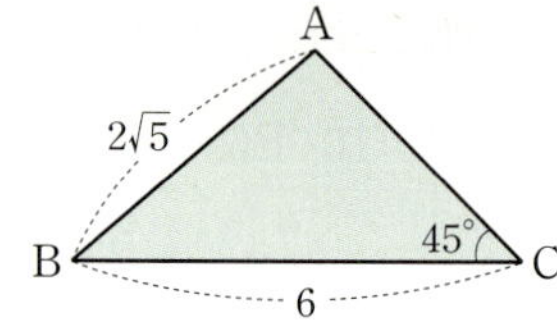

guide

❶ 사인법칙 또는 코사인법칙을 이용하여 두 변의 길이와 그 끼인각의 크기를 구한다.

❷ 다음 삼각형의 넓이 공식을 이용하여 삼각형의 넓이를 구한다.

삼각형 ABC의 넓이를 S라 하면

$$S=\frac{1}{2}ab\sin C=\frac{1}{2}bc\sin A=\frac{1}{2}ca\sin B$$

solution

$\overline{AC}=k$ $(k>0)$라 하면 코사인법칙에 의하여

$(2\sqrt{5})^2=6^2+k^2-2\times6\times k\times\cos45°$, $20=36+k^2-12k\times\frac{\sqrt{2}}{2}$

$k^2-6\sqrt{2}k+16=0$, $(k-2\sqrt{2})(k-4\sqrt{2})=0$

$\therefore$ $k=2\sqrt{2}$ 또는 $k=4\sqrt{2}$

이때 $\overline{AB}>\overline{AC}$이므로 $\overline{AC}=2\sqrt{2}$

따라서 삼각형 ABC의 넓이는 $\frac{1}{2}\times6\times2\sqrt{2}\times\sin45°=\frac{1}{2}\times6\times2\sqrt{2}\times\frac{\sqrt{2}}{2}=6$

plus

삼각형 ABC의 외접원의 반지름의 길이를 R이라 하면 삼각형의 넓이 S는

$$S=\frac{abc}{4R}=2R^2\sin A\sin B\sin C$$

필수 연습

유형 pp.131~132

24 그림과 같은 삼각형 ABC에서 $A=120°$, $\overline{AB}=8$, $\overline{BC}=13$일 때, 삼각형 ABC의 넓이를 구하시오.

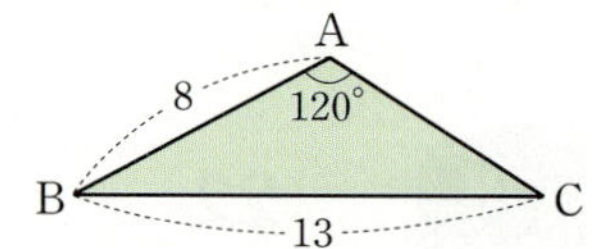

plus

25 세 변의 길이의 곱이 600인 삼각형 ABC의 넓이가 30일 때, 삼각형 ABC의 외접원의 넓이를 구하시오.

26 그림과 같이 $\overline{AB}=13$, $\overline{AC}=10$, $\overline{BC}=9$인 삼각형 ABC에 내접하는 원의 반지름의 길이를 구하시오.

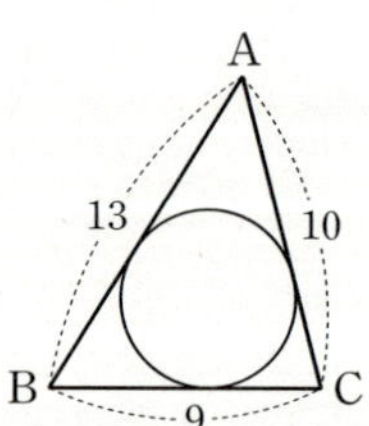

필수유형 16 사각형의 넓이

개념 06

그림과 같은 사각형 ABCD에서 $\overline{AB}=2\sqrt{3}$, $\overline{BC}=2\sqrt{6}$, $\overline{CD}=\sqrt{6}$, $A=120°$, $C=60°$ 일 때, □ABCD의 넓이를 구하시오.

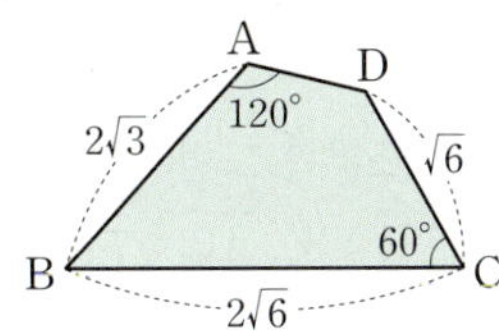

guide

❶ (1) 사각형을 두 개의 삼각형으로 나누어 각각의 삼각형의 넓이를 구한다.
(2) 두 대각선의 길이와 두 대각선이 이루는 각의 크기를 구한다.

❷ ❶의 (1) 또는 (2)에서 구한 값을 이용하여 사각형의 넓이를 구한다.

solution

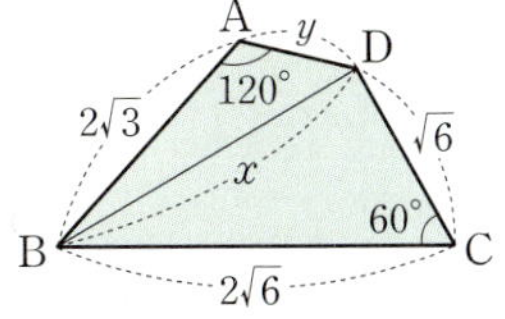

$\overline{BD}$를 그으면 삼각형 BCD의 넓이는 $\frac{1}{2}\times2\sqrt{6}\times\sqrt{6}\times\sin60°=6\times\frac{\sqrt{3}}{2}=3\sqrt{3}$

$\overline{BD}=x$ $(x>0)$라 하면 삼각형 BCD에서 코사인법칙에 의하여

$x^2=(\sqrt{6})^2+(2\sqrt{6})^2-2\times\sqrt{6}\times2\sqrt{6}\times\cos60°=30-24\times\frac{1}{2}=18$

$\therefore x=3\sqrt{2}$ $(\because x>0)$

또한, $\overline{AD}=y$ $(y>0)$라 하면 삼각형 ABD에서 코사인법칙에 의하여

$(3\sqrt{2})^2=(2\sqrt{3})^2+y^2-2\times2\sqrt{3}\times y\times\underline{\cos120°}$

$\cos120°=\cos(180°-60°)=-\cos60°$

$18=12+y^2-4\sqrt{3}y\times\left(-\frac{1}{2}\right)$, $y^2+2\sqrt{3}y-6=0$ $\quad\therefore y=3-\sqrt{3}$ $(\because y>0)$

$\therefore \triangle ABD=\frac{1}{2}\times2\sqrt{3}\times(3-\sqrt{3})\times\underline{\sin120°}=(3\sqrt{3}-3)\times\frac{\sqrt{3}}{2}=\frac{9-3\sqrt{3}}{2}$

$\sin120°=\sin(180°-60°)=\sin60°$

$\therefore$ □ABCD$=\triangle BCD+\triangle ABD=3\sqrt{3}+\frac{9-3\sqrt{3}}{2}=\frac{9+3\sqrt{3}}{2}$

필수 연습

p.132

27 그림과 같은 사각형 ABCD에서 $B=D=120°$, $\overline{AD}=3$, $\overline{DC}=4$이고 $\overline{AB}=\overline{BC}$일 때, 사각형 ABCD의 넓이를 구하시오.

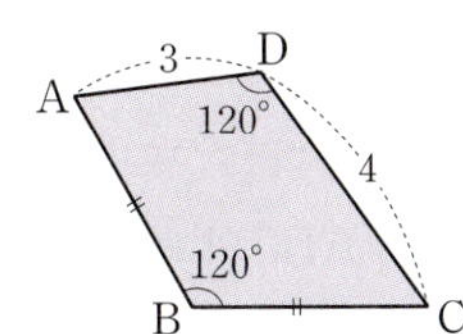

28 그림과 같이 두 대각선의 길이가 p, q이고, 두 대각선이 이루는 각의 크기가 150°인 사각형 ABCD의 넓이가 12이다. $p+q=14$일 때, $|p-q|$의 값을 구하시오.

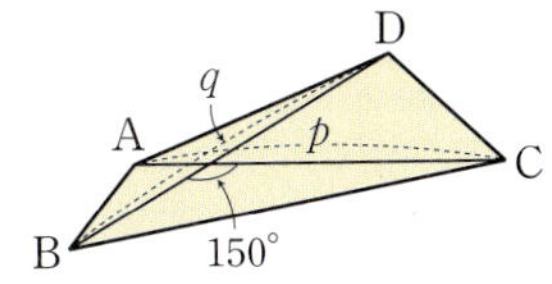

29 그림과 같이 $\overline{AB}=5$, $\overline{AD}=9$인 평행사변형 ABCD에서 두 대각선이 이루는 예각의 크기가 60°일 때, 평행사변형 ABCD의 넓이를 구하시오.

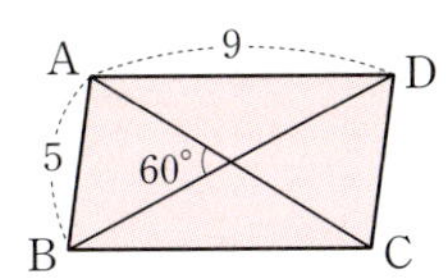

13 오른쪽 그림과 같이 $\overline{AB}=3$, $\overline{AC}=7$, $B=60^\circ$인 삼각형 ABC에서 $\angle A$의 이등분선이 변 BC와 만나는 점을 D라 할 때, 삼각형 ACD의 넓이를 구하시오.

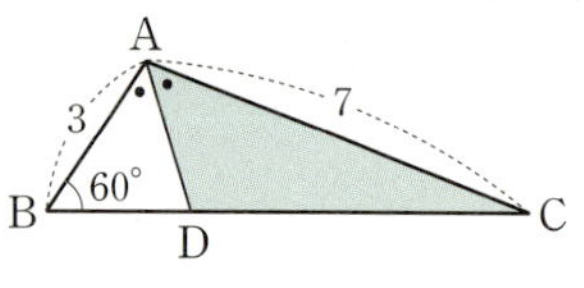

14 세 변의 길이의 비가 7 : 8 : 9인 삼각형의 넓이가 $3\sqrt{5}$일 때, 이 삼각형의 둘레의 길이를 구하시오.

15 다음 그림과 같이 넓이가 $4\sqrt{3}$이고 $A=60^\circ$인 삼각형 ABC의 외접원의 반지름의 길이가 4일 때, $\overline{AB}+\overline{BC}+\overline{CA}$의 값을 구하시오.

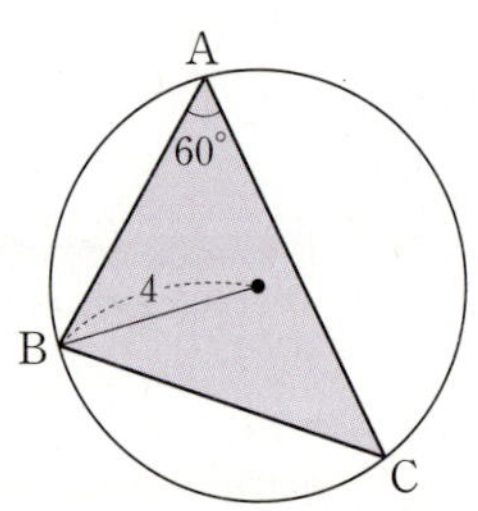

16 오른쪽 그림은 삼각형 ABC의 각 변을 한 변으로 하는 정사각형을 그린 것이다. $\overline{AC}=6$, $\overline{BC}=9$이고, 삼각형 ABC의 넓이가 $18\sqrt{2}$일 때, 선분 AB를 한 변으로 하는 정사각형의 넓이를 구하시오.

(단, $90^\circ < \angle ACB < 180^\circ$)

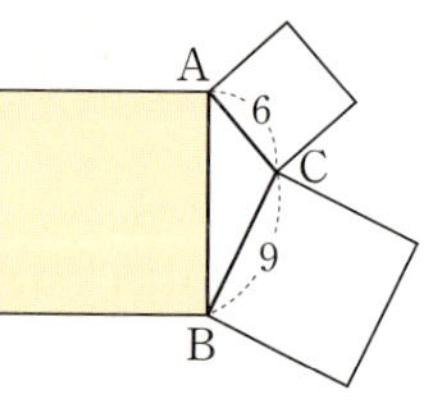

17 오른쪽 그림과 같이 삼각형 ABC 위의 세 변 AB, BC, CA를 3 : 1로 내분하는 점을 각각 P, Q, R이라 하자. 삼각형 ABC와 삼각형 PQR의 넓이의 비가 $m:n$일 때, $m+n$의 값을 구하시오.

(단, m, n은 서로소인 자연수이다.)

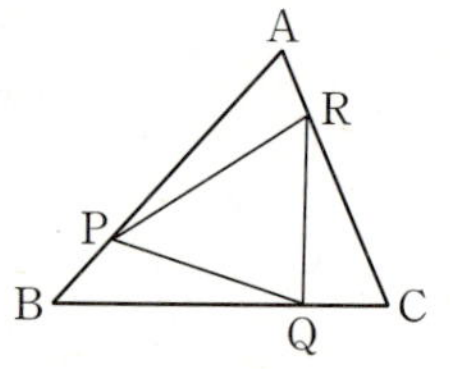

18 오른쪽 그림과 같이 $\overline{AB}=12$, $\overline{AC}=8$, $A=60^\circ$인 삼각형 ABC가 있다. 변 AB, AC 위의 두 점 P, Q에 대하여 삼각형 APQ의 넓이가 삼각형 ABC의 넓이의 $\frac{1}{3}$일 때, 선분 PQ의 길이의 최솟값을 구하시오.

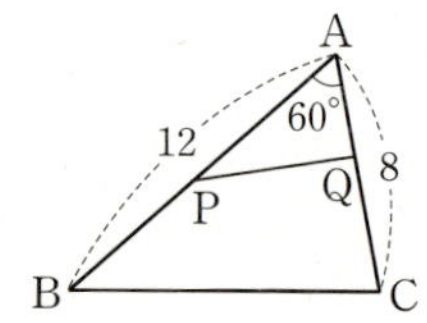

신유형

19 오른쪽 그림과 같이 세 변의 길이가 각각 3, a, 5인 삼각형 ABC가 반지름의 길이 R인 원에 내접하고 있다. <보기>에서 옳은 것만을 있는 대로 고른 것은?

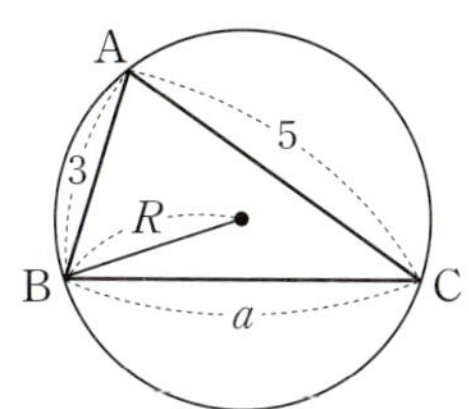

보기

ㄱ. $R=3$이면 $a=6\sin A$이다.

ㄴ. $2<a\le\sqrt{19}$일 때, A의 최댓값은 $60°$이다.

ㄷ. $a=7$일 때, 삼각형 ABC의 넓이는 $\frac{15}{4}$이다.

① ㄱ ② ㄷ ③ ㄱ, ㄴ
④ ㄴ, ㄷ ⑤ ㄱ, ㄴ, ㄷ

20 넓이가 16이고 $B=30°$인 삼각형 ABC에서 b의 값이 최소일 때, $a+c$의 값을 구하시오.

21 어느 공원에서 전시물을 설치하기 위해 오른쪽 그림과 같은 사각형 모양의 울타리를 세웠다. 이 울타리 안쪽의 넓이는 몇 m^2인지 구하시오.

(단, 울타리의 두께는 생각하지 않는다.)

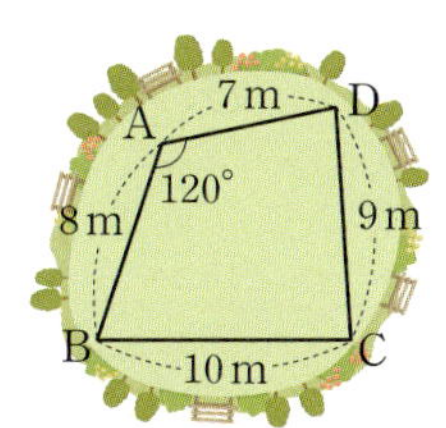

22 오른쪽 그림과 같이 $\overline{AD}\,/\!/\,\overline{BC}$인 사각형 ABCD에서 $\overline{AB}=6$, $\overline{BC}=9$, $\overline{CD}=8$, $\overline{DA}=3$일 때, 사각형 ABCD의 넓이를 구하시오.

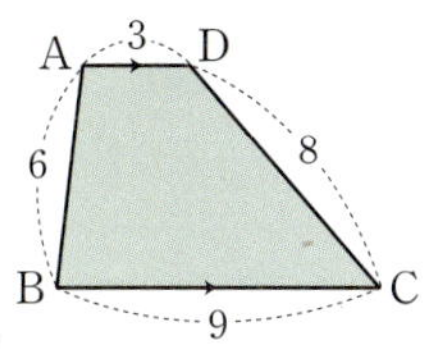

23 다음 그림과 같은 사각형 ABCD에서 $\overline{AB}=6$, $\overline{BC}=3+3\sqrt{3}$, $\overline{CD}=\sqrt{2}$, $B=30°$, $C=105°$이다. 사각형 ABCD의 넓이는 $p+q\sqrt{3}$일 때, pq의 값을 구하시오.

(단, p, q는 유리수이다.)

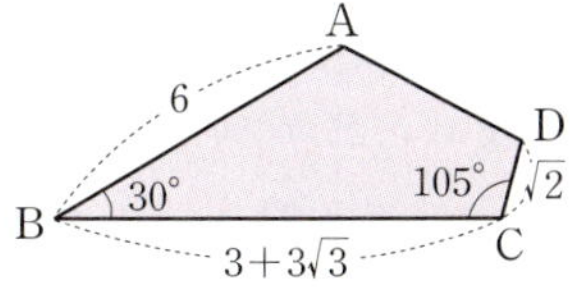

24 오른쪽 그림과 같은 평행사변형 ABCD에서 $\overline{AC}=\sqrt{5}$, $\overline{BD}=3$, $\angle ABC=60°$이다. 두 대각선 AC, BD가 이루는 각의 크기를 θ라 할 때, $\sin^2\theta$의 값을 구하시오.

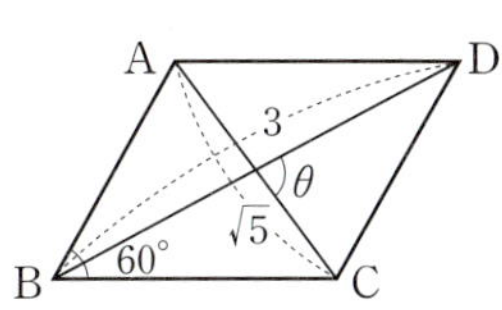

Ⅱ-07 삼각함수의 활용

1 다음 그림과 같이 중심이 각각 O_1, O_2인 두 원 C_1, C_2가 두 점 A, B에서 만난다. $\angle AO_1B=120°$, $\angle AO_2B=60°$이고, 두 원 C_1, C_2의 넓이를 각각 S_1, S_2라 할 때, $\frac{S_2}{S_1}$의 값을 구하시오.

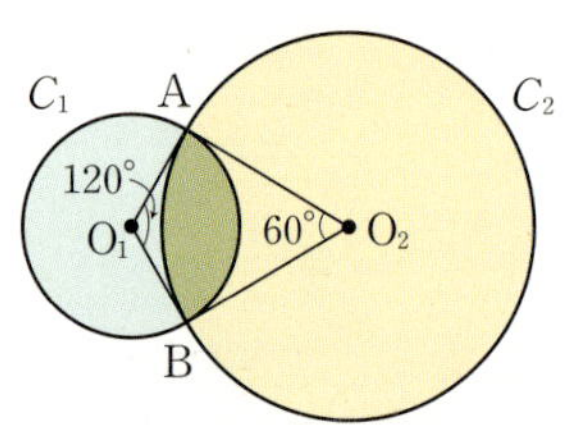

2 다음 그림과 같이 밑면의 반지름의 길이가 2, 모선의 길이가 12인 원뿔이 있다. 이 원뿔의 꼭짓점을 O, 모선 OA 위에 $\overline{AB}=2$인 점을 B라 하자. 이 원뿔 위의 점 P가 점 A에서 출발하여 옆면을 따라 한 바퀴 돌아 점 B까지 최단 거리로 이동한다. 두 점 P, O 사이의 거리가 최소일 때의 점 P의 위치를 점 C라 할 때, 점 P가 점 C에서 점 B까지 이동한 거리를 구하시오.

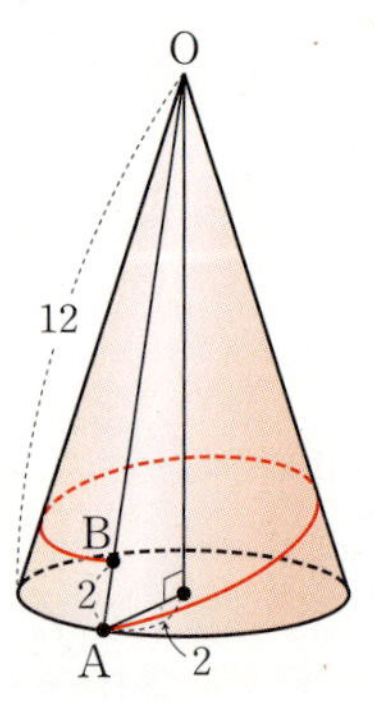

3 오른쪽 그림과 같이 $B=60°$, $\overline{AB}=3x$, $\overline{BC}=\frac{4}{x}$인 삼각형 ABC에 대하여 〈보기〉에서 옳은 것만을 있는 대로 고른 것은? (단, $x>0$)

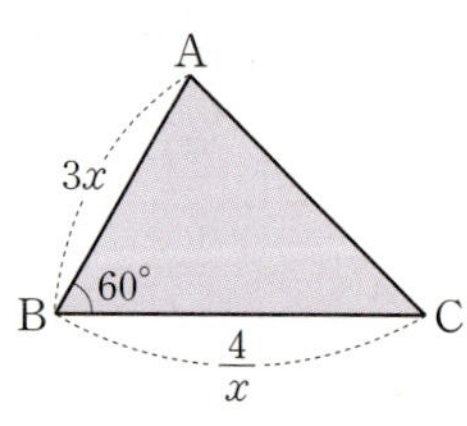

보기

ㄱ. 삼각형 ABC의 넓이는 x의 값에 관계없이 항상 일정하다.
ㄴ. 선분 AC의 길이의 최솟값은 $2\sqrt{2}$이다.
ㄷ. 삼각형 ABC의 둘레의 길이의 최솟값은 $6\sqrt{3}$이다.

① ㄱ ② ㄴ ③ ㄱ, ㄷ
④ ㄴ, ㄷ ⑤ ㄱ, ㄴ, ㄷ

1등급

4 오른쪽 그림과 같이 중심이 O이고 반지름의 길이가 14인 원 위의 점 A에 대하여 $\sin(\angle OAB)=\frac{1}{4}$이 되도록 원 위에 점 B를 잡는다. 점 B에서의 접선과 반직선 AO가 만나는 점을 C라 할 때, 삼각형 ABC의 넓이는 $\frac{q}{p}\sqrt{15}$이다. 이때 $p+q$의 값을 구하시오.
(단, p, q는 서로소인 자연수이다.)

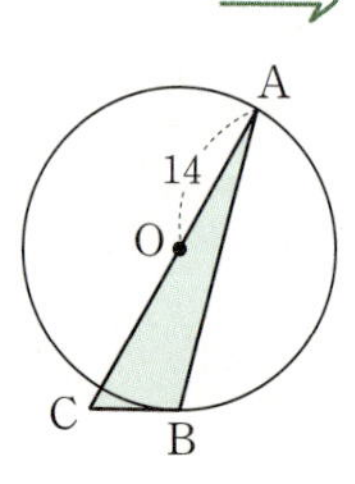

III

수열

1 등차수열

개념 01 수열

1. 수열 : 1, 2, 4, 8, …과 같이 차례대로 나열된 수의 열 Ⓐ

2. 항 : 수열을 이루고 있는 각 수
수열의 각 항을 앞에서부터 차례대로 첫째항, 둘째항, 셋째항, … 또는 제1항, 제2항, 제3항, …이라고 한다. ⒷⒸ

3. 일반항
수열을 나타낼 때 제1항, 제2항, 제3항, …, 제n항에 번호를 붙여

$a_1,\ a_2,\ a_3,\ \cdots,\ a_n$

과 같이 나타내고, 제n항 a_n을 이 수열의 **일반항**이라고 한다.
또한, 수열을 일반항 a_n을 이용하여 간단히 $\{a_n\}$과 같이 나타낸다.

1. 수열의 일반항

수열의 일반항 a_n을 나타내는 식에서 n에 자연수 1, 2, 3, …을 차례대로 대입하면 수열의 각 항을 구할 수 있다.

예1 수열 $\{2n-1\}$의 각 항을 나열해 보자.
이 수열의 일반항은 $a_n=2n-1$이므로

$a_1=2\times1-1=1,\ a_2=2\times2-1=3,\ a_3=2\times3-1=5,$
$a_4=2\times4-1=7,\ \cdots$

따라서 수열 $\{2n-1\}$은 1, 3, 5, 7, …이다.

예2 수열 $1,\ \frac{1}{4},\ \frac{1}{9},\ \frac{1}{16},\ \cdots$의 일반항 a_n을 추측해 보자.

$a_1=1=\frac{1}{1^2},\ a_2=\frac{1}{4}=\frac{1}{2^2},\ a_3=\frac{1}{9}=\frac{1}{3^2},\ a_4=\frac{1}{16}=\frac{1}{4^2},\ \cdots$이므로

$a_n=\frac{1}{n^2}$이다.

2. 자연수 전체의 집합에서 실수 전체의 집합으로의 함수인 수열

수열 $\{a_n\}$은 자연수 1, 2, 3, …에 수열 a_n의 각 항 $a_1,\ a_2,\ a_3,\ \cdots$을 차례대로 대응시킨 것이다.
따라서 수열 $\{a_n\}$은 자연수 전체의 집합 N에서 실수 전체의 집합 R로의 함수

$f: N \longrightarrow R,\ f(n)=a_n$

이라 할 수 있다.

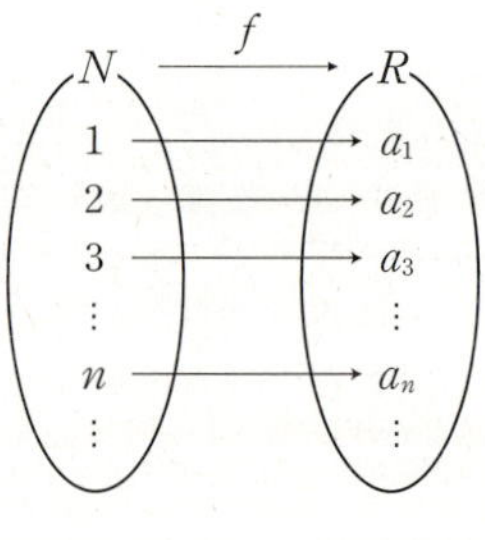

Ⓐ **수열**
일정한 규칙 없이 수를 나열한 것도 수열이다. 그런데 대수 과목에서는 규칙이 있는 실수의 수열을 주로 다룬다.

Ⓑ **유한수열과 무한수열**
항이 유한 개인 수열을 유한수열, 항이 무한히 많은 수열을 무한수열이라고 한다.

Ⓒ **항수와 끝항**
유한수열에서 항의 개수를 항수, 맨 마지막 항을 끝항이라고 한다.

개념 02 등차수열의 뜻

(1) 등차수열과 공차

첫째항부터 차례대로 일정한 수를 더하여 만든 수열을 **등차수열**이라 하고, 그 일정한 수를 **공차**라고 한다. Ⓓ

(2) 등차수열에서 이웃하는 두 항 사이의 관계

공차가 d인 등차수열 $\{a_n\}$의 이웃하는 두 항 a_n, a_{n+1}에 대하여 다음이 성립한다.

$$a_{n+1}=a_n+d \iff a_{n+1}-a_n=d \ (\text{단, } n=1, 2, 3, \cdots)$$

예 1부터 시작하여 차례대로 3씩 더하여 얻은 수열은 첫째항이 1, 공차가 3인 등차수열이다. Ⓔ

1, 4, 7, 10, 13, $\cdots$

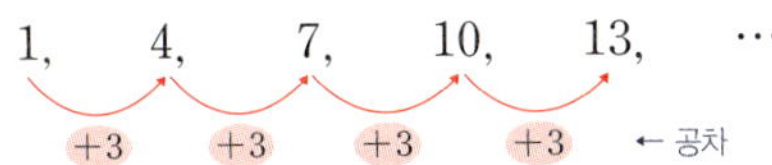

이웃하는 두 항의 차는 항상 3으로 일정하므로 이 수열의 일반항을 a_n이라 하면

$4-1=7-4=10-7=13-10=\cdots=a_{n+1}-a_n=3$

Ⓓ **공차**

공차 d는 차이를 뜻하는 'difference'의 첫 글자이다.

Ⓔ 등차수열이 일정한 수를 더하여 만든 수열이라고 해서 항상 항들이 점점 증가하는 것은 아니다.
항들이 점점 감소하는 등차수열도 있다.

개념 03 등차수열의 일반항

첫째항이 a이고 공차가 d인 등차수열의 일반항 a_n은

$$a_n=a+(n-1)d \ (\text{단, } n=1, 2, 3, \cdots) \text{ Ⓕ}$$

첫째항이 a, 공차가 d인 등차수열 $\{a_n\}$의 일반항은 다음과 같이 구할 수 있다.

(1) 등차수열 $\{a_n\}$의 각 항을 나열하여 구하는 방법

$a_1=a$

$a_2=a_1+d=a+d$

$a_3=a_2+d=(a+d)+d=a+2d$

$a_4=a_3+d=(a+2d)+d=a+3d$

$\vdots$

$a_1=a+(1-1)\times d$
$a_2=a+(2-1)\times d$
$a_3=a+(3-1)\times d$
$a_4=a+(4-1)\times d$
$\vdots$
$a_n=a+(n-1)\times d$

따라서 일반항 a_n은 $a_n=a+(n-1)d$이다.

(2) 이웃하는 두 항 사이의 관계를 나열하고 변끼리 더하는 방법

이웃하는 두 항의 차는 d로 일정하므로

$$\begin{array}{rl} & a_2-a_1=d \\ & a_3-a_2=d \\ & a_4-a_3=d \\ & \quad\vdots \\ +) & a_n-a_{n-1}=d \\ \hline & a_n-a_1=(n-1)d \end{array} \quad (n-1)\text{개}$$

이때 $a_1=a$이므로 일반항 a_n은 $a_n=a+(n-1)d$이다.

Ⓕ **등차수열의 일반항을 이용한 표현**

(1) 한 개의 항 a_m과 공차 d를 알 때,
⇨ $a_n=a_m+(n-m)d$

(2) 두 항 a_l, a_m $(l\neq m)$을 알 때,
⇨ $a_m-a_l=(m-l)d$이므로
$d=\dfrac{a_m-a_l}{m-l}$

예 첫째항이 2이고 공차가 5인 등차수열의 일반항 a_n은

$a_n=2+(n-1)\times5=5n-3$

참고 첫째항이 a, 공차가 d인 등차수열 $\{a_n\}$의 일반항 a_n을 n에 대하여 정리하면

$$a_n=a+(n-1)d=dn+a-d$$

이 식에서 $d=A$, $a-d=B$로 놓으면 $a_n=An+B$이므로 등차수열의 일반항은 n에 대한 일차 이하의 다항식 꼴로 나타낼 수 있음을 알 수 있다.

이때 일반항 a_n이 $a_n=An+B$인 수열 $\{a_n\}$은 첫째항이 $A+B$이고 공차가 A인 등차수열이다.

개념 04 등차중항

(1) **등차중항**

세 수 a, b, c가 이 순서대로 등차수열을 이룰 때, b를 a와 c의 **등차중항**이라고 한다.

이때 $b-a=c-b$이므로 $b=\frac{a+c}{2}$

└ 등차수열의 연속하는 두 항의 차는 일정하다.

참고 a와 c의 등차중항 b는 a와 c의 산술평균 $\frac{a+c}{2}$와 같다.

(2) **등차수열의 관계식**

수열 $\{a_n\}$이 등차수열이면 연속하는 세 항 a_n, a_{n+1}, a_{n+2}에 대하여 $a_{n+1}-a_n=a_{n+2}-a_{n+1}$이므로

$2a_{n+1}=a_n+a_{n+2}$ (단, $n=1, 2, 3, \cdots$) Ⓐ

예 세 수 3, x, 13이 이 순서대로 등차수열을 이루면

x는 3과 13의 등차중항이므로 $x=\frac{3+13}{2}=8$

참고 등차수열을 이루는 수를 다음과 같이 생각하면 계산이 편리하다.

(1) 등차수열을 이루는 세 수 : $a-d$, a, $a+d$ ← 공차가 d

(2) 등차수열을 이루는 네 수 : $a-3d$, $a-d$, $a+d$, $a+3d$ ← 공차가 $2d$

Ⓐ 수열 $\{a_n\}$이 등차수열일 조건

세 상수 d, A, B에 대하여

(1) $a_{n+1}=a_n+d$

(2) $a_{n+1}-a_n=d$

(3) $a_n=An+B$

(4) $2a_{n+1}=a_n+a_{n+2}$

조화수열과 조화중항 (교육과정 外)

개념마무리 04

1. 수열 $\{a_n\}$에 대하여 각 항의 역수로 이루어진 수열 $\left\{\frac{1}{a_n}\right\}$이 등차수열을 이룰 때, 수열 $\{a_n\}$을 **조화수열**이라 한다.

2. 0이 아닌 세 수 a, b, c가 이 순서대로 조화수열을 이룰 때, b를 a와 c의 **조화중항**이라고 한다.

이때 $\frac{1}{a}$, $\frac{1}{b}$, $\frac{1}{c}$은 이 순서대로 등차수열을 이루고 $\frac{1}{b}$은 $\frac{1}{a}$, $\frac{1}{c}$의 등차중항이므로

$$2\times\frac{1}{b}=\frac{1}{a}+\frac{1}{c},\ \frac{2}{b}=\frac{a+c}{ac}\qquad\therefore b=\frac{2ac}{a+c}$$

└ b를 a와 c의 조화평균이라고 한다.

따라서 수열 $\{a_n\}$이 조화수열이면 연속하는 세 항 a_n, a_{n+1}, a_{n+2} 사이에는 다음과 같은 관계가 성립한다.

$$\frac{2}{a_{n+1}}=\frac{1}{a_n}+\frac{1}{a_{n+2}}\ (\text{단, } n=1, 2, 3, \cdots)$$

개념 05 등차수열의 합

1. 수열의 합

수열 $\{a_n\}$의 첫째항부터 제n항까지의 합을 기호로 S_n과 같이 나타낸다. 즉,

$$S_n = a_1 + a_2 + a_3 + \cdots + a_n$$

2. 등차수열의 합

등차수열의 첫째항부터 제n항까지의 합 S_n은

(1) 첫째항이 a이고 제n항이 l일 때, $S_n = \frac{n(a+l)}{2}$

(2) 첫째항이 a이고 공차가 d일 때, $S_n = \frac{n\{2a+(n-1)d\}}{2}$

첫째항이 a, 공차가 d인 등차수열의 제n항을 l, 첫째항부터 제n항까지의 합을 S_n이라 하면

$$S_n = a + (a+d) + (a+2d) + \cdots + (l-2d) + (l-d) + l \quad \cdots\cdots ㉠$$

㉠의 우변의 더하는 순서를 거꾸로 나타내면

$$S_n = l + (l-d) + (l-2d) + \cdots + (a+2d) + (a+d) + a \quad \cdots\cdots ㉡$$

㉠+㉡을 하면

$$\begin{array}{rl} S_n = & a + (a+d) + (a+2d) + \cdots + (l-2d) + (l-d) + l \\ +)\ S_n = & l + (l-d) + (l-2d) + \cdots + (a+2d) + (a+d) + a \\ \hline 2S_n = & \underbrace{(a+l) + (a+l) + (a+l) + \cdots + (a+l) + (a+l) + (a+l)}_{n\text{개}} \\ = & n(a+l) \end{array}$$

$\therefore S_n = \frac{n(a+l)}{2}$ ← 첫째항 a, 제n항 l을 알 때

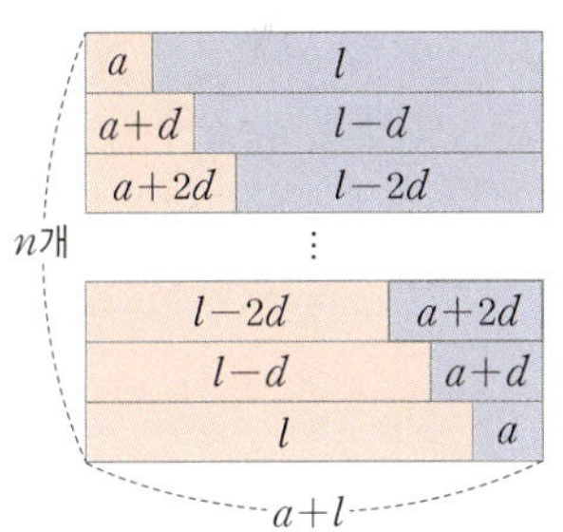

위의 식에 $l = a + (n-1)d$를 대입하면

$$S_n = \frac{n\{a+a+(n-1)d\}}{2} = \frac{n\{2a+(n-1)d\}}{2}$$ ← 첫째항 a, 공차 d를 알 때

예1 $a_1 = 32$, $a_{10} = -2$인 등차수열 $\{a_n\}$의 첫째항부터 제10항까지의 합 S_{10}은

$$S_{10} = \frac{10 \times (a_1 + a_{10})}{2} = \frac{10 \times \{32 + (-2)\}}{2} = 150$$

예2 첫째항이 -3이고, 공차가 4인 등차수열 $\{a_n\}$의 첫째항부터 제10항까지의 합 S_{10}은

$$S_{10} = \frac{10 \times \{2a_1 + (10-1) \times d\}}{2} = \frac{10 \times \{2 \times (-3) + (10-1) \times 4\}}{2} = 150$$

참고 첫째항이 a, 공차가 d인 등차수열 $\{a_n\}$의 첫째항부터 제n항까지의 합 S_n을 n에 대하여 정리하면

$$S_n = \frac{n\{2a+(n-1)d\}}{2} = \frac{d}{2}n^2 + \frac{2a-d}{2}n$$

이 식에서 $\frac{d}{2} = A$, $\frac{2a-d}{2} = B$로 놓으면 $S_n = An^2 + Bn$이므로 등차수열의 합은 n에 대한 이차 이하의 다항식 꼴로 나타낼 수 있음을 알 수 있다.

이때 첫째항부터 제n항까지의 합 S_n이 $S_n = An^2 + Bn$인 수열 $\{a_n\}$은 첫째항이 $A+B$이고 공차가 $2A$인 등차수열이다.

개념 06 수열의 합과 일반항 사이의 관계

수열 $\{a_n\}$의 첫째항부터 제n항까지의 합을 S_n이라 하면

$a_1=S_1,\ a_n=S_n-S_{n-1}\ (n\geq 2)$

수열 $\{a_n\}$의 첫째항부터 제n항까지의 합을 S_n이라 하면

(i) $n=1$일 때, $S_1=a_1$

(ii) $n\geq 2$일 때,

$a_1+a_2+a_3+\cdots+a_{n-1}+a_n=S_n$ ……㉠

$a_1+a_2+a_3+\cdots+a_{n-1}=S_{n-1}$ ……㉡

㉠−㉡을 하면

$a_n=S_n-S_{n-1}$ Ⓐ

(i), (ii)에서

$a_1=S_1,\ a_n=S_n-S_{n-1}\ (n\geq 2)$

위의 관계식을 이용하면 수열의 합 S_n을 알 때, 일반항 a_n을 구할 수 있다.

예1 수열 $\{a_n\}$의 첫째항부터 제n항까지의 합 S_n이 $S_n=n^2+2n$일 때, 일반항 a_n을 구해 보자. Ⓑ

(i) $n=1$일 때,

$a_1=S_1=1^2+2\times 1=3$ ……㉠

(ii) $n\geq 2$일 때,

$a_n=S_n-S_{n-1}$

$=n^2+2n-\{(n-1)^2+2(n-1)\}$

$=2n+1$ ……㉡

㉠은 ㉡에 $n=1$을 대입한 값과 같으므로

$a_n=2n+1$ ← 첫째항부터 등차수열을 이룬다.

예2 수열 $\{a_n\}$의 첫째항부터 제n항까지의 합 S_n이 $S_n=n^2+2n+1$일 때, 일반항 a_n을 구해 보자. Ⓑ

(i) $n=1$일 때,

$a_1=S_1=1^2+2\times 1+1=4$ ……㉠

(ii) $n\geq 2$일 때,

$a_n=S_n-S_{n-1}$

$=n^2+2n+1-\{(n-1)^2+2(n-1)+1\}$

$=2n+1$ ……㉡

㉠은 ㉡에 $n=1$을 대입한 값과 다르므로

$a_1=4,\ a_n=2n+1\ (n\geq 2)$ ← 둘째항부터 등차수열을 이룬다.

Ⓐ S_n: $a_1+a_2+a_3+\cdots+a_{n-1}+a_n$, S_{n-1}: $a_1+a_2+a_3+\cdots+a_{n-1}$

⇨ $S_n-S_{n-1}=a_n$

Ⓑ 수열 $\{a_n\}$의 첫째항부터 제n항까지의 합이 $S_n=An^2+Bn+C$ (A, B, C는 상수) 꼴일 때, (└ 공차는 $2A$이다.)

(1) $C=0$이면 수열 $\{a_n\}$은 첫째항부터 등차수열을 이룬다.
⇨ $a_n=2An+B-A$

(2) $C\neq 0$이면 수열 $\{a_n\}$은 둘째항부터 등차수열을 이룬다.
⇨ $a_1=A+B+C$,
$a_n=2An+B-A\ (n\geq 2)$

기본유형 01 수열의 일반항 구하기

개념 01

다음 수열의 일반항 a_n을 추측하시오.

(1) $-2,\ 4,\ 10,\ 16,\ \cdots$

(2) $\frac{1}{1\times2},\ \frac{1}{2\times3},\ \frac{1}{3\times4},\ \frac{1}{4\times5},\ \cdots$

solution

(1) $a_1=-2,\ a_2=4=-2+6,\ a_3=10=-2+2\times6,\ a_4=16=-2+3\times6,\ \cdots$이므로
$a_n=-2+(n-1)\times6=6n-8$이다.

(2) $a_1=\frac{1}{1\times2}=\frac{1}{1\times(1+1)},\ a_2=\frac{1}{2\times3}=\frac{1}{2\times(2+1)},\ a_3=\frac{1}{3\times4}=\frac{1}{3\times(3+1)},$
$a_4=\frac{1}{4\times5}=\frac{1}{4\times(4+1)},\ \cdots$이므로 $a_n=\frac{1}{n(n+1)}$이다.

기본유형 02 등차수열의 일반항

개념 03

다음 등차수열의 일반항 a_n을 구하시오.

(1) 첫째항이 20, 공차가 -3

(2) $-30,\ -25,\ -20,\ -15,\ \cdots$

solution

(1) $a_n=20+(n-1)\times(-3)=-3n+23$

(2) 첫째항이 -30, 공차가 5인 등차수열이므로 일반항은
$a_n=-30+(n-1)\times5=5n-35$

기본 연습

답 p.140

01 다음 수열의 일반항 a_n을 추측하시오.

(1) $-3,\ 1,\ -\frac{1}{3},\ \frac{1}{9},\ \cdots$

(2) $9,\ 99,\ 999,\ 9999,\ \cdots$

02 다음 등차수열의 일반항 a_n을 구하시오.

(1) 첫째항이 -18, 공차가 8

(2) $28,\ 21,\ 14,\ 7,\ \cdots$

기본유형 03 등차수열과 공차

개념 02+03

다음 조건을 만족시키는 등차수열 $\{a_n\}$의 공차를 구하시오.

(1) $a_3=-4,\ a_7=20$ (2) $a_2=6,\ a_4+a_6=36$

solution

등차수열 $\{a_n\}$의 첫째항을 a, 공차를 d라 하면

(1) $a_3=a+2d=-4$ ……㉠

$a_7=a+6d=20$ ……㉡

㉡－㉠을 하면 $4d=24$ $\therefore d=6$ ← ㉠에서 $a+2\times6=-4$, 즉 $a=-16$이다.

(2) $a_2=a+d=6$ ……㉠

$a_4+a_6=(a+3d)+(a+5d)=2a+8d=36$

$\therefore a+4d=18$ ……㉡

㉡－㉠을 하면 $3d=12$ $\therefore d=4$ ← ㉠에서 $a+4=6$, 즉 $a=2$이다.

기본유형 04 등차중항

개념 04

네 수 x, 7, y, 13이 이 순서대로 등차수열을 이룰 때, $x+2y$의 값을 구하시오.

solution

7은 x와 y의 등차중항이고, y는 7과 13의 등차중항이므로

$7=\frac{x+y}{2},\ y=\frac{7+13}{2}=10$

위의 두 식을 연립하여 풀면 $x=4,\ y=10$

$\therefore x+2y=4+2\times10=24$

기본 연습

03 다음 조건을 만족시키는 등차수열 $\{a_n\}$의 공차를 구하시오.

(1) $a_5=5,\ a_{15}=25$ (2) $a_8=23,\ a_3+a_6=25$

풀 p.140

04 네 수 3, a, b, 15가 이 순서대로 등차수열을 이룰 때, $a+b$의 값을 구하시오.

기본유형 05 등차수열의 합

개념 05

다음을 구하시오.

(1) 첫째항이 6, 제9항이 32인 등차수열 $\{a_n\}$의 첫째항부터 제9항까지의 합

(2) 첫째항이 3이고 공차가 2인 등차수열 $\{a_n\}$의 첫째항부터 제10항까지의 합

solution

등차수열 $\{a_n\}$의 첫째항부터 제n항까지의 합을 S_n이라 하면

(1) $S_9=\dfrac{9\times(6+32)}{2}=171$

(2) $S_{10}=\dfrac{10\times\{2\times3+(10-1)\times2\}}{2}=120$

기본유형 06 수열의 합과 일반항 사이의 관계

개념 06

수열 $\{a_n\}$의 첫째항부터 제n항까지의 합 S_n이 다음과 같을 때, 일반항 a_n을 구하시오.

(1) $S_n=n^2+3n$

(2) $S_n=2n^2+n+3$

solution

(1) (i) $n=1$일 때, $a_1=S_1=1^2+3\times1=4$ ······㉠

(ii) $n\geq2$일 때, $a_n=S_n-S_{n-1}=n^2+3n-\{(n-1)^2+3(n-1)\}=2n+2$ ······㉡

(i), (ii)에서 ㉠은 ㉡에 $n=1$을 대입한 값과 같으므로

$a_n=2n+2$

(2) (i) $n=1$일 때, $a_1=S_1=2\times1^2+1+3=6$ ······㉠

(ii) $n\geq2$일 때, $a_n=S_n-S_{n-1}=2n^2+n+3-\{2(n-1)^2+(n-1)+3\}=4n-1$ ······㉡

(i), (ii)에서 ㉠은 ㉡에 $n=1$을 대입한 값과 다르므로

$a_1=6$, $a_n=4n-1$ $(n\geq2)$

기본 연습

05 다음을 구하시오.

(1) 첫째항이 2, 제13항이 38인 등차수열 $\{a_n\}$의 첫째항부터 제13항까지의 합

(2) 첫째항이 2, 공차가 4인 등차수열 $\{a_n\}$의 첫째항부터 제20항까지의 합

해 p.141

06 수열 $\{a_n\}$의 첫째항부터 제n항까지의 합 S_n이 다음과 같을 때, 일반항 a_n을 구하시오.

(1) $S_n=n^2-5n$

(2) $S_n=2n^2-5n+6$

필수유형 07 등차수열의 일반항

개념 03

등차수열 $\{a_n\}$에 대하여 $a_1=3$, $a_5=a_3+4$일 때, 다음을 구하시오.

(1) 일반항 a_n (2) a_{15} (3) $a_k=41$을 만족시키는 k의 값

guide

❶ 다음을 이용하여 등차수열 $\{a_n\}$의 일반항 a_n을 구한다.
⇨ 첫째항이 a, 공차가 d인 등차수열 $\{a_n\}$의 일반항 a_n은 $a_n=a+(n-1)d$
❷ ❶에서 구한 일반항 a_n을 이용하여 조건을 만족시키는 미지수의 값을 구한다.

solution

등차수열 $\{a_n\}$의 첫째항을 a, 공차를 d라 하자.

(1) $a_1=3$에서 $a=3$
$a_5=a_3+4$에서 $a+4d=a+2d+4$, $2d=4$ $\therefore d=2$
$\therefore a_n=3+(n-1)\times 2=2n+1$

(2) (1)에서 $a_n=2n+1$이므로 $a_{15}=2\times 15+1=31$

(3) (1)에서 $a_k=2k+1$이므로 $2k+1=41$, $2k=40$ $\therefore k=20$

필수 연습

해 pp.141~142

07 등차수열 $\{a_n\}$에 대하여 $a_1+a_3+a_5=21$, $a_5+a_7+a_9=51$일 때, 다음을 구하시오.

(1) 일반항 a_n (2) a_{13} (3) $a_k=\frac{29}{2}$를 만족시키는 k의 값

08 등차수열 $\{a_n\}$에 대하여 $a_3+a_5=36$, $a_2a_4=180$일 때, $a_n<100$을 만족시키는 자연수 n의 최댓값을 구하시오.

09 공차가 0이 아닌 등차수열 $\{a_n\}$에 대하여 $a_6=-3$, $|a_4|=|a_{10}|$일 때, $a_n=330$을 만족시키는 자연수 n의 값을 구하시오.

필수유형 08 등차중항

개념 04

세 양수 $2a-5$, $a+3$, a^2-5가 이 순서대로 등차수열을 이룰 때, 이 세 수의 합을 구하시오.

guide

❶ 세 수 a, b, c가 이 순서대로 등차수열을 이룰 때, 다음을 이용하여 방정식을 세운다.

⇨ b가 a와 c의 등차중항이면 $b=\frac{a+c}{2}$, 즉 $2b=a+c$

❷ ❶에서 세운 방정식을 풀어 미지수의 값을 구한다.

solution

$a+3$은 $2a-5$와 a^2-5의 등차중항이므로 $2(a+3)=(2a-5)+(a^2-5)$에서

$2a+6=a^2+2a-10$

$a^2-16=0$, $(a+4)(a-4)=0$ $\quad\therefore a=-4$ 또는 $a=4$

(i) $a=-4$일 때, 세 수는 -13, -1, 11

그런데 세 수는 모두 양수이어야 하므로 조건을 만족시키지 않는다.

(ii) $a=4$일 때, 세 수는 3, 7, 11

세 수는 모두 양수이므로 조건을 만족시킨다.

(i), (ii)에서 구하는 세 수는 3, 7, 11이므로 그 합은 21이다.

plus

등차수열을 이루는 수는 다음과 같이 놓고 식을 세우면 계산이 편리하다.

(1) 세 수가 등차수열을 이루는 경우 ⇨ $a-d$, a, $a+d$

(2) 네 수가 등차수열을 이루는 경우 ⇨ $a-3d$, $a-d$, $a+d$, $a+3d$

필수 연습

답 p.142

10 세 양수 $3a-2$, $2a+4$, $2a^2-5$가 이 순서대로 등차수열을 이룰 때, 이 세 수의 합을 구하시오.

11 x에 대한 이차방정식 $x^2-kx+72=0$의 두 근 α, β에 대하여 α, β, $\alpha+\beta$가 이 순서대로 등차수열을 이룰 때, 양수 k의 값을 구하시오.

12 (plus) 등차수열을 이루는 세 수의 합이 15이고 곱이 105일 때, 이 세 수 중 가장 큰 수를 구하시오.

필수유형 09 두 수 사이에 수를 넣어서 만든 등차수열

개념 03+04

두 수 1과 100 사이에 32개의 수 a_1, a_2, a_3, $\cdots$, a_{32}를 넣어 만든 수열

1, a_1, a_2, a_3, $\cdots$, a_{32}, 100

이 이 순서대로 등차수열을 이룰 때, a_{10}을 구하시오.

guide

❶ 두 수 a, b 사이에 n개의 수를 넣어 만든 등차수열의 첫째항이 a, 제$(n+2)$항이 b이므로 $b=a+(n+1)d$ (d는 공차)임을 이용하여 공차 d를 구한다.

❷ ❶을 이용하여 주어진 조건을 만족시키는 값을 구한다.

solution

주어진 등차수열의 공차를 d라 하면 첫째항이 1, 제34항이 100이므로

$1+(34-1)\times d=100$, $1+33d=100$, $33d=99$ $\quad\therefore d=3$

이때 a_{10}은 주어진 등차수열의 제11항이므로

$a_{10}=1+(11-1)\times 3=31$

plus

등차수열 $\{a_n\}$에서 a_1, a_2, a_3, $\cdots$, a_n은 등차중항의 성질에 의하여 다음이 성립한다.

$l\le n$, $m\le n$, $l+m=n+1$을 만족시키는 두 자연수 l, m에 대하여

$$a_1+a_n=a_2+a_{n-1}=a_3+a_{n-2}=\cdots=a_l+a_m$$

필수 연습

해 p.143

13 두 수 25와 -59 사이에 20개의 수 a_1, a_2, a_3, $\cdots$, a_{20}을 넣어 만든 수열

25, a_1, a_2, a_3, $\cdots$, a_{20}, -59

가 이 순서대로 등차수열을 이룰 때, a_{15}를 구하시오.

14 (plus) 두 수 -4와 84 사이에 11개의 수 a_1, a_2, a_3, $\cdots$, a_{11}을 넣어 만든 수열

-4, a_1, a_2, a_3, $\cdots$, a_{11}, 84

가 이 순서대로 등차수열을 이룰 때, $a_1+a_3+a_9+a_{11}$의 값을 구하시오.

15 두 수 1과 46 사이에 m개의 수 a_1, a_2, a_3, $\cdots$, a_m을 넣어 만든 수열

1, a_1, a_2, a_3, $\cdots$, a_m, 46

이 이 순서대로 등차수열을 이루고, 이 수열의 공차가 1이 아닌 자연수일 때, m의 최댓값을 구하시오.

필수유형 10 등차수열의 합 개념 05

등차수열 $\{a_n\}$에 대하여 다음을 구하시오.

(1) 첫째항이 21, 공차가 -5, 제k항이 -24일 때, 첫째항부터 제k항까지의 합

(2) $a_3+a_5=14$, $a_4+a_6=18$일 때, 첫째항부터 제15항까지의 합

guide

❶ 주어진 조건을 이용하여 항수 또는 첫째항과 공차를 구한다.

❷ 다음을 이용하여 등차수열의 첫째항부터 제n항까지의 합 S_n을 구한다.

(1) 첫째항이 a, 제n항이 l일 때, $S_n=\dfrac{n(a+l)}{2}$ (2) 첫째항이 a, 공차가 d일 때, $S_n=\dfrac{n\{2a+(n-1)d\}}{2}$

solution

등차수열 $\{a_n\}$의 첫째항을 a, 공차를 d라 하자.

(1) $a=21$, $d=-5$이므로 일반항 a_n은 $a_n=21+(n-1)\times(-5)=-5n+26$

제k항이 -24이므로 $a_k=-5k+26=-24$에서 $5k=50$ $\therefore k=10$

따라서 첫째항부터 제10항까지의 합은 $\dfrac{10\times\{21+(-24)\}}{2}=-15$

(2) $a_3+a_5=14$에서 $(a+2d)+(a+4d)=14$ $\therefore a+3d=7$ ……㉠

$a_4+a_6=18$에서 $(a+3d)+(a+5d)=18$ $\therefore a+4d=9$ ……㉡

㉠, ㉡을 연립하여 풀면 $a=1$, $d=2$

따라서 첫째항부터 제15항까지의 합은 $\dfrac{15\times\{2\times1+(15-1)\times2\}}{2}=225$

필수 연습

답 pp.143~144

16 등차수열 $\{a_n\}$에 대하여 다음을 구하시오.

(1) 첫째항이 3, 공차가 7, 제k항이 52일 때, 첫째항부터 제k항까지의 합

(2) $a_2+a_4=22$, $a_8+a_{12}=120$일 때, 첫째항부터 제20항까지의 합

17 등차수열 $\{a_n\}$에서 $a_2=34$, $a_5=25$일 때, $|a_1|+|a_2|+|a_3|+\cdots+|a_{20}|$의 값을 구하시오.

18 첫째항이 1인 등차수열 $\{a_n\}$에 대하여 $a_2+a_7+a_{10}=7$일 때,

$a_1+a_2+a_3+\cdots+a_n=46$

을 만족시키는 자연수 n의 값을 구하시오.

필수유형 **11** **부분의 합이 주어진 등차수열의 합** 개념 05

등차수열 $\{a_n\}$에 대하여 첫째항부터 제n항까지의 합을 S_n이라 하자. $S_5=-5$, $S_{10}=40$일 때, S_{15}를 구하시오.

guide

❶ 등차수열의 첫째항이 a, 공차가 d일 때 첫째항부터 제n항까지의 합 S_n은
$S_n=\frac{n\{2a+(n-1)d\}}{2}$임을 이용하여 a, d에 대한 방정식을 세운다.

❷ ❶에서 구한 두 식을 연립하여 a, d의 값을 각각 구한다.

❸ ❷를 이용하여 주어진 조건을 만족시키는 값을 구한다.

solution

주어진 등차수열 $\{a_n\}$의 첫째항을 a, 공차를 d라 하면

$S_5=\frac{5\{2a+(5-1)d\}}{2}=-5$에서 $5a+10d=-5$, $a+2d=-1$ ······㉠

$S_{10}=\frac{10\{2a+(10-1)d\}}{2}=40$에서 $10a+45d=40$, $2a+9d=8$ ······㉡

㉠, ㉡을 연립하여 풀면 $a=-5$, $d=2$이므로 $S_{15}=\frac{15\times\{2\times(-5)+(15-1)\times 2\}}{2}=135$

다른 풀이 $S_5=-5$, $S_{10}=40$에서 $S_{10}-S_5=40-(-5)=45$이므로
S_5, $S_{10}-S_5$, $S_{15}-S_{10}$, 즉 -5, 45, $S_{15}-40$은 공차가 $45-(-5)=50$인 등차수열을 이룬다.
따라서 $S_{15}-40=45+50=95$이므로 $S_{15}=95+40=135$

plus

공차가 d인 등차수열 $\{a_n\}$에 대하여 첫째항부터 제n항까지의 합을 S_n이라 할 때, S_n, $S_{2n}-S_n$, $S_{3n}-S_{2n}$, …은 등차수열을 이루고 이 수열의 공차는 n^2d이다.

필수 연습

pp.144~145

plus **19** 등차수열 $\{a_n\}$에 대하여 첫째항부터 제n항까지의 합을 S_n이라 하자. $S_{10}=200$, $S_{20}=600$일 때, S_{30}을 구하시오.

20 첫째항부터 제8항까지의 합이 -32이고, 제9항부터 제15항까지의 합이 77인 등차수열의 제16항부터 제32항까지의 합을 구하시오.

21 등차수열 $\{a_n\}$이

$$a_1+a_2+a_3=21,\ a_7+a_8+a_9+a_{10}+a_{11}=140$$

을 만족시킬 때, $a_{14}+a_{15}+a_{16}+\cdots+a_{25}$의 값을 구하시오.

필수유형 12 등차수열의 합의 최대, 최소

개념 05

$a_1=34$, $a_{15}=-22$인 등차수열 $\{a_n\}$의 첫째항부터 제n항까지의 합을 S_n이라 할 때, S_n이 최대가 되도록 하는 n의 값을 구하시오.

guide

❶ 주어진 조건을 이용하여 일반항 a_n을 구한다.

❷ 다음을 이용하여 n의 값을 구한다.

⇨ 등차수열 $\{a_n\}$의 첫째항이 a, 공차가 d일 때, 첫째항부터 제n항까지의 합 S_n에 대하여

(1) $a>0$, $d<0$일 때 S_n의 최댓값은 첫째항부터 마지막으로 음이 아닌 수인 항까지의 합

(2) $a<0$, $d>0$일 때 S_n의 최솟값은 첫째항부터 마지막으로 양이 아닌 수인 항까지의 합

solution

등차수열 $\{a_n\}$의 공차를 d라 하면 $a_1=34$이므로

$a_{15}=a_1+14d=34+14d=-22$, $14d=-56$ $\quad\therefore d=-4$

$\therefore a_n=34+(n-1)\times(-4)=-4n+38$

$a_n<0$인 경우는 $-4n+38<0$에서 $4n>38$ $\quad\therefore n>\frac{38}{4}=9.5$

즉, 등차수열 $\{a_n\}$은 첫째항부터 제9항까지 양수이고, 제10항부터 음수이므로

첫째항부터 제9항까지의 합이 최대이다.

$\therefore n=9$

보충 설명 $a_1=34$, $d=-4$이므로

$S_n=\frac{n\{2\times34+(n-1)\times(-4)\}}{2}=-2n^2+36n=-2(n-9)^2+162$

따라서 S_n은 $n=9$일 때, 최댓값 162를 갖는다.

필수 연습

pp.145~146

22 $a_1=-16$, $a_{10}=11$인 등차수열 $\{a_n\}$의 첫째항부터 제n항까지의 합을 S_n이라 하자. S_n이 최소가 되도록 하는 n의 값을 구하시오.

23 $a_1=-10$인 등차수열 $\{a_n\}$의 첫째항부터 제n항까지의 합을 S_n이라 하자. $S_3=S_8$일 때, S_n의 최솟값을 구하시오.

24 첫째항이 a, 공차가 4인 등차수열 $\{a_n\}$의 첫째항부터 제n항까지의 합 S_n은 $n=5$일 때에만 최솟값을 갖는다. 이를 만족시키는 모든 정수 a의 값의 합을 구하시오.

필수유형 13 등차수열의 합과 일반항 사이의 관계

개념 06

수열 $\{a_n\}$의 첫째항부터 제n항까지의 합 S_n이 $S_n=n^2-12n$일 때, a_1+a_5의 값을 구하시오.

guide

❶ 수열 $\{a_n\}$의 첫째항부터 제n항까지의 합 S_n이 주어진 경우, 다음을 이용하여 일반항 a_n을 구한다.
(i) $n=1$일 때, $a_1=S_1$
(ii) $n\geq2$일 때, $a_n=S_n-S_{n-1}$

❷ a_n의 식에 n에 해당하는 숫자를 대입하여 값을 구한다.

solution

$S_n=n^2-12n$에서

(i) $n=1$일 때, $a_1=S_1=1-12=-11$ ······㉠

(ii) $n\geq2$일 때,

$a_n=S_n-S_{n-1}$
$=n^2-12n-\{(n-1)^2-12(n-1)\}$
$=2n-13$ ······㉡

(i), (ii)에서 ㉠은 ㉡에 $n=1$을 대입한 값과 같으므로

$a_n=2n-13$

따라서 $a_1=-11$, $a_5=2\times5-13=-3$이므로

$a_1+a_5=-11+(-3)=-14$

보충 설명 수열 $\{a_n\}$의 첫째항부터 제n항까지의 합 S_n이 $S_n=An^2+Bn+C$ (A, B, C는 상수) 꼴일 때
(i) $C=0$이면 수열 $\{a_n\}$은 첫째항부터 등차수열을 이룬다.
(ii) $C\neq0$이면 수열 $\{a_n\}$은 둘째항부터 등차수열을 이룬다.

필수 연습

해 p.147

25 수열 $\{a_n\}$의 첫째항부터 제n항까지의 합 S_n이 $S_n=2n^2-15n$일 때, a_1+a_6의 값을 구하시오.

26 수열 $\{a_n\}$의 첫째항부터 제n항까지의 합 S_n이 $S_n=-2n^2+10n-9$일 때, $a_n\geq0$을 만족시키는 모든 자연수 n의 값의 합을 구하시오.

27 수열 $\{a_n\}$의 첫째항부터 제n항까지의 합 S_n이 $S_n=pn^2+qn$이다. $a_{10}-a_4=24$, $a_2+a_4=28$일 때, 두 상수 p, q에 대하여 pq의 값을 구하시오.

01 공차가 양수인 등차수열 $\{a_n\}$이 다음 조건을 만족시킬 때, a_{30}을 구하시오.

(가) $a_5+a_{10}=0$
(나) $|a_7|=|a_9|-4$

02 등차수열 $\{a_n\}$에 대하여 $a_1=25$, $a_5=9$일 때, $|a_n|$의 값이 최소가 되도록 하는 자연수 n의 값을 구하시오.

03 모든 항이 양수인 등차수열 $\{a_n\}$에 대하여 $a_3\times a_{22}=a_7\times a_8+10$일 때, a_4+a_6의 최솟값을 구하시오.

04 등차수열 $\left\{\dfrac{1}{a_n}\right\}$에 대하여 이차방정식

$$27x^2-12x+1=0$$

의 두 근이 a_2, a_6일 때, a_4를 구하시오.

05 삼차방정식 $x^3-9x^2+11x+k=0$의 세 근이 등차수열을 이룰 때, 상수 k의 값을 구하시오.

신유형

06 오른쪽 그림과 같이 $\angle B=90°$, $\overline{BC}=4\sqrt{5}$인 직각삼각형 ABC의 꼭짓점 B에서 빗변 AC에 내린 수선의 발을 D라 하자. 세 선분 AD, CD, AB의 길이가 이 순서대로 등차수열을 이룰 때, 변 AB의 길이를 구하시오.

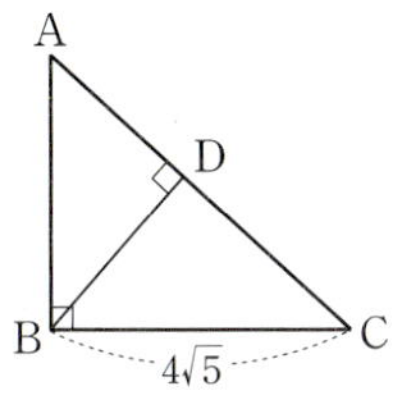

07 두 수 1과 64 사이에 n개의 자연수 a_1, a_2, a_3, $\cdots$, a_n을 넣어 만든 수열

1, a_1, a_2, a_3, $\cdots$, a_n, 64

가 이 순서대로 등차수열을 이룰 때, 모든 자연수 n의 값의 합을 구하시오.

08 3으로 나눈 나머지가 2이고, 5로 나눈 나머지가 3인 자연수를 작은 것부터 차례대로

$a_1,\ a_2,\ a_3,\ \cdots,\ a_n,\ \cdots$

이라 할 때, $a_1+a_2+a_3+\ \cdots\ +a_{10}$의 값을 구하시오.

09 수열 5, a_1, a_2, $\cdots$, a_n, 236이 이 순서대로 등차수열을 이룬다고 한다. 이 수열의 공차가 50보다 작은 자연수일 때, 공차가 최대가 되도록 하는 수열 $\{a_n\}$에 대하여 $a_1+a_2+a_3+\ \cdots\ +a_n$의 값을 구하시오.

10 공차가 2인 등차수열 $\{a_n\}$의 첫째항부터 제n항까지의 합을 S_n이라 하자. $S_k=-16$, $S_{k+2}=-12$를 만족시키는 자연수 k에 대하여 a_{2k}의 값을 구하시오. [평가원]

11 10 이상의 자연수 n에 대하여 n개의 항으로 이루어진 등차수열 $a_1,\ a_2,\ a_3,\ \cdots,\ a_n$이 다음 조건을 만족시킬 때, $a_1+a_2+a_3+\ \cdots\ +a_9$의 값을 구하시오.

(가) 처음 4개의 항의 합은 29이다.
(나) 마지막 4개의 항의 합은 155이다.
(다) $a_1+a_2+a_3+\ \cdots\ +a_n=575$

서술형

12 등차수열 $\{a_n\}$의 첫째항부터 제n항까지의 합을 S_n이라 하자. $a_1>0$이고 $2S_{20}=S_8$일 때, S_n이 최대가 되도록 하는 모든 자연수 n의 값의 합을 구하시오.

13 수열 $\{a_n\}$의 첫째항부터 제n항까지의 합 S_n이 $S_n=-n^2+8n+3$일 때, 〈보기〉에서 옳은 것만을 있는 대로 고른 것은?

보기

ㄱ. $a_1+a_3=10$
ㄴ. 수열 $\{a_{2n}\}$은 공차가 -4인 등차수열이다.
ㄷ. 처음으로 음수가 되는 항은 제5항이다.

---

① ㄱ ② ㄷ ③ ㄱ, ㄴ
④ ㄴ, ㄷ ⑤ ㄱ, ㄴ, ㄷ

BLACKLABEL

2 등비수열

개념 07 등비수열의 뜻

(1) 등비수열과 공비

첫째항부터 차례대로 일정한 수를 곱하여 만든 수열을 **등비수열**이라 하고, 그 일정한 수를 **공비**라고 한다. Ⓐ

(2) 등비수열에서 이웃하는 두 항 사이의 관계

공비가 r인 등비수열 $\{a_n\}$의 이웃하는 두 항 a_n, a_{n+1}에 대하여 다음이 성립한다.

$$a_{n+1}=ra_n \Longleftrightarrow \frac{a_{n+1}}{a_n}=r \text{ (단, } n=1, 2, 3, \cdots)$$

예 1부터 시작하여 차례대로 2씩 곱하여 얻은 수열은 첫째항이 1, 공비가 2인 등비수열이다.

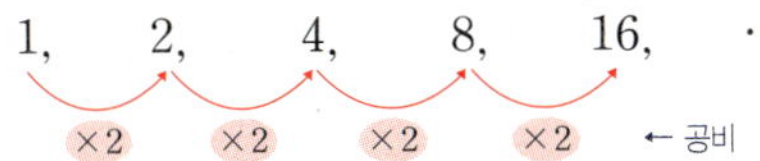

이웃하는 두 항의 비는 항상 2로 일정하므로 이 수열의 일반항을 a_n이라 하면

$$\frac{2}{1}=\frac{4}{2}=\frac{8}{4}=\cdots=\frac{a_{n+1}}{a_n}=2$$

Ⓐ 공비

공비 r은 비율을 뜻하는 'ratio'의 첫 글자이다.

개념 08 등비수열의 일반항

첫째항이 a이고 공비가 r인 등비수열의 일반항 a_n은

$a_n=ar^{n-1}$ (단, $n=1, 2, 3, \cdots$) Ⓑ

첫째항이 a, 공비가 r인 등비수열 $\{a_n\}$의 일반항은 다음과 같이 구할 수 있다.

(1) 등비수열 $\{a_n\}$의 각 항을 나열하여 구하는 방법

$a_1=a$

$a_2=a_1r=ar$

$a_3=a_2r=(ar)r=ar^2$

$a_4=a_3r=(ar^2)r=ar^3$

$\vdots$

따라서 일반항 a_n은 $a_n=ar^{n-1}$이다.

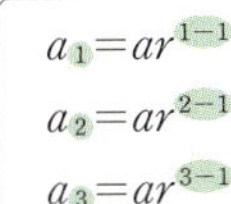

Ⓑ 등비수열의 일반항을 이용한 표현

(1) 한 개의 항 a_m과 공비 r을 알 때,

⇨ $a_n=a_mr^{n-m}$

(2) 두 항 a_l, a_m $(l\neq m)$을 알 때,

⇨ $\frac{a_m}{a_l}=r^{m-l}$이므로

$r=\left(\frac{a_m}{a_l}\right)^{\frac{1}{m-l}}$

(2) 이웃하는 두 항 사이의 관계를 나열하고 변끼리 곱하는 방법

이웃하는 두 항의 비는 r로 일정하므로

$$\left.\begin{aligned} \frac{a_2}{a_1}&=r \\ \frac{a_3}{a_2}&=r \\ \frac{a_4}{a_3}&=r \\ &\vdots \\ \times\Big)\ \frac{a_n}{a_{n-1}}&=r \end{aligned}\right\}(n-1)\text{개}$$

$$\frac{a_n}{a_1}=r^{n-1}$$

이때 $a_1=a$이므로 일반항 a_n은 $a_n=ar^{n-1}$이다.

예1 첫째항이 3이고 공비가 2인 등비수열의 일반항 a_n은

$a_n=3\times2^{n-1}$

예2 등비수열 2, -4, 8, -16, …의 첫째항은 2이고 공비는 -2이므로 일반항 a_n은

$a_n=2\times(-2)^{n-1}$

개념 09 등비중항

(1) 등비중항

0이 아닌 세 수 a, b, c가 이 순서대로 등비수열을 이룰 때, b를 a와 c의 **등비중항**이라고 한다.

이때 $\frac{b}{a}=\frac{c}{b}$이므로 $b^2=ac$ ← $b=\pm\sqrt{ac}$에서 공비는 양수 또는 음수일 수 있으므로 등비중항은 2개일 수 있다.

└ 등비수열의 연속하는 두 항의 비는 일정하다

참고 a와 c의 등비중항 b는 a와 c의 기하평균 $\sqrt{ac}$와 같다. (단, $a>0$, $b>0$, $c>0$)

(2) 등비수열의 관계식

수열 $\{a_n\}$이 등비수열이면 연속하는 세 항 a_n, a_{n+1}, a_{n+2}에 대하여 $\frac{a_{n+1}}{a_n}=\frac{a_{n+2}}{a_{n+1}}$이므로

$a_{n+1}{}^2=a_na_{n+2}$ (단, $n=1, 2, 3, \cdots$) Ⓐ

예1 세 수 2, 10, x가 이 순서대로 등비수열을 이루면 10은 2와 x의 등비중항이므로

$10^2=2x$, $2x=100$ $\therefore x=50$

예2 세 수 3, x, 12가 이 순서대로 등비수열을 이루면 x는 3과 12의 등비중항이므로

$x^2=3\times12=36$ $\therefore x=\pm6$

Ⓐ **수열 $\{a_n\}$이 등비수열일 조건**

세 상수 r, p, q에 대하여

(1) $a_{n+1}=ra_n$

(2) $\frac{a_{n+1}}{a_n}=r$

(3) $a_n=p\times q^n$

(4) $a_{n+1}{}^2=a_na_{n+2}$

개념 10 등비수열의 합

첫째항이 a, 공비가 r $(r\neq0)$인 등비수열의 첫째항부터 제n항까지의 합 S_n은

(1) $r\neq1$일 때, $S_n=\frac{a(1-r^n)}{1-r}=\frac{a(r^n-1)}{r-1}$ Ⓑ

(2) $r=1$일 때, $S_n=na$

첫째항이 a, 공비가 r $(r\neq0)$인 등비수열의 첫째항부터 제n항까지의 합을 S_n이라 하면

$$S_n=a+ar+ar^2+\cdots+ar^{n-2}+ar^{n-1} \quad \cdots\cdots㉠$$

㉠의 양변에 r을 곱하면

$$rS_n=ar+ar^2+ar^3+\cdots+ar^{n-1}+ar^n \quad \cdots\cdots㉡$$

㉠$-$㉡을 하면

$$\begin{array}{rl} S_n= & a+\cancel{ar}+\cancel{ar^2}+\cdots+\cancel{ar^{n-1}} \\ -)\quad rS_n= & \quad\ \cancel{ar}+\cancel{ar^2}+\cdots+\cancel{ar^{n-1}}+ar^n \\ \hline S_n-rS_n= & a-ar^n \end{array}$$

$\therefore (1-r)S_n=a(1-r^n)$

(1) $r\neq1$일 때,

$$S_n=\frac{a(1-r^n)}{1-r}=\frac{a(r^n-1)}{r-1} \text{ Ⓒ}$$

(2) $r=1$일 때, ㉠에서

$$S_n=\underbrace{a+a+a+\cdots+a}_{n\text{개}}=na \text{ Ⓒ}$$

예1 등비수열 $\{a_n\}$에 대하여 $a_1=1$, $a_2=2$일 때, 공비는 2이므로 이 수열의 첫째항부터 제10항까지의 합 S_{10}은

$$S_{10}=\frac{1\times(2^{10}-1)}{2-1}=1023$$

예2 첫째항이 2이고, 공비가 -3인 등비수열 $\{a_n\}$의 첫째항부터 제6항까지의 합 S_6은

$$S_6=\frac{2\times\{1-(-3)^6\}}{1-(-3)}=\frac{1-3^6}{2}=-364$$

참고 첫째항이 a, 공비가 r $(r\neq1)$인 등비수열 $\{a_n\}$의 첫째항부터 제n항까지의 합 S_n은

$$S_n=\frac{a(r^n-1)}{r-1}=\frac{a}{r-1}\times r^n-\frac{a}{r-1}$$

이 식에서 $\frac{a}{r-1}=A$로 놓으면 $S_n=Ar^n-A$이므로 등비수열의 합은 공비를 밑으로 하는 지수식 꼴로 나타낼 수 있음을 알 수 있다. 이때 첫째항부터 제n항까지의 합 S_n이 $S_n=Ar^n-A$인 수열 $\{a_n\}$은 첫째항이 $(r-1)A$이고 공비가 r인 등비수열이다. Ⓓ

Ⓑ $r<1$일 때에는 $S_n=\frac{a(1-r^n)}{1-r}$, $r>1$일 때에는 $S_n=\frac{a(r^n-1)}{r-1}$을 이용하여 계산하면 편리하다.

Ⓒ 공비가 문자 r로 주어질 때에는 $r\neq1$인 경우와 $r=1$인 경우로 나누어 생각한다.

Ⓓ 수열 $\{a_n\}$의 첫째항부터 제n항까지의 합이 $S_n=Ar^n+B$ (A, B는 상수) 꼴일 때,

(1) $B=-A$이면 수열 $\{a_n\}$은 첫째항부터 등비수열을 이룬다.
⇨ $a_n=A(r-1)r^{n-1}$

(2) $B\neq-A$이면 수열 $\{a_n\}$은 둘째항부터 등비수열을 이룬다.
⇨ $a_1=Ar+B$,
$a_n=A(r-1)r^{n-1}$ $(n\geq2)$

개념 11 등비수열의 합의 활용

1. 원리합계

원금과 이자를 합한 금액을 **원리합계**라고 한다. ← (이자)=(원금)×(이율)

원금 a원을 연이율 r로 예금할 때, n년 후의 원리합계 S는 다음과 같이 두 가지 방법으로 계산한다.

(1) 단리법 : 처음 원금에 대한 이자만 계산하는 방법

⇨ $S=a(1+rn)$(원) ← 첫째항이 $a(1+r)$, 공차가 ar인 등차수열

(2) 복리법 : 원금에 이자를 합한 금액을 다시 원금으로 보고 이자를 계산하는 방법

⇨ $S=a(1+r)^n$(원) ← 첫째항이 $a(1+r)$, 공비가 $(1+r)$인 등비수열

참고 같은 원금에 같은 이율을 적용하는 경우, 단리로 예금했을 때보다 복리로 예금했을 때 이자가 더 많이 붙는다.

2. 적립금의 원리합계

연이율이 r이고, 1년마다 복리로 a원씩 적립할 때, n년째 말의 적립금의 원리합계 S는 적립 시기에 따라 다음과 같이 구한다.

(1) 매년 초에 적립하는 경우

⇨ $S=\dfrac{a(1+r)\{(1+r)^n-1\}}{r}$ ← 첫째항이 $a(1+r)$, 공비가 $(1+r)$인 등비수열의 합

(2) 매년 말에 적립하는 경우

⇨ $S=\dfrac{a\{(1+r)^n-1\}}{r}$ ← 첫째항이 a, 공비가 $(1+r)$인 등비수열의 합

1. 단리법과 복리법으로 원금 a원을 예금하는 경우

(1) 단리로 예금하는 경우

예1 원금 100만 원을 연이율 3%의 단리로 예금할 때, 10년 후의 원리합계 S는 다음과 같다. (3%=0.03)

$S=100+\underbrace{100\times0.03+100\times0.03+\cdots+100\times0.03}$ (1년마다 한 번씩 이자가 붙고 10년 동안 10번의 이자가 붙는다.)

$=100+100\times0.03\times10$ (원금에만 이자가 붙으므로 해마다 붙는 이자는 100×0.03(만 원)이다.)

$=100\times(1+0.03\times10)$

$=100\times1.3$

$=130$(만 원)

(2) 복리로 예금하는 경우

예2 원금 100만 원을 연이율 3%의 복리로 예금할 때, 10년 후의 원리합계 S는 다음과 같다.

	원금(만 원)	원리합계(만 원)
1년 후	100	$100+100\times0.03=100\times(1+0.03)$ ← 올해의 원리합계는 다음 해의 원금이다.
2년 후	$100\times(1+0.03)$	$100\times(1+0.03)+100\times(1+0.03)\times0.03=100\times(1+0.03)^2$
3년 후	$100\times(1+0.03)^2$	$100\times(1+0.03)^2+100\times(1+0.03)^2\times0.03=100\times(1+0.03)^3$
⋮	⋮	⋮
10년 후	$100\times(1+0.03)^9$	$100\times(1+0.03)^9+100\times(1+0.03)^9\times0.03=100\times(1+0.03)^{10}$

$\therefore S=100\times(1+0.03)^{10}=100\times1.03^{10}$(만 원) (약 134만 원)

2. 복리법으로 매년 a원씩 적금하는 경우

적립금의 원리합계 문제는 공식을 외워서 풀기보다는 주어진 조건에 맞게 직접 그림을 그려서 풀어야 실수를 줄일 수 있다.

(1) 매년 초에 적립하는 경우

예1 매년 초에 50만 원씩 연이율 4%, 1년마다 복리로 10년 동안 적립할 때, 10년째 말의 적립금의 원리합계 S를 그림으로 나타내면 다음과 같다. (단, $1.04^{10}=1.48$로 계산한다.)

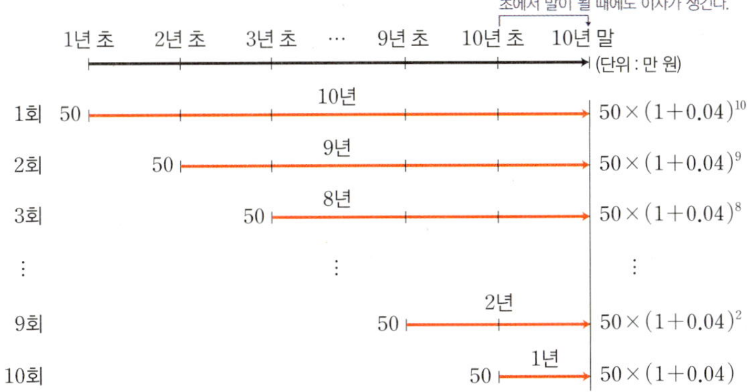

$\therefore\ S=50\times(1+0.04)+50\times(1+0.04)^2+50\times(1+0.04)^3+\cdots+50\times(1+0.04)^{10}$

$=50\times1.04+50\times1.04^2+50\times1.04^3+\cdots+50\times1.04^{10}$(만 원)

이것은 첫째항이 50×1.04, 공비가 1.04인 등비수열의 첫째항부터 제10항까지의 합과 같으므로

$$S=\frac{50\times1.04\times(1.04^{10}-1)}{1.04-1}=\frac{50\times1.04\times0.48}{0.04}=624\text{(만 원)}$$

(2) 매년 말에 적립하는 경우

예2 매년 말에 50만 원씩 연이율 4%, 1년마다 복리로 10년 동안 적립할 때, 10년째 말의 적립금의 원리합계 S를 그림으로 나타내면 다음과 같다. (단, $1.04^{10}=1.48$로 계산한다.)

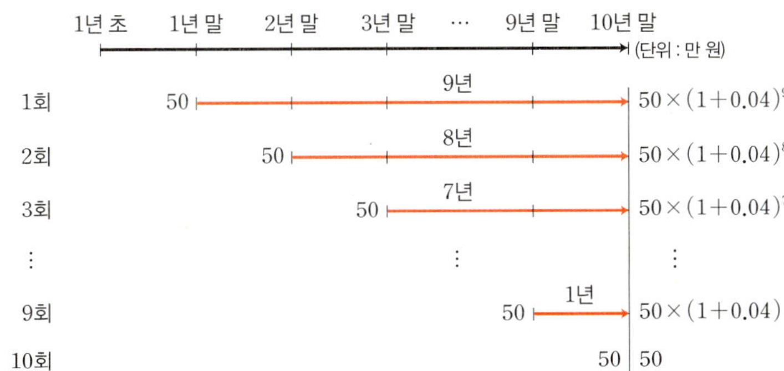

$\therefore\ S=50+50\times(1+0.04)+50\times(1+0.04)^2+\cdots+50\times(1+0.04)^9$

$=50+50\times1.04+50\times1.04^2+\cdots+50\times1.04^9$(만 원)

이것은 첫째항이 50, 공비가 1.04인 등비수열의 첫째항부터 제10항까지의 합과 같으므로

$$S=\frac{50\times(1.04^{10}-1)}{1.04-1}=\frac{50\times0.48}{0.04}=600\text{(만 원)}$$

참고 (1) 정기예금 : 일정한 금액을 1회 불입한 후 정해진 기간까지의 원리합계를 지급받는 방식

(2) 정기적금 : 일정한 금액을 매월 또는 매년 불입하고 정해진 기간까지의 원리합계를 지급받는 방식

기본유형 14 등비수열의 일반항

개념 08

다음 등비수열의 일반항 a_n을 구하시오.

(1) 첫째항이 $\frac{1}{2}$, 공비가 4

(2) $16,\ -4,\ 1,\ -\frac{1}{4},\ \cdots$

solution

(1) $a_n=\frac{1}{2}\times 4^{n-1}$

(2) 첫째항이 16, 공비가 $\frac{-4}{16}=-\frac{1}{4}$인 등비수열이므로 일반항은 $a_n=16\times\left(-\frac{1}{4}\right)^{n-1}$

기본유형 15 등비수열과 공비

개념 07+08

다음 조건을 만족시키는 등비수열 $\{a_n\}$의 공비를 구하시오.

(1) $a_2=\frac{1}{2},\ a_3=1$

(2) $a_1=2,\ a_2a_4=36$ (단, $a_n>0$)

solution

등비수열 $\{a_n\}$의 첫째항을 a, 공비를 r이라 하면

(1) $a_2=ar=\frac{1}{2},\ a_3=ar^2=1$에서

$r=a_3\div a_2=1\div\frac{1}{2}=2$

(2) $a=a_1=2,\ a_2a_4=ar\times ar^3=a^2r^4=36$이므로 $2^2\times r^4=36,\ r^4=9,\ r^2=3 \quad \therefore\ r=\pm\sqrt{3}$

이때 $a_n>0$이므로 $r>0 \quad \therefore\ r=\sqrt{3}$

기본 연습

해 pp.152~153

28 다음 등비수열의 일반항 a_n을 구하시오.

(1) 첫째항이 $-\frac{1}{3}$, 공비가 9

(2) $6,\ 4,\ \frac{8}{3},\ \frac{16}{9},\ \cdots$

29 다음 조건을 만족시키는 등비수열 $\{a_n\}$의 공비를 구하시오.

(1) $a_2=6,\ a_5=-162$

(2) $a_1=\frac{1}{2},\ a_3a_4=a_5$ (단, $a_n>0$)

기본유형 16 등비중항

개념 09

네 수 2, a, 18, b가 이 순서대로 등비수열을 이룰 때, 양수 a, b의 값을 구하시오.

solution

a는 2와 18의 등비중항이므로 $a^2=2\times18=36$ $\therefore a=6$ ($\because a>0$) ……㉠
또한, 18은 a와 b의 등비중항이므로 $18^2=ab$, $6b=324$ ($\because$ ㉠) $\therefore b=54$

기본유형 17 등비수열의 합

개념 10

다음을 구하시오.

(1) 첫째항이 2이고 공비가 2인 등비수열 $\{a_n\}$의 첫째항부터 제20항까지의 합

(2) 첫째항이 $-\frac{2}{3}$이고 공비가 $\frac{1}{3}$인 등비수열 $\{a_n\}$의 첫째항부터 제10항까지의 합

solution

등비수열 $\{a_n\}$의 첫째항부터 제n항까지의 합을 S_n이라 하면

(1) $S_{20}=\frac{2\times(2^{20}-1)}{2-1}=2^{21}-2$

(2) $S_{10}=\frac{\left(-\frac{2}{3}\right)\times\left\{1-\left(\frac{1}{3}\right)^{10}\right\}}{1-\frac{1}{3}}=-\left\{1-\left(\frac{1}{3}\right)^{10}\right\}=-1+\left(\frac{1}{3}\right)^{10}$

기본 연습

p.153

30 네 수 x, 5, y, $\frac{1}{5}$이 이 순서대로 등비수열을 이룰 때, 양수 x, y의 값을 구하시오.

31 다음을 구하시오.

(1) 첫째항이 3이고 공비가 4인 등비수열 $\{a_n\}$의 첫째항부터 제10항까지의 합

(2) 첫째항이 -8이고 공비가 $\frac{1}{2}$인 등비수열 $\{a_n\}$의 첫째항부터 제15항까지의 합

필수유형 18 등비수열의 일반항

개념 08

모든 항이 양수인 등비수열 $\{a_n\}$에 대하여 $a_3{}^2=a_6$, $a_2-a_1=2$일 때, 다음을 구하시오.

(1) 일반항 a_n (2) a_7 (3) $a_k=256$을 만족시키는 k의 값

guide

❶ 다음을 이용하여 등비수열 $\{a_n\}$의 일반항 a_n을 구한다.
⇨ 첫째항이 a, 공비가 r인 등비수열 $\{a_n\}$의 일반항 a_n은 $a_n=ar^{n-1}$

❷ ❶에서 구한 일반항 a_n을 이용하여 조건을 만족시키는 미지수의 값을 구한다.

solution

등비수열 $\{a_n\}$의 첫째항을 a, 공비를 r이라 하면 수열 $\{a_n\}$의 모든 항이 양수이므로
$a>0$, $r>0$

(1) $a_3{}^2=a_6$에서 $(ar^2)^2=ar^5$, $a^2r^4=ar^5$ $\quad\therefore a=r$ ($\because a>0, r>0$) ……㉠
$a_2-a_1=2$에서 $ar-a=2$ ……㉡
㉠을 ㉡에 대입하면 $a^2-a=2$
$a^2-a-2=0$, $(a-2)(a+1)=0$ $\quad\therefore a=2$ ($\because a>0$) $\quad\therefore r=2$ ($\because$ ㉠)
$\therefore a_n=2\times2^{n-1}=2^n$

(2) (1)에서 $a_n=2^n$이므로 $a_7=2^7=128$

(3) (1)에서 $a_k=2^k=256$이므로 $2^k=2^8$ $\quad\therefore k=8$

필수 연습

pp.153~154

32 모든 항이 양수인 등비수열 $\{a_n\}$에 대하여 $\dfrac{a_3a_8}{a_6}=5$, $a_5+a_7=30$일 때, 다음을 구하시오.

(1) 일반항 a_n (2) a_{11} (3) $a_k=5$를 만족시키는 k의 값

33 공비가 양수인 등비수열 $\{a_n\}$에 대하여 $a_2=27$, $a_6=\dfrac{1}{3}$일 때, 처음으로 $\dfrac{1}{100}$보다 작아지는 항은 제몇 항인지 구하시오.

34 두 수 $\dfrac{1}{4}$과 16 사이에 n개의 수 $a_1, a_2, a_3, \cdots, a_n$을 넣어 만든 수열

$$\frac{1}{4},\ a_1,\ a_2,\ a_3,\ \cdots,\ a_n,\ 16$$

이 이 순서대로 공비가 양수인 등비수열을 이루고 모든 항의 곱이 1024일 때, n의 값을 구하시오.

필수유형 19 등비중항

개념 09

다음 물음에 답하시오.

(1) 세 수 $x-2$, x, $2x+3$이 이 순서대로 등비수열을 이룰 때, 양수 x의 값을 구하시오.

(2) 세 수 a, b, $3a$가 이 순서대로 등차수열을 이루고, 세 수 a, b, 16이 이 순서대로 등비수열을 이룰 때, $a+b$의 값을 구하시오. (단, $a>0$, $b>0$)

guide

❶ 0이 아닌 세 수 a, b, c가 이 순서대로 등비수열을 이룰 때, 다음을 이용하여 방정식을 세운다.
⇨ b가 a와 c의 등비중항이면 $b^2=ac$, 즉 $b=\pm\sqrt{ac}$

❷ ❶에서 구한 방정식을 풀어 미지수의 값을 구한다.

solution

(1) x는 $x-2$와 $2x+3$의 등비중항이므로 $x^2=(x-2)(2x+3)$

$x^2=2x^2-x-6$, $x^2-x-6=0$, $(x+2)(x-3)=0$ $\quad\therefore x=3\ (\because x>0)$

(2) b는 a와 $3a$의 등차중항이므로 $b=\dfrac{a+3a}{2}=2a$ ……㉠

b는 a와 16의 등비중항이므로 $b^2=16a$ ……㉡

㉠, ㉡을 연립하여 풀면 $a=4$, $b=8$ $(\because a>0,\ b>0)$ $\quad\therefore a+b=12$

plus

등비수열을 이루는 세 수를 a, ar, ar^2 또는 $\dfrac{a}{r}$, a, ar $(r\neq0)$로 놓고 식을 세우면 계산이 편리하다.

필수 연습

pp.154~155

35 다음 물음에 답하시오.

(1) 세 수 $x-4$, $x-1$, $3x+1$이 이 순서대로 등비수열을 이룰 때, 양수 x의 값을 구하시오.

(2) 세 수 $a-3$, 4, b는 이 순서대로 등차수열을 이루고, 세 수 16, a, 1은 이 순서대로 등비수열을 이룰 때, ab의 값을 구하시오. (단, $a>0$, $b>0$)

36 다항식 $f(x)=x^2+x+a$를 일차식 $x-1$, $x-3$, $x-6$으로 각각 나눈 나머지가 이 순서대로 등비수열을 이룰 때, 상수 a의 값을 구하시오.

plus
37 등비수열을 이루는 0이 아닌 서로 다른 세 실수의 합은 $\dfrac{7}{3}$, 곱은 -1일 때, 이 세 수의 제곱의 합을 구하시오.

필수유형 20 등비수열의 활용

개념 08

그림과 같이 한 변의 길이가 4인 정삼각형 모양의 종이 ABC가 있다. 1회 시행에서 각 변의 중점을 꼭짓점으로 하는 정삼각형 $A_1B_1C_1$을 잘라 낸다. 2회 시행에서 1회 시행 후 남은 3개의 정삼각형에서 각각 같은 방법으로 정삼각형을 잘라 낸다. 이와 같은 시행을 6회 반복한 후, 남아 있는 종이의 넓이를 구하시오.

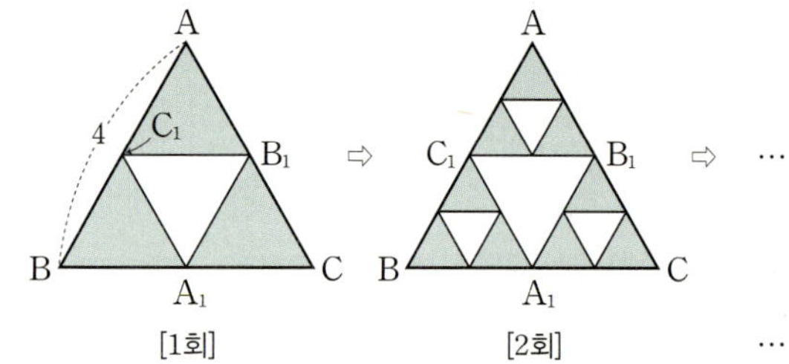

guide

1. 도형의 길이, 넓이, 부피 등이 일정한 비율로 변하면 처음 몇 개의 항을 나열하여 규칙을 파악한다.
2. ①에서 첫째항과 공비를 찾아 일반항을 구한다.
3. ②를 이용하여 주어진 조건을 만족시키는 값을 구한다.

solution

한 변의 길이가 4인 정삼각형의 넓이는 $\frac{\sqrt{3}}{4}\times 4^2=4\sqrt{3}$

1회 시행 후 남아 있는 종이의 넓이는 $4\sqrt{3}\times\frac{3}{4}$

2회 시행 후 남아 있는 종이의 넓이는 $\left(4\sqrt{3}\times\frac{3}{4}\right)\times\frac{3}{4}=4\sqrt{3}\times\left(\frac{3}{4}\right)^2$

3회 시행 후 남아 있는 종이의 넓이는 $\left\{4\sqrt{3}\times\left(\frac{3}{4}\right)^2\right\}\times\frac{3}{4}=4\sqrt{3}\times\left(\frac{3}{4}\right)^3$

⋮

n회 시행 후 남아 있는 종이의 넓이는 $4\sqrt{3}\times\left(\frac{3}{4}\right)^n$

따라서 6회 시행 후 남아 있는 종이의 넓이는 $4\sqrt{3}\times\left(\frac{3}{4}\right)^6=\frac{729\sqrt{3}}{1024}$

필수 연습

해 p.155

38 그림과 같이 길이가 27인 선분이 있다. 1회 시행에서 선분을 3등분하여 가운데 부분을 잘라 낸다. 2회 시행에서 1회 시행 후 남아 있는 각 선분을 3등분하여 다시 각각 가운데 부분을 잘라 낸다. 이와 같은 시행을 8회 반복한 후, 남아 있는 모든 선분의 길이의 합이 $\frac{q}{p}$일 때, $p+q$의 값을 구하시오. (단, p와 q는 서로소인 자연수이다.)

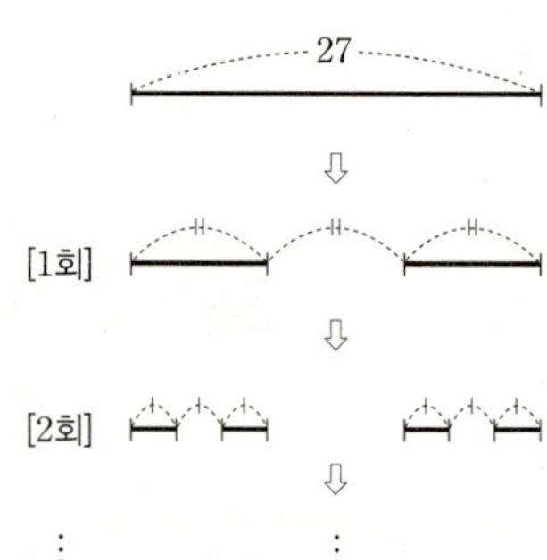

필수유형 21 등비수열의 합

개념 10

등비수열 $\{a_n\}$에 대하여 다음을 구하시오.

(1) 공비가 2이고 첫째항부터 제6항까지의 합이 21일 때, 첫째항 a_1

(2) 모든 항이 양수이고 $a_4a_5a_6=a_3a_7$, $a_6+a_7=6$일 때, 첫째항부터 제5항까지의 합

guide

❶ 주어진 조건을 이용하여 첫째항과 공비를 구한다.

❷ 첫째항이 a, 공비가 r인 등비수열의 첫째항부터 제n항까지의 합 S_n을 구한다.

(1) $r\neq1$일 때, $S_n=\dfrac{a(1-r^n)}{1-r}=\dfrac{a(r^n-1)}{r-1}$ (2) $r=1$일 때, $S_n=na$

solution

등비수열 $\{a_n\}$의 첫째항을 a, 공비를 r, 첫째항부터 제n항까지의 합을 S_n이라 하자.

(1) $S_6=\dfrac{a(2^6-1)}{2-1}=21$에서 $a(2^6-1)=21$, $63a=21$ $\therefore\ a_1=a=\dfrac{1}{3}$

(2) 등비수열 $\{a_n\}$의 모든 항이 양수이므로 $a>0$, $r>0$

$a_4a_5a_6=a_3a_7$에서 $ar^3\times ar^4\times ar^5=ar^2\times ar^6$, $a^3r^{12}=a^2r^8$ $\therefore\ ar^4=1$ ($\because a>0,\ r>0$) ······㉠

$a_6+a_7=6$에서 $ar^5+ar^6=6$, $ar^5(1+r)=6$ ······㉡

㉠, ㉡을 연립하여 풀면 $a=\dfrac{1}{16}$, $r=2$ ($\because r>0$)

$\therefore\ S_{15}=\dfrac{\frac{1}{16}\times(2^5-1)}{2-1}=\dfrac{1}{16}(2^5-1)=\dfrac{31}{16}$

필수 연습

해 pp.155~156

39 등비수열 $\{a_n\}$에 대하여 다음을 구하시오.

(1) 공비가 $-\dfrac{1}{2}$이고 첫째항부터 제7항까지의 합이 $\dfrac{129}{16}$일 때, 첫째항 a_1

(2) 모든 항이 양수이고 $a_1=\dfrac{a_6-a_4}{a_5}=\dfrac{8}{3}$일 때, 첫째항부터 제6항까지의 합

40 첫째항이 $\dfrac{5}{4}$이고 모든 항이 양수인 등비수열 $\{a_n\}$에 대하여 $a_3+a_5=25$일 때, $a_1-a_2+a_3-a_4+\cdots-a_8$의 값을 구하시오.

41 등비수열 $\{a_n\}$에 대하여 $a_1+a_2+a_3+\cdots+a_{10}=10$, $\dfrac{1}{a_1}+\dfrac{1}{a_2}+\dfrac{1}{a_3}+\cdots+\dfrac{1}{a_{10}}=2$일 때, $a_3a_4a_5a_6a_7a_8$의 값을 구하시오.

필수유형 22 부분의 합이 주어진 등비수열의 합

개념 10

등비수열 $\{a_n\}$에 대하여 첫째항부터 제n항까지의 합을 S_n이라 하자. $S_6=6$, $S_{12}=24$일 때, S_{18}을 구하시오.

guide

❶ 등비수열의 첫째항이 a, 공비가 r $(r\neq1)$일 때 첫째항부터 제n항까지의 합 S_n은 $S_n=\frac{a(1-r^n)}{1-r}=\frac{a(r^n-1)}{r-1}$임을 이용하여 a, r에 대한 식을 세운다.

❷ ❶을 이용하여 조건을 만족시키는 값을 구한다.

solution

등비수열 $\{a_n\}$의 첫째항을 a, 공비를 r이라 하면

$$S_6=\frac{a(r^6-1)}{r-1}=6 \quad \cdots\cdots ㉠$$

$$S_{12}=\frac{a(r^{12}-1)}{r-1}=\frac{a(r^6-1)(r^6+1)}{r-1}=24 \quad \cdots\cdots ㉡$$

㉡÷㉠을 하면 $r^6+1=4$이므로 $r^6=3$

$$\therefore S_{18}=\frac{a(r^{18}-1)}{r-1}=\frac{a(r^6-1)(r^{12}+r^6+1)}{r-1} \leftarrow A^3-B^3=(A-B)(A^2+AB+B^2)$$

$$=6\times(3^2+3+1)=78$$

다른 풀이 등비수열 $\{a_n\}$의 공비를 r이라 하면 세 수 S_6, $S_{12}-S_6$, $S_{18}-S_{12}$도 이 순서대로 공비가 r^6인 등비수열을 이룬다.

이때 $S_6=6$, $S_{12}-S_6=24-6=18$이므로 $r^6=3$이다. ← $S_6=a_1+a_2+a_3+a_4+a_5+a_6$, $S_{12}-S_6=a_7+a_8+a_9+a_{10}+a_{11}+a_{12}=r^6(a_1+a_2+a_3+a_4+a_5+a_6)$

즉, $S_{18}-S_{12}=18\times3=54$이므로 $S_{18}=S_{12}+54=24+54=78$

plus

공비가 r $(r\neq1)$인 등비수열 $\{a_n\}$에 대하여 첫째항부터 제n항까지의 합을 S_n이라 할 때, S_n, $S_{2n}-S_n$, $S_{3n}-S_{2n}$, $\cdots$은 등비수열을 이루고 이 수열의 공비는 r^n이다.

필수 연습

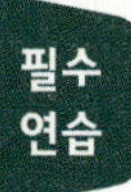

pp.156~157

plus **42** 등비수열 $\{a_n\}$에 대하여 첫째항부터 제n항까지의 합을 S_n이라 하자. $S_n=21$, $S_{2n}=63$일 때, S_{3n}을 구하시오.

43 모든 항이 양수인 등비수열 $\{a_n\}$의 첫째항부터 제n항까지의 합을 S_n이라 하자. $S_{20}=3S_{10}$일 때, $\frac{S_{60}}{S_{20}}$의 값을 구하시오.

44 등비수열 $\{a_n\}$에 대하여

$$a_1+a_2+a_3+a_4=4,\ a_5+a_6+a_7+a_8=12$$

일 때, $a_1+a_2+a_3+\cdots+a_{12}$의 값을 구하시오.

필수유형 23 등비수열의 합과 일반항 사이의 관계

개념 06+10

수열 $\{a_n\}$의 첫째항부터 제n항까지의 합 S_n이 $S_n=4^n-1$일 때, $a_n>300$을 만족시키는 자연수 n의 최솟값을 구하시오.

guide

❶ 수열 $\{a_n\}$의 첫째항부터 제n항까지의 합 S_n이 주어진 경우, 다음을 이용하여 일반항 a_n을 구한다.

(i) $n=1$일 때, $a_1=S_1$

(ii) $n\geq 2$일 때, $a_n=S_n-S_{n-1}$

❷ ❶을 이용하여 조건을 만족시키는 n의 값을 구한다.

solution

$S_n=4^n-1$에서

(i) $n=1$일 때, $a_1=S_1=4-1=3$ ······㉠

(ii) $n\geq 2$일 때, $a_n=S_n-S_{n-1}=4^n-1-(4^{n-1}-1)=3\times 4^{n-1}$ ······㉡

(i), (ii)에서 ㉠은 ㉡에 $n=1$을 대입한 값과 같으므로

$a_n=3\times 4^{n-1}$

$a_n>300$에서 $3\times 4^{n-1}>300$, $4^{n-1}>100$

이때 $4^3=64$, $4^4=256$이므로 $n-1\geq 4$ $\therefore n\geq 5$

따라서 자연수 n의 최솟값은 5이다.

보충 설명 수열 $\{a_n\}$의 첫째항부터 제n항까지의 합 S_n이 $S_n=Ar^n+B$ (A, B는 상수) 꼴일 때

(i) $B=-A$이면 수열 $\{a_n\}$은 첫째항부터 등비수열을 이룬다.

(ii) $B\neq -A$이면 수열 $\{a_n\}$은 둘째항부터 등비수열을 이룬다.

필수 연습

p.157

45 수열 $\{a_n\}$의 첫째항부터 제n항까지의 합 S_n이 $S_n=3^{n+1}-3$일 때, $a_n>500$을 만족시키는 자연수 n의 최솟값을 구하시오.

46 수열 $\{a_n\}$의 첫째항부터 제n항까지의 합 S_n이 $S_n=7^{n+1}+k$이다. 수열 $\{a_n\}$이 첫째항부터 등비수열을 이룰 때, 상수 k의 값을 구하시오.

47 수열 $\{a_n\}$의 첫째항부터 제n항까지의 합 S_n이 $S_n=2^{n-1}+4$일 때, $a_1+a_3+a_5+a_7+a_9+a_{11}$의 값을 구하시오.

필수유형 24 등비수열의 합의 활용

개념 11

1월부터 매월 초에 일정 금액을 적립하여 10월 말에 100만 원을 마련하려고 한다. 월이율 3%, 1개월마다 복리로 계산할 때, 얼마씩 적립해야 하는지 구하시오. (단, $1.03^{10}=1.3$으로 계산하고, 백 원 미만은 버린다.)

guide

❶ 월이율이 r이고, 1개월마다 복리로 계산할 때, 다음을 이용하여 적립금의 원리합계를 구한다.

(1) 매월 초에 a원씩 적립할 때, n개월 말의 적립금의 원리합계 S는 $S=\dfrac{a(1+r)\{(1+r)^n-1\}}{r}$

(2) 매월 말에 a원씩 적립할 때, n개월 말의 적립금의 원리합계 S는 $S=\dfrac{a\{(1+r)^n-1\}}{r}$

❷ ❶을 이용하여 주어진 조건을 만족시키는 값을 구한다.

solution

매월 초에 적립하는 금액을 A원, 10월 말의 적립금의 원리합계를 S원이라 하면

$$S=A\times1.03+A\times1.03^2+A\times1.03^3+\cdots+A\times1.03^{10}$$

이것은 첫째항이 $A\times1.03$, 공비가 1.03인 등비수열의 첫째항부터 제10항까지의 합과 같으므로

$$S=\frac{A\times1.03\times(1.03^{10}-1)}{1.03-1}=\frac{A\times1.03\times0.3}{0.03}=10.3A$$

즉, $10.3A=1000000$에서 $A=97087.\times\times\times$(원)

이때 백 원 미만은 버리므로 매월 초에 적립해야 하는 금액은 97000원이다.

필수 연습

답 pp.157~158

48 2년 후 대학에 입학하게 될 어떤 학생이 등록금 600만 원을 마련하기 위하여 월이율 0.4%, 1개월마다 복리로 계산하는 적금에 가입하려고 한다. 1월부터 매월 초에 일정 금액을 2년 동안 적립할 때, 내년 말까지 등록금을 마련하려면 매월 적립해야 할 금액은 얼마인지 구하시오.
(단, $1.004^{24}=1.1$로 계산하고 천 원 미만은 버린다.)

49 연이율 4%, 1년마다 복리로 매년 말에 100만 원씩 10년 동안 적립할 때, 10년째 말의 적립금의 원리합계와 a만 원을 연이율 4%로 10년 동안 예금할 때의 원리합계가 같다고 한다. 이때 a의 값을 구하시오.
(단, $1.04^{10}=1.5$로 계산하고, 소수점 아래 첫째 자리에서 반올림한다.)

14 첫째항이 음수인 등비수열 $\{a_n\}$에 대하여 $a_3a_5=8a_8$, $a_1+|a_2|+|2a_3|=0$일 때, a_{10}을 구하시오.

15 모든 항이 양수인 등비수열 $\{a_n\}$에 대하여 수열 $\{b_n\}$을 $b_n=\log_2 a_n$으로 정의하자. 수열 $\{b_n\}$이 다음 조건을 만족시킬 때, b_{10}을 구하시오.

(가) $b_2+b_4+b_6=24$
(나) $b_5+b_7+b_9=42$

16 모든 항이 양수인 등비수열 $\{a_n\}$에 대하여 $a_5a_9=16$을 만족시킬 때, $a_3a_5a_7a_9a_{11}$의 값을 구하시오.

17 $2<a<b<18$인 두 자연수 a, b와 유리함수 $f(x)=\frac{k}{x}$에 대하여 $f(a)$, $f(b)$, $f(18)$이 이 순서대로 등비수열을 이룬다. $f(a)=9$일 때, $b+k$의 값을 구하시오. (단, k는 상수이다.)

18 두 양의 실수 p, q에 대하여 이차방정식 $x^2-14x+16=0$의 두 근을 α, β라 하면 세 수 α, p, β는 이 순서대로 등차수열을 이루고, 세 수 α, q, β는 이 순서대로 등비수열을 이룬다. p, q를 두 근으로 하고 이차항의 계수가 1인 이차방정식을 구하시오.

19 오른쪽 그림과 같이 직선 $y=-x+k$가 y축, 두 곡선 $y=3^x+9$, $y=2^{x-1}+1$ 및 x축과 만나는 점을 각각 A, B, C, D라 할 때, $\overline{AB}$, $\overline{BC}$, $\overline{CD}$는 이 순서대로 등비수열을 이룬다. $\overline{AB}=\sqrt{2}$일 때, $\overline{BC}^2$의 값을 구하시오. (단, k는 상수이다.)

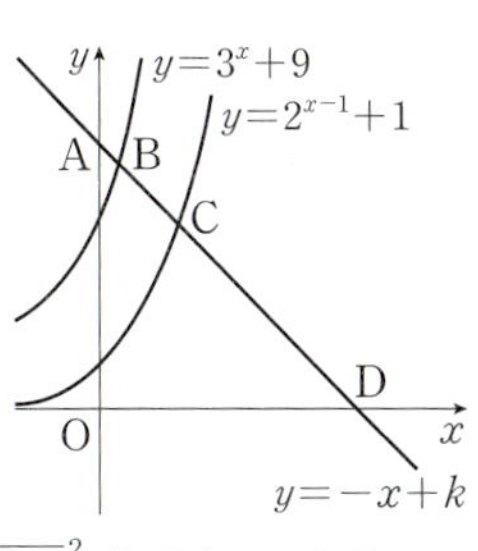

20 오른쪽 그림과 같이 한 변의 길이가 32인 정삼각형 OAB에서 $\overline{\mathrm{AB}}$, $\overline{\mathrm{OA}}$의 중점을 각각 $\mathrm{A_1}$, $\mathrm{B_1}$이라 하자. 또한, $\overline{\mathrm{A_1B_1}}$, $\overline{\mathrm{AA_1}}$의 중점을 각각 $\mathrm{A_2}$, $\mathrm{B_2}$라 하고, $\overline{\mathrm{A_2B_2}}$, $\overline{\mathrm{A_1A_2}}$의 중점을 각각 $\mathrm{A_3}$, $\mathrm{B_3}$이라 하자. 이와 같이 $\overline{\mathrm{A}_n\mathrm{B}_n}$, $\overline{\mathrm{A}_{n-1}\mathrm{A}_n}$의 중점을 각각 A_{n+1}, B_{n+1}로 정하는 과정을 계속 반복할 때, $\triangle\mathrm{A}_n\mathrm{A}_{n+1}\mathrm{B}_{n+1}$의 넓이를 a_n이라 하자. a_7을 구하시오.

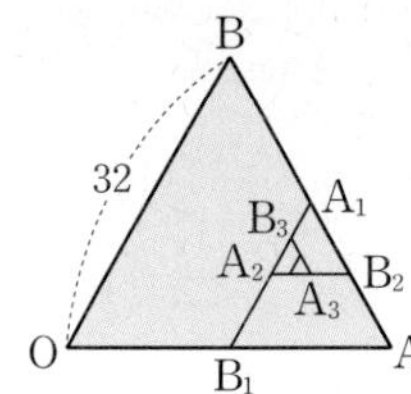

21 수열 $\{a_n\}$에 대하여 $a_n=2^n+(-1)^n$일 때,

$$a_1+a_2+a_3+\cdots+a_7=2^a-b$$

가 성립한다. 이때 10 이하의 두 자연수 a, b에 대하여 $a+b$의 값을 구하시오.

22 모든 항이 양수인 등비수열 $\{a_n\}$에 대하여 $a_1a_2=a_{10}$, $a_1+a_9=90$일 때,

$$\sqrt{(a_1+a_3+a_5+a_7+a_9)(a_1-a_3+a_5-a_7+a_9)}$$

의 값을 구하시오.

23 첫째항이 2인 등비수열 $\{a_n\}$의 첫째항부터 제n항까지의 합 S_n이 다음 조건을 만족시킬 때, a_4를 구하시오.

(가) $S_{12}-S_2=4S_{10}$

(나) $S_{12}<S_{10}$

24 첫째항이 3이고 모든 항이 양수인 수열 $\{a_n\}$의 첫째항부터 제n항까지의 합을 S_n이라 할 때,

$$\log_4 S_n-\log_4 S_{n-1}=1\ (n=2,\ 3,\ 4,\ \cdots)$$

이 성립한다. $\dfrac{a_4}{a_1}$의 값을 구하시오.

25 월이율 0.6%, 1개월마다 복리로 계산할 때, 민성이는 매월 초에 48만 원씩 2년 동안 적립하는 적금 상품에 가입하였고, 지우는 매월 초에 a만 원씩 3년 동안 적립하는 적금 상품에 가입하였다. 민성이가 2년째 말에 받을 금액과 지우가 3년째 말에 받을 금액이 같다고 할 때, a의 값을 구하시오.

(단, $1.006^{24}=1.15$, $1.006^{36}=1.24$로 계산한다.)

1 등차수열 $\{a_n\}$과 첫째항과 공비가 0이 아닌 등비수열 $\{b_n\}$에 대하여 〈보기〉에서 옳은 것만을 있는 대로 고른 것은?

보기

ㄱ. 수열 $\{a_n-a_{n+1}\}$은 등차수열이다.

ㄴ. 수열 $\{a_n \times b_n\}$이 등비수열이면 수열 $\{a_n\}$의 공차는 0이다.

ㄷ. 수열 $\{a_n+b_n\}$이 등차수열이면 수열 $\{b_n\}$의 첫째항은 0이다.

① ㄱ ② ㄱ, ㄴ ③ ㄱ, ㄷ
④ ㄴ, ㄷ ⑤ ㄱ, ㄴ, ㄷ

2 공차가 양수인 등차수열

$a_1,\ a_2,\ a_3,\ \cdots,\ a_k$

의 홀수 번째 항들의 합은 180이고, 짝수 번째 항들의 합은 135이다. 이때 a_1+a_k+k의 값을 구하시오.

3 0이 아닌 세 실수 $\alpha,\ \beta,\ \gamma$가 이 순서대로 등차수열을 이룬다. 세 양수 $x,\ y,\ z$에 대하여 $x^{\frac{2}{\alpha}}=y^{\frac{1}{\beta}}=z^{-\frac{1}{\gamma}}$ 일 때, $\frac{18z}{x^2}+8y^2$의 최솟값을 구하시오.

1등급

4 공차가 양수인 등차수열 $\{a_n\}$이 다음 조건을 만족시킨다.

(가) 수열 $\{a_n\}$의 모든 항은 정수이다.

(나) $a_7,\ a_8,\ a_k$가 이 순서대로 등비수열을 이루도록 하는 8보다 큰 자연수 k가 존재한다.

$a_k=144$가 되도록 하는 모든 k의 값의 합을 구하시오.

5 다음 그림과 같이 원 C_1 밖의 한 점 P에서 원 C_1에 그은 두 접선의 접점을 각각 Q, R이라 하면 $\overline{PR}=6\sqrt{3}$, $\angle RPQ=60°$이다. 두 선분 PQ, PR에 접하면서 원 C_1에 외접하는 원 C_2를 그리는 시행을 하자. 이와 같은 시행을 반복하여 원 $C_3,\ C_4,\ C_5,\ C_6$을 그리면 원 $C_1,\ C_2,\ C_3,\ C_4,\ C_5,\ C_6$의 반지름의 길이의 합이 $\frac{q}{p}$이다. $q-p$의 값을 구하시오. (단, p와 q는 서로소인 자연수이다.)

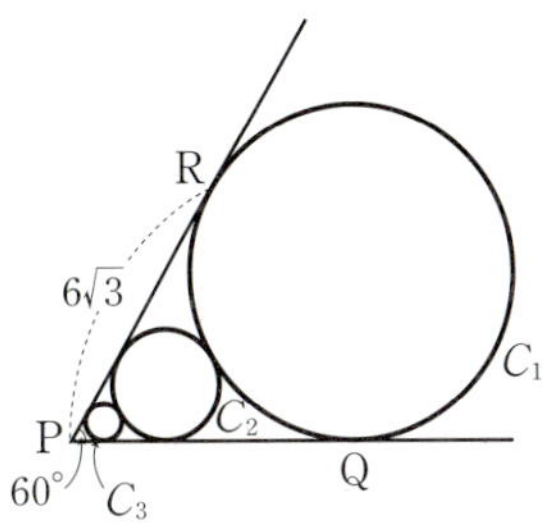

6 혜진이는 판매 가격이 2000만 원인 승용차를 사기 위하여 매월 초 50만 원씩 저축하려고 한다. 월이율 1%, 1개월마다 복리로 계산할 때, 적어도 몇 개월 후에 승용차를 살 수 있는지 구하시오.
(단, $\log 1.01=0.0043$, $\log 1.4=0.1461$로 계산한다.)

틀을 깨는 생각

Patience is bitter,
but its fruit is sweet.

인내는 쓰지만
그 열매는 달다.

... 아리스토텔레스(Aristotle)

III 수열

BLACKLABEL

1 합의 기호 $\sum$

개념 01  합의 기호 $\sum$ Ⓐ

수열 $\{a_n\}$의 첫째항부터 제n항까지의 합 $a_1+a_2+a_3+\cdots+a_n$은 합의 기호 $\sum$를 사용하여

$$\sum_{k=1}^{n} a_k$$

와 같이 나타낸다. 즉,

$$a_1+a_2+a_3+\cdots+a_n=\sum_{k=1}^{n} a_k$$

'시그마 $k=1$부터 n까지 a_k'라고 읽는다.

이다.

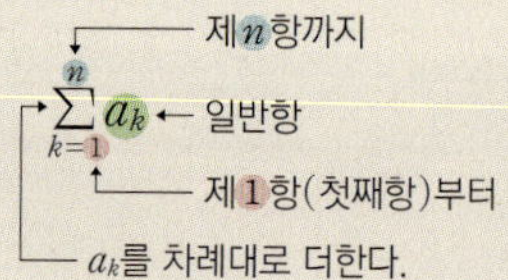

수열 $\{a_n\}$의 첫째항부터 제n항까지의 합

$$S_n=a_1+a_2+a_3+\cdots+a_n$$

은 합의 기호 $\sum$를 사용하여 $\sum_{k=1}^{n} a_k$로 나타낼 수 있다. 즉,

$$S_n=a_1+a_2+a_3+\cdots+a_n=\sum_{k=1}^{n} a_k \text{ Ⓑ}$$

수열의 일반항 a_k의 k에 1, 2, 3, $\cdots$, n을 차례대로 대입하여 얻은 항 a_1, a_2, a_3, $\cdots$, a_n의 합을 뜻한다.

이다.

특히, $a_1+a_3+a_5+a_7+a_9$와 같은 수열의 합은 S_n을 이용하여 나타내기보다는 합의 기호 $\sum$를 사용하여

$$a_1+a_3+a_5+a_7+a_9=\sum_{k=1}^{5} a_{2k-1} \text{ Ⓒ}$$

과 같이 간단히 나타낼 수 있다.

또한, $2\le m\le n$일 때 수열 $\{a_n\}$의 제m항부터 제n항까지의 합은 합의 기호 $\sum$를 사용하여

$$a_m+a_{m+1}+a_{m+2}+\cdots+a_n=\sum_{k=m}^{n} a_k$$

와 같이 나타낼 수 있다.

예1 다음을 기호 $\sum$를 사용하여 나타내 보자.

(1) $1+\frac{1}{2}+\frac{1}{3}+\frac{1}{4}+\frac{1}{5}=\sum_{k=1}^{5}\frac{1}{k}$

(2) $1+3+5+\cdots+99=\sum_{k=1}^{50}(2k-1)$

(3) $1^2+2^2+3^2+\cdots+n^2=\sum_{k=1}^{n}k^2$

예2 다음을 기호 $\sum$를 사용하지 않은 합의 꼴로 나타내 보자.

(1) $\sum_{k=1}^{5}(3\times 2^{2k-1})=3\times 2+3\times 2^3+3\times 2^5+3\times 2^7+3\times 2^9$

(2) $\sum_{k=1}^{n}2k=2+4+6+\cdots+2n$

Ⓐ 기호 $\sum$는 합을 뜻하는 'Sum'의 첫 글자 S에 해당하는 그리스 문자로 '시그마(sigma)'라고 읽는다.

Ⓑ **$\sum_{k=1}^{n} a_k$와 같은 표현**

k 대신에 다른 문자를 사용하여 $\sum_{i=1}^{n} a_i$ 또는 $\sum_{m=1}^{n} a_m$ 등으로 나타내기도 한다.

Ⓒ $\sum_{k=1}^{2n} a_k=\sum_{k=1}^{n} a_{2k-1}+\sum_{k=1}^{n} a_{2k}$

홀수 번째 항들의 합 / 짝수 번째 항들의 합

참고 합의 기호 $\sum$를 사용하여 다음과 같이 식을 변형할 수 있다.

(1) $\sum_{k=m}^{n} a_k = \sum_{k=1}^{n} a_k - \sum_{k=1}^{m-1} a_k$ (단, $2 \le m \le n$)

(2) $\sum_{k=1}^{n} a_k = \sum_{k=1}^{m} a_k + \sum_{k=m+1}^{n} a_k = \sum_{k=1}^{l} a_k - \sum_{k=n+1}^{l} a_k$ (단, $m < n < l$)

(3) $\sum_{k=1}^{n} a_k = \sum_{k=0}^{n-1} a_{k+1} = \sum_{k=2}^{n+1} a_{k-1}$

개념 02 합의 기호 $\sum$의 성질

두 수열 $\{a_n\}$, $\{b_n\}$과 상수 c에 대하여

(1) $\sum_{k=1}^{n} (a_k + b_k) = \sum_{k=1}^{n} a_k + \sum_{k=1}^{n} b_k$

(2) $\sum_{k=1}^{n} (a_k - b_k) = \sum_{k=1}^{n} a_k - \sum_{k=1}^{n} b_k$

(3) $\sum_{k=1}^{n} ca_k = c\sum_{k=1}^{n} a_k$

(4) $\sum_{k=1}^{n} c = cn$

두 수열 $\{a_n\}$, $\{b_n\}$과 상수 c에 대하여 $\sum$의 성질을 증명해 보자. Ⓓ

증명 (1) $\sum_{k=1}^{n} (a_k + b_k) = (a_1+b_1)+(a_2+b_2)+(a_3+b_3)+ \cdots +(a_n+b_n)$

$= (a_1+a_2+a_3+ \cdots +a_n)+(b_1+b_2+b_3+ \cdots +b_n)$

$= \sum_{k=1}^{n} a_k + \sum_{k=1}^{n} b_k$

(2) $\sum_{k=1}^{n} (a_k - b_k) = (a_1-b_1)+(a_2-b_2)+(a_3-b_3)+ \cdots +(a_n-b_n)$

$= (a_1+a_2+a_3+ \cdots +a_n)-(b_1+b_2+b_3+ \cdots +b_n)$

$= \sum_{k=1}^{n} a_k - \sum_{k=1}^{n} b_k$

(3) $\sum_{k=1}^{n} ca_k = ca_1+ca_2+ca_3+ \cdots +ca_n$

$= c(a_1+a_2+a_3+ \cdots +a_n)$

$= c\sum_{k=1}^{n} a_k$

(4) $\sum_{k=1}^{n} c = \underbrace{c+c+c+ \cdots +c}_{n\text{개}} = cn$ Ⓔ

예 $\sum_{k=1}^{12} a_k = 5$, $\sum_{k=1}^{12} b_k = 3$일 때, 다음 식의 값을 구해 보자.

(1) $\sum_{k=1}^{12} (a_k + b_k) = \sum_{k=1}^{12} a_k + \sum_{k=1}^{12} b_k = 5+3=8$

(2) $\sum_{k=1}^{12} (a_k - b_k) = \sum_{k=1}^{12} a_k - \sum_{k=1}^{12} b_k = 5-3=2$

(3) $\sum_{k=1}^{12} 6a_k = 6\sum_{k=1}^{12} a_k = 6 \times 5 = 30$

(4) $\sum_{k=1}^{12} 2 = 2 \times 12 = 24$

Ⓓ $\sum$를 포함하는 식을 계산할 때 다음에 유의한다.

(1) $\sum_{k=1}^{n} a_k b_k \neq \sum_{k=1}^{n} a_k \sum_{k=1}^{n} b_k$

(2) $\sum_{k=1}^{n} \frac{a_k}{b_k} \neq \frac{\sum_{k=1}^{n} a_k}{\sum_{k=1}^{n} b_k}$ $\left(단,\ b_k \neq 0,\ \sum_{k=1}^{n} b_k \neq 0\right)$

(3) $\sum_{k=1}^{n} a_k^2 \neq \left(\sum_{k=1}^{n} a_k\right)^2$

(4) $\sum_{k=1}^{n} ka_k \neq k\sum_{k=1}^{n} a_k$

Ⓔ $\sum_{k=1}^{n} a_k$에서 k를 제외한 나머지 문자는 상수로 생각하므로 다음이 성립한다.

$\sum_{k=1}^{n} a_m = \underbrace{a_m+a_m+a_m+ \cdots +a_m}_{n\text{개}} = na_m$

기본유형 01 합의 기호 $\sum$로 나타내기

개념 01

다음을 기호 $\sum$를 사용하여 나타내시오.

(1) $1+3+5+\cdots+21$

(2) $1\times3+2\times4+3\times5+\cdots+18\times20$

solution

(1) 수열 1, 3, 5, …의 제k항을 a_k라 하면 $a_k=2k-1$

$2k-1=21$에서 $2k=22$ $\quad\therefore k=11$

$\therefore 1+3+5+\cdots+21=\sum_{k=1}^{11}(2k-1)$

(2) 수열 1×3, 2×4, 3×5, …의 제k항을 a_k라 하면 $a_k=k(k+2)$

$k(k+2)=18\times20$에서 $k=18$

$\therefore 1\times3+2\times4+3\times5+\cdots+18\times20=\sum_{k=1}^{18}k(k+2)$

기본유형 02 합의 기호 $\sum$의 성질

개념 02

$\sum_{k=1}^{10}a_k=5$, $\sum_{k=1}^{10}b_k=-8$일 때, 다음 식의 값을 구하시오.

(1) $\sum_{k=1}^{10}(a_k+2b_k)$

(2) $\sum_{k=1}^{10}(-3a_k-b_k+1)$

solution

(1) $\sum_{k=1}^{10}(a_k+2b_k)=\sum_{k=1}^{10}a_k+2\sum_{k=1}^{10}b_k=5+2\times(-8)=5-16=-11$

(2) $\sum_{k=1}^{10}(-3a_k-b_k+1)=-3\sum_{k=1}^{10}a_k-\sum_{k=1}^{10}b_k+\sum_{k=1}^{10}1=-3\times5-(-8)+10$

$=-15+8+10=3$

기본 연습

해 p.165

01 다음을 기호 $\sum$를 사용하여 나타내시오.

(1) $1+\frac{1}{4}+\frac{1}{7}+\cdots+\frac{1}{19}$

(2) $-3+9-27+\cdots+729$

02 $\sum_{k=1}^{8}2a_k=3$, $\sum_{k=1}^{8}(-b_k)=7$일 때, 다음 식의 값을 구하시오.

(1) $\sum_{k=1}^{8}(4a_k-3b_k)$

(2) $\sum_{k=1}^{8}2(a_k+b_k+3)$

필수유형 03 합의 기호 $\sum$

개념 01

다음 물음에 답하시오.

(1) 수열 $\{a_n\}$에 대하여 $a_1=5$, $a_{10}=1$일 때, $\sum_{k=1}^{9}a_k-\sum_{k=2}^{10}a_k$의 값을 구하시오.

(2) $\sum_{k=1}^{n}(a_{2k-1}+a_{2k})=3n^2$일 때, $\sum_{k=1}^{20}a_k$의 값을 구하시오.

guide

❶ 합의 기호 $\sum$의 뜻을 이용하여 식을 간단히 한다.

(1) $\sum_{k=1}^{n}a_k=a_1+a_2+a_3+\cdots+a_n$

(2) $\sum_{k=1}^{n}(a_{2k-1}+a_{2k})=(a_1+a_2)+(a_3+a_4)+(a_5+a_6)+\cdots+(a_{2n-1}+a_{2n})=\sum_{k=1}^{2n}a_k$

❷ 주어진 조건을 이용하여 식의 값을 구한다.

solution

(1) $\sum_{k=1}^{9}a_k-\sum_{k=2}^{10}a_k=(a_1+a_2+a_3+\cdots+a_9)-(a_2+a_3+a_4+\cdots+a_{10})$

$=a_1-a_{10}=5-1=4$

(2) $\sum_{k=1}^{n}(a_{2k-1}+a_{2k})=(a_1+a_2)+(a_3+a_4)+(a_5+a_6)+\cdots+(a_{2n-1}+a_{2n})=\sum_{k=1}^{2n}a_k$

즉, $\sum_{k=1}^{2n}a_k=3n^2$이므로 $\sum_{k=1}^{20}a_k=\sum_{k=1}^{2\times10}a_k=3\times10^2=300$

필수 연습

해 pp.165~166

03 다음 물음에 답하시오.

(1) 수열 $\{a_n\}$에 대하여 $a_1=\frac{1}{10}$, $a_{21}=1$일 때, $\sum_{k=1}^{20}\frac{1}{a_k}-\sum_{k=2}^{21}\frac{1}{a_k}$의 값을 구하시오.

(2) $\sum_{k=1}^{n}(a_{2k-1}+a_{2k})=2n(n+3)$일 때, $\sum_{k=1}^{30}a_k$의 값을 구하시오.

04 다음 〈보기〉에서 항상 옳은 것만을 있는 대로 고르시오.

보기

ㄱ. $1+2+2^2+\cdots+2^n=\sum_{k=1}^{n}2^k$

ㄴ. $\sum_{k=1}^{9}a_k=\sum_{k=1}^{3}a_{3k-2}+\sum_{k=1}^{3}a_{3k-1}+\sum_{k=1}^{3}a_{3k}$

ㄷ. $\sum_{k=1}^{8}k^3=\sum_{i=2}^{9}(i-1)^3$

ㄹ. $\sum_{k=1}^{20}(a_k-a_{20-k})=0$

05 수열 $\{a_n\}$에 대하여 $\sum_{k=1}^{10}a_k=385$, $\sum_{k=1}^{10}\{(k+1)a_k-ka_{k+1}\}=510$일 때, a_{11}의 값을 구하시오.

필수유형 04 $\sum$의 성질

개념 02

다음 물음에 답하시오.

(1) $\sum_{k=1}^{20}(a_k+b_k)=15$, $\sum_{k=1}^{20}(a_k-b_k)=-7$일 때, $\sum_{k=1}^{20}(2a_k-b_k+1)$의 값을 구하시오.

(2) $\sum_{k=1}^{15}(a_k+2)^2+\sum_{k=1}^{15}(a_k-2)^2=300$일 때, $\sum_{k=1}^{15}a_k^2$의 값을 구하시오.

guide

❶ 두 수열 $\{a_n\}$, $\{b_n\}$과 상수 c에 대하여 다음이 성립함을 이용하여 식을 전개한다.

(1) $\sum_{k=1}^{n}(a_k+b_k)=\sum_{k=1}^{n}a_k+\sum_{k=1}^{n}b_k$

(2) $\sum_{k=1}^{n}(a_k-b_k)=\sum_{k=1}^{n}a_k-\sum_{k=1}^{n}b_k$

(3) $\sum_{k=1}^{n}ca_k=c\sum_{k=1}^{n}a_k$

(4) $\sum_{k=1}^{n}c=cn$

❷ 주어진 조건을 이용하여 식의 값을 구한다.

solution

(1) $\sum_{k=1}^{20}(a_k+b_k)=15$에서 $\sum_{k=1}^{20}a_k+\sum_{k=1}^{20}b_k=15$ ······㉠

$\sum_{k=1}^{20}(a_k-b_k)=-7$에서 $\sum_{k=1}^{20}a_k-\sum_{k=1}^{20}b_k=-7$ ······㉡

㉠, ㉡을 연립하여 풀면 $\sum_{k=1}^{20}a_k=4$, $\sum_{k=1}^{20}b_k=11$

$\therefore \sum_{k=1}^{20}(2a_k-b_k+1)=2\sum_{k=1}^{20}a_k-\sum_{k=1}^{20}b_k+\sum_{k=1}^{20}1=2\times4-11+1\times20=17$

(2) $\sum_{k=1}^{15}(a_k+2)^2+\sum_{k=1}^{15}(a_k-2)^2=\sum_{k=1}^{15}\{(a_k+2)^2+(a_k-2)^2\}=\sum_{k=1}^{15}(2a_k^2+8)$

$=2\sum_{k=1}^{15}a_k^2+\sum_{k=1}^{15}8=2\sum_{k=1}^{15}a_k^2+8\times15=300$

$2\sum_{k=1}^{15}a_k^2=180$ $\quad\therefore \sum_{k=1}^{15}a_k^2=90$

필수 연습

해 p.166

06 다음 물음에 답하시오.

(1) $\sum_{k=1}^{10}(2a_k-1)=8$, $\sum_{k=1}^{10}(3a_k-b_k)=20$일 때, $\sum_{k=1}^{10}(a_k+b_k)$의 값을 구하시오.

(2) $\sum_{k=1}^{17}(a_k+b_k)^2=50$, $\sum_{k=1}^{17}(a_k-b_k)^2=14$일 때, $\sum_{k=1}^{17}a_kb_k$의 값을 구하시오.

07 $\sum_{k=1}^{10}a_k=45$, $\sum_{k=1}^{20}a_k=60$, $\sum_{k=1}^{10}b_k=20$, $\sum_{k=1}^{20}b_k=30$일 때, $\sum_{k=11}^{20}(a_k+2b_k+3)$의 값을 구하시오.

08 수열 $\{a_n\}$에 대하여 $\sum_{n=1}^{10}(2a_n+3)=\sum_{n=1}^{9}(2a_n+k)$이고 $a_{10}=75$일 때, 상수 k의 값을 구하시오.

필수유형 05 $\sum$와 등차수열, 등비수열

개념 01+02

다음 물음에 답하시오.

(1) 등차수열 $\{a_n\}$에 대하여 $a_3=0$, $a_8=10$일 때, $\sum_{k=1}^{11} a_{2k}-\sum_{k=1}^{11} a_{2k+1}$의 값을 구하시오.

(2) 모든 항이 양수인 등비수열 $\{a_n\}$에 대하여 $a_3{}^2=a_6$, $a_2-a_1=2$일 때, $\sum_{k=1}^{5} a_{2k+1}$의 값을 구하시오.

guide

다음을 이용하여 주어진 식의 값을 구한다.

(1) 수열 $\{a_n\}$이 첫째항이 a, 공차가 d인 등차수열일 때,

⇨ $a_n=a+(n-1)d$, $\sum_{k=1}^{n} a_k=\frac{n\{2a+(n-1)d\}}{2}$

(2) 수열 $\{a_n\}$이 첫째항이 a, 공비가 r $(r\neq1)$인 등비수열일 때,

⇨ $a_n=ar^{n-1}$, $\sum_{k=1}^{n} a_k=\frac{a(1-r^n)}{1-r}=\frac{a(r^n-1)}{r-1}$

solution

(1) 등차수열 $\{a_n\}$의 첫째항을 a, 공차를 d라 하면 $a_3=0$, $a_8=10$이므로

$a+2d=0$ ……㉠, $a+7d=10$ ……㉡

㉠, ㉡을 연립하여 풀면 $a=-4$, $d=2$

$\therefore \sum_{k=1}^{11} a_{2k}-\sum_{k=1}^{11} a_{2k+1}=(a_2+a_4+\cdots+a_{22})-(a_3+a_5+\cdots+a_{23})$

$=\underbrace{(a_2-a_3)}_{-d}+\underbrace{(a_4-a_5)}_{-d}+\cdots+\underbrace{(a_{22}-a_{23})}_{-d}=-11d=-22$

(2) 모든 항이 양수인 등비수열 $\{a_n\}$의 첫째항을 a, 공비를 r이라 하면 $a>0$, $r>0$

$a_3{}^2=a_6$에서 $(ar^2)^2=ar^5$, $a^2r^4=ar^5$ $\quad\therefore a=r$ ……㉠

$a_2-a_1=2$에서 $ar-a=2$ $\quad\therefore a(r-1)=2$ ……㉡

㉠, ㉡을 연립하여 풀면 $a=2$, $r=2$ ($\because a>0$, $r>0$) $\quad\therefore a_n=2\times2^{n-1}=2^n$

$\therefore \sum_{k=1}^{5} a_{2k+1}=\sum_{k=1}^{5} 2^{2k+1}=\sum_{k=1}^{5}(2\times4^k)=\frac{8\times(4^5-1)}{4-1}=2728$

첫째항이 8, 공비가 4인 등비수열의 첫째항부터 제5항까지의 합

필수 연습

09 다음 물음에 답하시오.

(1) 등차수열 $\{a_n\}$에 대하여 $a_4=10$, $a_7-a_5=6$일 때, $\sum_{k=1}^{10} a_{2k}+\sum_{k=1}^{10} a_{2k+1}$의 값을 구하시오.

(2) 모든 항이 양수인 등비수열 $\{a_n\}$에 대하여 $\frac{a_3a_8}{a_6}=12$, $a_5+a_7=36$일 때, $\sum_{k=1}^{5} a_{2k}$의 값을 구하시오.

답 p.167

10 첫째항이 양수이고 공비가 -2인 등비수열 $\{a_n\}$에 대하여 $\sum_{k=1}^{9}(|a_k|+a_k)=66$일 때, a_1의 값을 구하시오.

01 자연수 n에 대하여 2^n을 5로 나누었을 때의 나머지를 a_n이라 할 때, $\sum_{k=1}^{77} a_k$의 값을 구하시오.

02 함수 $f(x)=x^2+x$에 대하여

$$\sum_{k=1}^{n} f(k+1)-\sum_{k=2}^{n+1} f(k-2)=576$$

을 만족시키는 자연수 n의 값을 구하시오.

03 수열 $\{a_n\}$이 모든 자연수 n에 대하여

$$\sum_{k=1}^{n} a_{2k-1}=cn^2-6n,\ \sum_{k=1}^{n} a_{2k}=n^2+cn$$

을 만족시킨다. $a_8=10$일 때, $\sum_{k=1}^{20} a_k$의 값을 구하시오.

(단, c는 상수이다.)

04 수열 $\{a_n\}$의 첫째항부터 제n항까지의 합을 S_n이라 하면

$$S_n={}_{n+2}C_3\ (n=1,\ 2,\ 3,\ \cdots)$$

일 때, $\sum_{k=1}^{20} (a_{k+1}-a_k)$의 값을 구하시오.

05 공차가 2인 등차수열 $\{a_n\}$과 자연수 m이

$$\sum_{k=1}^{m} a_{k+1}=240,\ \sum_{k=1}^{m} (a_k+m)=360$$

을 만족시킬 때, a_m의 값을 구하시오. [교육청]

06 수열 $\{a_n\}$의 일반항이 $a_n=(-2)^n\sin\frac{n}{2}\pi$일 때, $\sum_{k=1}^{16} a_k$의 값을 구하시오.

BLACKLABEL

2 자연수의 거듭제곱의 합

개념 03 자연수의 거듭제곱의 합

(1) $\sum_{k=1}^{n} k=1+2+3+\cdots+n=\frac{n(n+1)}{2}$

(2) $\sum_{k=1}^{n} k^2=1^2+2^2+3^2+\cdots+n^2=\frac{n(n+1)(2n+1)}{6}$

(3) $\sum_{k=1}^{n} k^3=1^3+2^3+3^3+\cdots+n^3=\left\{\frac{n(n+1)}{2}\right\}^2$

1. 자연수의 거듭제곱의 합에 대한 이해

증명 (1) 1부터 n까지의 자연수의 합은 첫째항이 1, 공차가 1인 등차수열의 첫째항부터 제n항까지의 합이므로 등차수열의 합의 공식으로부터

$$\sum_{k=1}^{n} k=1+2+3+\cdots+n=\frac{n(n+1)}{2}$$

(2) 항등식 $(k+1)^3-k^3=3k^2+3k+1$의 k에 1, 2, 3, $\cdots$, n을 차례대로 대입하여 변끼리 모두 더하면

$$\begin{aligned}
2^3-1^3&=3\times1^2+3\times1+1 \leftarrow k=1\text{일 때}\\
3^3-2^3&=3\times2^2+3\times2+1 \leftarrow k=2\text{일 때}\\
4^3-3^3&=3\times3^2+3\times3+1 \leftarrow k=3\text{일 때}\\
&\vdots\\
+)\ (n+1)^3-n^3&=3\times n^2+3\times n+1 \leftarrow k=n\text{일 때}\\
\hline
(n+1)^3-1^3&=3(1^2+2^2+3^2+\cdots+n^2)+3(1+2+3+\cdots+n)+n\\
&=3\sum_{k=1}^{n} k^2+3\sum_{k=1}^{n} k+n
\end{aligned}$$

($\sum_{k=1}^{n} k=\frac{n(n+1)}{2}$)

즉, $3\sum_{k=1}^{n} k^2=(n+1)^3-3\times\frac{n(n+1)}{2}-(n+1)=\frac{n(n+1)(2n+1)}{2}$이므로

$$\sum_{k=1}^{n} k^2=\frac{n(n+1)(2n+1)}{6}$$

(3) (2)와 같은 방법으로 항등식 $(k+1)^4-k^4=4k^3+6k^2+4k+1$의 k에 1, 2, 3, $\cdots$, n을 차례대로 대입하여 변끼리 모두 더한 후, 정리하면

$$\sum_{k=1}^{n} k^3=\left\{\frac{n(n+1)}{2}\right\}^2$$

예 (1) $\sum_{k=1}^{10} k=\frac{10\times(10+1)}{2}=\frac{10\times11}{2}=55$

(2) $\sum_{k=1}^{10} k^2=\frac{10\times(10+1)\times(2\times10+1)}{6}=\frac{10\times11\times21}{6}=385$

(3) $\sum_{k=1}^{10} k^3=\left\{\frac{10\times(10+1)}{2}\right\}^2=\left(\frac{10\times11}{2}\right)^2=3025$

2. 연속하는 자연수의 곱의 합

연속하는 자연수의 곱의 합은 다음과 같은 규칙이 있다.

(1) $\sum_{k=1}^{n} k(k+1)=\frac{n(n+1)(n+2)}{3}$ ← $1\times2+2\times3+3\times4+\cdots+n(n+1)$

(2) $\sum_{k=1}^{n} k(k+1)(k+2)=\frac{n(n+1)(n+2)(n+3)}{4}$ ← $1\times2\times3+2\times3\times4+3\times4\times5+\cdots+n(n+1)(n+2)$

(3) $\sum_{k=1}^{n} k(k+1)(k+2)(k+3)=\frac{n(n+1)(n+2)(n+3)(n+4)}{5}$ ← $1\times2\times3\times4+2\times3\times4\times5+3\times4\times5\times6+\cdots+n(n+1)(n+2)(n+3)$

⋮

증명 (1) $\sum_{k=1}^{n} k(k+1)=\sum_{k=1}^{n}(k^2+k)=\sum_{k=1}^{n}k^2+\sum_{k=1}^{n}k$

$$=\frac{n(n+1)(2n+1)}{6}+\frac{n(n+1)}{2}=\frac{n(n+1)\{(2n+1)+3\}}{6}$$

$$=\frac{n(n+1)(n+2)}{3}$$

(2), (3), …도 (1)과 같은 방법으로 자연수의 거듭제곱의 합을 이용하여 증명할 수 있다.

예 (1) $\sum_{k=1}^{5} k(k+1)=\frac{5\times6\times7}{3}=70$

(2) $\sum_{k=1}^{5} k(k+1)(k+2)=\frac{5\times6\times7\times8}{4}=420$

한걸음 더

n에 대한 식으로 나열된 수열의 합

개념마무리 10

n에 대한 식으로 나열된 수열의 합은 다음과 같은 순서로 기호 Σ를 사용하여 나타낸다.

(i) 주어진 수열의 합에서 k번째 항을 찾아 일반항을 구한다.

(ii) 시작하는 항과 끝항의 번호를 찾아 기호 Σ를 사용하여 나타낸다.

예 n에 대한 식으로 나열된 수열의 합 $n+2(n-1)+3(n-2)+\cdots+n$을 정리해 보자.

(i) 수열 $\{a_n\}$을 n, $2(n-1)$, $3(n-2)$, …라 하면

$a_1=1\times n$, $a_2=2(n-1)$, $a_3=3(n-2)$, … $\therefore a_k=k(n+1-k)$

(ii) 주어진 식은 수열 $\{a_n\}$의 첫째항부터 제n항까지의 합이므로

$$n+2(n-1)+3(n-2)+\cdots+n=\sum_{k=1}^{n}k(n+1-k)$$

$$=\sum_{k=1}^{n}(nk+k-k^2)=(n+1)\sum_{k=1}^{n}k-\sum_{k=1}^{n}k^2$$

$$=(n+1)\times\frac{n(n+1)}{2}-\frac{n(n+1)(2n+1)}{6}$$

$$=\frac{n(n+1)\{3(n+1)-(2n+1)\}}{6}=\frac{n(n+1)(n+2)}{6}$$

기본유형 06 자연수의 거듭제곱의 합 개념 03

다음 식의 값을 구하시오.

(1) $\sum_{k=1}^{6}(3k-2)$ (2) $\sum_{k=1}^{10}(k^2-k-3)$ (3) $\sum_{k=1}^{5}(k+2)(k^2-2k+4)$

solution

(1) $\sum_{k=1}^{6}(3k-2)=3\sum_{k=1}^{6}k-\sum_{k=1}^{6}2=3\times\frac{6\times7}{2}-12=63-12=51$

(2) $\sum_{k=1}^{10}(k^2-k-3)=\sum_{k=1}^{10}k^2-\sum_{k=1}^{10}k-\sum_{k=1}^{10}3=\frac{10\times11\times21}{6}-\frac{10\times11}{2}-30=385-55-30=300$

(3) $\sum_{k=1}^{5}(k+2)(k^2-2k+4)=\sum_{k=1}^{5}(k^3+8)=\sum_{k=1}^{5}k^3+\sum_{k=1}^{5}8=\left(\frac{5\times6}{2}\right)^2+40=225+40=265$

기본유형 07 ∑를 이용한 여러 가지 수열의 합 개념 03

다음 수열의 첫째항부터 제10항까지의 합을 구하시오.

(1) $1^2,\ 3^2,\ 5^2,\ 7^2,\ \cdots$ (2) $1\times3,\ 2\times5,\ 3\times7,\ 4\times9,\ \cdots$

solution

(1) 수열 $1^2,\ 3^2,\ 5^2,\ 7^2,\ \cdots$의 일반항을 a_n이라 하면 $a_n=(2n-1)^2$

$\therefore \sum_{k=1}^{10}(2k-1)^2=\sum_{k=1}^{10}(4k^2-4k+1)=4\sum_{k=1}^{10}k^2-4\sum_{k=1}^{10}k+\sum_{k=1}^{10}1$

$=4\times\frac{10\times11\times21}{6}-4\times\frac{10\times11}{2}+10=1540-220+10=1330$

(2) 수열 $1\times3,\ 2\times5,\ 3\times7,\ 4\times9,\ \cdots$의 일반항을 a_n이라 하면 $a_n=n(2n+1)$

$\therefore \sum_{k=1}^{10}k(2k+1)=\sum_{k=1}^{10}(2k^2+k)=2\sum_{k=1}^{10}k^2+\sum_{k=1}^{10}k$

$=2\times\frac{10\times11\times21}{6}+\frac{10\times11}{2}=770+55=825$

기본 연습

11 다음 식의 값을 구하시오,

(1) $\sum_{k=1}^{15}(-2k+9)$ (2) $\sum_{k=1}^{7}(3k-1)(k+2)$ (3) $\sum_{k=1}^{10}k(k-1)(2k-1)$

p.170

12 다음 수열의 첫째항부터 제8항까지의 합을 구하시오.

(1) $2^2,\ 3^2,\ 4^2,\ 5^2,\ \cdots$ (2) $1^2\times2,\ 2^2\times3,\ 3^2\times4,\ 4^2\times5,\ \cdots$

필수유형 08 자연수의 거듭제곱의 합

개념 03

등식 $\sum_{k=1}^{n+1} k^2 - \sum_{k=1}^{n}(k^2+k)=91$을 만족시키는 자연수 n의 값을 구하시오.

guide

❶ 다음 자연수의 거듭제곱의 합을 이용하여 식을 정리한다.

(1) $\sum_{k=1}^{n} k=\frac{n(n+1)}{2}$ (2) $\sum_{k=1}^{n} k^2=\frac{n(n+1)(2n+1)}{6}$ (3) $\sum_{k=1}^{n} k^3=\left\{\frac{n(n+1)}{2}\right\}^2$

❷ 조건을 만족시키는 미지수의 값을 구한다.

solution

$$\begin{aligned}\sum_{k=1}^{n+1} k^2 - \sum_{k=1}^{n}(k^2+k) &= \sum_{k=1}^{n} k^2+(n+1)^2-\sum_{k=1}^{n} k^2-\sum_{k=1}^{n} k=(n+1)^2-\sum_{k=1}^{n} k\\ &=(n+1)^2-\frac{n(n+1)}{2}=\frac{(n+1)(n+2)}{2}\end{aligned}$$

즉, $\frac{(n+1)(n+2)}{2}=91$에서 $n^2+3n-180=0$, $(n-12)(n+15)=0$

이때 n은 자연수이므로 $n=12$

필수 연습

pp.170~171

13 등식 $\sum_{k=1}^{n}(k^2+2k)-\sum_{k=1}^{n-1}(k^2-2k)=108$을 만족시키는 자연수 n의 값을 구하시오.

14 등식 $\sum_{k=1}^{8}(k^3-ak)=1044$를 만족시키는 상수 a의 값을 구하시오.

15 이차방정식 $x^2+4x-2=0$의 두 근을 α, β라 할 때,

$$(\alpha+1)(\beta+1)+(\alpha+2)(\beta+2)+(\alpha+3)(\beta+3)+\cdots+(\alpha+7)(\beta+7)$$

의 값을 구하시오.

필수유형 09 $\sum$를 여러 개 포함한 식의 값

개념 03

다음 식의 값을 구하시오.

(1) $\sum_{k=1}^{4}\left\{\sum_{n=1}^{k}\left(\sum_{m=1}^{n}3\right)\right\}$

(2) $\sum_{n=1}^{6}\left\{\sum_{m=1}^{n}(m+n)\right\}$

guide

❶ $\sum$를 여러 개 포함한 식은 상수인 것과 상수가 아닌 것을 구별하여 계산한다.

⇨ $\sum_{k=1}^{n}a_k$의 a_k에 포함된 문자 중 k가 아닌 것은 모두 상수로 생각한다.

❷ 자연수의 거듭제곱의 합을 이용하여 괄호 안부터 차례대로 계산한다.

solution

(1) $\sum_{k=1}^{4}\left\{\sum_{n=1}^{k}\left(\sum_{m=1}^{n}3\right)\right\}=\sum_{k=1}^{4}\left(\sum_{n=1}^{k}3n\right)=\sum_{k=1}^{4}\left(3\sum_{n=1}^{k}n\right)=\sum_{k=1}^{4}\left\{3\times\frac{k(k+1)}{2}\right\}$

$=\sum_{k=1}^{4}\left(\frac{3}{2}k^2+\frac{3}{2}k\right)=\frac{3}{2}\sum_{k=1}^{4}k^2+\frac{3}{2}\sum_{k=1}^{4}k$

$=\frac{3}{2}\times\frac{4\times5\times9}{6}+\frac{3}{2}\times\frac{4\times5}{2}=45+15=60$

(2) $\sum_{n=1}^{6}\left\{\sum_{m=1}^{n}(m+n)\right\}=\sum_{n=1}^{6}\left(\sum_{m=1}^{n}m+\underline{\sum_{m=1}^{n}n}\right)=\sum_{n=1}^{6}\left\{\frac{n(n+1)}{2}+n^2\right\}$

(n을 상수로 생각한다.)

$=\sum_{n=1}^{6}\left(\frac{3}{2}n^2+\frac{1}{2}n\right)=\frac{3}{2}\sum_{n=1}^{6}n^2+\frac{1}{2}\sum_{n=1}^{6}n$

$=\frac{3}{2}\times\frac{6\times7\times13}{6}+\frac{1}{2}\times\frac{6\times7}{2}=\frac{273}{2}+\frac{21}{2}=147$

필수 연습

pp.171~172

16 다음 식의 값을 구하시오.

(1) $\sum_{k=1}^{7}\left\{\sum_{n=1}^{k}\left(\sum_{m=1}^{n}5\right)\right\}$

(2) $\sum_{n=1}^{5}\left(\sum_{m=1}^{n}mn\right)$

17 두 자연수 m, n에 대하여 $m+n=11$, $mn=24$일 때, $\sum_{i=1}^{m}\left\{\sum_{j=1}^{n}(i+j)\right\}$의 값을 구하시오.

18 $\sum_{n=1}^{5}\left(\sum_{k=1}^{n}2^{k+n-1}\right)$의 값을 구하시오.

필수유형 10 $\sum$로 나타낸 수열의 합과 일반항 사이의 관계

개념 03

$\sum_{k=1}^{n} a_k=3n^2$일 때, $\sum_{k=1}^{4} a_k a_{k+1}$의 값을 구하시오.

guide

❶ 수열 $\{a_n\}$의 첫째항부터 제n항까지의 합 $S_n=\sum_{k=1}^{n} a_k$에 대하여 $a_1=S_1=\sum_{k=1}^{1} a_k$임을 이용하여 첫째항을 구한다.

❷ ❶에서 구한 첫째항과 $a_n=S_n-S_{n-1}=\sum_{k=1}^{n} a_k-\sum_{k=1}^{n-1} a_k \ (n\ge 2)$임을 이용해서 일반항 a_n을 구한다.

❸ 일반항 a_n을 이용하여 주어진 식의 값을 구한다.

solution

$\sum_{k=1}^{n} a_k=3n^2$에서

(i) $n=1$일 때, $a_1=3\times 1^2=3$

(ii) $n\ge 2$일 때, $a_n=\sum_{k=1}^{n} a_k-\sum_{k=1}^{n-1} a_k=3n^2-3(n-1)^2=6n-3$

(i), (ii)에서 $a_n=6n-3 \ (n\ge 1)$

$$\begin{aligned}\therefore \sum_{k=1}^{4} a_k a_{k+1} &= \sum_{k=1}^{4} (6k-3)(6k+3)\\ &= \sum_{k=1}^{4} (36k^2-9)=36\sum_{k=1}^{4} k^2-\sum_{k=1}^{4} 9\\ &= 36\times\frac{4\times 5\times 9}{6}-9\times 4=1080-36=1044\end{aligned}$$

필수 연습

p.172

19 $\sum_{k=1}^{n} a_k=n^2+2n$일 때, $\sum_{k=1}^{5} k^2 a_{4k-2}$의 값을 구하시오.

20 $\sum_{k=1}^{n} a_k=3^n-1$일 때, $\sum_{k=1}^{12} \frac{a_{2k+1}}{27}$의 값을 구하시오.

21 수열 $\{a_n\}$이 모든 자연수 n에 대하여

$$\sum_{k=1}^{n} \frac{a_k}{k+1}=n^2+n$$

을 만족시킬 때, $\sum_{k=1}^{15} a_k$의 값을 구하시오.

07 실수 x에 대하여 $\sum_{k=1}^{9}(x-k)^2$은 $x=p$일 때 최솟값 q를 갖는다. 이때 $p+q$의 값을 구하시오.

서술형

08 자연수 n에 대하여 좌표평면 위의 점 $(n,\ 2n)$과 직선 $y=-\frac{3}{4}x+4$ 사이의 거리를 a_n이라 할 때, $\sum_{k=1}^{10}a_k$의 값을 구하시오.

09 $\sum_{k=1}^{10}k^2+\sum_{k=2}^{10}k^2+\sum_{k=3}^{10}k^2+\cdots+\sum_{k=10}^{10}k^2$의 값을 구하시오.

10 방정식

$$1\times n+2\times(n-1)+3\times(n-2)+\cdots+n\times1=165$$

를 만족시키는 자연수 n의 값을 구하시오.

11 이차방정식 $x^2-8x+7=0$의 두 근을 $m,\ n$이라 할 때, $\sum_{p=1}^{m}\left\{\sum_{q=1}^{n}(p+q)\right\}$의 값을 구하시오.

12 다음 〈보기〉에서 옳은 것만을 있는 대로 고른 것은?

보기

ㄱ. $\sum_{k=1}^{n}(2k-2)=n^2-n$

ㄴ. $\sum_{k=1}^{n}\frac{1^2+2^2+3^2+\cdots+k^2}{1+2+3+\cdots+k}=\frac{n(n+2)}{3}$

ㄷ. $\sum_{k=1}^{n}\left(\sum_{l=1}^{k}2^{l+k}\right)=\frac{2^{2n+3}}{3}-2^{n+2}+\frac{4}{3}$

① ㄱ ② ㄴ ③ ㄱ, ㄴ
④ ㄴ, ㄷ ⑤ ㄱ, ㄴ, ㄷ

13 수열 $\{a_n\}$에 대하여 $\sum_{k=1}^{n}a_k=n^2-2n-3$일 때, $\sum_{k=1}^{10}a_ka_{k+1}$의 값을 구하시오.

BLACKLABEL

3 여러 가지 수열의 합

개념 04 분수 꼴의 수열의 합

일반항이 분수 꼴인 수열의 합은 다음과 같이 두 개의 분수로 변형하여 전개한 후, 합이 0이 되는 항을 소거하여 구한다.

(1) $\sum_{k=1}^{n}\frac{1}{k(k+a)}=\frac{1}{a}\sum_{k=1}^{n}\left(\frac{1}{k}-\frac{1}{k+a}\right)$ (단, $a\neq0$)

(2) $\sum_{k=1}^{n}\frac{1}{(k+a)(k+b)}=\frac{1}{b-a}\sum_{k=1}^{n}\left(\frac{1}{k+a}-\frac{1}{k+b}\right)$ (단, $a\neq b$)

(3) $\sum_{k=1}^{n}\frac{1}{k(k+1)(k+2)}=\frac{1}{2}\sum_{k=1}^{n}\left\{\frac{1}{k(k+1)}-\frac{1}{(k+1)(k+2)}\right\}$

1. 분수 꼴의 수열의 합

일반적으로 분수 꼴의 수열의 합은 다음과 같은 순서로 구한다.

(i) 일반항 a_k를 부분분수로 변형한다.

(ii) a_k의 k에 1, 2, 3, $\cdots$, n을 차례대로 대입하여 합의 꼴로 나타낸다.

(iii) 합이 0이 되는 항을 소거한 후 계산한다.

예 수열 $\frac{1}{1\times2}$, $\frac{1}{2\times3}$, $\frac{1}{3\times4}$, $\cdots$의 첫째항부터 제11항까지의 합을 구해 보자.

이 수열의 일반항을 a_k라 하면

$$a_k=\frac{1}{k(k+1)}=\frac{1}{k}-\frac{1}{k+1} \leftarrow \frac{1}{AB}=\frac{1}{B-A}\left(\frac{1}{A}-\frac{1}{B}\right) \text{ (단, } A\neq B\text{)}$$

k에 1, 2, 3, $\cdots$, 11을 차례대로 대입하여 합의 꼴로 나타낸 후, 합이 0이 되는 항을 소거하면

$$\sum_{k=1}^{11}a_k=\sum_{k=1}^{11}\left(\frac{1}{k}-\frac{1}{k+1}\right)$$

$$=\left(1-\frac{1}{2}\right)+\left(\frac{1}{2}-\frac{1}{3}\right)+\left(\frac{1}{3}-\frac{1}{4}\right)+\cdots+\left(\frac{1}{11}-\frac{1}{12}\right)=1-\frac{1}{12}=\frac{11}{12}$$

2. 연쇄적으로 소거되는 항의 규칙성

항이 연쇄적으로 소거되는 규칙성을 확인해 보자.

(1) 연달아 소거되는 꼴

$$\sum_{k=1}^{n}\{f(k)-f(k+1)\}$$

$$=\{f(1)-f(2)\}+\{f(2)-f(3)\}+\{f(3)-f(4)\}+\cdots+\{f(n)-f(n+1)\}$$

$$=f(1)-f(n+1)$$ ← 앞에서 첫 번째가 남으면 뒤에서도 첫 번째가 남는다.

(2) 건너뛰며 소거되는 꼴

$$\sum_{k=1}^{n}\{f(k)-f(k+2)\}$$

$$=\{f(1)-f(3)\}+\{f(2)-f(4)\}+\{f(3)-f(5)\}+\cdots+\{f(n-1)-f(n+1)\}+\{f(n)-f(n+2)\}$$

$$=f(1)+f(2)-f(n+1)-f(n+2)$$ ← 앞에서 첫 번째, 세 번째가 남으면 뒤에서도 첫 번째, 세 번째가 남는다.

따라서 항이 연쇄적으로 소거될 때, 소거되지 않고 남는 항은 앞에 남는 항과 뒤에 남는 항의 개수가 같고, 서로 대칭이 되는 위치에 있음을 알 수 있다.

예 $\displaystyle\sum_{k=2}^{11}\frac{1}{(k-1)(k+1)}=\frac{1}{2}\sum_{k=2}^{11}\left(\frac{1}{k-1}-\frac{1}{k+1}\right)$

$\displaystyle=\frac{1}{2}\left\{\left(1-\frac{1}{3}\right)+\left(\frac{1}{2}-\frac{1}{4}\right)+\left(\frac{1}{3}-\frac{1}{5}\right)+\cdots+\left(\frac{1}{9}-\frac{1}{11}\right)+\left(\frac{1}{10}-\frac{1}{12}\right)\right\}$

$\displaystyle=\frac{1}{2}\times\left(1+\frac{1}{2}-\frac{1}{11}-\frac{1}{12}\right)=\frac{175}{264}$ ← 앞에서 첫 번째, 세 번째가 남으면 뒤에서도 첫 번째, 세 번째가 남는다.

참고 일반항에 로그가 포함된 수열의 합은 다음과 같이 로그의 성질을 이용하여 로그의 합을 진수의 곱으로 변형한 후, 약분하여 구할 수 있다.
($\log_a M+\log_a N=\log_a MN$)

$\displaystyle\sum_{k=1}^{11}\log\frac{k}{k+1}=\log\frac{1}{2}+\log\frac{2}{3}+\log\frac{3}{4}+\cdots+\log\frac{11}{12}$

$\displaystyle=\log\left(\frac{1}{2}\times\frac{2}{3}\times\frac{3}{4}\times\cdots\times\frac{11}{12}\right)$

$\displaystyle=\log\frac{1}{12}=-\log 12$ ← 앞에서 첫 번째 분자가 남으면 뒤에서는 첫 번째 분모가 남는다.

이때 약분하여 항이 연쇄적으로 소거되는 경우에도 규칙성을 확인할 수 있다.

개념 05 분모에 근호가 포함된 수열의 합

일반항의 분모에 근호가 포함된 수열의 합은 분모를 유리화하여 전개한 후, 합이 0이 되는 항을 소거하여 구한다.

$\displaystyle\sum_{k=1}^{n}\frac{1}{\sqrt{k+a}+\sqrt{k}}=\frac{1}{a}\sum_{k=1}^{n}(\sqrt{k+a}-\sqrt{k})$ (단, $a\neq0$)

일반적으로 분모에 근호가 포함된 수열의 합은 다음과 같은 순서로 구한다.

(i) 일반항 a_k의 분모를 유리화한다.

(ii) a_k의 k에 1, 2, 3, ⋯, n을 차례대로 대입하여 합의 꼴로 나타낸다.

(iii) 합이 0이 되는 항을 소거한 후 계산한다.

예 수열 $\frac{1}{\sqrt{2}+1}$, $\frac{1}{\sqrt{3}+\sqrt{2}}$, $\frac{1}{\sqrt{4}+\sqrt{3}}$, ⋯의 첫째항부터 제11항까지의 합을 구해 보자.

이 수열의 일반항을 a_k라 하면

$\displaystyle a_k=\frac{1}{\sqrt{k+1}+\sqrt{k}}=\frac{\sqrt{k+1}-\sqrt{k}}{(\sqrt{k+1}+\sqrt{k})(\sqrt{k+1}-\sqrt{k})}=\sqrt{k+1}-\sqrt{k}$

k에 1, 2, 3, ⋯, 11을 차례대로 대입하여 합의 꼴로 나타낸 후, 합이 0이 되는 항을 소거하면

$\displaystyle\sum_{k=1}^{11}a_k=\sum_{k=1}^{11}(\sqrt{k+1}-\sqrt{k})$

$=(\sqrt{2}-1)+(\sqrt{3}-\sqrt{2})+(\sqrt{4}-\sqrt{3})+\cdots+(\sqrt{12}-\sqrt{11})=\sqrt{12}-1$ ← 앞에서 두 번째가 남으면 뒤에서도 두 번째가 남는다.

$=2\sqrt{3}-1$

개념 06 수열의 항을 묶어 규칙 찾기

1. 군수열

수열의 항을 몇 개씩 묶었을 때 각 묶음이 규칙성을 갖는 수열을 **군수열**이라고 하고, 각 묶음을 앞에서부터 차례대로 제1군, 제2군, 제3군, …이라고 한다.

(1), (1, 2), (1, 2, 3), …
제1군 제2군 제3군

2. 군수열에서 항 구하기

군수열 $\{a_n\}$의 항은 다음과 같은 순서로 구한다.

(i) 수열의 각 항의 규칙을 파악하여 군으로 묶고, 각 군의 첫째항 또는 끝항의 규칙성을 찾는다.

(ii) 제n군의 항의 개수 및 제n군까지의 항의 개수를 구한다.

(iii) 제n군 안에서의 규칙을 찾아 제n군의 k번째 항을 파악한다.

(iv) 구하는 항이 제몇 군의 몇 번째 항인지 구한다.

예 수열 1, 1, 3, 1, 3, 5, 1, 3, 5, 7, …에서 각 묶음의 항이 1개, 2개, 3개, 4개, …가 되도록 묶으면 다음과 같다.

(1), (1, 3), (1, 3, 5), (1, 3, 5, 7), …

첫 번째 묶음부터 차례대로 제1군, 제2군, 제3군, 제4군, …이라 하면 다음 규칙을 알 수 있다.

(1) 각 군의 첫째항은 모두 1이다. (각 군의 항의 규칙 찾기) (2) 제n군의 항의 개수는 n이다. (3) 제n군의 k번째 항은 $2k-1$이다.

이 수열의 제50항을 구해 보자.

제1군부터 제n군까지의 항의 개수는

$$\underbrace{1+2+3+\cdots+n}_{(2)\text{ 사용}}=\sum_{k=1}^{n}k=\frac{n(n+1)}{2}\text{이고 } \frac{9\times10}{2}=45,\ \frac{10\times11}{2}=55$$

(제1군부터 제9군까지의 항의 개수는 45, 제1군부터 제10군까지의 항의 개수는 55이다.)

따라서 제50항은 제10군의 5번째 항이므로 $2\times5-1=9$이다. (10: n, 5: k, (3) 사용)

한걸음 더 (등차수열)×(등비수열) 꼴의 수열의 합 (교육과정 外)

일반적으로 (등차수열)×(등비수열) 꼴의 수열의 합은 다음과 같은 순서로 구한다. (멱급수라고 한다.)

(i) 주어진 수열의 합을 S로 놓는다.

(ii) 등비수열의 공비가 r일 때, $S-rS$를 계산한다. (단, $r\neq1$)

(iii) (ii)의 식에서 등비수열의 합을 이용하여 S의 값을 구한다.

예 수열 $1\times2,\ 3\times2^2,\ 5\times2^3,\ \cdots$의 첫째항부터 제10항까지의 합 S를 구해 보자.

$S=1\times2+3\times2^2+5\times2^3+\cdots+19\times2^{10}$이고, 각 항에 포함된 등비수열의 공비가 2이므로

$$\begin{array}{rl} S= & 1\times2+3\times2^2+5\times2^3+\cdots+19\times2^{10} \\ -)\ 2S= & \qquad\quad 1\times2^2+3\times2^3+\cdots+17\times2^{10}+19\times2^{11} \\ \hline -S= & 1\times2+2\times2^2+2\times2^3+\cdots+2\times2^{10}-19\times2^{11} \end{array}$$

$$=2+(2^3+2^4+\cdots+2^{11})-19\times2^{11}$$

$$=2+\frac{2^3\times(2^9-1)}{2-1}-19\times2^{11}=-17\times2^{11}-6$$

$\therefore\ S=17\times2^{11}+6$

기본유형 11 분수 꼴의 수열의 합

개념 04

$\sum_{k=1}^{8}\frac{2}{k(k+2)}$의 값을 구하시오.

solution

$$\sum_{k=1}^{8}\frac{2}{k(k+2)}=\sum_{k=1}^{8}\left(\frac{1}{k}-\frac{1}{k+2}\right)$$
$$=\left(1-\frac{1}{3}\right)+\left(\frac{1}{2}-\frac{1}{4}\right)+\left(\frac{1}{3}-\frac{1}{5}\right)+\cdots+\left(\frac{1}{7}-\frac{1}{9}\right)+\left(\frac{1}{8}-\frac{1}{10}\right)$$
$$=1+\frac{1}{2}-\frac{1}{9}-\frac{1}{10}=\frac{58}{45}$$

기본유형 12 분모에 근호가 포함된 수열의 합

개념 05

$\sum_{k=1}^{22}\frac{1}{\sqrt{k+3}+\sqrt{k+2}}$의 값을 구하시오.

solution

$$\sum_{k=1}^{22}\frac{1}{\sqrt{k+3}+\sqrt{k+2}}$$
$$=\sum_{k=1}^{22}\frac{\sqrt{k+3}-\sqrt{k+2}}{(\sqrt{k+3}+\sqrt{k+2})(\sqrt{k+3}-\sqrt{k+2})}$$
$$=\sum_{k=1}^{22}(\sqrt{k+3}-\sqrt{k+2})$$
$$=(\sqrt{4}-\sqrt{3})+(\sqrt{5}-\sqrt{4})+(\sqrt{6}-\sqrt{5})+\cdots+(\sqrt{25}-\sqrt{24})$$
$$=-\sqrt{3}+\sqrt{25}=5-\sqrt{3}$$

기본 연습

22 $\sum_{k=1}^{7}\frac{4}{(k+1)(k+3)}$의 값을 구하시오.

해 p.175

23 $\sum_{k=1}^{16}\frac{3}{\sqrt{3k+1}+\sqrt{3k-2}}$의 값을 구하시오.

필수유형 13 분수 꼴의 수열의 합

개념 04

다음 수열의 첫째항부터 제100항까지의 합을 구하시오.

(1) $1,\ \frac{1}{1+2},\ \frac{1}{1+2+3},\ \cdots$

(2) $\frac{2}{2^2-1},\ \frac{2}{4^2-1},\ \frac{2}{6^2-1},\ \cdots$

guide

❶ 분수 꼴의 수열의 합은 다음을 이용하여 식을 변형한다.

(1) $\frac{1}{k(k+a)}=\frac{1}{a}\left(\frac{1}{k}-\frac{1}{k+a}\right)$ (단, $a\neq0$)

(2) $\frac{1}{(k+a)(k+b)}=\frac{1}{b-a}\left(\frac{1}{k+a}-\frac{1}{k+b}\right)$ (단, $a\neq b$)

❷ 합이 0이 되는 항을 소거하여 수열의 합을 구한다.

solution

(1) 주어진 수열의 일반항을 a_n이라 하면

$$a_n=\frac{1}{1+2+3+\cdots+n}=\frac{1}{\sum_{k=1}^{n}k}=\frac{1}{\frac{n(n+1)}{2}}=\frac{2}{n(n+1)}=2\left(\frac{1}{n}-\frac{1}{n+1}\right)$$

$$\therefore \sum_{k=1}^{100}a_k=2\sum_{k=1}^{100}\left(\frac{1}{k}-\frac{1}{k+1}\right)$$

$$=2\left\{\left(1-\frac{1}{2}\right)+\left(\frac{1}{2}-\frac{1}{3}\right)+\left(\frac{1}{3}-\frac{1}{4}\right)+\cdots+\left(\frac{1}{100}-\frac{1}{101}\right)\right\}=2\times\left(1-\frac{1}{101}\right)=\frac{200}{101}$$

(2) 주어진 수열의 일반항을 a_n이라 하면

$$a_n=\frac{2}{(2n)^2-1^2}=\frac{2}{(2n-1)(2n+1)}=\frac{1}{2n-1}-\frac{1}{2n+1}$$

$$\therefore \sum_{k=1}^{100}a_k=\sum_{k=1}^{100}\left(\frac{1}{2k-1}-\frac{1}{2k+1}\right)$$

$$=\left(1-\frac{1}{3}\right)+\left(\frac{1}{3}-\frac{1}{5}\right)+\left(\frac{1}{5}-\frac{1}{7}\right)+\cdots+\left(\frac{1}{199}-\frac{1}{201}\right)=1-\frac{1}{201}=\frac{200}{201}$$

필수 연습

24 다음 수열의 첫째항부터 제10항까지의 합을 구하시오.

(1) $\frac{3}{2},\ \frac{3}{2+4},\ \frac{3}{2+4+6},\ \cdots$

(2) $\frac{4}{3^2-4},\ \frac{4}{5^2-4},\ \frac{4}{7^2-4},\ \cdots$

pp.175~176

25 $\sum_{k=1}^{7}\frac{a}{k^2+4k+3}$의 값이 정수가 되도록 하는 자연수 a의 최솟값을 구하시오.

필수유형 **14** 로그가 포함된 수열의 합 개념 04

$\sum_{k=2}^{15}\log_2\left(1-\frac{1}{k^2}\right)$의 값을 구하시오.

guide

❶ 로그가 포함된 수열의 합은 $\log_a M+\log_a N=\log_a MN$을 이용하여 변형한다.

❷ 약분하여 식의 값을 구한다.

solution

$\sum_{k=2}^{15}\log_2\left(1-\frac{1}{k^2}\right)$에서 $1-\frac{1}{k^2}=\frac{k^2-1}{k^2}=\frac{k-1}{k}\times\frac{k+1}{k}$이므로

$$\begin{aligned}\sum_{k=2}^{15}\log_2\left(1-\frac{1}{k^2}\right)&=\sum_{k=2}^{15}\log_2\left(\frac{k-1}{k}\times\frac{k+1}{k}\right)\\&=\log_2\left(\frac{1}{2}\times\frac{3}{2}\right)+\log_2\left(\frac{2}{3}\times\frac{4}{3}\right)+\log_2\left(\frac{3}{4}\times\frac{5}{4}\right)+\cdots+\log_2\left(\frac{14}{15}\times\frac{16}{15}\right)\\&=\log_2\left(\frac{1}{2}\times\frac{3}{2}\times\frac{2}{3}\times\frac{4}{3}\times\frac{3}{4}\times\frac{5}{4}\times\cdots\times\frac{14}{15}\times\frac{16}{15}\right)\\&=\log_2\left(\frac{1}{2}\times\frac{16}{15}\right)=\log_2\frac{8}{15}\\&=3-\log_2 15\end{aligned}$$

필수 연습

26 $\sum_{k=1}^{48}\log_7\frac{\sqrt{k^2+2k}}{k}$의 값을 구하시오.

해 pp.176~177

27 함수 $f(x)=\log_4\left(1+\frac{1}{x+3}\right)$에 대하여 $\sum_{k=1}^{n}f(k)=4$를 만족시키는 자연수 n의 값을 구하시오.

28 $\sum_{k=1}^{26}(-1)^k\log_3\left(\frac{1}{k}-\frac{1}{k+1}\right)$의 값을 구하시오.

필수유형 15 분모에 근호가 포함된 수열의 합

개념 05

첫째항이 625, 공차가 -5인 등차수열 $\{a_n\}$에 대하여 $\sum_{k=1}^{40}\frac{1}{\sqrt{a_{2k-1}}+\sqrt{a_{2k+1}}}$의 값을 구하시오.

guide

❶ 분모에 근호가 포함된 수열의 합은 다음과 같이 분모를 유리화한다.

(1) $\frac{1}{\sqrt{k+1}+\sqrt{k}}=\sqrt{k+1}-\sqrt{k}$

(2) $\frac{1}{\sqrt{k+a}+\sqrt{k}}=\frac{1}{a}(\sqrt{k+a}-\sqrt{k})$ (단, $a\neq0$)

❷ 합이 0이 되는 항을 소거하여 수열의 합을 구한다.

solution

$\frac{1}{\sqrt{a_{2k-1}}+\sqrt{a_{2k+1}}}=\frac{\sqrt{a_{2k-1}}-\sqrt{a_{2k+1}}}{a_{2k-1}-a_{2k+1}}$에서

$a_{2k-1}-a_{2k+1}=\{(2k-1)-(2k+1)\}\times(\underset{공차}{\underline{-5}})=-2\times(-5)=10$이므로 ← 등차수열 $\{a_n\}$의 공차를 d라 하면 $a_m-a_n=(m-n)\times d$

$$\begin{aligned}\sum_{k=1}^{40}\frac{1}{\sqrt{a_{2k-1}}+\sqrt{a_{2k+1}}}&=\frac{1}{10}\sum_{k=1}^{40}(\sqrt{a_{2k-1}}-\sqrt{a_{2k+1}})\\&=\frac{1}{10}\{(\sqrt{a_1}-\sqrt{a_3})+(\sqrt{a_3}-\sqrt{a_5})+(\sqrt{a_5}-\sqrt{a_7})+\cdots+(\sqrt{a_{79}}-\sqrt{a_{81}})\}\\&=\frac{1}{10}(\sqrt{a_1}-\sqrt{a_{81}})\end{aligned}$$

이때 $a_1=625$, $a_{81}=625+80\times(-5)=225$이므로

(주어진 식)$=\frac{1}{10}(\sqrt{a_1}-\sqrt{a_{81}})=\frac{1}{10}\times(\sqrt{625}-\sqrt{225})=\frac{1}{10}\times(25-15)=1$

보충 설명 $a_n=625-5(n-1)=-5n+630$에서 $a_n\geq0$, 즉 $-5n+630\geq0$ $\quad\therefore n\leq126$
따라서 $n\leq126$이면 $\sqrt{a_n}$이 정의된다.

필수 연습

해 pp.177~178

29 첫째항이 1, 공차가 2인 등차수열 $\{a_n\}$에 대하여 수열 $\{b_n\}$을

$$b_n=\sqrt{a_{n+1}}+\sqrt{a_n}\ (n=1,\ 2,\ 3,\ \cdots)$$

이라 할 때, $\sum_{k=1}^{24}\frac{1}{b_k}$의 값을 구하시오.

30 수열 $\{a_n\}$에 대하여 $a_n=\frac{1}{\sqrt{n+1}+\sqrt{n+2}}$일 때, $\sum_{k=1}^{n}a_k=5\sqrt{2}$를 만족시키는 자연수 n의 값을 구하시오.

31 원 $x^2+y^2=n$ 위의 점 P와 직선 $l:y=\sqrt{n}x+n+1$ 사이의 거리의 최댓값을 a_n이라 할 때, $\sum_{k=1}^{24}\frac{1}{a_k}$의 값을 구하시오. (단, n은 자연수이다.)

필수유형 16 수열의 항을 묶어 규칙 찾기

개념 06

수열 $1,\ 1,\ \frac{1}{2},\ 1,\ \frac{1}{2},\ \frac{1}{4},\ 1,\ \frac{1}{2},\ \frac{1}{4},\ \frac{1}{8},\ \cdots$에 대하여 다음 물음에 답하시오.

(1) $\frac{1}{64}$이 처음으로 나오는 항은 제몇 항인지 구하시오. (2) 제60항을 구하시오.

guide

1. 수열의 각 항의 규칙을 파악하여 군으로 묶고, 각 군의 첫째항 또는 끝항의 규칙성을 찾는다.
2. 제n군의 항의 개수 및 제n군까지의 항의 개수를 구한다.
3. 제n군 안에서의 규칙을 찾아 제n군의 k번째 항을 파악한다.
4. 구하는 항이 제몇 군의 몇 번째 항인지 구한다.

solution

주어진 수열을 $\underset{\text{제1군}}{(1)},\ \underset{\text{제2군}}{\left(1,\ \frac{1}{2}\right)},\ \underset{\text{제3군}}{\left(1,\ \frac{1}{2},\ \frac{1}{4}\right)},\ \underset{\text{제4군}}{\left(1,\ \frac{1}{2},\ \frac{1}{4},\ \frac{1}{8}\right)},\ \cdots$과 같이 각 군의 첫째항이 1이 되도록 군으로 묶으면 제n군의 항의 개수는 n이므로 제1군부터 제n군까지의 항의 개수는 $\sum_{k=1}^{n}k=\frac{n(n+1)}{2}$ ……㉠

또한, 제n군의 k번째 항은 $\left(\frac{1}{2}\right)^{k-1}$이다.

(1) $\frac{1}{64}=\left(\frac{1}{2}\right)^{k-1}$에서 $\frac{1}{2^6}=\frac{1}{2^{k-1}}$, $6=k-1$ $\quad\therefore k=7$

즉, $\frac{1}{64}$은 제7군의 끝항에서 처음 나온다.

이때 ㉠에서 $\sum_{k=1}^{7}k=\frac{7\times8}{2}=28$이므로 $\frac{1}{64}$이 처음으로 나오는 항은 제28항이다.

(2) ㉠에서 $\sum_{k=1}^{10}k=\frac{10\times11}{2}=55$, $\sum_{k=1}^{11}k=\frac{11\times12}{2}=66$이므로 제60항은 제$\underset{n}{11}$군의 $\underset{k}{5}$번째 항이다.

따라서 제60항은 $\left(\frac{1}{2}\right)^{5-1}=\frac{1}{16}$

필수 연습

p.178

32 수열 $\frac{1}{2},\ \frac{1}{3},\ \frac{2}{3},\ \frac{1}{4},\ \frac{2}{4},\ \frac{3}{4},\ \frac{1}{5},\ \frac{2}{5},\ \frac{3}{5},\ \frac{4}{5},\ \cdots$에 대하여 다음 물음에 답하시오.

(1) $\frac{11}{30}$은 제몇 항인지 구하시오. (2) 제33항을 구하시오.

33 오른쪽과 같이 자연수를 규칙적으로 나열할 때, 제m행의 왼쪽에서 n번째의 수를 $f(m,\ n)$이라 하자. $f(18,\ 12)$의 값을 구하시오. (단, $n\le m$)

[제1행]	1			
[제2행]	2	3		
[제3행]	4	5	6	
[제4행]	7	8	9	10
⋮				

14 공차가 2이고 모든 항이 양수인 등차수열 $\{a_n\}$에 대하여

$$\sum_{k=1}^{10}\frac{1}{a_{2k-1}a_{2k+1}}=\frac{2}{45}$$

일 때, a_{15}의 값을 구하시오.

15 수열 $\{a_n\}$이

$$\frac{2\times1+3}{1^2+2^2},\ \frac{2\times2+3}{1^2+2^2+3^2},\ \frac{2\times3+3}{1^2+2^2+3^2+4^2},\ \cdots$$

일 때, $\sum_{k=2}^{13}a_k$의 값을 구하시오.

16 x에 대한 이차방정식

$$x^2-2x+n^2+2n=0\ (n=1,\ 2,\ 3,\ \cdots)$$

의 두 근을 a_n, b_n이라 할 때, $\sum_{k=1}^{10}\left(\frac{1}{a_k}+\frac{1}{b_k}\right)$의 값을 구하시오.

17 양수 x에 대하여 $\log x$의 소수 부분을 $f(x)$라 하자. 수열 $\{a_n\}$에 대하여

$a_n=10^n+\frac{10^{n+1}}{5n}$일 때, $\sum_{k=1}^{23}f(a_k)$의 값을 구하시오.

18 수열 $\{a_n\}$이

$$\sqrt{3}+1,\ \sqrt{5}+\sqrt{3},\ \sqrt{7}+\sqrt{5},\ \cdots$$

일 때, $\sum_{k=1}^{n}\frac{2}{a_k}=12$를 만족시키는 자연수 n의 값을 구하시오.

19 수열 $\{a_n\}$에 대하여 $a_n>1$이고

$$\frac{1}{2}\left(a_n+\frac{1}{a_n}\right)=\sqrt{n+1}$$

이 성립할 때, $\sum_{k=1}^{35}\frac{1}{a_k}$의 값을 구하시오.

20 다음과 같은 규칙으로 제n행에 n개의 정수를 나열한다.

(가) 제1행에는 100을 적는다.

(나) 제$(n+1)$행의 왼쪽 끝에 적힌 수는 제n행의 오른쪽 끝에 적힌 수보다 1이 작다.

(다) 제n행의 수들은 왼쪽부터 순서대로 공차가 -1인 등차수열을 이룬다. (단, $n\geq2$)

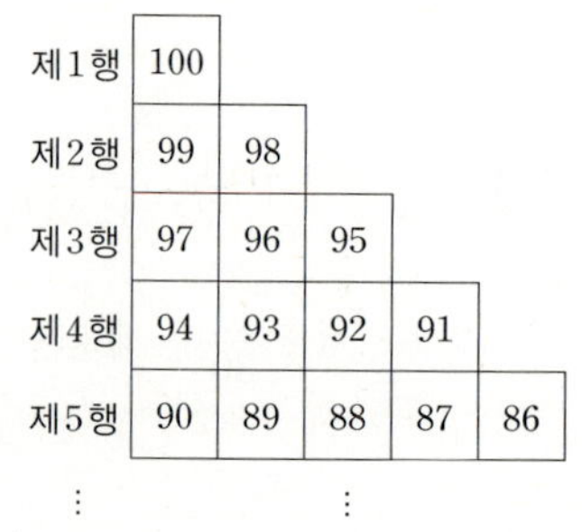

제1행	100				
제2행	99	98			
제3행	97	96	95		
제4행	94	93	92	91	
제5행	90	89	88	87	86
⋮		⋮			⋱

제n행에 나열된 모든 수의 합을 a_n이라 할 때, $a_{13}-a_{12}$의 값을 구하시오.

개념 마무리 발전

1 다음 그림과 같이 곡선 $y=\log_2 x$ 위의 두 점 P(2, 1), Q(2^8, 8)에 대하여 선분 PQ를 7등분하여 점 P에 가까운 점부터 차례대로 A_1, A_2, A_3, $\cdots$, A_6이라 하고, 점 A_n에서 y축에 내린 수선과 곡선 $y=\log_2 x$의 교점을 B_n이라 하자. 선분 A_nB_n의 길이를 l_n이라 할 때, $\sum_{n=1}^{6} l_n$의 값을 구하시오.

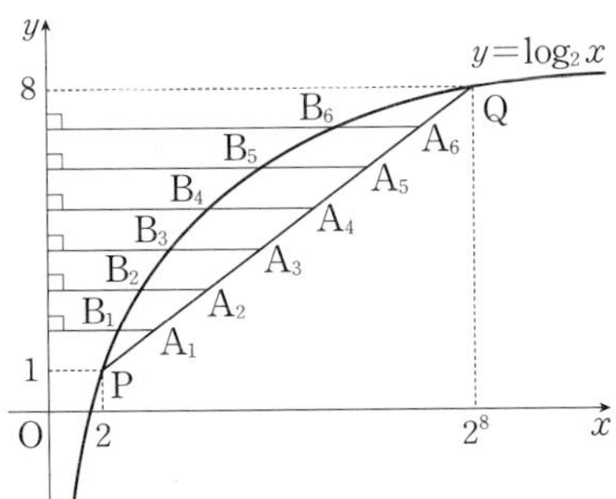

2 수열 $\{a_n\}$이 다음 조건을 만족시킨다.

(가) 네 항 a_1, a_2, a_3, a_4는 이 순서대로 공비가 -3인 등비수열을 이룬다.

(나) $a_{n+4}=a_n+1$ (단, $n=1$, 2, 3, $\cdots$)

$\sum_{k=1}^{25} a_k=304$일 때, a_1의 값을 구하시오.

3 $\sum_{k=1}^{25}(2k+1)\left(\frac{1}{k}+\frac{1}{k+1}+\frac{1}{k+2}+\cdots+\frac{1}{25}\right)$의 값을 구하시오.

1등급

4 다음 그림과 같이 자연수 n에 대하여 기울기가 1이고 y절편이 양수인 직선이 원 $x^2+y^2=\frac{n^2}{2}$에 접할 때, 이 직선이 x축, y축과 만나는 점을 각각 A_n, B_n이라 하자. 점 A_n을 지나고 기울기가 -2인 직선이 y축과 만나는 점을 C_n이라 할 때, 삼각형 $A_nC_nB_n$의 내부와 경계의 점들 중 x좌표와 y좌표가 모두 정수인 점의 개수를 a_n이라 하자. 이때 $\sum_{n=1}^{10} a_n$의 값을 구하시오.

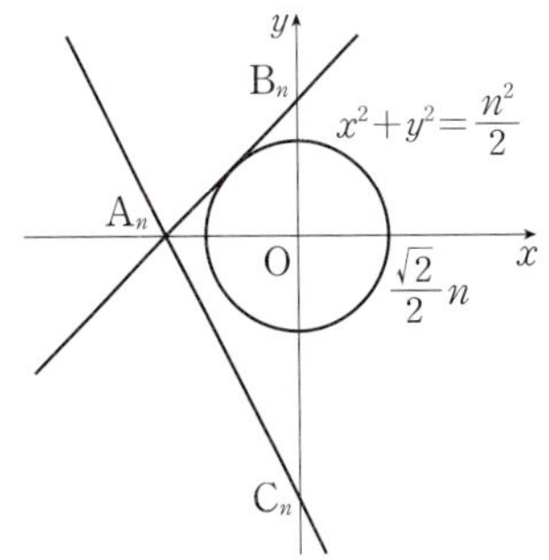

5 첫째항이 2이고, 모든 항이 양수인 수열 $\{a_n\}$의 첫째항부터 제n항까지의 합을 S_n이라 하자. $\sum_{k=1}^{14}\frac{a_{k+1}}{S_kS_{k+1}}=\frac{1}{4}$일 때, S_{15}의 값을 구하시오.

신유형

6 음이 아닌 정수 n에 대하여 256×3^n의 양의 약수의 개수를 a_n이라 하자.

$$f(n)=\sum_{k=0}^{n}\frac{1}{\sqrt{a_k}+\sqrt{a_{k+1}}}$$

이라 할 때, $f(n)$의 값이 자연수가 되도록 하는 100 이하의 모든 n의 값의 합을 구하시오.

Happiness is that state of consciousness which proceeds from the achievement of one's values.

행복은 자기 가치를 이루는 데서부터 얻는
마음의 상태다.

... 아인 랜드(Ayn Rand)

III

수열

08 등차수열과 등비수열

09 수열의 합

10 수학적 귀납법

1 수열의 귀납적 정의

개념 01 수열의 귀납적 정의

수열 $\{a_n\}$에 대하여

(i) 첫째항 a_1

(ii) 이웃하는 두 항 a_n과 a_{n+1} $(n=1, 2, 3, \cdots)$ 사이의 관계식

을 알면 (ii)의 관계식에 $n=1, 2, 3, \cdots$을 차례대로 대입하여 수열 $\{a_n\}$의 모든 항을 구할 수 있다.
이와 같이 처음 몇 개의 항과 이웃하는 여러 항 사이의 관계식으로 수열을 정의하는 것을 수열의 **귀납적 정의**라고 한다.

예 다음과 같이 처음 몇 개의 항과 이웃하는 여러 항 사이의 관계식으로 수열 $\{a_n\}$을 정의하는 것을 수열의 **귀납적 정의**라고 한다. Ⓐ

$a_1=2,\ a_{n+1}=a_n+3\ (n=1, 2, 3, \cdots)$ ……㉠

㉠의 n에 1, 2, 3, …을 차례대로 대입하면

$a_1=2$

$a_2=a_1+3=2+3=5$

$a_3=a_2+3=5+3=8$

$a_4=a_3+3=8+3=11$

⋮

이므로 귀납적 정의를 이용하여 수열 $\{a_n\}$의 모든 항을 구할 수 있다.

Ⓐ 수열을 정의하는 여러 가지 방법
(1) 첫째항부터 순서대로 나열하는 방법
(2) 일반항을 구체적인 식으로 나타내는 방법
(3) 처음 몇 개의 항과 이웃하는 여러 항 사이의 관계식으로 나타내는 방법
⇨ 수열의 귀납적 정의

개념 02 등차수열을 나타내는 관계식

(1) $a_{n+1}=a_n+d \iff a_{n+1}-a_n=d$ ← 공차가 d인 등차수열

(2) $2a_{n+1}=a_n+a_{n+2} \iff a_{n+1}-a_n=a_{n+2}-a_{n+1}$ Ⓑ ← 등차중항

예 (1) $a_1=1,\ a_{n+1}=a_n+4\ (n=1, 2, 3, \cdots)$로 정의된 수열 $\{a_n\}$은 첫째항이 1이고 공차가 4인 등차수열이므로 일반항 a_n을 구하면

$a_n=1+(n-1)\times4=4n-3$

(2) $a_1=2,\ a_2=5,\ 2a_{n+1}=a_n+a_{n+2}\ (n=1, 2, 3, \cdots)$로 정의된 수열 $\{a_n\}$은 첫째항이 2이고, $a_2-a_1=5-2=3$에서 공차가 3인 등차수열이므로 일반항 a_n을 구하면

$a_n=2+(n-1)\times3=3n-1$

Ⓑ $a_{n+1}=\dfrac{a_n+a_{n+2}}{2}$이므로 a_{n+1}은 a_n과 a_{n+2}의 등차중항이다.

개념 03 등비수열을 나타내는 관계식

(1) $a_{n+1}=ra_n \Longleftrightarrow \frac{a_{n+1}}{a_n}=r$ ← 공비가 r인 등비수열

(2) $a_{n+1}{}^2=a_na_{n+2} \Longleftrightarrow \frac{a_{n+1}}{a_n}=\frac{a_{n+2}}{a_{n+1}}$ Ⓒ ← 등비중항

예 (1) $a_1=1$, $a_{n+1}=2a_n$ $(n=1, 2, 3, \cdots)$으로 정의된 수열 $\{a_n\}$은 첫째항이 1이고 공비가 2인 등비수열이므로 일반항 a_n을 구하면

$a_n=1\times 2^{n-1}=2^{n-1}$

(2) $a_1=\frac{1}{3}$, $a_2=1$, $a_{n+1}{}^2=a_na_{n+2}$ $(n=1, 2, 3, \cdots)$로 정의된 수열 $\{a_n\}$은 첫째항이 $\frac{1}{3}$이고, $\frac{a_2}{a_1}=\frac{1}{\frac{1}{3}}=3$에서 공비가 3인 등비수열이므로 일반항 a_n을 구하면

$a_n=\frac{1}{3}\times 3^{n-1}=3^{n-2}$

Ⓒ $a_{n+1}{}^2=a_na_{n+2}$이므로 a_{n+1}은 a_n과 a_{n+2}의 등비중항이다.

개념 04 $a_{n+1}=a_n+f(n)$ 꼴로 정의된 수열

$a_{n+1}=a_n+f(n)$ $(n=1, 2, 3, \cdots)$ 꼴로 정의된 수열 $\{a_n\}$의 일반항 a_n은

$$a_n=a_1+f(1)+f(2)+f(3)+\cdots+f(n-1)=a_1+\sum_{k=1}^{n-1}f(k) \text{ (단, } n\geq 2)$$

설명 $a_{n+1}=a_n+f(n)$ $(n=1, 2, 3, \cdots)$ 꼴로 정의된 수열 $\{a_n\}$에 대하여 일반항 a_n은 $a_{n+1}=a_n+f(n)$의 n에 1, 2, 3, $\cdots$, $n-1$을 차례대로 대입한 후, 변끼리 더하여 구할 수 있다.

$$\begin{aligned}
\cancel{a_2}&=a_1+f(1)\\
\cancel{a_3}&=\cancel{a_2}+f(2)\\
\cancel{a_4}&=\cancel{a_3}+f(3)\\
&\vdots\\
+)\ a_n&=\cancel{a_{n-1}}+f(n-1)\\
\hline
a_n&=a_1+f(1)+f(2)+f(3)+\cdots+f(n-1)\\
&=a_1+\sum_{k=1}^{n-1}f(k)
\end{aligned}$$

참고 $a_{n+1}=a_n+f(n)$에서 $f(n)=d$ (d는 상수)이면 $a_{n+1}-a_n=d$이므로 수열 $\{a_n\}$은 공차가 d인 등차수열이다.

개념 05 $a_{n+1}=a_nf(n)$ 꼴로 정의된 수열

$a_{n+1}=a_nf(n)$ $(n=1,\ 2,\ 3,\ \cdots)$ 꼴로 정의된 수열 $\{a_n\}$의 일반항 a_n은

$a_n=a_1f(1)f(2)f(3)\cdots f(n-1)$ (단, $n\ge2$)

설명 $a_{n+1}=a_nf(n)$ $(n=1,\ 2,\ 3,\ \cdots)$ 꼴로 정의된 수열 $\{a_n\}$에 대하여 일반항 a_n은 $a_{n+1}=a_nf(n)$의 n에 1, 2, 3, $\cdots$, $n-1$을 차례대로 대입한 후, 변끼리 곱하여 구할 수 있다.

$$\begin{aligned} a_2&=a_1f(1)\\ a_3&=a_2f(2)\\ a_4&=a_3f(3)\\ &\ \vdots\\ \times)\ a_n&=a_{n-1}f(n-1)\\ \hline a_n&=a_1f(1)f(2)f(3)\cdots f(n-1) \end{aligned}$$

참고 $a_{n+1}=a_nf(n)$에서 $f(n)=r$ (r은 상수)이면 $\dfrac{a_{n+1}}{a_n}=r$이므로 수열 $\{a_n\}$은 공비가 r인 등비수열이다.

한걸음 더

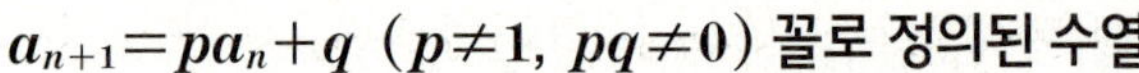

$a_{n+1}=pa_n+q$ $(p\neq1,\ pq\neq0)$ 꼴로 정의된 수열

필수유형 11

$a_{n+1}=pa_n+q$ $(p\neq1,\ pq\neq0)$ $(n=1,\ 2,\ 3,\ \cdots)$ 꼴로 정의된 수열 $\{a_n\}$은 다음과 같은 방법으로 일반항 a_n을 구할 수 있다.

(1) $p=1$일 때, $a_{n+1}=a_n+q$이므로 수열 $\{a_n\}$은 공차가 q인 등차수열이다.
(2) $q=0$일 때, $a_{n+1}=pa_n$이므로 수열 $\{a_n\}$은 공비가 p인 등비수열이다.

(1) $a_{n+1}=pa_n+q$의 n에 1, 2, 3, $\cdots$을 차례대로 대입하여 구하는 방법

(2) $a_{n+1}-\alpha=p(a_n-\alpha)$ 꼴로 변형한 후, 수열 $\{a_n-\alpha\}$가 등비수열임을 이용하여 구하는 방법

예 $a_1=3,\ a_{n+1}=2a_n+1$ $(n=1,\ 2,\ 3,\ \cdots)$로 정의된 수열 $\{a_n\}$의 일반항 a_n을 구해 보자.

(1) $a_{n+1}=2a_n+1$의 n에 1, 2, 3, $\cdots$을 차례대로 대입하면

$$\begin{aligned} a_2&=2a_1+1\\ a_3&=2a_2+1=2(2a_1+1)+1=2^2a_1+2+1\\ a_4&=2a_3+1=2(2^2a_1+2+1)+1=2^3a_1+2^2+2+1\\ &\ \vdots\\ a_n&=2^{n-1}a_1+2^{n-2}+\cdots+2+1=2^{n-1}a_1+\sum_{k=1}^{n-1}2^{k-1}\\ &=3\times2^{n-1}+\frac{2^{n-1}-1}{2-1}=4\times2^{n-1}-1=2^{n+1}-1 \end{aligned}$$

(2) $a_{n+1}=2a_n+1$을 $a_{n+1}-\alpha=2(a_n-\alpha)$로 놓으면

$a_{n+1}=2a_n-\alpha$이므로 $\alpha=-1$ $\quad\therefore\ a_{n+1}+1=2(a_n+1)$ ($a_{n+1}=pa_n+q$에서 $\alpha=\frac{q}{1-p}$)

수열 $\{a_n+1\}$은 첫째항이 $a_1+1=3+1=4$이고 공비가 2인 등비수열이므로 일반항은

$a_n+1=4\times2^{n-1}$ $\quad\therefore\ a_n=2^{n+1}-1$

기본유형 01 수열의 귀납적 정의

개념 01

다음과 같이 정의된 수열 $\{a_n\}$에서 제6항을 구하시오. (단, $n=1, 2, 3, \cdots$)

(1) $a_1=1,\ a_{n+1}=-a_n+2$

(2) $a_1=1,\ a_2=1,\ a_{n+2}=a_n+a_{n+1}$

solution

(1) $a_2=-a_1+2=-1+2=1,\ a_3=-a_2+2=-1+2=1$

$a_4=-a_3+2=-1+2=1,\ a_5=-a_4+2=-1+2=1$

따라서 제6항을 구하면 $a_6=-a_5+2=-1+2=1$

이때 수열 $\{a_n\}$을 첫째항부터 차례대로 나열하면 1, 1, 1, 1, $\cdots$이다.

(2) $a_3=a_1+a_2=1+1=2,\ a_4=a_2+a_3=1+2=3,\ a_5=a_3+a_4=2+3=5$

따라서 제6항을 구하면 $a_6=a_4+a_5=3+5=8$

보충 설명 (2) 수열 $\{a_n\}$을 피보나치 수열이라고 한다.

처음 두 항을 1과 1로 한 후, 그 다음 항부터는 바로 앞의 두 개의 항을 더해 만드는 수열

기본유형 02 등차수열과 등비수열의 귀납적 정의

개념 02+03

다음과 같이 정의된 수열 $\{a_n\}$에서 제8항을 구하시오. (단, $n=1, 2, 3, \cdots$)

(1) $a_1=-1,\ a_{n+1}=a_n+5$

(2) $a_1=5,\ a_{n+1}=-2a_n$

solution

(1) 수열 $\{a_n\}$은 첫째항이 -1, 공차가 5인 등차수열이므로 일반항 a_n은

$a_n=-1+(n-1)\times5=5n-6$

따라서 제8항을 구하면 $a_8=5\times8-6=34$

(2) 수열 $\{a_n\}$은 첫째항이 5, 공비가 -2인 등비수열이므로 일반항 a_n은

$a_n=5\times(-2)^{n-1}$

따라서 제8항을 구하면 $a_8=5\times(-2)^7=5\times(-128)=-640$

기본 연습

해 pp.183~184

01 다음과 같이 정의된 수열 $\{a_n\}$에서 제5항을 구하시오. (단, $n=1, 2, 3, \cdots$)

(1) $a_1=2,\ a_{n+1}=(-1)^n a_n+5$

(2) $a_1=1,\ a_2=3,\ a_{n+2}=a_n a_{n+1}$

02 다음과 같이 정의된 수열 $\{a_n\}$에서 제10항을 구하시오. (단, $n=1, 2, 3, \cdots$)

(1) $a_1=8,\ a_{n+1}=a_n-3$

(2) $a_1=10,\ a_{n+1}=\frac{1}{2}a_n$

기본유형 03 $a_{n+1}=a_n+f(n)$ 꼴로 정의된 수열의 귀납적 정의

개념 04

$a_1=1$, $a_{n+1}=a_n+n$ $(n=1, 2, 3, \cdots)$으로 정의된 수열 $\{a_n\}$의 제12항을 구하시오.

solution

$a_{n+1}=a_n+n$의 n에 1, 2, 3, ⋯, $n-1$을 차례대로 대입한 후, 변끼리 더하면

$$\begin{aligned} a_2&=a_1+1\\ a_3&=a_2+2\\ a_4&=a_3+3\\ &\ \vdots\\ +)\ a_n&=a_{n-1}+n-1\\ \hline a_n&=a_1+(1+2+3+\cdots+n-1)=a_1+\sum_{k=1}^{n-1}k \end{aligned}$$

이때 $a_1=1$이므로 제12항은 $a_{12}=1+\sum_{k=1}^{11}k=1+\frac{11\times12}{2}=67$

기본유형 04 $a_{n+1}=a_nf(n)$ 꼴로 정의된 수열의 귀납적 정의

개념 05

$a_1=3$, $a_{n+1}=(n+1)a_n$ $(n=1, 2, 3, \cdots)$으로 정의된 수열 $\{a_n\}$의 제5항을 구하시오.

solution

$a_{n+1}=(n+1)a_n$의 n에 1, 2, 3, ⋯, $n-1$을 차례대로 대입한 후, 변끼리 곱하면

$$\begin{aligned} a_2&=2a_1\\ a_3&=3a_2\\ a_4&=4a_3\\ &\ \vdots\\ \times)\ a_n&=na_{n-1}\\ \hline a_n&=a_1\times(2\times3\times4\times\cdots\times n)=a_1\times n! \end{aligned}$$

이때 $a_1=3$이므로 제5항은 $a_5=3\times5!=360$

기본 연습

03 $a_1=2$, $a_{n+1}=a_n+2n$ $(n=1, 2, 3, \cdots)$으로 정의된 수열 $\{a_n\}$의 제10항을 구하시오.

04 $a_1=1$, $a_{n+1}=\frac{n+1}{n}a_n$ $(n=1, 2, 3, \cdots)$으로 정의된 수열 $\{a_n\}$의 제20항을 구하시오.

답 p.184

필수유형 05 등차수열의 귀납적 정의

개념 02

다음과 같이 정의된 수열 $\{a_n\}$에 대하여 물음에 답하시오. (단, $n=1, 2, 3, \cdots$)

(1) $a_1=-4$, $a_{n+1}-a_n=3$일 때, a_9를 구하시오.

(2) $a_1=14$, $a_2=8$, $2a_{n+1}=a_n+a_{n+2}$일 때, $a_k=-4$를 만족시키는 자연수 k의 값을 구하시오.

guide

❶ 다음 등차수열을 나타내는 관계식을 이용하여 수열 $\{a_n\}$이 등차수열임을 확인한다.

(1) $a_{n+1}=a_n+d$ 또는 $a_{n+1}-a_n=d$ (2) $2a_{n+1}=a_n+a_{n+2}$ 또는 $a_{n+2}-a_{n+1}=a_{n+1}-a_n$

❷ 첫째항과 공차를 구하여 일반항 a_n을 구한다.

❸ 특정 항의 값 또는 조건을 만족시키는 미지수의 값을 구한다.

solution

(1) $a_1=-4$, $a_{n+1}-a_n=3$에서 수열 $\{a_n\}$은 첫째항이 -4, 공차가 3인 등차수열이므로

$a_n=-4+(n-1)\times3=3n-7$

$\therefore a_9=3\times9-7=20$

(2) $a_1=14$, $a_2=8$, $2a_{n+1}=a_n+a_{n+2}$에서 수열 $\{a_n\}$은 첫째항이 14, 공차가 $a_2-a_1=8-14=-6$인 등차수열이므로

$a_n=14+(n-1)\times(-6)=-6n+20$

즉, $a_k=-4$에서 $-6k+20=-4$, $6k=24$ $\therefore k=4$

필수 연습

pp.184~185

05 다음과 같이 정의된 수열 $\{a_n\}$에 대하여 물음에 답하시오. (단, $n=1, 2, 3, \cdots$)

(1) $a_1=3$, $a_{n+1}-a_n=-1$일 때, a_{15}를 구하시오.

(2) $a_1=15$, $a_{12}=-7$, $a_{n+2}-a_{n+1}=a_{n+1}-a_n$일 때, $a_k=1$을 만족시키는 자연수 k의 값을 구하시오.

06 수열 $\{a_n\}$이

$$a_2=-11,\ a_4=-7,\ a_{n+2}-2a_{n+1}+a_n=0\ (n=1, 2, 3, \cdots)$$

으로 정의될 때, $\sum_{k=1}^{n}a_k$의 값이 최소가 되도록 하는 자연수 n의 값을 구하시오.

07 수열 $\{a_n\}$이 $a_1=1$, $a_2=p$, $a_{n+2}=a_n+4\ (n=1, 2, 3, \cdots)$를 만족시킨다.

$\sum_{k=1}^{10}a_k=115$일 때, 상수 p의 값을 구하시오.

필수유형 06 등비수열의 귀납적 정의

개념 03

다음과 같이 정의된 수열 $\{a_n\}$에 대하여 물음에 답하시오. (단, $n=1, 2, 3, \cdots$)

(1) $a_1=3$, $\frac{a_{n+1}}{a_n}=4$일 때, $a_k=768$을 만족시키는 자연수 k의 값을 구하시오.

(2) 수열 $\{a_n\}$의 모든 항이 양수이고, $a_4=2\sqrt{2}$, $a_7=8$, $a_{n+1}=\sqrt{a_n a_{n+2}}$일 때, $\sum_{k=1}^{9} a_k$의 값을 구하시오.

guide

❶ 다음 등비수열을 나타내는 관계식을 이용하여 수열 $\{a_n\}$이 등비수열임을 확인한다.

(1) $a_{n+1}=ra_n$ 또는 $\frac{a_{n+1}}{a_n}=r$ (2) ${a_{n+1}}^2=a_n a_{n+2}$ 또는 $\frac{a_{n+2}}{a_{n+1}}=\frac{a_{n+1}}{a_n}$

❷ 첫째항과 공비를 구하여 일반항 a_n을 구한다.

❸ 조건을 만족시키는 미지수의 값을 구한다.

solution

(1) $a_1=3$, $\frac{a_{n+1}}{a_n}=4$에서 수열 $\{a_n\}$은 첫째항이 3, 공비가 4인 등비수열이므로 $a_n=3\times4^{n-1}$

$a_k=768$에서 $3\times4^{k-1}=768$, $4^{k-1}=256=4^4$이므로 $k-1=4$ $\therefore k=5$

(2) $a_{n+1}=\sqrt{a_n a_{n+2}}$, 즉 ${a_{n+1}}^2=a_n a_{n+2}$에서 수열 $\{a_n\}$은 등비수열이므로

등비수열 $\{a_n\}$의 첫째항을 a, 공비를 r $(r>0)$이라 하면

$a_4=2\sqrt{2}$에서 $ar^3=2\sqrt{2}$ ⋯⋯㉠, $a_7=8$에서 $ar^6=8$ ⋯⋯㉡

㉠, ㉡을 연립하여 풀면 $a=1$, $r=\sqrt{2}$

따라서 수열 $\{a_n\}$은 첫째항이 1, 공비가 $\sqrt{2}$인 등비수열이므로

$$\sum_{k=1}^{9} a_k=\frac{1\times\{(\sqrt{2})^9-1\}}{\sqrt{2}-1}=\frac{16\sqrt{2}-1}{\sqrt{2}-1}=\frac{(16\sqrt{2}-1)\times(\sqrt{2}+1)}{(\sqrt{2}-1)\times(\sqrt{2}+1)}=31+15\sqrt{2}$$

필수연습

해 pp.185~186

08 다음과 같이 정의된 수열 $\{a_n\}$에 대하여 물음에 답하시오. (단, $n=1, 2, 3, \cdots$)

(1) $a_1=9$, $\sqrt{3}a_{n+1}=a_n$일 때, $a_k=\left(\frac{1}{3}\right)^{10}$을 만족시키는 자연수 k의 값을 구하시오.

(2) $a_2=4\sqrt{2}$, $a_5=32\sqrt{2}$, ${a_{n+1}}^2=a_n a_{n+2}$일 때, $\sum_{k=1}^{6} a_k$의 값을 구하시오. (단, a_n은 실수이다.)

09 모든 항이 양수인 수열 $\{a_n\}$이

$$a_1=\frac{1}{25},\ \log_5 a_{n+1}=1+\log_5 a_n\ (n=1, 2, 3, \cdots)$$

을 만족시킨다. $a_1\times a_2\times a_3\times\cdots\times a_{11}=5^k$일 때, 상수 k의 값을 구하시오.

10 $a_3=3$, $a_4=9$인 수열 $\{a_n\}$에 대하여 이차방정식

$$a_n x^2-2\sqrt{3}a_{n+1}x+3a_{n+2}=0\ (n=1, 2, 3, \cdots)$$

이 중근을 가질 때, 이 수열에서 처음으로 1000 이상이 되는 항은 제몇 항인지 구하시오.

필수유형 07 $a_{n+1}=a_n+f(n)$ 꼴로 정의된 수열의 귀납적 정의 개념 04

수열 $\{a_n\}$이 $a_8=\frac{4}{5}$, $a_{n+1}=a_n+\frac{1}{(2n-1)(2n+1)}$ $(n=1, 2, 3, \cdots)$로 정의될 때, a_1을 구하시오.

guide

❶ 주어진 식의 n에 1, 2, 3, …, $n-1$을 차례대로 대입한다.
❷ ❶에서 구한 식을 변끼리 모두 더한다.
❸ 주어진 항의 값을 이용하여 첫째항을 구한다.

solution

$a_{n+1}=a_n+\frac{1}{(2n-1)(2n+1)}$의 n에 1, 2, 3, …, 7을 차례대로 대입한 후, 변끼리 더하면

$$a_2=a_1+\frac{1}{1\times3}$$
$$a_3=a_2+\frac{1}{3\times5}$$
$$a_4=a_3+\frac{1}{5\times7}$$
$$\vdots$$
$$+\big)\ a_8=a_7+\frac{1}{13\times15}$$

$$a_8=a_1+\left(\frac{1}{1\times3}+\frac{1}{3\times5}+\frac{1}{5\times7}+\cdots+\frac{1}{13\times15}\right)$$
$$=a_1+\frac{1}{2}\left\{\left(\frac{1}{1}-\frac{1}{3}\right)+\left(\frac{1}{3}-\frac{1}{5}\right)+\left(\frac{1}{5}-\frac{1}{7}\right)+\cdots+\left(\frac{1}{13}-\frac{1}{15}\right)\right\}$$
$$=a_1+\frac{1}{2}\left(1-\frac{1}{15}\right)=a_1+\frac{7}{15}$$

즉, $a_8=\frac{4}{5}$에서 $a_1+\frac{7}{15}=\frac{4}{5}$ $\quad\therefore a_1=\frac{4}{5}-\frac{7}{15}=\frac{1}{3}$

필수 연습

pp.186~187

11 수열 $\{a_n\}$이 $a_7=280$, $a_{n+1}-a_n=2^{n+1}+n$ $(n=1, 2, 3, \cdots)$으로 정의될 때, a_1을 구하시오.

12 수열 $\{a_n\}$이 $a_1=20$, $a_{n+1}=a_n-2n+9$ $(n=1, 2, 3, \cdots)$로 정의될 때, a_n의 최댓값을 구하시오.

13 평면 위의 서로 다른 n개의 직선에 의하여 나누어지는 영역의 개수의 최댓값을 a_n이라 하자. 예를 들어, 그림과 같이 $a_3=7$이다. 이때 $a_k=67$이 되도록 하는 자연수 k의 값을 구하시오.

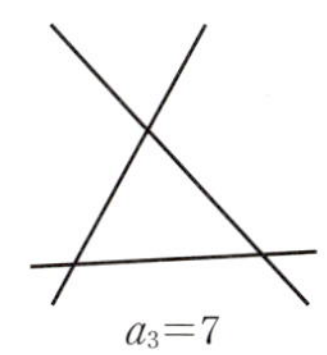

필수유형 **08** $a_{n+1}=a_n f(n)$ 꼴로 정의된 수열의 귀납적 정의 개념 05

수열 $\{a_n\}$이 $a_1=\sqrt{2}$, $\sqrt{n+2}a_{n+1}=\sqrt{n+1}a_n$ $(n=1, 2, 3, \cdots)$으로 정의될 때, $a_k=\frac{1}{6}$을 만족시키는 자연수 k의 값을 구하시오.

guide

❶ 주어진 식의 n에 $1, 2, 3, \cdots, n-1$을 차례대로 대입한다.
❷ ❶에서 구한 식을 변끼리 모두 곱한다.
❸ ❷에서 일반항을 구한 후, 조건을 만족시키는 미지수의 값을 구한다.

solution

$\sqrt{n+2}a_{n+1}=\sqrt{n+1}a_n$에서 $a_{n+1}=\frac{\sqrt{n+1}}{\sqrt{n+2}}a_n$

위의 식의 n에 $1, 2, 3, \cdots, n-1$을 차례대로 대입한 후, 변끼리 곱하면

$$a_2=\frac{\sqrt{2}}{\sqrt{3}}a_1$$
$$a_3=\frac{\sqrt{3}}{\sqrt{4}}a_2$$
$$a_4=\frac{\sqrt{4}}{\sqrt{5}}a_3$$
$$\vdots$$
$$\times)\ a_n=\frac{\sqrt{n}}{\sqrt{n+1}}a_{n-1}$$

$$a_n=a_1\times\left(\frac{\sqrt{2}}{\sqrt{3}}\times\frac{\sqrt{3}}{\sqrt{4}}\times\frac{\sqrt{4}}{\sqrt{5}}\times\cdots\times\frac{\sqrt{n}}{\sqrt{n+1}}\right)=a_1\times\frac{\sqrt{2}}{\sqrt{n+1}}$$

이때 $a_1=\sqrt{2}$이므로 $a_n=\frac{2}{\sqrt{n+1}}$

즉, $a_k=\frac{1}{6}$에서 $\frac{2}{\sqrt{k+1}}=\frac{1}{6}$이므로 $\sqrt{k+1}=12$, $k+1=144$ $\quad\therefore k=143$

필수 연습

해 pp.187~188

14 수열 $\{a_n\}$이 $a_1=81$, $a_{n+1}=3^n a_n$ $(n=1, 2, 3, \cdots)$으로 정의될 때, $\log_3 a_k=82$를 만족시키는 자연수 k의 값을 구하시오.

15 수열 $\{a_n\}$이 $a_1=4$, $\frac{a_{n+1}}{a_n}=1-\frac{1}{n+1}$ $(n=1, 2, 3, \cdots)$로 정의될 때, $\sum_{k=1}^{8}\frac{1}{a_k}$의 값을 구하시오.

16 수열 $\{a_n\}$이 $a_1=4$, $(n+1)^2a_{n+1}=n(n+2)a_n$ $(n=1, 2, 3, \cdots)$으로 정의될 때, $a_k=\frac{40}{19}$이다. 자연수 k의 값을 구하시오.

필수유형 09 여러 가지 수열의 귀납적 정의

개념 01~05

수열 $\{a_n\}$은 $a_1=3$이고, 모든 자연수 n에 대하여

$$a_{n+1}=\begin{cases} a_n+3 & (n\text{이 홀수}) \\ 2a_n & (n\text{이 짝수}) \end{cases}$$

를 만족시킬 때, $\sum_{k=1}^{6} a_k$의 값을 구하시오.

guide

❶ 주어진 식의 n에 1, 2, 3, …을 차례대로 대입하여 각 항을 나열한다.

❷ ❶에서 나열된 항의 합을 구하거나 나열된 항의 규칙을 찾아 수열의 합을 구한다.

solution

$a_{n+1}=\begin{cases} a_n+3 & (n\text{이 홀수}) \\ 2a_n & (n\text{이 짝수}) \end{cases}$의 n에 1, 2, 3, …, 5를 차례대로 대입하면

$a_2=a_1+3=3+3=6$, $a_3=2a_2=2\times 6=12$, $a_4=a_3+3=12+3=15$,

$a_5=2a_4=2\times 15=30$, $a_6=a_5+3=30+3=33$

$\therefore \sum_{k=1}^{6} a_k=3+6+12+15+30+33=99$

필수 연습

pp.188~189

17 수열 $\{a_n\}$은 $a_1=6$이고, 모든 자연수 n에 대하여

$$a_{n+1}=\begin{cases} a_n+1 & (a_n\text{이 홀수}) \\ \frac{1}{2}a_n & (a_n\text{이 짝수}) \end{cases}$$

를 만족시킬 때, $\sum_{k=1}^{21} a_k$의 값을 구하시오.

18 수열 $\{a_n\}$은 $a_1=88$이고, 모든 자연수 n에 대하여

$$a_{n+1}=\begin{cases} a_n-3 & (a_n\geq 65) \\ \frac{1}{2}a_n & (a_n<65) \end{cases}$$

를 만족시킬 때, $\sum_{k=1}^{14} a_k$의 값을 구하시오.

19 수열 $\{a_n\}$은 $a_1=1$이고, 모든 자연수 n에 대하여

$$\begin{cases} a_{3n-1}=2a_n+1 \\ a_{3n}=-a_n+2 \\ a_{3n+1}=a_n+1 \end{cases}$$

을 만족시킨다. $a_{11}+a_{12}+a_{13}$의 값을 구하시오. [평가원]

필수유형 10 수열의 합 S_n이 포함된 수열 $\{a_n\}$의 귀납적 정의

개념 01~05

수열 $\{a_n\}$의 첫째항부터 제n항까지의 합 S_n에 대하여

$a_1=3,\ S_n=2a_n-3\ (n=1,\ 2,\ 3,\ \cdots)$

이 성립할 때, a_9를 구하시오.

guide

1. 수열의 합과 일반항 사이의 관계에 의하여 $S_{n+1}-S_n=a_{n+1}\ (n=1,\ 2,\ 3,\ \cdots)$임을 이용한다.
2. a_n과 a_{n+1} 사이의 관계식을 구하여 일반항 a_n을 구한다.
3. 특정 항의 값을 구한다.

solution

$S_n=2a_n-3$의 n에 $n+1$을 대입하면 $S_{n+1}=2a_{n+1}-3$이므로

$S_{n+1}-S_n=2a_{n+1}-3-(2a_n-3)=2a_{n+1}-2a_n$

이때 $S_{n+1}-S_n=a_{n+1}$이므로

$a_{n+1}=2a_{n+1}-2a_n \qquad \therefore\ a_{n+1}=2a_n\ (n=1,\ 2,\ 3,\ \cdots)$

즉, 수열 $\{a_n\}$은 첫째항이 3, 공비가 2인 등비수열이므로

$a_n=3\times 2^{n-1} \qquad \therefore\ a_9=3\times 2^8=768$

필수 연습

해 pp.189~190

20 수열 $\{a_n\}$의 첫째항부터 제n항까지의 합 S_n에 대하여

$S_1=3,\ S_{n+1}=3S_n-4\ (n=1,\ 2,\ 3,\ \cdots)$

가 성립할 때, a_6을 구하시오.

21 수열 $\{a_n\}$의 첫째항부터 제n항까지의 합 S_n에 대하여

$a_1=2,\ 4S_n=na_{n+1}\ (n=1,\ 2,\ 3,\ \cdots)$

이 성립한다. $a_{10}-a_7$의 값을 구하시오.

22 모든 항이 양수인 수열 $\{a_n\}$의 첫째항부터 제n항까지의 합을 S_n이라 할 때, 모든 자연수 n에 대하여

$8S_n={a_n}^2+4a_n-5$

가 성립한다. S_{10}을 구하시오.

필수유형 11 수열의 귀납적 정의의 활용 한 걸음 더

어느 실험실에서 유산균을 배양하면 1분마다 1마리가 죽고, 남은 유산균은 각각 2배로 증식한다고 한다. 5마리의 유산균을 배양하기 시작한 지 n분 후 살아 있는 유산균의 개체 수를 a_n이라 할 때, 다음을 구하시오.

(1) a_1과 a_n과 a_{n+1} 사이의 관계식 (2) a_7

guide

❶ 주어진 조건을 파악하여 첫째항과 a_n과 a_{n+1} 사이의 관계식을 구한다.

❷ ❶에서 구한 관계식의 n에 $1, 2, 3, \cdots, n-1$을 차례대로 대입하여 수열 $\{a_n\}$의 일반항 a_n을 구한다.

❸ 특정 항의 값을 구한다.

solution

(1) 1분 후 살아 있는 유산균의 개체 수 a_1은 5마리에서 1마리가 죽고 나머지가 2배로 증식한 개체 수이므로

$a_1=2\times(5-1)=8$

$(n+1)$분 후 살아 있는 유산균의 개체 수 a_{n+1}은 n분 후 살아 있는 유산균에서 1마리가 죽고 나머지가 2배로 증식한 개체 수이므로

$a_{n+1}=2\times(a_n-1)$ $\quad\therefore a_{n+1}=2a_n-2\ (n=1, 2, 3, \cdots)$

(2) (1)에서 $a_{n+1}=2a_n-2$의 n에 $1, 2, 3, \cdots$을 차례대로 대입하면

$a_2=2a_1-2$

$a_3=2a_2-2=2(2a_1-2)-2=2^2a_1-2^2-2$

$a_4=2a_3-2=2(2^2a_1-2^2-2)-2=2^3a_1-2^3-2^2-2$

$\vdots$

$$\therefore a_7=2^6\underbrace{a_1}_{(1)\text{에서 } a_1=8}-2^6-2^5-\cdots-2=2^6\times8-\sum_{k=1}^{6}2^k=2^6\times8-\frac{2\times(2^6-1)}{2-1}=386$$

다른 풀이 (2) $a_{n+1}=2a_n-2$에서 $a_{n+1}-\alpha=2(a_n-\alpha)$로 놓으면 $a_{n+1}=2a_n-\alpha$이므로 $\alpha=2$

$\therefore a_{n+1}-2=2(a_n-2)$

즉, 수열 $\{a_n-2\}$는 첫째항이 $a_1-2=8-2=6$, 공비가 2인 등비수열이므로

$a_n-2=6\times2^{n-1}$ $\quad\therefore a_n=6\times2^{n-1}+2$ $\quad\therefore a_7=6\times2^6+2=386$

plus

$a_{n+1}=pa_n+q\ (p\neq1, pq\neq0)\ (n=1, 2, 3, \cdots)$ 꼴로 정의된 수열 $\{a_n\}$은 $a_{n+1}-\alpha=p(a_n-\alpha)$ 꼴로 변형한 후, 수열 $\{a_n-\alpha\}$가 등비수열임을 이용하여 일반항을 구하여 풀 수도 있다. ▶ p.288 한 걸음 더

필수 연습 plus **23**

물 435 L가 들어 있는 수족관에 매일 전날의 물의 $\frac{2}{3}$를 버리고 20 L의 물을 새로 넣는다. n일 후 수족관에 남아 있는 물의 양을 a_n L라 할 때, 다음을 구하시오.

(1) a_1과 a_n과 a_{n+1} 사이의 관계식 (2) a_6

유 p.190

01 수열 $\{a_n\}$이

$a_1=10,\ a_3=4,$

$a_{n+2}-2a_{n+1}+a_n=0\ (n=1,\ 2,\ 3,\ \cdots)$

으로 정의될 때, 〈보기〉에서 수열 $\{a_n\}$에 대한 설명으로 옳은 것만을 있는 대로 고른 것은?

보기

ㄱ. $a_{10}=-20$

ㄴ. $\sum_{k=1}^{n} a_k-\sum_{k=2}^{n} a_{k-1}=-3n+13$

ㄷ. $\sum_{k=1}^{7} a_k=7$

① ㄱ ② ㄴ ③ ㄱ, ㄴ

④ ㄴ, ㄷ ⑤ ㄱ, ㄴ, ㄷ

02 수열 $\{a_n\}$이

$a_1=p,\ a_{n+1}=a_n+6\ (n=1,\ 2,\ 3,\ \cdots)$

과 같이 정의된다. 수열 $\{a_n\}$의 첫째항부터 제n항까지의 합 S_n에 대하여 $S_n=35$를 만족시키는 자연수 n이 존재하도록 하는 모든 정수 p의 값의 합을 구하시오.

03 모든 항이 양수인 수열 $\{a_n\}$이

$a_1=3,\ a_2=4,$

$2\log_2 a_{n+1}=\log_2 a_n+\log_2 a_{n+2}\ (n=1,\ 2,\ 3,\ \cdots)$

로 정의될 때, $\sum_{k=1}^{m} a_k>36$을 만족시키는 자연수 m의 최솟값을 구하시오.

04 수열 $\{a_n\}$이

$a_1=1,\ a_{n+1}=a_n\cos\frac{n}{3}\pi\ (n=1,\ 2,\ 3,\ \cdots)$

로 정의될 때, a_{50}을 구하시오.

05 수열 $\{a_n\}$이

$a_1=36,\ a_{n+1}-a_n=2n-14\ (n=1,\ 2,\ 3,\ \cdots)$

로 정의된다. $a_k=6$을 만족시키는 모든 자연수 k의 값의 합을 구하시오.

06 수열 $\{a_n\}$이

$a_1=2,\ a_{n+1}=(n+2)a_n\ (n=1,\ 2,\ 3,\ \cdots)$

과 같이 정의된다. 수열 $\{a_n\}$의 첫째항부터 제n항까지의 합을 S_n이라 할 때, S_{2020}을 30으로 나눈 나머지를 구하시오.

07 수열 $\{a_n\}$은 $a_1=2$이고, 모든 자연수 n에 대하여

$$a_{n+1}=\begin{cases} \dfrac{a_n}{2-3a_n} & (n\text{이 홀수}) \\ 1+a_n & (n\text{이 짝수}) \end{cases}$$

를 만족시킨다. $\sum_{n=1}^{40} a_n$의 값을 구하시오.

08 수열 $\{a_n\}$이

$$a_1+2a_2+3a_3+\cdots+na_n$$
$$=(n^2+n-2)(n^2+n)\ (n=1,\ 2,\ 3,\ \cdots)$$

으로 정의될 때, $\sum_{k=2}^{10} \frac{1}{a_k}=\frac{q}{p}$이다. 이때 $p-q$의 값을 구하시오. (단, p와 q는 서로소인 자연수이다.)

09 수열 $\{a_n\}$의 첫째항부터 제n항까지의 합 S_n에 대하여

$$S_1=2,\ S_{n+1}=\frac{4n}{n+1}S_n\ (n=1,\ 2,\ 3,\ \cdots)$$

이 성립한다. 이때 $3(a_5+a_6)$의 값을 구하시오.

신유형

10 모든 항이 양수인 수열 $\{a_n\}$의 첫째항부터 제n항까지의 합 S_n에 대하여

$$a_1=4,\ a_n=\sqrt{S_n}+\sqrt{S_{n-1}}\ (n=2,\ 3,\ 4,\ \cdots)$$

이 성립할 때, $a_7+a_8+a_9$의 값을 구하시오.

서술형

11 매일 아침마다 100 mg의 약을 복용하는 환자가 있다. 이 약은 하루 동안 몸 안에서 50%가 흡수된다고 한다. 이 환자가 처음 약을 복용한 날로부터 n일 후, 아침에 약을 복용하기 전 몸 안에 흡수되지 않고 남아 있는 약의 양을 a_n mg이라 하자. 다음 물음에 답하시오

(1) a_n과 a_{n+1} 사이의 관계식을 구하시오.

(2) 처음 이 환자가 복용한 약의 양이 520 mg일 때, 몸 안에 남아 있는 약의 양이 120 mg 이하가 되는 날은 처음 복용한 날로부터 며칠 후인지 구하시오.

12 성냥개비를 이용하여 다음과 같은 모양의 도형을 만들 때, 자연수 n에 대하여 [도형 n]에 사용된 성냥개비의 개수를 a_n이라 하자. $\sum_{n=1}^{10} a_n$의 값을 구하시오.

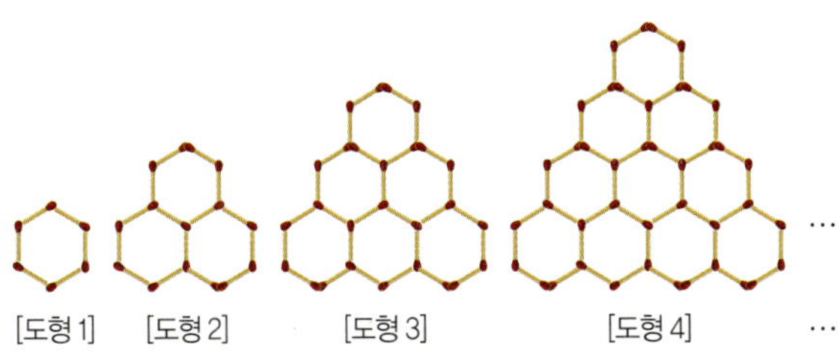

Ⅲ-10 수학적 귀납법

BLACKLABEL

2 수학적 귀납법

개념 06 수학적 귀납법 Ⓐ

자연수 n에 대한 명제 $p(n)$이 모든 자연수에 대하여 성립함을 증명하려면 다음 두 가지를 보이면 된다.
(i) $n=1$일 때, 명제 $p(n)$이 성립한다.
(ii) $n=k$일 때, 명제 $p(n)$이 성립한다고 가정하면, $n=k+1$일 때도 명제 $p(n)$이 성립한다.
이와 같이 자연수에 대한 어떤 명제가 참임을 증명하는 방법을 **수학적 귀납법**이라고 한다.

예 모든 자연수 n에 대하여 등식

$$1+3+5+7+\cdots+(2n-1)=n^2 \quad \cdots\cdots ㉠$$

이 성립함을 증명해 보자.

(i) $n=1$일 때,

$$(\text{좌변})=1,\ (\text{우변})=1^2=1$$

따라서 $n=1$일 때 등식 ㉠이 성립한다.

(ii) $n=k$일 때, 등식 ㉠이 성립한다고 가정하면

$$1+3+5+\cdots+(2k-1)=k^2$$

이 등식의 양변에 $(2k+1)$을 더하면 Ⓑ

$$1+3+5+\cdots+(2k-1)+(2k+1)=k^2+(2k+1)$$
$$=(k+1)^2$$

따라서 $n=k+1$일 때도 등식 ㉠이 성립한다. Ⓒ

이때 (i)에 의하여 $n=1$일 때 등식 ㉠이 성립하고, (ii)에 의하여 다음을 알 수 있다.

$n=1$일 때, 등식 ㉠이 성립하므로 $n=2$일 때도 등식 ㉠이 성립한다.
$n=2$일 때, 등식 ㉠이 성립하므로 $n=3$일 때도 등식 ㉠이 성립한다.
$n=3$일 때, 등식 ㉠이 성립하므로 $n=4$일 때도 등식 ㉠이 성립한다.
⋮

따라서 (i), (ii)가 성립하면 모든 자연수 n에 대하여 등식 ㉠이 성립함을 알 수 있다.

참고 자연수 n에 대한 명제 $p(n)$이 m ($m\geq 2$인 자연수) 이상인 모든 자연수에 대하여 성립함을 증명하려면 다음 두 가지를 보이면 된다.
(i) $n=m$일 때, 명제 $p(n)$이 성립한다.
(ii) $n=k$ $(k\geq m)$일 때, 명제 $p(n)$이 성립한다고 가정하면 $n=k+1$일 때도 명제 $p(n)$이 성립한다.

Ⓐ **귀납법의 정의**
귀납법이란 개별적인 여러 사실이나 현상으로부터 일반적인 결론을 이끌어 내는 추리 방법을 말한다.

Ⓑ **등식의 성질을 이용한 증명**
명제 $p(k)$가 성립한다고 가정하고 명제 $p(k+1)$이 성립함을 보일 때, $p(k)$의 양변에 같은 값을 더하거나 곱하여 $p(k+1)$로 나타내어지는 식을 만든다.

Ⓒ **명제 $p(k+1)$의 증명**
$n=k+1$일 때,
$1+3+5+\cdots+\{2(k+1)-1\}=(k+1)^2$
이 성립함을 보여야 한다.

기본유형 12 수학적 귀납법

개념 06

다음은 $h>0$일 때, $n\geq 2$인 모든 자연수 n에 대하여 부등식

$(1+h)^n>1+nh$ ……㉠

가 성립함을 수학적 귀납법으로 증명하는 과정이다.

증명

(i) $n=2$일 때,

(좌변)$=(1+h)^2=1+2h+h^2$, (우변)$=1+$ (가)

이때 $h^2>0$이므로 $n=2$일 때 부등식 ㉠이 성립한다.

(ii) $n=k\ (k\geq 2)$일 때, 부등식 ㉠이 성립한다고 가정하면

$(1+h)^k>1+kh$

이 부등식의 양변에 ((나))를 곱하면

$(1+h)^{k+1}>($ (나) $)(1+kh)$

$=1+(k+1)h+$ (다)

$>1+(k+1)h$

따라서 $n=k+1$일 때도 부등식 ㉠이 성립한다.

(i), (ii)에서 $n\geq 2$인 모든 자연수 n에 대하여 부등식 ㉠이 성립한다.

위의 증명 과정에서 (가), (나), (다)에 알맞은 것을 구하시오.

solution

(i) $n=2$일 때,

(좌변)$=(1+h)^2=1+2h+h^2$, (우변)$=1+\boxed{2h}$

이때 $h^2>0$이므로 $n=2$일 때 부등식 ㉠이 성립한다.

(ii) $n=k\ (k\geq 2)$일 때, 부등식 ㉠이 성립한다고 가정하면

$(1+h)^k>1+kh$

이 부등식의 양변에 $(\boxed{1+h})$를 곱하면

$(1+h)^{k+1}>(\boxed{1+h})(1+kh)$

$=1+(k+1)h+\boxed{kh^2}$

$>1+(k+1)h$

따라서 $n=k+1$일 때도 부등식 ㉠이 성립한다.

(i), (ii)에서 $n\geq 2$인 모든 자연수 n에 대하여 부등식 ㉠이 성립한다.

$\therefore$ (가) : $2h$, (나) : $1+h$, (다) : kh^2

기본 연습

24 모든 자연수 n에 대하여 등식

$$1^2+2^2+3^2+\cdots+n^2=\frac{n(n+1)(2n+1)}{6}$$

이 성립함을 수학적 귀납법으로 증명하시오.

풀이 p.195

필수유형 13 수학적 귀납법을 이용한 등식의 증명 개념 06

모든 자연수 n에 대하여 등식

$$1\times2+2\times3+3\times4+\cdots+n(n+1)=\frac{n(n+1)(n+2)}{3}$$

가 성립함을 수학적 귀납법으로 증명하시오.

guide

❶ $n=1$일 때, 명제 $p(n)$이 성립함을 보인다.
❷ $n=k$일 때, 명제 $p(n)$이 성립한다고 가정하고 등식을 세운다.
❸ ❷에서 세운 식을 이용하여 $n=k+1$일 때도 명제 $p(n)$이 성립함을 보인다.

solution

$$1\times2+2\times3+3\times4+\cdots+n(n+1)=\frac{n(n+1)(n+2)}{3} \quad \cdots\cdots ㉠$$

(i) $n=1$일 때, (좌변)$=1\times2=2$, (우변)$=\frac{1\times2\times3}{3}=2$이므로 등식 ㉠이 성립한다.

(ii) $n=k$일 때, 등식 ㉠이 성립한다고 가정하면

$$1\times2+2\times3+3\times4+\cdots+k(k+1)=\frac{k(k+1)(k+2)}{3}$$

이 등식의 양변에 $(k+1)(k+2)$를 더하면

$$\begin{aligned}1\times2+2\times3+3\times4+\cdots+k(k+1)+(k+1)(k+2)&=\frac{k(k+1)(k+2)}{3}+(k+1)(k+2)\\&=\frac{(k+1)(k+2)(k+3)}{3}\end{aligned}$$

따라서 $n=k+1$일 때도 등식 ㉠이 성립한다.

(i), (ii)에서 모든 자연수 n에 대하여 등식 ㉠이 성립한다.

plus

배수의 증명

$n\geq m$ (m은 자연수)인 모든 자연수 n에 대하여 $f(n)$이 l의 배수임을 증명할 때,
(i) $f(m)$이 l의 배수임을 확인한다.
(ii) $f(k)$ $(k\geq m)$가 l의 배수라고 가정한 후, $f(k+1)=l\times\square$ 꼴로 정리하여 $f(k+1)$도 l의 배수임을 보인다.

필수 연습

25 모든 자연수 n에 대하여 등식

$$(1^2+1)\times1!+(2^2+1)\times2!+\cdots+(n^2+1)\times n!=n\times(n+1)!$$

이 성립함을 수학적 귀납법으로 증명하시오.

답 p.195

plus
26 모든 자연수 n에 대하여 $n(n+1)(2n+1)$이 6의 배수임을 수학적 귀납법으로 증명하시오.

필수유형 14 수학적 귀납법을 이용한 부등식의 증명 개념 06

$n\geq 2$인 모든 자연수 n에 대하여 부등식

$$2^{n+1}>n(n+1)+1$$

이 성립함을 수학적 귀납법으로 증명하시오.

guide

1. $n=m$ (m은 자연수)일 때, 명제 $p(n)$이 성립함을 보인다.
2. $n=k$ $(k\geq m)$일 때, 명제 $p(n)$이 성립한다고 가정하고 부등식을 세운다.
3. 2에서 세운 식을 이용하여 $n=k+1$일 때도 명제 $p(n)$이 성립함을 보인다.

solution

$2^{n+1}>n(n+1)+1$ ……㉠

(i) $n=2$일 때, (좌변)$=2^3=8$, (우변)$=2\times3+1=7$이므로 부등식 ㉠이 성립한다.

(ii) $n=k$ $(k\geq 2)$일 때, 부등식 ㉠이 성립한다고 가정하면

$2^{k+1}>k(k+1)+1$

이 부등식의 양변에 2를 곱하면 $2^{k+2}>2(k^2+k+1)$

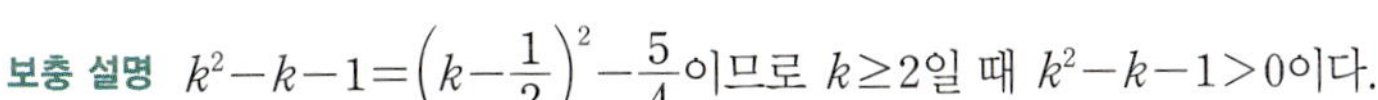

이때 $2(k^2+k+1)-\{\underbrace{(k+1)(k+2)+1}_{=k^2+3k+3}\}=k^2-k-1$

$k\geq 2$일 때 $k^2-k-1>0$이므로 $2(k^2+k+1)>(k+1)(k+2)+1$

즉, $2^{k+2}>2(k^2+k+1)>(k+1)(k+2)+1$이므로

$2^{k+2}>(k+1)(k+2)+1$

따라서 $n=k+1$일 때도 부등식 ㉠이 성립한다.

(i), (ii)에서 $n\geq 2$인 모든 자연수 n에 대하여 부등식 ㉠이 성립한다.

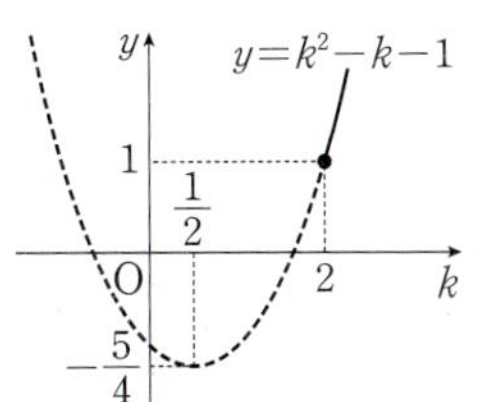

보충 설명 $k^2-k-1=\left(k-\frac{1}{2}\right)^2-\frac{5}{4}$이므로 $k\geq 2$일 때 $k^2-k-1>0$이다.

필수 연습

pp.195~196

27 $n\geq 2$인 모든 자연수 n에 대하여 부등식

$$1+\frac{1}{2^2}+\frac{1}{3^2}+\cdots+\frac{1}{n^2}<2-\frac{1}{n}$$

이 성립함을 수학적 귀납법으로 증명하시오.

28 모든 자연수 n에 대하여 부등식

$$\left(\frac{a+b}{2}\right)^n\leq\frac{a^n+b^n}{2}$$

이 성립함을 수학적 귀납법으로 증명하시오. (단, a, b는 양수이다.)

13 자연수 n에 대하여 명제 $p(n)$이 다음 조건을 만족시킨다.

(가) $p(3)$은 참이다.
(나) $p(n)$이 참이면 $p(2n+1)$도 참이다.
(다) $p(n)$과 $p(m)$이 참이면 $p(n+m)$도 참이다.

〈보기〉에서 항상 참인 것만을 있는 대로 고른 것은?

보기

ㄱ. $p(7)$ ㄴ. $p(10)$
ㄷ. $p(13)$ ㄹ. $p(25)$

① ㄱ, ㄴ ② ㄴ, ㄷ ③ ㄱ, ㄴ, ㄷ
④ ㄱ, ㄷ, ㄹ ⑤ ㄱ, ㄴ, ㄷ, ㄹ

14 모든 자연수 n에 대하여 등식

$$\sum_{k=1}^{n} k(k+1)(k+2)=\frac{n(n+1)(n+2)(n+3)}{4}$$

이 성립함을 수학적 귀납법으로 증명하시오.

15 모든 자연수 n에 대하여 4^n-1이 3의 배수임을 수학적 귀납법으로 증명하시오.

16 다음은 $n\geq 2$인 모든 자연수 n에 대하여 부등식

$$\left(1+\frac{1}{2}+\frac{1}{3}+\cdots+\frac{1}{n}\right)(1+2+3+\cdots+n)>n^2$$

이 성립함을 수학적 귀납법을 이용하여 증명하는 과정이다.

증명

주어진 부등식의 양변을 $\frac{n(n+1)}{2}$로 나누면

$$1+\frac{1}{2}+\frac{1}{3}+\cdots+\frac{1}{n}>\frac{2n}{n+1} \qquad \cdots\cdots ㉠$$

(i) $n=2$일 때,

(좌변)$=$ (가), (우변)$=\frac{4}{3}$

이므로 $n=2$일 때 ㉠이 성립한다.

(ii) $n=k\ (k\geq 2)$일 때, ㉠이 성립한다고 가정하면

$$1+\frac{1}{2}+\frac{1}{3}+\cdots+\frac{1}{k}>\frac{2k}{k+1}$$

이 부등식의 양변에 $\frac{1}{k+1}$을 더하면

$$1+\frac{1}{2}+\frac{1}{3}+\cdots+\frac{1}{k}+\frac{1}{k+1}>\frac{2k+1}{k+1}$$

이때

$$\frac{2k+1}{k+1}-\boxed{(나)}=\frac{k}{(k+1)(k+2)}>0$$

이므로

$$1+\frac{1}{2}+\frac{1}{3}+\cdots+\frac{1}{k}+\frac{1}{k+1}>\boxed{(나)}$$

따라서 $n=k+1$일 때도 ㉠이 성립한다.

(i), (ii)에서 $n\geq 2$인 모든 자연수 n에 대하여 ㉠이 성립하므로 주어진 부등식이 성립한다.

위의 (가)에 알맞은 수를 p, (나)에 알맞은 식을 $f(k)$라 할 때, $8p\times f(10)$의 값은?

① 14 ② 16 ③ 18
④ 20 ⑤ 22

서술형

1 수열 $\{a_n\}$이

$$a_1=\frac{1}{2},\ 3a_n a_{n+1}=a_n-a_{n+1}\ (n=1,\ 2,\ 3,\ \cdots)$$

로 정의될 때, 부등식

$$a_1a_2+a_2a_3+a_3a_4+\ \cdots\ +a_ka_{k+1}>\frac{16}{100}$$

을 만족시키는 자연수 k의 최솟값을 구하시오.

(단, 모든 자연수 n에 대하여 $a_n\neq0$이다.)

2 0이 아닌 두 실수 p, q에 대하여 수열 $\{a_n\}$이

$$a_1=1,\ pa_{n+1}=qa_n+r\ (n=1,\ 2,\ 3,\ \cdots)$$

을 만족시킬 때, 〈보기〉에서 옳은 것만을 있는 대로 고른 것은?

보기

ㄱ. $p=q$이면 수열 $\{a_n\}$은 공차가 $\frac{r}{p}$인 등차수열이다.

ㄴ. $p\neq q$이면 수열 $\left\{a_n-\frac{r}{p-q}\right\}$은 공비가 $\frac{q}{p}$인 등비수열이다.

ㄷ. $r=p-q$이면 $a_5=1$이다.

① ㄱ ② ㄱ, ㄴ ③ ㄱ, ㄷ
④ ㄴ, ㄷ ⑤ ㄱ, ㄴ, ㄷ

3 수열 $\{a_n\}$이

$$a_1=1,\ a_{n+1}=\begin{cases}\frac{1}{2}a_n & (a_n\geq2)\\ \sqrt[3]{2}a_n & (a_n<2)\end{cases}$$

를 만족시킬 때, $a_{121}+a_{122}$의 값을 구하시오.

4 모든 항이 자연수인 수열 $\{a_n\}$은 모든 자연수 n에 대하여

$$a_{n+1}=\begin{cases}a_n+1 & (a_n\text{은 홀수})\\ \frac{a_n}{2} & (a_n\text{은 짝수})\end{cases}$$

를 만족시킨다. $a_5=1$일 때, 모든 a_1의 합을 구하시오.

5 수열 $\{a_n\}$의 첫째항부터 제n항까지의 합 S_n에 대하여

$$4a_na_{n+1}=(S_{n+1}-S_{n-1})^2-4^n\ (n=2,\ 3,\ 4,\ \cdots)$$

이 성립한다. $a_2=6$일 때, a_{10}을 구하시오.

(단, 모든 자연수 n에 대하여 $a_{n+1}>a_n$이다.)

1등급

6 여자 또는 남자가 임의로 구성된 사람 n명을 일렬로 세울 때, 여자끼리는 이웃하지 않도록 세우는 방법의 수를 a_n으로 정의하자. 예를 들어, $a_1=2$, $a_2=3$이다. 이때 a_8을 구하시오.

(단, 성별 이외의 구분은 고려하지 않는다.)

$a_1=2$ $a_2=3$

상용로그표 I

수	0	1	2	3	4	5	6	7	8	9
1.0	.0000	.0043	.0086	.0128	.0170	.0212	.0253	.0294	.0334	.0374
1.1	.0414	.0453	.0492	.0531	.0569	.0607	.0645	.0682	.0719	.0755
1.2	.0792	.0828	.0864	.0899	.0934	.0969	.1004	.1038	.1072	.1106
1.3	.1139	.1173	.1206	.1239	.1271	.1303	.1335	.1367	.1399	.1430
1.4	.1461	.1492	.1523	.1553	.1584	.1614	.1644	.1673	.1703	.1732
1.5	.1761	.1790	.1818	.1847	.1875	.1903	.1931	.1959	.1987	.2014
1.6	.2041	.2068	.2095	.2122	.2148	.2175	.2201	.2227	.2253	.2279
1.7	.2304	.2330	.2355	.2380	.2405	.2430	.2455	.2480	.2504	.2529
1.8	.2553	.2577	.2601	.2625	.2648	.2672	.2695	.2718	.2742	.2765
1.9	.2788	.2810	.2833	.2856	.2878	.2900	.2923	.2945	.2967	.2989
2.0	.3010	.3032	.3054	.3075	.3096	.3118	.3139	.3160	.3181	.3201
2.1	.3222	.3243	.3263	.3284	.3304	.3324	.3345	.3365	.3385	.3404
2.2	.3424	.3444	.3464	.3483	.3502	.3522	.3541	.3560	.3579	.3598
2.3	.3617	.3636	.3655	.3674	.3692	.3711	.3729	.3747	.3766	.3784
2.4	.3802	.3820	.3838	.3856	.3874	.3892	.3909	.3927	.3945	.3962
2.5	.3979	.3997	.4014	.4031	.4048	.4065	.4082	.4099	.4116	.4133
2.6	.4150	.4166	.4183	.4200	.4216	.4232	.4249	.4265	.4281	.4298
2.7	.4314	.4330	.4346	.4362	.4378	.4393	.4409	.4425	.4440	.4456
2.8	.4472	.4487	.4502	.4518	.4533	.4548	.4564	.4579	.4594	.4609
2.9	.4624	.4639	.4654	.4669	.4683	.4698	.4713	.4728	.4742	.4757
3.0	.4771	.4786	.4800	.4814	.4829	.4843	.4857	.4871	.4886	.4900
3.1	.4914	.4928	.4942	.4955	.4969	.4983	.4997	.5011	.5024	.5038
3.2	.5051	.5065	.5079	.5092	.5105	.5119	.5132	.5145	.5159	.5172
3.3	.5185	.5198	.5211	.5224	.5237	.5250	.5263	.5276	.5289	.5302
3.4	.5315	.5328	.5340	.5353	.5366	.5378	.5391	.5403	.5416	.5428
3.5	.5441	.5453	.5465	.5478	.5490	.5502	.5514	.5527	.5539	.5551
3.6	.5563	.5575	.5587	.5599	.5611	.5623	.5635	.5647	.5658	.5670
3.7	.5682	.5694	.5705	.5717	.5729	.5740	.5752	.5763	.5775	.5786
3.8	.5798	.5809	.5821	.5832	.5843	.5855	.5866	.5877	.5888	.5899
3.9	.5911	.5922	.5933	.5944	.5955	.5966	.5977	.5988	.5999	.6010
4.0	.6021	.6031	.6042	.6053	.6064	.6075	.6085	.6096	.6107	.6117
4.1	.6128	.6138	.6149	.6160	.6170	.6180	.6191	.6201	.6212	.6222
4.2	.6232	.6243	.6253	.6263	.6274	.6284	.6294	.6304	.6314	.6325
4.3	.6335	.6345	.6355	.6365	.6375	.6385	.6395	.6405	.6415	.6425
4.4	.6435	.6444	.6454	.6464	.6474	.6484	.6493	.6503	.6513	.6522
4.5	.6532	.6542	.6551	.6561	.6571	.6580	.6590	.6599	.6609	.6618
4.6	.6628	.6637	.6646	.6656	.6665	.6675	.6684	.6693	.6702	.6712
4.7	.6721	.6730	.6739	.6749	.6758	.6767	.6776	.6785	.6794	.6803
4.8	.6812	.6821	.6830	.6839	.6848	.6857	.6866	.6875	.6884	.6893
4.9	.6902	.6911	.6920	.6928	.6937	.6946	.6955	.6964	.6972	.6981
5.0	.6990	.6998	.7007	.7016	.7024	.7033	.7042	.7050	.7059	.7067
5.1	.7076	.7084	.7093	.7101	.7110	.7118	.7126	.7135	.7143	.7152
5.2	.7160	.7168	.7177	.7185	.7193	.7202	.7210	.7218	.7226	.7235
5.3	.7243	.7251	.7259	.7267	.7275	.7284	.7292	.7300	.7308	.7316
5.4	.7324	.7332	.7340	.7348	.7356	.7364	.7372	.7380	.7388	.7396

상용로그표 2

수	0	1	2	3	4	5	6	7	8	9
5.5	.7404	.7412	.7419	.7427	.7435	.7443	.7451	.7459	.7466	.7474
5.6	.7482	.7490	.7497	.7505	.7513	.7520	.7528	.7536	.7543	.7551
5.7	.7559	.7566	.7574	.7582	.7589	.7597	.7604	.7612	.7619	.7627
5.8	.7634	.7642	.7649	.7657	.7664	.7672	.7679	.7686	.7694	.7701
5.9	.7709	.7716	.7723	.7731	.7738	.7745	.7752	.7760	.7767	.7774
6.0	.7782	.7789	.7796	.7803	.7810	.7818	.7825	.7832	.7839	.7846
6.1	.7853	.7860	.7868	.7875	.7882	.7889	.7896	.7903	.7910	.7917
6.2	.7924	.7931	.7938	.7945	.7952	.7959	.7966	.7973	.7980	.7987
6.3	.7993	.8000	.8007	.8014	.8021	.8028	.8035	.8041	.8048	.8055
6.4	.8062	.8069	.8075	.8082	.8089	.8096	.8102	.8109	.8116	.8122
6.5	.8129	.8136	.8142	.8149	.8156	.8162	.8169	.8176	.8182	.8189
6.6	.8195	.8202	.8209	.8215	.8222	.8228	.8235	.8241	.8248	.8254
6.7	.8261	.8267	.8274	.8280	.8287	.8293	.8299	.8306	.8312	.8319
6.8	.8325	.8331	.8338	.8344	.8351	.8357	.8363	.8370	.8376	.8382
6.9	.8388	.8395	.8401	.8407	.8414	.8420	.8426	.8432	.8439	.8445
7.0	.8451	.8457	.8463	.8470	.8476	.8482	.8488	.8494	.8500	.8506
7.1	.8513	.8519	.8525	.8531	.8537	.8543	.8549	.8555	.8561	.8567
7.2	.8573	.8579	.8585	.8591	.8597	.8603	.8609	.8615	.8621	.8627
7.3	.8633	.8639	.8645	.8651	.8657	.8663	.8669	.8675	.8681	.8686
7.4	.8692	.8698	.8704	.8710	.8716	.8722	.8727	.8733	.8739	.8745
7.5	.8751	.8756	.8762	.8768	.8774	.8779	.8785	.8791	.8797	.8802
7.6	.8808	.8814	.8820	.8825	.8831	.8837	.8842	.8848	.8854	.8859
7.7	.8865	.8871	.8876	.8882	.8887	.8893	.8899	.8904	.8910	.8915
7.8	.8921	.8927	.8932	.8938	.8943	.8949	.8954	.8960	.8965	.8971
7.9	.8976	.8982	.8987	.8993	.8998	.9004	.9009	.9015	.9020	.9025
8.0	.9031	.9036	.9042	.9047	.9053	.9058	.9063	.9069	.9074	.9079
8.1	.9085	.9090	.9096	.9101	.9106	.9112	.9117	.9122	.9128	.9133
8.2	.9138	.9143	.9149	.9154	.9159	.9165	.9170	.9175	.9180	.9186
8.3	.9191	.9196	.9201	.9206	.9212	.9217	.9222	.9227	.9232	.9238
8.4	.9243	.9248	.9253	.9258	.9263	.9269	.9274	.9279	.9284	.9289
8.5	.9294	.9299	.9304	.9309	.9315	.9320	.9325	.9330	.9335	.9340
8.6	.9345	.9350	.9355	.9360	.9365	.9370	.9375	.9380	.9385	.9390
8.7	.9395	.9400	.9405	.9410	.9415	.9420	.9425	.9430	.9435	.9440
8.8	.9445	.9450	.9455	.9460	.9465	.9469	.9474	.9479	.9484	.9489
8.9	.9494	.9499	.9504	.9509	.9513	.9518	.9523	.9528	.9533	.9538
9.0	.9542	.9547	.9552	.9557	.9562	.9566	.9571	.9576	.9581	.9586
9.1	.9590	.9595	.9600	.9605	.9609	.9614	.9619	.9624	.9628	.9633
9.2	.9638	.9643	.9647	.9652	.9657	.9661	.9666	.9671	.9675	.9680
9.3	.9685	.9689	.9694	.9699	.9703	.9708	.9713	.9717	.9722	.9727
9.4	.9731	.9736	.9741	.9745	.9750	.9754	.9759	.9763	.9768	.9773
9.5	.9777	.9782	.9786	.9791	.9795	.9800	.9805	.9809	.9814	.9818
9.6	.9823	.9827	.9832	.9836	.9841	.9845	.9850	.9854	.9859	.9863
9.7	.9868	.9872	.9877	.9881	.9886	.9890	.9894	.9899	.9903	.9908
9.8	.9912	.9917	.9921	.9926	.9930	.9934	.9939	.9943	.9948	.9952
9.9	.9956	.9961	.9965	.9969	.9974	.9978	.9983	.9987	.9991	.9996

삼각함수표

각	라디안	sin	cos	tan	각	라디안	sin	cos	tan
0°	0.0000	0.0000	1.0000	0.0000	45°	0.7854	0.7071	0.7071	1.0000
1°	0.0175	0.0175	0.9998	0.0175	46°	0.8029	0.7193	0.6947	1.0355
2°	0.0349	0.0349	0.9994	0.0349	47°	0.8203	0.7314	0.6820	1.0724
3°	0.0524	0.0523	0.9986	0.0524	48°	0.8378	0.7431	0.6691	1.1106
4°	0.0698	0.0698	0.9976	0.0699	49°	0.8552	0.7547	0.6561	1.1504
5°	0.0873	0.0872	0.9962	0.0875	50°	0.8727	0.7660	0.6428	1.1918
6°	0.1047	0.1045	0.9945	0.1051	51°	0.8901	0.7771	0.6293	1.2349
7°	0.1222	0.1219	0.9925	0.1228	52°	0.9076	0.7880	0.6157	1.2799
8°	0.1396	0.1392	0.9903	0.1405	53°	0.9250	0.7986	0.6018	1.3270
9°	0.1571	0.1564	0.9877	0.1584	54°	0.9425	0.8090	0.5878	1.3764
10°	0.1745	0.1736	0.9848	0.1763	55°	0.9599	0.8192	0.5736	1.4281
11°	0.1920	0.1908	0.9816	0.1944	56°	0.9774	0.8290	0.5592	1.4826
12°	0.2094	0.2079	0.9781	0.2126	57°	0.9948	0.8387	0.5446	1.5399
13°	0.2269	0.2250	0.9744	0.2309	58°	1.0123	0.8480	0.5299	1.6003
14°	0.2443	0.2419	0.9703	0.2493	59°	1.0297	0.8572	0.5150	1.6643
15°	0.2618	0.2588	0.9659	0.2679	60°	1.0472	0.8660	0.5000	1.7321
16°	0.2793	0.2756	0.9613	0.2867	61°	1.0647	0.8746	0.4848	1.8040
17°	0.2967	0.2924	0.9563	0.3057	62°	1.0821	0.8829	0.4695	1.8807
18°	0.3142	0.3090	0.9511	0.3249	63°	1.0996	0.8910	0.4540	1.9626
19°	0.3316	0.3256	0.9455	0.3443	64°	1.1170	0.8988	0.4384	2.0503
20°	0.3491	0.3420	0.9397	0.3640	65°	1.1345	0.9063	0.4226	2.1445
21°	0.3665	0.3584	0.9336	0.3839	66°	1.1519	0.9135	0.4067	2.2460
22°	0.3840	0.3746	0.9272	0.4040	67°	1.1694	0.9205	0.3907	2.3559
23°	0.4014	0.3907	0.9205	0.4245	68°	1.1868	0.9272	0.3746	2.4751
24°	0.4189	0.4067	0.9135	0.4452	69°	1.2043	0.9336	0.3584	2.6051
25°	0.4363	0.4226	0.9063	0.4663	70°	1.2217	0.9397	0.3420	2.7475
26°	0.4538	0.4384	0.8988	0.4877	71°	1.2392	0.9455	0.3256	2.9042
27°	0.4712	0.4540	0.8910	0.5095	72°	1.2566	0.9511	0.3090	3.0777
28°	0.4887	0.4695	0.8829	0.5317	73°	1.2741	0.9563	0.2924	3.2709
29°	0.5061	0.4848	0.8746	0.5543	74°	1.2915	0.9613	0.2756	3.4874
30°	0.5236	0.5000	0.8660	0.5774	75°	1.3090	0.9659	0.2588	3.7321
31°	0.5411	0.5150	0.8572	0.6009	76°	1.3265	0.9703	0.2419	4.0108
32°	0.5585	0.5299	0.8480	0.6249	77°	1.3439	0.9744	0.2250	4.3315
33°	0.5760	0.5446	0.8387	0.6494	78°	1.3614	0.9781	0.2079	4.7046
34°	0.5934	0.5592	0.8290	0.6745	79°	1.3788	0.9816	0.1908	5.1446
35°	0.6109	0.5736	0.8192	0.7002	80°	1.3963	0.9848	0.1736	5.6713
36°	0.6283	0.5878	0.8090	0.7265	81°	1.4137	0.9877	0.1564	6.3138
37°	0.6458	0.6018	0.7986	0.7536	82°	1.4312	0.9903	0.1392	7.1154
38°	0.6632	0.6157	0.7880	0.7813	83°	1.4486	0.9925	0.1219	8.1443
39°	0.6807	0.6293	0.7771	0.8098	84°	1.4661	0.9945	0.1045	9.5144
40°	0.6981	0.6428	0.7660	0.8391	85°	1.4835	0.9962	0.0872	11.4301
41°	0.7156	0.6561	0.7547	0.8696	86°	1.5010	0.9976	0.0698	14.3007
42°	0.7330	0.6691	0.7431	0.9004	87°	1.5184	0.9986	0.0523	19.0811
43°	0.7505	0.6820	0.7314	0.9325	88°	1.5359	0.9994	0.0349	28.6363
44°	0.7679	0.6947	0.7193	0.9657	89°	1.5533	0.9998	0.0175	57.2900
45°	0.7854	0.7071	0.7071	1.0000	90°	1.5708	1.0000	0.0000	

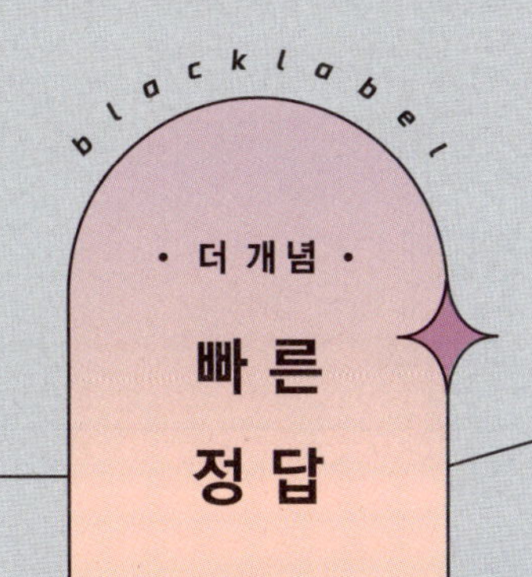
blacklabel
· 더 개념 ·
빠른
정답

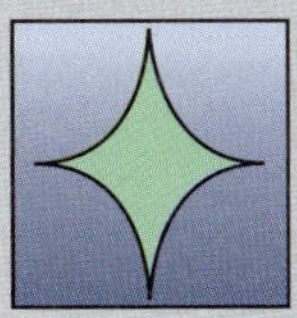

I. 지수함수와 로그함수

01. 지수

1 거듭제곱과 거듭제곱근

기본연습 본문 pp.014~015

01 (1) ±3 (2) 6
02 (1) 9 (2) 0.3 (3) -2 (4) $\frac{3}{2}$
03 (1) 2 (2) 3 (3) 11 (4) 2
04 $\sqrt[4]{10}<\sqrt[8]{120}$

필수연습 본문 pp.016~019

05 ㄱ, ㄷ
06 $-\sqrt[3]{2}$
07 4
08 5
09 10
10 (1) 9 (2) 9
11 1
12 5
13 $\sqrt[6]{\sqrt{7}}<\sqrt[4]{2}<\sqrt[6]{3}$
14 $2(\sqrt[3]{3}-\sqrt{2})$
15 13

STEP 1 개념 마무리 본문 p.020

01 6
02 ①
03 10
04 576
05 5
06 6

2 지수의 확장

기본연습 본문 p.025

16 (1) $a^{\frac{1}{7}}$ (2) $a^{\frac{3}{2}}$ (3) $a^{-\frac{7}{4}}$ (4) $a^{\frac{1}{4}}$
17 (1) 9 (2) 9 (3) $\sqrt{5}$ (4) $\frac{1}{2}$

필수연습 본문 pp.026~032

18 (1) 24 (2) $6-4\sqrt{2}$
19 $\frac{41}{5}$
20 $\frac{3}{4}$
21 19
22 $\frac{2}{3}$
23 8
24 (1) 24 (2) 2
25 36
26 9
27 (1) 4 (2) $\sqrt{6}$ (3) $8\sqrt{3}$ (4) $30\sqrt{3}$
28 $\frac{3}{8}$
29 $8\sqrt{5}$
30 (1) $\frac{5}{3}$ (2) $\frac{3}{13}$
31 $\sqrt{5}$
32 5
33 (1) 4 (2) 0
34 12
35 125
36 $\frac{1}{3}$

STEP 1 개념 마무리 본문 pp.033~034

07 ④
08 -26
09 60
10 6
11 8
12 $\frac{3}{5}$
13 16
14 90
15 $\frac{35}{6}$
16 $\frac{25}{23}$
17 256
18 72
19 2.07배

STEP 2 개념 마무리 본문 p.035

1 44
2 $\sqrt[8]{2^9}$
3 118
4 ②
5 $2\sqrt{5}+1$
6 $\sqrt{3}$

02. 로그

1 로그

기본연습

본문 pp.042~044

01 (1) $6=\log_{\sqrt[3]{3}} 9$ (2) $-3=\log_{\frac{1}{7}} 343$ (3) $\frac{3}{2}=\log_{81} 729$

02 (1) $6^1=6$ (2) $(\sqrt{5})^4=25$ (3) $(0.04)^2=0.0016$

03 (1) $x<\frac{11}{3}$ (2) $-5<x<-1$ 또는 $-1<x<0$

04 (1) 3 (2) 2

05 (1) 2 (2) 4

06 (1) $\frac{35}{4}$ (2) $\sqrt{6}$

필수연습

본문 pp.045~051

07 3

08 4

09 18

10 (1) $-\frac{4}{3}$ (2) -1

11 $\frac{1}{4}$

12 125

13 (1) -36 (2) 1

14 36

15 81

16 (1) 3 (2) $5\sqrt{5}$

17 14

18 $C<A<B$

19 3

20 9

21 $\frac{17}{3}$

22 50

23 $\frac{6}{5}$

24 4

25 113

26 192

27 146

STEP 1 개념 마무리

본문 pp.052~054

01 7

02 78

03 63

04 21

05 7

06 60

07 30

08 $\frac{25}{12}$

09 ③

10 8

11 ④

12 25

13 ⑤

14 10

15 0

16 4

17 -8

18 63

2 상용로그

기본연습

본문 pp.058~059

28 (1) $\frac{3}{4}$ (2) -4 (3) $\frac{3}{2}$

29 (1) 2.6222 (2) 4.6222 (3) -0.3778

30 (1) 정수 부분 : 2, 소수 부분 : 0.0755

(2) 정수 부분 : -5, 소수 부분 : 0.0755

31 (1) 15자리 (2) 27자리

필수연습

본문 pp.060~064

32 (1) 1.68 (2) -0.4 (3) 0.59

33 $3a+4$

34 $\frac{a-3b+3}{2a}$

35 0.058

36 368

37 (1) 21자리 (2) 18째 자리

38 11째 자리

39 (1) 19자리 (2) 7

40 5

41 149

42 6

STEP 1 개념 마무리

본문 p.065

19 $\frac{a-b+1}{2}$

20 434

21 $10^{\frac{9}{2}}$

22 $\frac{31}{6}$

23 7

24 ④

STEP 2 개념 마무리

본문 p.066

1 12

2 32
3 17
4 3
5 3
6 29

03. 지수함수

① 지수함수

기본연습 본문 pp.073~075

01 ㄱ, ㄴ, ㄹ
02 ㄴ, ㄷ, ㄹ
03 풀이 참조
04 (1) $\sqrt{25}>0.2^{-0.5}$ (2) $\left(\frac{32}{243}\right)^{\frac{5}{2}}<\left(\frac{8}{27}\right)^{\frac{25}{9}}$
05 최댓값 : 82, 최솟값 : 4

필수연습 본문 pp.076~082

06 56
07 $-\frac{1}{2}$
08 16
09 12
10 20
11 -1
12 2
13 -1
14 ㄱ, ㄴ, ㄷ
15 16
16 24
17 $B<A<C$
18 $1<\frac{1}{c}<a<b$
19 $A<C<B$
20 135
21 $\frac{1}{3}$
22 1
23 (1) 최댓값 : 25, 최솟값 : 9 (2) $2\sqrt{3}$
24 $\frac{1}{2}$
25 -27

STEP 1 개념 마무리 본문 pp.083~084

01 3
02 ②
03 8
04 9
05 -2
06 $\frac{2}{3}\log_2 3$
07 6
08 1
09 $A<B<C$
10 ④
11 2
12 3

② 지수함수의 활용

기본연습 본문 pp.088~089

26 (1) $x=3$ (2) $x=1$ 또는 $x=3$
27 (1) $x=3$ (2) $x=3$ 또는 $x=4$
28 (1) $x>3$ (2) $x\leq 6$
29 (1) $0\leq x\leq 1$ (2) $1\leq x\leq 3$

필수연습 본문 pp.090~094

30 -2
31 3
32 -6
33 -3
34 $\frac{1}{18}<a\leq\frac{1}{6}$
35 $a\geq 4$
36 (1) $x=-1$, $y=-1$ (2) $-\frac{2}{3}<x<6$
37 $x=2$, $y=3$
38 10
39 (1) $x=0$ 또는 $x=3$ (2) $1<x<6$
40 $x=\frac{2}{3}$ 또는 $x=3$
41 $-3<x\leq 5$
42 3개 이상
43 2
44 30년 후

STEP 1 개념 마무리 본문 pp.095~096

13 4
14 0
15 $\frac{17}{9}$
16 9
17 3
18 1
19 $k<-4$

20 4
21 2
22 27
23 26
24 10
25 5년

STEP 2 **개념 마무리** 본문 p.097

1 4
2 ④
3 ③
4 15
5 $\frac{3}{2}$

04. 로그함수

1 로그함수

기본연습 본문 pp.105~107

01 ㄱ, ㄷ
02 ㄱ, ㄴ, ㄷ
03 풀이 참조
04 (1) $\log_{\sqrt{6}} 3 > \log_{36} 4$ (2) $\log_{\frac{1}{8}} 512 > \log_{\frac{1}{2}} 10$
05 최댓값 : 29, 최솟값 : 28

필수연습 본문 pp.108~115

06 -2
07 0
08 81
09 4
10 -1
11 2
12 -18
13 2
14 ㄴ, ㄷ, ㄹ
15 8
16 9
17 $\frac{9}{2}$
18 3
19 $A<C<B$
20 $C<A<B$
21 2
22 $-\frac{8}{3}$
23 19
24 4
25 (1) 최댓값 : 10, 최솟값 : 7 (2) 10
26 4
27 4

STEP 1 **개념 마무리** 본문 pp.116~118

01 23
02 ⑤
03 24
04 24
05 2
06 ㄱ
07 3
08 ⑤
09 18
10 7
11 375
12 7
13 ③
14 $A<B<C$
15 -4
16 1
17 2
18 246

2 로그함수의 활용

기본연습 본문 pp.123~125

28 (1) $x=13$ (2) $x=2$
29 (1) $x=\frac{1}{64}$ 또는 $x=1$ (2) $x=3$
30 $x=2$ 또는 $x=8$
31 (1) $-\frac{1}{2}<x<\frac{3}{2}$ (2) $20<x\le 40$
32 $4\le x\le 8$
33 $0<x<\frac{1}{2}$ 또는 $x>16$

필수연습 본문 pp.126~129

34 16
35 16
36 52
37 최댓값 : 9999, 최솟값 : 101
38 8
39 5
40 (1) $x=27$, $y=625$ 또는 $x=81$, $y=125$ (2) $9<x\le 16$
41 9
42 150 m
43 3

STEP 1 **개념 마무리** 본문 p.130

19 $x=-\frac{1}{2}$ 또는 $x=\frac{1}{2}$

20 $\frac{1}{8}$

21 $\frac{2}{5}<x<1$ 또는 $1<x<2$

22 6

23 46

24 9

25 5년

STEP 2 **개념 마무리** 본문 p.131

1 $\frac{1}{16}<a<3$

2 -1

3 12

4 ④

5 10

6 $\frac{1}{100}\le x<10$

II. 삼각함수

05. 삼각함수의 정의

① 일반각과 호도법

기본연습 본문 pp.139~141

01 (1) $360°\times n+110°$ (2) $360°\times n+200°$ (3) $360°\times n+70°$ (4) $360°\times n+240°$

02 (1) 제2사분면 (2) 제1사분면 (3) 제4사분면 (4) 제3사분면

03 (1) $\frac{3}{2}\pi$ (2) $-\frac{4}{3}\pi$ (3) $144°$ (4) $-165°$

04 (1) $2n\pi+\frac{\pi}{2}$ (2) $2n\pi+\frac{7}{5}\pi$ (3) $2n\pi+\frac{3}{4}\pi$ (4) $2n\pi+\frac{5}{3}\pi$

05 $\frac{\pi}{3}$, π, $\frac{5}{3}\pi$

06 $l=16\pi$, $S=80\pi$

필수연습 본문 pp.142~144

07 제1사분면, 제3사분면, 제4사분면

08 ④

09 제1사분면, 제3사분면

10 $\frac{7}{10}\pi$, $\frac{9}{10}\pi$

11 $\frac{7}{6}\pi$

12 $\frac{3}{4}\pi$, $\frac{13}{12}\pi$, $\frac{17}{12}\pi$

13 (1) 8 (2) 12

14 48

15 $\frac{9}{2}$

STEP 1 **개념 마무리** 본문 pp.145~146

01 ⑤

02 ④

03 ④

04 3

05 58

06 $\frac{30}{7}\pi$

07 $\frac{\sqrt{2}}{2}$

08 ⑤

09 $\frac{17}{12}\pi$

10 3

11 $\frac{\pi}{3}$

12 $4a$

② 삼각함수

기본연습 본문 pp.150~151

16 (1) $\frac{4}{5}$ (2) $-\frac{3}{5}$ (3) $-\frac{4}{3}$

17 (1) $\sin\theta<0$, $\cos\theta>0$, $\tan\theta<0$
(2) $\sin\theta<0$, $\cos\theta<0$, $\tan\theta>0$
(3) $\sin\theta>0$, $\cos\theta<0$, $\tan\theta<0$
(4) $\sin\theta>0$, $\cos\theta>0$, $\tan\theta>0$

18 $-\frac{4}{5}$

19 (1) $\frac{2}{\sin\theta\cos\theta}$ (2) $2\sin\theta\cos\theta$

필수연습 본문 pp.152~155

20 $-\frac{3}{8}$

21 $\frac{156}{85}$

22 $\frac{1}{4}$

23 $\tan\theta-2\cos\theta$

24 $\sin\theta$

25 $-\sin\theta+\cos\theta$

26 $-\frac{3}{5}$

27 $-\frac{23}{17}$

28 $-\frac{\sqrt{3}}{3}$

29 (1) 40 (2) $\frac{23}{27}$

30 $\frac{13}{12}$

31 $x^2-3x+1=0$

STEP 1 개념 마무리
본문 pp.156~157

13 $\cos^2\theta$

14 6

15 ⑤

16 $\frac{5}{8}$

17 ②

18 $-\frac{\sqrt{3}}{3}$

19 $2+\sqrt{3}$

20 $-\frac{\sqrt{7}}{4}$

21 $-\frac{39}{16}$

22 $-\sqrt{2}$

23 -1

24 $\frac{\sqrt{61}}{6}$

STEP 2 개념 마무리
본문 p.158

1 $\frac{41}{20}$

2 $\frac{1}{2}$

3 8

4 $\cos^2\theta$

5 $\frac{7}{5}$

6 π

06. 삼각함수의 그래프

1 삼각함수의 그래프

기본연습
본문 pp.166~168

01 5

02~04 풀이 참조

필수연습
본문 pp.169~172

05 풀이 참조

06 14π

07 $-2\sqrt{3}$

08 8π

09 -8

10 $\frac{7}{2}$

11 $\frac{8\sqrt{3}}{3}$

12 6

13 1

14 ㄱ

STEP 1 개념 마무리
본문 pp.173~174

01 9

02 ④

03 ③

04 $\frac{5}{3}\pi$

05 $\frac{\pi}{4}$

06 -3

07 $\pi-6$

08 $\frac{\sqrt{3}}{4}$

09 ⑤

10 17

11 ②

12 8

2 삼각함수의 성질

기본연습
본문 p.179

15 (1) $-\frac{3}{2}$ (2) 0

16 (1) -0.4540 (2) 0.4540 (3) 2.1445

필수연습
본문 pp.180~183

17 1

18 -7

19 $\frac{16}{25}$

20 $\frac{91}{2}$

21 1

22 -1

23 (1) 최댓값 : 10, 최솟값 : 0 (2) 최댓값 : 9, 최솟값 : 2

24 0

25 (1) 최댓값 : 6, 최솟값 : -3 (2) 최댓값 : $\frac{1}{2}$, 최솟값 : -1

26 $3\sqrt{3}+5$

27 $\frac{1}{4}$

STEP 1 개념 마무리 본문 p.184

13 $\frac{17}{10}$

14 $\frac{99}{2}$

15 $\frac{4}{3}$

16 -4

17 ②

18 $-\frac{5}{6}$

3 삼각방정식과 삼각부등식

기본연습 본문 pp.188~189

28 $x=\frac{5}{6}\pi$ 또는 $x=\frac{7}{6}\pi$

29 $x=\frac{11}{12}\pi$ 또는 $x=\frac{23}{12}\pi$

30 $0\le x\le\frac{\pi}{3}$ 또는 $\frac{\pi}{2}<x\le\frac{4}{3}\pi$ 또는 $\frac{3}{2}\pi<x<2\pi$

31 $0\le x<\frac{\pi}{4}$ 또는 $\frac{3}{4}\pi<x<2\pi$

필수연습 본문 pp.190~193

32 2π

33 $\frac{13}{6}\pi$

34 (1) $-4\le a\le 5$ (2) 5

35 $-\frac{\pi}{4}<x<\frac{\pi}{3}$

36 ④

37 4π

38 $\frac{\pi}{6}<\theta<\frac{5}{6}\pi$

39 2π

STEP 1 개념 마무리 본문 p.194

19 3π

20 4π

21 12

22 $0\le x<\frac{\pi}{2}$ 또는 $\frac{\pi}{2}<x<\frac{7}{6}\pi$ 또는 $\frac{11}{6}\pi<x<2\pi$

23 -3

24 $\frac{\pi}{3}\le\theta<\frac{\pi}{2}$

STEP 2 개념 마무리 본문 p.195

1 12초

2 $\frac{8}{15}$

3 24

4 0

5 12

6 $\frac{5}{3}\pi<x<\frac{11}{6}\pi$

07. 삼각함수의 활용

1 사인법칙과 코사인법칙

기본연습 본문 pp.203~204

01 (1) 60° (2) 2

02 (1) $5\sqrt{2}$ (2) 1

03 (1) 5 (2) $\frac{3\sqrt{3}}{14}$

04 45°

필수연습 본문 pp.205~210

05 $\frac{24}{25}$

06 $\frac{5}{3}$

07 $4\sqrt{6}$

08 1

09 $\frac{\sqrt{15}}{6}$

10 $2+\sqrt{3}$

11 $3\sqrt{21}$

12 8

13 129

14 $\frac{1}{2}$

15 4

16 (1) 정삼각형
(2) $a=b$인 이등변삼각형 또는 $C=90^\circ$인 직각삼각형

17 $B=90^\circ$인 직각삼각형

18 $60\sqrt{3}$ m

19 30

STEP 1 개념 마무리 본문 pp.211~212

01 2

02 0

03 $8\sqrt{3}$

04 8
05 $100\sqrt{6}$
06 3
07 $\frac{\sqrt{21}}{3}$
08 $\sqrt{33}$
09 $\frac{2}{7}$
10 $\frac{11}{16}$
11 ⑤
12 $50\sqrt{3}$m

2 삼각형의 넓이

기본연습

본문 pp.216~217

20 (1) 28 (2) $10\sqrt{2}$
21 $12\sqrt{5}$
22 (1) 8 (2) $135\sqrt{2}$
23 (1) 35 (2) 9

필수연습

본문 pp.218~219

24 $14\sqrt{3}$
25 25π
26 $\frac{3\sqrt{14}}{4}$
27 $\frac{73\sqrt{3}}{12}$
28 2
29 $28\sqrt{3}$

STEP 1 개념 마무리

본문 pp.220~221

13 $\frac{21\sqrt{3}}{5}$
14 12
15 $4\sqrt{3}+4\sqrt{6}$
16 153
17 23
18 $4\sqrt{2}$
19 ③
20 16
21 $(14\sqrt{3}+12\sqrt{14})\text{m}^2$
22 $16\sqrt{5}$
23 27
24 $\frac{4}{15}$

STEP 2 개념 마무리

본문 p.222

1 3
2 $\frac{20\sqrt{31}}{31}$
3 ③
4 109

Ⅲ. 수열

08. 등차수열과 등비수열

1 등차수열

기본연습

본문 pp.229~231

01 (1) $a_n=\left(-\frac{1}{3}\right)^{n-2}$ (2) $a_n=10^n-1$
02 (1) $a_n=8n-26$ (2) $a_n=-7n+35$
03 (1) 2 (2) 3
04 18
05 (1) 260 (2) 800
06 (1) $a_n=2n-6$ (2) $a_1=3$, $a_n=4n-7$ $(n\geq2)$

필수연습

본문 pp.232~238

07 (1) $a_n=\frac{5}{2}n-\frac{1}{2}$ (2) 32 (3) 6
08 24
09 117
10 30
11 18
12 7
13 -35
14 160
15 14
16 (1) 220 (2) 1270
17 324
18 16
19 1200
20 595
21 714
22 6
23 -30
24 -54
25 -6
26 5
27 8

STEP 1 **개념 마무리** 본문 pp.239~240

01 90
02 7
03 8
04 $\frac{1}{6}$
05 21
06 8
07 98
08 755
09 723
10 7
11 99
12 23
13 ④

② 등비수열

기본연습 본문 pp.246~247

28 (1) $a_n=-\frac{1}{3}\times 9^{n-1}$ (2) $a_n=6\times\left(\frac{2}{3}\right)^{n-1}$
29 (1) -3 (2) 2
30 $x=25$, $y=1$
31 (1) $2^{20}-1$ (2) $\frac{1}{2^{11}}-16$

필수연습 본문 pp.248~254

32 (1) $a_n=(\sqrt{5})^{n-3}$ (2) 625 (3) 5
33 제10항
34 8
35 (1) 5 (2) 28
36 3
37 $\frac{91}{9}$
38 499
39 (1) 12 (2) $\frac{4}{3}(3^6-1)$
40 $-\frac{425}{4}$
41 125
42 147
43 21
44 52
45 6
46 -7
47 687
48 23만 9천 원
49 833

STEP 1 **개념 마무리** 본문 pp.255~256

14 $\frac{1}{128}$
15 20
16 1024
17 84
18 $x^2-11x+28=0$
19 18
20 $\frac{\sqrt{3}}{256}$
21 11
22 99
23 -16
24 48
25 30

STEP 2 **개념 마무리** 본문 p.257

1 ②
2 97
3 24
4 67
5 647
6 33개월 후

09. 수열의 합

① 합의 기호 Σ

기본연습 본문 p.262

01 (1) $\sum_{k=1}^{7}\frac{1}{3k-2}$ (2) $\sum_{k=1}^{6}(-3)^k$
02 (1) 27 (2) 37

필수연습 본문 pp.263~265

03 (1) 9 (2) 540
04 ㄴ, ㄷ
05 26
06 (1) 16 (2) 9
07 65
08 20
09 (1) 650 (2) $93\sqrt{2}$
10 $\frac{3}{31}$

STEP 1 **개념 마무리** 본문 p.266

01 192
02 16
03 370
04 230
05 29
06 $\frac{2^{17}-2}{5}$

2 자연수의 거듭제곱의 합

기본연습 본문 p.269

11 (1) -105 (2) 546 (3) 4950
12 (1) 284 (2) 1500

필수연습 본문 pp.270~272

13 6
14 7
15 14
16 (1) 420 (2) 140
17 156
18 1302
19 1635
20 $\frac{3^{24}-1}{12}$
21 2720

STEP 1 **개념 마무리** 본문 p.273

07 65
08 91
09 3025
10 9
11 35
12 ⑤
13 1127

3 여러 가지 수열의 합

기본연습 본문 p.277

22 $\frac{56}{45}$
23 6

필수연습 본문 pp.278~281

24 (1) $\frac{30}{11}$ (2) $\frac{200}{161}$
25 45
26 $1+\log_7 5$
27 1020
28 -3
29 3
30 70
31 4
32 (1) 제417항 (2) $\frac{5}{9}$
33 165

STEP 1 **개념 마무리** 본문 p.282

14 33
15 $\frac{8}{5}$
16 $\frac{175}{132}$
17 $2+\log 3$
18 84
19 5
20 -134

STEP 2 **개념 마무리** 본문 p.283

1 522
2 -2
3 375
4 725
5 4
6 159

10. 수열의 합

1 수열의 귀납적 정의

기본연습 본문 pp.289~290

01 (1) 2 (2) 27
02 (1) -19 (2) $\frac{5}{256}$
03 92
04 20

필수연습 본문 pp.291~297

05 (1) -11 (2) 8
06 7
07 6

08 (1) 25 (2) $126\sqrt{2}$
09 33
10 제9항
11 7
12 36
13 11
14 13
15 9
16 19
17 40
18 746
19 8
20 162
21 272
22 230
23 (1) $a_1=165$, $a_{n+1}=\frac{1}{3}a_n+20$ $(n=1, 2, 3, \cdots)$ (2) $\frac{275}{9}$

STEP 1 개념 마무리

본문 pp.298~299

01 ④
02 -84
03 6
04 $\frac{1}{2^{33}}$
05 15
06 2
07 30
08 46
09 928
10 51
11 (1) $a_{n+1}=\frac{1}{2}a_n+50$ $(n=1, 2, 3, \cdots)$ (2) 4일 후
12 825

2 수학적 귀납법

기본연습

본문 p.301

24 풀이 참조

필수연습

본문 pp.302~303

25~28 풀이 참조

STEP 1 개념 마무리

본문 p.304

13 ⑤
14 풀이 참조
15 풀이 참조
16 ⑤

STEP 2 개념 마무리

본문 p.305

1 17
2 ⑤
3 $1+\sqrt[3]{2}$
4 34
5 1026
6 55

THE 개념 블랙라벨

정답과 해설

대수

체계적 개념 학습을 위한
Plus⁺ 기본서

THE **개념**

블랙라벨

정답과 해설

BLACKLABEL

I. 지수함수와 로그함수

01. 지수

① 거듭제곱과 거듭제곱근

기본 + 필수연습 본문 pp.014~019

01 (1) ±3 (2) 6

02 (1) 9 (2) 0.3 (3) -2 (4) $\frac{3}{2}$

03 (1) 2 (2) 3 (3) 11 (4) 2

04 $\sqrt[4]{10}<\sqrt[8]{120}$ **05** ㄱ, ㄷ **06** $-\sqrt[3]{2}$

07 4 **08** 5 **09** 10

10 (1) 9 (2) 9 **11** 1 **12** 5

13 $\sqrt[6]{\sqrt{7}}<\sqrt[4]{2}<\sqrt[6]{3}$ **14** $2(\sqrt[3]{3}-\sqrt{2})$

15 13

01

(1) 81의 네제곱근을 x라 하면 $x^4=81$이므로

$x^4-81=0$, $(x^2-9)(x^2+9)=0$

$(x+3)(x-3)(x^2+9)=0$

$\therefore x=\pm3$ 또는 $x=\pm3i$

따라서 81의 네제곱근 중 실수인 것은 ±3이다.

(2) 216의 세제곱근을 x라 하면 $x^3=216$이므로

$x^3-216=0$, $(x-6)(x^2+6x+36)=0$

$\therefore x=6$ 또는 $x=-3\pm3\sqrt{3}i$

따라서 216의 세제곱근 중 실수인 것은 6이다.

답 (1) ±3 (2) 6

02

(1) $\sqrt[3]{729}=\sqrt[3]{9^3}=9$

(2) $\sqrt[4]{0.0081}=\sqrt[4]{(0.3)^4}=0.3$

(3) $\sqrt[5]{(-2)^5}=-2$

(4) $\sqrt[4]{\frac{81}{16}}=\sqrt[4]{\left(\frac{3}{2}\right)^4}=\frac{3}{2}$

답 (1) 9 (2) 0.3 (3) -2 (4) $\frac{3}{2}$

03

(1) $\sqrt[3]{2}\times\sqrt[6]{16}=\sqrt[3]{2}\times\sqrt[6]{2^4}=\sqrt[3]{2}\times\sqrt[3]{2^2}$

$=\sqrt[3]{2\times2^2}=\sqrt[3]{2^3}=2$

(2) $\frac{\sqrt[4]{729}}{\sqrt[4]{9}}=\sqrt[4]{\frac{729}{9}}=\sqrt[4]{81}$

$=\sqrt[4]{3^4}=3$

(3) $(\sqrt[8]{121})^4=\sqrt[8]{121^4}=\sqrt[8]{11^8}=11$

(4) $\sqrt[3]{\sqrt[3]{512}}=\sqrt[9]{512}=\sqrt[9]{2^9}=2$

답 (1) 2 (2) 3 (3) 11 (4) 2

04

4, 8의 최소공배수가 8이므로

$\sqrt[4]{10}=\sqrt[8]{10^2}=\sqrt[8]{100}$

이때 $100<120$이므로

$\sqrt[8]{100}<\sqrt[8]{120}$ $\therefore \sqrt[4]{10}<\sqrt[8]{120}$

답 $\sqrt[4]{10}<\sqrt[8]{120}$

05

ㄱ. $(-5)^4=625$이므로 -5는 625의 네제곱근 중 하나이다. (참)

ㄴ. 0의 세제곱근은 0이다. (거짓)

ㄷ. -1의 세제곱근을 x라 하면 $x^3=-1$이므로

$x^3+1=0$, $(x+1)(x^2-x+1)=0$

$\therefore x=-1$ 또는 $x=\frac{1\pm\sqrt{3}i}{2}$

따라서 -1의 세제곱근 중 실수인 것은 -1뿐이다. (참)

ㄹ. n이 짝수일 때, -5의 n제곱근 중 실수인 것은 없다. (거짓)

따라서 옳은 것은 ㄱ, ㄷ이다.

답 ㄱ, ㄷ

06

$a^5=2^{10}$에서 $a=\sqrt[5]{2^{10}}=2^2=4$

$a=4$의 제곱근은 -2 또는 2

$\therefore b=-2$ ($\because b<0$)

이때 $b=-2$의 세제곱근 중 실수인 것을 x라 하면

$x^3=-2$ (*)

$\therefore\ x=\sqrt[3]{-2}=-\sqrt[3]{2}$

답 $-\sqrt[3]{2}$

보충 설명

(*)의 방정식 $x^3=-2$에서

$x^3+2=0$

$(x+\sqrt[3]{2})\{x^2-\sqrt[3]{2}x+(\sqrt[3]{2})^2\}=0$

이때 $x^2-\sqrt[3]{2}x+(\sqrt[3]{2})^2=0$은 실근을 갖지 않으므로

$x+\sqrt[3]{2}=0$에서 $x=-\sqrt[3]{2}$

07

$\frac{3}{2}$의 제곱근 중 실수인 것은 2개이므로 $f_2\left(\frac{3}{2}\right)=2$

$\frac{1}{2}$의 세제곱근 중 실수인 것은 1개이므로 $f_3\left(\frac{1}{2}\right)=1$

$-\frac{1}{2}$의 네제곱근 중 실수인 것은 존재하지 않으므로

$f_4\left(-\frac{1}{2}\right)=0$

$-\frac{3}{2}$의 다섯제곱근 중 실수인 것은 1개이므로

$f_5\left(-\frac{3}{2}\right)=1$

$-\frac{5}{2}$의 여섯제곱근 중 실수인 것은 존재하지 않으므로

$f_6\left(-\frac{5}{2}\right)=0$

$\therefore\ f_2\left(\frac{3}{2}\right)+f_3\left(\frac{1}{2}\right)+f_4\left(-\frac{1}{2}\right)+f_5\left(-\frac{3}{2}\right)+f_6\left(-\frac{5}{2}\right)$

$=2+1+0+1+0=4$

답 4

다른 풀이

(i) n이 홀수일 때,

x의 값에 관계없이 항상 $f_n(x)=1$이므로

$f_3\left(\frac{1}{2}\right)=f_5\left(-\frac{3}{2}\right)=1$

(ii) n이 짝수일 때,

$x>0$이면 $f_n(x)=2$, $x<0$이면 $f_n(x)=0$이므로

$f_2\left(\frac{3}{2}\right)=2$, $f_4\left(-\frac{1}{2}\right)=f_6\left(-\frac{5}{2}\right)=0$

(i), (ii)에서

$f_2\left(\frac{3}{2}\right)+f_3\left(\frac{1}{2}\right)+f_4\left(-\frac{1}{2}\right)+f_5\left(-\frac{3}{2}\right)+f_6\left(-\frac{5}{2}\right)$

$=2+1+0+1+0=4$

08

(i) n이 홀수일 때,

n^2-4n의 값에 관계없이 항상 n^2-4n의 n제곱근 중 실수인 것은 1개이므로

$f(3)=f(5)=1$

(ii) $n=4$일 때,

$n^2-4n=4^2-4\times4=0$이고 0의 네제곱근은 0뿐이므로

$f(4)=1$

(iii) $n=6$일 때,

$n^2-4n=6^2-4\times6=12>0$이고 양수의 여섯제곱근 중 실수인 것은 2개이므로

$f(6)=2$

(i), (ii), (iii)에서

$f(3)+f(4)+f(5)+f(6)=1+1+1+2=5$

답 5

09

(i) $b<0$, 즉 $b=-2$ 또는 $b=-1$일 때,

$\sqrt[a]{b}$가 실수이려면 a는 홀수이어야 하므로 집합 C의 원소가 될 수 있는 것은

$\sqrt[3]{-2}$, $\sqrt[5]{-2}$, $\sqrt[7]{-2}$, $\sqrt[3]{-1}=\sqrt[5]{-1}=\sqrt[7]{-1}=-1$

의 4개이다.

(ii) $b=0$일 때,

집합 C의 원소가 될 수 있는 것은

$\sqrt[2]{0}=\sqrt[3]{0}=\sqrt[5]{0}=\sqrt[7]{0}=0$의 1개이다.

(iii) $b>0$, 즉 $b=1$ 또는 $b=2$일 때,

a의 값에 관계없이 항상 $\sqrt[a]{b}$가 실수이므로 집합 C의 원소가 될 수 있는 것은

$\sqrt[2]{1}=\sqrt[3]{1}=\sqrt[5]{1}=\sqrt[7]{1}=1$, $\sqrt[2]{2}$, $\sqrt[3]{2}$, $\sqrt[5]{2}$, $\sqrt[7]{2}$

의 5개이다.

(i), (ii), (iii)에서

$n(C)=4+1+5=10$

답 10

10

(1) $(\sqrt[3]{5})^3+\sqrt[3]{27}\times\sqrt[4]{16}-\sqrt[3]{\sqrt{64}}$

$=\sqrt[3]{5^3}+\sqrt[3]{3^3}\times\sqrt[4]{2^4}-\sqrt[6]{2^6}$

$=5+3\times2-2=9$

(2) $\sqrt{\sqrt[3]{128}}\times\sqrt[6]{32}+\dfrac{\sqrt[3]{250}}{\sqrt[3]{2}}=\sqrt[6]{2^7}\times\sqrt[6]{2^5}+\sqrt[3]{\dfrac{250}{2}}$

$=\sqrt[6]{2^7\times2^5}+\sqrt[3]{125}$

$=\sqrt[6]{2^{12}}+\sqrt[3]{5^3}$

$=2^2+5=9$

답 (1) 9 (2) 9

11

$\sqrt[4]{\dfrac{\sqrt[3]{x}}{\sqrt[6]{x}}}\times\sqrt[3]{\dfrac{\sqrt{x}}{\sqrt[4]{x}}}\div\sqrt{\dfrac{\sqrt[3]{x^2}}{\sqrt[12]{x^5}}}$

$=\dfrac{\sqrt[4]{\sqrt[3]{x}}}{\sqrt[4]{\sqrt[6]{x}}}\times\dfrac{\sqrt[3]{\sqrt{x}}}{\sqrt[3]{\sqrt[4]{x}}}\times\dfrac{\sqrt{\sqrt[12]{x^5}}}{\sqrt{\sqrt[3]{x^2}}}$

$=\dfrac{\sqrt[12]{x}}{\sqrt[24]{x}}\times\dfrac{\sqrt[6]{x}}{\sqrt[12]{x}}\times\dfrac{\sqrt[24]{x^5}}{\sqrt[6]{x^2}}$

$=\dfrac{\sqrt[24]{x^5}}{\sqrt[24]{x}}\times\dfrac{\sqrt[6]{x}}{\sqrt[6]{x^2}}$

$=\sqrt[24]{\dfrac{x^5}{x}}\times\sqrt[6]{\dfrac{x}{x^2}}$

$=\sqrt[24]{x^4}\times\sqrt[6]{\dfrac{1}{x}}$

$=\sqrt[6]{x}\times\dfrac{1}{\sqrt[6]{x}}=1$

답 1

12

$\sqrt[3]{a^2b}\div\sqrt[6]{a^3b^2}\times\sqrt[12]{a^7b^6}=\sqrt[3]{a^2b}\times\dfrac{1}{\sqrt[6]{a^3b^2}}\times\sqrt[12]{a^7b^6}$

$=\sqrt[12]{(a^2b)^4}\times\dfrac{1}{\sqrt[12]{(a^3b^2)^2}}\times\sqrt[12]{a^7b^6}$

$=\sqrt[12]{(a^2b)^4\times\dfrac{1}{(a^3b^2)^2}\times a^7b^6}$

$=\sqrt[12]{a^8b^4\times\dfrac{1}{a^6b^4}\times a^7b^6}$

$=\sqrt[12]{a^9b^6}=\sqrt[4]{a^3b^2}$

따라서 $m=3$, $n=2$이므로

$m+n=3+2=5$

답 5

13

$\sqrt[6]{\sqrt{7}}=\sqrt[12]{7}$

4, 6, 12의 최소공배수는 12이므로

$\sqrt[4]{2}=\sqrt[12]{2^3}=\sqrt[12]{8}$, $\sqrt[6]{3}=\sqrt[12]{3^2}=\sqrt[12]{9}$, $\sqrt[6]{\sqrt{7}}=\sqrt[12]{7}$

이때 $7<8<9$이므로

$\sqrt[12]{7}<\sqrt[12]{8}<\sqrt[12]{9}$

$\therefore \sqrt[6]{\sqrt{7}}<\sqrt[4]{2}<\sqrt[6]{3}$

답 $\sqrt[6]{\sqrt{7}}<\sqrt[4]{2}<\sqrt[6]{3}$

14

2와 3의 최소공배수는 6이므로

$\sqrt{2}=\sqrt[6]{2^3}=\sqrt[6]{8}$, $\sqrt[3]{3}=\sqrt[6]{3^2}=\sqrt[6]{9}$

이때 $8<9$이므로

$\sqrt[6]{8}<\sqrt[6]{9}$ $\quad\therefore \sqrt{2}<\sqrt[3]{3}$ ······㉠

3과 5의 최소공배수는 15이므로

$\sqrt[3]{3}=\sqrt[15]{3^5}=\sqrt[15]{243}$, $\sqrt[5]{6}=\sqrt[15]{6^3}=\sqrt[15]{216}$

이때 $243>216$이므로

$\sqrt[15]{243}>\sqrt[15]{216}$ $\quad\therefore \sqrt[3]{3}>\sqrt[5]{6}$ ······㉡

5와 2의 최소공배수는 10이므로

$\sqrt[5]{6}=\sqrt[10]{6^2}=\sqrt[10]{36}$, $\sqrt{2}=\sqrt[10]{2^5}=\sqrt[10]{32}$

이때 $36>32$이므로

$\sqrt[10]{36}>\sqrt[10]{32}$ $\quad\therefore \sqrt[5]{6}>\sqrt{2}$ ······㉢

㉠, ㉡, ㉢에서

$|\sqrt{2}-\sqrt[3]{3}|+|\sqrt[3]{3}-\sqrt[5]{6}|+|\sqrt[5]{6}-\sqrt{2}|$

$=-(\sqrt{2}-\sqrt[3]{3})+(\sqrt[3]{3}-\sqrt[5]{6})+(\sqrt[5]{6}-\sqrt{2})$

$=2(\sqrt[3]{3}-\sqrt{2})$

답 $2(\sqrt[3]{3}-\sqrt{2})$

15

$\sqrt{3\sqrt[3]{2}}=\sqrt{\sqrt[3]{3^3\times2}}=\sqrt{\sqrt[3]{54}}=\sqrt[6]{54}$

$\sqrt[3]{4\sqrt{3}}=\sqrt[3]{\sqrt{4^2\times3}}=\sqrt[3]{\sqrt{48}}=\sqrt[6]{48}$

$\sqrt[4]{5\sqrt[3]{10}}=\sqrt[4]{\sqrt[3]{5^3\times10}}$
$=\sqrt[4]{\sqrt[3]{1250}}=\sqrt[12]{1250}$
6과 12의 최소공배수는 12이므로
$\sqrt[6]{54}=\sqrt[12]{54^2}=\sqrt[12]{2916}$, $\sqrt[6]{48}=\sqrt[12]{48^2}=\sqrt[12]{2304}$
이때 $1250<2304<2916$이므로
$\sqrt[12]{1250}<\sqrt[12]{2304}<\sqrt[12]{2916}$
$\therefore\ \sqrt[4]{5\sqrt[3]{10}}<\sqrt[3]{4\sqrt{3}}<\sqrt{3\sqrt[3]{2}}$
즉, $a=\sqrt[4]{5\sqrt[3]{10}}$, $b=\sqrt{3\sqrt[3]{2}}$이므로
$a^3=(\sqrt[4]{5\sqrt[3]{10}})^3=(\sqrt[12]{1250})^3=\sqrt[4]{1250}$,
$b^3=(\sqrt{3\sqrt[3]{2}})^3=(\sqrt[12]{2916})^3=\sqrt[4]{2916}$
이때 $5^4=625$, $6^4=1296$, $7^4=2401$, $8^4=4096$이므로
$5<a^3<6$, $7<b^3<8$
따라서 a^3보다 크고 b^3보다 작은 자연수는 6, 7이므로 그 합은
$6+7=13$

답 13

STEP 1 개념 마무리

본문 p.020

01 6 **02** ① **03** 10 **04** 576
05 5 **06** 6

01

1의 네제곱근을 x라 하면 $x^4=1$에서
$x^4-1=0$, $(x^2-1)(x^2+1)=0$
$(x+1)(x-1)(x^2+1)=0$
$\therefore\ x=\pm1$ 또는 $x=\pm i$
1의 네제곱근 중 실수인 것은 -1 또는 1이므로
$a=-1$ 또는 $a=1$
-125의 세제곱근을 y라 하면 $y^3=-125$에서
$y^3+125=0$, $(y+5)(y^2-5y+25)=0$
$\therefore\ y=-5$ 또는 $y=\dfrac{5\pm5\sqrt{3}i}{2}$
-125의 세제곱근 중 실수인 것은 -5이므로
$b=-5$
따라서 $a-b$의 값은
$-1-(-5)=4$ 또는 $1-(-5)=6$
이므로 $a-b$의 최댓값은 6이다.

답 6

02

$-n^2+9n-18=-(n-3)(n-6)$이므로 다음과 같이 경우를 나누어 생각해 보자.
(i) $-(n-3)(n-6)>0$일 때,
$(n-3)(n-6)<0$에서 $3<n<6$
이때 양수 $-n^2+9n-18$의 n제곱근 중에서 음의 실수인 것이 존재하려면 n이 짝수이어야 하므로
$n=4$
(ii) $-(n-3)(n-6)=0$일 때,
$n=3$ 또는 $n=6$
$-n^2+9n-18$, 즉 0의 n제곱근은 항상 0이므로 조건을 만족시키지 않는다.
(iii) $-(n-3)(n-6)<0$일 때,
$(n-3)(n-6)>0$에서 $n<3$ 또는 $n>6$
그런데 $2\le n\le11$이므로 $2\le n<3$ 또는 $6<n\le11$
이때 음수 $-n^2+9n-18$의 n제곱근 중에서 음의 실수인 것이 존재하려면 n이 홀수이어야 하므로
$n=7, 9, 11$
(i), (ii), (iii)에서 조건을 만족시키는 모든 n의 값의 합은
$4+7+9+11=31$

답 ①

보충 설명

a의 n제곱근 중 음의 실수가 존재할 조건 | 실수 a와 2 이상의 자연수 n에 대하여 a의 n제곱근 중 음의 실수가 존재하려면 $a>0$일 때 n은 짝수, $a<0$일 때 n은 홀수이어야 한다.
또한, $a=0$일 때 a의 n제곱근은 0뿐이므로 0의 n제곱근 중 음의 실수는 존재하지 않는다.

03

(i) n이 홀수일 때,
a의 값에 관계없이 항상 $f_n(a)=1$이므로
$f_3(5)=f_5(3)=f_7(1)=\cdots=1$
(ii) n이 짝수일 때,
$a>0$이면 $f_n(a)=2$이므로
$f_2(6)=f_4(4)=f_6(2)=2$
$a=0$이면 $f_n(a)=1$이므로
$f_8(0)=1$
$a<0$이면 $f_n(a)=0$이므로
$f_{10}(-2)=f_{12}(-4)=f_{14}(-6)=\cdots=0$

(i), (ii)에서

$f_2(6)+f_3(5)+f_4(4)+f_5(3)+f_6(2)+f_7(1)+f_8(0)$

$=2+1+2+1+2+1+1=10$

또한, $f_9(-1)=1$, $f_{10}(-2)=0$이므로

$f_2(6)+f_3(5)+f_4(4)+\ \cdots\ +f_m(8-m)=11$

이 되도록 하는 자연수 m의 최댓값은 10이다.

$f_{11}(-3)=1$이므로 $m=11$일 때
$f_2(6)+f_3(5)+f_4(4)+\ \cdots\ +f_m(8-m)=12$

답 10

04

$a^3=3$에서 $a=\sqrt[3]{3}$

4의 네제곱근 중 실수인 것을 p라 하면

$p^4=4$에서 $p=-\sqrt[4]{4}$ 또는 $p=\sqrt[4]{4}$

$\therefore\ b=\sqrt[4]{4}=\sqrt{2}\ (\because\ b>0)$

$\therefore\ (\sqrt{a}b)^{12}=(\sqrt{\sqrt[3]{3}}\times\sqrt{2})^{12}=(\sqrt[6]{3}\times\sqrt{2})^{12}$

$=\sqrt[6]{3^{12}}\times\sqrt{2^{12}}=3^2\times 2^6$

$=9\times 64=576$

답 576

05

$$\frac{\sqrt{a\sqrt[4]{a\sqrt[6]{a}}}}{\sqrt[6]{a\sqrt[4]{a\sqrt{a}}}}=\frac{\sqrt{a}\times\sqrt[8]{a}\times\sqrt[48]{a}}{\sqrt[6]{a}\times\sqrt[24]{a}\times\sqrt[48]{a}}=\frac{\sqrt[24]{a^{12}\times a^3}}{\sqrt[24]{a^4\times a}}$$

$$=\frac{\sqrt[24]{a^{15}}}{\sqrt[24]{a^5}}=\sqrt[24]{a^{10}}=\sqrt[12]{a^5}$$

$$\therefore\ \frac{\sqrt{a\sqrt[4]{a\sqrt[6]{a}}}}{\sqrt[6]{a\sqrt[4]{a\sqrt{a}}}}\times\sqrt[4]{ab^3}\div\sqrt[12]{b^7}$$

$$=\sqrt[12]{a^5}\times\sqrt[12]{a^3b^9}\div\sqrt[12]{b^7}=\frac{\sqrt[12]{a^8b^9}}{\sqrt[12]{b^7}}$$

$$=\sqrt[12]{a^8b^2}=\sqrt[6]{a^4b}$$

따라서 $m=4$, $n=1$이므로

$m+n=4+1=5$

답 5

06

$\sqrt[6]{12}$, $\sqrt[3]{6}$, $\sqrt[4]{8}$, $\sqrt{2}$에서

6, 3, 4, 2의 최소공배수가 12이므로

$\sqrt[6]{12}=\sqrt[12]{12^2}=\sqrt[12]{144}$, $\sqrt[3]{6}=\sqrt[12]{6^4}=\sqrt[12]{1296}$,

$\sqrt[4]{8}=\sqrt[12]{8^3}=\sqrt[12]{512}$, $\sqrt{2}=\sqrt[12]{2^6}=\sqrt[12]{64}$

이때 $64<144<512<1296$이므로

$\sqrt[12]{64}<\sqrt[12]{144}<\sqrt[12]{512}<\sqrt[12]{1296}$

$\therefore\ \sqrt{2}<\sqrt[6]{12}<\sqrt[4]{8}<\sqrt[3]{6}$

즉, $(x-\sqrt[6]{12})(x-\sqrt[3]{6})>0$에서

$x<\sqrt[6]{12}$ 또는 $x>\sqrt[3]{6}$

$\therefore\ A=\{x\,|\,x<\sqrt[6]{12}$ 또는 $x>\sqrt[3]{6}\}$

또한, $(x-\sqrt[4]{8})(x-\sqrt{2})<0$에서

$\sqrt{2}<x<\sqrt[4]{8}$

$\therefore\ B=\{x\,|\,\sqrt{2}<x<\sqrt[4]{8}\}$

따라서 두 집합 A, B를 수직선 위에 나타내면 다음 그림과 같다.

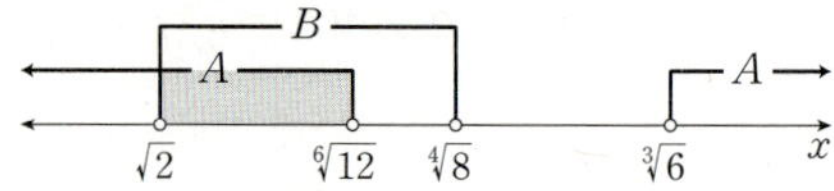

즉, $A\cap B=\{x\,|\,\sqrt{2}<x<\sqrt[6]{12}\}$이므로

$a=\sqrt{2}$, $b=\sqrt[6]{12}$

$$\therefore\ \frac{b^6}{a^2}=\frac{(\sqrt[6]{12})^6}{(\sqrt{2})^2}=\frac{12}{2}=6$$

답 6

2 지수의 확장

기본 + 필수연습 본문 pp.025~032

16 (1) $a^{\frac{1}{7}}$ (2) $a^{\frac{3}{2}}$ (3) $a^{-\frac{7}{4}}$ (4) $a^{\frac{1}{4}}$

17 (1) 9 (2) 9 (3) $\sqrt{5}$ (4) $\frac{1}{2}$

18 (1) 24 (2) $6-4\sqrt{2}$ **19** $\frac{41}{5}$ **20** $\frac{3}{4}$

21 19 **22** $\frac{2}{3}$ **23** 8

24 (1) 24 (2) 2 **25** 36 **26** 9

27 (1) 4 (2) $\sqrt{6}$ (3) $8\sqrt{3}$ (4) $30\sqrt{3}$ **28** $\frac{3}{8}$

29 $8\sqrt{5}$ **30** (1) $\frac{5}{3}$ (2) $\frac{3}{13}$ **31** $\sqrt{5}$

32 5 **33** (1) 4 (2) 0 **34** 12

35 125 **36** $\frac{1}{3}$

16

(1) $\sqrt[7]{a}=a^{\frac{1}{7}}$

(2) $\sqrt{a^3}=a^{\frac{3}{2}}$

(3) $\dfrac{1}{\sqrt[4]{a^7}}=\dfrac{1}{a^{\frac{7}{4}}}=a^{-\frac{7}{4}}$

(4) $\dfrac{1}{\sqrt[8]{a^{-2}}}=\dfrac{1}{a^{-\frac{2}{8}}}=\dfrac{1}{a^{-\frac{1}{4}}}=a^{\frac{1}{4}}$

답 (1) $a^{\frac{1}{7}}$ (2) $a^{\frac{3}{2}}$ (3) $a^{-\frac{7}{4}}$ (4) $a^{\frac{1}{4}}$

17

(1) $3^{2\sqrt{2}}\times 9^{1-\sqrt{2}}=3^{2\sqrt{2}}\times(3^2)^{1-\sqrt{2}}$
$=3^{2\sqrt{2}}\times 3^{2-2\sqrt{2}}$
$=3^{2\sqrt{2}+(2-2\sqrt{2})}$
$=3^2=9$

(2) $81^{\frac{1}{4}}\div 27^{-\frac{1}{3}}=(3^4)^{\frac{1}{4}}\div(3^3)^{-\frac{1}{3}}$
$=3\div 3^{-1}$
$=3^{1-(-1)}=3^2=9$

(3) $\left(\dfrac{5}{\sqrt[3]{25}}\right)^{\frac{3}{2}}=\left(\dfrac{5}{\sqrt[3]{5^2}}\right)^{\frac{3}{2}}$
$=\left(\dfrac{5}{5^{\frac{2}{3}}}\right)^{\frac{3}{2}}=\dfrac{5^{\frac{3}{2}}}{5}$
$=5^{\frac{3}{2}-1}=5^{\frac{1}{2}}=\sqrt{5}$

(4) $(2^{\sqrt{3}}\times 4)^{\sqrt{3}-2}=(2^{\sqrt{3}}\times 2^2)^{\sqrt{3}-2}$
$=(2^{\sqrt{3}+2})^{\sqrt{3}-2}$
$=2^{(\sqrt{3}+2)(\sqrt{3}-2)}$
$=2^{3-4}=2^{-1}=\dfrac{1}{2}$

답 (1) 9 (2) 9 (3) $\sqrt{5}$ (4) $\dfrac{1}{2}$

18

(1) $32^{\frac{1}{3}}\times 108^{\frac{1}{3}}\div\left(16^{-\frac{1}{3}}\right)^{\frac{1}{2}}$
$=(2^5)^{\frac{1}{3}}\times(2^2\times 3^3)^{\frac{1}{3}}\div\left\{(2^4)^{-\frac{1}{3}}\right\}^{\frac{1}{2}}$
$=2^{\frac{5}{3}}\times 2^{\frac{2}{3}}\times 3\div 2^{4\times\left(-\frac{1}{3}\right)\times\frac{1}{2}}$
$=2^{\frac{5}{3}}\times 2^{\frac{2}{3}}\times 3\div 2^{-\frac{2}{3}}$
$=2^{\frac{5}{3}+\frac{2}{3}-\left(-\frac{2}{3}\right)}\times 3$
$=2^3\times 3=24$

(2) $(2-\sqrt{2})^{1+\sqrt{3}}\times(2-\sqrt{2})^{1-\sqrt{3}}=(2-\sqrt{2})^{1+\sqrt{3}+(1-\sqrt{3})}$
$=(2-\sqrt{2})^2=4-4\sqrt{2}+2$
$=6-4\sqrt{2}$

답 (1) 24 (2) $6-4\sqrt{2}$

19

$\left(3^{\frac{1}{3}}-2^{\frac{1}{3}}\right)\left(9^{\frac{1}{3}}+6^{\frac{1}{3}}+4^{\frac{1}{3}}\right)+\left(5^{\frac{1}{2}}+5^{-\frac{1}{2}}\right)^2$
$=\left(3^{\frac{1}{3}}-2^{\frac{1}{3}}\right)\left\{(3^2)^{\frac{1}{3}}+(3\times 2)^{\frac{1}{3}}+(2^2)^{\frac{1}{3}}\right\}+\left(5^{\frac{1}{2}}+5^{-\frac{1}{2}}\right)^2$
$=\left(3^{\frac{1}{3}}-2^{\frac{1}{3}}\right)\left\{\left(3^{\frac{1}{3}}\right)^2+3^{\frac{1}{3}}\times 2^{\frac{1}{3}}+\left(2^{\frac{1}{3}}\right)^2\right\}$
└ $(a-b)(a^2+ab+b^2)=a^3-b^3$
$+\left\{\left(5^{\frac{1}{2}}\right)^2+2\times 5^{\frac{1}{2}}\times 5^{-\frac{1}{2}}+\left(5^{-\frac{1}{2}}\right)^2\right\}$
$=\left(3^{\frac{1}{3}}\right)^3-\left(2^{\frac{1}{3}}\right)^3+(5+2\times 5^0+5^{-1})$
$=3-2+5+2+\dfrac{1}{5}=\dfrac{41}{5}$

답 $\dfrac{41}{5}$

20

$\left(a^{\frac{1}{2}}\right)^{\frac{3}{2}}\div\left(a^{\frac{2}{3}}\right)^{\frac{5}{4}}\times\left(a^{\frac{1}{6}}\right)^k=a^{\frac{3}{4}}\div a^{\frac{5}{6}}\times a^{\frac{k}{6}}$
$=a^{\frac{3}{4}-\frac{5}{6}+\frac{k}{6}}=a^{\frac{1}{24}}$

즉, $\dfrac{3}{4}-\dfrac{5}{6}+\dfrac{k}{6}=\dfrac{1}{24}$에서

$18-20+4k=1,\ 4k=3\quad\therefore k=\dfrac{3}{4}$

답 $\dfrac{3}{4}$

21

$\sqrt{\dfrac{a\sqrt[3]{a}}{\sqrt{a\sqrt[5]{a}}}}=\left\{\dfrac{a\times a^{\frac{1}{3}}}{\left(a\times a^{\frac{1}{5}}\right)^{\frac{1}{2}}}\right\}^{\frac{1}{2}}$
$=\left\{\dfrac{a^{1+\frac{1}{3}}}{\left(a^{1+\frac{1}{5}}\right)^{\frac{1}{2}}}\right\}^{\frac{1}{2}}=\left\{\dfrac{a^{\frac{4}{3}}}{\left(a^{\frac{6}{5}}\right)^{\frac{1}{2}}}\right\}^{\frac{1}{2}}$
$=\left(\dfrac{a^{\frac{4}{3}}}{a^{\frac{3}{5}}}\right)^{\frac{1}{2}}=\left(a^{\frac{4}{3}-\frac{3}{5}}\right)^{\frac{1}{2}}$
$=\left(a^{\frac{11}{15}}\right)^{\frac{1}{2}}=a^{\frac{11}{30}}$

따라서 $m=30,\ n=11$이므로

$m-n=30-11=19$

답 19

22

$(\sqrt{a})^{\sqrt{2}}\times\left(\frac{b^2}{a}\right)^{\frac{1}{\sqrt{2}}}\div(\sqrt[3]{a\sqrt{b^{3\sqrt{2}}}})^2$

$=\left(a^{\frac{1}{2}}\right)^{\sqrt{2}}\times(a^{-1}b^2)^{\frac{1}{\sqrt{2}}}\div\left\{\left(ab^{\frac{3\sqrt{2}}{2}}\right)^{\frac{1}{3}}\right\}^2$

$=a^{\frac{\sqrt{2}}{2}}\times a^{-\frac{1}{\sqrt{2}}}b^{\sqrt{2}}\div\left(a^{\frac{1}{3}}b^{\frac{\sqrt{2}}{2}}\right)^2$

$=a^{\frac{\sqrt{2}}{2}}\times a^{-\frac{\sqrt{2}}{2}}b^{\sqrt{2}}\div a^{\frac{2}{3}}b^{\sqrt{2}}$

$=a^{\frac{\sqrt{2}}{2}+\left(-\frac{\sqrt{2}}{2}\right)-\frac{2}{3}}b^{\sqrt{2}-\sqrt{2}}=a^{-\frac{2}{3}}$

따라서 $m=-\frac{2}{3}$, $n=0$이므로

$n-m=0-\left(-\frac{2}{3}\right)=\frac{2}{3}$

답 $\frac{2}{3}$

23

$(\sqrt[4]{5^5})^{\frac{1}{3}}=\left(5^{\frac{5}{4}}\right)^{\frac{1}{3}}=5^{\frac{5}{12}}$

$(\sqrt[4]{5^5})^{\frac{1}{3}}$, 즉 $5^{\frac{5}{12}}$이 자연수 N의 n제곱근이라 하면

$N=\left(5^{\frac{5}{12}}\right)^n$

이때 N이 자연수이므로 n은 12의 배수이어야 한다.

즉, $2\le n\le 100$에서

$n=12,\ 24,\ 36,\ \cdots,\ 96$

따라서 조건을 만족시키는 자연수 n의 개수는 8이다.

답 8

다른 풀이

$(\sqrt[4]{5^5})^{\frac{1}{3}}=\left(5^{\frac{5}{4}}\right)^{\frac{1}{3}}=5^{\frac{5}{12}}$

$=(5^5)^{\frac{1}{12}}=(5^{10})^{\frac{1}{24}}=(5^{15})^{\frac{1}{36}}=\cdots=(5^{40})^{\frac{1}{96}}$

즉, $(\sqrt[4]{5^5})^{\frac{1}{3}}$은 5^5의 12제곱근, 5^{10}의 24제곱근, 5^{15}의 36제곱근, $\cdots$, 5^{40}의 96제곱근이다.

따라서 구하는 자연수 n은 12, 24, 36, $\cdots$, 96의 8개이다.

24

(1) $6^{2a+1}=6^{2a}\times6=(6^a)^2\times6$

$=2^2\times6\ (\because\ 6^a=2)$

$=24$

(2) $10^{b+1}=40$에서

$10^b\times10=40\qquad\therefore\ 10^b=4$

이때 $2^a=10$이므로

$(2^a)^b=10^b=4,\ 2^{ab}=2^2$

$\therefore\ ab=2$

답 (1) 24 (2) 2

25

$2^{a+b}=243=3^5,\ 2^{a-b}=3$에서

$2^{a+b}\times2^{a-b}=3^5\times3$

$2^{2a}=3^6\qquad\therefore\ 2^a=3^3$

이때 $2^{a+b}=3^5$, 즉 $2^a\times2^b=3^5$이므로

$3^3\times2^b=3^5\qquad\therefore\ 2^b=3^2$ ← $2^{a+b}\div2^{a-b}=3^5\div3$ 즉, $2^{2b}=3^4$이므로 $2^b=3^2$으로 구할 수도 있다.

$\therefore\ 2^a+2^b=3^3+3^2=27+9=36$

답 36

26

$3^{a-1}=2$에서 $\frac{3^a}{3}=2$

$\therefore\ 3^a=6$

이때 $6^{2b}=5$이므로

$(3^a)^{2b}=5$, 즉 $3^{2ab}=5$

$\therefore\ 5^{\frac{1}{ab}}=(3^{2ab})^{\frac{1}{ab}}=3^2=9$

답 9

다른 풀이

본문 p.040의 **개념04**에서 '로그의 밑의 변환'을 배우면 다음과 같이 풀 수도 있다.

$3^{a-1}=2$에서 $3^a=6\qquad\therefore\ a=\log_3 6$

$6^{2b}=5$에서 $b=\frac{1}{2}\log_6 5$

$\therefore\ ab=\log_3 6\times\frac{1}{2}\log_6 5$

$=\frac{1}{2}\log_3 6\times\frac{\log_3 5}{\log_3 6}$

$=\frac{1}{2}\log_3 5$

$\therefore\ 5^{\frac{1}{ab}}=5^{\frac{2}{\log_3 5}}=5^{2\log_5 3}=5^{\log_5 3^2}=3^2=9$

27

(1) $(x+x^{-1})^2=(x-x^{-1})^2+4xx^{-1}$

$=(2\sqrt{3})^2+4=16$

이때 $x>1$에서 $x+x^{-1}>0$이므로

$x+x^{-1}=4$

(2) $\left(x^{\frac{1}{2}}+x^{-\frac{1}{2}}\right)^2=x+2x^{\frac{1}{2}}x^{-\frac{1}{2}}+x^{-1}$

$=4+2=6$ ($\because$ (1))

이때 $x>1$에서 $x^{\frac{1}{2}}+x^{-\frac{1}{2}}>0$이므로

$x^{\frac{1}{2}}+x^{-\frac{1}{2}}=\sqrt{6}$

(3) $x^2+x^{-2}=(x+x^{-1})^2-2xx^{-1}$

$=4^2-2=14$ ($\because$ (1)) (*)

$\therefore (x^2-x^{-2})^2=(x^2+x^{-2})^2-4x^2x^{-2}$

$=14^2-4=192$

이때 $x>1$에서 $x^2>x^{-2}$, 즉 $x^2-x^{-2}>0$이므로

$x^2-x^{-2}=\sqrt{192}=8\sqrt{3}$

(4) $x^3-x^{-3}=(x-x^{-1})^3+3xx^{-1}(x-x^{-1})$

$=(2\sqrt{3})^3+3\times1\times2\sqrt{3}$

$=24\sqrt{3}+6\sqrt{3}$

$=30\sqrt{3}$

답 (1) 4 (2) $\sqrt{6}$ (3) $8\sqrt{3}$ (4) $30\sqrt{3}$

다른 풀이

(3) $x^2-x^{-2}=(x+x^{-1})(x-x^{-1})$

$=4\times2\sqrt{3}=8\sqrt{3}$ ($\because$ (1))

(4) $x^3-x^{-3}=(x-x^{-1})(x^2+xx^{-1}+x^{-2})$ ← $a^3-b^3=(a-b)(a^2+ab+b^2)$

$=2\sqrt{3}\times(14+1)=30\sqrt{3}$ ($\because$ (*))

28

$\sqrt{a}-\frac{1}{\sqrt{a}}=2$, 즉 $a^{\frac{1}{2}}-a^{-\frac{1}{2}}=2$이므로

$a+a^{-1}=\left(a^{\frac{1}{2}}-a^{-\frac{1}{2}}\right)^2+2a^{\frac{1}{2}}a^{-\frac{1}{2}}$

$=2^2+2=6$

$a^{\frac{3}{2}}-a^{-\frac{3}{2}}=\left(a^{\frac{1}{2}}-a^{-\frac{1}{2}}\right)^3+3a^{\frac{1}{2}}a^{-\frac{1}{2}}\left(a^{\frac{1}{2}}-a^{-\frac{1}{2}}\right)$

$=2^3+3\times1\times2=14$

따라서 구하는 식의 값은

$\frac{a+a^{-1}}{a^{\frac{3}{2}}-a^{-\frac{3}{2}}+2}=\frac{6}{14+2}=\frac{3}{8}$

답 $\frac{3}{8}$

다른 풀이

$\sqrt{a}-\frac{1}{\sqrt{a}}=2$ ……㉠

㉠의 양변을 제곱하면

$a-2+\frac{1}{a}=4 \quad \therefore a+a^{-1}=6$

또한, ㉠의 양변을 세제곱하면

$a\sqrt{a}-\frac{1}{a\sqrt{a}}-3\left(\sqrt{a}-\frac{1}{\sqrt{a}}\right)=8$

$a^{\frac{3}{2}}-a^{-\frac{3}{2}}-3\times2=8$

$\therefore a^{\frac{3}{2}}-a^{-\frac{3}{2}}=14$

따라서 구하는 식의 값은

$\frac{a+a^{-1}}{a^{\frac{3}{2}}-a^{-\frac{3}{2}}+2}=\frac{6}{14+2}=\frac{3}{8}$

29

$x=5^{\frac{1}{6}}+5^{-\frac{1}{6}}$에서

$x^2-4=\left(5^{\frac{1}{6}}+5^{-\frac{1}{6}}\right)^2-4=5^{\frac{1}{3}}+2+5^{-\frac{1}{3}}-4$

$=5^{\frac{1}{3}}-2+5^{-\frac{1}{3}}=\left(5^{\frac{1}{6}}-5^{-\frac{1}{6}}\right)^2$

이므로

$\sqrt{x^2-4}=\sqrt{\left(5^{\frac{1}{6}}-5^{-\frac{1}{6}}\right)^2}=5^{\frac{1}{6}}-5^{-\frac{1}{6}}$

$\therefore (x+\sqrt{x^2-4})^3=\left(5^{\frac{1}{6}}+5^{-\frac{1}{6}}+5^{\frac{1}{6}}-5^{-\frac{1}{6}}\right)^3$

$=\left(2\times5^{\frac{1}{6}}\right)^3=2^3\times5^{\frac{1}{2}}$

$=8\sqrt{5}$

답 $8\sqrt{5}$

다른 풀이

$(x+\sqrt{x^2-4})^3$에서

$x+\sqrt{x^2-4}=\frac{2x+2\sqrt{x^2-4}}{2}=\frac{(\sqrt{x+2}+\sqrt{x-2})^2}{2}$

이때 $x+2=5^{\frac{1}{6}}+5^{-\frac{1}{6}}+2=\left(5^{\frac{1}{12}}+5^{-\frac{1}{12}}\right)^2$,

$x-2=5^{\frac{1}{6}}+5^{-\frac{1}{6}}-2=\left(5^{\frac{1}{12}}-5^{-\frac{1}{12}}\right)^2$에서

$\sqrt{x+2}+\sqrt{x-2}=\sqrt{\left(5^{\frac{1}{12}}+5^{-\frac{1}{12}}\right)^2}+\sqrt{\left(5^{\frac{1}{12}}-5^{-\frac{1}{12}}\right)^2}$

$=5^{\frac{1}{12}}+5^{-\frac{1}{12}}+5^{\frac{1}{12}}-5^{-\frac{1}{12}}=2\times5^{\frac{1}{12}}$

이므로

$\frac{(\sqrt{x+2}+\sqrt{x-2})^2}{2}=\frac{\left(2\times5^{\frac{1}{12}}\right)^2}{2}=2\times5^{\frac{1}{6}}$

$\therefore (x+\sqrt{x^2-4})^3=\left(2\times5^{\frac{1}{6}}\right)^3=8\times5^{\frac{1}{2}}=8\sqrt{5}$

30

(1) 분자, 분모에 각각 3^x을 곱하면

$$(\text{주어진 식})=\frac{(3^x+3^{-x})\times 3^x}{(3^x-3^{-x})\times 3^x}$$

$$=\frac{3^{2x}+1}{3^{2x}-1}$$

$$=\frac{4+1}{4-1}=\frac{5}{3}$$

(2) $\dfrac{3^x-27^{-x}}{3^{-3x}+27^x}=\dfrac{3^x-3^{-3x}}{3^{-3x}+3^{3x}}$

분자, 분모에 각각 3^x을 곱하면

$$(\text{주어진 식})=\frac{(3^x-3^{-3x})\times 3^x}{(3^{-3x}+3^{3x})\times 3^x}=\frac{3^{2x}-3^{-2x}}{3^{-2x}+3^{4x}}$$

$$=\frac{3^{2x}-\frac{1}{3^{2x}}}{\frac{1}{3^{2x}}+(3^{2x})^2}$$

$$=\frac{4-\frac{1}{4}}{\frac{1}{4}+4^2}=\frac{\frac{15}{4}}{\frac{65}{4}}$$

$$=\frac{3}{13}$$

답 (1) $\frac{5}{3}$ (2) $\frac{3}{13}$

31

등식 $\dfrac{a^x-a^{-x}}{a^x+a^{-x}}=\dfrac{2}{3}$의 좌변의 분자, 분모에 각각 a^x을 곱하면

$\dfrac{(a^{2x}-1)\times a^x}{(a^{2x}+1)\times a^x}=\dfrac{2}{3}$에서 $\dfrac{a^{2x}-1}{a^{2x}+1}=\dfrac{2}{3}$

$3a^{2x}-3=2a^{2x}+2 \qquad \therefore\ a^{2x}=5$

이때 $a>0$이므로

$a^x=(a^{2x})^{\frac{1}{2}}=5^{\frac{1}{2}}=\sqrt{5}$

답 $\sqrt{5}$

다른 풀이

$\dfrac{a^x-a^{-x}}{a^x+a^{-x}}=\dfrac{2}{3}$에서

$3(a^x-a^{-x})=2(a^x+a^{-x})$

$\therefore\ a^x=5a^{-x}$

양변에 a^x을 곱하면 $a^{2x}=5$

이때 $a>0$이므로

$a^x=(a^{2x})^{\frac{1}{2}}=5^{\frac{1}{2}}=\sqrt{5}$

32

$\dfrac{8^x+8^{-x}}{2^x+2^{-x}}=\dfrac{2^{3x}+2^{-3x}}{2^x+2^{-x}}$

분자, 분모에 각각 2^x을 곱하면

$$\frac{(2^{3x}+2^{-3x})\times 2^x}{(2^x+2^{-x})\times 2^x}=\frac{2^{4x}+2^{-2x}}{2^{2x}+1}=\frac{(2^2)^{2x}+(2^2)^{-x}}{(2^2)^x+1}$$

$$=\frac{4^{2x}+4^{-x}}{4^x+1}$$

이때 $4^x=3-2\sqrt{2}$이고

$$4^{-x}=\frac{1}{4^x}=\frac{1}{3-2\sqrt{2}}$$

$$=\frac{3+2\sqrt{2}}{(3-2\sqrt{2})(3+2\sqrt{2})}$$

$$=3+2\sqrt{2}$$

이므로

$$\frac{8^x+8^{-x}}{2^x+2^{-x}}=\frac{4^{2x}+4^{-x}}{4^x+1}$$

$$=\frac{(3-2\sqrt{2})^2+(3+2\sqrt{2})}{(3-2\sqrt{2})+1}$$

$$=\frac{20-10\sqrt{2}}{4-2\sqrt{2}}$$

$$=\frac{10(2-\sqrt{2})}{2(2-\sqrt{2})}=5$$

답 5

다른 풀이

$$\frac{8^x+8^{-x}}{2^x+2^{-x}}=\frac{(2^3)^x+(2^3)^{-x}}{2^x+2^{-x}}=\frac{(2^x)^3+(2^{-x})^3}{2^x+2^{-x}}$$

$$=\frac{(2^x+2^{-x})(2^{2x}-2^x\times 2^{-x}+2^{-2x})}{2^x+2^{-x}}$$

$$=2^{2x}-1+2^{-2x}=(2^2)^x-1+(2^2)^{-x}$$

$$=4^x-1+4^{-x}=4^x-1+\frac{1}{4^x}$$

$$=3-2\sqrt{2}-1+\frac{1}{3-2\sqrt{2}}$$

$$=3-2\sqrt{2}-1+3+2\sqrt{2}=5$$

33

(1) $15^x=27$에서 $15=27^{\frac{1}{x}}=3^{\frac{3}{x}}$ ……㉠

$135^y=81$에서 $135=81^{\frac{1}{y}}=3^{\frac{4}{y}}$ ……㉡

㉡÷㉠을 하면 $9=3^{\frac{4}{y}-\frac{3}{x}}$

이때 $9=3^2$이므로 $\dfrac{4}{y}-\dfrac{3}{x}=2$

$\therefore\ \dfrac{8}{y}-\dfrac{6}{x}=2\left(\dfrac{4}{y}-\dfrac{3}{x}\right)=2\times 2=4$

(2) $3^x=9^y=27^z=k\ (k>0)$로 놓으면

$3^x=k$에서 $3=k^{\frac{1}{x}}$ ······㉠

$9^y=k$에서 $9=k^{\frac{1}{y}}$ ······㉡

$27^z=k$에서 $27=k^{\frac{1}{z}}$ ······㉢

㉠×㉡÷㉢을 하면

$3\times9\div27=k^{\frac{1}{x}+\frac{1}{y}-\frac{1}{z}}$ $\therefore k^{\frac{1}{x}+\frac{1}{y}-\frac{1}{z}}=1$ ← $k^0=1$이므로 $k^{\frac{1}{x}+\frac{1}{y}-\frac{1}{z}}=k^0$

이때 $xyz\neq0$에서 $k\neq1$이므로 $\frac{1}{x}+\frac{1}{y}-\frac{1}{z}=0$

답 (1) 4 (2) 0

34

$a^x=7$에서 $a=7^{\frac{1}{x}}$ ······㉠

$b^{2y}=7$에서 $b=7^{\frac{1}{2y}}$ ······㉡

$c^{3z}=7$에서 $c=7^{\frac{1}{3z}}$ ······㉢

㉠×㉡×㉢을 하면 $abc=7^{\frac{1}{x}+\frac{1}{2y}+\frac{1}{3z}}$

이때 $abc=49=7^2$이므로

$7^2=7^{\frac{1}{x}+\frac{1}{2y}+\frac{1}{3z}}$

따라서 $\frac{1}{x}+\frac{1}{2y}+\frac{1}{3z}=2$이므로

$\frac{6}{x}+\frac{3}{y}+\frac{2}{z}=6\left(\frac{1}{x}+\frac{1}{2y}+\frac{1}{3z}\right)=6\times2=12$

답 12

35

펌프의 1분당 회전수가 N으로 일정하다고 하면

$S=NQ^{\frac{1}{2}}H^{-\frac{3}{4}}$에서

$Q=24$, $H=5$일 때, $S_1=N\times24^{\frac{1}{2}}\times5^{-\frac{3}{4}}$

$Q=12$, $H=10$일 때, $S_2=N\times12^{\frac{1}{2}}\times10^{-\frac{3}{4}}$

$$\therefore \frac{S_1}{S_2}=\frac{N\times24^{\frac{1}{2}}\times5^{-\frac{3}{4}}}{N\times12^{\frac{1}{2}}\times10^{-\frac{3}{4}}}$$

$$=\left(\frac{24}{12}\right)^{\frac{1}{2}}\times\left(\frac{5}{10}\right)^{-\frac{3}{4}}$$

$$=2^{\frac{1}{2}}\times\left(\frac{1}{2}\right)^{-\frac{3}{4}}=2^{\frac{1}{2}}\times2^{\frac{3}{4}}=2^{\frac{1}{2}+\frac{3}{4}}=2^{\frac{5}{4}}$$

따라서 $k=\frac{5}{4}$이므로 $100k=100\times\frac{5}{4}=125$

답 125

36

전류의 세기가 $I_0\ (I_0>0)$으로 일정하므로

$B=\frac{kI_0r^2}{2(x^2+r^2)^{\frac{3}{2}}}$에서

$$B_1=\frac{kI_0r_1^2}{2(x_1^2+r_1^2)^{\frac{3}{2}}}$$

$$B_2=\frac{kI_0(3r_1)^2}{2\{(3x_1)^2+(3r_1)^2\}^{\frac{3}{2}}}=\frac{kI_0\times9r_1^2}{2(9x_1^2+9r_1^2)^{\frac{3}{2}}}$$

$$=\frac{9kI_0r_1^2}{2\times9^{\frac{3}{2}}(x_1^2+r_1^2)^{\frac{3}{2}}}=9^{1-\frac{3}{2}}\times\frac{kI_0r_1^2}{2(x_1^2+r_1^2)^{\frac{3}{2}}}$$

$$=\frac{1}{3}\times\frac{kI_0r_1^2}{2(x_1^2+r_1^2)^{\frac{3}{2}}}=\frac{1}{3}B_1$$

$$\therefore \frac{B_2}{B_1}=\frac{\frac{1}{3}B_1}{B_1}=\frac{1}{3}$$

답 $\frac{1}{3}$

STEP 1 개념 마무리

본문 pp.033~034

07 ④	**08** −26	**09** 60	**10** 6
11 8	**12** $\frac{3}{5}$	**13** 16	**14** 90
15 $\frac{35}{6}$	**16** $\frac{25}{23}$	**17** 256	**18** 72
19 2.07배			

07

ㄱ. $4^{1-\sqrt{3}}\times2^{1+2\sqrt{3}}=(2^2)^{1-\sqrt{3}}\times2^{1+2\sqrt{3}}$

$=2^{2-2\sqrt{3}}\times2^{1+2\sqrt{3}}$

$=2^{2-2\sqrt{3}+(1+2\sqrt{3})}$

$=2^3\neq2^{\sqrt{3}}$ (거짓)

ㄴ. $\sqrt[3]{8}\times\frac{2^{\sqrt{2}}}{2^{1+\sqrt{2}}}=\sqrt[3]{2^3}\times2^{\sqrt{2}-(1+\sqrt{2})}$

$=2\times2^{-1}$

$=2^{1+(-1)}$

$=2^0=1$ (참)

ㄷ. $(2^{\sqrt{3}+1})^{2\sqrt{3}-2}=2^{(\sqrt{3}+1)(2\sqrt{3}-2)}$

$=2^{6-2\sqrt{3}+2\sqrt{3}-2}=2^4\neq 2^6$ (거짓)

ㄹ. $2^{\sqrt{2}}\times\left(\frac{1}{2}\right)^{\sqrt{2}-1}=2^{\sqrt{2}}\times(2^{-1})^{\sqrt{2}-1}$

$=2^{\sqrt{2}}\times 2^{-\sqrt{2}+1}$

$=2^{\sqrt{2}+(-\sqrt{2}+1)}$

$=2^1=2$ (참)

따라서 옳은 것은 ㄴ, ㄹ이다.

답 ④

08

$3^{\frac{1}{4}}=A$라 하면

$\left(1+3^{\frac{3}{2}}\right)\left(1-3^{\frac{1}{2}}\right)\left(1+3^{\frac{1}{4}}+3^{\frac{1}{2}}\right)\left(1-3^{\frac{1}{4}}+3^{\frac{1}{2}}\right)$

$=(1+A^6)(1-A^2)(1+A+A^2)(1-A+A^2)$

$=(1+A^6)(1+A)(1-A+A^2)(1-A)(1+A+A^2)$

$=(1+A^6)(1+A^3)(1-A^3)$

$=(1+A^6)(1-A^6)=1-A^{12}$

$=1-\left(3^{\frac{1}{4}}\right)^{12}=1-3^3=-26$

답 -26

09

다항식 $f(x)=x^3-4$가 $x-\sqrt{a}$로 나누어떨어지므로

$f(\sqrt{a})=0$, 즉 $(\sqrt{a})^3-4=0$에서

$a^{\frac{3}{2}}=4 \qquad \therefore\ a=4^{\frac{2}{3}}=(2^2)^{\frac{2}{3}}=2^{\frac{4}{3}}$

따라서 다항식 $f(x)$를 $x-\sqrt{a^3}$으로 나눈 나머지는

$f(\sqrt{a^3})=(\sqrt{a^3})^3-4=a^{\frac{9}{2}}-4$

$=\left(2^{\frac{4}{3}}\right)^{\frac{9}{2}}-4$

$=2^6-4=60$

답 60

보충 설명

나머지정리 |

1. 다항식 $f(x)$를 일차식 $x-a$로 나눈 나머지를 R이라 하면

$R=f(a)$

2. 다항식 $f(x)$를 일차식 $bx+c$로 나눈 나머지를 R이라 하면

$R=f\left(-\frac{c}{b}\right)$

10

$\left(\frac{3^{-2}}{8}\right)^{\frac{12}{n}}=(3^{-2}\times 2^{-3})^{\frac{12}{n}}$

$=3^{-\frac{24}{n}}\times 2^{-\frac{36}{n}}$

이때 2와 3은 서로소이므로 조건을 만족시키기 위해서는 2의 지수 $-\frac{36}{n}$과 3의 지수 $-\frac{24}{n}$가 모두 자연수가 되어야 한다.

즉, $-n$은 36과 24의 공약수이므로

$-n=1,\ 2,\ 3,\ 4,\ 6,\ 12$ ← 36과 24의 최대공약수인 12의 약수이다.

따라서 조건을 만족시키는 정수 n은

$-1,\ -2,\ -3,\ -4,\ -6,\ -12$의 6개이다.

답 6

11

$27^{\frac{1}{m}}=k\times 64^{\frac{1}{n}}$에서

$k=\frac{27^{\frac{1}{m}}}{64^{\frac{1}{n}}}=\frac{(3^3)^{\frac{1}{m}}}{(2^6)^{\frac{1}{n}}}=\frac{3^{\frac{3}{m}}}{2^{\frac{6}{n}}}=3^{\frac{3}{m}}\times 2^{-\frac{6}{n}}$

이때 2와 3은 서로소이므로 위의 식을 만족시키는 자연수 k가 존재하기 위해서는 3의 지수 $\frac{3}{m}$과 2의 지수 $-\frac{6}{n}$이 모두 자연수가 되어야 한다.

따라서 m은 3의 양의 약수인 1, 3 중 하나이고, $-n$은 6의 양의 약수인 1, 2, 3, 6 중 하나이므로 n은 $-1,\ -2,\ -3,\ -6$ 중 하나이다.

따라서 모든 순서쌍 $(m,\ n)$의 개수는

$2\times 4=8$

답 8

12

$2^{ab-2a+b}=2^{ab}\times 2^{-2a}\times 2^b$

$=(2^a)^b\times(2^a)^{-2}\times 2^b$

$=5^b\times 5^{-2}\times 2^b$ ($\because\ 2^a=5$)

$=5^b\times 2^b\times 5^{-2}=10^b\times 5^{-2}$

$=15\times 5^{-2}$ ($\because\ 10^b=15$)

$=\frac{15}{25}=\frac{3}{5}$

답 $\frac{3}{5}$

13

$15^b=5$에서 $15=5^{\frac{1}{b}}$이므로

$15\div5=5^{\frac{1}{b}}\div5=5^{\frac{1}{b}-1}=5^{\frac{1-b}{b}}$

즉, $3=5^{\frac{1-b}{b}}$이므로

$$\begin{aligned}3^{\frac{4a}{1-b}}&=\left(5^{\frac{1-b}{b}}\right)^{\frac{4a}{1-b}}=5^{\frac{4a}{b}}\\&=\left(5^{\frac{1}{b}}\right)^{4a}=15^{4a}\ (\because\ 5^{\frac{1}{b}}=15)\\&=(15^a)^4=2^4\ (\because\ 15^a=2)\\&=16\end{aligned}$$

답 16

다른 풀이

$3=\frac{15}{5}=\frac{15}{15^b}=15^{1-b}$이므로

$$\begin{aligned}3^{\frac{4a}{1-b}}&=(15^{1-b})^{\frac{4a}{1-b}}\\&=15^{4a}\\&=(15^a)^4\\&=2^4=16\end{aligned}$$

14

$x=\sqrt[3]{9}+\sqrt[3]{81}=3^{\frac{2}{3}}+3^{\frac{4}{3}}$에서

$$\begin{aligned}x^3-27x&=\left(3^{\frac{2}{3}}+3^{\frac{4}{3}}\right)^3-27\left(3^{\frac{2}{3}}+3^{\frac{4}{3}}\right)\\&=\left(3^{\frac{2}{3}}+3^{\frac{4}{3}}\right)\left\{\left(3^{\frac{2}{3}}+3^{\frac{4}{3}}\right)^2-27\right\}\\&=\left(3^{\frac{2}{3}}+3^{\frac{4}{3}}\right)\left(3^{\frac{4}{3}}+2\times3^{\frac{2}{3}}\times3^{\frac{4}{3}}+3^{\frac{8}{3}}-27\right)\\&=\left(3^{\frac{2}{3}}+3^{\frac{4}{3}}\right)\left(3^{\frac{4}{3}}+2\times3^2+3^{\frac{8}{3}}-27\right)\\&=\left(3^{\frac{2}{3}}+3^{\frac{4}{3}}\right)\left(3^{\frac{4}{3}}+3^{\frac{8}{3}}-9\right)\\&=\left(3^{\frac{2}{3}}+3^{\frac{4}{3}}\right)\left\{\left(3^{\frac{2}{3}}\right)^2-3^{\frac{2}{3}}\times3^{\frac{4}{3}}+\left(3^{\frac{4}{3}}\right)^2\right\}\\&=\left(3^{\frac{2}{3}}\right)^3+\left(3^{\frac{4}{3}}\right)^3 \quad \leftarrow (a+b)(a^2-ab+b^2)=a^3+b^3\\&=3^2+3^4\\&=9+81=90\end{aligned}$$

답 90

다른 풀이

$$\begin{aligned}x^3-27x&=\left(3^{\frac{2}{3}}+3^{\frac{4}{3}}\right)^3-27\left(3^{\frac{2}{3}}+3^{\frac{4}{3}}\right)\\&=\left(3^{\frac{2}{3}}+3^{\frac{4}{3}}\right)^3-3\times3^{\frac{2}{3}}\times3^{\frac{4}{3}}\left(3^{\frac{2}{3}}+3^{\frac{4}{3}}\right)\\&=\left(3^{\frac{2}{3}}\right)^3+\left(3^{\frac{4}{3}}\right)^3 \quad \leftarrow (a+b)^3-3ab(a+b)=a^3+b^3\\&=3^2+3^4\\&=9+81=90\end{aligned}$$

15

등식 $\frac{2^x+2^{-x}}{2^x-2^{-x}}=5$의 좌변의 분자, 분모에 각각 2^x을 곱하면

$\frac{(2^x+2^{-x})\times2^x}{(2^x-2^{-x})\times2^x}=\frac{2^{2x}+1}{2^{2x}-1}=5$

$2^{2x}+1=5\times2^{2x}-5$

$4\times2^{2x}=6 \qquad \therefore\ 2^{2x}=\frac{3}{2}$

이때 $\frac{8^x+8^{-x}}{2^x-2^{-x}}=\frac{2^{3x}+2^{-3x}}{2^x-2^{-x}}$이므로 분자, 분모에 각각 2^x을 곱하면

$$\begin{aligned}\frac{(2^{3x}+2^{-3x})\times2^x}{(2^x-2^{-x})\times2^x}&=\frac{2^{4x}+2^{-2x}}{2^{2x}-1}=\frac{(2^{2x})^2+(2^{2x})^{-1}}{2^{2x}-1}\\&=\frac{\left(\frac{3}{2}\right)^2+\left(\frac{3}{2}\right)^{-1}}{\frac{3}{2}-1}=\frac{\frac{9}{4}+\frac{2}{3}}{\frac{1}{2}}\\&=\frac{\frac{35}{12}}{\frac{1}{2}}=\frac{35}{6}\end{aligned}$$

답 $\frac{35}{6}$

16

$f(x)=\frac{a^x+a^{-x}}{a^x-a^{-x}}$의 분자, 분모에 각각 a^x을 곱하면

$f(x)=\frac{(a^x+a^{-x})\times a^x}{(a^x-a^{-x})\times a^x}=\frac{a^{2x}+1}{a^{2x}-1}$

이때 $f(\alpha)=\frac{a^{2\alpha}+1}{a^{2\alpha}-1}=\frac{5}{3}$에서

$3a^{2\alpha}+3=5a^{2\alpha}-5,\ 2a^{2\alpha}=8$

$\therefore\ a^{2\alpha}=4$

또한, $f(\beta)=\frac{a^{2\beta}+1}{a^{2\beta}-1}=\frac{7}{5}$에서

$5a^{2\beta}+5=7a^{2\beta}-7,\ 2a^{2\beta}=12$

$\therefore\ a^{2\beta}=6$

$$\begin{aligned}\therefore\ f(\alpha+\beta)&=\frac{a^{2(\alpha+\beta)}+1}{a^{2(\alpha+\beta)}-1}\\&=\frac{a^{2\alpha}\times a^{2\beta}+1}{a^{2\alpha}\times a^{2\beta}-1}\\&=\frac{4\times6+1}{4\times6-1}=\frac{25}{23}\end{aligned}$$

답 $\frac{25}{23}$

17

$108^x=3$에서 $108=3^{\frac{1}{x}}$ ⋯⋯㉠

$\frac{1}{12^y}=27$에서 $\frac{1}{12}=27^{\frac{1}{y}}=3^{\frac{3}{y}}$ ⋯⋯㉡

㉠×㉡을 하면 $9=3^{\frac{1}{x}+\frac{3}{y}}$

이때 $9=3^2$이므로 $\frac{1}{x}+\frac{3}{y}=2$ ⋯⋯㉢

한편, ㉢을 $\frac{1}{x}+\frac{3}{y}-\frac{1}{2z}=1$에 대입하면

$2-\frac{1}{2z}=1$, $\frac{1}{2z}=1$ $\quad\therefore z=\frac{1}{2}$

따라서 $a^z=16$에서 $a^{\frac{1}{2}}=16$이므로

$a=16^2=256$

답 256

18

$729^a=64^b=k^c=t$ $(t>0)$로 놓으면

$729^a=t$에서 $t^{\frac{1}{a}}=729=3^6$이므로 $t^{\frac{2}{a}}=(3^6)^2=3^{12}$ ⋯⋯㉠

$64^b=t$에서 $t^{\frac{1}{b}}=64=2^6$이므로 $t^{\frac{3}{b}}=(2^6)^3=2^{18}$ ⋯⋯㉡

$k^c=t$에서 $t^{\frac{1}{c}}=k$이므로 $t^{\frac{6}{c}}=k^6$ ⋯⋯㉢

㉠×㉡을 하면 $t^{\frac{2}{a}+\frac{3}{b}}=3^{12}\times2^{18}$ ⋯⋯㉣

이때 $\frac{2}{a}+\frac{3}{b}=\frac{6}{c}$이므로 $t^{\frac{2}{a}+\frac{3}{b}}=t^{\frac{6}{c}}$

즉, ㉢, ㉣에서 $3^{12}\times2^{18}=k^6$

따라서 $(3^2\times2^3)^6=k^6$이므로

$k=3^2\times2^3=9\times8=72$ $(\because k>0)$

답 72

19

농산물 A의 연평균 가격 상승률을 P_A라 하면

10년 동안 3000원에서 6000원으로 올랐으므로

$P_A=\sqrt[10]{\frac{6000}{3000}}-1=2^{\frac{1}{10}}-1$

농산물 B의 연평균 가격 상승률을 P_B라 하면

10년 동안 2000원에서 8000원으로 올랐으므로

$P_B=\sqrt[10]{\frac{8000}{2000}}-1=4^{\frac{1}{10}}-1$

$\therefore \frac{P_B}{P_A}=\frac{4^{\frac{1}{10}}-1}{2^{\frac{1}{10}}-1}=\frac{\left(2^{\frac{1}{10}}-1\right)\left(2^{\frac{1}{10}}+1\right)}{2^{\frac{1}{10}}-1}$

$=2^{\frac{1}{10}}+1=1.07+1$ $(\because 1.07^{10}=2$에서 $2^{\frac{1}{10}}=1.07)$

$=2.07$

따라서 최근 10년 동안 농산물 B의 연평균 가격 상승률은 농산물 A의 연평균 가격 상승률의 2.07배이다.

답 2.07배

STEP 2 개념 마무리

본문 p.035

1 44 **2** $\sqrt[8]{2^9}$ **3** 118 **4** ②
5 $2\sqrt{5}+1$ **6** $\sqrt{3}$

1

$2\le n\le10$인 자연수 n에 대하여 $n^2+n+1>0$

즉, n^2+n+1의 n제곱근 중 실수인 것은 n이 홀수이면 1개이고, n이 짝수이면 2개이다.

$\therefore f(n)=\begin{cases}1 & (n=3,\ 5,\ 7,\ 9)\\ 2 & (n=2,\ 4,\ 6,\ 8,\ 10)\end{cases}$

또한, $n^2-10n+21=(n-3)(n-7)$이므로 다음과 같이 경우를 나누어 생각해 보자.

(i) $(n-3)(n-7)>0$, 즉 $n<3$ 또는 $n>7$일 때, ← $2\le n<3$ 또는 $7<n\le10$
  양수 $n^2-10n+21$의 n제곱근 중 실수인 것은 n이 홀수이면 1개, n이 짝수이면 2개이므로
  $g(9)=1$, $g(2)=g(8)=g(10)=2$

(ii) $(n-3)(n-7)=0$, 즉 $n=3$ 또는 $n=7$일 때,
  $n^2-10n+21$, 즉 0의 n제곱근은 0뿐이므로
  $g(3)=g(7)=1$

(iii) $(n-3)(n-7)<0$, 즉 $3<n<7$일 때,
  음수 $n^2-10n+21$의 n제곱근 중 실수인 것은 n이 홀수이면 1개, n이 짝수이면 존재하지 않으므로
  $g(5)=1$, $g(4)=g(6)=0$

(i), (ii), (iii)에서 $g(n)=\begin{cases}0 & (n=4,\ 6)\\ 1 & (n=3,\ 5,\ 7,\ 9)\\ 2 & (n=2,\ 8,\ 10)\end{cases}$

따라서 $f(n)=g(n)=1$을 만족시키는 n의 값은 3, 5, 7, 9이고, $f(n)=g(n)=2$를 만족시키는 n의 값은 2, 8, 10이므로 조건을 만족시키는 모든 자연수 n의 값의 합은

$3+5+7+9+2+8+10=44$

답 44

2

함수 $f(x)=2\sqrt{x}$에 대하여

$f(2)=2\sqrt{2}=2^{\frac{3}{2}}$,

$(f\circ f)(3)=f(f(3))=2\sqrt{2\sqrt{3}}$

$=2^{1+\frac{1}{2}}\times 3^{\frac{1}{2}\times\frac{1}{2}}=2^{\frac{3}{2}}\times 3^{\frac{1}{4}}$,

$(f\circ f\circ f)(18)=f(f(f(18)))=2\sqrt{2\sqrt{2\sqrt{18}}}$

$=2^{1+\frac{1}{2}+\frac{1}{4}}\times 18^{\frac{1}{2}\times\frac{1}{2}\times\frac{1}{2}}$

$=2^{\frac{7}{4}}\times(2\times 3^2)^{\frac{1}{8}}$

$=2^{\frac{7}{4}}\times 2^{\frac{1}{8}}\times 3^{\frac{1}{4}}$

$=2^{\frac{15}{8}}\times 3^{\frac{1}{4}}$

$$\therefore\ \frac{f(2)\times(f\circ f)(3)}{(f\circ f\circ f)(18)}=\frac{2^{\frac{3}{2}}\times 2^{\frac{3}{2}}\times 3^{\frac{1}{4}}}{2^{\frac{15}{8}}\times 3^{\frac{1}{4}}}$$

$=2^{\frac{3}{2}+\frac{3}{2}-\frac{15}{8}}$

$=2^{\frac{9}{8}}=\sqrt[8]{2^9}$

답 $\sqrt[8]{2^9}$

3 본문 p.013 한 걸음 더 참고

$\sqrt[3]{a^2}\times\sqrt[3]{b}+\sqrt[3]{-108}=0$에서

$\sqrt[3]{a^2}\times\sqrt[3]{b}=-\sqrt[3]{-108}$, $\sqrt[3]{a^2b}=-\sqrt[3]{-108}$

양변을 세제곱하면

$(\sqrt[3]{a^2b})^3=(-\sqrt[3]{-108})^3$

$\therefore\ a^2b=(-1)^3\times(\sqrt[3]{-108})^3=(-1)\times(-108)=108$

즉, $b=\dfrac{108}{a^2}=\dfrac{2^2\times 3^3}{a^2}$이고 b는 자연수이므로

a^2은 $2^2\times 3^3$의 약수이다.

(i) $a=1$, 즉 $a^2=1$일 때,

$b=\dfrac{108}{1^2}=108$이므로

$a+b=1+108=109$

(ii) $a=2$, 즉 $a^2=4$일 때,

$b=\dfrac{108}{2^2}=27$이므로

$a+b=2+27=29$

(iii) $a=3$, 즉 $a^2=9$일 때,

$b=\dfrac{108}{3^2}=12$이므로

$a+b=3+12=15$

(iv) $a=2\times 3$, 즉 $a^2=2^2\times 3^2$일 때,

$b=\dfrac{108}{2^2\times 3^2}=3$이므로

$a+b=6+3=9$

(i)~(iv)에서 $a+b$의 최댓값은 109, 최솟값은 9이므로 최댓값과 최솟값의 합은

$109+9=118$

답 118

4

m, n이 모두 자연수이므로 $A>0$, $B>0$, $C>0$이고

$A=\sqrt[3]{m\sqrt{n}}=m^{\frac{1}{3}}n^{\frac{1}{6}}=(m^4n^2)^{\frac{1}{12}}$

$B=\sqrt{n\sqrt[3]{m}}=n^{\frac{1}{2}}m^{\frac{1}{6}}=(m^2n^6)^{\frac{1}{12}}$

$C=\sqrt{\sqrt{mn}}=(mn)^{\frac{1}{4}}=(m^3n^3)^{\frac{1}{12}}$

← 2, 3, 4, 6의 최소공배수가 12이므로 지수를 $\frac{1}{12}$로 묶는다.

(i) $\dfrac{A}{B}=\left(\dfrac{m^4n^2}{m^2n^6}\right)^{\frac{1}{12}}=\left(\dfrac{m^2}{n^4}\right)^{\frac{1}{12}}$

이때 $1<m<n$에서

$1<m^2<n^2<n^4$이므로

$0<\dfrac{m^2}{n^4}<1$ $\quad\therefore\ \dfrac{A}{B}<1$

$\therefore\ A<B$

(ii) $\dfrac{A}{C}=\left(\dfrac{m^4n^2}{m^3n^3}\right)^{\frac{1}{12}}=\left(\dfrac{m}{n}\right)^{\frac{1}{12}}$

이때 $1<m<n$이므로

$0<\dfrac{m}{n}<1$ $\quad\therefore\ \dfrac{A}{C}<1$

$\therefore\ A<C$

(iii) $\dfrac{B}{C}=\left(\dfrac{m^2n^6}{m^3n^3}\right)^{\frac{1}{12}}=\left(\dfrac{n^3}{m}\right)^{\frac{1}{12}}$

이때 $1<m<n$에서

$1<m<n<n^3$이므로

$\dfrac{n^3}{m}>1$ $\quad\therefore\ \dfrac{B}{C}>1$

$\therefore\ C<B$

(i), (ii), (iii)에서 $A<C<B$

답 ②

보충 설명

두 수 또는 두 식의 대소 관계 |

(1) 차를 이용하는 방법

① $A-B>0 \Longleftrightarrow A>B$

② $A-B=0 \Longleftrightarrow A=B$

③ $A-B<0 \Longleftrightarrow A<B$

(2) 제곱의 차를 이용하는 방법 (단, $A>0$, $B>0$)

① $A^2-B^2>0 \Longleftrightarrow A>B$ 주로 근호 또는 절댓값을 포함한 식에서 사용

② $A^2-B^2=0 \Longleftrightarrow A=B$

③ $A^2-B^2<0 \Longleftrightarrow A<B$

(3) 비를 이용하는 방법 (단, $A>0$, $B>0$)

① $\dfrac{A}{B}>1 \Longleftrightarrow A>B$

② $\dfrac{A}{B}=1 \Longleftrightarrow A=B$

③ $\dfrac{A}{B}<1 \Longleftrightarrow A<B$

이 문제에서는 '(3) 비를 이용하는 방법'으로 대소를 비교하였다.

5

$9^x-3^{x+1}=-1$에서 $3^{2x}-3\times3^x+1=0$

양변을 3^x으로 나누면

$3^x-3+\dfrac{1}{3^x}=0 \qquad \therefore 3^x+3^{-x}=3$

(가)

이때 $3^x>1$이므로 $3^x-3^{-x}>0$

$\therefore 3^x-3^{-x}=\sqrt{(3^x+3^{-x})^2-4}=\sqrt{3^2-4}=\sqrt{5}$

또한, $9^x+9^{-x}=(3^x+3^{-x})^2-2\times3^x\times3^{-x}=3^2-2=7$이고

$$\begin{aligned}27^x-27^{-x}&=3^{3x}-3^{-3x}\\&=(3^x-3^{-x})^3+3\times3^x\times3^{-x}\times(3^x-3^{-x})\\&=(\sqrt{5})^3+3\times1\times\sqrt{5}\\&=5\sqrt{5}+3\sqrt{5}=8\sqrt{5}\end{aligned}$$

이므로

(나)

$\dfrac{27^x-27^{-x}+4}{9^x+9^{-x}-3}=\dfrac{8\sqrt{5}+4}{7-3}=2\sqrt{5}+1$

(다)

답 $2\sqrt{5}+1$

단계	채점 기준	배점
(가)	3^x+3^{-x}의 값을 구한 경우	30%
(나)	곱셈 공식의 변형을 이용하여 3^x-3^{-x}, 9^x+9^{-x}, 27^x-27^{-x}의 값을 각각 구한 경우	50%
(다)	주어진 식의 값을 구한 경우	20%

6

조건 (가)에서 $3^x\times3^y=9^z$이므로 $3^{x+y}=3^{2z}$

$\therefore x+y=2z \qquad \cdots\cdots ㉠$

조건 (나)에서 $a^{\frac{1}{x}}=b^{\frac{1}{y}}=c^{\frac{1}{z}}=k$ $(k>0)$로 놓으면

$a=k^x$, $b=k^y$, $c=k^z$

$$\begin{aligned}\therefore ab&=k^x\times k^y\\&=k^{x+y}=k^{2z}\ (\because ㉠)\\&=c^2 \qquad \cdots\cdots ㉡\end{aligned}$$

$\dfrac{a+3b}{2c}=\dfrac{a}{2c}+\dfrac{3b}{2c}$에서 $\dfrac{a}{2c}>0$, $\dfrac{3b}{2c}>0$이므로

산술평균과 기하평균의 관계에 의하여

$$\begin{aligned}\frac{a}{2c}+\frac{3b}{2c}&\ge2\sqrt{\frac{a}{2c}\times\frac{3b}{2c}}=2\sqrt{\frac{3ab}{4c^2}}=2\sqrt{\frac{3ab}{4ab}}\ (\because ㉡)\\&=2\sqrt{\frac{3}{4}}=\sqrt{3}\ (\text{단, 등호는 } a=3b\text{일 때 성립})\end{aligned}$$

따라서 $\dfrac{a+3b}{2c}$의 최솟값은 $\sqrt{3}$이다.

답 $\sqrt{3}$

다른 풀이

조건 (가)에서 $3^x\times3^y=9^z$이므로 $3^{x+y}=3^{2z}$

$x+y=2z \qquad \therefore z=\dfrac{x+y}{2} \qquad \cdots\cdots ㉢$

조건 (나)에서 $a^{\frac{1}{x}}=b^{\frac{1}{y}}=c^{\frac{1}{z}}=k$ $(k>0)$로 놓으면

$a=k^x$, $b=k^y$, $c=k^z$

$$\begin{aligned}\therefore \frac{a+3b}{2c}&=\frac{k^x+3k^y}{2k^z}=\frac{k^x+3k^y}{2k^{\frac{x+y}{2}}}\ (\because ㉢)\\&=\frac{1+3k^{y-x}}{2k^{\frac{y-x}{2}}}\\&=\frac{1}{2}\times\frac{1}{k^{\frac{y-x}{2}}}+\frac{3}{2}\times k^{\frac{y-x}{2}}\end{aligned}$$

분모와 분자에 k^{-x}을 곱한다.

이때 $\dfrac{1}{2}\times\dfrac{1}{k^{\frac{y-x}{2}}}>0$, $\dfrac{3}{2}\times k^{\frac{y-x}{2}}>0$이므로

산술평균과 기하평균의 관계에 의하여

$$\begin{aligned}&\frac{1}{2}\times\frac{1}{k^{\frac{y-x}{2}}}+\frac{3}{2}\times k^{\frac{y-x}{2}}\\&\ge2\sqrt{\left(\frac{1}{2}\times\frac{1}{k^{\frac{y-x}{2}}}\right)\times\left(\frac{3}{2}\times k^{\frac{y-x}{2}}\right)}\\&=2\sqrt{\frac{3}{4}}=\sqrt{3}\ \left(\text{단, 등호는 } k^{y-x}=\frac{1}{3}\text{일 때 성립}\right)\end{aligned}$$

따라서 $\dfrac{a+3b}{2c}$의 최솟값은 $\sqrt{3}$이다.

02. 로그

① 로그

기본 + 필수연습 본문 pp.042~051

01 (1) $6=\log_{\sqrt[3]{3}}9$ (2) $-3=\log_{\frac{1}{7}}343$ (3) $\frac{3}{2}=\log_{81}729$

02 (1) $6^1=6$ (2) $(\sqrt{5})^4=25$ (3) $(0.04)^2=0.0016$

03 (1) $x<\frac{11}{3}$ (2) $-5<x<-1$ 또는 $-1<x<0$

04 (1) 3 (2) 2 **05** (1) 2 (2) 4

06 (1) $\frac{35}{4}$ (2) $\sqrt{6}$ **07** 3 **08** 4

09 18 **10** (1) $-\frac{4}{3}$ (2) -1 **11** $\frac{1}{4}$

12 125 **13** (1) -36 (2) 1 **14** 36

15 81 **16** (1) 3 (2) $5\sqrt{5}$ **17** 14

18 $C<A<B$ **19** 3 **20** 9

21 $\frac{17}{3}$ **22** 50 **23** $\frac{6}{5}$ **24** 4

25 113 **26** 192 **27** 146

01

(1) $(\sqrt[3]{3})^6=9 \Longleftrightarrow 6=\log_{\sqrt[3]{3}}9$

(2) $\left(\frac{1}{7}\right)^{-3}=343 \Longleftrightarrow -3=\log_{\frac{1}{7}}343$

(3) $81^{\frac{3}{2}}=729 \Longleftrightarrow \frac{3}{2}=\log_{81}729$

답 (1) $6=\log_{\sqrt[3]{3}}9$ (2) $-3=\log_{\frac{1}{7}}343$ (3) $\frac{3}{2}=\log_{81}729$

02

(1) $\log_6 6=1 \Longleftrightarrow 6^1=6$

(2) $\log_{\sqrt{5}}25=4 \Longleftrightarrow (\sqrt{5})^4=25$

(3) $\log_{0.04}0.0016=2 \Longleftrightarrow (0.04)^2=0.0016$

답 (1) $6^1=6$ (2) $(\sqrt{5})^4=25$ (3) $(0.04)^2=0.0016$

03

(1) 진수의 조건에 의하여 $11-3x>0$이므로

$3x<11 \quad \therefore x<\frac{11}{3}$

(2) 밑의 조건에 의하여 $-x>0$, $-x\neq1$이므로

$x<0,\ x\neq-1$ ……㉠

진수의 조건에 의하여 $2x+10>0$이므로

$2x>-10 \quad \therefore x>-5$ ……㉡

㉠, ㉡에서

$-5<x<-1$ 또는 $-1<x<0$

답 (1) $x<\frac{11}{3}$ (2) $-5<x<-1$ 또는 $-1<x<0$

04

(1) $\log_3 10+\log_3\frac{9}{5}-\log_3\frac{2}{3}$

$=\log_3\left(\dfrac{10\times\frac{9}{5}}{\frac{2}{3}}\right)$

$=\log_3 27=\log_3 3^3=3$

(2) $\log_2\sqrt{2}+\log_5 5\sqrt{5}=\log_2 2^{\frac{1}{2}}+\log_5 5^{\frac{3}{2}}$

$=\frac{1}{2}+\frac{3}{2}=2$

답 (1) 3 (2) 2

05

(1) $\log_2\frac{1}{3}\times\log_3\frac{1}{4}=\log_2\frac{1}{3}\times\dfrac{\log_2\frac{1}{4}}{\log_2 3}$

$=\log_2 3^{-1}\times\dfrac{\log_2 2^{-2}}{\log_2 3}$

$=-\log_2 3\times\dfrac{(-2\log_2 2)}{\log_2 3}$

$=(-1)\times(-2)=2$

(2) $\log_2 96-\dfrac{1}{\log_6 2}=\log_2 96-\log_2 6$

$=\log_2(96\div6)$

$=\log_2 16=\log_2 2^4=4$

답 (1) 2 (2) 4

06

(1) $\log_4\sqrt{8}+\log_{\sqrt{2}}16=\log_{2^2}2^{\frac{3}{2}}+\log_{2^{\frac{1}{2}}}2^4$

$=\frac{3}{4}+8=\frac{35}{4}$

(2) $(\sqrt{2})^{1+\log_2 3}=2^{\frac{1}{2}(\log_2 2+\log_2 3)}$

$=2^{\frac{1}{2}\log_2 6}=2^{\log_2 6^{\frac{1}{2}}}$

$=6^{\frac{1}{2}}=\sqrt{6}$

답 (1) $\frac{35}{4}$ (2) $\sqrt{6}$

07

$\log_{x-1}(12+4x-x^2)$에 대하여

(밑)>0, (밑)$\neq1$에서 $x-1>0$, $x-1\neq1$이어야 하므로

$x>1$, $x\neq2$ ……㉠

(진수)>0에서 $12+4x-x^2>0$이어야 하므로

$x^2-4x-12<0$, $(x+2)(x-6)<0$

$\therefore\ -2<x<6$ ……㉡

㉠, ㉡에서

$1<x<2$ 또는 $2<x<6$

따라서 조건을 만족시키는 정수 x는 3, 4, 5의 3개이다.

답 3

08

$\log_{|a-2|}(5-a)$, $\log_{|a-2|}(a+3)$에 대하여

(밑)>0, (밑)$\neq1$에서 $|a-2|>0$, $|a-2|\neq1$이어야 하므로

$|a-2|>0$에서 $a\neq2$ ……㉠

$|a-2|\neq1$에서 $a\neq1$이고 $a\neq3$ ……㉡

(진수)>0에서 $5-a>0$, $a+3>0$이어야 하므로

$-3<a<5$ ……㉢

㉠, ㉡, ㉢을 동시에 만족시키는 정수 a는 -2, -1, 0, 4의 4개이다.

답 4

09

$\log_{a-3}(x^2+2ax+8a)$에 대하여

(밑)>0, (밑)$\neq1$에서 $a-3>0$, $a-3\neq1$이어야 하므로

$a>3$, $a\neq4$ ……㉠

(진수)>0에서 모든 실수 x에 대하여 이차부등식 $x^2+2ax+8a>0$이 항상 성립해야 하므로 이차방정식 $x^2+2ax+8a=0$의 판별식을 D라 할 때, $D<0$이어야 한다.

$\frac{D}{4}=a^2-8a<0$, $a(a-8)<0$

$\therefore\ 0<a<8$ ……㉡

㉠, ㉡에서 $3<a<4$ 또는 $4<a<8$

따라서 조건을 만족시키는 정수 a는 5, 6, 7이므로 그 합은

$5+6+7=18$

답 18

10

(1) $2\log_{10}\sqrt[3]{5}-\log_{10}\frac{50}{3}+\log_{10}\sqrt[3]{4}-\log_{10}6$

$=\log_{10}5^{\frac{2}{3}}-\log_{10}\frac{50}{3}+\log_{10}2^{\frac{2}{3}}-\log_{10}6$

$=\log_{10}5^{\frac{2}{3}}+\log_{10}2^{\frac{2}{3}}-\left(\log_{10}\frac{50}{3}+\log_{10}6\right)$

$=\log_{10}(5\times2)^{\frac{2}{3}}-\log_{10}\left(\frac{50}{3}\times6\right)$

$=\log_{10}10^{\frac{2}{3}}-\log_{10}10^2$

$=\frac{2}{3}-2=-\frac{4}{3}$

(2) $\log_3(\log_7 49)-\log_3(\log_2 64)$

$=\log_3(\log_7 7^2)-\log_3(\log_2 2^6)$

$=\log_3 2-\log_3 6$

$=\log_3(2\div6)$

$=\log_3\frac{1}{3}$

$=\log_3 3^{-1}=-1$

답 (1) $-\frac{4}{3}$ (2) -1

11

$\log_6\sqrt{2}=x$, $\log_6 2\sqrt{3}=y$라 하면

$\log_6 12=\log_6(2\sqrt{3})^2=2\log_6 2\sqrt{3}=2y$이므로

$$\begin{aligned}(\text{주어진 식})&=x^2+y^2-x\times 2y\\&=x^2+y^2-2xy=(x-y)^2\\&=(\log_6\sqrt{2}-\log_6 2\sqrt{3})^2\\&=\left(\log_6\frac{\sqrt{2}}{2\sqrt{3}}\right)^2=\left(\log_6\frac{1}{\sqrt{6}}\right)^2\\&=\left(\log_6 6^{-\frac{1}{2}}\right)^2=\left(-\frac{1}{2}\right)^2=\frac{1}{4}\end{aligned}$$

답 $\frac{1}{4}$

12

$$\begin{aligned}P&=\log_5\left(1-\frac{1}{2}\right)+\log_5\left(1-\frac{1}{3}\right)+\log_5\left(1-\frac{1}{4}\right)\\&\qquad+\cdots+\log_5\left(1-\frac{1}{125}\right)\\&=\log_5\frac{1}{2}+\log_5\frac{2}{3}+\log_5\frac{3}{4}+\cdots+\log_5\frac{124}{125}\\&=\log_5\left(\frac{1}{2}\times\frac{2}{3}\times\frac{3}{4}\times\cdots\times\frac{124}{125}\right)\\&=\log_5\frac{1}{125}=\log_5 5^{-3}=-3\end{aligned}$$

따라서 $P=-3$이므로

$5^{-P}=5^3=125$

답 125

13

(1) $\log_4 27\times\log_3\frac{1}{25}\times\log_{\sqrt{5}}64$

$$\begin{aligned}&=\frac{\log_2 27}{\log_2 4}\times\frac{\log_2\frac{1}{25}}{\log_2 3}\times\frac{\log_2 64}{\log_2\sqrt{5}}\\&=\frac{\log_2 3^3}{\log_2 2^2}\times\frac{\log_2 5^{-2}}{\log_2 3}\times\frac{\log_2 2^6}{\log_2 5^{\frac{1}{2}}}\\&=\frac{3\log_2 3}{2\log_2 2}\times\frac{-2\log_2 5}{\log_2 3}\times\frac{6\log_2 2}{\frac{1}{2}\log_2 5}\\&=\frac{3}{2}\times(-2)\times 12=-36\end{aligned}$$

(2) $(\log_2 3+\log_4 9)(\log_3 4-\log_9 8)$

$$\begin{aligned}&=\left(\log_2 3+\frac{\log_2 3^2}{\log_2 2^2}\right)\left(\frac{\log_3 2^2}{\log_3 3}-\frac{\log_3 2^3}{\log_3 3^2}\right)\\&=(\log_2 3+\log_2 3)\left(2\log_3 2-\frac{3}{2}\log_3 2\right)\\&=2\log_2 3\times\frac{1}{2}\log_3 2\\&=2\log_2 3\times\frac{1}{2\log_2 3}=1\end{aligned}$$

답 (1) -36 (2) 1

14

$\frac{1}{\log_2 a}+\frac{1}{\log_3 a}+\frac{\log_{25}a}{\log_5 a}=1$에서

$a\neq 1$이므로

$\log_a 2+\log_a 3+\frac{\log_a 5}{\log_a 25}=1$

$\log_a(2\times 3)+\frac{\log_a 5}{\log_a 5^2}=1$

$\log_a 6+\frac{\log_a 5}{2\log_a 5}=1$

$\log_a 6+\frac{1}{2}=1$, 즉 $\log_a 6=\frac{1}{2}$이므로

$a^{\frac{1}{2}}=6\qquad\therefore\ a=6^2=36$

답 36

15

$\log_a\sqrt{c}=\log_{\sqrt{b}}a$에서

$\log_a\sqrt{c}=\frac{1}{\log_a\sqrt{b}}$

$\frac{1}{2}\log_a c=\frac{2}{\log_a b}$

이때 $\log_a b=18$이므로

$\frac{1}{2}\log_a c=\frac{2}{18}=\frac{1}{9}\qquad\therefore\ \log_a c=\frac{2}{9}$

$\therefore\ \log_c b=\frac{\log_a b}{\log_a c}=\frac{18}{\frac{2}{9}}=81$

답 81

16

(1) $\log_3 24\times\log_4 24-\log_2\sqrt{3}-\log_9 512$

$$\begin{aligned}&=\log_3(3\times 2^3)\times\log_{2^2}(3\times 2^3)-\log_2 3^{\frac{1}{2}}-\log_{3^2}2^9\\&=(\log_3 3+\log_3 2^3)\times\frac{1}{2}(\log_2 3+\log_2 2^3)\\&\qquad-\frac{1}{2}\log_2 3-\frac{9}{2}\log_3 2\\&=\frac{1}{2}(1+3\log_3 2)(\log_2 3+3)-\frac{1}{2}\log_2 3-\frac{9}{2}\log_3 2\\&=\frac{1}{2}(\log_2 3+3+3\log_3 2\times\log_2 3+9\log_3 2)\\&\qquad-\frac{1}{2}\log_2 3-\frac{9}{2}\log_3 2\end{aligned}$$

$=\frac{1}{2}(6+\log_2 3+9\log_3 2)-\frac{1}{2}\log_2 3-\frac{9}{2}\log_3 2$

$=3+\frac{1}{2}\log_2 3+\frac{9}{2}\log_3 2-\frac{1}{2}\log_2 3-\frac{9}{2}\log_3 2$

$=3$

(2) $8^{\log_2\sqrt{45}+\log_2\sqrt[3]{3}-\log_8 81}$에서

$\log_2\sqrt{45}+\log_2\sqrt[3]{3}-\log_8 81$

$=\log_2 3\sqrt{5}+\log_2\sqrt[3]{3}-\log_{2^3}3^4$

$=\log_2 3\sqrt{5}+\log_2\sqrt[3]{3}-\log_2\sqrt[3]{3^4}$ ($=\frac{4}{3}\log_2 3=\log_2 3^{\frac{4}{3}}$)

$=\log_2\left(\frac{3\sqrt{5}\times\sqrt[3]{3}}{\sqrt[3]{3^4}}\right)$

$=\log_2\left(3\sqrt{5}\times\frac{1}{3}\right)$

$=\log_2\sqrt{5}$

∴ (주어진 식)$=8^{\log_2\sqrt{5}}$

$=2^{3\log_2\sqrt{5}}=2^{\log_2 5\sqrt{5}}=5\sqrt{5}$

답 (1) 3 (2) $5\sqrt{5}$

17

$a=\log_2 3$, $b=\log_3 7$, $c=\log_7 9$이므로

$ab=\log_2 3\times\log_3 7=\log_2 7$

$abc=\log_2 3\times\log_3 7\times\log_7 9=\log_2 9$

$\therefore\ \frac{1+ab}{1+a+abc}=\frac{\log_2 2+\log_2 7}{\log_2 2+\log_2 3+\log_2 9}$

$=\frac{\log_2(2\times 7)}{\log_2(2\times 3\times 9)}=\frac{\log_2 14}{\log_2 54}$

$=\log_{54}14=\log_{54}N$

$\therefore\ N=14$

답 14

18

$A=2^{\log_2 4-1}=2^{2-1}=2^1=2$

$B=\log_2\left(\frac{4\log_3 16}{\log_9 16}\right)=\log_2\left(\frac{4\log_3 16}{\log_{3^2}16}\right)$

$=\log_2\left(\frac{4\log_3 16}{\frac{1}{2}\log_3 16}\right)$

$=\log_2 8=\log_2 2^3=3$

$C=\log_{\sqrt{3}}3+\log_2\frac{1}{\sqrt{2}}$

$=\log_{3^{\frac{1}{2}}}3+\log_2 2^{-\frac{1}{2}}$

$=2-\frac{1}{2}=\frac{3}{2}$

$\therefore\ C<A<B$

답 $C<A<B$

19

$2^x=3^y=24$에서 로그의 정의에 의하여

$x=\log_2 24$, $y=\log_3 24$

$\therefore\ (x-3)(y-1)=(\log_2 24-3)(\log_3 24-1)$

$=(\log_2 24-\log_2 8)(\log_3 24-\log_3 3)$

$=\log_2 3\times\log_3 8$

$=\log_2 8=\log_2 2^3=3$

답 3

20

$15^x=16$, $60^y=32$에서 로그의 정의에 의하여

$x=\log_{15}16$, $y=\log_{60}32$이므로

$\frac{5}{y}-\frac{4}{x}=\frac{5}{\log_{60}32}-\frac{4}{\log_{15}16}$

$=5\log_{32}60-4\log_{16}15$

$=5\log_{2^5}60-4\log_{2^4}15$

$=\log_2 60-\log_2 15$

$=\log_2 4=\log_2 2^2=2$

$\therefore\ 3^{\frac{5}{y}-\frac{4}{x}}=3^2=9$

답 9

다른 풀이

$15^x=16$에서 $15=16^{\frac{1}{x}}=2^{\frac{4}{x}}$ ……㉠

$60^y=32$에서 $60=32^{\frac{1}{y}}=2^{\frac{5}{y}}$ ……㉡

㉡÷㉠을 하면 $4=2^{\frac{5}{y}-\frac{4}{x}}$

이때 $4=2^2$이므로 $\frac{5}{y}-\frac{4}{x}=2$

$\therefore\ 3^{\frac{5}{y}-\frac{4}{x}}=3^2=9$

21

세 양수 a, b, c는 1이 아니므로

$\sqrt{a}=b^3=c^2$에서

$a^{\frac{1}{2}}=b^3=c^2 \quad \therefore\ b=a^{\frac{1}{6}},\ c=a^{\frac{1}{4}}$

$$\begin{aligned}\therefore\ &\log_a b+\log_b c+\log_c a\\ &=\log_a a^{\frac{1}{6}}+\log_{a^{\frac{1}{6}}} a^{\frac{1}{4}}+\log_{a^{\frac{1}{4}}} a\\ &=\frac{1}{6}+\frac{\frac{1}{4}}{\frac{1}{6}}+\frac{1}{\frac{1}{4}}\\ &=\frac{1}{6}+\frac{3}{2}+4=\frac{17}{3}\end{aligned}$$

답 $\frac{17}{3}$

22

이차방정식 $x^2-10x+2=0$의 두 근이 $\log_5 \alpha$, $\log_5 \beta$이므로 근과 계수의 관계에 의하여

$\log_5 \alpha+\log_5 \beta=10,\ \log_5 \alpha\times\log_5 \beta=2$

$$\begin{aligned}\therefore\ &\log_\alpha \alpha\beta+\log_\beta \alpha\beta\\ &=\frac{\log_5 \alpha\beta}{\log_5 \alpha}+\frac{\log_5 \alpha\beta}{\log_5 \beta}\\ &=\log_5 \alpha\beta\left(\frac{1}{\log_5 \alpha}+\frac{1}{\log_5 \beta}\right)\\ &=\log_5 \alpha\beta\times\frac{\log_5 \alpha+\log_5 \beta}{\log_5 \alpha\times\log_5 \beta}\\ &=(\log_5 \alpha+\log_5 \beta)\times\frac{\log_5 \alpha+\log_5 \beta}{\log_5 \alpha\times\log_5 \beta}\\ &=\frac{(\log_5 \alpha+\log_5 \beta)^2}{\log_5 \alpha\times\log_5 \beta}\\ &=\frac{10^2}{2}=50\end{aligned}$$

답 50

23

이차방정식 $x^2-8x+8=0$의 두 근이 α, β이므로 근과 계수의 관계에 의하여

$\alpha+\beta=8,\ \alpha\beta=8$

$$\begin{aligned}\therefore\ (\alpha-\beta)^2&=(\alpha+\beta)^2-4\alpha\beta\\ &=8^2-4\times8=32\end{aligned}$$

이때 $\alpha>\beta$이므로 $\alpha-\beta=4\sqrt{2}$

$$\begin{aligned}\therefore\ \frac{1}{\log_\alpha(\alpha-\beta)}+\frac{1}{\log_\beta(\alpha-\beta)}&=\log_{\alpha-\beta}\alpha+\log_{\alpha-\beta}\beta\\ &=\log_{\alpha-\beta}\alpha\beta\\ &=\log_{4\sqrt{2}}8=\log_{2^{\frac{5}{2}}}2^3=\frac{6}{5}\end{aligned}$$

답 $\frac{6}{5}$

24

이차방정식 $x^2-5x+2k-2=0$의 두 근이 $\log_2 a$, $\log_2 b$이므로 근과 계수의 관계에 의하여

$\log_2 a+\log_2 b=5,\ \log_2 a\times\log_2 b=2k-2$

$\log_2 a+\log_2 b=5$에서 $\log_2 ab=5$

즉, 로그의 정의에 의하여

$ab=2^5=32$ ……㉠

이때 $a+b=12$이므로 $b=12-a$를 ㉠에 대입하면

$a(12-a)=32,\ a^2-12a+32=0$

$(a-4)(a-8)=0 \quad \therefore\ a=4$ 또는 $a=8$

즉, $\begin{cases}a=4\\ b=8\end{cases}$ 또는 $\begin{cases}a=8\\ b=4\end{cases}$이므로

$\begin{cases}\log_2 a=2\\ \log_2 b=3\end{cases}$ 또는 $\begin{cases}\log_2 a=3\\ \log_2 b=2\end{cases}$

따라서 $\log_2 a\times\log_2 b=6$이므로

$2k-2=6,\ 2k=8$

$\therefore\ k=4$

답 4

25

$\log_2 8=3,\ \log_2 16=4$이므로 $3<\log_2 10<4$

즉, $\log_2 10$의 정수 부분이 3이므로 $n=3$

따라서 $\log_2 10$의 소수 부분은

$\log_2 10-3=\log_2 10-\log_2 8=\log_2 \frac{5}{4}$

$\therefore\ \alpha=\log_2 \frac{5}{4}$

$$\begin{aligned}\therefore\ 4(3^n+2^\alpha)&=4\times(3^3+2^{\log_2 \frac{5}{4}})=4\times\left(27+\frac{5}{4}\right)\\ &=4\times\frac{113}{4}=113\end{aligned}$$

답 113

26

$\log_3 3=1$, $\log_3 9=2$이므로

$1<\log_3 8<2$

즉, $\log_3 8$의 정수 부분은 1이므로 $n=1$

따라서 $x=2\log_3 8-1$이므로

$3^{x+2}=3^{2\log_3 8-1+2}$

$=3^{\log_3 8^2+1}=3^{\log_3 64+\log_3 3}$

$=3^{\log_3 192}=192$

답 192

27

$\log_{12}1=0$, $\log_{12}12=1$, $\log_{12}144=2$, $\log_{12}1728=3$ 이므로

(i) $2\le n<12$일 때, $f(n)=0$

(ii) $12\le n<144$일 때, $f(n)=1$

(iii) $144\le n\le 150$일 때, $f(n)=2$

(i), (ii), (iii)에서

$f(2)+f(3)+f(4)+\cdots+f(150)$

$=0\times 10+1\times 132+2\times 7$

$=146$

답 146

STEP 1 개념 마무리 본문 pp.052~054

01 7	**02** 78	**03** 63	**04** 21
05 7	**06** 60	**07** 30	**08** $\frac{25}{12}$
09 ③	**10** 8	**11** ④	**12** 25
13 ⑤	**14** 10	**15** 0	**16** 4
17 -8	**18** 63		

01

$\log_{(a+3)^2}(x^2-2ax+30+a)$에 대하여

(밑)>0, (밑)$\neq 1$에서 $(a+3)^2>0$, $(a+3)^2\neq 1$이어야 하므로

$(a+3)^2>0$에서 $a+3\neq 0$ $\quad\therefore a\neq -3$ $\quad\cdots\cdots$ ㉠

$(a+3)^2\neq 1$에서 $a\neq -4$이고 $a\neq -2$ $\quad\cdots\cdots$ ㉡

(진수)>0에서 모든 실수 x에 대하여 이차부등식 $x^2-2ax+30+a>0$이 항상 성립해야 하므로 이차방정식 $x^2-2ax+30+a=0$의 판별식을 D라 할 때, $D<0$이어야 한다.

$\frac{D}{4}=(-a)^2-(30+a)<0$

$a^2-a-30<0$, $(a+5)(a-6)<0$

$\therefore -5<a<6$ $\quad\cdots\cdots$ ㉢

㉠, ㉡, ㉢을 동시에 만족시키는 정수 a는 $-1, 0, 1, \cdots, 5$의 7개이다.

답 7

02

$3\log_n 4=k$ (k는 자연수)라 하면

$\log_n 4=\frac{k}{3}$

이므로 로그의 정의에 의하여

$n^{\frac{k}{3}}=4 \quad \therefore n=4^{\frac{3}{k}}=2^{\frac{6}{k}}$

이때 n이 2 이상의 자연수이므로 $\frac{6}{k}$도 자연수이어야 한다.

즉, k는 6의 양의 약수이므로

$k=1, 2, 3, 6$

(i) $k=1$일 때, $n=2^6=64$

(ii) $k=2$일 때, $n=2^3=8$

(iii) $k=3$일 때, $n=2^2=4$

(iv) $k=6$일 때, $n=2^1=2$

(i)~(iv)에서 조건을 만족시키는 모든 자연수 n의 값의 합은

$64+8+4+2=78$

답 78

03

$\log_4\left(1+\frac{1}{1}\right)+\log_4\left(1+\frac{1}{2}\right)+\log_4\left(1+\frac{1}{3}\right)+\cdots+\log_4\left(1+\frac{1}{a}\right)$

$=\log_4\frac{2}{1}+\log_4\frac{3}{2}+\log_4\frac{4}{3}+\cdots+\log_4\frac{a+1}{a}$

$=\log_4\left(\frac{2}{1}\times\frac{3}{2}\times\frac{4}{3}\times\cdots\times\frac{a+1}{a}\right)$

$=\log_4(a+1)$

즉, $\log_4(a+1)=3$이므로 로그의 정의에 의하여

$a+1=4^3$, $a+1=64$

$\therefore a=63$

답 63

04

576을 소인수분해하면 $576=2^6\times3^2$이므로 576의 약수의 개수는

$(6+1)\times(2+1)=21$

이다. 576의 양의 약수를 작은 수부터 차례대로

$a_1, a_2, a_3, \cdots, a_{21}$이라 하면

$a_1a_{21}=a_2a_{20}=a_3a_{19}=\cdots=a_{10}a_{12}=576$, $a_{11}=24$

$\therefore \log_{24}a_1+\log_{24}a_2+\log_{24}a_3+\cdots+\log_{24}a_{21}$

$=\log_{24}(a_1\times a_2\times a_3\times\cdots\times a_{21})$

$=\log_{24}(a_1a_{21}\times a_2a_{20}\times a_3a_{19}\times\cdots\times a_{10}a_{12}\times a_{11})$

$=\log_{24}(576^{10}\times24)=\log_{24}(24^{20}\times24^1)$

$=\log_{24}24^{21}=21$

답 21

보충 설명

소인수분해를 이용하여 양의 약수의 곱 구하기 | 자연수 N이 $N=a^m\times b^n$ (a, b는 서로 다른 소수, m, n은 자연수)으로 소인수분해 될 때, N의 모든 양의 약수의 곱은

$$N^{\frac{\text{양의 약수의 개수}}{2}}=N^{\frac{(m+1)(n+1)}{2}}$$

05

$ab=64$의 양변에 2를 밑으로 하는 로그를 취하면

$\log_2 ab=\log_2 64$에서 $\log_2 ab=\log_2 2^6$

$\therefore \log_2 a+\log_2 b=6$ ······㉠

$\log_2\frac{b^2}{a}=9$에서 $2\log_2 b-\log_2 a=9$ ······㉡

이때 $\log_2 a=X$, $\log_2 b=Y$로 놓으면

㉠에서 $X+Y=6$

㉡에서 $2Y-X=9$

두 식을 연립하여 풀면 $X=1$, $Y=5$

$\therefore \log_2 a^2b=2\log_2 a+\log_2 b$

$=2X+Y$

$=2\times1+5=7$

답 7

다른 풀이

$\log_2\frac{b^2}{a}=9$에서 로그의 정의에 의하여 $\frac{b^2}{a}=2^9$

$\therefore b^2=a\times2^9$ ······㉢

$ab=64$이고, $b>0$이므로

$a=\frac{64}{b}=\frac{2^6}{b}$ ······㉣

㉣을 ㉢에 대입하면

$b^2=\frac{2^6}{b}\times2^9$, $b^3=2^{15}=(2^5)^3$

$\therefore b=2^5$, $a=\frac{2^6}{b}=\frac{2^6}{2^5}=2$

$\therefore \log_2 a^2b=\log_2(2^2\times2^5)=\log_2 2^7=7$

06

$\frac{1}{\log_2 x}+\frac{1}{\log_6 x}+\frac{1}{\log_{12} x}+\frac{1}{\log_{25} x}=\frac{2}{\log_k x}$에서

$\log_x 2+\log_x 6+\log_x 12+\log_x 25=2\log_x k$

$\log_x(2\times6\times12\times25)=\log_x k^2$

즉, $\log_x(2^4\times3^2\times5^2)=\log_x k^2$이므로

$2^4\times3^2\times5^2=k^2$

$\therefore k=2^2\times3\times5=60$ ($\because k>0$, $k\neq1$)

답 60

07

$\frac{\log_c b}{\log_a b}=\frac{1}{2}$에서 $\frac{\log_b a}{\log_b c}=\frac{1}{2}$이므로 ← $\log_a b=\frac{1}{\log_b a}$, $\log_c b=\frac{1}{\log_b c}$

$\log_b c=2\log_b a$, $\log_b c=\log_b a^2$

$\therefore c=a^2$

$\frac{\log_b c}{\log_a c}=\frac{1}{3}$에서 $\frac{\log_c a}{\log_c b}=\frac{1}{3}$이므로 ← $\log_a c=\frac{1}{\log_c a}$, $\log_b c=\frac{1}{\log_c b}$

$\log_c b=3\log_c a$, $\log_c b=\log_c a^3$

$\therefore b=a^3$

이때 a, b, c는 1보다 크고 10보다 작은 자연수이므로

$a=2$, $b=a^3=8$, $c=a^2=4$

$\therefore a+2b+3c=2+2\times8+3\times4=30$

답 30

08

$\log_a c : \log_b c = 3 : 4$에서

$3\log_b c = 4\log_a c$

$\dfrac{3}{\log_c b} = \dfrac{4}{\log_c a}$이므로 $3\log_c a = 4\log_c b$

$\log_c a^3 = \log_c b^4 \qquad \therefore\ a^3 = b^4$

즉, $b = a^{\frac{3}{4}}$이므로

$\log_a b + \log_b a = \log_a a^{\frac{3}{4}} + \log_{a^{\frac{3}{4}}} a$

$= \dfrac{3}{4} + \dfrac{4}{3} = \dfrac{25}{12}$

답 $\dfrac{25}{12}$

09

$\log_2 3 = a,\ \log_3 5 = b$에서

$ab = \log_2 3 \times \log_3 5 = \log_2 5$

$\therefore\ \log_{12}\sqrt{90} = \dfrac{1}{2}\log_{12} 90 = \dfrac{\log_2 90}{2\log_2 12}$

$= \dfrac{\log_2(2\times3^2\times5)}{2\log_2(2^2\times3)} = \dfrac{1+2\log_2 3+\log_2 5}{2(2+\log_2 3)}$

$= \dfrac{1+2a+ab}{2(2+a)} = \dfrac{ab+2a+1}{2a+4}$

답 ③

10

두 점 $\mathrm{A}(-1,\ \log_2 a)$, $\mathrm{B}(1,\ \log_4 b)$를 지나는 직선 AB가 직선 $y = -\dfrac{1}{2}x + 5$에 수직이므로 직선 AB의 기울기는 2이다.

즉, $\dfrac{\log_4 b - \log_2 a}{1-(-1)} = 2$에서

$\log_4 b - \log_2 a = 4,\ \log_4 b - \log_4 a^2 = 4$

$\log_4 \dfrac{b}{a^2} = 4 \qquad \therefore\ \dfrac{b}{a^2} = 4^4 = 2^8$

$\therefore\ \log_2 b - 2\log_2 a = \log_2 \dfrac{b}{a^2}$

$= \log_2 2^8 = 8$

답 8

보충 설명

┌ 공통수학2 p.062 참고

두 직선의 위치 관계 | 두 직선 $y = mx + n$, $y = m'x + n'$의 위치 관계는 다음과 같다.

(1) 평행하다. ⇨ $m = m',\ n \neq n'$

(2) 일치한다. ⇨ $m = m',\ n = n'$

(3) 한 점에서 만난다. ⇨ $m \neq m'$

(4) 수직이다. ⇨ $mm' = -1$

11

세 양수 $a,\ b,\ c$에 대하여

$\dfrac{1}{\log_{a+b} c} + \dfrac{1}{\log_{a-b} c} = 2$이므로

$\log_c(a+b) + \log_c(a-b) = 2$

$\log_c(a+b)(a-b) = 2$

즉, $\log_c(a^2-b^2) = 2$이므로 로그의 정의에 의하여

$a^2 - b^2 = c^2 \qquad \therefore\ a^2 = b^2 + c^2$

따라서 △ABC는 빗변의 길이가 a인 직각삼각형이다.

답 ④

보충 설명

로그가 정의될 조건에서 (밑)>0, (밑)$\neq 1$이므로

$\log_{a-b} c$에서 $a > b,\ a \neq b+1$

이때 $a > b$에서 $a \neq b$이고, △ABC는 정삼각형이 될 수 없으므로 보기 ①은 제외된다.

또한, b는 빗변의 길이가 될 수 없으므로 보기 ③도 제외된다.

12

$\dfrac{b}{a} = 8$의 양변에 2를 밑으로 하는 로그를 취하면

$\log_2 \dfrac{b}{a} = \log_2 8,\ \log_2 b - \log_2 a = 3$

$\therefore\ \log_2 a - \log_2 b = -3 \qquad \cdots\cdots ㉠$

$a^{\log_4 b}=\sqrt[8]{128}$의 양변에 2를 밑으로 하는 로그를 취하면

$\log_2 a^{\log_4 b}=\log_2 \sqrt[8]{128}$, $\log_4 b\times\log_2 a=\log_2 2^{\frac{7}{8}}$

$\frac{1}{2}\log_2 b\times\log_2 a=\frac{7}{8}$

$\therefore \log_2 a\times\log_2 b=\frac{7}{4}$ ……㉡

$$\begin{aligned}\therefore\ & 2\{(\log_2 a)^2+(\log_2 b)^2\}\\ &=2\{(\log_2 a-\log_2 b)^2+2\times\log_2 a\times\log_2 b\}\\ &=2\times\left\{(-3)^2+2\times\frac{7}{4}\right\}\ (\because ㉠, ㉡)\\ &=25\end{aligned}$$

답 25

13

$a^5=b^3$에서 $b=a^{\frac{5}{3}}$ $\qquad\therefore A=\log_a b=\log_a a^{\frac{5}{3}}=\frac{5}{3}$

$b^3=c^2$에서 $c=b^{\frac{3}{2}}$ $\qquad\therefore B=\log_b c=\log_b b^{\frac{3}{2}}=\frac{3}{2}$

$a^5=c^2$에서 $a=c^{\frac{2}{5}}$ $\qquad\therefore C=\log_c a=\log_c c^{\frac{2}{5}}=\frac{2}{5}$

$\therefore C<B<A$

답 ⑤

14

$85^x=64$, $17^y=8$에서 로그의 정의에 의하여

$x=\log_{85}64$, $y=\log_{17}8$

$$\begin{aligned}\therefore \frac{6}{x}-\frac{3}{y}&=\frac{6}{\log_{85}64}-\frac{3}{\log_{17}8}\\ &=6\log_{64}85-3\log_8 17\\ &=6\log_{2^6}85-3\log_{2^3}17\\ &=\log_2 85-\log_2 17\\ &=\log_2\frac{85}{17}=\log_2 5\end{aligned}$$

따라서 한 자리 자연수 a, b에 대하여 $\log_2 5=\log_a b$이므로

$a=2$, $b=5$

$\therefore ab=2\times5=10$

답 10

15

a, b, c는 1이 아닌 양수이고, x, y, z는 0이 아닌 실수이므로 $a^x=b^y=c^z=k$ $(k>0,\ k\neq1)$라 하면 로그의 정의에 의하여

$x=\log_a k$, $y=\log_b k$, $z=\log_c k$

$$\begin{aligned}\therefore \frac{1}{x}+\frac{3}{y}+\frac{5}{z}&=\frac{1}{\log_a k}+\frac{3}{\log_b k}+\frac{5}{\log_c k}\\ &=\log_k a+3\log_k b+5\log_k c\\ &=\log_k a+\log_k b^3+\log_k c^5\\ &=\log_k ab^3c^5\\ &=\log_k 1\ (\because ab^3c^5=1)\\ &=0\end{aligned}$$

답 0

다른 풀이

a, b, c는 1이 아닌 양수이고, x, y, z는 0이 아닌 실수이므로

$a^x=b^y=c^z=k$ $(k>0,\ k\neq1)$라 하면

$a^x=k$에서 $a=k^{\frac{1}{x}}$ ……㉠

$b^y=k$에서 $b=k^{\frac{1}{y}}$ ……㉡

$c^z=k$에서 $c=k^{\frac{1}{z}}$ ……㉢

㉠, ㉡, ㉢을 $ab^3c^5=1$에 대입하면

$k^{\frac{1}{x}}\times\left(k^{\frac{1}{y}}\right)^3\times\left(k^{\frac{1}{z}}\right)^5=1$, $k^{\frac{1}{x}}\times k^{\frac{3}{y}}\times k^{\frac{5}{z}}=1$

$\therefore k^{\frac{1}{x}+\frac{3}{y}+\frac{5}{z}}=1$

이때 $k\neq1$이므로

$\frac{1}{x}+\frac{3}{y}+\frac{5}{z}=0$

16

이차방정식 $x^2-x\log_3 18+k=0$의 한 근이 $\log_3 2$이므로 다른 한 근을 α라 하면 근과 계수의 관계에 의하여

$\log_3 2+\alpha=\log_3 18$ ……㉠

$\alpha\times\log_3 2=k$ ……㉡

㉠에서

$\alpha=\log_3 18-\log_3 2=\log_3 9=\log_3 3^2=2$

이것을 ㉡에 대입하면 $2\times\log_3 2=k$

$\therefore k=2\log_3 2=\log_3 4$

$\therefore 3^k=3^{\log_3 4}=4$

답 4

다른 풀이

이차방정식 $x^2-x\log_3 18+k=0$의 한 근이 $\log_3 2$이므로 이 이차방정식에 $x=\log_3 2$를 대입하면

$(\log_3 2)^2-\log_3 2\times\log_3 18+k=0$

$(\log_3 2)^2-\log_3 2\times\log_3(3^2\times 2)+k=0$

$(\log_3 2)^2-\log_3 2\times(\log_3 3^2+\log_3 2)+k=0$

$(\log_3 2)^2-\log_3 2\times(2+\log_3 2)+k=0$

$(\log_3 2)^2-2\log_3 2-(\log_3 2)^2+k=0$

$k-2\log_3 2=0$

$\therefore\ k=2\log_3 2=\log_3 4$

$\therefore\ 3^k=3^{\log_3 4}=4$

17

$\log_2 4=2$, $\log_2 8=3$이므로 $2<\log_2 7<3$

즉, $\log_2 7$의 정수 부분이 2이므로

$n=2$, $\alpha=\log_2 7-2$

따라서 이차방정식 $2x^2+px+q=0$의 두 근이 2, $\log_2 7-2$이므로 근과 계수의 관계에 의하여

$-\frac{p}{2}=2+(\log_2 7-2)$, $\frac{q}{2}=2(\log_2 7-2)$

$-\frac{p}{2}=2+(\log_2 7-2)$, 즉 $-\frac{p}{2}=\log_2 7$에서

$p=-2\log_2 7$

$\frac{q}{2}=2(\log_2 7-2)$, 즉 $\frac{q}{2}=2\log_2 7-4$에서

$q=4\log_2 7-8$

$\therefore\ 2p+q=2\times(-2\log_2 7)+(4\log_2 7-8)$
$=-4\log_2 7+4\log_2 7-8$
$=-8$

답 -8

18

두 자리 자연수 n에 대하여 $10\le n<100$이고,

$\log_4 4=1$, $\log_4 16=2$, $\log_4 64=3$, $\log_4 256=4$,

$\log_5 5=1$, $\log_5 25=2$, $\log_5 125=3$이므로 다음과 같이 경우를 나누어 생각할 수 있다.

(i) $10\le n<16$일 때,

$1<\log_4 n<2$, $1<\log_5 n<2$

즉, $\log_4 n$과 $\log_5 n$의 정수 부분은 1로 같다.

(ii) $16\le n<25$일 때,

$2\le\log_4 n<3$, $1<\log_5 n<2$

즉, $\log_4 n$과 $\log_5 n$의 정수 부분은 각각 2, 1로 같지 않다.

(iii) $25\le n<64$일 때,

$2<\log_4 n<3$, $2\le\log_5 n<3$

즉, $\log_4 n$과 $\log_5 n$의 정수 부분은 2로 같다.

(iv) $64\le n<100$일 때,

$3\le\log_4 n<4$, $2<\log_5 n<3$

즉, $\log_4 n$과 $\log_5 n$의 정수 부분은 각각 3, 2로 같지 않다.

(i)~(iv)에서 $\log_4 n$의 정수 부분과 $\log_5 n$의 정수 부분이 같도록 하는 n의 값의 범위는 $10\le n<16$, $25\le n<64$이므로 두 자리 자연수 n의 최댓값은 63이다.

답 63

2 상용로그

기본 + 필수연습 본문 pp.058~064

28 (1) $\frac{3}{4}$ (2) -4 (3) $\frac{3}{2}$

29 (1) 2.6222 (2) 4.6222 (3) -0.3778

30 (1) 정수 부분 : 2, 소수 부분 : 0.0755
(2) 정수 부분 : -5, 소수 부분 : 0.0755

31 (1) 15자리 (2) 27자리

32 (1) 1.68 (2) -0.4 (3) 0.59

33 $3a+4$ **34** $\frac{a-3b+3}{2a}$ **35** 0.058

36 368 **37** (1) 21자리 (2) 18째 자리

38 11째 자리 **39** (1) 19자리 (2) 7 **40** 5

41 149 **42** 6

28

(1) $\log\sqrt[4]{1000}=\log_{10}10^{\frac{3}{4}}=\frac{3}{4}$

(2) $\log 0.0001=\log_{10}\frac{1}{10000}$
$=\log_{10}10^{-4}$
$=-4$

(3) $\log 10\sqrt{10}=\log_{10} 10^{\frac{3}{2}}$

$=\frac{3}{2}$

답 (1) $\frac{3}{4}$ (2) -4 (3) $\frac{3}{2}$

29

(1) $\log 419=\log(4.19\times 10^2)$

$=\log 4.19+\log 10^2$

$=0.6222+2=2.6222$

(2) $\log 41900=\log(4.19\times 10^4)$

$=\log 4.19+\log 10^4$

$=0.6222+4=4.6222$

(3) $\log 0.419=\log(4.19\times 10^{-1})$

$=\log 4.19+\log 10^{-1}$

$=0.6222-1=-0.3778$

답 (1) 2.6222 (2) 4.6222 (3) -0.3778

30

(1) $\log 119=\log(1.19\times 10^2)$

$=\log 1.19+\log 10^2$

$=2+0.0755$

즉, $\log 119$의 정수 부분은 2, 소수 부분은 0.0755이다.

(2) $\log 0.0000119=\log(1.19\times 10^{-5})$

$=\log 1.19+\log 10^{-5}$

$=-5+0.0755$

즉, $\log 0.0000119$의 정수 부분은 -5, 소수 부분은 0.0755이다.

답 (1) 정수 부분 : 2, 소수 부분 : 0.0755
(2) 정수 부분 : -5, 소수 부분 : 0.0755

31

(1) $\log 3^{30}=30\log 3=30\times 0.4771=14.313$

즉, $\log 3^{30}$의 정수 부분은 14이므로 3^{30}은 15자리 자연수이다.

(2) $\log 21^{20}=20\log 21$

$=20(\log 3+\log 7)$

$=20\times(0.4771+0.8451)=26.444$

즉, $\log 21^{20}$의 정수 부분은 26이므로 21^{20}은 27자리 자연수이다.

답 (1) 15자리 (2) 27자리

32

(1) $\log 48=\log(2^4\times 3)$

$=\log 2^4+\log 3$

$=4\log 2+\log 3$

$=4\times 0.30+0.48=1.68$

(2) $\log 0.4=\log\frac{4}{10}$

$=\log 2^2-\log 10$

$=2\log 2-1$

$=2\times 0.30-1=-0.4$

(3) $\log\sqrt{15}=\log(3\times 5)^{\frac{1}{2}}$

$=\frac{1}{2}\log\left(\frac{3\times 10}{2}\right)$

$=\frac{1}{2}(\log 3+\log 10-\log 2)$

$=\frac{1}{2}(\log 3+1-\log 2)$

$=\frac{1}{2}\times(0.48+1-0.30)=0.59$

답 (1) 1.68 (2) -0.4 (3) 0.59

33

$\log 0.2=a$에서

$\log\frac{2}{10}=a$, $\log 2-1=a$

즉, $\log 2=a+1$이므로

$\log 80=\log(2^3\times 10)$

$=\log 2^3+\log 10$

$=3\log 2+1$

$=3(a+1)+1$

$=3a+4$

답 $3a+4$

34

$\log 5 = b$에서

$\log \frac{10}{2} = b,\ 1 - \log 2 = b$

즉, $\log 2 = 1 - b$이므로

$$\log_9 24 = \frac{\log 24}{\log 9} = \frac{\log(2^3 \times 3)}{\log 3^2}$$
$$= \frac{3\log 2 + \log 3}{2\log 3}$$
$$= \frac{3(1-b)+a}{2a}$$
$$= \frac{a-3b+3}{2a}$$

답 $\frac{a-3b+3}{2a}$

35

$\log x = -1.2366 = -2 + 0.7634$

상용로그표에서 $\log 5.8 = 0.7634$이므로

$$\log x = \log 10^{-2} + \log 5.8$$
$$= \log(10^{-2} \times 5.8)$$
$$= \log 0.058$$

따라서 x의 값은 0.058이다.

답 0.058

36

$\log x^2 = 2\log x = 3.0882$에서

$\log x = \frac{1}{2} \times 3.0882 = 1.5441 = 1 + 0.5441$

$x>0$이므로 $\log x$를 정의할 수 있다.

상용로그표에서 $\log 3.5 = 0.5441$이므로

$\log x = \log 10 + \log 3.5 = \log(10 \times 3.5) = \log 35$

$\therefore\ x = 35$

또한, $\log\sqrt{y} = \frac{1}{2}\log y = -0.2388$에서

$\log y = 2 \times (-0.2388) = -0.4776 = -1 + 0.5224$

$y>0$이므로 $\log y$를 정의할 수 있다.

상용로그표에서 $\log 3.33 = 0.5224$이므로

$$\log y = \log 10^{-1} + \log 3.33$$
$$= \log(10^{-1} \times 3.33)$$
$$= \log 0.333$$

$\therefore\ y = 0.333$

$\therefore\ x + 1000y = 35 + 333 = 368$

답 368

37

(1) 5^{30}에 상용로그를 취하면

$$\log 5^{30} = 30\log 5 = 30\log\frac{10}{2}$$
$$= 30(\log 10 - \log 2)$$
$$= 30 \times (1 - 0.3010)$$
$$= 20.97 = 20 + 0.97$$

즉, $\log 5^{30}$의 정수 부분이 20이므로 5^{30}은 21자리 자연수이다.

(2) $\left(\frac{1}{5}\right)^{25}$에 상용로그를 취하면

$$\log\left(\frac{1}{5}\right)^{25} = \log 5^{-25} = -25\log\frac{10}{2}$$
$$= -25(\log 10 - \log 2)$$
$$= -25 \times (1 - 0.3010)$$
$$= -17.475 = -18 + 0.525$$

즉, $\log\left(\frac{1}{5}\right)^{25}$의 정수 부분이 -18이므로 $\left(\frac{1}{5}\right)^{25}$은 소수점 아래 18째 자리에서 처음으로 0이 아닌 숫자가 나타난다.

답 (1) 21자리 (2) 18째 자리

38

$\left(\frac{1}{12}\right)^{10}$에 상용로그를 취하면

$$\log\left(\frac{1}{12}\right)^{10} = \log 12^{-10} = -10\log(2^2 \times 3)$$
$$= -10(2\log 2 + \log 3)$$
$$= -10 \times (2 \times 0.3010 + 0.4771)$$
$$= -10 \times 1.0791 = -10.791$$
$$= (-10-1) + (1 - 0.791)$$
$$= -11 + 0.209$$

즉, $\log\left(\frac{1}{12}\right)^{10}$의 정수 부분이 -11이므로 $\left(\frac{1}{12}\right)^{10}$은 소수점 아래 11째 자리에서 처음으로 0이 아닌 숫자가 나타난다.

답 11째 자리

39

(1) 5^{27}에 상용로그를 취하면

$$\begin{aligned}\log 5^{27} &= 27\log 5\\ &= 27\log\frac{10}{2}\\ &= 27(\log 10 - \log 2)\\ &= 27\times(1-0.3010)\\ &= 18.873 = 18+0.873\end{aligned}$$

즉, $\log 5^{27}$의 정수 부분이 18이므로 5^{27}은 19자리 자연수이다.

(2) $\log 5^{27} = 18+0.873$에서 $\log 5^{27}$의 소수 부분이 0.873이고, $\log 7 = 0.8451$, $\log 8 = \log 2^3 = 3\log 2 = 0.9030$이므로

$\log 7 < 0.873 < \log 8$

각 변에 18을 더하면

$\log 7 + 18 < 18.873 < \log 8 + 18$

즉, $\log 7 + \log 10^{18} < \log 5^{27} < \log 8 + \log 10^{18}$이므로

$\log(7\times 10^{18}) < \log 5^{27} < \log(8\times 10^{18})$

$\therefore\ 7\times 10^{18} < 5^{27} < 8\times 10^{18}$

따라서 5^{27}의 최고 자리의 숫자는 7이다.

답 (1) 19자리 (2) 7

40

$\left(\frac{2}{3}\right)^{30}$에 상용로그를 취하면

$$\begin{aligned}\log\left(\frac{2}{3}\right)^{30} &= 30(\log 2 - \log 3) = 30\times(0.3010 - 0.4771)\\ &= 30\times(-0.1761) = -5.283\\ &= -6+0.717\end{aligned}$$

즉, $\log\left(\frac{2}{3}\right)^{30}$의 소수 부분은 0.717이다.

이때

$$\begin{aligned}\log 5 &= \log\frac{10}{2}\\ &= 1-\log 2\\ &= 1-0.3010 = 0.6990,\end{aligned}$$

$$\begin{aligned}\log 6 &= \log(2\times 3)\\ &= \log 2 + \log 3\\ &= 0.3010+0.4771 = 0.7781\end{aligned}$$

이므로

$\log 5 < 0.717 < \log 6$

각 변에 -6을 더하면

$-6+\log 5 < -6+0.717 < -6+\log 6$

즉, $\log 10^{-6} + \log 5 < \log\left(\frac{2}{3}\right)^{30} < \log 10^{-6} + \log 6$이므로

$\log(5\times 10^{-6}) < \log\left(\frac{2}{3}\right)^{30} < \log(6\times 10^{-6})$

$\therefore\ 5\times 10^{-6} < \left(\frac{2}{3}\right)^{30} < 6\times 10^{-6}$

따라서 $\left(\frac{2}{3}\right)^{30}$의 소수점 아래에서 처음으로 나타나는 0이 아닌 숫자는 5이다.

답 5

41

$y = 10\log\frac{x}{k}$에서 $y = 10(\log x - \log k)$ ······㉠

$x = \frac{1}{10^5}$일 때 $y = 70$이므로

$70 = 10\left(\log\frac{1}{10^5} - \log k\right)$

$7 = -5 - \log k$

$\therefore\ \log k = -12$

이것을 ㉠에 대입하면

$y = 10(\log x + 12)$

$x = 800$일 때, y의 값을 구하면

$$\begin{aligned}y &= 10(\log 800 + 12)\\ &= 10(3\log 2 + \log 100 + 12)\\ &= 10\times(3\times 0.3 + 2 + 12)\ (\because \log 2 = 0.3)\\ &= 10\times 14.9 = 149\end{aligned}$$

따라서 음향출력이 800W일 때, 음향파워레벨은 149dB이다.

답 149

42

$W=15$, $S=186$, $N=a$일 때,

$C=75$이므로

$75=15\times\log_2\left(1+\frac{186}{a}\right)$

$5=\log_2\left(1+\frac{186}{a}\right)$

로그의 정의에 의하여

$1+\frac{186}{a}=2^5=32$

$\frac{186}{a}=31$ $\quad\therefore a=6$

답 6

STEP 1 개념 마무리 본문 p.065

19 $\frac{a-b+1}{2}$ **20** 434 **21** $10^{\frac{9}{2}}$ **22** $\frac{31}{6}$

23 7 **24** ④

19

$\log 6=a$에서 $\log 2+\log 3=a$ ……㉠

$\log 15=b$에서 $\log\left(\frac{3\times 10}{2}\right)=b$

$\therefore \log 3+1-\log 2=b$ ……㉡

㉠－㉡을 하면

$(\log 2+\log 3)-(\log 3+1-\log 2)=a-b$

$2\log 2-1=a-b$, $2\log 2=a-b+1$

$\therefore \log 2=\frac{a-b+1}{2}$

답 $\frac{a-b+1}{2}$

20

$\log x-\log 4240=-0.9899$이고

상용로그표에서 $\log 4.24=0.6274$이므로

$\log 4240=\log(4.24\times 10^3)$

$=\log 4.24+\log 10^3$

$=0.6274+3=3.6274$

$\therefore \log x=\log 4240-0.9899$

$=3.6274-0.9899$

$=2.6375=2+0.6375$

상용로그표에서 $\log 4.34=0.6375$이므로

$\log x=\log 10^2+\log 4.34=\log(10^2\times 4.34)$

$=\log 434$

$\therefore x=434$

답 434

21

$\log x-\log x^3=\log x-3\log x$

$=-2\log x=n$ (단, n은 정수) ……㉠

또한, $100\le x<1000$에서

$\log 100=\log 10^2=2$, $\log 1000=\log 10^3=3$이므로

$2\le\log x<3$

$\therefore -6<-2\log x\le -4$

이때 ㉠에서 $-2\log x$가 정수이므로

$-2\log x=-5$ 또는 $-2\log x=-4$

즉, $\log x=\frac{5}{2}$ 또는 $\log x=2$

$\therefore x=10^{\frac{5}{2}}$ 또는 $x=10^2$

따라서 모든 실수 x의 값의 곱은

$10^{\frac{5}{2}}\times 10^2=10^{\frac{5}{2}+2}=10^{\frac{9}{2}}$

답 $10^{\frac{9}{2}}$

22

$5<\log x<6$에서 $\log x$의 정수 부분은 5이다.

즉, $\log x=5+\underset{\log x\text{의 소수 부분}}{\underline{\alpha}}$ $(0<\alpha<1)$라 하면

$\log\sqrt{x}=\frac{1}{2}\log x=\frac{5}{2}+\frac{\alpha}{2}$

$=2+\frac{1}{2}+\frac{\alpha}{2}$

이때 $0<a<1$이므로 $\frac{1}{2}<\frac{1}{2}+\frac{a}{2}<1$

따라서 $\log\sqrt{x}$의 소수 부분은 $\frac{1}{2}+\frac{a}{2}$이다.

이때 $\log x$와 $\log\sqrt{x}$의 소수 부분의 합이 $\frac{3}{4}$이므로

$a+\left(\frac{1}{2}+\frac{a}{2}\right)=\frac{3}{4}$

$\frac{3}{2}a=\frac{1}{4}$　　$\therefore\ a=\frac{1}{6}$

$\therefore\ \log x=5+\frac{1}{6}=\frac{31}{6}$

답 $\frac{31}{6}$

23

n^{50}이 34자리 자연수이므로 $\log n^{50}$의 정수 부분은 33이다.
즉, $33\le\log n^{50}<34$이므로
$33\le 50\log n<34$
$\therefore\ 0.66\le\log n<0.68$　　……㉠
한편, $\frac{1}{n^{10}}$에 상용로그를 취하면

$\log\frac{1}{n^{10}}=\log n^{-10}=-10\log n$

이고, ㉠에서 $-6.8<-10\log n\le-6.6$이므로 $\log\frac{1}{n^{10}}$의 정수 부분은 -7이다.
따라서 $\frac{1}{n^{10}}$은 소수점 아래 7째 자리에서 처음으로 0이 아닌 숫자가 나타나므로
$k=7$

답 7

24

절대 등급이 4.8, 광도가 L인 별을 A, 절대 등급이 1.3, 광도가 kL인 별을 B라 하면 $M_A=4.8$, $L_A=L$, $M_B=1.3$, $L_B=kL$이므로

$4.8-1.3=-2.5\log\left(\frac{L}{kL}\right)$

$3.5=-2.5\log\frac{1}{k}$, $3.5=2.5\log k$

$\log k=\frac{7}{5}$　　$\therefore\ k=10^{\frac{7}{5}}$

답 ④

STEP 2 개념 마무리 본문 p.066

1 12	**2** 32	**3** 17	**4** 3
5 3	**6** 29		

1

$\log_a b=\frac{k}{2}$에서 로그의 정의에 의하여 $b=a^{\frac{k}{2}}$

즉, $b^2=a^k$이므로

$A_k=\left\{\frac{b}{a}\,\middle|\,b^2=a^k,\ a\text{와 } b\text{는 2 이상 100 이하의 자연수}\right\}$

(i) $k=3$일 때,
$b^2=a^3$을 만족시키는 자연수 a, b의 순서쌍 (a, b)는
$(2^2, 2^3)$, $(3^2, 3^3)$, $(4^2, 4^3)$
이므로 $A_3=\{2, 3, 4\}$
$\therefore\ n(A_3)=3$

(ii) $k=4$일 때,
$b^2=a^4$, 즉 $b=a^2$을 만족시키는 자연수 a, b의 순서쌍 (a, b)는
$(2, 2^2)$, $(3, 3^2)$, $(4, 4^2)$, $\cdots$, $(9, 9^2)$, $(10, 10^2)$
이므로 $A_4=\{2, 3, 4, \cdots, 9, 10\}$
$\therefore\ n(A_4)=9$

(i), (ii)에서
$n(A_3)+n(A_4)=3+9=12$

답 12

2

$\log_2 x^{\log_2 a}+\log_2 x^{\log_2 b}$
$=\log_2 a\times\log_2 x+\log_2 b\times\log_2 x$
$=(\log_2 a+\log_2 b)\times\log_2 x$
$=\log_2 ab\times\log_2 x$
(가)

$\log_2 ab \times \log_2 x = 8\log_2 x$에서 $x \neq 1$, 즉 $\log_2 x \neq 0$이므로 양변을 $\log_2 x$로 나누면

$\log_2 ab = 8$

로그의 정의에 의하여

$ab = 2^8$ ······ (나)

이때 $a>0$, $b>0$이므로 산술평균과 기하평균의 관계에 의하여

$a+b \geq 2\sqrt{ab} = 2\sqrt{2^8} = 2\times 2^4 = 32$

(단, 등호는 $a=b=2^4$일 때 성립)

따라서 $a+b$의 최솟값은 32이다. ······ (다)

답 32

단계	채점 기준	배점
(가)	로그의 성질을 이용하여 주어진 식을 간단히 한 경우	30%
(나)	로그의 정의를 이용하여 ab의 값을 구한 경우	30%
(다)	산술평균과 기하평균의 관계를 이용하여 $a+b$의 최솟값을 구한 경우	40%

3

조건 (가)에서 $\log_5 x + 3\log_5 y + 2\log_5 z = 67$이므로

$\log_5 xy^3z^2 = 67$

$\therefore xy^3z^2 = 5^{67}$ ······㉠

조건 (나)에서 $x^3 = y^2 = z^5$이므로

$y = x^{\frac{3}{2}}$, $z = x^{\frac{3}{5}}$

이것을 ㉠에 대입하면

$x \times \left(x^{\frac{3}{2}}\right)^3 \times \left(x^{\frac{3}{5}}\right)^2 = 5^{67}$

$x^{1+\frac{9}{2}+\frac{6}{5}} = 5^{67}$, $x^{\frac{67}{10}} = 5^{67}$, $x^{\frac{1}{10}} = 5$

$\therefore x = 5^{10}$, $y = (5^{10})^{\frac{3}{2}} = 5^{15}$, $z = (5^{10})^{\frac{3}{5}} = 5^6$

$\therefore 2\log_5 x + \log_5 y - 3\log_5 z$

$= 2\log_5 5^{10} + \log_5 5^{15} - 3\log_5 5^6$

$= 2\times 10 + 15 - 3\times 6 = 17$

답 17

보충 설명

조건 (나)의 $x^3 = y^2 = z^5$에서 세 양수 x, y, z 중 하나가 1이면 나머지도 모두 1이어야 하므로 이는 조건 (가)에 모순이다.

$\therefore x \neq 1$, $y \neq 1$, $z \neq 1$

4

조건 (가)에서 $2 \leq \log a < 3$이므로

$\log a = 2 + g(a)$ (단, $0 \leq g(a) < 1$)

조건 (나)에서 $g(a) = f(b) + \frac{1}{3}$이고,

$f(b)$는 정수, $0 \leq g(a) < 1$이므로

$f(b) = 0$, $g(a) = \frac{1}{3}$

$\therefore \log a = 2 + \frac{1}{3} = \frac{7}{3}$, $\log b = g(b)$ (단, $0 < g(b) < 1$)

$\log b = g(b) = 0$이면 $b=1$
그런데 $b>1$이므로 모순이다.
$\therefore g(b) \neq 0$

조건 (다)에서 $g(b) = 2g(a)$이므로

$g(b) = 2\times\frac{1}{3} = \frac{2}{3}$ $\quad\therefore \log b = \frac{2}{3}$

$\therefore \log ab = \log a + \log b = \frac{7}{3} + \frac{2}{3} = 3$

답 3

보충 설명

상용로그의 정수 부분과 소수 부분의 응용 |

(1) $\log A$의 정수 부분이 n이다.

$\Leftrightarrow \log A = n + \alpha$ (단, $0 \leq \alpha < 1$)

$\Leftrightarrow n \leq \log A < n+1$

$\Leftrightarrow A = a \times 10^n$ (단, $1 \leq a < 10$)

$\Leftrightarrow 10^n \leq A < 10^{n+1}$

$\Leftrightarrow [\log A] = n$

(2) $\log A$와 $\log B$의 소수 부분이 같다.

$\Leftrightarrow A$와 B의 숫자 배열이 같다.

$\Leftrightarrow \log A - \log B = k$ (k는 정수)이므로 $\frac{A}{B} = 10^k$

$\Leftrightarrow \log A - [\log A] = \log B - [\log B]$

(단, $[x]$는 x보다 크지 않은 최대의 정수이다.)

5

$\frac{a^2}{b}$은 8자리 자연수이므로 $\log\frac{a^2}{b}$의 정수 부분은 7이다.

즉, $7 \leq \log\frac{a^2}{b} < 8$에서

$7 \leq 2\log a - \log b < 8$ ······㉠

또한, $\frac{a}{b^2}$는 소수점 아래 둘째 자리에서 처음으로 0이 아닌 숫자가 나타나므로 $\log\frac{a}{b^2}$의 정수 부분은 -2이다.

즉, $-2 \le \log \frac{a}{b^2} < -1$에서

$-2 \le \log a - 2\log b < -1$ ······ⓛ

㉠+ⓛ을 하면

$5 \le 3\log a - 3\log b < 7$

$\frac{5}{3} \le \log a - \log b < \frac{7}{3}$

즉, $\frac{5}{3} \le \log \frac{a}{b} < \frac{7}{3}$이므로 $\log \frac{a}{b}$의 정수 부분은 1 또는 2이다.

따라서 $n=1$ 또는 $n=2$이므로 구하는 합은

$1+2=3$

답 3

6

연간 방문객이 10년 전에는 100만 명이었고 매년 $p\,\%$씩 꾸준히 증가하여 현재는 1260만 명이 되었으므로

$100\left(1+\frac{p}{100}\right)^{10}=1260$

$\left(1+\frac{p}{100}\right)^{10}=12.6$

위의 식의 양변에 상용로그를 취하면

$\log\left(1+\frac{p}{100}\right)^{10}=\log 12.6$

$10\log\left(1+\frac{p}{100}\right)=1+\log 1.26$

$10\log\left(1+\frac{p}{100}\right)=1.1$ ($\because \log 1.26=0.1$)

$\log\left(1+\frac{p}{100}\right)=0.11$

이때 $\log 1.29=0.11$이므로

$1+\frac{p}{100}=1.29$, $\frac{p}{100}=0.29$ $\therefore p=29$

답 29

보충 설명

일정하게 변화하는 양 | 초기량 A가 매년 $r\,\%$씩 일정하게 증가 또는 감소할 때 n년 후의 양은 다음과 같다.

(1) 증가 : $A\left(1+\frac{r}{100}\right)^n$

(2) 감소 : $A\left(1-\frac{r}{100}\right)^n$

03. 지수함수

1 지수함수

기본 + 필수연습 본문 pp.073~082

01 ㄱ, ㄴ, ㄹ **02** ㄴ, ㄷ, ㄹ **03** 풀이 참조

04 (1) $\sqrt{25}>0.2^{-0.5}$ (2) $\left(\frac{32}{243}\right)^{\frac{5}{2}}<\left(\frac{8}{27}\right)^{\frac{25}{9}}$

05 최댓값 : 82, 최솟값 : 4 **06** 56 **07** $-\frac{1}{2}$

08 16 **09** 12 **10** 20 **11** -1

12 2 **13** -1 **14** ㄱ, ㄴ, ㄷ **15** 16

16 24 **17** $B<A<C$

18 $1<\frac{1}{c}<a<b$ **19** $A<C<B$

20 135 **21** $\frac{1}{3}$ **22** 1

23 (1) 최댓값 : 25, 최솟값 : 9 (2) $2\sqrt{3}$

24 $\frac{1}{2}$ **25** -27

01

ㄱ. $y=(\sqrt[3]{4})^x$은 지수함수이다.

ㄴ. $y=\frac{1}{2^{-3x}}$에서 $y=(2^{-3x})^{-1}=2^{3x}=8^x$이므로 지수함수이다.

ㄷ. $y=\sqrt{x}$는 무리함수이다.

ㄹ. $y=\frac{1}{3}\times 2^x$에서 $y=2^{\log_2 \frac{1}{3}}\times 2^x=2^{x-\log_2 3}$이므로 지수함수이다.

따라서 지수함수인 것은 ㄱ, ㄴ, ㄹ이다.

답 ㄱ, ㄴ, ㄹ

02

ㄱ. 치역은 양의 실수 전체의 집합이다. (거짓)

ㄴ. $f(1)=\frac{1}{5}$이므로 그래프는 점 $\left(1, \frac{1}{5}\right)$을 지난다. (참)

ㄷ. 그래프는 제1, 2사분면은 지나고 제3, 4사분면은 지나지 않는다. (참)

ㄹ. x의 값이 증가하면 $f(x)$의 값은 감소하므로 $x_1<x_2$이면 $f(x_1)>f(x_2)$이다. (참)

따라서 옳은 것은 ㄴ, ㄷ, ㄹ이다.

답 ㄴ, ㄷ, ㄹ

03

(1) $y=\left(\frac{1}{2}\right)^{x+2}+1$의 그래프는 $y=\left(\frac{1}{2}\right)^{x}$의 그래프를 x축의 방향으로 -2만큼, y축의 방향으로 1만큼 평행이동한 것이므로 다음 그림과 같다.

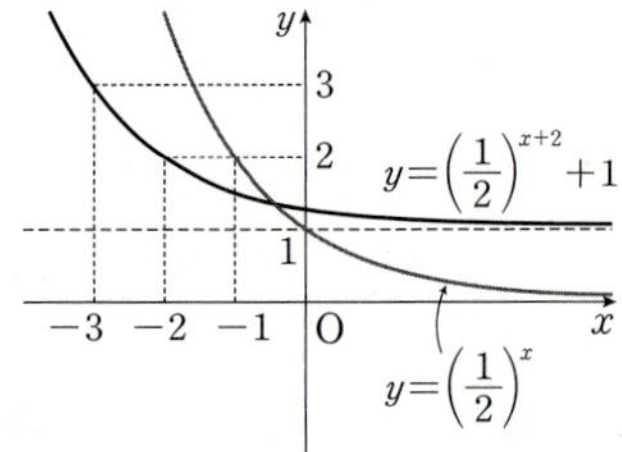

따라서 치역은 $\{y|y>1\}$이고, 점근선의 방정식은 $y=1$이다.

(2) $y=\left(\frac{1}{2}\right)^{-x}$의 그래프는 $y=\left(\frac{1}{2}\right)^{x}$의 그래프를 y축에 대하여 대칭이동한 것이므로 다음 그림과 같다.

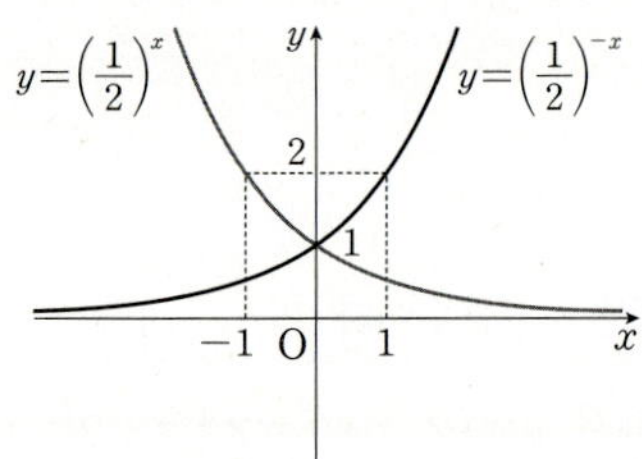

따라서 치역은 $\{y|y>0\}$이고, 점근선의 방정식은 $y=0$이다.

(3) $y=-\left(\frac{1}{2}\right)^{x}$의 그래프는 $y=\left(\frac{1}{2}\right)^{x}$의 그래프를 x축에 대하여 대칭이동한 것이므로 다음 그림과 같다.

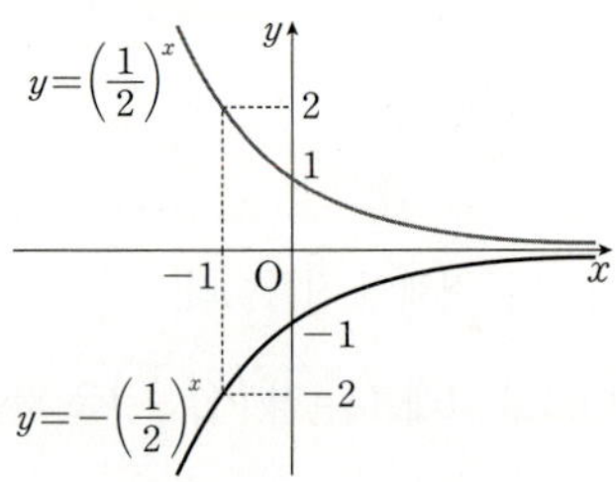

따라서 치역은 $\{y|y<0\}$이고, 점근선의 방정식은 $y=0$이다.

(4) $y=-\left(\frac{1}{2}\right)^{-x}$의 그래프는 $y=\left(\frac{1}{2}\right)^{x}$의 그래프를 원점에 대하여 대칭이동한 것이므로 다음 그림과 같다.

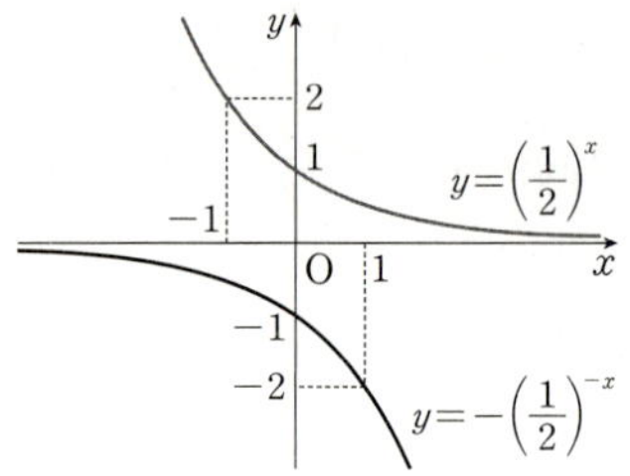

따라서 치역은 $\{y|y<0\}$이고, 점근선의 방정식은 $y=0$이다.

답 풀이 참조

04

(1) $\sqrt{25}=5,\ 0.2^{-0.5}=\left(\frac{1}{5}\right)^{-0.5}=5^{0.5}$

이때 $1>0.5$이고, 함수 $y=5^x$에서 x의 값이 증가하면 y의 값도 증가하므로

$5^1>5^{0.5}\qquad \therefore \sqrt{25}>0.2^{-0.5}$

(2) $\left(\frac{32}{243}\right)^{\frac{5}{2}}=\left(\frac{2}{3}\right)^{\frac{25}{2}},\ \left(\frac{8}{27}\right)^{\frac{25}{9}}=\left(\frac{2}{3}\right)^{\frac{25}{3}}$

이때 $\frac{25}{2}>\frac{25}{3}$이고, 함수 $y=\left(\frac{2}{3}\right)^{x}$에서 x의 값이 증가하면 y의 값은 감소하므로

$\left(\frac{2}{3}\right)^{\frac{25}{2}}<\left(\frac{2}{3}\right)^{\frac{25}{3}}\qquad \therefore \left(\frac{32}{243}\right)^{\frac{5}{2}}<\left(\frac{8}{27}\right)^{\frac{25}{9}}$

답 (1) $\sqrt{25}>0.2^{-0.5}$ (2) $\left(\frac{32}{243}\right)^{\frac{5}{2}}<\left(\frac{8}{27}\right)^{\frac{25}{9}}$

05

$f(x)=3^{2x}+1=\underset{(\text{밑})>1}{9^x}+1$에서 x의 값이 증가하면 $f(x)$의 값도 증가한다.

따라서 $\frac{1}{2}\le x\le 2$에서

$x=2$일 때 최대이므로 함수 $f(x)$의 최댓값은

$f(2)=3^{2\times2}+1=81+1=82$

$x=\frac{1}{2}$일 때 최소이므로 함수 $f(x)$의 최솟값은

$f\left(\frac{1}{2}\right)=3^{2\times\frac{1}{2}}+1=3+1=4$

답 최댓값 : 82, 최솟값 : 4

06

지수함수 $y=a^x$의 그래프가 점 $(2,\ b)$를 지나므로

$b=a^2$

위의 식에 $b=8a-7$을 대입하면

$8a-7=a^2,\ a^2-8a+7=0$

$(a-1)(a-7)=0 \qquad \therefore\ a=7\ (\because\ a>1)$

즉, $b=7^2=49$이므로

$a+b=7+49=56$

답 56

07

함수 $y=\left(\frac{1}{4}\right)^x$의 그래프가 두 점 $(a,\ m)$, $(b,\ n)$을 지나므로

$m=\left(\frac{1}{4}\right)^a,\ n=\left(\frac{1}{4}\right)^b$

$\therefore\ mn=\left(\frac{1}{4}\right)^a\times\left(\frac{1}{4}\right)^b=\left(\frac{1}{4}\right)^{a+b}$

이때 $mn=2$이므로

$2=\left(\frac{1}{4}\right)^{a+b}$, 즉 $\left(\frac{1}{4}\right)^{a+b}=\left(\frac{1}{4}\right)^{-\frac{1}{2}}$

$\therefore\ a+b=-\frac{1}{2}$

답 $-\frac{1}{2}$

08

$\overline{\mathrm{AB}}:\overline{\mathrm{BC}}=1:3$에서 $\overline{\mathrm{AB}}:\overline{\mathrm{AC}}=1:4$이므로 두 점 B, C의 x좌표를 각각 $p,\ 4p\ (p>0)$라 하면

$a^p=2^{4p},\ a^p=(2^4)^p \qquad \therefore\ a=2^4=16$

답 16

09

함수 $y=\left(\frac{1}{2}\right)^x$의 그래프를 x축의 방향으로 m만큼, y축의 방향으로 n만큼 평행이동한 그래프의 식은

$y-n=\left(\frac{1}{2}\right)^{x-m},\ y=\left(\frac{1}{2}\right)^{x-m}+n$

$\therefore\ y=2^{m-x}+n$ ……㉠

한편, $y=4\left(\frac{1}{2^x}-\frac{5}{2}\right)=4\times2^{-x}-10=2^{2-x}-10$ ……㉡

두 그래프 ㉠, ㉡이 일치하므로

$m-x=2-x,\ n=-10$

따라서 $m=2,\ n=-10$이므로

$m-n=2-(-10)=12$

답 12

10

함수 $y=5^x$의 그래프를 x축의 방향으로 -1만큼, y축의 방향으로 -5만큼 평행이동한 그래프의 식은

$y+5=5^{x+1}$

$\therefore\ y=5^{x+1}-5$

이 그래프가 점 $(0,\ m)$을 지나므로

$m=5^{0+1}-5=0$

또한, 이 그래프가 점 $(1,\ n)$을 지나므로

$n=5^{1+1}-5=20$

$\therefore\ m+n=0+20=20$

답 20

11

$f(x)=\frac{1}{7}\times7^{-x}+k=\frac{1}{7}\times\left(\frac{1}{7}\right)^x+k$

$\quad=\left(\frac{1}{7}\right)^{x+1}+k$

이므로 함수 $y=f(x)$의 그래프는 함수 $y=\left(\frac{1}{7}\right)^x$의 그래프를 x축의 방향으로 -1만큼, y축의 방향으로 k만큼 평행이동한 것이다.

즉, 함수 $y=f(x)$의 그래프가 제1사분면을 지나지 않으려면 오른쪽 그림과 같이 $f(0)\le0$이어야 하므로

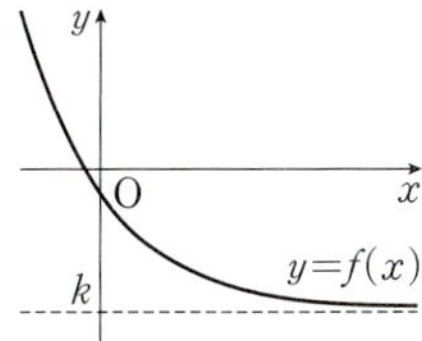

$\frac{1}{7}+k\le0 \qquad \therefore\ k\le-\frac{1}{7}$

따라서 정수 k의 최댓값은 -1이다.

답 -1

12

함수 $y=2^{4-2x}-1$의 그래프를 x축의 방향으로 a만큼, y축의 방향으로 b만큼 평행이동한 그래프의 식은

$y-b=2^{4-2(x-a)}-1$

$\therefore\ y=2^{2a+4-2x}+b-1$

이 그래프를 y축에 대하여 대칭이동한 그래프의 식은

$y=2^{2a+4+2x}+b-1$ ……㉠

한편, $y=\left(\frac{1}{4}\right)^{-x}+3=2^{2x}+3$ ……㉡

두 그래프 ㉠, ㉡이 일치하므로

$2a+4+2x=2x,\ b-1=3$

따라서 $a=-2,\ b=4$이므로

$a+b=-2+4=2$

답 2

13

함수 $y=a^x+3$의 그래프를 원점에 대하여 대칭이동한 그래프의 식은

$-y=a^{-x}+3 \quad \therefore\ y=-a^{-x}-3$

이 그래프를 x축의 방향으로 4만큼, y축의 방향으로 -1만큼 평행이동한 그래프의 식은

$y-(-1)=-a^{-(x-4)}-3$

$\therefore\ y=-a^{-x+4}-4$

이때 $a^0=1$이므로 함수 $y=-a^{-x+4}-4$의 그래프는 a의 값에 관계없이 항상 점 $(4,\ -5)$를 지난다.(*)

따라서 $p=4,\ q=-5$이므로

$p+q=4+(-5)=-1$

답 -1

보충 설명

(*)에서 함수 $y=-a^{-x+4}-4=-a^{-(x-4)}-4$의 그래프는 함수 $y=a^x$의 그래프를 원점에 대하여 대칭이동한 후, x축의 방향으로 4만큼, y축의 방향으로 -4만큼 평행이동한 것이다.

(항상 점 $(0,\ 1)$을 지난다. / 점 $(0,\ 1)\to$ 점 $(0,\ -1)$ / 점 $(0,\ -1)\to$ 점 $(4,\ -5)$)

14

ㄱ. $y=2^{-3x}=8^{-x}$이므로 $y=8^x$의 그래프를 y축에 대하여 대칭이동하면 $y=2^{-3x}$의 그래프와 겹쳐진다.

ㄴ. $y=\left(\frac{1}{8}\right)^{x-1}-2=8^{-(x-1)}-2$이므로 $y=8^x$의 그래프를 y축에 대하여 대칭이동한 후, x축의 방향으로 1만큼, y축의 방향으로 -2만큼 평행이동하면 $y=\left(\frac{1}{8}\right)^{x-1}-2$의 그래프와 겹쳐진다.

ㄷ. $y=2\times 8^x=8^{\frac{1}{3}}\times 8^x=8^{x+\frac{1}{3}}$이므로 $y=8^x$의 그래프를 x축의 방향으로 $-\frac{1}{3}$만큼 평행이동하면 $y=2\times 8^x$의 그래프와 겹쳐진다.

ㄹ. $y=-4^{2x}+3=-16^x+3$이므로 $y=8^x$의 그래프를 평행이동하거나 대칭이동하여도 겹쳐지지 않는다.

따라서 $y=8^x$의 그래프를 평행이동하거나 대칭이동하여 겹쳐질 수 있는 그래프의 식은 ㄱ, ㄴ, ㄷ이다.

답 ㄱ, ㄴ, ㄷ

15

함수 $y=\left(\frac{4}{3}\right)^x+4$의 그래프는 함수 $y=\left(\frac{4}{3}\right)^x$의 그래프를 y축의 방향으로 4만큼 평행이동한 것이므로 다음 그림에서 빗금 친 두 부분의 넓이는 같다.

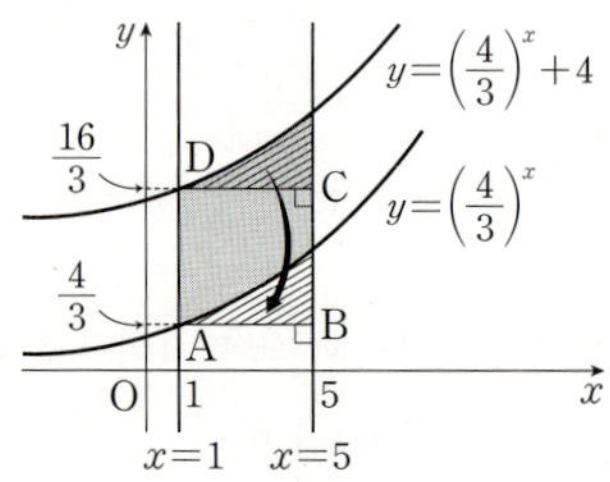

즉, 두 함수 $y=\left(\frac{4}{3}\right)^x$, $y=\left(\frac{4}{3}\right)^x+4$의 그래프와 두 직선 $x=1,\ x=5$로 둘러싸인 도형의 넓이는 직사각형 ABCD의 넓이와 같다.

이때 점 A는 직선 $x=1$과 곡선 $y=\left(\frac{4}{3}\right)^x$의 교점이므로

$A\left(1,\ \frac{4}{3}\right)$

점 D는 직선 $x=1$과 곡선 $y=\left(\frac{4}{3}\right)^x+4$의 교점이므로

$D\left(1,\ \frac{16}{3}\right)$

따라서 구하는 넓이는

$(5-1)\times\left(\frac{16}{3}-\frac{4}{3}\right)=4\times4=16$

답 16

16

곡선 $y=\left(\frac{1}{2}\right)^{x-3}+6$은 곡선 $y=\left(\frac{1}{2}\right)^{x}$을 x축의 방향으로 3만큼, y축의 방향으로 6만큼 평행이동한 것이다.

따라서 곡선 $y=\left(\frac{1}{2}\right)^{x}$ 위의 점 $(0,\ 1)$을 x축의 방향으로 3만큼, y축의 방향으로 6만큼 평행이동한 점은 곡선 $y=\left(\frac{1}{2}\right)^{x-3}+6$ 위의 점 $(3,\ 7)$이 된다.

한편, 점 $(3,\ 7)$은 직선 $y=2x+1$ 위의 점이므로 이 점은 곡선 $y=\left(\frac{1}{2}\right)^{x-3}+6$과 직선 $y=2x+1$의 교점이다.

두 곡선 $y=\left(\frac{1}{2}\right)^{x}$, $y=\left(\frac{1}{2}\right)^{x-3}+6$과 두 직선 $y=2x+1$, $y=2x+9$를 좌표평면 위에 나타내면 다음 그림과 같다.

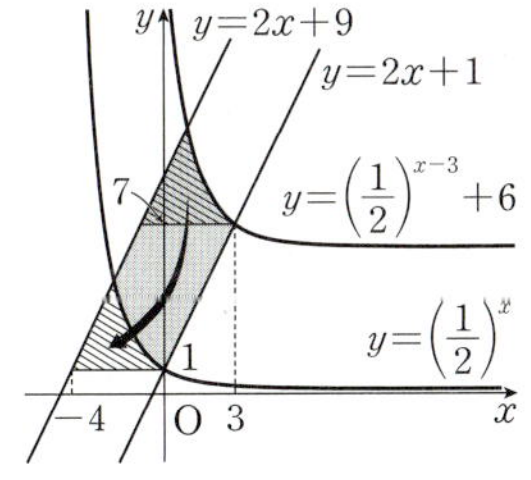

이때 빗금 친 두 부분의 넓이가 같으므로 구하는 도형의 넓이는 밑변의 길이가 4, 높이가 $7-1=6$인 평행사변형의 넓이와 같다.

따라서 구하는 넓이는

$4\times6=24$

답 24

17

세 수 A, B, C의 밑을 $\frac{1}{5}$로 나타내면

$A=\frac{1}{\sqrt{5}}=\left(\frac{1}{5}\right)^{\frac{1}{2}}$

$B=\sqrt[3]{0.04}=\left(\frac{1}{25}\right)^{\frac{1}{3}}=\left(\frac{1}{5}\right)^{\frac{2}{3}}$

$C=\sqrt[8]{0.2^3}=\left(\frac{1}{5}\right)^{\frac{3}{8}}$

이때 $\frac{3}{8}<\frac{1}{2}<\frac{2}{3}$이고, 함수 $y=\left(\frac{1}{5}\right)^{x}$에서 x의 값이 증가하면 y의 값은 감소하므로

$\left(\frac{1}{5}\right)^{\frac{2}{3}}<\left(\frac{1}{5}\right)^{\frac{1}{2}}<\left(\frac{1}{5}\right)^{\frac{3}{8}}$

$\therefore\ B<A<C$

답 $B<A<C$

18

두 함수 $y=a^x$, $y=b^x$은 모두 x의 값이 증가하면 y의 값도 증가하므로

$a>1,\ b>1$

또한, $x>0$에서 곡선 $y=b^x$이 곡선 $y=a^x$보다 y축에 가까우므로

$1<a<b$ ……㉠

한편, 두 함수 $y=a^{-x}=\left(\frac{1}{a}\right)^{x}$, $y=c^x$은 모두 x의 값이 증가하면 y의 값은 감소하므로

$0<\frac{1}{a}<1,\ 0<c<1$

또한, $x<0$에서 곡선 $y=a^{-x}$이 곡선 $y=c^x$보다 y축에 가까우므로

$0<\frac{1}{a}<c<1$ $\therefore\ 1<\frac{1}{c}<a$ ……㉡

㉠, ㉡에서 $1<\frac{1}{c}<a<b$

답 $1<\frac{1}{c}<a<b$

19

세 수 A, B, C의 밑을 a로 나타내면

$A=\sqrt[n+1]{a^n}=a^{\frac{n}{n+1}}=a^{1-\frac{1}{n+1}}$

$B=\sqrt[n]{a^{n+1}}=a^{\frac{n+1}{n}}=a^{1+\frac{1}{n}}$

$C=\sqrt[n+1]{a^{n+2}}=a^{\frac{n+2}{n+1}}=a^{1+\frac{1}{n+1}}$

이때 $a>1$이므로 함수 $y=a^x$에서 x의 값이 증가하면 y의 값도 증가한다.

즉, 세 수 A, B, C에 대하여 지수가 클수록 더 큰 수이다.

(i) A, B의 대소 비교

$$\left(1-\frac{1}{n+1}\right)-\left(1+\frac{1}{n}\right)=-\frac{1}{n+1}-\frac{1}{n}<0$$

$(\because\ n\geq 2)$

즉, $1-\frac{1}{n+1}<1+\frac{1}{n}$이므로

$a^{1-\frac{1}{n+1}}<a^{1+\frac{1}{n}}$ $\quad\therefore\ A<B$

(ii) B, C의 대소 비교

$$1+\frac{1}{n}-\left(1+\frac{1}{n+1}\right)=\frac{1}{n}-\frac{1}{n+1}>0\ (\because\ n\geq 2)$$

즉, $1+\frac{1}{n}>1+\frac{1}{n+1}$이므로

$a^{1+\frac{1}{n}}>a^{1+\frac{1}{n+1}}$ $\quad\therefore\ C<B$

(iii) A, C의 대소 비교

$$1-\frac{1}{n+1}-\left(1+\frac{1}{n+1}\right)=-\frac{2}{n+1}<0\ (\because\ n\geq 2)$$

즉, $1-\frac{1}{n+1}<1+\frac{1}{n+1}$이므로

$a^{1-\frac{1}{n+1}}<a^{1+\frac{1}{n+1}}$ $\quad\therefore\ A<C$

(i), (ii), (iii)에서 $A<C<B$

답 $A<C<B$

다른 풀이

$n=2$일 때에도 세 수 A, B, C의 대소 관계는 유지된다.

세 수 A, B, C에 $n=2$를 대입하면

$A=a^{\frac{2}{3}}$, $B=a^{\frac{3}{2}}$, $C=a^{\frac{4}{3}}$

이때 $\frac{2}{3}<\frac{4}{3}<\frac{3}{2}$이고, $a>1$이므로 함수 $y=a^x$에서 x의 값이 증가하면 y의 값도 증가한다.

즉, $a^{\frac{2}{3}}<a^{\frac{4}{3}}<a^{\frac{3}{2}}$이므로

$A<C<B$

보충 설명

$n\geq 2$이므로 다음과 같이 세 수 A, B, C의 지수의 대소를 비교할 수 있다.

$\frac{n}{n+1}<1$, $\frac{n+1}{n}>1$, $\frac{n+2}{n+1}>1$

이때 $\frac{n+1}{n}>\frac{n+2}{n+1}$이므로

$\frac{n}{n+1}<\frac{n+2}{n+1}<\frac{n+1}{n}$

20

$f(x)=-x^2-4x-3$이라 하면

$y=\left(\frac{1}{2}\right)^{f(x)}+1$에서 $0<(\text{밑})=\frac{1}{2}<1$이므로 $f(x)$가 최소일 때 함수 $y=\left(\frac{1}{2}\right)^{f(x)}+1$은 최대이고, $f(x)$가 최대일 때 함수 $y=\left(\frac{1}{2}\right)^{f(x)}+1$은 최소이다.

한편, $-3\leq x\leq 0$이고,

$f(x)=-x^2-4x-3$

$\quad=-(x+2)^2+1$

이므로 $f(x)$는

$x=0$일 때 최솟값 $f(0)=-3$,

$x=-2$일 때 최댓값 $f(-2)=1$

을 갖는다.

즉, 함수 $y=\left(\frac{1}{2}\right)^{f(x)}+1$은

$x=0$일 때 최댓값 $\left(\frac{1}{2}\right)^{-3}+1=9$,

$x=-2$일 때 최솟값 $\frac{1}{2}+1=\frac{3}{2}$을 갖는다.

따라서 $M=9$, $m=\frac{3}{2}$이므로

$10Mm=10\times 9\times\frac{3}{2}=135$

답 135

21

$f(x)=x^2-4x+9$라 하면 $y=a^{f(x)}$에서

$0<(\text{밑})=a<1$이므로 $f(x)$가 최소일 때 함수 $y=a^{f(x)}$는 최대이다.

한편, $f(x)=x^2-4x+9=(x-2)^2+5$이므로

$f(x)$는 $x=2$일 때 최솟값 $f(2)=5$를 갖는다.

따라서 함수 $y=a^{f(x)}$은 $x=2$일 때 최댓값 a^5을 가지므로

$a^5=\frac{1}{243}$

$\therefore\ a=\frac{1}{3}$

답 $\frac{1}{3}$

22

$g(x)=2-x$라 하면 $f(x)=a^{g(x)}+b$이고, $-1\le x\le 2$에서 $0\le 2-x\le 3$이므로 $0\le g(x)\le 3$

(i) $a>1$일 때,

$f(x)=a^{g(x)}+b$에서 (밑)>1이므로 $g(x)$가 최대일 때 $f(x)$는 최댓값 5, $g(x)$가 최소일 때 $f(x)$는 최솟값 -2를 갖는다. 즉,

$a^3+b=5$ ……㉠, $a^0+b=-2$ ……㉡

㉡에서 $1+b=-2$ $\therefore b=-3$

이것을 ㉠에 대입하면 $a^3-3=5$

$a^3=8$ $\therefore a=2$

(ii) $0<a<1$일 때,

$f(x)=a^{g(x)}+b$에서 $0<$(밑)<1이므로 $g(x)$가 최소일 때 $f(x)$는 최댓값 5, $g(x)$가 최대일 때 $f(x)$는 최솟값 -2를 갖는다. 즉,

$a^0+b=5$ ……㉢, $a^3+b=-2$ ……㉣

㉢에서 $1+b=5$ $\therefore b=4$

이것을 ㉣에 대입하면 $a^3+4=-2$

$a^3=-6$ $\therefore a=-\sqrt[3]{6}$

이때 $a>0$이므로 조건을 만족시키지 않는다.

(i), (ii)에서 $a=2$, $b=-3$, 즉 $f(x)=2^{2-x}-3$이므로

$f(0)=2^2-3=1$

답 1

23

(1) $y=-25^x+2\times 5^{x+1}$

$=-(5^x)^2+10\times 5^x$

$5^x=t$ $(t>0)$로 놓으면

$0\le x\le 1$에서 $5^0\le 5^x\le 5^1$

$\therefore 1\le t\le 5$

이때 주어진 함수는

$y=-t^2+10t$

$=-(t-5)^2+25$

이므로

$t=5$일 때 최댓값

$-0^2+25=25$,

$t=1$일 때 최솟값

$-(-4)^2+25=9$를 갖는다.

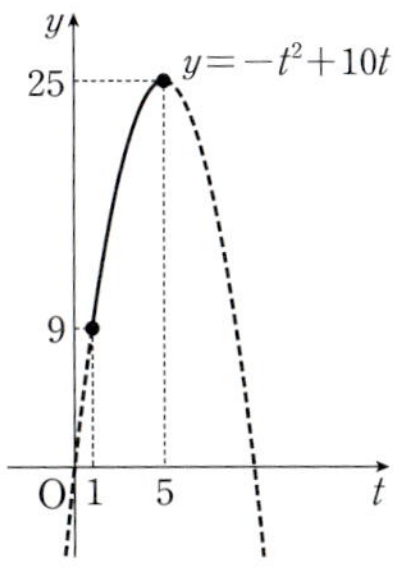

(2) $y=3^x+3^{1-x}=3^x+\dfrac{3}{3^x}$

$3^x=t$ $(t>0)$로 놓으면 주어진 함수는

$y=t+\dfrac{3}{t}$

산술평균과 기하평균의 관계에 의하여

$t+\dfrac{3}{t}\ge 2\sqrt{t\times\dfrac{3}{t}}=2\sqrt{3}$

$\left(\text{단, 등호는 } t=\dfrac{3}{t}\text{, 즉 } t=\sqrt{3}\text{일 때 성립}\right)$ ($x=\frac{1}{2}$)

따라서 함수 $y=3^x+3^{1-x}$의 최솟값은 $2\sqrt{3}$이다.

답 (1) 최댓값 : 25, 최솟값 : 9 (2) $2\sqrt{3}$

24

$y=-9^x+3^{x+a}+2$

$=-(3^x)^2+3^a\times 3^x+2$

$3^x=t$ $(t>0)$로 놓으면 주어진 함수는

$y=-t^2+3^a\times t+2$

$=-\left(t-\dfrac{3^a}{2}\right)^2+\dfrac{3^{2a}}{4}+2$

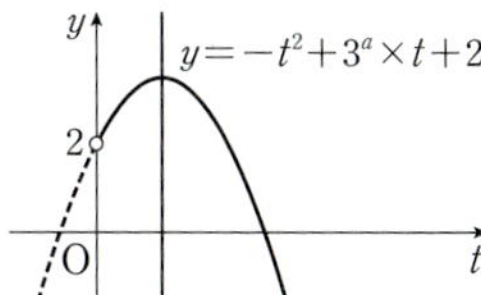

이때 $\dfrac{3^a}{2}>0$이므로 $t>0$일 때,

$t=\dfrac{3^a}{2}$에서 최댓값 $\dfrac{3^{2a}}{4}+2$를 갖는다.

따라서 $\dfrac{3^{2a}}{4}+2=\dfrac{11}{4}$에서 $\dfrac{3^{2a}}{4}=\dfrac{3}{4}$

$3^{2a}=3$, $2a=1$

$\therefore a=\dfrac{1}{2}$

답 $\dfrac{1}{2}$

25

$y=4^x+4^{-x}-10(2^x+2^{-x})$

$=(2^x)^2+(2^{-x})^2-10(2^x+2^{-x})$

$=(2^x+2^{-x})^2-2-10(2^x+2^{-x})$

$=(2^x+2^{-x})^2-10(2^x+2^{-x})-2$ ……㉠

이때 $2^x+2^{-x}=t$로 놓으면

$2^x>0$, $2^{-x}>0$이므로 산술평균과 기하평균의 관계에 의하여

$t=2^x+2^{-x}\geq 2\sqrt{2^x\times 2^{-x}}=2$

(단, 등호는 $2^x=2^{-x}$, 즉 $x=0$일 때 성립)

$\therefore\ t\geq 2$

따라서 주어진 함수는

$y=4^x+4^{-x}-10(2^x+2^{-x})$

$=t^2-10t-2$ (∵ ㉠)

$=(t-5)^2-27$ (단, $t\geq 2$)

이므로 $t=5$에서 최솟값 -27을 갖는다.

답 -27

STEP 1 개념 마무리

본문 pp.083~084

01 3	02 ②	03 8	04 9
05 -2	06 $\frac{2}{3}\log_2 3$	07 6	08 1
09 $A<B<C$		10 ④	11 2
12 3			

01

$f(x)=a^x$ $(a>0,\ a\neq 1)$에서

$3f(-1)+f(1)=4$이므로

$3\times a^{-1}+a=4$

양변에 a를 곱하면 $3+a^2=4a$

$a^2-4a+3=0,\ (a-1)(a-3)=0$

$\therefore\ a=3$ (∵ $a\neq 1$)

따라서 $f(x)=3^x$이므로

$f(-3)\times f(4)=3^{-3}\times 3^4=3^{-3+4}=3$

답 3

02

$f(x)=2^{2x-1}-1$

$=2^{2\left(x-\frac{1}{2}\right)}-1$

$=4^{x-\frac{1}{2}}-1$

에서 함수 $y=f(x)$의 그래프는 함수 $y=4^x$의 그래프를 x축의 방향으로 $\frac{1}{2}$만큼, y축의 방향으로 -1만큼 평행이동한 것이므로 다음 그림과 같다.

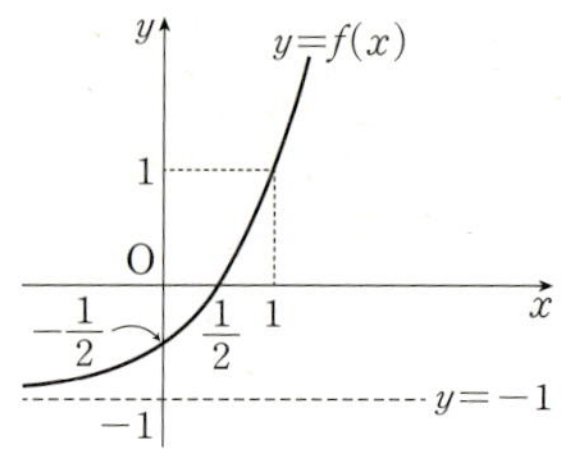

ㄱ. $f(1)=2^{2\times 1-1}-1=1$이므로 그래프는 점 $(1,\ 1)$을 지나지만 점근선의 방정식은 $y=-1$이다. (거짓)

ㄴ. 함수 $y=f(x)$의 그래프는 제1사분면, 제3사분면, 제4사분면을 지난다. (거짓)

ㄷ. 함수 $f(x)$는 일대일함수이므로 $f(x_1)=f(x_2)$이면 $x_1=x_2$이다. (참)
($x_1\neq x_2$이면 $f(x_1)\neq f(x_2)$의 대우)

ㄹ. 함수 $f(x)$는 (밑)$=4>1$이므로 x의 값이 증가하면 y의 값도 증가한다. 즉, $x_1<x_2$이면 $f(x_1)<f(x_2)$이다. (거짓)

따라서 옳은 것은 ㄷ뿐이다.

답 ②

03

$f(x)=\left(a^2+6a+\frac{19}{2}\right)^x$에서 $a^2+6a+\frac{19}{2}=1$이면

$f(x)=1$이 되어 조건을 만족시키지 않는다.

$\therefore\ a^2+6a+\frac{19}{2}\neq 1$

또한, $a^2+6a+\frac{19}{2}=(a+3)^2+\frac{1}{2}>0$이므로 함수 $f(x)$는 지수함수이다.

이때 $f(0)=1$이므로 모든 음의 실수 x에 대하여 $f(x)>1$을 만족시키려면 x의 값이 증가할 때 $f(x)$의 값은 감소해야 한다.

즉, $0<a^2+6a+\frac{19}{2}<1$이어야 하므로

$a^2+6a+\frac{19}{2}<1,\ a^2+6a+\frac{17}{2}<0$

$\therefore\ -3-\frac{\sqrt{2}}{2}<a<-3+\frac{\sqrt{2}}{2}$ ← $a^2+6a+\frac{17}{2}=0$의 근은 근의 공식에 의하여 $a=-3\pm\frac{\sqrt{2}}{2}$

따라서 조건을 만족시키는 정수 a는 -3이므로

$f(x)=\left\{(-3)^2+6\times(-3)+\frac{19}{2}\right\}^x=\left(\frac{1}{2}\right)^x$

$\therefore\ f(a)=f(-3)=\left(\frac{1}{2}\right)^{-3}=8$

답 8

04

점 B의 x좌표를 t $(t>0)$라 하면

$B(t,\ k)$, $\overline{AB}=t$

$\overline{BC}=2\overline{AB}=2t$이므로

$C(3t,\ k)$

$\overline{CD}=3\overline{AB}=3t$이므로

$D(6t,\ k)$

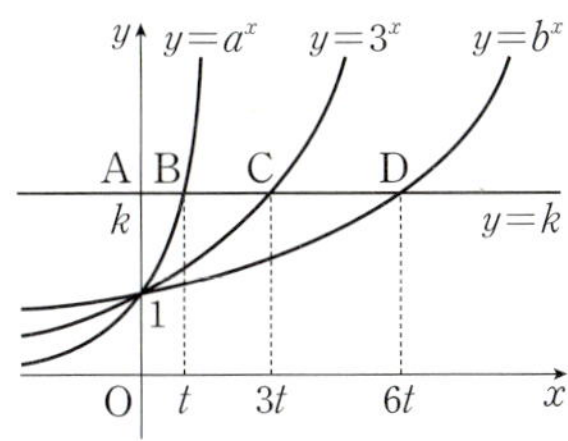

이때 세 점 B, C, D는 각각 세 함수 $y=a^x$, $y=3^x$, $y=b^x$의 그래프 위에 있으므로

$a^t=k$, $3^{3t}=k$, $b^{6t}=k$

즉, $a^t=3^{3t}$에서 $a^t=27^t$이므로

$a=27$

또한, $b^{6t}=3^{3t}$에서 $(b^2)^{3t}=3^{3t}$이므로

$b^2=3$

$\therefore\ \dfrac{a}{b^2}=\dfrac{27}{3}=9$

답 9

다른 풀이

함수 $y=a^x$의 그래프 위의 점 B의 y좌표가 k이므로

점 B의 x좌표는 $a^x=k$에서 $x=\log_a k$

$\therefore\ B(\log_a k,\ k)$

같은 방법으로 $C(\log_3 k,\ k)$, $D(\log_b k,\ k)$이므로

$\overline{AB}=\log_a k$, $\overline{AC}=\log_3 k$, $\overline{AD}=\log_b k$

이때 $\overline{BC}=2\overline{AB}$에서 $\overline{AC}=3\overline{AB}$이므로

$\log_3 k=3\log_a k$

즉, $\log_3 k=\log_{a^{\frac{1}{3}}} k$에서 $a^{\frac{1}{3}}=3$이므로

$a=3^3=27$

또한, $\overline{CD}=3\overline{AB}$에서 $\overline{AD}=6\overline{AB}$이므로

$\log_b k=6\log_a k$

즉, $\log_b k=\log_{a^{\frac{1}{6}}} k$에서 $a^{\frac{1}{6}}=b$이므로

$b^2=a^{\frac{1}{3}}=3$

$\therefore\ \dfrac{a}{b^2}=\dfrac{27}{3}=9$

05

함수 $y=3^{x-a}+b$의 그래프가 점 $A(-1,\ 0)$을 지나므로

$0=3^{-1-a}+b\qquad \therefore\ b=-3^{-1-a}\qquad \cdots\cdots ㉠$

또한, 함수 $y=3^{x-a}+b$의 그래프는 함수 $y=3^x$의 그래프를 x축의 방향으로 a만큼, y축의 방향으로 b만큼 평행이동한 것이므로 점근선의 방정식은 $y=b$이다.

즉, 점 $A(-1,\ 0)$과 직선 $y=b$ 사이의 거리가 1이므로

$|b-0|=1$에서 $b=\pm1$

이때 ㉠에서 $b=-3^{-1-a}<0$이므로

$b=-1$

이것을 ㉠에 대입하면

$-1=-3^{-1-a}$, $1=3^{-1-a}$

$3^0=3^{-1-a}$, $0=-1-a\qquad \therefore\ a=-1$

$\therefore\ a+b=-1+(-1)=-2$

답 -2

06

두 함수 $f(x)=\dfrac{2^x}{3}$, $g(x)=2^x-2$의 그래프가 y축과 만나는 점은 각각

$A\left(0,\ \dfrac{1}{3}\right)$, $B(0,\ -1)$

두 곡선 $y=f(x)$, $y=g(x)$가 만나는 점 C의 x좌표를 k라 하면

$\dfrac{2^k}{3}=2^k-2$에서 $\dfrac{2}{3}\times2^k=2$

$2^k=3$, 즉 $k=\log_2 3$이므로

$C(\log_2 3,\ 1)$ $\quad \dfrac{2^{\log_2 3}}{3}=\dfrac{3}{3}=1$

오른쪽 그림과 같이 점 C에서 y축에 내린 수선의 발을 H라 하면

$\overline{CH}=\log_2 3$

따라서 삼각형 ABC의 넓이는

$$\dfrac{1}{2}\times\overline{AB}\times\overline{CH}=\dfrac{1}{2}\times\left\{\dfrac{1}{3}-(-1)\right\}\times\log_2 3$$

$$=\dfrac{2}{3}\log_2 3$$

답 $\dfrac{2}{3}\log_2 3$

07

(i) 곡선 $y=4^{-x+2}+a$가 곡선 $y=3^x+2$와 제2사분면에서 만나려면 오른쪽 그림과 같아야 한다.

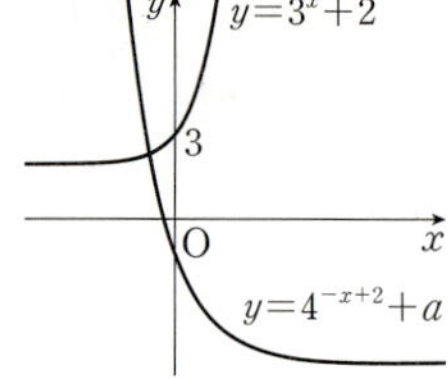

즉, $y=4^{-x+2}+a$에서 $x=0$일 때, $y<3$이어야 하므로

$4^2+a<3 \quad \therefore a<-13$

(ii) 곡선 $y=4^{-x+2}+a$가 곡선 $y=2^x-5$와 제4사분면에서 만나려면 오른쪽 그림과 같아야 한다.

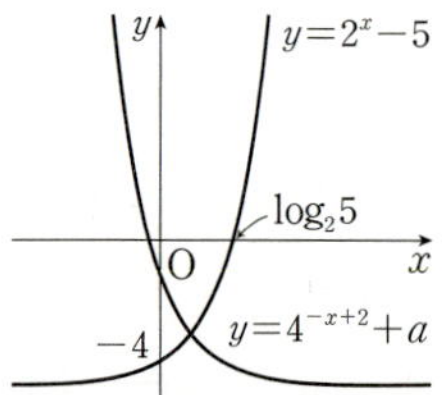

즉, $y=4^{-x+2}+a$에서 $x=0$일 때, $y>-4$이어야 하므로

$4^2+a>-4 \quad \therefore a>-20$ ……㉠

또한, 곡선 $y=2^x-5$와 x축이 만나는 점의 좌표는 $(\log_2 5,\ 0)$

즉, $y=4^{-x+2}+a$에서 $x=\log_2 5$일 때, $y<0$이어야 하므로

$4^{-\log_2 5+2}+a<0,\ \dfrac{16}{25}+a<0$

$\therefore a<-\dfrac{16}{25}$ ……㉡

㉠, ㉡에서 $-20<a<-\dfrac{16}{25}$

(i), (ii)에서 $-20<a<-13$이므로 정수 a는 $-19,\ -18,\ -17,\ -16,\ -15,\ -14$의 6개이다.

답 6

08

직선 $x=k$가 두 함수 $y=\left(\dfrac{1}{2}\right)^x$, $y=-2^x$의 그래프와 만나는 점은 각각 $\mathrm{A}\left(k,\ \left(\dfrac{1}{2}\right)^k\right)$, $\mathrm{B}(k,\ -2^k)$이다.

한편, $y=\left(\dfrac{1}{2}\right)^x=2^{-x}$에서 두 함수 $y=\left(\dfrac{1}{2}\right)^x$, $y=-2^x$의 그래프는 원점에 대하여 대칭이고, 점 C는 직선 AO 위의 점이므로 두 점 A, C는 원점에 대하여 대칭이다.

$\therefore \mathrm{C}\left(-k,\ -\left(\dfrac{1}{2}\right)^k\right)$

이때 삼각형 ABC의 무게중심의 좌표가 $\left(a,\ -\dfrac{8}{3}\right)$이므로

$a=\dfrac{k+k-k}{3}=\dfrac{k}{3}$, ← 세 점 (x_1, y_1), (x_2, y_2), (x_3, y_3)을 꼭짓점으로 하는 삼각형의 무게중심의 좌표는 $\left(\dfrac{x_1+x_2+x_3}{3},\ \dfrac{y_1+y_2+y_3}{3}\right)$

$-\dfrac{8}{3}=\dfrac{\left(\dfrac{1}{2}\right)^k-2^k-\left(\dfrac{1}{2}\right)^k}{3}=-\dfrac{2^k}{3}$

즉, $2^k=8$이므로 $2^k=2^3 \quad \therefore k=3$

$\therefore a=\dfrac{3}{3}=1$

답 1

보충 설명

두 함수의 그래프가 원점에 대하여 대칭이면, 원점을 지나는 직선과 각 함수의 그래프가 만나는 점도 서로 원점에 대하여 대칭이다.

09

$f(x)=2^x-1$이므로

$2^a-1=f(a),\ 2^b-1=f(b)$

또한, $f(0)=0$이므로 세 수 $A,\ B,\ C$를 다음과 같이 나타낼 수 있다.

$A=\dfrac{2^a-1}{a}=\dfrac{f(a)}{a}=\dfrac{f(a)-f(0)}{a-0}$

$B=\dfrac{2^b-1}{b}=\dfrac{f(b)}{b}=\dfrac{f(b)-f(0)}{b-0}$

$C=\dfrac{2^b-2^a}{b-a}=\dfrac{f(b)-f(a)}{b-a}$

즉, A는 직선 OP의 기울기, B는 직선 OQ의 기울기, C는 직선 PQ의 기울기를 나타낸다.

따라서 오른쪽 그림에서

$A<B<C$

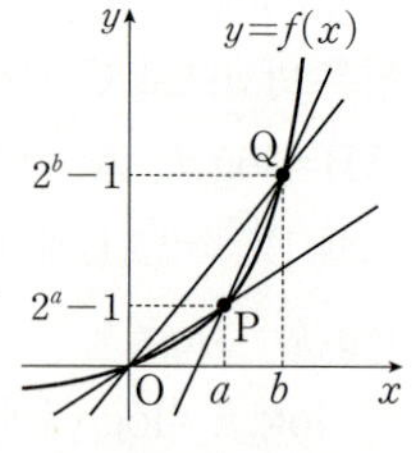

답 $A<B<C$

보충 설명

함수 $y=f(x)$의 그래프가 오른쪽 그림과 같이 원점을 지날 때,

$\dfrac{f(a)-f(0)}{a-0}=\dfrac{f(a)}{a}$

는 원점과 점 $(a,\ f(a))$를 지나는 직선의 기울기를 나타낸다.

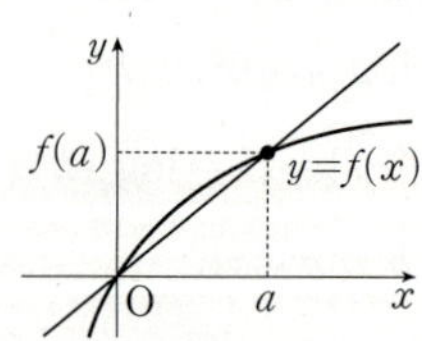

10

$\left(\frac{1}{a}\right)^m < \left(\frac{1}{a}\right)^n < b^n < b^m$에서 $a \neq 1$, $b \neq 1$

이때 자연수 n에 대하여 $\left(\frac{1}{a}\right)^n < b^n$이므로

$\frac{1}{a} < b$

즉, 두 양수 a, b에 대하여

$0 < \frac{1}{a} < b < 1$ 또는 $0 < \frac{1}{a} < 1 < b$ 또는 $1 < \frac{1}{a} < b$

(i) $0 < \frac{1}{a} < b < 1$일 때,

$\left(\frac{1}{a}\right)^m < \left(\frac{1}{a}\right)^n$에서 $0 <$ (밑) $= \frac{1}{a} < 1$이므로 $m > n$,

$b^n < b^m$에서 $0 <$ (밑) $= b < 1$이므로 $n > m$

즉, 조건을 만족시키는 두 자연수 m, n은 존재하지 않는다.

(ii) $0 < \frac{1}{a} < 1 < b$일 때,

$\left(\frac{1}{a}\right)^m < \left(\frac{1}{a}\right)^n$에서 $0 <$ (밑) $= \frac{1}{a} < 1$이므로 $m > n$,

$b^n < b^m$에서 (밑) $= b > 1$이므로 $n < m$

즉, $m > n$인 두 자연수 m, n에 대하여 주어진 부등식이 성립한다.

(iii) $1 < \frac{1}{a} < b$일 때,

$\left(\frac{1}{a}\right)^m < \left(\frac{1}{a}\right)^n$에서 (밑) $= \frac{1}{a} > 1$이므로 $m < n$,

$b^n < b^m$에서 (밑) $= b > 1$이므로 $n < m$

즉, 조건을 만족시키는 두 자연수 m, n은 존재하지 않는다.

(i), (ii), (iii)에서 $0 < \frac{1}{a} < 1 < b$, $m > n$

ㄱ. $m > n$ (참)

ㄴ. $0 < \frac{1}{a} < 1 < b$에서 $a > 1$, $b > 1$이지만 $a > b$인지 알 수 없다. (거짓)

ㄷ. $0 < \frac{1}{a} < 1$에서 $a > 1$이므로 함수 $y = a^x$에서 x의 값이 증가하면 y의 값도 증가한다.

이때 $0 < \frac{1}{a} < 1 < a$이므로

$a^{\frac{1}{a}} < a^a$ (참)

ㄹ. $0 < \frac{1}{a} < 1 < b$이므로 두 함수 $y = \left(\frac{1}{a}\right)^x$, $y = b^x$의 그래프는 다음 그림과 같다.

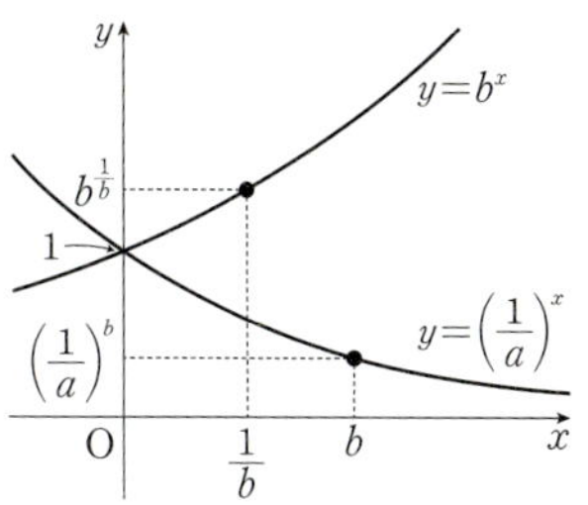

이때 $b > 1$에서 $0 < \frac{1}{b} < b$이므로 $\left(\frac{1}{a}\right)^b < b^{\frac{1}{b}}$ (참)

따라서 옳은 것은 ㄱ, ㄷ, ㄹ이다.

답 ④

11

$f(x) = x^2 - 4x - 1 = (x-2)^2 - 5$

이므로 함수 $y = f(x)$의 그래프는 오른쪽 그림과 같고, $1 \leq x \leq 4$에서 $-5 \leq f(x) \leq -1$

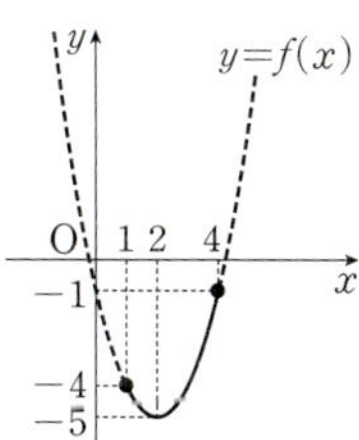

(i) $a > 1$일 때,

$(g \circ f)(x) = g(f(x)) = a^{f(x)}$

에서 (밑) > 1이므로 $f(x)$가 최대일 때, $(g \circ f)(x)$는 최댓값 32를 가진다. 즉,

$a^{-1} = 32 \qquad \therefore a = \frac{1}{32}$

그런데 $a > 1$이므로 조건을 만족시키지 않는다.

(ii) $0 < a < 1$일 때,

$(g \circ f)(x) = g(f(x)) = a^{f(x)}$에서 $0 <$ (밑) < 1이므로 $f(x)$가 최소일 때, $(g \circ f)(x)$는 최댓값 32를 가진다. 즉,

$a^{-5} = 32 \qquad \therefore a = \frac{1}{2}$

$\therefore (g \circ f)(x) = \left(\frac{1}{2}\right)^{f(x)}$

따라서 함수 $(g \circ f)(x)$는 $f(x)$가 최대일 때 최솟값을 가지므로 그 최솟값은

$g(-1) = \left(\frac{1}{2}\right)^{-1} = 2$

(i), (ii)에서 구하는 최솟값은 2이다.

답 2

12

$2^{2k-x}>0,\ 2^{2k+x}>0$이므로 산술평균과 기하평균의 관계에 의하여

$2^{2k-x}+2^{2k+x}\ge 2\sqrt{2^{2k-x}\times 2^{2k+x}}=2\sqrt{2^{4k}}$

(단, 등호는 $2^{2k-x}=2^{2k+x}$, 즉 $x=0$일 때 성립)

이때 함수 $y=2^{2k-x}+2^{2k+x}$의 최솟값이 128이므로

$2\sqrt{2^{4k}}=128,\ 2^{1+2k}=2^7$

즉, $1+2k=7$이므로 $2k=6$ $\therefore k=3$

답 3

② 지수함수의 활용

기본 + 필수연습

본문 pp.088~094

26 (1) $x=3$ (2) $x=1$ 또는 $x=3$

27 (1) $x=3$ (2) $x=3$ 또는 $x=4$

28 (1) $x>3$ (2) $x\le 6$

29 (1) $0\le x\le 1$ (2) $1\le x\le 3$ **30** -2

31 3 **32** -6 **33** -3

34 $\frac{1}{18}<a\le\frac{1}{6}$ **35** $a\ge 4$

36 (1) $x=-1,\ y=-1$ (2) $-\frac{2}{3}<x<6$

37 $x=2,\ y=3$ **38** 10

39 (1) $x=0$ 또는 $x=3$ (2) $1<x<6$

40 $x=\frac{2}{3}$ 또는 $x=3$ **41** $-3<x\le 5$

42 3개 이상 **43** 2 **44** 30년 후

26

(1) $4^x=\left(\frac{1}{2}\right)^{x-9}$에서 $2^{2x}=2^{-x+9}$

즉, $2x=-x+9$이므로

$3x=9$ $\therefore x=3$

(2) $125\times 5^{x^2}=5^{4x}$에서 $5^{x^2+3}=5^{4x}$

즉, $x^2+3=4x$이므로

$x^2-4x+3=0,\ (x-1)(x-3)=0$

$\therefore x=1$ 또는 $x=3$

답 (1) $x=3$ (2) $x=1$ 또는 $x=3$

27

(1) $4^x+2^{x+3}-128=0$에서 $(2^x)^2+8\times 2^x-128=0$

$2^x=t\ (t>0)$로 놓으면

$t^2+8t-128=0,\ (t+16)(t-8)=0$

$\therefore t=8\ (\because t>0)$

따라서 $2^x=8=2^3$이므로 주어진 방정식의 해는

$x=3$

(2) $3^{x-4}=x^{x-4}\ (x>0)$에서

(i) 밑이 같으면 $x=3$

(ii) 지수가 0이면 $x-4=0$ $\therefore x=4$

(i), (ii)에서 주어진 방정식의 해는

$x=3$ 또는 $x=4$

답 (1) $x=3$ (2) $x=3$ 또는 $x=4$

28

(1) $\left(\frac{1}{2}\right)^{x-5}<4$에서 $\left(\frac{1}{2}\right)^{x-5}<\left(\frac{1}{2}\right)^{-2}$

이때 $0<(\text{밑})=\frac{1}{2}<1$이므로

$x-5>-2$ $\therefore x>3$

(2) $5^{x-1}\ge\left(\frac{1}{5}\right)^{7-2x}$에서 $5^{x-1}\ge 5^{2x-7}$

이때 $(\text{밑})=5>1$이므로

$x-1\ge 2x-7$ $\therefore x\le 6$

답 (1) $x>3$ (2) $x\le 6$

29

(1) $6\times\left(\frac{1}{9}\right)^x+\left(\frac{1}{3}\right)^x\le\left(\frac{1}{3}\right)^{x-2}-2$에서

$6\times\left\{\left(\frac{1}{3}\right)^x\right\}^2+\left(\frac{1}{3}\right)^x\le 9\times\left(\frac{1}{3}\right)^x-2$

즉, $6\times\left\{\left(\frac{1}{3}\right)^x\right\}^2-8\times\left(\frac{1}{3}\right)^x+2\le 0$에서

$\left(\frac{1}{3}\right)^x=t\ (t>0)$로 놓으면

$6t^2-8t+2\le 0,\ 3t^2-4t+1\le 0$

$(3t-1)(t-1)\le 0 \qquad \therefore \frac{1}{3}\le t\le 1$

따라서 $\frac{1}{3}\le\left(\frac{1}{3}\right)^x\le 1$, 즉 $\left(\frac{1}{3}\right)^1\le\left(\frac{1}{3}\right)^x\le\left(\frac{1}{3}\right)^0$이므로

주어진 부등식의 해는

$0\le x\le 1$ ← $0<(\text{밑})=\frac{1}{3}<1$이므로 부등호 방향 반대로

(2) $x^{2x+5}\ge x^{3x+2}\ (x>0)$에서

(i) $0<x<1$일 때,

$2x+5\le 3x+2$이므로 $x\ge 3$

그런데 $0<x<1$이므로 해는 없다.

(ii) $x=1$일 때,

(좌변)=(우변)=1이므로 부등식이 성립한다.

(iii) $x>1$일 때,

$2x+5\ge 3x+2$이므로 $x\le 3$

그런데 $x>1$이므로 $1<x\le 3$

(i), (ii), (iii)에서 주어진 부등식의 해는

$1\le x\le 3$

답 (1) $0\le x\le 1$ (2) $1\le x\le 3$

30

$\left(\frac{1}{9}\right)^x-4\times\left(\frac{1}{3}\right)^{x-1}+9=0$에서

$\left\{\left(\frac{1}{3}\right)^x\right\}^2-12\times\left(\frac{1}{3}\right)^x+9=0$

$\left(\frac{1}{3}\right)^x=t\ (t>0)$로 놓으면

$t^2-12t+9=0 \quad \cdots\cdots ㉠$

한편, 주어진 방정식의 두 근을 α, β라 하면

t에 대한 이차방정식 ㉠의 두 근은 $\left(\frac{1}{3}\right)^\alpha$, $\left(\frac{1}{3}\right)^\beta$이다.

이차방정식 ㉠의 근과 계수의 관계에 의하여

$\left(\frac{1}{3}\right)^\alpha\times\left(\frac{1}{3}\right)^\beta=9$

즉, $\left(\frac{1}{3}\right)^{\alpha+\beta}=\left(\frac{1}{3}\right)^{-2}$이므로

$\alpha+\beta=-2$

답 -2

31

$25^x-k\times 5^{x+1}+25=0$에서

$(5^x)^2-5k\times 5^x+25=0$

$5^x=t\ (t>0)$로 놓으면

$t^2-5kt+25=0 \quad \cdots\cdots ㉠$

주어진 방정식이 오직 하나의 실근을 가지려면 이차방정식 ㉠이 양의 실근과 0보다 작거나 같은 근을 하나씩 갖거나 양의 중근을 가져야 한다.
(두 근의 곱)≤0

이때 이차방정식의 근과 계수의 관계에 의하여

(㉠의 두 근의 곱)$=25>0$ ← 두 근의 부호가 같다.

이므로 이차방정식 ㉠은 양의 중근을 가져야 한다.

(i) 이차방정식 ㉠의 판별식을 D라 하면

$D=0$이어야 하므로

$D=(-5k)^2-4\times 25$

$=25k^2-100=0$

즉, $k^2=4$이므로 $k=\pm 2$

(ii) (㉠의 두 근의 합)$=5k>0$

$\therefore k>0$

(i), (ii)에서 $k=2$

이것을 ㉠에 대입하면

$t^2-10t+25=0,\ (t-5)^2=0$

$\therefore t=5$

즉, $5^\alpha=5$이므로 $\alpha=1$

$\therefore k+\alpha=2+1=3$

답 3

32

곡선 $y=9^x-4\times 3^x$과 직선 $y=k$가 서로 다른 두 점에서 만나려면 방정식 $9^x-4\times 3^x=k$, 즉 $(3^x)^2-4\times 3^x-k=0$이 서로 다른 두 실근을 가져야 한다.

$3^x=t\ (t>0)$로 놓으면

$t^2-4t-k=0 \quad \cdots\cdots ㉠$

x에 대한 방정식 $(3^x)^2-4\times 3^x-k=0$이 서로 다른 두 실근을 가지려면 이차방정식 ㉠이 서로 다른 두 양의 실근을 가져야 한다.

(i) 이차방정식 ㉠의 판별식을 D라 하면 $D>0$이어야 하므로

$\frac{D}{4}=(-2)^2-(-k)=4+k>0$

$\therefore\ k>-4$

(ii) (㉠의 두 근의 합)$=4>0$이므로 항상 성립한다.

(iii) (㉠의 두 근의 곱)$=-k>0$ $\quad\therefore\ k<0$

(i), (ii), (iii)에서 $-4<k<0$

따라서 조건을 만족시키는 정수 k는 $-3,\ -2,\ -1$이므로 그 합은

$-3+(-2)+(-1)=-6$

답 -6

다른 풀이

$y=9^x-4\times3^x=(3^x)^2-4\times3^x$에서

$3^x=t\ (t>0)$로 놓으면 $y=t^2-4t$

이때 곡선 $y=9^x-4\times3^x$과 직선 $y=k$가 서로 다른 두 점에서 만나려면 함수 $y=t^2-4t=(t-2)^2-4\ (t>0)$의 그래프와 직선 $y=k$가 오른쪽 그림과 같이 서로 다른 두 점에서 만나야 한다.

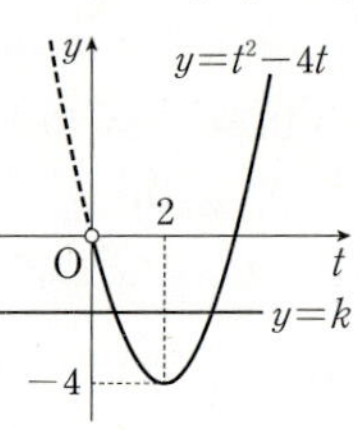

즉, $-4<k<0$이어야 하므로 조건을 만족시키는 모든 정수 k의 값의 합은

$-3+(-2)+(-1)=-6$

33

$\left(\frac{1}{25}\right)^x-30\times\left(\frac{1}{5}\right)^x+125\le0$에서

$\left\{\left(\frac{1}{5}\right)^x\right\}^2-30\times\left(\frac{1}{5}\right)^x+125\le0$

$\left(\frac{1}{5}\right)^x=t\ (t>0)$로 놓으면

$t^2-30t+125\le0,\ (t-5)(t-25)\le0$

$\therefore\ 5\le t\le25$

즉, $5\le\left(\frac{1}{5}\right)^x\le25$에서 $\left(\frac{1}{5}\right)^{-1}\le\left(\frac{1}{5}\right)^x\le\left(\frac{1}{5}\right)^{-2}$

$\therefore\ -2\le x\le-1$

따라서 조건을 만족시키는 정수 x는 $-2,\ -1$이므로 그 합은

$-2+(-1)=-3$

답 -3

34

$3^{2x}-(2a+8)\times3^x+16a\le0$에서

$(3^x)^2-(2a+8)\times3^x+16a\le0$

$3^x=t\ (t>0)$로 놓으면

$t^2-(2a+8)t+16a\le0,\ (t-2a)(t-8)\le0$

$\therefore\ 2a\le t\le8\ (\because\ a<4)$

즉, $2a\le3^x\le8$에서 $3^1<8<3^2$이므로 조건을 만족시키는 정수 x는 $-1,\ 0,\ 1$의 3개이어야 한다.

따라서 $3^{-2}<2a\le3^{-1}$이므로

$\frac{1}{9}<2a\le\frac{1}{3}\qquad\therefore\ \frac{1}{18}<a\le\frac{1}{6}$

답 $\frac{1}{18}<a\le\frac{1}{6}$

35

$4^x+2^{x+1}+a-4>0$에서

$(2^x)^2+2\times2^x+a-4>0\qquad$ ······㉠

$2^x=t\ (t>0)$로 놓으면

$t^2+2t+a-4>0\qquad$ ······㉡

모든 실수 x에 대하여 부등식 ㉠이 성립하려면 모든 양수 t에 대하여 부등식 ㉡이 성립해야 한다.

$f(t)=t^2+2t+a-4$

$\quad=(t+1)^2+a-5$

라 하면 $t>0$에서 이차함수 $y=f(t)$의 그래프는 오른쪽 그림과 같아야 하므로 $f(0)\ge0$이어야 한다.

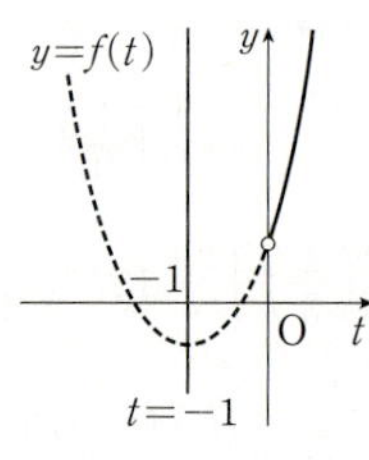

따라서 $f(0)=a-4\ge0$에서

$a\ge4$

답 $a\ge4$

36

(1) $0.2^{x+y}=25$에서 $5^{-x-y}=5^2$이므로

$-x-y=2\qquad\therefore\ x=-y-2\qquad$ ······㉠

㉠을 $2^x+2^y=1$에 대입하면

$2^{-y-2}+2^y=1$

$\frac{1}{4\times2^y}+2^y=1$

이때 $2^y=t\ (t>0)$로 놓으면

$\frac{1}{4t}+t=1$

양변에 $4t$를 곱하면

$1+4t^2=4t,\ 4t^2-4t+1=0$

$(2t-1)^2=0 \qquad \therefore\ t=\frac{1}{2}$

즉, $2^y=\frac{1}{2}=2^{-1}$이므로 $y=-1$

이것을 ㉠에 대입하면 $x=-1$

따라서 주어진 연립방정식의 해는

$x=-1,\ y=-1$

(2) $\left(\frac{2}{3}\right)^{x+4}<\left(\frac{9}{4}\right)^{x-1}$에서

$\left(\frac{2}{3}\right)^{x+4}<\left(\frac{2}{3}\right)^{-2x+2}$

즉, $x+4>-2x+2$이므로

└ $0<(\text{밑})=\frac{2}{3}<1$이므로 부등호 방향 반대로

$3x>-2 \qquad \therefore\ x>-\frac{2}{3}$ ……㉠

또한, $2^{x-2}<\sqrt{2^{x+2}}$에서

$2^{x-2}<2^{\frac{x+2}{2}}$

즉, $x-2<\frac{x+2}{2}$이므로

└ $(\text{밑})=2>1$이므로 부등호 방향 그대로

$2x-4<x+2 \qquad \therefore\ x<6$ ……㉡

㉠, ㉡에서 주어진 연립부등식의 해는

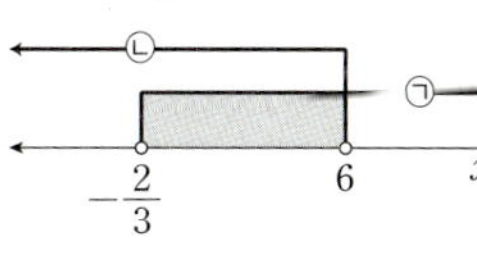

$-\frac{2}{3}<x<6$

답 (1) $x=-1,\ y=-1$ (2) $-\frac{2}{3}<x<6$

37

$\begin{cases} 2^x+2\times 3^y=58 \\ 3\times 2^x-3^y=-15 \end{cases}$ 에서

$2^x=X,\ 3^y=Y\ (X>0,\ Y>0)$로 놓으면

$\begin{cases} X+2Y=58 & \cdots\cdots ㉠ \\ 3X-Y=-15 & \cdots\cdots ㉡ \end{cases}$

㉠$+2\times$㉡을 하면

$7X=28 \qquad \therefore\ X=4$

이것을 ㉠에 대입하면

$4+2Y=58 \qquad \therefore\ Y=27$

따라서 $2^x=4=2^2,\ 3^y=27=3^3$이므로

주어진 연립방정식의 해는 $x=2,\ y=3$

답 $x=2,\ y=3$

38

$2^x-2^{\frac{x}{2}+1}-8\le 0$에서 $\left(2^{\frac{x}{2}}\right)^2-2\times 2^{\frac{x}{2}}-8\le 0$

$2^{\frac{x}{2}}=t\ (t>0)$로 놓으면

$t^2-2t-8\le 0,\ (t+2)(t-4)\le 0$

$\therefore\ 0<t\le 4\ (\because\ t>0)$

즉, $2^{\frac{x}{2}}\le 4$에서 $2^{\frac{x}{2}}\le 2^2$이므로

$\frac{x}{2}\le 2 \qquad \therefore\ x\le 4$ ……㉠

└ $(\text{밑})=2>1$이므로 부등호 방향 그대로

또한, $5^{x+2}-5^{1-x}>0$에서

$25\times 5^x-\frac{5}{5^x}>0$

$5^x=k\ (k>0)$로 놓으면

$25k-\frac{5}{k}>0,\ 5k-\frac{1}{k}>0$

양변에 k를 곱하면

$5k^2-1>0\ (\because\ k>0)$

$(\sqrt{5}k+1)(\sqrt{5}k-1)>0 \qquad \therefore\ k>\frac{1}{\sqrt{5}}\ (\because\ k>0)$

즉, $5^x>\frac{1}{\sqrt{5}}$에서 $5^x>5^{-\frac{1}{2}}$이므로

$x>-\frac{1}{2}$ ……㉡

└ $(\text{밑})=5>1$이므로 부등호 방향 그대로

㉠, ㉡에서 $-\frac{1}{2}<x\le 4$이므로

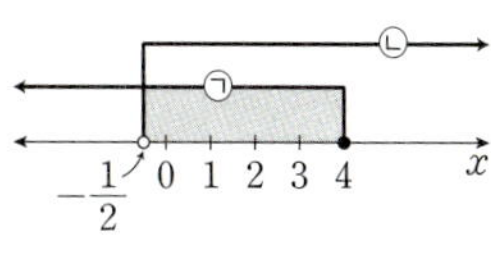

조건을 만족시키는 정수 x는

0, 1, 2, 3, 4이다.

따라서 그 합은

$0+1+2+3+4=10$

답 10

39

(1) $(x+1)^{x^2}=(x+1)^{3x}\ (x>-1)$에서 밑이 같으므로

(i) 지수가 같을 때,

$x^2=3x,\ x^2-3x=0$

$x(x-3)=0 \qquad \therefore\ x=0$ 또는 $x=3$

(ⅱ) 밑이 1일 때,

$x+1=1 \quad \therefore x=0$

이때 (좌변)=(우변)=1이므로 등식이 성립한다.

(ⅰ), (ⅱ)에서 주어진 방정식의 해는

$x=0$ 또는 $x=3$

(2) $x^{6x-7}>x^{x^2+x-13}$ $(x>0)$에서

(ⅰ) $0<x<1$일 때,

$6x-7<x^2+x-13,\ x^2-5x-6>0$

$(x+1)(x-6)>0 \quad \therefore x<-1$ 또는 $x>6$

그런데 $0<x<1$이므로 해는 없다.

(ⅱ) $x=1$일 때,

(좌변)=(우변)=1이므로 부등식이 성립하지 않는다.

(ⅲ) $x>1$일 때,

$6x-7>x^2+x-13,\ x^2-5x-6<0$

$(x+1)(x-6)<0 \quad \therefore -1<x<6$

그런데 $x>1$이므로

$1<x<6$

(ⅰ), (ⅱ), (ⅲ)에서 주어진 부등식의 해는

$1<x<6$

답 (1) $x=0$ 또는 $x=3$ (2) $1<x<6$

40

$(x+6)^{2-3x}=(3x)^{2-3x}$ $(x>0)$에서 지수가 같으므로

(ⅰ) 밑이 같을 때,

$x+6=3x,\ 2x=6 \quad \therefore x=3$

(ⅱ) 지수가 0일 때,

$2-3x=0,\ 3x=2 \quad \therefore x=\frac{2}{3}$

(ⅰ), (ⅱ)에서 주어진 방정식의 해는

$x=\frac{2}{3}$ 또는 $x=3$

답 $x=\frac{2}{3}$ 또는 $x=3$

41

$(x+3)^{x^2-4x}\le(x+3)^{10-x}$ $(x>-3)$에서

(ⅰ) $0<x+3<1$, 즉 $-3<x<-2$일 때,

$x^2-4x\ge10-x,\ x^2-3x-10\ge0$

$(x+2)(x-5)\ge0 \quad \therefore x\le-2$ 또는 $x\ge5$

그런데 $-3<x<-2$이므로

$-3<x<-2$

(ⅱ) $x+3=1$, 즉 $x=-2$일 때,

(좌변)=(우변)=1이므로 부등식이 성립한다.

(ⅲ) $x+3>1$, 즉 $x>-2$일 때,

$x^2-4x\le10-x,\ x^2-3x-10\le0$

$(x+2)(x-5)\le0 \quad \therefore -2\le x\le5$

그런데 $x>-2$이므로 $-2<x\le5$

(ⅰ), (ⅱ), (ⅲ)에서 주어진 부등식의 해는

$-3<x\le5$

답 $-3<x\le5$

42

마스크를 쓰지 않았을 때 흡입하는 미세먼지의 양을 A라 하자. 마스크를 n개 쓰고 흡입하는 미세먼지의 양이 마스크를 쓰지 않았을 때 흡입하는 미세먼지의 양의 $\frac{1}{125}$배 이하가 되려면

$A\left(1-\frac{80}{100}\right)^n\le\frac{1}{125}A,\ \left(\frac{1}{5}\right)^n\le\frac{1}{125}$

즉, $\left(\frac{1}{5}\right)^n\le\left(\frac{1}{5}\right)^3$이고, $0<$(밑)$=\frac{1}{5}<1$이므로 $n\ge3$이다.

따라서 흡입하는 미세먼지의 양을 마스크를 쓰지 않았을 때 흡입하는 미세먼지의 양의 $\frac{1}{125}$배 이하로 줄이려면 KF 80 등급의 보건용 마스크를 적어도 3개 이상 겹쳐 써야 한다.

답 3개 이상

43

$a>0$에서 $0<2^{-\frac{2}{a}}<1$이므로 $1-2^{-\frac{2}{a}}>0$이다.

$$\therefore \frac{Q(4)}{Q(2)}=\frac{Q_0\left(1-2^{-\frac{4}{a}}\right)}{Q_0\left(1-2^{-\frac{2}{a}}\right)}=\frac{1-\left(2^{-\frac{2}{a}}\right)^2}{1-2^{-\frac{2}{a}}}$$

$$=\frac{\left(1+2^{-\frac{2}{a}}\right)\left(1-2^{-\frac{2}{a}}\right)}{1-2^{-\frac{2}{a}}}=1+2^{-\frac{2}{a}}$$

즉, $\frac{Q(4)}{Q(2)}=\frac{3}{2}$에서 $1+2^{-\frac{2}{a}}=\frac{3}{2}$이므로

$2^{-\frac{2}{a}}=\frac{1}{2}=2^{-1},\ -\frac{2}{a}=-1 \quad \therefore a=2$

답 2

다른 풀이

$\frac{Q(4)}{Q(2)}=\frac{3}{2}$에서 $2Q(4)=3Q(2)$이므로

$2Q_0\left(1-2^{-\frac{4}{a}}\right)=3Q_0\left(1-2^{-\frac{2}{a}}\right)$

$2^{-\frac{2}{a}}=t$로 놓으면 $a>0$이므로 $0<t<1$이고,

$2Q_0(1-t^2)=3Q_0(1-t)$

$2(1-t^2)=3(1-t)$, $2t^2-3t+1=0$

$(2t-1)(t-1)=0 \qquad \therefore t=\frac{1}{2}$ ($\because 0<t<1$)

즉, $2^{-\frac{2}{a}}=\frac{1}{2}=2^{-1}$에서 $-\frac{2}{a}=-1$이므로 $a=2$

44

반감기가 5년인 코발트(^{60}Co) 1024 g의 n년 후의 질량은

$1024\times\left(\frac{1}{2}\right)^{\frac{n}{5}}$(g)

반감기가 30년인 세슘(^{137}Cs) 32 g의 n년 후의 질량은

$32\times\left(\frac{1}{2}\right)^{\frac{n}{30}}$(g)

n년 후 두 방사성 물질의 질량이 같아지려면

$1024\times\left(\frac{1}{2}\right)^{\frac{n}{5}}=32\times\left(\frac{1}{2}\right)^{\frac{n}{30}}$

$2^{10}\times2^{-\frac{n}{5}}=2^5\times2^{-\frac{n}{30}}$

$2^{10-\frac{n}{5}}=2^{5-\frac{n}{30}}$

즉, $10-\frac{n}{5}=5-\frac{n}{30}$이므로 $n=30$

따라서 두 방사성 물질의 질량이 같아지는 것은 지금으로부터 30년 후이다.

답 30년 후

보충 설명

반감기 | 반감기란 어떤 특정 방사성 물질의 질량이 방사성 붕괴에 의하여 원래의 질량의 반으로 줄어드는 데 걸리는 시간이다. 이것은 주위의 물리적, 화학적 조건에 전혀 관계없이 물질의 핵종에 따라 고유한 값을 지닌다.

반감기가 T년인 어떤 방사성 물질의 처음 질량이 M_0일 때, n년 후 남아 있는 방사성 물질의 질량을 $M(n)$이라 하면 다음 식이 성립한다.

$$M(n)=M_0\times\left(\frac{1}{2}\right)^{\frac{n}{T}}$$

STEP 1 개념 마무리 본문 pp.095~096

13 4	**14** 0	**15** $\frac{17}{9}$	**16** 9
17 3	**18** 1	**19** $k<-4$	**20** 4
21 2	**22** 27	**23** 26	**24** 10
25 5년			

13

방정식 $|2^{x-3}-7|=k$의 실근의 개수는 함수 $y=|2^{x-3}-7|$의 그래프와 직선 $y=k$의 교점의 개수와 같다.

함수 $y=2^{x-3}-7$의 그래프는 함수 $y=2^x$의 그래프를 x축의 방향으로 3만큼, y축의 방향으로 -7만큼 평행이동한 것이므로 [그림 1]과 같다.

즉, 함수 $y=|2^{x-3}-7|$의 그래프는 [그림 2]와 같다.

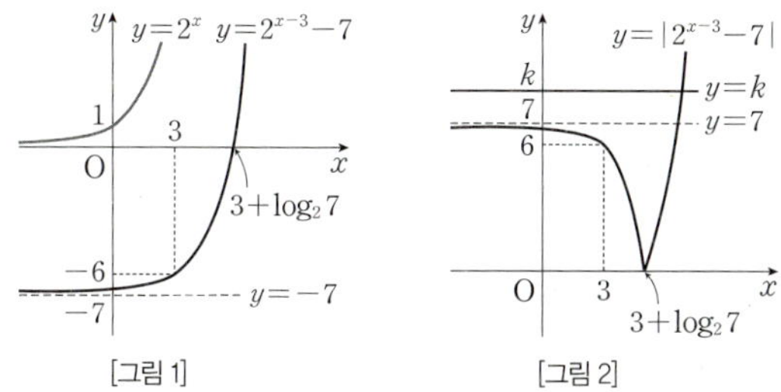

[그림 1] [그림 2]

따라서 방정식 $|2^{x-3}-7|=k$가 오직 하나의 실근을 갖도록 하는 10보다 작은 정수 k는 0, 7, 8, 9의 4개이다.

답 4

14

$(\sqrt{5}+2)(\sqrt{5}-2)=1$이므로

$\sqrt{5}-2=\frac{1}{\sqrt{5}+2}$

즉, $(\sqrt{5}+2)^x+(\sqrt{5}-2)^x=8$에서

$(\sqrt{5}+2)^x+\frac{1}{(\sqrt{5}+2)^x}=8$

$(\sqrt{5}+2)^x=t$ $(t>0)$로 놓으면

$t+\frac{1}{t}=8$

양변에 t를 곱하여 정리하면

$t^2-8t+1=0$ ……㉠

한편, 주어진 방정식의 두 근을 α, β라 하면

t에 대한 이차방정식 ㉠의 두 근은 $(\sqrt{5}+2)^{\alpha}$, $(\sqrt{5}+2)^{\beta}$이다.

이차방정식 ㉠의 근과 계수의 관계에 의하여

$(\sqrt{5}+2)^{\alpha}\times(\sqrt{5}+2)^{\beta}=1$

즉, $(\sqrt{5}+2)^{\alpha+\beta}=1$이므로

$\alpha+\beta=0$

답 0

15

$3^{2x+1}-3^{x+2}+5=0$에서

$3\times(3^x)^2-9\times3^x+5=0$

$3^x=t\ (t>0)$로 놓으면

$3t^2-9t+5=0$ ······㉠

주어진 방정식의 두 근이 α, β이므로 t에 대한 이차방정식 ㉠의 두 근은 3^{α}, 3^{β}이다.

이차방정식 ㉠의 근과 계수의 관계에 의하여

$3^{\alpha}+3^{\beta}=3,\ 3^{\alpha}\times3^{\beta}=\frac{5}{3}$

$$\therefore \frac{9^{\alpha}+9^{\beta}}{3^{\alpha}+3^{\beta}}=\frac{(3^{\alpha}+3^{\beta})^2-2\times3^{\alpha}\times3^{\beta}}{3^{\alpha}+3^{\beta}}$$

$$=\frac{3^2-2\times\frac{5}{3}}{3}=\frac{9-\frac{10}{3}}{3}$$

$$=\frac{\frac{17}{3}}{3}=\frac{17}{9}$$

답 $\frac{17}{9}$

16

$16^x-8\times4^x+a^2-9=0$에서

$(4^x)^2-8\times4^x+a^2-9=0$

$4^x=t\ (t>0)$로 놓으면

$t^2-8t+a^2-9=0$ ······㉠

주어진 방정식이 오직 하나의 실근을 가지려면 t에 대한 이차방정식 ㉠이 양의 실근과 0보다 작거나 같은 근을 하나씩 갖거나 양의 중근을 가져야 한다.

(i) ㉠이 양의 실근과 0보다 작거나 같은 근을 하나씩 가질 때,

① 이차방정식 ㉠의 판별식을 D라 하면

$D>0$이어야 하므로

$\frac{D}{4}=(-4)^2-(a^2-9)=25-a^2>0$

즉, $(a+5)(a-5)<0$이므로 $-5<a<5$

② (㉠의 두 근의 곱)$=a^2-9\le0$

즉, $(a+3)(a-3)\le0$이므로 $-3\le a\le3$

①, ②에서 $-3\le a\le3$

(ii) ㉠이 양의 중근을 가질 때,

③ 이차방정식 ㉠의 판별식을 D라 하면

$D=0$이어야 하므로

$\frac{D}{4}=4^2-(a^2-9)=25-a^2=0$

즉, $a^2=25$이므로 $a=\pm5$

④ (㉠의 두 근의 합)$=8>0$이므로 항상 성립한다.

⑤ (㉠의 두 근의 곱)$=a^2-9>0$

즉, $(a+3)(a-3)>0$이므로 $a<-3$ 또는 $a>3$

③, ④, ⑤에서 $a=-5$ 또는 $a=5$

(i), (ii)에서 $a=-5$ 또는 $-3\le a\le3$ 또는 $a=5$이므로 조건을 만족시키는 정수 a는 $-5,\ -3,\ -2,\ -1,\ 0,\ 1,\ 2,\ 3,\ 5$의 9개이다.

답 9

다른 풀이

$16^x-8\times4^x+a^2-9=0$에서 $(4^x)^2-8\times4^x+a^2-9=0$

$4^x=t\ (t>0)$로 놓으면 $t^2-8t-9=-a^2$

즉, 주어진 방정식이 오직 하나의 실근을 가지려면 함수 $y=t^2-8t-9=(t-4)^2-25$의 그래프와 직선 $y=-a^2$이 오른쪽 그림과 같이 오직 한 점에서 만나야 한다.

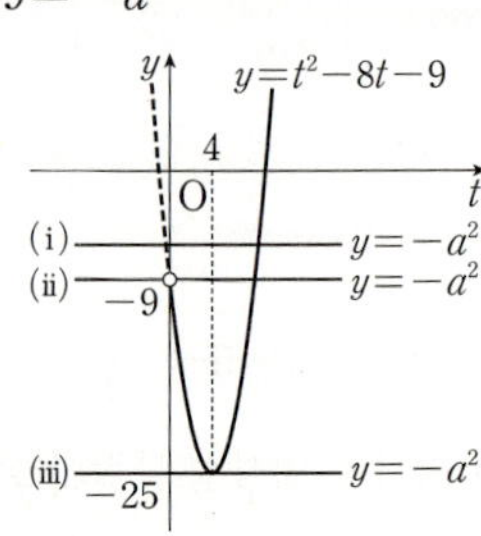

(i) $-9<-a^2\le0$일 때,

$0\le a^2<9$에서 조건을 만족시키는 정수 a는 $-2,\ -1,\ 0,\ 1,\ 2$의 5개이다.

(ii) $-a^2=-9$일 때,

$a^2=9$에서 조건을 만족시키는 정수 a는 $-3,\ 3$의 2개이다.

(iii) $-a^2=-25$일 때,

$a^2=25$에서 조건을 만족시키는 정수 a는 $-5,\ 5$의 2개이다.

(i), (ii), (iii)에서 구하는 정수 a의 개수는

$5+2+2=9$

17

두 함수 $y=4^x$, $y=2^{x+1}$의 그래프의 교점의 x좌표는

$4^x=2^{x+1}$에서 $2^{2x}=2^{x+1}$

$2x=x+1 \qquad \therefore\ x=1$

따라서 주어진 두 함수의 그래프는 오른쪽 그림과 같고

$\mathrm{A}(k,\ 4^k)$, $\mathrm{B}(k,\ 2^{k+1})$

(i) $k<1$일 때,

$2^{k+1}>4^k$이므로

$\overline{\mathrm{AB}}=48$에서 $2^{k+1}-4^k=48$

$4^k-2^{k+1}+48=0$

$(2^k)^2-2\times2^k+48=0$

$2^k=t\ (t>0)$로 놓으면

$t^2-2t+48=0 \qquad \cdots\cdots ㉠$

이때 t에 대한 이차방정식 ㉠의 판별식을 D라 하면

$\dfrac{D}{4}=(-1)^2-48=-47<0$

이므로 방정식 ㉠은 실근을 갖지 않는다.

즉, $k<1$일 때 $\overline{\mathrm{AB}}=48$을 만족시키는 k는 존재하지 않는다.

(ii) $k>1$일 때,

$4^k>2^{k+1}$이므로

$\overline{\mathrm{AB}}=48$에서 $4^k-2^{k+1}=48$

$(2^k)^2-2\times2^k-48=0$

$2^k=t\ (t>0)$로 놓으면

$t^2-2t-48=0$, $(t+6)(t-8)=0$

$\therefore\ t=8\ (\because\ t>0)$

즉, $2^k=8=2^3$이므로 $k=3$

(i), (ii)에서 $k=3$

 3

18

$f(x)=|6x+8|$이므로 $5^{f(x)}\le\left(\dfrac{1}{25}\right)^x$에서

$5^{|6x+8|}\le5^{-2x}$

이때 (밑)$=5>1$이므로 $|6x+8|\le-2x$

$6x+8=0$에서 $x=-\frac{4}{3}$

(i) $x<-\dfrac{4}{3}$일 때,

$-6x-8\le-2x$에서 $-4x\le8$

$\therefore\ x\ge-2$

그런데 $x<-\dfrac{4}{3}$이므로 $-2\le x<-\dfrac{4}{3}$

(ii) $x\ge-\dfrac{4}{3}$일 때,

$6x+8\le-2x$에서 $8x\le-8$

$\therefore\ x\le-1$

그런데 $x\ge-\dfrac{4}{3}$이므로 $-\dfrac{4}{3}\le x\le-1$

(i), (ii)에서 $-2\le x\le-1$이므로

$M=-1$, $m=-2$

$\therefore\ M-m=-1-(-2)=1$

답 1

19

(i) 집합 $A=\{x\,|\,3^{x^2}\le81\}$에서

$3^{x^2}\le81$, $3^{x^2}\le3^4$

이때 (밑)$=3>1$이므로

$x^2\le4$, $x^2-4\le0$

$(x+2)(x-2)\le0 \qquad \therefore\ -2\le x\le2$

$\therefore\ A=\{x\,|\,-2\le x\le2\}$

(ii) 집합 $B=\left\{x\,|\,2^{1-x}>(\sqrt{2})^{\frac{k}{2}}\right\}$에서

$2^{1-x}>(\sqrt{2})^{\frac{k}{2}}$, $2^{1-x}>2^{\frac{k}{4}}$

이때 (밑)$=2>1$이므로

$1-x>\dfrac{k}{4} \qquad \therefore\ x<1-\dfrac{k}{4}$

$\therefore\ B=\left\{x\,\middle|\,x<1-\dfrac{k}{4}\right\}$

(i), (ii)에서 $A\subset B$가 성립하도록 두 집합 A, B를 수직선 위에 나타내면 다음 그림과 같다.

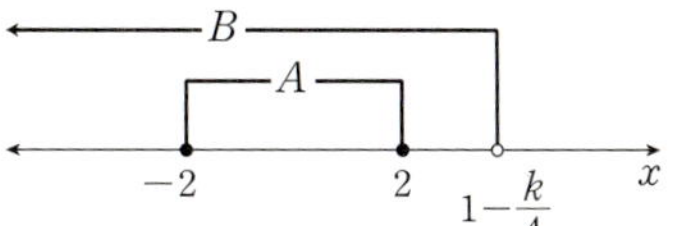

즉, $1-\dfrac{k}{4}>2$이어야 하므로 $k<-4$

답 $k<-4$

20

$4^{f(x)}-2^{1+f(x)}<8$에서

$\{2^{f(x)}\}^2-2\times2^{f(x)}-8<0$

$2^{f(x)}=t\ (t>0)$로 놓으면

$t^2-2t-8<0,\ (t+2)(t-4)<0$

$\therefore\ -2<t<4$

그런데 $t>0$이므로 $0<t<4$

즉, $0<2^{f(x)}<4$이므로 $0<2^{f(x)}<2^2$

이때 (밑)$=2>1$이므로

$f(x)<2$, 즉 $x^2-x-4<2$

$x^2-x-6<0,\ (x+2)(x-3)<0$

$\therefore\ -2<x<3$

따라서 주어진 부등식을 만족시키는 정수 x는 $-1,\ 0,\ 1,\ 2$의 4개이다.

답 4

21

$4^x-k\times2^{x+1}+9\geq2^{x+1}$에서

$(2^x)^2-2(k+1)\times2^x+9\geq0$

$2^x=t\ (t>0)$로 놓으면

$t^2-2(k+1)t+9\geq0$

이때 $f(t)=t^2-2(k+1)t+9$라 하면

$f(t)=\{t-(k+1)\}^2+9-(k+1)^2$

즉, 이차함수 $y=f(t)$의 그래프의 축은 직선 $t=k+1$이므로 모든 양수 t에 대하여 $f(t)\geq0$이 성립하는 경우는 다음 두 경우로 나누어 생각할 수 있다.

(i) $k+1>0$, 즉 $k>-1$일 때,

$f(t)$는 $t=k+1$일 때 최솟값 $9-(k+1)^2$을 가지므로

모든 양수 t에 대하여 $f(t)\geq0$이 성립하려면

$9-(k+1)^2\geq0$ 이어야 한다.

즉, $k^2+2k-8\leq0$에서

$(k+4)(k-2)\leq0$

$\therefore\ -4\leq k\leq2$

그런데 $k>-1$이므로 $-1<k\leq2$

(ii) $k+1\leq0$, 즉 $k\leq-1$일 때,

$f(0)=9>0$이므로

모든 양수 t에 대하여

$f(t)\geq0$이 항상 성립한다.

$\therefore\ k\leq-1$

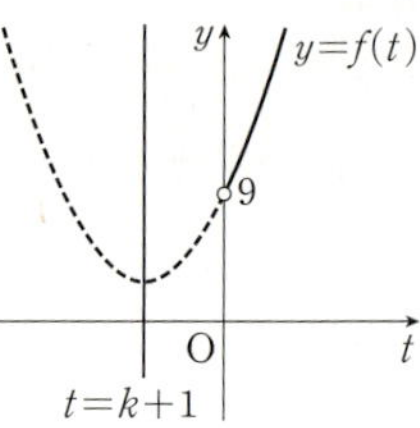

(i), (ii)에서 $k\leq2$

따라서 구하는 정수 k의 최댓값은 2이다.

답 2

22

$4^x=X,\ 4^y=Y\ (X>0,\ Y>0)$로 놓으면

$2^x=\sqrt{X},\ 2^y=\sqrt{Y}$

$\begin{cases}4^x+4^y=24\\2^{x+y}=\sqrt{2^7}\end{cases}$ 에서 $\begin{cases}4^x+4^y=24\\2^x\times2^y=\sqrt{2^7}\end{cases}$ 이므로

$\begin{cases}X+Y=24\\\sqrt{XY}=\sqrt{2^7}\end{cases}$, 즉 $\begin{cases}X+Y=24\\XY=128\end{cases}$

(가)

즉, $X,\ Y$는 이차방정식 $t^2-24t+128=0$의 두 양의 실근이므로

$(t-8)(t-16)=0$에서 $t=8$ 또는 $t=16$

$\therefore\ X=8,\ Y=16$ 또는 $X=16,\ Y=8$

(나)

(i) $X=8,\ Y=16$일 때,

$4^x=8,\ 4^y=16$이므로

$2^{2x}=2^3,\ 2^{2y}=2^4$

$\therefore\ x=\dfrac{3}{2},\ y=2$

(ii) $X=16,\ Y=8$일 때,

(i)과 같은 방법으로

$x=2,\ y=\dfrac{3}{2}$

(다)

(i), (ii)에서 $x^3y^3=\left(\dfrac{3}{2}\right)^3\times2^3=\dfrac{27}{8}\times8=27$

(라)

답 27

단계	채점 기준	배점
(가)	$4^x=X,\ 4^y=Y$로 치환하여 연립방정식을 나타낸 경우	30%
(나)	$X,\ Y$를 두 근으로 하는 이차방정식을 구하고 $X,\ Y$의 값을 각각 구한 경우	30%
(다)	경우를 나누어 $x,\ y$의 값을 각각 구한 경우	30%
(라)	x^3y^3의 값을 구한 경우	10%

23

$(x^2-3x+3)^{2x-7}=1$에서

$1=1^a$ 또는 $1=b^0$ ($b\neq0$, a, b는 실수)이므로 주어진 방정식이 성립하려면 $(x^2-3x+3)^{2x-7}$의 밑이 1이거나 지수가 0이어야 한다.

(i) 밑이 1일 때,

$x^2-3x+3=1$, $x^2-3x+2=0$

$(x-1)(x-2)=0 \quad \therefore x=1$ 또는 $x=2$

(ii) 지수가 0일 때,

$2x-7=0 \quad \therefore x=\frac{7}{2}$

(i), (ii)에서 주어진 방정식의 근은

$x=1$ 또는 $x=2$ 또는 $x=\frac{7}{2}$

$\therefore 4S=4\times\left(1+2+\frac{7}{2}\right)=26$

답 26

24

금융상품에 초기자산 w_0을 투자하고 15년이 지난 시점에서의 기대자산은 초기자산의 3배, 즉 $3w_0$이므로

$W_0=w_0$, $W=3w_0$, $t=15$를 주어진 식에 대입하면

$3w_0=\frac{w_0}{2}10^{15a}(1+10^{15a})$

$6=10^{15a}(1+10^{15a})$ ($\because w_0>0$)

$(10^{15a})^2+10^{15a}-6=0$

$10^{15a}=X$ $(X>0)$로 놓으면

$X^2+X-6=0$, $(X+3)(X-2)=0$

$\therefore X=2$ ($\because X>0$)

$\therefore 10^{15a}=2 \quad \cdots\cdots$ ㉠

금융상품에 초기자산 w_0을 투자하고 30년이 지난 시점에서의 기대자산이 초기자산의 k배, 즉 kw_0이므로

$W_0=w_0$, $W=kw_0$, $t=30$을 주어진 식에 대입하면

$kw_0=\frac{w_0}{2}10^{30a}(1+10^{30a})$

$\therefore k=\frac{(10^{15a})^2}{2}\{1+(10^{15a})^2\}$ ($\because w_0>0$)

$=\frac{2^2}{2}\times(1+2^2)$ ($\because$ ㉠)

$=2\times5=10$

답 10

25

신제품 가격을 a원이라 할 때, 구매 후 n년이 지났을 때의 중고 가격은

$a\times(1-0.25)^n=\left(\frac{3}{4}\right)^n a$

이 중고 가격이 신제품 가격의 $\frac{243}{1024}$배 이하가 되려면

$\left(\frac{3}{4}\right)^n a\leq\frac{243}{1024}a$

$\left(\frac{3}{4}\right)^n\leq\frac{243}{1024}$ ($\because a>0$)

즉, $\left(\frac{3}{4}\right)^n\leq\left(\frac{3}{4}\right)^5$에서 $0<(\text{밑})=\frac{3}{4}<1$이므로 $n\geq5$

따라서 이 제품의 중고 가격이 처음으로 신제품 가격의 $\frac{243}{1024}$배 이하가 되는 것은 구매 후 5년이 지났을 때이다.

답 5년

STEP 2 개념 마무리

본문 p.097

1 4	**2** ④	**3** ③	**4** 15
5 $\frac{3}{2}$			

1

함수 $y=a^x$의 그래프를 y축에 대하여 대칭이동한 그래프의 식은

$y=a^{-x}$

이 함수의 그래프를 x축의 방향으로 b만큼 평행이동한 그래프의 식은

$y=a^{-(x-b)} \quad \therefore y=a^{-x+b}$

$\therefore g(x)=a^{-x+b}$

이때 조건 (가)에서 함수 $y=a^x$의 그래프와 $y=a^{-x+b}$의 그래프가 직선 $x=1$에 대하여 대칭이므로

$f(1)=g(1)$

$a^1=a^{-1+b}$, $1=-1+b$ ← 조건 (나)를 만족시키려면 $a\neq1$이다.

$\therefore b=2 \quad \therefore g(x)=a^{-x+2}$

또한, 조건 (나)에서 $f(3)=16g(3)$이므로

$a^3=16\times a^{-1}$, $a^4=16$

$\therefore\ a=2$ ($\because\ a>0$)

$\therefore\ a+b=2+2=4$

답 4

2

ㄱ. $x=\frac{1}{2}$일 때, $\underset{\sqrt{3}<\frac{5}{2}}{\underline{3^x<-x+3}}$이고, $x=1$일 때, $\underset{3>2}{\underline{3^x>-x+3}}$

이므로 함수 $y=3^x$의 그래프와 직선 $y=-x+3$의 교점의 x좌표는 다음 그림과 같이 $\frac{1}{2}<x<1$에 존재한다.

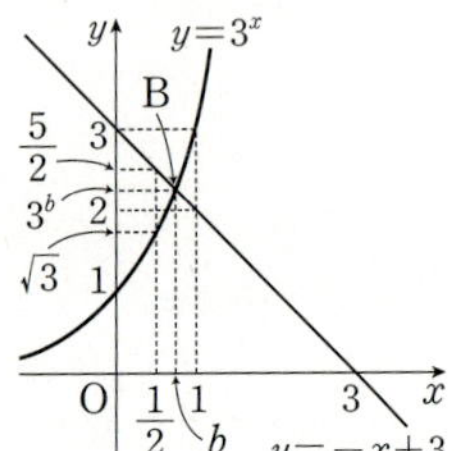

$\therefore\ \frac{1}{2}<b<1$ (참)

ㄴ. 두 점 A, B는 각각 두 곡선 $y=2^x$, $y=3^x$ 위에 있으므로

$A(a,\ 2^a)$, $B(b,\ 3^b)$

즉, 직선 OA의 기울기는 $\frac{2^a}{a}$, 직선 OB의 기울기는 $\frac{3^b}{b}$이다.

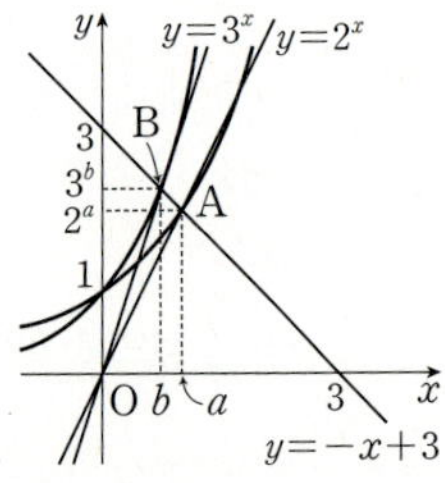

이때 $0<b<a$이므로 위의 그림에서

$\frac{2^a}{a}<\frac{3^b}{b}$ $\quad\therefore\ \frac{3^b}{b}-\frac{2^a}{a}>0$

위 식의 양변에 ab를 곱하면

$a\times3^b-b\times2^a>0$ ($\because\ ab>0$) (거짓)

ㄷ. 두 점 A, B는 모두 직선 $y=-x+3$ 위의 점이므로 직선 AB의 기울기는 직선 $y=-x+3$의 기울기와 같다.

즉, $\frac{3^b-2^a}{b-a}=-1$이므로

$a-b=3^b-2^a$ (참)

따라서 옳은 것은 ㄱ, ㄷ이다.

답 ④

다른 풀이

점 $(1,\ 2)$는 곡선 $y=2^x$과 직선 $y=-x+3$ 위에 있으므로

$A(1,\ 2)$

이때 점 A의 x좌표는 a이므로 $a=1$ ······㉠

점 B의 x좌표는 b이고, 점 B는 곡선 $y=3^x$ 위에 있으므로

$B(b,\ 3^b)$

이 점은 직선 $y=-x+3$ 위에 있으므로

$3^b=-b+3$ ······㉡

ㄴ. $a\times3^b-b\times2^a$

$=1\times(-b+3)-b\times2$ ($\because$ ㉠, ㉡)

$=-b+3-2b$

$=-3b+3$

$=-3(b-1)>0$ ($\because\ \underset{a=1\text{이고 } b<a\text{이므로 } b<1}{\underline{b<1}}$) (거짓)

ㄷ. (좌변)$=a-b=1-b$ ($\because$ ㉠)

(우변)$=3^b-2^a=(-b+3)-2$ ($\because$ ㉠, ㉡)

$=1-b$

$\therefore\ a-b=3^b-2^a$ (참)

3

1이 아닌 두 양수 a, b $(a<b)$에 대하여 다음과 같이 세 가지 경우가 존재하고 각 경우에 두 함수 $f(x)=a^x$, $g(x)=b^x$의 그래프는 다음 그림과 같다.

(i) $1<a<b$일 때,

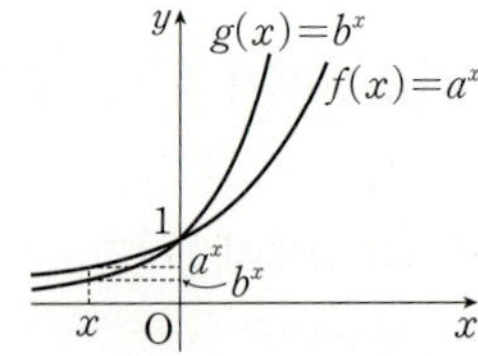

(ii) $0<a<1<b$일 때,

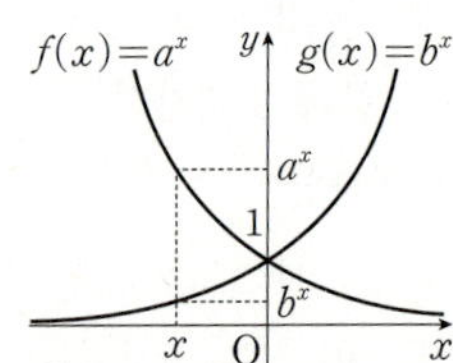

(iii) $0<a<b<1$일 때,

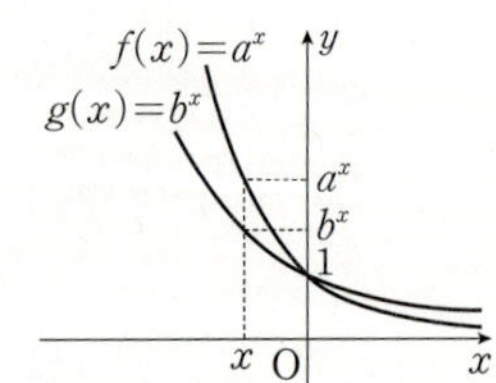

ㄱ. (i), (ii), (iii)에서 $x<0$일 때, $a^x>b^x$이므로

$f(x)>g(x)$ $\quad\therefore f(x)-g(x)>0$ (참)

ㄴ. $0<a<b<1$일 때, 두 함수 $y=f(-x)$, $y=g(x)$의 그래프는 오른쪽 그림과 같다. 즉, $x>0$일 때 $f(-x)>g(x)$가 성립하지만 $0<a<1$이다. (거짓)

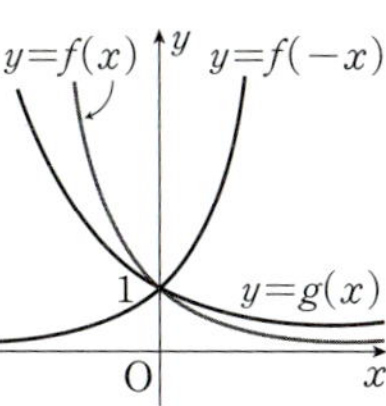

ㄷ. $ab=1$에서 $b=\frac{1}{a}$이므로 $g(x)=b^x=\left(\frac{1}{a}\right)^x$

$$\therefore f(a)-g(-b)=f(a)-g\left(-\frac{1}{a}\right)$$

$$=a^a-\left(\frac{1}{a}\right)^{-\frac{1}{a}}=a^a-a^{\frac{1}{a}}$$

그런데 두 양수 a, b에 대하여 $a\neq1$, $b\neq1$이고

$0<a<b$이므로 $0<a<\frac{1}{a}$ ($\because ab=1$)

$\therefore 0<a<1<\frac{1}{a}$

또한, $0<a<1$이면 함수 $y=f(x)$는 x의 값이 증가할 때 y의 값은 감소하므로

$a^a>a^{\frac{1}{a}}$

$\therefore f(a)-g(-b)=a^a-a^{\frac{1}{a}}>0$ (참)

따라서 옳은 것은 ㄱ, ㄷ이다.

답 ③

4

$f(x)=\left(\frac{1}{3}\right)^x-6$이라 하면

함수 $y=f(x)$의 그래프는 함수 $y=\left(\frac{1}{3}\right)^x$의 그래프를 y축의 방향으로 -6만큼 평행이동한 것이므로 오른쪽 그림과 같다.

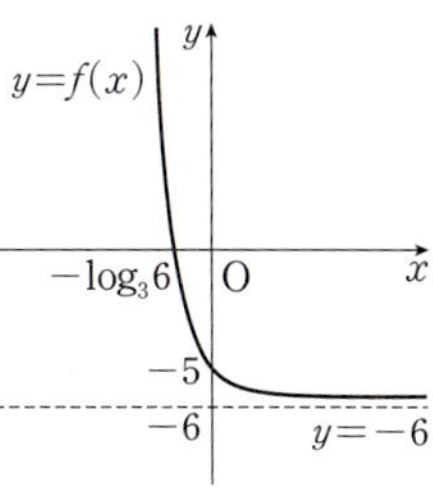

이때 함수 $y=f(x)$의 그래프를 이용하여 함수 $y=|f(x)|$의 그래프를 그린 후, 자연수 n의 값에 따라 함수 $y=|f(x)|$의 그래프와 직선 $y=n$이 만나는 점을 나타내면 오른쪽 그림과 같다.

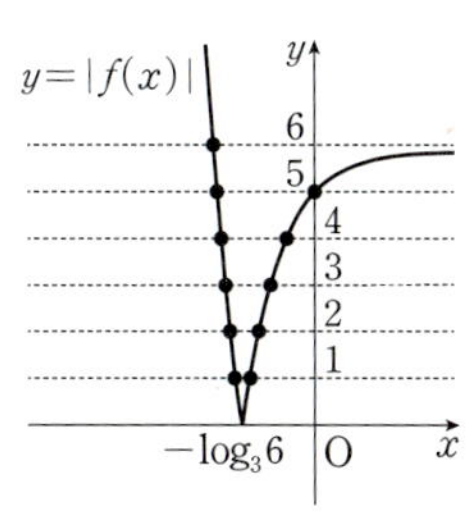

$\therefore a_n=\begin{cases} 2 & (1\le n<6) \\ 1 & (n\ge6) \end{cases}$

이때 $a_1+a_2+a_3+\cdots+a_n=20$에서

$a_1+a_2+a_3+a_4+a_5=2\times5=10<20$이므로

$n\ge6$

따라서

$(a_1+a_2+a_3+a_4+a_5)+a_6+a_7+a_8+\cdots+a_n$

$=2\times5+1\times(n-5)=20$이므로

$10+n-5=20$ $\quad\therefore n=15$

답 15

5

$2^x+2p-\frac{q}{2^{x-2}}<0$에서

$2^x+2p-\frac{4q}{2^x}<0$ ……㉠

$2^x=t$ $(t>0)$로 놓으면

$t+2p-\frac{4q}{t}<0$

이 식의 양변에 t $(t>0)$를 곱하면

$t^2+2pt-4q<0$ ……㉡

$0<x<2$에서 부등식 ㉠이 항상 성립하려면 $1<t<4$에서 부등식 ㉡이 항상 성립해야 한다.

($0<x<2$에서 $2^0<2^x<2^2$)

$f(t)=t^2+2pt-4q$라 하면 이차함수 $y=f(t)$의 그래프는 오른쪽 그림과 같아야 한다.

즉, $1<t<4$에서 항상 $f(t)<0$이려면 $f(1)\le0$, $f(4)\le0$이어야 한다.

$f(1)=1+2p-4q\le0$에서

$p-2q\le-\frac{1}{2}$ ……㉢

$f(4)=16+8p-4q\le0$에서

$2p-q\le-4$ ……㉣

㉢+㉣을 하면 $3p-3q\le-\frac{9}{2}$

즉, $q-p\ge\frac{3}{2}$이므로 $q-p$의 최솟값은 $\frac{3}{2}$이다.

답 $\frac{3}{2}$

04. 로그함수

① 로그함수

기본 + 필수연습 본문 pp.105~115

01 ㄱ, ㄷ **02** ㄱ, ㄴ, ㄷ **03** 풀이 참조

04 (1) $\log_{\sqrt{6}} 3 > \log_{36} 4$ (2) $\log_{\frac{1}{8}} 512 > \log_{\frac{1}{2}} 10$

05 최댓값 : 29, 최솟값 : 28

06 -2 **07** 0 **08** 81 **09** 4

10 -1 **11** 2 **12** -18 **13** 2

14 ㄴ, ㄷ, ㄹ **15** 8 **16** 9

17 $\frac{9}{2}$ **18** 3 **19** $A<C<B$

20 $C<A<B$ **21** 2 **22** $-\frac{8}{3}$

23 19 **24** 4

25 (1) 최댓값 : 10, 최솟값 : 7 (2) 10

26 4 **27** 4

01

ㄱ. $y=\log x$는 로그함수이다. ← 10을 밑으로 하는 로그함수이다.

ㄴ. $y=\log_{\frac{1}{6}} 36$에서 $y=\log_{6^{-1}} 6^2=-2$이므로 상수함수이다.

ㄷ. $y=\log_5 x^{\frac{1}{2}}$에서 $y=\frac{1}{2}\log_5 x=\log_{25} x$이므로 로그함수이다.

ㄹ. $y=x^2\log_3 4$에서 $y=(\log_3 4)x^2$이므로 이차함수이다.

따라서 로그함수인 것은 ㄱ, ㄷ이다.

답 ㄱ, ㄷ

02

ㄱ. 치역은 실수 전체의 집합이다. (참)

ㄴ. $y=\log_{\frac{1}{5}} x$에서 로그의 정의에 의하여 $x=\left(\frac{1}{5}\right)^y$

x와 y를 서로 바꾸어 역함수를 구하면 $y=\left(\frac{1}{5}\right)^x$ (참)

ㄷ. 그래프는 제1, 4사분면을 지난다. (참)

ㄹ. x의 값이 증가하면 $f(x)$의 값은 감소하므로 $0<x_1<x_2$이면 $f(x_1)>f(x_2)$이다. (거짓)

따라서 옳은 것은 ㄱ, ㄴ, ㄷ이다.

답 ㄱ, ㄴ, ㄷ

03

(1) $y=\log_{\frac{1}{4}}(x+3)-2$의 그래프는 $y=\log_{\frac{1}{4}} x$의 그래프를 x축의 방향으로 -3만큼, y축의 방향으로 -2만큼 평행이동한 것이므로 다음 그림과 같다.

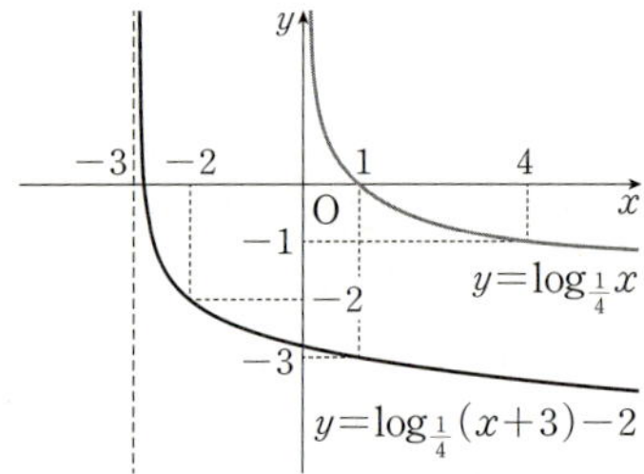

따라서 정의역은 $\{x \mid x>-3\}$이고, 점근선의 방정식은 $x=-3$이다.

(2) $y=\log_{\frac{1}{4}} \frac{1}{x}=-\log_{\frac{1}{4}} x$의 그래프는 $y=\log_{\frac{1}{4}} x$의 그래프를 x축에 대하여 대칭이동한 것이므로 다음 그림과 같다.

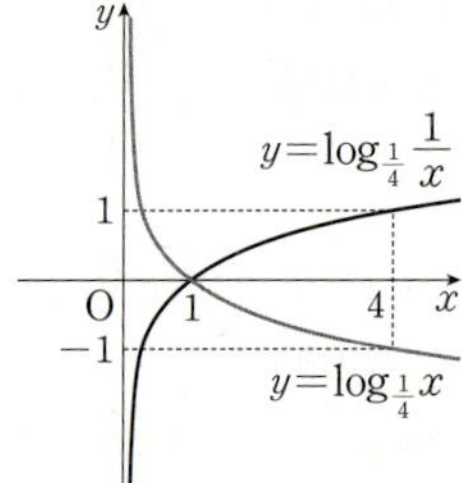

따라서 정의역은 $\{x \mid x>0\}$이고, 점근선의 방정식은 $x=0$이다.

(3) $y=\log_{\frac{1}{4}}(-x)$의 그래프는 $y=\log_{\frac{1}{4}} x$의 그래프를 y축에 대하여 대칭이동한 것이므로 다음 그림과 같다.

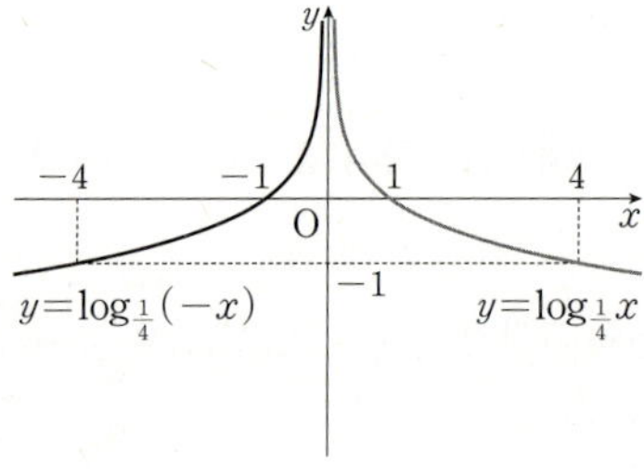

따라서 정의역은 $\{x \mid x<0\}$이고, 점근선의 방정식은 $x=0$이다.

(4) $y=-\log_{\frac{1}{4}}(-x)$의 그래프는 $y=\log_{\frac{1}{4}} x$의 그래프를 원점에 대하여 대칭이동한 것이므로 다음 그림과 같다.

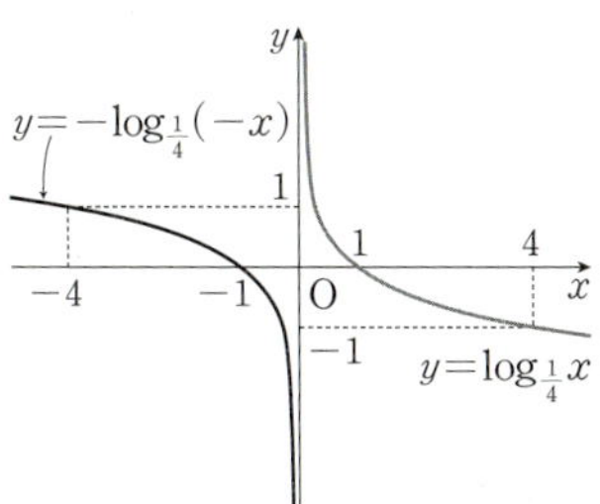

따라서 정의역은 $\{x|x<0\}$이고, 점근선의 방정식은 $x=0$이다.

답 풀이 참조

04

(1) $\log_{\sqrt{6}}3=\log_{6^{\frac{1}{2}}}3=2\log_6 3=\log_6 9$,

$\log_{36}4=\log_{6^2}2^2=\log_6 2$

이때 $9>2$이고, 함수 $y=\log_6 x$에서 x의 값이 증가하면 y의 값도 증가하므로

$\log_6 9>\log_6 2$

$\therefore \log_{\sqrt{6}}3>\log_{36}4$

(2) $\log_{\frac{1}{8}}512=\log_{\left(\frac{1}{2}\right)^3}2^9=\log_{\frac{1}{2}}2^3=\log_{\frac{1}{2}}8$

이때 $8<10$이고, 함수 $y=\log_{\frac{1}{2}}x$에서 x의 값이 증가하면 y의 값은 감소하므로

$\log_{\frac{1}{2}}8>\log_{\frac{1}{2}}10$

$\therefore \log_{\frac{1}{8}}512>\log_{\frac{1}{2}}10$

답 (1) $\log_{\sqrt{6}}3>\log_{36}4$ (2) $\log_{\frac{1}{8}}512>\log_{\frac{1}{2}}10$

05

$f(x)=\log_{\frac{1}{3}}(x+3)+30$에서 x의 값이 증가하면 $f(x)$의 값은 감소한다.

$\frac{1}{3}$ — $0<(\text{밑})<1$

따라서 $0\le x\le 6$에서

$x=0$일 때 최대이므로 함수 $f(x)$의 최댓값은

$f(0)=\log_{\frac{1}{3}}(0+3)+30=\log_{3^{-1}}3+30$

$=-1+30=29$

$x=6$일 때 최소이므로 함수 $f(x)$의 최솟값은

$f(6)=\log_{\frac{1}{3}}(6+3)+30=\log_{\frac{1}{3}}9+30$

$=\log_{3^{-1}}3^2+30=-2+30=28$

답 최댓값 : 29, 최솟값 : 28

06

함수 $y=\log_a x$의 그래프가 점 $(4, -2)$를 지나므로

$-2=\log_a 4$에서 $a^{-2}=4$

$\frac{1}{a^2}=4$, $a^2=\frac{1}{4}$

$\therefore a=\frac{1}{2}$ ($\because a>0$)

로그함수의 밑 a는 $a>0$, $a\neq 1$

또한, 함수 $y=\log_a x$의 그래프가 점 $(16, b)$를 지나므로

$b=\log_a 16$에서 $a^b=16$

$\left(\frac{1}{2}\right)^b=16$ $\left(\because a=\frac{1}{2}\right)$

$2^{-b}=2^4$, $-b=4$ $\therefore b=-4$

$\therefore ab=\frac{1}{2}\times(-4)=-2$

답 -2

07

$f(x)=\log_{\frac{1}{5}}x$라 하면 함수 $f(x)=\log_{\frac{1}{5}}x$의 그래프에서

$f\left(\frac{1}{4}\right)=\log_{\frac{1}{5}}\frac{1}{4}=a$

$f\left(\frac{1}{2}\right)=\log_{\frac{1}{5}}\frac{1}{2}=b$

$f(2)=\log_{\frac{1}{5}}2=c$

$\therefore a+2b+4c=\log_{\frac{1}{5}}\frac{1}{4}+2\log_{\frac{1}{5}}\frac{1}{2}+4\log_{\frac{1}{5}}2$

$=\log_{\frac{1}{5}}\frac{1}{4}+\log_{\frac{1}{5}}\left(\frac{1}{2}\right)^2+\log_{\frac{1}{5}}2^4$

$=\log_{\frac{1}{5}}\left(\frac{1}{4}\times\frac{1}{4}\times 16\right)$

$=\log_{\frac{1}{5}}1=0$

답 0

08

두 함수 $y=\log_a x$와 $y=\log_3 x$의 그래프는 모두 점 $(1, 0)$을 지나므로 $A(1, 0)$

두 점 B, C의 x좌표가 모두 9이므로

$B(9, \log_a 9)$, $C(9, 2)$

$\therefore \overline{BC}=2-\log_a 9$ ($\because a>3$)

이때 삼각형 ABC의 넓이가 2이므로

$\frac{1}{2}\times(2-\log_a 9)\times(9-1)=2$

$2-\log_a 9=\frac{1}{2}$, $\log_a 9=\frac{3}{2}$

$a^{\frac{3}{2}}=9 \quad \therefore a^3=9^2=81$

답 81

09

함수 $y=\log_a x$ $(a>1)$의 그래프를 x축의 방향으로 -3만큼, y축의 방향으로 b만큼 평행이동한 그래프의 식은

$y-b=\log_a(x+3)$

$\therefore y=\log_a(x+3)+b \quad \cdots\cdots ㉠$

$y=2\log_4(2x+6)+1$

$=2\log_4 2(x+3)+1$

$=2\log_4 2+2\log_4(x+3)+1$

$=2\times\frac{1}{2}+2\log_{2^2}(x+3)+1$

$=\log_2(x+3)+2 \quad \cdots\cdots ㉡$

두 그래프 ㉠, ㉡이 일치하므로

$a=2$, $b=2$

$\therefore ab=2\times2=4$

답 4

10

함수 $y=\log_5 x$의 그래프를 x축의 방향으로 a만큼 평행이동한 그래프의 식은

$y=\log_5(x-a)$

이 그래프와 $y=\log_b x$의 그래프가 점 $(9, 2)$에서 만나므로 두 그래프는 모두 점 $(9, 2)$를 지난다.

(i) $y=\log_5(x-a)$에 $x=9$, $y=2$를 대입하면

$2=\log_5(9-a)$에서 $5^2=9-a$

$25=9-a \quad \therefore a=-16$

(ii) $y=\log_b x$에 $x=9$, $y=2$를 대입하면

$2=\log_b 9$에서 $b^2=9$

$\therefore b=3$ $(\because b>0)$

(i), (ii)에서 $a+5b=-16+5\times3=-16+15=-1$

답 -1

11

함수 $y=\log_7\frac{x}{7}$의 그래프를 x축의 방향으로 a만큼, y축의 방향으로 b만큼 평행이동한 그래프의 식이 $y=f(x)$이므로

$f(x)=\log_7\frac{1}{7}(x-a)+b$

$y=\log_7\frac{1}{7}(x-a)+b$에서

$y-b=\log_7\frac{1}{7}(x-a)$, $7^{y-b}=\frac{1}{7}(x-a)$

$x-a=7^{y-b+1} \quad \therefore x=7^{y-b+1}+a$

x와 y를 서로 바꾸면

$y=7^{x-b+1}+a$

$\therefore f^{-1}(x)=7^{x-b+1}+a$

이때 $f^{-1}(x)=7^{x-3}+2$이므로

$a=2$, $b=4$

$\therefore \log_a b=\log_2 4=\log_2 2^2=2$

답 2

다른 풀이

$f(x)=\log_7\frac{1}{7}(x-a)+b$에서

$f(a+1)=b-1$, $f(a+7)=b$

함수 $f(x)$의 역함수가 $f^{-1}(x)=7^{x-3}+2$이므로

$f^{-1}(b-1)=a+1$에서

$7^{b-4}+2=a+1 \quad \cdots\cdots ㉠$

$f^{-1}(b)=a+7$에서

$7^{b-3}+2=a+7 \quad \cdots\cdots ㉡$

㉡$-$㉠을 하면

$7^{b-4}(7-1)=6$, $7^{b-4}=1 \quad \therefore b=4$

이것을 ㉠에 대입하여 정리하면

$a+1=3 \quad \therefore a=2$

$\therefore \log_a b=\log_2 4=\log_2 2^2=2$

12

함수 $y=\log_5 15x$의 그래프를 x축의 방향으로 -2만큼, y축의 방향으로 -1만큼 평행이동한 그래프의 식은

$y=\log_5 15(x+2)-1$

$y=\log_5 15(x+2)-\log_5 5$

$\therefore\ y=\log_5(3x+6)$

이 그래프를 원점에 대하여 대칭이동한 그래프의 식은

$-y=\log_5(-3x+6),\ y=-\log_5(-3x+6)$

$\therefore\ y=\log_{\frac{1}{5}}(-3x+6)$

이 식이 $y=\log_{\frac{1}{5}}(ax+b)$와 같으므로

$a=-3,\ b=6 \qquad \therefore\ ab=(-3)\times 6=-18$

답 -18

13

함수 $y=\log_{\frac{1}{4}}x$의 그래프를 x축의 방향으로 -2만큼, y축의 방향으로 $\log_{\frac{1}{4}}a$만큼 평행이동한 그래프의 식은

$y=\log_{\frac{1}{4}}(x+2)+\log_{\frac{1}{4}}a$

$\therefore\ y=\log_{\frac{1}{4}}a(x+2)$

이 그래프를 x축에 대하여 대칭이동한 그래프의 식은

$-y=\log_{\frac{1}{4}}a(x+2),\ y=-\log_{\frac{1}{4}}a(x+2)$

$\therefore\ y=\log_4 a(x+2)$

이 그래프가 점 $(6,\ 2)$를 지나므로

$2=\log_4 a(6+2),\ 2=\log_4 8a$

$4^2=8a,\ 16=8a \qquad \therefore\ a=2$

답 2

14

ㄱ. $y=\log_2(x-10)+10$의 그래프는 $y=\log_2 x$의 그래프를 x축의 방향으로 10만큼, y축의 방향으로 10만큼 평행이동한 것이므로 $y=\log_3 x$의 그래프와 겹쳐질 수 없다.

ㄴ. $y=\log_{\frac{1}{3}}(x+3)-3=-\log_3(x+3)-3$이므로 $y=\log_3 x$의 그래프를 x축에 대하여 대칭이동한 후, x축의 방향으로 -3만큼, y축의 방향으로 -3만큼 평행이동하면 $y=\log_{\frac{1}{3}}(x+3)-3$의 그래프와 겹쳐진다.

ㄷ. $y=\log_{27}x^3=\log_{3^3}x^3=\log_3 x$이므로 $y=\log_3 x$의 그래프와 겹쳐진다.

ㄹ. $y=-\log_3(-x+1)+3$
$=-\log_3\{-(x-1)\}+3$
이므로 $y=\log_3 x$의 그래프를 원점에 대하여 대칭이동한 후, x축의 방향으로 1만큼, y축의 방향으로 3만큼 평행이동하면 $y=-\log_3(-x+1)+3$의 그래프와 겹쳐진다.

따라서 $y=\log_3 x$의 그래프를 평행이동하거나 대칭이동하여 겹쳐질 수 있는 그래프의 식은 ㄴ, ㄷ, ㄹ이다.

답 ㄴ, ㄷ, ㄹ

15

$y=-\log_3(x-4)=\log_{\frac{1}{3}}(x-4)$

즉, 함수 $y=-\log_3(x-4)$의 그래프는 함수 $y=\log_{\frac{1}{3}}x$의 그래프를 x축의 방향으로 4만큼 평행이동한 것이므로 다음 그림에서 빗금 친 두 부분의 넓이가 같다.

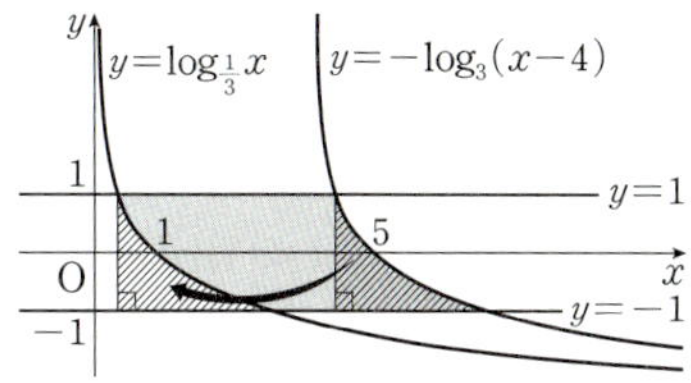

따라서 구하는 도형의 넓이는 가로의 길이가 4, 세로의 길이가 $1-(-1)=2$인 직사각형의 넓이와 같으므로

$4\times 2=8$

답 8

16

$y=\log_2 8x=\log_2 8+\log_2 x=\log_2 x+3$

즉, 함수 $y=\log_2 8x$의 그래프는 함수 $y=\log_2 x$의 그래프를 y축의 방향으로 3만큼 평행이동한 것이므로 오른쪽 그림에서 빗금 친 두 부분의 넓이가 같다.

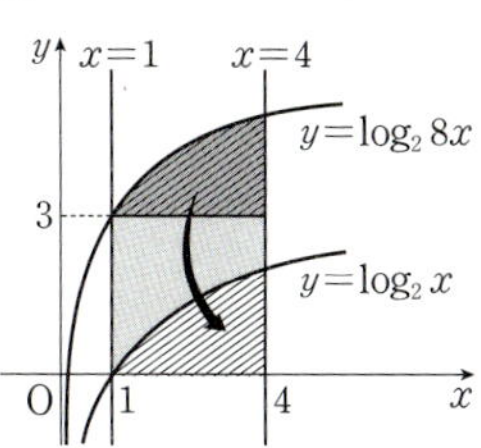

따라서 구하는 도형의 넓이는 가로의 길이가 $4-1=3$, 세로의 길이가 3인 정사각형의 넓이와 같으므로

$3\times 3=9$

답 9

17

두 곡선 $y=2^x$, $y=\log_2 x$에 대하여

직선 $x=1$과 곡선 $y=2^x$의 교점 A의 좌표는 $(1, 2)$,

직선 $y=2$와 곡선 $y=\log_2 x$의 교점 D의 좌표는 $(4, 2)$이다.

두 곡선 $y=2^x$, $y=\log_2 x$는 직선 $y=x$에 대하여 대칭이므로 두 점 B, D는 직선 $y=x$에 대하여 대칭이고, 두 점 A, C도 직선 $y=x$에 대하여 대칭이다.

$\therefore$ B$(2, 4)$, C$(2, 1)$

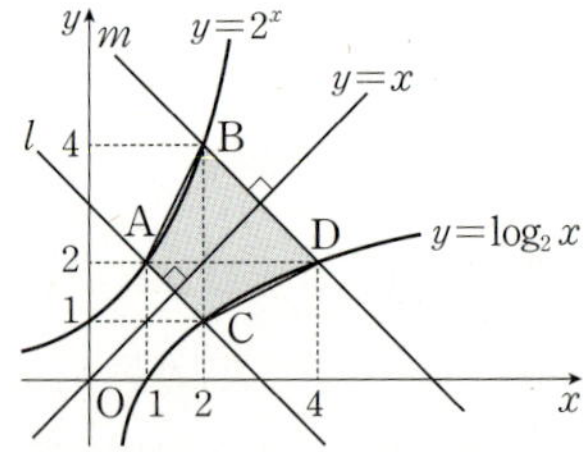

따라서 $\overline{AD}$와 $\overline{BC}$의 교점을 H라 하면 사각형 ABDC의 넓이는

$$\triangle ADB+\triangle ACD=\frac{1}{2}\times\overline{AD}\times\overline{BH}+\frac{1}{2}\times\overline{AD}\times\overline{HC}$$

$$=\frac{1}{2}\times\overline{AD}\times(\overline{BH}+\overline{HC})$$

$$=\frac{1}{2}\times\overline{AD}\times\overline{BC}$$

$$=\frac{1}{2}\times(4-1)\times(4-1)$$

$$=\frac{1}{2}\times 3\times 3=\frac{9}{2}$$

답 $\frac{9}{2}$

18

두 함수 $y=a^x$, $y=\log_a x$는 서로 역함수 관계이므로 두 곡선 $y=a^x$, $y=\log_a x$는 직선 $y=x$에 대하여 대칭이다.

점 A가 직선 $y=-x+4$ 위에 있으므로 점 A의 x좌표를 k라 하면

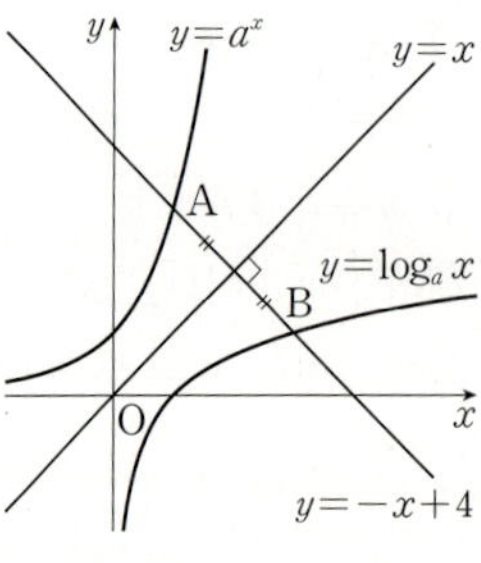

A$(k, 4-k)$

두 점 A, B는 직선 $y=x$에 대하여 대칭이므로

B$(4-k, k)$

$\overline{AB}=2\sqrt{2}$이므로 $\overline{AB}^2=(2\sqrt{2})^2$

$\{(4-k)-k\}^2+\{k-(4-k)\}^2=8$

$2(2k-4)^2=8$, $k^2-4k+4=1$

$k^2-4k+3=0$, $(k-1)(k-3)=0$

$\therefore$ $k=1$ 또는 $k=3$

(i) $k=1$일 때,

A$(1, 3)$, B$(3, 1)$

이때 점 A$(1, 3)$은 곡선 $y=a^x$ 위에 있으므로 $a=3$

(ii) $k=3$일 때,

A$(3, 1)$, B$(1, 3)$

이때 점 A의 x좌표가 점 B의 x좌표보다 크므로 조건을 만족시키지 않는다.

(i), (ii)에서 $a=3$

답 3

19

세 수 A, B, C의 밑을 3으로 나타내면

$A=\dfrac{2}{\log_5 3}=2\log_3 5=\log_3 25$

$B=\dfrac{\log_2 42}{\log_2 3}=\log_3 42$

$C=\log_{\sqrt{3}} 6=\log_{(\sqrt{3})^2} 6^2=\log_3 36$

이때 $25<36<42$이고, 함수 $y=\log_3 x$에서 x의 값이 증가하면 y의 값도 증가하므로

$\log_3 25<\log_3 36<\log_3 42$

$\therefore$ $A<C<B$

답 $A<C<B$

20

$a<b<1$의 각 변에 밑이 a인 로그를 취하면

$\log_a a>\log_a b>\log_a 1$ ($\because$ $0<a<1$)

$\therefore$ $0<\log_a b<1$

$a<b<1$의 각 변에 밑이 b인 로그를 취하면

$\log_b a>\log_b b>\log_b 1$ ($\because$ $0<b<1$)

$\therefore$ $\log_b a>1$

$a<1$의 양변에 밑이 c인 로그를 취하면

$\log_c a<\log_c 1$ ($\because$ $c>1$)

$\therefore$ $\log_c a<0$

따라서 $\log_c a<0<\log_a b<1<\log_b a$이므로

$\log_c a<\log_a b<\log_b a$

$\therefore C<A<B$

답 $C<A<B$

21

$7\log_{\frac{1}{7}}2=\log_{\frac{1}{7}}2^7=\log_{\frac{1}{7}}128$,

$\frac{1}{4}\log_{\frac{1}{7}}16=\log_{\frac{1}{7}}(2^4)^{\frac{1}{4}}=\log_{\frac{1}{7}}2$

이때 $128>2$이고, 함수 $y=\log_{\frac{1}{7}}x$에서 x의 값이 증가하면 y의 값은 감소하므로

$\log_{\frac{1}{7}}128<\log_{\frac{1}{7}}2 \qquad \therefore 7\log_{\frac{1}{7}}2<\frac{1}{4}\log_{\frac{1}{7}}16$

즉, $M=\frac{1}{4}\log_{\frac{1}{7}}16$, $m=7\log_{\frac{1}{7}}2$이므로

$$\begin{aligned}M-m&=\frac{1}{4}\log_{\frac{1}{7}}16-7\log_{\frac{1}{7}}2\\&=\log_{\frac{1}{7}}2-\log_{\frac{1}{7}}128\\&=\log_{\frac{1}{7}}\frac{2}{128}=\log_{\frac{1}{7}}\frac{1}{64}\\&=\log_{7^{-1}}64^{-1}=\log_7 64\end{aligned}$$

이때 $7^2<64<7^3$에서 $\log_7 49=2$, $\log_7 343=3$이므로

$2<\log_7 64<3$

따라서 조건을 만족시키는 정수 n의 값은 2이다.

답 2

22

$f(x)=-3x^2+6x+a$라 하면 $y=\log_{\frac{1}{3}}f(x)$에서

$0<(\text{밑})=\frac{1}{3}<1$이므로 $f(x)$가 최대일 때 $\log_{\frac{1}{3}}f(x)$는 최소이다.

한편, $f(x)=-3x^2+6x+a=-3(x-1)^2+a+3$이므로

$0<f(x)\le a+3$ ┌ $f(x)$는 $\log_{\frac{1}{3}}f(x)$의 진수이므로 $f(x)>0$

따라서 함수 $y=\log_{\frac{1}{3}}f(x)$는 $f(x)=a+3$일 때 최솟값

$\log_{\frac{1}{3}}(a+3)=1$을 가지므로

$a+3=\frac{1}{3} \qquad \therefore a=-\frac{8}{3}$

답 $-\frac{8}{3}$

23

$f(x)=x^2-px+2q$라 하면 $y=\log_{\frac{1}{6}}f(x)$에서

$0<(\text{밑})=\frac{1}{6}<1$이므로 $f(x)$가 최소일 때 $\log_{\frac{1}{6}}f(x)$는 최대이다.

한편,

$$\begin{aligned}f(x)&=x^2-px+2q\\&=x^2-px+\left(\frac{p}{2}\right)^2-\left(\frac{p}{2}\right)^2+2q\\&=\left(x-\frac{p}{2}\right)^2-\frac{p^2}{4}+2q\end{aligned}$$

이므로 $x=\frac{p}{2}$일 때 $f(x)$는 최솟값 $-\frac{p^2}{4}+2q$를 갖는다.

즉, $x=\frac{p}{2}=4$에서 $p=8$

$p^2<8q$이므로 $-\frac{p^2}{4}+2q>0$
즉, 진수의 조건을 만족한다.

또한, $\log_{\frac{1}{6}}\left(-\frac{p^2}{4}+2q\right)=-1$이므로

$\log_{\frac{1}{6}}(-16+2q)=-1 \ (\because p=8)$

$2q-16=\left(\frac{1}{6}\right)^{-1}$, $2q-16=6$

$2q=22 \qquad \therefore q=11$

$\therefore p+q=8+11=19$

답 19

24

$y=\log_3(7-2^x)+\log_3(2^x-1)$에서 진수의 조건에서

$7-2^x>0$, $2^x-1>0$

$\therefore 1<2^x<7$

$2^x=t\ (t>0)$로 놓으면 $1<t<7$이고

$$\begin{aligned}y&=\log_3(7-2^x)+\log_3(2^x-1)\\&=\log_3(7-t)+\log_3(t-1)\\&=\log_3(7-t)(t-1)\\&=\log_3(-t^2+8t-7)\end{aligned}$$

$f(t)=-t^2+8t-7$이라 하면 $y=\log_3 f(t)$에서

$(\text{밑})=3>1$이므로 $f(t)$가 최대일 때 $\log_3 f(t)$도 최대이다.

한편, $1<t<7$이고, $f(t)=-t^2+8t-7=-(t-4)^2+9$

이므로 $f(t)$는 $t=4$일 때 최댓값 $f(4)=9$를 갖는다.

이때 $t=4$, 즉 $2^x=4$에서 $x=2$이고, 최댓값은 $\log_3 9=2$이다.

따라서 $a=2$, $b=2$이므로

$ab=2\times2=4$

답 4

25

(1) $y=\left(\log_{\frac{1}{5}}x\right)^2+\log_{\frac{1}{5}}x^4+10$

$=\left(\log_{\frac{1}{5}}x\right)^2+4\log_{\frac{1}{5}}x+10$

$\log_{\frac{1}{5}}x=t$로 놓으면

$1\le x\le 5$에서 $\log_{\frac{1}{5}}1\ge\log_{\frac{1}{5}}x\ge\log_{\frac{1}{5}}5$

$\therefore\ -1\le t\le 0$

이때 주어진 함수는

$y=t^2+4t+10=(t+2)^2+6$

이므로

$t=0$일 때 최댓값 $2^2+6=10$,

$t=-1$일 때 최솟값 $1^2+6=7$

을 갖는다.

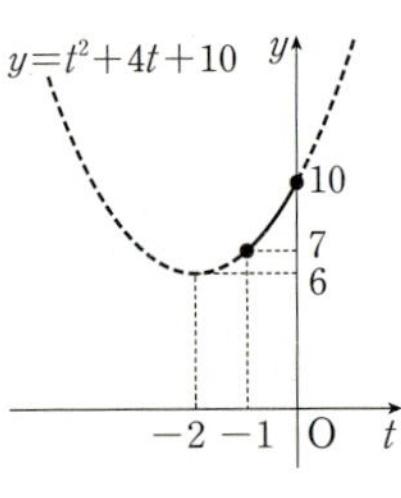

(2) $y=\log_2 64x+\log_x 16$

$=(\log_2 2^6+\log_2 x)+\log_x 2^4$

$=\log_2 x+4\log_x 2+6$

$=\log_2 x+\dfrac{4}{\log_2 x}+6$

$\log_2 x=t$로 놓으면

주어진 함수는 $y=t+\dfrac{4}{t}+6$

이때 $x>1$에서 $\log_2 x>0$, 즉 $t>0$, $\dfrac{1}{t}>0$이므로

산술평균과 기하평균의 관계에 의하여

$t+\dfrac{4}{t}+6\ge 2\sqrt{t\times\dfrac{4}{t}}+6=10$

$\left(\text{단, 등호는 } t=\dfrac{4}{t}\text{, 즉 } \underset{x=4}{\underline{t=2}}\text{일 때 성립}\right)$

따라서 함수 $y=\log_2 64x+\log_x 16$의 최솟값은 10이다.

답 (1) 최댓값 : 10, 최솟값 : 7 (2) 10

26

$y=\log x^{\log x}-6\log 10x$

$=(\log x)^2-6(\log 10+\log x)$

$=(\log x)^2-6\log x-6$

$\log x=t$로 놓으면 $10\le x\le 10000$에서

$\log 10\le\log x\le\log 10000 \qquad \therefore\ 1\le t\le 4$

이때 주어진 함수는

$y=t^2-6t-6=(t-3)^2-15$

이므로

$t=1$일 때 최댓값

$M=(-2)^2-15=-11$,

$t=3$일 때 최솟값

$m=0^2-15=-15$

를 갖는다.

$\therefore\ M-m=-11-(-15)=4$

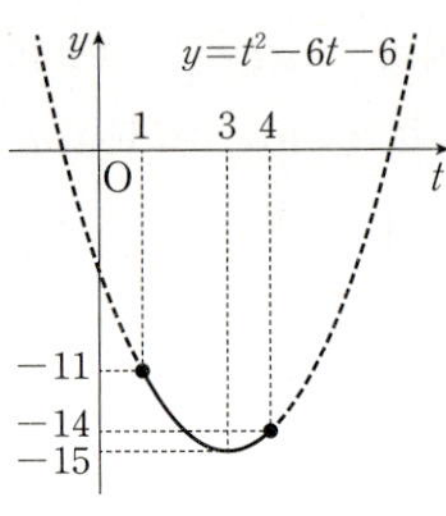

답 4

27

$x>1$, $y>1$에서 $\log_3 x>0$, $\log_3 y>0$이므로

산술평균과 기하평균의 관계에 의하여

$\log_3 x+\log_3 y\ge 2\sqrt{\log_3 x\times\log_3 y}$

(단, 등호는 $\log_3 x=\log_3 y$, 즉 $x=y$일 때 성립)

$\log_3 xy\ge 2\sqrt{\log_3 x\times\log_3 y}$

$\log_3 81\ge 2\sqrt{\log_3 x\times\log_3 y}$ ($\because\ xy=81$)

$\log_3 3^4\ge 2\sqrt{\log_3 x\times\log_3 y}$

$2\ge\sqrt{\log_3 x\times\log_3 y}$

$\therefore\ \log_3 x\times\log_3 y\le 4$

따라서 $\log_3 x\times\log_3 y$의 최댓값은 4이다.

답 4

다른 풀이

$xy=81$에서 $y=\dfrac{81}{x}$이므로

$\log_3 x\times\log_3 y$

$=\log_3 x\times\log_3\dfrac{81}{x}$

$=\log_3 x\times(\log_3 81-\log_3 x)$

$=-(\log_3 x)^2+4\log_3 x$ ⋯⋯㉠

$x>1$에서 $\log_3 x>0$이고,

$y>1$에서 $\dfrac{81}{x}>1$, $x<81 \qquad \therefore\ \log_3 x<4$

이므로 $\log_3 x=t$로 놓으면

$0<t<4$

㉠에서

$\log_3 x\times\log_3 y=-t^2+4t=-(t-2)^2+4$

이므로

$\log_3 x\times\log_3 y$는 최댓값 4를 갖는다.

STEP 1 개념 마무리

본문 pp.116~118

01 23	**02** ⑤	**03** 24	**04** 24
05 2	**06** ㄱ	**07** 3	**08** ⑤
09 18	**10** 7	**11** 375	**12** 7
13 ③	**14** $A<B<C$		**15** -4
16 1	**17** 2	**18** 246	

01

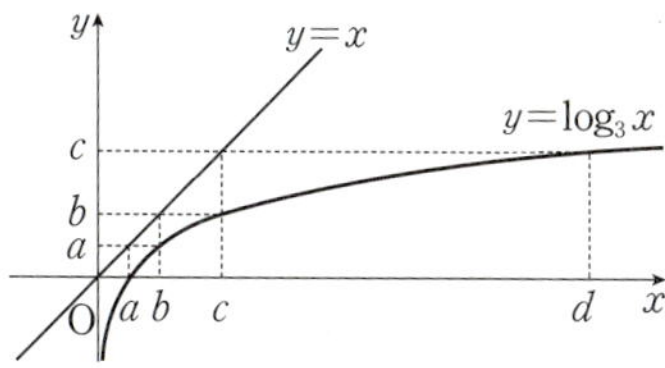

위의 그림에서

$\log_3 a=0$이므로 $a=1$

$\log_3 b=a$, 즉 $\log_3 b=1$이므로 $b=3$

$\log_3 c=b$, 즉 $\log_3 c=3$이므로 $c=3^3$

$\log_3 d=c$, 즉 $\log_3 d=27$이므로 $d=3^{27}$

$\therefore \log_{\frac{1}{3}}\dfrac{bc}{d}=\log_{3^{-1}}\dfrac{3\times3^3}{3^{27}}=\log_{3^{-1}}3^{-23}=23$

답 23

02

$f(x)=\log_a x\ (a>1)$에 대하여

ㄱ. $f(x)+f\left(\dfrac{1}{x}\right)=\log_a x+\log_a\dfrac{1}{x}$

$=\log_a x-\log_a x=0$ (참)

ㄴ. $\left\{f\left(\dfrac{x}{3}\right)\right\}^2=\left(\log_a\dfrac{x}{3}\right)^2=(\log_a x-\log_a 3)^2$

$\left\{f\left(\dfrac{3}{x}\right)\right\}^2=\left(\log_a\dfrac{3}{x}\right)^2$

$=(\log_a 3-\log_a x)^2=(\log_a x-\log_a 3)^2$

$\therefore \left\{f\left(\dfrac{x}{3}\right)\right\}^2=\left\{f\left(\dfrac{3}{x}\right)\right\}^2$ (참)

ㄷ. $f(x+1)-f(x)=\log_a(x+1)-\log_a x$

$=\log_a\dfrac{x+1}{x}=\log_a\left(1+\dfrac{1}{x}\right)$

$f(x+2)-f(x+1)=\log_a(x+2)-\log_a(x+1)$

$=\log_a\dfrac{x+2}{x+1}=\log_a\left(1+\dfrac{1}{x+1}\right)$

이때 $x>0$이므로 $1+\dfrac{1}{x}>1+\dfrac{1}{x+1}$

또한, (밑)$=a>1$이므로

$\log_a\left(1+\dfrac{1}{x}\right)>\log_a\left(1+\dfrac{1}{x+1}\right)$

$\therefore f(x+1)-f(x)>f(x+2)-f(x+1)$ (참)

따라서 ㄱ, ㄴ, ㄷ 모두 옳다.

답 ⑤

다른 풀이

$a>1$일 때, 함수 $f(x)=\log_a x$의 그래프는 다음 그림과 같다.

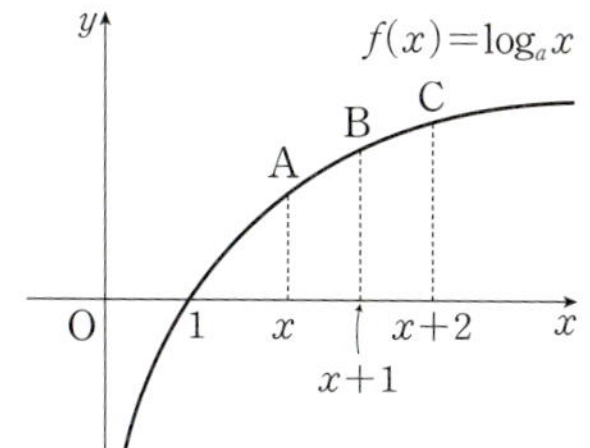

ㄷ. $x>0$에 대하여

(직선 AB의 기울기)$=f(x+1)-f(x)$

(직선 BC의 기울기)$=f(x+2)-f(x+1)$

이때 직선 AB의 기울기가 직선 BC의 기울기보다 크므로

$f(x+1)-f(x)>f(x+2)-f(x+1)$ (참)

03

점 $A(a, b)$는 함수 $y=\log_9(x+2)$의 그래프 위에 있으므로

$b=\log_9(a+2)\qquad \therefore 9^b=a+2\qquad$ ······㉠

점 $B(b, a)$는 함수 $y=3^x+4$의 그래프 위에 있으므로

$a=3^b+4\qquad$ ······㉡

㉡을 ㉠에 대입하면

$9^b=3^b+6,\ (3^b)^2-3^b-6=0$

$3^b=t\ (t>0)$로 놓으면 $t^2-t-6=0$

$(t-3)(t+2)=0\qquad \therefore t=3\ (\because t>0)$

즉, $3^b=3$이므로 $b=1$

이것을 ㉡에 대입하면 $a=3+4=7$

따라서 $A(7, 1)$, $B(1, 7)$이므로

$\overline{AB}=\sqrt{(1-7)^2+(7-1)^2}=6\sqrt{2}$

한편, 선분 AB의 중점을 C라 하면

$C\left(\frac{7+1}{2}, \frac{1+7}{2}\right)$, 즉 C(4, 4)이므로

$\overline{OC}=\sqrt{4^2+4^2}=4\sqrt{2}$

삼각형 OAB는 $\overline{OA}=\overline{OB}$인 이등변삼각형이므로

$\overline{OC}\perp\overline{AB}$

따라서 삼각형 OAB의 넓이는

$\frac{1}{2}\times\overline{AB}\times\overline{OC}=\frac{1}{2}\times 6\sqrt{2}\times 4\sqrt{2}=24$

답 24

다른 풀이 공통수학2 p.072 한 걸음 더 참고

A(7, 1), B(1, 7)이므로 삼각형 OAB의 넓이 S는

$S=\frac{1}{2}\left|\begin{matrix} 0 & 7 & 1 & 0 \\ 0 & 1 & 7 & 0 \end{matrix}\right|=\frac{1}{2}\times|49-1|=24$

04

조건 (가)에서 곡선 $y=f(x)$, 즉 $y=\log_6(ax-b)-4$의 점근선의 방정식은 $x=\frac{1}{5}$이므로

$\frac{1}{5}a-b=0 \qquad \therefore a=5b \qquad \cdots\cdots$㉠

조건 (나)에서 곡선 $y=\log_6(ax-b)-4$를 x축의 방향으로 -2만큼, y축의 방향으로 2만큼 평행이동한 곡선의 방정식을 $y=g(x)$라 하면

$g(x)=\log_6\{a(x+2)-b\}-4+2$

이 곡선이 점 (0, 0)을 지나므로

$\log_6(2a-b)-2=0$, $\log_6(2a-b)=2$

$\therefore 2a-b=36 \qquad \cdots\cdots$㉡

㉠, ㉡을 연립하여 풀면

$a=20$, $b=4$

$\therefore a+b=20+4=24$

답 24

05

$y=\log_a(x-3)-1$ $(a>1)$은 x의 값이 증가하면 y의 값도 증가하므로 다음 그림과 같이 함수 $y=\log_a(x-3)-1$의 그래프가 점 A를 지날 때 a는 최솟값 m을 갖고, 점 C를 지날 때 a는 최댓값 M을 갖는다.

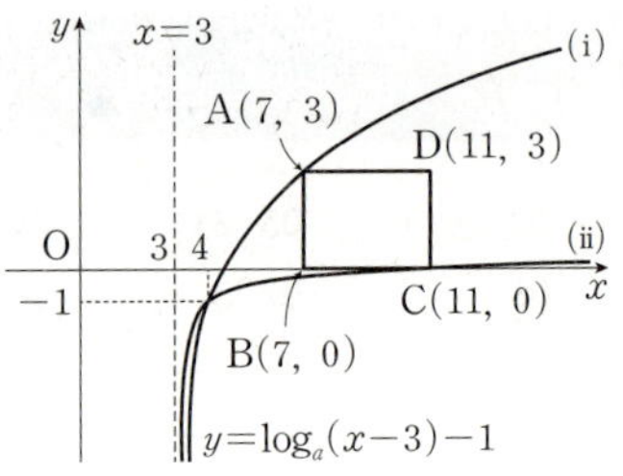

(i) 곡선 $y=\log_a(x-3)-1$이 점 A(7, 3)을 지날 때,

$\log_a 4-1=3$에서 $\log_a 4=4$

즉, $a^4=4$이므로 $m^4=4$

(ii) 곡선 $y=\log_a(x-3)-1$이 점 C(11, 0)을 지날 때,

$\log_a 8-1=0$에서 $\log_a 8=1$

즉, $a=8$이므로 $M=8$

(i), (ii)에서 $\frac{M}{m^4}=\frac{8}{4}=2$

답 2

06

$f(x)=\log_2\frac{4}{x-1}$

$=\log_2 4-\log_2(x-1)$

$=-\log_2(x-1)+2$

$=\log_{\frac{1}{2}}(x-1)+2$

즉, 함수 $y=f(x)$의 그래프는 함수 $y=\log_{\frac{1}{2}}x$의 그래프를 x축의 방향으로 1만큼, y축의 방향으로 2만큼 평행이동한 것이므로 오른쪽 그림과 같다.

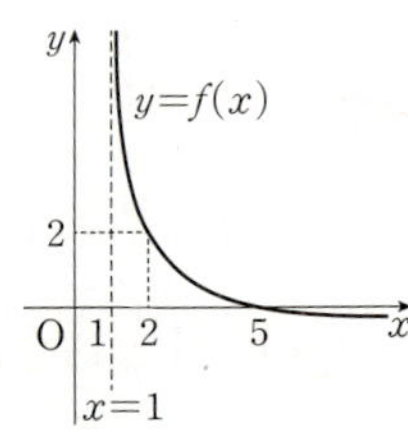

ㄱ. $0<$(밑)$=\frac{1}{2}<1$이므로 x의 값이 증가하면 y의 값은 감소한다.

즉, $1<x_1<x_2$이면 $f(x_1)>f(x_2)$이다. (참)

ㄴ. 함수 $y=f(x)$의 그래프는 제2사분면을 지나지 않는다. (거짓)

ㄷ. $y=\log_{\frac{1}{2}}\frac{4}{x-1}=-\log_2\frac{4}{x-1}$

이므로 두 함수 $y=\log_2\frac{4}{x-1}$, $y=\log_{\frac{1}{2}}\frac{4}{x-1}$의 그래프는 x축에 대하여 대칭이다. (거짓)

ㄹ. 1보다 큰 서로 다른 두 실수 x_1, x_2에 대하여 함수 $y=f(x)$의 그래프에서

$f\left(\frac{x_1+x_2}{2}\right)<\frac{f(x_1)+f(x_2)}{2}$이다. (거짓)

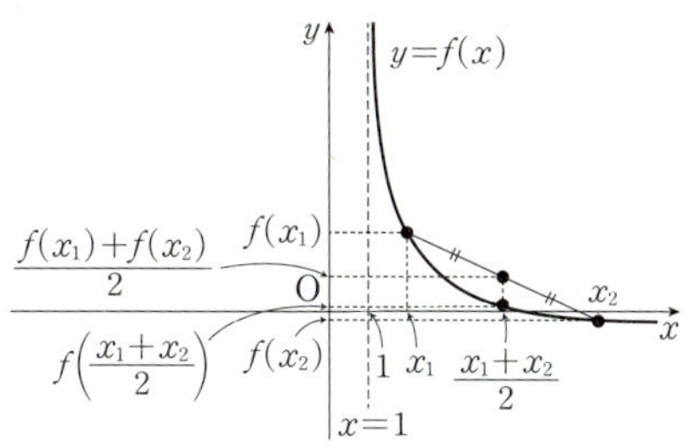

따라서 옳은 것은 ㄱ뿐이다.

답 ㄱ

07

$y=\log_4(-x+a)=\log_4\{-(x-a)\}$

이므로 함수 $y=\log_4(-x+a)$의 그래프는 함수 $y=\log_4 x$의 그래프를 y축에 대하여 대칭이동한 후, x축의 방향으로 a만큼 평행이동한 것이다.

따라서 두 함수의 그래프가 제1사분면에서 만나려면 다음 그림과 같아야 한다.

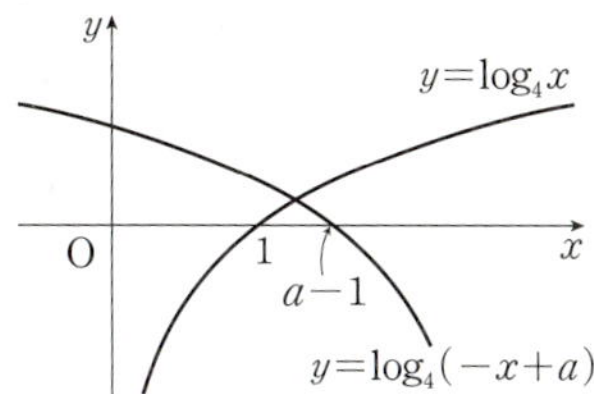

즉, $a-1>1$이어야 하므로

$a>2$

따라서 조건을 만족시키는 자연수 a의 최솟값은 3이다.

답 3

08 본문 p.103 한 걸음 더 참고

ㄱ. $y=\log_{\frac{1}{2}}5x=-\log_2 5x=-\log_2 x-\log_2 5$

이므로 함수 $y=\log_2 x$의 그래프를 x축에 대하여 대칭이동한 후, y축의 방향으로 $-\log_2 5$만큼 평행이동하면 함수 $y=\log_{\frac{1}{2}}5x$의 그래프와 겹쳐진다.

ㄴ. $y=\log_4 x^2=\log_2|x|=\begin{cases}\log_2 x & (x>0)\\ \log_2(-x) & (x<0)\end{cases}$

이므로 그래프는 오른쪽 그림과 같다.

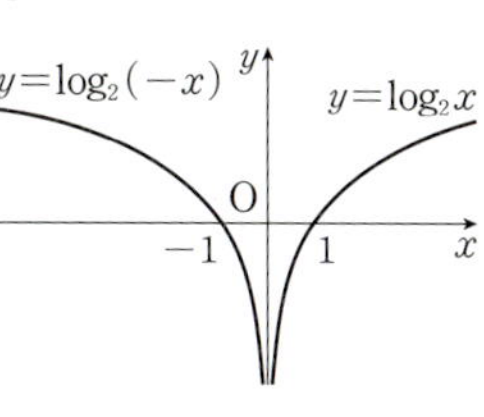

즉, 함수 $y=\log_2 x$의 그래프를 평행이동하거나 대칭이동하여도 겹쳐지지 않는다.

ㄷ. $y=\log_{\sqrt{2}}\sqrt{4x+1}=\log_{2^{\frac{1}{2}}}(4x+1)^{\frac{1}{2}}$

$=\log_2(4x+1)=\log_2 4\left(x+\frac{1}{4}\right)$

$=\log_2\left(x+\frac{1}{4}\right)+\log_2 4=\log_2\left(x+\frac{1}{4}\right)+2$

이므로 함수 $y=\log_2 x$의 그래프를 x축의 방향으로 $-\frac{1}{4}$만큼, y축의 방향으로 2만큼 평행이동하면 함수 $y=\log_{\sqrt{2}}\sqrt{4x+1}$의 그래프와 겹쳐진다.

ㄹ. $y=7\times2^x=2^{\log_2 7}\times2^x=2^{x+\log_2 7}$

이므로 함수 $y=\log_2 x$의 그래프를 직선 $y=x$에 대하여 대칭이동한 후, x축의 방향으로 $-\log_2 7$만큼 평행이동하면 함수 $y=7\times2^x$의 그래프와 겹쳐진다.

따라서 함수 $y=\log_2 x$의 그래프를 평행이동하거나 대칭이동하여 겹쳐질 수 있는 그래프의 식은 ㄱ, ㄷ, ㄹ이다.

답 ⑤

09

$f(x)=\log_8(x+1)$, $g(x)=\log_8(x-1)-6$에 대하여 곡선 $y=g(x)$는 곡선 $y=f(x)$를 x축의 방향으로 -2만큼, y축의 방향으로 -6만큼 평행이동한 것이다.

따라서 곡선 $y=f(x)$ 위의 점 $(0,\ 0)$을 x축의 방향으로 2만큼, y축의 방향으로 -6만큼 평행이동한 점은 곡선 $y=g(x)$ 위의 점 $(2,\ -6)$이 된다.

한편, 점 $(2,\ -6)$은 직선 $y=-3x$ 위의 점이므로 이 점은 곡선 $y=g(x)$와 직선 $y=-3x$의 교점이다.

두 곡선 $y=f(x)$, $y=g(x)$와 두 직선 $y=-3x$, $y=-3x+9$를 좌표평면 위에 나타내면 다음 그림과 같다.

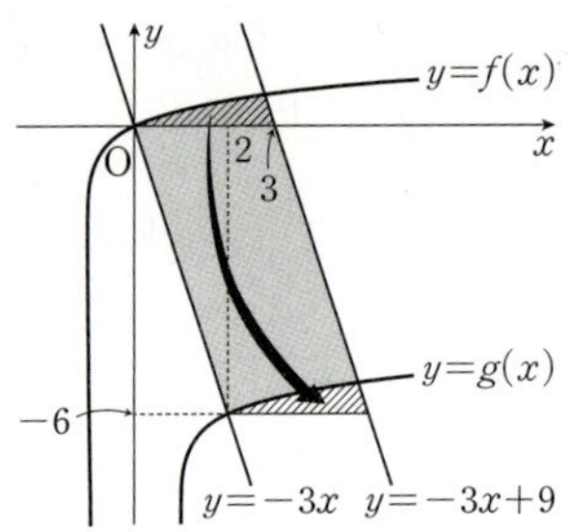

이때 빗금 친 두 부분의 넓이가 같으므로 구하는 도형의 넓이는 밑변의 길이가 3, 높이가 $0-(-6)=6$인 평행사변형의 넓이와 같다.

따라서 구하는 넓이는

$3\times6=18$

답 18

10

점 A는 함수 $y=2^x$의 그래프와 y축의 교점이므로

$A(0,\ 1)$

점 B의 y좌표가 1이므로

$1=\log_2 x$에서

$x=2$

즉, $B(2,\ 1)$이므로 $\overline{AB}=2-0=2$

두 점 B, C는 직선 $y=x$에 대하여 대칭이므로

$C(1,\ 2)$

점 D의 y좌표가 2이므로

$2=\log_2 x$에서

$x=4 \qquad \therefore\ D(4,\ 2)$

두 점 D, E는 직선 $y=x$에 대하여 대칭이므로

$E(2,\ 4)$

점 F의 y좌표가 4이므로

$4=\log_2 x$에서

$x=16$

즉, $F(16,\ 4)$이므로 $\overline{EF}=16-2=14$

$\therefore\ \dfrac{\overline{EF}}{\overline{AB}}=\dfrac{14}{2}=7$

답 7

11

점 $A(a,\ b)$는 함수 $y=f(x)$의 그래프 위의 점이므로

$b=\log_{\frac{1}{5}} a$, 즉 $\left(\dfrac{1}{5}\right)^b=a$

이때 $y=f^{-1}(x)$는 $y=f(x)$의 역함수이므로 두 점 A, B는 직선 $y=x$에 대하여 대칭이다.

따라서 $A(a,\ b)$, $B\left(\dfrac{3}{2},\ a\right)$에서 $b=\dfrac{3}{2}$

$$\therefore\ \frac{2b}{a^2}=\frac{2b}{\left(\frac{1}{5}\right)^{2b}}$$

$$=\frac{3}{\left(\frac{1}{5}\right)^3}\ \left(\because\ b=\frac{3}{2}\right)$$

$$=3\times5^3=375$$

답 375

12

$y=a^x+k$라 하면 $y-k=a^x$

양변에 밑이 a인 로그를 취하면 $x=\log_a(y-k)$

x와 y를 서로 바꾸면 $y=\log_a(x-k)$

즉, 두 함수 $f(x)=a^x+k$, $g(x)=\log_a(x-k)$는 서로 역함수 관계이고, (밑)$=a>1$에서 함수 $f(x)$는 x의 값이 증가하면 $f(x)$의 값도 증가하므로 두 점 A, B는 직선 $y=x$ 위에 있다.

$A(m,\ m)$, $B(n,\ n)$ $(m\neq n)$이라 하면 직선 $y=-x+6$이 선분 AB를 수직이등분하므로 $\overline{AB}$의 중점 $\left(\dfrac{m+n}{2},\ \dfrac{m+n}{2}\right)$은 직선 $y=-x+6$ 위의 점이다. 즉,

$\dfrac{m+n}{2}=-\dfrac{m+n}{2}+6$

$\therefore\ m+n=6 \qquad \cdots\cdots ㉠$

또한, $\overline{AB}=6\sqrt{2}$이므로 $\sqrt{2(m-n)^2}=6\sqrt{2}$에서

$(m-n)^2=36 \qquad \therefore\ m-n=\pm6 \qquad \cdots\cdots ㉡$

㉠, ㉡에서 $\begin{cases} m+n=6 \\ m-n=6 \end{cases}$ 또는 $\begin{cases} m+n=6 \\ m-n=-6 \end{cases}$이므로

$m=6,\ n=0$ 또는 $m=0,\ n=6$

따라서 다음 그림과 같이 두 함수 $y=f(x)$, $y=g(x)$의 그래프는 서로 다른 두 점 $A(6,\ 6)$, $B(0,\ 0)$ 또는 $A(0,\ 0)$, $B(6,\ 6)$에서 만난다.

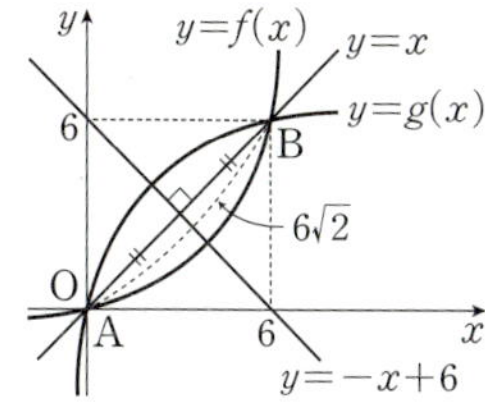

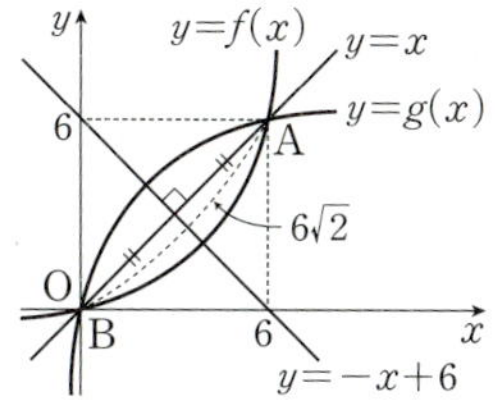

함수 $y=f(x)$의 그래프가 두 점 A, B를 지나므로

$f(0)=0$, $f(6)=6$

$f(0)=a^0+k=0$에서 $k=-1$

$f(6)=a^6+k=6$에서 $a^6-1=6$ ($\because$ $k=-1$)

$\therefore$ $a^6=7$

답 7

13

$a<b<1$의 각 변에 밑이 b인 로그를 취하면

$\log_b a>\log_b b>\log_b 1$ ($\because$ $0<b<1$), 즉

$\log_b a>1$ $\cdots\cdots$ ㉠

$\therefore$ $A>1$

㉠의 양변에 밑이 b인 로그를 취하면

$\log_b(\log_b a)<\log_b 1$, 즉 $\log_b(\log_b a)<0$이므로

$B<0$

한편, $C=(\log_b a)^2=A^2$이고 $A>1$에서 $A^2>A$이므로

$C>A$

$\therefore$ $B<A<C$

답 ③

다른 풀이

세 수 A, B, C의 대소 관계는 $0<a<b<1$을 만족시키는 모든 a, b에 대하여 항상 성립하므로

$a=\frac{1}{4}$, $b=\frac{1}{2}$을 대입하여도 성립한다.

$A=\log_b a=\log_{\frac{1}{2}}\frac{1}{4}=\log_{2^{-1}}2^{-2}=2$

$B=\log_b(\log_b a)=\log_{\frac{1}{2}}2=\log_{2^{-1}}2=-1$

$C=(\log_b a)^2=2^2=4$

$\therefore$ $B<A<C$

14

$f(x)=\log(x-1)$이므로

$f(a)=\log(a-1)$, $f(b)=\log(b-1)$

또한,

$f(2)=\log(2-1)=0$, $f(3)=\log(3-1)=\log 2$

이므로 세 수 A, B, C를 다음과 같이 나타낼 수 있다.

$A=\frac{1}{a}\log(a-1)=\frac{f(a)}{a}=\frac{f(a)-0}{a-0}$

$B=\frac{1}{b}\log(b-1)=\frac{f(b)}{b}=\frac{f(b)-0}{b-0}$

$C=\log 2=\frac{\log 2-0}{3-2}=\frac{f(3)-f(2)}{3-2}$

즉, A는 직선 OP의 기울기, B는 직선 OQ의 기울기, C는 두 점 $(2, f(2))$와 $(3, f(3))$을 지나는 직선의 기울기와 같다.

따라서 다음 그림에서 세 직선의 기울기를 비교하면

$A<B<C$

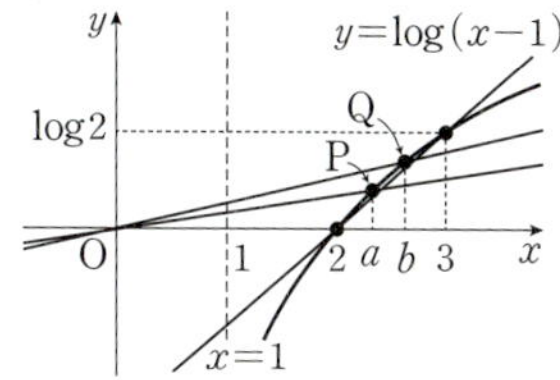

답 $A<B<C$

15

$f(x)=x^2-2x+5$라 하면 $y=\log_{\frac{1}{4}}f(x)$에서

$0<(\text{밑})=\frac{1}{4}<1$이므로 $f(x)$가 최소일 때 $\log_{\frac{1}{4}}f(x)$는 최대이고, $f(x)$가 최대일 때 $\log_{\frac{1}{4}}f(x)$는 최소이다.

한편, $f(x)=x^2-2x+5=(x-1)^2+4$이므로

$-1\le x\le 2$에서 $4\le f(x)\le 8$

따라서 함수 $y=\log_{\frac{1}{4}}f(x)$는

$f(x)=4$일 때 최댓값

$M=\log_{\frac{1}{4}}4=\log_{4^{-1}}4=-1$,

$f(x)=8$일 때 최솟값

$m=\log_{\frac{1}{4}}8=\log_{2^{-2}}2^3=-\frac{3}{2}$을 갖는다.

$\therefore$ $M+2m=-1+2\times\left(-\frac{3}{2}\right)=-4$

답 -4

16

$f(x)=\log_{\frac{1}{2}}\frac{6}{x}$, $g(x)=3x^2-12x+24$이므로

$$(f\circ g)(x)=f(g(x))$$
$$=\log_{\frac{1}{2}}\frac{6}{3x^2-12x+24}$$
$$=\log_{\frac{1}{2}}\frac{2}{x^2-4x+8}$$
$$=\log_{\frac{1}{2}}2-\log_{\frac{1}{2}}(x^2-4x+8)$$
$$=\log_2(x^2-4x+8)-1$$

$h(x)=x^2-4x+8$이라 하면 $y=\log_2 h(x)-1$에서 (밑)$=2>1$이므로 $h(x)$가 최소일 때 함수 $(f\circ g)(x)$도 최소이다.

한편, $h(x)=x^2-4x+8=(x-2)^2+4$이므로

$h(x)\geq 4$

따라서 함수 $(f\circ g)(x)$는 $h(x)=4$일 때 최솟값

$\log_2 4-1=\log_2 2^2-1=2-1=1$을 갖는다.

답 1

17

$$y=\log_9(2^x+4)-\log_{\frac{1}{9}}(2^{-x}+1)$$
$$=\log_9(2^x+4)+\log_9(2^{-x}+1)$$
$$=\log_9(2^x+4)(2^{-x}+1)$$
$$=\log_9(1+2^x+4\times 2^{-x}+4)$$
$$=\log_9(2^x+2^{2-x}+5)$$

$f(x)=2^x+2^{2-x}+5$라 하면 $y=\log_9 f(x)$에서 (밑)$=9>1$이므로 $f(x)$가 최소일 때 $\log_9 f(x)$도 최소이다.

산술평균과 기하평균의 관계에 의하여

$$f(x)=2^x+2^{2-x}+5$$
$$\geq 2\sqrt{2^x\times 2^{2-x}}+5$$
$$=2\times 2+5=9$$

(단, 등호는 $2^x=2^{2-x}$, 즉 $x=1$일 때 성립)

따라서 $x=1$, 즉 $f(x)=9$일 때 함수 $\log_9 f(x)$는 최솟값 $\log_9 9=1$을 가지므로

$a=1$, $m=1$

$\therefore a+m=1+1=2$

답 2

18

$y=9x^{-2+\log_3 x}$의 양변에 밑이 3인 로그를 취하면

$$\log_3 y=\log_3 9+\log_3 x^{-2+\log_3 x}$$
$$=2+(-2+\log_3 x)\times\log_3 x$$
$$=(\log_3 x)^2-2\log_3 x+2$$

$\log_3 x=t$로 놓으면 $\frac{1}{3}\leq x\leq 3$에서

$\log_3\frac{1}{3}\leq\log_3 x\leq\log_3 3 \qquad \therefore -1\leq t\leq 1$

이때 주어진 함수는

$\log_3 y=t^2-2t+2=(t-1)^2+1$

이므로 $\log_3 y$는 $t=-1$일 때 최댓값 $(-2)^2+1=5$, $t=1$일 때 최솟값 $0^2+1=1$을 갖는다.

$\log_3 y=5$에서 $y=3^5 \qquad \therefore M=243$

$\log_3 y=1$에서 $y=3 \qquad \therefore m=3$

$\therefore M+m=243+3=246$

답 246

2 로그함수의 활용

기본+필수연습

본문 pp.123~129

28 (1) $x=13$ (2) $x=2$

29 (1) $x=\frac{1}{64}$ 또는 $x=1$ (2) $x=3$

30 $x=2$ 또는 $x=8$

31 (1) $-\frac{1}{2}<x<\frac{3}{2}$ (2) $20<x\leq 40$

32 $4\leq x\leq 8$ **33** $0<x<\frac{1}{2}$ 또는 $x>16$ **34** 16

35 16 **36** 52

37 최댓값 : 9999, 최솟값 : 101

38 8 **39** 5

40 (1) $x=27$, $y=625$ 또는 $x=81$, $y=125$ (2) $9<x\leq 16$

41 9 **42** 150 m **43** 3

28

(1) $\log_{\frac{1}{2}}(x+3)=-4$에서

$x+3=\left(\frac{1}{2}\right)^{-4}$, $x+3=16 \qquad \therefore x=13$

(2) 진수의 조건에서

$11x+3>0,\ x-1>0 \qquad \therefore x>1 \qquad \cdots\cdots ㉠$

$\log_5(11x+3)=2+\log_5(x-1)$에서

로그의 밑을 5로 같게 하면

$\log_5(11x+3)=\log_5 25+\log_5(x-1)$

$\log_5(11x+3)=\log_5 25(x-1)$

$11x+3=25(x-1),\ 11x+3=25x-25$

$14x=28 \qquad \therefore x=2\ (\because ㉠)$

답 (1) $x=13$ (2) $x=2$

29

(1) 진수의 조건에서

$x>0,\ x^6>0 \qquad \therefore x>0 \qquad \cdots\cdots ㉠$

$(\log_2 x)^2+\log_2 x^6=0$, 즉 $(\log_2 x)^2+6\log_2 x=0$에서

$\log_2 x=t$로 놓으면 $t^2+6t=0$

$t(t+6)=0 \qquad \therefore t=-6$ 또는 $t=0$

따라서 $\log_2 x=-6$ 또는 $\log_2 x=0$이므로

$x=\frac{1}{64}$ 또는 $x=1$

$x=\frac{1}{64}$ 또는 $x=1$은 ㉠을 만족시키므로 주어진 방정식의 해이다.

(2) 밑과 진수의 조건에서

$x^2-1>0,\ x^2-1\neq 1,\ 5-x>0,\ 5-x\neq 1,\ x-2>0$

$\therefore 2<x<4$ 또는 $4<x<5 \qquad \cdots\cdots ㉠$

$\log_{x^2-1}(x-2)=\log_{5-x}(x-2)$에서

(i) 밑이 같으면

$x^2-1=5-x,\ x^2+x-6=0$

$(x+3)(x-2)=0$

$\therefore x=-3$ 또는 $x=2$

(ii) 진수가 1이면

$x-2=1 \qquad \therefore x=3$

(i), (ii)에서 주어진 방정식의 해는

$x=3\ (\because ㉠)$

답 (1) $x=\frac{1}{64}$ 또는 $x=1$ (2) $x=3$

30

진수의 조건에서 $x>0 \qquad \cdots\cdots ㉠$

$x^{\log_2 x}=\frac{x^4}{8}$의 양변에 밑이 2인 로그를 취하면

$\log_2 x^{\log_2 x}=\log_2 \frac{x^4}{8}$

$(\log_2 x)^2=\log_2 x^4-\log_2 8$

즉, $(\log_2 x)^2-4\log_2 x+3=0$에서

$\log_2 x=t$로 놓으면 $t^2-4t+3=0$

$(t-1)(t-3)=0 \qquad \therefore t=1$ 또는 $t=3$

따라서 $\log_2 x=1$ 또는 $\log_2 x=3$이므로

$x=2$ 또는 $x=8$

$x=2$ 또는 $x=8$은 ㉠을 만족시키므로 주어진 방정식의 해이다.

답 $x=2$ 또는 $x=8$

31

(1) 진수의 조건에서

$2x+1>0 \qquad \therefore x>-\frac{1}{2} \qquad \cdots\cdots ㉠$

$\log_2(2x+1)<2$에서 $\log_2(2x+1)<\log_2 4$

이때 (밑)$=2>1$이므로

$2x+1<4 \qquad \therefore x<\frac{3}{2} \qquad \cdots\cdots ㉡$

㉠, ㉡을 동시에 만족시키는 x의 값의 범위는

$-\frac{1}{2}<x<\frac{3}{2}$

(2) 진수의 조건에서

$x-10>0,\ x-20>0 \qquad \therefore x>20 \qquad \cdots\cdots ㉠$

$\log(x-10)+\log(x-20)\leq 2+\log 6$에서

$\log(x-10)(x-20)\leq \log 100+\log 6$

$\log(x^2-30x+200)\leq \log 600$

이때 (밑)$=10>1$이므로

$x^2-30x+200\leq 600$

$x^2-30x-400\leq 0,\ (x+10)(x-40)\leq 0$

$\therefore -10\leq x\leq 40 \qquad \cdots\cdots ㉡$

㉠, ㉡을 동시에 만족시키는 x의 값의 범위는

$20<x\leq 40$

답 (1) $-\frac{1}{2}<x<\frac{3}{2}$ (2) $20<x\leq 40$

32

진수의 조건에서

$x>0,\ x^5>0 \quad \therefore\ x>0$ ……㉠

$(\log_2 x)^2-\log_2 x^5+6\le 0$에서

$(\log_2 x)^2-5\log_2 x+6\le 0$

이때 $\log_2 x=t$로 놓으면

$t^2-5t+6\le 0,\ (t-2)(t-3)\le 0$

$\therefore\ 2\le t\le 3$

즉, $2\le \log_2 x\le 3$이고 (밑)$=2>1$이므로

$2^2\le x\le 2^3 \quad \therefore\ 4\le x\le 8$ ……㉡

㉠, ㉡을 동시에 만족시키는 x의 값의 범위는

$4\le x\le 8$

답 $4\le x\le 8$

33

진수의 조건에서 $x>0$ ……㉠

$x^{\log_2 x}>16x^3$의 양변에 밑이 2인 로그를 취하면

$\log_2 x^{\log_2 x}>\log_2 16x^3$ ($\because$ (밑)$=2>1$)

$(\log_2 x)^2>\log_2 16+\log_2 x^3$

$(\log_2 x)^2-3\log_2 x-4>0$

이때 $\log_2 x=t$로 놓으면

$t^2-3t-4>0,\ (t+1)(t-4)>0$

$\therefore\ t<-1$ 또는 $t>4$

즉, $\log_2 x<-1$ 또는 $\log_2 x>4$이고 (밑)$=2>1$이므로

$x<2^{-1}$ 또는 $x>2^4$

$\therefore\ x<\frac{1}{2}$ 또는 $x>16$ ……㉡

㉠, ㉡을 동시에 만족시키는 x의 값의 범위는

$0<x<\frac{1}{2}$ 또는 $x>16$

답 $0<x<\frac{1}{2}$ 또는 $x>16$

34

진수의 조건에서 $3x+2>0,\ 4-x>0$

$\therefore\ -\frac{2}{3}<x<4$ ……㉠

$\log_2(3x+2)+\log_2(4-x)=\log_2 a$에서

$\log_2(3x+2)(4-x)=\log_2 a$

$(3x+2)(4-x)=a$ ……㉡

주어진 방정식을 만족시키는 실수 x가 존재하려면 ㉠의 범위에서 이차방정식 ㉡이 실근을 가져야 한다.

즉, 다음 그림과 같이 $-\frac{2}{3}<x<4$에서 곡선 $y=(3x+2)(4-x)$와 직선 $y=a$가 만나야 한다.

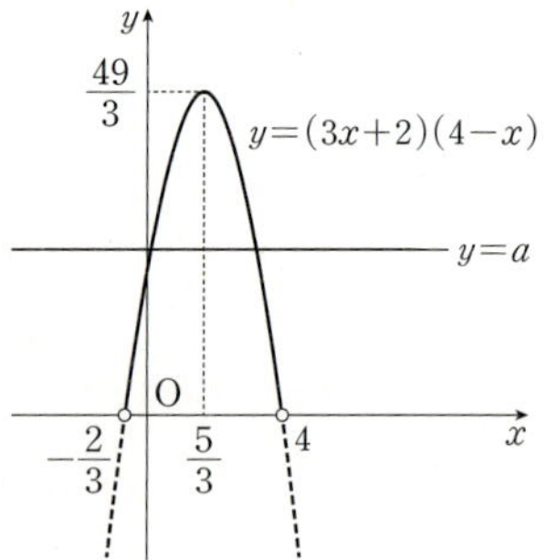

$y=(3x+2)(4-x)=-3\left(x-\frac{5}{3}\right)^2+\frac{49}{3}$이므로

$0<a\le\frac{49}{3}$

따라서 조건을 만족시키는 자연수 a는 1, 2, 3, …, 16의 16개이다.

답 16

35

진수의 조건에서 $a>0$ ……㉠

주어진 이차방정식이 중근을 가지므로 이 이차방정식의 판별식을 D라 하면

$\frac{D}{4}=\left(\log_{\frac{1}{2}} a+3\right)^2-\left(2\log_{\frac{1}{2}} a+6\right)=0$

$\left(\log_{\frac{1}{2}} a\right)^2+4\log_{\frac{1}{2}} a+3=0$

$\log_{\frac{1}{2}} a=t$로 놓으면

$t^2+4t+3=0,\ (t+3)(t+1)=0$

$\therefore\ t=-3$ 또는 $t=-1$

즉, $\log_{\frac{1}{2}} a=-3$ 또는 $\log_{\frac{1}{2}} a=-1$이므로

$a=2$ 또는 $a=8$

$a=2$ 또는 $a=8$은 ㉠을 만족시키므로 모든 실수 a의 값의 곱은

$2\times 8=16$

답 16

36

방정식 $(\log_3 x)^2+6=k\log_3 x$의 두 근 α, β의 비가 $1:3$이므로 두 근을 α, 3α라 하면 로그의 진수의 조건에서

$\alpha>0$

$(\log_3 x)^2+6=k\log_3 x$에서 $\log_3 x=t$로 놓으면

$t^2+6=kt$, $t^2-kt+6=0$

이 이차방정식의 두 근은 $\log_3\alpha$, $\log_3 3\alpha$이고, 근과 계수의 관계에 의하여

$\log_3\alpha+\log_3 3\alpha=k$에서

$\log_3\alpha+\log_3 3+\log_3\alpha=k$

$2\log_3\alpha+1=k$ ……㉠

$(\log_3\alpha)(\log_3 3\alpha)=6$에서

$(\log_3\alpha)(1+\log_3\alpha)=6$ ……㉡

㉡에서 $\log_3\alpha=s$로 놓으면

$s(1+s)=6$, $s^2+s-6=0$

$(s+3)(s-2)=0$ $\quad\therefore s=-3$ 또는 $s=2$

(i) $s=-3$, 즉 $\log_3\alpha=-3$일 때,

㉠에서 $2\times(-3)+1=k$, 즉 $k=-5$이므로

$k<0$을 만족시킨다.

이때 $\log_3\alpha=-3$이므로 $\alpha=3^{-3}=\frac{1}{27}$

(ii) $s=2$, 즉 $\log_3\alpha=2$일 때,

㉠에서 $2\times2+1=k$, 즉 $k=5$이므로

$k<0$을 만족시키지 않는다.

(i), (ii)에서 $\alpha=\frac{1}{27}$, $k=-5$이므로

$\alpha k^2=\frac{1}{27}\times(-5)^2=\frac{25}{27}$

따라서 $p=27$, $q=25$이므로

$p+q=27+25=52$

답 52

37

진수의 조건에서 $a>0$ ……㉠

부등식 $x^2+(2\log a-6)x+1>0$이 모든 실수 x에 대하여 성립하려면 이차방정식 $x^2+(2\log a-6)x+1=0$의 판별식을 D라 할 때, $D<0$이어야 한다.

$\frac{D}{4}=(\log a-3)^2-1<0$, $(\log a)^2-6\log a+8<0$

$\log a=t$로 놓으면

$t^2-6t+8<0$, $(t-2)(t-4)<0$

$\therefore 2<t<4$

즉, $2<\log a<4$이고 (밑)$=10>1$이므로

$10^2<a<10^4$ ……㉡

㉠, ㉡을 동시에 만족시키는 a의 값의 범위는

$10^2<a<10^4$

따라서 정수 a의 최댓값은 $10^4-1=9999$, 최솟값은 $10^2+1=101$이다.

답 최댓값 : 9999, 최솟값 : 101

38

$(\log_8 x)^2-\log_8\frac{x^2}{a}\geq0$에서

$(\log_8 x)^2-2\log_8 x+\log_8 a\geq0$

$\log_8 x=t$로 놓으면 $t^2-2t+\log_8 a\geq0$

이때 모든 양수 x에 대하여 주어진 부등식이 성립하려면 모든 실수 t에 대하여 이차방정식 $t^2-2t+\log_8 a=0$의 판별식을 D라 할 때, $D\leq0$이어야 한다.

$\frac{D}{4}=1-\log_8 a\leq0$, $\log_8 a\geq1$

$\therefore a\geq8$ ($\because$ (밑)$=8>1$)

따라서 조건을 만족시키는 양수 a의 최솟값은 8이다.

답 8

39

진수의 조건에서 $a>0$ ……㉠

$(\log_5 a-1)x^2+2(\log_5 a-1)x-\log_5 a<0$에서

(i) $\log_5 a=1$, 즉 $a=5$일 때,

주어진 부등식은 $-1<0$이므로 모든 실수 x에 대하여 성립한다.

(ii) $\log_5 a\neq1$, 즉 $a\neq5$일 때,

모든 실수 x에 대하여 주어진 이차부등식이 성립하려면

이차방정식

$(\log_5 a-1)x^2+2(\log_5 a-1)x-\log_5 a=0$

의 판별식을 D라 할 때, $\log_5 a-1<0$, $D<0$이어야 한다.

$\log_5 a-1<0$에서 $a<5$ (∵ (밑)$=5>1$) ……㉡

$\frac{D}{4}=(\log_5 a-1)^2+(\log_5 a-1)(\log_5 a)<0$에서

$\log_5 a=t$로 놓으면

$(t-1)^2+t(t-1)<0$, $(t-1)(2t-1)<0$

∴ $\frac{1}{2}<t<1$

즉, $\frac{1}{2}<\log_5 a<1$이고 (밑)$=5>1$이므로

$5^{\frac{1}{2}}<a<5^1$에서 $\sqrt{5}<a<5$ ……㉢

㉡, ㉢에서 $\sqrt{5}<a<5$

(i), (ii)에서 $\sqrt{5}<a\le 5$

$\sqrt{5}<a\le 5$는 ㉠을 만족시키므로 구하는 실수 a의 최댓값은 5이다.

답 5

40

(1) 진수의 조건에서 $x>0$, $y>0$ ……㉠

$\begin{cases} \log_3 x+\log_5 y=7 \\ \log_3 x\times\log_5 y=12 \end{cases}$ 에서

$\log_3 x=X$, $\log_5 y=Y$로 놓으면

$\begin{cases} X+Y=7 & \cdots\cdots ㉡ \\ XY=12 & \cdots\cdots ㉢ \end{cases}$

㉡, ㉢을 연립하여 풀면

$X=3$, $Y=4$ 또는 $X=4$, $Y=3$

즉, $\log_3 x=3$, $\log_5 y=4$ 또는 $\log_3 x=4$, $\log_5 y=3$

이므로

$x=3^3=27$, $y=5^4=625$ 또는 $x=3^4=81$, $y=5^3=125$

이때 $x=27$, $y=625$ 또는 $x=81$, $y=125$는 ㉠을 만족시키므로 주어진 연립방정식의 해이다.

(2) 진수의 조건에서

$x>0$, $x-6>0$, $\underline{\log_2 x>0}$ ∴ $x>6$ ……㉠
└$x>1$

$\log_{\frac{1}{2}}(\log_2 x)\ge -2$에서

$-\log_2(\log_2 x)\ge -2$

$\log_2(\log_2 x)\le 2$

$\log_2(\log_2 x)\le \log_2 4$

이때 (밑)$=2>1$이므로

$\log_2 x\le 4$, $\log_2 x\le \log_2 16$

∴ $x\le 16$ ……㉡

또한, $\log_{\frac{1}{3}} x+\log_{\frac{1}{3}}(x-6)<-3$에서

$\log_{\frac{1}{3}} x(x-6)<-3$

$-\log_3 x(x-6)<-3$

$\log_3 x(x-6)>3$

$\log_3 x(x-6)>\log_3 27$

이때 (밑)$=3>1$이므로

$x(x-6)>27$, $x^2-6x-27>0$

$(x+3)(x-9)>0$

∴ $x<-3$ 또는 $x>9$ ……㉢

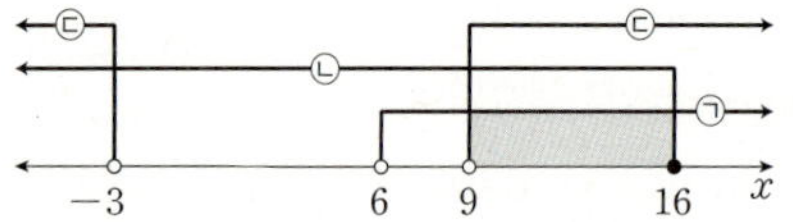

㉠, ㉡, ㉢에서 주어진 연립부등식의 해는 $9<x\le 16$

답 (1) $x=27$, $y=625$ 또는 $x=81$, $y=125$
(2) $9<x\le 16$

41

진수의 조건에서

$x>0$, $|x-3|>0$, $\frac{1}{2}x+3>0$

∴ $0<x<3$, $x>3$ ……㉠

$(\log_2 x)^2-4\log_2 x<\log_2 x-4$에서

$(\log_2 x)^2-5\log_2 x+4<0$

$\log_2 x=t$로 놓으면

$t^2-5t+4<0$, $(t-1)(t-4)<0$

∴ $1<t<4$

즉, $1<\log_2 x<4$이고 (밑)$=2>1$이므로

$2^1<x<2^4$ ∴ $2<x<16$ ……㉡

또한, $\log_3|x-3|\le\log_3\left(\frac{1}{2}x+3\right)$에서 (밑)$=3>1$이므로

$|x-3|\le\frac{1}{2}x+3$

$-\frac{1}{2}x-3\le x-3\le\frac{1}{2}x+3$

(ⅰ) $-\frac{1}{2}x-3\le x-3$에서 $x\ge 0$

(ⅱ) $x-3\le\frac{1}{2}x+3$에서 $x\le 12$

(ⅰ), (ⅱ)에서 $0\le x\le 12$ ······ⓒ

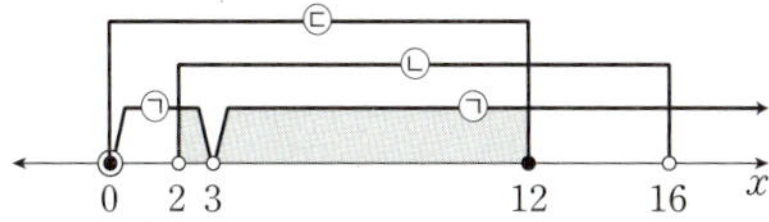

㉠, ⓛ, ⓒ에서 주어진 연립부등식의 해는

$2<x<3,\ 3<x\le 12$

따라서 조건을 만족시키는 정수 x는 4, 5, 6, ⋯, 12의 9개이다.

답 9

42

수면에 비치는 햇빛의 양을 A라 하면, 수면으로부터 5 m씩 내려갈 때마다 햇빛의 양이 8 %씩 감소하므로 수면으로부터 x m인 깊이에서의 햇빛의 양은

$A\times\left(1-\frac{8}{100}\right)^{\frac{x}{5}}$

이때 식물성 플랑크톤은 수면에 비치는 햇빛의 양의 6 % 이상이 도달하는 깊이까지만 살 수 있으므로

$A\times\left(1-\frac{8}{100}\right)^{\frac{x}{5}}\ge A\times\frac{6}{100}$

$\left(1-\frac{8}{100}\right)^{\frac{x}{5}}\ge\frac{6}{100}$

부등식의 양변에 상용로그를 취하면

$\log\left(1-\frac{8}{100}\right)^{\frac{x}{5}}\ge\log\frac{6}{100}$

$\frac{x}{5}\log\left(1-\frac{8}{100}\right)\ge\log 6-\log 100$

$\frac{x}{5}\log 0.92\ge\log 6-2$

$\frac{x}{5}(\log 9.2-1)\ge\log 2+\log 3-2$

$\frac{x}{5}(0.96-1)\ge 0.3+0.5-2$

($\because \log 2=0.3,\ \log 3=0.5,\ \log 9.2=0.96$)

$-0.008x\ge-1.2$ $\quad\therefore x\le 150$

따라서 이 식물성 플랑크톤이 살 수 있는 깊이는 최대 150 m이다.

답 150 m

43

$\log C_A=3-\log V_0+\log W_0$ ······㉠

$\log C_B=3-\log\frac{1}{9}V_0+\log\frac{1}{27}W_0$ ······ⓛ

㉠−ⓛ을 하면

$\log C_A-\log C_B$

$=-\log V_0+\log\frac{1}{9}V_0+\log W_0-\log\frac{1}{27}W_0$

$\log\frac{C_A}{C_B}=\log\frac{1}{9}-\log\frac{1}{27}=\log 3$

따라서 $\frac{C_A}{C_B}=3$, 즉 $C_A=3C_B$이므로

$k=3$

답 3

STEP 1 개념 마무리 본문 p.130

19 $x=-\frac{1}{2}$ 또는 $x=\frac{1}{2}$ **20** $\frac{1}{8}$

21 $\frac{2}{5}<x<1$ 또는 $1<x<2$ **22** 6

23 46 **24** 9 **25** 5년

19

진수의 조건에서

$|x|>0,\ 2|x|+3>0$

$\therefore x\ne 0$

$\log_2|x|+\log_2(2|x|+3)=1$에서

(ⅰ) $x>0$일 때,

$\log_2 x+\log_2(2x+3)=1$

$\log_2 x(2x+3)=\log_2 2$

$x(2x+3)=2,\ 2x^2+3x-2=0$

$(x+2)(2x-1)=0$

$\therefore x=-2$ 또는 $x=\frac{1}{2}$

그런데 $x>0$이므로 $x=\frac{1}{2}$

(ⅱ) $x<0$일 때,

$\log_2(-x)+\log_2(-2x+3)=1$

$\log_2 x(2x-3)=\log_2 2$

$x(2x-3)=2$, $2x^2-3x-2=0$

$(x-2)(2x+1)=0$

$\therefore\ x=-\frac{1}{2}$ 또는 $x=2$

그런데 $x<0$이므로 $x=-\frac{1}{2}$

(ⅰ), (ⅱ)에서 주어진 방정식의 해는

$x=-\frac{1}{2}$ 또는 $x=\frac{1}{2}$

답 $x=-\frac{1}{2}$ 또는 $x=\frac{1}{2}$

다른 풀이

$\log_2|x|+\log_2(2|x|+3)=1$에서

$\log_2|x|(2|x|+3)=\log_2 2$, $|x|(2|x|+3)=2$

$2|x|^2+3|x|-2=0$, $(|x|+2)(2|x|-1)=0$

이때 $|x|>0$이므로

$2|x|-1=0$, $|x|=\frac{1}{2}$

$\therefore\ x=-\frac{1}{2}$ 또는 $x=\frac{1}{2}$

$x=-\frac{1}{2}$ 또는 $x=\frac{1}{2}$은 진수의 조건을 만족시키므로 주어진 방정식의 해이다.

20

$f(x)=x^2+3x+5$라 하면

$f(x)$를 $x-\log_2 a$로 나눈 나머지는

$f(\log_2 a)=(\log_2 a)^2+3\log_2 a+5$ ……㉠

$f(x)$를 $x-\log_2 8a$로 나눈 나머지는

$f(\log_2 8a)=(\log_2 8a)^2+3\log_2 8a+5$

$=(3+\log_2 a)^2+3(3+\log_2 a)+5$

$=(\log_2 a)^2+9\log_2 a+23$ ……㉡

㉠과 ㉡이 서로 같으므로

$(\log_2 a)^2+3\log_2 a+5=(\log_2 a)^2+9\log_2 a+23$

$6\log_2 a=-18$, $\log_2 a=-3$

$\therefore\ a=2^{-3}=\frac{1}{8}$

답 $\frac{1}{8}$

21 본문 p.122 한 걸음 더 참고

밑과 진수의 조건에서

$x>0$, $x\neq1$, $4-x^2>0$, $5x-2>0$

$\therefore\ \frac{2}{5}<x<1$ 또는 $1<x<2$ ……㉠

$\log_x(4-x^2)<\log_x(5x-2)$에서

(ⅰ) $0<x<1$일 때,

$4-x^2>5x-2$, $x^2+5x-6<0$

$(x+6)(x-1)<0$

$\therefore\ -6<x<1$

그런데 $0<x<1$이므로 $0<x<1$

(ⅱ) $x>1$일 때,

$4-x^2<5x-2$, $x^2+5x-6>0$

$(x+6)(x-1)>0$

$\therefore\ x<-6$ 또는 $x>1$

그런데 $x>1$이므로 $x>1$

(ⅰ), (ⅱ)에서 $0<x<1$ 또는 $x>1$ ……㉡

㉠, ㉡을 동시에 만족시키는 x의 값의 범위는

$\frac{2}{5}<x<1$ 또는 $1<x<2$

답 $\frac{2}{5}<x<1$ 또는 $1<x<2$

22

$x^2-(\log_3 27a)x+\log_3 a^3\le0$에서

$x^2-(3+\log_3 a)x+3\log_3 a\le0$

$(x-3)(x-\log_3 a)\le0$

이때 $0<a<27$에서

(밑)$=3>1$

$\log_3 a<\log_3 27$, 즉 $\log_3 a<3$

이므로 주어진 부등식의 해는

$\log_3 a\le x\le3$

주어진 부등식을 만족시키는 정수 x의 개수가 2이려면

$x=2$, $x=3$만 가져야 한다.

$1<\log_3 a\le2$, $\log_3 3^1<\log_3 a\le\log_3 3^2$

이때 (밑)$=3>1$이므로

$3<a\le9$

따라서 조건을 만족시키는 자연수 a는 4, 5, 6, 7, 8, 9의 6개이다.

답 6

23

진수의 조건에서 $\log_4(\log_8 x)>0$

$\log_8 x>1 \quad \therefore x>8 \quad \cdots\cdots ㉠$

$\log_2\{\log_4(\log_8 x)\}\le 1$에서

$\log_2\{\log_4(\log_8 x)\}\le \log_2 2$

이때 (밑)$=2>1$이므로

$\log_4(\log_8 x)\le 2$, 즉 $\log_4(\log_8 x)\le \log_4 16$

이때 (밑)$=4>1$이므로

$\log_8 x\le 16$, 즉 $\log_8 x\le \log_8 8^{16}$

이때 (밑)$=8>1$이므로

$x\le 8^{16} \quad \therefore x\le 2^{48} \quad \cdots\cdots ㉡$

㉠, ㉡을 동시에 만족시키는 x의 값의 범위는

$8<x\le 2^{48}$

따라서 부등식을 만족시키는 자연수 x의 최댓값은 2^{48}, 최솟값은 9이므로

$M=2^{48}$, $m=9$

$\therefore \log_2 M-\log_3 m=\log_2 2^{48}-\log_3 9$

$=48-2=46$

답 46

24

$A=\{x\,|\,x^2-6x+8\le 0\}$에서

$x^2-6x+8\le 0$, $(x-2)(x-4)\le 0$

$\therefore 2\le x\le 4 \quad \cdots\cdots ㉠$

$B=\{x\,|\,4-(\log_2 x-k)^2\ge 0\}$에서

$4-(\log_2 x-k)^2\ge 0$, $(\log_2 x-k)^2\le 4$

$-2\le \log_2 x-k\le 2$, $k-2\le \log_2 x\le k+2$

$\therefore 2^{k-2}\le x\le 2^{k+2}$ ($\because$ (밑)$=2>1$) $\cdots\cdots ㉡$

이때 진수의 조건에서 $x>0$이고 모든 정수 k에 대하여 $2^{k-2}>0$이므로 ㉡은 집합 B의 부등식의 해이다.

㉠, ㉡에서 $A\cap B\ne\varnothing$이려면

$2^{k+2}\ge 2$이고 $2^{k-2}\le 4$이어야 한다.

$2^{k+2}\ge 2$에서 $k+2\ge 1 \quad \therefore k\ge -1 \quad \cdots\cdots ㉢$

$2^{k-2}\le 4$에서 $k-2\le 2 \quad \therefore k\le 4 \quad \cdots\cdots ㉣$

㉢, ㉣에서 $-1\le k\le 4$

따라서 조건을 만족시키는 모든 정수 k의 값의 합은

$-1+0+1+2+3+4=9$

답 9

25

첫 해의 부품 A의 질량을 a, 가격을 b라 하면

n년 후 부품 A의 질량은 $a\times\left(1-\dfrac{10}{100}\right)^n=a\times 0.9^n$,

가격은 $b\times\left(1+\dfrac{20}{100}\right)^n=b\times 1.2^n$

n년 후 부품 A의 단위질량당 가격이 첫 해의 4배 이상이 되려면

$\dfrac{b\times 1.2^n}{a\times 0.9^n}\ge 4\times\dfrac{b}{a}$, $\left(\dfrac{1.2}{0.9}\right)^n\ge 4$

$\therefore \left(\dfrac{4}{3}\right)^n\ge 4$

양변에 상용로그를 취하면

$n(\log 4-\log 3)\ge \log 4$

$n\ge\dfrac{\log 4}{\log 4-\log 3}$, $n\ge\dfrac{2\log 2}{2\log 2-\log 3}$

$n\ge\dfrac{2\times 0.30}{2\times 0.30-0.48}$ ($\because \log 2=0.30$, $\log 3=0.48$)

$n\ge\dfrac{0.6}{0.12}=5$

따라서 5년 후부터 부품 A의 단위질량당 가격이 첫 해의 4배 이상이 된다.

답 5년

STEP 2 개념 마무리 본문 p.131

1 $\dfrac{1}{16}<a<3$　**2** -1　**3** 12

4 ④　**5** 10　**6** $\dfrac{1}{100}\le x<10$

1

함수 $y=2^{x+3}-4$의 그래프는 함수 $y=2^x$의 그래프를 x축의 방향으로 -3만큼, y축의 방향으로 -4만큼 평행이동한 것이므로 다음 그림과 같다.

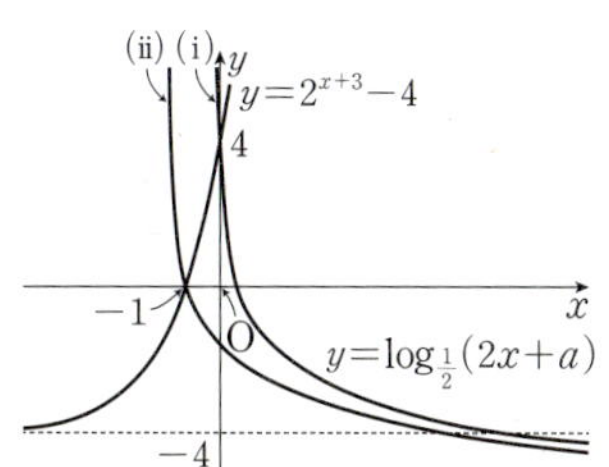

두 함수 $y=2^{x+3}-4$, $y=\log_{\frac{1}{2}}(2x+a)$의 그래프가 제2사분면에서 만나려면 위의 그림과 같이 함수 $y=\log_{\frac{1}{2}}(2x+a)$의 그래프가 두 곡선 (i)과 (ii) 사이에 있어야 한다.

(i) $y=\log_{\frac{1}{2}}(2x+a)$의 그래프가 점 $(0,\ 4)$를 지날 때,

$4=\log_{\frac{1}{2}}a$에서 $a=\left(\frac{1}{2}\right)^4=\frac{1}{16}$

(ii) $y=\log_{\frac{1}{2}}(2x+a)$의 그래프가 점 $(-1,\ 0)$을 지날 때,

$0=\log_{\frac{1}{2}}(-2+a)$에서 $a-2=1$ $\quad\therefore\ a=3$

(i), (ii)에서 $\frac{1}{16}<a<3$

답 $\frac{1}{16}<a<3$

2

함수 $y=\log_3\frac{x}{9}$, 즉 $y=\log_3 x-2$의 그래프를 직선 $y=a$에 대하여 대칭이동한 그래프의 식은

$2a-y=\log_3 x-2$, $-y=\log_3 x-2-2a$

$\therefore\ y=-\log_3 x+2+2a$ $\quad\cdots\cdots$ ㉠

함수 $y=\frac{1}{3^x}$, 즉 $y=3^{-x}$의 그래프를 직선 $y=x$에 대하여 대칭이동한 그래프의 식은

$x=3^{-y}$, $-y=\log_3 x$

$\therefore\ y=-\log_3 x$ $\quad\cdots\cdots$ ㉡

㉠과 ㉡이 일치해야 하므로

$2+2a=0$ $\quad\therefore\ a=-1$

답 -1

보충 설명

직선에 대한 대칭이동 | 방정식 $f(x,\ y)=0$이 나타내는 도형을

(1) 직선 $x=a$에 대하여 대칭이동한 도형의 방정식

⇨ $f(2a-x,\ y)=0$ ← $f(x_1,\ y_1)=0$에서 $\frac{x+x_1}{2}=a$, $y=y_1$

(2) 직선 $y=b$에 대하여 대칭이동한 도형의 방정식

⇨ $f(x,\ 2b-y)=0$ ← $f(x_2,\ y_2)=0$에서 $x=x_2$, $\frac{y+y_1}{2}=b$

3

조건 (가)에서 점 $\mathrm{A}(a,\ b)$가 곡선 $y=\log_2(x+2)+k$ 위에 있으므로

$b=\log_2(a+2)+k$ $\quad\cdots\cdots$ ㉠

또한, 점 $\mathrm{A}(a,\ b)$를 직선 $y=x$에 대하여 대칭이동한 점을 B라 하면

$\mathrm{B}(b,\ a)$

조건 (나)에서 점 $\mathrm{B}(b,\ a)$는 곡선 $y=4^{x+k}+2$ 위에 있으므로

$a=4^{b+k}+2$ $\quad\cdots\cdots$ ㉡

㉠에서

$b-k=\log_2(a+2)$, $2^{b-k}=a+2$

$\therefore\ a=2^{b-k}-2$

이것을 ㉡에 대입하면

$2^{b-k}-2=4^{b+k}+2$

$4^k\times4^b-2^{-k}\times2^b+4=0$

$4^k\times(2^b)^2-2^{-k}\times2^b+4=0$

$2^b=t\ (t>0)$로 놓으면

$4^k\times t^2-2^{-k}\times t+4=0$ $\quad\cdots\cdots$ ㉢

조건을 만족시키는 점 A가 오직 하나 존재하므로 t에 대한 이차방정식 ㉢도 오직 하나의 양의 실근을 가져야 한다.

이때 이차방정식의 근과 계수의 관계에 의하여

(㉢의 두 근의 곱)$=\frac{4}{4^k}=4^{1-k}>0$

즉, 이차방정식 ㉢의 판별식을 D라 할 때, $D=0$이어야 하므로

$D=2^{-2k}-4\times4^k\times4=0$

$4^{-k}-4^{k+2}=0$, $4^{-k}=4^{k+2}$

즉, $-k=k+2$에서

$2k=-2$ $\quad\therefore\ k=-1$

이것을 ㉢에 대입하면

$\frac{1}{4}t^2-2t+4=0$, $\frac{1}{4}(t-4)^2=0$

$\therefore\ t=4$

즉, $2^b=4$에서 $b=2$이므로 $k=-1$, $b=2$를 ㉡에 대입하면

$a=4^{2+(-1)}+2=6$

$\therefore\ a\times b=6\times2=12$

답 12

보충 설명

조건 (가)에서 점 A가 곡선 $y=\log_2(x+2)+k$ 위에 있으므로 점 $\mathrm{A}(a,\ b)$를 직선 $y=x$에 대하여 대칭이동한 점 $\mathrm{B}(b,\ a)$는 함수 $y=\log_2(x+2)+k$의 역함수, 즉 함수 $y=2^{x-k}-2$의 그래프 위의 점이다.

따라서 주어진 조건 (가), (나)를 다시 나타내면

(가) : $a=2^{b-k}-2$, (나) : $a=4^{b+k}+2$

이고, 위의 조건을 만족시키는 점 $\mathrm{A}(a,\ b)$가 오직 하나 존재함을 이용하여 문제를 풀 수도 있다.

4

두 함수 $y=\log_3 x$, $y=3^x$의 그래프는 직선 $y=x$에 대하여 대칭이므로 다음 그림과 같이 함수 $y=\log_3 x$의 그래프 위의 점 (x_2, y_2)를 직선 $y=x$에 대하여 대칭이동한 점 (y_2, x_2)는 함수 $y=3^x$의 그래프 위에 있다.

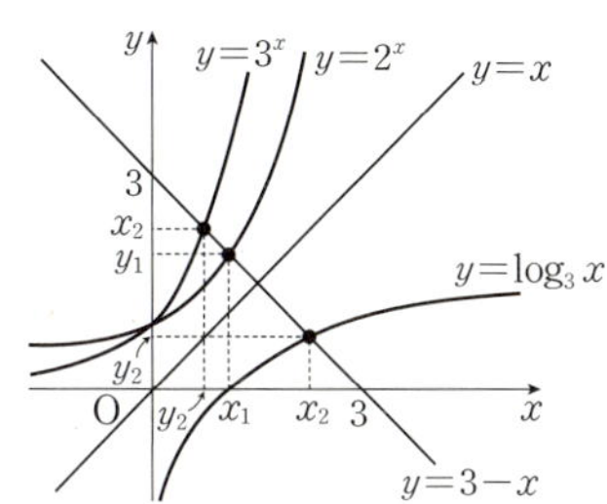

ㄱ. 두 점 (x_1, y_1), (x_2, y_2)가 직선 $y=3-x$ 위에 있으므로

$\dfrac{y_2-y_1}{x_2-x_1}=-1$ $\quad\therefore y_2-x_1=y_1-x_2$ (참)

ㄴ. 위의 그림에서 $x_1>y_2$, $x_2>y_1$이므로

$(x_1-y_2)(x_2-y_1)>0$ (거짓)

ㄷ. 두 점 (x_1, y_1), (x_2, y_2)가 직선 $y=3-x$ 위에 있으므로

$y_1=3-x_1$, $y_2=3-x_2$에서

$$\begin{aligned} x_1y_1-x_2y_2 &= x_1(3-x_1)-x_2(3-x_2) \\ &= 3x_1-x_1^2-3x_2+x_2^2 \\ &= 3(x_1-x_2)-(x_1^2-x_2^2) \\ &= (x_1-x_2)\{3-(x_1+x_2)\} \end{aligned}$$

이때 $x_1-x_2<0$, $x_1+x_2>3$이므로

$x_1=1$, $y_1=2$이고 $x_2>y_1$이므로 $x_1+x_2>x_1+y_1=3$

$x_1y_1-x_2y_2>0$

$\therefore x_1y_1>x_2y_2$ (참)

따라서 옳은 것은 ㄱ, ㄷ이다.

답 ④

5

$\log_2 x^2+\log_2 y^2=\log_2 (x+y+5)^2$에서

$\log_2 x^2y^2=\log_2 (x+y+5)^2$

$x^2y^2=(x+y+5)^2$

이때 $x>0$, $y>0$이므로

$xy=x+y+5$, $xy-x-y=5$

$(x-1)(y-1)=6$

x와 y는 양의 정수이므로

$\begin{cases} x-1=1 \\ y-1=6 \end{cases}$ 또는 $\begin{cases} x-1=2 \\ y-1=3 \end{cases}$ 또는 $\begin{cases} x-1=3 \\ y-1=2 \end{cases}$ 또는

$\begin{cases} x-1=6 \\ y-1=1 \end{cases}$

즉, 주어진 방정식을 만족시키는 x, y의 순서쌍 (x, y)는

$(2, 7)$, $(3, 4)$, $(4, 3)$, $(7, 2)$

따라서 $x+2y$의 최솟값은 $x=4$, $y=3$일 때이므로

$x+2y=4+2\times3=10$

답 10

6

진수의 조건에서 $x>0$ ……㉠

$[\log x]^2+2[\log x]-3<0$에서

$[\log x]=t$ (t는 정수)로 놓으면

$t^2+2t-3<0$, $(t+3)(t-1)<0$

$\therefore -3<t<1$

이때 t는 정수이므로

$t=-2, -1, 0$

(가)

(i) $t=-2$, 즉 $[\log x]=-2$일 때,

$-2\le\log x<-1$ $\quad\therefore \dfrac{1}{100}\le x<\dfrac{1}{10}$

(ii) $t=-1$, 즉 $[\log x]=-1$일 때,

$-1\le\log x<0$ $\quad\therefore \dfrac{1}{10}\le x<1$

(iii) $t=0$, 즉 $[\log x]=0$일 때,

$0\le\log x<1$ $\quad\therefore 1\le x<10$

(i), (ii), (iii)에서 $\dfrac{1}{100}\le x<10$ ……㉡

(나)

㉠, ㉡을 동시에 만족시키는 x의 값의 범위는

$\dfrac{1}{100}\le x<10$

(다)

답 $\dfrac{1}{100}\le x<10$

단계	채점 기준	배점
(가)	$[\log x]=t$로 치환한 부등식을 만족시키는 정수 t의 값을 구한 경우	30%
(나)	t의 값에 따라 조건을 만족시키는 x의 값의 범위를 구한 경우	50%
(다)	주어진 부등식의 해를 구한 경우	20%

Ⅱ. 삼각함수

05. 삼각함수의 정의

1 일반각과 호도법

기본 + 필수연습 본문 pp.139~144

01 (1) $360° \times n + 110°$ (2) $360° \times n + 200°$ (3) $360° \times n + 70°$ (4) $360° \times n + 240°$

02 (1) 제2사분면 (2) 제1사분면 (3) 제4사분면 (4) 제3사분면

03 (1) $\frac{3}{2}\pi$ (2) $-\frac{4}{3}\pi$ (3) $144°$ (4) $-165°$

04 (1) $2n\pi + \frac{\pi}{2}$ (2) $2n\pi + \frac{7}{5}\pi$ (3) $2n\pi + \frac{3}{4}\pi$ (4) $2n\pi + \frac{5}{3}\pi$

05 $\frac{\pi}{3}$, π, $\frac{5}{3}\pi$ **06** $l=16\pi$, $S=80\pi$

07 제1사분면, 제3사분면, 제4사분면 **08** ④

09 제1사분면, 제3사분면 **10** $\frac{7}{10}\pi$, $\frac{9}{10}\pi$

11 $\frac{7}{6}\pi$ **12** $\frac{3}{4}\pi$, $\frac{13}{12}\pi$, $\frac{17}{12}\pi$

13 (1) 8 (2) 12 **14** 48 **15** $\frac{9}{2}$

01

(1) $830° = 360° \times 2 + 110°$이므로 $360° \times n + 110°$

(2) $2000° = 360° \times 5 + 200°$이므로 $360° \times n + 200°$

(3) $-290° = 360° \times (-1) + 70°$이므로 $360° \times n + 70°$

(4) $-480° = 360° \times (-2) + 240°$이므로 $360° \times n + 240°$

답 (1) $360° \times n + 110°$ (2) $360° \times n + 200°$ (3) $360° \times n + 70°$ (4) $360° \times n + 240°$

02

(1) $520° = 360° \times 1 + 160°$

따라서 $520°$는 제2사분면의 각이다.

(2) $1520° = 360° \times 4 + 80°$

따라서 $1520°$는 제1사분면의 각이다.

(3) $-760° = 360° \times (-3) + 320°$

따라서 $-760°$는 제4사분면의 각이다.

(4) $-1200° = 360° \times (-4) + 240°$

따라서 $-1200°$는 제3사분면의 각이다.

답 (1) 제2사분면 (2) 제1사분면 (3) 제4사분면 (4) 제3사분면

03

(1) $270° = 270 \times \frac{\pi}{180} = \frac{3}{2}\pi$

(2) $-240° = -240 \times \frac{\pi}{180} = -\frac{4}{3}\pi$

(3) $\frac{4}{5}\pi = \frac{4}{5}\pi \times \frac{180°}{\pi} = 144°$

(4) $-\frac{11}{12}\pi = -\frac{11}{12}\pi \times \frac{180°}{\pi} = -165°$

답 (1) $\frac{3}{2}\pi$ (2) $-\frac{4}{3}\pi$ (3) $144°$ (4) $-165°$

04

(1) $2n\pi + \frac{\pi}{2}$

(2) $\frac{17}{5}\pi = 2\pi \times 1 + \frac{7}{5}\pi$이므로 $2n\pi + \frac{7}{5}\pi$

(3) $-\frac{5}{4}\pi = 2\pi \times (-1) + \frac{3}{4}\pi$이므로 $2n\pi + \frac{3}{4}\pi$

(4) $-\frac{19}{3}\pi = 2\pi \times (-4) + \frac{5}{3}\pi$이므로 $2n\pi + \frac{5}{3}\pi$

답 (1) $2n\pi + \frac{\pi}{2}$ (2) $2n\pi + \frac{7}{5}\pi$ (3) $2n\pi + \frac{3}{4}\pi$ (4) $2n\pi + \frac{5}{3}\pi$

05

두 각 θ, 4θ를 나타내는 두 동경이 일직선 위에 있고 방향이 반대이므로

$4\theta - \theta = 2n\pi + \pi$ (단, n은 정수)

$3\theta=2n\pi+\pi \qquad \therefore\ \theta=\frac{2n}{3}\pi+\frac{\pi}{3}$ ……㉠

$0<\theta<2\pi$이므로

$0<\frac{2n}{3}\pi+\frac{\pi}{3}<2\pi,\ -\frac{\pi}{3}<\frac{2n}{3}\pi<\frac{5}{3}\pi$

$\therefore\ -\frac{1}{2}<n<\frac{5}{2}$

이때 n은 정수이므로

$n=0$ 또는 $n=1$ 또는 $n=2$

이것을 ㉠에 대입하면

$\theta=\frac{\pi}{3}$ 또는 $\theta=\pi$ 또는 $\theta=\frac{5}{3}\pi$

답 $\frac{\pi}{3},\ \pi,\ \frac{5}{3}\pi$

06

반지름의 길이가 10, 중심각의 크기가 $\frac{8}{5}\pi$인 부채꼴의 호의 길이 l과 넓이 S는

$l=10\times\frac{8}{5}\pi=16\pi,$

$S=\frac{1}{2}\times10^2\times\frac{8}{5}\pi=80\pi$

답 $l=16\pi,\ S=80\pi$

다른 풀이

반지름의 길이를 r이라 하면

$r=10,\ l=16\pi$이므로

$S=\frac{1}{2}\times10\times16\pi=80\pi$

07

θ가 제3사분면의 각이므로

$360^\circ\times n+180^\circ<\theta<360^\circ\times n+270^\circ$ (단, n은 정수)

$\therefore\ 120^\circ\times n+60^\circ<\frac{\theta}{3}<120^\circ\times n+90^\circ$

(i) $n=3k$ (k는 정수)일 때,

$360^\circ\times k+60^\circ<\frac{\theta}{3}<360^\circ\times k+90^\circ$

즉, $\frac{\theta}{3}$는 제1사분면의 각이다.

(ii) $n=3k+1$ (k는 정수)일 때,

$360^\circ\times k+180^\circ<\frac{\theta}{3}<360^\circ\times k+210^\circ$

즉, $\frac{\theta}{3}$는 제3사분면의 각이다.

(iii) $n=3k+2$ (k는 정수)일 때,

$360^\circ\times k+300^\circ<\frac{\theta}{3}<360^\circ\times k+330^\circ$

즉, $\frac{\theta}{3}$는 제4사분면의 각이다.

(i), (ii), (iii)에서 각 $\frac{\theta}{3}$를 나타내는 동경이 존재할 수 있는 사분면은 제1사분면, 제3사분면, 제4사분면이다.

답 제1사분면, 제3사분면, 제4사분면

08

① $-730^\circ=360^\circ\times(-3)+350^\circ$ ← 제4사분면

② $-\frac{\pi}{6}=2\pi\times(-1)+\frac{11}{6}\pi$ ← 제4사분면

③ $-\frac{9}{4}\pi=2\pi\times(-2)+\frac{7}{4}\pi$ ← 제4사분면

④ $1200^\circ=360^\circ\times3+120^\circ$ ← 제2사분면

⑤ $-80^\circ=360^\circ\times(-1)+280^\circ$ ← 제4사분면

따라서 동경이 위치하는 사분면이 다른 하나는 ④이다.

답 ④

09

주어진 그림에서

$360^\circ\times n<\theta<360^\circ\times n+45^\circ$ 또는

$360^\circ\times n+90^\circ<\theta<360^\circ\times n+135^\circ$ (n은 정수)이므로

$180^\circ\times n<\frac{\theta}{2}<180^\circ\times n+22.5^\circ$ 또는

$180^\circ\times n+45^\circ<\frac{\theta}{2}<180^\circ\times n+67.5^\circ$

(i) $n=2k$ (k는 정수)일 때,

$360^\circ\times k<\frac{\theta}{2}<360^\circ\times k+22.5^\circ$ 또는

$360^\circ\times k+45^\circ<\frac{\theta}{2}<360^\circ\times k+67.5^\circ$

즉, $\frac{\theta}{2}$는 제1사분면의 각이다.

(ii) $n=2k+1$ (k는 정수)일 때,

$360^\circ\times k+180^\circ<\frac{\theta}{2}<360^\circ\times k+202.5^\circ$ 또는

$360^\circ\times k+225^\circ<\frac{\theta}{2}<360^\circ\times k+247.5^\circ$

즉, $\frac{\theta}{2}$는 제3사분면의 각이다.

(i), (ii)에서 각 $\frac{\theta}{2}$를 나타내는 동경이 존재하는 사분면은 제1사분면, 제3사분면이다.

답 제1사분면, 제3사분면

보충 설명

각 $\frac{\theta}{2}$를 나타내는 동경이 존재하는 영역을 좌표평면 위에 나타내면 다음 그림과 같다. (단, 경계선은 제외한다.)

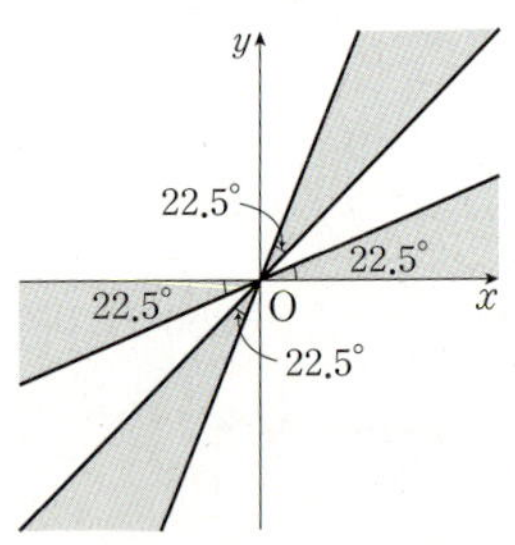

10

두 각 θ, 9θ를 나타내는 두 동경이 y축에 대하여 대칭이므로

$\theta+9\theta=2n\pi+\pi$ (단, n은 정수)

$10\theta=2n\pi+\pi$ $\quad\therefore\ \theta=\frac{n}{5}\pi+\frac{\pi}{10}$ ……㉠

$\frac{\pi}{2}<\theta<\pi$이므로

$\frac{\pi}{2}<\frac{n}{5}\pi+\frac{\pi}{10}<\pi$, $\frac{2}{5}\pi<\frac{n}{5}\pi<\frac{9}{10}\pi$

$\therefore\ 2<n<\frac{9}{2}$

이때 n은 정수이므로 $n=3$ 또는 $n=4$

이것을 ㉠에 대입하면

$\theta=\frac{7}{10}\pi$ 또는 $\theta=\frac{9}{10}\pi$

답 $\frac{7}{10}\pi$, $\frac{9}{10}\pi$

11

두 각 θ, 7θ를 나타내는 두 동경이 원점에 대하여 대칭이므로 두 동경은 일직선 위에 있고 방향이 반대이다.

즉, $7\theta-\theta=2n\pi+\pi$ (n은 정수)이므로

$6\theta=2n\pi+\pi$ $\quad\therefore\ \theta=\frac{n}{3}\pi+\frac{\pi}{6}$ ……㉠

$\pi<\theta<\frac{3}{2}\pi$이므로

$\pi<\frac{n}{3}\pi+\frac{\pi}{6}<\frac{3}{2}\pi$, $\frac{5}{6}\pi<\frac{n}{3}\pi<\frac{4}{3}\pi$ $\quad\therefore\ \frac{5}{2}<n<4$

이때 n은 정수이므로 $n=3$

이것을 ㉠에 대입하면 $\theta=\frac{7}{6}\pi$

답 $\frac{7}{6}\pi$

12

두 각 θ, 5θ를 나타내는 두 동경이 직선 $y=x$에 대하여 대칭이므로

$\theta+5\theta=2n\pi+\frac{\pi}{2}$ (단, n은 정수)

$6\theta=2n\pi+\frac{\pi}{2}$ $\quad\therefore\ \theta=\frac{n}{3}\pi+\frac{\pi}{12}$ ……㉠

$\frac{\pi}{2}<\theta<\frac{3}{2}\pi$이므로

$\frac{\pi}{2}<\frac{n}{3}\pi+\frac{\pi}{12}<\frac{3}{2}\pi$, $\frac{5}{12}\pi<\frac{n}{3}\pi<\frac{17}{12}\pi$

$\therefore\ \frac{5}{4}<n<\frac{17}{4}$

이때 n은 정수이므로

$n=2$ 또는 $n=3$ 또는 $n=4$

이것을 ㉠에 대입하면

$\theta=\frac{3}{4}\pi$ 또는 $\theta=\frac{13}{12}\pi$ 또는 $\theta=\frac{17}{12}\pi$

답 $\frac{3}{4}\pi$, $\frac{13}{12}\pi$, $\frac{17}{12}\pi$

13

부채꼴의 반지름의 길이를 r, 중심각의 크기를 θ, 호의 길이를 l, 넓이를 S라 하면

(1) $\theta=\frac{\pi}{4}$, $S=8\pi$이므로 $S=\frac{1}{2}r^2\theta$에서

$8\pi=\frac{1}{2}\times r^2\times\frac{\pi}{4}$, $r^2=64$ $\quad\therefore\ r=8$ ($\because\ r>0$)

(2) $\theta=2$, $S=36$이므로 $S=\frac{1}{2}r^2\theta$에서

$36=\frac{1}{2}\times r^2\times 2$, $r^2=36$ $\therefore r=6$ ($\because r>0$)

따라서 호의 길이는 $l=r\theta$에서

$6\times 2=12$

답 (1) 8 (2) 12

14

두 부채꼴 AOB, COD의 중심각의 크기를 θ, 두 부채꼴 AOB, COD의 넓이를 각각 S_1, S_2라 하면

$S_1-S_2=108$에서

$\frac{1}{2}\times 12^2\times\theta-\frac{1}{2}\times 6^2\times\theta=108$

$72\theta-18\theta=108$, $54\theta=108$ $\therefore \theta=2$

따라서 호 AB의 길이는 $12\times 2=24$이고, 호 CD의 길이는 $6\times 2=12$이므로 색칠한 도형의 둘레의 길이는

$6\times 2+24+12=48$

답 48

15

부채꼴의 둘레의 길이가 10이므로 호의 길이를 l이라 하면

$2r+l=10$ $\therefore l=10-2r$ $(0<r<5)$

이때 부채꼴의 넓이를 S라 하면

$S=\frac{1}{2}r(10-2r)=-r^2+5r=-\left(r-\frac{5}{2}\right)^2+\frac{25}{4}$

즉, $r=\frac{5}{2}$일 때 부채꼴의 넓이의 최댓값은 $\frac{25}{4}$이다.

이때 $S=\frac{1}{2}r^2\theta$에서

$\frac{25}{4}=\frac{1}{2}\times\left(\frac{5}{2}\right)^2\times\theta$ $\therefore \theta=2$

$\therefore r+\theta=\frac{5}{2}+2=\frac{9}{2}$

답 $\frac{9}{2}$

다른 풀이

부채꼴의 호의 길이를 l이라 하면 $r>0$, $l>0$이므로 산술평균과 기하평균의 관계에 의하여

$2r+l\geq 2\sqrt{2rl}$ (단, 등호는 $2r=l$일 때 성립) ……㉠

이때 $2r+l=10$이므로 $10\geq 2\sqrt{2rl}$, 즉 $5\geq\sqrt{2rl}$

양변을 제곱하면 $25\geq 2rl$ $\therefore rl\leq\frac{25}{2}$

부채꼴의 넓이를 S라 하면

$S=\frac{1}{2}rl\leq\frac{1}{2}\times\frac{25}{2}=\frac{25}{4}$

따라서 부채꼴의 넓이의 최댓값은 $\frac{25}{4}$이다.

이때 ㉠에서 등호가 성립하는 조건은 $2r=l=5$, 즉

$r=\frac{5}{2}$, $l=5$일 때이다.

$l=r\theta$에서 $5=\frac{5}{2}\times\theta$ $\therefore \theta=2$

$\therefore r+\theta=\frac{5}{2}+2=\frac{9}{2}$

STEP 1 개념 마무리

본문 pp.145~146

01 ⑤	**02** ④	**03** ④	**04** 3
05 58	**06** $\frac{30}{7}\pi$	**07** $\frac{\sqrt{2}}{2}$	**08** ⑤
09 $\frac{17}{12}\pi$	**10** 3	**11** $\frac{\pi}{3}$	**12** $4a$

01

① $\frac{11}{3}\pi=2\pi\times 1+\frac{5}{3}\pi$ ← 제4사분면

② $-\frac{13}{3}\pi=2\pi\times(-3)+\frac{5}{3}\pi$ ← 제4사분면

③ $1020^\circ=360^\circ\times 2+300^\circ$ ← 제4사분면

④ $-60^\circ=360^\circ\times(-1)+300^\circ$ ← 제4사분면

⑤ $-660^\circ=360^\circ\times(-2)+60^\circ$ ← 제1사분면

이때 $\frac{5}{3}\pi=\frac{5}{3}\pi\times\frac{180^\circ}{\pi}=300^\circ$

따라서 동경의 위치가 다른 하나는 ⑤이다.

답 ⑤

02

ㄱ. 3(라디안)$=3\times\frac{180^\circ}{\pi}=\frac{540^\circ}{\pi}$ (참)

ㄴ. $-874^\circ=360^\circ\times(-3)+206^\circ$이므로 제3사분면의 각이다. (거짓)

ㄷ. $\frac{9}{4}\pi=2\pi\times1+\frac{\pi}{4}$, $-\frac{15}{4}\pi=2\pi\times(-2)+\frac{\pi}{4}$이므로

$\frac{\pi}{4}$, $\frac{9}{4}\pi$, $-\frac{15}{4}\pi$를 나타내는 동경은 모두 일치한다. (참)

따라서 옳은 것은 ㄱ, ㄷ이다.

답 ④

03

θ가 제4사분면의 각이므로

$2n\pi+\frac{3}{2}\pi<\theta<2n\pi+2\pi$ (단, n은 정수) ……㉠

㉠의 각 변에 2를 곱하면

$2\times2n\pi+3\pi<2\theta<2\times2n\pi+4\pi$

$\therefore\ 2\pi(2n+1)+\pi<2\theta<2\pi(2n+1)+2\pi$

즉, 2θ는 제3사분면의 각 또는 제4사분면의 각이다. ……㉡

㉠의 각 변에 $\frac{1}{2}$을 곱하면

$n\pi+\frac{3}{4}\pi<\frac{\theta}{2}<n\pi+\pi$

(i) $n=2k$ (k는 정수)일 때,

$2k\pi+\frac{3}{4}\pi<\frac{\theta}{2}<2k\pi+\pi$

즉, $\frac{\theta}{2}$는 제2사분면의 각이다.

(ii) $n=2k+1$ (k는 정수)일 때,

$(2k+1)\pi+\frac{3}{4}\pi<\frac{\theta}{2}<(2k+1)\pi+\pi$

$\therefore\ 2k\pi+\frac{7}{4}\pi<\frac{\theta}{2}<2k\pi+2\pi$

즉, $\frac{\theta}{2}$는 제4사분면의 각이다.

(i), (ii)에서 $\frac{\theta}{2}$는 제2사분면의 각 또는 제4사분면의 각이다. ……㉢

따라서 ㉡, ㉢에 의하여 각 2θ를 나타내는 동경과 각 $\frac{\theta}{2}$를 나타내는 동경이 모두 존재할 수 있는 사분면은 제4사분면이다.

답 ④

04

3θ가 제1사분면의 각이므로

$2k\pi<3\theta<2k\pi+\frac{\pi}{2}$ (단, k는 정수)

각 변에 $\frac{4}{3}$를 곱하면

$\frac{8k}{3}\pi<4\theta<\frac{8k}{3}\pi+\frac{2}{3}\pi$

(i) $k=3l$ (l은 정수)일 때,

$8l\pi<4\theta<8l\pi+\frac{2}{3}\pi$

$\therefore\ 2\pi\times4l<4\theta<2\pi\times4l+\frac{2}{3}\pi$

이때 4θ가 제2사분면의 각이므로

$2\pi\times4l+\frac{\pi}{2}<4\theta<2\pi\times4l+\frac{2}{3}\pi$

위의 부등식의 각 변을 4로 나누면

$2l\pi+\frac{\pi}{8}<\theta<2l\pi+\frac{\pi}{6}$

따라서 θ는 제1사분면의 각이다.

(ii) $k=3l+1$ (l은 정수)일 때,

$8l\pi+\frac{8}{3}\pi<4\theta<8l\pi+\frac{10}{3}\pi$

$\therefore\ 2(4l+1)\pi+\frac{2}{3}\pi<4\theta<2(4l+1)\pi+\frac{4}{3}\pi$

이때 4θ가 제2사분면의 각이므로

$2(4l+1)\pi+\frac{2}{3}\pi<4\theta<2(4l+1)\pi+\pi$

위의 부등식의 각 변을 4로 나누면

$\frac{1}{2}(4l+1)\pi+\frac{\pi}{6}<\theta<\frac{1}{2}(4l+1)\pi+\frac{\pi}{4}$

$\therefore\ 2l\pi+\frac{2}{3}\pi<\theta<2l\pi+\frac{3}{4}\pi$

따라서 θ는 제2사분면의 각이다.

(iii) $k=3l+2$ (l은 정수)일 때,

$8l\pi+\frac{16}{3}\pi<4\theta<8l\pi+6\pi$

$\therefore\ 2(4l+2)\pi+\frac{4}{3}\pi<4\theta<2(4l+2)\pi+2\pi$

이때 4θ가 제2사분면의 각이므로 이 범위에서 조건을 만족시키는 θ가 존재하지 않는다.

(i), (ii), (iii)에서 θ는 제1사분면의 각 또는 제2사분면의 각이므로

$m+n=3$

답 3

05

$\frac{n}{3}\pi$가 제2사분면의 각이려면

$2k\pi+\frac{\pi}{2}<\frac{n}{3}\pi<2k\pi+\pi$ (단, k는 정수)

$\therefore\ 6k+\frac{3}{2}<n<6k+3$

이때 n은 자연수이므로 음이 아닌 정수 k에 대하여

$n=6k+2$

즉, $k=8$일 때 50 이하의 자연수 n의 값이 최대이므로

$M=6\times8+2=50$

또한, $\frac{n}{5}\pi$가 제4사분면의 각이려면

$2t\pi+\frac{3}{2}\pi<\frac{n}{5}\pi<2t\pi+2\pi$ (단, t는 정수)

$\therefore\ 10t+\frac{15}{2}<n<10t+10$

이때 n은 자연수이므로 음이 아닌 정수 t에 대하여

$n=10t+8$ 또는 $n=10t+9$

즉, $t=0$, $n=10t+8$일 때 50 이하의 자연수 n의 값이 최소이므로

$m=10\times0+8=8$

$\therefore\ M+m=50+8=58$

답 58

06

각 θ를 나타내는 동경과 각 8θ를 나타내는 두 동경이 일치하므로

$8\theta-\theta=2n\pi$ (단, n은 정수)

$7\theta=2n\pi\qquad\therefore\ \theta=\frac{2n}{7}\pi$ ……㉠

$\pi<\theta<2\pi$이므로 $\pi<\frac{2n}{7}\pi<2\pi$

$\therefore\ \frac{7}{2}<n<7$

이때 n은 정수이므로

$n=4$ 또는 $n=5$ 또는 $n=6$ ……㉡

㉡을 각각 ㉠에 대입하면

$\theta=\frac{8}{7}\pi$ 또는 $\theta=\frac{10}{7}\pi$ 또는 $\theta=\frac{12}{7}\pi$

따라서 구하는 모든 각 θ의 크기의 합은

$\frac{8}{7}\pi+\frac{10}{7}\pi+\frac{12}{7}\pi=\frac{30}{7}\pi$

답 $\frac{30}{7}\pi$

07

두 각 θ, 7θ를 나타내는 두 동경이 직선 $y=-x$에 대하여 대칭이므로

$7\theta+\theta=2n\pi+\frac{3}{2}\pi$ (단, n은 정수)

$8\theta=2n\pi+\frac{3}{2}\pi\qquad\therefore\ \theta=\frac{4n+3}{16}\pi$ ……㉠

$\frac{\pi}{2}<\theta<\pi$이므로 $\frac{\pi}{2}<\frac{4n+3}{16}\pi<\pi$

$8<4n+3<16$, $5<4n<13$

$\therefore\ \frac{5}{4}<n<\frac{13}{4}$

이때 n은 정수이므로 $n=2$ 또는 $n=3$

(i) $n=2$일 때,

$n=2$를 ㉠에 대입하면

$\theta=\frac{4\times2+3}{16}\pi=\frac{11}{16}\pi$이므로

$\sin\left(\theta-\frac{7}{16}\pi\right)=\sin\left(\frac{11}{16}\pi-\frac{7}{16}\pi\right)$

$=\sin\underbrace{\frac{\pi}{4}}_{=45°}=\frac{\sqrt{2}}{2}$

(ⅱ) $n=3$일 때,

$n=3$을 ㉠에 대입하면

$\theta=\frac{4\times3+3}{16}\pi=\frac{15}{16}\pi$이므로

$\sin\left(\theta-\frac{7}{16}\pi\right)=\sin\left(\frac{15}{16}\pi-\frac{7}{16}\pi\right)$

$=\sin\frac{\pi}{2}=1$

($\frac{\pi}{2}$ =90°)

(ⅰ), (ⅱ)에서 모든 $\sin\left(\theta-\frac{7}{16}\pi\right)$의 값의 곱은

$\frac{\sqrt{2}}{2}\times1=\frac{\sqrt{2}}{2}$

답 $\frac{\sqrt{2}}{2}$

보충 설명

두 각 α, β가 나타내는 두 동경이 원점에 대하여 대칭이면

$\alpha-\beta=2k\pi+\pi$ (단, k는 정수) ……㉡

두 각 β, γ가 나타내는 두 동경이 직선 $y=x$에 대하여 대칭이면

$\beta+\gamma=2l\pi+\frac{\pi}{2}$ (단, l는 정수) ……㉢

이때 두 각 α, γ가 나타내는 두 동경은 직선 $y=-x$에 대하여 대칭이므로

㉡+㉢을 하면

$\alpha+\gamma=2(k+l)\pi+\frac{3}{2}\pi$

$\therefore\ \alpha+\gamma=2n\pi+\frac{3}{2}\pi$ (단, n은 정수)

08

점 P의 x좌표를 a $(a>0)$라 하면 점 P는 직선 $y=x+1$ 위의 점이므로 점 P의 좌표는

$\mathrm{P}(a,\ a+1)$ ……㉠

두 각 θ와 7θ를 나타내는 두 동경이 일치하므로

$7\theta-\theta=2n\pi$ (단, n은 정수)

$6\theta=2n\pi\quad\therefore\ \theta=\frac{n}{3}\pi$ ……㉡

또한, 점 P는 제1사분면 위의 점이므로

(P$(a,\ a+1)$에서 $a>0$, $a+1>0$이므로 점 P는 제1사분면 위의 점이다.)

$0<\frac{n}{3}\pi<\frac{\pi}{2}$ ($\because\ 0<\theta<2\pi$)

$\therefore\ 0<n<\frac{3}{2}$

이때 n은 정수이므로 $n=1$

이것을 ㉡에 대입하면 $\theta=\frac{\pi}{3}$

한편, ㉠에서 직선 OP의 기울기는

$\tan\theta=\frac{a+1}{a}$이므로

$\tan\frac{\pi}{3}=\frac{a+1}{a}$, 즉 $\sqrt{3}=1+\frac{1}{a}$에서

$(\sqrt{3}-1)a=1\qquad\therefore\ a=\frac{1}{\sqrt{3}-1}=\frac{\sqrt{3}+1}{2}$

답 ⑤

09

두 점 $\mathrm{P}(x_1,\ y_1)$, $\mathrm{Q}(x_2,\ y_2)$에 대하여

$x_1+x_2=0$, $y_1=y_2$이므로 두 점 P, Q의 x좌표는 절댓값이 같고 부호는 반대이고, 두 점 P, Q의 y좌표는 같으므로 두 점 P, Q는 y축에 대하여 대칭이다.

즉, 두 각 θ와 11θ를 나타내는 두 동경은 y축에 대하여 대칭이므로

$\theta+11\theta=2n\pi+\pi$ (단, n은 정수)

$12\theta=2n\pi+\pi\qquad\therefore\ \theta=\frac{2n+1}{12}\pi$ ……㉠

$\pi<\theta<\frac{3}{2}\pi$이므로 $\pi<\frac{2n+1}{12}\pi<\frac{3}{2}\pi$

$12<2n+1<18$, $11<2n<17$

$\therefore\ \frac{11}{2}<n<\frac{17}{2}$

이때 n은 정수이므로

$n=6$ 또는 $n=7$ 또는 $n=8$ ……㉡

㉡을 각각 ㉠에 대입하면

$\theta=\frac{13}{12}\pi$, $\theta=\frac{15}{12}\pi=\frac{5}{4}\pi$, $\theta=\frac{17}{12}\pi$

따라서 각 θ의 크기의 최댓값은 $\frac{17}{12}\pi$이다.

답 $\frac{17}{12}\pi$

10

다음 그림과 같이 반원 C의 중심을 Q, 반지름의 길이를 r이라 하고, 반원 C와 선분 OB의 접점을 H라 하자.

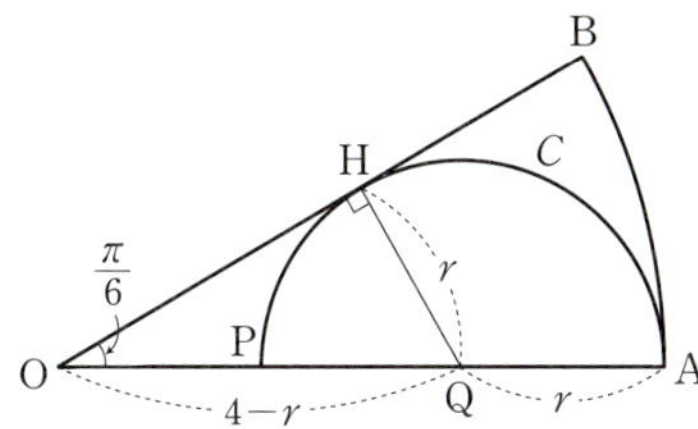

$\overline{OA}=4$, $\overline{QA}=r$,

$\overline{OQ}=\overline{OA}-\overline{QA}=4-r$,

$\overline{QH}=\overline{QA}=r$

이고, 부채꼴 AOB의 중심각의 크기가 $\frac{\pi}{6}$이므로 직각삼각형 OQH에서

$\sin\frac{\pi}{6}=\frac{r}{4-r}$, 즉 $\frac{1}{2}=\frac{r}{4-r}$

$2r=4-r$, $3r=4$ $\quad\therefore r=\frac{4}{3}$

따라서

$S_1=\frac{1}{2}\times4^2\times\frac{\pi}{6}=\frac{4}{3}\pi$, $S_2=\frac{1}{2}\times\pi\times\left(\frac{4}{3}\right)^2=\frac{8}{9}\pi$

이므로

$$\frac{2S_1}{S_2}=\frac{2\times\frac{4}{3}\pi}{\frac{8}{9}\pi}=3$$

답 3

11

S_1은 반지름의 길이가 r이고 중심각의 크기가 θ인 부채꼴의 넓이이므로

$S_1=\frac{1}{2}r^2\theta$

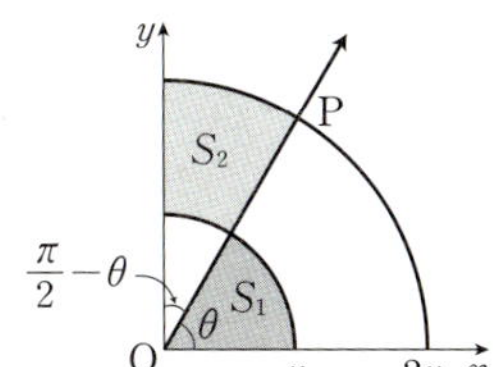

동경 OP와 y축 사이의 각의 크기는 $\frac{\pi}{2}-\theta$이므로

$$S_2=\frac{1}{2}\times(2r)^2\times\left(\frac{\pi}{2}-\theta\right)-\frac{1}{2}\times r^2\times\left(\frac{\pi}{2}-\theta\right)$$
$$=\frac{3}{2}r^2\left(\frac{\pi}{2}-\theta\right)$$

이때 $S_1:S_2=2:3$이므로 $2S_2=3S_1$

즉, $3r^2\left(\frac{\pi}{2}-\theta\right)=\frac{3}{2}r^2\theta$이므로

$\frac{\pi}{2}-\theta=\frac{\theta}{2}$, $\frac{3}{2}\theta=\frac{\pi}{2}$ $\quad\therefore \theta=\frac{\pi}{3}$

답 $\frac{\pi}{3}$

12

부채꼴의 반지름의 길이를 r, 호의 길이를 l, 넓이를 S라 하면

$S=\frac{1}{2}rl=a^2$에서 $l=\frac{2a^2}{r}$

부채꼴의 둘레의 길이는

$2r+l=2r+\frac{2a^2}{r}$

이때 $r>0$, $a^2>0$이므로 산술평균과 기하평균의 관계에 의하여

$2r+\frac{2a^2}{r}\geq2\sqrt{2r\times\frac{2a^2}{r}}=4a$ ($\because a>0$)

(단, 등호는 $r=a$일 때 성립)

따라서 부채꼴의 둘레의 길이의 최솟값은 $4a$이다.

답 $4a$

2 삼각함수

기본+필수연습
본문 pp.150~155

16 (1) $\frac{4}{5}$ (2) $-\frac{3}{5}$ (3) $-\frac{4}{3}$

17 (1) $\sin\theta<0$, $\cos\theta>0$, $\tan\theta<0$
(2) $\sin\theta<0$, $\cos\theta<0$, $\tan\theta>0$
(3) $\sin\theta>0$, $\cos\theta<0$, $\tan\theta<0$
(4) $\sin\theta>0$, $\cos\theta>0$, $\tan\theta>0$

18 $-\frac{4}{5}$ **19** (1) $\frac{2}{\sin\theta\cos\theta}$ (2) $2\sin\theta\cos\theta$

20 $-\frac{3}{8}$ **21** $\frac{156}{85}$ **22** $\frac{1}{4}$

23 $\tan\theta-2\cos\theta$ **24** $\sin\theta$

25 $-\sin\theta+\cos\theta$ **26** $-\frac{3}{5}$

27 $-\frac{23}{17}$ **28** $-\frac{\sqrt{3}}{3}$ **29** (1) 40 (2) $\frac{23}{27}$

30 $\frac{13}{12}$ **31** $x^2-3x+1=0$

16

선분 OP의 길이는

$\overline{OP}=\sqrt{(-6)^2+8^2}=10$

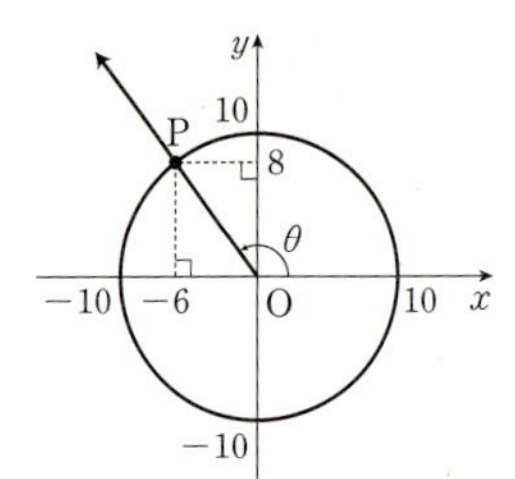

(1) $\sin\theta=\frac{8}{10}=\frac{4}{5}$

(2) $\cos\theta=\frac{-6}{10}=-\frac{3}{5}$

(3) $\tan\theta=\frac{8}{-6}=-\frac{4}{3}$

답 (1) $\frac{4}{5}$ (2) $-\frac{3}{5}$ (3) $-\frac{4}{3}$

17

(1) $\theta=680^\circ=360^\circ\times1+320^\circ$에서

각 θ는 제4사분면의 각이므로

$\sin\theta<0$, $\cos\theta>0$, $\tan\theta<0$

(2) $\theta=-170^\circ=360^\circ\times(-1)+190^\circ$에서

각 θ는 제3사분면의 각이므로

$\sin\theta<0$, $\cos\theta<0$, $\tan\theta>0$

(3) $\theta=\frac{20}{7}\pi=2\pi\times1+\frac{6}{7}\pi$에서

각 θ는 제2사분면의 각이므로

$\sin\theta>0$, $\cos\theta<0$, $\tan\theta<0$

(4) $\theta=\frac{3}{8}\pi$에서 각 θ는 제1사분면의 각이므로

$\sin\theta>0$, $\cos\theta>0$, $\tan\theta>0$

답 (1) $\sin\theta<0$, $\cos\theta>0$, $\tan\theta<0$
(2) $\sin\theta<0$, $\cos\theta<0$, $\tan\theta>0$
(3) $\sin\theta>0$, $\cos\theta<0$, $\tan\theta<0$
(4) $\sin\theta>0$, $\cos\theta>0$, $\tan\theta>0$

18

$\tan\theta=\frac{\sin\theta}{\cos\theta}$이므로

$\frac{\sin\theta}{\cos\theta}=\frac{4}{3}$, $4\cos\theta=3\sin\theta$

$\therefore \cos\theta=\frac{3}{4}\sin\theta$

$\sin^2\theta+\cos^2\theta=1$이므로

$\sin^2\theta+\left(\frac{3}{4}\sin\theta\right)^2=1$

$\sin^2\theta+\frac{9}{16}\sin^2\theta=1$

$\frac{25}{16}\sin^2\theta=1 \qquad \therefore \sin^2\theta=\frac{16}{25}$

이때 각 θ가 제3사분면의 각이므로 $\sin\theta<0$

$\therefore \sin\theta=-\frac{4}{5}$

답 $-\frac{4}{5}$

다른 풀이

각 θ가 제3사분면의 각이고 $\tan\theta=\frac{4}{3}$이므로

점 P의 좌표를 $(-3, -4)$라 하고 동경 OP를 좌표평면 위에 나타내면 오른쪽 그림과 같다.

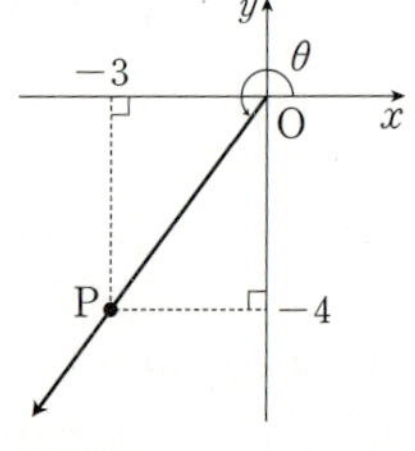

$\overline{OP}=\sqrt{(-3)^2+(-4)^2}=5$

이므로 삼각함수의 정의에 의하여

$\sin\theta=\frac{-4}{5}=-\frac{4}{5}$

19

(1) $\frac{\tan\theta}{1+\cos\theta}+\frac{\tan\theta}{1-\cos\theta}$

$=\frac{\tan\theta(1-\cos\theta)+\tan\theta(1+\cos\theta)}{(1+\cos\theta)(1-\cos\theta)}$

$=\frac{2\tan\theta}{1-\cos^2\theta}=\frac{2\tan\theta}{\sin^2\theta}$

$=\frac{\frac{2\sin\theta}{\cos\theta}}{\sin^2\theta}=\frac{2}{\sin\theta\cos\theta}$

(2) $(1+\sin\theta-\cos\theta)(1-\sin\theta+\cos\theta)$

$=\{1+(\sin\theta-\cos\theta)\}\{1-(\sin\theta-\cos\theta)\}$

$=1-(\sin\theta-\cos\theta)^2$

$=1-(\sin^2\theta-2\sin\theta\cos\theta+\cos^2\theta)$

$=1-(1-2\sin\theta\cos\theta)$

$=2\sin\theta\cos\theta$

답 (1) $\frac{2}{\sin\theta\cos\theta}$ (2) $2\sin\theta\cos\theta$

20

오른쪽 그림과 같이 $\frac{11}{6}\pi$를 나타내는 동경과 단위원의 교점을 P, 점 P에서 x축에 내린 수선의 발을 H라 하면 직각삼각형 OHP에서

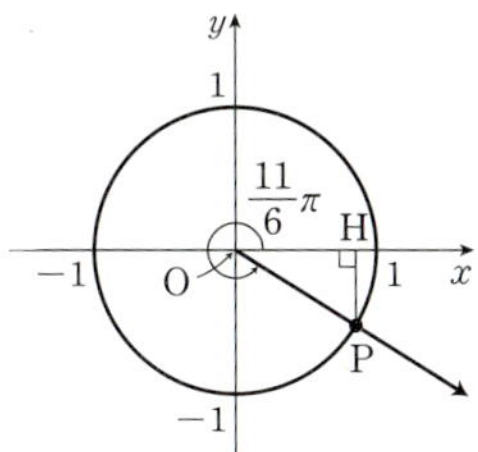

$\overline{OP}=1$, $\angle POH=2\pi-\frac{11}{6}\pi=\frac{\pi}{6}$

$\therefore$ $\overline{PH}=\overline{OP}\sin\frac{\pi}{6}=\frac{1}{2}$, $\overline{OH}=\overline{OP}\cos\frac{\pi}{6}=\frac{\sqrt{3}}{2}$

이때 점 P가 제4사분면 위의 점이므로

$P\left(\frac{\sqrt{3}}{2},\ -\frac{1}{2}\right)$

따라서 $\sin\theta=\frac{-\frac{1}{2}}{1}=-\frac{1}{2}$, $\cos\theta=\frac{\frac{\sqrt{3}}{2}}{1}=\frac{\sqrt{3}}{2}$,

$\tan\theta=\frac{-\frac{1}{2}}{\frac{\sqrt{3}}{2}}=-\frac{1}{\sqrt{3}}$이므로

$$\frac{(\sin\theta-\cos\theta)(\sin\theta+\cos\theta)}{1+\tan^2\theta}$$

$$=\frac{\left(-\frac{1}{2}-\frac{\sqrt{3}}{2}\right)\times\left(-\frac{1}{2}+\frac{\sqrt{3}}{2}\right)}{1+\left(-\frac{1}{\sqrt{3}}\right)^2}$$

$$=\frac{\frac{1}{4}-\frac{3}{4}}{1+\frac{1}{3}}=\frac{-\frac{1}{2}}{\frac{4}{3}}=-\frac{3}{8}$$

답 $-\frac{3}{8}$

21

점 P는 직선 $y=-\frac{12}{5}x$ 위의 점이므로 양수 a에 대하여 $P\left(a,\ -\frac{12}{5}a\right)$라 하고, 점 P에서 x축에 내린 수선의 발을 H라 하면 오른쪽 그림과 같다.

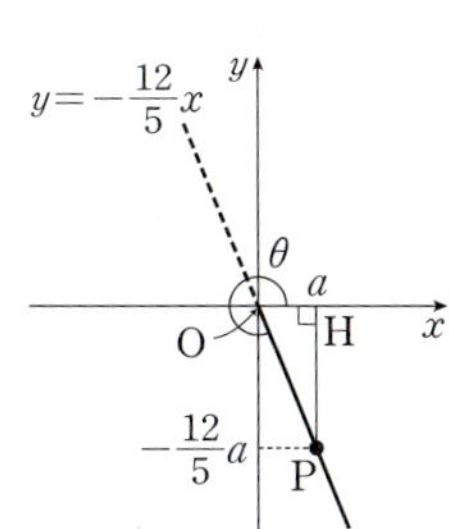

직각삼각형 OHP에서 $\overline{OH}=a$, $\overline{PH}=\frac{12}{5}a$이므로

$\overline{OP}=\sqrt{a^2+\left(\frac{12}{5}a\right)^2}=\sqrt{\frac{169}{25}a^2}=\frac{13}{5}a$ ($\because$ $a>0$)

따라서 $\sin\theta=\frac{-\frac{12}{5}a}{\frac{13}{5}a}=-\frac{12}{13}$, $\cos\theta=\frac{a}{\frac{13}{5}a}=\frac{5}{13}$,

$\tan\theta=\frac{-\frac{12}{5}a}{a}=-\frac{12}{5}$이므로

$$\frac{\tan\theta}{\sin\theta-\cos\theta}=\frac{-\frac{12}{5}}{-\frac{12}{13}-\frac{5}{13}}=\frac{\frac{12}{5}}{\frac{17}{13}}=\frac{156}{85}$$

답 $\frac{156}{85}$

22

직선 $y=-1$이 원 $x^2+y^2=2$와 만나는 점 A의 좌표를 구하면

$x^2+(-1)^2=2$, $x^2=1$ $\therefore$ $x=\pm1$

이때 점 A는 제3사분면 위의 점이므로

$A(-1,\ -1)$

직선 $y=-1$이 원 $x^2+y^2=3$과 만나는 점 B의 좌표를 구하면

$x^2+(-1)^2=3$, $x^2=2$ $\therefore$ $x=\pm\sqrt{2}$

이때 점 B는 제3사분면 위의 점이므로

$B(-\sqrt{2},\ -1)$

점 $A(-1,\ -1)$에 대하여 동경 OA가 나타내는 각의 크기가 α이므로

$\cos\alpha=\frac{-1}{\sqrt{2}}=-\frac{\sqrt{2}}{2}$

└ $\overline{OA}$는 원 $x^2+y^2=2$의 반지름이므로 $\overline{OA}=\sqrt{2}$

점 $B(-\sqrt{2},\ -1)$에 대하여 동경 OB가 나타내는 각의 크기가 β이므로

$\tan\beta=\frac{-1}{-\sqrt{2}}=\frac{\sqrt{2}}{2}$

$\therefore$ $\cos^2\alpha\times\tan^2\beta=\left(-\frac{\sqrt{2}}{2}\right)^2\times\left(\frac{\sqrt{2}}{2}\right)^2=\frac{1}{4}$

답 $\frac{1}{4}$

23

각 θ는 제3사분면의 각이므로

$\sin\theta<0$, $\cos\theta<0$, $\tan\theta>0$

$\therefore |\sin\theta+\cos\theta|-\sqrt{\sin^2\theta}+\sqrt{(\tan\theta-\cos\theta)^2}$

$=-(\sin\theta+\cos\theta)-(-\sin\theta)+\tan\theta-\cos\theta$

$=-\sin\theta-\cos\theta+\sin\theta+\tan\theta-\cos\theta$

$=\tan\theta-2\cos\theta$

답 $\tan\theta-2\cos\theta$

24

$\cos\theta\tan\theta\neq0$이고

$\sqrt{\cos\theta\tan\theta}=-\sqrt{\cos\theta}\sqrt{\tan\theta}$이므로

$\cos\theta<0$, $\tan\theta<0$

따라서 각 θ는 제2사분면의 각이므로 $\sin\theta>0$

$\therefore |1+\sin\theta|-|\cos\theta-1|+\sqrt{\cos^2\theta}$

$=1+\sin\theta-(-\cos\theta+1)+(-\cos\theta)$

$=1+\sin\theta+\cos\theta-1-\cos\theta$

$=\sin\theta$

답 $\sin\theta$

25

$\sin\theta\tan\theta>0$이면 $\sin\theta$와 $\tan\theta$의 값의 부호가 서로 같으므로 각 θ는 제1사분면 또는 제4사분면의 각이다.

(i) 각 θ가 제1사분면의 각일 때,

$\cos\theta>0$, $\tan\theta>0$에서 $\dfrac{\tan\theta}{\cos\theta}>0$이므로 조건을 만족시키지 않는다.

(ii) 각 θ가 제4사분면의 각일 때,

$\cos\theta>0$, $\tan\theta<0$에서 $\dfrac{\tan\theta}{\cos\theta}<0$

(i), (ii)에서 각 θ는 제4사분면의 각이므로

$\sin\theta<0$, $\cos\theta>0$, $\tan\theta<0$

$\therefore |\sin\theta|-|\tan\theta|+\sqrt{(\cos\theta-\tan\theta)^2}$

$=-\sin\theta-(-\tan\theta)+(\cos\theta-\tan\theta)$

$=-\sin\theta+\tan\theta+\cos\theta-\tan\theta$

$=-\sin\theta+\cos\theta$

답 $-\sin\theta+\cos\theta$

26

$\sin^2\theta+\cos^2\theta=1$이므로

$\sin^2\theta+\left(\dfrac{8}{17}\right)^2=1 \qquad \therefore \sin^2\theta=\dfrac{225}{289}$

이때 각 θ가 제4사분면의 각이므로 $\sin\theta<0$

$\therefore \sin\theta=-\dfrac{15}{17}$

즉, $\tan\theta=\dfrac{\sin\theta}{\cos\theta}=\dfrac{-\frac{15}{17}}{\frac{8}{17}}=-\dfrac{15}{8}$이므로

$\dfrac{1}{\sin\theta}-\dfrac{1}{\tan\theta}=-\dfrac{17}{15}-\left(-\dfrac{8}{15}\right)$

$=-\dfrac{17}{15}+\dfrac{8}{15}=-\dfrac{3}{5}$

답 $-\dfrac{3}{5}$

27

$\sin\theta+4\cos\theta+4=0$에서

$\sin\theta=-4\cos\theta-4 \quad \cdots\cdots ㉠$

양변을 제곱하면

$\sin^2\theta=16\cos^2\theta+32\cos\theta+16$

이때 $\sin^2\theta+\cos^2\theta=1$에서 $\sin^2\theta=1-\cos^2\theta$이므로 이를 위의 식에 대입하면

$1-\cos^2\theta=16\cos^2\theta+32\cos\theta+16$

$17\cos^2\theta+32\cos\theta+15=0$

$(\cos\theta+1)(17\cos\theta+15)=0$

$\therefore \cos\theta=-1$ 또는 $\cos\theta=-\dfrac{15}{17}$ (*)

이때 각 θ는 제3사분면의 각이므로

$\cos\theta=-\dfrac{15}{17}$

㉠에서 $\sin\theta=-4\times\left(-\dfrac{15}{17}\right)-4=-\dfrac{8}{17}$

$\therefore \sin\theta+\cos\theta=-\dfrac{8}{17}+\left(-\dfrac{15}{17}\right)=-\dfrac{23}{17}$

답 $-\dfrac{23}{17}$

보충 설명

$\cos\theta=-1$일 때, $\sin^2\theta+\cos^2\theta=1$에서

$\sin^2\theta+(-1)^2=1$, $\sin^2\theta=0$ $\quad\therefore \sin\theta=0$

즉, 각 θ를 나타내는 동경과 단위원의 교점을 P라 하면 점 P의 좌표가 P$(-1,\ 0)$이므로 각 θ를 일반각으로 나타내면

$\theta=2n\pi+\pi$ (단, n은 정수)

따라서 각 θ는 제3사분면의 각이 아니므로 (*)에서 제3사분면의 각 θ에 대하여 $\cos\theta$의 값으로 가능한 것은 $-\frac{15}{17}$이다.

28

$\frac{\sin\theta}{1-\sin\theta}-\frac{\sin\theta}{1+\sin\theta}=4$에서

$\frac{\sin\theta(1+\sin\theta)-\sin\theta(1-\sin\theta)}{(1-\sin\theta)(1+\sin\theta)}=4$

$\frac{\sin\theta+\sin^2\theta-\sin\theta+\sin^2\theta}{1-\sin^2\theta}=4$

$\frac{2\sin^2\theta}{1-\sin^2\theta}=4$, $2\sin^2\theta=4-4\sin^2\theta$

$6\sin^2\theta=4$ $\quad\therefore \sin^2\theta=\frac{2}{3}$

이때 $\sin^2\theta+\cos^2\theta=1$에서

$\frac{2}{3}+\cos^2\theta=1$ $\quad\therefore \cos^2\theta=\frac{1}{3}$

$\frac{\pi}{2}<\theta<\pi$에서 각 θ는 제2사분면의 각이므로

$\cos\theta<0$ $\quad\therefore \cos\theta=-\frac{\sqrt{3}}{3}$

답 $-\frac{\sqrt{3}}{3}$

29

(1) $(\sin\theta+\cos\theta)^2=\sin^2\theta+2\sin\theta\cos\theta+\cos^2\theta$

$=1+2\times\frac{7}{18}=\frac{16}{9}$ ……㉠

이때 $0<\theta<\frac{\pi}{2}$이므로 $\sin\theta>0$, $\cos\theta>0$

즉, $\sin\theta+\cos\theta>0$이므로 ㉠에서

$\sin\theta+\cos\theta=\frac{4}{3}$

$\therefore 30(\sin\theta+\cos\theta)=30\times\frac{4}{3}=40$

(2) $\sin\theta-\cos\theta=\frac{2}{3}$의 양변을 제곱하면

$\sin^2\theta-2\sin\theta\cos\theta+\cos^2\theta=\frac{4}{9}$

$\sin^2\theta+\cos^2\theta=1$이므로

$1-2\sin\theta\cos\theta=\frac{4}{9}$

$\therefore \sin\theta\cos\theta=\frac{5}{18}$

$\therefore \sin^3\theta-\cos^3\theta$

$=(\sin\theta-\cos\theta)^3+3\sin\theta\cos\theta(\sin\theta-\cos\theta)$

$=\left(\frac{2}{3}\right)^3+3\times\frac{5}{18}\times\frac{2}{3}=\frac{23}{27}$

답 (1) 40 (2) $\frac{23}{27}$

30

$\sin\theta+\cos\theta=-\frac{1}{3}$의 양변을 제곱하면

$\sin^2\theta+2\sin\theta\cos\theta+\cos^2\theta=\frac{1}{9}$

$\sin^2\theta+\cos^2\theta=1$이므로

$1+2\sin\theta\cos\theta=\frac{1}{9}$ $\quad\therefore \sin\theta\cos\theta=-\frac{4}{9}$

$\therefore \frac{1-\sin^2\theta}{\sin\theta}+\frac{1-\cos^2\theta}{\cos\theta}$

$=\frac{\cos^2\theta\times\cos\theta+\sin^2\theta\times\sin\theta}{\sin\theta\cos\theta}$ ($1-\sin^2\theta=\cos^2\theta$, $1-\cos^2\theta=\sin^2\theta$)

$=\frac{\cos^3\theta+\sin^3\theta}{\sin\theta\cos\theta}$

$=\frac{(\sin\theta+\cos\theta)^3-3\sin\theta\cos\theta(\sin\theta+\cos\theta)}{\sin\theta\cos\theta}$

$=\frac{\left(-\frac{1}{3}\right)^3-3\times\left(-\frac{4}{9}\right)\times\left(-\frac{1}{3}\right)}{-\frac{4}{9}}$

$=\frac{-\frac{13}{27}}{-\frac{4}{9}}=\frac{13}{12}$

답 $\frac{13}{12}$

31

이차방정식 $3x^2-\sqrt{15}x+1=0$의 두 근이 $\sin\theta$, $\cos\theta$이므로 이차방정식의 근과 계수의 관계에 의하여

$\sin\theta+\cos\theta=\frac{\sqrt{15}}{3}$, $\sin\theta\cos\theta=\frac{1}{3}$

한편, $\tan\theta$, $\frac{1}{\tan\theta}$을 두 근으로 하고 x^2의 계수가 1인 이차방정식은 $x^2-\left(\tan\theta+\frac{1}{\tan\theta}\right)x+1=0$이고

$$\tan\theta+\frac{1}{\tan\theta}=\frac{\sin\theta}{\cos\theta}+\frac{\cos\theta}{\sin\theta}$$
$$=\frac{\sin^2\theta+\cos^2\theta}{\sin\theta\cos\theta}$$
$$=\frac{1}{\frac{1}{3}}=3$$

따라서 구하는 이차방정식은 $x^2-3x+1=0$이다.

답 $x^2-3x+1=0$

STEP 1 개념 마무리 본문 pp.156~157

13 $\cos^2\theta$	**14** 6	**15** ⑤	**16** $\frac{5}{8}$
17 ②	**18** $-\frac{\sqrt{3}}{3}$	**19** $2+\sqrt{3}$	**20** $-\frac{\sqrt{7}}{4}$
21 $-\frac{39}{16}$	**22** $-\sqrt{2}$	**23** -1	**24** $\frac{\sqrt{61}}{6}$

13

점 A의 좌표는 $(\cos\theta,\ \sin\theta)$이므로

$\overline{OB}=\cos\theta$, $\overline{AB}=\sin\theta$

직각삼각형 OBC에서

$\overline{OC}=\overline{OB}\times\cos\theta=\cos^2\theta$

직각삼각형 OCD에서

$\overline{OD}=\overline{OC}\times\cos\theta=\cos^3\theta$

$$\therefore \frac{\overline{OD}}{\overline{OB}}=\frac{\cos^3\theta}{\cos\theta}$$
$$=\cos^2\theta\ (\because \cos\theta\neq0)$$

답 $\cos^2\theta$

다른 풀이

점 A의 좌표는 $(\cos\theta,\ \sin\theta)$이므로

$\overline{OB}=\cos\theta$, $\overline{AB}=\sin\theta$

직각삼각형 OBC에서

$\overline{OC}=\overline{OB}\times\cos\theta=\cos^2\theta$

$\triangle OCD \backsim \triangle OAB$이므로

$\frac{\overline{OD}}{\overline{OB}}=\frac{\overline{OC}}{\overline{OA}}$

이때 $\frac{\overline{OC}}{\overline{OA}}=\frac{\cos^2\theta}{1}=\cos^2\theta$이므로

$\frac{\overline{OD}}{\overline{OB}}=\cos^2\theta$

14

$$\overline{OP}=\sqrt{a^2+(2\sqrt{a+1})^2}=\sqrt{a^2+4a+4}$$
$$=\sqrt{(a+2)^2}=a+2\ (\because a>0)$$

즉, $\sin\theta=\frac{2\sqrt{a+1}}{a+2}$이므로

$\frac{2\sqrt{a+1}}{a+2}=\frac{\sqrt{7}}{4}$, $8\sqrt{a+1}=\sqrt{7}(a+2)$

위의 식의 양변을 제곱하면

$64(a+1)=7(a+2)^2$

$64a+64=7a^2+28a+28$

$7a^2-36a-36=0$, $(7a+6)(a-6)=0$

$\therefore a=6\ (\because a>0)$

답 6

15

$\frac{\sqrt{\sin\theta}}{\sqrt{\cos\theta}}=-\sqrt{\tan\theta}$에서 $\tan\theta=\frac{\sin\theta}{\cos\theta}$이므로

$\frac{\sqrt{\sin\theta}}{\sqrt{\cos\theta}}=-\sqrt{\frac{\sin\theta}{\cos\theta}}$

이때 $\sin\theta\cos\theta\neq0$이므로 $\sin\theta>0$, $\cos\theta<0$

따라서 각 θ는 제2사분면의 각이므로 $\tan\theta<0$

$$\therefore |\tan\theta-\sin\theta|+\sqrt{\cos^2\theta}-\sqrt{(\cos\theta-\sin\theta)^2}$$
$$=-(\tan\theta-\sin\theta)+(-\cos\theta)-\{-(\cos\theta-\sin\theta)\}$$
$$=-\tan\theta+\sin\theta-\cos\theta+\cos\theta-\sin\theta$$
$$=-\tan\theta$$

답 ⑤

보충 설명

음수의 제곱근의 성질 | 0이 아닌 두 실수 a, b에 대하여

(1) $\sqrt{a}\sqrt{b}=-\sqrt{ab}$이면 $a<0$, $b<0$

(2) $\dfrac{\sqrt{a}}{\sqrt{b}}=-\sqrt{\dfrac{a}{b}}$이면 $a>0$, $b<0$

16

$\dfrac{\pi}{2}<\theta<\pi$에서 각 θ가 제 2 사분면의 각이고 $\tan\theta=-\dfrac{5}{12}$ 이므로 점 P의 좌표를 $(-12, 5)$라 하면 동경 OP가 나타내는 각은 θ이고, 동경 OP를 좌표평면 위에 나타내면 오른쪽 그림과 같다.

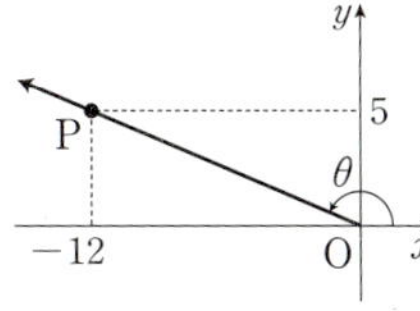

따라서 $\overline{\text{OP}}=\sqrt{(-12)^2+5^2}=13$이므로 삼각함수의 정의에 의하여

$\sin\theta=\dfrac{5}{13}$, $\cos\theta=-\dfrac{12}{13}$

$$\therefore \frac{\sin\theta}{\cos\theta(4\tan\theta+1)}=\frac{\frac{5}{13}}{-\frac{12}{13}\times\left\{4\times\left(-\frac{5}{12}\right)+1\right\}}$$

$$=\frac{\frac{5}{13}}{\frac{8}{13}}=\frac{5}{8}$$

답 $\dfrac{5}{8}$

다른 풀이

$\dfrac{\sin\theta}{\cos\theta}=\tan\theta$이므로

$$\frac{\sin\theta}{\cos\theta(4\tan\theta+1)}=\frac{\tan\theta}{4\tan\theta+1}$$

$$=\frac{-\frac{5}{12}}{4\times\left(-\frac{5}{12}\right)+1}$$

$$=\frac{-\frac{5}{12}}{-\frac{2}{3}}=\frac{15}{24}=\frac{5}{8}$$

17

ㄱ. $$\frac{\tan\theta}{\cos\theta}+\frac{1}{\cos^2\theta}=\frac{\sin\theta}{\cos\theta}\times\frac{1}{\cos\theta}+\frac{1}{\cos^2\theta}$$
$$=\frac{\sin\theta+1}{\cos^2\theta}=\frac{1+\sin\theta}{1-\sin^2\theta}$$
$$=\frac{1+\sin\theta}{(1+\sin\theta)(1-\sin\theta)}$$
$$=\frac{1}{1-\sin\theta}\ (\text{거짓})$$

ㄴ. $$\frac{\cos^2\theta-\sin^2\theta}{1-2\sin\theta\cos\theta}=\frac{(\cos\theta-\sin\theta)(\cos\theta+\sin\theta)}{\cos^2\theta+\sin^2\theta-2\sin\theta\cos\theta}$$
$$=\frac{(\cos\theta-\sin\theta)(\cos\theta+\sin\theta)}{(\cos\theta-\sin\theta)^2}$$
$$=\frac{\cos\theta+\sin\theta}{\cos\theta-\sin\theta}\ (\text{거짓})$$

ㄷ. $$\frac{\sin^4\theta+\cos^4\theta+\sin^2\theta\cos^2\theta}{1-\sin\theta\cos\theta}$$
$$=\frac{(\sin^2\theta+\cos^2\theta)^2-\sin^2\theta\cos^2\theta}{1-\sin\theta\cos\theta}$$
$$=\frac{1-\sin^2\theta\cos^2\theta}{1-\sin\theta\cos\theta}$$
$$=\frac{(1+\sin\theta\cos\theta)(1-\sin\theta\cos\theta)}{1-\sin\theta\cos\theta}$$
$$=1+\sin\theta\cos\theta\ (\text{참})$$

따라서 항상 옳은 것은 ㄷ뿐이다.

답 ②

18

$\sin\theta+\cos\theta\tan\theta=-1$에서 $\tan\theta=\dfrac{\sin\theta}{\cos\theta}$이므로

$\sin\theta+\cos\theta\times\dfrac{\sin\theta}{\cos\theta}=-1$

$\sin\theta+\sin\theta=-1$, $2\sin\theta=-1$

$\therefore\ \sin\theta=-\dfrac{1}{2}$

또한, $\sin^2\theta+\cos^2\theta=1$에서

$\left(-\dfrac{1}{2}\right)^2+\cos^2\theta=1$, $\cos^2\theta=\dfrac{3}{4}$

$\therefore\ \cos\theta=\dfrac{\sqrt{3}}{2}$ ($\because\ \cos\theta>0$)

$$\therefore\ \tan\theta=\frac{\sin\theta}{\cos\theta}=\frac{-\frac{1}{2}}{\frac{\sqrt{3}}{2}}=-\frac{1}{\sqrt{3}}=-\frac{\sqrt{3}}{3}$$

답 $-\dfrac{\sqrt{3}}{3}$

19

$\frac{\sin\theta+\cos\theta}{\sin\theta-\cos\theta}=\sqrt{3}$에서

$\sin\theta+\cos\theta=\sqrt{3}\sin\theta-\sqrt{3}\cos\theta$

$(\sqrt{3}-1)\sin\theta=(\sqrt{3}+1)\cos\theta$

$\frac{\sin\theta}{\cos\theta}=\frac{\sqrt{3}+1}{\sqrt{3}-1}$

$\therefore \tan\theta=\frac{\sin\theta}{\cos\theta}=\frac{\sqrt{3}+1}{\sqrt{3}-1}$

$=\frac{4+2\sqrt{3}}{2}=2+\sqrt{3}$

답 $2+\sqrt{3}$

다른 풀이

$\frac{\sin\theta+\cos\theta}{\sin\theta-\cos\theta}=\sqrt{3}$에서 $\cos\theta=0$이면

$\frac{\sin\theta}{\sin\theta}=\sqrt{3}$

즉, $1=\sqrt{3}$이 되어 모순이므로 $\cos\theta\neq0$

따라서 주어진 식의 좌변의 분모, 분자를 $\cos\theta$로 나누면

$$\frac{\sin\theta+\cos\theta}{\sin\theta-\cos\theta}=\frac{\frac{\sin\theta}{\cos\theta}+1}{\frac{\sin\theta}{\cos\theta}-1}=\frac{\tan\theta+1}{\tan\theta-1}$$

즉, $\frac{\tan\theta+1}{\tan\theta-1}=\sqrt{3}$이므로

$\tan\theta+1=\sqrt{3}\tan\theta-\sqrt{3}$

$(\sqrt{3}-1)\tan\theta=\sqrt{3}+1$

$\therefore \tan\theta=\frac{\sqrt{3}+1}{\sqrt{3}-1}=2+\sqrt{3}$

20

$\sin\theta+\cos\theta=\frac{1}{2}$의 양변을 제곱하면

$\sin^2\theta+2\sin\theta\cos\theta+\cos^2\theta=\frac{1}{4}$

$1+2\sin\theta\cos\theta=\frac{1}{4}$

$\therefore \sin\theta\cos\theta=-\frac{3}{8}$

$\therefore (\sin\theta-\cos\theta)^2=(\sin\theta+\cos\theta)^2-4\sin\theta\cos\theta$

$=\left(\frac{1}{2}\right)^2-4\times\left(-\frac{3}{8}\right)=\frac{7}{4}$

이때 각 θ는 제4사분면의 각이므로 $\sin\theta<0$, $\cos\theta>0$

즉, $\sin\theta-\cos\theta<0$이므로

$\sin\theta-\cos\theta=-\frac{\sqrt{7}}{2}$

$\therefore \sin^4\theta-\cos^4\theta=(\sin^2\theta+\cos^2\theta)(\sin^2\theta-\cos^2\theta)$

$=\sin^2\theta-\cos^2\theta$

$=(\sin\theta+\cos\theta)(\sin\theta-\cos\theta)$

$=\frac{1}{2}\times\left(-\frac{\sqrt{7}}{2}\right)=-\frac{\sqrt{7}}{4}$

답 $-\frac{\sqrt{7}}{4}$

21

$\sin\theta+\cos\theta=-\frac{1}{3}$의 양변을 제곱하면

$\sin^2\theta+2\sin\theta\cos\theta+\cos^2\theta=\frac{1}{9}$

$1+2\sin\theta\cos\theta=\frac{1}{9}$

$\therefore \sin\theta\cos\theta=-\frac{4}{9}$

$\therefore \frac{1}{\cos\theta}\left(\tan\theta+\frac{1}{\tan^2\theta}\right)$

$=\frac{1}{\cos\theta}\left\{\frac{\sin\theta}{\cos\theta}+\frac{1}{\left(\frac{\sin\theta}{\cos\theta}\right)^2}\right\}$

$=\frac{1}{\cos\theta}\left(\frac{\sin\theta}{\cos\theta}+\frac{\cos^2\theta}{\sin^2\theta}\right)$

$=\frac{\sin\theta}{\cos^2\theta}+\frac{\cos\theta}{\sin^2\theta}$

$=\frac{\sin^3\theta+\cos^3\theta}{\sin^2\theta\cos^2\theta}$

$=\frac{(\sin\theta+\cos\theta)(\sin^2\theta-\sin\theta\cos\theta+\cos^2\theta)}{(\sin\theta\cos\theta)^2}$

$=\frac{-\frac{1}{3}\times\left\{1-\left(-\frac{4}{9}\right)\right\}}{\left(-\frac{4}{9}\right)^2}$

$=\frac{-\frac{13}{27}}{\frac{16}{81}}=-\frac{39}{16}$

답 $-\frac{39}{16}$

22

이차방정식 $2x^2+2ax+1=0$의 두 근이 $\sin\theta$, $\cos\theta$이므로 이차방정식의 근과 계수의 관계에 의하여

$\sin\theta+\cos\theta=-a$ ……㉠

$\sin\theta\cos\theta=\frac{1}{2}$

(가)

㉠의 양변을 제곱하면

$\sin^2\theta+2\sin\theta\cos\theta+\cos^2\theta=a^2$

$1+2\times\frac{1}{2}=a^2$

$\therefore\ a^2=2$ ……㉡

(나)

이때 $0<\theta<\frac{\pi}{2}$에서 $\sin\theta>0$, $\cos\theta>0$이므로

$\sin\theta+\cos\theta=-a>0$

즉, $a<0$이므로 ㉡에서

$a=-\sqrt{2}$

(다)

답 $-\sqrt{2}$

단계	채점 기준	배점
(가)	이차방정식의 근과 계수의 관계를 이용하여 $\sin\theta$, $\cos\theta$의 합과 곱을 각각 구한 경우	30%
(나)	삼각함수 사이의 관계를 이용하여 a^2의 값을 구한 경우	40%
(다)	조건을 만족시키는 상수 a의 값을 구한 경우	30%

23

$\sin\theta+\cos\theta=-1$ ……㉠

㉠의 양변을 제곱하면

$\sin^2\theta+2\sin\theta\cos\theta+\cos^2\theta=1$

$1+2\sin\theta\cos\theta=1$, $2\sin\theta\cos\theta=0$

$\therefore\ \sin\theta=0$ 또는 $\cos\theta=0$

이것을 ㉠에 대입하면

$\begin{cases}\sin\theta=0\\ \cos\theta=-1\end{cases}$ 또는 $\begin{cases}\sin\theta=-1\\ \cos\theta=0\end{cases}$

이때 $f(n)=\sin^n\theta+\cos^n\theta$에서

$f(n)=(-1)^n$

$\therefore\ f(n)=\begin{cases}-1\ (\text{단, } n\text{이 홀수})\\ 1\quad (\text{단, } n\text{이 짝수})\end{cases}$

$\therefore\ f(1)+f(2)+f(3)+\cdots+f(2099)$

$=-1+1+(-1)+\cdots+(-1)$

$=-1$

답 -1

24

직선 AB의 기울기는

$\frac{f(\sin\theta)-f(\cos\theta)}{\sin\theta-\cos\theta}=\frac{\sin^2\theta-\cos^2\theta}{\sin\theta-\cos\theta}$

$=\frac{(\sin\theta+\cos\theta)(\sin\theta-\cos\theta)}{\sin\theta-\cos\theta}$

$=\sin\theta+\cos\theta$ ……㉠

이때

$(\sin\theta+\cos\theta)^2=\sin^2\theta+2\sin\theta\cos\theta+\cos^2\theta$

$=1+2\times\frac{25}{72}\left(\because\ \sin\theta\cos\theta=\frac{25}{72}\right)$

$=\frac{36+25}{36}=\frac{61}{36}$

이고, $0<\theta<\frac{\pi}{2}$에서 $\sin\theta>0$, $\cos\theta>0$이므로

$\sin\theta+\cos\theta>0$

$\therefore\ \sin\theta+\cos\theta=\frac{\sqrt{61}}{6}$

따라서 ㉠에서 직선 AB의 기울기는 $\frac{\sqrt{61}}{6}$이다.

답 $\frac{\sqrt{61}}{6}$

STEP 2 개념 마무리

본문 p.158

1 $\frac{41}{20}$ **2** $\frac{1}{2}$ **3** 8 **4** $\cos^2\theta$

5 $\frac{7}{5}$ **6** π

1

조건 ㈎에서 $|\alpha-\beta|=\frac{\pi}{6}$이므로 $\alpha-\beta=\pm\frac{\pi}{6}$

$\therefore\ \beta=\alpha-\frac{\pi}{6}$ 또는 $\beta=\alpha+\frac{\pi}{6}$

조건 ㈏에서 각 α를 나타내는 동경과 각 β를 나타내는 동경이 직선 $y=-x$에 대하여 대칭이므로

$\alpha+\beta=2n\pi+\frac{3}{2}\pi$ (단, n은 정수) ······㉠

$0<\alpha<2\pi,\ 0<\beta<2\pi$에서 $0<\alpha+\beta<4\pi$이므로

$0<2n\pi+\frac{3}{2}\pi<4\pi \qquad \therefore\ -\frac{3}{4}<n<\frac{5}{4}$

이때 n은 정수이므로 $n=0$ 또는 $n=1$

(i) $n=0$일 때,

이것을 ㉠에 대입하면 $\alpha+\beta=\frac{3}{2}\pi$

① $\beta=\alpha-\frac{\pi}{6}$일 때,

$\alpha+\left(\alpha-\frac{\pi}{6}\right)=\frac{3}{2}\pi,\ 2\alpha=\frac{5}{3}\pi$

$\therefore\ \alpha=\frac{5}{6}\pi,\ \beta=\frac{5}{6}\pi-\frac{\pi}{6}=\frac{2}{3}\pi$

② $\beta=\alpha+\frac{\pi}{6}$일 때,

$\alpha+\left(\alpha+\frac{\pi}{6}\right)=\frac{3}{2}\pi,\ 2\alpha=\frac{4}{3}\pi$

$\therefore\ \alpha=\frac{2}{3}\pi,\ \beta=\frac{2}{3}\pi+\frac{\pi}{6}=\frac{5}{6}\pi$

①, ②에서

$\alpha=\frac{5}{6}\pi,\ \beta=\frac{2}{3}\pi$ 또는 $\alpha=\frac{2}{3}\pi,\ \beta=\frac{5}{6}\pi$

(ii) $n=1$일 때,

이것을 ㉠에 대입하면 $\alpha+\beta=2\pi+\frac{3}{2}\pi$

③ $\beta=\alpha-\frac{\pi}{6}$일 때,

$\alpha+\left(\alpha-\frac{\pi}{6}\right)=2\pi+\frac{3}{2}\pi,\ 2\alpha=\frac{11}{3}\pi$

$\therefore\ \alpha=\frac{11}{6}\pi,\ \beta=\frac{11}{6}\pi-\frac{\pi}{6}=\frac{5}{3}\pi$

④ $\beta=\alpha+\frac{\pi}{6}$일 때,

$\alpha+\left(\alpha+\frac{\pi}{6}\right)=2\pi+\frac{3}{2}\pi,\ 2\alpha=\frac{10}{3}\pi$

$\therefore\ \alpha=\frac{5}{3}\pi,\ \beta=\frac{5}{3}\pi+\frac{\pi}{6}=\frac{11}{6}\pi$

③, ④에서

$\alpha=\frac{11}{6}\pi,\ \beta=\frac{5}{3}\pi$ 또는 $\alpha=\frac{5}{3}\pi,\ \beta=\frac{11}{6}\pi$

(i), (ii)에서

$\frac{\alpha}{\beta}$의 최댓값은 $\alpha=\frac{5}{6}\pi,\ \beta=\frac{2}{3}\pi$일 때 $M=\frac{5}{4}$,

$\frac{\alpha}{\beta}$의 최솟값은 $\alpha=\frac{2}{3}\pi,\ \beta=\frac{5}{6}\pi$일 때 $m=\frac{4}{5}$

$\therefore\ M+m=\frac{5}{4}+\frac{4}{5}=\frac{41}{20}$

답 $\frac{41}{20}$

2

반지름의 길이가 5, 중심각의 크기가 θ인 부채꼴 4개의 호의 길이의 합은

$4\times5\theta=20\theta$

반지름의 길이가 3인 부채꼴 4개의 중심각의 크기의 합이 $2\pi-4\theta$이므로 이 4개의 부채꼴의 호의 길이의 합은

$3\times(2\pi-4\theta)=6\pi-12\theta$

또한, 길이가 $5-3=2$인 선분이 8개 있으므로 이 8개의 선분의 길이의 합은

$2\times8=16$

따라서 주어진 도형의 바깥쪽 둘레의 길이는

$20\theta+(6\pi-12\theta)+16=6\pi+8\theta+16$

즉, $6\pi+8\theta+16=6\pi+20$에서

$8\theta=4 \qquad \therefore\ \theta=\frac{1}{2}$

답 $\frac{1}{2}$

3

두 부채꼴 A, B의 반지름의 길이를 각각 a, b라 하면

부채꼴 A의 호의 길이는 $a\times\frac{3}{4}\pi=\frac{3}{4}\pi a$,

부채꼴 A의 넓이는 $\frac{1}{2}\times a\times\frac{3}{4}\pi a=\frac{3}{8}\pi a^2$

부채꼴 B의 호의 길이는 $b\times\frac{\pi}{4}=\frac{\pi}{4}b$,

부채꼴 B의 넓이는 $\frac{1}{2}\times b\times\frac{\pi}{4}b=\frac{\pi}{8}b^2$

이때 두 부채꼴 A, B의 호의 길이의 합이 4π이므로

$\frac{3}{4}\pi a+\frac{\pi}{4}b=4\pi$에서 $3a+b=16$

$\therefore\ b=16-3a$ ← $b>0$이므로 $0<a<\frac{16}{3}$이다.

또한, 두 부채꼴 A, B의 넓이의 합은

$$\begin{aligned}\frac{3}{8}\pi a^2+\frac{\pi}{8}b^2&=\frac{3}{8}\pi a^2+\frac{\pi}{8}(16-3a)^2\ (\because\ b=16-3a)\\&=\frac{\pi}{8}(3a^2+9a^2-96a+256)\\&=\frac{\pi}{8}(12a^2-96a+256)\\&=\frac{3}{2}\pi\left(a^2-8a+\frac{64}{3}\right)\\&=\frac{3}{2}\pi\left\{(a-4)^2+\frac{16}{3}\right\}\end{aligned}$$

즉, $a=4$, $b=16-3\times4=4$일 때 두 부채꼴 A, B의 넓이의 합은 최소이므로 구하는 두 부채꼴 A, B의 반지름의 길이의 합은

$a+b=4+4=8$

답 8

4

$f\left(\sqrt{\frac{1-x}{x}}\right)=x$에서 $A=\sqrt{\frac{1-x}{x}}$로 놓으면

$A^2=\frac{1-x}{x}$, $A^2x=1-x$

$x(A^2+1)=1\qquad\therefore\ x=\frac{1}{A^2+1}$

즉, $f(A)=\frac{1}{A^2+1}$이므로

$$\begin{aligned}f(\tan\theta)&=\frac{1}{\tan^2\theta+1}=\frac{1}{\left(\frac{\sin\theta}{\cos\theta}\right)^2+1}\\&=\frac{1}{\frac{\sin^2\theta+\cos^2\theta}{\cos^2\theta}}=\cos^2\theta\end{aligned}$$

답 $\cos^2\theta$

5

이차방정식 $5x^2-8x+k=0$의 두 근이 $\sin\theta+\cos\theta$, $\sin\theta-\cos\theta$이므로 이차방정식의 근과 계수의 관계에 의하여

$(\sin\theta+\cos\theta)+(\sin\theta-\cos\theta)=\frac{8}{5}$ ……㉠

$(\sin\theta+\cos\theta)(\sin\theta-\cos\theta)=\frac{k}{5}$ ……㉡

㉠에서 $2\sin\theta=\frac{8}{5}\qquad\therefore\ \sin\theta=\frac{4}{5}$

이때 $\sin^2\theta+\cos^2\theta=1$이므로

$\left(\frac{4}{5}\right)^2+\cos^2\theta=1$, $\frac{16}{25}+\cos^2\theta=1$

$\therefore\ \cos^2\theta=\frac{9}{25}$

㉡에서 $\sin^2\theta-\cos^2\theta=\frac{k}{5}$이므로

$\frac{16}{25}-\frac{9}{25}=\frac{k}{5}$, $\frac{7}{25}=\frac{k}{5}$

$\therefore\ k=\frac{7}{5}$

답 $\frac{7}{5}$

6

$\begin{cases}x=3\cos\theta-1\\y=3\sin\theta+2\end{cases}$에서 $\begin{cases}x+1=3\cos\theta\\y-2=3\sin\theta\end{cases}$이므로

$(x+1)^2+(y-2)^2=9(\underbrace{\cos^2\theta+\sin^2\theta}_{=1})$

$\therefore\ (x+1)^2+(y-2)^2=3^2$

이때 $0<\theta<\frac{\pi}{3}$이므로 점 $\mathrm{P}(x,\ y)$가 나타내는 도형은 다음 그림과 같이 중심이 $(-1,\ 2)$이고, 반지름의 길이가 3, 중심각의 크기는 $\frac{\pi}{3}$인 부채꼴의 호이다.

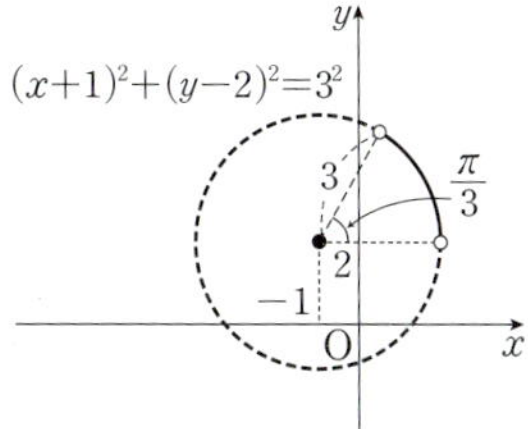

따라서 점 P가 나타내는 도형의 길이는

$3\times\frac{\pi}{3}=\pi$

답 π

06. 삼각함수의 그래프

① 삼각함수의 그래프

기본 + 필수연습 본문 pp.166~172

01 5	02~05 풀이 참조		06 14π
07 $-2\sqrt{3}$	08 8π	09 -8	10 $\frac{7}{2}$
11 $\frac{8\sqrt{3}}{3}$	12 6	13 1	14 ㄱ

01

$f(x-3)=f(x+3)$에서

$x-3=t$로 놓으면 $x=t+3$이므로

$f(t)=f(t+6)$

따라서 $f(-18)=f(-12)=f(-6)=f(0)=3$,

$f(21)=f(15)=f(9)=f(3)=2$이므로

$f(-18)+f(21)=3+2=5$

답 5

02

(1) 함수 $y=-2\sin x$의 그래프는 $y=\sin x$의 그래프를 x축에 대하여 대칭이동한 후, y축의 방향으로 2배 한 것과 같으므로 다음 그림과 같다.

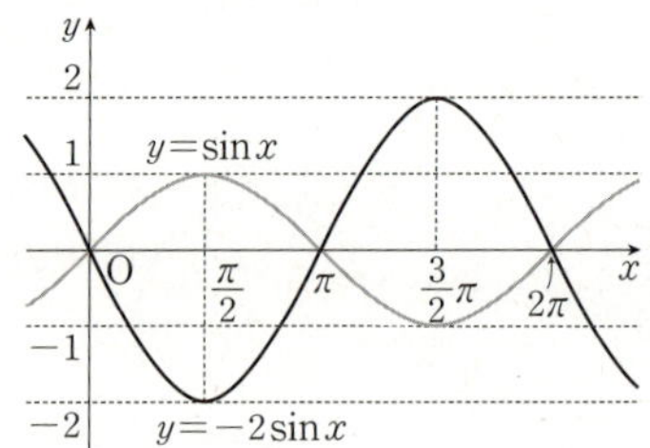

따라서 치역은 $\{y\,|\,-2\le y\le 2\}$, 주기는 2π이다.

(2) 함수 $y=\sin\frac{3}{2}x$의 그래프는 $y=\sin x$의 그래프를 x축의 방향으로 $\frac{2}{3}$배 한 것과 같으므로 다음 그림과 같다.

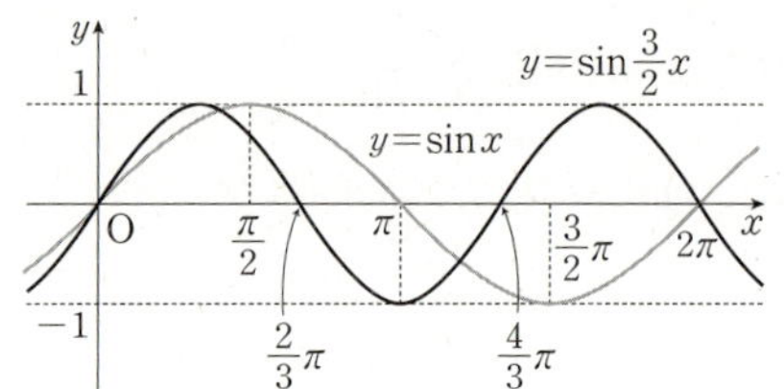

따라서 치역은 $\{y\,|\,-1\le y\le 1\}$, 주기는 $\frac{2\pi}{\frac{3}{2}}=\frac{4}{3}\pi$이다.

답 풀이 참조

03

(1) 함수 $y=\frac{1}{4}\cos x$의 그래프는 $y=\cos x$의 그래프를 y축의 방향으로 $\frac{1}{4}$배 한 것과 같으므로 다음 그림과 같다.

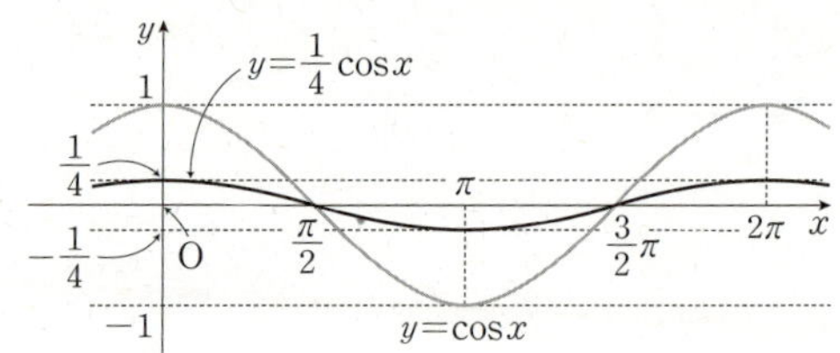

따라서 치역은 $\left\{y\,\middle|\,-\frac{1}{4}\le y\le\frac{1}{4}\right\}$, 주기는 2π이다.

(2) 함수 $y=\cos(-6x)$의 그래프는 $y=\cos x$의 그래프를 y축에 대하여 대칭이동한 후, x축의 방향으로 $\frac{1}{6}$배 한 것과 같으므로 다음 그림과 같다.

$y=\cos x$의 그래프는 y축에 대하여 대칭인 곡선이므로 $y=\cos x$의 그래프와 $y=\cos(-x)$의 그래프는 일치한다.

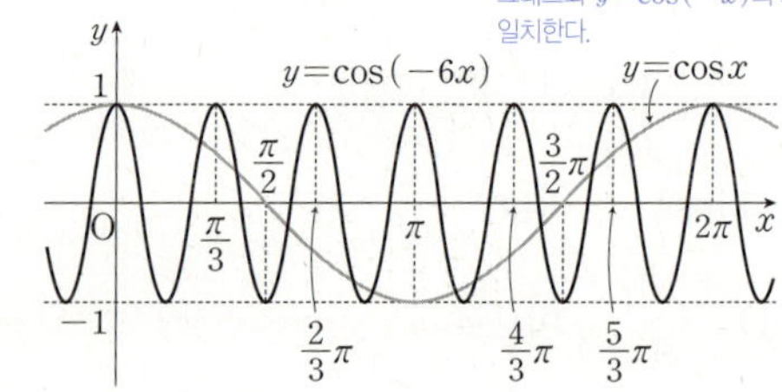

따라서 치역은 $\{y\,|\,-1\le y\le 1\}$, 주기는 $\frac{2\pi}{|-6|}=\frac{\pi}{3}$이다.

(3) 함수 $y=\frac{2}{3}\tan x$의 그래프는 $y=\tan x$의 그래프를 y축의 방향으로 $\frac{2}{3}$배 한 것과 같으므로 다음 그림과 같다.

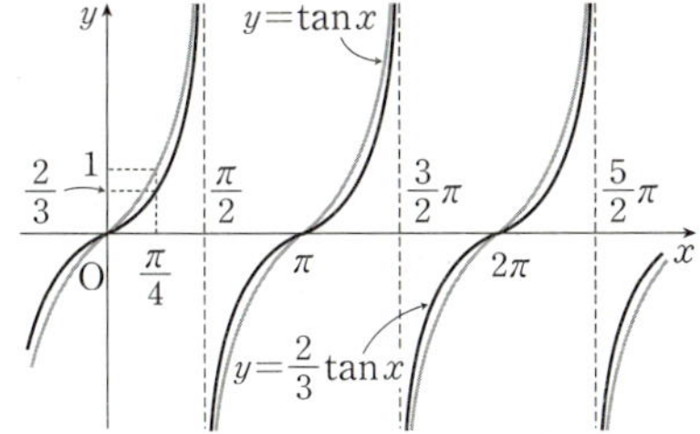

따라서 치역은 실수 전체의 집합이고, 주기는 π이다.

(4) 함수 $y=\tan 2x$의 그래프는 $y=\tan x$의 그래프를 x축의 방향으로 $\frac{1}{2}$배 한 것과 같으므로 다음 그림과 같다.

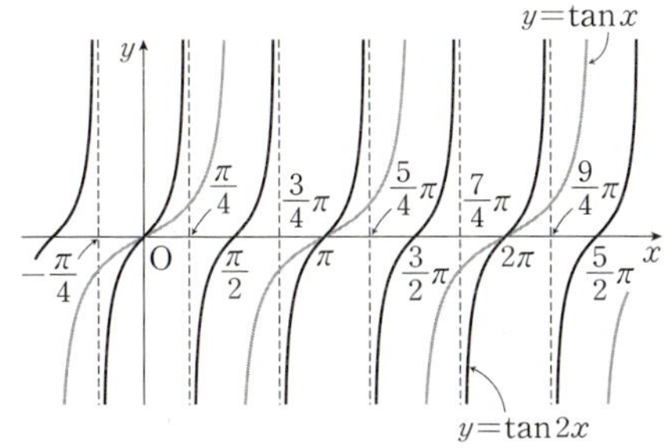

따라서 치역은 실수 전체의 집합이고, 주기는 $\frac{\pi}{2}$이다.

답 풀이 참조

04

(1) 함수 $y=-2\sin\left|\frac{3}{2}x\right|$의 그래프는 $y=-2\sin\frac{3}{2}x$의 그래프에서 $x\geq0$인 부분만 남기고, $x<0$인 부분은 $x>0$인 부분을 y축에 대하여 대칭이동한 것이므로 다음 그림과 같다.

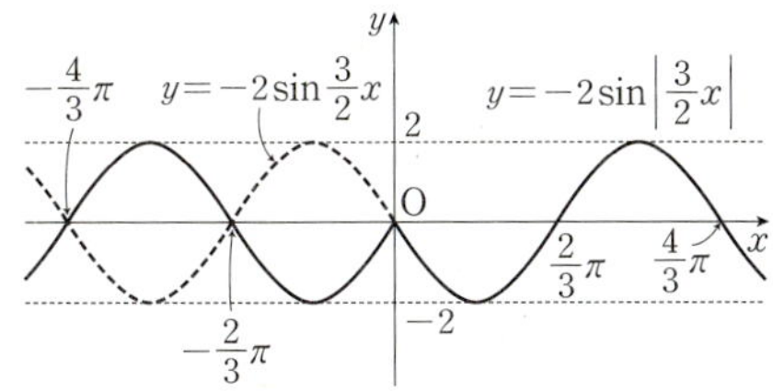

따라서 치역은 $\{y\mid-2\leq y\leq2\}$이고, 주기는 없다.

(2) 함수 $y=\left|\frac{1}{4}\cos(-6x)\right|$의 그래프는 $y=\frac{1}{4}\cos(-6x)$의 그래프에서 $y\geq0$인 부분은 그대로 두고, $y<0$인 부분은 x축에 대하여 대칭이동한 것이므로 다음 그림과 같다.

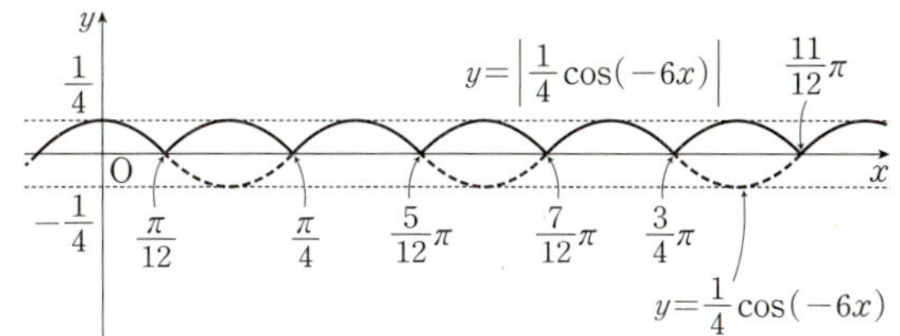

따라서 치역은 $\left\{y\,\middle|\,0\leq y\leq\frac{1}{4}\right\}$이고, 주기는 $\frac{\pi}{6}$이다.

(3) 함수 $y=\frac{2}{3}|\tan 2x|$의 그래프는 $y=\frac{2}{3}\tan 2x$의 그래프에서 $y\geq0$인 부분은 그대로 두고, $y<0$인 부분은 x축에 대하여 대칭이동한 것이므로 다음 그림과 같다.

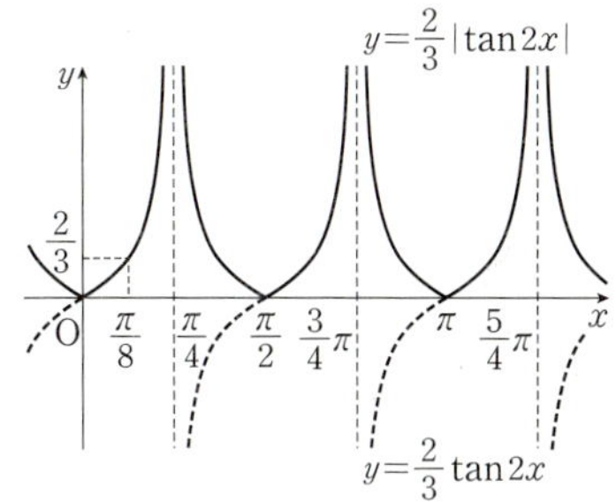

따라서 치역은 $\{y\mid y\geq0\}$이고, 주기는 $\frac{\pi}{2}$이다.

답 풀이 참조

다른 풀이

(1) 함수 $y=-2\sin\left|\frac{3}{2}x\right|$의 그래프는 다음과 같은 순서로 그린다.

(i) $y=\sin\frac{3}{2}x$의 그래프에서 $x\geq0$인 부분만 남기고, $x<0$인 부분은 $x>0$인 부분을 y축에 대하여 대칭이동하여 $y=\sin\left|\frac{3}{2}x\right|$의 그래프를 그린다.

기본연습 02 (2)

(ii) (i)의 그래프를 x축에 대하여 대칭이동한 후, y축의 방향으로 2배 하여 $y=-2\sin\left|\frac{3}{2}x\right|$의 그래프를 그린다.

(2) 함수 $y=\frac{1}{4}\cos(-6x)$의 그래프는 $y=\cos x$의 그래프를 y축에 대하여 대칭이동한 후, x축의 방향으로 $\frac{1}{6}$배, y축의 방향으로 $\frac{1}{4}$배 한 것이다.

(3) 함수 $y=\frac{2}{3}|\tan 2x|$의 그래프는 다음과 같은 순서로 그린다.

(ⅰ) $y=\tan 2x$의 그래프에서 $y\geq 0$인 부분은 그대로 두고, $y<0$인 부분은 x축에 대하여 대칭이동하여 $y=|\tan 2x|$의 그래프를 그린다.

기본연습 03 (4)

(ⅱ) (ⅰ)의 그래프를 y축의 방향으로 $\frac{2}{3}$배 하여 $y=\frac{2}{3}|\tan 2x|$의 그래프를 그린다.

05

(1) $y=\sin\left(\frac{2}{3}x-\pi\right)-2=\sin\frac{2}{3}\left(x-\frac{3}{2}\pi\right)-2$의 그래프는 $y=\sin x$의 그래프를 x축의 방향으로 $\frac{3}{2}$배 한 후, x축의 방향으로 $\frac{3}{2}\pi$만큼, y축의 방향으로 -2만큼 평행이동한 것이므로 다음 그림과 같다.

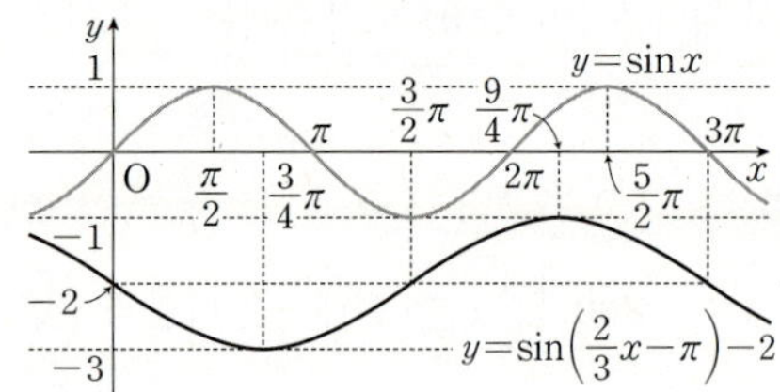

따라서 최댓값은 -1, 최솟값은 -3이고, 주기는 $\frac{2\pi}{\frac{2}{3}}=3\pi$이다.

(2) $y=-2\cos\left(x+\frac{\pi}{3}\right)$의 그래프는 $y=\cos x$의 그래프를 x축에 대하여 대칭이동하고 y축의 방향으로 2배 한 후, x축의 방향으로 $-\frac{\pi}{3}$만큼 평행이동한 것이므로 다음 그림과 같다.

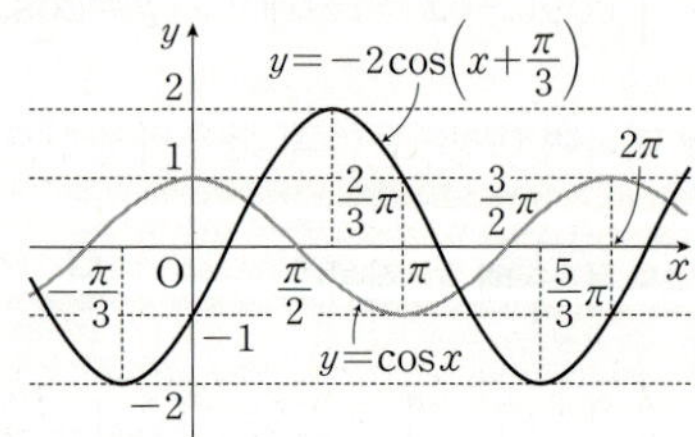

따라서 최댓값은 2, 최솟값은 -2이고, 주기는 2π이다.

(3) $y=3\tan\frac{3}{2}x+3$의 그래프는 $y=\tan x$의 그래프를 x축의 방향으로 $\frac{2}{3}$배, y축의 방향으로 3배 한 후, y축의 방향으로 3만큼 평행이동한 것이므로 다음 그림과 같다.

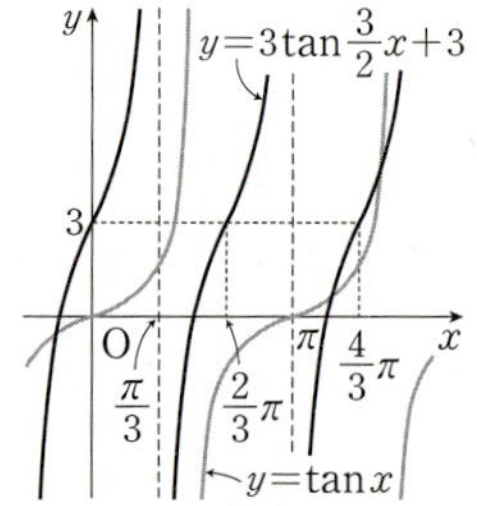

따라서 최댓값, 최솟값은 없고, 주기는 $\frac{\pi}{\frac{3}{2}}=\frac{2}{3}\pi$이다.

답 풀이 참조

06

함수 $y=-2\cos\left(3x-\frac{\pi}{2}\right)+1=-2\cos 3\left(x-\frac{\pi}{6}\right)+1$의 그래프를 x축의 방향으로 $\frac{\pi}{12}$만큼, y축의 방향으로 4만큼 평행이동한 그래프의 식은

$y-4=-2\cos 3\left\{\left(x-\frac{\pi}{12}\right)-\frac{\pi}{6}\right\}+1$

$\therefore\ y=-2\cos 3\left(x-\frac{\pi}{4}\right)+5$

따라서 $f(x)=-2\cos 3\left(x-\frac{\pi}{4}\right)+5$이므로

$M=|-2|+5=7,\ m=-|-2|+5=3,$

$a=\frac{2\pi}{3}$

$\therefore\ aMm=\frac{2}{3}\pi\times 7\times 3=14\pi$

답 14π

07

함수 $y=6\sin\frac{x}{3}$의 그래프를 x축의 방향으로 $-\frac{\pi}{9}$만큼, y축의 방향으로 a만큼 평행이동한 그래프의 식은

$y-a=6\sin\frac{1}{3}\left\{x-\left(-\frac{\pi}{9}\right)\right\}$

$\therefore\ y=6\sin\frac{1}{3}\left(x+\frac{\pi}{9}\right)+a$

즉, $y=6\sin\frac{1}{3}\left(x+\frac{\pi}{9}\right)+a$의 그래프가 점 $\left(\frac{8}{9}\pi,\ \sqrt{3}\right)$을 지나므로

$\sqrt{3}=6\sin\frac{1}{3}\left(\frac{8}{9}\pi+\frac{\pi}{9}\right)+a,\ \sqrt{3}=6\sin\frac{\pi}{3}+a$

$\sqrt{3}=6\times\frac{\sqrt{3}}{2}+a,\ \sqrt{3}=3\sqrt{3}+a$

$\therefore\ a=-2\sqrt{3}$

답 $-2\sqrt{3}$

08

$f(x)=a\tan(bx+c)+d=a\tan b\left(x+\frac{c}{b}\right)+d$

이때 $b<0$이고, 주기가 $\frac{\pi}{4}$이므로

$\frac{\pi}{-b}=\frac{\pi}{4}\qquad\therefore\ b=-4$

또한, 함수 $y=a\tan bx$의 그래프를 x축의 방향으로 $\frac{\pi}{8}$만큼, y축의 방향으로 -1만큼 평행이동한 그래프의 식은

$y-(-1)=a\tan b\left(x-\frac{\pi}{8}\right)$

$\therefore\ y=a\tan b\left(x-\frac{\pi}{8}\right)-1$

즉, $y=a\tan b\left(x-\frac{\pi}{8}\right)-1$의 그래프가

$y=a\tan b\left(x+\frac{c}{b}\right)+d$의 그래프와 같으므로

$d=-1,\ \frac{c}{b}=-\frac{\pi}{8}+\frac{n}{4}\pi$ (단, n은 정수)

주기가 $\frac{\pi}{4}$이므로

$\frac{c}{b}=-\frac{\pi}{8}+\frac{n}{4}\pi$에서 $-\frac{c}{4}=-\frac{\pi}{8}+\frac{n}{4}\pi\ (\because\ b=-4)$

$\therefore\ c=\frac{\pi}{2}-n\pi$

이때 $0<c<\pi$이므로 $n=0$일 때 $c=\frac{\pi}{2}$

즉, $f(x)=a\tan\left(-4x+\frac{\pi}{2}\right)-1$이므로

$$f\left(\frac{\pi}{16}\right)=a\tan\left(-4\times\frac{\pi}{16}+\frac{\pi}{2}\right)-1$$
$$=a\tan\frac{\pi}{4}-1$$
$$=a-1$$

이때 $f\left(\frac{\pi}{16}\right)=3$이므로

$a-1=3$에서 $a=4$

$\therefore\ abcd=4\times(-4)\times\frac{\pi}{2}\times(-1)=8\pi$

답 8π

09

함수 $y=a\cos\left(bx+\frac{\pi}{2}\right)+c$에서 $a>0$이고, 주어진 그래프에서 함수의 최댓값이 4, 최솟값이 0이므로

$a+c=4,\ -a+c=0$

위의 두 식을 연립하여 풀면 $a=2,\ c=2$

주어진 그래프에서 주기가 $\frac{3}{2}\pi-\frac{\pi}{2}=\pi$이고 $b<0$이므로

$\frac{2\pi}{-b}=\pi\qquad\therefore\ b=-2$

$\therefore\ abc=2\times(-2)\times2=-8$

답 -8

10

함수 $f(x)=a\sin(bx+c)+d$에서 $a>0$이고, 주어진 그래프에서 함수의 최댓값이 4, 최솟값이 2이므로

$a+d=4,\ -a+d=2$

위의 두 식을 연립하여 풀면 $a=1,\ d=3$

주어진 그래프에서 함수 $f(x)$의 주기가 4π이고 $b>0$이므로

$\frac{2\pi}{b}=4\pi\qquad\therefore\ b=\frac{1}{2}$

$\therefore\ f(x)=\sin\left(\frac{1}{2}x+c\right)+3$

$f(0)=4$에서

$4=\sin c+3,\ \sin c=1$

$\therefore\ c=\frac{\pi}{2}\ (\because\ 0<c<\pi)$

따라서 $f(x)=\sin\left(\frac{1}{2}x+\frac{\pi}{2}\right)+3$이므로

$f\left(-\frac{2}{3}\pi\right)=\sin\frac{\pi}{6}+3=\frac{1}{2}+3=\frac{7}{2}$

답 $\frac{7}{2}$

11

함수 $f(x)=a\tan(bx+c)$에서 $b>0$이고, 주어진 그래프에서 주기는 $\pi-\frac{\pi}{3}=\frac{2}{3}\pi$이므로

$\frac{\pi}{b}=\frac{2}{3}\pi \qquad \therefore b=\frac{3}{2}$

$\therefore f(x)=a\tan\left(\frac{3}{2}x+c\right)=a\tan\frac{3}{2}\left(x+\frac{2}{3}c\right)$

즉, 주어진 그래프는 $y=a\tan\frac{3}{2}x$의 그래프를 x축의 방향으로 $-\frac{2}{3}c$만큼 평행이동한 것이고, x축과 $x=\frac{\pi}{3}$에서 만나므로

$-\frac{2}{3}c=\frac{\pi}{3}+\frac{2}{3}n\pi$ (단, n은 정수) $\qquad \therefore c=-\frac{\pi}{2}-n\pi$

$-\pi<c<0$이므로 $n=0$일 때 $c=-\frac{\pi}{2}$

즉, $f(x)=a\tan\left(\frac{3}{2}x-\frac{\pi}{2}\right)$이므로

$f\left(\frac{\pi}{2}\right)=a\tan\left(\frac{3}{2}\times\frac{\pi}{2}-\frac{\pi}{2}\right)$

$=a\tan\frac{\pi}{4}=a$

이때 $f\left(\frac{\pi}{2}\right)=\frac{8}{3}$이므로

$a=\frac{8}{3}$

따라서 $f(x)=\frac{8}{3}\tan\left(\frac{3}{2}x-\frac{\pi}{2}\right)$이므로

$f\left(\frac{5}{9}\pi\right)=\frac{8}{3}\tan\left(\frac{3}{2}\times\frac{5}{9}\pi-\frac{\pi}{2}\right)=\frac{8}{3}\tan\left(\frac{5}{6}\pi-\frac{\pi}{2}\right)$

$=\frac{8}{3}\tan\frac{\pi}{3}=\frac{8\sqrt{3}}{3}$

답 $\frac{8\sqrt{3}}{3}$

12

$f(x)=a|\sin bx|+c$에서

함수 $f(x)$의 최댓값이 3이고, $a>0$이므로

$a+c=3 \qquad$ ⋯⋯㉠

함수 $f(x)$의 주기는 $\frac{\pi}{3}$이고, $b>0$이므로

$\frac{\pi}{b}=\frac{\pi}{3} \qquad \therefore b=3$

$\therefore f(x)=a|\sin 3x|+c$

$f\left(\frac{13}{18}\pi\right)=2$이므로

$a\left|\sin\frac{13}{6}\pi\right|+c=2,\ a\left|\sin\frac{\pi}{6}\right|+c=2$

$\therefore \frac{1}{2}a+c=2 \qquad$ ⋯⋯㉡

㉠, ㉡을 연립하여 풀면

$a=2,\ c=1$

$\therefore a+b+c=2+3+1=6$

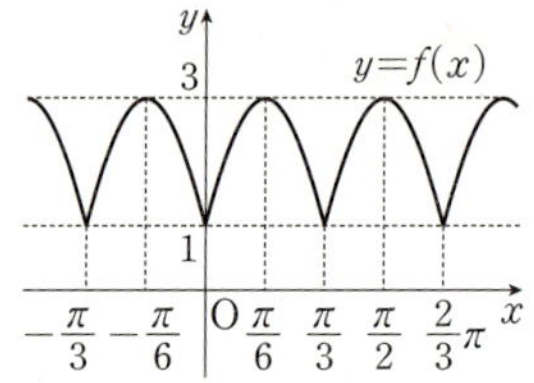

답 6

13

함수 $f(x)=a|\tan bx|+c$의 최솟값이 2이므로

$a>0,\ c=2$ ← $a<0$이면 함수 $f(x)$는 최솟값을 갖지 않는다.

함수 $f(x)$의 주기는 2π이고, $b>0$이므로

$\frac{\pi}{b}=2\pi \qquad \therefore b=\frac{1}{2}$

$\therefore f(x)=a\left|\tan\frac{x}{2}\right|+2$

$f\left(\frac{\pi}{2}\right)=3$이므로

$a\left|\tan\frac{\pi}{4}\right|+2=3$

$a+2=3 \qquad \therefore a=1$

$\therefore abc=1\times\frac{1}{2}\times2=1$

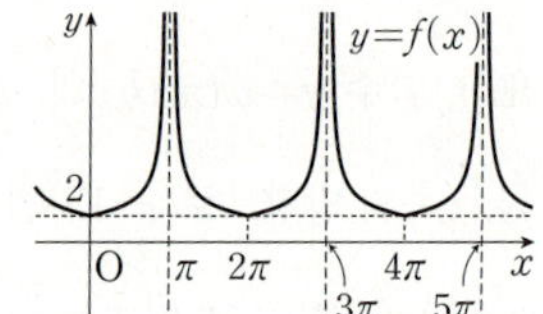

답 1

14

함수 $f(x)=|\sin x|$의 그래프는 다음 그림과 같고, 주기는 π이다.

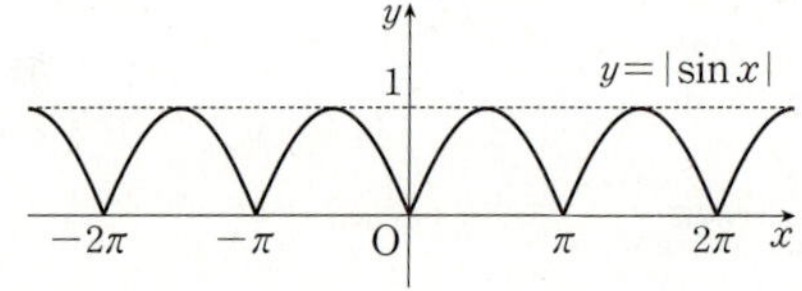

ㄱ. 함수 $y=|\sin(x-\pi)|$의 그래프는 함수 $y=f(x)$의 그래프를 x축의 방향으로 π만큼 평행이동한 것이므로 주기는 π이다.

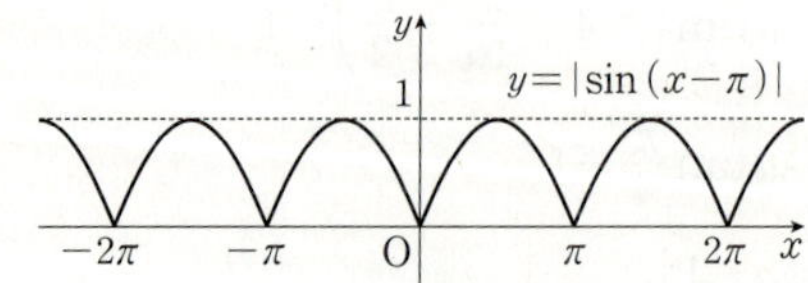

ㄴ. 함수 $y=\cos|x|$의 주기는 2π이므로 함수 $y=\cos4|x|$의 주기는 $\frac{2\pi}{4}=\frac{\pi}{2}$이다.

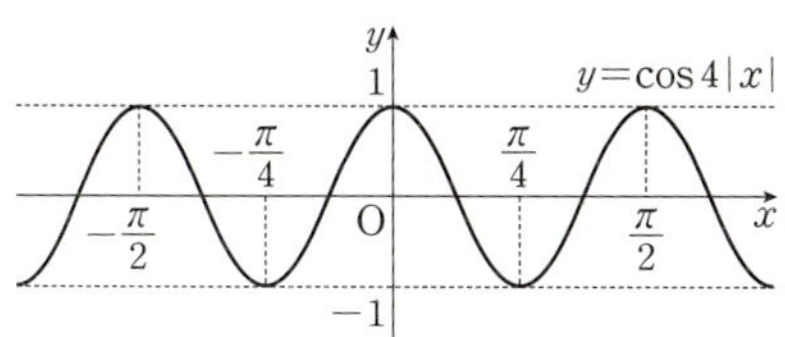

ㄷ. 함수 $y=|\tan x|$의 주기는 π이므로 함수 $y=|\tan2x|$의 주기는 $\frac{\pi}{2}$이다.

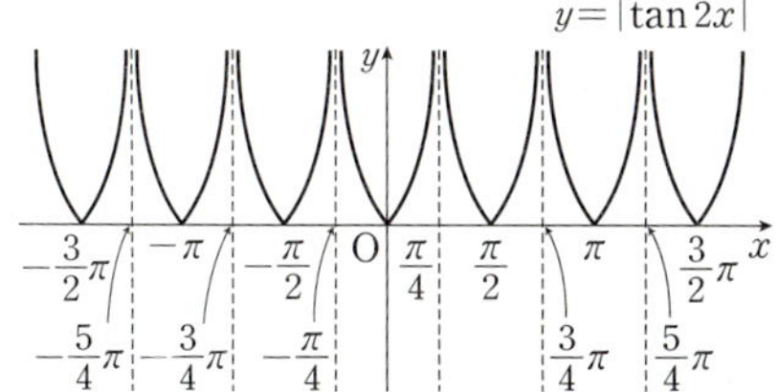

ㄹ. 함수 $y=\sin x+|\sin x|$의 그래프는 다음 그림과 같고, 주기는 2π이다.

└ $\sin x\geq0$이면 $y=2\sin x$
$\sin x<0$이면 $y=0$

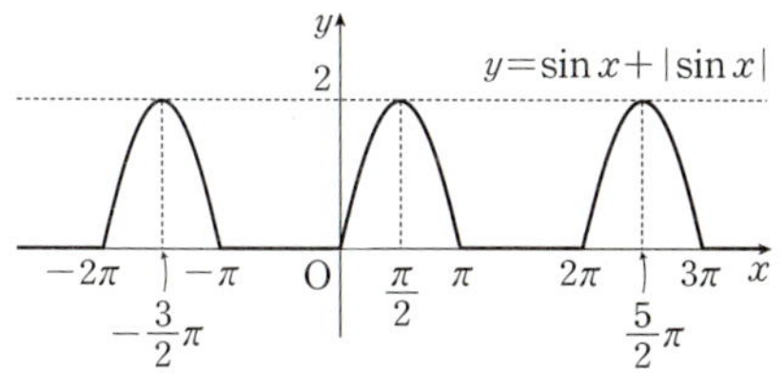

따라서 함수 $f(x)=|\sin x|$와 주기가 같은 함수는 ㄱ뿐이다.

답 ㄱ

STEP 1 개념 마무리 본문 pp.173~174

01 9	**02** ④	**03** ③	**04** $\frac{5}{3}\pi$
05 $\frac{\pi}{4}$	**06** -3	**07** $\pi-6$	**08** $\frac{\sqrt{3}}{4}$
09 ⑤	**10** 17	**11** ②	**12** 8

01

함수 $y=\cos\frac{2}{3}x$의 주기는

$$\frac{2\pi}{\frac{2}{3}}=3\pi$$

이고, 함수 $y=\tan\frac{3}{a}x$의 주기는

$$\frac{\pi}{\left|\frac{3}{a}\right|}=\frac{|a|\pi}{3}$$

이때 두 함수의 주기가 같으므로

$3\pi=\frac{|a|\pi}{3}$에서 $|a|=9$

$\therefore a=9$ ($\because a>0$)

답 9

02

함수 $f(x)$에서 모든 실수 x에 대하여 $f(x)=f(x+p)$를 만족시키는 최소의 양수 p는 함수 $f(x)$의 주기이고, 주어진 함수의 주기는 다음과 같다.

① 함수 $y=\sin x$의 주기가 2π이므로
함수 $f(x)=2\sin\pi x$의 주기는
$\frac{2\pi}{\pi}=2$

② 함수 $y=\cos x$의 주기가 2π이므로
함수 $f(x)=2\cos\sqrt{2}\pi x$의 주기는
$\frac{2\pi}{\sqrt{2}\pi}=\sqrt{2}$

③ 함수 $y=\tan x$의 주기가 π이므로
함수 $f(x)=\tan\frac{\sqrt{2}}{2}\pi x$의 주기는
$\frac{\pi}{\frac{\sqrt{2}}{2}\pi}=\sqrt{2}$

④ 함수 $y=\cos x$의 주기가 2π이므로
함수 $f(x)=4\cos2\sqrt{2}\pi x$의 주기는
$\frac{2\pi}{2\sqrt{2}\pi}=\frac{\sqrt{2}}{2}$

⑤ 함수 $y=\sin x$의 주기가 2π이므로
함수 $f(x)=\frac{\sqrt{2}}{2}\sin\sqrt{2}\pi x$의 주기는
$\frac{2\pi}{\sqrt{2}\pi}=\sqrt{2}$

따라서 조건을 만족시키는 함수 $f(x)$는 ④이다.

답 ④

03

$f(x)=2\tan\left(\frac{3}{2}\pi-3x\right)-1$

$\quad=2\tan\left\{-3\left(x-\frac{\pi}{2}\right)\right\}-1$

① 치역은 실수 전체의 집합이다. (참)

② 주기는 $\frac{\pi}{3}$이므로

$f(x)=f\left(x+\frac{\pi}{3}\right)=f\left(x+\frac{2}{3}\pi\right)=f(x+\pi)=\cdots$

즉, $f(x)=f(x+\pi)$가 성립한다. (참)

③ 함수 $y=2\tan 3x$의 그래프를 x축의 방향으로 $\frac{\pi}{2}$만큼, y축의 방향으로 -1만큼 평행이동한 그래프의 식은

$y=2\tan 3\left(x-\frac{\pi}{2}\right)-1$

이것을 x축에 대하여 대칭이동한 그래프의 식은

$-y=2\tan 3\left(x-\frac{\pi}{2}\right)-1$

$\therefore\ y=-2\tan 3\left(x-\frac{\pi}{2}\right)+1$

$\quad=-2\tan\left(3x-\frac{3}{2}\pi\right)+1$

$\quad=2\tan\left(\frac{3}{2}\pi-3x\right)+1$ ← $\tan(-x)=-\tan x$

이 식은 함수 $f(x)$와 같지 않다. (거짓)

④ 그래프는 오른쪽 그림과 같이 점 $\left(\frac{\pi}{6},\ -1\right)$에 대하여 대칭이다. (참)

⑤ 그래프의 점근선의 방정식은 정수 n에 대하여

$\frac{3}{2}\pi-3x=n\pi+\frac{\pi}{2}\qquad\therefore\ x=\frac{1-n}{3}\pi$ (참)

따라서 옳지 않은 것은 ③이다.

답 ③

04

함수 $y=\tan(ax+b)-3$의 주기가 4π이고, $a>0$이므로

$\frac{\pi}{a}=4\pi\qquad\therefore\ a=\frac{1}{4}$

함수 $y=\tan\left(\frac{1}{4}x+b\right)-3$의 그래프의 점근선의 방정식은

$\frac{1}{4}x+b=m\pi+\frac{\pi}{2}$ (m은 정수)에서

$x=4m\pi+2\pi-4b$

즉, $4m+2\pi-4b=4n\pi+\frac{\pi}{3}$ (n은 정수)이므로

$b=\frac{5}{12}\pi+(m-n)\pi$

이때 $0<b<\pi$이므로 $m-n=0$일 때 $b=\frac{5}{12}\pi$

$\therefore\ \frac{b}{a}=\frac{\frac{5}{12}\pi}{\frac{1}{4}}=\frac{5}{3}\pi$

답 $\frac{5}{3}\pi$

05

조건 ㈏에서 함수 $f(x)$는 주기가 8이고, $b>0$이므로

$\frac{2\pi}{b}=8$에서 $b=\frac{\pi}{4}$

조건 ㈐에서 최댓값은 8, 최솟값은 -2이고, $a>0$이므로

$a+c=8,\ -a+c=-2$

위의 두 식을 연립하여 풀면

$a=5,\ c=3$

$\therefore\ f(x)=5\sin\left(\frac{\pi}{4}x+k\right)+3$

조건 ㈎에서 $f(2)=\frac{11}{2}$이므로

$5\sin\left(\frac{\pi}{2}+k\right)+3=\frac{11}{2}$

$\sin\left(\frac{\pi}{2}+k\right)=\frac{1}{2}$

$\frac{\pi}{2}+k=\frac{\pi}{6}\ \left(\because\ -\frac{\pi}{2}\le k<0,\ \text{즉}\ 0\le\frac{\pi}{2}+k<\frac{\pi}{2}\right)$

$\therefore\ k=-\frac{\pi}{3}$

$\therefore\ ab+kc=5\times\frac{\pi}{4}+\left(-\frac{\pi}{3}\right)\times 3$

$\quad=\frac{5}{4}\pi-\pi=\frac{\pi}{4}$

답 $\frac{\pi}{4}$

06

함수 $y=3\tan\left(\frac{\pi}{2}-2x\right)-1$의 그래프를 x축의 방향으로 $\frac{\pi}{12}$만큼, y축의 방향으로 3만큼 평행이동한 그래프의 식은

$y=3\tan\left\{\frac{\pi}{2}-2\left(x-\frac{\pi}{12}\right)\right\}-1+3$

$\therefore\ y=3\tan\left(\frac{2}{3}\pi-2x\right)+2$

이것을 y축에 대하여 대칭이동한 그래프의 식은

$y=3\tan\left\{\frac{2}{3}\pi-2(-x)\right\}+2$

$\therefore\ y=3\tan\left(2x+\frac{2}{3}\pi\right)+2$

따라서 위의 함수의 주기는 $a=\frac{\pi}{2}$이고 점근선의 방정식은

$2x+\frac{2}{3}\pi=m\pi+\frac{\pi}{2}$ (m은 정수)에서

$2x=m\pi-\frac{\pi}{6}\qquad\therefore\ x=\frac{m}{2}\pi-\frac{\pi}{12}$

즉, $\frac{m}{2}\pi-\frac{\pi}{12}=bn\pi+c$ (n은 정수)이므로

$b=\frac{1}{2}$ ($\because\ b>0$)

$\frac{m}{2}\pi-\frac{\pi}{12}=\frac{n}{2}\pi+c$에서 $c=\frac{(m-n)}{2}\pi-\frac{\pi}{12}$

이때 $-\frac{\pi}{2}<c<0$이므로 $m-n=0$일 때 $c=-\frac{\pi}{12}$

$\therefore\ \frac{ab}{c}=\frac{\frac{\pi}{2}\times\frac{1}{2}}{-\frac{\pi}{12}}=-3$

답 -3

07

주어진 함수의 그래프에서 최댓값이 2, 최솟값이 -4이고, $a<0$이므로

$-a+d=2,\ a+d=-4$

위의 두 식을 연립하여 풀면

$a=-3,\ d=-1$

주기가 $2\times\left\{\frac{4}{3}\pi-\left(-\frac{2}{3}\pi\right)\right\}=4\pi$이고, $b>0$이므로

$\frac{2\pi}{b}=4\pi$에서 $b=\frac{1}{2}$

이때 함수 $y=-3\cos\left(\frac{1}{2}x+c\right)-1$의 그래프가

점 $\left(0,\ -\frac{5}{2}\right)$를 지나므로

$-\frac{5}{2}=-3\cos c-1,\ \cos c=\frac{1}{2}$

$\therefore\ c=\frac{\pi}{3}\ \left(\because\ 0\le c\le\frac{\pi}{2}\right)$

$\therefore\ a+2b+3c+4d=-3+2\times\frac{1}{2}+3\times\frac{\pi}{3}+4\times(-1)$

$=\pi-6$

답 $\pi-6$

08

함수 $y=\tan x$의 그래프가 점 $\left(\frac{\pi}{6},\ c\right)$를 지나므로

$\tan\frac{\pi}{6}=c\qquad\therefore\ c=\frac{\sqrt{3}}{3}$

한편, $y=a\sin bx$의 그래프에서 함수 $y=a\sin bx$의 주기가 π이고, $b>0$이므로

$\frac{2\pi}{b}=\pi\qquad\therefore\ b=2$

즉, 함수 $y=a\sin 2x$의 그래프가 점 $\left(\frac{\pi}{6},\ \frac{\sqrt{3}}{3}\right)$을 지나므로

$a\sin\frac{\pi}{3}=\frac{\sqrt{3}}{3}$에서 $\frac{\sqrt{3}}{2}a=\frac{\sqrt{3}}{3}$

$\therefore\ a=\frac{2}{3}$

$\therefore\ \frac{c}{ab}=\frac{\frac{\sqrt{3}}{3}}{\frac{2}{3}\times2}=\frac{\sqrt{3}}{4}$

답 $\frac{\sqrt{3}}{4}$

09

함수 $f(x)$가 주기가 p인 주기함수이면

$f(x+np)=f(x)$를 만족시키는 정수 n이 존재한다.

ㄱ. 함수 $y=\sin x$의 주기가 2π이므로 함수

$f(x)=\sin 2x+1$의 주기는 $\frac{2\pi}{2}=\pi$

$\therefore\ f(x+n\pi)=f(x)$

따라서 $f(x+2)=f(x)$를 만족시키는 정수 n은 존재하지 않는다.

ㄴ. 함수 $y=\tan x$의 주기가 π이므로 함수

$f(x)=\tan\frac{\pi}{2}x$의 주기는 $\frac{\pi}{\frac{\pi}{2}}=2$

$\therefore\ f(x+2n)=f(x)$

$n=1$일 때, $f(x+2)=f(x)$를 만족시킨다.

ㄷ. 함수 $f(x)=|\cos x|$의 주기가 π이므로 함수

$f(x)=|\cos\pi x|$의 주기는 $\frac{\pi}{\pi}=1$

$\therefore\ f(x+n)=f(x)$

$n=2$일 때, $f(x+2)=f(x)$를 만족시킨다.

ㄹ. 함수 $y=\sin x$의 주기가 2π이므로 함수

$f(x)=\sin 3\pi x$의 주기는 $\frac{2\pi}{3\pi}=\frac{2}{3}$

$\therefore\ f\left(x+\frac{2}{3}n\right)=f(x)$

$n=3$일 때, $f(x+2)=f(x)$를 만족시킨다.

그러므로 $f(x+2)=f(x)$를 만족시키는 함수는 ㄴ, ㄷ, ㄹ이다.

답 ⑤

10

함수 $y=|2\cos\pi x|$의 최댓값은 2, 최솟값은 0이고 주기는 $\frac{\pi}{\pi}=1$이다.

즉, $0\le x\le 4$에서 함수 $y=|2\cos\pi x|$의 그래프는 다음 그림과 같다.

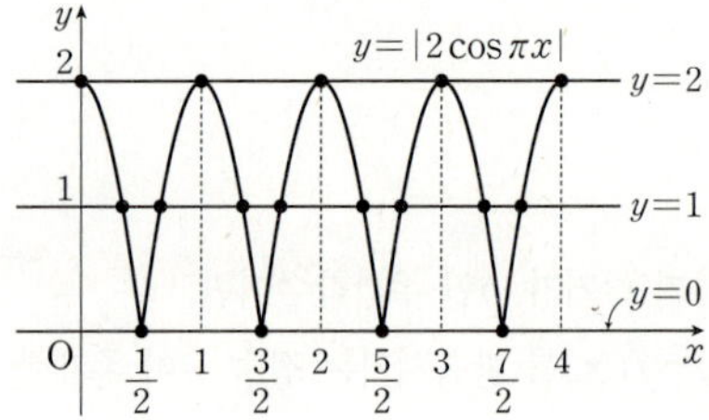

이때 y좌표가 정수이므로

$y=0,\ 1,\ 2$

(i) 함수 $y=|2\cos\pi x|$의 그래프와 직선 $y=0$의 교점의 개수는

4

(ii) 함수 $y=|2\cos\pi x|$의 그래프와 직선 $y=1$의 교점의 개수는

8

(iii) 함수 $y=|2\cos\pi x|$의 그래프와 직선 $y=2$의 교점의 개수는

5

(i), (ii), (iii)에서 y좌표가 정수인 점의 개수는

$4+8+5=17$

답 17

11

함수 $y=3\sin\left(\frac{\pi}{6}-\frac{\pi}{2}x\right)$의 그래프는 [그림 1]과 같다.

이때 함수 $y=f(x)$의 그래프는 함수 $y=3\sin\left(\frac{\pi}{6}-\frac{\pi}{2}x\right)$의 그래프에서 $y\ge 0$인 부분은 그대로 두고, $y<0$인 부분은 x축에 대하여 대칭이동한 후, y축의 방향으로 -1만큼 평행이동한 것이므로 [그림 2]와 같다.

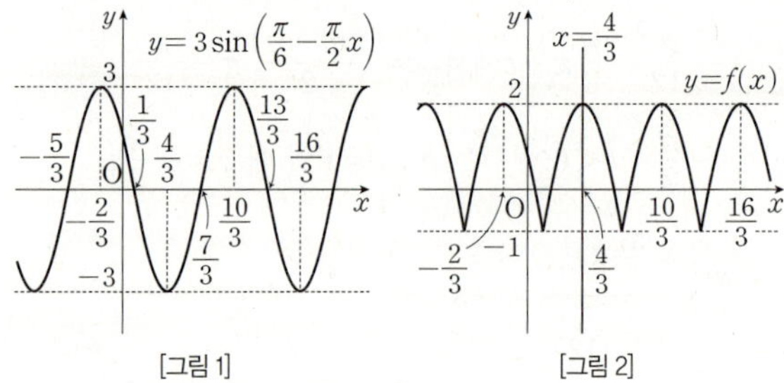

[그림 1] [그림 2]

ㄱ. $-1\le\sin\left(\frac{\pi}{6}-\frac{\pi}{2}x\right)\le 1$이므로

$0\le 3\left|\sin\left(\frac{\pi}{6}-\frac{\pi}{2}x\right)\right|\le 3$

$\therefore\ -1\le 3\left|\sin\left(\frac{\pi}{6}-\frac{\pi}{2}x\right)\right|-1\le 2$

따라서 치역은 $\{y\,|\,-1\le y\le 2\}$이다. (참)

ㄴ. [그림 2]에서 함수 $y=f(x)$의 그래프는 직선 $x=\frac{4}{3}$에 대하여 대칭이므로 $f\left(\frac{4}{3}+x\right)=f\left(\frac{4}{3}-x\right)$ (참)

ㄷ. [그림 2]에서 함수 $y=f(x)$의 주기는 $\frac{10}{3}-\frac{4}{3}=2$이므로 모든 실수 x에 대하여 $f(x+p)=f(x)$를 만족시키는 p는 2의 배수이다.

따라서 $f(x+p)=f(x)$를 만족시키는 100 이하의 자연수 p의 개수는 $\frac{100}{2}=50$이다. (거짓)

그러므로 옳은 것은 ㄱ, ㄴ이다.

답 ②

다른 풀이

ㄴ. $f\left(\frac{4}{3}+x\right)=3\left|\sin\left\{\frac{\pi}{6}-\frac{\pi}{2}\left(\frac{4}{3}+x\right)\right\}\right|-1$

$=3\left|\sin\left(\frac{\pi}{6}-\frac{2}{3}\pi-\frac{\pi}{2}x\right)\right|-1$

$=3\left|\sin\left(-\frac{\pi}{2}-\frac{\pi}{2}x\right)\right|-1$

$\sin(-x)=-\sin x$

$=3\left|-\sin\left(\frac{\pi}{2}+\frac{\pi}{2}x\right)\right|-1$

$\sin\left(\frac{\pi}{2}+x\right)=\cos x$

$=3\left|-\cos\frac{\pi}{2}x\right|-1$

$=3\left|\cos\frac{\pi}{2}x\right|-1$

$f\left(\frac{4}{3}-x\right)=3\left|\sin\left\{\frac{\pi}{6}-\frac{\pi}{2}\left(\frac{4}{3}-x\right)\right\}\right|-1$

$=3\left|\sin\left(\frac{\pi}{6}-\frac{2}{3}\pi+\frac{\pi}{2}x\right)\right|-1$

$=3\left|\sin\left(-\frac{\pi}{2}+\frac{\pi}{2}x\right)\right|-1$

$\sin(-x)=-\sin x$

$=3\left|-\sin\left(\frac{\pi}{2}-\frac{\pi}{2}x\right)\right|-1$

$\sin\left(\frac{\pi}{2}+x\right)=\cos x$

$=3\left|-\cos\left(-\frac{\pi}{2}x\right)\right|-1$

$\cos(-x)=\cos x$

$=3\left|\cos\frac{\pi}{2}x\right|-1$

$\therefore f\left(\frac{4}{3}+x\right)=f\left(\frac{4}{3}-x\right)$ (참)

12

함수 $f(x)=|a\cos bx+c|$에 대하여 $f(-x)=f(x)$이므로 $y=f(x)$의 그래프는 y축에 대하여 대칭이다.

$\cos(-x)=\cos x$

즉, 함수 $f(x)$의 주기는

$\frac{2\pi}{|b|}=\frac{\pi}{3}-\left(-\frac{\pi}{3}\right)$

$\frac{2\pi}{|b|}=\frac{2}{3}\pi,\ |b|=3$

$\therefore b=-3$ 또는 $b=3$

이때 $f(0)=1$이므로 $|a+c|=1$

$\therefore a+c=-1$ 또는 $a+c=1$

따라서 $a+c=1,\ b=3$일 때,

$a+b+c$는 최댓값을 가지므로

$M=1+3=4$

또한, $a+c=-1,\ b=-3$일 때,

$a+b+c$는 최솟값을 가지므로

$m=-1+(-3)=-4$

$\therefore M-m=4-(-4)=8$

답 8

보충 설명

$g(x)=a\cos bx+c$라 하면 함수 $y=g(x)$의 그래프는 다음 그림과 같다.

(i) $a+c=-1$일 때,

$g(0)=-1$이므로 $y=g(x)$의 그래프는 다음 그림과 같다.

$b=-3$일 때와 $b=3$일 때의 그래프는 일치한다.

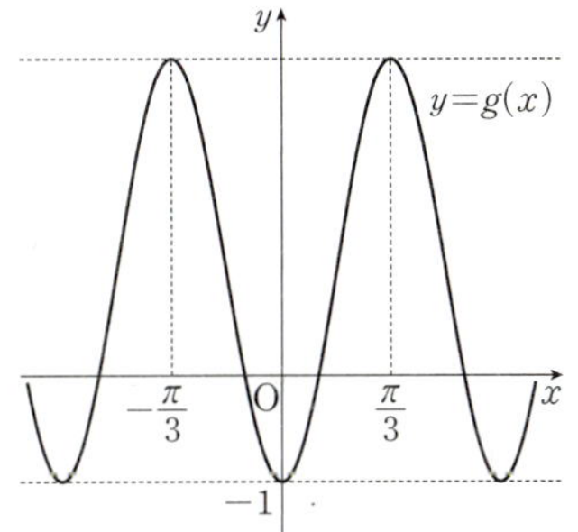

이때 $a+b+c$의 값은

$-1+(-3)=-4$ 또는 $-1+3=2$

(ii) $a+c=1$일 때,

$g(0)=1$이므로 함수 $y=g(x)$의 그래프는 다음 그림과 같다.

$b=-3$일 때와 $b=3$일 때의 그래프는 일치한다.

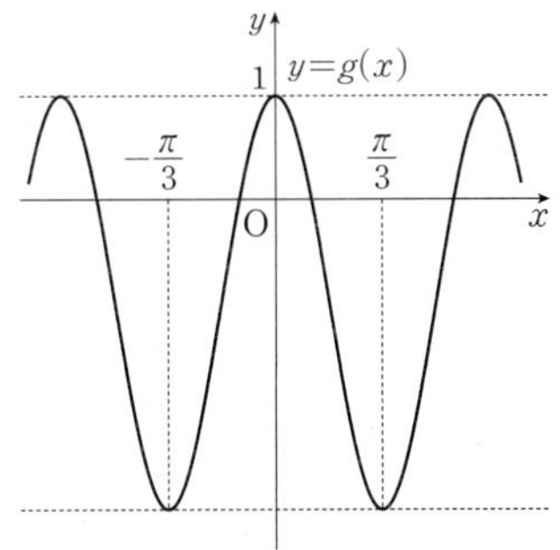

이때 $a+b+c$의 값은

$1+(-3)=-2$ 또는 $1+3=4$

(i), (ii)에서 $M=4,\ m=-4$이다.

② 삼각함수의 성질

기본 + 필수연습 본문 pp.179~183

15 (1) $-\frac{3}{2}$ (2) 0

16 (1) -0.4540 (2) 0.4540 (3) 2.1445 **17** 1

18 -7 **19** $\frac{16}{25}$ **20** $\frac{91}{2}$ **21** 1

22 -1

23 (1) 최댓값 : 10, 최솟값 : 0
(2) 최댓값 : 9, 최솟값 : 2

24 0

25 (1) 최댓값 : 6, 최솟값 : -3
(2) 최댓값 : $\frac{1}{2}$, 최솟값 : -1

26 $3\sqrt{3}+5$ **27** $\frac{1}{4}$

15

(1) $\sin\frac{7}{6}\pi=\sin\left(\pi+\frac{\pi}{6}\right)=-\sin\frac{\pi}{6}=-\frac{1}{2}$

$\tan\left(-\frac{7}{4}\pi\right)=-\tan\frac{7}{4}\pi$

$=-\tan\left(2\pi-\frac{\pi}{4}\right)$

$=-\left(-\tan\frac{\pi}{4}\right)=\tan\frac{\pi}{4}=1$

$\therefore \sin\frac{7}{6}\pi-\tan\left(-\frac{7}{4}\pi\right)$

$=-\frac{1}{2}-1=-\frac{3}{2}$

(2) $\sin(-210°)=-\sin 210°$

$=-\sin(180°+30°)$

$=\sin 30°=\frac{1}{2}$

$\cos 600°=\cos(360°+240°)$

$=\cos 240°$

$=\cos(180°+60°)$

$=-\cos 60°=-\frac{1}{2}$

$\therefore \sin(-210°)+\cos 600°=\frac{1}{2}+\left(-\frac{1}{2}\right)$

$=0$

답 (1) $-\frac{3}{2}$ (2) 0

16

(1) $\sin(-27°)=-\sin 27°$

$=-\sin(90°-63°)$

$=-\cos 63°=-0.4540$

(2) $\cos(-297°)=\cos 297°$

$=\cos(360°-63°)$

$=\cos 63°=0.4540$

(3) $\tan 245°=\tan(180°+65°)$

$=\tan 65°=2.1445$

답 (1) -0.4540 (2) 0.4540 (3) 2.1445

17

$$\frac{\sin(\pi+\theta)}{\cos\left(\frac{3}{2}\pi+\theta\right)\underbrace{\tan^2(\pi-\theta)}_{=(-\tan\theta)^2=\tan^2\theta}}+\frac{1}{\sin(2\pi+\theta)\cos\left(\frac{\pi}{2}-\theta\right)}$$

$=\frac{-\sin\theta}{\sin\theta\times\tan^2\theta}+\frac{1}{\sin\theta\times\sin\theta}$

$=-\frac{1}{\tan^2\theta}+\frac{1}{\sin^2\theta}$

$=-\frac{\cos^2\theta}{\sin^2\theta}+\frac{1}{\sin^2\theta}$ $\left(\because \tan\theta=\frac{\sin\theta}{\cos\theta}\right)$

$=\frac{1-\cos^2\theta}{\sin^2\theta}$

$=\frac{\sin^2\theta}{\sin^2\theta}$ $(\because \sin^2\theta+\cos^2\theta=1)$

$=1$

답 1

18

$\cos\left(\frac{\pi}{2}+\theta\right)+\sin(-\theta)=-\frac{6}{5}$에서

$-\sin\theta-\sin\theta=-\frac{6}{5}$

$-2\sin\theta=-\frac{6}{5}$ $\therefore \sin\theta=\frac{3}{5}$

이때 $\sin^2\theta+\cos^2\theta=1$이므로

$\left(\frac{3}{5}\right)^2+\cos^2\theta=1$, $\cos^2\theta=1-\left(\frac{3}{5}\right)^2=1-\frac{9}{25}=\frac{16}{25}$

$\therefore \cos\theta=-\frac{4}{5}$ $\left(\because \frac{\pi}{2}<\theta<\pi\right)$

따라서 $\tan\theta=\frac{\sin\theta}{\cos\theta}=\frac{\frac{3}{5}}{-\frac{4}{5}}=-\frac{3}{4}$이므로

$3\tan\left(\frac{\pi}{2}-\theta\right)+\frac{4}{\tan\left(\frac{3}{2}\pi-\theta\right)}$

$=\frac{3}{\tan\theta}+4\tan\theta=\frac{3}{-\frac{3}{4}}+4\times\left(-\frac{3}{4}\right)$

$=-4+(-3)=-7$

답 -7

19

$\frac{\sin(\pi-\theta)\sin\left(\frac{3}{2}\pi-\theta\right)}{\tan\left(\frac{3}{2}\pi-\theta\right)}\times\frac{\cos\left(\frac{\pi}{2}-\theta\right)}{\sin(2\pi-\theta)\tan^2(\pi+\theta)}$

$=\frac{\sin\theta\times(-\cos\theta)}{\frac{1}{\tan\theta}}\times\frac{\sin\theta}{-\sin\theta\tan^2\theta}$

$=(-\sin\theta\cos\theta)\times\tan\theta\times\left(-\frac{1}{\tan^2\theta}\right)$

$=\sin\theta\cos\theta\times\frac{1}{\tan\theta}$

$=\sin\theta\cos\theta\times\frac{\cos\theta}{\sin\theta}$ $\left(\because\ \tan\theta=\frac{\sin\theta}{\cos\theta}\right)$

$=\cos^2\theta$

이때 원점 O와 점 P(4, -3)을 지나는 동경 OP가 나타내는 각의 크기가 θ이므로

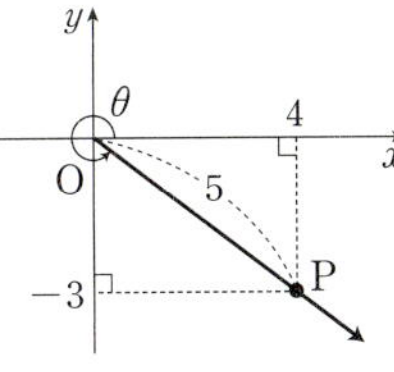

$\cos\theta=\frac{4}{5}$

$\therefore$ (주어진 식)$=\cos^2\theta=\left(\frac{4}{5}\right)^2=\frac{16}{25}$

답 $\frac{16}{25}$

20

$\sin(90°-\theta°)=\cos\theta°$, $\cos(90°-\theta°)=\sin\theta°$이므로

$\cos89°=\cos(90°-1°)=\sin1°$

$\sin88°=\sin(90°-2°)=\cos2°$

$\cos87°=\cos(90°-3°)=\sin3°$

$\sin86°=\sin(90°-4°)=\cos4°$

$\vdots$

$\cos47°=\cos(90°-43°)=\sin43°$

$\sin46°=\sin(90°-44°)=\cos44°$

$\therefore\ \cos^2 1°+\sin^2 2°+\cos^2 3°+\cdots+\cos^2 89°+\sin^2 90°$

$=(\cos^2 1°+\cos^2 89°)+(\sin^2 2°+\sin^2 88°)$
$+(\cos^2 3°+\cos^2 87°)+\cdots+(\sin^2 44°+\sin^2 46°)$
$+\cos^2 45°+\sin^2 90°$

$=(\cos^2 1°+\sin^2 1°)+(\sin^2 2°+\cos^2 2°)$
$+(\cos^2 3°+\sin^2 3°)+\cdots+(\sin^2 44°+\cos^2 44°)$
$+\cos^2 45°+\sin^2 90°$

$=\underbrace{1+1+1+\cdots+1}_{44\text{개}}+\left(\frac{\sqrt{2}}{2}\right)^2+1^2$

$=1\times44+\frac{1}{2}+1=\frac{91}{2}$

답 $\frac{91}{2}$

21

$\tan(90°-\theta°)=\frac{1}{\tan\theta°}$이므로

$\tan1°=\tan(90°-89°)=\frac{1}{\tan89°}$

$\tan2°=\tan(90°-88°)=\frac{1}{\tan88°}$

$\tan3°=\tan(90°-87°)=\frac{1}{\tan87°}$

$\vdots$

$\tan44°=\tan(90°-46°)=\frac{1}{\tan46°}$

$\therefore\ \tan1°\times\tan2°\times\tan3°\times\cdots\times\tan89°$

$=\frac{1}{\tan89°}\times\frac{1}{\tan88°}\times\cdots\times\frac{1}{\tan46°}\times\tan45°$
$\times\tan46°\times\cdots\times\tan88°\times\tan89°$

$=\tan45°=1$

답 1

다른 풀이

$\sin(90^\circ-\theta^\circ)=\cos\theta^\circ$이므로

$\tan1^\circ\times\tan2^\circ\times\tan3^\circ\times\cdots\times\tan89^\circ$

$=\dfrac{\sin1^\circ}{\cos1^\circ}\times\dfrac{\sin2^\circ}{\cos2^\circ}\times\dfrac{\sin3^\circ}{\cos3^\circ}\times\cdots\times\dfrac{\sin89^\circ}{\cos89^\circ}$

$=\dfrac{\cos89^\circ}{\cos1^\circ}\times\dfrac{\cos88^\circ}{\cos2^\circ}\times\dfrac{\cos87^\circ}{\cos3^\circ}\times\cdots\times\dfrac{\cos1^\circ}{\cos89^\circ}$

$=1$

22

$5\theta=\pi$이므로

$\cos3\theta+\cos4\theta+\cos5\theta+\cos8\theta+\cos9\theta$

$=\cos(5\theta-2\theta)+\cos(5\theta-\theta)+\cos5\theta$
$\quad+\cos(10\theta-2\theta)+\cos(10\theta-\theta)$

$=\cos(\pi-2\theta)+\cos(\pi-\theta)+\cos\pi$
$\quad+\cos(2\pi-2\theta)+\cos(2\pi-\theta)$

$=-\cos2\theta-\cos\theta+\cos\pi+\cos2\theta+\cos\theta$

$=\cos\pi=-1$

답 -1

23

(1) $y=2\cos x+3\sin\left(\dfrac{\pi}{2}+x\right)+5$

$=2\cos x+3\cos x+5$

$=5\cos x+5$

이때 $-1\le\cos x\le1$이므로

$-5\le5\cos x\le5$

$\therefore\ 0\le5\cos x+5\le10$

따라서 최댓값은 10, 최솟값은 0이다.

(2) $y=|3-4\cos x|+2$에서 $\cos x=t$로 놓으면

$-1\le t\le1$이고, $y=|3-4t|+2$

즉, $-1\le t\le1$에서

$y=|3-4t|+2$의 그래프는

오른쪽 그림과 같으므로

$t=-1$일 때 최댓값 9,

$t=\dfrac{3}{4}$일 때 최솟값 2를 갖는다.

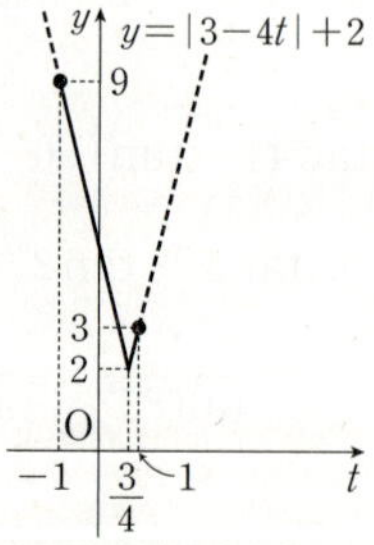

답 (1) 최댓값 : 10, 최솟값 : 0

(2) 최댓값 : 9, 최솟값 : 2

다른 풀이

(2) $y=|3-4\cos x|+2$에서

$-1\le\cos x\le1$이므로

$-4\le-4\cos x\le4,\ -1\le3-4\cos x\le7$

$0\le|3-4\cos x|\le7$

$\therefore\ 2\le|3-4\cos x|+2\le9$

24

$y=a|\cos2x-3|+b$에서

$-1\le\cos2x\le1$이므로

$-4\le\cos2x-3\le-2,\ 2\le|\cos2x-3|\le4$

$\therefore\ 2a+b\le a|\cos2x-3|+b\le4a+b\ (\because\ a>0)$

이때 주어진 함수의 최댓값이 6, 최솟값이 2이므로

$4a+b=6,\ 2a+b=2$

위의 두 식을 연립하여 풀면

$a=2,\ b=-2$

$\therefore\ a+b=2+(-2)=0$

답 0

25

(1) $y=-2\sin^2\left(\dfrac{3}{2}\pi+\theta\right)-2\cos^2\theta+4\sin(\pi+\theta)+2$

$=-2\cos^2\theta-2\cos^2\theta-4\sin\theta+2$

$=-4\cos^2\theta-4\sin\theta+2$

$=-4(1-\sin^2\theta)-4\sin\theta+2$

$=4\sin^2\theta-4\sin\theta-2$

이때 $\sin\theta=t$로 놓으면 $-1\le t\le1$이고,

$y=4t^2-4t-2=4\left(t-\dfrac{1}{2}\right)^2-3$

즉, $-1\le t\le1$에서

$y=4\left(t-\dfrac{1}{2}\right)^2-3$의 그래프

는 오른쪽 그림과 같으므로

$t=-1$일 때 최댓값 6,

$t=\dfrac{1}{2}$일 때 최솟값 -3을 갖는다.

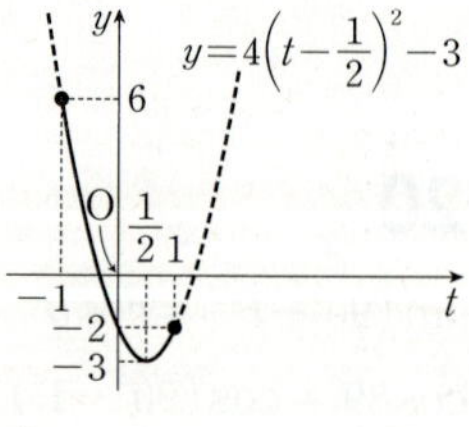

(2) $y=\dfrac{2\cos x}{\cos x+3}$에서 $\cos x=t$로 놓으면 $-1\le t\le 1$이고,

$y=\dfrac{2t}{t+3}=\dfrac{2(t+3)-6}{t+3}=-\dfrac{6}{t+3}+2$

즉, $-1\le t\le 1$에서

$y=-\dfrac{6}{t+3}+2$의 그래프는 오른쪽 그림과 같으므로

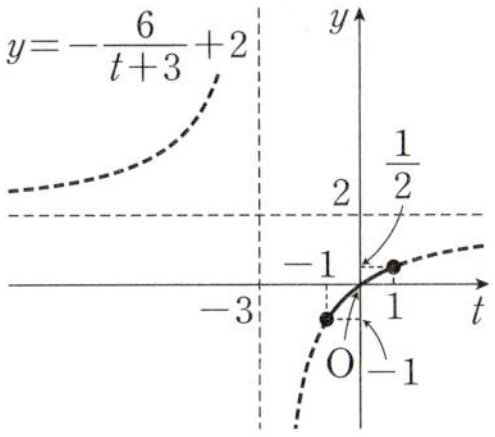

$t=1$일 때 최댓값 $\dfrac{1}{2}$,

$t=-1$일 때 최솟값 -1을 갖는다.

답 (1) 최댓값 : 6, 최솟값 : -3

(2) 최댓값 : $\dfrac{1}{2}$, 최솟값 : -1

26

$y=\dfrac{1-2\tan x}{\tan x-2}$에서 $\tan x=t$로 놓으면

$-\dfrac{\pi}{4}\le x\le\dfrac{\pi}{3}$이므로 $-1\le t\le\sqrt{3}$이고,

$y=\dfrac{1-2t}{t-2}=\dfrac{-2(t-2)-3}{t-2}=-\dfrac{3}{t-2}-2$

즉, $-1\le t\le\sqrt{3}$에서

$y=-\dfrac{3}{t-2}-2$의 그래프는 오른쪽 그림과 같으므로 $t=\sqrt{3}$일 때 최댓값 $3\sqrt{3}+4$, $t=-1$일 때 최솟값 -1을 갖는다.

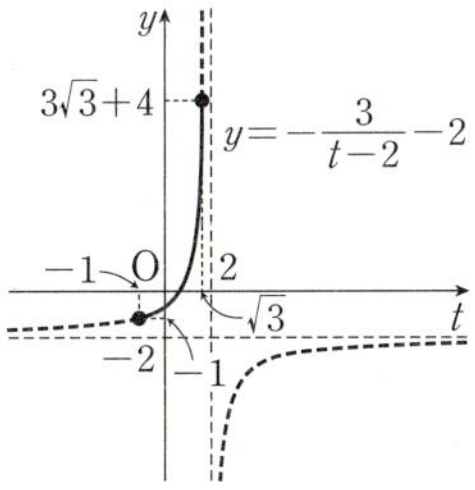

따라서 $M=3\sqrt{3}+4$, $m=-1$이므로

$M-m=3\sqrt{3}+4-(-1)=3\sqrt{3}+5$

답 $3\sqrt{3}+5$

27

$y=2\cos^2 x+3\sin x+k-1$

$=2(1-\sin^2 x)+3\sin x+k-1$

$=-2\sin^2 x+3\sin x+k+1$

이때 $\sin x=t$로 놓으면 $-1\le t\le 1$이고,

$y=-2t^2+3t+k+1$

$=-2\left(t^2-\dfrac{3}{2}t\right)+k+1$

$=-2\left(t-\dfrac{3}{4}\right)^2+k+\dfrac{17}{8}$

즉, $-1\le t\le 1$에서

$y=-2\left(t-\dfrac{3}{4}\right)^2+k+\dfrac{17}{8}$

의 그래프는 오른쪽 그림과 같으므로 $t=\dfrac{3}{4}$일 때 최댓값 $k+\dfrac{17}{8}$을 갖는다.

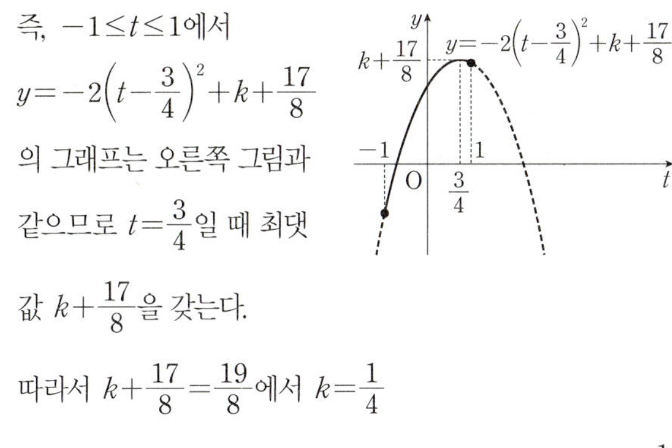

따라서 $k+\dfrac{17}{8}=\dfrac{19}{8}$에서 $k=\dfrac{1}{4}$

답 $\dfrac{1}{4}$

STEP 1 개념 마무리

본문 p.184

13 $\dfrac{17}{10}$	**14** $\dfrac{99}{2}$	**15** $\dfrac{4}{3}$	**16** -4
17 ②	**18** $-\dfrac{5}{6}$		

13

직선 $3x+4y+1=0$의 기울기는 $-\dfrac{3}{4}$이므로

$\tan\theta=-\dfrac{3}{4}$

삼각함수의 정의에 의하여

$\sin\theta=\dfrac{3}{5}$, $\cos\theta=-\dfrac{4}{5}$

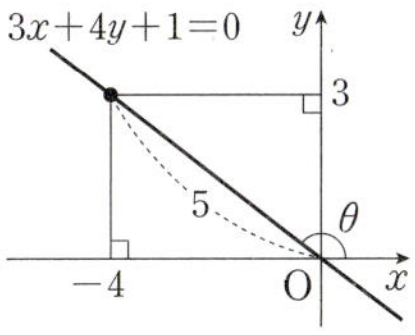

$$\therefore \frac{\sin(3\pi-\theta)\sin\left(\frac{\pi}{2}+\theta\right)}{1-\cos\left(\frac{\pi}{2}+\theta\right)}+\frac{\cos(\theta-\pi)}{1+\cos\left(\frac{3}{2}\pi-\theta\right)}$$

$$=\frac{\sin\theta\cos\theta}{1+\sin\theta}+\frac{-\cos\theta}{1-\sin\theta}$$

$$=\frac{\sin\theta\cos\theta-\sin^2\theta\cos\theta-\cos\theta-\cos\theta\sin\theta}{1-\sin^2\theta}$$

$$=\frac{-\cos\theta(\sin^2\theta+1)}{\cos^2\theta}=-\frac{\sin^2\theta+1}{\cos\theta}$$

$$=-\frac{\left(\frac{3}{5}\right)^2+1}{-\frac{4}{5}}=\frac{\frac{34}{25}}{\frac{4}{5}}=\frac{17}{10}$$

답 $\dfrac{17}{10}$

14

$A=P_0$, $B=P_{100}$이라 하고,

$\angle P_{n-1}OP_n=\theta$ $(n=1, 2, 3, \cdots, 100)$라 하면

$100\theta=\frac{\pi}{2}$

$\angle P_nOA=n\theta$이므로 $P_n(\cos n\theta, \sin n\theta)$

따라서 $f(n)=\sin n\theta$이므로

$\{f(1)\}^2+\{f(2)\}^2+\{f(3)\}^2+\cdots+\{f(99)\}^2$

$=\sin^2\theta+\sin^2 2\theta+\sin^2 3\theta+\cdots+\sin^2 99\theta$ ...... (가)

$=\sin^2\theta+\sin^2 2\theta+\sin^2 3\theta+\cdots+\sin^2 50\theta$

$\quad+\sin^2\left(\frac{\pi}{2}-49\theta\right)+\sin^2\left(\frac{\pi}{2}-48\theta\right)$

$\quad+\sin^2\left(\frac{\pi}{2}-47\theta\right)+\cdots+\sin^2\left(\frac{\pi}{2}-\theta\right)$

$=\sin^2\theta+\sin^2 2\theta+\sin^2 3\theta+\cdots+\sin^2 50\theta$

$\quad+\cos^2 49\theta+\cos^2 48\theta+\cos^2 47\theta+\cdots+\cos^2\theta$ ...... (나)

$=(\sin^2\theta+\cos^2\theta)+(\sin^2 2\theta+\cos^2 2\theta)$

$\quad+\cdots+(\sin^2 49\theta+\cos^2 49\theta)+\sin^2 50\theta$

$=1\times 49+\sin^2\frac{\pi}{4}$ $\left(\because\ 50\theta=\frac{\pi}{4}\right)$

$=49+\left(\frac{\sqrt{2}}{2}\right)^2=\frac{99}{2}$ ...... (다)

답 $\frac{99}{2}$

단계	채점 기준	배점
(가)	$\{f(1)\}^2+\{f(2)\}^2+\{f(3)\}^2+\cdots+\{f(99)\}^2$을 사인함수로 나타낸 경우	40%
(나)	$\sin\left(\frac{\pi}{2}-\theta\right)=\cos\theta$를 이용하여 식을 변형한 경우	40%
(다)	삼각함수 사이의 관계를 이용하여 식의 값을 구한 경우	20%

15

$\cos\left(\frac{\pi}{3}-ax\right)=\cos\left\{\frac{\pi}{2}-\left(ax+\frac{\pi}{6}\right)\right\}=\sin\left(ax+\frac{\pi}{6}\right)$

이므로

$y=2a\sin\left(ax+\frac{\pi}{6}\right)+a\cos\left(\frac{\pi}{3}-ax\right)+b$

$\quad=2a\sin\left(ax+\frac{\pi}{6}\right)+a\sin\left(ax+\frac{\pi}{6}\right)+b$

$\quad=3a\sin\left(ax+\frac{\pi}{6}\right)+b$

이 함수의 주기가 6π이므로

$\frac{2\pi}{|a|}=6\pi$에서 $|a|=\frac{2\pi}{6\pi}=\frac{1}{3}$

$\therefore\ a=\frac{1}{3}$ $(\because\ a>0)$

이때 $-1\le\sin\left(ax+\frac{\pi}{6}\right)\le 1$에서

$-3a+b\le 3a\sin\left(ax+\frac{\pi}{6}\right)+b\le 3a+b$ $(\because\ a>0)$

이 함수의 최댓값이 5이므로

$3a+b=5$

$a=\frac{1}{3}$을 위의 식에 대입하면

$3\times\frac{1}{3}+b=5$, $1+b=5$ $\quad\therefore\ b=4$

$\therefore\ ab=\frac{1}{3}\times 4=\frac{4}{3}$

답 $\frac{4}{3}$

16

$y=a\cos^2 x+a\sin x+b$

$\quad=a(1-\sin^2 x)+a\sin x+b$

$\quad=-a\sin^2 x+a\sin x+a+b$

이때 $\sin x=t$로 놓으면 $-1\le t\le 1$이고,

$y=-at^2+at+a+b=-a\left(t-\frac{1}{2}\right)^2+\frac{5}{4}a+b$

$f(t)=-a\left(t-\frac{1}{2}\right)^2+\frac{5}{4}a+b$라 하면

(i) $a>0$일 때,

$y=f(t)$의 그래프는 오른쪽 그림과 같으므로 $f(t)$의 최댓값은

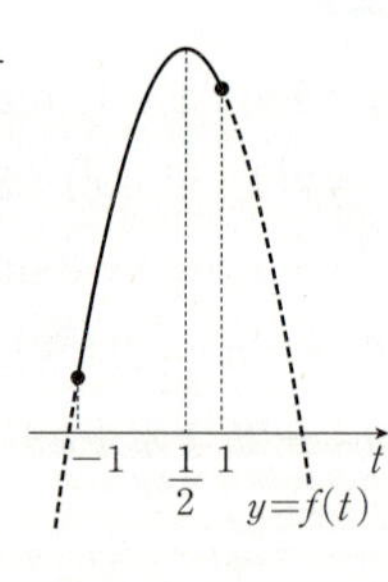

$f\left(\frac{1}{2}\right)=\frac{5}{4}a+b=10$ ······㉠

$f(t)$의 최솟값은

$f(-1)=-a+b=1$ ······㉡

㉠, ㉡을 연립하여 풀면

$a=4$, $b=5$

$\therefore\ ab=4\times 5=20$

(ii) $a<0$일 때,

$y=f(t)$의 그래프는 오른쪽 그림과 같으므로 $f(t)$의 최댓값은

$f(-1)=-a+b=10$ ……㉢

$f(t)$의 최솟값은

$f\left(\frac{1}{2}\right)=\frac{5}{4}a+b=1$ ……㉣

㉢, ㉣을 연립하여 풀면

$a=-4,\ b=6$

$\therefore\ ab=-4\times6=-24$

(i), (ii)에서 구하는 모든 ab의 값의 합은

$20+(-24)=-4$

답 -4

17

$f(x)=x^2-2x\cos\theta+2\sin^2\theta$

$=(x-\cos\theta)^2-\cos^2\theta+2\sin^2\theta$ ($\sin^2\theta=1-\cos^2\theta$)

$=(x-\cos\theta)^2+2-3\cos^2\theta$

즉, 이차함수 $y=f(x)$의 그래프의 꼭짓점의 좌표는

$(\cos\theta,\ 2-3\cos^2\theta)$

꼭짓점과 원점 사이의 거리를 l이라 하면

$l=\sqrt{\cos^2\theta+(2-3\cos^2\theta)^2}$

$=\sqrt{9\cos^4\theta-11\cos^2\theta+4}$

이때 $\cos^2\theta=t$로 놓으면 $0\le t\le1$이고,

$l=\sqrt{9t^2-11t+4}=\sqrt{9\left(t-\frac{11}{18}\right)^2+\frac{23}{36}}$

$0\le t\le1$에서 함수

$y=9\left(t-\frac{11}{18}\right)^2+\frac{23}{36}$의 그래프는 오른쪽 그림과 같으므로

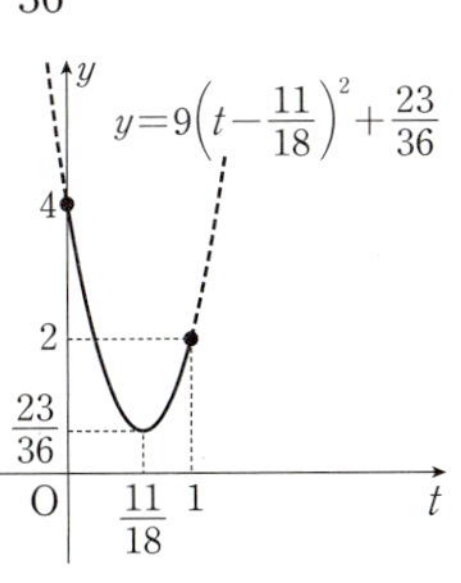

$t=0$일 때 최댓값 4, $t=\frac{11}{18}$일 때 최솟값 $\frac{23}{36}$을 갖는다.

따라서 l은 $t=0$일 때 최댓값 $\sqrt{4}=2$, $t=\frac{11}{18}$일 때 최솟값 $\sqrt{\frac{23}{36}}=\frac{\sqrt{23}}{6}$을 가지므로 $y=f(x)$의 그래프의 꼭짓점과 원점 사이의 거리의 최댓값과 최솟값의 합은

$2+\frac{\sqrt{23}}{6}$

답 ②

18

$0\le x\le\frac{\pi}{4}$에서 $\cos x\ne0$이므로

$y=\frac{2\sin x+3\cos x}{\sin x+2\cos x}-2=\frac{\frac{2\sin x}{\cos x}+3}{\frac{\sin x}{\cos x}+2}-2$

$=\frac{2\tan x+3}{\tan x+2}-2$

$\tan x=t$로 놓으면 $0\le x\le\frac{\pi}{4}$에서 $0\le t\le1$이고,

$y=\frac{2t+3}{t+2}-2=-\frac{1}{t+2}$

$0\le t\le1$에서 함수

$y=-\frac{1}{t+2}$의 그래프는

오른쪽 그림과 같으므로

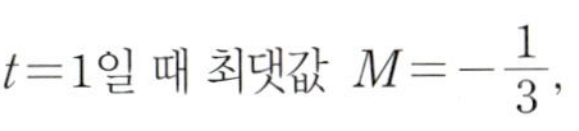

$t=1$일 때 최댓값 $M=-\frac{1}{3}$,

$t=0$일 때 최솟값 $m=-\frac{1}{2}$을 갖는다.

$\therefore\ M+m=-\frac{1}{3}+\left(-\frac{1}{2}\right)=-\frac{5}{6}$

답 $-\frac{5}{6}$

③ 삼각방정식과 삼각부등식

기본 + 필수연습 본문 pp.188~193

28 $x=\frac{5}{6}\pi$ 또는 $x=\frac{7}{6}\pi$

29 $x=\frac{11}{12}\pi$ 또는 $x=\frac{23}{12}\pi$

30 $0\le x\le\frac{\pi}{3}$ 또는 $\frac{\pi}{2}<x\le\frac{4}{3}\pi$ 또는 $\frac{3}{2}\pi<x<2\pi$

31 $0\le x<\frac{\pi}{4}$ 또는 $\frac{3}{4}\pi<x<2\pi$ **32** 2π

33 $\frac{13}{6}\pi$ **34** (1) $-4\le a\le5$ (2) 5

35 $-\frac{\pi}{4}<x<\frac{\pi}{3}$ **36** ④ **37** 4π

38 $\frac{\pi}{6}<\theta<\frac{5}{6}\pi$ **39** 2π

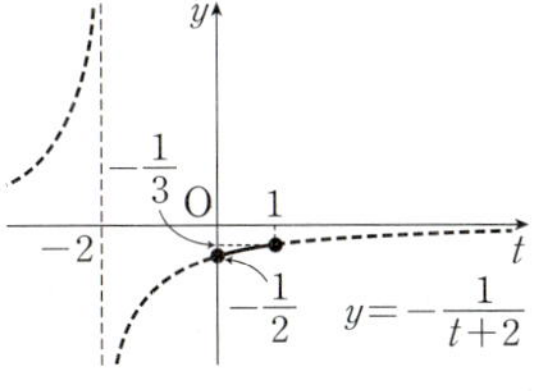

28

$2\cos x+\sqrt{3}=0$에서

$2\cos x=-\sqrt{3}$ $\quad\therefore \cos x=-\frac{\sqrt{3}}{2}$

주어진 방정식의 해는 함수 $y=\cos x$ $(0\le x<2\pi)$의 그래프와 직선 $y=-\frac{\sqrt{3}}{2}$의 교점의 x좌표와 같다.

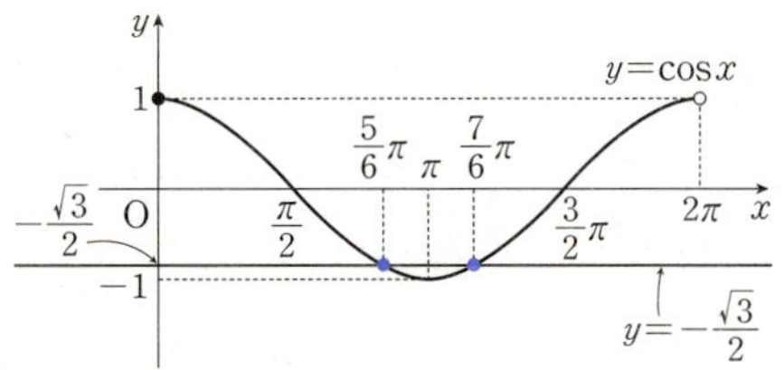

따라서 구하는 해는

$x=\frac{5}{6}\pi$ 또는 $x=\frac{7}{6}\pi$

답 $x=\frac{5}{6}\pi$ 또는 $x=\frac{7}{6}\pi$

다른 풀이

단위원을 이용하여 방정식의 해를 구할 수도 있다.

단위원과 직선 $x=-\frac{\sqrt{3}}{2}$이 만나는 두 점을 P, P′이라 할 때, 방정식 $\cos\theta=-\frac{\sqrt{3}}{2}$의 해는 두 동경 OP, OP′이 나타내는 각이다.

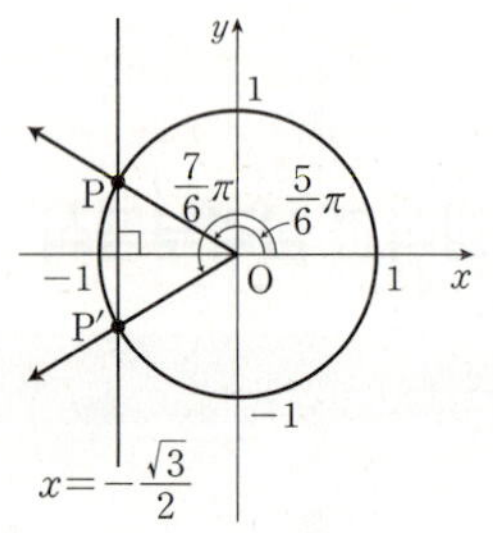

따라서 구하는 해는

$\theta=\frac{5}{6}\pi$ 또는 $\theta=\frac{7}{6}\pi$

29

$x-\frac{\pi}{6}=t$로 놓으면 $0\le x<2\pi$에서

$-\frac{\pi}{6}\le x-\frac{\pi}{6}<\frac{11}{6}\pi$ $\quad\therefore -\frac{\pi}{6}\le t<\frac{11}{6}\pi$

주어진 방정식은 $\tan t=-1$

함수 $y=\tan t$ $\left(-\frac{\pi}{6}\le t<\frac{11}{6}\pi\right)$의 그래프와 직선 $y=-1$은 다음 그림과 같다.

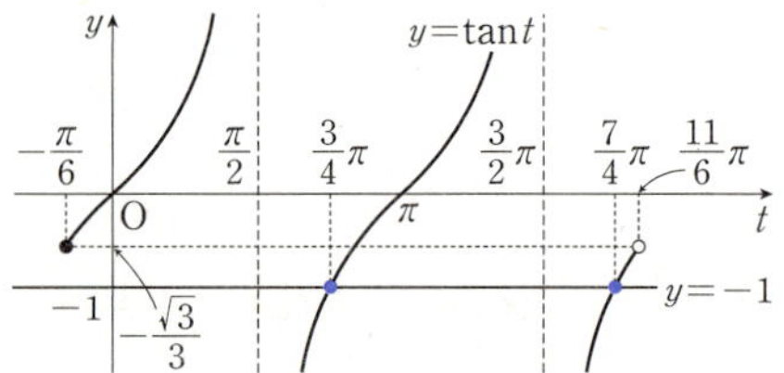

즉, 함수 $y=\tan t$ $\left(-\frac{\pi}{6}\le t<\frac{11}{6}\pi\right)$의 그래프와 직선 $y=-1$의 교점의 t좌표는 $\frac{3}{4}\pi$, $\frac{7}{4}\pi$이고, $t=x-\frac{\pi}{6}$이므로

$x-\frac{\pi}{6}=\frac{3}{4}\pi$ 또는 $x-\frac{\pi}{6}=\frac{7}{4}\pi$

$\therefore x=\frac{11}{12}\pi$ 또는 $x=\frac{23}{12}\pi$

답 $x=\frac{11}{12}\pi$ 또는 $x=\frac{23}{12}\pi$

30

주어진 부등식의 해는 함수 $y=\tan x$ $(0\le x<2\pi)$의 그래프가 직선 $y=\sqrt{3}$과 만나거나 직선보다 아래쪽에 있는 부분의 x의 값의 범위이다.

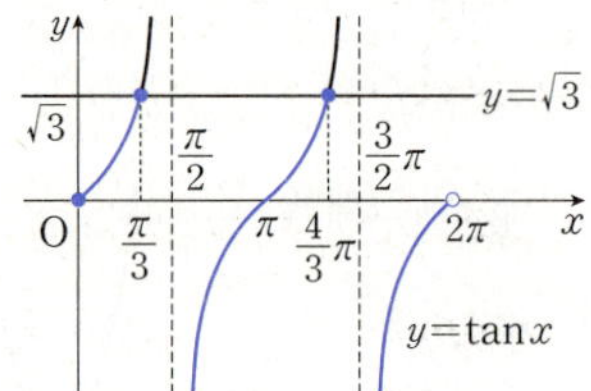

따라서 구하는 해는

$0\le x\le\frac{\pi}{3}$ 또는 $\frac{\pi}{2}<x\le\frac{4}{3}\pi$ 또는 $\frac{3}{2}\pi<x<2\pi$

답 $0\le x\le\frac{\pi}{3}$ 또는 $\frac{\pi}{2}<x\le\frac{4}{3}\pi$ 또는 $\frac{3}{2}\pi<x<2\pi$

다른 풀이

단위원을 이용하여 부등식의 해를 구할 수도 있다.

원점을 지나는 직선 중 다음 그림의 색칠한 도형을 지나는 직선이 단위원과 만나는 점을 P라 할 때, 부등식 $\tan\theta\le\sqrt{3}$의 해는 동경 OP가 나타내는 각의 범위이다.

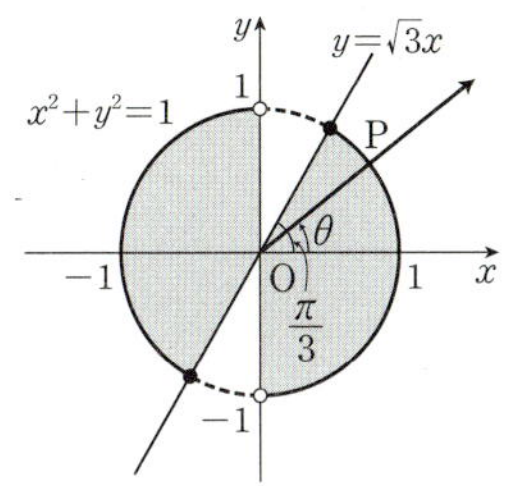

따라서 구하는 해는

$0\leq\theta\leq\frac{\pi}{3}$ 또는 $\frac{\pi}{2}<\theta\leq\frac{4}{3}\pi$ 또는 $\frac{3}{2}\pi<\theta<2\pi$

31

$x-\pi=t$로 놓으면 $0\leq x<2\pi$에서

$-\pi\leq x-\pi<\pi$ $\quad\therefore -\pi\leq t<\pi$

주어진 부등식은 $-\sqrt{2}\sin t<1$에서

$\sin t>-\frac{1}{\sqrt{2}}$ $\quad\therefore \sin t>-\frac{\sqrt{2}}{2}$

$-\pi\leq t<\pi$에서 함수 $y=\sin t$의 그래프와 직선 $y=-\frac{\sqrt{2}}{2}$는 다음 그림과 같다.

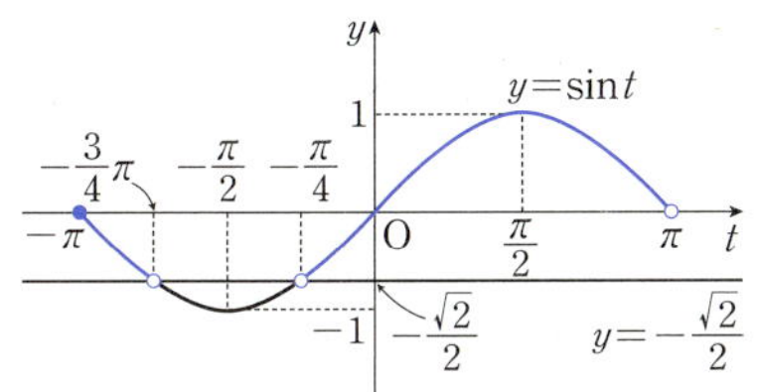

즉, 함수 $y=\sin t$ $(-\pi\leq t<\pi)$의 그래프가 직선 $y=-\frac{\sqrt{2}}{2}$보다 위쪽에 있는 부분의 t의 값의 범위는

$-\pi\leq t<-\frac{3}{4}\pi$ 또는 $-\frac{\pi}{4}<t<\pi$

이고, $t=x-\pi$이므로

$-\pi\leq x-\pi<-\frac{3}{4}\pi$ 또는 $-\frac{\pi}{4}<x-\pi<\pi$

$\therefore$ $0\leq x<\frac{\pi}{4}$ 또는 $\frac{3}{4}\pi<x<2\pi$

답 $0\leq x<\frac{\pi}{4}$ 또는 $\frac{3}{4}\pi<x<2\pi$

보충 설명

$\sin(x-\pi)=-\sin(\pi-x)=-\sin x$이므로

부등식 $-\sqrt{2}\sin(x-\pi)<1$에서

$\sqrt{2}\sin x<1$ $\quad\therefore \sin x<\frac{\sqrt{2}}{2}$

즉, 부등식 $\sin x<\frac{\sqrt{2}}{2}$의 해를 구해도 된다.

32

$2\sin^2 x+3\cos x=3$에서

$2(1-\cos^2 x)+3\cos x=3$

$2\cos^2 x-3\cos x+1=0$

$(2\cos x-1)(\cos x-1)=0$

$\therefore$ $\cos x=\frac{1}{2}$ 또는 $\cos x=1$

$0\leq x<2\pi$에서 함수 $y=\cos x$의 그래프와 두 직선 $y=\frac{1}{2}$, $y=1$은 다음 그림과 같다.

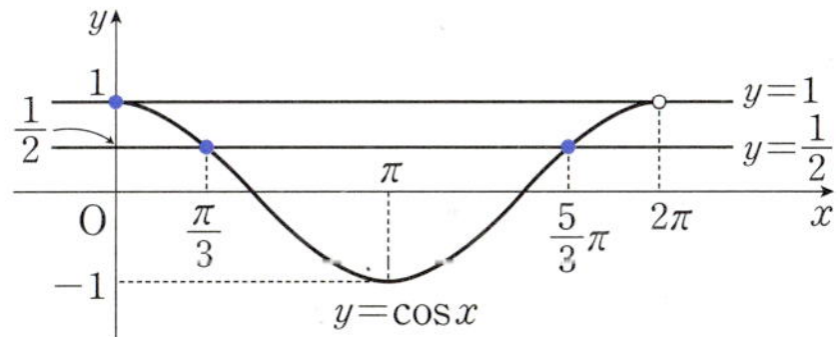

$\cos x=\frac{1}{2}$에서 $x=\frac{\pi}{3}$ 또는 $x=\frac{5}{3}\pi$

$\cos x=1$에서 $x=0$

따라서 주어진 방정식의 모든 근의 합은

$0+\frac{\pi}{3}+\frac{5}{3}\pi=2\pi$

답 2π

보충 설명

$0\leq x<2\pi$에서 함수 $y=\cos x$의 그래프와 직선 $y=\frac{1}{2}$은 두 점에서 만난다.

이 두 교점의 x좌표를 α, β $(\alpha<\beta)$라 하면

$\frac{\alpha+\beta}{2}=\pi$ $\quad\therefore \alpha+\beta=2\pi$

교점은 직선 $x=\pi$에 대하여 대칭이다.

또한, $\cos x=1$에서 $x=0$이므로 주어진 방정식의 모든 근의 합은

$\alpha+\beta+0=2\pi$

33

$\cos(\pi\sin x)=0$에서 $\pi\sin x=t$로 놓으면

$0\le x\le\frac{3}{2}\pi$에서 $-1\le\sin x\le 1$이므로

$-\pi\le t\le\pi$

주어진 방정식은 $\cos t=0$이고 이를 만족시키는 t의 값은

$t=-\frac{\pi}{2}$ 또는 $t=\frac{\pi}{2}$ ($\because$ $-\pi\le t\le\pi$)

즉, $\pi\sin x=-\frac{\pi}{2}$ 또는 $\pi\sin x=\frac{\pi}{2}$이므로

$\sin x=-\frac{1}{2}$ 또는 $\sin x=\frac{1}{2}$

$0\le x\le\frac{3}{2}\pi$에서 함수 $y=\sin x$의 그래프와 두 직선

$y=-\frac{1}{2}$, $y=\frac{1}{2}$은 다음 그림과 같다.

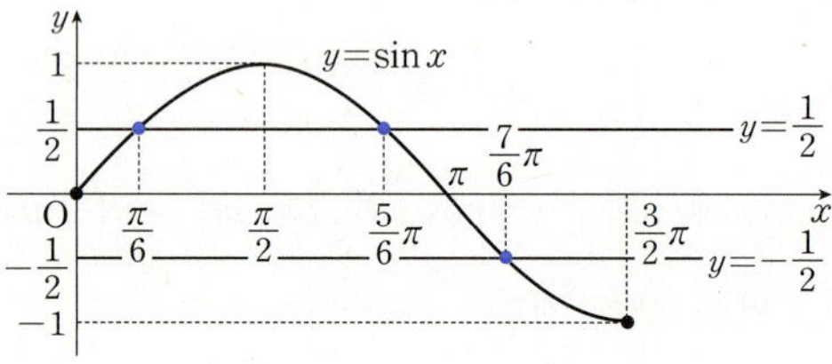

$\sin x=-\frac{1}{2}$에서 $x=\frac{7}{6}\pi$

$\sin x=\frac{1}{2}$에서 $x=\frac{\pi}{6}$ 또는 $x=\frac{5}{6}\pi$

따라서 주어진 방정식의 모든 근의 합은

$\frac{\pi}{6}+\frac{5}{6}\pi+\frac{7}{6}\pi=\frac{13}{6}\pi$

답 $\frac{13}{6}\pi$

34

(1) $4\sin^2 x-4\cos x-a=0$에서

$4(1-\cos^2 x)-4\cos x=a$

$\therefore$ $-4\cos^2 x-4\cos x+4=a$

이 방정식이 실근을 가지려면 함수

$y=-4\cos^2 x-4\cos x+4$의 그래프와 직선 $y=a$가 교점을 가져야 한다.

$y=-4\cos^2 x-4\cos x+4$에서

$\cos x=t$로 놓으면

$-1\le t\le 1$이고,

$y=-4t^2-4t+4$

$=-4\left(t+\frac{1}{2}\right)^2+5$

의 그래프는 오른쪽 그림과 같다.

따라서 이 그래프와 직선 $y=a$가 만나기 위한 실수 a의 값의 범위는

$-4\le a\le 5$

(2) 방정식 $\cos x=\frac{2}{5\pi}x$의 실근의 개수는 함수 $y=\cos x$의 그래프와 직선 $y=\frac{2}{5\pi}x$의 교점의 개수와 같다.

직선 $y=\frac{2}{5\pi}x$는 두 점 $\left(-\frac{5}{2}\pi,\ -1\right)$, $\left(\frac{5}{2}\pi,\ 1\right)$을 지나므로 두 함수의 그래프는 다음 그림과 같다.

$x<-\frac{5}{2}\pi$ 또는 $x>\frac{5}{2}\pi$에서 두 그래프는 만나지 않는다.

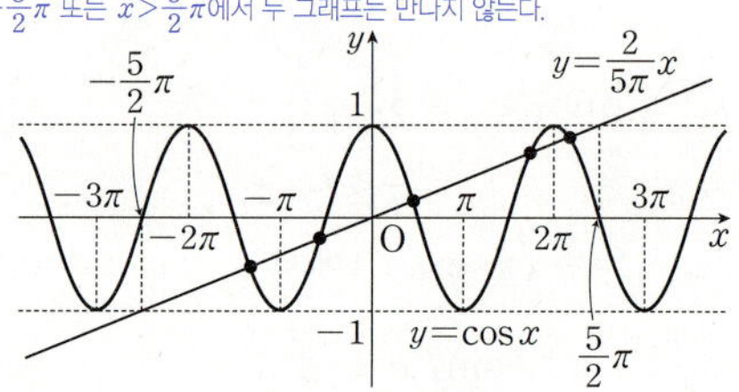

따라서 함수 $y=\cos x$의 그래프와 직선 $y=\frac{2}{5\pi}x$의 교점의 개수는 5이므로 주어진 방정식의 서로 다른 실근의 개수는 5이다.

답 (1) $-4\le a\le 5$ (2) 5

다른 풀이

(1) $4\sin^2 x-4\cos x-a=0$에서

$4(1-\cos^2 x)-4\cos x=a$

$4\cos^2 x+4\cos x+a-4=0$

이때 $\cos x=t$ $(-1\le t\le 1)$로 놓으면

$4t^2+4t+a-4=0$ ……㉠

$f(t)=4t^2+4t+a-4$라 하면

$f(t)=4\left(t+\frac{1}{2}\right)^2+a-5$

이므로 t에 대한 방정식 ㉠이 $-1\le t\le 1$에서 실근을 가지려면 이차함수 $y=f(t)$의 그래프가 오른쪽 그림과 같이 (i) 또는 (ii)와 같거나 (i)과 (ii)

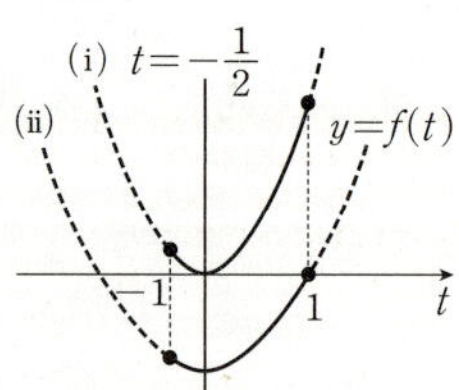

사이에 존재해야 한다.

(ⅰ) $f\left(-\frac{1}{2}\right)=a-5=0 \quad \therefore\ a=5$

(ⅱ) $f(1)=4+4+a-4=0$

$4+a=0 \quad \therefore\ a=-4$

(ⅰ), (ⅱ)에서 조건을 만족시키는 실수 a의 값의 범위는

$-4\le a\le 5$

35

$-\frac{\pi}{2}<x<\frac{\pi}{2}$에서 $0<\cos x\le 1$, 즉 $\cos^2 x>0$이므로

$(\sin x+\cos x)(\sin x-\sqrt{3}\cos x)<0$의 양변을 $\cos^2 x$로 나누면

$\left(\frac{\sin x}{\cos x}+1\right)\left(\frac{\sin x}{\cos x}-\sqrt{3}\right)<0$

$(\tan x+1)(\tan x-\sqrt{3})<0$

$\therefore\ -1<\tan x<\sqrt{3}$

$-\frac{\pi}{2}<x<\frac{\pi}{2}$에서 함수 $y=\tan x$의 그래프와 직선 $y=-1$, $y=\sqrt{3}$은 다음 그림과 같다.

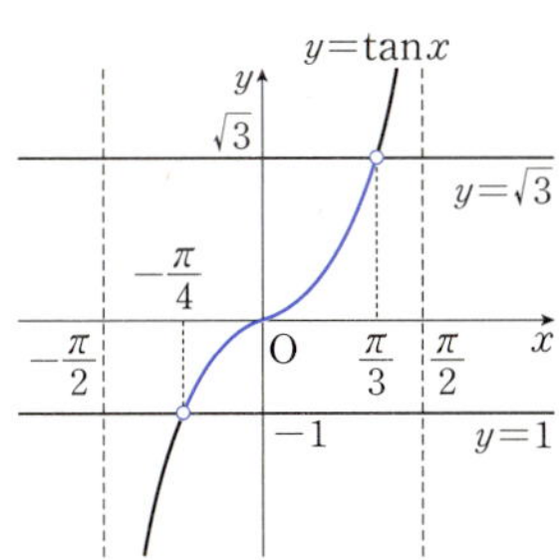

부등식 $-1<\tan x<\sqrt{3}$의 해는 함수 $y=\tan x$의 그래프가 직선 $y=-1$보다 위쪽에 있고 직선 $y=\sqrt{3}$보다 아래쪽에 있는 부분의 x의 값의 범위이므로 구하는 해는

$-\frac{\pi}{4}<x<\frac{\pi}{3}$

답 $-\frac{\pi}{4}<x<\frac{\pi}{3}$

36

$y=\sin x$, $y=\cos x$는 모두 주기가 2π인 함수이므로 $0\le x\le 2\pi$일 때의 연립부등식의 해를 구해 보자.

(ⅰ) $\sin x\ge\cos x$

부등식 $\sin x\ge\cos x$의 해는 함수 $y=\sin x$의 그래프가 함수 $y=\cos x$의 그래프와 만나거나 $y=\cos x$의 그래프보다 위쪽에 있는 부분의 x의 값의 범위이므로 다음 그림에서 이 부등식의 해는

$\frac{\pi}{4}\le x\le\frac{5}{4}\pi$

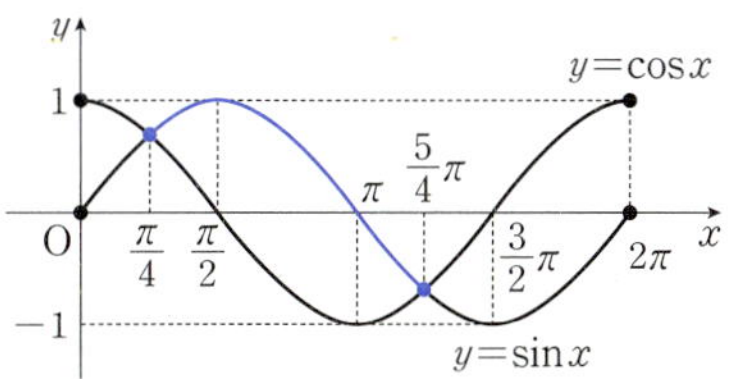

(ⅱ) $2\cos^2 x-\sqrt{3}\sin x+1\ge 0$

$2(1-\sin^2 x)-\sqrt{3}\sin x+1\ge 0$

$2\sin^2 x+\sqrt{3}\sin x-3\le 0$

$(\sin x+\sqrt{3})(2\sin x-\sqrt{3})\le 0$

이때 $-1\le\sin x\le 1$에서 $\sin x+\sqrt{3}>0$이므로

$2\sin x-\sqrt{3}\le 0 \quad \therefore\ \sin x\le\frac{\sqrt{3}}{2}$

부등식 $\sin x\le\frac{\sqrt{3}}{2}$의 해는 함수 $y=\sin x$의 그래프가 직선 $y=\frac{\sqrt{3}}{2}$과 만나거나 직선보다 아래쪽에 있는 부분의 x의 값의 범위이므로 다음 그림에서 주어진 부등식의 해는

$0\le x\le\frac{\pi}{3}$ 또는 $\frac{2}{3}\pi\le x\le 2\pi$

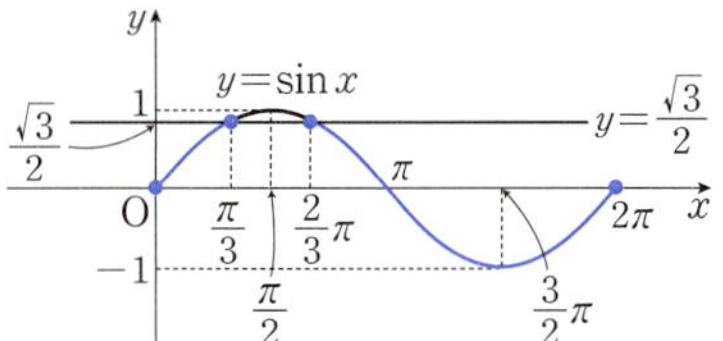

(ⅰ), (ⅱ)에서 $0\le x\le 2\pi$일 때의 주어진 연립부등식의 해는

$\frac{\pi}{4}\le x\le\frac{\pi}{3}$ 또는 $\frac{2}{3}\pi\le x\le\frac{5}{4}\pi$

따라서 주어진 연립부등식을 만족시키는 x의 값으로 가능한 것은 ④ $\frac{3}{4}\pi$이다.

답 ④

37

이차방정식 $x^2-2x+\tan^2\theta-2=0$이 중근을 가지려면 이 이차방정식의 판별식을 D라 할 때, $D=0$이어야 하므로

$\frac{D}{4}=1-(\tan^2\theta-2)=0$

$\tan^2\theta-3=0$, $(\tan\theta+\sqrt{3})(\tan\theta-\sqrt{3})=0$

$\therefore\ \tan\theta=-\sqrt{3}$ 또는 $\tan\theta=\sqrt{3}$

$0\le\theta<2\pi$에서 함수 $y=\tan\theta$의 그래프와 직선 $y=-\sqrt{3}$, $y=\sqrt{3}$은 다음 그림과 같다.

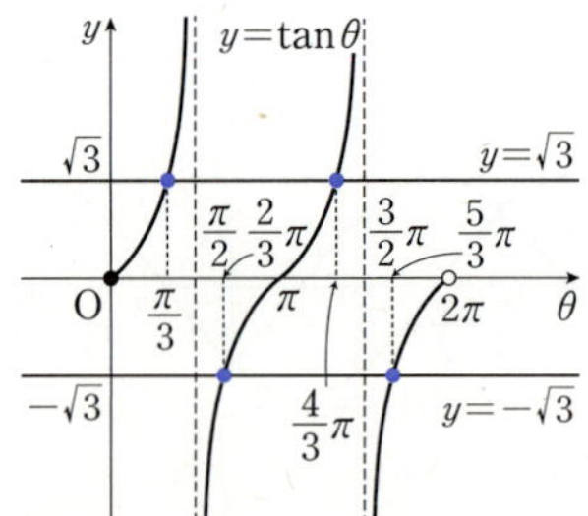

$\tan\theta=-\sqrt{3}$에서 $\theta=\frac{2}{3}\pi$ 또는 $\theta=\frac{5}{3}\pi$

$\tan\theta=\sqrt{3}$에서 $\theta=\frac{\pi}{3}$ 또는 $\theta=\frac{4}{3}\pi$

따라서 모든 θ의 값의 합은

$\frac{\pi}{3}+\frac{2}{3}\pi+\frac{4}{3}\pi+\frac{5}{3}\pi=4\pi$

답 4π

38

모든 실수 x에 대하여 주어진 부등식이 항상 성립하려면 이차방정식 $6x^2+(4\cos\theta)x+\sin\theta=0$의 판별식을 D라 할 때, $D<0$이어야 하므로

$\frac{D}{4}=4\cos^2\theta-6\sin\theta<0$

$4(1-\sin^2\theta)-6\sin\theta<0$

$2\sin^2\theta+3\sin\theta-2>0$

$(2\sin\theta-1)(\sin\theta+2)>0$

이때 $-1\le\sin\theta\le1$에서 $\sin\theta+2>0$이므로

$2\sin\theta-1>0\qquad\therefore\ \sin\theta>\frac{1}{2}$

$0\le\theta<2\pi$에서 함수 $y=\sin\theta$의 그래프와 직선 $y=\frac{1}{2}$은 다음 그림과 같다.

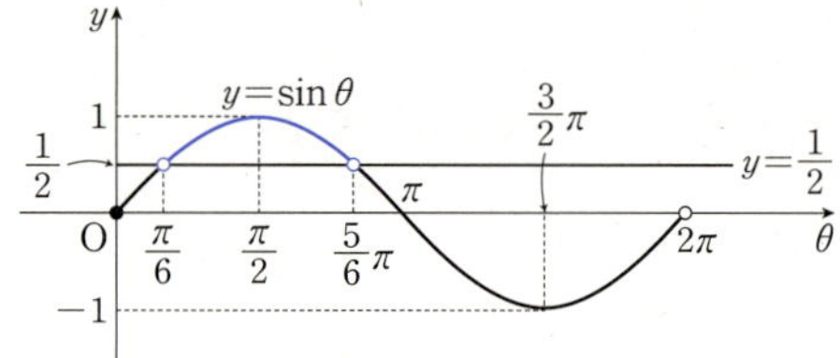

부등식 $\sin\theta>\frac{1}{2}$의 해는 함수 $y=\sin\theta$의 그래프가 직선 $y=\frac{1}{2}$보다 위쪽에 있는 부분의 θ의 값의 범위이므로 조건을 만족시키는 θ의 값의 범위는

$\frac{\pi}{6}<\theta<\frac{5}{6}\pi$

답 $\frac{\pi}{6}<\theta<\frac{5}{6}\pi$

39

이차방정식 $x^2-2x\cos\theta+1-\sin\theta=0$의 두 근이 α, β이므로 근과 계수의 관계에 의하여

$\alpha+\beta=2\cos\theta$, $\alpha\beta=1-\sin\theta$

$\alpha^2+\beta^2=2$에서 $(\alpha+\beta)^2-2\alpha\beta=2$이므로

$(2\cos\theta)^2-2(1-\sin\theta)=2$

$4\cos^2\theta-2+2\sin\theta=2$

$4(1-\sin^2\theta)-4+2\sin\theta=0$

$2\sin^2\theta-\sin\theta=0$, $\sin\theta(2\sin\theta-1)=0$

$\therefore\ \sin\theta=0$ 또는 $\sin\theta=\frac{1}{2}$

$0\le\theta<2\pi$에서 함수 $y=\sin\theta$의 그래프와 직선 $y=\frac{1}{2}$은 다음 그림과 같다.

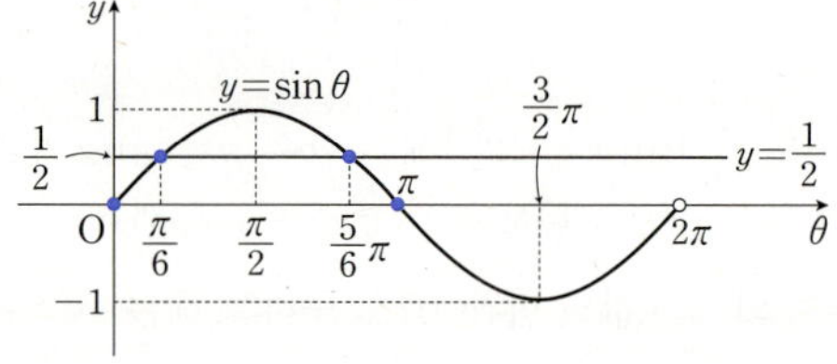

$\sin\theta=0$에서 $\theta=0$ 또는 $\theta=\pi$

$\sin\theta=\frac{1}{2}$에서 $\theta=\frac{\pi}{6}$ 또는 $\theta=\frac{5}{6}\pi$

따라서 모든 θ의 값의 합은

$0+\frac{\pi}{6}+\frac{5}{6}\pi+\pi=2\pi$

답 2π

STEP 1 **개념 마무리** 본문 p.194

19 3π **20** 4π **21** 12

22 $0\le x<\frac{\pi}{2}$ 또는 $\frac{\pi}{2}<x<\frac{7}{6}\pi$ 또는 $\frac{11}{6}\pi<x<2\pi$

23 -3 **24** $\frac{\pi}{3}\le\theta<\frac{\pi}{2}$

19

$\sqrt{3}\tan x+2\sin x=0$에서

$\tan x=\frac{\sin x}{\cos x}$, 즉 $\sin x=\tan x\cos x$이므로

$\sqrt{3}\tan x+2\tan x\cos x=0$

$\tan x(\sqrt{3}+2\cos x)=0$

$\therefore\ \tan x=0$ 또는 $\cos x=-\frac{\sqrt{3}}{2}$

(i) $\tan x=0$일 때,

$x=0$ 또는 $x=\pi$ ($\because\ 0\le x<2\pi$)

(ii) $\cos x=-\frac{\sqrt{3}}{2}$일 때,

$0\le x<2\pi$에서 함수 $y=\cos x$의 그래프와 직선 $y=-\frac{\sqrt{3}}{2}$은 다음 그림과 같다.

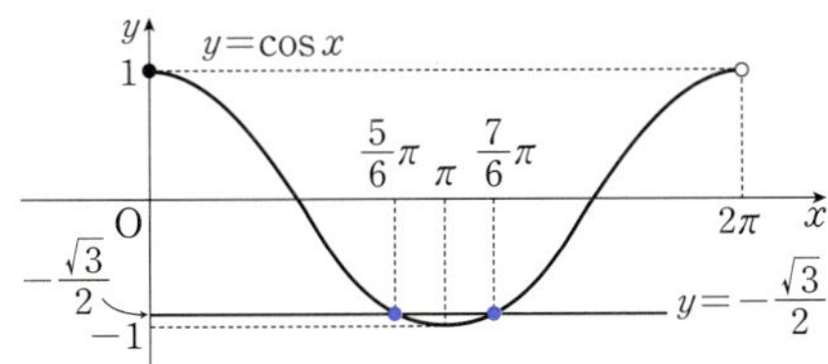

즉, $\cos x=-\frac{\sqrt{3}}{2}$의 해는

$x=\frac{5}{6}\pi$ 또는 $x=\frac{7}{6}\pi$

(i), (ii)에서 주어진 방정식의 모든 근의 합은

$0+\frac{5}{6}\pi+\pi+\frac{7}{6}\pi=3\pi$

답 3π

20

함수 $y=\sin 2x$ $(0\le x\le\pi)$의 최댓값과 최솟값은 각각 1, -1이고, 주기는 $\frac{2\pi}{2}=\pi$이므로 그래프는 다음 그림과 같다.

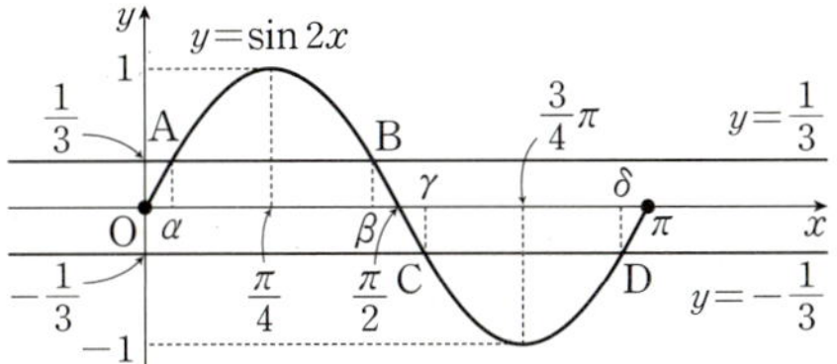

두 점 A, B는 직선 $x=\frac{\pi}{4}$에 대하여 대칭이므로

$\frac{\alpha+\beta}{2}=\frac{\pi}{4}\qquad\therefore\ \alpha+\beta=\frac{\pi}{2}\qquad\cdots\cdots㉠$

두 점 C, D는 직선 $x=\frac{3}{4}\pi$에 대하여 대칭이므로

$\frac{\gamma+\delta}{2}=\frac{3}{4}\pi\qquad\therefore\ \gamma+\delta=\frac{3}{2}\pi\qquad\cdots\cdots㉡$

두 점 B, C는 점 $\left(\frac{\pi}{2},\ 0\right)$에 대하여 대칭이므로 ← 두 점 A, D도 점 $\left(\frac{\pi}{2},\ 0\right)$에 대하여 대칭이므로 $\alpha+\delta=\pi$

$\frac{\beta+\gamma}{2}=\frac{\pi}{2}\qquad\therefore\ \beta+\gamma=\pi\qquad\cdots\cdots㉢$

㉠, ㉡, ㉢에서

$\alpha+3\beta+3\gamma+\delta=(\alpha+\beta)+2(\beta+\gamma)+(\gamma+\delta)$

$=\frac{\pi}{2}+2\times\pi+\frac{3}{2}\pi=4\pi$

답 4π

21

방정식 $3\cos\pi x=\frac{1}{2}|x+1|$의 실근은 함수 $y=3\cos\pi x$의 그래프와 함수 $y=\frac{1}{2}|x+1|$의 그래프의 교점의 x좌표와 같다.

함수 $y=3\cos\pi x$의 최댓값과 최솟값은 각각 3, -3, 주기는 $\frac{2\pi}{\pi}=2$이고, 함수 $y=\frac{1}{2}|x+1|$의 그래프는 점 $(-1,\ 0)$에서 아래로 뾰족하면서 두 점 $(-7,\ 3)$, $(5,\ 3)$을 지나므로 두 함수의 그래프는 다음 그림과 같다.

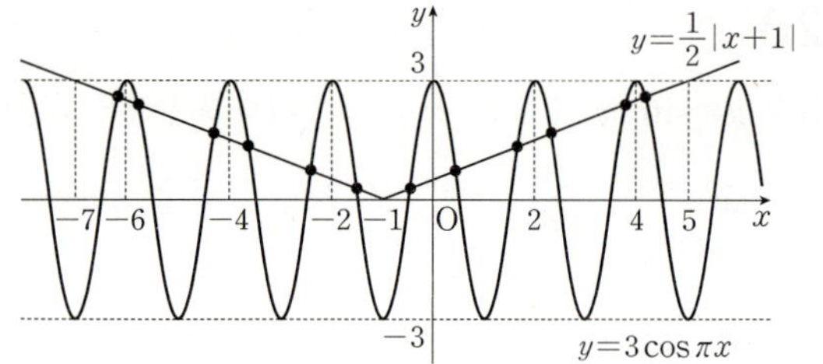

따라서 두 함수 $y=3\cos \pi x$, $y=\frac{1}{2}|x+1|$의 그래프의 교점의 개수는 12이므로 주어진 방정식의 서로 다른 실근의 개수는 12이다.

답 12

22

$4^{\cos^2 x}\times\left(\frac{1}{2}\right)^{-\sin x}-2>0$에서

$2^{2\cos^2 x}\times 2^{\sin x}-2>0$, $2^{2\cos^2 x+\sin x}>2$

(밑)$=2>1$이므로

$2\cos^2 x+\sin x>1$, $2\cos^2 x+\sin x-1>0$

$2(1-\sin^2 x)+\sin x-1>0$, $2\sin^2 x-\sin x-1<0$

$(2\sin x+1)(\sin x-1)<0$

$\therefore\ -\frac{1}{2}<\sin x<1$ ……㉠

$0\le x<2\pi$에서 함수 $y=\sin x$의 그래프와 직선 $y=-\frac{1}{2}$은 다음 그림과 같다.

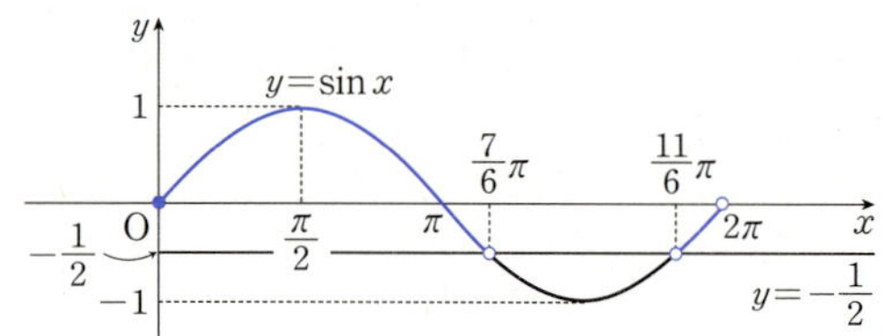

즉, 부등식 $\sin x>-\frac{1}{2}$의 해는

$0\le x<\frac{7}{6}\pi$ 또는 $\frac{11}{6}\pi<x<2\pi$

그런데 ㉠에서 $\sin x\ne 1$이므로 $x\ne\frac{\pi}{2}$ ($\because\ 0\le x<2\pi$)

따라서 주어진 부등식의 해는

$0\le x<\frac{\pi}{2}$ 또는 $\frac{\pi}{2}<x<\frac{7}{6}\pi$ 또는 $\frac{11}{6}\pi<x<2\pi$

답 $0\le x<\frac{\pi}{2}$ 또는 $\frac{\pi}{2}<x<\frac{7}{6}\pi$ 또는 $\frac{11}{6}\pi<x<2\pi$

23

$\sin^2\theta-4\sin\theta-k\ge 0$에서 $\sin\theta=t$로 놓으면

$-1\le t\le 1$이고 $t^2-4t-k\ge 0$ ……㉠

$f(t)=t^2-4t-k$라 하면

$f(t)=(t-2)^2-k-4$

$-1\le t\le 1$에서 함수 $y=f(t)$의 그래프는 오른쪽 그림과 같으므로 $f(t)$는 $t=1$일 때 최솟값 $f(1)=-k-3$을 갖는다.

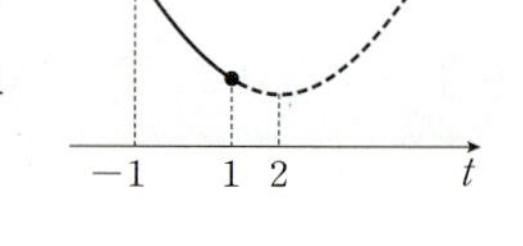

즉, 모든 실수 θ에 대하여 주어진 부등식이 항상 성립하려면 $-1\le t\le 1$에서 부등식 ㉠이 항상 성립해야 하므로

$-k-3\ge 0$ $\therefore\ k\le -3$

따라서 실수 k의 최댓값은 -3이다.

답 -3

24

이차방정식 $2x^2+(2\sqrt{2}\sin\theta)x+\frac{3}{2}\cos\theta=0$의 두 근을 α, β라 할 때, 두 근이 모두 음수이려면 다음과 같아야 한다.

(i) 주어진 이차방정식이 실근을 가져야 하므로 판별식을 D라 할 때, $D\ge 0$이어야 한다.

$\frac{D}{4}=(\sqrt{2}\sin\theta)^2-3\cos\theta\ge 0$

$2\sin^2\theta-3\cos\theta\ge 0$, $2(1-\cos^2\theta)-3\cos\theta\ge 0$

$2\cos^2\theta+3\cos\theta-2\le 0$

$(2\cos\theta-1)(\cos\theta+2)\le 0$

이때 $-1\le\cos\theta\le 1$에서 $\cos\theta+2>0$이므로

$2\cos\theta-1\le 0$ $\therefore\ \cos\theta\le\frac{1}{2}$

$0\le\theta<2\pi$에서 함수 $y=\cos\theta$의 그래프와 직선 $y=\frac{1}{2}$은 다음 그림과 같다.

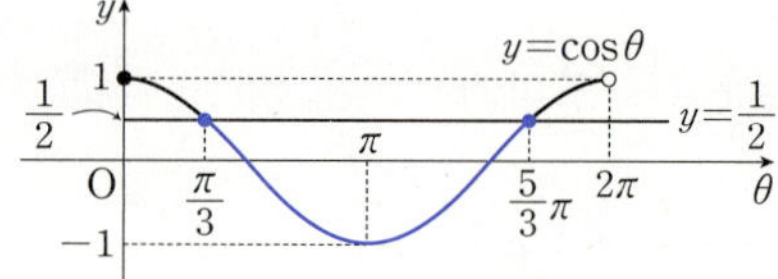

따라서 부등식 $\cos\theta\le\frac{1}{2}$의 해는

$\frac{\pi}{3}\le\theta\le\frac{5}{3}\pi$ ……㉠

(ii) 두 근의 합은 음수이므로

$\alpha+\beta=-\sqrt{2}\sin\theta<0$

$\therefore \sin\theta>0$ ……㉡

(iii) 두 근의 곱은 양수이므로

$\alpha\beta=\dfrac{3}{4}\cos\theta>0$

$\therefore \cos\theta>0$ ……㉢

㉡, ㉢에서 θ는 제1사분면의 각이다.

즉, $0<\theta<\dfrac{\pi}{2}$ ……㉣

㉠, ㉣에서 θ의 값의 범위는

$\dfrac{\pi}{3}\le\theta<\dfrac{\pi}{2}$

답 $\dfrac{\pi}{3}\le\theta<\dfrac{\pi}{2}$

STEP 2 개념 마무리

본문 p.195

1 12초	**2** $\dfrac{8}{15}$	**3** 24	**4** 0
5 12	**6** $\dfrac{5}{3}\pi<x<\dfrac{11}{6}\pi$		

1

물레방아의 반지름의 길이는 2m이고, 점 A가 점 P를 지나는 순간의 지면으로부터의 높이가 1m이므로 함수 $h(x)=a\sin b(x+9)+c$의 최댓값과 최솟값은 각각 $2\times2+1=5$, 1이다.

즉, $|a|+c=5$, $-|a|+c=1$이므로

$a+c=5$, $-a+c=1$ ($\because a>0$)

위의 두 식을 연립하여 풀면

$a=2$, $c=3$

또한, $h(0)=1$이므로 $a\sin 9b+c=1$

$2\sin 9b+3=1$, $\sin 9b=-1$

즉, $9b=\dfrac{3}{2}\pi+2n\pi$ (n은 정수)이므로

$b=\dfrac{3+4n}{18}\pi$

그런데 $0<b<\dfrac{\pi}{3}$이므로

$0<\dfrac{3+4n}{18}\pi<\dfrac{\pi}{3}$

$-\dfrac{3}{4}<n<\dfrac{3}{4}$ $\quad\therefore n=0$ ($\because n$은 정수)

$\therefore b=\dfrac{\pi}{6}$

즉, $h(x)=2\sin\dfrac{\pi}{6}(x+9)+3$에서 함수 $h(x)$의 주기는

$\dfrac{2\pi}{\frac{\pi}{6}}=12$이므로 점 A가 점 P에서 출발하여 처음으로 다시 점 P를 지날 때까지 걸리는 시간은 12초이다.

답 12초

2

$\cos\theta=x$, $\sin\theta=y$로 놓으면

$\cos^2\theta+\sin^2\theta=1$이므로

$x^2+y^2=1$ ……㉠

$t=\dfrac{\sin\theta+1}{-\cos\theta+4}$로 놓으면

$t=\dfrac{y+1}{-x+4}$, $y+1=t(-x+4)$

$tx+y-4t+1=0$ ……㉡

두 식 ㉠, ㉡을 모두 만족시키는 실수 θ가 존재해야 하므로 ㉠, ㉡의 그래프는 만나야 한다.

즉, 오른쪽 그림과 같이 원 ㉠과 직선 ㉡이 만나려면 원의 중심 (0, 0)과 직선 ㉡ 사이의 거리가 원의 반지름의 길이인 1보다 작거나 같아야 하므로

$\dfrac{|-4t+1|}{\sqrt{t^2+1}}\le1$

$(-4t+1)^2\le t^2+1$ ($\because \sqrt{t^2+1}>0$)

$15t^2-8t\le0$, $t(15t-8)\le0$

$\therefore 0\le t\le\dfrac{8}{15}$

따라서 t의 최댓값은 $\dfrac{8}{15}$이므로 구하는 최댓값은 $\dfrac{8}{15}$이다.

답 $\dfrac{8}{15}$

3

함수 $y=4\sin\frac{1}{4}(x-\pi)$의 그래프와 직선 $y=2$의 교점의 x좌표는

$4\sin\frac{1}{4}(x-\pi)=2$에서 $\sin\frac{x-\pi}{4}=\frac{1}{2}$

이때 $\frac{x-\pi}{4}=t$로 놓으면 $0\le x\le 10\pi$에서

$-\frac{\pi}{4}\le\frac{x-\pi}{4}\le\frac{9}{4}\pi \quad \therefore -\frac{\pi}{4}\le t\le\frac{9}{4}\pi$

$-\frac{\pi}{4}\le t\le\frac{9}{4}\pi$에서 함수 $y=\sin t$의 그래프와 직선 $y=\frac{1}{2}$은 다음 그림과 같다.

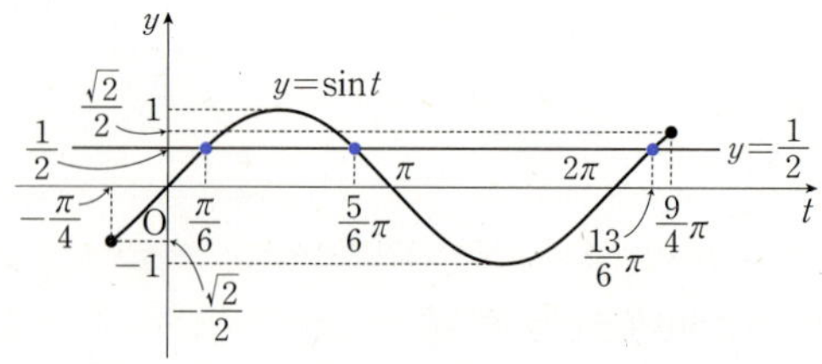

$\sin t=\frac{1}{2}$에서 $t=\frac{\pi}{6}$ 또는 $t=\frac{5}{6}\pi$ 또는 $t=\frac{13}{6}\pi$이고,

$t=\frac{x-\pi}{4}$이므로

$\frac{x-\pi}{4}=\frac{\pi}{6}$ 또는 $\frac{x-\pi}{4}=\frac{5}{6}\pi$ 또는 $\frac{x-\pi}{4}=\frac{13}{6}\pi$

$\therefore x=\frac{5}{3}\pi$ 또는 $x=\frac{13}{3}\pi$ 또는 $x=\frac{29}{3}\pi$

즉, 곡선 $y=4\sin\frac{1}{4}(x-\pi)$와 직선 $y=2$의 교점의 좌표는

$\left(\frac{5}{3}\pi,\ 2\right)$, $\left(\frac{13}{3}\pi,\ 2\right)$, $\left(\frac{29}{3}\pi,\ 2\right)$

곡선 $y=4\sin\frac{1}{4}(x-\pi)$ 위의 점 P와 직선 $y=2$ 사이의 거리를 h라 하면 함수 $y=4\sin\frac{1}{4}(x-\pi)$의 치역이 $\{y\,|\,-4\le y\le 4\}$이고, 점 P는 직선 $y=2$ 위의 점이 아니므로

$0<h\le 6$

이때 $\overline{AB}$의 최댓값은 $\frac{29}{3}\pi-\frac{5}{3}\pi=8\pi$이므로

삼각형 PAB의 넓이는

$\frac{1}{2}\times\overline{AB}\times h\le\frac{1}{2}\times 8\pi\times 6=24\pi$

따라서 삼각형 PAB의 넓이의 최댓값은 24π이므로

$k=24$

답 24

보충 설명

함수 $y=4\sin\frac{1}{4}(x-\pi)$의 최댓값, 최솟값은 각각 4, -4, 주기는 $\frac{2\pi}{\frac{1}{4}}=8\pi$이고, 그래프는 곡선 $y=4\sin\frac{1}{4}x$를 x축의 방향으로 π만큼 평행이동한 것이므로 $0\le x\le 10\pi$에서 함수 $y=4\sin\frac{1}{4}(x-\pi)$의 그래프와 직선 $y=2$는 다음 그림과 같다.

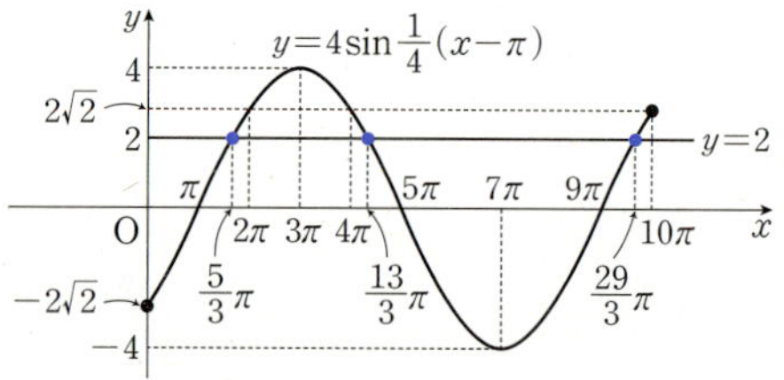

$\overline{AB}$는 두 점 A, B가 $\left(\frac{5}{3}\pi,\ 2\right)$, $\left(\frac{29}{3}\pi,\ 2\right)$일 때 최대이므로

$(\overline{AB}$의 최댓값$)=\frac{29}{3}\pi-\frac{5}{3}\pi=8\pi$

높이는 점 P가 점 $(7\pi,\ -4)$와 일치할 때 최대이므로

$(h$의 최댓값$)=2-(-4)=6$

4

$0\le x\le 2\pi$에서 방정식 $\tan x=4$의 서로 다른 두 실근이 α, β이므로 함수 $y=\tan x$의 그래프와 직선 $y=4$의 두 교점의 x좌표가 각각 α, β이고, 방정식 $\tan x=\frac{1}{4}$의 서로 다른 두 실근이 γ, δ이므로 함수 $y=\tan x$의 그래프와 직선 $y=\frac{1}{4}$의 두 교점의 x좌표가 각각 γ, δ이다.

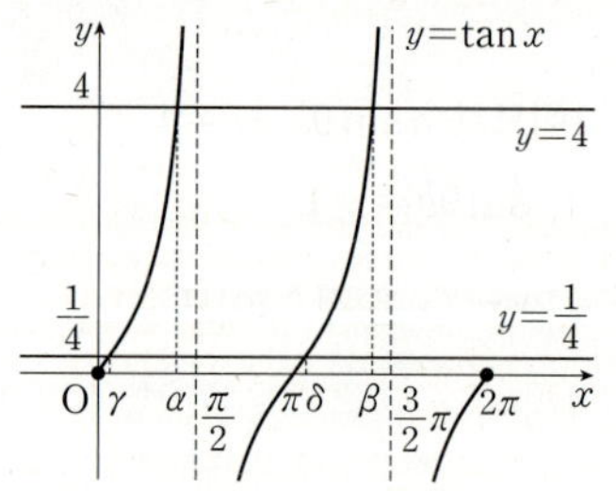

이때 $\alpha<\beta$, $\gamma<\delta$라 하면 $\beta=\pi+\alpha$, $\delta=\pi+\gamma$

또한, $\tan\alpha=4$, $\tan\gamma=\frac{1}{4}$이므로

$\tan\alpha=\frac{1}{\tan\gamma}=\tan\left(\frac{\pi}{2}-\gamma\right)$

즉, $\alpha=n\pi+\frac{\pi}{2}-\gamma$ (n은 정수)이므로

$\alpha+\gamma=n\pi+\frac{\pi}{2}$

그런데 $0\le\alpha<\frac{\pi}{2}$, $0\le\gamma<\frac{\pi}{2}$이므로

$\alpha+\gamma=\frac{\pi}{2}$ ······㉠

$\therefore\ \beta+\delta=(\pi+\alpha)+(\pi+\gamma)$

$=2\pi+(\alpha+\gamma)=\frac{5}{2}\pi$ ······㉡

㉠, ㉡에서 $\alpha+\beta+\gamma+\delta=3\pi$이므로

$\sin(\alpha+\beta+\gamma+\delta)=\sin 3\pi=0$

답 0

5

두 함수 $y=\sin 6x$, $y=-\sin 6x$의 주기는 모두

$\frac{2\pi}{6}=\frac{\pi}{3}$

이므로 조건 (나), (다)에 의하여 $0\le x\le\pi$에서 함수 $y=f(x)$의 그래프는 다음 그림과 같다.

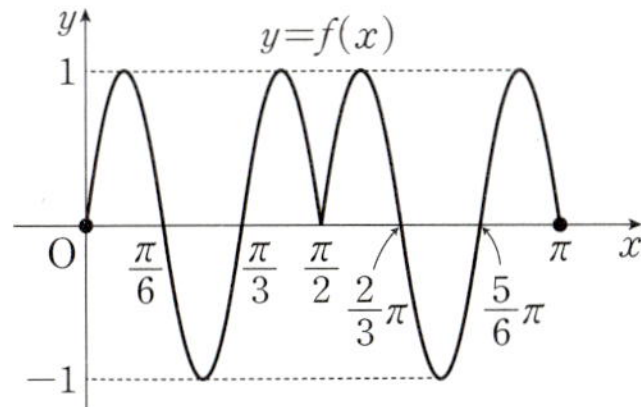

이때 방정식 $f(x)=\frac{x}{\pi}$의 실근의 개수는 함수 $y=f(x)$의 그래프와 직선 $y=\frac{x}{\pi}$의 교점의 개수와 같다.

조건 (가)에서 함수 $f(x)$의 주기는 $\frac{\pi}{2}$이고, 직선 $y=\frac{x}{\pi}$는 두 점 $(\pi,\ 1)$, $(-\pi,\ -1)$을 지나므로 두 함수의 그래프는 다음 그림과 같다.

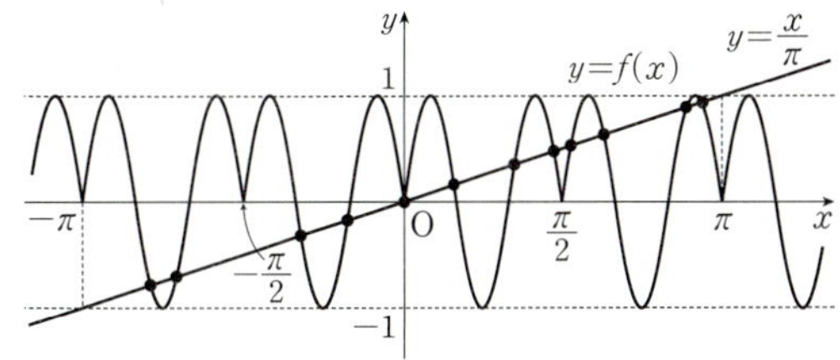

따라서 함수 $y=f(x)$의 그래프와 직선 $y=\frac{x}{\pi}$의 교점의 개수는 12이므로 주어진 방정식의 서로 다른 실근의 개수는 12이다.

답 12

6

$\frac{3}{2}\pi<x<2\pi$에서 $0<\cos x<1$ ······㉠

이때 $0<2\cos x<2$이고, 삼각형의 세 변의 길이가 1, 2, $2\cos x$이므로 가장 긴 변의 길이는 2이다.

삼각형이 될 조건에 의하여

(가장 긴 변의 길이)<(나머지 두 변의 길이의 합)

이므로

$2<1+2\cos x$ $\quad\therefore\ \cos x>\frac{1}{2}$ ······㉡

또한, 이 삼각형이 둔각삼각형이 되려면

$1^2+(2\cos x)^2<2^2$이어야 하므로 $4\cos^2 x<3$

$\cos^2 x<\frac{3}{4}$ $\quad\therefore\ -\frac{\sqrt{3}}{2}<\cos x<\frac{\sqrt{3}}{2}$ ······㉢

㉠, ㉡, ㉢에서 $\frac{1}{2}<\cos x<\frac{\sqrt{3}}{2}$

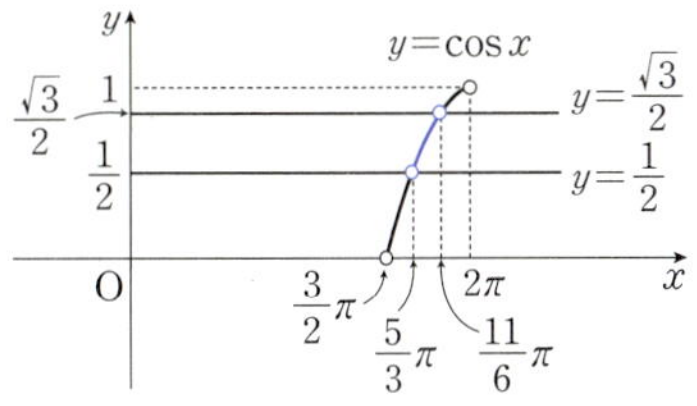

$\frac{3}{2}\pi<x<2\pi$에서 함수 $y=\cos x$의 그래프와 두 직선 $y=\frac{1}{2}$, $y=\frac{\sqrt{3}}{2}$은 위의 그림과 같으므로 구하는 x의 값의 범위는

$\frac{5}{3}\pi<x<\frac{11}{6}\pi$

답 $\frac{5}{3}\pi<x<\frac{11}{6}\pi$

07. 삼각함수의 활용

1 사인법칙과 코사인법칙

기본+필수연습 본문 pp.203~210

01	(1) $60°$ (2) 2			**02**	(1) $5\sqrt{2}$ (2) 1		
03	(1) 5 (2) $\frac{3\sqrt{3}}{14}$			**04**	$45°$	**05**	$\frac{24}{25}$
06	$\frac{5}{3}$	**07**	$4\sqrt{6}$	**08**	1	**09**	$\frac{\sqrt{15}}{6}$
10	$2+\sqrt{3}$	**11**	$3\sqrt{21}$	**12**	8	**13**	129
14	$\frac{1}{2}$	**15**	4				

16 (1) 정삼각형
(2) $a=b$인 이등변삼각형 또는 $C=90°$인 직각삼각형

17	$B=90°$인 직각삼각형	**18**	$60\sqrt{3}$m	**19**	30

01

(1) 사인법칙에 의하여 $\frac{a}{\sin A}=\frac{c}{\sin C}$이므로

$$\sin C=\frac{c\sin A}{a}=\frac{2\sqrt{3}\sin 30°}{2}=\frac{2\sqrt{3}\times\frac{1}{2}}{2}=\frac{\sqrt{3}}{2}$$

이때 $0°<C<90°$이므로 $C=60°$

(2) 사인법칙에 의하여 $2R=\frac{a}{\sin A}$이므로

$$R=\frac{a}{2\sin A}=\frac{2}{2\sin 30°}=\frac{2}{2\times\frac{1}{2}}=2$$

답 (1) $60°$ (2) 2

02

(1) 삼각형 ABC의 외접원의 반지름의 길이를 R이라 하면 $R=5$

사인법칙에 의하여

$$\overline{BC}=2R\sin A=10\sin 45°=10\times\frac{\sqrt{2}}{2}=5\sqrt{2}$$

(2) 사인법칙에 의하여

$\overline{BC}:\overline{CA}:\overline{AB}=\sin A:\sin B:\sin C$이므로

$\sin A:\sin B:\sin C=5:4:5$

즉, 양수 k에 대하여 $\sin A=5k$, $\sin B=4k$, $\sin C=5k$이므로

$$\frac{\sin C}{\sin A}=\frac{5k}{5k}=1$$

답 (1) $5\sqrt{2}$ (2) 1

03

(1) 코사인법칙에 의하여

$$\begin{aligned}b^2&=c^2+a^2-2ca\cos B\\&=6^2+3^2-2\times6\times3\times\frac{5}{9}\\&=36+9-20=25\end{aligned}$$

이때 $b>0$이므로 $b=\sqrt{25}=5$

(2) 코사인법칙에 의하여

$$\begin{aligned}a^2&=b^2+c^2-2bc\cos A\\&=3^2+5^2-2\times3\times5\times\cos 120°\\&=9+25-2\times3\times5\times\left(-\frac{1}{2}\right)\\&=49\end{aligned}$$

($\cos 120°=\cos(180°-60°)=-\cos 60°$)

이때 $a>0$이므로 $a=\sqrt{49}=7$

또한, 사인법칙에 의하여 $\frac{a}{\sin A}=\frac{b}{\sin B}$이므로

$$\sin B=\frac{b\sin A}{a}=\frac{3\sin 120°}{7}=\frac{3\times\frac{\sqrt{3}}{2}}{7}=\frac{3\sqrt{3}}{14}$$

($\sin 120°=\sin(180°-60°)=\sin 60°$)

답 (1) 5 (2) $\frac{3\sqrt{3}}{14}$

04

코사인법칙에 의하여

$$\begin{aligned}\cos A&=\frac{b^2+c^2-a^2}{2bc}\\&=\frac{(3\sqrt{2})^2+(3+\sqrt{3})^2-(2\sqrt{3})^2}{2\times3\sqrt{2}\times(3+\sqrt{3})}\\&=\frac{\sqrt{2}}{2}\end{aligned}$$

이때 $0°<A<180°$이므로

$A=45°$

답 $45°$

05

사인법칙에 의하여

$\frac{5}{\sin 150^\circ}=\frac{2}{\sin C}$이므로

$5\sin C=2\underline{\sin 150^\circ}$

$\sin 150^\circ=\sin(180^\circ-30^\circ)=\sin 30^\circ$

$5\sin C=2\times\frac{1}{2}$ $\quad\therefore\ \sin C=\frac{1}{5}$

이때 $\sin^2 C+\cos^2 C=1$이므로

$\cos^2 C=1-\sin^2 C=1-\left(\frac{1}{5}\right)^2=\frac{24}{25}$

답 $\frac{24}{25}$

06

점 M은 변 BC의 중점이므로 양수 k에 대하여

$\overline{\mathrm{BM}}=\overline{\mathrm{CM}}=k$

삼각형 ABM에서 $\angle\mathrm{BMA}=\theta$라 하면 사인법칙에 의하여

$\frac{k}{\sin\alpha}=\frac{10}{\sin\theta}$ $\quad\therefore\ \sin\alpha=\frac{k\sin\theta}{10}$

삼각형 AMC에서 $\angle\mathrm{CMA}=180^\circ-\theta$이므로 사인법칙에 의하여

$\frac{k}{\sin\beta}=\frac{6}{\sin(180^\circ-\theta)}$, 즉 $\frac{k}{\sin\beta}=\frac{6}{\sin\theta}$

$\therefore\ \sin\beta=\frac{k\sin\theta}{6}$

$\therefore\ \frac{\sin\beta}{\sin\alpha}=\frac{\frac{k\sin\theta}{6}}{\frac{k\sin\theta}{10}}=\frac{5}{3}$

답 $\frac{5}{3}$

07

호 AB에 대한 원주각의 크기는 모두 같으므로

$\angle\mathrm{ACB}=\angle\mathrm{ADB}=45^\circ$

삼각형 ABC에서 사인법칙에 의하여

$\frac{\overline{\mathrm{AC}}}{\sin 60^\circ}=\frac{\overline{\mathrm{AB}}}{\sin C}$, 즉 $\frac{\overline{\mathrm{AC}}}{\sin 60^\circ}=\frac{8}{\sin 45^\circ}$이므로

$\overline{\mathrm{AC}}=\frac{8\sin 60^\circ}{\sin 45^\circ}=\frac{8\times\frac{\sqrt{3}}{2}}{\frac{\sqrt{2}}{2}}=4\sqrt{6}$

답 $4\sqrt{6}$

보충 설명

원주각의 성질 | 한 원에서 한 호에 대한 원주각의 크기는 모두 같다. 즉,

$\angle\mathrm{APB}=\angle\mathrm{AQB}$

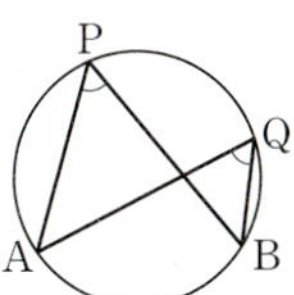

08

$A+B+C=180^\circ$이고 $A:B:C=1:1:2$이므로

$A=B=\frac{1}{1+1+2}\times 180^\circ=45^\circ$,

$C=\frac{2}{1+1+2}\times 180^\circ=90^\circ$

따라서 사인법칙에 의하여

$a:b:c=\sin 45^\circ:\sin 45^\circ:\sin 90^\circ$

$=\frac{\sqrt{2}}{2}:\frac{\sqrt{2}}{2}:1=1:1:\sqrt{2}$

$a=k,\ b=k,\ c=\sqrt{2}k$ (k는 양수)로 놓으면

$\frac{a^2+b^2}{c^2}=\frac{k^2+k^2}{(\sqrt{2}k)^2}=\frac{2k^2}{2k^2}=1$

답 1

09

조건 (가)에서 $\overline{\mathrm{BC}}:\overline{\mathrm{CA}}:\overline{\mathrm{AB}}=2:3:4$이므로

사인법칙에 의하여

$\sin A:\sin B:\sin C=2:3:4$

즉, 양수 k에 대하여

$\sin A=2k,\ \sin B=3k,\ \sin C=4k$

이때 조건 (나)에서 $\sin A+\sin B+\sin C=\frac{9\sqrt{15}}{16}$이므로

$2k+3k+4k=\frac{9\sqrt{15}}{16}$, $9k=\frac{9\sqrt{15}}{16}$ $\quad\therefore\ k=\frac{\sqrt{15}}{16}$

따라서 $\sin A=\frac{\sqrt{15}}{8}$, $\sin B=\frac{3\sqrt{15}}{16}$, $\sin C=\frac{\sqrt{15}}{4}$이므로

$\sin A\div\sin B\times\sin C=\frac{\sin A\times\sin C}{\sin B}$

$=\frac{\frac{\sqrt{15}}{8}\times\frac{\sqrt{15}}{4}}{\frac{3\sqrt{15}}{16}}=\frac{\frac{15}{32}}{\frac{3\sqrt{15}}{16}}=\frac{\sqrt{15}}{6}$

답 $\frac{\sqrt{15}}{6}$

10

원의 중심을 O라 하면 부채꼴의 호의 길이는 중심각의 크기에 정비례하므로

$\overset{\frown}{AB} : \overset{\frown}{BC} : \overset{\frown}{CA} = \angle AOB : \angle BOC : \angle COA$

$= C : A : B$ ← 중심각의 크기는 원주각의 크기에 정비례한다.

$\overset{\frown}{AB} : \overset{\frown}{BC} : \overset{\frown}{CA} = 1:2:3$이고, $A+B+C=180°$이므로

삼각형 ABC에서

$A=\frac{2}{1+2+3}\times180°=60°,\ B=\frac{3}{1+2+3}\times180°=90°,$

$C=\frac{1}{1+2+3}\times180°=30°$ ——(*)

따라서 사인법칙에 의하여

$a:b:c=\sin60°:\sin90°:\sin30°$

$=\frac{\sqrt{3}}{2}:1:\frac{1}{2}=\sqrt{3}:2:1$

$a=\sqrt{3}k,\ b=2k,\ c=k$ (k는 양수)로 놓으면

$\frac{\overline{BC}+\overline{CA}}{\overline{AB}}=\frac{a+b}{c}=\frac{\sqrt{3}k+2k}{k}=2+\sqrt{3}$

답 $2+\sqrt{3}$

다른 풀이

(*)에서 원의 반지름의 길이를 R이라 하자.

삼각형 ABC에서 사인법칙에 의하여

$a=2R\sin60°=\sqrt{3}R,\ b=2R\sin90°=2R,$

$c=2R\sin30°=R$

$\therefore \frac{\overline{BC}+\overline{CA}}{\overline{AB}}=\frac{a+b}{c}=\frac{\sqrt{3}R+2R}{R}=2+\sqrt{3}$

11

$\overline{AB}:\overline{AC}=3:1$이므로

$\overline{AB}=3k,\ \overline{AC}=k$ (k는 양수)로 놓으면 코사인법칙에 의하여

$\overline{BC}^2=k^2+(3k)^2-2\times k\times3k\times\cos60°$

$=k^2+9k^2-2\times k\times3k\times\frac{1}{2}=7k^2$

$\overline{BC}>0$이므로 $\overline{BC}=\sqrt{7}k$

이때 삼각형 ABC의 외접원의 반지름의 길이가 7이므로

사인법칙에 의하여

$\frac{\sqrt{7}k}{\sin60°}=2\times7,\ \frac{\sqrt{7}k}{\frac{\sqrt{3}}{2}}=14 \qquad \therefore k=\sqrt{21}$

$\therefore \overline{AB}=3k=3\sqrt{21}$

답 $3\sqrt{21}$

12

$\angle BAD=\theta$라 하면

✦사각형 ABCD가 원에 내접하므로

$\angle BCD+\theta=180°$

$\therefore \angle BCD=180°-\theta$

삼각형 BCD에서 코사인법칙에 의하여

$\overline{BD}^2=5^2+7^2-2\times5\times7\times\cos(180°-\theta)$

$=25+49+2\times5\times7\times\cos\theta$

$=74+70\cos\theta$ ……㉠

한편, $\sin\theta=\frac{4\sqrt{3}}{7}$이므로 $\sin^2\theta+\cos^2\theta=1$에서

$\cos^2\theta=1-\sin^2\theta$

$=1-\left(\frac{4\sqrt{3}}{7}\right)^2$

$=1-\frac{48}{49}=\frac{1}{49}$

이때 $90°<\theta<180°$이므로 $\cos\theta=-\frac{1}{7}$

제2사분면의 각에서 $\cos\theta<0$

이것을 ㉠에 대입하면

$\overline{BD}^2=74+70\times\left(-\frac{1}{7}\right)=64$

$\therefore \overline{BD}=8\ (\because \overline{BD}>0)$

답 8

13

$\angle A$의 이등분선이 변 BC와 만나는 점이 D이므로

$\overline{BD}:\overline{CD}=\overline{AB}:\overline{AC}$

$=10:15=2:3$

$\therefore \overline{BD}=2k,\ \overline{CD}=3k$ (단, k는 양수)

이때 $\angle BAD=\angle DAC=\theta$라 하면 삼각형 ABD에서

코사인법칙에 의하여

$\cos\theta=\frac{8^2+10^2-(2k)^2}{2\times8\times10}$

$=\frac{164-4k^2}{160}$ ……㉠

또한, 삼각형 ADC에서 코사인법칙에 의하여

$\cos\theta=\frac{8^2+15^2-(3k)^2}{2\times8\times15}$

$=\frac{289-9k^2}{240}$ ……㉡

㉠, ㉡에서

$\frac{164-4k^2}{160}=\frac{289-9k^2}{240}$

$240\times(164-4k^2)=160\times(289-9k^2)$

$492-12k^2=578-18k^2$, $6k^2=86$

즉, $k^2=\frac{43}{3}$이므로

$\overline{CD}^2=(3k)^2=9k^2=9\times\frac{43}{3}=129$

답 129

14

삼각형 ABC의 외접원의 반지름의 길이를 R이라 하면 사인법칙에 의하여

$\sin A=\frac{a}{2R}$, $\sin B=\frac{b}{2R}$, $\sin C=\frac{c}{2R}$

$2\sin A=2\sqrt{3}\sin B=\sqrt{3}\sin C$에서

$2\times\frac{a}{2R}=2\sqrt{3}\times\frac{b}{2R}=\sqrt{3}\times\frac{c}{2R}$

$\therefore\ 2a=2\sqrt{3}b=\sqrt{3}c$

이때 $2a=2\sqrt{3}b=\sqrt{3}c=k\ (k>0)$라 하면

$a=\frac{k}{2}$, $b=\frac{k}{2\sqrt{3}}$, $c=\frac{k}{\sqrt{3}}$

따라서 코사인법칙에 의하여

$$\cos A=\frac{b^2+c^2-a^2}{2bc}=\frac{\left(\frac{k}{2\sqrt{3}}\right)^2+\left(\frac{k}{\sqrt{3}}\right)^2-\left(\frac{k}{2}\right)^2}{2\times\frac{k}{2\sqrt{3}}\times\frac{k}{\sqrt{3}}}$$

$$=\frac{\frac{k^2}{6}}{\frac{k^2}{3}}=\frac{1}{2}$$

답 $\frac{1}{2}$

다른 풀이

양수 k에 대하여 $2\sin A=2\sqrt{3}\sin B=\sqrt{3}\sin C=k$로 놓으면 사인법칙에 의하여

$a:b:c=\sin A:\sin B:\sin C$

$=\frac{k}{2}:\frac{k}{2\sqrt{3}}:\frac{k}{\sqrt{3}}=\sqrt{3}:1:2$

즉, 양수 l에 대하여 $a=\sqrt{3}l$, $b=l$, $c=2l$이므로 코사인법칙에 의하여

$\cos A=\frac{l^2+(2l)^2-(\sqrt{3}l)^2}{2\times l\times 2l}=\frac{2l^2}{4l^2}=\frac{1}{2}$

15

$0°<\theta<180°$에서 함수 $y=\cos\theta$는 θ의 값이 증가함에 따라 y의 값이 감소하므로 θ가 최대일 때 $\cos\theta$의 값은 최소가 된다. 즉, A의 크기가 최대일 때 $\cos A$의 값은 최소가 된다.

$\overline{AC}=x\ (x>0)$로 놓으면 삼각형 ABC에서 코사인법칙에 의하여

$\cos A=\frac{x^2+5^2-3^2}{2\times x\times 5}=\frac{x^2+16}{10x}=\frac{x}{10}+\frac{8}{5x}$

이때 $\frac{x}{10}>0$, $\frac{8}{5x}>0$이므로 산술평균과 기하평균의 관계에 의하여

$\cos A=\frac{x}{10}+\frac{8}{5x}\ge 2\sqrt{\frac{x}{10}\times\frac{8}{5x}}=\frac{4}{5}$

$\left(\text{단, 등호는 } \frac{x}{10}=\frac{8}{5x}\text{일 때 성립}\right)$

따라서 A의 크기가 최대, 즉 $\cos A$의 값이 최소일 때 x의 값은

$\frac{x}{10}=\frac{8}{5x}$에서 $x^2=16$ $\quad\therefore\ x=4\ (\because\ x>0)$

따라서 A의 크기가 최대가 되도록 하는 $\overline{AC}$의 길이는 4이다.

답 4

보충 설명

삼각형 ABC에서 $\overline{BC}=3$이므로 점 C는 직선 AB 위에 있지 않으면서 중심이 B이고, 반지름의 길이가 3인 원 위의 점이다.

A의 크기가 최대이려면 오른쪽 그림과 같이 직선 AC가 이 원과 접해야 하므로

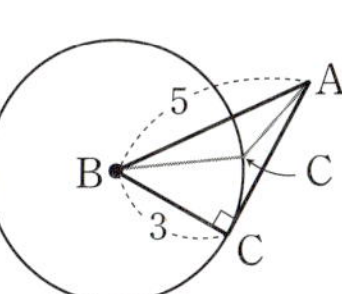

$C=90°$

즉, △ABC는 $C=90°$인 직각삼각형이므로

$\overline{AC}=\sqrt{\overline{AB}^2-\overline{BC}^2}=\sqrt{5^2-3^2}=4$

16

삼각형 ABC의 외접원의 반지름의 길이를 R이라 하면 사인법칙에 의하여

$\sin A=\frac{a}{2R}$, $\sin B=\frac{b}{2R}$, $\sin C=\frac{c}{2R}$

(1) $a\sin B=b\sin C=c\sin A$에서

$$a\times\frac{b}{2R}=b\times\frac{c}{2R}=c\times\frac{a}{2R}$$

$\therefore\ ab=bc=ca$

(i) $ab=bc$에서 $a=c$ ($\because\ b>0$)

(ii) $ab=ca$에서 $b=c$ ($\because\ a>0$)

(i), (ii)에서 $a=b=c$이므로 $\triangle$ABC는 정삼각형이다.

(2) 코사인법칙에 의하여

$\cos A=\dfrac{b^2+c^2-a^2}{2bc}$, $\cos B=\dfrac{c^2+a^2-b^2}{2ca}$이므로

$\sin A\cos A=\sin B\cos B$에서

$$\frac{a}{2R}\times\frac{b^2+c^2-a^2}{2bc}=\frac{b}{2R}\times\frac{c^2+a^2-b^2}{2ca}$$

$$a^2(b^2+c^2-a^2)=b^2(c^2+a^2-b^2)$$

$$a^2c^2-a^4=b^2c^2-b^4,\ c^2(a^2-b^2)-\underbrace{(a^4-b^4)}_{=(a^2-b^2)(a^2+b^2)}=0$$

$$(a^2-b^2)(c^2-a^2-b^2)=0$$

$$(a+b)(a-b)(c^2-a^2-b^2)=0$$

$\therefore\ a=b$ 또는 $c^2=a^2+b^2$ ($\because\ a>0,\ b>0$)

따라서 $\triangle$ABC는 $a=b$인 이등변삼각형 또는 $C=90^\circ$인 직각삼각형이다.

답 (1) 정삼각형

(2) $a=b$인 이등변삼각형 또는 $C=90^\circ$인 직각삼각형

17

이차함수 $y=(\sin C+\cos A)x^2-2x\cos B-\sin C$의 그래프와 직선 $y=-\cos A$가 오직 한 점에서 만나므로 이차방정식 $(\sin C+\cos A)x^2-2x\cos B-\sin C=-\cos A$, 즉 $(\sin C+\cos A)x^2-2x\cos B-\sin C+\cos A=0$이 중근을 가져야 한다. 이 이차방정식의 판별식을 D라 하면

$$\frac{D}{4}=\cos^2 B+(\sin C+\cos A)(\sin C-\cos A)$$

$$=\cos^2 B+(\sin^2 C-\cos^2 A)=0$$

$\therefore\ \cos^2 B+\sin^2 C=\cos^2 A$

이때 $\cos^2 B=1-\sin^2 B$, $\cos^2 A=1-\sin^2 A$이므로

$1-\sin^2 B+\sin^2 C=1-\sin^2 A$

$\sin^2 B-\sin^2 C=\sin^2 A$

삼각형 ABC의 외접원의 반지름의 길이를 R이라 하면 사인법칙에 의하여

$$\left(\frac{b}{2R}\right)^2-\left(\frac{c}{2R}\right)^2=\left(\frac{a}{2R}\right)^2$$

$b^2-c^2=a^2\qquad\therefore\ b^2=a^2+c^2$

따라서 $\triangle$ABC는 $B=90^\circ$인 직각삼각형이다.

답 $B=90^\circ$인 직각삼각형

18

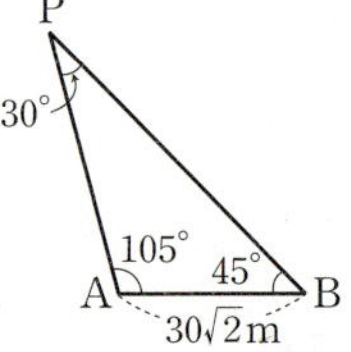

삼각형 PAB에서 $\angle$PAB$=105^\circ$, $\angle$PBA$=45^\circ$이므로

$\angle$APB$=180^\circ-(105^\circ+45^\circ)$

$=30^\circ$

이때 $\overline{\text{AB}}=30\sqrt{2}$ m이므로 삼각형 PAB에서 사인법칙에 의하여

$$\frac{\overline{\text{AP}}}{\sin 45^\circ}=\frac{30\sqrt{2}}{\sin 30^\circ}$$

$$\therefore\ \overline{\text{AP}}=\frac{30\sqrt{2}\sin 45^\circ}{\sin 30^\circ}=\frac{30\sqrt{2}\times\frac{\sqrt{2}}{2}}{\frac{1}{2}}=60(\text{m})$$

직각삼각형 APQ에서

$\angle$PAQ$=60^\circ$이므로

$\overline{\text{PQ}}=\overline{\text{AP}}\times\tan 60^\circ$

$=60\times\sqrt{3}=60\sqrt{3}(\text{m})$

따라서 건물의 높이는 $60\sqrt{3}$ m이다.

답 $60\sqrt{3}$ m

19

삼각형 ABC의 외접원의 넓이가 675π m^{2}이므로 이 원의 반지름의 길이를 R m라 하면

$\pi\times R^2=675\pi$

$R^2=675\qquad\therefore\ R=15\sqrt{3}$

즉, 삼각형 ABC에서 사인법칙에 의하여

$$\frac{\overline{\text{BC}}}{\sin 60^\circ}=2\times 15\sqrt{3}$$

$$\therefore\ \overline{\text{BC}}=30\sqrt{3}\sin 60^\circ=30\sqrt{3}\times\frac{\sqrt{3}}{2}=45(\text{m})$$

이때 $\overline{\text{AC}}=k$ m (k는 양수)라 하면 코사인법칙에 의하여

$$45^2=k^2+30^2-2\times k\times 30\times\cos 60^\circ$$

$$2025=k^2+900-2\times k\times 30\times\frac{1}{2}$$

$\underline{k^2-30k-1125=0}_{(*)}$

$\therefore\ k=15+\sqrt{15^2+1125}\ (\because\ k>0)$

$=15+15\sqrt{6}$

따라서 두 지점 A와 C 사이의 거리는 $(15+15\sqrt{6})$m이므로

$a=15,\ b=15$

$\therefore\ a+b=15+15=30$

답 30

보충 설명

(*)에서 완전제곱식을 이용하여 k의 값을 구할 수도 있다.

즉, $k^2-30k-1125=0$에서

$(k-15)^2=1350,\ k-15=\pm\sqrt{1350}$

이때 $k>0$이므로 $k=15+15\sqrt{6}$

STEP 1 **개념 마무리** 본문 pp.211~212

01 2	02 0	03 $8\sqrt{3}$	04 8
05 $100\sqrt{6}$	06 3	07 $\frac{\sqrt{21}}{3}$	08 $\sqrt{33}$
09 $\frac{2}{7}$	10 $\frac{11}{16}$	11 ⑤	12 $50\sqrt{3}$m

01

$4\cos^2 A-5\sin A+2=0$에서

$4(1-\sin^2 A)-5\sin A+2=0$

$4\sin^2 A+5\sin A-6=0$

$(4\sin A-3)(\sin A+2)=0$

이때 $-1\le\sin A\le 1$에서 $\sin A+2>0$이므로

$\sin A=\frac{3}{4}$ ……㉠

한편, 삼각형 ABC의 외접원의 반지름의 길이를 R이라 하면 사인법칙에 의하여

$\frac{3}{\sin A}=2R$이므로

$\frac{3}{\frac{3}{4}}=2R\ (\because\ ㉠)\qquad\therefore\ R=2$

따라서 삼각형 ABC의 외접원의 반지름의 길이는 2이다.

답 2

02

점 D는 변 BC를 $m:n$으로 내분하는 점이므로 양수 k에 대하여 $\overline{BD}=mk,\ \overline{CD}=nk$

이때 삼각형 ABD에서 $\angle ADB=\theta$라 하면 사인법칙에 의하여

$\frac{mk}{\sin\alpha}=\frac{4}{\sin\theta}\qquad\therefore\ \sin\alpha=\frac{mk\sin\theta}{4}$

한편, 삼각형 ADC에서 $\angle ADC=180°-\theta$이므로 사인법칙에 의하여

$\frac{nk}{\sin\beta}=\frac{2}{\sin(180°-\theta)}=\frac{2}{\sin\theta}\qquad\therefore\ \sin\beta=\frac{nk\sin\theta}{2}$

$\therefore\ \frac{\sin\beta}{\sin\alpha}=\frac{\frac{nk\sin\theta}{2}}{\frac{mk\sin\theta}{4}}=\frac{2n}{m}$

즉, $\frac{2n}{m}=2$이므로 $\frac{n}{m}=1,\ \underline{m=n}$
$m,\ n$은 서로소인 두 자연수이므로 $m=1,\ n=1$이다.

$\therefore\ m-n=0$

답 0

03

삼각형 EDC에서 $\angle EDC=90°,\ \angle DCE=60°$이므로 $\angle CED=30°$

이때 $\angle BAC=30°$이므로 네 점 A, B, C, E는 한 원 위에 있다. 즉, 이 원은 두 삼각형 ABC, ACE의 외접원이다.

이 원의 반지름의 길이를 R이라 하면 삼각형 ABC에서 사인법칙에 의하여

$\frac{8}{\sin 30°}=2R,\ \frac{8}{\frac{1}{2}}=2R\qquad\therefore\ R=8$

또한, 삼각형 ACE에서 사인법칙에 의하여

$\frac{\overline{AE}}{\sin 60°}=2R$

$\therefore\ \overline{AE}=2R\sin 60°=2\times8\times\frac{\sqrt{3}}{2}=8\sqrt{3}$

답 $8\sqrt{3}$

보충 설명

네 점이 한 원 위에 있을 조건 | 두 점 C, D가 직선 AB에 대하여 같은 쪽에 있을 때, $\angle ACB=\angle ADB$이면 네 점 A, B, C, D는 한 원 위에 있다.

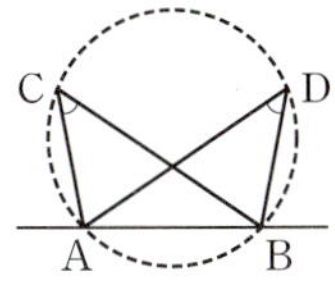

04

삼각형 ABC에서 사인법칙에 의하여

$\dfrac{\overline{AB}}{\sin C}=\dfrac{\overline{AC}}{\sin B}$, 즉 $\dfrac{\overline{AB}}{\sin C}=\dfrac{4}{\sin 30^\circ}=\dfrac{4}{\frac{1}{2}}=8$

$\therefore\ \overline{AB}=8\sin C$

이때 $0^\circ<C<\underset{=180^\circ-30^\circ}{\underline{150^\circ}}$이므로

$0<\sin C\le 1$

$\therefore\ 0<8\sin C\le 8$

따라서 $\sin C=1$, 즉 $C=90^\circ$일 때 변 AB의 길이의 최댓값은 8이다.

답 8

05

오른쪽 그림과 같이 원 위의 세 점 A, B, C에 대하여 원의 중심을 O라 하면 부채꼴의 호의 길이는 중심각의 크기에 정비례하므로

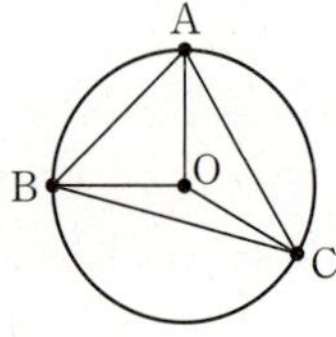

$\overset{\frown}{AB}:\overset{\frown}{BC}:\overset{\frown}{CA}=\angle AOB:\angle BOC:\angle COA$

$=C:A:B$ ← 중심각의 크기는 원주각의 크기에 정비례한다.

$\overset{\frown}{AB}:\overset{\frown}{BC}:\overset{\frown}{CA}=3:5:4$이고, $A+B+C=180^\circ$이므로 삼각형 ABC에서

$A=180^\circ\times\dfrac{5}{3+5+4}=75^\circ$,

$B=180^\circ\times\dfrac{4}{3+5+4}=60^\circ$,

$C=180^\circ\times\dfrac{3}{3+5+4}=45^\circ$

세 변 중에서 길이가 가장 긴 변은 a이므로 나머지 두 변은 각각 b, c이다. (└ 가장 큰 각의 대변이 가장 길다.)

한편, 삼각형 ABC의 외접원의 반지름의 길이를 R이라 하면 사인법칙에 의하여

$b=2R\sin B$, $c=2R\sin C$

이때 $R=10$이므로

$b=2\times10\times\sin 60^\circ=2\times10\times\dfrac{\sqrt{3}}{2}=10\sqrt{3}$,

$c=2\times10\times\sin 45^\circ=2\times10\times\dfrac{\sqrt{2}}{2}=10\sqrt{2}$

$\therefore\ bc=10\sqrt{3}\times10\sqrt{2}=100\sqrt{6}$

답 $100\sqrt{6}$

06

오른쪽 그림과 같이 사각형 ABCD에서 선분 BD를 그으면 삼각형 BCD에서 코사인법칙에 의하여

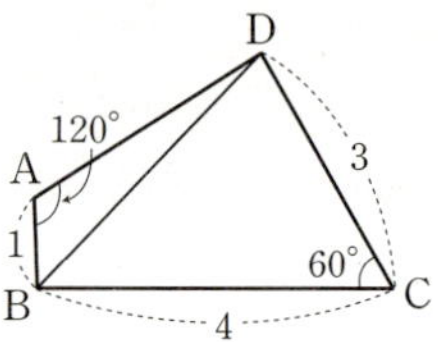

$\overline{BD}^2=4^2+3^2-2\times4\times3\times\cos 60^\circ$

$=16+9-2\times4\times3\times\dfrac{1}{2}$

$=13$

$\therefore\ \overline{BD}=\sqrt{13}$ ($\because\ \overline{BD}>0$)

삼각형 ABD에서 $\overline{AD}=x$ $(x>0)$라 하면 코사인법칙에 의하여

$\overline{BD}^2=1^2+x^2-2\times1\times x\times\underset{\cos 120^\circ=\cos(180^\circ-60^\circ)=-\cos 60^\circ}{\underline{\cos 120^\circ}}$

$13=1+x^2-2x\times\left(-\dfrac{1}{2}\right)$

$x^2+x-12=0$, $(x+4)(x-3)=0$

$\therefore\ x=3$ ($\because\ x>0$)

따라서 변 AD의 길이는 3이다.

답 3

07

$\overline{AD}=x$ $(x>0)$라 하면

$\angle ADB=180^\circ-60^\circ=120^\circ$

이므로 삼각형 ABD에서 코사인법칙에 의하여

$(\sqrt{7})^2=x^2+2^2-2\times x\times2\times\underset{\cos 120^\circ=\cos(180^\circ-60^\circ)=-\cos 60^\circ}{\underline{\cos 120^\circ}}$

$7=x^2+4-4x\times\left(-\dfrac{1}{2}\right)$

$x^2+2x-3=0$

$(x+3)(x-1)=0$

$\therefore\ x=1$ ($\because\ x>0$)

즉, 삼각형 ADC에서 $\overline{AD}=\overline{CD}=1$이고, $\angle ADC=60^\circ$이므로 $\triangle ADC$는 정삼각형이다.

따라서 $\angle ACD=60^\circ$이므로 삼각형 ABC의 외접원의 반지름의 길이를 R이라 하면 삼각형 ABC에서 사인법칙에 의하여

$\dfrac{\sqrt{7}}{\sin 60^\circ}=2R$

$\therefore\ R=\dfrac{\sqrt{7}}{2\sin 60^\circ}=\dfrac{\sqrt{7}}{2\times\frac{\sqrt{3}}{2}}=\dfrac{\sqrt{21}}{3}$

답 $\dfrac{\sqrt{21}}{3}$

08

한 원에서 길이가 같은 현에 대한 원주각의 크기는 같으므로

$\overline{BC}=\overline{CD}=3$에서

$\angle BAC=\angle CAD$

즉, $\overline{AC}=k\ (k>0)$, $\angle BAC=\angle CAD=\theta$라 하면

삼각형 ABC에서 코사인법칙에 의하여

$\cos\theta=\dfrac{6^2+k^2-3^2}{2\times6\times k}$ ······㉠

또한, 삼각형 ACD에서 코사인법칙에 의하여

$\cos\theta=\dfrac{k^2+4^2-3^2}{2\times k\times4}$ ······㉡

㉠, ㉡에서

$\dfrac{6^2+k^2-3^2}{2\times6\times k}=\dfrac{k^2+4^2-3^2}{2\times k\times4}$

$2(k^2+27)=3(k^2+7)$

$2k^2+54=3k^2+21,\ k^2=33$

$\therefore\ k=\sqrt{33}\ (\because\ k>0)$

따라서 선분 AC의 길이는 $\sqrt{33}$이다.

답 $\sqrt{33}$

다른 풀이

사각형 ABCD가 원에 내접하므로

$B+D=180^\circ\quad\therefore\ D=180^\circ-B$

또한, $\overline{AC}=k\ (k>0)$라 하면

삼각형 ABC에서 코사인법칙에 의하여

$k^2=6^2+3^2-2\times6\times3\times\cos B$

$=45-36\cos B$ ······㉢

또한, 삼각형 ACD에서 코사인법칙에 의하여

$k^2=4^2+3^2-2\times4\times3\times\cos D$

$=25-24\cos D$

$=25-24\cos(180^\circ-B)$

$=25+24\cos B$ ······㉣

㉢, ㉣에서

$45-36\cos B=25+24\cos B$

$60\cos B=20$

$\therefore\ \cos B=\dfrac{1}{3}$

이것을 ㉢에 대입하면

$k^2=45-36\times\dfrac{1}{3}=33$

$\therefore\ k=\sqrt{33}\ (\because\ k>0)$

따라서 선분 AC의 길이는 $\sqrt{33}$이다.

09

$7a^2=5b^2+5c^2$에서 $a^2=\dfrac{5b^2+5c^2}{7}$ ······㉠

삼각형 ABC에서 코사인법칙에 의하여

$$\cos A=\frac{b^2+c^2-a^2}{2bc}=\frac{b^2+c^2-\frac{5b^2+5c^2}{7}}{2bc}\ (\because ㉠)=\frac{\frac{2b^2+2c^2}{7}}{2bc}=\frac{b^2+c^2}{7bc}=\frac{b}{7c}+\frac{c}{7b}=\frac{1}{7}\left(\frac{b}{c}+\frac{c}{b}\right)$$

이때 $\dfrac{b}{c}>0,\ \dfrac{c}{b}>0$이므로 산술평균과 기하평균의 관계에 의하여

$$\cos A=\frac{1}{7}\left(\frac{b}{c}+\frac{c}{b}\right)\geq\frac{1}{7}\times2\sqrt{\frac{b}{c}\times\frac{c}{b}}=\frac{1}{7}\times2=\frac{2}{7}$$

(단, 등호는 $\dfrac{b}{c}=\dfrac{c}{b}$, 즉 $b=c$일 때 성립)

따라서 $\cos A$의 최솟값은 $\dfrac{2}{7}$이다.

답 $\dfrac{2}{7}$

10

삼각형 ABC에서 $\sin A:\sin B:\sin C=a:b:c$이므로

$(\sin A+\sin B):(\sin B+\sin C):(\sin C+\sin A)$

$=(a+b):(b+c):(c+a)$

$=5:6:7$

따라서 양수 k에 대하여

$a+b=5k$ ······㉠,

$b+c=6k$ ······㉡,

$c+a=7k$ ······㉢

㉠+㉡+㉢을 하면

$2(a+b+c)=18k$

$\therefore\ a+b+c=9k$ ······㉣

㉣−㉡을 하면 $a=3k$, ㉣−㉢을 하면 $b=2k$,

㉣−㉠을 하면 $c=4k$

이때 $\sin\left(\frac{\pi}{2}-A\right)=\cos A$이므로 코사인법칙에 의하여

$$\sin\left(\frac{\pi}{2}-A\right)=\cos A$$
$$=\frac{b^2+c^2-a^2}{2bc}$$
$$=\frac{(2k)^2+(4k)^2-(3k)^2}{2\times2k\times4k}=\frac{11}{16}$$

답 $\frac{11}{16}$

11

삼각형 ABC에서 $A+B+C=180°$이므로

$A+C=180°-B$

$\sin A=2\sin\left(\frac{A-B+C}{2}\right)\times\sin C$에서

$\sin A=2\sin\left(\frac{180°-2B}{2}\right)\times\sin C$

$=2\sin(90°-B)\times\sin C$

$=2\cos B\times\sin C$ ……㉠

삼각형 ABC의 외접원의 반지름의 길이를 R이라 하면 사인법칙에 의하여

$\sin A=\frac{a}{2R}$, $\sin C=\frac{c}{2R}$ ……㉡

코사인법칙에 의하여

$\cos B=\frac{c^2+a^2-b^2}{2ca}$ ……㉢

㉠에 ㉡, ㉢을 대입하면

$\frac{a}{2R}=2\times\frac{c^2+a^2-b^2}{2ca}\times\frac{c}{2R}$

$a^2=c^2+a^2-b^2$

$b^2-c^2=0$, $(b+c)(b-c)=0$

$\therefore b=c$ ($\because b>0$, $c>0$)

따라서 △ABC는 $b=c$인 이등변삼각형이다.

답 ⑤

12

P가 강을 모두 건넜을 때의 위치를 B, 그때의 Q의 위치를 C, P가 강을 모두 건너는 데 걸리는 시간을 t초라 하면

$\overline{AB}=10t$, $\overline{AC}=6t$

삼각형 BCA에서 $\angle CAB=120°$, $\overline{BC}=140$이므로 코사인법칙에 의하여

$140^2=(10t)^2+(6t)^2-2\times10t\times6t\times\cos120°$

($\cos120°=\cos(90°+30°)=-\sin30°$)

$=100t^2+36t^2+60t^2$

$=196t^2=(14t)^2$

$14t=140$ ($\because t>0$) $\therefore t=10$

— (가)

즉, $\overline{AB}=10t=100$이므로 오른쪽 그림과 같이 삼각형 ABC의 점 B에서 변 AC의 연장선 위에 내린 수선의 발을 H라 하면

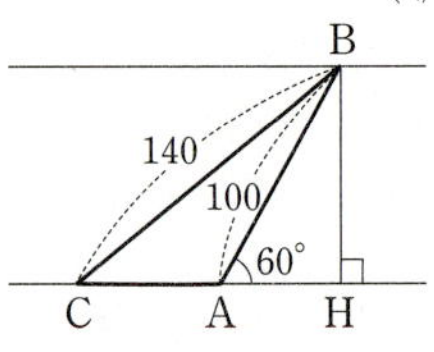

$\overline{BH}=\overline{AB}\times\sin60°$

$=100\times\frac{\sqrt{3}}{2}=50\sqrt{3}$

따라서 강폭은 $50\sqrt{3}$ m이다.

— (나)

답 $50\sqrt{3}$ m

단계	채점 기준	배점
(가)	코사인법칙을 이용하여 P가 강을 모두 건너는 데 걸리는 시간을 구한 경우	50%
(나)	강폭을 구한 경우	50%

2 삼각형의 넓이

기본+필수연습 본문 pp.216~219

20 (1) 28 (2) $10\sqrt{2}$ **21** $12\sqrt{5}$
22 (1) 8 (2) $135\sqrt{2}$ **23** (1) 35 (2) 9
24 $14\sqrt{3}$ **25** 25π **26** $\frac{3\sqrt{14}}{4}$ **27** $\frac{73\sqrt{3}}{12}$
28 2 **29** $28\sqrt{3}$

20

(1) $S=\frac{1}{2}bc\sin A$

$=\frac{1}{2}\times8\times14\times\sin150°$

($\sin150°=\sin(180°-30°)=\sin30°$)

$=\frac{1}{2}\times8\times14\times\frac{1}{2}=28$

(2) $S=\frac{1}{2}r(a+b+c)$

$=\frac{1}{2}\times\sqrt{2}\times(5+6+9)=10\sqrt{2}$

답 (1) 28 (2) $10\sqrt{2}$

다른 풀이

(2) 헤론의 공식을 이용하면 $s=\frac{5+6+9}{2}=10$이므로

$S=\sqrt{10\times(10-5)\times(10-6)\times(10-9)}=10\sqrt{2}$

21

코사인법칙에 의하여

$\cos C=\frac{8^2+9^2-7^2}{2\times8\times9}=\frac{2}{3}$

이므로

$\sin^2 C=1-\cos^2 C$

$=1-\left(\frac{2}{3}\right)^2=\frac{5}{9}$

$\therefore\ \sin C=\frac{\sqrt{5}}{3}\ (\because\ 0^\circ<C<180^\circ)$

$\therefore\ S=\frac{1}{2}ab\sin C$

$=\frac{1}{2}\times8\times9\times\frac{\sqrt{5}}{3}=12\sqrt{5}$

답 $12\sqrt{5}$

다른 풀이

헤론의 공식을 이용하면 $s=\frac{8+9+7}{2}=12$이므로

$S=\sqrt{12\times(12-8)\times(12-9)\times(12-7)}=12\sqrt{5}$

22

(1) $S=\overline{BC}\times\overline{CD}\times\sin C=8\times2\times\sin150^\circ$ ($\sin150^\circ=\sin(180^\circ-30^\circ)=\sin30^\circ$)

$=8\times2\times\frac{1}{2}=8$

(2) 평행사변형 ABCD에서 $\overline{AB}=\overline{CD}=15$이므로

$S=\overline{AB}\times\overline{AD}\times\sin A$

$=15\times18\times\sin45^\circ$

$=15\times18\times\frac{\sqrt{2}}{2}=135\sqrt{2}$

답 (1) 8 (2) $135\sqrt{2}$

23

(1) $S=\frac{1}{2}\times14\times10\times\sin30^\circ$

$=\frac{1}{2}\times14\times10\times\frac{1}{2}=35$

(2) $S=\frac{1}{2}\times3\times6\times\sin90^\circ$

$=\frac{1}{2}\times3\times6\times1=9$

답 (1) 35 (2) 9

24

$\overline{AC}=k\ (k>0)$라 하면 코사인법칙에 의하여

$13^2=8^2+k^2-2\times8\times k\times\cos120^\circ$ ($\cos120^\circ=\cos(180^\circ-60^\circ)=-\cos60^\circ$)

$169=64+k^2-16k\times\left(-\frac{1}{2}\right)$, $k^2+8k-105=0$

$(k+15)(k-7)=0\quad\therefore\ k=7\ (\because\ k>0)$

따라서 삼각형 ABC의 넓이는

$\frac{1}{2}\times8\times7\times\sin120^\circ=\frac{1}{2}\times8\times7\times\frac{\sqrt{3}}{2}=14\sqrt{3}$

($\sin120^\circ=\sin(180^\circ-60^\circ)=\sin60^\circ$)

답 $14\sqrt{3}$

25

삼각형 ABC의 외접원의 반지름의 길이를 R이라 하면

$30=\frac{600}{4R}$, $4R=20\quad\therefore\ R=5$

따라서 삼각형 ABC의 외접원의 넓이는

$\pi\times5^2=25\pi$

답 25π

26

코사인법칙에 의하여

$\cos C=\frac{9^2+10^2-13^2}{2\times9\times10}=\frac{1}{15}$

이므로

$\sin^2 C=1-\cos^2 C=1-\left(\frac{1}{15}\right)^2=\frac{224}{225}$

$\therefore\ \sin C=\frac{4\sqrt{14}}{15}\ (\because\ 0^\circ<A<180^\circ)$

따라서 삼각형 ABC의 넓이는

$\frac{1}{2}\times9\times10\times\frac{4\sqrt{14}}{15}=12\sqrt{14}$

이때 삼각형 ABC의 내접원의 반지름의 길이를 r이라 하면

$12\sqrt{14}=\frac{1}{2}r(9+10+13)$

$16r=12\sqrt{14}$

$\therefore\ r=\frac{3\sqrt{14}}{4}$

답 $\frac{3\sqrt{14}}{4}$

27

$\overline{AC}$를 그으면 삼각형 ADC의 넓이는

$\frac{1}{2}\times3\times4\times\underline{\sin120^\circ}$ ($\sin120^\circ=\sin(180^\circ-60^\circ)=\sin60^\circ$)

$=\frac{1}{2}\times3\times4\times\frac{\sqrt{3}}{2}=3\sqrt{3}$

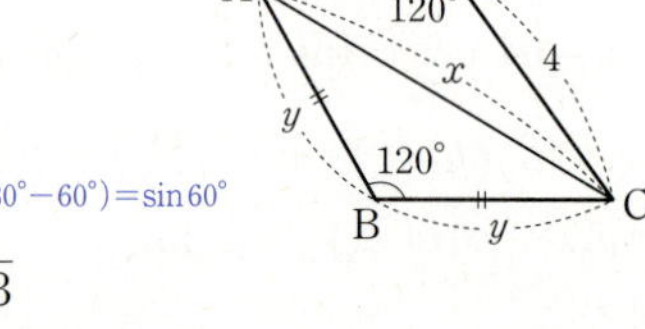

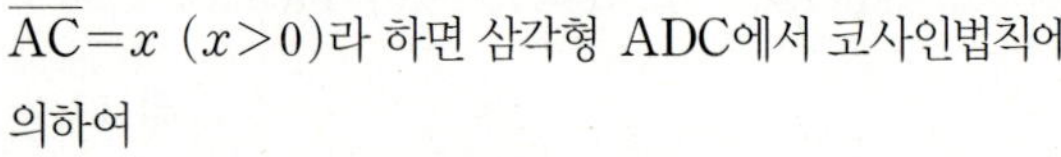

$\overline{AC}=x\ (x>0)$라 하면 삼각형 ADC에서 코사인법칙에 의하여

$x^2=3^2+4^2-2\times3\times4\times\underline{\cos120^\circ}$ ($\cos120^\circ=\cos(180^\circ-60^\circ)=-\cos60^\circ$)

$\quad=25-24\times\left(-\frac{1}{2}\right)=37$

$\therefore\ x=\sqrt{37}\ (\because\ x>0)$

또한, $\overline{AB}=\overline{BC}=y\ (y>0)$라 하면 삼각형 ABC에서 코사인법칙에 의하여

$(\sqrt{37})^2=y^2+y^2-2\times y\times y\times\cos120^\circ$

$37=2y^2-2y^2\times\left(-\frac{1}{2}\right)$

$3y^2=37\qquad\therefore\ y^2=\frac{37}{3}$

$\therefore\ y=\frac{\sqrt{111}}{3}\ (\because\ y>0)$

$\therefore\ \triangle ABC=\frac{1}{2}\times y\times y\times\sin120^\circ$

$\qquad=\frac{1}{2}\times\frac{\sqrt{111}}{3}\times\frac{\sqrt{111}}{3}\times\frac{\sqrt{3}}{2}=\frac{37\sqrt{3}}{12}$

$\therefore\ \square ABCD=\triangle ADC+\triangle ABC$

$\qquad=3\sqrt{3}+\frac{37\sqrt{3}}{12}=\frac{73\sqrt{3}}{12}$

답 $\frac{73\sqrt{3}}{12}$

28

$p+q=14$이므로 $q=14-p$

이때 사각형 ABCD의 넓이가 12이므로

$\frac{1}{2}pq\underline{\sin150^\circ}=12$ ($\sin150^\circ=\sin(180^\circ-30^\circ)=\sin30^\circ$)

$\frac{1}{2}p(14-p)\times\frac{1}{2}=12,\ 14p-p^2=48$

$p^2-14p+48=0,\ (p-6)(p-8)=0$

$\therefore\ p=6,\ q=8$ 또는 $p=8,\ q=6$

따라서 $|p-q|$의 값은 2이다.

답 2

29

다음 그림과 같이 $\overline{AC}=a\ (a>0)$, $\overline{BD}=b\ (b>0)$라 하고, 평행사변형의 두 대각선 AC와 BD의 교점을 M이라 하자.

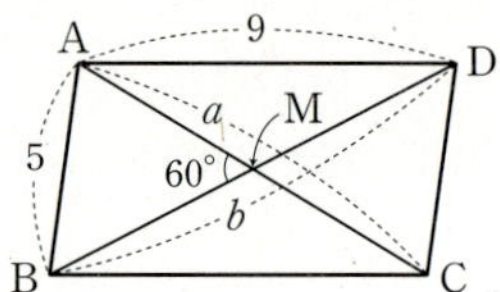

$\overline{AM}=\overline{CM}=\frac{a}{2},\ \overline{BM}=\overline{DM}=\frac{b}{2}$ ← 평행사변형의 두 대각선은 서로를 이등분한다.

삼각형 ABM에서 코사인법칙에 의하여

$5^2=\left(\frac{a}{2}\right)^2+\left(\frac{b}{2}\right)^2-2\times\frac{a}{2}\times\frac{b}{2}\times\cos60^\circ$

$25=\frac{a^2}{4}+\frac{b^2}{4}-\frac{ab}{2}\times\frac{1}{2}$

$\therefore\ a^2+b^2-ab=100\qquad\cdots\cdots㉠$

또한, $\angle AMD=180^\circ-60^\circ=120^\circ$이므로 삼각형 AMD에서 코사인법칙에 의하여

$9^2=\left(\frac{a}{2}\right)^2+\left(\frac{b}{2}\right)^2-2\times\frac{a}{2}\times\frac{b}{2}\times\underline{\cos120^\circ}$ ($\cos120^\circ=\cos(180^\circ-60^\circ)=-\cos60^\circ$)

$81=\frac{a^2}{4}+\frac{b^2}{4}-\frac{ab}{2}\times\left(-\frac{1}{2}\right)$

$\therefore\ a^2+b^2+ab=324\qquad\cdots\cdots㉡$

㉡$-$㉠을 하면

$2ab=224\qquad\therefore\ ab=112$

따라서 평행사변형 ABCD의 넓이는

$\frac{1}{2}ab\sin60^\circ=\frac{1}{2}\times112\times\frac{\sqrt{3}}{2}=28\sqrt{3}$

답 $28\sqrt{3}$

STEP 1 개념 마무리

본문 pp.220~221

13 $\frac{21\sqrt{3}}{5}$ **14** 12 **15** $4\sqrt{3}+4\sqrt{6}$

16 153 **17** 23 **18** $4\sqrt{2}$ **19** ③

20 16 **21** $(14\sqrt{3}+12\sqrt{14})\,\mathrm{m}^2$ **22** $16\sqrt{5}$

23 27 **24** $\frac{4}{15}$

13

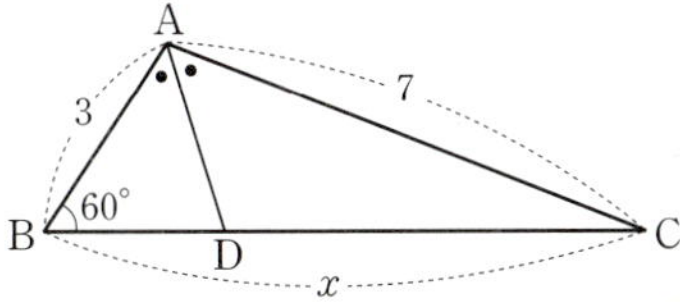

$\overline{BC}=x\ (x>0)$라 하면 삼각형 ABC에서 코사인법칙에 의하여

$\cos 60^\circ=\frac{3^2+x^2-7^2}{2\times3\times x}$

$\frac{1}{2}=\frac{x^2-40}{6x}$, $x^2-3x-40=0$

$(x+5)(x-8)=0 \quad \therefore\ x=8\ (\because\ x>0)$

또한, $\angle BAD=\angle CAD$이므로

$\overline{AB}:\overline{AC}=\overline{BD}:\overline{CD}$

즉, $\overline{BD}:\overline{CD}=3:7$이고 $\overline{BC}=8$이므로

$\overline{CD}=\frac{7}{3+7}\times8=\frac{28}{5}$

한편, 삼각형 ABC에서 $\angle ACB=\theta$라 하면 사인법칙에 의하여

$\frac{7}{\sin 60^\circ}=\frac{3}{\sin\theta}$

$\therefore\ \sin\theta=\frac{3\sin 60^\circ}{7}=\frac{3\times\frac{\sqrt{3}}{2}}{7}=\frac{3\sqrt{3}}{14}$

따라서 삼각형 ACD의 넓이는

$\frac{1}{2}\times\overline{AC}\times\overline{CD}\times\sin\theta=\frac{1}{2}\times7\times\frac{28}{5}\times\frac{3\sqrt{3}}{14}=\frac{21\sqrt{3}}{5}$

답 $\frac{21\sqrt{3}}{5}$

다른 풀이

삼각형 ABC에서 코사인법칙에 의하여 $\overline{BC}=8$이므로 삼각형 ABC의 넓이는

$\frac{1}{2}\times3\times8\times\sin 60^\circ=\frac{1}{2}\times3\times8\times\frac{\sqrt{3}}{2}=6\sqrt{3}$

또한, $\angle BAD=\angle CAD$에서 $\overline{AB}:\overline{AC}=\overline{BD}:\overline{CD}$

즉, $\overline{BD}:\overline{CD}=3:7$이므로 $\triangle ABD:\triangle ACD=3:7$

$\therefore\ \triangle ACD=\frac{7}{3+7}\times\triangle ABC=\frac{7}{10}\times6\sqrt{3}=\frac{21\sqrt{3}}{5}$

14

삼각형 ABC에서 $\overline{AB}=7k$, $\overline{BC}=8k$, $\overline{CA}=9k\ (k>0)$라 하자.

코사인법칙에 의하여

$\cos C=\frac{(8k)^2+(9k)^2-(7k)^2}{2\times8k\times9k}=\frac{96k^2}{144k^2}=\frac{2}{3}$

$\therefore\ \sin C=\sqrt{1-\cos^2 C}$

$=\sqrt{1-\left(\frac{2}{3}\right)^2}=\frac{\sqrt{5}}{3}\ (\because\ 0^\circ<C<180^\circ)$

이때 삼각형의 넓이가 $3\sqrt{5}$이므로

$\frac{1}{2}\times8k\times9k\times\frac{\sqrt{5}}{3}=3\sqrt{5}$

$k^2=\frac{1}{4} \quad \therefore\ k=\frac{1}{2}\ (\because\ k>0)$

따라서 삼각형의 세 변의 길이는 각각 $\frac{7}{2}$, 4, $\frac{9}{2}$이므로 이 삼각형의 둘레의 길이는

$\frac{7}{2}+4+\frac{9}{2}=12$

답 12

다른 풀이

삼각형의 세 변의 길이를 각각 $7k$, $8k$, $9k\ (k>0)$라 하자.

헤론의 공식을 이용하면 $s=\frac{7k+8k+9k}{2}=12k$이므로

삼각형의 넓이는

$\sqrt{12k(12k-7k)(12k-8k)(12k-9k)}$

$=\sqrt{12k\times5k\times4k\times3k}$

$=12\sqrt{5}k^2$

즉, $12\sqrt{5}k^2=3\sqrt{5}$이므로

$k^2=\frac{1}{4} \quad \therefore\ k=\frac{1}{2}\ (\because\ k>0)$

따라서 삼각형의 세 변의 길이는 각각 $\frac{7}{2}$, 4, $\frac{9}{2}$이므로 이 삼각형의 둘레의 길이는

$\frac{7}{2}+4+\frac{9}{2}=12$

15

삼각형 ABC에서 사인법칙에 의하여

$\dfrac{\overline{BC}}{\sin 60^\circ}=2\times 4$

$\therefore\ \overline{BC}=8\sin 60^\circ=8\times\dfrac{\sqrt{3}}{2}=4\sqrt{3}$

한편, 삼각형 ABC의 넓이가 $4\sqrt{3}$이므로

$\dfrac{1}{2}\times\overline{CA}\times\overline{AB}\times\sin 60^\circ=4\sqrt{3}$에서

$\dfrac{1}{2}\times\overline{CA}\times\overline{AB}\times\dfrac{\sqrt{3}}{2}=4\sqrt{3}$

$\therefore\ \overline{CA}\times\overline{AB}=16$ ......㉠

삼각형 ABC에서 코사인법칙에 의하여

$(4\sqrt{3})^2=\overline{CA}^2+\overline{AB}^2-2\times\overline{CA}\times\overline{AB}\times\cos 60^\circ$

$48=\overline{CA}^2+\overline{AB}^2-2\times\overline{CA}\times\overline{AB}\times\dfrac{1}{2}$

$=\overline{CA}^2+\overline{AB}^2-\overline{CA}\times\overline{AB}$

$=(\overline{CA}+\overline{AB})^2-3\times\overline{CA}\times\overline{AB}$

$=(\overline{CA}+\overline{AB})^2-3\times 16$ ($\because$ ㉠)

$=(\overline{CA}+\overline{AB})^2-48$

즉, $(\overline{CA}+\overline{AB})^2=96$이므로

$\overline{CA}+\overline{AB}=4\sqrt{6}$ ($\because\ \overline{CA}+\overline{AB}>0$)

$\therefore\ \overline{AB}+\overline{BC}+\overline{CA}=4\sqrt{3}+4\sqrt{6}$

답 $4\sqrt{3}+4\sqrt{6}$

16

삼각형 ABC의 넓이가 $18\sqrt{2}$이므로 $\angle ACB=\theta$라 하면

$\triangle ABC=\dfrac{1}{2}\times 6\times 9\times\sin\theta=18\sqrt{2}$

$\therefore\ \sin\theta=\dfrac{2\sqrt{2}}{3}$

$\therefore\ \cos\theta=-\sqrt{1-\sin^2\theta}$ ($\because\ 90^\circ<\theta<180^\circ$)

$=-\sqrt{1-\left(\dfrac{2\sqrt{2}}{3}\right)^2}=-\dfrac{1}{3}$

이때 삼각형 ABC에서 코사인법칙에 의하여

$\overline{AB}^2=6^2+9^2-2\times 6\times 9\times\cos\theta$

$=36+81-108\times\left(-\dfrac{1}{3}\right)=153$

따라서 구하는 정사각형의 넓이는 153이다.

답 153

17

삼각형 ABC에서

$\overline{AP}:\overline{PB}=\overline{BQ}:\overline{QC}=\overline{CR}:\overline{RA}=3:1$이므로

$\overline{AP}=\dfrac{3}{4}\overline{AB},\ \overline{BQ}=\dfrac{3}{4}\overline{BC},\ \overline{CR}=\dfrac{3}{4}\overline{CA}$

$\overline{PB}=\dfrac{1}{4}\overline{AB},\ \overline{QC}=\dfrac{1}{4}\overline{BC},\ \overline{RA}=\dfrac{1}{4}\overline{CA}$

이때 삼각형 APR의 넓이는

$\dfrac{1}{2}\times\overline{AP}\times\overline{RA}\times\sin A=\dfrac{1}{2}\times\dfrac{3}{4}\overline{AB}\times\dfrac{1}{4}\overline{CA}\times\sin A$

$=\dfrac{3}{16}\times\dfrac{1}{2}\times\overline{AB}\times\overline{CA}\times\sin A$

$=\dfrac{3}{16}\triangle ABC$

같은 방법으로

$\triangle BQP=\dfrac{3}{16}\triangle ABC,\ \triangle CRQ=\dfrac{3}{16}\triangle ABC$

이므로 $\triangle ABC=\triangle PQR+3\times\dfrac{3}{16}\triangle ABC$에서

$\triangle PQR=\dfrac{7}{16}\triangle ABC$

따라서 삼각형 ABC와 삼각형 PQR의 넓이의 비는

$\triangle ABC:\triangle PQR=\triangle ABC:\dfrac{7}{16}\triangle ABC$

$=16:7$

즉, $m=16,\ n=7$이므로

$m+n=16+7=23$

답 23

18

삼각형 ABC의 넓이는

$\dfrac{1}{2}\times 12\times 8\times\sin 60^\circ=\dfrac{1}{2}\times 12\times 8\times\dfrac{\sqrt{3}}{2}=24\sqrt{3}$

삼각형 APQ의 넓이는 삼각형 ABC의 넓이의 $\dfrac{1}{3}$이므로

$\dfrac{1}{3}\times 24\sqrt{3}=8\sqrt{3}$

$\overline{AP}=a\ (a>0),\ \overline{AQ}=b\ (b>0)$라 하면 삼각형 APQ의 넓이는

$\dfrac{1}{2}\times a\times b\times\sin 60^\circ=\dfrac{1}{2}\times a\times b\times\dfrac{\sqrt{3}}{2}=8\sqrt{3}$

$\dfrac{\sqrt{3}}{4}ab=8\sqrt{3}$ $\therefore\ ab=32$ ......㉠

삼각형 APQ에서 코사인법칙에 의하여

$\overline{PQ}^2=a^2+b^2-2ab\cos 60°$

$=a^2+b^2-2\times 32\times\frac{1}{2}$ (∵ ㉠)

$=a^2+b^2-32$

$a^2>0$, $b^2>0$이므로 산술평균과 기하평균의 관계에 의하여

$\overline{PQ}^2=a^2+b^2-32$

$\geq 2\sqrt{a^2b^2}-32$ (단, 등호는 $a=b$일 때 성립)

$=2ab-32=32$ (∵ ㉠)

따라서 선분 PQ의 길이의 최솟값은

$\sqrt{32}=4\sqrt{2}$ (∵ $\overline{PQ}>0$)

답 $4\sqrt{2}$

19

ㄱ. $R=3$이면 삼각형 ABC에서 사인법칙에 의하여

$\frac{a}{\sin A}=2\times 3$ ∴ $a=6\sin A$ (참)

ㄴ. 삼각형 ABC에서 코사인법칙에 의하여

$\cos A=\frac{3^2+5^2-a^2}{2\times 3\times 5}=\frac{34-a^2}{30}$

$2<a\leq\sqrt{19}$이므로 $\frac{1}{2}\leq\frac{34-a^2}{30}<1$

∴ $\frac{1}{2}\leq\cos A<1$

이때 A는 삼각형의 한 내각이므로 $0°<A<180°$이고, $0°<x<180°$에서 함수 $y=\cos x$의 그래프는 오른쪽 그림과 같으므로

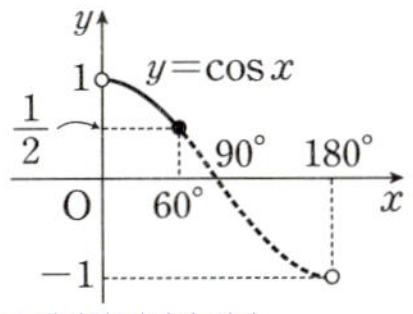

$0°<A\leq 60°$

따라서 A의 최댓값은 60°이다. (참)

(삼각형에서 내각의 크기가 클수록 그 대변의 길이가 길다. 즉, $a=\sqrt{19}$일 때 각 A의 크기이다.)

ㄷ. $a=7$일 때, 삼각형 ABC에서 코사인법칙에 의하여

$\cos A=\frac{3^2+5^2-7^2}{2\times 3\times 5}=-\frac{1}{2}$

이때 $0°<A<180°$이므로

$\sin A=\sqrt{1-\cos^2 A}=\sqrt{1-\left(-\frac{1}{2}\right)^2}=\sqrt{\frac{3}{4}}=\frac{\sqrt{3}}{2}$

따라서 삼각형 ABC의 넓이는

$\frac{1}{2}\times 3\times 5\times\frac{\sqrt{3}}{2}=\frac{15\sqrt{3}}{4}$ (거짓)

따라서 옳은 것은 ㄱ, ㄴ이다.

답 ③

다른 풀이

ㄷ. 헤론의 공식을 이용하여 삼각형의 넓이를 구할 수 있다.

삼각형 ABC의 세 변의 길이는 각각 3, 5, 7이므로

$s=\frac{3+5+7}{2}=\frac{15}{2}$

따라서 삼각형 ABC의 넓이는

$\sqrt{\frac{15}{2}\times\left(\frac{15}{2}-3\right)\times\left(\frac{15}{2}-5\right)\times\left(\frac{15}{2}-7\right)}=\frac{15\sqrt{3}}{4}$

20

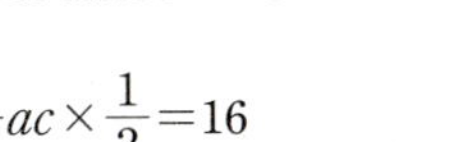

삼각형 ABC의 넓이가 16이므로

$\frac{1}{2}ac\sin 30°=16$

$\frac{1}{2}ac\times\frac{1}{2}=16$

∴ $ac=64$ ……㉠

삼각형 ABC에서 코사인법칙에 의하여

$b^2=c^2+a^2-2ca\cos 30°$

$=c^2+a^2-2\times 64\times\frac{\sqrt{3}}{2}$ (∵ ㉠)

$=c^2+a^2-64\sqrt{3}$

$a^2>0$, $c^2>0$이므로 산술평균과 기하평균의 관계에 의하여

$b^2=c^2+a^2-64\sqrt{3}$

$\geq 2\sqrt{a^2c^2}-64\sqrt{3}$ (단, 등호는 $a=c$일 때 성립)

$=2ac-64\sqrt{3}$

$=128-64\sqrt{3}$ (∵ ㉠)

즉, $a=c$일 때 b가 최소이므로

($b>0$이므로 b^2이 최소일 때 b도 최소이다.)

$ac=64$에서 $a=c=8$ (∵ $a>0$, $c>0$)

∴ $a+c=8+8=16$

답 16

21

$\overline{BD}$를 그으면 삼각형 ABD에서 코사인법칙에 의하여

$\overline{BD}^2=8^2+7^2-2\times 8\times 7\times\cos 120°$

($\cos 120°=\cos(180°-60°)=-\cos 60°$)

$=64+49-112\times\left(-\frac{1}{2}\right)=169$

∴ $\overline{BD}=13\,(\text{m})$ (∵ $\overline{BD}>0$) (*)

$\angle BCD=\theta$라 하면 삼각형 BCD에서 코사인법칙에 의하여

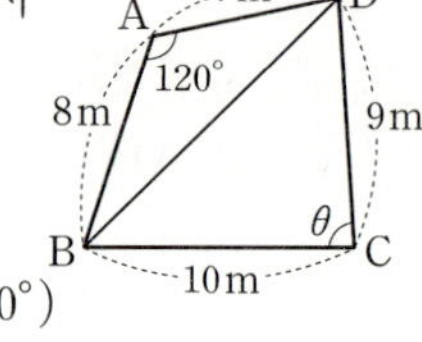
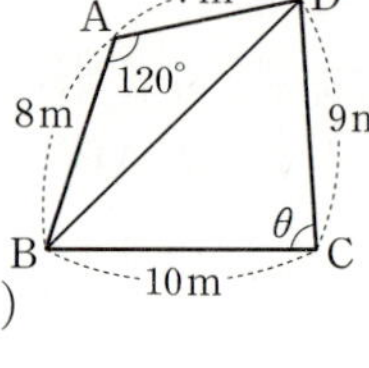

$\cos\theta=\dfrac{9^2+10^2-13^2}{2\times9\times10}=\dfrac{1}{15}$이므로

$\sin\theta=\sqrt{1-\cos^2\theta}$ ($\because$ $0°<\theta<180°$)

$=\sqrt{1-\left(\dfrac{1}{15}\right)^2}=\dfrac{4\sqrt{14}}{15}$

$\therefore$ $\square ABCD$

$=\triangle ABD+\triangle BCD$

$=\dfrac{1}{2}\times8\times7\times\sin120°+\dfrac{1}{2}\times9\times10\times\sin\theta$

└ $\sin120°=\sin(180°-60°)=\sin60°$

$=28\times\dfrac{\sqrt{3}}{2}+45\times\dfrac{4\sqrt{14}}{15}=14\sqrt{3}+12\sqrt{14}\,(\mathrm{m}^2)$

따라서 울타리 안쪽의 넓이는 $(14\sqrt{3}+12\sqrt{14})\,\mathrm{m}^2$이다.

답 $(14\sqrt{3}+12\sqrt{14})\,\mathrm{m}^2$

다른 풀이

(*)에서 헤론의 공식을 이용하여 삼각형 ABD와 삼각형 BCD의 넓이를 구할 수 있다.

삼각형 ABD의 세 변의 길이는 각각 7, 8, 13이므로

$s=\dfrac{7+8+13}{2}=14$라 하면

$\triangle ABD=\sqrt{14\times(14-7)\times(14-8)\times(14-13)}=14\sqrt{3}$

또한, 삼각형 BCD의 세 변의 길이는 각각 9, 10, 13이므로

$s'=\dfrac{9+10+13}{2}=16$이라 하면

$\triangle BCD=\sqrt{16\times(16-9)\times(16-10)\times(16-13)}=12\sqrt{14}$

$\therefore$ $\square ABCD=\triangle ABD+\triangle BCD$

$=14\sqrt{3}+12\sqrt{14}\,(\mathrm{m}^2)$

22

$\overline{AD}\,/\!/\,\overline{BC}$이므로 $\overline{BD}$를 그으면

$\angle ADB=\angle DBC=\theta$ ($\because$ 엇각)

$\overline{BD}=x$ $(x>0)$라 하면

삼각형 ABD와 삼각형 BCD에서 코사인법칙에 의하여

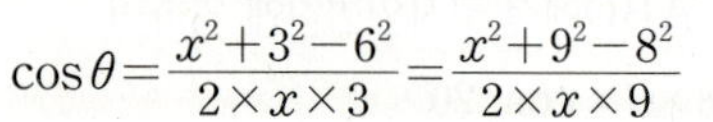

$\cos\theta=\dfrac{x^2+3^2-6^2}{2\times x\times3}=\dfrac{x^2+9^2-8^2}{2\times x\times9}$ ……㉠

$\dfrac{x^2-27}{6x}=\dfrac{x^2+17}{18x}$

$x^2=49$ $\qquad\therefore$ $x=7$ ($\because$ $x>0$) (*)

이것을 ㉠에 대입하면

$\cos\theta=\dfrac{7^2+3^2-6^2}{2\times7\times3}=\dfrac{11}{21}$이므로

$\sin\theta=\sqrt{1-\cos^2\theta}$ ($\because$ $0°<\theta<180°$)

$=\sqrt{1-\left(\dfrac{11}{21}\right)^2}=\dfrac{8\sqrt{5}}{21}$

$\therefore$ $\square ABCD=\triangle ABD+\triangle BCD$

$=\dfrac{1}{2}\times3\times7\times\dfrac{8\sqrt{5}}{21}+\dfrac{1}{2}\times7\times9\times\dfrac{8\sqrt{5}}{21}$

$=4\sqrt{5}+12\sqrt{5}=16\sqrt{5}$

답 $16\sqrt{5}$

다른 풀이 1

(*)에서 헤론의 공식을 이용하여 삼각형 ABD와 삼각형 BCD의 넓이를 구할 수 있다.

삼각형 ABD의 세 변의 길이는 각각 3, 6, 7이므로

$s=\dfrac{3+6+7}{2}=8$이라 하면

$\triangle ABD=\sqrt{8\times(8-3)\times(8-6)\times(8-7)}=4\sqrt{5}$

또한, 삼각형 BCD의 세 변의 길이는 각각 7, 8, 9이므로

$s'=\dfrac{7+8+9}{2}=12$라 하면

$\triangle BCD=\sqrt{12\times(12-7)\times(12-8)\times(12-9)}=12\sqrt{5}$

$\therefore$ $\square ABCD=\triangle ABD+\triangle BCD$

$=4\sqrt{5}+12\sqrt{5}=16\sqrt{5}$

다른 풀이 2

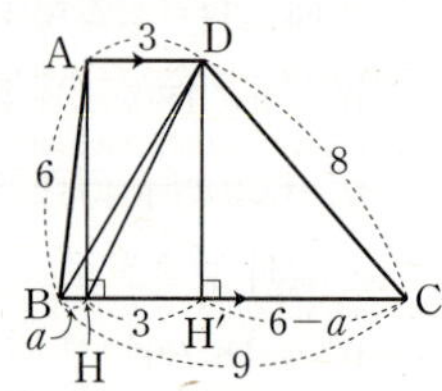

오른쪽 그림과 같이 두 점 A, D에서 $\overline{BC}$에 내린 수선의 발을 각각 H, H′이라 하고 $\overline{BH}=a$라 하면 $\overline{HH'}=\overline{AD}=3$,

$\overline{H'C}=\overline{BC}-\overline{BH}-\overline{HH'}$

$=9-a-3=6-a$

이때 $\overline{AD}\,/\!/\,\overline{BC}$이므로 $\overline{AH}=\overline{DH'}$

$\triangle ABH$에서 피타고라스 정리에 의하여

$\overline{AH}^2=6^2-a^2$

$\triangle DH'C$에서 피타고라스 정리에 의하여

$\overline{DH'}^2=8^2-(6-a)^2$

즉, $6^2-a^2=8^2-(6-a)^2$에서

$\overline{AH}=\overline{DH'}$이면 $\overline{AH}^2=\overline{DH'}^2$

$12a=8$ $\qquad\therefore$ $a=\dfrac{2}{3}$

$\therefore$ $\overline{AH}=\sqrt{6^2-\left(\dfrac{2}{3}\right)^2}=\sqrt{\dfrac{320}{9}}=\dfrac{8\sqrt{5}}{3}$

$\therefore\ \square ABCD=\frac{1}{2}\times(\overline{AD}+\overline{BC})\times\overline{AH}$

└ 사다리꼴의 넓이 공식

$=\frac{1}{2}\times(3+9)\times\frac{8\sqrt{5}}{3}$

$=16\sqrt{5}$

23

$\overline{AC}$를 그으면 삼각형 ABC에서 코사인법칙에 의하여

$\overline{AC}^2=6^2+(3+3\sqrt{3})^2-2\times6\times(3+3\sqrt{3})\times\cos30^\circ$

$=36+36+18\sqrt{3}-2\times6\times(3+3\sqrt{3})\times\frac{\sqrt{3}}{2}$

$=18$

$\therefore\ \overline{AC}=3\sqrt{2}\ (\because\ \overline{AC}>0)$

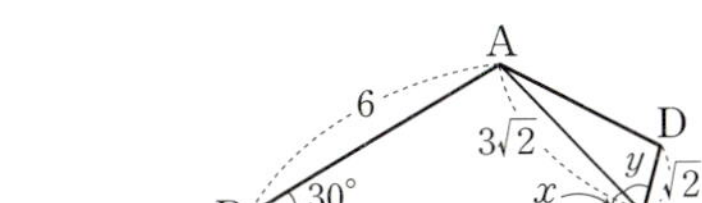

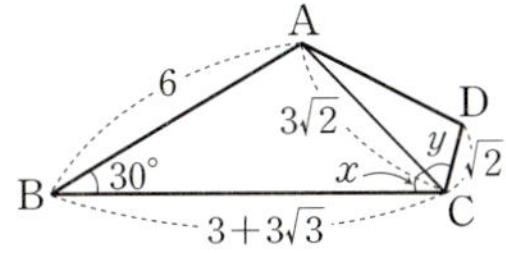

$\angle ACB=x$, $\angle ACD=y$라 하면 삼각형 ABC에서 사인법칙에 의하여

$\frac{3\sqrt{2}}{\sin30^\circ}=\frac{6}{\sin x}$

$\therefore\ \sin x=\frac{6\sin30^\circ}{3\sqrt{2}}=\frac{6\times\frac{1}{2}}{3\sqrt{2}}=\frac{\sqrt{2}}{2}$

이때 $0^\circ<x<105^\circ$이므로 $x=45^\circ$

즉, $x+y=105^\circ$에서 $y=60^\circ$

$\triangle ABC=\frac{1}{2}\times6\times(3+3\sqrt{3})\times\sin30^\circ$

$=(9+9\sqrt{3})\times\frac{1}{2}=\frac{9}{2}+\frac{9\sqrt{3}}{2}$

$\triangle ACD=\frac{1}{2}\times\sqrt{2}\times3\sqrt{2}\times\sin60^\circ$

$=3\times\frac{\sqrt{3}}{2}=\frac{3\sqrt{3}}{2}$

$\therefore\ \square ABCD=\triangle ABC+\triangle ACD$

$=\left(\frac{9}{2}+\frac{9\sqrt{3}}{2}\right)+\frac{3\sqrt{3}}{2}=\frac{9}{2}+6\sqrt{3}$

따라서 $p=\frac{9}{2}$, $q=6$이므로

$pq=\frac{9}{2}\times6=27$

답 27

24

$\overline{AB}=a$, $\overline{BC}=b$라 하면 삼각형 ABC에서 코사인법칙에 의하여

$(\sqrt{5})^2=a^2+b^2-2ab\cos60^\circ$

$5=a^2+b^2-2ab\times\frac{1}{2}$

$\therefore\ a^2+b^2-ab=5$ ······㉠

삼각형 ABD에서 $A=120^\circ$이므로 코사인법칙에 의하여

└ 평행사변형의 이웃한 두 내각의 크기의 합은 180°이므로 $A=180^\circ-60^\circ=120^\circ$

$3^2=a^2+b^2-2ab\cos120^\circ$

$9=a^2+b^2-2ab\times\left(-\frac{1}{2}\right)$

$\therefore\ a^2+b^2+ab=9$ ······㉡

㉡−㉠을 하면

$2ab=4$ $\quad\therefore\ ab=2$

평행사변형 ABCD의 넓이에서

$ab\sin60^\circ=\frac{1}{2}\times\sqrt{5}\times3\times\sin\theta$

$2\times\frac{\sqrt{3}}{2}=\frac{3\sqrt{5}}{2}\sin\theta\ (\because\ ab=2)$ $\quad\therefore\ \sin\theta=\frac{2\sqrt{3}}{3\sqrt{5}}$

$\therefore\ \sin^2\theta=\left(\frac{2\sqrt{3}}{3\sqrt{5}}\right)^2=\frac{12}{45}=\frac{4}{15}$

답 $\frac{4}{15}$

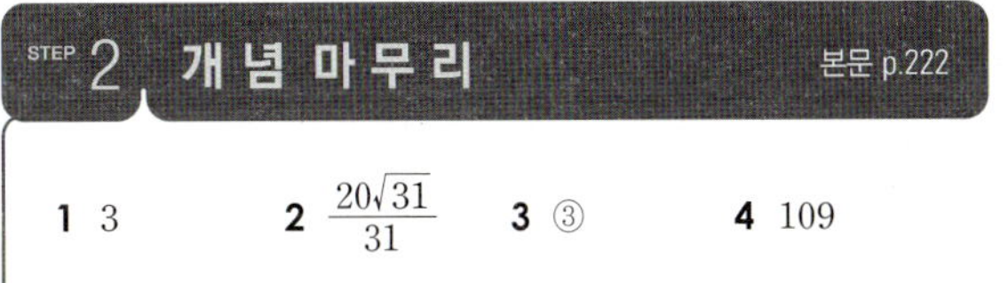

1 3 **2** $\frac{20\sqrt{31}}{31}$ **3** ③ **4** 109

1

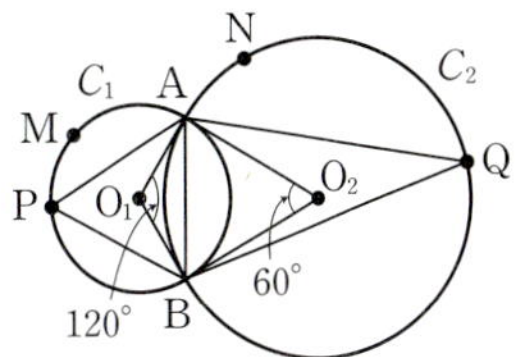

두 원 C_1, C_2의 반지름의 길이를 각각 R_1, R_2라 하자.

원 C_1에서 호 AB에 대한 중심각은 $\angle AO_1B=120^\circ$이므로 $\widehat{AMB}$ 위에 한 점 P를 잡으면

$\angle APB=\frac{1}{2}\angle AO_1B=\frac{1}{2}\times120^\circ=60^\circ$

원 C_1에 내접하는 삼각형 APB에서 사인법칙에 의하여

$$\frac{\overline{AB}}{\sin 60^\circ}=2R_1$$

$$\therefore\ R_1=\frac{\overline{AB}}{2\sin 60^\circ}=\frac{\overline{AB}}{2\times\frac{\sqrt{3}}{2}}=\frac{\overline{AB}}{\sqrt{3}}$$

또한, 원 C_2에서 호 AB에 대한 중심각은 $\angle AO_2B=60^\circ$이므로 $\overset{\frown}{ANB}$ 위에 한 점 Q를 잡으면

$$\angle AQB=\frac{1}{2}\angle AO_2B=\frac{1}{2}\times 60^\circ=30^\circ$$

원 C_2에 내접하는 삼각형 AQB에서 사인법칙에 의하여

$$\frac{\overline{AB}}{\sin 30^\circ}=2R_2$$

$$\therefore\ R_2=\frac{\overline{AB}}{2\sin 30^\circ}=\frac{\overline{AB}}{2\times\frac{1}{2}}=\overline{AB}$$

$$\therefore\ \frac{S_2}{S_1}=\frac{\pi R_2^{\,2}}{\pi R_1^{\,2}}=\frac{\overline{AB}^2}{\left(\frac{\overline{AB}}{\sqrt{3}}\right)^2}=3$$

답 3

2

밑면의 반지름의 길이가 2, 모선의 길이가 12인 원뿔의 전개도는 다음 그림과 같다.

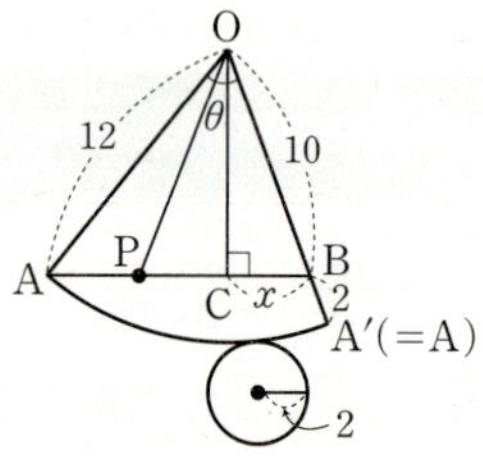

점 C는 점 O에서 선분 AB에 내린 수선의 발과 같으므로 구하는 거리는 선분 BC의 길이이다.

$\angle AOA'=\theta$라 하면 옆면인 부채꼴 OAA'의 호의 길이와 밑면인 원의 둘레의 길이가 같으므로

$12\theta=2\pi\times 2\qquad \therefore\ \theta=\frac{\pi}{3}$

이때 $\overline{OB}=\overline{OA'}-\overline{A'B}=12-2=10$이므로 삼각형 OAB에서 코사인법칙에 의하여

$$\overline{AB}^2=12^2+10^2-2\times 12\times 10\times\cos\frac{\pi}{3}$$

$$=244-240\times\frac{1}{2}=124$$

$\therefore\ \overline{AB}=2\sqrt{31}$ ($\because\ \overline{AB}>0$)

이때 $\overline{BC}=x$ $(x>0)$라 하면

직각삼각형 OAC에서 피타고라스 정리에 의하여

$$\overline{OC}^2=\overline{OA}^2-\overline{AC}^2=12^2-(2\sqrt{31}-x)^2$$

$$=-x^2+4\sqrt{31}x+20 \qquad \cdots\cdots ㉠$$

직각삼각형 OCB에서 피타고라스 정리에 의하여

$$\overline{OC}^2=\overline{OB}^2-\overline{BC}^2=10^2-x^2=100-x^2 \qquad \cdots\cdots ㉡$$

㉠, ㉡에서 $-x^2+4\sqrt{31}x+20=100-x^2$

$$\therefore\ x=\frac{80}{4\sqrt{31}}=\frac{20\sqrt{31}}{31}$$

답 $\frac{20\sqrt{31}}{31}$

3

ㄱ. 삼각형 ABC의 넓이는

$$\frac{1}{2}\times 3x\times\frac{4}{x}\times\sin 60^\circ=\frac{1}{2}\times 3x\times\frac{4}{x}\times\frac{\sqrt{3}}{2}=3\sqrt{3}$$

따라서 삼각형 ABC의 넓이는 x의 값에 관계없이 항상 $3\sqrt{3}$으로 일정하다. (참)

ㄴ. 삼각형 ABC에서 코사인법칙에 의하여

$$\overline{AC}^2=(3x)^2+\left(\frac{4}{x}\right)^2-2\times 3x\times\frac{4}{x}\times\cos 60^\circ$$

$$=9x^2+\frac{16}{x^2}-24\times\frac{1}{2}$$

$$=9x^2+\frac{16}{x^2}-12$$

이때 $9x^2>0$, $\frac{16}{x^2}>0$이므로 산술평균과 기하평균의 관계에 의하여

$$\overline{AC}^2=9x^2+\frac{16}{x^2}-12$$

$$\geq 2\sqrt{9x^2\times\frac{16}{x^2}}-12$$

$$=24-12=12$$

$\left(\text{단, 등호는 } 9x^2=\frac{16}{x^2}\text{, 즉 } x=\frac{2\sqrt{3}}{3}\text{일 때 성립}\right)$

따라서 선분 AC의 길이의 최솟값은 $x=\frac{2\sqrt{3}}{3}$일 때 $\sqrt{12}$, 즉 $2\sqrt{3}$이다. (거짓)

ㄷ. $\overline{AB}+\overline{BC}=3x+\frac{4}{x}$이고, $3x>0$, $\frac{4}{x}>0$이므로

산술평균과 기하평균의 관계에 의하여

$\overline{AB}+\overline{BC}=3x+\dfrac{4}{x}$

$\geq 2\sqrt{3x\times\dfrac{4}{x}}=4\sqrt{3}$

$\left(\text{단, 등호는 } 3x=\dfrac{4}{x}, \text{ 즉 } x=\dfrac{2\sqrt{3}}{3}\text{일 때 성립}\right)$

$\therefore\ \overline{AB}+\overline{BC}\geq 4\sqrt{3}$

(단, 등호는 $\overline{AB}=\overline{BC}=2\sqrt{3}$일 때 성립)

또한, ㄴ에서 선분 AC의 길이의 최솟값은 $2\sqrt{3}$이다.

즉, 삼각형 ABC의 둘레의 길이가 최소이려면 $\overline{AB}+\overline{BC}$, $\overline{CA}$가 모두 최솟값을 가질 때이므로 삼각형 ABC의 한 변의 길이가 $2\sqrt{3}$인 정삼각형일 때이다.

따라서 삼각형 ABC의 둘레의 길이의 최솟값은

$3\times 2\sqrt{3}=6\sqrt{3}$ (참)

따라서 옳은 것은 ㄱ, ㄷ이다.

답 ③

4

오른쪽 그림과 같이 선분 AC가 원 O와 만나는 점을 D라 하고, 점 D에서 선분 BC에 내린 수선의 발을 H라 하자.

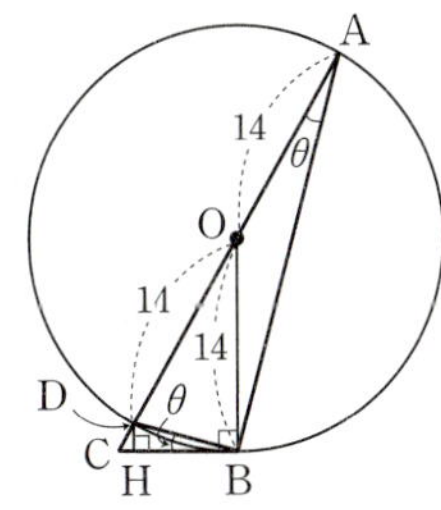

$\angle OAB=\theta$라 하면 원의 접선과 현이 이루는 각에 의하여 (*)

$\angle DBC=\theta$이고, $\sin(\angle OAB)=\dfrac{1}{4}$에서 $\sin\theta=\dfrac{1}{4}$

한편, 지름에 대한 원주각은 90°이므로 $\angle ABD=90^\circ$

즉, 직각삼각형 ABD에서

$\overline{BD}=\overline{AD}\sin\theta=28\times\dfrac{1}{4}=7$

$\therefore\ \overline{AB}=\sqrt{28^2-7^2}=7\sqrt{15}$

또한, 직각삼각형 BHD에서

$\overline{DH}=\overline{BD}\sin\theta=7\times\dfrac{1}{4}=\dfrac{7}{4}$

두 직각삼각형 CHD와 CBO는 닮음이고

닮음비가 $\dfrac{7}{4}:14$, 즉 $1:8$이므로

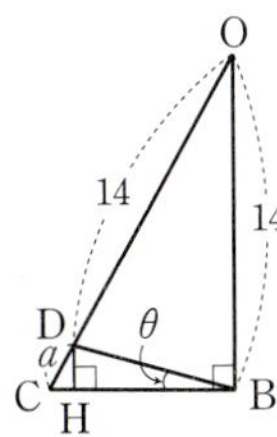

$\overline{CD}=a\ (a>0)$라 하면

$a:(a+14)=1:8$

$8a=a+14,\ 7a=14 \qquad \therefore\ a=2$

즉, $\overline{AC}=\overline{AD}+\overline{CD}=28+2=30$

$\therefore\ \triangle ABC=\dfrac{1}{2}\times\overline{AC}\times\overline{AB}\times\sin\theta$

$=\dfrac{1}{2}\times 30\times 7\sqrt{15}\times\dfrac{1}{4}$

$=\dfrac{105}{4}\sqrt{15}$

따라서 $p=4,\ q=105$이므로 $p+q=4+105=109$

답 109

다른 풀이

(*)에서 $\angle DBC=\angle OAB=\theta$ (원의 접선과 현이 이루는 각), $\angle BDC=90^\circ+\theta$ (삼각형의 외각의 성질)

$\overline{CD}=a\ (a>0)$, $\overline{BC}=b\ (b>0)$라 하면 삼각형 BCD에서 사인법칙에 의하여

$\dfrac{a}{\sin\theta}=\dfrac{b}{\sin(90^\circ+\theta)}$, $\dfrac{1}{4}b=\dfrac{\sqrt{15}}{4}a$ ($\sin(90^\circ+\theta)=\cos\theta$)

($\sin\theta=\dfrac{1}{4}$, $0^\circ<\theta<90^\circ$이므로 $\cos\theta=\sqrt{1-\sin^2\theta}=\sqrt{1-\left(\dfrac{1}{4}\right)^2}=\dfrac{\sqrt{15}}{4}$)

$\therefore\ b=\sqrt{15}a$ ······㉠

이때 원의 접선과 할선 사이의 비례 관계에 의하여

$\overline{CD}\times\overline{CA}=\overline{CB}^2$이므로

$a(a+28)=b^2$

위의 식에 ㉠을 대입하면

$a(a+28)=15a^2,\ a+28=15a\ (\because\ a>0)$

$14a=28 \qquad \therefore\ a=2$

즉, 직각삼각형 ABD에서

$\overline{BD}=\overline{AD}\sin\theta=28\times\dfrac{1}{4}=7$

$\therefore\ \overline{AB}=\sqrt{28^2-7^2}=7\sqrt{15}$

$\therefore\ \triangle ABC=\dfrac{1}{2}\times\overline{AC}\times\overline{AB}\times\sin\theta$

$=\dfrac{1}{2}\times(28+2)\times 7\sqrt{15}\times\dfrac{1}{4}$

$=\dfrac{105}{4}\sqrt{15}$

보충 설명

1. 원의 접선과 현이 이루는 각 | 원의 접선과 그 접점을 지나는 현이 이루는 각의 크기는 그 각의 내부에 있는 호에 대한 원주각의 크기와 같다. 즉,

$\angle BAT=\angle ACB$

2. 원의 접선과 할선 사이의 비례 관계 | 원 위의 한 점 T를 지나는 접선과 현 AB의 연장선이 한 점 P에서 만날 때,

$\overline{PT}^2=\overline{PA}\times\overline{PB}$

Ⅲ. 수열

08. 등차수열과 등비수열

① 등차수열

기본 + 필수연습 본문 pp.229~238

01 (1) $a_n=\left(-\frac{1}{3}\right)^{n-2}$ (2) $a_n=10^n-1$

02 (1) $a_n=8n-26$ (2) $a_n=-7n+35$

03 (1) 2 (2) 3 **04** 18

05 (1) 260 (2) 800

06 (1) $a_n=2n-6$ (2) $a_1=3$, $a_n=4n-7$ $(n\geq2)$

07 (1) $a_n=\frac{5}{2}n-\frac{1}{2}$ (2) 32 (3) 6 **08** 24

09 117 **10** 30 **11** 18 **12** 7

13 −35 **14** 160 **15** 14

16 (1) 220 (2) 1270 **17** 324 **18** 16

19 1200 **20** 595 **21** 714 **22** 6

23 −30 **24** −54 **25** −6 **26** 5

27 8

01

(1) $a_1=-3$

$a_2=1=-3\times\left(-\frac{1}{3}\right)$

$a_3=-\frac{1}{3}=-3\times\left(-\frac{1}{3}\right)^2$

$a_4=\frac{1}{9}=-3\times\left(-\frac{1}{3}\right)^3$

⋮

따라서 $a_n=-3\times\left(-\frac{1}{3}\right)^{n-1}=\left(-\frac{1}{3}\right)^{n-2}$이다.

(2) $a_1=9=10-1$

$a_2=99=100-1=10^2-1$

$a_3=999=1000-1=10^3-1$

$a_4=9999=10000-1=10^4-1$

⋮

따라서 $a_n=10^n-1$이다.

답 (1) $a_n=\left(-\frac{1}{3}\right)^{n-2}$ (2) $a_n=10^n-1$

02

(1) $a_n=-18+(n-1)\times8=8n-26$

(2) 첫째항이 28, 공차가 -7인 등차수열이므로 일반항은

$a_n=28+(n-1)\times(-7)=-7n+35$

답 (1) $a_n=8n-26$ (2) $a_n=-7n+35$

03

등차수열 $\{a_n\}$의 첫째항을 a, 공차를 d라 하면

(1) $a_5=a+4d=5$ ……㉠

$a_{15}=a+14d=25$ ……㉡

㉡−㉠을 하면 $10d=20$

$\therefore d=2$ ← ㉠에서 $a+4\times2=5$, 즉 $a=-3$이다.

(2) $a_8=a+7d=23$ ……㉠

$a_3+a_6=(a+2d)+(a+5d)$

$=2a+7d=25$ ……㉡

㉡−㉠을 하면 $a=2$

$a=2$를 ㉠에 대입하면 $2+7d=23$에서

$7d=21$ $\therefore d=3$

답 (1) 2 (2) 3

04

a는 3과 b의 등차중항이므로

$a=\frac{3+b}{2}$에서 $2a=3+b$ ……㉠

또한, b는 a와 15의 등차중항이므로

$b=\frac{a+15}{2}$에서 $2b=a+15$ ……㉡

㉠, ㉡을 연립하여 풀면

$a=7$, $b=11$

$\therefore a+b=7+11=18$

답 18

05

등차수열 $\{a_n\}$의 첫째항부터 제n항까지의 합을 S_n이라 하면

(1) $S_{13}=\frac{13\times(2+38)}{2}=260$

(2) $S_{20}=\frac{20\times\{2\times2+(20-1)\times4\}}{2}=800$

답 (1) 260 (2) 800

06

(1) (i) $n=1$일 때,

$a_1=S_1=1^2-5\times1=-4$ ……㉠

(ii) $n\geq2$일 때,

$a_n=S_n-S_{n-1}$

$=n^2-5n-\{(n-1)^2-5(n-1)\}$

$=2n-6$ ……㉡

(i), (ii)에서 ㉠은 ㉡에 $n=1$을 대입한 값과 같으므로

$a_n=2n-6$

(2) (i) $n=1$일 때,

$a_1=S_1=2\times1^2-5\times1+6=3$ ……㉠

(ii) $n\geq2$일 때,

$a_n=S_n-S_{n-1}$

$=2n^2-5n+6-\{2(n-1)^2-5(n-1)+6\}$

$=4n-7$ ……㉡

(i), (ii)에서 ㉠은 ㉡에 $n=1$을 대입한 값과 다르므로

$a_1=3,\ a_n=4n-7\ (n\geq2)$

답 (1) $a_n=2n-6$

(2) $a_1=3,\ a_n=4n-7\ (n\geq2)$

07

등차수열 $\{a_n\}$의 첫째항을 a, 공차를 d라 하자.

(1) $a_1+a_3+a_5=21$에서

$a+(a+2d)+(a+4d)=21$

$\therefore\ 3a+6d=21$ ……㉠

$a_5+a_7+a_9=51$에서

$(a+4d)+(a+6d)+(a+8d)=51$

$\therefore\ 3a+18d=51$ ……㉡

㉠, ㉡을 연립하여 풀면

$a=2,\ d=\frac{5}{2}$

$\therefore\ a_n=2+(n-1)\times\frac{5}{2}=\frac{5}{2}n-\frac{1}{2}$

(2) (1)에서 $a_n=\frac{5}{2}n-\frac{1}{2}$이므로

$a_{13}=\frac{5}{2}\times13-\frac{1}{2}=32$

(3) (1)에서 $a_k=\frac{5}{2}k-\frac{1}{2}$이므로

$\frac{5}{2}k-\frac{1}{2}=\frac{29}{2},\ \frac{5}{2}k=15\quad\therefore\ k=6$

답 (1) $a_n=\frac{5}{2}n-\frac{1}{2}$ (2) 32 (3) 6

08

등차수열 $\{a_n\}$의 첫째항을 a, 공차를 d라 하자.

$a_3+a_5=36$에서

$(a+2d)+(a+4d)=36,\ 2a+6d=36$

$\therefore\ a+3d=18$ ……㉠

또한, $a_2a_4=180$에서

$(a+d)(a+3d)=180$ ……㉡

㉠을 ㉡에 대입하면 $(a+d)\times18=180$이므로

$a+d=10$ ……㉢

㉠, ㉢을 연립하여 풀면

$a=6,\ d=4$

$\therefore\ a_n=6+(n-1)\times4=4n+2$

$a_n<100$, 즉 $4n+2<100$에서

$n<\frac{98}{4}=24.5$

따라서 조건을 만족시키는 자연수 n의 최댓값은 24이다.

답 24

09

등차수열 $\{a_n\}$의 첫째항을 a, 공차를 $d\ (d\neq0)$라 하자.

$a_6=-3$에서

$a+5d=-3$ ……㉠

$|a_4|=|a_{10}|$에서 $|a+3d|=|a+9d|$

$\therefore\ a+3d=\pm(a+9d)$

그런데 $a+3d=a+9d$이면 $6d=0$, 즉 $d=0$이므로 조건을 만족시키지 않는다.

즉, $a+3d=-(a+9d)$이므로 $2a+12d=0$

$\therefore\ a+6d=0$ ······ㄴ

ㄱ, ㄴ을 연립하여 풀면 $a=-18$, $d=3$이므로

$a_n=-18+(n-1)\times3=3n-21$

$a_n=330$에서

$3n-21=330$, $3n=351$

$\therefore\ n=117$

답 117

다른 풀이

$|a_4|=|a_{10}|$, 즉 $a_4=-a_{10}$에서 $a_4+a_{10}=0$

이때 a_7은 a_4와 a_{10}의 등차중항이므로

$2a_7=a_4+a_{10}$

즉, $2a_7=0$이므로 $a_7=0$

등차수열 $\{a_n\}$의 공차를 d $(d\neq0)$라 하면

$a_7=a_6+d$이고 $a_6=-3$이므로

$-3+d=0$ $\therefore\ d=3$

또한, $a_6=a_1+5d$이므로

$a_1+5\times3=-3$ $\therefore\ a_1=-18$

따라서 $a_n=-18+(n-1)\times3=3n-21$이므로

$a_n=330$에서 $3n-21=330$, $3n=351$

$\therefore\ n=117$

10

세 양수 $3a-2$, $2a+4$, $2a^2-5$가 이 순서대로 등차수열을 이루므로 $2a+4$는 $3a-2$와 $2a^2-5$의 등차중항이다.

즉, $2(2a+4)=(3a-2)+(2a^2-5)$에서

$4a+8=2a^2+3a-7$

$2a^2-a-15=0$, $(2a+5)(a-3)=0$

$\therefore\ a=-\frac{5}{2}$ 또는 $a=3$

(i) $a=-\frac{5}{2}$일 때, 세 수는 $-\frac{19}{2}$, -1, $\frac{15}{2}$

그런데 세 수는 모두 양수이어야 하므로 조건을 만족시키지 않는다.

(ii) $a=3$일 때, 세 수는 7, 10, 13

세 수는 모두 양수이므로 조건을 만족시킨다.

(i), (ii)에서 구하는 세 수는 7, 10, 13이므로 그 합은 30이다.

답 30

11

이차방정식의 두 근 α, β에 대하여 α, β, $\alpha+\beta$가 이 순서대로 등차수열을 이루므로 β는 α와 $\alpha+\beta$의 등차중항이다.

즉, $2\beta=\alpha+(\alpha+\beta)$에서 $2\beta=2\alpha+\beta$

$\therefore\ \beta=2\alpha$ ······ㄱ

한편, 이차방정식의 근과 계수의 관계에 의하여

$\alpha+\beta=k$ ······ㄴ

$\alpha\beta=72$ ······ㄷ

ㄱ을 ㄷ에 대입하면

$2\alpha^2=72$, $\alpha^2=36$

$\therefore\ \alpha=-6$ 또는 $\alpha=6$

즉, $\alpha=-6$, $\beta=-12$ 또는 $\alpha=6$, $\beta=12$이므로 ㄴ에서

$k=-6+(-12)=-18$ 또는 $k=6+12=18$

따라서 양수 k의 값은 18이다.

답 18

12

등차수열을 이루는 세 수를 $a-d$, a, $a+d$라 하면

합이 15이고 곱이 105이므로

$(a-d)+a+(a+d)=15$ ······ㄱ

$(a-d)\times a\times(a+d)=105$ ······ㄴ

ㄱ에서 $3a=15$ $\therefore\ a=5$

이것을 ㄴ에 대입하면

$(5-d)\times5\times(5+d)=105$

$5(25-d^2)=105$, $25-d^2=21$, $d^2=4$

$\therefore\ d=-2$ 또는 $d=2$

$d=-2$이면 세 수는 차례대로 7, 5, 3이고, $d=2$이면 세 수는 차례대로 3, 5, 7이다.

따라서 세 수 중 가장 큰 수는 7이다.

답 7

13

주어진 등차수열의 공차를 d라 하면 첫째항이 25, 제22항이 -59이므로

$25+(22-1)\times d=-59$

$25+21d=-59$, $21d=-84$

$\therefore d=-4$

이때 a_{15}는 주어진 등차수열의 제16항이므로

$a_{15}=25+(16-1)\times(-4)=-35$

답 -35

14

13개의 수 -4, a_1, a_2, a_3, $\cdots$, a_{11}, 84를 이 순서대로 b_1, b_2, b_3, $\cdots$, b_{13}이라 하자.

등차수열 $\{b_n\}$의 공차를 d라 하면

$b_1=-4$이고 $b_{13}=84$이므로

$84=-4+12d$, $12d=88$ $\quad\therefore d=\dfrac{22}{3}$

$\therefore a_1+a_3+a_9+a_{11}$

$=b_2+b_4+b_{10}+b_{12}$

$=(b_1+d)+(b_1+3d)+(b_1+9d)+(b_1+11d)$

$=4b_1+24d$

$=4\times(-4)+24\times\dfrac{22}{3}$

$=160$

답 160

다른 풀이

13개의 수 -4, a_1, a_2, a_3, $\cdots$, a_{11}, 84를 이 순서대로 b_1, b_2, b_3, $\cdots$, b_{13}이라 하자.

수열 $\{b_n\}$은 등차수열이므로 등차중항의 성질에 의하여

$b_1+b_{13}=b_2+b_{12}=\cdots=b_6+b_8=2b_7$

이때 $b_1+b_{13}=-4+84=80$이므로

$a_1+a_{11}=b_2+b_{12}=80$, $a_3+a_9=b_4+b_{10}=80$

$\therefore a_1+a_3+a_9+a_{11}=(a_1+a_{11})+(a_3+a_9)$

$=80+80=160$

15

주어진 등차수열의 공차를 d (d는 1이 아닌 자연수)라 하면 첫째항이 1이고 제$(m+2)$항이 46이므로

$1+(m+1)\times d=46$

$\therefore (m+1)d=45$ $\quad\cdots\cdots$㉠

이때 m이 자연수이므로 $m+1$과 d는 모두 1이 아닌 자연수이다. 즉, ㉠을 만족시키는 $m+1$, d의 값을 표로 나타내면 다음과 같다.

$m+1$	3	5	9	15
d	15	9	5	3

따라서 조건을 만족시키는 m의 최댓값은 $m+1=15$에서 $m=14$

답 14

16

등차수열 $\{a_n\}$의 첫째항을 a, 공차를 d라 하자.

(1) $a=3$, $d=7$이므로 일반항 a_n은

$a_n=3+(n-1)\times7=7n-4$

제k항이 52이므로 $a_k=7k-4=52$에서

$7k=56$ $\quad\therefore k=8$

따라서 첫째항부터 제8항까지의 합은

$\dfrac{8\times(3+52)}{2}=220$

(2) $a_2+a_4=22$에서

$(a+d)+(a+3d)=22$, $2a+4d=22$

$\therefore a+2d=11$ $\quad\cdots\cdots$㉠

$a_8+a_{12}=120$에서

$(a+7d)+(a+11d)=120$, $2a+18d=120$

$\therefore a+9d=60$ $\quad\cdots\cdots$㉡

㉠, ㉡을 연립하여 풀면 $a=-3$, $d=7$

따라서 첫째항부터 제20항까지의 합은

$\dfrac{20\times\{2\times(-3)+(20-1)\times7\}}{2}=1270$

답 (1) 220 (2) 1270

17

등차수열 $\{a_n\}$의 첫째항을 a, 공차를 d라 하면

$a_2=a+d=34$, $a_5=a+4d=25$

위의 두 식을 연립하여 풀면

$a=37,\ d=-3$

$\therefore\ a_n=37+(n-1)\times(-3)=-3n+40$

$a_n<0$인 경우는 $-3n+40<0$에서

$40<3n \qquad \therefore\ n>13.\times\times\times$

즉, 등차수열 $\{a_n\}$은 첫째항부터 제13항까지 양수, 제14항부터 음수이다.

등차수열 $\{a_n\}$의 첫째항부터 제13항까지의 합은

$$\frac{13\times\{2\times37+(13-1)\times(-3)\}}{2}=247$$

← $a_{13}=1$이므로 $\frac{13\times(37+1)}{2}=247$과 같이 구할 수도 있다.

또한, $a_{14}=-3\times14+40=-2$이므로 제14항부터 제20항까지의 합은

$$\frac{7\times\{2\times(-2)+(7-1)\times(-3)\}}{2}=-77$$

← 수열 $a_{14},\ a_{15},\ a_{16},\ \cdots,\ a_{20}$은 첫째항이 a_{14}, 공차가 -3인 등차수열이고 항수는 7이다.

$\therefore\ |a_1|+|a_2|+|a_3|+\cdots+|a_{20}|$

$=(a_1+a_2+a_3+\cdots+a_{13})-(a_{14}+a_{15}+a_{16}+\cdots+a_{20})$

$=247-(-77)=324$

답 324

18

등차수열 $\{a_n\}$의 첫째항은 1이고, 공차를 d라 하면

$a_2+a_7+a_{10}=7$에서

$(1+d)+(1+6d)+(1+9d)=7$

$3+16d=7$

$16d=4 \qquad \therefore\ d=\frac{1}{4}$

이때 등차수열 $\{a_n\}$의 첫째항부터 제n항까지의 합을 S_n이라 하면 $S_n=46$에서

$$S_n=\frac{n\left\{2\times1+(n-1)\times\frac{1}{4}\right\}}{2}=46$$

$\frac{n}{2}\left\{2+\frac{1}{4}(n-1)\right\}=46,\ \frac{1}{8}n^2+\frac{7}{8}n=46$

$n^2+7n=368,\ n^2+7n-368=0$

$(n+23)(n-16)=0$

$\therefore\ n=-23$ 또는 $n=16$

따라서 조건을 만족시키는 자연수 n의 값은 16이다.

답 16

19

주어진 등차수열 $\{a_n\}$의 첫째항을 a, 공차를 d라 하면

$S_{10}=\frac{10\{2a+(10-1)d\}}{2}=200$에서

$10a+45d=200 \qquad \therefore\ 2a+9d=40 \qquad \cdots\cdots$ ㉠

$S_{20}=\frac{20\{2a+(20-1)d\}}{2}=600$에서

$20a+190d=600 \qquad \therefore\ 2a+19d=60 \qquad \cdots\cdots$ ㉡

㉠, ㉡을 연립하여 풀면

$a=11,\ d=2$

$\therefore\ S_{30}=\frac{30\times\{2\times11+(30-1)\times2\}}{2}=1200$

답 1200

다른 풀이

$S_{10}=200,\ S_{20}=600$에서

$S_{20}-S_{10}=600-200=400$

이므로 $S_{10},\ S_{20}-S_{10},\ S_{30}-S_{20}$, 즉 200, 400, $S_{30}-600$은 공차가 $400-200=200$인 등차수열을 이룬다.

따라서 $S_{30}-600=400+200=600$이므로

$S_{30}=600+600=1200$

20

주어진 등차수열의 첫째항을 a, 공차를 d, 첫째항부터 제n항까지의 합을 S_n이라 하자.

첫째항부터 제8항까지의 합이 -32이므로

$S_8=\frac{8\{2a+(8-1)d\}}{2}=-32$

$\therefore\ 2a+7d=-8 \qquad \cdots\cdots$ ㉠

제9항부터 제15항까지의 합이 77이므로

$S_{15}=S_8+77=-32+77=45$에서

$S_{15}=\frac{15\{2a+(15-1)d\}}{2}=45$

$\therefore\ a+7d=3 \qquad \cdots\cdots$ ㉡

㉠, ㉡을 연립하여 풀면

$a=-11,\ d=2$ (*)

따라서 제16항부터 제32항까지의 합은

$S_{32}-S_{15}=\frac{32\times\{2\times(-11)+(32-1)\times2\}}{2}-45$

$=640-45=595$

답 595

다른 풀이

(*)에서 $a=-11$, $d=2$이므로 이 등차수열의 일반항을 a_n이라 하면

$a_n=-11+(n-1)\times 2=2n-13$

$\therefore a_{16}=19$, $a_{32}=51$

따라서 제16항부터 제32항까지의 합은 (항수는 $32-16+1=17$이다.)

$\frac{17\times(19+51)}{2}=595$

보충 설명

$m<n$인 두 자연수 m, n에 대하여 등차수열 $\{a_n\}$의 제m항부터 제n항까지의 합은 첫째항이 a_m, 끝항이 a_n, 항수가 $n-m+1$인 등차수열의 합과 같으므로

$\frac{(n-m+1)(a_m+a_n)}{2}$

21

등차수열 $\{a_n\}$의 첫째항을 a, 공차를 d, 첫째항부터 제n항까지의 합을 S_n이라 하자.

$a_1+a_2+a_3=21$에서

$a+(a+d)+(a+2d)=21$, $3a+3d=21$

$\therefore a+d=7$ ……㉠

$a_7+a_8+a_9+a_{10}+a_{11}=140$에서

$(a+6d)+(a+7d)+(a+8d)+(a+9d)+(a+10d)=140$

$5a+40d=140$

$\therefore a+8d=28$ ……㉡

㉠, ㉡을 연립하여 풀면 $a=4$, $d=3$

$\therefore a_{14}+a_{15}+a_{16}+\cdots+a_{25}$ (*)

$=S_{25}-S_{13}$

$=\frac{25\times\{2\times4+(25-1)\times3\}}{2}-\frac{13\times\{2\times4+(13-1)\times3\}}{2}$

$=1000-286=714$

답 714

보충 설명

(*)에서 $a_{14}+a_{15}+a_{16}+\cdots+a_{25}$는 첫째항이 a_{14}, 끝항이 a_{25}, 항수가 $25-14+1=12$인 등차수열의 합과 같으므로

$a_{14}+a_{15}+a_{16}+\cdots+a_{25}$

$=\frac{12(a_{14}+a_{25})}{2}=\frac{12(a+13d+a+24d)}{2}$

$=6(2a+37d)$

$=6\times(2\times4+37\times3)=714$

22

등차수열 $\{a_n\}$의 공차를 d라 하면 $a_1=-16$이므로

$a_{10}=a_1+9d=-16+9d=11$

$9d=27$ $\quad\therefore d=3$

$\therefore a_n=-16+(n-1)\times3=3n-19$

$a_n>0$인 경우는 $3n-19>0$에서

$3n>19$ $\quad\therefore n>\frac{19}{3}=6.\times\times\times$

즉, 등차수열 $\{a_n\}$은 첫째항부터 제6항까지 음수이고, 제7항부터 양수이므로 첫째항부터 제6항까지의 합이 최소이다.

$\therefore n=6$

답 6

다른 풀이

$a_1=-16$, $d=3$이므로

$S_n=\frac{n\{2\times(-16)+(n-1)\times3\}}{2}$

$=\frac{3}{2}n^2-\frac{35}{2}n$

$=\frac{3}{2}\left(n^2-\frac{35}{3}n\right)$

$=\frac{3}{2}\left(n-\frac{35}{6}\right)^2-\frac{35^2}{24}$

이때 $5<\frac{35}{6}<6$이고

$\frac{35}{6}-5=\frac{5}{6}$, $6-\frac{35}{6}=\frac{1}{6}$ ($\frac{5}{6}>\frac{1}{6}$이므로 $\frac{35}{6}$에 가장 가까운 자연수는 6이다.)

이므로 S_n은 $n=6$일 때, 최솟값

$S_6=\frac{3}{2}\times6^2-\frac{35}{2}\times6=-51$을 갖는다.

23

등차수열 $\{a_n\}$의 공차를 d라 하면 $a_1=-10$이므로

$$S_3=\frac{3\{2\times(-10)+(3-1)\times d\}}{2}$$

$$=3d-30$$

$$S_8=\frac{8\{2\times(-10)+(8-1)\times d\}}{2}$$

$$=28d-80$$

$S_3=S_8$에서 $3d-30=28d-80$이므로

$25d=50 \quad \therefore d=2$

$\therefore a_n=-10+(n-1)\times 2=2n-12$

$a_n \geq 0$인 경우는 $2n-12 \geq 0$에서

$2n \geq 12 \quad \therefore n \geq 6$

즉, 등차수열 $\{a_n\}$은 첫째항부터 제5항까지 음수이고, 제6항은 0, 제7항부터 양수이므로 첫째항부터 제5항 또는 제6항까지의 합이 최소이다.

따라서 구하는 최솟값은

$$S_5=\frac{5\times\{2\times(-10)+(5-1)\times 2\}}{2}=-30$$

$$S_6=\frac{6\times\{2\times(-10)+(6-1)\times 2\}}{2}=-30$$

답 -30

다른 풀이

$S_3=S_8$이므로 $S_8-S_3=0$에서

$a_4+a_5+a_6+a_7+a_8=0 \quad \cdots\cdots$ ㉠

a_6은 a_5와 a_7의 등차중항이면서 a_4와 a_8의 등차중항이므로

$a_5+a_7=2a_6,\ a_4+a_8=2a_6$

이것을 ㉠에 대입하면

$5a_6=0 \quad \therefore a_6=0$

이때 등차수열 $\{a_n\}$의 공차를 d라 하면 $a_1=-10$이므로

$a_6=-10+5d=0$에서 $d=2$

따라서 S_n의 최솟값은

$$S_5=S_6=\frac{6\times\{2\times(-10)+(6-1)\times 2\}}{2}=-30$$

24

첫째항이 a, 공차가 4인 등차수열 $\{a_n\}$의 일반항 a_n은

$a_n=a+(n-1)\times 4$

$\quad =4n+a-4$

S_n이 $n=5$일 때에만 최솟값을 가지므로

$a_5<0,\ a_6>0$이어야 한다.

$a_5=4\times 5+a-4=16+a<0$

$\therefore a<-16 \quad \cdots\cdots$ ㉠

$a_6=4\times 6+a-4=20+a>0$

$\therefore a>-20 \quad \cdots\cdots$ ㉡

㉠, ㉡에서 $-20<a<-16$

따라서 정수 a로 가능한 값은 $-19,\ -18,\ -17$이므로 구하는 합은

$-19+(-18)+(-17)=-54$

답 -54

다른 풀이

첫째항이 a, 공차가 4인 등차수열 $\{a_n\}$의 첫째항부터 제n항까지의 합 S_n은

$$S_n=\frac{n\{2a+4(n-1)\}}{2}$$

$$=2n^2+(a-2)n$$

$$=2\left(n+\frac{a-2}{4}\right)^2-\frac{(a-2)^2}{8}$$

이때 S_n이 $n=5$일 때에만 최솟값을 가지므로 $-\frac{a-2}{4}$에 가장 가까운 정수는 5뿐이다.

즉, $\frac{9}{2}<-\frac{a-2}{4}<\frac{11}{2}$에서 $-20<a<-16$

따라서 정수 a로 가능한 값은 $-19,\ -18,\ -17$이므로 구하는 합은

$-19+(-18)+(-17)=-54$

보충 설명 1

등차수열 $\{a_n\}$의 첫째항부터 제n항까지의 합 S_n이

(1) $n=k\ (k\geq 2)$일 때에만 최솟값을 갖는 경우

$\quad a_k<0,\ a_{k+1}>0$

(2) $n=k\ (k\geq 2)$일 때에만 최댓값을 갖는 경우

$\quad a_k>0,\ a_{k+1}<0$

보충 설명 2

S_n이 $n=5$일 때에만 최솟값을 갖는다고 하였으므로

$\frac{9}{2}<-\frac{a-2}{4}<\frac{11}{2}$에서 등호는 고려하지 않는다.

만약 $\frac{9}{2}=-\frac{a-2}{4}$가 성립하면 n에 대한 이차함수 $y=S_n$의 그래프의 대칭성에 의하여 $S_4=S_5$이므로 $n=5$일 때에만 최솟값을 갖는다는 조건에 모순이다.

25

$S_n=2n^2-15n$에서

(i) $n=1$일 때,

$a_1=S_1=2-15=-13$ ……㉠

(ii) $n\geq 2$일 때,

$a_n=S_n-S_{n-1}$

$=2n^2-15n-\{2(n-1)^2-15(n-1)\}$

$=4n-17$ ……㉡

(i), (ii)에서 ㉠은 ㉡에 $n=1$을 대입한 값과 같으므로

$a_n=4n-17$

따라서 $a_1=-13$, $a_6=4\times 6-17=7$이므로

$a_1+a_6=-13+7=-6$

답 -6

26

$S_n=-2n^2+10n-9$에서

(i) $n=1$일 때,

$a_1=S_1=-2+10-9=-1$ ……㉠

(ii) $n\geq 2$일 때,

$a_n=S_n-S_{n-1}$

$=-2n^2+10n-9-\{-2(n-1)^2+10(n-1)-9\}$

$=-4n+12$ ……㉡

(i), (ii)에서 ㉠은 ㉡에 $n=1$을 대입한 값과 다르므로

$a_1=-1$, $a_n=-4n+12$ $(n\geq 2)$

$a_1=-1<0$이고,

$n\geq 2$일 때 $a_n\geq 0$에서

$-4n+12\geq 0$ $\quad\therefore n\leq 3$

따라서 조건을 만족시키는 자연수 n은 2, 3이므로 모든 자연수 n의 값의 합은

$2+3=5$

답 5

27

$S_n=pn^2+qn$에서

(i) $n=1$일 때,

$a_1=S_1=p+q$ ……㉠

(ii) $n\geq 2$일 때,

$a_n=S_n-S_{n-1}$

$=pn^2+qn-\{p(n-1)^2+q(n-1)\}$

$=2pn-(p-q)$ ……㉡

(i), (ii)에서 ㉠은 ㉡에 $n=1$을 대입한 값과 같으므로

$a_n=2pn-(p-q)$

이때 $a_{10}-a_4=24$에서

$\{20p-(p-q)\}-\{8p-(p-q)\}=24$

$12p=24$ $\quad\therefore p=2$

즉, $a_n=4n-(2-q)$이므로

$a_2+a_4=28$에서

$\{8-(2-q)\}+\{16-(2-q)\}=28$

$20+2q=28$ $\quad\therefore q=4$

$\therefore pq=2\times 4=8$

답 8

STEP 1 개념 마무리

본문 pp.239~240

01 90	**02** 7	**03** 8	**04** $\frac{1}{6}$
05 21	**06** 8	**07** 98	**08** 755
09 723	**10** 7	**11** 99	**12** 23
13 ④			

01

등차수열 $\{a_n\}$의 첫째항을 a, 공차를 d $(d>0)$라 하자.

조건 (가)에서 $a_5+a_{10}=0$이므로

$(a+4d)+(a+9d)=0$, $2a+13d=0$

$\therefore a=-\frac{13}{2}d$ ……㉠

조건 (나)에서 $|a_7|=|a_9|-4$이므로

$|a+6d|=|a+8d|-4$

㉠을 위의 식에 대입하면

$\left|-\frac{13}{2}d+6d\right|=\left|-\frac{13}{2}d+8d\right|-4$

$\left|-\frac{d}{2}\right|=\left|\frac{3}{2}d\right|-4$

이때 공차 d는 양수이므로

$\frac{d}{2}=\frac{3}{2}d-4$ $\quad\therefore d=4$

이것을 ㉠에 대입하면 $a=-26$

따라서 일반항 a_n은

$a_n=-26+(n-1)\times 4=4n-30$

$\therefore\ a_{30}=4\times 30-30=90$

답 90

02

등차수열 $\{a_n\}$의 공차를 d라 하면 $a_1=25$이므로

$a_5=a_1+4d=25+4d=9,\ 4d=-16$

$\therefore\ d=-4$

$\therefore\ a_n=25+(n-1)\times(-4)=-4n+29$

$a_n<0$인 경우는 $-4n+29<0$에서

$4n>29 \qquad \therefore\ n>\frac{29}{4}=7.25$

즉, 등차수열 $\{a_n\}$은 첫째항부터 제7항까지 양수, 제8항부터 음수이므로

$|a_1|>|a_2|>|a_3|>\cdots>|a_7|,\ |a_8|<|a_9|<|a_{10}|<\cdots$

이때 $|a_7|=|(-4)\times 7+29|=1$,

$|a_8|=|(-4)\times 8+29|=3$이므로 $|a_n|$은 $n=7$일 때 최솟값 1을 갖는다.

따라서 $|a_n|$의 값이 최소가 되도록 하는 자연수 n의 값은 7이다.

답 7

03

등차수열 $\{a_n\}$의 첫째항을 a $(a>0)$, 공차를 d $(d\ge 0)$라 하면 $a_3\times a_{22}=a_7\times a_8+10$에서

(모든 항이 양수일 조건)

$(a+2d)(a+21d)=(a+6d)(a+7d)+10$

$a^2+23ad+42d^2=a^2+13ad+42d^2+10$

$10ad=10 \qquad \therefore\ ad=1 \qquad \cdots\cdots㉠$

이때 $ad=1$에서 $d\neq 0$이므로 $a>0,\ d>0$

산술평균과 기하평균의 관계에 의하여

$a_4+a_6=(a+3d)+(a+5d)$

$=2a+8d$

$\ge 2\sqrt{2a\times 8d}$

(단, 등호는 $2a=8d$, 즉 $a=4d$일 때 성립)

$=2\sqrt{16ad}$

$=2\sqrt{16\times 1}$ ($\because$ ㉠)

$=2\times 4=8$

따라서 a_4+a_6의 최솟값은 8이다.

답 8

04

이차방정식 $27x^2-12x+1=0$에서

$(3x-1)(9x-1)=0 \qquad \therefore\ x=\frac{1}{3}$ 또는 $x=\frac{1}{9}$

따라서 $a_2=\frac{1}{3},\ a_6=\frac{1}{9}$ 또는 $a_2=\frac{1}{9},\ a_6=\frac{1}{3}$이므로

$\frac{1}{a_2}=3,\ \frac{1}{a_6}=9$ 또는 $\frac{1}{a_2}=9,\ \frac{1}{a_6}=3$

수열 $\left\{\frac{1}{a_n}\right\}$이 등차수열이므로 $\frac{1}{a_2},\ \frac{1}{a_4},\ \frac{1}{a_6}$은 이 순서대로 등차수열을 이룬다.

즉, $\frac{1}{a_4}$은 $\frac{1}{a_2}$과 $\frac{1}{a_6}$의 등차중항이므로

$\frac{2}{a_4}=\frac{1}{a_2}+\frac{1}{a_6},\ \frac{2}{a_4}=12 \qquad \therefore\ a_4=\frac{1}{6}$

답 $\frac{1}{6}$

다른 풀이 1

이차방정식 $27x^2-12x+1=0$의 두 근이 $a_2,\ a_6$이므로 이차방정식의 근과 계수의 관계에 의하여

$a_2+a_6=\frac{12}{27}=\frac{4}{9},\ a_2a_6=\frac{1}{27}$

수열 $\left\{\frac{1}{a_n}\right\}$이 등차수열이므로 $\frac{1}{a_2},\ \frac{1}{a_4},\ \frac{1}{a_6}$은 이 순서대로 등차수열을 이룬다.

즉, $\frac{1}{a_4}$은 $\frac{1}{a_2}$과 $\frac{1}{a_6}$의 등차중항이므로

$$\frac{2}{a_4}=\frac{1}{a_2}+\frac{1}{a_6}=\frac{a_2+a_6}{a_2a_6}=\frac{\frac{4}{9}}{\frac{1}{27}}=12$$

$\therefore\ a_4=\frac{1}{6}$

다른 풀이 2

이차방정식 $27x^2-12x+1=0$의 두 근이

$x=\frac{1}{3}$ 또는 $x=\frac{1}{9}$이므로

$a_2=\frac{1}{3},\ a_6=\frac{1}{9}$ 또는 $a_2=\frac{1}{9},\ a_6=\frac{1}{3}$

수열 $\left\{\frac{1}{a_n}\right\}$이 등차수열이므로 이 수열의 공차를 d라 하면

(i) $a_2=\frac{1}{3},\ a_6=\frac{1}{9}$일 때,

$\frac{1}{a_2}=\frac{1}{a_1}+d=3,\ \frac{1}{a_6}=\frac{1}{a_1}+5d=9$

위의 두 식을 연립하여 풀면

$d=\frac{3}{2},\ \frac{1}{a_1}=\frac{3}{2}$

$\therefore\ \frac{1}{a_4}=\frac{1}{a_1}+3d=\frac{3}{2}+\frac{9}{2}=\frac{12}{2}=6$

(ii) $a_2=\frac{1}{9},\ a_6=\frac{1}{3}$일 때,

$\frac{1}{a_2}=\frac{1}{a_1}+d=9,\ \frac{1}{a_6}=\frac{1}{a_1}+5d=3$

위의 두 식을 연립하여 풀면

$d=-\frac{3}{2},\ \frac{1}{a_1}=\frac{21}{2}$

$\therefore\ \frac{1}{a_4}=\frac{1}{a_1}+3d=\frac{21}{2}-\frac{9}{2}=\frac{12}{2}=6$

(i), (ii)에서 $a_4=\frac{1}{6}$

05

삼차방정식 $x^3-9x^2+11x+k=0$의 세 근이 등차수열을 이루므로 세 근을 $a-d,\ a,\ a+d$라 하자.

삼차방정식의 근과 계수의 관계에 의하여 세 근의 합은

$(a-d)+a+(a+d)=9$

$3a=9\quad \therefore\ a=3$

따라서 주어진 방정식의 한 근이 3이므로 $x=3$을 방정식에 대입하면

$3^3-9\times3^2+11\times3+k=0$

$k-21=0\quad \therefore\ k=21$

답 21

보충 설명 1

등차수열을 이루는 수는 모든 수의 합이 첫째항 a에 대한 식으로 표현되도록 놓으면 계산이 간단해진다.

(1) 등차수열을 이루는 세 수

⇨ $a-d,\ a,\ a+d$

(2) 등차수열을 이루는 네 수

⇨ $a-3d,\ a-d,\ a+d,\ a+3d$

(3) 등차수열을 이루는 다섯 수

⇨ $a-2d,\ a-d,\ a,\ a+d,\ a+2d$

보충 설명 2

삼차방정식의 근과 계수의 관계 |

삼차방정식 $ax^3+bx^2+cx+d=0$의 세 근을 $\alpha,\ \beta,\ \gamma$라 하면

$\alpha+\beta+\gamma=-\frac{b}{a},\ \alpha\beta+\beta\gamma+\gamma\alpha=\frac{c}{a},\ \alpha\beta\gamma=-\frac{d}{a}$

06

세 선분 AD, CD, AB의 길이가 이 순서대로 등차수열을 이루므로 $\overline{AD}=a-d,\ \overline{CD}=a,\ \overline{AB}=a+d\ (a>d>0)$라 하자.

이때 두 삼각형 ABD, ACB가 닮음이므로

$\overline{AB}:\overline{AD}=\overline{AC}:\overline{AB}$에서

$(a+d):(a-d)$

$=(2a-d):(a+d)$

$(a+d)^2=(a-d)(2a-d)$

$a^2-5ad=0,\ a(a-5d)=0$

$\therefore\ a=5d\ (\because\ a>0)$

$\triangle$ABC에서 $\overline{AC}=2a-d=9d,\ \overline{BC}=4\sqrt{5}$,

$\overline{AB}=a+d=6d$이므로 피타고라스 정리에 의하여

$81d^2=36d^2+80,\ 45d^2=80$

$d^2=\frac{16}{9}\qquad \therefore\ d=\frac{4}{3}\ (\because\ d>0)$

$a=5d$이므로 $a=\frac{20}{3}$

$\therefore\ \overline{AB}=a+d=\frac{20}{3}+\frac{4}{3}=8$

답 8

다른 풀이

세 선분 AD, CD, AB의 길이가 이 순서대로 등차수열을 이루므로 $\overline{AD}=a-d,\ \overline{CD}=a,\ \overline{AB}=a+d\ (a>d>0)$라 하자.

직각삼각형 BCD에서 피타고라스 정리에 의하여

$\overline{BD}^2=(4\sqrt{5})^2-a^2=80-a^2$

직각삼각형 ABD에서 피타고라스 정리에 의하여

$\overline{BD}^2=(a+d)^2-(a-d)^2=4ad$

즉, $80-a^2=4ad$이므로

$a^2+4ad-80=0$ ······㉠

또한, 직각삼각형 ABC에서 피타고라스 정리에 의하여

$(4\sqrt{5})^2+(a+d)^2=(2a-d)^2$

$\therefore 3a^2-6ad-80=0$ ······㉡

㉡−㉠을 하면

$2a^2-10ad=0,\ 2a(a-5d)=0$

$\therefore a=5d\ (\because a>0)$ ······㉢

㉢을 ㉠에 대입하면

$45d^2=80,\ d^2=\frac{16}{9}$

$\therefore d=\frac{4}{3}\ (\because d>0),\ a=\frac{20}{3}\ (\because ㉢)$

$\therefore \overline{AB}=a+d=\frac{20}{3}+\frac{4}{3}=8$

07

주어진 등차수열의 공차를 d라 하면 첫째항은 1이고 제$(n+2)$항은 64이다.

즉, $1+(n+1)d=64$이므로 $d=\frac{63}{n+1}$

$a_1,\ a_2,\ a_3,\ \cdots,\ a_n$이 모두 자연수가 되려면 d는 자연수이어야 하므로 $n+1$은 63의 양의 약수이다.

$d=\frac{63}{n+1}$을 만족시키는 $n+1$, d의 값과 그때의 n의 값을 표로 나타내면 다음과 같다.

$n+1$	3	7	9	21	63
d	21	9	7	3	1
n	2	6	8	20	62

└ $n+1=1$인 경우는 $n=0$이 되어 n이 자연수라는 조건에 모순이다.

따라서 모든 자연수 n의 값의 합은

$2+6+8+20+62=98$

답 98

보충 설명

두 수 a, b 사이에 n개의 수를 넣어 만든 수열 |

$a,\ x_1,\ x_2,\ x_3,\ \cdots,\ x_n,\ b$가 이 순서대로 등차수열을 이룰 때, 항수는 $(n+2)$이다.

이때 a는 첫째항이고 b는 제$(n+2)$항이므로 이 등차수열의 공차를 d라 하면

$b=a+\{(n+2)-1\}\times d=a+(n+1)d$

08

3으로 나눈 나머지가 2인 자연수를 작은 것부터 차례대로 나열하면

2, 5, 8, 11, 14, 17, 20, 23, 26, 29, 32, 35, 38, $\cdots$

5로 나눈 나머지가 3인 자연수를 작은 것부터 차례대로 나열하면

3, 8, 13, 18, 23, 28, 33, 38, $\cdots$

즉, 수열 $\{a_n\}$은

8, 23, 38, $\cdots$

따라서 수열 $\{a_n\}$은 첫째항이 8, 공차가 15인 등차수열이므로

$a_1+a_2+a_3+\cdots+a_{10}=\frac{10\times\{2\times8+(10-1)\times15\}}{2}$

$=755$

답 755

보충 설명

자연수 n으로 나눈 나머지가 $a\ (0<a<n)$인 자연수를 작은 것부터 차례대로 나열하면

$a,\ a+n,\ a+2n,\ a+3n,\ \cdots$

이므로 첫째항이 a이고 공차가 n인 등차수열이 된다.

09

주어진 등차수열의 공차를 d라 하면 5는 첫째항이고, 236은 제$(n+2)$항이므로

$5+(n+1)d=236\quad \therefore (n+1)d=231$ ······㉠

이때 $231=3\times7\times11$이고 공차 d는 50보다 작은 최대의 자연수이므로

$d=33$

이것을 ㉠에 대입하면 $(n+1)\times 33=231$

$n+1=7 \quad \therefore n=6$

즉, 수열 a_1, a_2, a_3, a_4, a_5, a_6은 공차가 $d=33$인 등차수열이므로

$a_1=5+33=38$, $a_6=236-33=203$

$$\therefore a_1+a_2+a_3+a_4+a_5+a_6=\frac{6\times(38+203)}{2}=723$$

답 723

10

$S_k=-16$, $S_{k+2}=-12$에서

$S_{k+2}-S_k=a_{k+2}+a_{k+1}=4$

이때 등차수열 $\{a_n\}$의 공차가 2이므로 등차수열 $\{a_n\}$의 첫째항을 a라 하면

$a_{k+2}+a_{k+1}=a+2(k+1)+a+2k=4$

$2a+4k+2=4$, $a+2k+1=2$

$\therefore a=1-2k \quad \cdots\cdots$ ㉠

$S_k=-16$에서 $\dfrac{k\{2a+2(k-1)\}}{2}=-16$

$\therefore k(a+k-1)=-16$

위의 식에 ㉠을 대입하면

$k(1-2k+k-1)=-16$, $k^2=16$

$\therefore k=4$ ($\because$ k는 자연수)

이것을 ㉠에 대입하면

$a=1-2\times 4=-7$

$\therefore a_{2k}=a_8=a+7\times 2=-7+7\times 2=7$

답 7

11

조건 (가)에서

$a_1+a_2+a_3+a_4=29 \quad \cdots\cdots$ ㉠

조건 (나)에서

$a_{n-3}+a_{n-2}+a_{n-1}+a_n=155 \quad \cdots\cdots$ ㉡

㉠+㉡을 하면

$a_1+a_2+a_3+a_4+a_{n-3}+a_{n-2}+a_{n-1}+a_n$

$=29+155=184 \quad \cdots\cdots$ ㉢

이때 수열 $\{a_n\}$은 등차수열이므로

$a_1+a_n=a_2+a_{n-1}=a_3+a_{n-2}=a_4+a_{n-3}$

즉, ㉢에서 $a_1+a_n=\dfrac{184}{4}=46$이므로

조건 (다)에서

$a_1+a_2+a_3+\cdots+a_n=\dfrac{n(a_1+a_n)}{2}=575$

$23n=575 \quad \therefore n=25$

즉, 마지막 4개의 항은 a_{22}, a_{23}, a_{24}, a_{25}이다.

등차수열 $\{a_n\}$의 첫째항을 a, 공차를 d라 하면

㉠에서

$a+(a+d)+(a+2d)+(a+3d)=29$

$\therefore 4a+6d=29 \quad \cdots\cdots$ ㉣

㉡에서

$(a+21d)+(a+22d)+(a+23d)+(a+24d)=155$

$\therefore 4a+90d=155 \quad \cdots\cdots$ ㉤

㉣, ㉤을 연립하여 풀면

$a=5$, $d=\dfrac{3}{2}$

$$\therefore a_1+a_2+a_3+\cdots+a_9=\frac{9\times\left\{2\times 5+(9-1)\times\frac{3}{2}\right\}}{2}=99$$

답 99

12

등차수열 $\{a_n\}$의 첫째항을 a, 공차를 d라 하면

$a_n=a+(n-1)d \quad \cdots\cdots$ ㉠

$S_{20}=\dfrac{20(2a+19d)}{2}=20a+190d$

$S_8=\dfrac{8(2a+7d)}{2}=8a+28d$

$2S_{20}=S_8$에서 $2(20a+190d)=8a+28d$

$40a+380d=8a+28d$, $32a=-352d$

$\therefore a=-11d \quad \cdots\cdots$ ㉡

(가)

㉡을 ㉠에 대입하면

$a_n=-11d+(n-1)d=(n-12)d$

$a=a_1>0$이므로 ㉡에서 $d<0$

(나)

이때 $a_n\ge 0$인 경우는 $(n-12)d\ge 0$에서 $d<0$이므로

$n-12\le 0 \quad \therefore n\le 12$

즉, 등차수열 $\{a_n\}$은 첫째항부터 제11항까지 양수이고, 제12항은 0, 제13항부터 음수이다.

따라서 S_n이 최대가 되는 자연수 n은 $n=11$ 또는 $n=12$이므로 모든 자연수 n의 값의 합은

$11+12=23$

(다)

답 23

단계	채점 기준	배점
(가)	등차수열 $\{a_n\}$의 첫째항을 a, 공차를 d라 할 때, $2S_{20}=S_8$을 이용하여 a와 d 사이의 관계식을 구한 경우	40%
(나)	등차수열 $\{a_n\}$의 공차 d가 음수임을 확인한 경우	20%
(다)	조건을 만족시키는 자연수 n의 값의 합을 구한 경우	40%

13

$S_n=-n^2+8n+3$에서

(i) $n=1$일 때,

$a_1=S_1=-1+8+3=10$ ······㉠

(ii) $n\geq 2$일 때,

$a_n=S_n-S_{n-1}$

$=-n^2+8n+3-\{-(n-1)^2+8(n-1)+3\}$

$=-2n+9$ ······㉡

(i), (ii)에서 ㉠은 ㉡에 $n=1$을 대입한 값과 다르므로

$a_1=10,\ a_n=-2n+9\ (n\geq 2)$

ㄱ. $a_1=10,\ a_3=-2\times 3+9=3$이므로

$a_1+a_3=13$ (거짓)

ㄴ. $a_{2n}=\underline{-2\times 2n+9=-4n+9\ (n\geq 1)}$ (*)이므로 수열 $\{a_{2n}\}$은 공차가 -4인 등차수열이다. (참)

ㄷ. $a_n=-2n+9<0$에서 $n>\frac{9}{2}=4.5$이므로 수열 $\{a_n\}$에서 처음으로 음수가 되는 항은 제5항이다. (참)

따라서 옳은 것은 ㄴ, ㄷ이다.

답 ④

보충 설명

(*)에서

$a_{2(n+1)}-a_{2n}=\{-4(n+1)+9\}-(-4n+9)$

$=-4$

이므로 수열 $\{a_{2n}\}$의 공차는 -4이다.

2 등비수열

기본 + 필수연습 본문 pp.246~254

28 (1) $a_n=-\frac{1}{3}\times 9^{n-1}$ (2) $a_n=6\times\left(\frac{2}{3}\right)^{n-1}$

29 (1) -3 (2) 2 **30** $x=25,\ y=1$

31 (1) $2^{20}-1$ (2) $\frac{1}{2^{11}}-16$

32 (1) $a_n=(\sqrt{5})^{n-3}$ (2) 625 (3) 5

33 제10항 **34** 8 **35** (1) 5 (2) 28

36 3 **37** $\frac{91}{9}$ **38** 499

39 (1) 12 (2) $\frac{4}{3}(3^6-1)$ **40** $-\frac{425}{4}$ **41** 125

42 147 **43** 21 **44** 52 **45** 6

46 -7 **47** 687 **48** 23만 9천 원

49 833

28

(1) $a_n=-\frac{1}{3}\times 9^{n-1}$

(2) 첫째항이 6, 공비가 $\frac{4}{6}=\frac{2}{3}$인 등비수열이므로 일반항은

$a_n=6\times\left(\frac{2}{3}\right)^{n-1}$

답 (1) $a_n=-\frac{1}{3}\times 9^{n-1}$ (2) $a_n=6\times\left(\frac{2}{3}\right)^{n-1}$

29

등비수열 $\{a_n\}$의 첫째항을 a, 공비를 r이라 하면

(1) $a_2=ar=6$ ······㉠

$a_5=ar^4=-162$ ······㉡

㉡÷㉠을 하면 $r^3=-27$

$r^3+27=0,\ (r+3)(r^2-3r+9)=0$

$\therefore\ r=-3\ (\because\ r^2-3r+9>0)$ ← ㉠에서 $a\times(-3)=6$, 즉 $a=-2$이다.

$\left(r-\frac{3}{2}\right)^2+\frac{27}{4}>0$

(2) $a=a_1=\frac{1}{2}$

$a_3a_4=a_5$에서 $ar^2\times ar^3=ar^4$

$\therefore\ a^2r^5=ar^4$ ······㉠

이때 $a_n>0$이면 $a>0$, $r>0$이므로

㉠에서 $ar=1$

$a=\frac{1}{2}$을 위의 식에 대입하면

$\frac{1}{2}r=1$ $\quad\therefore r=2$

답 (1) -3 (2) 2

30

5는 x와 y의 등비중항이므로

$5^2=xy$ ……㉠

또한, y는 5와 $\frac{1}{5}$의 등비중항이므로

$y^2=5\times\frac{1}{5}=1$ $\quad\therefore y=1$ ($\because y>0$)

이것을 ㉠에 대입하면

$x=25$

답 $x=25$, $y=1$

31

등비수열 $\{a_n\}$의 첫째항부터 제n항까지의 합을 S_n이라 하면

(1) $S_{10}=\frac{3\times(4^{10}-1)}{4-1}=4^{10}-1=2^{20}-1$

(2) $S_{15}=\frac{(-8)\times\left\{1-\left(\frac{1}{2}\right)^{15}\right\}}{1-\frac{1}{2}}$

$=-16\times\left\{1-\left(\frac{1}{2}\right)^{15}\right\}=\frac{1}{2^{11}}-16$

답 (1) $2^{20}-1$ (2) $\frac{1}{2^{11}}-16$

32

등비수열 $\{a_n\}$의 첫째항을 a, 공비를 r이라 하면 수열 $\{a_n\}$의 모든 항이 양수이므로

$a>0$, $r>0$

(1) $\frac{a_3a_8}{a_6}=5$에서

$\frac{ar^2\times ar^7}{ar^5}=5$, $\frac{a^2r^9}{ar^5}=5$

$\therefore ar^4=5$ ($\because a>0$, $r>0$) ……㉠

$a_5+a_7=30$에서

$ar^4+ar^6=ar^4(1+r^2)=30$ ……㉡

㉠, ㉡을 연립하여 풀면

$a=\frac{1}{5}$, $r=\sqrt{5}$ ($\because r>0$)

$\therefore a_n=\frac{1}{5}\times(\sqrt{5})^{n-1}=(\sqrt{5})^{n-3}$

(2) (1)에서 $a_n=(\sqrt{5})^{n-3}$이므로

$a_{11}=(\sqrt{5})^{11-3}=(\sqrt{5})^8=5^4=625$

(3) (1)에서 $a_k=(\sqrt{5})^{k-3}=5$이므로

$5^{\frac{k-3}{2}}=5$

$\frac{k-3}{2}=1$, $k-3=2$ $\quad\therefore k=5$

답 (1) $a_n=(\sqrt{5})^{n-3}$ (2) 625 (3) 5

33

등비수열 $\{a_n\}$의 첫째항을 a, 공비를 r ($r>0$)이라 하면

$a_2=27$에서 $ar=27$ ……㉠

$a_6=\frac{1}{3}$에서 $ar^5=\frac{1}{3}$ ……㉡

㉡÷㉠을 하면 $r^4=\frac{1}{81}$

$r^4-\frac{1}{81}=0$, $\left(r+\frac{1}{3}\right)\left(r-\frac{1}{3}\right)\left(r^2+\frac{1}{9}\right)=0$

$\therefore r=\frac{1}{3}$ ($\because r>0$)

이것을 ㉠에 대입하면 $\frac{1}{3}a=27$에서 $a=81$이므로

$a_n=81\times\left(\frac{1}{3}\right)^{n-1}=3^{-n+5}$

$a_n<\frac{1}{100}$에서 $3^{-n+5}<\frac{1}{100}$

$3^{n-5}>100$

이때 $3^4=81$, $3^5=243$이므로

$n-5\geq5$ $\quad\therefore n\geq10$

따라서 $a_n<\frac{1}{100}$을 만족시키는 자연수 n의 최솟값은 10이므로 구하는 항은 제10항이다.

답 제10항

34

주어진 등비수열의 공비를 r $(r>0)$이라 하면 첫째항이 $\frac{1}{4}$,

제$(n+2)$항이 16이므로

$16=\frac{1}{4}r^{n+1}$ $\therefore r^{n+1}=64$ ……㉠

주어진 등비수열의 모든 항의 곱이 1024이므로

$$1024=\frac{1}{4}\times a_1\times a_2\times a_3\times \cdots \times a_n\times 16$$
$$=\frac{1}{4}\times\frac{1}{4}r\times\frac{1}{4}r^2\times\cdots\times\frac{1}{4}r^n\times 16$$
$$=\left(\frac{1}{4}\right)^{n+1}\times 16\times r^{1+2+3+\cdots+n}$$
$$=2^{-2n-2}\times 2^4\times r^{\frac{n(n+1)}{2}}$$
$$=2^{-2n+2}\times(r^{n+1})^{\frac{n}{2}}$$
$$=2^{-2n+2}\times 64^{\frac{n}{2}}\ (\because ㉠)$$
$$=2^{-2n+2}\times(2^6)^{\frac{n}{2}}$$
$$=2^{-2n+2}\times 2^{3n}$$
$$=2^{n+2}$$

$1+2+3+\cdots+n$은 첫째항이 1, 공차가 1인 등차수열의 첫째항부터 제n항까지의 합이므로 $\frac{n\{2\times1+(n-1)\times1\}}{2}=\frac{n(n+1)}{2}$

이때 $1024=2^{10}$이므로 $2^{10}=2^{n+2}$에서

$10=n+2$ $\therefore n=8$

답 8

35

(1) $x-1$은 $x-4$와 $3x+1$의 등비중항이므로

$(x-1)^2=(x-4)(3x+1)$

$x^2-2x+1=3x^2-11x-4$

$2x^2-9x-5=0$, $(2x+1)(x-5)=0$

$\therefore x=5$ $(\because x>0)$

(2) a는 16과 1의 등비중항이므로

$a^2=16$ $\therefore a=4$ $(\because a>0)$

4는 $a-3$, 즉 1과 b의 등차중항이므로

$2\times4=1+b$ $\therefore b=7$

$\therefore ab=4\times7=28$

답 (1) 5 (2) 28

36

다항식 $f(x)=x^2+x+a$를 일차식 $x-1$, $x-3$, $x-6$으로 나눈 나머지는 순서대로

$f(1)=a+2$, $f(3)=a+12$, $f(6)=a+42$

따라서 세 수 $a+2$, $a+12$, $a+42$가 이 순서대로 등비수열을 이루므로 $a+12$는 $a+2$와 $a+42$의 등비중항이다.

즉, $(a+12)^2=(a+2)(a+42)$에서

$a^2+24a+144=a^2+44a+84$, $20a=60$

$\therefore a=3$

답 3

보충 설명

나머지정리 | 다항식 $f(x)$를 일차식 $x-\alpha$로 나눈 나머지를 R이라 하면

$R=f(\alpha)$

37

등비수열을 이루는 0이 아닌 서로 다른 세 수를 $\frac{a}{r}$, a, ar $(ar\neq0)$이라 하자.

세 수의 곱이 -1이므로

$\frac{a}{r}\times a\times ar=-1$

즉, $a^3=-1$이므로 $a=-1$ $(\because a$는 실수$)$

또한, 세 수의 합이 $\frac{7}{3}$이므로

$\frac{a}{r}+a+ar=\frac{7}{3}$

즉, $a\left(\frac{1}{r}+1+r\right)=\frac{7}{3}$에서

$\frac{1}{r}+1+r=-\frac{7}{3}$ $(\because a=-1)$

양변에 $3r$을 곱하면

$3+3r+3r^2=-7r$

$3r^2+10r+3=0$, $(3r+1)(r+3)=0$

$\therefore r=-\frac{1}{3}$ 또는 $r=-3$

$r=-\frac{1}{3}$일 때, 세 수는 3, -1, $\frac{1}{3}$

$r=-3$일 때, 세 수는 $\frac{1}{3}$, -1, 3

따라서 세 수의 제곱의 합은

$3^2+(-1)^2+\left(\frac{1}{3}\right)^2=9+1+\frac{1}{9}=\frac{91}{9}$

답 $\frac{91}{9}$

다른 풀이

등비수열을 이루는 0이 아닌 서로 다른 세 실수를 a, b, c $(abc\neq 0)$라 하자.

b는 a와 c의 등비중항이므로 $b^2=ac$

세 수의 곱이 -1이므로

$abc=b^3=-1$에서 $b=-1$ ($\because$ b는 실수)

$\therefore\ ac=1$

한편, 세 수의 합이 $\frac{7}{3}$이므로

$a+b+c=a-1+c=\frac{7}{3}$에서 $a+c=\frac{10}{3}$

$$\begin{aligned}\therefore\ a^2+b^2+c^2&=(a+b+c)^2-2(ab+bc+ca)\\&=\left(\frac{7}{3}\right)^2-2(-a-c+1)\\&=\frac{49}{9}-2\times\left(-\frac{10}{3}+1\right)\\&=\frac{49}{9}+\frac{14}{3}=\frac{91}{9}\end{aligned}$$

($b=-1$, $ac=1$)

38

1회 시행 후 남아 있는 모든 선분의 길이의 합은

$27\times\frac{2}{3}$

2회 시행 후 남아 있는 모든 선분의 길이의 합은

$\left(27\times\frac{2}{3}\right)\times\frac{2}{3}=27\times\left(\frac{2}{3}\right)^2$

3회 시행 후 남아 있는 모든 선분의 길이의 합은

$\left\{27\times\left(\frac{2}{3}\right)^2\right\}\times\frac{2}{3}=27\times\left(\frac{2}{3}\right)^3$

⋮

n회 시행 후 남아 있는 모든 선분의 길이의 합은

$27\times\left(\frac{2}{3}\right)^n$

따라서 8회 시행 후 남아 있는 모든 선분의 길이의 합은

$27\times\left(\frac{2}{3}\right)^8=3^3\times\frac{2^8}{3^8}=\frac{2^8}{3^5}=\frac{256}{243}$

즉, $p=243$, $q=256$이므로

$p+q=243+256=499$

답 499

39

등비수열 $\{a_n\}$의 첫째항을 a, 공비를 r, 첫째항부터 제n항까지의 합을 S_n이라 하자.

(1) $S_7=\dfrac{a\left\{1-\left(-\frac{1}{2}\right)^7\right\}}{1-\left(-\frac{1}{2}\right)}=\dfrac{129}{16}$에서

$\frac{2}{3}a\left(1+\frac{1}{128}\right)=\frac{129}{16}$, $\frac{2}{3}a\times\frac{129}{128}=\frac{129}{16}$

$\frac{1}{3}a=4$ $\therefore\ a_1=a=12$

(2) 등비수열 $\{a_n\}$의 모든 항이 양수이므로

$a>0$, $r>0$

$a=a_1=\frac{8}{3}$이고 $\frac{a_6-a_4}{a_5}=\frac{8}{3}$에서 $\frac{ar^5-ar^3}{ar^4}=\frac{8}{3}$

$\frac{r^2-1}{r}=\frac{8}{3}$, $3r^2-3=8r$

$3r^2-8r-3=0$, $(3r+1)(r-3)=0$

$\therefore\ r=3$ ($\because$ $r>0$)

$\therefore\ S_6=\dfrac{\frac{8}{3}\times(3^6-1)}{3-1}=\frac{4}{3}(3^6-1)$

답 (1) 12 (2) $\frac{4}{3}(3^6-1)$

40

등비수열 $\{a_n\}$의 첫째항은 $\frac{5}{4}$이고, 공비를 r이라 하면 수열 $\{a_n\}$의 모든 항이 양수이므로

$r>0$

$a_3+a_5=25$에서 $\frac{5}{4}r^2+\frac{5}{4}r^4=25$

$\frac{1}{4}r^2+\frac{1}{4}r^4=5$, $r^4+r^2-20=0$, $(r^2)^2+r^2-20=0$

$(r^2+5)(r^2-4)=0$ $\therefore\ r^2=4$ ($\because$ $r^2>0$)

$\therefore\ r=2$ ($\because$ $r>0$)

따라서 $a_1-a_2+a_3-a_4+\cdots-a_8=S$라 하면 S는 첫째항이 $\frac{5}{4}$이고 공비가 -2인 등비수열의 첫째항부터 제8항까지의 합이므로

$$S=\frac{\frac{5}{4}\times\{1-(-2)^8\}}{1-(-2)}=\frac{5}{12}\times(1-2^8)=-\frac{425}{4}$$

답 $-\frac{425}{4}$

41

등비수열 $\{a_n\}$의 첫째항을 a, 공비를 r이라 하자.

$a_1+a_2+a_3+\cdots+a_{10}=10$에서

$$\frac{a(r^{10}-1)}{r-1}=10 \qquad \cdots\cdots ㉠$$

또한, $\frac{1}{a_1}+\frac{1}{a_2}+\frac{1}{a_3}+\cdots+\frac{1}{a_{10}}=2$에서

$$\frac{1}{a_{10}}+\frac{1}{a_9}+\frac{1}{a_8}+\cdots+\frac{1}{a_1}=2$$

$$\frac{1}{ar^9}+\frac{1}{ar^8}+\frac{1}{ar^7}+\cdots+\frac{1}{a}=2$$

이것은 첫째항이 $\frac{1}{ar^9}$, 공비가 r인 등비수열의 첫째항부터 제10항까지의 합이므로

$$\frac{\frac{1}{ar^9}(r^{10}-1)}{r-1}=2 \qquad \cdots\cdots ㉡$$

㉠÷㉡을 하면 $a^2r^9=5$

$\therefore a_3a_4a_5a_6a_7a_8$

$=ar^2\times ar^3\times ar^4\times ar^5\times ar^6\times ar^7$

$=a^6r^{27}=(a^2r^9)^3=5^3=125$

답 125

보충 설명

등비수열 $\{a_n\}$의 첫째항이 a, 공비가 r이면

$\frac{1}{a_n}=\frac{1}{a}\times\left(\frac{1}{r}\right)^{n-1}$이므로 수열 $\left\{\frac{1}{a_n}\right\}$도 등비수열이다.

또한, $r=1$이면 $a_1+a_2+a_3+\cdots+a_{10}=10$에서

$10a_1=10 \qquad \therefore a_1=1$

$\therefore \frac{1}{a_1}+\frac{1}{a_2}+\frac{1}{a_3}+\cdots+\frac{1}{a_{10}}=\frac{10}{a_1}=10\neq 2$

즉, $r=1$이면 주어진 조건을 만족시키지 않으므로 $r\neq 1$이다.

42

등비수열 $\{a_n\}$의 첫째항을 a, 공비를 r이라 하자.

$S_n=21$, $S_{2n}=63$이므로

$$S_n=\frac{a(r^n-1)}{r-1}=21 \qquad \cdots\cdots ㉠$$

$$S_{2n}=\frac{a(r^{2n}-1)}{r-1}=\frac{a(r^n-1)(r^n+1)}{r-1}=63 \qquad \cdots\cdots ㉡$$

㉡÷㉠을 하면 $r^n+1=3$이므로 $r^n=2$

$\therefore S_{3n}=\frac{a(r^{3n}-1)}{r-1}$

$=\frac{a(r^n-1)(r^{2n}+r^n+1)}{r-1}$

$=21\times(2^2+2+1)=147$

답 147

다른 풀이

등비수열 $\{a_n\}$의 공비를 r이라 하면 세 수 S_n, $S_{2n}-S_n$, $S_{3n}-S_{2n}$도 이 순서대로 공비가 r^n인 등비수열을 이룬다.

이때 $S_n=21$, $S_{2n}-S_n=63-21=42$이므로 $r^n=2$이다.

즉, $S_{3n}-S_{2n}=42\times 2=84$이므로

$S_{3n}=S_{2n}+84=63+84=147$

43

등비수열 $\{a_n\}$의 첫째항을 a, 공비를 r이라 하면

$S_{20}=3S_{10}$에서 $r\neq 1$이므로 ← $r=1$이면 $S_{10}=10a$, $S_{20}=20a$이므로 $S_{20}=2S_{10}$이어야 한다. $S_{20}=3S_{10}$에서 $2S_{10}=3S_{10}$이 되어 $S_{10}=0$ 이는 수열 $\{a_n\}$의 모든 항이 양수라는 조건을 만족시키지 않는다.

$$\frac{a(r^{20}-1)}{r-1}=3\times\frac{a(r^{10}-1)}{r-1}$$

$r^{20}-1=3(r^{10}-1)$

$(r^{10}-1)(r^{10}+1)=3(r^{10}-1)$

양변을 $r^{10}-1$로 나누면

$r^{10}+1=3 \qquad \therefore r^{10}=2$

$$\therefore \frac{S_{60}}{S_{20}}=\frac{\frac{a(r^{60}-1)}{r-1}}{\frac{a(r^{20}-1)}{r-1}}=\frac{r^{60}-1}{r^{20}-1}$$

$$=\frac{2^6-1}{2^2-1}=\frac{63}{3}=21$$

답 21

44

등비수열 $\{a_n\}$의 첫째항을 a, 공비를 r, 첫째항부터 제n항까지의 합을 S_n이라 하자.

$a_1+a_2+a_3+a_4=4$에서

$$S_4=\frac{a(r^4-1)}{r-1}=4 \qquad \cdots\cdots ㉠$$

$a_5+a_6+a_7+a_8=12$에서 $S_8-S_4=12$이므로

$S_8=S_4+12=16$

$$\therefore S_8=\frac{a(r^8-1)}{r-1}=\frac{a(r^4-1)(r^4+1)}{r-1}=16 \qquad \cdots\cdots ㉡$$

㉠을 ㉡에 대입하면 $4(r^4+1)=16$에서

$r^4+1=4 \quad \therefore r^4=3$ ……㉢

구하는 값은 S_{12}이므로

$$S_{12}=\frac{a(r^{12}-1)}{r-1}$$
$$=\frac{a(r^4-1)(r^8+r^4+1)}{r-1}$$
$$=\frac{a(r^4-1)}{r-1}\times(r^8+r^4+1)$$
$$=4\times(3^2+3+1)=52 \ (\because ㉠, ㉢)$$

답 52

45

$S_n=3^{n+1}-3$에서

(i) $n=1$일 때,

$a_1=S_1=3^2-3=6$ ……㉠

(ii) $n\geq2$일 때,

$$a_n=S_n-S_{n-1}$$
$$=3^{n+1}-3-(3^n-3)=3^{n+1}-3^n$$
$$=(3-1)\times3^n=2\times3^n \quad ……㉡$$

(i), (ii)에서 ㉠은 ㉡에 $n=1$을 대입한 값과 같으므로

$a_n=2\times3^n$

$a_n>500$에서 $2\times3^n>500$, $3^n>250$

이때 $3^5=243$, $3^6=729$이므로 $n\geq6$

따라서 자연수 n의 최솟값은 6이다.

답 6

46

$S_n=7^{n+1}+k$에서

(i) $n=1$일 때,

$a_1=S_1=7^2+k=49+k$ ……㉠

(ii) $n\geq2$일 때,

$$a_n=S_n-S_{n-1}$$
$$=(7^{n+1}+k)-(7^n+k)$$
$$=7^{n+1}-7^n=6\times7^n \quad ……㉡$$

이때 수열 $\{a_n\}$이 첫째항부터 등비수열을 이루려면 ㉠은 ㉡에 $n=1$을 대입한 값과 같아야 한다.

즉, $49+k=42$에서 $k=-7$

답 -7

다른 풀이

수열 $\{a_n\}$의 첫째항부터 제n항까지의 합 S_n이 $S_n=Ar^n+B$ (A, B는 상수) 꼴일 때, $B=-A$이면 이 수열은 첫째항부터 등비수열을 이룬다.

이때 $S_n=7^{n+1}+k=7\times7^n+k$이므로 수열 $\{a_n\}$이 첫째항부터 등비수열을 이루려면

$k=-7$

47

$S_n=2^{n-1}+4$에서

(i) $n=1$일 때,

$a_1=S_1=1+4=5$ ……㉠

(ii) $n\geq2$일 때,

$$a_n=S_n-S_{n-1}$$
$$=(2^{n-1}+4)-(2^{n-2}+4)$$
$$=2^{n-2} \quad ……㉡$$

(i), (ii)에서 ㉠은 ㉡에 $n=1$을 대입한 값과 다르므로

$a_1=5$, $a_n=2^{n-2}$ $(n\geq2)$

$\therefore a_3+a_5+a_7+a_9+a_{11}$

$=2+2^3+2^5+2^7+2^9$ ← 첫째항이 2, 공비가 $2^2=4$인 등비수열의 첫째항부터 제5항까지의 합이다.

$$=\frac{2\times(4^5-1)}{4-1}=\frac{2\times1023}{3}$$
$$=682$$

$\therefore a_1+a_3+a_5+a_7+a_9+a_{11}=5+682=687$

답 687

48

매월 초에 적립하는 금액을 A만 원이라 하고 2년 후, 즉 24개월 말의 원리합계를 그림으로 나타내면 다음과 같다.

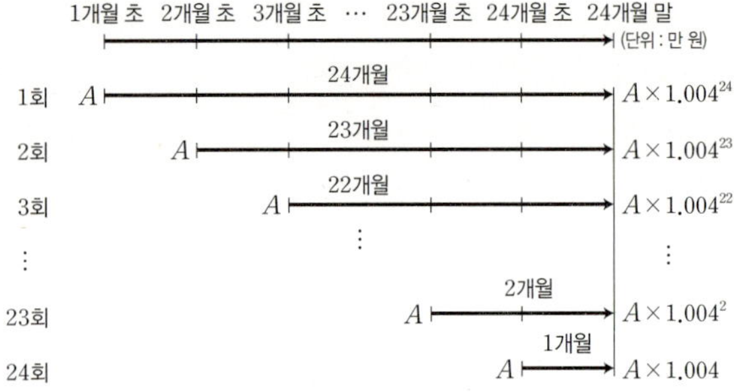

즉, 24개월 말의 적립금의 원리합계를 S만 원이라 하면

$$S=A\times1.004+A\times1.004^2+A\times1.004^3+\cdots+A\times1.004^{24}$$

이것은 첫째항이 $A\times1.004$, 공비가 1.004인 등비수열의 첫째항부터 제24항까지의 합과 같으므로

$$S=\frac{A\times1.004\times(1.004^{24}-1)}{1.004-1}=\frac{A\times1.004\times0.1}{0.004}$$

$$=25.1A$$

이때 등록금은 600만 원이므로

$25.1A=600$ $\quad\therefore A=23.9043\times\times\times$

따라서 매월 적립해야 할 금액은 239043.×××원이고, 천 원 미만은 버리므로 23만 9천 원이다.

답 23만 9천 원

49

a만 원을 연이율 4%로 10년 동안 예금할 때의 원리합계는

$a(1+0.04)^{10}=1.5a$(만 원) $\quad\cdots\cdots$㉠

매년 말에 100만 원씩 10년 동안 적립할 때, 10년 말의 원리합계를 그림으로 나타내면 다음과 같다.

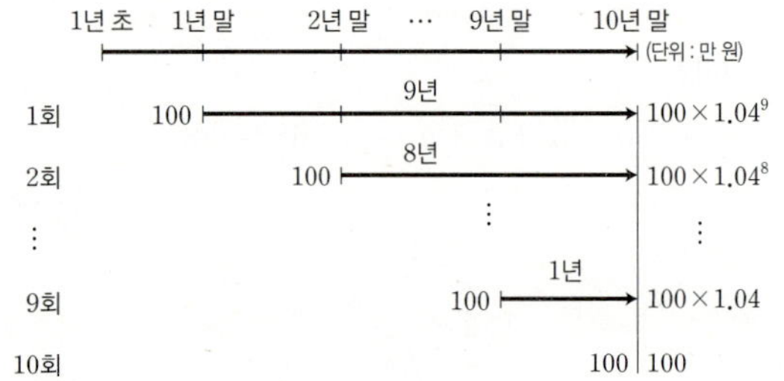

즉, 10년 말의 적립금의 원리합계는

$$100+100\times1.04+100\times1.04^2+\cdots+100\times1.04^9$$

$$=\frac{100\times(1.04^{10}-1)}{1.04-1}=\frac{100\times(1.5-1)}{0.04}$$

$=1250$(만 원) $\quad\cdots\cdots$㉡

㉠=㉡이어야 하므로

$1.5a=1250$ $\quad\therefore a=\frac{1250}{1.5}=833.3\times\times$(만 원)

소수점 아래 첫째 자리에서 반올림하므로

$a=833$

답 833

STEP 1 개념 마무리 본문 pp.255~256

14 $\frac{1}{128}$	**15** 20	**16** 1024	**17** 84
18 $x^2-11x+28=0$		**19** 18	**20** $\frac{\sqrt{3}}{256}$
21 11	**22** 99	**23** -16	**24** 48
25 30			

14

등비수열 $\{a_n\}$의 첫째항을 a $(a<0)$, 공비를 r이라 하자.

$a_3a_5=8a_8$에서

$ar^2\times ar^4=8ar^7$, $a^2r^6=8ar^7$

첫째항이 음수이므로 $a\neq0$이고, $r=0$이면

$a_1+|a_2|+|2a_3|=a_1<0$에서 모순이므로 $r\neq0$이다.

따라서 $a^2r^6=8ar^7$에서

$a=8r$ $\quad\cdots\cdots$㉠

$a_1+|a_2|+|2a_3|=0$에서

$a+|ar|+|2ar^2|=0$

위의 식에 ㉠을 대입하면

$8r+|8r^2|+|16r^3|=0$

이때 $a=8r<0$에서 $r<0$이므로

$8r+8r^2-16r^3=0$, $2r^3-r^2-r=0$

$r(2r^2-r-1)=0$, $r(2r+1)(r-1)=0$

$\therefore r=-\frac{1}{2}$ $(\because r<0)$, $a=8\times\left(-\frac{1}{2}\right)=-4$

$\therefore a_{10}=ar^9=-4\times\left(-\frac{1}{2}\right)^9=\frac{1}{128}$

답 $\frac{1}{128}$

15

등비수열 $\{a_n\}$의 첫째항을 a, 공비를 r이라 하면

$a_n=ar^{n-1}$

조건 (가)에서 $b_2+b_4+b_6=24$이므로

$\log_2 a_2+\log_2 a_4+\log_2 a_6=24$

$\log_2(a_2a_4a_6)=24$, $a_2a_4a_6=2^{24}$

즉, $ar\times ar^3\times ar^5=2^{24}$이므로

$a^3r^9=2^{24}$ ······㉠

조건 (나)에서 $b_5+b_7+b_9=42$이므로

$\log_2 a_5+\log_2 a_7+\log_2 a_9=42$

$\log_2(a_5a_7a_9)=42$, $a_5a_7a_9=2^{42}$

즉, $ar^4\times ar^6\times ar^8=2^{42}$이므로

$a^3r^{18}=2^{42}$ ······㉡

㉡÷㉠을 하면

$r^9=2^{42-24}=2^{18}$ ······㉢

㉢을 ㉠에 대입하면

$a^3\times 2^{18}=2^{24}$, $a^3=2^{24-18}=2^6$

$\therefore a=2^2$ ······㉣

㉢, ㉣에 의하여

$a_{10}=ar^9=2^2\times 2^{18}=2^{2+18}=2^{20}$

$\therefore b_{10}=\log_2 a_{10}=\log_2 2^{20}=20$

답 20

다른 풀이

수열 $\{b_n\}$의 일반항을 구하여 다음과 같이 풀 수도 있다.

등비수열 $\{a_n\}$의 첫째항을 a, 공비를 r이라 하면

$a_n=ar^{n-1}$이므로

$b_n=\log_2 ar^{n-1}=\log_2 a+\log_2 r^{n-1}$

$=\log_2 a+(n-1)\log_2 r$ ← 수열 $\{b_n\}$은 첫째항이 $\log_2 a$, 공차가 $\log_2 r$인 등차수열임을 알 수 있다.

조건 (가)에서

$b_2+b_4+b_6$

$=(\log_2 a+\log_2 r)+(\log_2 a+3\log_2 r)+(\log_2 a+5\log_2 r)$

$=3\log_2 a+9\log_2 r=24$

$\therefore \log_2 a+3\log_2 r=8$ ······㉤

조건 (나)에서

$b_5+b_7+b_9$

$=(\log_2 a+4\log_2 r)+(\log_2 a+6\log_2 r)+(\log_2 a+8\log_2 r)$

$=3\log_2 a+18\log_2 r=42$

$\therefore \log_2 a+6\log_2 r=14$ ······㉥

㉥−㉤을 하면

$3\log_2 r=6$, $\log_2 r=2$ $\therefore r=4$

이것을 ㉤에 대입하면

$\log_2 a+3\log_2 4=8$, $\log_2 a+3\times 2=8$

$\log_2 a=2$ $\therefore a=4$

$\therefore b_{10}=\log_2 4+(10-1)\log_2 4$

$=\log_2 2^2+9\times\log_2 2^2$

$=2+9\times 2=20$

16

등비수열 $\{a_n\}$의 첫째항을 a, 공비를 r이라 하면

$a_5a_9=ar^4\times ar^8=(ar^6)^2=a_7{}^2=16$에서

$a_7=4$ ($\because a_n>0$)

이때 $a_3a_{11}=ar^2\times ar^{10}=(ar^6)^2=a_7{}^2=16$이므로

$a_3a_5a_7a_9a_{11}=(a_3a_{11})\times(a_5a_9)\times a_7$

$=16\times16\times4$

$=1024$

답 1024

다른 풀이

수열 $\{a_n\}$이 등비수열이므로 등비중항의 성질에 의하여

$a_3a_{11}=a_5a_9=a_7{}^2$

$a_5a_9=16$이므로 $a_7{}^2=16$

이때 등비수열 $\{a_n\}$의 모든 항이 양수이므로

$a_7>0$ $\therefore a_7=4$

$\therefore a_3a_5a_7a_9a_{11}=(a_3a_{11})\times(a_5a_9)\times a_7$

$=16\times16\times4=1024$

17

$f(x)=\frac{k}{x}$이므로 $f(a)=\frac{k}{a}$, $f(b)=\frac{k}{b}$, $f(18)=\frac{k}{18}$

$f(a)$, $f(b)$, $f(18)$, 즉 $\frac{k}{a}$, $\frac{k}{b}$, $\frac{k}{18}$가 이 순서대로 등비수열을 이루므로 $\frac{k}{b}$는 $\frac{k}{a}$와 $\frac{k}{18}$의 등비중항이다.

즉, $\left(\frac{k}{b}\right)^2=\frac{k}{a}\times\frac{k}{18}$에서

$b^2=18a$ ······㉠ ($k\neq0$)

이때 $2<a<b<18$이고 $18a=2\times3^2\times a$는 제곱수가 되어야 하므로 a의 값으로 가능한 것은

$a=2^3=8$ ($\because 2<a<18$)

이것을 ㉠에 대입하면 $b^2=18\times8=144$

$\therefore b=12$ ($\because b$는 자연수)

한편, $f(a)=9$에서 $\frac{k}{8}=9$ $\quad\therefore k=72$

$\therefore b+k=12+72=84$

답 84

18

이차방정식 $x^2-14x+16=0$의 두 근이 α, β이므로 이차방정식의 근과 계수의 관계에 의하여

$\alpha+\beta=14$, $\alpha\beta=16$ ······㉠

세 수 α, p, β는 이 순서대로 등차수열을 이루므로

$2p=\alpha+\beta$

$2p=14$ ($\because$ ㉠) $\quad\therefore p=7$

세 수 α, q, β는 이 순서대로 등비수열을 이루므로

$q^2=\alpha\beta$

$q^2=16$ ($\because$ ㉠) $\quad\therefore q=4$ ($\because q>0$)

따라서 두 근이 p, q, 즉 7, 4이고 이차항의 계수가 1인 이차방정식은

$x^2-(7+4)x+7\times4=0$

$\therefore x^2-11x+28=0$

답 $x^2-11x+28=0$

19

$A(0, k)$, $D(k, 0)$에서 $\overline{AD}=\sqrt{2}k$ ······㉠

$\overline{AB}=\sqrt{2}$이고, $\overline{AB}$, $\overline{BC}$, $\overline{CD}$가 이 순서대로 등비수열을 이루므로 이 등비수열의 공비를 r ($r>0$)이라 하면

└ $\overline{AB}=\sqrt{2}>0$이고 $\overline{AB}$, $\overline{BC}$, $\overline{CD}$는 선분의 길이이므로 양수이다. 즉, 공비가 양수이다.

$\overline{BC}=\sqrt{2}r$, $\overline{CD}=\sqrt{2}r^2$

$\therefore \overline{AB}+\overline{BC}+\overline{CD}=\sqrt{2}+\sqrt{2}r+\sqrt{2}r^2$

$=\sqrt{2}(1+r+r^2)$ ······㉡

㉠=㉡에서 $\sqrt{2}k=\sqrt{2}(1+r+r^2)$이므로

$k=1+r+r^2$ ······㉢

오른쪽 그림과 같이 점 B에서 y축에 내린 수선의 발을 H라 하면 $\overline{AB}=\sqrt{2}$이고 직선 AB의 기울기가 -1이므로 직각삼각형 AHB에서

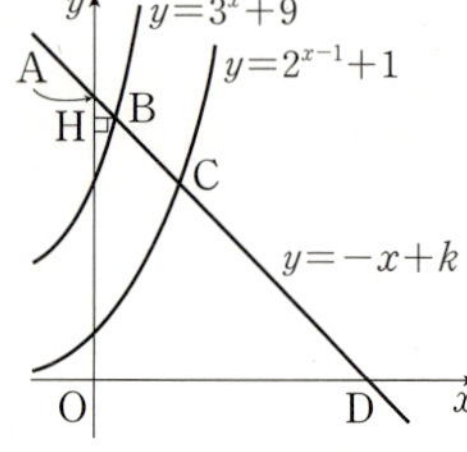

$\overline{AH}=\overline{BH}=1$

따라서 $B(1, k-1)$이고, 점 B는 곡선 $y=3^x+9$ 위에 있으므로

$k-1=3+9$

$\therefore k=13$

이것을 ㉢에 대입하면 $1+r+r^2=13$

$r^2+r-12=0$, $(r+4)(r-3)=0$

$\therefore r=3$ ($\because r>0$)

$\therefore \overline{BC}^2=2r^2=2\times3^2=18$

답 18

20

정삼각형 OAB의 한 변의 길이가 32이므로

정삼각형 OAB의 넓이는

$\frac{\sqrt{3}}{4}\times32^2=256\sqrt{3}$

정삼각형 AA_1B_1의 넓이는 정삼각형 OAB의 넓이의 $\frac{1}{4}$이므로

$256\sqrt{3}\times\frac{1}{4}=64\sqrt{3}$

a_n의 정의에 의하여 정삼각형 $A_1A_2B_2$의 넓이가 a_1이고 이는 정삼각형 AA_1B_1의 넓이의 $\frac{1}{4}$이므로

$a_1=64\sqrt{3}\times\frac{1}{4}=16\sqrt{3}$

정삼각형 $A_2A_3B_3$의 넓이가 a_2이고 이는 a_1의 $\frac{1}{4}$이므로

$a_2=\frac{1}{4}\times a_1=16\sqrt{3}\times\frac{1}{4}$

정삼각형 $A_3A_4B_4$의 넓이가 a_3이고 이는 a_2의 $\frac{1}{4}$이므로

$a_3=\frac{1}{4}\times a_2=\left(16\sqrt{3}\times\frac{1}{4}\right)\times\frac{1}{4}=16\sqrt{3}\times\left(\frac{1}{4}\right)^2$

⋮

$\therefore\ a_n=16\sqrt{3}\times\left(\frac{1}{4}\right)^{n-1}$

$\therefore\ a_7=16\sqrt{3}\times\left(\frac{1}{4}\right)^6=\frac{4^2\times\sqrt{3}}{4^6}=\frac{\sqrt{3}}{4^4}=\frac{\sqrt{3}}{256}$

답 $\frac{\sqrt{3}}{256}$

21

$a_n=2^n+(-1)^n$이므로

$a_1+a_2+a_3+\cdots+a_7$

$=(2-1)+(2^2+1)+(2^3-1)+\cdots+(2^7-1)$

$=(2+2^2+2^3+\cdots+2^7)-1$ ……㉠

이때 $2+2^2+2^3+\cdots+2^7$은 첫째항이 2, 공비가 2인 등비수열의 첫째항부터 제7항까지의 합이므로

$2+2^2+2^3+\cdots+2^7=\frac{2\times(2^7-1)}{2-1}=2^8-2$

$\therefore\ a_1+a_2+a_3+\cdots+a_7=(2^8-2)-1$ ($\because$ ㉠)

$=2^8-3$

따라서 $a=8$, $b=3$이므로

$a+b=8+3=11$

답 11

22

등비수열 $\{a_n\}$의 첫째항을 a $(a>0)$, 공비를 r $(r>0)$이라 하면

$a_1a_2=a_{10}$에서 $a\times ar=ar^9$

$\therefore\ a=r^8$ ($\because\ a>0,\ r>0$) ……㉠

$a_1+a_9=90$에서 $a+ar^8=90$ ……㉡

㉠을 ㉡에 대입하면 $a+a^2=90$, $a^2+a-90=0$

$(a+10)(a-9)=0$ $\quad\therefore\ a=9$ ($\because\ a>0$)

이것을 ㉠에 대입하면

$r^8=9$, $r^4=3$ ($\because\ r^4>0$)

$\therefore\ r^{20}=(r^4)^5=3^5=243$

이때 수열 $a_1,\ a_3,\ a_5,\ a_7,\ a_9$는 첫째항이 a, 공비가 r^2인 등비수열이고, 수열 $a_1,\ -a_3,\ a_5,\ -a_7,\ a_9$는 첫째항이 a, 공비가 $-r^2$인 등비수열이므로 양수 k에 대하여

$\sqrt{(a_1+a_3+a_5+a_7+a_9)(a_1-a_3+a_5-a_7+a_9)}=k$

라 하면

$k^2=(a_1+a_3+a_5+a_7+a_9)(a_1-a_3+a_5-a_7+a_9)$

$=\frac{a\{(r^2)^5-1\}}{r^2-1}\times\frac{a\{(-r^2)^5-1\}}{-r^2-1}$

$=\frac{a(r^{10}-1)}{r^2-1}\times\frac{a(r^{10}+1)}{r^2+1}$

$=\frac{a^2(r^{20}-1)}{r^4-1}=\frac{9^2\times(243-1)}{3-1}$

$=9^2\times11^2=99^2$

$\therefore\ k=99$ ($\because\ k>0$)

답 99

23

등비수열 $\{a_n\}$의 첫째항은 2이고, 공비를 r이라 하자.

$r=1$이면 모든 자연수 n에 대하여 $a_n=2$이므로

$S_{12}-S_{10}=a_{11}+a_{12}=4>0$

즉, 조건 (나)를 만족시키지 않는다.

$\therefore\ r\neq1$

또한, $r=-1$이면

$S_{12}-S_{10}=a_{11}+a_{12}=a_{11}-a_{11}=0$

즉, 조건 (나)를 만족시키지 않는다.

$\therefore\ r\neq-1$

$r\neq1$, $r\neq-1$이면 $S_n=\frac{2(r^n-1)}{r-1}$이므로 조건 (가)에서

$\frac{2(r^{12}-1)}{r-1}-\frac{2(r^2-1)}{r-1}=4\times\frac{2(r^{10}-1)}{r-1}$

$r^{12}-r^2=4(r^{10}-1)$

$r^2(r^{10}-1)=4(r^{10}-1)$

$r\neq\pm1$에서 $r^{10}-1\neq0$이므로

$r^2=4$

$\therefore\ r=-2$ 또는 $r=2$

또한, 조건 (나)에서

$S_{12}-S_{10}=a_{11}+a_{12}=2r^{10}+2r^{11}$

$=2r^{10}(1+r)<0$

$\therefore\ r<-1$

따라서 $r=-2$이므로

$a_4=2\times(-2)^3=-16$

답 -16

다른 풀이

등비수열 $\{a_n\}$의 공비를 r이라 하면 조건 (나)에서

$S_{12}-S_{10}<0$이므로

$S_{12}-S_{10}=a_{11}+a_{12}=2r^{10}+2r^{11}$

$=2r^{10}(1+r)<0$

$\therefore r<-1$ ……㉠

조건 ㈎에서 $S_{12}-S_2=4S_{10}$이므로

$(a_1+a_2+a_3+\cdots+a_{12})-(a_1+a_2)$

$=4(a_1+a_2+a_3+\cdots+a_{10})$

$a_3+a_4+a_5+\cdots+a_{12}=4(a_1+a_2+a_3+\cdots+a_{10})$

$r^2(a_1+a_2+a_3+\cdots+a_{10})=4(a_1+a_2+a_3+\cdots+a_{10})$

이때 $a_1+a_2+a_3+\cdots+a_{10}=\dfrac{2(r^{10}-1)}{r-1}\neq 0$이므로

$r^2=4$

그런데 ㉠에서 $r<-1$이므로 $r=-2$

$\therefore a_4=2\times(-2)^3=-16$

24

$\log_4 S_n-\log_4 S_{n-1}=1$에서

$\log_4\dfrac{S_n}{S_{n-1}}=1$, $\dfrac{S_n}{S_{n-1}}=4$ $\therefore S_n=4S_{n-1}$

즉, 수열 $\{S_n\}$은 첫째항이 $S_1=a_1=3$, 공비가 4인 등비수열이므로

$S_n=3\times 4^{n-1}$

$a_n=S_n-S_{n-1}$ $(n\geq 2)$이므로

$a_4=S_4-S_3=3\times 4^3-3\times 4^2=192-48=144$

$\therefore \dfrac{a_4}{a_1}=\dfrac{144}{3}=48$

답 48

25

민성이가 2년째 말에 받을 금액은 첫째항이 48×1.006(만 원), 공비가 1.006인 등비수열의 첫째항부터 제24항까지의 합과 같으므로

2년은 24개월

$\dfrac{48\times 1.006\times(1.006^{24}-1)}{1.006-1}$

$=\dfrac{48\times 1.006\times 0.15}{0.006}$(만 원) ……㉠

지우가 3년째 말에 받을 금액은 첫째항이 $a\times 1.006$(만 원), 공비가 1.006인 등비수열의 첫째항부터 제36항까지의 합과 같으므로

3년은 36개월

$\dfrac{a\times 1.006\times(1.006^{36}-1)}{1.006-1}$

$=\dfrac{a\times 1.006\times 0.24}{0.006}$(만 원) ……㉡

이때 ㉠=㉡이므로

$48\times 0.15=a\times 0.24$ $\therefore a=30$

답 30

STEP 2 개념 마무리

본문 p.257

1 ② 2 97 3 24 4 67
5 647 6 33개월 후

1

등차수열 $\{a_n\}$의 첫째항을 a, 공차를 d라 하고, 등비수열 $\{b_n\}$의 첫째항을 b $(b\neq 0)$, 공비를 r $(r\neq 0)$이라 하자.

ㄱ. $a_{n+1}=a_n+d$에서 $a_n-a_{n+1}=-d$
즉, 수열 $\{a_n-a_{n+1}\}$은 첫째항이 $-d$, 공차가 0인 등차수열이다. (참)

ㄴ. 수열 $\{a_n\times b_n\}$이 등비수열이면
$a_{n+1}b_{n+1}=k\times a_nb_n$을 만족시키는 상수 k가 존재한다.
이때 등비수열 $\{b_n\}$의 공비가 r이므로 $b_{n+1}=rb_n$에서
$a_{n+1}rb_n=k\times a_nb_n$ $\therefore a_{n+1}=\dfrac{k}{r}a_n$ $(\because b_n\neq 0)$
즉, 수열 $\{a_n\}$은 등차수열인 동시에 등비수열이 되어야 하므로 공차가 0이어야 한다. (참)
공비는 1

ㄷ. (반례) $b_n=1$인 경우, 수열 $\{a_n+b_n\}$은 등차수열이지만 $b_1=1\neq 0$ (거짓)
└ 첫째항이 $a+1$, 공차가 d인 등차수열이다.

따라서 옳은 것은 ㄱ, ㄴ이다.

답 ②

2

등차수열 $a_1, a_2, a_3, \cdots, a_k$의 공차가 양수이고, 홀수 번째 항들의 합이 짝수 번째 항들의 합보다 크므로 k는 홀수이다.

즉, 홀수 k에 대하여 주어진 등차수열의 홀수 번째 항들의 개수는 $\dfrac{k+1}{2}$, 짝수 번째 항들의 개수는 $\dfrac{k-1}{2}$이다.

즉, $a_1+a_3+a_5+\cdots+a_k=180$이므로

└ 첫째항이 a_1, 끝항이 a_k, 항수가 $\frac{k+1}{2}$인 등차수열의 합

$$\frac{\frac{k+1}{2}(a_1+a_k)}{2}=180$$

$\therefore (k+1)(a_1+a_k)=720$ ……㉠

또한, $a_2+a_4+a_6+\cdots+a_{k-1}=135$이므로

└ 첫째항이 a_2, 끝항이 a_{k-1}, 항수가 $\frac{k-1}{2}$인 등차수열의 합

$$\frac{\frac{k-1}{2}(a_2+a_{k-1})}{2}=135$$

$\therefore (k-1)(a_2+a_{k-1})=540$ ……㉡

이때 주어진 등차수열의 공차를 d $(d>0)$라 하면

$a_2+a_{k-1}=(a_1+d)+a_{k-1}=a_1+(a_{k-1}+d)=a_1+a_k$

이므로

$(k-1)(a_1+a_k)=540$ ($\because$ ㉡) ……㉢

㉠−㉢을 하면

$2(a_1+a_k)=180$ $\quad\therefore a_1+a_k=90$

이것을 ㉠에 대입하면

$90(k+1)=720,\ k+1=8$ $\quad\therefore k=7$

$\therefore a_1+a_k+k=90+7=97$

답 97

3

양수 k에 대하여 $x^{\frac{2}{\alpha}}=y^{\frac{1}{\beta}}=z^{-\frac{1}{\gamma}}=k$로 놓으면

$x^2=k^\alpha,\ y=k^\beta,\ z^{-1}=k^\gamma$

이때 $\alpha,\ \beta,\ \gamma$가 이 순서대로 등차수열을 이루므로

$k^\alpha,\ k^\beta,\ k^\gamma$은 이 순서대로 등비수열을 이룬다.

즉, $(k^\beta)^2=k^\alpha\times k^\gamma$에서

$y^2=x^2\times z^{-1}$ $\quad\therefore y^2=\frac{x^2}{z}$ ……㉠

$x>0,\ y>0,\ z>0$에서 $\frac{18z}{x^2}>0,\ 8y^2>0$이므로 산술평균과 기하평균의 관계에 의하여

$$\frac{18z}{x^2}+8y^2=\frac{18}{y^2}+8y^2\ (\because ㉠)$$

$$\geq 2\sqrt{\frac{18}{y^2}\times 8y^2}=24$$

$\left(\text{단, 등호는 } \frac{18}{y^2}=8y^2,\ \text{즉 } y=\frac{\sqrt{6}}{2}\text{일 때 성립}\right)$

따라서 $\frac{18z}{x^2}+8y^2$의 최솟값은 24이다.

답 24

보충 설명

$a,\ b,\ c$가 이 순서대로 공차가 d인 등차수열을 이루는 경우 양수 k에 대하여 $k^a,\ k^b,\ k^c$은 이 순서대로 공비가 k^d인 등비수열을 이룬다.

예를 들어, $a,\ b,\ c$가 이 순서대로 공차가 d인 등차수열을 이루면 $2b=a+c$이고 $2^a,\ 2^b,\ 2^c$에서 $(2^b)^2=2^a\times 2^c$이 성립하므로 세 수 $2^a,\ 2^b,\ 2^c$은 이 순서대로 공비가 2^d인 등비수열을 이룬다.

4

조건 (나)에서 $a_7,\ a_8,\ a_k$가 이 순서대로 등비수열을 이루므로 이 수열의 공비를 r이라 하면

$a_8=a_7r,\ a_k=a_7r^2$ ……㉠

등차수열 $\{a_n\}$의 공차를 d $(d>0)$라 하면 조건 (가)에서

$a_n=a_1+(n-1)d$ (a_1은 정수, d는 자연수)

또한, $a_8-a_7=d,\ a_k-a_8=(k-8)d$이므로

이 식에 ㉠을 대입하면

$a_7r-a_7=d,\ a_7r^2-a_7r=(k-8)d$

$a_7(r-1)=d,\ a_7(r-1)r=(k-8)d$

$\therefore dr=(k-8)d$

이때 $d\neq 0$이므로 $r=k-8$ ……㉡

㉡을 ㉠에 대입하면

$a_k=a_7(k-8)^2$

이때 $a_k=144=12^2$이므로

$a_7(k-8)^2=12^2$ ……㉢

조건 (가)에서 a_7과 $k-8$이 정수이므로 a_7은 제곱수이어야 한다. 12^2의 약수 중 제곱수인 것은

$1^2,\ 2^2,\ 3^2,\ 4^2,\ 6^2,\ 12^2$

이므로 다음과 같이 경우를 나누어 생각할 수 있다.

(i) $a_7=1^2$일 때,

㉢에서 $(k-8)^2=12^2$이므로 $k=20$ ($\because k>8$)

(ii) $a_7=2^2$일 때,

㉢에서 $(k-8)^2=6^2$이므로 $k=14$ ($\because k>8$)

(iii) $a_7=3^2$일 때,

㉢에서 $(k-8)^2=4^2$이므로 $k=12$ ($\because k>8$)

(iv) $a_7=4^2$일 때,

㉢에서 $(k-8)^2=3^2$이므로 $k=11$ ($\because k>8$)

(v) $a_7=6^2$일 때,

㉢에서 $(k-8)^2=2^2$이므로 $k=10$ ($\because$ $k>8$)

(vi) $a_7=12^2$일 때,

㉢에서 $(k-8)^2=1$이므로 $k=9$ ($\because$ $k>8$)

그런데 $k=9$이면 ㉡에서 $r=1$이므로 등차수열 $\{a_n\}$의 공차가 0이다.

$\therefore$ $k\neq9$

(i)~(vi)에서 구하는 모든 k의 값의 합은

$20+14+12+11+10=67$

답 67

즉, 수열 $\{r_n\}$은 첫째항이 6, 공비가 $\frac{1}{3}$인 등비수열이므로

첫째항부터 제 6 항까지의 합은

$$\frac{6\times\left\{1-\left(\frac{1}{3}\right)^6\right\}}{1-\frac{1}{3}}=9\times\left\{1-\left(\frac{1}{3}\right)^6\right\}=9-\frac{1}{3^4}=\frac{728}{81}$$

따라서 $p=81$, $q=728$이므로

$q-p=728-81=647$

답 647

5

오른쪽 그림과 같이 원 C_1의 중심을 O_1이라 하면 직각삼각형 RPO_1에서

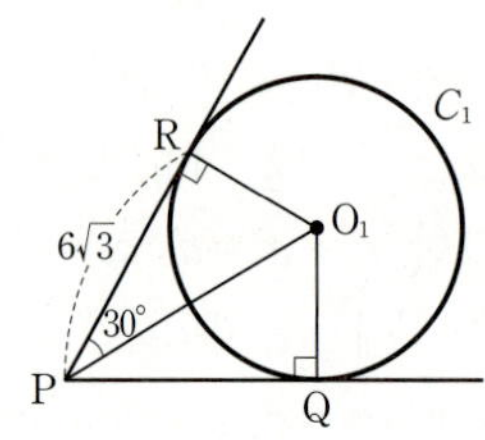

$\overline{RO_1}=\overline{PR}\tan 30°$

$=6\sqrt{3}\times\frac{1}{\sqrt{3}}=6$

즉, 원 C_1의 반지름의 길이는 6이다. ← $r_1=6$

또한, 다음 그림과 같이 n번째에 그려진 원 C_n의 중심을 O_n, 반지름의 길이를 r_n이라 하고, 원 C_n과 두 선분 PQ, PR의 접점을 각각 Q_n, R_n이라 하자.

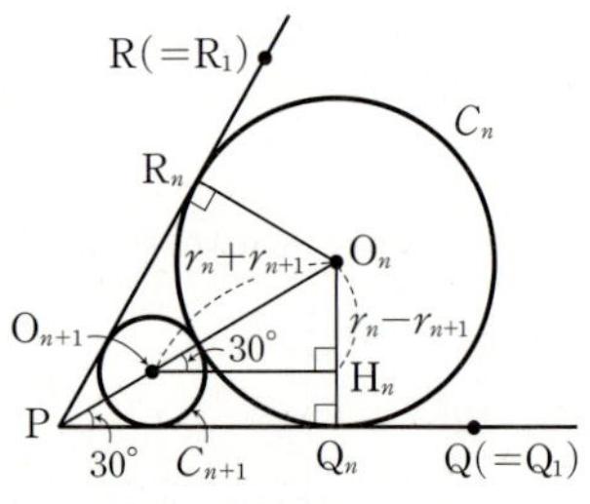

점 O_{n+1}에서 선분 O_nQ_n에 내린 수선의 발을 H_n이라 하면 직각삼각형 $O_nO_{n+1}H_n$에서

$\overline{O_nO_{n+1}}=r_n+r_{n+1}$, $\overline{O_nH_n}=r_n-r_{n+1}$

이때 $\angle O_nO_{n+1}H_n=30°$이므로

$\overline{O_nH_n}=\overline{O_nO_{n+1}}\sin 30°$

$r_n-r_{n+1}=\frac{1}{2}(r_n+r_{n+1})$, $\frac{1}{2}r_n=\frac{3}{2}r_{n+1}$

$\therefore$ $r_{n+1}=\frac{1}{3}r_n$

6

매월 초에 50만 원씩 적립할 때 자연수 n에 대하여 n개월째 초의 적립금의 원리합계를 S라 하면

$S=50+50\times1.01+50\times1.01^2+\cdots+50\times1.01^{n-1}$ (만 원)

이것은 첫째항이 50, 공비가 1.01인 등비수열의 첫째항부터 제 n 항까지의 합과 같으므로

$S=\frac{50\times(1.01^n-1)}{1.01-1}=5000\times(1.01^n-1)$ (만 원)

이것이 2000만 원보다 크거나 같아야 하므로

$5000\times(1.01^n-1)\geq2000$

$1.01^n-1\geq0.4$, $1.01^n\geq1.4$

양변에 상용로그를 취하면

$n\log1.01\geq\log1.4$

$\therefore$ $n\geq\frac{\log1.4}{\log1.01}=\frac{0.1461}{0.0043}=33.\times\times\times$

이를 만족시키는 자연수 n의 최솟값은 34이므로 1개월 초에서 시작하여 34개월 초까지 적립하면 승용차를 살 수 있을 만큼 모으게 된다.

따라서 적어도 $34-1=33$(개월 후)에 승용차를 살 수 있다.

답 33개월 후

보충 설명

매월 초에 적립하는 경우 마지막 금액을 적립하는 동시에 원하는 금액이 완성될 수 있다. 즉, 마지막 적립 금액에는 이자가 붙지 않으므로 어느 월초까지의 원리합계를 구해야 하고, 이와 같이 구하면 적립금의 원리합계의 첫째항은 50×1.01(만 원)이 아니라 50만 원이다.

09. 수열의 합

① 합의 기호 Σ

기본+필수연습 본문 pp.262~265

01 (1) $\sum_{k=1}^{7}\frac{1}{3k-2}$ (2) $\sum_{k=1}^{6}(-3)^k$

02 (1) 27 (2) 37 **03** (1) 9 (2) 540

04 ㄴ, ㄷ **05** 26 **06** (1) 16 (2) 9

07 65 **08** 20 **09** (1) 650 (2) $93\sqrt{2}$

10 $\frac{3}{31}$

01

(1) 수열 1, $\frac{1}{4}$, $\frac{1}{7}$, …의 제k항을 a_k라 하면

$a_k=\frac{1}{3k-2}$

$\frac{1}{3k-2}=\frac{1}{19}$에서

$3k-2=19$, $3k=21$ $\therefore k=7$

$\therefore 1+\frac{1}{4}+\frac{1}{7}+\cdots+\frac{1}{19}=\sum_{k=1}^{7}\frac{1}{3k-2}$

(2) 수열 -3, 9, -27, …의 제k항을 a_k라 하면

$a_k=(-3)^k$

$(-3)^k=729$에서 $k=6$

$\therefore -3+9-27+\cdots+729=\sum_{k=1}^{6}(-3)^k$

답 (1) $\sum_{k=1}^{7}\frac{1}{3k-2}$ (2) $\sum_{k=1}^{6}(-3)^k$

02

$\sum_{k=1}^{8}2a_k=3$에서 $2\sum_{k=1}^{8}a_k=3$ $\therefore \sum_{k=1}^{8}a_k=\frac{3}{2}$

또한, $\sum_{k=1}^{8}(-b_k)=7$에서 $-\sum_{k=1}^{8}b_k=7$

$\therefore \sum_{k=1}^{8}b_k=-7$

(1) $\sum_{k=1}^{8}(4a_k-3b_k)=4\sum_{k=1}^{8}a_k-3\sum_{k=1}^{8}b_k$

$=4\times\frac{3}{2}-3\times(-7)$

$=6+21=27$

(2) $\sum_{k=1}^{8}2(a_k+b_k+3)=2\left(\sum_{k=1}^{8}a_k+\sum_{k=1}^{8}b_k+\sum_{k=1}^{8}3\right)$

$=2\times\left(\frac{3}{2}-7+3\times8\right)$

$=2\times\frac{37}{2}=37$

답 (1) 27 (2) 37

03

(1) $\sum_{k=1}^{20}\frac{1}{a_k}-\sum_{k=2}^{21}\frac{1}{a_k}$

$=\left(\frac{1}{a_1}+\frac{1}{a_2}+\frac{1}{a_3}+\cdots+\frac{1}{a_{20}}\right)$

$-\left(\frac{1}{a_2}+\frac{1}{a_3}+\frac{1}{a_4}+\cdots+\frac{1}{a_{21}}\right)$

$=\frac{1}{a_1}-\frac{1}{a_{21}}=10-1=9$

(2) $\sum_{k=1}^{n}(a_{2k-1}+a_{2k})$

$=(a_1+a_2)+(a_3+a_4)+(a_5+a_6)$

$+\cdots+(a_{2n-1}+a_{2n})$

$=\sum_{k=1}^{2n}a_k$

즉, $\sum_{k=1}^{2n}a_k=2n(n+3)$이므로

$\sum_{k=1}^{30}a_k=\sum_{k=1}^{2\times15}a_k=2\times15\times(15+3)=540$

답 (1) 9 (2) 540

04

ㄱ. $1+2+2^2+\cdots+2^n=\sum_{k=1}^{n+1}2^{k-1}=\sum_{k=0}^{n}2^k$ (거짓)

ㄴ. $\sum_{k=1}^{9}a_k$

$=a_1+a_2+a_3+a_4+a_5+a_6+a_7+a_8+a_9$

$=(a_1+a_4+a_7)+(a_2+a_5+a_8)+(a_3+a_6+a_9)$

$=\sum_{k=1}^{3}a_{3k-2}+\sum_{k=1}^{3}a_{3k-1}+\sum_{k=1}^{3}a_{3k}$ (참)

ㄷ. $\sum_{k=1}^{8}k^3=1^3+2^3+3^3+\cdots+8^3$

$=(2-1)^3+(3-1)^3+(4-1)^3+\cdots+(9-1)^3$

$=\sum_{i=2}^{9}(i-1)^3$ (참)

$\sum_{k=1}^{n}a_k$에서 변수인 k는 i, j, l 등 다른 문자로 바꾸어도 무방하다.

ㄹ. $\sum_{k=1}^{20}(a_k-a_{20-k})$

$=(a_1-a_{19})+(a_2-a_{18})+(a_3-a_{17})+\cdots+(a_{20}-a_0)$

$=(a_1+a_2+a_3+\cdots+a_{20})$

$\quad-(a_{19}+a_{18}+a_{17}+\cdots+a_0)$

$=a_{20}-a_0$ ……㉠

이때 수열 $\{a_n\}$에서 $a_0\neq a_{20}$이면

㉠에서 $\sum_{k=1}^{20}(a_k-a_{20-k})\neq 0$ (거짓)

따라서 항상 옳은 것은 ㄴ, ㄷ이다.

답 ㄴ, ㄷ

05

$\sum_{k=1}^{10}\{(k+1)a_k-ka_{k+1}\}$

$=(2a_1-a_2)+(3a_2-2a_3)+(4a_3-3a_4)$

$\quad+\cdots+(11a_{10}-10a_{11})$

$=2(a_1+a_2+a_3+\cdots+a_{10})-10a_{11}$

$=2\sum_{k=1}^{10}a_k-10a_{11}=2\times 385-10a_{11}$

$=770-10a_{11}$

즉, $770-10a_{11}=510$에서

$10a_{11}=260 \qquad \therefore a_{11}=26$

답 26

06

(1) $\sum_{k=1}^{10}(2a_k-1)=8$에서

$2\sum_{k=1}^{10}a_k-\sum_{k=1}^{10}1=8,\ 2\sum_{k=1}^{10}a_k-10=8$

$2\sum_{k=1}^{10}a_k=18 \qquad \therefore \sum_{k=1}^{10}a_k=9$ ……㉠

$\sum_{k=1}^{10}(3a_k-b_k)=20$에서

$3\sum_{k=1}^{10}a_k-\sum_{k=1}^{10}b_k=20$

위의 식에 ㉠을 대입하면

$27-\sum_{k=1}^{10}b_k=20 \qquad \therefore \sum_{k=1}^{10}b_k=7$

$\therefore \sum_{k=1}^{10}(a_k+b_k)=\sum_{k=1}^{10}a_k+\sum_{k=1}^{10}b_k=9+7=16$

(2) $\sum_{k=1}^{17}(a_k+b_k)^2=50$에서

$\sum_{k=1}^{17}(a_k^2+2a_kb_k+b_k^2)=50$

$\therefore \sum_{k=1}^{17}a_k^2+2\sum_{k=1}^{17}a_kb_k+\sum_{k=1}^{17}b_k^2=50$ ……㉠

$\sum_{k=1}^{17}(a_k-b_k)^2=14$에서

$\sum_{k=1}^{17}(a_k^2-2a_kb_k+b_k^2)=14$

$\therefore \sum_{k=1}^{17}a_k^2-2\sum_{k=1}^{17}a_kb_k+\sum_{k=1}^{17}b_k^2=14$ ……㉡

㉠−㉡을 하면

$4\sum_{k=1}^{17}a_kb_k=36$

$\therefore \sum_{k=1}^{17}a_kb_k=9$

답 (1) 16 (2) 9

07

$\sum_{k=1}^{10}a_k=45,\ \sum_{k=1}^{20}a_k=60$이므로

$\sum_{k=11}^{20}a_k=\sum_{k=1}^{20}a_k-\sum_{k=1}^{10}a_k=60-45=15$

$\sum_{k=1}^{10}b_k=20,\ \sum_{k=1}^{20}b_k=30$이므로

$\sum_{k=11}^{20}b_k=\sum_{k=1}^{20}b_k-\sum_{k=1}^{10}b_k=30-20=10$

$\therefore \sum_{k=11}^{20}(a_k+2b_k+3)=\sum_{k=11}^{20}a_k+2\sum_{k=11}^{20}b_k+\sum_{k=11}^{20}3$

$=15+2\times 10+3\times 10=65$ $20-11+1=10$

답 65

08

$\sum_{n=1}^{10}(2a_n+3)=\sum_{n=1}^{9}(2a_n+k)$에서

$2\sum_{n=1}^{10}a_n+\sum_{n=1}^{10}3=2\sum_{n=1}^{9}a_n+\sum_{n=1}^{9}k$

$2\left(\sum_{n=1}^{10}a_n-\sum_{n=1}^{9}a_n\right)=9k-30$

$2a_{10}=9k-30 \qquad \therefore a_{10}=\frac{9}{2}k-15$

이때 $a_{10}=75$이므로

$\frac{9}{2}k-15=75,\ \frac{9}{2}k=90$

$\therefore k=90\times\frac{2}{9}=20$

답 20

09

(1) 등차수열 $\{a_n\}$의 첫째항을 a, 공차를 d라 하면

$a_4=10$에서 $a+3d=10$ ……㉠

$a_7-a_5=6$에서

$(a+6d)-(a+4d)=6,\ 2d=6 \quad \therefore d=3$

이것을 ㉠에 대입하면

$a+9=10$이므로 $a=1$

$$\therefore \sum_{k=1}^{10} a_{2k}+\sum_{k=1}^{10} a_{2k+1}$$
$$=(a_2+a_4+\cdots+a_{20})+(a_3+a_5+\cdots+a_{21})$$
$$=a_2+a_3+a_4+\cdots+a_{21}$$
$$=\sum_{k=1}^{21} a_k-a_1$$
$$=\frac{21\times\{2\times1+(21-1)\times3\}}{2}-1$$
$$=651-1=650$$

(2) 모든 항이 양수인 등비수열 $\{a_n\}$의 첫째항을 a, 공비를 r이라 하면 $a>0,\ r>0$

$\frac{a_3a_8}{a_6}=12$에서

$\frac{ar^2\times ar^7}{ar^5}=12 \quad \therefore ar^4=12$ ……㉠

$a_5+a_7=36$에서

$ar^4+ar^6=36 \quad \therefore ar^4(1+r^2)=36$ ……㉡

㉠, ㉡을 연립하여 풀면

$a=3,\ r=\sqrt{2}\ (\because a>0,\ r>0)$

즉, $a_n=3\times(\sqrt{2})^{n-1}$이므로

$a_{2n}=3\times(\sqrt{2})^{2n-1}=\frac{3\sqrt{2}}{2}\times2^n$

$$\therefore \sum_{k=1}^{5} a_{2k}=\sum_{k=1}^{5}\left(\frac{3\sqrt{2}}{2}\times2^k\right)$$

첫째항이 $3\sqrt{2}$, 공비가 2인 등비수열의 첫째항부터 제5항까지의 합

$$=\frac{3\sqrt{2}\times(2^5-1)}{2-1}=93\sqrt{2}$$

답 (1) 650 (2) $93\sqrt{2}$

10

등비수열 $\{a_n\}$의 첫째항 a_1이 양수, 공비가 음수이므로

수열 $\{a_n\}$은 $a_1,\ -2a_1,\ 4a_1,\ -8a_1,\ \cdots$이므로 자연수 m에 대하여 $a_{2m-1}>0,\ a_{2m}<0$이다.

(i) $n=2m-1$ (m은 자연수)일 때,

$a_{2m-1}>0$이므로

$|a_{2m-1}|+a_{2m-1}=2a_{2m-1}$

(ii) $n=2m$ (m은 자연수)일 때,

$a_{2m}<0$이므로

$|a_{2m}|+a_{2m}=0$

(i), (ii)에서

$$\sum_{k=1}^{9}(|a_k|+a_k)=2a_1+2a_3+2a_5+2a_7+2a_9$$
$$=2\sum_{m=1}^{5} a_{2m-1} \quad \cdots\cdots㉠$$

이때 $a_n=a_1\times(-2)^{n-1}$이므로

$a_{2m-1}=a_1\times(-2)^{2m-2}=a_1\times4^{m-1}$

㉠에서

$$\sum_{k=1}^{9}(|a_k|+a_k)=2\sum_{m=1}^{5} a_{2m-1}=2\sum_{m=1}^{5}(a_1\times4^{m-1})$$
$$=2a_1\sum_{m=1}^{5}4^{m-1}$$
$$=2a_1\times\frac{4^5-1}{4-1}$$
$$=682a_1=66$$

$\therefore a_1=\frac{66}{682}=\frac{3}{31}$

답 $\frac{3}{31}$

STEP 1 개념 마무리 본문 p.266

01 192	**02** 16	**03** 370	**04** 230
05 29	**06** $\frac{2^{17}-2}{5}$		

01

자연수 n에 대하여 2^n은

$2^1=2,\ 2^2=4,\ 2^3=8,\ 2^4=16,\ 2^5=32,\ 2^6=64,\ \cdots$

이고 5로 나누었을 때의 나머지는 각각 2, 4, 3, 1, 2, 4, …, 즉 2, 4, 3, 1이 이 순서대로 반복된다.

따라서 $77=4\times19+1$이므로

$$\sum_{k=1}^{77} a_k=(2+4+3+1)\times19+2=192$$

답 192

02

$\sum_{k=1}^{n} f(k+1)=f(2)+f(3)+f(4)+\cdots+f(n)+f(n+1)$

$\sum_{k=2}^{n+1} f(k-2)=f(0)+f(1)+f(2)$

$+\cdots+f(n-2)+f(n-1)$

$\therefore \sum_{k=1}^{n} f(k+1)-\sum_{k=2}^{n+1} f(k-2)$

$=f(n)+f(n+1)-f(0)-f(1)$

$=n^2+n+\{(n+1)^2+(n+1)\}-0-2$

$=2n^2+4n$

즉, $2n^2+4n=576$에서

$n^2+2n-288=0$

$(n+18)(n-16)=0$

$\therefore n=16$ ($\because$ n은 자연수)

답 16

03

$\sum_{k=1}^{n} a_{2k}=n^2+cn$이므로

$a_8=\sum_{k=1}^{4} a_{2k}-\sum_{k=1}^{3} a_{2k}$

$=(4^2+4c)-(3^2+3c)=7+c$

이때 $a_8=10$이므로 $7+c=10$

$\therefore c=3$

$\therefore \sum_{k=1}^{n} a_{2k-1}=3n^2-6n,\ \sum_{k=1}^{n} a_{2k}=n^2+3n$

한편,

$\sum_{k=1}^{n} a_{2k-1}+\sum_{k=1}^{n} a_{2k}$

$=(a_1+a_3+a_5+\cdots+a_{2n-1})+(a_2+a_4+a_6+\cdots+a_{2n})$

$=a_1+a_2+a_3+a_4+a_5+a_6+\cdots+a_{2n-1}+a_{2n}$

$=\sum_{k=1}^{2n} a_k$

이므로

$\sum_{k=1}^{2n} a_k=(3n^2-6n)+(n^2+3n)=4n^2-3n$

위의 식의 양변에 $n=10$을 대입하면

$\sum_{k=1}^{20} a_k=4\times10^2-3\times10=370$

답 370

다른 풀이

$\sum_{k=1}^{n} a_{2k-1}=cn^2-6n$에서

$a_1=c-6$,

$a_{2n-1}=\sum_{k=1}^{n} a_{2k-1}-\sum_{k=1}^{n-1} a_{2k-1}$

$=cn^2-6n-\{c(n-1)^2-6(n-1)\}$

$=cn^2-6n-(cn^2-2cn+c-6n+6)$

$=2cn-c-6$ (단, $n\ge2$)

또한, $\sum_{k=1}^{n} a_{2k}=n^2+cn$에서

$a_2=1+c$,

$a_{2n}=\sum_{k=1}^{n} a_{2k}-\sum_{k=1}^{n-1} a_{2k}$

$=n^2+cn-\{(n-1)^2+c(n-1)\}$

$=n^2+cn-(n^2-2n+1+cn-c)$

$=2n+c-1$ (단, $n\ge2$)

이때 $a_8=10$이므로

$2\times4+c-1=10,\ c+7=10\qquad \therefore c=3$

$\therefore a_{2n-1}=6n-9,\ a_{2n}=2n+2$ (단, $n\ge1$)

$\therefore \sum_{k=1}^{20} a_k=\sum_{k=1}^{10}(a_{2k-1}+a_{2k})$

$=\sum_{k=1}^{10}(6k-9+2k+2)$

$=\sum_{k=1}^{10}(8k-7)$

$=8\sum_{k=1}^{10}k-\sum_{k=1}^{10}7$ ← 첫째항이 1, 공차가 1인 등차수열의 첫째항부터 제10항까지의 합

$=8\times\frac{10\times(2\times1+9\times1)}{2}-7\times10$

$=440-70=370$

04

$S_n={}_{n+2}C_3=\frac{(n+2)!}{3!(n-1)!}=\frac{n(n+1)(n+2)}{6}$이므로

(i) $n=1$일 때,

$a_1=S_1=\frac{1\times2\times3}{6}=1$ ……㉠

(ii) $n\ge2$일 때,

$a_n=S_n-S_{n-1}$

$=\frac{n(n+1)(n+2)}{6}-\frac{n(n-1)(n+1)}{6}$

$=\frac{n(n+1)}{2}$ ……㉡

(i), (ii)에서 ㉠은 ㉡에 $n=1$을 대입한 값과 같으므로

$a_n=\frac{n(n+1)}{2}$ $(n\ge1)$

$\therefore \sum_{k=1}^{20}(a_{k+1}-a_k)$

$=(a_2-a_1)+(a_3-a_2)+(a_4-a_3)+\cdots+(a_{21}-a_{20})$

$=a_{21}-a_1$

$=\frac{21\times22}{2}-1=230$

답 230

다른 풀이

$\sum_{k=1}^{20}(a_{k+1}-a_k)=\sum_{k=1}^{20}a_{k+1}-\sum_{k=1}^{20}a_k$

$=\left(\sum_{k=1}^{21}a_k-a_1\right)-\sum_{k=1}^{20}a_k$

$=S_{21}-S_1-S_{20}$

$={}_{23}C_3-{}_3C_3-{}_{22}C_3$

$={}_{22}C_2-{}_3C_3$ ($\because$ ${}_{22}C_2+{}_{22}C_3={}_{23}C_3$)

$=\frac{22\times21}{2}-1=230$

보충 설명

조합의 수 ${}_nC_r$ |

(1) ${}_nC_r=\frac{{}_nP_r}{r!}=\frac{n!}{r!(n-r)!}$ (단, $0\le r\le n$)

(2) ${}_nC_r={}_{n-1}C_{r-1}+{}_{n-1}C_r$ (단, $1\le r<n$)

05

등차수열 $\{a_n\}$의 첫째항을 a라 하면

$a_n=a+(n-1)\times2=a+2n-2$

$\sum_{k=1}^{m}a_{k+1}=240$에서

$\sum_{k=1}^{m}a_{k+1}=a_2+a_3+a_4+\cdots+a_{m+1}$

$=\frac{m(a_2+a_{m+1})}{2}$

$=\frac{m(2a+2+2m)}{2}$ ← $a_2=a+2$, $a_{m+1}=a+2m$

$=m(a+1+m)=240$ ······㉠

$\sum_{k=1}^{m}(a_k+m)=360$에서

$\sum_{k=1}^{m}(a_k+m)=\sum_{k=1}^{m}a_k+\sum_{k=1}^{m}m$

$=a_1+a_2+a_3+\cdots+a_m+m^2$

$=\frac{m(a_1+a_m)}{2}+m^2$

$=\frac{m(2a+2m-2)}{2}+m^2$ ← $a_1=a$, $a_m=a+2m-2$

$=m(a+m-1)+m^2=360$ ······㉡

㉠－㉡을 하면 $2m-m^2=-120$

즉, $m^2-2m-120=0$에서

$(m+10)(m-12)=0$

$\therefore m=12$ ($\because$ m은 자연수)

이 값을 ㉠에 대입하면

$12(a+1+12)=240$, $a+13=20$

$\therefore a=7$

따라서 $a_n=2n+5$, $m=12$이므로

$a_m=a_{12}=2\times12+5=29$

답 29

다른 풀이

$\sum_{k=1}^{m}a_{k+1}=240$, $\sum_{k=1}^{m}(a_k+m)=360$이므로

$\sum_{k=1}^{m}a_{k+1}-\sum_{k=1}^{m}(a_k+m)=240-360=-120$ ······㉢

이때 수열 $\{a_n\}$은 공차가 2인 등차수열이므로 모든 자연수 n에 대하여

$a_{n+1}-a_n=2$

$\therefore \sum_{k=1}^{m}a_{k+1}-\sum_{k=1}^{m}(a_k+m)$

$=\sum_{k=1}^{m}(a_{k+1}-a_k-m)=\sum_{k=1}^{m}(2-m)$

$=(2-m)\times m=2m-m^2$

㉢에서 $2m-m^2=-120$, $m^2-2m-120=0$

$(m+10)(m-12)=0$

$\therefore m=12$ ($\because$ m은 자연수)

한편, $\sum_{k=1}^{12}(a_k+12)=360$에서

$\sum_{k=1}^{12}a_k+\sum_{k=1}^{12}12=360$ ← 첫째항이 a, 공차가 2인 등차수열의 첫째항부터 제12항까지의 합

$\frac{12(2a+11\times2)}{2}+12\times12=360$

$6(2a+22)=216$, $2a+22=36$

$2a=14$ $\therefore a=7$

$\therefore a_{12}=7+11\times2=29$

06

$\sum_{k=1}^{16}a_k$

$=(-2)^1\sin\frac{\pi}{2}+(-2)^2\sin\pi+(-2)^3\sin\frac{3}{2}\pi$

$+\cdots+(-2)^{16}\sin8\pi$

$=(-2)^1\times1+(-2)^2\times0+(-2)^3\times(-1)+(-2)^4\times0$
$\qquad+(-2)^5\times1+\cdots+(-2)^{16}\times0$
$=-2+2^3-2^5+2^7-2^9+2^{11}-2^{13}+2^{15}$
└ 첫째항이 -2, 공비가 -4인 등비수열의 첫째항부터 제8항까지의 합
$=\dfrac{-2\times\{1-(-4)^8\}}{1-(-4)}=\dfrac{2^{17}-2}{5}$

답 $\dfrac{2^{17}-2}{5}$

2 자연수의 거듭제곱의 합

기본 + 필수연습 본문 pp.269~272

11 (1) -105 (2) 546 (3) 4950			
12 (1) 284 (2) 1500		**13** 6	**14** 7
15 14	**16** (1) 420 (2) 140		**17** 156
18 1302	**19** 1635	**20** $\dfrac{3^{24}-1}{12}$	**21** 2720

11

(1) $\sum_{k=1}^{15}(-2k+9)=-2\sum_{k=1}^{15}k+\sum_{k=1}^{15}9$
$=-2\times\dfrac{15\times16}{2}+9\times15$
$=-240+135=-105$

(2) $\sum_{k=1}^{7}(3k-1)(k+2)$
$=\sum_{k=1}^{7}(3k^2+5k-2)$
$=3\sum_{k=1}^{7}k^2+5\sum_{k=1}^{7}k-\sum_{k=1}^{7}2$
$=3\times\dfrac{7\times8\times15}{6}+5\times\dfrac{7\times8}{2}-2\times7$
$=420+140-14=546$

(3) $\sum_{k=1}^{10}k(k-1)(2k-1)=\sum_{k=1}^{10}(2k^3-3k^2+k)$
$=2\sum_{k=1}^{10}k^3-3\sum_{k=1}^{10}k^2+\sum_{k=1}^{10}k$
$=2\times\left(\dfrac{10\times11}{2}\right)^2-3\times\dfrac{10\times11\times21}{6}+\dfrac{10\times11}{2}$
$=6050-1155+55=4950$

답 (1) -105 (2) 546 (3) 4950

12

(1) 수열 2^2, 3^2, 4^2, 5^2, $\cdots$의 일반항을 a_n이라 하면
$a_n=(n+1)^2$
$\therefore \sum_{k=1}^{8}(k+1)^2=\sum_{k=1}^{8}(k^2+2k+1)$
$=\sum_{k=1}^{8}k^2+2\sum_{k=1}^{8}k+\sum_{k=1}^{8}1$
$=\dfrac{8\times9\times17}{6}+2\times\dfrac{8\times9}{2}+8$
$=204+72+8=284$

(2) 수열 $1^2\times2$, $2^2\times3$, $3^2\times4$, $4^2\times5$, $\cdots$의 일반항을 a_n이라 하면
$a_n=n^2(n+1)$
$\therefore \sum_{k=1}^{8}k^2(k+1)=\sum_{k=1}^{8}(k^3+k^2)$
$=\sum_{k=1}^{8}k^3+\sum_{k=1}^{8}k^2$
$=\left(\dfrac{8\times9}{2}\right)^2+\dfrac{8\times9\times17}{6}$
$=1296+204=1500$

답 (1) 284 (2) 1500

다른 풀이

(1) $\sum_{k=1}^{8}(k+1)^2=\sum_{k=2}^{9}k^2=\sum_{k=1}^{9}k^2-1$
$=\dfrac{9\times10\times19}{6}-1=285-1=284$

13

$\sum_{k=1}^{n}(k^2+2k)-\sum_{k=1}^{n-1}(k^2-2k)$
$=\sum_{k=1}^{n}(k^2+2k)-\left\{\sum_{k=1}^{n}(k^2-2k)-(n^2-2n)\right\}$
$=\sum_{k=1}^{n}\{(k^2+2k)-(k^2-2k)\}+(n^2-2n)$
$=\sum_{k=1}^{n}4k+(n^2-2n)=4\sum_{k=1}^{n}k+(n^2-2n)$
$=4\times\dfrac{n(n+1)}{2}+n^2-2n$
$=3n^2$
즉, $3n^2=108$에서 $n^2=36$
이때 n은 자연수이므로 $n=6$

답 6

14

$$\sum_{k=1}^{8}(k^3-ak)=\sum_{k=1}^{8}k^3-a\sum_{k=1}^{8}k$$
$$=\left(\frac{8\times9}{2}\right)^2-a\times\frac{8\times9}{2}$$
$$=36^2-36a$$
$$=36(36-a)$$

즉, $36(36-a)=1044$이므로

$36-a=29 \quad \therefore a=7$

답 7

15

이차방정식 $x^2+4x-2=0$의 두 근이 α, β이므로 이차방정식의 근과 계수의 관계에 의하여

$\alpha+\beta=-4,\ \alpha\beta=-2$

$$\therefore (\alpha+1)(\beta+1)+(\alpha+2)(\beta+2)+(\alpha+3)(\beta+3)+\cdots+(\alpha+7)(\beta+7)$$
$$=\sum_{k=1}^{7}(\alpha+k)(\beta+k)$$
$$=\sum_{k=1}^{7}\{k^2+(\alpha+\beta)k+\alpha\beta\}$$
$$=\sum_{k=1}^{7}(k^2-4k-2)$$
$$=\sum_{k=1}^{7}k^2-4\sum_{k=1}^{7}k-\sum_{k=1}^{7}2$$
$$=\frac{7\times8\times15}{6}-4\times\frac{7\times8}{2}-2\times7$$
$$=140-112-14=14$$

답 14

16

(1) $$\sum_{k=1}^{7}\left\{\sum_{n=1}^{k}\left(\sum_{m=1}^{n}5\right)\right\}$$
$$=\sum_{k=1}^{7}\left(\sum_{n=1}^{k}5n\right)=\sum_{k=1}^{7}\left(5\sum_{n=1}^{k}n\right)$$
$$=\sum_{k=1}^{7}\left\{5\times\frac{k(k+1)}{2}\right\}=\sum_{k=1}^{7}\left(\frac{5}{2}k^2+\frac{5}{2}k\right)$$
$$=\frac{5}{2}\sum_{k=1}^{7}k^2+\frac{5}{2}\sum_{k=1}^{7}k$$
$$=\frac{5}{2}\times\frac{7\times8\times15}{6}+\frac{5}{2}\times\frac{7\times8}{2}=350+70=420$$

(2) $$\sum_{n=1}^{5}\left(\sum_{m=1}^{n}mn\right)=\sum_{n=1}^{5}\left(n\sum_{m=1}^{n}m\right)$$

n을 상수로 생각한다.

$$=\sum_{n=1}^{5}\left\{n\times\frac{n(n+1)}{2}\right\}$$
$$=\sum_{n=1}^{5}\left(\frac{1}{2}n^3+\frac{1}{2}n^2\right)$$
$$=\frac{1}{2}\sum_{n=1}^{5}n^3+\frac{1}{2}\sum_{n=1}^{5}n^2$$
$$=\frac{1}{2}\times\left(\frac{5\times6}{2}\right)^2+\frac{1}{2}\times\frac{5\times6\times11}{6}$$
$$=\frac{225}{2}+\frac{55}{2}=140$$

답 (1) 420 (2) 140

17

$\sum_{i=1}^{m}\left\{\sum_{j=1}^{n}(i+j)\right\}$에서

$\sum_{j=1}^{n}(i+j)=\sum_{j=1}^{n}i+\sum_{j=1}^{n}j=in+\frac{n(n+1)}{2}$이므로

$$\sum_{i=1}^{m}\left\{\sum_{j=1}^{n}(i+j)\right\}=\sum_{i=1}^{m}\left\{in+\frac{n(n+1)}{2}\right\}$$
$$=n\sum_{i=1}^{m}i+\sum_{i=1}^{m}\frac{n(n+1)}{2}$$
$$=n\times\frac{m(m+1)}{2}+\frac{n(n+1)}{2}\times m$$
$$=\frac{mn}{2}(m+n+2)$$

이때 $m+n=11$, $mn=24$이므로

$$\sum_{i=1}^{m}\left\{\sum_{j=1}^{n}(i+j)\right\}=\frac{mn}{2}(m+n+2)$$
$$=\frac{24}{2}\times(11+2)=156$$

답 156

18

$\sum_{n=1}^{5}\left(\sum_{k=1}^{n}2^{k+n-1}\right)$에서

$$\sum_{k=1}^{n}2^{k+n-1}=\sum_{k=1}^{n}(2^{n-1}\times2^k)$$
$$=2^{n-1}\sum_{k=1}^{n}2^k=2^{n-1}\times\frac{2(2^n-1)}{2-1}$$
$$=2^{n-1}\times(2^{n+1}-2)$$
$$=4^n-2^n$$

$\therefore \sum_{n=1}^{5}\left(\sum_{k=1}^{n}2^{k+n-1}\right)=\sum_{n=1}^{5}(4^n-2^n)$

$=\sum_{n=1}^{5}4^n-\sum_{n=1}^{5}2^n$

$=\frac{4\times(4^5-1)}{4-1}-\frac{2\times(2^5-1)}{2-1}$

$=\frac{4}{3}\times1023-2\times31$

$=1364-62=1302$

답 1302

19

$\sum_{k=1}^{n}a_k=n^2+2n$에서

(i) $n=1$일 때, $a_1=1^2+2=3$

(ii) $n\ge2$일 때,

$a_n=\sum_{k=1}^{n}a_k-\sum_{k=1}^{n-1}a_k$

$=n^2+2n-\{(n-1)^2+2(n-1)\}$

$=2n+1$

(i), (ii)에서 $a_n=2n+1$ $(n\ge1)$이므로

$a_{4k-2}=2(4k-2)+1=8k-3$

$\therefore \sum_{k=1}^{5}k^2a_{4k-2}=\sum_{k=1}^{5}k^2(8k-3)$

$=\sum_{k=1}^{5}(8k^3-3k^2)=8\sum_{k=1}^{5}k^3-3\sum_{k=1}^{5}k^2$

$=8\times\left(\frac{5\times6}{2}\right)^2-3\times\frac{5\times6\times11}{6}$

$=1800-165=1635$

답 1635

20

$\sum_{k=1}^{n}a_k=3^n-1$에서

(i) $n=1$일 때, $a_1=3^1-1=2$

(ii) $n\ge2$일 때,

$a_n=\sum_{k=1}^{n}a_k-\sum_{k=1}^{n-1}a_k$

$=(3^n-1)-(3^{n-1}-1)=3^n-3^{n-1}$

$=3^{n-1}(3-1)=2\times3^{n-1}$

(i), (ii)에서 $a_n=2\times3^{n-1}$ $(n\ge1)$이므로

$a_{2k+1}=2\times3^{2k}$

$\therefore \sum_{k=1}^{12}\frac{a_{2k+1}}{27}=\sum_{k=1}^{12}\frac{2\times3^{2k}}{27}=\frac{2}{27}\sum_{k=1}^{12}9^k$

$=\frac{2}{27}\times\frac{9\times(9^{12}-1)}{9-1}$

$=\frac{3^{24}-1}{12}$

답 $\frac{3^{24}-1}{12}$

21

$\sum_{k=1}^{n}\frac{a_k}{k+1}=n^2+n$에서

(i) $n=1$일 때,

$\frac{a_1}{2}=1^2+1=2$ $\therefore a_1=4$

(ii) $n\ge2$일 때,

$\frac{a_n}{n+1}=\sum_{k=1}^{n}\frac{a_k}{k+1}-\sum_{k=1}^{n-1}\frac{a_k}{k+1}$

$=n^2+n-\{(n-1)^2+(n-1)\}$

$=2n$

$\therefore a_n=2n(n+1)$

(i), (ii)에서 $a_n=2n(n+1)$ $(n\ge1)$

$\therefore \sum_{k=1}^{15}a_k=\sum_{k=1}^{15}2k(k+1)=\sum_{k=1}^{15}(2k^2+2k)$

$=2\sum_{k=1}^{15}k^2+2\sum_{k=1}^{15}k$

$=2\times\frac{15\times16\times31}{6}+2\times\frac{15\times16}{2}$

$=2480+240$

$=2720$

답 2720

STEP 1 개념 마무리

본문 p.273

07 65	**08** 91	**09** 3025	**10** 9
11 35	**12** ⑤	**13** 1127	

07

$$\sum_{k=1}^{9}(x-k)^2=\sum_{k=1}^{9}(x^2-2xk+k^2)$$
$$=\sum_{k=1}^{9}x^2-2x\sum_{k=1}^{9}k+\sum_{k=1}^{9}k^2$$
$$=9x^2-2x\times\frac{9\times10}{2}+\frac{9\times10\times19}{6}$$
$$=9x^2-90x+285$$
$$=9(x-5)^2+60$$

따라서 $\sum_{k=1}^{9}(x-k)^2$은 $x=5$일 때 최솟값 60을 갖는다.

즉, $p=5$, $q=60$이므로

$p+q=5+60=65$

답 65

08

점 $(n,\ 2n)$과 직선 $y=-\frac{3}{4}x+4$, 즉 $3x+4y-16=0$

사이의 거리 a_n은

$$a_n=\frac{|3n+8n-16|}{\sqrt{3^2+4^2}}=\frac{|11n-16|}{5}$$

(가)

$n=1$일 때, $a_1=\frac{|11-16|}{5}=1$이고

$n\geq2$일 때, $a_n=\frac{11n-16}{5}$이다. ← $n\geq2$일 때 $11n-16>0$

$$\therefore \sum_{k=1}^{10}a_k=a_1+\sum_{k=2}^{10}a_k$$

(나)

$$=1+\sum_{k=2}^{10}\frac{11k-16}{5}$$
$$=1+\left(\sum_{k=1}^{10}\frac{11k-16}{5}-\frac{11-16}{5}\right)$$
$$=1+\frac{11}{5}\sum_{k=1}^{10}k-\sum_{k=1}^{10}\frac{16}{5}+1$$
$$=1+\frac{11}{5}\times\frac{10\times11}{2}-\frac{16}{5}\times10+1$$
$$=2+121-32=91$$

(다)

답 91

단계	채점 기준	배점
(가)	a_n을 n에 대한 식으로 나타낸 경우	30%
(나)	절댓값의 부호에 유의하여 $\sum_{k=1}^{10}a_k=a_1+\sum_{k=2}^{10}a_k$로 나타낸 경우	40%
(다)	수열의 합을 구한 경우	30%

보충 설명 1

점과 직선 사이의 거리 |

점 $\mathrm{P}(x_1,\ y_1)$과

직선 $ax+by+c=0$

사이의 거리 d는

$$d=\frac{|ax_1+by_1+c|}{\sqrt{a^2+b^2}}$$

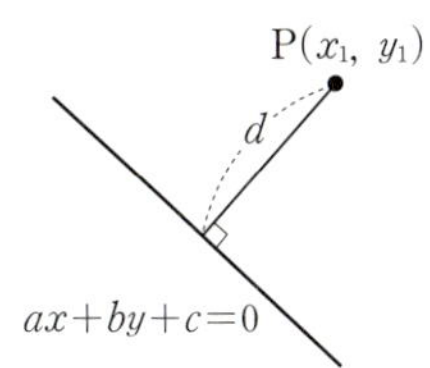

보충 설명 2

거리는 항상 음수가 아님에 유의하여 계산해야 한다.

거리임을 고려하지 않고 절댓값 기호 없이 계산할 경우,

$$\sum_{k=1}^{10}\frac{11k-16}{5}=\frac{11}{5}\sum_{k=1}^{10}k-\sum_{k=1}^{10}\frac{16}{5}$$
$$=\frac{11}{5}\times\frac{10\times11}{2}-\frac{16}{5}\times10$$
$$=121-32=89$$

로 오답이 된다.

09

$$\sum_{k=1}^{10}k^2+\sum_{k=2}^{10}k^2+\sum_{k=3}^{10}k^2+\cdots+\sum_{k=10}^{10}k^2$$
$$=(1^2+2^2+3^2+\cdots+10^2)+(2^2+3^2+4^2+\cdots+10^2)$$
$$+(3^2+4^2+5^2+\cdots+10^2)+\cdots+10^2$$

이때 1^2은 1번, 2^2은 2번, 3^2은 3번, $\cdots$, 10^2은 10번 더해지므로

$$\sum_{k=1}^{10}k^2+\sum_{k=2}^{10}k^2+\sum_{k=3}^{10}k^2+\cdots+\sum_{k=10}^{10}k^2$$
$$=1^2\times1+2^2\times2+3^2\times3+\cdots+10^2\times10$$
$$=1^3+2^3+3^3+\cdots+10^3$$
$$=\sum_{k=1}^{10}k^3=\left(\frac{10\times11}{2}\right)^2=3025$$

답 3025

10 본문 p.268 한 걸음 더 참고

$$1\times n+2\times(n-1)+3\times(n-2)+\cdots+n\times1$$
$$=\sum_{k=1}^{n}k(n+1-k)=\sum_{k=1}^{n}\{(n+1)k-k^2\}$$
$$=(n+1)\sum_{k=1}^{n}k-\sum_{k=1}^{n}k^2$$

$=(n+1)\times\dfrac{n(n+1)}{2}-\dfrac{n(n+1)(2n+1)}{6}$

$=\dfrac{n(n+1)}{2}\left(n+1-\dfrac{2n+1}{3}\right)$

$=\dfrac{n(n+1)(n+2)}{6}$

즉, $\dfrac{n(n+1)(n+2)}{6}=165$에서

$n(n+1)(n+2)=6\times165$

$=9\times10\times11$

$\therefore\ n=9$

답 9

11

이차방정식 $x^2-8x+7=0$의 두 근이 m, n이므로 이차방정식의 근과 계수의 관계에 의하여

$m+n=8,\ mn=7$ ……㉠

$\sum_{p=1}^{m}\left\{\sum_{q=1}^{n}(p+q)\right\}$에서

$\sum_{q=1}^{n}(p+q)=\sum_{q=1}^{n}p+\sum_{q=1}^{n}q=np+\dfrac{n(n+1)}{2}$

$\therefore\ \sum_{p=1}^{m}\left\{\sum_{q=1}^{n}(p+q)\right\}$

$=\sum_{p=1}^{m}\left\{np+\dfrac{n(n+1)}{2}\right\}$

$=n\sum_{p=1}^{m}p+\sum_{p=1}^{m}\dfrac{n(n+1)}{2}$

$=n\times\dfrac{m(m+1)}{2}+\dfrac{n(n+1)}{2}\times m$

$=\dfrac{mn}{2}(m+n+2)$

$=\dfrac{7}{2}\times(8+2)$ ($\because$ ㉠)

$=35$

답 35

12

ㄱ. $\sum_{k=1}^{n}(2k-2)=2\sum_{k=1}^{n}k-\sum_{k=1}^{n}2$

$=2\times\dfrac{n(n+1)}{2}-2n$

$=n^2+n-2n$

$=n^2-n$ (참)

ㄴ. $1^2+2^2+3^2+\cdots+k^2=\sum_{i=1}^{k}i^2=\dfrac{k(k+1)(2k+1)}{6}$,

$1+2+3+\cdots+k=\sum_{i=1}^{k}i=\dfrac{k(k+1)}{2}$이므로

$\dfrac{1^2+2^2+3^2+\cdots+k^2}{1+2+3+\cdots+k}=\dfrac{\dfrac{k(k+1)(2k+1)}{6}}{\dfrac{k(k+1)}{2}}$

$=\dfrac{2k+1}{3}$

$\therefore\ \sum_{k=1}^{n}\dfrac{1^2+2^2+3^2+\cdots+k^2}{1+2+3+\cdots+k}$

$=\sum_{k=1}^{n}\dfrac{2k+1}{3}=\dfrac{2}{3}\sum_{k=1}^{n}k+\sum_{k=1}^{n}\dfrac{1}{3}$

$=\dfrac{2}{3}\times\dfrac{n(n+1)}{2}+\dfrac{1}{3}n$

$=\dfrac{n(n+2)}{3}$ (참)

ㄷ. $\sum_{k=1}^{n}\left(\sum_{l=1}^{k}2^{l+k}\right)$에서

$\sum_{l=1}^{k}2^{l+k}=2^k\sum_{l=1}^{k}2^l=2^k\times\dfrac{2(2^k-1)}{2-1}=2^{2k+1}-2^{k+1}$

$\therefore\ \sum_{k=1}^{n}\left(\sum_{l=1}^{k}2^{l+k}\right)$

$=\sum_{k=1}^{n}(2^{2k+1}-2^{k+1})$

$=\sum_{k=1}^{n}2^{2k+1}-\sum_{k=1}^{n}2^{k+1}$

$=\dfrac{8(4^n-1)}{4-1}-\dfrac{4(2^n-1)}{2-1}$

$=\dfrac{8}{3}\times4^n-\dfrac{8}{3}-2^{n+2}+4$

$=\dfrac{2^{2n+3}}{3}-2^{n+2}+\dfrac{4}{3}$ (참)

따라서 ㄱ, ㄴ, ㄷ 모두 옳다.

답 ⑤

13

$\sum_{k=1}^{n}a_k=n^2-2n-3$에서

(i) $n=1$일 때,

$a_1=1^2-2-3=-4$ ……㉠

(ii) $n\ge2$일 때,

$a_n=\sum_{k=1}^{n}a_k-\sum_{k=1}^{n-1}a_k$

$=n^2-2n-3-\{(n-1)^2-2(n-1)-3\}$

$=2n-3$ ……㉡

(i), (ii)에서 ㉠은 ㉡에 $n=1$을 대입한 값과 다르므로

$a_1=-4,\ a_n=2n-3\ (n\geq 2)$

$$\therefore \sum_{k=1}^{10} a_k a_{k+1}$$

$$=a_1a_2+\sum_{k=2}^{10} a_k a_{k+1}$$

$$=a_1a_2+\sum_{k=1}^{9} a_{k+1} a_{k+2}$$

$\left) \sum_{k=2}^{n+1} a_k=\sum_{k=1}^{n} a_{k+1}\right.$

$$=-4\times(2\times2-3)+\sum_{k=1}^{9}\{2(k+1)-3\}\{2(k+2)-3\}$$

$$=-4+\sum_{k=1}^{9}(2k-1)(2k+1)$$

$$=-4+\sum_{k=1}^{9}(4k^2-1)=-4+4\sum_{k=1}^{9}k^2-\sum_{k=1}^{9}1$$

$$=-4+4\times\frac{9\times10\times19}{6}-9$$

$$=-4+1140-9=1127$$

답 1127

보충 설명

$\sum_{k=1}^{n} a_k=S_n=n^2-2n-3$에서 S_n은 n에 대한 이차식이고 상수항이 0이 아니므로 수열 $\{a_n\}$은 둘째항부터 등차수열을 이룬다.

따라서 $\sum_{k=1}^{10} a_k a_{k+1}=a_1a_2+\sum_{k=2}^{10} a_k a_{k+1}$과 같이 a_1a_2를 따로 계산해야 한다.

3 여러 가지 수열의 합

기본 + 필수연습 본문 pp.277~281

22 $\frac{56}{45}$	**23** 6	**24** (1) $\frac{30}{11}$ (2) $\frac{200}{161}$	
25 45	**26** $1+\log_7 5$		**27** 1020
28 -3	**29** 3	**30** 70	**31** 4
32 (1) 제417항 (2) $\frac{5}{9}$		**33** 165	

22

$$\sum_{k=1}^{7}\frac{4}{(k+1)(k+3)}$$

$$=2\sum_{k=1}^{7}\left(\frac{1}{k+1}-\frac{1}{k+3}\right)$$

$$=2\left\{\left(\frac{1}{2}-\frac{1}{4}\right)+\left(\frac{1}{3}-\frac{1}{5}\right)+\left(\frac{1}{4}-\frac{1}{6}\right)+\cdots+\left(\frac{1}{7}-\frac{1}{9}\right)+\left(\frac{1}{8}-\frac{1}{10}\right)\right\}$$

$$=2\times\left(\frac{1}{2}+\frac{1}{3}-\frac{1}{9}-\frac{1}{10}\right)=2\times\frac{28}{45}=\frac{56}{45}$$

답 $\frac{56}{45}$

23

$$\sum_{k=1}^{16}\frac{3}{\sqrt{3k+1}+\sqrt{3k-2}}$$

$$=3\sum_{k=1}^{16}\frac{\sqrt{3k+1}-\sqrt{3k-2}}{(\sqrt{3k+1}+\sqrt{3k-2})(\sqrt{3k+1}-\sqrt{3k-2})}$$

$$=\sum_{k=1}^{16}(\sqrt{3k+1}-\sqrt{3k-2})$$

$$=(\sqrt{4}-1)+(\sqrt{7}-\sqrt{4})+(\sqrt{10}-\sqrt{7})+\cdots+(\sqrt{49}-\sqrt{46})$$

$$=-1+\sqrt{49}=-1+7=6$$

답 6

24

(1) 주어진 수열의 일반항을 a_n이라 하면

$$a_n=\frac{3}{2+4+6+\cdots+2n}=\frac{3}{\sum_{k=1}^{n}2k}$$

$$=\frac{3}{n(n+1)}=3\left(\frac{1}{n}-\frac{1}{n+1}\right)$$

$$\therefore \sum_{k=1}^{10}a_k=3\sum_{k=1}^{10}\left(\frac{1}{k}-\frac{1}{k+1}\right)$$

$$=3\left\{\left(1-\frac{1}{2}\right)+\left(\frac{1}{2}-\frac{1}{3}\right)+\left(\frac{1}{3}-\frac{1}{4}\right)+\cdots+\left(\frac{1}{10}-\frac{1}{11}\right)\right\}$$

$$=3\times\left(1-\frac{1}{11}\right)=\frac{30}{11}$$

(2) 주어진 수열의 일반항을 a_n이라 하면

$$a_n=\frac{4}{(2n+1)^2-2^2}$$

$$=\frac{4}{(2n-1)(2n+3)}$$

$$=\frac{1}{2n-1}-\frac{1}{2n+3}$$

$$\therefore \sum_{k=1}^{10} a_k = \sum_{k=1}^{10}\left(\frac{1}{2k-1}-\frac{1}{2k+3}\right)$$
$$=\left\{\left(1-\frac{1}{5}\right)+\left(\frac{1}{3}-\frac{1}{7}\right)+\left(\frac{1}{5}-\frac{1}{9}\right)+\cdots+\left(\frac{1}{17}-\frac{1}{21}\right)+\left(\frac{1}{19}-\frac{1}{23}\right)\right\}$$
$$=1+\frac{1}{3}-\frac{1}{21}-\frac{1}{23}$$
$$=\frac{200}{161}$$

답 (1) $\frac{30}{11}$ (2) $\frac{200}{161}$

25

$$\sum_{k=1}^{7}\frac{a}{k^2+4k+3}$$
$$=\sum_{k=1}^{7}\frac{a}{(k+1)(k+3)}$$
$$=\frac{a}{2}\sum_{k=1}^{7}\left(\frac{1}{k+1}-\frac{1}{k+3}\right)$$
$$=\frac{a}{2}\left\{\left(\frac{1}{2}-\frac{1}{4}\right)+\left(\frac{1}{3}-\frac{1}{5}\right)+\left(\frac{1}{4}-\frac{1}{6}\right)+\cdots+\left(\frac{1}{7}-\frac{1}{9}\right)+\left(\frac{1}{8}-\frac{1}{10}\right)\right\}$$
$$=\frac{a}{2}\left(\frac{1}{2}+\frac{1}{3}-\frac{1}{9}-\frac{1}{10}\right)$$
$$=\frac{14}{45}a$$

따라서 $\frac{14}{45}a$가 정수가 되도록 하는 자연수 a의 최솟값은 45이다.

답 45

26

$\sum_{k=1}^{48}\log_7\frac{\sqrt{k^2+2k}}{k}$에서

$\frac{\sqrt{k^2+2k}}{k}=\frac{\sqrt{k+2}}{\sqrt{k}}$ ($\because$ $k>0$)이므로

$$\sum_{k=1}^{48}\log_7\frac{\sqrt{k^2+2k}}{k}$$
$$=\sum_{k=1}^{48}\log_7\frac{\sqrt{k+2}}{\sqrt{k}}$$
$$=\log_7\frac{\sqrt{3}}{1}+\log_7\frac{\sqrt{4}}{\sqrt{2}}+\log_7\frac{\sqrt{5}}{\sqrt{3}}+\log_7\frac{\sqrt{6}}{\sqrt{4}}+\cdots+\log_7\frac{\sqrt{49}}{\sqrt{47}}+\log_7\frac{\sqrt{50}}{\sqrt{48}}$$
$$=\log_7\left(\frac{\sqrt{3}}{1}\times\frac{\sqrt{4}}{\sqrt{2}}\times\frac{\sqrt{5}}{\sqrt{3}}\times\frac{\sqrt{6}}{\sqrt{4}}\times\cdots\times\frac{\sqrt{49}}{\sqrt{47}}\times\frac{\sqrt{50}}{\sqrt{48}}\right)$$
$$=\log_7\left(\frac{\sqrt{49}\times\sqrt{50}}{1\times\sqrt{2}}\right)=\log_7(7\times5)$$
$$=1+\log_7 5$$

답 $1+\log_7 5$

27

$f(x)=\log_4\left(1+\frac{1}{x+3}\right)=\log_4\frac{x+4}{x+3}$이므로

$$\sum_{k=1}^{n}f(k)=\sum_{k=1}^{n}\log_4\frac{k+4}{k+3}$$
$$=\log_4\frac{5}{4}+\log_4\frac{6}{5}+\log_4\frac{7}{6}+\cdots+\log_4\frac{n+4}{n+3}$$
$$=\log_4\left(\frac{5}{4}\times\frac{6}{5}\times\frac{7}{6}\times\cdots\times\frac{n+4}{n+3}\right)$$
$$=\log_4\frac{n+4}{4}$$
$$=\log_4(n+4)-1$$

즉, $\log_4(n+4)-1=4$이므로

$\log_4(n+4)=5$, $n+4=4^5=1024$

$\therefore$ $n=1020$

답 1020

28

$$\sum_{k=1}^{26}(-1)^k\log_3\left(\frac{1}{k}-\frac{1}{k+1}\right)$$
$$=\sum_{k=1}^{26}(-1)^k\log_3\frac{1}{k(k+1)}$$
$$=-\log_3\frac{1}{1\times2}+\log_3\frac{1}{2\times3}-\log_3\frac{1}{3\times4}+\log_3\frac{1}{4\times5}-\cdots-\log_3\frac{1}{25\times26}+\log_3\frac{1}{26\times27}$$
$$=\log_3(1\times2)+\log_3\frac{1}{2\times3}+\log_3(3\times4)+\log_3\frac{1}{4\times5}+\cdots+\log_3(25\times26)+\log_3\frac{1}{26\times27}$$

$=\log_3\left(1\times 2\times\frac{1}{2\times 3}\times 3\times 4\times\frac{1}{4\times 5}\right.$

$\left.\times\cdots\times 25\times 26\times\frac{1}{26\times 27}\right)$

$=\log_3\frac{1}{27}=-3$

답 -3

29

등차수열 $\{a_n\}$의 첫째항이 1, 공차가 2이므로 일반항 a_n은

$a_n=1+(n-1)\times 2=2n-1$

한편, $b_n=\sqrt{a_{n+1}}+\sqrt{a_n}$에서

$$\sum_{k=1}^{24}\frac{1}{b_k}=\sum_{k=1}^{24}\frac{1}{\sqrt{a_{k+1}}+\sqrt{a_k}}$$
$$=\sum_{k=1}^{24}\frac{\sqrt{a_{k+1}}-\sqrt{a_k}}{a_{k+1}-a_k}$$
$$=\frac{1}{2}\sum_{k=1}^{24}(\sqrt{a_{k+1}}-\sqrt{a_k})$$ ← $a_{k+1}-a_k=2$ (공차)
$$=\frac{1}{2}\{(\sqrt{a_2}-\sqrt{a_1})+(\sqrt{a_3}-\sqrt{a_2})+(\sqrt{a_4}-\sqrt{a_3})+\cdots+(\sqrt{a_{25}}-\sqrt{a_{24}})\}$$
$$=\frac{1}{2}(\sqrt{a_{25}}-\sqrt{a_1})$$

이때 $a_1=1$, $a_{25}=2\times 25-1=49$이므로

$$(\text{주어진 식})=\frac{1}{2}(\sqrt{a_{25}}-\sqrt{a_1})$$
$$=\frac{1}{2}\times(\sqrt{49}-\sqrt{1})=\frac{1}{2}\times(7-1)=3$$

답 3

30

$$a_n=\frac{1}{\sqrt{n+1}+\sqrt{n+2}}$$
$$=\frac{\sqrt{n+2}-\sqrt{n+1}}{(\sqrt{n+2}+\sqrt{n+1})(\sqrt{n+2}-\sqrt{n+1})}$$
$$=\sqrt{n+2}-\sqrt{n+1}$$
$$\therefore\ \sum_{k=1}^{n}a_k=\sum_{k=1}^{n}(\sqrt{k+2}-\sqrt{k+1})$$
$$=(\sqrt{3}-\sqrt{2})+(\sqrt{4}-\sqrt{3})+(\sqrt{5}-\sqrt{4})+\cdots+(\sqrt{n+2}-\sqrt{n+1})$$
$$=\sqrt{n+2}-\sqrt{2}$$

이때 $\sum_{k=1}^{n}a_k=5\sqrt{2}$이므로

$\sqrt{n+2}-\sqrt{2}=5\sqrt{2}$, $\sqrt{n+2}=6\sqrt{2}$

$n+2=72\qquad\therefore\ n=70$

답 70

31

다음 그림과 같이 원 $x^2+y^2=n$의 중심 (0, 0)을 지나고 직선 $l: y=\sqrt{n}x+n+1$, 즉 $\sqrt{n}x-y+n+1=0$에 수직인 직선이 원과 만나는 두 점 중에서 직선 l과 거리가 먼 점을 A라 하자.

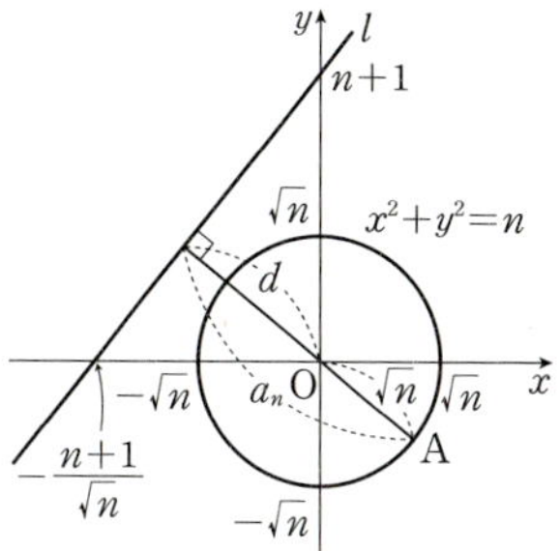

원 $x^2+y^2=n$ 위의 점 P와 직선 l 사이의 거리의 최댓값 a_n은 점 A와 직선 l 사이의 거리이다.

즉, a_n은 원점과 직선 l 사이의 거리 d와 원의 반지름의 길이 $\sqrt{n}$을 더한 것과 같다.

이때 자연수 n에 대하여

$$d=\frac{|\sqrt{n}\times 0-1\times 0+n+1|}{\sqrt{(\sqrt{n})^2+(-1)^2}}=\frac{|n+1|}{\sqrt{n+1}}=\sqrt{n+1}$$

이므로

$a_n=\sqrt{n+1}+\sqrt{n}$

$$\therefore\ \sum_{k=1}^{24}\frac{1}{a_k}=\sum_{k=1}^{24}\frac{1}{\sqrt{k+1}+\sqrt{k}}$$
$$=\sum_{k=1}^{24}(\sqrt{k+1}-\sqrt{k})$$
$$=(\sqrt{2}-1)+(\sqrt{3}-\sqrt{2})+(\sqrt{4}-\sqrt{3})+\cdots+(\sqrt{25}-\sqrt{24})$$
$$=\sqrt{25}-1=5-1=4$$

답 4

보충 설명

원 위의 점과 직선 사이의 거리 |

원의 반지름의 길이를 r이라 하고, 원의 중심과 직선 사이의 거리를 d라 할 때, 원 $(x-m)^2+(y-n)^2=r^2$ 위의 한 점

과 직선 $ax+by+c=0$ 사이의 거리의 최댓값은 $d+r$, 최솟값은 $d-r$이다. (단, $d>r$)

이때 원의 중심과 직선 사이의 거리는

$$d=\frac{|am+bn+c|}{\sqrt{a^2+b^2}}$$

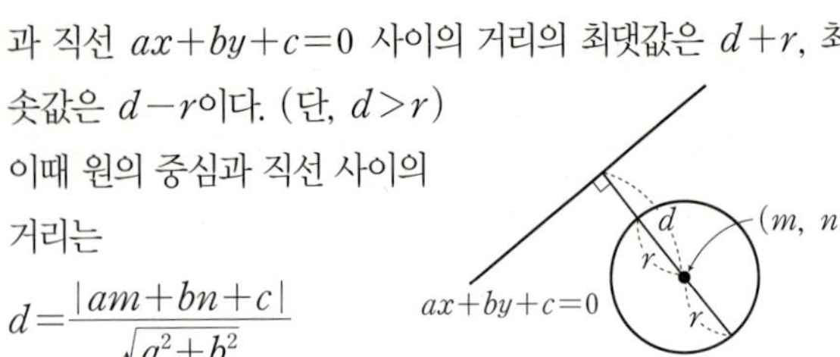

32

주어진 수열을

$$\left(\frac{1}{2}\right), \left(\frac{1}{3}, \frac{2}{3}\right), \left(\frac{1}{4}, \frac{2}{4}, \frac{3}{4}\right), \left(\frac{1}{5}, \frac{2}{5}, \frac{3}{5}, \frac{4}{5}\right), \cdots$$

와 같이 분모가 같은 것끼리 군으로 묶으면 제n군의 항의 개수는 n이므로 제1군부터 제n군까지의 항의 개수는

$$\sum_{k=1}^{n} k=\frac{n(n+1)}{2}$$

또한, 제n군의 k번째 항은 $\frac{k}{n+1}$이다.

(1) $\frac{11}{30}=\frac{k}{n+1}$에서 $k=11$, $n=29$

즉, $\frac{11}{30}$은 제29군의 11번째 항이므로

$$\sum_{k=1}^{28} k+11=\frac{28\times29}{2}+11=406+11=417$$

따라서 $\frac{11}{30}$은 제417항이다.

(2) $\sum_{k=1}^{7} k=\frac{7\times8}{2}=28$, $\sum_{k=1}^{8} k=\frac{8\times9}{2}=36$이므로 제33항은 제8군의 5번째 항이다.
(n: 8, k: 5)

따라서 제33항은 $\frac{5}{8+1}=\frac{5}{9}$

답 (1) 제417항 (2) $\frac{5}{9}$

33

제m행에는 m개의 자연수를 나열하였으므로 제$(m-1)$행까지의 자연수의 개수는

$$\sum_{k=1}^{m-1} k=\frac{m(m-1)}{2}$$

즉, 제m행의 수는 왼쪽부터 차례대로

$$\frac{m(m-1)}{2}+1, \frac{m(m-1)}{2}+2, \frac{m(m-1)}{2}+3, \cdots$$

이므로

$$f(m, n)=\frac{m(m-1)}{2}+n$$

$$\therefore f(18, 12)=\frac{18\times17}{2}+12=153+12=165$$

답 165

STEP 1 개념 마무리 본문 p.282

14 33	**15** $\frac{8}{5}$	**16** $\frac{175}{132}$	**17** $2+\log3$
18 84	**19** 5	**20** -134	

14

등차수열 $\{a_n\}$의 공차는 2이므로

$$\frac{1}{a_{2k-1}a_{2k+1}}$$
$$=\frac{1}{a_{2k+1}-a_{2k-1}}\left(\frac{1}{a_{2k-1}}-\frac{1}{a_{2k+1}}\right)$$
$$=\frac{1}{4}\left(\frac{1}{a_{2k-1}}-\frac{1}{a_{2k+1}}\right) \ (\because a_{2k+1}-a_{2k-1}=2\times2=4)$$

$$\therefore \sum_{k=1}^{10}\frac{1}{a_{2k-1}a_{2k+1}}$$
$$=\frac{1}{4}\sum_{k=1}^{10}\left(\frac{1}{a_{2k-1}}-\frac{1}{a_{2k+1}}\right)$$
$$=\frac{1}{4}\left\{\left(\frac{1}{a_1}-\frac{1}{a_3}\right)+\left(\frac{1}{a_3}-\frac{1}{a_5}\right)+\left(\frac{1}{a_5}-\frac{1}{a_7}\right)+\cdots+\left(\frac{1}{a_{19}}-\frac{1}{a_{21}}\right)\right\}$$
$$=\frac{1}{4}\left(\frac{1}{a_1}-\frac{1}{a_{21}}\right)=\frac{1}{4}\left(\frac{1}{a_1}-\frac{1}{a_1+40}\right)$$
$$=\frac{1}{4}\times\frac{40}{a_1(a_1+40)}=\frac{10}{a_1(a_1+40)}$$

즉, $\frac{10}{a_1(a_1+40)}=\frac{2}{45}$에서

$a_1(a_1+40)=225$, $a_1^2+40a_1-225=0$

$(a_1-5)(a_1+45)=0 \quad \therefore a_1=5 \ (\because a_1>0)$

$\therefore a_{15}=5+14\times2=33$

답 33

15

수열 $\{a_n\}$의 일반항 a_n은

$$a_n=\frac{2n+3}{1^2+2^2+3^2+\cdots+(n+1)^2}$$
$$=\frac{2n+3}{\sum_{m=1}^{n+1}m^2}=\frac{2n+3}{\frac{(n+1)(n+2)(2n+3)}{6}}$$
$$=\frac{6}{(n+1)(n+2)}$$

$$\therefore \sum_{k=2}^{13}a_k$$
$$=\sum_{k=2}^{13}\frac{6}{(k+1)(k+2)}$$
$$=6\sum_{k=2}^{13}\left(\frac{1}{k+1}-\frac{1}{k+2}\right)$$
$$=6\times\left\{\left(\frac{1}{3}-\frac{1}{4}\right)+\left(\frac{1}{4}-\frac{1}{5}\right)+\left(\frac{1}{5}-\frac{1}{6}\right)+\cdots+\left(\frac{1}{14}-\frac{1}{15}\right)\right\}$$
$$=6\times\left(\frac{1}{3}-\frac{1}{15}\right)=6\times\frac{4}{15}=\frac{8}{5}$$

답 $\frac{8}{5}$

16

x에 대한 이차방정식 $x^2-2x+n^2+2n=0$의 두 근이 a_n, b_n이므로 이차방정식의 근과 계수의 관계에 의하여

$a_n+b_n=2$, $a_nb_n=n^2+2n$

$$\therefore \frac{1}{a_n}+\frac{1}{b_n}=\frac{a_n+b_n}{a_nb_n}$$
$$=\frac{2}{n^2+2n}=\frac{2}{n(n+2)}$$

$$\therefore \sum_{k=1}^{10}\left(\frac{1}{a_k}+\frac{1}{b_k}\right)$$
$$=\sum_{k=1}^{10}\frac{2}{k(k+2)}$$
$$=\sum_{k=1}^{10}\left(\frac{1}{k}-\frac{1}{k+2}\right)$$
$$=\left(1-\frac{1}{3}\right)+\left(\frac{1}{2}-\frac{1}{4}\right)+\left(\frac{1}{3}-\frac{1}{5}\right)+\cdots+\left(\frac{1}{9}-\frac{1}{11}\right)+\left(\frac{1}{10}-\frac{1}{12}\right)$$
$$=1+\frac{1}{2}-\frac{1}{11}-\frac{1}{12}=\frac{175}{132}$$

답 $\frac{175}{132}$

17

$$a_n=10^n+\frac{10^{n+1}}{5n}=10^n\left(1+\frac{2}{n}\right)=10^n\times\frac{n+2}{n}$$

$$\therefore \log a_n=\log 10^n+\log\frac{n+2}{n}$$
$$=n+\log\frac{n+2}{n}$$

이때 자연수 n에 대하여 $1<\frac{n+2}{n}<10$이므로

$0<\log\frac{n+2}{n}<1$

따라서 $\log a_n$의 소수 부분은 $f(a_n)=\log\frac{n+2}{n}$이므로

$$\sum_{k=1}^{23}f(a_k)=\sum_{k=1}^{23}\log\frac{k+2}{k}$$
$$=\log\frac{3}{1}+\log\frac{4}{2}+\log\frac{5}{3}+\log\frac{6}{4}+\cdots+\log\frac{24}{22}+\log\frac{25}{23}$$
$$=\log\left(\frac{3}{1}\times\frac{4}{2}\times\frac{5}{3}\times\frac{6}{4}\times\cdots\times\frac{24}{22}\times\frac{25}{23}\right)$$
$$=\log\left(\frac{24\times25}{1\times2}\right)$$
$$=\log 300=2+\log 3$$

답 $2+\log 3$

18

수열 $\{a_n\}$의 일반항 a_n은

$a_n=\sqrt{2n+1}+\sqrt{2n-1}$

$$\therefore \sum_{k=1}^{n}\frac{2}{a_k}=\sum_{k=1}^{n}\frac{2}{\sqrt{2k+1}+\sqrt{2k-1}}$$
$$=\sum_{k=1}^{n}\frac{2(\sqrt{2k+1}-\sqrt{2k-1})}{(\sqrt{2k+1}+\sqrt{2k-1})(\sqrt{2k+1}-\sqrt{2k-1})}$$
$$=\sum_{k=1}^{n}(\sqrt{2k+1}-\sqrt{2k-1})$$
$$=(\sqrt{3}-1)+(\sqrt{5}-\sqrt{3})+(\sqrt{7}-\sqrt{5})+\cdots+(\sqrt{2n+1}-\sqrt{2n-1})$$
$$=\sqrt{2n+1}-1$$

즉, $\sqrt{2n+1}-1=12$에서 $\sqrt{2n+1}=13$

$2n+1=169$, $2n=168$

$\therefore n=84$

답 84

19

$\frac{1}{2}\left(a_n+\frac{1}{a_n}\right)=\sqrt{n+1}$에서

$a_n+\frac{1}{a_n}=2\sqrt{n+1}$, $a_n{}^2-2\sqrt{n+1}\,a_n+1=0$ ($\because$ $a_n>1$)

이차방정식의 근의 공식에 의하여

$a_n=\sqrt{n+1}\pm\sqrt{(n+1)-1}$

$=\sqrt{n+1}\pm\sqrt{n}$

$\therefore$ $a_n=\sqrt{n+1}+\sqrt{n}$ 또는 $a_n=\sqrt{n+1}-\sqrt{n}$

이때 $a_n>1$이므로

$a_n=\sqrt{n+1}+\sqrt{n}$

$\therefore$ $\frac{1}{a_n}=\frac{1}{\sqrt{n+1}+\sqrt{n}}=\sqrt{n+1}-\sqrt{n}$

$\therefore$ $\sum_{k=1}^{35}\frac{1}{a_k}=\sum_{k=1}^{35}(\sqrt{k+1}-\sqrt{k})$

$=(\sqrt{2}-1)+(\sqrt{3}-\sqrt{2})+(\sqrt{4}-\sqrt{3})$

$+\cdots+(\sqrt{36}-\sqrt{35})$

$=\sqrt{36}-1=6-1=5$

답 5

보충 설명

자연수 n에 대하여 $n+1<n+2\sqrt{n}+1$이므로

$(\sqrt{n+1})^2<(\sqrt{n}+1)^2$

이때 $\sqrt{n+1}>0$, $\sqrt{n}+1>0$이므로

$\sqrt{n+1}<\sqrt{n}+1$ $\therefore$ $\sqrt{n+1}-\sqrt{n}<1$

따라서 $a_n=\sqrt{n+1}-\sqrt{n}$이면 $a_n>1$이라는 조건에 모순이다.

20

제n행의 왼쪽 끝에 적힌 수를 b_n이라 하면

$b_1=100=100-0$

$b_2=99=100-1$

$b_3=97=100-(1+2)$

$b_4=94=100-(1+2+3)$

$\vdots$

$b_n=100-\sum_{k=1}^{n-1}k=100-\frac{n(n-1)}{2}$

이때 a_n은 첫째항이 b_n이고 공차가 -1인 등차수열의 첫째항부터 제n항까지의 합이므로

$a_n=\frac{n\{2b_n-(n-1)\}}{2}$

$=\frac{n\{200-n(n-1)-(n-1)\}}{2}$

$=\frac{n(201-n^2)}{2}$

따라서 $a_{13}=\frac{13\times(201-13^2)}{2}=208$,

$a_{12}=\frac{12\times(201-12^2)}{2}=342$이므로

$a_{13}-a_{12}=208-342=-134$

답 -134

다른 풀이

$a_2-a_1=98-(100-99)=98-1$

$a_3-a_2=95-2\times2=95-2^2$

$a_4-a_3=91-3\times3=91-3^2$

$\vdots$

즉, 제13행의 오른쪽 끝에 적힌 수를 X라 하면

$a_{13}-a_{12}=X-12^2$ ……㉠

한편,

$X=100-(2+3+\cdots+13)$

$=101-(1+2+3+\cdots+13)$

$=101-\frac{13\times14}{2}=10$

이므로 ㉠에서 $a_{13}-a_{12}=10-12^2=-134$

STEP 2 **개념 마무리** 본문 p.283

1 522	**2** -2	**3** 375	**4** 725
5 4	**6** 159		

1

두 점 A_n의 x좌표를 a_n이라 하면

2, a_1, a_2, a_3, $\cdots$, a_6, 2^8은 이 순서대로 등차수열을 이루므로

$2+a_1+a_2+a_3+\cdots+a_6+2^8=\dfrac{8\times(2+2^8)}{2}$

$a_1+a_2+a_3+\cdots+a_6+258=1032$

$\therefore\ a_1+a_2+a_3+\cdots+a_6=774$

한편, 점 B_n의 x좌표와 y좌표를 각각 b_n, c_n이라 하면 점 B_n은 곡선 $y=\log_2 x$의 위의 점이므로

$c_n=\log_2 b_n \qquad \therefore\ b_n=2^{c_n}$

이때 1, c_1, c_2, c_3, $\cdots$, c_6, 8은 이 순서대로 등차수열을 이루므로 2, b_1, b_2, b_3, $\cdots$, b_6, 2^8은 이 순서대로 등비수열을 이룬다.

이 수열의 공비를 r이라 하면

$2^8=2r^7$에서 $r=2$

$\therefore\ b_1+b_2+b_3+\cdots+b_6=\dfrac{4\times(2^6-1)}{2-1}=252$

따라서 $l_n=a_n-b_n$이므로

$$\sum_{n=1}^{6} l_n=(a_1-b_1)+(a_2-b_2)+(a_3-b_3)+\cdots+(a_6-b_6)$$
$$=(a_1+a_2+a_3+\cdots+a_6)-(b_1+b_2+b_3+\cdots+b_6)$$
$$=774-252=522$$

답 522

보충 설명

세 점 B_1, B_2, B_3의 y좌표 c_1, c_2, c_3이 등차수열을 이루므로

$2c_2=c_1+c_3$

즉, $2^{2c_2}=2^{c_1+c_3}$에서 $(2^{c_2})^2=2^{c_1}\times 2^{c_3}$

$\therefore\ b_2^2=b_1\times b_3$ ($\because\ b_n=2^{c_n}$)

따라서 b_1, b_2, b_3는 등비수열을 이룬다.

같은 방법으로 1, c_1, c_2, c_3, $\cdots$, c_6, 8은 이 순서대로 등차수열을 이루므로 2, b_1, b_2, b_3, $\cdots$, b_6, 2^8은 이 순서대로 등비수열을 이룬다.

실제로 $B_1(2^2,\ 2)$, $B_2(2^3,\ 3)$, $B_3(2^4,\ 4)$, $\cdots$, $B_6(2^7,\ 7)$이므로 점 B_1, B_2, B_3, $\cdots$, B_6의 y좌표 2, 3, 4, $\cdots$, 7은 등차수열, 점 B_1, B_2, B_3, $\cdots$, B_6의 x좌표 2^2, 2^3, 2^4, $\cdots$, 2^7은 등비수열을 이룬다.

2

조건 (가)에서 $a_2=-3a_1$, $a_3=9a_1$, $a_4=-27a_1$이므로

$$\sum_{k=1}^{4} a_k=a_1+a_2+a_3+a_4$$
$$=a_1+(-3a_1)+9a_1+(-27a_1)=-20a_1$$

조건 (나)에서 모든 자연수 n에 대하여

$a_{n+4}=a_n+1$이므로

$$\sum_{k=5}^{8} a_k=\sum_{k=1}^{4} a_{k+4}=\sum_{k=1}^{4}(a_k+1)$$
$$=\sum_{k=1}^{4} a_k+4=-20a_1+4$$

같은 방법으로

$$\sum_{k=9}^{12} a_k=\sum_{k=5}^{8} a_k+4=-20a_1+8$$
$$\sum_{k=13}^{16} a_k=\sum_{k=9}^{12} a_k+4=-20a_1+12$$
$$\sum_{k=17}^{20} a_k=\sum_{k=13}^{16} a_k+4=-20a_1+16$$
$$\sum_{k=21}^{24} a_k=\sum_{k=17}^{20} a_k+4=-20a_1+20$$

또한, $a_{25}=a_{21}+1=a_{17}+2=\cdots=a_1+6$이므로

$$\sum_{k=1}^{25} a_k$$
$$=\sum_{k=1}^{4} a_k+\sum_{k=5}^{8} a_k+\sum_{k=9}^{12} a_k+\sum_{k=13}^{16} a_k+\sum_{k=17}^{20} a_k+\sum_{k=21}^{24} a_k+a_{25}$$
$$=-20a_1\times 6+\underbrace{4+8+12+16+20}_{4\times(1+2+3+4+5)}+a_1+6$$
$$=-119a_1+4\times\frac{5\times 6}{2}+6=-119a_1+66$$

즉, $-119a_1+66=304$이므로

$-119a_1=238 \qquad \therefore\ a_1=-2$

답 -2

3

$$\sum_{k=1}^{25}(2k+1)\left(\frac{1}{k}+\frac{1}{k+1}+\frac{1}{k+2}+\cdots+\frac{1}{25}\right)$$
$$=3\left(1+\frac{1}{2}+\frac{1}{3}+\cdots+\frac{1}{25}\right)$$
$$+5\left(\frac{1}{2}+\frac{1}{3}+\frac{1}{4}+\cdots+\frac{1}{25}\right)$$
$$+7\left(\frac{1}{3}+\frac{1}{4}+\frac{1}{5}+\cdots+\frac{1}{25}\right)$$
$$\vdots$$
$$+51\times\frac{1}{25}$$

$$(*)\begin{cases} =3\times1+(3+5)\times\frac{1}{2}+(3+5+7)\times\frac{1}{3} \\ \qquad+\cdots+\underbrace{(3+5+7+\cdots+51)}_{=\frac{25\times(3+51)}{2}=25\times27}\times\frac{1}{25} \\ =3+4+5+\cdots+27 \end{cases}$$

따라서 주어진 식의 값은 첫째항이 3, 끝항이 27이고 항의 개수가 25인 등차수열의 합과 같으므로

$\frac{25\times(3+27)}{2}=375$

답 375

보충 설명

$(*)$에서

$$\sum_{k=1}^{25}\frac{1}{k}\left\{\sum_{n=1}^{k}(2n+1)\right\}=\sum_{k=1}^{25}\frac{1}{k}\left\{2\times\frac{k(k+1)}{2}+k\right\}$$
$$=\sum_{k=1}^{25}\frac{1}{k}(k^2+2k)$$
$$=\sum_{k=1}^{25}(k+2)$$
$$=\frac{25\times26}{2}+50=375$$

4

기울기가 1이고 y절편이 양수인 원 $x^2+y^2=\frac{n^2}{2}$의 접선의 방정식은

$y=x+\frac{n}{\sqrt{2}}\sqrt{1^2+1}$ $\quad\therefore y=x+n$

직선 $y=x+n$이 x축, y축과 만나는 점 A_n, B_n의 좌표는

$A_n(-n,\ 0)$, $B_n(0,\ n)$

이때 점 A_n을 지나고 기울기가 -2인 직선의 방정식은

$y=-2x-2n$ $\quad\therefore C_n(0,\ -2n)$

삼각형 $A_nC_nB_n$의 내부와 경계의 점들 중 x좌표와 y좌표가 모두 정수인 점의 개수 a_n을 차례대로 구하면

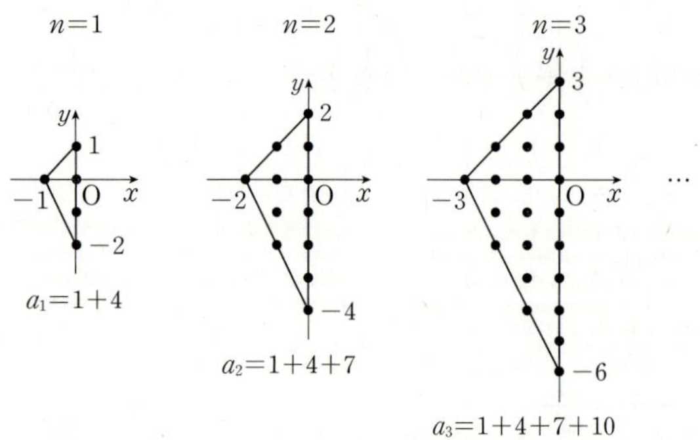

즉,

$a_1=1+4$

$a_2=1+4+7$

$a_3=1+4+7+10$

$\vdots$

이므로

$$a_n=\sum_{k=1}^{n+1}(3k-2)$$
$$=3\sum_{k=1}^{n+1}k-\sum_{k=1}^{n+1}2$$
$$=3\times\frac{(n+1)(n+2)}{2}-2(n+1)$$
$$=\frac{3}{2}n^2+\frac{5}{2}n+1$$

$$\therefore \sum_{n=1}^{10}a_n=\sum_{n=1}^{10}\left(\frac{3}{2}n^2+\frac{5}{2}n+1\right)$$
$$=\frac{3}{2}\times\frac{10\times11\times21}{6}+\frac{5}{2}\times\frac{10\times11}{2}+1\times10$$
$$=\frac{1155}{2}+\frac{275}{2}+10$$
$$=725$$

답 725

보충 설명

기울기가 주어진 원의 접선의 방정식 | 원 $x^2+y^2=r^2$에 접하고 기울기가 m인 접선의 방정식은

$y=mx\pm r\sqrt{m^2+1}$

5

$a_1=S_1=2$, $a_{k+1}=S_{k+1}-S_k$ $(k\ge1)$이므로

$$\sum_{k=1}^{14}\frac{a_{k+1}}{S_kS_{k+1}}=\sum_{k=1}^{14}\frac{S_{k+1}-S_k}{S_kS_{k+1}}$$
$$=\sum_{k=1}^{14}\left(\frac{1}{S_k}-\frac{1}{S_{k+1}}\right)$$
$$=\left(\frac{1}{S_1}-\frac{1}{S_2}\right)+\left(\frac{1}{S_2}-\frac{1}{S_3}\right)+\left(\frac{1}{S_3}-\frac{1}{S_4}\right)+\cdots+\left(\frac{1}{S_{14}}-\frac{1}{S_{15}}\right)$$
$$=\frac{1}{S_1}-\frac{1}{S_{15}}=\frac{1}{2}-\frac{1}{S_{15}}$$

이때 $\sum_{k=1}^{14}\frac{a_{k+1}}{S_kS_{k+1}}=\frac{1}{4}$에서 $\frac{1}{2}-\frac{1}{S_{15}}=\frac{1}{4}$이므로

$\frac{1}{S_{15}}=\frac{1}{4}\qquad\therefore S_{15}=4$

답 4

6

$256\times3^n=2^8\times3^n$의 양의 약수의 개수는

$(8+1)\times(n+1)=9n+9$

즉, $a_n=9n+9$이므로

$$\begin{aligned}f(n)&=\sum_{k=0}^{n}\frac{1}{\sqrt{a_k}+\sqrt{a_{k+1}}}\\&=\sum_{k=0}^{n}\frac{1}{\sqrt{9k+9}+\sqrt{9(k+1)+9}}\\&=\frac{1}{3}\sum_{k=0}^{n}\frac{1}{\sqrt{k+1}+\sqrt{k+2}}\\&=\frac{1}{3}\sum_{k=0}^{n}(\sqrt{k+2}-\sqrt{k+1})\\&=\frac{1}{3}\{(\sqrt{2}-1)+(\sqrt{3}-\sqrt{2})+(\sqrt{4}-\sqrt{3})\\&\qquad+\cdots+(\sqrt{n+2}-\sqrt{n+1})\}\\&=\frac{1}{3}(\sqrt{n+2}-1)\end{aligned}$$

이때 $f(n)$의 값이 자연수가 되려면

$\frac{1}{3}(\sqrt{n+2}-1)=p$ (p는 자연수)이어야 하므로

$\sqrt{n+2}-1=3p,\ \sqrt{n+2}=3p+1$

$\therefore n=(3p+1)^2-2$

(i) $p=1$일 때, $n=4^2-2=14$

(ii) $p=2$일 때, $n=7^2-2=47$

(iii) $p=3$일 때, $n=10^2-2=98$

(iv) $p=4$일 때, $n=13^2-2=167$

⋮

$\therefore n=14,\ 47,\ 98,\ 167,\ \cdots$

따라서 100 이하의 모든 음이 아닌 정수 n의 값의 합은

$14+47+98=159$

답 159

10. 수학적 귀납법

1 수열의 귀납적 정의

기본+필수연습

본문 pp.289~297

01 (1) 2 (2) 27 **02** (1) -19 (2) $\frac{5}{256}$

03 92 **04** 20 **05** (1) -11 (2) 8

06 7 **07** 6 **08** (1) 25 (2) $126\sqrt{2}$

09 33 **10** 제9항 **11** 7 **12** 36

13 11 **14** 13 **15** 9 **16** 19

17 40 **18** 746 **19** 8 **20** 162

21 272 **22** 230

23 (1) $a_1=165,\ a_{n+1}=\frac{1}{3}a_n+20\ (n=1,\ 2,\ 3,\ \cdots)$

(2) $\frac{275}{9}$

01

(1) $a_2=(-1)\times a_1+5=(-1)\times2+5=3$

$a_3=(-1)^2\times a_2+5=1\times3+5=8$

$a_4=(-1)^3\times a_3+5=(-1)\times8+5=-3$

따라서 제5항을 구하면

$a_5=(-1)^4\times a_4+5=1\times(-3)+5=2$

(2) $a_3=a_1\times a_2=1\times3=3,\ a_4=a_2\times a_3=3\times3=9$

따라서 제5항을 구하면

$a_5=a_3\times a_4=3\times9=27$

답 (1) 2 (2) 27

02

(1) 수열 $\{a_n\}$은 첫째항이 8, 공차가 -3인 등차수열이므로

일반항 a_n은

$a_n=8+(n-1)\times(-3)=-3n+11$

따라서 제10항을 구하면

$a_{10}=-3\times10+11=-19$

(2) 수열 $\{a_n\}$은 첫째항이 10, 공비가 $\frac{1}{2}$인 등비수열이므로

일반항 a_n은

$a_n=10\times\left(\frac{1}{2}\right)^{n-1}$

따라서 제10항을 구하면

$a_{10}=10\times\left(\frac{1}{2}\right)^9=10\times\frac{1}{512}=\frac{5}{256}$

답 (1) -19 (2) $\frac{5}{256}$

03

$a_{n+1}=a_n+2n$의 n에 1, 2, 3, …, $n-1$을 차례대로 대입한 후, 변끼리 더하면

$$\begin{aligned} a_2&=a_1+2\\ a_3&=a_2+4\\ a_4&=a_3+6\\ &\vdots\\ +)\ a_n&=a_{n-1}+2(n-1)\\ \hline a_n&=a_1+\{2+4+6+\cdots+2(n-1)\}\\ &=a_1+\sum_{k=1}^{n-1}2k \end{aligned}$$

이때 $a_1=2$이므로 제10항은

$a_{10}=2+\sum_{k=1}^{9}2k=2+2\times\frac{9\times10}{2}=92$

답 92

04

$a_{n+1}=\frac{n+1}{n}a_n$의 n에 1, 2, 3, …, $n-1$을 차례대로 대입한 후, 변끼리 곱하면

$$\begin{aligned} a_2&=\frac{2}{1}a_1\\ a_3&=\frac{3}{2}a_2\\ a_4&=\frac{4}{3}a_3\\ &\vdots\\ \times)\ a_n&=\frac{n}{n-1}a_{n-1}\\ \hline a_n&=a_1\times\left(\frac{2}{1}\times\frac{3}{2}\times\frac{4}{3}\times\cdots\times\frac{n}{n-1}\right)\\ &=na_1 \end{aligned}$$

이때 $a_1=1$이므로 제20항은

$a_{20}=20\times1=20$

답 20

05

(1) $a_1=3$, $a_{n+1}-a_n=-1$에서 수열 $\{a_n\}$은 첫째항이 3, 공차가 -1인 등차수열이므로

$a_n=3+(n-1)\times(-1)=-n+4$

$\therefore\ a_{15}=-15+4=-11$

(2) $a_1=15$, $a_{n+2}-a_{n+1}=a_{n+1}-a_n$에서 수열 $\{a_n\}$은 첫째항이 15인 등차수열이므로 등차수열 $\{a_n\}$의 공차를 d라 하면

$a_n=15+(n-1)d$

이때 $a_{12}=-7$이므로

$15+11d=-7$, $11d=-22$

$\therefore\ d=-2$

$\therefore\ a_n=15+(n-1)\times(-2)=-2n+17$

즉, $a_k=1$에서 $-2k+17=1$

$2k=16$ $\quad\therefore\ k=8$

답 (1) -11 (2) 8

06

$a_{n+2}-2a_{n+1}+a_n=0$, 즉 $2a_{n+1}=a_n+a_{n+2}$에서 수열 $\{a_n\}$은 등차수열이므로 등차수열 $\{a_n\}$의 첫째항을 a, 공차를 d라 하면

$a_2=-11$에서 $a+d=-11$ ……㉠

$a_4=-7$에서 $a+3d=-7$ ……㉡

㉠, ㉡을 연립하여 풀면

$a=-13$, $d=2$

즉, $a_n=-13+(n-1)\times2=2n-15$이므로

$2n-15>0$에서 $2n>15$

$\therefore\ n>\frac{15}{2}=7.5$

따라서 $n\geq8$이면 $a_n>0$이므로 $\sum_{k=1}^{n}a_k$의 값이 최소가 되도록 하는 자연수 n의 값은 7이다.

답 7

보충 설명

모든 항이 0이 아닌 등차수열 $\{a_n\}$의 첫째항을 a, 공차를 d라 할 때, 다음이 성립한다.

(1) $a<0$, $d>0$일 때,

$\sum_{k=1}^{n}a_k$의 값이 최소가 되도록 하는 자연수 n에 대하여 $a_n<0$, $a_{n+1}>0$이다.

(2) $a>0$, $d<0$일 때,

$\sum_{k=1}^{n} a_k$의 값이 최대가 되도록 하는 자연수 n에 대하여

$a_n>0$, $a_{n+1}<0$이다.

다른 풀이

수열 $\{a_n\}$은 첫째항이 -13, 공차가 2인 등차수열이므로

$a_n=-13+(n-1)\times 2=2n-15$

$$\therefore \sum_{k=1}^{n} a_k=\sum_{k=1}^{n}(2k-15)$$
$$=2\times\frac{n(n+1)}{2}-15n$$
$$=n^2-14n$$
$$=(n-7)^2-49$$

따라서 $\sum_{k=1}^{n} a_k$의 값이 최소가 되도록 하는 자연수 n의 값은 7이다.

07

$a_{n+2}=a_n+4$이므로 수열 $\{a_{2n-1}\}$과 수열 $\{a_{2n}\}$은 각각 공차가 4인 등차수열이다.

$a_1=1$, $a_2=p$이므로 수열 $\{a_{2n-1}\}$은 첫째항이 1, 공차가 4인 등차수열이고, 수열 $\{a_{2n}\}$은 첫째항이 p, 공차가 4인 등차수열이다.

$$\therefore \sum_{k=1}^{10} a_k=\sum_{k=1}^{5} a_{2k-1}+\sum_{k=1}^{5} a_{2k}$$
$$=\frac{5\times\{2\times 1+(5-1)\times 4\}}{2}+\frac{5\times\{2p+(5-1)\times 4\}}{2}$$
$$=45+5p+40$$
$$=5p+85$$

즉, $5p+85=115$이므로

$5p=30 \qquad \therefore p=6$

답 6

08

(1) $a_1=9$, $\sqrt{3}a_{n+1}=a_n$에서 수열 $\{a_n\}$은 첫째항이 9,

공비가 $\frac{a_{n+1}}{a_n}=\frac{1}{\sqrt{3}}$인 등비수열이므로

$$a_n=9\times\left(\frac{1}{\sqrt{3}}\right)^{n-1}=3^2\times 3^{-\frac{1}{2}(n-1)}=3^{-\frac{n}{2}+\frac{5}{2}}$$

$a_k=\left(\frac{1}{3}\right)^{10}$에서 $3^{-\frac{k}{2}+\frac{5}{2}}=\left(\frac{1}{3}\right)^{10}=3^{-10}$이므로

$$-\frac{k}{2}+\frac{5}{2}=-10 \qquad \therefore k=25$$

(2) $a_{n+1}{}^2=a_na_{n+2}$에서 수열 $\{a_n\}$은 등비수열이므로

등비수열 $\{a_n\}$의 첫째항을 a, 공비를 r이라 하면

$a_2=4\sqrt{2}$에서 $ar=4\sqrt{2}$ ……㉠

$a_5=32\sqrt{2}$에서 $ar^4=32\sqrt{2}$ ……㉡

㉠, ㉡을 연립하여 풀면

$a=2\sqrt{2}$, $r=2$ ($\because$ r은 실수) ← a_n은 실수이므로

따라서 수열 $\{a_n\}$은 첫째항이 $2\sqrt{2}$, 공비가 2인 등비수열이므로

$$\sum_{k=1}^{6} a_k=\frac{2\sqrt{2}\times(2^6-1)}{2-1}=126\sqrt{2}$$

답 (1) 25 (2) $126\sqrt{2}$

09

$\log_5 a_{n+1}=1+\log_5 a_n$에서 $\log_5 a_{n+1}-\log_5 a_n=1$

$\log_5\frac{a_{n+1}}{a_n}=1 \qquad \therefore \frac{a_{n+1}}{a_n}=5$

즉, 수열 $\{a_n\}$은 첫째항이 $\frac{1}{25}$, 공비가 5인 등비수열이므로

$$a_n=\frac{1}{25}\times 5^{n-1}=5^{n-3}$$

$$\therefore a_1\times a_2\times a_3\times\cdots\times a_{11}=5^{-2}\times 5^{-1}\times 5^0\times\cdots\times 5^8$$
$$=5^{(-2)+(-1)+0+\cdots+8}$$

이때 $(-2)+(-1)+0+\cdots+8=\frac{11\times(-2+8)}{2}=33$이므로

(첫째항이 -2, 제11항이 8인 등차수열의 첫째항부터 제11항까지의 합)

$$a_1\times a_2\times a_3\times\cdots\times a_{11}=5^{(-2)+(-1)+0+\cdots+8}$$
$$=5^{33}=5^k$$

$\therefore k=33$

답 33

10

이차방정식 $a_nx^2-2\sqrt{3}a_{n+1}x+3a_{n+2}=0$이 중근을 가지므로 이 이차방정식의 판별식을 D라 하면

$$\frac{D}{4}=(-\sqrt{3}a_{n+1})^2-3a_na_{n+2}=0$$

$3a_{n+1}{}^2-3a_na_{n+2}=0 \qquad \therefore\ a_{n+1}{}^2=a_na_{n+2}$

즉, 수열 $\{a_n\}$은 공비가 $\frac{a_4}{a_3}=\frac{9}{3}=3$인 등비수열이므로

$a_3=3$에서 $a_1\times3^2=3 \qquad \therefore\ a_1=\frac{1}{3}$

$a_n=\frac{1}{3}\times3^{n-1}=3^{n-2}$이므로

$a_8=3^6=729,\ a_9=3^7=2187$

따라서 조건을 만족시키는 항은 제9항이다.

답 제9항

11

$a_{n+1}-a_n=2^{n+1}+n$의 n에 1, 2, 3, $\cdots$, 6을 차례대로 대입한 후, 변끼리 더하면

$$\begin{aligned}
&a_2-a_1=2^2+1\\
&a_3-a_2=2^3+2\\
&a_4-a_3=2^4+3\\
&\qquad\vdots\\
+)\ &a_7-a_6=2^7+6\\
\hline
&a_7-a_1=(2^2+2^3+2^4+\cdots+2^7)\\
&\qquad\qquad+(1+2+3+\cdots+6)
\end{aligned}$$

$$\begin{aligned}
\therefore\ a_7&=a_1+\sum_{k=1}^{6}2^{k+1}+\sum_{k=1}^{6}k\\
&=a_1+\frac{4\times(2^6-1)}{2-1}+\frac{6\times7}{2}\\
&=a_1+273
\end{aligned}$$

즉, $a_7=280$에서 $a_1+273=280$이므로

$a_1=7$

답 7

12

$a_{n+1}-a_n=-2n+9$이므로 $a_{n+1}-a_n<0$인 경우는

$-2n+9<0$에서 $2n>9 \qquad \therefore\ n>\frac{9}{2}=4.5$

따라서 $a_1 < a_2 < \cdots < a_5 > a_6 > a_7 > \cdots$이므로 a_n은 $n=5$일 때 최댓값을 갖는다.

$a_{n+1}=a_n-2n+9$의 n에 1, 2, 3, 4를 차례대로 대입한 후, 변끼리 더하면

$$\begin{aligned}
&a_2=a_1-2\times1+9\\
&a_3=a_2-2\times2+9\\
&a_4=a_3-2\times3+9\\
+)\ &a_5=a_4-2\times4+9\\
\hline
&a_5=\underset{a_1=20}{\underline{20}}+(7+5+3+1)=36
\end{aligned}$$

답 36

다른 풀이

$a_{n+1}-a_n=-2n+9$의 n에 1, 2, 3, $\cdots$, $n-1$을 차례대로 대입한 후, 변끼리 더하면

$$\begin{aligned}
&a_2-a_1=-2\times1+9\\
&a_3-a_2=-2\times2+9\\
&a_4-a_3=-2\times3+9\\
&\qquad\vdots\\
+)\ &a_n-a_{n-1}=-2(n-1)+9\\
\hline
&a_n-a_1=\sum_{k=1}^{n-1}(-2k+9)\\
&\qquad=-2\times\frac{n(n-1)}{2}+9(n-1)\\
&\qquad=-n^2+10n-9\\
&\qquad=-(n-5)^2+16
\end{aligned}$$

이때 $a_1=20$이므로

$a_n=-(n-5)^2+36$

따라서 a_n은 $n=5$일 때 최댓값 36을 갖는다.

13

평면 위의 서로 다른 n개의 직선에 의하여 나누어지는 영역의 개수의 최댓값 a_n을 차례대로 구하면

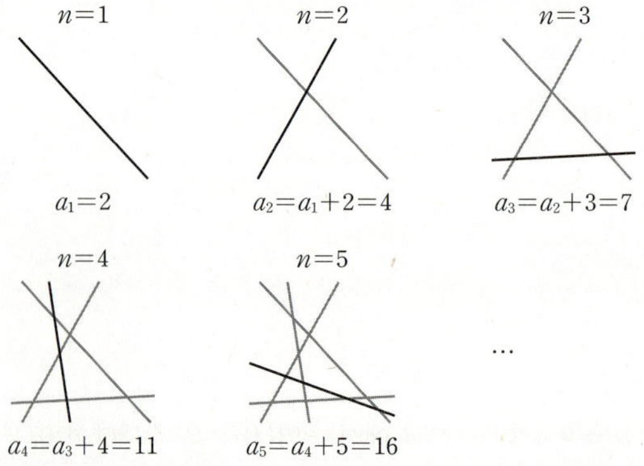

$\therefore\ a_{n+1}=a_n+n+1\ (n=1,\ 2,\ 3,\ \cdots)$

위의 식의 n에 1, 2, 3, $\cdots$, $n-1$을 차례대로 대입한 후, 변끼리 더하면

$$a_2=a_1+1+1$$
$$a_3=a_2+2+1$$
$$a_4=a_3+3+1$$
$$\vdots$$
$$+\underline{)\ a_n=a_{n-1}+(n-1)+1}$$
$$a_n=a_1+\sum_{k=1}^{n-1}(k+1)$$
$$=2+\frac{n(n-1)}{2}+n-1\ (\because\ a_1=2)$$
$$=\frac{n^2+n+2}{2}$$

즉, $a_k=67$에서 $\frac{k^2+k+2}{2}=67$이므로

$k^2+k+2=134$, $k^2+k-132=0$

$(k+12)(k-11)=0 \qquad \therefore\ k=11\ (\because\ k$는 자연수)

답 11

보충 설명

평면에 직선을 그어 나누어진 영역의 개수가 최대가 되려면 어느 두 직선도 서로 평행하지 않고, 어느 세 직선도 한 점에서 만나지 않아야 한다. 이때 n개의 직선에 1개의 직선을 추가하면 이 직선은 기존의 n개의 직선과 각각 한 번씩 만나므로 $(n+1)$개의 새로운 영역이 생긴다.

14

$a_{n+1}=3^n a_n$의 n에 1, 2, 3, …, $n-1$을 차례대로 대입한 후, 변끼리 곱하면

$$a_2=3a_1$$
$$a_3=3^2a_2$$
$$a_4=3^3a_3$$
$$\vdots$$
$$\times\underline{)\ a_n=3^{n-1}a_{n-1}}$$
$$a_n=a_1\times3\times3^2\times3^3\times\cdots\times3^{n-1}$$
$$=81\times3^{1+2+3+\cdots+(n-1)}\ (\because\ a_1=81)$$
$$=3^4\times3^{\sum_{k=1}^{n-1}k}=3^{4+\frac{n(n-1)}{2}}=3^{\frac{n^2-n+8}{2}}$$

즉, $\log_3 a_k=82$에서 $\log_3 3^{\frac{k^2-k+8}{2}}=82$이므로

$\frac{k^2-k+8}{2}=82$, $k^2-k+8=164$

$k^2-k-156=0$, $(k+12)(k-13)=0$

$\therefore\ k=13\ (\because\ k$는 자연수)

답 13

15

$\frac{a_{n+1}}{a_n}=1-\frac{1}{n+1}$에서 $a_{n+1}=\frac{n}{n+1}a_n$

위의 식의 n에 1, 2, 3, …, $n-1$을 차례대로 대입한 후, 변끼리 곱하면

$$a_2=\frac{1}{2}a_1$$
$$a_3=\frac{2}{3}a_2$$
$$a_4=\frac{3}{4}a_3$$
$$\vdots$$
$$\times\underline{)\ a_n=\frac{n-1}{n}a_{n-1}}$$
$$a_n=a_1\times\left(\frac{1}{2}\times\frac{2}{3}\times\frac{3}{4}\times\cdots\times\frac{n-1}{n}\right)$$
$$=\frac{4}{n}\ (\because\ a_1=4)$$
$$\therefore\ \sum_{k=1}^{8}\frac{1}{a_k}=\sum_{k=1}^{8}\frac{k}{4}=\frac{1}{4}\times\frac{8\times9}{2}=9$$

답 9

16

$(n+1)^2a_{n+1}=n(n+2)a_n$에서 $a_{n+1}=\frac{n(n+2)}{(n+1)^2}a_n$

위의 식의 n에 1, 2, 3, …, $n-1$을 차례대로 대입한 후, 변끼리 곱하면

$$a_2=\frac{1\times3}{2\times2}a_1$$
$$a_3=\frac{2\times4}{3\times3}a_2$$
$$a_4=\frac{3\times5}{4\times4}a_3$$
$$\vdots$$
$$\times\underline{)\ a_n=\frac{(n-1)\times(n+1)}{n\times n}a_{n-1}}$$
$$a_n=a_1\times\frac{1\times3}{2\times2}\times\frac{2\times4}{3\times3}\times\frac{3\times5}{4\times4}\times\cdots\times\frac{(n-1)\times(n+1)}{n\times n}$$
$$=4\times\frac{n+1}{2n}\ (\because\ a_1=4)$$
$$=\frac{2(n+1)}{n}$$

즉, $a_k=\frac{40}{19}$에서 $\frac{2(k+1)}{k}=\frac{40}{19}$이므로

$40k=38(k+1)$, $2k=38$ $\quad\therefore k=19$

답 19

17

$a_{n+1}=\begin{cases} a_n+1 & (a_n\text{이 홀수}) \\ \frac{1}{2}a_n & (a_n\text{이 짝수}) \end{cases}$의 n에 1, 2, 3, …을 차례대로

대입하면

$a_2=\frac{1}{2}a_1=\frac{1}{2}\times 6=3$

$a_3=a_2+1=3+1=4$

$a_4=\frac{1}{2}a_3=\frac{1}{2}\times 4=2$

$a_5=\frac{1}{2}a_4=\frac{1}{2}\times 2=1$

$a_6=a_5+1=1+1=2$

⋮

이므로 수열 $\{a_n\}$은 제4항부터 2, 1이 이 순서대로 반복된다.

$\therefore \sum_{k=1}^{21}a_k=a_1+a_2+a_3+\sum_{k=4}^{21}a_k$

$=a_1+a_2+a_3+\underset{(21-4+1)\div 2=9}{\underline{9}}(a_4+a_5)$

$=6+3+4+9\times(2+1)=40$

답 40

18

$a_{n+1}=\begin{cases} a_n-3 & (a_n\ge 65) \\ \frac{1}{2}a_n & (a_n<65) \end{cases}$의 n에 1, 2, 3, …을 차례대로

대입하면

$a_2=a_1-3=88-3=85$

$a_3=a_2-3=85-3=82$

$a_4=a_3-3=82-3=79$

⋮

즉, $a_n=88+(n-1)\times(-3)=-3n+91$ $(a_n\ge 65)$에서

$-3n+91\ge 65$, $-3n\ge -26$

$\therefore n\le \frac{26}{3}=8.\times\times\times$

따라서 $a_8=-3\times 8+91=67\ge 65$,

$a_9=-3\times 9+91=64<65$이므로

$a_{10}=\frac{1}{2}a_9=\frac{1}{2}\times 64=32=2^5$

$a_{11}=\frac{1}{2}a_{10}=\frac{1}{2}\times 32=16=2^4$

⋮

$\therefore a_n=\begin{cases} -3n+91 & (1\le n\le 8) \\ 2^{15-n} & (n\ge 9) \end{cases}$

$\therefore \sum_{k=1}^{14}a_k=\sum_{k=1}^{8}a_k+\sum_{k=9}^{14}a_k$

$=\sum_{k=1}^{8}(-3k+91)+\sum_{k=9}^{14}2^{15-k}$ ⌈ $k-8=t$로 놓으면 $k=t+8$, $2^{15-k}=2^{7-t}=2^6\times\left(\frac{1}{2}\right)^{t-1}$

$=-3\sum_{k=1}^{8}k+\sum_{k=1}^{8}91+\sum_{t=1}^{6}\left\{2^6\times\left(\frac{1}{2}\right)^{t-1}\right\}$

$=-3\times\frac{8\times 9}{2}+91\times 8+64\times\frac{1-\left(\frac{1}{2}\right)^6}{1-\frac{1}{2}}$

$=-108+728+126=746$

답 746

보충 설명

$a_1=88\ge 65$이고, $a_{n+1}=a_n-3$ $(a_n\ge 65)$이므로 $a_m\ge 65$를 만족시키는 자연수 m에 대하여 수열 a_1, a_2, a_3, …, a_{m+1}은 첫째항이 88, 공차가 -3인 등차수열이다.

이때 $a_m\ge 65$에서

$a_m=88+(m-1)\times(-3)$

$=-3m+91\ge 65$

$3m\le 26$ $\quad\therefore m\le\frac{26}{3}=8.\times\times\times$

$\therefore a_8=-3\times 8+91=67\ge 65$,

$a_9=a_8-3=67-3=64<65$

또한, $a_{n+1}=\frac{1}{2}a_n$ $(a_n<65)$이므로 수열 a_9, a_{10}, a_{11}, …은

첫째항이 64, 공비가 $\frac{1}{2}$인 등비수열이다.

따라서 수열 $\{a_n\}$의 일반항 a_n은

$a_n=\begin{cases} -3n+91 & (1\le n\le 8) \\ \underset{=2^6\times 2^{9-n}=2^{15-n}}{\underline{64\times\left(\frac{1}{2}\right)^{n-9}}} & (n\ge 9) \end{cases}$ 또는

$a_n=\begin{cases} -3n+91 & (1\le n\le 9) \\ \underset{=2^5\times 2^{10-n}=2^{15-n}}{\underline{32\times\left(\frac{1}{2}\right)^{n-10}}} & (n\ge 10) \end{cases}$

19

$a_1=1$에서 $a_4=a_1+1=2$이므로

$\begin{cases} a_{3n-1}=2a_n+1 \\ a_{3n}=-a_n+2 \\ a_{3n+1}=a_n+1 \end{cases}$ 의 n에 4를 대입하면

$a_{11}=2a_4+1=2\times2+1=5$

$a_{12}=-a_4+2=-2+2=0$

$a_{13}=a_4+1=2+1=3$

$\therefore\ a_{11}+a_{12}+a_{13}=5+0+3=8$

답 8

20

$S_{n+1}=3S_n-4$의 n에 $n+1$을 대입하면

$S_{n+2}=3S_{n+1}-4$이므로

$S_{n+2}-S_{n+1}=3S_{n+1}-4-(3S_n-4)$

$=3(S_{n+1}-S_n)$

이때 $S_{n+2}-S_{n+1}=a_{n+2}$, $S_{n+1}-S_n=a_{n+1}$이므로

$a_{n+2}=3a_{n+1}$ $(n=1,\ 2,\ 3,\ \cdots)$ ······㉠

한편, $S_{n+1}=3S_n-4$의 n에 1을 대입하면

$S_2=3S_1-4=3\times3-4=5$ $(\because\ S_1=3)$

$\therefore\ a_1+a_2=5$

이때 $a_1=S_1=3$이므로 $a_2=2$ ······㉡

㉠, ㉡에서 수열 $\{a_n\}$에 대하여

$a_1=3,\ a_n=2\times3^{n-2}$ $(n\geq2)$

$\therefore\ a_6=2\times3^4=162$

답 162

다른 풀이

$S_{n+1}=3S_n-4$의 n에 1, 2, 3, 4, 5를 차례대로 대입하면

$S_2=3S_1-4=3\times3-4=5$ $(\because\ S_1=3)$

$S_3=3S_2-4=3\times5-4=11$

$S_4=3S_3-4=3\times11-4=29$

$S_5=3S_4-4=3\times29-4=83$

$S_6=3S_5-4=3\times83-4=245$

$\therefore\ a_6=S_6-S_5=245-83=162$

21

$4S_n=na_{n+1}$의 n에 $n+1$을 대입하면

$4S_{n+1}=(n+1)a_{n+2}$이므로

$4S_{n+1}-4S_n=(n+1)a_{n+2}-na_{n+1}$

이때 $S_{n+1}-S_n=a_{n+1}$이므로

$4a_{n+1}=(n+1)a_{n+2}-na_{n+1}$

$(n+4)a_{n+1}=(n+1)a_{n+2}$

$\therefore\ a_{n+2}=\dfrac{n+4}{n+1}a_{n+1}$ ······㉠

한편, $4S_n=na_{n+1}$의 n에 1을 대입하면

$4S_1=a_2$

이때 $S_1=a_1=2$이므로

$a_2=4a_1=4\times2=8$ ······㉡

따라서 ㉠의 n에 1, 2, 3, ⋯, $n-2$를 차례대로 대입한 후, 변끼리 곱하면

$a_3=\dfrac{5}{2}a_2$

$a_4=\dfrac{6}{3}a_3$

$a_5=\dfrac{7}{4}a_4$

$\vdots$

$\times\big)\ a_n=\dfrac{n+2}{n-1}a_{n-1}$

$a_n=a_2\times\left(\dfrac{5}{2}\times\dfrac{6}{3}\times\dfrac{7}{4}\times\cdots\times\dfrac{n}{n-3}\times\dfrac{n+1}{n-2}\times\dfrac{n+2}{n-1}\right)$

$=8\times\dfrac{n(n+1)(n+2)}{2\times3\times4}$ $(\because$ ㉡$)$

$=\dfrac{n(n+1)(n+2)}{3}$

$\therefore\ a_{10}-a_7=\dfrac{10\times11\times12}{3}-\dfrac{7\times8\times9}{3}$

$=440-168=272$

답 272

22

$8S_n={a_n}^2+4a_n-5$의 n에 $n+1$을 대입하면

$8S_{n+1}={a_{n+1}}^2+4a_{n+1}-5$이므로

$8S_{n+1}-8S_n={a_{n+1}}^2+4a_{n+1}-5-({a_n}^2+4a_n-5)$

$={a_{n+1}}^2+4a_{n+1}-{a_n}^2-4a_n$

이때 $S_{n+1}-S_n=a_{n+1}$이므로

$8a_{n+1}=a_{n+1}^2+4a_{n+1}-a_n^2-4a_n$

$a_{n+1}^2-a_n^2-4a_{n+1}-4a_n=0$

$(a_{n+1}^2-a_n^2)-4(a_{n+1}+a_n)=0$

$(a_{n+1}+a_n)(a_{n+1}-a_n)-4(a_{n+1}+a_n)=0$

$(a_{n+1}+a_n)(a_{n+1}-a_n-4)=0$

이때 수열 $\{a_n\}$은 모든 항이 양수이므로

$a_{n+1}+a_n\neq 0$

즉, $a_{n+1}-a_n-4=0$이므로

$a_{n+1}-a_n=4$ ……㉠

또한, $8S_n=a_n^2+4a_n-5$의 n에 1을 대입하면

$8S_1=a_1^2+4a_1-5$

이때 $S_1=a_1$이므로

$8a_1=a_1^2+4a_1-5$

$a_1^2-4a_1-5=0$, $(a_1+1)(a_1-5)=0$

$\therefore\ a_1=5\ (\because\ a_1>0)$ ……㉡

㉠, ㉡에서 수열 $\{a_n\}$은 첫째항이 5, 공차가 4인 등차수열이므로

$$S_{10}=\underbrace{\frac{10\times\{2\times5+(10-1)\times4\}}{2}}_{S_n=\frac{n\{2a_1+(n-1)d\}}{2}}=230$$

답 230

23

(1) 1일 후 수족관에 남아 있는 물의 양 a_1 L은 435 L에서 $\frac{2}{3}$를 버리고 20 L를 새로 넣은 양이므로

$a_1=435\times\frac{1}{3}+20=165$

$(n+1)$일 후 수족관에 남아 있는 물의 양 a_{n+1} L는 n일 후 수족관에 남아 있는 물의 양 a_n L의 $\frac{2}{3}$를 버리고 20 L를 새로 넣은 양이므로

$a_{n+1}=\frac{1}{3}a_n+20\ (n=1,\ 2,\ 3,\ \cdots)$

(2) (1)에서 $a_{n+1}=\frac{1}{3}a_n+20$의 n에 1, 2, 3, …을 차례대로 대입하면

$a_2=\frac{1}{3}a_1+20$

$a_3=\frac{1}{3}a_2+20$

$=\frac{1}{3}\left(\frac{1}{3}a_1+20\right)+20$

$=\left(\frac{1}{3}\right)^2a_1+\frac{1}{3}\times20+20$

$a_4=\frac{1}{3}a_3+20$

$=\frac{1}{3}\left\{\left(\frac{1}{3}\right)^2a_1+\frac{1}{3}\times20+20\right\}+20$

$=\left(\frac{1}{3}\right)^3a_1+\left(\frac{1}{3}\right)^2\times20+\frac{1}{3}\times20+20$

⋮

$\therefore\ a_6=\left(\frac{1}{3}\right)^5a_1+\left(\frac{1}{3}\right)^4\times20+\left(\frac{1}{3}\right)^3\times20$

$+\left(\frac{1}{3}\right)^2\times20+\frac{1}{3}\times20+20$

$=\left(\frac{1}{3}\right)^5\times165+20\sum_{k=1}^{5}\left(\frac{1}{3}\right)^{k-1}\ (\because\ a_1=165)$

$=\left(\frac{1}{3}\right)^5\times165+20\times\frac{1-\left(\frac{1}{3}\right)^5}{1-\frac{1}{3}}$

$=\frac{275}{9}$

답 (1) $a_1=165,\ a_{n+1}=\frac{1}{3}a_n+20\ (n=1,\ 2,\ 3,\ \cdots)$

(2) $\frac{275}{9}$

다른 풀이

(2) $a_{n+1}=\frac{1}{3}a_n+20$에서 $a_{n+1}-\alpha=\frac{1}{3}(a_n-\alpha)$로 놓으면

$a_{n+1}=\frac{1}{3}a_n+\frac{2}{3}\alpha$이므로

$\frac{2}{3}\alpha=20\quad\therefore\ \alpha=30$

$\therefore\ a_{n+1}-30=\frac{1}{3}(a_n-30)$

즉, 수열 $\{a_n-30\}$은 첫째항이

$a_1-30=165-30=135$

이고, 공비가 $\frac{1}{3}$인 등비수열이므로

$a_n-30=135\times\left(\frac{1}{3}\right)^{n-1}$

$\therefore\ a_n=135\times\left(\frac{1}{3}\right)^{n-1}+30=5\times\left(\frac{1}{3}\right)^{n-4}+30$

$\therefore\ a_6=5\times\left(\frac{1}{3}\right)^2+30=\frac{275}{9}$

STEP 1 **개념 마무리** 본문 pp.298~299

01 ④	**02** -84	**03** 6	**04** $\frac{1}{2^{33}}$
05 15	**06** 2	**07** 30	**08** 46
09 928	**10** 51		

11 (1) $a_{n+1}=\frac{1}{2}a_n+50$ $(n=1, 2, 3, \cdots)$ (2) 4일 후

12 825

01

$a_{n+2}-2a_{n+1}+a_n=0$에서 $2a_{n+1}=a_n+a_{n+2}$이므로 수열 $\{a_n\}$은 등차수열이다.

ㄱ. 등차수열 $\{a_n\}$의 공차를 d라 하면

$a_1=10$, $a_3=10+2d=4$이므로

$2d=-6$ $\quad\therefore d=-3$

즉, 등차수열 $\{a_n\}$의 일반항 a_n은

$a_n=10+(n-1)\times(-3)$

$=-3n+13$

$\therefore a_{10}=-3\times10+13=-17$ (거짓)

ㄴ. $\sum_{k=1}^{n}a_k-\sum_{k=2}^{n}a_{k-1}$

$=(a_1+a_2+a_3+\cdots+a_{n-1}+a_n)-(a_1+a_2+\cdots+a_{n-1})$

$=a_n$

$=-3n+13$ ($\because$ ㄱ) (참)

ㄷ. $\sum_{k=1}^{7}a_k=\sum_{k=1}^{7}(-3k+13)$ ($\because$ ㄱ)

$=-3\times\frac{7\times8}{2}+13\times7$

$=-84+91=7$ (참)

따라서 옳은 것은 ㄴ, ㄷ이다.

답 ④

02

수열 $\{a_n\}$은 첫째항이 $a_1=p$, 공차가 6인 등차수열이므로

$S_n=\frac{n\{2p+6(n-1)\}}{2}=35$

$\therefore n(p+3n-3)=35$ ……㉠ ← 정수 조건이 주어진 부정방정식

이때 p는 정수이고, n은 자연수이므로 n은 35의 양의 약수이어야 한다.

(i) $n=1$일 때,

㉠에서 $p+3-3=35$이므로 $p=35$

(ii) $n=5$일 때,

㉠에서 $p+15-3=7$이므로 $p=-5$

(iii) $n=7$일 때,

㉠에서 $p+21-3=5$이므로 $p=-13$

(iv) $n=35$일 때,

㉠에서 $p+105-3=1$이므로 $p=-101$

(i)~(iv)에서 모든 정수 p의 값의 합은

$35+(-5)+(-13)+(-101)=-84$

답 -84

보충 설명

정수 조건이 주어진 부정방정식은

(일차식)×(일차식)=(정수) 꼴로 변형한 후, 약수와 배수의 성질을 이용하여 곱해서 정수가 되는 두 일차식의 값을 구한다.

03

$2\log_2 a_{n+1}=\log_2 a_n+\log_2 a_{n+2}$에서

$\log_2 a_{n+1}{}^2=\log_2 a_na_{n+2}$

즉, $a_{n+1}{}^2=a_na_{n+2}$가 성립하므로 수열 $\{a_n\}$은 등비수열이다.

등비수열 $\{a_n\}$의 공비를 r $(r>0)$이라 하면

$r=\frac{a_2}{a_1}=\frac{4}{3}$

따라서 $a_n=3\times\left(\frac{4}{3}\right)^{n-1}$이므로

$$\sum_{k=1}^{m}a_k=\frac{3\left\{\left(\frac{4}{3}\right)^m-1\right\}}{\frac{4}{3}-1}=9\left\{\left(\frac{4}{3}\right)^m-1\right\}$$

$\sum_{k=1}^{m}a_k>36$에서 $9\left\{\left(\frac{4}{3}\right)^m-1\right\}>36$

$\left(\frac{4}{3}\right)^m-1>4$, $\left(\frac{4}{3}\right)^m>5$

이때 $\left(\frac{4}{3}\right)^5=\frac{1024}{243}<5$, $\left(\frac{4}{3}\right)^6=\frac{4096}{729}>5$이므로

$\sum_{k=1}^{m}a_k>36$을 만족시키는 자연수 m의 최솟값은 6이다.

답 6

04

$a_{n+1}=a_n\cos\frac{n}{3}\pi$의 n에 1, 2, 3, …을 차례대로 대입하면

$a_2=a_1\cos\frac{\pi}{3}=1\times\frac{1}{2}=\frac{1}{2}$ ($\because$ $a_1=1$)

$a_3=a_2\cos\frac{2}{3}\pi=\frac{1}{2}\times\left(-\frac{1}{2}\right)=-\frac{1}{4}$

$a_4=a_3\cos\pi=-\frac{1}{4}\times(-1)=\frac{1}{4}$

$a_5=a_4\cos\frac{4}{3}\pi=\frac{1}{4}\times\left(-\frac{1}{2}\right)=-\frac{1}{8}$

$a_6=a_5\cos\frac{5}{3}\pi=-\frac{1}{8}\times\frac{1}{2}=-\frac{1}{16}$

$a_7=a_6\cos 2\pi=-\frac{1}{16}\times 1=-\frac{1}{16}$

⋮

따라서 수열 $\{a_n\}$에 대하여

$a_{n+6}=-\frac{1}{16}a_n$ ($n=1, 2, 3, \cdots$)

이고, $50=6\times8+2$이므로

$$a_{50}=-\frac{1}{16}a_{44}=\left(-\frac{1}{16}\right)^2a_{38}=\left(-\frac{1}{16}\right)^3a_{32}=\cdots$$
$$=\left(-\frac{1}{16}\right)^8a_2=\frac{1}{2^{32}}\times\frac{1}{2}=\frac{1}{2^{33}}$$

답 $\frac{1}{2^{33}}$

05

$a_{n+1}-a_n=2n-14$의 n에 1, 2, 3, …, $n-1$을 차례대로 대입한 후, 변끼리 더하면

$$\begin{aligned}a_2-a_1&=2\times1-14\\a_3-a_2&=2\times2-14\\a_4-a_3&=2\times3-14\\&\vdots\\+)\ a_n-a_{n-1}&=2(n-1)-14\\\hline a_n-a_1&=\sum_{k=1}^{n-1}(2k-14)\\&=2\times\frac{n(n-1)}{2}-14(n-1)\\&=n^2-15n+14\end{aligned}$$

$\therefore$ $a_n=a_1+n^2-15n+14$

이때 $a_1=36$이므로 $a_n=n^2-15n+50$

즉, $a_k=6$에서 $k^2-15k+50=6$이므로

$k^2-15k+44=0$, $(k-4)(k-11)=0$

$\therefore$ $k=4$ 또는 $k=11$

따라서 조건을 만족시키는 모든 자연수 k의 값의 합은

$4+11=15$

답 15

06

$a_{n+1}=(n+2)a_n$의 n에 1, 2, 3, …, $n-1$을 차례대로 대입한 후, 변끼리 곱하면

$$\begin{aligned}a_2&=3a_1\\a_3&=4a_2\\a_4&=5a_3\\&\vdots\\\times)\ a_n&=(n+1)a_{n-1}\\\hline a_n&=a_1\times3\times4\times5\times\cdots\times(n+1)\\&=2\times3\times4\times\cdots\times(n+1)\ (\because\ a_1=2)\\&=(n+1)!\end{aligned}$$

이때 $a_4=5!=120$이므로 4 이상의 자연수 k에 대하여 a_k는 모두 30으로 나누어떨어진다.

즉, S_{2020}을 30으로 나눈 나머지는 $a_1+a_2+a_3$을 30으로 나눈 나머지와 같다.

$$\begin{aligned}a_1+a_2+a_3&=2!+3!+4!\\&=2+6+24=32\end{aligned}$$

이것을 30으로 나눈 나머지는 2이므로 구하는 나머지도 2이다.

답 2

07

$a_{n+1}=\begin{cases}\frac{a_n}{2-3a_n} & (n\text{이 홀수})\\1+a_n & (n\text{이 짝수})\end{cases}$의 n에 1, 2, 3, …을 차례대로 대입하면

$a_2=\frac{a_1}{2-3a_1}=\frac{2}{2-6}=-\frac{1}{2}$

$a_3=1+a_2=1+\left(-\frac{1}{2}\right)=\frac{1}{2}$

$a_4=\frac{a_3}{2-3a_3}=\frac{\frac{1}{2}}{2-\frac{3}{2}}=1$

$a_5=1+a_4=1+1=2$

$\vdots$

이므로 수열 $\{a_n\}$은 첫째항부터 2, $-\frac{1}{2}$, $\frac{1}{2}$, 1이 이 순서대로 반복된다.

$$\begin{aligned}\therefore\ a_1+a_2+a_3+a_4&=a_5+a_6+a_7+a_8\\&=a_9+a_{10}+a_{11}+a_{12}\\&\ \vdots\\&=a_{37}+a_{38}+a_{39}+a_{40}\\&=2+\left(-\frac{1}{2}\right)+\frac{1}{2}+1\\&=3\end{aligned}$$

$\therefore\ \sum_{n=1}^{40}a_n=10\times3=30$

답 30

08

$a_1+2a_2+3a_3+\cdots+na_n=(n^2+n-2)(n^2+n)$에서

$a_1+2a_2+3a_3+\cdots+na_n=(n-1)(n+2)n(n+1)$ ……㉠

㉠의 n에 $n-1$을 대입하면

$a_1+2a_2+3a_3+\cdots+(n-1)a_{n-1}$

$=(n-2)(n+1)(n-1)n$ ……㉡

㉠－㉡을 하면

$na_n=n(n-1)(n+1)\{(n+2)-(n-2)\}$

$\therefore\ a_n=4(n-1)(n+1)$ (단, $n\ge2$)

$$\begin{aligned}\therefore\ \sum_{k=2}^{10}\frac{1}{a_k}&=\sum_{k=2}^{10}\frac{1}{4(k-1)(k+1)}\\&=\frac{1}{8}\sum_{k=2}^{10}\left(\frac{1}{k-1}-\frac{1}{k+1}\right)\\&=\frac{1}{8}\left\{\left(1-\frac{1}{3}\right)+\left(\frac{1}{2}-\frac{1}{4}\right)+\left(\frac{1}{3}-\frac{1}{5}\right)\right.\\&\qquad\left.+\cdots+\left(\frac{1}{8}-\frac{1}{10}\right)+\left(\frac{1}{9}-\frac{1}{11}\right)\right\}\\&=\frac{1}{8}\times\left(1+\frac{1}{2}-\frac{1}{10}-\frac{1}{11}\right)=\frac{9}{55}\end{aligned}$$

따라서 $p=55$, $q=9$이므로

$p-q=55-9=46$

답 46

09

$S_{n+1}=\frac{4n}{n+1}S_n$의 n에 1, 2, 3, …, $n-1$을 차례대로 대입한 후, 변끼리 곱하면

$$\begin{aligned}S_2&=\frac{4\times1}{2}S_1\\S_3&=\frac{4\times2}{3}S_2\\S_4&=\frac{4\times3}{4}S_3\\&\ \vdots\\\times)\ S_n&=\frac{4(n-1)}{n}S_{n-1}\end{aligned}$$

$$\begin{aligned}S_n&=S_1\times\left\{\frac{4\times1}{2}\times\frac{4\times2}{3}\times\frac{4\times3}{4}\times\cdots\times\frac{4(n-1)}{n}\right\}\\&=S_1\times(\underbrace{4\times4\times4\times\cdots\times4}_{(n-1)\text{개}})\\&\qquad\times\left(\frac{1}{2}\times\frac{2}{3}\times\frac{3}{4}\times\cdots\times\frac{n-1}{n}\right)\\&=2\times4^{n-1}\times\frac{1}{n}\ (\because\ S_1=2)\\&=\frac{2^{2n-1}}{n}\end{aligned}$$

이때 $a_5+a_6=S_6-S_4=\frac{2^{11}}{6}-\frac{2^7}{4}=\frac{1024}{3}-32=\frac{928}{3}$

이므로

$3(a_5+a_6)=3\times\frac{928}{3}=928$

답 928

10

$a_n=\sqrt{S_n}+\sqrt{S_{n-1}}$의 n에 $n+1$을 대입하면

$a_{n+1}=\sqrt{S_{n+1}}+\sqrt{S_n}$

$S_{n+1}-S_n=\sqrt{S_{n+1}}-\sqrt{S_n}$

$(\sqrt{S_{n+1}}-\sqrt{S_n})(\sqrt{S_{n+1}}+\sqrt{S_n})=\sqrt{S_{n+1}}+\sqrt{S_n}$ (모든 자연수 n에 대하여 $S_n>0$)

$\therefore\ \sqrt{S_{n+1}}-\sqrt{S_n}=1$ ($n=1, 2, 3, \cdots$)

이때 $\sqrt{S_1}=\sqrt{a_1}=\sqrt{4}=2$이므로 수열 $\{\sqrt{S_n}\}$은 첫째항이 2, 공차가 1인 등차수열이다.

즉, $\sqrt{S_n}=2+(n-1)\times1=n+1$이므로

$S_n=(n+1)^2$

$$\begin{aligned}\therefore\ a_7+a_8+a_9&=S_9-S_6\\&=10^2-7^2=51\end{aligned}$$

답 51

11

(1) $(n+1)$일 후 아침에 약을 복용하기 전 몸 안에 흡수되지 않고 남아 있는 약의 양 a_{n+1}mg은 n일 후 몸 안에 흡수되지 않고 남아 있는 약 $a_n$mg과 그날 아침에 복용한 약 100 mg의 50%이므로

$a_{n+1}=\frac{1}{2}(a_n+100)$

$\therefore a_{n+1}=\frac{1}{2}a_n+50 \ (n=1,\ 2,\ 3,\ \cdots)$

(가)

(2) 1일 후 몸 안에 흡수되지 않고 남아 있는 약의 양 $a_1$mg은 처음 복용한 약 520 mg의 50%이므로

$a_1=\frac{1}{2}\times 520=260$

(나)

(1)에서 $a_{n+1}=\frac{1}{2}a_n+50$의 n에 1, 2, 3, 4를 차례대로 대입하면

$a_2=\frac{1}{2}a_1+50=\frac{1}{2}\times 260+50=180$

$a_3=\frac{1}{2}a_2+50=\frac{1}{2}\times 180+50=140$

$a_4=\frac{1}{2}a_3+50=\frac{1}{2}\times 140+50=120$

$a_5=\frac{1}{2}a_4+50=\frac{1}{2}\times 120+50=110$

따라서 몸 안에 남아 있는 약의 양이 120 mg 이하가 되는 날은 처음 복용한 날로부터 4일 후이다.

(다)

답 (1) $a_{n+1}=\frac{1}{2}a_n+50 \ (n=1,\ 2,\ 3,\ \cdots)$

(2) 4일 후

단계	채점 기준	배점
(가)	주어진 조건을 파악하여 a_n과 a_{n+1} 사이의 관계식을 구한 경우	40%
(나)	수열 $\{a_n\}$의 첫째항 a_1의 값을 구한 경우	30%
(다)	(1)에서 구한 관계식을 이용하여 각 항을 나열하거나 일반항을 구하여 $a_n\le 120$을 만족시키는 자연수 n의 최솟값을 구한 경우	30%

다른 풀이

(2) $a_1=\frac{1}{2}\times 520=260$이고,

$a_{n+1}=\frac{1}{2}a_n+50$에서 $a_{n+1}-\alpha=\frac{1}{2}(a_n-\alpha)$로 놓으면

$a_{n+1}=\frac{1}{2}a_n+\frac{\alpha}{2}$이므로

$\frac{\alpha}{2}=50 \qquad \therefore \alpha=100$

$\therefore a_{n+1}-100=\frac{1}{2}(a_n-100)$

즉, 수열 $\{a_n-100\}$은 첫째항이

$a_1-100=260-100=160$

이고, 공비가 $\frac{1}{2}$인 등비수열이므로

$a_n-100=160\times\left(\frac{1}{2}\right)^{n-1}$

$\therefore a_n=160\times\left(\frac{1}{2}\right)^{n-1}+100$

이때 n일 후, 몸 안에 남아 있는 약의 양이 120 mg 이하가 되려면 $a_n\le 120$에서

$160\times\left(\frac{1}{2}\right)^{n-1}+100\le 120$

$160\times\left(\frac{1}{2}\right)^{n-1}\le 20,\ \left(\frac{1}{2}\right)^{n-1}\le\frac{1}{8},\ \left(\frac{1}{2}\right)^{n-1}\le\left(\frac{1}{2}\right)^3$

$n-1\ge 3 \qquad \therefore n\ge 4$

따라서 몸 안에 남아 있는 약의 양이 120 mg 이하가 되는 날은 처음 복용한 날로부터 4일 후이다.

12

주어진 모양의 도형을 만드는 데 사용된 성냥개비의 개수 a_n을 차례대로 구하면

[도형 1]에서 $a_1=6$

[도형 2]에서 $a_2=a_1+9=15$

[도형 3]에서 $a_3=a_2+12=27$

[도형 4]에서 $a_4=a_3+15=42$

⋮

[도형 n]에서 $a_n=a_{n-1}+3n+3$ (단, $n\ge 2$)

위의 식을 변끼리 더하면

$$a_n=6+9+12+15+\cdots+(3n+3)$$
$$=\sum_{k=1}^{n}(3k+3)$$
$$=3\times\frac{n(n+1)}{2}+3n$$
$$=\frac{3}{2}n^2+\frac{9}{2}n$$

$$\therefore \sum_{n=1}^{10}a_n=\sum_{n=1}^{10}\left(\frac{3}{2}n^2+\frac{9}{2}n\right)$$
$$=\frac{3}{2}\times\frac{10\times 11\times 21}{6}+\frac{9}{2}\times\frac{10\times 11}{2}$$
$$=825$$

답 825

② 수학적 귀납법

기본 + 필수연습 본문 pp.301~303

24~28 풀이 참조

24

$$1^2+2^2+3^2+\cdots+n^2=\frac{n(n+1)(2n+1)}{6} \quad \cdots\cdots㉠$$

(i) $n=1$일 때,

(좌변)$=1^2=1$, (우변)$=\frac{1\times2\times3}{6}=1$

따라서 $n=1$일 때 등식 ㉠이 성립한다.

(ii) $n=k$일 때, 등식 ㉠이 성립한다고 가정하면

$$1^2+2^2+3^2+\cdots+k^2=\frac{k(k+1)(2k+1)}{6}$$

이 등식의 양변에 $(k+1)^2$을 더하면

$$1^2+2^2+3^2+\cdots+k^2+(k+1)^2$$
$$=\frac{k(k+1)(2k+1)}{6}+(k+1)^2$$
$$=\frac{(k+1)\{k(2k+1)+6(k+1)\}}{6}$$
$$=\frac{(k+1)(2k^2+7k+6)}{6}$$
$$=\frac{(k+1)(k+2)(2k+3)}{6}$$
$$=\frac{(k+1)\{(k+1)+1\}\{2(k+1)+1\}}{6}$$

따라서 $n=k+1$일 때도 등식 ㉠이 성립한다.

(i), (ii)에서 모든 자연수 n에 대하여 등식 ㉠이 성립한다.

답 풀이 참조

25

$$(1^2+1)\times1!+(2^2+1)\times2!+\cdots+(n^2+1)\times n!$$
$$=n\times(n+1)! \quad \cdots\cdots㉠$$

(i) $n=1$일 때,

(좌변)$=(1^2+1)\times1!=2$, (우변)$=1\times(1+1)!=2$

따라서 $n=1$일 때 등식 ㉠이 성립한다.

(ii) $n=k$일 때, 등식 ㉠이 성립한다고 가정하면

$$(1^2+1)\times1!+(2^2+1)\times2!+\cdots+(k^2+1)\times k!$$
$$=k\times(k+1)!$$

이 등식의 양변에 $\{(k+1)^2+1\}\times(k+1)!$을 더하면

$$(1^2+1)\times1!+(2^2+1)\times2!$$
$$+\cdots+(k^2+1)\times k!+\{(k+1)^2+1\}\times(k+1)!$$
$$=k\times(k+1)!+\{(k+1)^2+1\}\times(k+1)!$$
$$=(k^2+3k+2)\times(k+1)!$$
$$=(k+1)\times(k+2)!$$

따라서 $n=k+1$일 때도 등식 ㉠이 성립한다.

(i), (ii)에서 모든 자연수 n에 대하여 등식 ㉠이 성립한다.

답 풀이 참조

26

(i) $n=1$일 때,

$1\times2\times3=6$

따라서 $n=1$일 때 $n(n+1)(2n+1)$은 6의 배수이다.

(ii) $n=k$일 때, $n(n+1)(2n+1)$이 6의 배수라고 가정하면

$k(k+1)(2k+1)=6N$ (N은 자연수)

으로 놓을 수 있다.

이때 $n=k+1$이면

$$(k+1)\{(k+1)+1\}\{2(k+1)+1\}$$
$$=(k+1)(k+2)(2k+3)$$
$$=(k+1)(2k^2+7k+6)$$
$$=(k+1)(2k^2+k)+(k+1)(6k+6)$$
$$=k(k+1)(2k+1)+6(k+1)^2$$
$$=6N+6(k+1)^2$$
$$=6\{N+(k+1)^2\}$$

따라서 $n=k+1$일 때도 $n(n+1)(2n+1)$은 6의 배수이다.

(i), (ii)에서 모든 자연수 n에 대하여 $n(n+1)(2n+1)$은 6의 배수이다.

답 풀이 참조

27

$$1+\frac{1}{2^2}+\frac{1}{3^2}+\cdots+\frac{1}{n^2}<2-\frac{1}{n} \quad \cdots\cdots㉠$$

(i) $n=2$일 때,

(좌변)$=1+\frac{1}{2^2}=\frac{5}{4}$, (우변)$=2-\frac{1}{2}=\frac{3}{2}$

따라서 $n=2$일 때 부등식 ㉠이 성립한다.

(ii) $n=k\ (k\geq 2)$일 때, 부등식 ㉠이 성립한다고 가정하면

$$1+\frac{1}{2^2}+\frac{1}{3^2}+\cdots+\frac{1}{k^2}<2-\frac{1}{k}$$

이 부등식의 양변에 $\frac{1}{(k+1)^2}$을 더하면

$$1+\frac{1}{2^2}+\frac{1}{3^2}+\cdots+\frac{1}{k^2}+\frac{1}{(k+1)^2}$$

$$<2-\frac{1}{k}+\frac{1}{(k+1)^2} \quad \cdots\cdots ㉡$$

이때

$$2-\frac{1}{k}+\frac{1}{(k+1)^2}-\left(2-\frac{1}{k+1}\right)$$

$$=\frac{-(k+1)^2+k+k(k+1)}{k(k+1)^2}$$

$$=-\frac{1}{k(k+1)^2}<0$$

이므로

$$2-\frac{1}{k}+\frac{1}{(k+1)^2}<2-\frac{1}{k+1}$$

㉡에서

$$1+\frac{1}{2^2}+\frac{1}{3^2}+\cdots+\frac{1}{k^2}+\frac{1}{(k+1)^2}<2-\frac{1}{k+1}$$

따라서 $n=k+1$일 때도 부등식 ㉠이 성립한다.

(i), (ii)에서 $n\geq 2$인 모든 자연수 n에 대하여 부등식 ㉠이 성립한다.

답 풀이 참조

28

$$\left(\frac{a+b}{2}\right)^n\leq\frac{a^n+b^n}{2} \quad \cdots\cdots ㉠$$

(i) $n=1$일 때,

(좌변)$=\frac{a+b}{2}$, (우변)$=\frac{a+b}{2}$

따라서 $n=1$일 때 부등식 ㉠이 성립한다.

(ii) $n=k$일 때, 부등식 ㉠이 성립한다고 가정하면

$$\left(\frac{a+b}{2}\right)^k\leq\frac{a^k+b^k}{2}$$

이 부등식의 양변에 $\frac{a+b}{2}$를 곱하면

$$\left(\frac{a+b}{2}\right)^{k+1}\leq\frac{a^k+b^k}{2}\times\frac{a+b}{2}$$

$$=\frac{a^{k+1}+b^{k+1}+ab^k+a^kb}{4}$$

이때

$$a^{k+1}+b^{k+1}-ab^k-a^kb=a^k(a-b)-b^k(a-b)$$

$$=(a-b)(a^k-b^k)$$

이고, $a-b$와 a^k-b^k은 부호가 서로 같거나 0이므로

$(a-b)(a^k-b^k)\geq 0$

즉, $a^{k+1}+b^{k+1}\geq ab^k+a^kb$이므로

$$\left(\frac{a+b}{2}\right)^{k+1}\leq\frac{a^{k+1}+b^{k+1}+ab^k+a^kb}{4}$$

$$\leq\frac{a^{k+1}+b^{k+1}+a^{k+1}+b^{k+1}}{4}$$

$$=\frac{a^{k+1}+b^{k+1}}{2}$$

따라서 $n=k+1$일 때도 부등식 ㉠이 성립한다.

(i), (ii)에서 모든 자연수 n에 대하여 부등식 ㉠이 성립한다.

답 풀이 참조

STEP 1 개념 마무리

본문 p.304

13 ⑤	14~15 풀이 참조	16 ⑤

13

ㄱ. 조건 (가)에서 $p(3)$이 참이므로 조건 (나)에서

$p(2\times 3+1)=p(7)$

즉, $p(7)$도 참이다. (참)

ㄴ. 조건 (가)에서 $p(3)$, ㄱ에서 $p(7)$이 참이므로 조건 (다)에서

$p(3+7)=p(10)$

즉, $p(10)$도 참이다. (참)

ㄷ. 조건 (가)에서 $p(3)$, ㄴ에서 $p(10)$이 참이므로 조건 (다)에서

$p(3+10)=p(13)$

즉, $p(13)$도 참이다. (참)

ㄹ. ㄱ에서 $p(7)$이 참이므로 조건 (나)에서

$p(2\times 7+1)=p(15)$

즉, $p(15)$도 참이다.

이때 ㄴ에서 $p(10)$이 참이므로 조건 (다)에서

$p(10+15)=p(25)$

따라서 $p(25)$도 참이다. (참)

따라서 ㄱ, ㄴ, ㄷ, ㄹ 모두 항상 참이다.

답 ⑤

14

$$\sum_{k=1}^{n} k(k+1)(k+2)=\frac{n(n+1)(n+2)(n+3)}{4} \quad \cdots\cdots ㉠$$

(i) $n=1$일 때,

(좌변)$=1\times2\times3=6$, (우변)$=\frac{1\times2\times3\times4}{4}=6$

따라서 $n=1$일 때 등식 ㉠이 성립한다.

(ii) $n=m$일 때, 등식 ㉠이 성립한다고 가정하면

$$\sum_{k=1}^{m} k(k+1)(k+2)=\frac{m(m+1)(m+2)(m+3)}{4}$$

이 등식의 양변에 $(m+1)(m+2)(m+3)$을 더하면

$$\begin{aligned}&\sum_{k=1}^{m+1} k(k+1)(k+2)\\&=\frac{m(m+1)(m+2)(m+3)}{4}+(m+1)(m+2)(m+3)\\&=\frac{m(m+1)(m+2)(m+3)+4(m+1)(m+2)(m+3)}{4}\\&=\frac{(m+1)(m+2)(m+3)(m+4)}{4}\end{aligned}$$

따라서 $n=m+1$일 때도 등식 ㉠이 성립한다.

(i), (ii)에서 모든 자연수 n에 대하여 등식 ㉠이 성립한다.

답 풀이 참조

15

(i) $n=1$일 때,

$4^1-1=3$

따라서 $n=1$일 때 4^n-1은 3의 배수이다.

(ii) $n=k$일 때, 4^k-1이 3의 배수라고 가정하면

$4^k-1=3N$ (N은 자연수)

으로 놓을 수 있다.

이때 $n=k+1$이면

$$\begin{aligned}4^{k+1}-1&=4\times4^k-1\\&=4\times(4^k-1)+3\\&=4\times3N+3\\&=3(4N+1)\end{aligned}$$

따라서 $n=k+1$일 때도 4^n-1은 3의 배수이다.

(i), (ii)에서 모든 자연수 n에 대하여 4^n-1은 3의 배수이다.

답 풀이 참조

16

$$1+\frac{1}{2}+\frac{1}{3}+\cdots+\frac{1}{n}>\frac{2n}{n+1} \quad \cdots\cdots ㉠$$

(i) $n=2$일 때,

(좌변)$=1+\frac{1}{2}=\boxed{\frac{3}{2}}$, (우변)$=\frac{4}{3}$

이므로 $n=2$일 때 ㉠이 성립한다.

(ii) $n=k$ $(k\geq2)$일 때, ㉠이 성립한다고 가정하면

$$1+\frac{1}{2}+\frac{1}{3}+\cdots+\frac{1}{k}>\frac{2k}{k+1}$$

이 부등식의 양변에 $\frac{1}{k+1}$을 더하면

$$1+\frac{1}{2}+\frac{1}{3}+\cdots+\frac{1}{k}+\frac{1}{k+1}>\frac{2k+1}{k+1} \quad \cdots\cdots ㉡$$

이때

$$\begin{aligned}\frac{2k+1}{k+1}-\boxed{\frac{2(k+1)}{k+2}}&=\frac{(2k+1)(k+2)-2(k+1)^2}{(k+1)(k+2)}\\&=\frac{k}{(k+1)(k+2)}>0\end{aligned}$$

이므로

$$\frac{2k+1}{k+1}>\frac{2(k+1)}{k+2}$$

㉡에서

$$1+\frac{1}{2}+\frac{1}{3}+\cdots+\frac{1}{k}+\frac{1}{k+1}>\boxed{\frac{2(k+1)}{k+2}}$$

따라서 $n=k+1$일 때도 ㉠이 성립한다.

(i), (ii)에서 $n\geq2$인 모든 자연수 n에 대하여 ㉠이 성립하므로 주어진 부등식이 성립한다.

즉, $p=\frac{3}{2}$, $f(k)=\frac{2(k+1)}{k+2}$이므로

$$8p\times f(10)=8\times\frac{3}{2}\times\frac{2\times11}{12}=22$$

답 ⑤

STEP 2 개념 마무리

본문 p.305

1 17 **2** ⑤ **3** $1+\sqrt[3]{2}$ **4** 34
5 1026 **6** 55

1

$3a_na_{n+1}=a_n-a_{n+1}$의 양변을 a_na_{n+1}로 나누면

$\frac{1}{a_{n+1}}-\frac{1}{a_n}=3$

이때 $\frac{1}{a_n}=b_n$으로 놓으면 $b_{n+1}-b_n=3$

즉, 수열 $\{b_n\}$은 첫째항이 $b_1=\frac{1}{a_1}=2$이고 공차가 3인 등차수열이므로

$b_n=2+(n-1)\times3=3n-1$

$\therefore\ a_n=\frac{1}{b_n}=\frac{1}{3n-1}$

(가)

$$\therefore\ a_1a_2+a_2a_3+a_3a_4+\cdots+a_ka_{k+1}$$
$$=\frac{1}{2\times5}+\frac{1}{5\times8}+\frac{1}{8\times11}+\cdots+\frac{1}{(3k-1)(3k+2)}$$
$$=\frac{1}{3}\left\{\left(\frac{1}{2}-\frac{1}{5}\right)+\left(\frac{1}{5}-\frac{1}{8}\right)+\left(\frac{1}{8}-\frac{1}{11}\right)+\cdots+\left(\frac{1}{3k-1}-\frac{1}{3k+2}\right)\right\}$$
$$=\frac{1}{3}\left(\frac{1}{2}-\frac{1}{3k+2}\right)=\frac{k}{6k+4}$$

즉, $\frac{k}{6k+4}>\frac{16}{100}$에서 $100k>96k+64$이므로

$4k>64\qquad\therefore\ k>16$

(나)

따라서 자연수 k의 최솟값은 17이다.

(다)

답 17

단계	채점 기준	배점
(가)	수열 $\{a_n\}$의 일반항을 구한 경우	50%
(나)	조건을 만족시키는 k의 값의 범위를 구한 경우	40%
(다)	자연수 k의 최솟값을 구한 경우	10%

2

$p\neq0$이므로 $pa_{n+1}=qa_n+r$에서

$a_{n+1}=\frac{q}{p}a_n+\frac{r}{p}\qquad\cdots\cdots$㉠

ㄱ. ㉠에서 $p=q$이면 $a_{n+1}=a_n+\frac{r}{p}$이므로

수열 $\{a_n\}$은 공차가 $\frac{r}{p}$인 등차수열이다. (참)

ㄴ. ㉠을 $a_{n+1}-\alpha=\frac{q}{p}(a_n-\alpha)$로 놓으면

$a_{n+1}=\frac{q}{p}a_n+\alpha-\frac{q}{p}\alpha$

즉, $\alpha-\frac{q}{p}\alpha=\frac{r}{p}$에서 $\alpha(p-q)=r$

$\therefore\ \alpha=\frac{r}{p-q}\ (\because\ p\neq q)$

따라서 수열 $\{a_n-\alpha\}$, 즉 $\left\{a_n-\frac{r}{p-q}\right\}$은 공비가 $\frac{q}{p}$인 등비수열이다. (참)

ㄷ. $r=p-q$이면 ㉠에서

$a_{n+1}=\frac{q}{p}a_n+\frac{p-q}{p}=\frac{q}{p}(a_n-1)+1$

$\therefore\ a_{n+1}-1=\frac{q}{p}(a_n-1)$

즉, 수열 $\{a_n-1\}$은 공비가 $\frac{q}{p}$인 등비수열이므로

$a_n-1=(a_1-1)\times\left(\frac{q}{p}\right)^{n-1}$

이때 $a_1=1$, 즉 $a_1-1=0$이므로 모든 자연수 n에 대하여

$a_n-1=0\qquad\therefore\ a_n=1$

$\therefore\ a_5=1$ (참)

따라서 ㄱ, ㄴ, ㄷ 모두 옳다.

답 ⑤

3

$a_{n+1}=\begin{cases}\frac{1}{2}a_n\ (a_n\geq2)\\ \sqrt[3]{2}a_n\ (a_n<2)\end{cases}$의 n에 1, 2, 3, …을 차례대로 대입하면

$a_2=\sqrt[3]{2}\times a_1=\sqrt[3]{2}\ (\because\ a_1=1)$

$a_3=\sqrt[3]{2}\times a_2=\sqrt[3]{2}\times\sqrt[3]{2}=\sqrt[3]{4}$

$a_4=\sqrt[3]{2}\times a_3=\sqrt[3]{2}\times\sqrt[3]{4}=2$

$a_5=\frac{1}{2}\times a_4=\frac{1}{2}\times2=1$

$a_6=\sqrt[3]{2}\times a_5=\sqrt[3]{2}\times1=\sqrt[3]{2}$

⋮

$\therefore\ a_n=\begin{cases}1\quad(n=4k-3)\\ \sqrt[3]{2}\quad(n=4k-2)\\ \sqrt[3]{4}\quad(n=4k-1)\\ 2\quad(n=4k)\end{cases}$ (k는 자연수)

이때 $121=4\times31-3$, $122=4\times31-2$이므로

$a_{121}+a_{122}=1+\sqrt[3]{2}$

답 $1+\sqrt[3]{2}$

4

$a_5=1$이므로 $\underset{a_4+1=1}{\underline{a_4=0}}$ 또는 $a_4=2$ $\left(\frac{a_4}{2}=1\right)$

이때 수열 $\{a_n\}$의 모든 항은 자연수이므로 $a_4=0$은 조건을 만족시키지 않는다.

따라서 $a_4=2$이므로

$\underset{a_3+1=2}{\underline{a_3=1}}$ 또는 $a_3=4$ $\left(\frac{a_3}{2}=2\right)$

(i) $a_3=1$일 때,

$\underset{a_2+1=1}{\underline{a_2=0}}$ 또는 $a_2=2$ $\left(\frac{a_2}{2}=1\right)$

이때 $a_2=0$은 조건을 만족시키지 않으므로

$a_2=2$

즉, $\underset{a_1+1=2}{\underline{a_1=1}}$ 또는 $\underset{\frac{a_1}{2}=2}{\underline{a_1=4}}$이다.

(ii) $a_3=4$일 때,

$\underset{a_2+1=4}{\underline{a_2=3}}$ 또는 $a_2=8$ $\left(\frac{a_2}{2}=4\right)$

① $a_2=3$일 때,

$\underset{a_1+1=3}{\underline{a_1=2}}$ 또는 $a_1=6$ $\left(\frac{a_1}{2}=3\right)$

이때 $a_1=2$는 짝수이므로 조건을 만족시키지 않는다.
($a_1=2$이면 $a_2=1$이어야 한다.)

$\therefore\ a_1=6$

② $a_2=8$일 때,

$\underset{a_1+1=8}{\underline{a_1=7}}$ 또는 $\underset{\frac{a_1}{2}=8}{\underline{a_1=16}}$

①, ②에서

$a_1=6$ 또는 $a_1=7$ 또는 $a_1=16$

(i), (ii)에서 모든 a_1의 값의 합은

$1+4+6+7+16=34$

답 34

5

$n\geq 2$에서 $S_{n+1}-S_{n-1}=a_{n+1}+a_n$이므로

$4a_na_{n+1}=(S_{n+1}-S_{n-1})^2-4^n$에서

$4a_na_{n+1}=(a_{n+1}+a_n)^2-4^n$

$(a_{n+1}+a_n)^2=4a_na_{n+1}+4^n$

${a_{n+1}}^2+2a_na_{n+1}+{a_n}^2=4a_na_{n+1}+4^n$

${a_{n+1}}^2-2a_na_{n+1}+{a_n}^2=4^n$

$\therefore\ (a_{n+1}-a_n)^2=2^{2n}$

이때 모든 자연수 n에 대하여 $a_{n+1}>a_n$이므로

$a_{n+1}-a_n=2^n$ (단, $n=2,\ 3,\ 4,\ \cdots$)

$a_{n+1}-a_n=2^n$의 n에 2, 3, 4, $\cdots$, 9를 차례대로 대입한 후, 변끼리 더하면

$$\begin{array}{rl} & \cancel{a_3}-a_2=2^2 \\ & \cancel{a_4}-\cancel{a_3}=2^3 \\ & \cancel{a_5}-\cancel{a_4}=2^4 \\ & \quad\vdots \\ +) & a_{10}-\cancel{a_9}=2^9 \\ \hline & a_{10}-a_2=2^2+2^3+2^4+\cdots+2^9 \end{array}$$

$$=\sum_{k=2}^{9}2^k=\frac{2^2\times(2^8-1)}{2-1}=2^{10}-4$$

이때 $a_2=6$이므로

$a_{10}=2^{10}-4+a_2=2^{10}-4+6=2^{10}+2=1026$

답 1026

6

여자 또는 남자가 임의로 구성된 사람 n명을 일렬로 세울 때, 여자끼리는 이웃하지 않도록 세우는 방법의 수 a_n은 처음 세우는 사람의 성별에 따라서 다음과 같이 경우를 나누어 구할 수 있다.

(i) 첫 번째로 남자를 세우는 경우

두 번째로 세우는 사람은 여자 또는 남자 모두 가능하다. 따라서 나머지 $(n-1)$명을 여자끼리 서로 이웃하지 않도록 세우는 방법의 수와 같으므로

a_{n-1}

(ii) 첫 번째로 여자를 세우는 경우

두 번째로 세우는 사람은 반드시 남자여야 하고, 세 번째로 세우는 사람은 여자 또는 남자 모두 가능하다.

즉, 나머지 $(n-2)$명을 여자끼리 서로 이웃하지 않도록 세우는 방법의 수와 같으므로

a_{n-2}

(i), (ii)에서 n명을 일렬로 세우는 방법의 수 a_n은

$a_n=a_{n-1}+a_{n-2}$ (단, $n\geq 3$) ……㉠

㉠의 n에 3, 4, 5, $\cdots$, 8을 차례대로 대입하면

$a_3=a_2+a_1=3+2=5$ ($\because\ a_1=2,\ a_2=3$)

$a_4=a_3+a_2=5+3=8$

$a_5=a_4+a_3=8+5=13$

$a_6=a_5+a_4=13+8=21$

$a_7=a_6+a_5=21+13=34$

$a_8=a_7+a_6=34+21=55$

답 55

B L A C K L A B E L

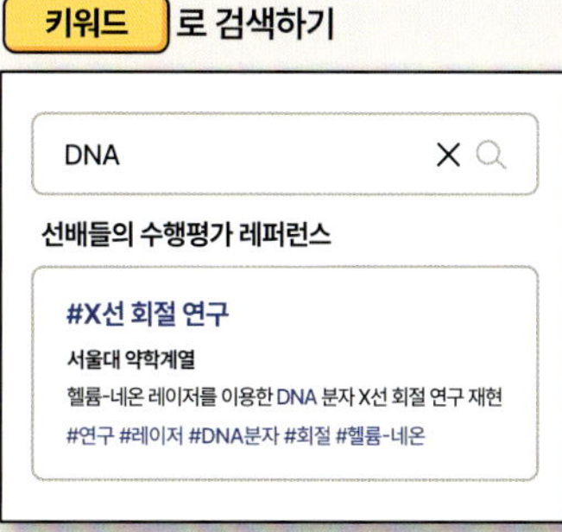